마스터 전기기능장 필기

현명걸, 김동진 공저

엔트미디어

필기 출제기준

직무분야	전기·전자	중직무분야	전기	자격종목	전기기능장	적용기간	2021.1.1. ~ 2026.12.31.

○ **직무내용** : 전기에 관한 최상급 숙련기능을 가지고 산업현장에서 작업관리와 소속 기능자의 지도 및 감독, 현장훈련, 경영계층과 생산계층을 유기적으로 결합시켜주는 현장의 중간 관리 등의 업무를 수행하는 직무이다.

필기검정방법	객관식	문제수	60	시험시간	1시간

필기과목명	문제수	주요항목	세부항목	세세항목
전기이론, 전기기기, 전력전자, 전기설비 설계 및 시공, 송·배전, 디지털공학, 공업경영에 관한 사항	60	1. 전기이론	1. 정전기와 자기	1. 정전기 및 정전용량 2. 유전체 3. 전계 및 자계 4. 자성체와 자기회로 5. 벡터 해석
			2. 직류회로	1. 옴의 법칙 및 키르히호프 법칙 2. 줄열과 전력 3. 전자유도 및 인덕턴스 4. 직류회로 등
			3. 교류회로	1. 정현파 교류 2. 3상 및 다상 교류 3. 교류전력 4. 일반 선형 회로망 5. 4단자망 6. 라플라스 변환 7. 과도현상 8. 전달함수 등
			4. 왜형파교류	1. 비정현파교류 2. 비정현파교류의 임피던스 등
		2. 전기기기	1. 직류기	1. 직류기의 원리, 구조 및 유기기전력 2. 직류발전기의 특성과 운전 3. 직류전동기의 제어 등
			2. 변압기	1. 변압기의 원리, 구조 및 특성 2. 변압기의 임피던스와 등가회로 3. 변압기의 시험과 변압기 정수 4. 변압기의 결선 및 병렬운전 5. 변압기의 손실, 효율 및 전압 변동률 6. 특수변압기 등
			3. 유도전동기	1. 3상 유도전동기의 원리 및 구조 2. 3상 유도전동기의 속도 특성, 출력특성, 비례 추이 및 원선도 3. 3상 유도전동기의 기동 및 운전 4. 유도기의 속도제어, 제동 및 역률제어 5. 단상 유도전동기의 원리 및 구조 6. 단상 유도전동기의 종류 및 특성 등

필기과목명	문제수	주요항목	세부항목	세세항목
전기이론, 전기기기, 전력전자, 전기설비 설계 및 시공, 송·배전, 디지털공학, 공업경영에 관한 사항			4. 동기기	1. 동기발전기의 원리 및 구조 2. 동기발전기의 특성 및 단락현상 3. 동기발전기의 여자장치와 전압조정 4. 동기전동기의 원리 및 구조 5. 동기전동기의 기동 및 특성 6. 동기기의 병렬운전 및 시험, 보수 7. 동기기의 손실 및 효율 등
			5. 정류기	1. 교류정류자기 2. 제어기기 및 보호기기의 원리 등
		3. 전력전자	1. 반도체소자의 개요	1. 전력용 반도체소자의 구조 2. 전력용 반도체소자의 동작원리 등
			2. 정류 및 인버터 회로	1. 정지스위치 회로 2. 교류위상제어 3. 전동기 제어회로 4. 인버터 및 컨버터 회로 5. 직류전력제어 6. 과전류 및 과전압에 대한 보호 등
		4. 전기설비설계 기초 및 시공	1. 전기설비설계	1. 전기설비용 공구와 측정기구 2. 전기설비설계 이론 3. 공사비 산출
			2. 전기설비시공	1. 배관공사 2. 배선공사 3. 전선접속 4. 시험·운용·검사
			3. 신재생에너지	1. 태양광 발전 2. 전기저장장치 3. 풍력발전 4. 연료전지발전
		5. 송·배전 설비	1. 송·배전방식과 송·배전전압	1. 송·배전계통 2. 송·배전방식 3. 송·배전전압
			2. 가공송·배전선의 전기적 특성	1. 선로정수(저항, 인덕턴스, 정전용량,누설 컨덕턴스 등) 2. 표피작용 및 근접효과 3. 송·배전특성 4. 전압조정과 페란티 현상 5. 가공송·배전선로의 구성설비
			3. 지중송·배전선로	1. 지중케이블의 종류 2. 지중선로의 부설방식 3. 케이블 접속 4. 케이블 보수
		6. 한국전기설비 규정	1. 총칙	1. 기술기준 총칙 및 KEC 총칙에 관한 사항 2. 일반사항 3. 전선 4. 전로의 절연 5. 접지시스템

필기과목명	문제수	주요항목	세부항목	세세항목
전기이론, 전기기기, 전력전자, 전기설비 설계 및 시공, 송·배전, 디지털공학, 공업경영에 관한 사항				6. 기계 및 기구 7. 피뢰시스템
			2. 저압전기설비	1. 통칙 2. 안전을 위한 보호 3. 전선로 4. 배선 및 조명설비 5. 특수설비
			3. 고압, 특고압 전기설비	1. 통칙 2. 안전을 위한 보호 3. 접지설비 4. 전선로 5. 기계, 기구 시설 및 옥내배선 6. 발전소, 변전소, 개폐소 등의 전기설비
		7. 디지털공학	1. 수의 집합 및 코드화	1. 수의 진법 및 코드화 등
			2. 불대수 및 논리회로	1. 불대수 2. 논리회로 등
			3. 순서논리회로	1. 카운터 2. 레지스터 등
			4. 조합논리회로	1. 가산기 및 감산기 2. 인코더 및 디코더 등
		8. 공업경영	1. 품질관리	1. 통계적 방법의 기초 2. 샘플링 검사 3. 관리도 등
			2. 생산관리	1. 생산계획 2. 생산통계 등
			3. 작업관리	1. 작업방법연구 2. 작업시간연구 등
			4. 기타 공업경영에 관한 사항	1. 기타 공업경영에 관한 사항 등

실기 출제기준

직무분야	전기·전자	중직무분야	전기	자격종목	전기기능장	적용기간	2021.1.1. ~ 2026.12.31.

- **직무내용**: 전기에 관한 최상급 숙련기능을 가지고 산업현장에서 작업관리와 소속 기능자의 지도 및 감독, 현장훈련, 경영계층과 생산계층을 유기적으로 결합시켜주는 현장의 중간 관리 등의 업무를 수행하는 직무이다.
- **수행준거**: 1. 전기설비의 시공도면을 해독하고 설치, 제작, 시운전 및 유지보수 할 수 있다.
  2. 자동제어시스템의 종류와 특성을 이해하고, 시스템의 분석, 제어판의 제작, 설치 및 시운전 할 수 있다.
  3. 전기설비에 관한 최상급의 숙련기능을 가지고 현장의 중간 관리 등의 직무를 수행할 수 있다.

실기검정방법	복합형	시험시간	6시간 30분정도(필답형 : 1시간30분, 작업형 : 5시간 정도)

실기과목명	주요항목	세부항목	세세항목
전기에 관한 실무	1. 자동제어시스템	1. 자동제어시스템 설계 및 유지관리하기	1. PC기반, PLC 제어기기의 요소들을 이해하고 적합한 기기들을 선정 할 수 있다. 2. 자동제어시스템의 도면 등을 분석 할 수 있다. 3. 시퀀스 및 PLC 제어회로를 구성 및 설치 할 수 있다. 4. 제어기기 간의 통신시스템을 구축할 수 있다. 5. 제어시스템의 공정을 확인하고 연동제어회로의 각종 신호변화에 따른 정상동작 유무를 판단할 수 있다. 6. 논리회로 구성을 이해하고 간략화 할 수 있으며, 유접점, 무접점 회로를 상호 변환하여 구성할 수 있다. 7. 자동제어시스템을 관련규정에 따라 유지보수 계획을 수립하고 계획에 준하여 유지보수 할 수 있다.
	2. 수변전설비 공사	1. 수변전설비 공사하기	1. 수변전 설비에 대한 설계도서 등의 적정성을 검토할 수 있다. 2. 수변전 설비 설치공사를 설계 도면 등에 의하여 시공 할 수 있다. 3. 변압기의 규격을 파악하고, 결선방식, 냉각방식, 탭 절환의 취부상태 등을 파악할 수 있다. 4. 개폐기 제작도면을 검토하여 규격을 파악하고, 제어회로, 결선상태 등을 확인할 수 있다. 5. 수전설비용으로 설치되는 주변압기, 콘서베이터, 방열기, LA, DS, CB, ES, IS, COS, PF등의 기능과 역할을 이해하고 설치할 수 있다. 6. 수변전용 CT, PT, ZCT, GPT 등의 기능과 역할을 이해하고 설치할 수 있다.
		2. 수변전설비 안전 및 유지관리	1. 수변전 설비를 안전관리규정에 따라 유지보수 계획을 수립하고 계획에 준하여 유지보수 및 관리 할 수 있다.

실기과목명	주요항목	세부항목	세세항목
전기에 관한 실무			2. 검교정 기준에 따라 계측장비의 검교정 계획을 수립하고 계획에 준하여 실시할 수 있다. 3. 계기류의 설치위치 및 연결상태에 따라 동작상태, 오류, 편차, 이상신호 여부 등을 판단할 수 있다. 4. 계측장비 관리 절차서에 따라 계측장비를 관리할 수 있다.
	3. 동력설비 공사	1. 동력설비 및 제어반 공사하기	1. 전동기가 외부요인으로부터 영향을 받지 않고 유지보수가 용이하게 될 수 있도록 전기 및 기계 설계도 등을 검토할 수 있다. 2. 전동기가 과전류로 인하여 문제가 발생하지 않도록 동력 제어반에 설치된 차단기 정정, 보호계전기용량, 케이블 및 전선규격을 검토하여 시공할 수 있다. 3. 전동기의 기동방식을 검토하여 적합한 방법으로 시공할 수 있다. 4. 동력설비의 작동 및 운전이 용이하기 위하여 운전, 감시, 제어방식 등을 이해하고 적용할 수 있다.
		2. 전력간선 동력설비 공사하기	1. 설계도서를 확인하고 부하불평형, 전압불평형, 허용전류, 전압강하 등 기술계산서를 검토할 수 있다. 2. 단락, 지락, 과전류보호를 이해하고 MCCB, ELB, EOCR등 보호장치를 설치할 수 있다.
		3. 동력설비 안전 및 유지관리하기	1. 동력설비를 안전관리규정에 따라 유지보수 계획을 수립하고 계획에 준하여 유지보수 할 수 있다.
	4. 전력변환설비 공사	1. 무정전전원(UPS) 설비 공사하기	1. 설계도서에 따라 설비를 구매, 시공할 수 있도록 건축물에서 요구하는 무정전전원의 종류, 전력량, 및 무정전전원 공급 방법, 시스템 구성 등을 검토할 수 있다. 2. 무정전전원 운영에 문제가 없도록 무정전전원과 상시전원의 연결 방법 등을 검토할 수 있다.
		2. 전기저장장치 설비공사하기	1. 인버터를 포함한 AC-DC변환, DC-DC 변환모듈 등 계통연계를 위해 사용되는 전기설비의 용량, 전기설비의 사양 등을 확인하여 계통과의 안정적인 운전을 위해 케이블, 보호기기, 차단기 등과의 연계에 문제가 없는지 검토할 수 있다. 2. 인버터의 정격용량이 발전기 정격출력이며 인버터의 입력전압 범위 내에 발전기 출력 전압이 들어가는지 시스템 구성, 설계도서 등을 검토하여 확인 할 수 있다. 3. PMS, EMS, ESS 등의 구성을 이해하고 배터리 설치용 가대 등을 설계도서 준하여 설치할 수 있다.

실기과목명	주요항목	세부항목	세세항목
전기에 관한 실무	5. 피뢰 및 접지공사	1. 피뢰설비 검사 및 공사하기	1. 수뇌부는 낙뢰로부터 구조체를 확실하게 보호하기 위하여 규격에 적합한 피뢰침이나 수평도체를 사용하여 보호범위 안에 구조체가 포함되도록 견고하게 시공할 수 있다. 2. 낙뢰 보호구역 경계에 낙뢰환경에 적합한 SPD를 올바른 배선과 유지보수가 용이하도록 시공할 수 있다.
		2. 접지설비 검사 및 공사하기	1. 법적으로 요구되는 접지저항 값을 만족하는지 확인하기 위하여 올바른 접지저항을 측정할 수 있다. 2. 인하도선이 낙뢰전류를 효율적으로 흘려 보낼 수 있도록 최단거리로 시공되었는지 여부를 확인할 수 있다. 3. 접지설비 등을 시공할 수 있다. 4. 접지저항을 계산할 수 있다. 5. 접지선 굵기를 선정할 수 있다.
	6. 배선 · 배관 및 기타 전기공사	1. 배선 · 배관 공사하기	1. 내선공사 견적산출 및 자재를 선정할 수 있다. 2. 배선 및 배관 등을 설계 도면에 의하여 시공할 수 있다.
		2. 외선 공사하기	1. 외선공사 견적산출 및 자재를 선정할 수 있다. 2. 배전기기 및 외선공사를 시공할 수 있다. 3. 외선공법을 선정하고 현장관리, 공정관리, 안전관리, 품질관리계획 등 작업수행에 필요한 시공계획서를 작성할 수 있다. 4. 이도를 측정하고, 긴선공사에 쓰이는 각종 부품들을 규정에 준하여 활용할 수 있다.
		3. 조명 및 전열 공사하기	1. 조명기구의 설계도면을 이해하고 시설장소 및 용도에 적합하게 설치할 수 있다. 2. 전등의 규격, 점등방식, 사용조건, 조명기구의 외형, 조명기구의 설치방법 등을 고려하여 설계도서, 전문시방서 또는 공사시방서 등을 검토하여 적용할 수 있다. 3. 콘센트 및 전열기구를 설계도면에 의하여 시공할 수 있다.
		4. 기타 전기설비 공사하기	1. 보호설비, 피난설비, 소화활동설비 등을 이해하고 시공 할 수 있다. 2. 설계도면에 표기된 방폭지역, 방폭등급, 위험물지역을 고려하여 비교 검토하여 방폭자재 등을 선정할 수 있다. 3. 비상콘센트 및 제연설비를 이해하고 설계도서에 따라 시공할 수 있다. 4. 유도등, 누설동축케이블, 분배기, 증폭기등 피난설비를 이해하고 검토할 수 있다. 5. 신재생발전설비를 설계도서에 준하여 설치할 수 있다.

실기과목명	주요항목	세부항목	세세항목
전기에 관한 실무			6. 태양광, 풍력, 연료전지등 신재생발전 설비의 각 부품을 관련 규정에 충족하는지 검토할 수 있다. 7. 축전지설비를 설계도서에 따라 구매, 시공할 수 있도록 건축물에서 요구하는 축전지의 종류, 전력량 및 축전지 공급방법, 시스템구성 등을 검토할 수 있다. 8. 축전지설비를 그 사용 용도에 따라 구분하여 설치하며, 설계도서를 검토하여 용도에 맞게 구성되어 있는지 확인 후 시공할 수 있다.

전기기능장 실기시험 안내

■ **복합형(필답형 + 작업형) 실기 시험**
　- 1차 필답형 실기(지정일에 공통으로 실시)
　- 2차 작업형 실기(개인별 접수된 실기 검정일에 실시)

■ NCS 기반 국가기술자격 실기시험 평가방법 개선 및 출제기준 개정 적용으로 인한 세부 내용

구 분	세부 내용	
적용 시점	2018년도 1월 1일 이후 시행되는 실기시험 부터	
시험 형태	복합형 (필답 + 작업)	
	필답형 실기	작업형 실기
예시	(문제지 예시 이미지)	(PLC 및 전기공사 작업 이미지)
시험 시간	필답 : 1시간 30분	작업 : 5시간 정도
배점 구성	배점 : 50점	배점 : 50점
과제구성	지필고사(주관식)	1과제 : PLC 프로그램 2과제 : 전기공사 1) 배관 및 기구배치도 2) 시퀀스도
필답형 문제수	10문항 내외	
합격기준	작업형과 필답형 점수를 합산하여 100점 만점에 60점 이상 ※ 필답형 과락 점수 없음	

신편 단위의 배수 및 기호와 단위

1. 단위의 배수

기호	읽는법	양	기호	읽는법	양
T	Tera	10^{12}	c	centi	10^{-2}
G	Giga	10^9	m	milli	10^{-3}
M	Mega	10^6	μ	micro	10^{-6}
K	Killo	10^3	n	nano	10^{-9}
h	hecto	10^2	p	pico	10^{-12}
D	Deca	10	f	femto	10^{-15}
d	deci	10^{-1}	a	atto	10^{-18}

2. 그리스 문자

대문자	소문자	읽는법		대문자	소문자	읽는법	
A	α	Alpha	알파	N	ν	Nu	뉴어
B	β	Beta	베타	Ξ	ξ	Xi	크사이
Γ	γ	Gamma	감마	O	o	Omicron	오미크론
Δ	δ	Delta	델타	Π	π	Pi	파이
E	ϵ	Epsilon	입실론	P	ρ	Rho	로우
Z	ζ	Zeta	제에타	Σ	σ	Sigma	시그마
H	η	Eta	이이타	T	τ	Tau	타우
Θ	θ	Theta	시이타	Y	υ	Upsilon	웁실론
I	ι	Iota	이오타	Φ	ϕ	Phi	화이
K	κ	Kappa	카파	X	χ	Chi	카이
Λ	λ	Lambda	람다	Ψ	ψ	Psi	프사이
M	μ	Mu	뮤우	Ω	ω	Omega	오메가

3. 전기·자기의 단위

양	양기호	단위의 명칭	단위기호
전 압 (전위, 전위차)	V	volt	[V]
기 전 력	E	volt	[V]
전 류	I	ampere	[A]
전 력 (유효전력)	P	watt	[W]
피 상 전 력	P_a	voltampere	[VA]
무 효 전 력	P_r	var	[Var]
전 력 량	W	joule	[J]
저 항 률	ρ	ohmmeter	[Ωm]
전 기 저 항	R	ohm	[Ω]
도 전 율	σ	mho/meter	[℧/m], [Ω^{-1}/m]
자 장 의 세 기	H	ampere/meter	[A/m], [AT/m]
자 속	ϕ	weber	[Wb]
자 속 밀 도	B	weber/meter^2	[Wb/m^2]
투 자 율	μ	henry/meter	[H/m]
전 장 의 세 기	E	volt/meter	[V/m]
전 속	Ψ	coulomb	[C]
전 속 밀 도	D	coulomb/meter^2	[C/m^2]
유 전 율	ϵ	farad/meter	[F/m]
전 기 량 (전하)	Q	coulomb	[C]
정 전 용 량	C	farad	[F]
자 체 인 덕 턴 스	L	henry	[H]
상 호 인 덕 턴 스	M	henry	[H]
주 기	T	sec	[sec]
주 파 수	f	hertz	[Hz]
각 속 도	ω	radian/sec	[rad/sec]
임 피 던 스	Z	ohm	[Ω]
어 드 미 턴 스	Y	mho	[℧], [Ω^{-1}]
리 액 턴 스	X	ohm	[Ω]
컨 덕 턴 스	G	mho	[℧], [Ω^{-1}]
서 셉 턴 스	B	mho	[℧], [Ω^{-1}]
열 량	Q	joule	[J]
힘	F	newton	[N]
토 크	T	newton meter	[Nm]

머리말

전기기능장은 최고급 수준의 숙련기능을 가지고 산업현장에서 작업 관리, 소속 기능 인력의 지도 및 감독, 현장훈련, 경영계층과 생산계층을 유기적으로 연계시켜 주는 현장관리 등의 역할을 수행할 수 있어야 한다.

그러므로 본도서는 전기 안전과 직접적인 관련이 있는 전기설비분야를 독학으로 이해하고 필요한 내용을 숙지하기 위해 저자는 대학과 전기학원 등에서 지난 25~30년간 강의한 [현명걸 교수, 김동진 교수] 자료와 국내 저서 등을 참조하였으며,
특히 단원별 문제 분석 및 해설을 통해 쉽게 접근 할 수 있도록 예상모의고사 · 기출문제 등을 수록하여 전반적인 전기에 대한 기초적인 지식과 기능이 요구되는 산업 현장과 연계시켰고, 필요한 기능인력 양선을 목적으로 하였다.

전기안전사고에 대한 고귀한 인명과 재산상의 피해를 사전에 예방하기 위해서 전기설비의 기능을 구축하는 일이 최우선이므로 본도서는 전기기능장 자격 취득을 준비하는 수험생들을 위하여 만들었으며 조금이라도 도움이 될 수 있다면 더없이 기쁨이 될 것 입니다.

끝으로 이 책을 수정 보완하여 도와주신 서울공과전기학원 정용근 원장님과 엔트미디어 오세욱 대표님, 임직원들께 감사의 뜻을 표합니다.

현명걸, 김동진

차례

1과목 전기이론

1장 직류회로 · 22
- 1.1 전기의 본질 · 22
- 1.2 전류와 전압 및 저항 · 23
  - ■ 기출 & 예상문제 · 25
- 1.3 전기 회로의 법칙 · 29
  - ■ 기출 & 예상문제 · 32
- 1.4 전력과 전류, 전압, 저항의 측정 · 37
  - ■ 기출 & 예상문제 · 38
- 1.5 열전기 현상 · 43
  - ■ 기출 & 예상문제 · 44

2장 정전기와 콘덴서 · 48
- 2.1 정전기의 성질 · 48
- 2.2 전기장과 전위 · 49
  - ■ 기출 & 예상문제 · 52
- 2.3 콘덴서 · 56
  - ■ 기출 & 예상문제 · 59

3장 자기의 성질과 전류에 의한 자기장 · 65
- 3.1 자석의 자기작용 · 65
  - ■ 기출 & 예상문제 · 68
- 3.2 전류의 자기작용 · 72
  - ■ 기출 & 예상문제 · 75

4장 전자력과 전자유도 · 78
- 4.1 전자력 · 78
- 4.2 전자유도 · 79
  - ■ 기출 & 예상문제 · 82
- 4.3 인덕턴스와 전자에너지 · 86
  - ■ 기출 & 예상문제 · 88

5장 교류회로 · 92
- 5.1 교류의 발생 · 92
  - ■ 기출 & 예상문제 · 96
- 5.2 교류 전류에 대한 RLC의 작용 · 101
  - ■ 기출 & 예상문제 · 103
- 5.3 RLC 직병렬회로 · 107
  - ■ 기출 & 예상문제 · 112
- 5.4 교류전력 · 120
  - ■ 기출 & 예상문제 · 121

6장 3상 및 다상 교류회로 ····· 125
- 6.1 3상 교류 ····· 125
  - ■ 기출 & 예상문제 ····· 129

7장 회로망 ····· 134
- 7.1 이상적인 전압원과 전류원 ····· 134
- 7.2 선형회로망 ····· 134
- 7.3 4단자 회로망 ····· 137
  - ■ 기출 & 예상문제 ····· 140

8장 라플라스변환과 전달함수 ····· 148
- 8.1 라플라스 변환(Laplace transformation) ····· 148
- 8.2 라플라스 변환의 기본정리 ····· 151
- 8.3 전달함수 ····· 152
- 8.4 각종 요소의 전달함수 ····· 152
- 8.5 블록선도 ····· 154
  - ■ 기출 & 예상문제 ····· 156

9장 비정현파와 과도현상 ····· 168
- 9.1 과도현상 ····· 168
  - ■ 기출 & 예상문제 ····· 170

2과목 전기기기

1장 직류기 ····· 176
- 1.1 직류발전기의 구조 ····· 176
  - ■ 기출 & 예상문제 ····· 180
- 1.2 직류발전기의 이론 ····· 184
  - ■ 기출 & 예상문제 ····· 186
- 1.3 직류발전기의 종류 ····· 190
- 1.4 직류발전기의 병렬운전 ····· 193
  - ■ 기출 & 예상문제 ····· 194
- 1.5 직류전동기의 이론 ····· 200
- 1.6 직류전동기의 종류 ····· 201
- 1.7 직류전동기의 속도토크 특성 ····· 202
  - ■ 기출 & 예상문제 ····· 205
- 1.8 직류전동기의 운전 ····· 209
- 1.9 직류기의 손실 ····· 211
- 1.10 직류기의 효율 ····· 212
- 1.11 특수 직류기 ····· 213
  - ■ 기출 & 예상문제 ····· 214

2장 동기기 ····· 222
- 2.1 동기발전기의 원리 ····· 222
  - ■ 기출 & 예상문제 ····· 223
- 2.2 동기발전기의 이론 ····· 227
- 2.3 동기발전기의 운전 ····· 229
  - ■ 기출 & 예상문제 ····· 232

2.4 동기전동기의 원리 ··· 241
　　2.5 동기전동기의 운전 ··· 242
　　2.6 동기전동기의 특징 및 용도 ······························ 243
　　　■ 기출 & 예상문제 ··· 245

3장 변압기 ·· 252
　　3.1 변압기의 구조 ··· 252
　　3.2 변압기유 ··· 253
　　　■ 기출 & 예상문제 ··· 255
　　3.3 변압기의 이론 ··· 261
　　　■ 기출 & 예상문제 ··· 263
　　3.4 변압기의 특성 ··· 267
　　　■ 기출 & 예상문제 ··· 270
　　3.5 변압기의 결선 ··· 278
　　3.6 변압기 병렬운전 ··· 281
　　　■ 기출 & 예상문제 ··· 282

4장 유도전동기 ··· 290
　　　■ 기출 & 예상문제 ··· 291
　　4.1 유도전동기의 이론 ·· 295
　　　■ 기출 & 예상문제 ··· 296
　　4.2 유도전동기의 운전 ·· 303
　　　■ 기출 & 예상문제 ··· 306
　　4.3 단상 유도전동기 ··· 315
　　　■ 기출 & 예상문제 ··· 317

3과목 전기설비설계 기초 및 시공

1장 배선설비 ·· 328
　　1.1 전압 ··· 328
　　　■ 기출 & 예상문제 ··· 330
　　　■ 기출 & 예상문제 ··· 334

2장 조명설비 ·· 339
　　2.1 조명의 개요 ··· 339
　　2.2 조명설계 ··· 341
　　　■ 기출 & 예상문제 ··· 344

3장 수·변전 설비 ·· 348
　　3.1 수·변전설비 용량의 결정 ······························ 348
　　　■ 기출 & 예상문제 ··· 351

4장 신재생에너지 설비 ··· 362
　　4.1 태양광발전(Photovoltaic) ······························ 363
　　4.2 태양열 발전 ··· 365
　　　■ 기출 & 예상문제 ··· 367

5장 적산 · · · 374
- 5.1 견 적 · · · 374
- 5.2 공사원가의 체계 · · · 375
- 5.3 재료의 수량 및 산출 · · · 376
  - ■ 기출 & 예상문제 · · · 379

6장 배선재료 및 공구 · · · 381
- 6.1 전선 및 케이블 · · · 381
  - ■ 기출 & 예상문제 · · · 388
- 6.2 배선재료 · · · 395
  - ■ 기출 & 예상문제 · · · 398
- 6.3 전선의 접속 · · · 411
  - ■ 기출 & 예상문제 · · · 414

7장 각종 배관·배선공사 · · · 420
- 7.1 전선관시스템(합성수지관 공사) · · · 420
- 7.2 전선관시스템(금속관 공사) · · · 423
  - ■ 기출 & 예상문제 · · · 428
- 7.3 전선관시스템(가요전선관공사) · · · 436
- 7.4 애자사용공사 · · · 438
- 7.5 케이블 공사 · · · 439
- 7.6 케이블트레이 시스템(케이블트레이 공사) · · · 441
- 7.7 케이블덕팅시스템 · · · 442
- 7.8 버스바트렁킹시스템(버스덕트공사) · · · 445
- 7.9 파워트랙시스템(라이팅덕트공사) · · · 447
- 7.10 케이블트렁킹시스템 · · · 449
  - ■ 기출 & 예상문제 · · · 452
- 7.11 전기응용 시설공사 · · · 459
  - ■ 기출 & 예상문제 · · · 460

8장 배전설비 및 배전반공사 · · · 467
- 8.1 인입선 공사 · · · 467
- 8.2 지중 전선로 · · · 469
- 8.3 배전반 공사 · · · 471
- 8.4 분전반 공사 · · · 473
  - ■ 기출 & 예상문제 · · · 475

9장 시험, 운용, 검사 · · · 488
- 9.1 전력의 측정 · · · 488
- 9.2 저항 및 접지저항 측정법 · · · 489
- 9.3 고장점 탐지법 · · · 491
- 9.4 변압기 시험 · · · 492
  - ■ 기출 & 예상문제 · · · 495

10장 전선 및 기계기구의 보안 · · · 497
- 10.1 전로의 절연 및 절연내력 · · · 497
- 10.2 접지공사 · · · 499
- 10.3 전선 및 기계기구의 보안 · · · 512
  - ■ 기출 & 예상문제 · · · 527

4과목 전력전자

1장 전력용 반도체 소자 ········ 546
- 1.1 다이오드 ········ 546
- 1.2 사이리스터(thyristor) ········ 547
- 1.3 전력용 트랜지스터 ········ 549
- 1.4 특수 반도체 ········ 551
  - ■ 기출 & 예상문제 ········ 554
- 1.5 사이리스터(Thyristor) 구조 및 동작원리 ········ 563
  - ■ 기출 & 예상문제 ········ 569

2장 정류 및 트리거 회로 ········ 582
- 2.1 정류회로 ········ 582
- 2.2 다이오드 정류회로 ········ 583
- 2.3 사이리스터 정류회로 ········ 586
  - ■ 기출 & 예상문제 ········ 588
- 2.4 트리거 소자 및 특성 ········ 594
  - ■ 기출 & 예상문제 ········ 597

3장 사이리스터 접속, 보호 및 시험 ········ 600
- 3.1 사이리스터의 접속 ········ 600
- 3.2 정격과 보호 ········ 601
- 3.3 사이리스터의 측정과 시험 ········ 605
  - ■ 기출 & 예상문제 ········ 606

4장 인버터 및 컨버터 회로 ········ 612
- 4.1 컨버터 회로(AC-AC Converter : 교류변환) ········ 612
- 4.2 초퍼 회로(DC-DC Converter : 직류변환) ········ 614
- 4.3 인버터 회로(DC-AC Converter : 역변환) ········ 615
  - ■ 기출 & 예상문제 ········ 618

5과목 송배전 선로의 전기적 특성

1장 전력계통 ········ 632
- 1.1 전력계통 ········ 632
- 1.2 송배전전압 ········ 632
- 1.3 전기방식 ········ 634
  - ■ 기출 & 예상문제 ········ 636

2장 선로정수 및 코로나 ········ 639
- 2.1 선로정수 ········ 639
  - ■ 기출 & 예상문제 ········ 640
- 2.2 연가 ········ 643
  - ■ 기출 & 예상문제 ········ 644

3장 송전특성 ········ 648
- 3.1 단거리 송전선로 ········ 648
  - ■ 기출 & 예상문제 ········ 650

3.2 중거리 송전선로(4단자정수회로) ········· 652
　■ 기출 & 예상문제 ········· 654
3.3 장거리 송전선로(분포정수회로) ········· 656
　■ 기출 & 예상문제 ········· 658
3.4 조상설비 및 전력원선도 ········· 660
　■ 기출 & 예상문제 ········· 662

6과목 디지털 공학

1장 수의 변환 및 코드화 ········· 670
1.1 진수의 변환 ········· 670
1.2 디지털 코드 ········· 672
　■ 기출 & 예상문제 ········· 674

2장 불대수 및 논리회로 ········· 678
2.1 불대수와 논리 게이트 ········· 678
2.2 논리함수의 간소화 ········· 681
　■ 기출 & 예상문제 ········· 683

3장 플립플롭 회로 ········· 693
3.1 RS 래치와 RS 플립플롭 ········· 693
3.2 JK 플립플롭 ········· 695
3.3 D 플립플롭 ········· 696
3.4 T 플립플롭 ········· 697
　■ 기출 & 예상문제 ········· 699

4장 조합논리회로 ········· 705
4.1 가산기와 감산기 ········· 705
4.2 인코더와 디코더 ········· 707
　■ 기출 & 예상문제 ········· 712

7과목 공업경영

1장 품질관리 ········· 718
1.1 품질관리의 개요 ········· 718
1.2 품질관리기법 ········· 721
1.3 관리도 ········· 726
1.4 샘플링 검사 ········· 729
　■ 기출 & 예상문제 ········· 733

2장 생산관리 ········· 749
2.1 생산관리의 개요 ········· 749
2.2 생산계획 ········· 752
2.3 공정관리 ········· 757
2.4 설비보전 ········· 758
　■ 기출 & 예상문제 ········· 760

3장 작업관리 771
 3.1 작업관리의 개요 771
 3.2 공정분석 방법 772
 3.3 작업측정 775
  ■ 기출 & 예상문제 779

8과목 기출분석 실전모의고사

- 제01회 전기기능장 실전모의고사 794
- 제02회 전기기능장 실전모의고사 807
- 제03회 전기기능장 실전모의고사 820
- 제04회 전기기능장 실전모의고사 833
- 제05회 전기기능장 실전모의고사 846
- 제06회 전기기능장 실전모의고사 859
- 제07회 전기기능장 실전모의고사 874
- 제08회 전기기능장 실전모의고사 889
- 제09회 전기기능장 실전모의고사 903
- 제10회 전기기능장 실전모의고사 918
- 제11회 전기기능장 실전모의고사 933
- 제12회 전기기능장 실전모의고사 949
- 제13회 전기기능장 실전모의고사 965
- 제14회 전기기능장 실전모의고사 981
- 제15회 전기기능장 실전모의고사 999
- 제16회 전기기능장 실전모의고사 1016
- 제17회 전기기능장 실전모의고사 1034
- 제18회 전기기능장 실전모의고사 1051
- 제19회 전기기능장 실전모의고사 1069
- 제20회 전기기능장 실전모의고사 1088
- 제21회 전기기능장 실전모의고사 1105
- 제22회 전기기능장 실전모의고사 1121
- 제23회 전기기능장 실전모의고사 1138
- 제24회 전기기능장 실전모의고사 1152
- 제25회 전기기능장 실전모의고사 1167
- 제26회 전기기능장 실전모의고사 1181
- 제27회 전기기능장 실전모의고사 1195
- 제28회 전기기능장 실전모의고사 1210
- 제29회 전기기능장 실전모의고사 1225
- 제30회 전기기능장 실전모의고사 1238

1 과목

전기이론

- 제1장 직류회로
- 제2장 정전기와 콘덴서
- 제3장 자기의 성질과 전류에 의한 자기장
- 제4장 전자력과 전자유도
- 제5장 교류회로
- 제6장 3상 및 다상 교류회로
- 제7장 회로망
- 제8장 라플라스변환과 전달함수
- 제9장 비정현파와 과도현상

제 1 장

직류회로

1.1 전기의 본질

│1│ 물질의 구성

모든 물질은 분자 또는 원자의 집합으로 구성되며, 원자는 양(+)전기를 가진 원자핵(양성자 + 중성자)과 그 주위를 일정한 궤도를 따라 맴도는 음(−)전기를 가진 몇 개의 전자 (electron)로 구성

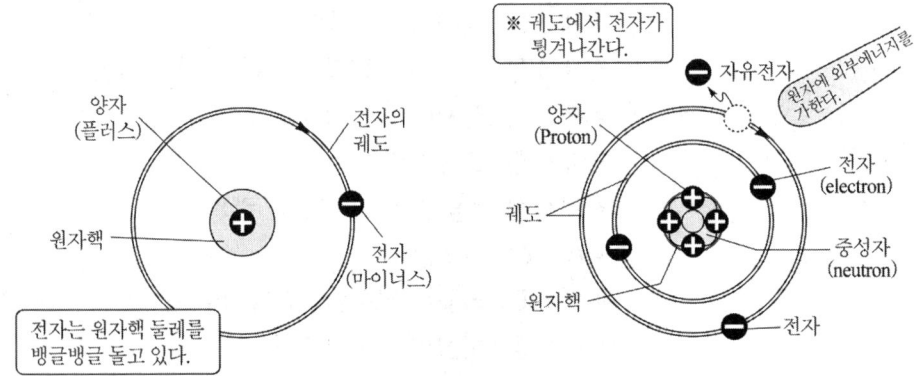

[원자의 모형]

│2│ 자유 전자(Free Electron)

(1) 가전자는 원자핵과의 결합력이 약해 외부의 자극에 의하여 쉽게 원자핵의 구속력을 이탈할 수 있는데 이러한 전자를 자유전자라 한다.

(2) 많은 전기적 현상들은 자유전자의 이동이나 증감에 의한 것이다.

| 3 | 전하와 전기량

(1) 전하(Electric Charge) : 어떤 물체가 대전되었을 때 이 물체가 가지고 있는 전기

(2) 전기량(전하량) : $Q[C] = I[A] \cdot t[sec]$,

쿨롱(Coulomb, 기호[C])을 사용한다.

① 전자 1개의 전기량 : $e = -1.602 \times 10^{-19} [C]$

② 전자의 질량 : $m = 9.109 \times 10^{-31} [kg]$

1.2 전류와 전압 및 저항

| 1 | 전류 $I[A]$

어떠한 도체에 단위시간(t초) 동안에 이동한 전하(Q)의 흐름

$$Q[C] = I[A] \cdot t[sec]$$

$$I = \frac{Q}{t} [C/sec] ; [A]$$

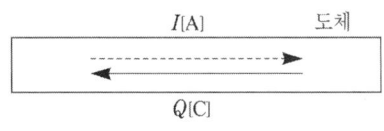

[전하 및 전류의 이동]

| 2 | 전압 $V[V]$

물질의 전기적인 높이를 전위라 하고 그 차이를 전위차 또는 전압이라 한다.

(1) $Q[C]$을 이동시키는 데 $W[J]$의 에너지를 소모하였을 때 전위차(전압)

$$V = \frac{W}{Q} [J/C] ; [V]$$

(2) 기전력 $E[V]$: 전지와 같이 전위차를 만들어 주는 힘

| 3 | 저항 $R[\Omega]$

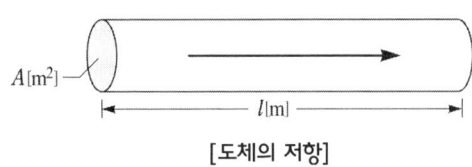

[도체의 저항]

전류의 흐름을 방해하는 소자

$$R = \rho \frac{l}{A} = \rho \frac{l}{\pi r^2} = \rho \frac{4l}{\pi D^2} [\Omega]$$

여기서, ρ : 도선의 고유저항[$\Omega \cdot mm^2/m$], [$\Omega \cdot m$]
　　　　A : 도체의 단면적[mm^2]
　　　　l : 도체의 길이[m]
　　　　r : 전선반경[m]($r = \frac{D}{2}$)
　　　　D : 전선직경[m]

(1) 고유저항(저항률)　$\rho = R \frac{A}{l} [\Omega \cdot m]$

(2) 전도율　$\sigma = \frac{1}{\rho} [\mho/m]$

(3) 컨덕턴스 $G[\mho = 1/\Omega]$
　　저항의 역수로서 저항이 가지고 있는 반대, 전류가 잘 흐르는 정도
　　단위 : 지멘스(siemens[S]) 또는 모(mho[$\mho$])

(4) 저항의 종류
　　① 절연저항(insulation resistance): 절연을 목적으로 하는 절연체에 고전압 인가 시 흐르는 누설전류(leakage currant)와 전압과의 비
　　② 접지저항(earthing resistance): 매설한 접지 전극과 대지 사이의 전기 저항
　　③ 접촉저항(contact resistance): 전극이나 연결부와 같은 외부의 다른 물질과 접촉하여 발생하는 저항

기출 & 예상문제

제1장 직류회로(1)

01 전자의 전기량[C]은 얼마인가?
① 9.1×10^{-31}
② 1.67×10^{-27}
③ 1.6×10^{-19}
④ 6.24×10^{25}

풀이
전자 1개의
- 전자 1개의 전기량 : $e = 1.602 \times 10^{-19}$[C]
- 전자의 질량 : $m = 9.109 \times 10^{-31}$[kg]

답 ③

02 1개의 전자 질량은 약 몇 [kg]인가?
① 6.24×10^{18}
② 1.602×10^{-19}
③ 1.67×10^{-31}
④ 9.109×10^{-31}

풀이
- 전자 1개의 질량 : $m = 9.109 \times 10^{-31}$[kg]

답 ④

03 "물질 중의 자유전자가 과잉된 상태"란?
① (−)대전상태
② 발열상태
③ 중성상태
④ (+)대전상태

풀이
- (+)대전 : 양전기, 물질이 전자를 잃어 자유전자가 양성자보다 적은 상태(전자의 부족)
- (−)대전 : 음전기, 물질이 전자를 얻어 자유전자가 양성자보다 많은 상태(전자의 과잉)

답 ①

04 회로에 10[A]의 전류를 3시간 동안 흘렀다. 이동한 전하량은 얼마인가?
① 180[C]
② 900[C]
③ 108000[C]
④ 20800[C]

풀이
$Q = It[\text{A} \cdot \text{sec}] = 10 \times 3 \times 3600 = 108,000$[C]

답 ③

05 어떤 도체의 단면을 30분 동안에 5400[C]의 전기량이 이동했다고 하면 전류의 크기는 몇 [A]인가?

① 1 ② 2 ③ 3 ④ 4

풀이
$$I = \frac{Q}{t} = \frac{5400}{30 \times 60} = 3[A]$$

답 ③

06 전자볼트[eV]는 약 몇 [J]인가?

① 1.60×10^{-19} ② 1.67×10^{-21}
③ 1.72×10^{-24} ④ 1.76×10^{9}

풀이
1개의 전자가 1볼트의 전위차(電位差)에 의해 받는 에너지이다.
$1[eV] = 1.602 \times 10^{-19}[C] \times 1[V] = 1.602 \times 10^{-19}[J]$

답 ①

07 고유저항 [$\mu\Omega\cdot$cm] 이 가장 큰 것은?

① 니켈 ② 은 ③ 구리 ④ 알루미늄

풀이
물질에 따른 고유저항
① 니켈 : 6.9   ② 은 : 1.62
③ 구리 : 1.69 ④ 알루미늄 : 2.62

답 ①

08 전도율의 단위는?

① [$\Omega\cdot$m] ② [℧$\cdot$m] ③ [Ω/m] ④ [℧/m]

풀이
저항 $R = \rho \frac{l}{A}[\Omega]$, 고유저항의 단위는 [$\Omega\cdot$m]가 된다. $\left(\because \rho = R[\Omega] \times \frac{A[m^2]}{l[m]}\right)$

따라서 고유저항의 역수인 전도율(도전율)의 단위는 $\frac{1}{[\Omega\cdot m]} = [℧/m]$

답 ④

09 고유저항 ρ, 길이 l, 지름 D인 전선의 저항은?

① $\rho \cdot \frac{4l}{\pi D^2}$ ② $\rho \cdot \frac{2l}{\pi D^2}$ ③ $\rho \cdot \frac{l}{2\pi D^2}$ ④ $\rho \cdot \frac{l}{\pi D^2}$

풀이
$$R = \rho \frac{l}{A} = \rho \frac{l}{\pi r^2} = \rho \frac{l}{\pi \left(\frac{D}{2}\right)^2} = \rho \frac{4l}{\pi D^2}[\Omega]$$

답 ①

기출 & 예상문제

제1장 직류회로(1)

01 전자의 전기량[C]은 얼마인가?
① 9.1×10^{-31}
② 1.67×10^{-27}
③ 1.6×10^{-19}
④ 6.24×10^{25}

풀이
전자 1개의
- 전자 1개의 전기량 : $e = 1.602 \times 10^{-19}$[C]
- 전자의 질량 : $m = 9.109 \times 10^{-31}$[kg]

답 ③

02 1개의 전자 질량은 약 몇 [kg]인가?
① 6.24×10^{18}
② 1.602×10^{-19}
③ 1.67×10^{-31}
④ 9.109×10^{-31}

풀이
- 전자 1개의 질량 : $m = 9.109 \times 10^{-31}$[kg]

답 ④

03 "물질 중의 자유전자가 과잉된 상태"란?
① (−)대전상태
② 발열상태
③ 중성상태
④ (+)대전상태

풀이
- (+)대전 : 양전기, 물질이 전자를 잃어 자유전자가 양성자보다 적은 상태(전자의 부족)
- (−)대전 : 음전기, 물질이 전자를 얻어 자유전자가 양성자보다 많은 상태(전자의 과잉)

답 ①

04 회로에 10[A]의 전류를 3시간 동안 흘렸다. 이동한 전하량은 얼마인가?
① 180[C]
② 900[C]
③ 108000[C]
④ 20800[C]

풀이
$Q = It[\text{A} \cdot \text{sec}] = 10 \times 3 \times 3600 = 108,000$[C]

답 ③

제1장 직류회로

05 어떤 도체의 단면을 30분 동안에 5400[C]의 전기량이 이동했다고 하면 전류의 크기는 몇 [A]인가?
① 1　　　　　　　② 2　　　　　　　③ 3　　　　　　　④ 4

풀이
$$I = \frac{Q}{t} = \frac{5400}{30 \times 60} = 3[A]$$

답 ③

06 전자볼트[eV]는 약 몇 [J]인가?
① 1.60×10^{-19}　　　　　　② 1.67×10^{-21}
③ 1.72×10^{-24}　　　　　　④ 1.76×10^{9}

풀이
1개의 전자가 1볼트의 전위차(電位差)에 의해 받는 에너지이다.
$1[eV] = 1.602 \times 10^{-19}[C] \times 1[V] = 1.602 \times 10^{-19}[J]$

답 ①

07 고유저항 [μΩ·cm]이 가장 큰 것은?
① 니켈　　　　　② 은　　　　　③ 구리　　　　　④ 알루미늄

풀이
물질에 따른 고유저항
① 니켈 : 6.9　　　　② 은 : 1.62
③ 구리 : 1.69　　　④ 알루미늄 : 2.62

답 ①

08 전도율의 단위는?
① [Ω·m]　　　　② [℧·m]　　　　③ [Ω/m]　　　　④ [℧/m]

풀이
저항 $R = \rho \frac{l}{A}[\Omega]$, 고유저항의 단위는 [Ω·m]가 된다. $\left(\because \rho = R[\Omega] \times \frac{A[m^2]}{l[m]} \right)$

따라서 고유저항의 역수인 전도율(도전율)의 단위는 $\frac{1}{[\Omega \cdot m]} = [℧/m]$

답 ④

09 고유저항 ρ, 길이 l, 지름 D인 전선의 저항은?
① $\rho \cdot \frac{4l}{\pi D^2}$　　② $\rho \cdot \frac{2l}{\pi D^2}$　　③ $\rho \cdot \frac{l}{2\pi D^2}$　　④ $\rho \cdot \frac{l}{\pi D^2}$

풀이
$$R = \rho \frac{l}{A} = \rho \frac{l}{\pi r^2} = \rho \frac{l}{\pi \left(\frac{D}{2}\right)^2} = \rho \frac{4l}{\pi D^2}[\Omega]$$

답 ①

10 길이를 일정하게 하고 도선의 반지름을 2배로 늘리면 저항은 몇 배로 되는가?

① 4　　　　② 2　　　　③ $\frac{1}{4}$　　　　④ $\frac{1}{2}$

■ 풀이

$$R = \rho \frac{l}{A} = \rho \frac{l}{\pi r^2} [\Omega] \quad 즉, \; R \propto \frac{1}{r^2}$$

답 ③

11 $1[\Omega \cdot m]$와 같은 것은?

① $1[\mu\Omega \cdot cm]$
② $10^2[\Omega \cdot mm^2]$
③ $10^4[\Omega \cdot m]$
④ $10^6[\Omega \cdot mm^2/m]$

■ 풀이

고유저항의 단위$[\Omega \cdot m]$중 길이의 실용단위 $10^6[mm^2/m] = [m^2/m] = [m]$

답 ④

12 다음 중 저항 값이 클수록 좋은 것은?

① 접지저항
② 절연저항
③ 도체저항
④ 접촉저항

■ 풀이

절연저항 [絶緣抵抗, insulation resistance]
가압전압과 누설전류의 비로써 절연 저항이 저하하면 감전이나 과열에 의한 화재 및 쇼크 등의 사고가 뒤따르므로 그 크기가 클수록 좋다.

답 ②

13 전기저항의 역수는?

① 컨덕턴스
② 저항률
③ 서셉턴스
④ 고유저항

■ 풀이

• 컨덕턴스 $G[\mho=1/\Omega]$: 저항의 역수로서 저항이 가지고 있는 특성의 반대, 전류가 잘 흐르는 정도 지멘스(siemens[S]) 또는 모(mho[$\mho$])

답 ①

14 다음 중 저 저항 측정에 사용되는 브리지는?

① 휘트스톤 브리지
② 빈 브리지
③ 맥스웰 브리지
④ 캘빈 더블 브리지

■ 풀이

저항의 측정
• 저 저항측정 : 캘빈더블 브리지
• 중 저항측정 : 휘스톤 브리지
• 고 저항측정 : 메거

답 ④

15 다음 중에서 일반적으로 온도가 높아지게 되면 전도율이 커져서 온도계수가 부(-)의 값을 가지는 것이 아닌 것은?

① 구리　　　　② 반도체　　　　③ 탄소　　　　④ 전해액

▶ 풀이

온도에 따른 저항 특성
- 정특성(온도가 상승하면 저항도 증가) : 금속
- 부특성(온도가 상승하면 저항이 감소) : 반도체, 전해질, 탄소, 방전관 → 부성(-)저항류

답 ①

16 주위온도 0[℃]에서의 저항이 20[Ω]인 연동선이 있다. 주위 온도가 50[℃]로 되는 경우 저항은? (단, 0[℃]에서 연동선의 온도계수 $\alpha_0 = 4.3 \times 10^{-3}$ 이다.)

① 약 22.3[Ω]　　　　② 약 23.3[Ω]
③ 약 24.3[Ω]　　　　④ 약 25.3[Ω]

▶ 풀이

$R_T = R_0\{1+\alpha_t(T-t)\} = 20\{1+4.3\times 10^{-3}(50-0)\} = 24.3[\Omega]$

답 ③

17 2[C]의 전기량이 이동을 하여 10[J]의 일을 하였다면 두 점 사이의 전위차는 몇 [V]인가?

① 0.2　　　　② 0.5　　　　③ 5　　　　④ 20

▶ 풀이

$W = QV$

$\therefore V = \dfrac{W}{Q} = \dfrac{10}{2} = 5[V]$

답 ③

1.3 전기 회로의 법칙

│1│ 옴의 법칙(Ohm's law)

: 전압, 전류 및 저항과의 관계

"저항에 흐르는 전류의 크기는 저항에 인가한 전압에 비례하고, 전기저항에 반비례한다."

$$I = \frac{V}{R}[\text{A}], \quad V = I \cdot R[\text{V}], \quad R = \frac{V}{I}[\Omega]$$

│2│ 저항의 접속

(1) 직렬 접속(전압분배, 전류불변 $I = I_1 = I_2$)

① 저항의 합성저항

$V_1 = I \cdot R_1$, $V_2 = I \cdot R_2$ 이고
$V = V_1 + V_2 = I(R_1 + R_2)[\text{V}]$ 이므로
∴ $R_0 = R_1 + R_2[\Omega]$

만약 R_1, R_2, R_3, $\cdots$, R_n의 저항 n개를 직렬 접속 시

∴ $R_0 = R_1 + R_2 + \cdots + R_n[\Omega]$

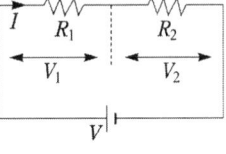

[저항의 직렬접속]

② 전압의 분배

$$V_1 = \frac{R_1}{R_1 + R_2} \cdot V[\text{V}]$$

$$V_2 = \frac{R_2}{R_1 + R_2} \cdot V[\text{V}]$$

(2) 병렬접속(전류분배, 전압불변 $V = V_1 = V_2$)

① 저항의 합성저항

$I_1 = \dfrac{V}{R_1}$, $I_2 = \dfrac{V}{R_2}$ 이고

$I = I_1 + I_2 = \left(\dfrac{1}{R_1} + \dfrac{1}{R_2}\right) V[\text{A}]$ 이므로

∴ $R_0 = \dfrac{1}{\dfrac{1}{R_1} + \dfrac{1}{R_2}} = \dfrac{R_1 \cdot R_2}{R_1 + R_2}[\Omega]$

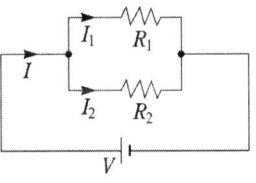

[저항의 병렬접속]

만약 R_1, R_2, R_3, $\cdots$, R_n의 저항 n개를 병렬 접속 시

$$\therefore R_0 = \cfrac{1}{\cfrac{1}{R_1} + \cfrac{1}{R_2} + \cdots + \cfrac{1}{R_n}} [\Omega]$$

② 전류의 분배

$$I_1 = \frac{R_2}{R_1 + R_2} \cdot I [A]$$

$$I_2 = \frac{R_1}{R_1 + R_2} \cdot I [A]$$

(3) 직·병렬접속

① 저항의 합성저항

$$R_0 = R_1 + \frac{R_2 \cdot R_3}{R_2 + R_3} [\Omega]$$

$$I_1 = I_2 + I_3 = \frac{R_3}{R_2 + R_3} \cdot I + \frac{R_2}{R_2 + R_3} \cdot I [A]$$

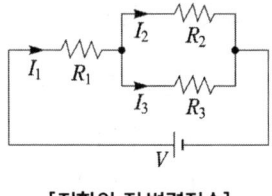

[저항의 직·병렬접속]

3 | 키르히호프의 법칙(Kirchhoff's law)

(1) 제 1법칙(전류 법칙)

회로망 내 임의의 한 접속점을 기준으로 유입되는 전류와 유출되는 전류의 대수합은 0이다.

유입전류의 합 = 유출전류의 합 ($I_1 + I_2 + I_3 = I_4$)

$$I_1 + I_2 + I_3 - I_4 = 0 \quad \therefore \sum I = 0$$

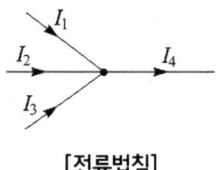

[전류법칙]

(2) 제 2법칙(전압 법칙)

회로망 내의 임의의 폐회로에 인가해주는 기전력의 대수합은 그 회로의 전압강하의 대수합과 같다.

기전력의 합 = 전압강하의 합

$$V_1 + V_2 + V_3 + \cdots + V_n = R_1 I + R_2 I + \cdots + R_n I$$

$$\therefore \sum V = \sum RI$$

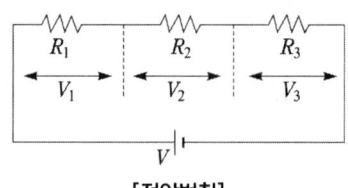

[전압법칙]

| 4 | 전지의 접속

(1) 전지의 직렬접속

① 회로의 기전력 : 전지 1개의 n배

② 합성 내부저항 : nr

$$nE = (nr + R)I \quad \therefore I = \frac{nE}{nr + R}[\text{A}]$$

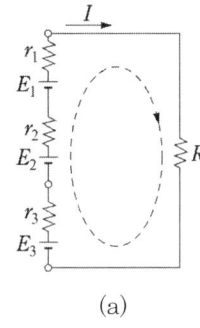   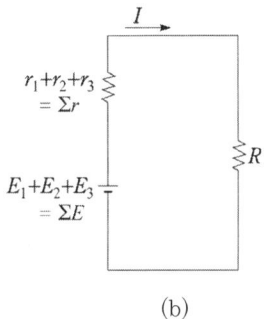

　　　　(a)　　　　　　　　　　(b)

[전지의 직렬접속]

기출 & 예상문제

제1장 직류회로(2)

01 일정 전압의 직류전원에 저항을 접속하고 전류를 흘릴 때, 이 전류 값을 20[%] 증가시키기 위한 저항 값은 몇 배로 하여야 하는가?
① 약 0.80 ② 약 0.83 ③ 약 1.20 ④ 약 1.25

풀이
$$R = \frac{V}{I}, \quad R' = \frac{V}{1.2I} = \frac{1}{1.2} \times R \fallingdotseq 0.83R$$

답 ②

02 24[V] 전원전압에 의하여 6[A]의 전류가 흐르는 전기회로의 컨덕턴스[℧]는?
① 0.25 ② 0.4 ③ 2.5 ④ 4

풀이
$$R = \frac{V}{I} = \frac{24}{6} = 4[\Omega]$$
$$\therefore G = \frac{1}{R} = \frac{1}{4} = 0.25[\text{℧}]$$

답 ①

03 0.2[℧]의 저항체에 5[A]의 전류를 흘리려면 전압은 몇 [V]를 가해야 하는가?
① 1 ② 2 ③ 10 ④ 25

풀이
$$V = IR = I \times \frac{1}{G} = 5 \times \frac{1}{0.2} = 25[\text{V}]$$

답 ④

04 6[Ω]과 3[Ω]의 저항을 직렬로 접속할 경우는 병렬로 접속할 경우의 몇 배의 저항이 되는가?
① 2 ② 4.5 ③ 6.5 ④ 9

풀이
직렬접속시 저항 $R_{직렬} = R_1 + R_2 = 6 + 3 = 9[\Omega]$
병렬접속시 저항 $R_{병렬} = \dfrac{R_1 \times R_2}{R_1 + R_2} = \dfrac{6 \times 3}{6 + 3} = 2[\Omega]$
$$\therefore \frac{R_{직렬}}{R_{병렬}} = \frac{9}{2} = 4.5[\text{배}]$$

답 ②

05 120[Ω]의 저항 4개의 조합으로 얻어지는 가장 작은 합성 저항[Ω]은?

① 30　　　　　② 60　　　　　③ 12　　　　　④ 480

> **풀이**
> 동일 저항으로 최소의 합성 저항이 얻어지는 조합은 모두 병렬 접속된 경우이다.
> 이때의 합성 저항값은 $R_0 = \dfrac{R}{n} = \dfrac{120}{4} = 30[\Omega]$

답 ①

06 3[S]과 4[S]의 콘덕턴스를 병렬로 접속할 때의 합성 값은?

① 2[S]　　　　② 5[S]　　　　③ 7[S]　　　　④ 9[S]

> **풀이**
> 병렬 접속시 합성 컨덕턴스 $G = G_1 + G_2 = 3 + 4 = 7[\mho]$, [S]

답 ③

07 그림과 같은 저항회로에서 전 전류 I는 몇 [A]인가?

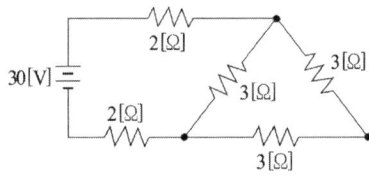

① 2.3　　　　　② 5　　　　　③ 6　　　　　④ 15

> **풀이**
> $R_0 = 2 + \dfrac{3 \times (3+3)}{3 + (3+3)} + 2 = 6[\Omega]$
> $\therefore I = \dfrac{V}{R} = \dfrac{30}{6} = 5[A]$

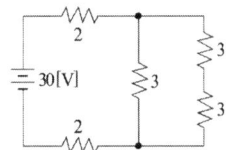

답 ②

08 그림과 같은 회로에서 2[Ω]에 흐르는 전류[A]는?

① 0.8
② 1
③ 1.2
④ 2

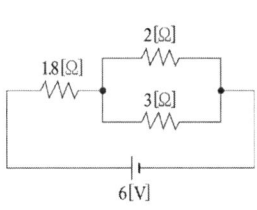

> **풀이**
> 전체 저항 $R_0 = 1.8 + \dfrac{2 \times 3}{2+3} = 3[\Omega]$
> 전전류 $I_0 = \dfrac{V}{R_0} = \dfrac{6}{3} = 2[A]$
> $\therefore$ 2[Ω]의 저항에 흐르는 전류 $I_{2\Omega} = \dfrac{3}{2+3} \times 2 = 1.2[A]$

답 ③

09 그림에서 전압 100[V]를 가할 때 10[Ω]의 저항에 흐르는 전류는 얼마인가?

① 4[A]
② 6[A]
③ 10[A]
④ 15[A]

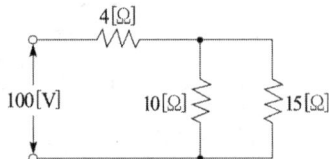

> **풀이**
> 전체 저항 $R_0 = 4 + \dfrac{10 \times 15}{10+15} = 10[\Omega]$
> 전전류 $I_0 = \dfrac{V}{R_0} = \dfrac{100}{10} = 10[A]$
> ∴ 10[Ω]의 저항에 흐르는 전류 $I_{10\Omega} = \dfrac{15}{10+15} \times 10 = 6[A]$
>
> **답** ②

---

10 그림과 같은 회로에 저항이 $R_1 > R_2 > R_3 > R_4$일 때 전류가 최소로 흐르는 저항은?

① R_1
② R_2
③ R_3
④ R_4

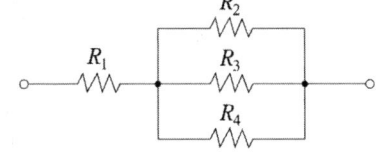

> **풀이**
> 각 저항 R_1, R_2, R_3, R_4에 흐르는 전류를 I_1, I_2, I_3, I_4라 하면,
> $I_1 = I_2 + I_3 + I_4$ 이므로
> I_1이 가장 크며, 전류 I는 저항 R에 반비례하므로 R_2에 흐르는 전류가 최소이다.
>
> **답** ②

---

11 $R_1 = 3[\Omega]$, $R_2 = 5[\Omega]$, $R_3 = 6[\Omega]$의 저항 3개를 그림과 같이 병렬로 접속한 회로에 30[V]의 전압을 가하였다면 이때 R_2 저항에 흐르는 전류[A]는 얼마인가?

① 6   ② 10
③ 15   ④ 20

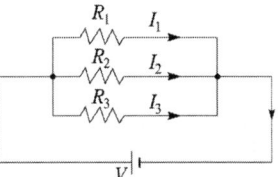

> **풀이**
> 세 저항이 병렬 접속되어 있으므로 각 저항에 인가되는 전압은 일정하다.
> 즉 $V_1 = V_2 = V_3 = V = 30[V]$
> ∴ $I_2 = \dfrac{V_2}{R_2} = \dfrac{30}{5} = 6[A]$
>
> **답** ①

---

12 저항 10[Ω]과 20[Ω]의 병렬 회로에서 10[Ω]의 저항에 3[A]의 전류가 흐른다면 전전류 I[A]는?

① 1   ② 4.5   ③ 30   ④ 1.5

• 풀이

병렬 접속되어 전압이 일정하므로 $V = 3 \times 10 = 30[V]$

$$\therefore I = \frac{V}{R_0} = \frac{30}{\frac{10 \times 20}{10 + 20}} = 4.5[A]$$

답 ②

13 서로 같은 저항 n개를 직렬로 연결한 회로에 $V[V]$의 전압을 가할 때 한 개의 저항에 나타나는 전압은?

① nV ② $\dfrac{V}{n}$ ③ $\dfrac{1}{nV}$ ④ $n+V$

• 풀이

동일 저항이 n개 직렬 접속되어 있으므로 하나의 저항에는 전 전압의 $1/n$만큼의 전압이 걸리게 된다.

답 ②

14 그림에서 a-b간의 합성저항은 c-d간의 합성저항 보다 몇 배인가?

① 1배
② 2배
③ 3배
④ 4배

• 풀이

a-b의 합성저항(브리지평형)   c-d의 합성저항

$$R_{ab} = \frac{2r \times 2r}{2r + 2r} = \frac{4r^2}{4r} = r, \quad R_{cd} = \frac{1}{\frac{1}{2r} + \frac{1}{r} + \frac{1}{2r}} = \frac{r}{2}$$

$$\therefore \frac{R_{ab}}{R_{cd}} = \frac{r}{\frac{r}{2}} = 2[배]$$

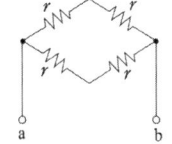
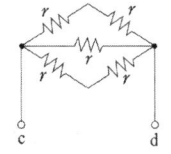

답 ②

15 "회로망에서 임의의 한 폐회로의 접속점에 흐르는 전류와 저항과의 곱의 대수 합은 그 폐회로 중에 있는 모든 기전력의 대수합과 같다."는 다음의 무슨 법칙에 해당하는가?

① 키르히호프의 제 1법칙   ② 키르히호프의 제 2법칙
③ 줄의 법칙   ④ 앙페르의 오른나사의 법칙

• 풀이

키르히호프의 법칙(Kirchhoff's law)
① 제 1법칙(전류 법칙) : 회로망 내 임의의 한 접속점을 기준으로 유입되는 전류와 유출되는 전류의 대수합은 0이다.
② 제 2법칙(전압 법칙) : 회로망 내의 임의의 폐회로에 인가해주는 기전력의 대수합은 그 회로의 전압강하의 대수합과 같다.

답 ②

16 다음 폐회로에 흐르는 전류(I)는?

① 0.45[A]   ② 0.35[A]
③ 0.25[A]   ④ 0.15[A]

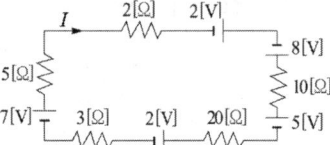

■ 풀이

$V_0 = 2+8-5-2+7 = 10[V]$
$R_0 = 2+10+20+3+5 = 40[\Omega]$
$\therefore I = \dfrac{V_0}{R_0} = \dfrac{10}{40} = 0.25[A]$

답 ③

---

17 전압 1.5[V], 내부저항 0.2[Ω]의 전지 5개를 직렬로 접속하면 전전압은 몇 [V]인가?

① 5.7   ② 0.2   ③ 1.0   ④ 7.5

■ 풀이

직렬 접속된 n개의 전지의 기전력
$E_0 = nE = 5 \times 1.5 = 7.5[V]$

답 ④

---

18 전지를 직렬로 연결하면?

① 출력전압의 증가   ② 전류용량의 증가
③ 내부저항의 감소   ④ 소요되는 충전전압의 감소

■ 풀이

직렬 접속된 n개의 전지의 기전력은 $E_0 = nE$[V]로 증가하게 된다.

답 ①

---

19 기전력 E, 내부저항 r인 전지 n개를 직렬로 연결하여 이것에 외부저항 R을 직렬연결 하였을 때 흐르는 전류는?

① $I = \dfrac{E}{nr+R}$ ② $I = \dfrac{nE}{r+R}$ ③ $I = \dfrac{nE}{r+Rn}$ ④ $I = \dfrac{nE}{nr+R}$

■ 풀이

$I = \dfrac{nE}{nr+R}[A]$

답 ④

---

20 어떤 전지의 부하로 6[Ω]을 사용하니 3[A]의 전류가 흘렀다. 부하에 직렬로 4[Ω]을 연결하였더니 2[A]가 흘렀다. 이 전지의 기전력은?

① 8[V]   ② 16[V]   ③ 24[V]   ④ 32[V]

■ 풀이

$E = I(R+r) = 3(6+r) = 2(10+r)$
$18 + 3r = 20 + 2r$
$\therefore r = 2[\Omega], \ E = 24[V]$

답 ③

1.4 전력과 전류, 전압, 저항의 측정

| 1 | 전력과 전력량

(1) 전력 P[W] : 단위 시간당 소비되는 에너지 비율

$$P = \frac{W}{t}[\text{J/sec}] = VI = I^2R = \frac{V^2}{R}[\text{W}] (\because V = IR)$$

※ 1[HP] (마력) : 말 한 마리의 힘 (1[HP]=746[W])

(2) 전력량 W[J] : 전전기적인 힘(P[W])으로 t[s] 동안 한 일

$$W = P \cdot t[\text{W·sec}] = VIt = I^2Rt = \frac{V^2}{R}t[\text{J}]$$

※ 실용단위[Wh] : 1[kWh]= 10^3[Wh]= 3.6×10^6[J]= 860[kcal]

(3) 줄의 법칙(Joule's Law, 줄열)

저항체를 가진 도선에 전류를 흘릴 경우 도선에는 열이 발생

(예) 전기히터 $H = I^2Rt$[J]= $0.24I^2Rt$[cal]

> **열량의 단위환산**
> • 1 [J]=0.24 [cal]   • 1 [cal]=4.186 [J]

| 2 | 전류와 전압 및 저항의 측정

(1) 저항의 측정

휘스톤 브리지는 저항 측정 시 이용되며 브리지의 평형 조건 $PR = QX$가 성립하면 검류계 G는 전류가 흐르지 않는다. 즉 c점의 전위와 d점의 전위가 같음을 의미한다.

$$\therefore \text{미지저항 } X = \frac{P}{Q}R[\Omega]$$

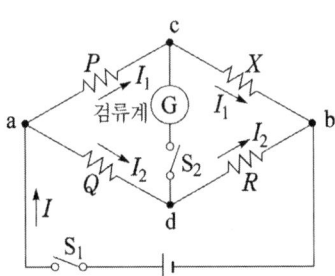

기출 & 예상문제
제1장 직류회로(3)

01 전력에 대한 설명 중 가장 옳은 것은?
① 전기장치가 행한 일이다.
② 전기적인 일이다.
③ 전기적인 힘의 속도이다.
④ 전기적인 일의 속도이다.

▶ 풀이
전력(電力) : 단위 시간당 소비되는 에너지 비율
$P = \dfrac{W}{t}$ [J/sec]

답 ④

02 20[A]의 전류를 흘렸을 때의 전력이 60[W]인 저항에 30[A]를 흘렸을 때의 전력[W]은 얼마인가?
① 80   ② 90   ③ 120   ④ 135

▶ 풀이
$P = I^2 R$, $R = \dfrac{P}{I^2} = \dfrac{60}{20^2} = 0.15[\Omega]$
$\therefore P' = I'^2 R = 30^2 \times 0.15 = 135[W]$

답 ④

03 4[Wh]는 몇 [J]인가?
① 14400[J]   ② 5200[J]   ③ 7200[J]   ④ 3600[J]

▶ 풀이
$W = Pt = 4 \times 3600 = 14400[J]$

답 ①

04 1.5[V]의 전위차로 3[A]의 전류가 2분 동안 흐를 때 한 일[J]은?
① 100   ② 250   ③ 540   ④ 500

▶ 풀이
$W = Pt = 1.5 \times 3 \times 2 \times 60 = 540[J]$

답 ③

05 50[V]를 가하여 30[C]을 3초 걸려서 이동시켰다. 이때의 전력은?
① 1.5[kW]   ② 1[kW]   ③ 0.5[kW]   ④ 0.498[kW]

▶ 풀이

$$P = VI = V \times \frac{Q}{t} = 50 \times \frac{30}{3} = 500[\text{W}]$$

답 ③

06 200[V]의 전원에 접속하여 1[kW]의 전력을 소비하는 저항을 100[V]의 전원에 접속하면 소비되는 전력[W]은?

① 2000　　② 1000　　③ 500　　④ 250

▶ 풀이

$$R = \frac{V^2}{P} = \frac{200^2}{1000} = 40[\Omega]$$

$$\therefore P' = \frac{V'^2}{R} = \frac{100^2}{40} = 250[\text{W}]$$

답 ④

07 1[cal]는 약 몇 [J]인가?

① 0.24　　② 0.4186　　③ 2.4　　④ 4.186

▶ 풀이
- 전력량 ⇌ 열량(1[J]=0.24[cal])

답 ④

08 100[V], 100[W] 전구와 100[V], 200[W]의 전구를 직렬로 접속하고 여기에 100[V]의 전압을 가하면 어떻게 되는가?

① 100[W] 전구가 더 밝다.　　② 200[W] 전구가 더 밝다.
③ 두 전구 모두 안 켜진다.　　④ 두 전구의 밝기가 같다.

▶ 풀이
- 100[V], 100[W]의 전구 : $R_1 = \dfrac{V^2}{P_1} = \dfrac{100^2}{100} = 100[\Omega]$
- 100[V], 200[W]의 전구 : $R_2 = \dfrac{V^2}{P_2} = \dfrac{100^2}{200} = 50[\Omega]$

전구가 직렬 접속되어 있으므로 전류가 일정.
따라서 $P_1 = I^2 R_1 = 100I^2$, $P_2 = I^2 R_2 = 50I^2$로 100[W]의 전구가 200[W]의 전구보다 2배 밝다.

답 ①

09 전류의 발열작용과 관계가 있는 것은?

① 옴의 법칙　　② 키르히호프의 법칙
③ 줄의 법칙　　④ 플레밍의 법칙

▶ 풀이
- 줄의 법칙(Joule's Law, 줄열) : 저항체를 가진 도선에 전류를 흘릴 경우 도선에는 열이 발생

$$H = I^2 Rt[\text{J}] = 0.24 I^2 Rt[\text{cal}]$$

답 ③

10 10[Ω]의 저항에 1[A]의 전류를 20분 동안 흘렸다. 이 경우 발생한 열량은 몇 [J]인가?

① 2,000 ② 12,000 ③ 20,000 ④ 120,000

▶풀이
$H = I^2 Rt = 1 \times 10 \times 20 \times 60 = 12000[J]$

답 ②

11 줄의 법칙에 있어서 발생하는 열량의 계산에 맞는 식은?

① $H = 0.24 I^2 Rt$ ② $H = 0.024 I^2 Rt$
③ $H = 0.24 I^2 R$ ④ $H = 0.024 I^2 R$

▶풀이
줄의 법칙 $H = I^2 Rt [J] = 0.24 I^2 Rt [cal]$ (∵ 1[J]=0.24[cal])

답 ①

12 전기회로에 2[A] 전류를 2초 동안 흘렸을 때 4[Ω]의 저항에서 발생하는 열에너지는 몇 [J]인가?

① 16 ② 24 ③ 32 ④ 48

▶풀이
$W = Pt = I^2 Rt = 2^2 \times 4 \times 2 = 32[J]$

답 ③

13 그림의 휘스톤 브리지의 평형 조건은?

① $X = \dfrac{Q}{P} R$ ② $X = \dfrac{P}{Q} R$

③ $X = \dfrac{Q}{R} P$ ④ $X = \dfrac{P^2}{R} Q$

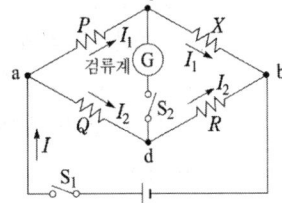

▶풀이
휘스톤 브리지는 저항 측정 시 이용되며 브리지의 평형 조건 $PR = QX$가 성립하면 검류계 G는 전류가 흐르지 않는다.
∴ $X = \dfrac{P}{Q} R [\Omega]$

답 ②

14 회로에서 검류계의 지시가 0일 때 저항 X는 몇 [Ω]인가?

① 10[Ω] ② 40[Ω]
③ 100[Ω] ④ 400[Ω]

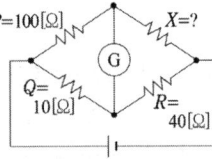

▶풀이
브리지의 평형 조건 $PR = QX$
∴ $X = \dfrac{P}{Q} R = \dfrac{100}{10} \times 40 = 400[\Omega]$

답 ④

15 동등한 전지 n개를 직렬로 연결했을 때 끌어낼 수 있는 전력이 가장 클 경우에, 부하저항은 전지 1개의 내부저항의 몇 배인가?

① n^2 ② n ③ 1   ④ $\frac{1}{n}$

● 풀이
최대 전력 전달 조건 : 내부저항 = 외부저항($nr = R$)

답 ②

16 그림의 브리지 회로에서 평형이 되었을 때의 C_X는?

① $0.1[\mu F]$
② $0.2[\mu F]$
③ $0.3[\mu F]$
④ $0.4[\mu F]$

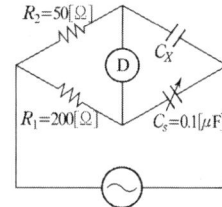

● 풀이
브리지의 평형 조건에 의해
$R_1 \cdot \frac{1}{j\omega C_s} = R_2 \cdot \frac{1}{j\omega C_x}$ 이 성립하므로
$C_x = \frac{R_1}{R_2} \times C_s = \frac{200}{50} \times 0.1 = 0.4 [\mu F]$

답 ④

17 어떤 부하에 흐르는 전류와 부하의 전압강하를 측정하려고 한다. 전압계와 전류계의 접속 방식은?

① 전류계와 전압계를 부하에 모두 직렬로 접속한다.
② 전류계와 전압계를 부하에 병렬로 접속한다.
③ 전류계는 부하에 직렬, 전압계는 부하에 병렬로 접속한다.
④ 전류계는 부하에 병렬, 전압계는 부하에 직렬로 접속한다.

● 풀이
전기회로에서 전압은 병렬연결했을 때에 일정하다.
그러므로 전압을 측정하려면 전압계를 회로에 병렬로 접속하여야 하며,
전류는 직렬일 때 일정하므로 전류계는 회로에 직렬로 접속하여야 한다.

답 ③

18 다음 (㉮)과 (㉯)에 들어갈 내용으로 알맞은 것은?

"배율기는 (㉮)의 측정범위를 넓히기 위한 목적으로 사용하는 것으로서, 회로에 (㉯)로 접속하는 저항기를 말한다."

① ㉮ 전압계, ㉯ 병렬   ② ㉮ 전류계, ㉯ 병렬
③ ㉮ 전압계, ㉯ 직렬   ④ ㉮ 전류계, ㉯ 직렬

> **풀이**
> - 배율기(Multiplier) $R_m[\Omega]$: 전압의 측정 범위를 넓히기 위하여 전압계에 직렬로 접속하는 저항
> - 분류기(Shunt) $R_s[\Omega]$: 전류의 측정 범위를 넓히기 위하여 전류계에 병렬로 접속하는 저항
>
> **답** ③

19 어떤 전압계의 측정 범위를 10배로 하자면 배율기의 저항은 전압계 내부저항의 몇 배로 하면 되는가?

① 9.9 ② 9 ③ $\frac{1}{9}$ ④ 99

> **풀이**
> 배율기 저항 : $R_m = (m-1)r_0 = (10-1)r_0 = 9r_0[\Omega]$
>
> **답** ②

20 어떤 전류계의 측정범위를 100배로 하려면 분류기의 저항을 전류계 내부 저항의 몇 배로 하여야 하는가?

① 99 ② $\frac{1}{99}$ ③ 100 ④ $\frac{1}{100}$

> **풀이**
> 분류기 저항 : $R_s = \frac{r_0}{n-1} = \frac{r_0}{100-1} = \frac{r_0}{99}[\Omega]$
>
> **답** ②

21 분류기를 사용하여 전류를 측정하는 경우 전류계의 내부저항이 0.12[Ω], 분류기의 저항이 0.04[Ω]이면 그 배율은?

① 4 ② 5 ③ 6 ④ 7

> **풀이**
> $R_s = \frac{r_0}{n-1}$
> $\therefore n = \frac{r}{R_s} + 1 = \frac{0.12}{0.4} + 1 = 4$
>
> **답** ①

1.5 열전기 현상

(1) 제어벡 효과(Seebeck effect)
서로 다른 두 금속체를 접합하고 두 접합점을 다른 온도로 유지하면 열기전력이 발생하는 현상

(2) 펠티에 효과(Peltier effect)
제어벡 효과의 역현상으로 서로 다른 두 종류의 금속을 접합하여 전류를 흘리면 접합부에서 열의 발생 또는 흡수가 일어나는 현상
(예 : 전자 냉동기)

(3) 톰슨 효과(Thomson effect)
같은 종류의 금속에 있어서 전류를 흘리면 펠티에 효과와 같이 열의 흡수 또는 발생이 일어나는 현상

(4) 중간 금속의 법칙(Law of intermediate metals)
열전대를 구성하는 두 금속의 한쪽 접점은 서로 접해있고, 반대편 접점은 제3의 금속과 연결되어 있을 때, 두 접점이 같은 온도라면 기전력이 발생하지 않는다는 법칙이다. 제 3 금속의 법칙이라고도 한다.

기출 & 예상문제
제1장 직류회로(4)

전기기능장

01 전기분해에 관한 패러데이의 법칙에서 전기분해시 전기량이 일정하면 전극에서 석출되는 물질의 양은?
① 원자가에 비례한다.   ② 전류에 반비례한다.
③ 시간에 반비례한다.   ④ 화학당량에 비례한다.

▶풀이
패러데이의 법칙 : 전극에서 석출되는 물질의 양은 물질의 전기 화학 당량에 비례한다.
$$W = kIt = kQ$$
여기서, k : 물질의 전기화학당량, I : 전류, t : 시간
화학당량 = $\dfrac{원자량}{원자가}$ [g/c]

답 ④

02 페러데이 법칙과 관계가 없는 것은?
① 전극에서 석출되는 물질의 양은 통과한 전기량에 비례 한다.
② 전해질이나 전극이 어떤 것이라도 같은 전기량이면 항상 같은 화학당량의 물질을 석출한다.
③ 화학당량이란 $\dfrac{원자량}{원자가}$ 을 말한다.
④ 석출되는 물질의 양은 전류의 세기와 전기량의 곱으로 나타낸다.

답 ④

03 은 전량계에 1시간 동안 전류를 통과시켜 8.054[g]의 은이 석출되면 이때 흐른 전류의 세기는 약 얼마인가? 단, 은의 전기 화학 당량 k=0.001118[g/c] 이다.
① 2[A]   ② 4[A]   ③ 6[A]   ④ 8[A]

▶풀이
$W = kIt$ [g]에서 $I = \dfrac{W}{kt} = \dfrac{8.054}{0.001118 \times 3600} = 2$ [A]

답 ①

04 화학당량이란 어떤 값인가?
① $\dfrac{원자량}{원자가}$ ② $\dfrac{원자가}{원자량}$ ③ $\dfrac{분자량}{분자가}$ ④ $\dfrac{분자가}{분자량}$

- 풀이

  화학당량 = $\dfrac{원자량}{원자가}$ [g/c]

  답 ①

05 전지를 쓰지 않고 오래 두면 못쓰게 되는 까닭은?

① 성극작용　　② 분극작용　　③ 국부작용　　④ 전해작용

- 풀이
  - 국부 작용 : 전지의 전극에 사용하고 있는 아연판이 불순물에 의한 전지의 작용으로 자기 방전을 하는 현상

  답 ③

06 황산구리($CuSO_4$) 전해액에 2개의 구리판을 넣고 전원을 연결하였을 때 음극에서 나타나는 현상으로 옳은 것은?

① 변화가 없다.　　② 구리판이 두터워진다.
③ 구리판이 얇아진다.　　④ 수소 가스가 발생한다.

- 풀이

  (+)극에서는 산화반응이 일어나 얇아지고 (-)극에서는 환원반응이 일어나 두꺼워진다.

  답 ②

07 볼타전지로부터 전류를 얻게 되면 양극의 표면이 수소기체에 의해 둘러싸이게 되는데 이를 무엇이라 하는가?

① 전해작용　　② 화학작용　　③ 전기분해　　④ 분극작용

- 풀이

  분극(성극) 작용
  - 전지에 전류가 흐르면(부하를 걸면)양극에 수소가스가 생겨 전류의 흐름을 방해(기전력이 감소)하는 현상
  - 감극제로 수소가스 제거

  답 ④

08 묽은 황산(H_2SO_4) 용액에 구리(Cu)와 아연(Zn)판을 넣으면 전지가 된다. 이때 양극(+)에 대한 설명으로 옳은 것은?

① 구리판이며 수소 기체가 발생한다.
② 구리판이며 산소 기체가 발생한다.
③ 아연판이며 산소 기체가 발생한다.
④ 아연판이며 수소 기체가 발생한다.

- 풀이

  볼타 전지(Volta Cell)
  - 화학 전지의 가장 기본이 되는 전지
  - 아연판과 구리판을 두 극으로 사용한 간단한 전지
  - $\begin{cases} (-)극 : 아연판\ Zn \rightarrow Zn^{2+} + 2e^- \cdots\cdots 산화 \\ (+)극 : 구리판\ 2H^+ + 2e^- \rightarrow H_2 \cdots\cdots 환원 \end{cases}$

  답 ①

09 알칼리 축전지의 대표적인 축전지로 널리 사용되고 있는 2차 전지는?
① 망간전지 ② 산화은 전지
③ 페이퍼 전지 ④ 니켈 카드뮴 전지

▶ 풀이
2차 전지는 축전지와 같이 외부 전원으로 충전하여 여러 번 사용이 가능한 전지를 말하며 양극에 니켈의 수산화물을, 음극에 카드뮴을 사용한 알칼리 축전지로 **니켈 카드뮴 전지**가 있다.
답 ④

10 전지(battery)에 관한 사항이다. 감극제(depolarizer)는 어떤 작용을 막기 위해 사용되는가?
① 분극작용 ② 방전 ③ 순환전류 ④ 전기분해
답 ①

11 다음은 연축전지에 대한 설명이다. 옳지 않은 것은?
① 전해액은 황산을 물에 섞어서 비중을 1.2~1.3 정도로 하여 사용한다.
② 충전시 양극은 PbO로 되고, 음극은 $PbSO_4$로 된다.
③ 방전전압의 한계는 1.8[V]로 하고 있다.
④ 용량은 방전전류×방전시간으로 표시하고 있다.

▶ 풀이
납 축전지
- 양극 : 이산화납(PbO_2), 음극 : 납(Pb)
- 전해액 : 묽은 황산(H_2SO_4), 비중 1.23~1.26
- 화학식 : $PbO_2 + 2H_2SO_4 + Pb \Leftrightarrow PbSO_4 + 2H_2O + PbSO_4$
- 용량 : $Q = I \cdot t$[A·h] (I : 방전전류, t : 방전시간)
답 ②

12 납축전지의 전해액은?
① 이산화납 ② 묽은 황산 ③ 수산화칼륨 ④ 염화나트륨
답 ②

13 망간 건전지의 양극으로 무엇을 사용하는가?
① 아연판 ② 구리판 ③ 탄소막대 ④ 묽은 황산
답 ③

14 1[Ah]는 몇 [C]인가?
① 7,000 ② 3,600 ③ 120 ④ 60

▶ 풀이
$Q = I[A] \times t[\sec] = 1 \times 3600 = 3600[C]$
답 ②

15 10[A]의 방전 전류로 6시간 방전하였다면 축전지의 방전 용량은 몇 [Ah]인가?

① 30 ② 40 ③ 50 ④ 60

풀이

축전지의 방전용량 Q=방전전류×방전시간 $=I[A] \times t[hour] = 10 \times 6 = 60[Ah]$

답 ④

16 서로 다른 종류의 안티몬과 비스무트의 두 금속을 접속하여 여기에 전류를 통하면, 그 접점에서 열의 발생 또는 흡수가 일어난다. 줄열과 달리 전류의 방향에 따라 열의 흡수와 발생이 다르게 나타나는 이 현상은?

① 펠티에 효과 ② 지벡 효과
③ 제 3금속의 법칙 ④ 열전효과

풀이

• 펠티어 효과 (Peltier effect) : 제어벡 효과의 역현상으로 서로 다른 두 종류의 금속을 접합하여 전류를 흘리면 접합부에서 열의 발생 또는 흡수가 일어나는 현상 (예 : 전자 냉동기)

답 ①

17 전자 냉동기는 다음 어떤 효과를 응용한 것인가?

① 제베크 효과 ② 톰슨 효과 ③ 펠티에 효과 ④ 줄 효과

답 ③

18 두 종류의 금속을 접속하여 두 접점을 다른 온도로 유지하면 전류가 흐르는 현상은?

① 제벡 효과 ② 제3금속의 법칙 ③ 펠티에 효과 ④ 패러데이법칙

풀이

• 제어벡 효과 (Seebeck effect) : 서로 다른 두 금속체를 접합하고 두 접합점을 다른 온도로 유지하면 열기전력이 발생하는 현상

답 ①

19 다음이 설명하는 것은?

> "금속 A와 B로 만든 열전쌍과 접점 사이에 임의의 금속 C를 연결해도 C의 양 끝의 접점의 온도를 똑같이 유지하면 회로의 열기전력은 변화하지 않는다."

① 제벡 효과 ② 톰슨 효과 ③ 제3금속의 법칙 ④ 펠티에 법칙

풀이

열전대에 구성하는 두 금속의 한쪽 접점은 서로 접해 있고, 반대편 접점은 제 3의 금속과 연결되어 있을 때, 두 접점이 같은 온도라면 기전력이 발생하지 않는다는 법칙

답 ③

제 2 장

정전기와 콘덴서

2.1 정전기의 성질

1. 정전기의 발생

(1) 정전기(static electricity)

두 종류의 물체를 마찰시키면 전기가 발생하게 되고, 이 전기는 물체에 정지하고 있는 상태에 있으므로 정전기라 한다.

(2) 대전

한 물질 중의 전자가 다른 물질로 이동시 양(+)으로 대전, 그 전자를 받은 물질은 음(-)으로 대전

(3) 정전유도

① 대전체와 가까운 쪽 : 다른 종류의 전하
② 대전체와 먼 쪽 : 같은 종류의 전하

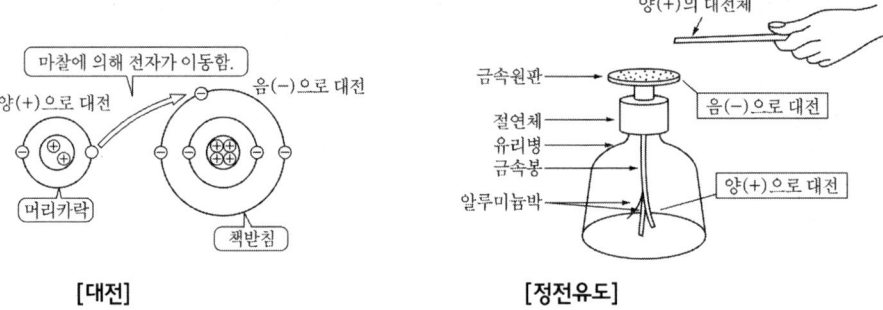

[대전]   [정전유도]

2 정전기력

(1) 정전기력
  ① 같은 종류의 전하 : 반발력
  ② 다른 종류의 전하 : 흡인력

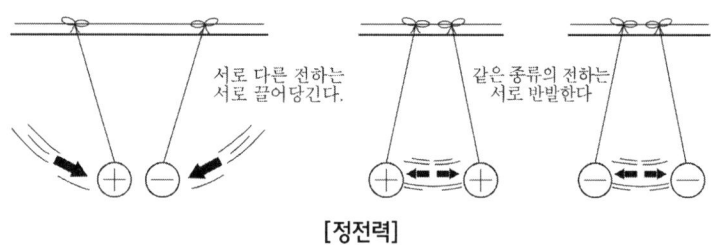

[정전력]

(2) 쿨롱의 법칙

임의의 공간내에서 두 점전하 Q_1, Q_2 사이에 작용하는 정전기력의 크기는 두 전하량의 곱에 비례하고, 전하사이의 거리의 제곱에 반비례한다.

$$F \propto Q_1 \cdot Q_2, \quad F \propto \frac{1}{r^2}$$

$$F = \frac{1}{4\pi\epsilon} \times \frac{Q_1 \cdot Q_2}{r^2}[\text{N}] = \frac{1}{4\pi\epsilon_0\epsilon_s} \times \frac{Q_1 \cdot Q_2}{r^2} = 9 \times 10^9 \times \frac{Q_1 \cdot Q_2}{\epsilon_s r^2}[\text{N}]$$

여기서, ϵ : 유전율, $\epsilon = \epsilon_0 \cdot \epsilon_s$
  ϵ_s : 비유전율(진공=1, 공기≒1)
  ϵ_0 : 진공시 유전율= $8.855 \times 10^{-12}[\text{F/m}]$

2.2 전기장과 전위

1 전기장

(1) 전기장의 세기 : $E[\text{V/m}]$(전장의 세기, 전계)

$Q[\text{C}]$ 전하에서 임의의 거리 $r[\text{m}]$만큼 떨어진 점에 작용하는 힘

$$E = \frac{F}{Q} = \frac{1}{4\pi\epsilon} \times \frac{Q}{r^2} = 9 \times 10^9 \times \frac{Q}{\epsilon_s r^2}[\text{V/m}] \quad (F = QE[\text{N}])$$

(2) 전기력선의 성질
   ① 전기력선은 양전하의 표면에서 나와 음전하의 표면에서 끝난다.
   ② 전기력선은 언제나 수축하려하며, 같은 성질은 서로 반발한다.
   ③ 전기력선의 접선 방향은 그 접점에서 전장의 방향을 의미한다.
   ④ 전기력선의 밀도는 전장의 세기를 의미한다.
   ⑤ 전기력선은 도체의 표면에 수직으로 출입하며 도체 내부에는 전기력선이 없다.
   ⑥ 전기력선은 서로 교차하지 않는다.
   ⑦ 전기력선은 등전위면과 직교한다.

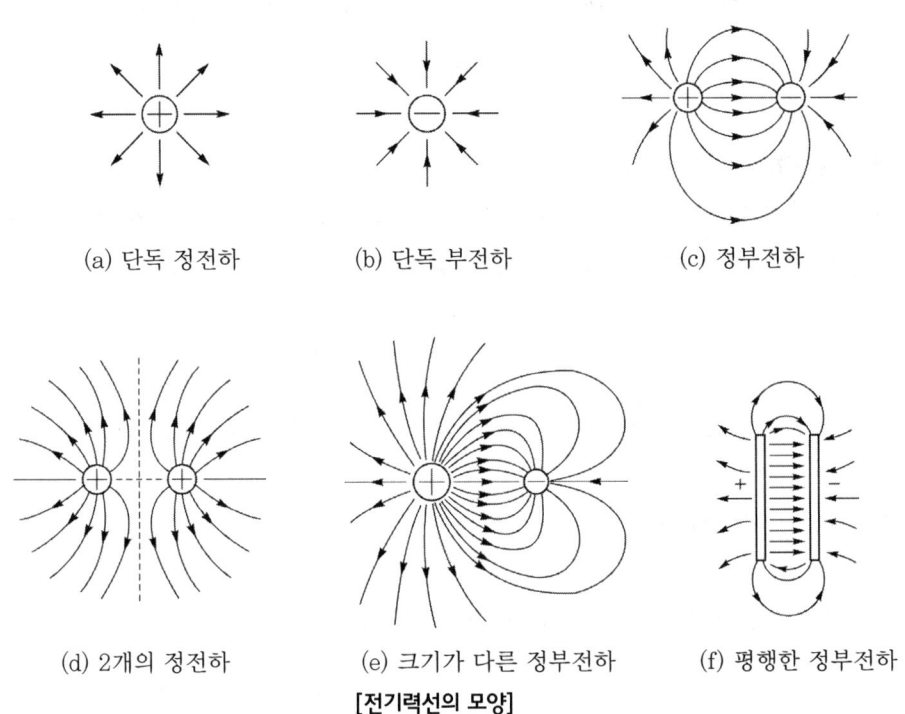

[전기력선의 모양]

(3) 가우스 정리
   임의의 폐곡면 내 전하량 $Q[C]$이 있을 때,
   이 폐곡면을 통해서 나오는 전기력선의 총수

   $$N = \frac{Q}{\epsilon} = \frac{Q}{\epsilon_s \cdot \epsilon_0} [개]$$

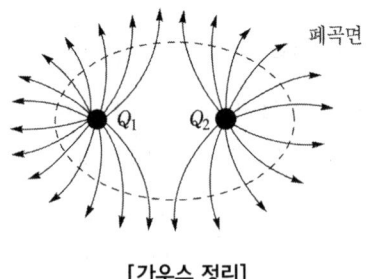

[가우스 정리]

│2│ 전속과 전속밀도

(1) 전속선의 성질

① 전속은 양전하에서 나와 음전하에서 끝난다.

② 전속이 나오는 곳 또는 끝나는 곳에는 전속과 같은 전하가 있다.

③ $+Q[C]$ 의 전하로부터 Q개의 전속이 나온다.

④ 전속이 금속판에 출입하는 경우 그 표면에 수직이 된다.

(2) 전속 밀도 $D[C/m^2]$

$1[m^2]$의 단위면적에서 몇 $[C]$의 전속선이 나오는가의 양

$$D = \frac{Q}{A} = \frac{Q}{4\pi r^2}[C/m^2] \text{ (구 표면을 통과하는 전속밀도)}$$

$$E = \frac{Q}{4\pi \epsilon r^2}[V/m]$$

$$D = \epsilon E = \epsilon_0 \cdot \epsilon_s E [C/m^2]$$

│3│ 전위

(1) 전위 $V[V]$: 전기장 속 한 점에서 단위전하가 가지는 전기적 위치에너지

$$W = QV[V]$$

$$V = \frac{1}{4\pi\epsilon} \times \frac{Q}{r} = 9 \times 10^9 \times \frac{Q}{\epsilon_s r} = E\,r[V]$$

(2) 전위차 : 단위전하를 이동시키는데 필요한 일(에너지)

$$V = V_1 - V_2 = \frac{Q}{4\pi\epsilon}\left(\frac{1}{r_1} - \frac{1}{r_2}\right)[V]$$

기출 & 예상문제

제 2장 정전기와 콘덴서(1)

01 어떤 물질이 정상 상태보다 전자의 수가 많거나 적어졌을 때를 무엇이라 하는가?
① 방전 ② 전기량 ③ 대전 ④ 하전

풀이
• 대전(帶電, electrification) : 물질은 보통의 경우 전기적으로 중성상태 즉, (+)전하량과 (−)전하량이 같은 상태에 있다. 여기에 외부 힘에 의해 전하량의 평형이 깨지면 물체는 (−)전기 혹은 (+)전기를 띠게 되는데 이렇게 전기를 띠게 되는 현상을 대전이라 하고 대전된 물체를 대전체라 한다. **답 ③**

02 전하의 성질을 잘못 설명한 것은?
① 같은 종류의 전하는 흡인하고 다른 종류의 전하끼리는 반발한다.
② 대전체에 들어 있는 전하를 없애려면 접지시킨다.
③ 대전체의 영향으로 비대전체에 전기가 유도된다.
④ 전하는 가장 안정한 상태를 유지하려는 성질이 있다.

풀이
전하는 같은 종류의 전하끼리는 서로 반발하고 다른 종류의 전하끼리는 서로 흡인하는 성질이 있다. **답 ①**

03 유전체 내에서 크기가 같고 극성이 반대인 한 쌍의 전하를 가지는 원자는?
① 전자 ② 분극자 ③ 원자 ④ 쌍극자

풀이
전기쌍극자(electric dipole) : 크기는 같으나 반대의 전하를 갖는 한 쌍의 전하 **답 ④**

04 공기 중에서 3×10^{-5}[C]과 8×10^{-5}[C]의 두 전하를 2[m]의 거리에 놓을 때 그 사이에 작용하는 힘은?
① 2.7[N] ② 5.4[N] ③ 10.8[N] ④ 24[N]

풀이
$$F = \frac{1}{4\pi\varepsilon} \times \frac{Q_1 \cdot Q_2}{r^2} = 9 \times 10^9 \times \frac{3 \times 10^{-5} \times 8 \times 10^{-5}}{2^2} = 5.4[N]$$
답 ②

05 유전체 중 유전율이 가장 큰 것은?
① 공기 ② 수정 ③ 운모 ④ 고무

● 풀이

각종 유전체의 유전율

유전체	진공	공기	고무	종이	수정	유리	운모	산화티탄
유전율	1	1.00059	2~3	2~2.5	3.6	3.8~10	5~9	88~183

답 ③

06 전기장(電氣場)에 대한 설명으로 옳지 않은 것은?
① 대전(帶電)된 무한장 원통의 내부 전기장은 0이다.
② 대전된 구(球)의 내부 전기장은 0이다.
③ 대전된 도체내부의 전하(電荷) 및 전기장은 모두 0이다.
④ 도체표면의 전기장은 그 표면에 평행이다.

● 풀이
전기력선은 도체 표면에 수직(등전위면에 직교)으로 출입한다.   답 ④

07 전장 중에 단위 정전하를 놓을 때 여기에 작용하는 힘과 같은 것은?
① 전하   ② 전기장의 세기
③ 전위   ④ 전속

● 풀이
전기장의 세기는 전기장 내의 한 점에 단위양전하(+1[C])를 놓았을 때 그 전하가 받는 전기력의 크기로 정한다.   답 ②

08 10[V/m]의 전장에 어떤 전하를 놓으면 0.1[N]의 힘이 작용한다. 전하의 양[C]은?
① 10^2 ② 10^{-4}
③ 10^{-2} ④ 10^4

● 풀이
$F = QE$ 이므로 $Q = \dfrac{F}{E} = \dfrac{0.1}{10} = 0.01[C]$ 답 ③

09 전기력선의 성질 중 옳지 않은 것은?
① 음전하에서 출발하여 양전하에서 끝나는 선을 전기력선이라 한다.
② 전기력선의 접선 방향은 그 접점에서의 전기장의 방향이다.
③ 전기력선의 밀도는 전기장의 크기를 나타낸다.
④ 전기력선은 서로 교차하지 않는다.

● 풀이
전기력선은 양전하에서 출발하여 음전하에서 끝난다.   답 ①

10 전계의 세기를 구하는 법칙은?
① 비오-사바르의 법칙 ② 가우스의 정리
③ 플레밍의 왼손 법칙 ④ 암페어의 법칙

> **풀이**
> • 가우스 정리[Gauss's law] : 임의의 폐곡면 내 전하량 Q[C]이 있을 때 이 폐곡면을 통해서 나오는 전기력선의 수
> $$N = \frac{Q}{\epsilon} = \frac{Q}{\epsilon_s \cdot \epsilon_0}[\text{개}]$$

답 ②

11 유전율 ϵ의 유전체 내에 있는 전하 Q[C]에서 나오는 전기력선 수는 얼마인가?
① Q ② $\frac{Q}{\epsilon_0}$ ③ $\frac{Q}{\epsilon_s}$ ④ $\frac{Q}{\epsilon}$

답 ④

12 전장을 E, 유전율을 ϵ, 전속밀도를 D라 할 때 이들의 관계식은?
① $\frac{E\epsilon}{D}$ ② $D = \epsilon E$ ③ $D = \epsilon E^2$ ④ $D = \frac{E^2}{\epsilon}$

> **풀이**
> 전속 밀도 $D = \epsilon E = \epsilon_0 \cdot \epsilon_s E [\text{C/m}^2]$
> ($\because D = \frac{Q}{A} = \frac{Q}{4\pi r^2} [\text{C/m}^2]$ (구표면을 통과하는 전속밀도), $E = \frac{Q}{4\pi \epsilon r^2} [\text{V/m}]$)

답 ②

13 표면 전하밀도 σ[C/m²]로 대전된 도체 내부의 전속밀도는 몇 σ[C/m²]인가?
① $\epsilon_0 E$ ② 0 ③ σ ④ $\frac{E}{\epsilon_0}$

답 ②

14 비유전율 2.5의 유전체 내부의 전속밀도가 2×10^{-6}[C/m²]되는 점의 전기장의 세기[V/m]는?
① 18×10^4 ② 9×10^4 ③ 6×10^4 ④ 3.6×10^4

> **풀이**
> $D = \epsilon_0 \epsilon_s E$ 이므로 $E = \frac{D}{\epsilon_0 \epsilon_s} = \frac{2 \times 10^{-6}}{8.855 \times 10^{-12} \times 2.5} = 90344 [\text{V/m}]$

답 ②

15 2[C]의 전기량이 두 점 사이를 이동하여 48[J]의 일을 하였다면 이 두 점 사이의 전위차는 몇 [V]인가?
① 12[V] ② 24[V] ③ 48[V] ④ 64[V]

• 풀이

$$V = \frac{W}{Q} = \frac{48}{2} = 24[V]$$

답 ②

16 도면과 같이 공기 중에 놓은 $2 \times 10^{-8}[C]$의 전하에서 2[m] 떨어진 점 P와 1[m] 떨어진 점 Q와의 전위차는 몇 [V]인가?

① 80[V]　　② 90[V]　　③ 100[V]　　④ 110[V]

• 풀이

전위차 $V = V_Q - V_P = \dfrac{Q}{4\pi\varepsilon_0}\left(\dfrac{1}{r_1} - \dfrac{1}{r_2}\right)$

$= 9 \times 10^9 \times 2 \times 10^{-8} \left(\dfrac{1}{1} - \dfrac{1}{2}\right) = 90[V]$

답 ②

2.3 콘덴서

| 1 | 콘덴서 : 전기를 축적하는 소자(C[F] : 정전용량)

(1) 정전용량 C[F] : 커패시턴스(Capacitance)

콘덴서가 전하를 축적할 수 있는 능력

콘덴서에 축적되는 전하 Q[C]는 전압 V[V]에 비례

$$Q = C \cdot V [\text{C}], \quad C = \frac{Q}{V} [\text{F}]$$

(2) 정전용량의 계산

① 구도체의 정전용량

$C = 4\pi\epsilon r$[F] (반지름 r[m]의 구도체)

② 평행판 콘덴서의 정전용량

두 전극의 면적에 비례하고, 유전율에 비례하며, 전극의 간격에 반비례한다.

$$C = \epsilon \frac{S}{d} [\text{F}] \quad (C \propto \frac{1}{d}, \ C \propto S)$$

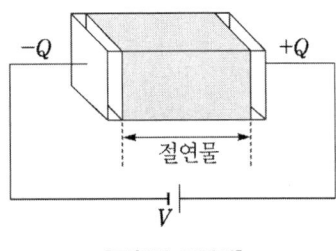

[평행판 콘덴서]

(3) 정전에너지

① 콘덴서에 전압을 인가하고, 전하가 축적되는 경우에 정전에너지[J]

$$W = \frac{1}{2}QV = \frac{1}{2}CV^2 = \frac{Q^2}{2C} [\text{J}]$$

여기서, Q : 축적된 전하[C]

V : 가해진 전압[V]

C : 정전용량[F]

② 단위체적 1[m³]당 축적되는 정전에너지[J/m³]

$$W_0 = \frac{1}{2}ED = \frac{1}{2}\epsilon E^2 = \frac{D^2}{2\epsilon} [\text{J/m}^3]$$

여기서, W_0 : 에너지 밀도[J/m³], E : 전계의 세기[V/m]

D : 전속밀도[C/m²], ϵ : 유전율[F/m]

③ 정전흡인력 $W_0 = \frac{1}{2}\epsilon \left(\frac{V}{l}\right)^2 [\text{N/m}^2]$

(4) 콘덴서의 종류

① 고정 콘덴서
- 전해 콘덴서 : 전기 분해로 금속의 표면에 얇은 산화피막을 만들어 유전체로 사용하고 극성을 가지고 있어 교류 회로에는 사용할 수 없다.
- 세라믹 콘덴서 : 전극사이의 유전체로 티탄산바륨과 같은 비유전율이 큰 재료가 사용되며 가격에 비해 성능이 우수하여 가장 많이 사용된다.
- 마일러 콘덴서 : 얇은 폴리에스테르 필름을 유전체로 하여 양 면에 금속박을 대고 원통형으로 감은 것으로 극성이 없으며 내열성, 절연저항이 우수하다.
- 마이카 콘덴서 : 온도 변화에 따른 용량 변화가 작고 절연 저항이 높은 특성을 갖고 있으므로 표준 콘덴서로도 사용된다.

② 가변 용량 콘덴서
- 바리콘(varicon) : 전극 사이의 면적을 조정하여 용량을 변화한다.

2 콘덴서의 접속 (저항의 접속과 반대)

(1) 직렬접속(= 저항의 병렬접속)

① 합성 정전용량

$$C_0 = \frac{1}{\frac{1}{C_1}+\frac{1}{C_2}+\frac{1}{C_3}}\,[\text{F}]$$

$$Q = Q_1 = Q_2 = Q_3\,[\text{C}]$$

$$V_1 = \frac{Q}{C_1},\ V_2 = \frac{Q}{C_2},\ V_3 = \frac{Q}{C_3}\,[\text{V}]$$

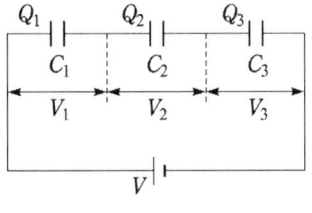

[콘덴서의 직렬접속]

(2) 병렬접속(=저항의 직렬접속)

① 합성 정전용량

$$C_0 = C_1 + C_2 + C_3\,[\text{F}]$$

$$Q_1 = C_1 V\,[\text{C}]$$

$$Q_2 = C_2 V\,[\text{C}]$$

$$Q_3 = C_3 V\,[\text{C}]$$

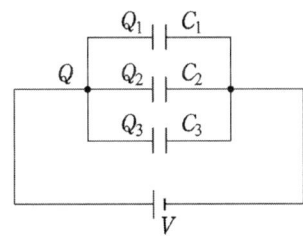

[콘덴서의 병렬접속]

(3) 직·병렬 접속

① 합성 정전용량

$$C_0 = \frac{C_1 \cdot (C_2 + C_3)}{C_1 + (C_2 + C_3)}[F]$$

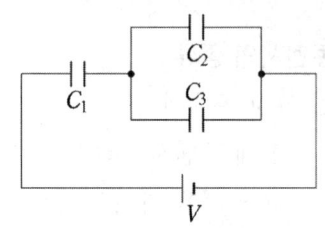

[콘덴서의 직·병렬 접속]

3 특수현상

(1) 압전기 효과

수정, 로셀염등의 유전체를 기계적인 장력내지 압력을 가하여 기계적 변형을 주면 유전체 표면에는 양·음의 전하가 나타나는 현상

기출 & 예상문제

제 2 장 정전기와 콘덴서(2)

01 어떤 콘덴서에 1000[V]의 전압을 가하였더니 5×10^{-3}[C]의 전하가 축적되었다. 이 콘덴서의 용량은?

① 2.5[μF] ② 5[μF]
③ 250[μF] ④ 5000[μF]

풀이

$Q = CV$에서 $C = \dfrac{Q}{V} = \dfrac{5 \times 10^{-3}}{1000} = 5 \times 10^{-6}$[F]

답 ②

02 공기중에 있는 반지름 a[m]의 독립 도체구의 정전용량은 몇 [F]인가?

① $\pi\epsilon_0 a$ ② $2\pi\epsilon_0 a$
③ $4\pi\epsilon_0 a$ ④ $16\pi\epsilon_0 a$

풀이

구도체의 정전용량 $C = 4\pi\epsilon r$[F] (반지름 r[m]의 구도체)

$\therefore C = \dfrac{Q}{V} = \dfrac{Q}{\dfrac{Q}{4\pi\epsilon_0 a}} = 4\pi\epsilon_0 a$[F]

답 ③

03 평행 평판의 정전 용량은 간격을 d, 평행판의 면적을 S라 하면 콘덴서의 정전용량 식은? (단, ϵ는 유전율이다.)

① $C = \epsilon S d$ ② $C = \dfrac{d}{\epsilon S}$ ③ $C = \dfrac{S}{\epsilon d}$ ④ $C = \dfrac{\epsilon S}{d}$

풀이

평행판 콘덴서의 정전용량 : 두 전극의 면적에 비례하고, 유전율에 비례하며 전극의 간격에 반비례한다.

$C = \epsilon \dfrac{S}{d}$[F] ($C \propto \dfrac{1}{d}$, $C \propto S$)

답 ④

04 콘덴서에 비유전률 ϵ_r인 유전체가 채워져 있을 때의 정전용량 C와 공기로 채워져 있을 때의 정전용량 C_0와의 비(C/C_0)는?

① ϵ_r ② $\dfrac{1}{\epsilon_r}$ ③ $\sqrt{\epsilon_r}$ ④ $\dfrac{1}{\sqrt{\epsilon_r}}$

▶풀이

$$C = \epsilon_0 \epsilon_r \cdot \frac{S}{d}, \quad C_0 = \epsilon_0 \cdot \frac{S}{d}, \quad \frac{C}{C_0} = \frac{\epsilon_0 \cdot \epsilon_r \cdot \frac{S}{d}}{\epsilon_0 \cdot \frac{S}{d}} = \epsilon_r$$

답 ①

05 평행판 전극에 일정 전압을 가하면서 극판의 간격을 2배로 하면 내부 전기장의 세기는 어떻게 되는가?

① 4배로 커진다
② $\frac{1}{2}$배로 작아진다.
③ 2배로 커진다.
④ $\frac{1}{4}$배로 작아진다.

▶풀이

$E = \frac{V}{l}$ [V/m]에서 거리를 두 배로 하였을 때 전장의 세기는 $E' = \frac{V}{2l} = \frac{1}{2}E$

답 ②

06 5[μF]의 콘덴서를 1000[V]로 충전하면 축적되는 에너지는 몇 [J]인가?

① 2.5 ② 4 ③ 5 ④ 10

▶풀이

$W = \frac{1}{2}CV^2 = \frac{1}{2} \times 5 \times 10^{-6} \times 1000^2 = 2.5[J]$

답 ①

07 정전용량 C[F]의 콘덴서에 W[J]의 에너지를 축적하려면 이 콘덴서에 가해 줄 전압[V]은?

① $\frac{2W}{C}$
② $\sqrt{\frac{2W}{C}}$
③ $\frac{2C}{W}$
④ $\sqrt{\frac{2C}{W}}$

▶풀이

$W = \frac{1}{2}CV^2$[J] 에서 $V^2 = \frac{2W}{C}$ ∴ $V = \sqrt{\frac{2W}{C}}$

답 ②

08 전계의 세기 50[V/m], 전속밀도 100[C/m²]인 유전체의 단위 체적에 축적되는 에너지는?

① 2[J/m³]
② 250[J/m³]
③ 2500[J/m³]
④ 5000[J/m³]

▶풀이

$W_0 = \frac{1}{2}ED = \frac{1}{2}\epsilon E^2 = \frac{D^2}{2\epsilon}$ [J/m³]

∴ $W = \frac{1}{2}DE = \frac{1}{2} \times 100 \times 50 = 2500$[J/m³]

답 ③

09 평행한 콘덴서에 100[V]의 전압이 걸려 있다. 이 전원을 가한 상태로 평행판 간격을 처음의 2배로 증가시키면?

① 용량은 반으로 줄고, 저장되는 에너지는 2배가 된다.
② 용량은 2배가 되고, 저장되는 에너지는 반으로 줄어든다.
③ 용량과 저장되는 에너지는 각각 반으로 줄어든다.
④ 용량과 저장되는 에너지는 각각 2배가 된다.

풀이

$C = \dfrac{\epsilon S}{d}[F]$, $W = \dfrac{1}{2}CV^2[J]$ 에서

- 용량과 간격은 반비례 관계이므로, 간격이 2배 증가하면 용량은 반으로 줄어든다.
- 저장 에너지와 용량은 비례 관계이므로, 용량이 반으로 줄면 같이 반으로 줄어든다.

답 ③

10 정전콘덴서에서 축적된 에너지와 전위차와의 관계식을 그림으로 나타내면?

① 쌍곡선　　　　　　　　② 타원
③ 포물선　　　　　　　　④ 원

풀이

$W = \dfrac{1}{2}CV^2[J]$ 에서 $W \propto V^2$

따라서 W와 V의 관계는 포물선으로 나타난다.

답 ③

11 비유전율이 큰 산화티탄 등을 유전체로 사용한 것으로 극성이 없으며 가격에 비해 성능이 우수하여 널리 사용되고 있는 콘덴서의 종류는?

① 마일러 콘덴서　　　　　② 마이카 콘덴서
③ 전해 콘덴서　　　　　　④ 세라믹 콘덴서

풀이

콘덴서의 종류
- 전해 콘덴서 : 전기 분해로 금속의 표면에 얇은 산화피막을 만들어 유전체로 사용하고 극성을 가지고 있어 교류 회로에는 사용할 수 없다.
- 세라믹 콘덴서 : 전극사이의 유전체로 티탄산바륨과 같은 비유전율이 큰 재료가 사용되며 가격에 비해 성능이 우수하여 가장 많이 사용된다.
- 마이카 콘덴서 : 온도 변화에 따른 용량 변화가 작고 절연 저항이 높은 특성을 갖고 있으므로 표준 콘덴서로도 사용된다.

답 ④

12 콘덴서 중 극성을 가지고 있는 콘덴서로서 교류 회로에 사용 할 수 없는 것은?

① 마일러 콘덴서　　　　　② 마이카 콘덴서
③ 세라믹 콘덴서　　　　　④ 전해 콘덴서

답 ④

13 다음 중 콘덴서 접속법에 대한 설명으로 알맞은 것은?
① 직렬로 접속하면 용량이 커진다.
② 병렬로 접속하면 용량이 작아진다.
③ 콘덴서는 직렬접속만 가능하다.
④ 직렬로 접속하면 용량이 적어진다.

▶풀이
콘덴서는 직렬로 접속시 용량이 $\dfrac{C_1 \times C_2}{C_1 + C_2}$ 로 각각의 용량보다 작아지며, 병렬 접속시 $C_1 + C_2$로 용량이 증가한다.

답 ④

14 두 콘덴서 C_1, C_2를 직렬접속하고 양단에 $V[\mathrm{V}]$의 전압을 가할 때 C_1에 걸리는 전압은?

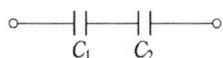

① $\dfrac{C_1}{C_1 + C_2} V[\mathrm{V}]$
② $\dfrac{C_2}{C_1 + C_2} V[\mathrm{V}]$
③ $\dfrac{C_1 + C_2}{C_1} V[\mathrm{V}]$
④ $\dfrac{C_1 + C_2}{C_2} V[\mathrm{V}]$

▶풀이
$Q = CV$ ∴ $V \propto \dfrac{1}{C}$ 이므로
C_1에 걸리는 전압은 $V_1 = \dfrac{C_2}{C_1 + C_2} V[\mathrm{V}]$

답 ②

15 그림에서 $C_1 = C_2 = C_3 = 2[\mu\mathrm{F}]$, $V = 90[\mathrm{V}]$일 때 합성 정전 용량$[\mu\mathrm{F}]$은?

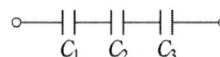

① $\dfrac{3}{2}$
② $\dfrac{2}{3}$
③ $\dfrac{3}{5}$
④ $\dfrac{1}{60}$

▶풀이
$C_0 = \dfrac{1}{\dfrac{1}{C_1} + \dfrac{1}{C_2} + \dfrac{1}{C_3}} = \dfrac{2}{3}[\mu\mathrm{F}]$

답 ②

16 2[F], 4[F], 6[F]의 콘덴서 3개를 병렬로 접속했을 때 합성 정전용량은 몇 [F]인가?
① 1.5
② 4
③ 8
④ 12

▶풀이
$C_0 = C_1 + C_2 + C_3 = 2 + 4 + 6 = 12[\mathrm{F}]$

답 ④

17 정전용량이 10[μF]인 콘덴서 2개를 병렬로 했을 때의 합성 용량은 직렬로 했을 때의 합성 용량의 몇 배인가?

① $\dfrac{1}{4}$ ② $\dfrac{1}{2}$ ③ 2   ④ 4

▶ 풀이

병렬 접속 시 합성정전용량 $C_{병렬} = C_1 + C_2 = 2C = 20[\mu F]$

직렬 접속 시 합성정전용량 $C_{직렬} = \dfrac{C_1 \times C_2}{C_1 + C_2} = \dfrac{C}{2} = 5[\mu F]$

$\therefore \dfrac{C_{병렬}}{C_{직렬}} = \dfrac{20}{5} = 4[배]$

답 ④

18 그림에서 콘덴서의 합성 정전 용량은 얼마인가?

① C ② $2C$
③ $3C$ ④ $4C$

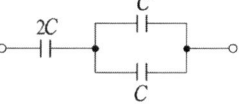

▶ 풀이

$C_0 = \dfrac{2C \times (C+C)}{2C + (C+C)} = \dfrac{4C^2}{4C} = C[F]$

답 ①

19 A-B 사이의 콘덴서의 합성정전 용량은 얼마인가?

① $1C$ ② $1.2C$
③ $2C$ ④ $2.4C$

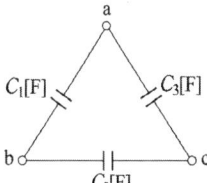

▶ 풀이

$C_0 = \dfrac{2C \times (C+C+C)}{2C + (C+C+C)} = \dfrac{6C^2}{5C} = 1.2C[F]$

답 ②

20 다음 회로에서 C_{ac} 사이의 합성 정전 용량[F]은?

① $C_3 + \dfrac{1}{\dfrac{1}{C_1} + \dfrac{1}{C_2}}$ ② $C_1 + \dfrac{1}{\dfrac{1}{C_2} + \dfrac{1}{C_3}}$

③ $C_2 + \dfrac{1}{\dfrac{1}{C_1} + \dfrac{1}{C_3}}$ ④ $C_1 + C_2 + C_3$

▶ 풀이

$C_0 = C_3 + \dfrac{1}{\dfrac{1}{C_1} + \dfrac{1}{C_2}}$

$= C_3 + \dfrac{C_1 \times C_2}{C_1 + C_2}[F]$

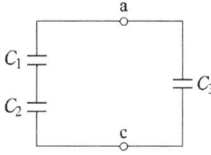

답 ①

21 30[μF]과 40[μF]의 콘덴서를 병렬로 접속한 다음 100[V]전압을 가했을 때 전 전하량은 몇 [C]인가?

① 17×10^{-4}[C]   ② 34×10^{-4}[C]
③ 56×10^{-4}[C]   ④ 70×10^{-4}[C]

▶풀이

$C_0 = C_1 + C_2 = 30 + 40 = 70[\mu F]$
$\therefore Q = C_0 V = 70 \times 10^{-6} \times 100 = 70 \times 10^{-4}[C]$

답 ④

22 20[μF] 및 50[μF]의 콘덴서를 병렬로 접속하여 200[V] 전압을 가하였을 때 전 전하량은 얼마인가?

① 4×10^{-4}[C]   ② 10^{-9}[C]
③ 7×10^{-4}[C]   ④ 14×10^{-3}[C]

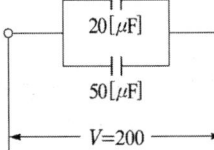

▶풀이

$C_0 = C_1 + C_2 = 20 + 50 = 70[\mu F]$
$\therefore Q = C_0 V = 70 \times 10^{-6} \times 200 = 14 \times 10^{-3}[C]$

답 ④

23 $V=200$[V], $C_1=10[\mu F]$, $C_2=5[\mu F]$인 2개의 콘덴서가 병렬로 접속되어 있다. 콘덴서 C_1에 축적되는 전하[μC]는 얼마인가?

① 2   ② 20   ③ 200   ④ 2000

▶풀이

$Q_1 = C_1 V = 10 \times 10^{-6} \times 200 = 2000 \times 10^{-6}[C] = 2000[\mu F]$

답 ④

24 Q_1으로 대전된 용량 C_1의 콘덴서에 용량 C_2를 병렬 연결할 경우 C_2가 분배받는 전기량은 얼마인가?

① $\dfrac{C_1 + C_2}{C_2} Q_1$ ② $\dfrac{C_1}{C_1 + C_2} Q_1$
③ $\dfrac{C_1 + C_2}{C_1} Q_1$ ④ $\dfrac{C_2}{C_1 + C_2} Q_1$

▶풀이

병렬 접속 시 합성 정전용량 $C_0 = C_1 + C_2$ 이므로 $V = \dfrac{Q_1}{C_1 + C_2}$[V]

$\therefore Q_2 = C_2 V = C_2 \times \dfrac{Q_1}{C_1 + C_2}$[C]

답 ④

제3장

자기의 성질과 전류에 의한 자기장

3.1 자석의 자기작용

1 쿨롱의 법칙

임의의 공간 내에서 두 자극 m_1, m_2[Wb] 사이에 작용하는 힘의 크기는 두 자극 세기의 곱에 비례하고, 두 자극 사이 거리의 제곱에 반비례한다.

$$F = \frac{1}{4\pi\mu} \times \frac{m_1 m_2}{r^2} = 6.33 \times 10^4 \times \frac{m_1 m_2}{\mu_s r^2} [\text{N}]$$

- 투자율 $\mu = \mu_0 \cdot \mu_s$ [H/m]
- 비투자율 : 진공 $\mu_s = 1$, 공기중 $\mu_s ≒ 1$
- 진공시 투자율 : $\mu_0 = 4\pi \times 10^{-7}$ [H/m]

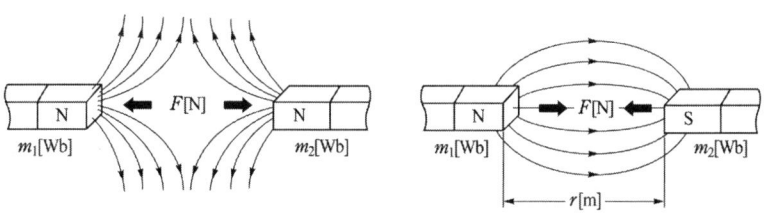

[쿨롱의 법칙]

2 자기장

(1) 자계의 세기 H[AT/m](자장의 세기, 자계)

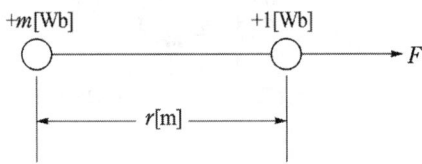

자극 m[Wb]에서 임의의 거리 r[m] 떨어진 점에서 1[Wb]에 작용하는 힘

$$H = \frac{1}{4\pi\mu} \times \frac{m}{r^2} = 6.33 \times 10^4 \times \frac{m}{\mu_s r^2} \, [\text{AT/m}]$$

$$F = mH \, [\text{N}]$$

(2) 자기력선 : 자력이 미치는 작용을 가상의 선으로 표시한 것

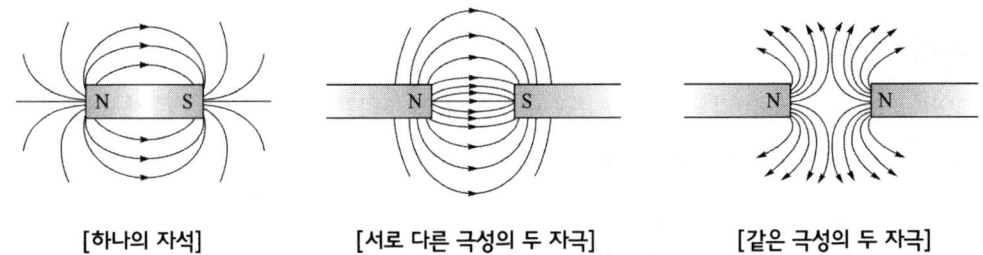

[하나의 자석]　　[서로 다른 극성의 두 자극]　　[같은 극성의 두 자극]

① 자력선은 N극에서 나와 S극에서 끝난다.
② 자력선 자체는 수축하려하고 같은 방향의 자력선은 서로 반발한다.
③ 한 점을 지나는 자력선의 접선 방향이 그 점에서의 자장의 방향이다.
④ 자기장내 임의의 한 점에서의 자력선의 밀도는 자장의 세기와 같다.
⑤ 자력선은 서로 교차하지 않는다.

(3) 가우스 정리

임의의 폐곡면 내 자하량 m[Wb]가 있을 때, 이 폐곡면을 통해서 나오는 자기력선의 총수

$$N = \frac{m}{\mu} = \frac{m}{\mu_s \cdot \mu_0} \, [\text{개}]$$

(4) 자속 밀도 : 단위면적 1[m²]에 통과하는 자속(ϕ[Wb])의 양

$$B = \frac{\phi}{A} = \frac{m}{4\pi r^2} [\text{Wb/m}^2]$$

$$B = \mu \cdot H \, [\text{Wb/m}^2]$$

(5) 자기 모멘트

평등자장내에 자극의 세기 m[Wb]를 놓아두면 N, S극에 각각 힘이 작용하게 된다.
자극의 세기가 m[Wb]이고 길이가 l[m]인 자석에서의 자기모멘트

$$M = m \cdot l \, [\text{Wb} \cdot \text{m}]$$

기출 & 예상문제

제3장 자기의 성질과 전류에 의한 자기장(1)

전기기능장

---

01 반자성체 물질의 특색을 나타낸 것은?

① $\mu_s > 1$ ② $\mu_s \gg 1$
③ $\mu_s = 1$ ④ $\mu_s < 1$

풀이
- 강자성체 : $\mu_s \gg 1$
- 반자성체 : $\mu_s < 1$
- 상자성체 : $\mu_s > 1$

답 ④

---

02 다음 중 강자성체가 아닌 것은?

① 니켈 ② 철
③ 백금 ④ 망간

풀이
강자성체 : 자기유도에 의해 강하게 자화되어 쉽게 자석이 되는 물질
예) 철(Fe), 니켈(Ni), 코발트(Co), 망간(Mn)

답 ③

---

03 강자성체의 히스테리시스 루프의 면적은?

① 강자성체의 단위 체적당 필요한 에너지이다.
② 강자성체의 단위 면적당 필요한 에너지이다.
③ 강자성체의 단위 길이당 필요한 에너지이다.
④ 강자성체의 단위 체적의 필요한 에너지이다.

답 ①

---

04 다음 중 자기 차폐와 가장 관계가 깊은 것은?

① 상 자성체 ② 강 자성체
③ 반 자성체 ④ 비투자율이 1인 자성체

풀이
자기 차폐 [magnetic shielding] : 특정한 곳에 자계의 영향이 없도록 하는 것. 물체를 강판(강자성체)으로 싸면 물체는 외부 자계의 영향을 받지 않는다.

답 ②

05 점자극 사이의 거리를 2배로 하면 작용력은 몇 배가 되는가?

① 0.25　　　② 0.5　　　③ 2　　　④ 4

풀이

$F \propto \dfrac{1}{r^2} = \dfrac{1}{4} = 0.25$

답 ①

06 자장의 세기의 설명이 잘못된 것은?

① 자속밀도에 투자율을 곱한 것과 같다.
② 단위 자극에 작용하는 힘과 같다.
③ 단위 길이 당 기자력과 같다.
④ 수직 단면의 자력선 밀도와 같다.

풀이

$H = \dfrac{B}{\mu}$ [AT/m] : 자장의 세기는 자속밀도에 투자율을 나눈 것과 같다.

답 ①

07 m[Wb]의 점자극에서 r[m] 떨어진 점의 자기장의 세기는 공기 중에서 몇 [AT/m]인가?

① $\dfrac{m}{r^2}$　　　② $\dfrac{m}{4\pi r^2}$

③ $6.33 \times 10^4 \dfrac{m}{r^2}$　　　④ $\dfrac{m}{4\pi r}$

풀이

자기장의 세기 $H = \dfrac{1}{4\pi\mu_0} \times \dfrac{m}{r^2} = 6.33 \times 10^4 \times \dfrac{m}{r^2}$ [AT/m]

답 ③

08 자기장의 세기 H [AT/m]속에서 자극 m [Wb]가 받는 힘 F[N]은?

① $F = \dfrac{H}{m}$　　② $F = \dfrac{m}{H}$　　③ $F = mH$　　④ $F = \mu H$

풀이

$F = mH$

답 ③

09 자장의 세기 10[AT/m]인 점에 자극을 놓았을 때 50[N]의 힘이 작용하였다. 이 자극의 세기는 몇 [Wb]인가?

① 5　　　② 10　　　③ 15　　　④ 25

풀이

$m = \dfrac{F}{H} = \dfrac{50}{10} = 5$[Wb]

답 ①

10 공기 중에서 m[Wb]의 자극으로부터 나오는 자력선의 총수는 얼마인가?

① m ② $\dfrac{\mu_0}{m}$ ③ $\mu_0 m$ ④ $\dfrac{m}{\mu_0}$

• 풀이

가우스 정리 : 임의의 폐곡면 내 자하량 m[Wb]가 있을 때 이 폐곡면을 통해서 나오는 자기력선의 총수

$$N = \dfrac{m}{\mu} = \dfrac{m}{\mu_s \cdot \mu_0}[개]$$

답 ④

11 자기력선의 설명 중 맞는 것은?
① 자기력선은 자극의 N극에서 시작하여 S극에서 끝난다.
② 자기력선은 상호간에 교차 한다
③ 자기력선은 자극의 S극에서 시작하여 N극에서 끝난다.
④ 자기력선은 가시적으로 보인다.

• 풀이

자기력선의 성질
① 자력선은 N극에서 나와 S극에서 끝난다.
② 자력선 자체는 수축하려고 같은 방향의 자력선은 서로 반발한다.
③ 한 점을 지나는 자력선의 접선 방향이 그 점에서의 자장의 방향이다.
④ 자기장내 임의의 한 점에서의 자력선의 밀도는 자장의 세기와 같다.
⑤ 자력선은 서로 교차하지 않는다.

답 ①

12 면적 3[cm²]의 면을 진공 중에서 수직으로 0.0036[Wb]의 자속이 지날 때 자속밀도는 얼마인가?

① 0.83[Wb/m²] ② 12[Wb/m²]
③ 6.6×10^{-4}[Wb/m²] ④ 10.8[Wb/m²]

• 풀이

$$B = \dfrac{\phi}{A} = \dfrac{0.0036}{3 \times 10^{-4}} = 12[\text{Wb/m}^2]$$

답 ②

13 비투자율이 1인 환상 철심 중의 자장의 세기가 H[AT/m]이었다. 이 때 비투자율이 10인 물질로 바꾸면 철심의 자속밀도[Wb/m²]는?

① $\dfrac{1}{10}$로 줄어든다. ② 10배 커진다.
③ 50배 커진다. ④ 100배 커진다.

• 풀이

$$B = \mu H = \mu_0 \mu_s H [\text{Wb/m}^2] \propto \mu_s$$

답 ②

14 자극의 세기가 10^{-5}[Wb], 길이가 10[cm]인 막대자석의 자기 모멘트는 몇 [Wb·m]인가?

① 10^{-3} ② 10^{-4}
③ 10^{-5} ④ 10^{-6}

●풀이

$M = ml = 10^{-5} \times 10 \times 10^{-2} = 10^{-6}$[Wb·m]

답 ④

3.2 전류의 자기작용

1 전류에 의한 자기현상

(1) 앙페르의 오른나사 법칙

전류가 흐르는 도체의 주위에는 원형의 자력선이 생기고, 자기력선의 방향을 알 수 있는 법칙

① 직선전류에 의한 자력선의 방향
- 엄지손가락 : 전류의 방향
- 나머지손가락 : 자기력선의 방향

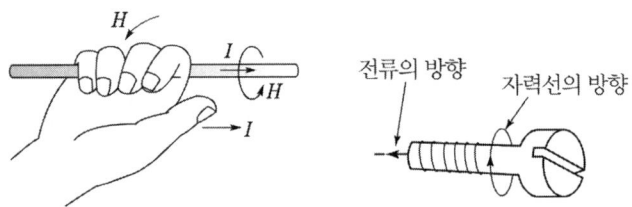

[직선 전류에 의한 자기력선의 방향]

② 환상전류에 의한 자력선의 방향
- 엄지손가락 : 자력선의 방향
- 나머지손가락 : 전류의 방향

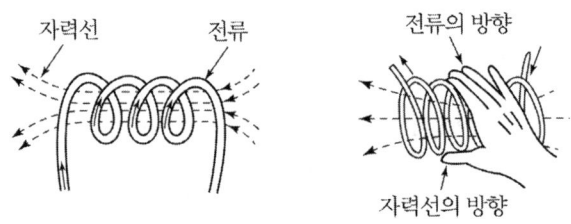

[환상 전류에 의한 자력선의 방향]

(2) 비오-사바르의 법칙

도선에 흘린 전류에 의해서 발생되는 자장의 세기를 구할 수 있는 공식
(전류에 의한 자장의 세기)

$$\Delta H = \frac{I \cdot \Delta l}{4\pi r^2} \cdot \sin\theta \, [\text{AT/m}]$$

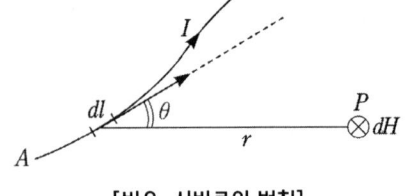

[비오-사바르의 법칙]

(3) 자기장의 계산

① 원형코일의 중심에서 자장의 세기

$$H = \frac{NI}{2r}[\text{AT/m}] \quad (H \propto \frac{1}{r})$$

여기서, N : 권수, I : 전류, r : 반경

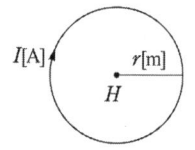

[원형코일 중심에서의 자장의 세기]

② 무한장 직선전류에 의한 자장의 세기

$$H = \frac{I}{l} = \frac{I}{2\pi r}[\text{AT/m}] \quad (H \propto \frac{1}{r})$$

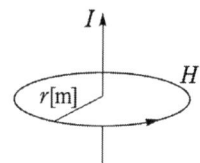

[무한장 직선전류의 자장의 세기]

③ 직선솔레노이드 내부 자장의 세기

$$H = n_0 \cdot I\,[\text{AT/m}] \quad (n_0 : 1[\text{m}]\text{당 코일의 권수})$$

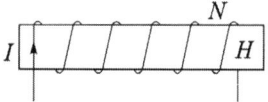

[솔레노이드 내부 자장의 세기]

④ 환상 솔레노이드에 의한 자장의 세기

$$H = \frac{NI}{l} = \frac{NI}{2\pi r}[\text{AT/m}] \quad (H \propto \frac{1}{r})$$

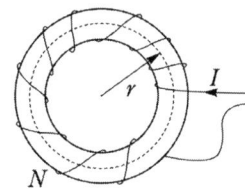

[환상솔레노이드 중심 자장의세기]

2 | 자기회로와 자기저항

(1) 자기회로

자속이 통과하는 폐회로(전류가 통과하는 폐회로 : 전기회로)

① 기자력 : 자속을 만드는 원동력

$$F = NI \text{[AT]} \ (N : \text{권수}, \ I : \text{전류})$$

코일에 전류가 흐름으로 인해 자속이 발생되며, 발생자속 ϕ는 N, I에 비례

② 누설자속(leakage flux) : 자속의 일부가 누설

$$\text{누설계수} = \frac{\text{전자속}}{\text{유효자속}} = \frac{\text{유효자속} + \text{누설자속}}{\text{유효자속}}$$

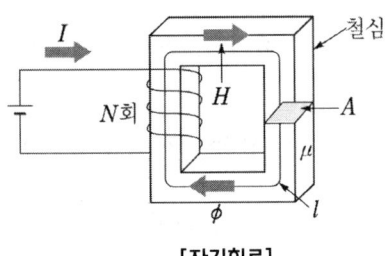

[자기회로]

(2) 자기저항 R_m[AT/Wb] : 기자력과 자속의 비

$$R_m = \frac{F}{\phi} = \frac{NI}{\phi} \text{[AT/Wb]}$$

$$R_m = \frac{l}{\mu A} = \frac{l}{\mu_0 \mu_s A} \text{[AT/Wb]}$$

투자율과 단면적 $A\text{[m}^2\text{]}$에 반비례하고, 자로의 길이 $l\text{[m]}$에 비례한다.

$$\therefore \frac{NI}{\mu HA} \ (\psi = BA = \mu HA) = \frac{NI}{\mu A \ (NI/l)} = \frac{l}{\mu A} \text{[AT/Wb]}$$

(3) 전기회로와 자기회로의 대응

전기회로	자기회로
• 전류 I[A]	• 자속 ϕ[Wb]
• 전압, 기전력 $V = IR$[V]	• 기자력 $F = NI \text{[AT]} = R_m \phi = Hl$
• 저항 $R = \rho \frac{l}{S} = \frac{l}{\sigma S}$[Ω]	• 자기저항 $R_m = \frac{l}{\mu S}$[AT/Wb]
• 도전율 σ[℧/m]	• 투자율 μ[H/m]

기출 & 예상문제

제3장 자기의 성질과 전류에 의한 자기장(2)

01 전류로 만들어지는 자장의 자력선의 방향을 간단하게 알아내는 법칙은?
① 오른나사법칙 ② 왼손법칙
③ 적분의 법칙 ④ 줄의 법칙

▶ 풀이
- 앙페르의 오른나사 법칙 : 전류가 흐르는 도체의 주위에는 원형의 자력선이 생기고, 자기력선의 방향을 알 수 있는 법칙

답 ①

02 그림과 같은 철심에 코일을 감고 스위치를 여는 순간 자속의 방향은?
① a
② b
③ c
④ d

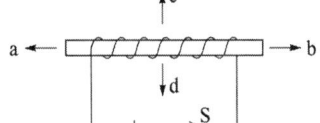

▶ 풀이
앙페르의 오른나사 법칙에 따른 환상전류에 의한 자장의 방향
- 엄지손가락 : 자력선의 방향
- 나머지손가락 : 전류의 방향

답 ①

03 다음 중 비오-사바르의 법칙을 나타낸 것은?

① $\Delta H = \dfrac{I \Delta l \sin\theta}{4\pi r}$ [AT/m] ② $\Delta H = \dfrac{I \Delta l \sin\theta}{4\pi r^2}$ [AT/m]

③ $\Delta H = \dfrac{I \Delta l \cos\theta}{4\pi r}$ [AT/m] ④ $\Delta H = \dfrac{I \Delta l \cos\theta}{4\pi r^2}$ [AT/m]

▶ 풀이
- 비오-사바르의 법칙 : 도선에 흘린 전류에 의해서 발생되는 자장의 세기를 구할 수 있는 공식 (전류에 의한 자장의 세기)

$$\Delta H = \dfrac{I \cdot \Delta l}{4\pi r^2} \cdot \sin\theta \, [\text{AT/m}]$$

답 ②

04 비오-사바르의 법칙(Biot-Savart's law)은 어떤 관계를 나타내는가?
① 전류와 자장의 세기 ② 기자력과 자속밀도
③ 전위와 자장의 세기 ④ 기자력과 자장

답 ①

05 무한장 직선도체에 5[A]의 전류가 흐르고 있을 때 생기는 자장의 세기가 10[AT/m]인 점은 도체로부터 약 몇 [cm] 떨어졌는가?

① 4 ② 6 ③ 8 ④ 12

풀이

무한장 직선전류에 의한 자장의 세기

$$H = \frac{I}{2\pi r}[AT/m] \quad \therefore r = \frac{I}{2\pi H} = \frac{5}{2\pi \times 10} = 0.08[m]$$

답 ③

06 1[cm]당 권수 50인 솔레노이드에 10[mA]의 전류를 흘릴 때 내부의 자기장의 세기[AT/m]는?

① 10 ② 20 ③ 30 ④ 50

풀이

솔레노이드 내부 자장의 세기 $H = n_0 \cdot I[AT/m]$ (n_0 : 1[m]당 코일의 권수)

$$\therefore H = 50 \times 100 \times 10 \times 10^{-3} = 50[AT/m]$$

답 ④

07 무한장 솔레노이드에 전류가 흐를 때 발생하는 자장에 관한 설명 중 옳은 것은?

① 내부 자장은 평등 자장이다.
② 외부와 내부 자장의 세기는 같다.
③ 외부 자장은 평등 자장이다.
④ 내부 자장의 세기는 0이다.

풀이

솔레노이드 내부 자장의 세기는 평등자장으로 그 크기는 $H = n_0 \cdot I[AT/m]$ 이고, 외부 자계의 세기는 누설 자속이 있을 수 없으므로 0이 된다.

답 ①

08 단면적 $S[m^2]$, 길이 $l[m]$, 투자율 $\mu[H/m]$의 자기회로에 N회의 코일을 감고 $I[A]$의 전류를 흘릴때 발생하는 자속[Wb]를 구하는 식은?

① $\mu l N I S$ ② $\frac{\mu l S}{NI}$ ③ $\frac{\mu SNI}{l}$ ④ $\frac{\mu l SN}{I}$

풀이

$B = \mu H$ 이고 $H = \frac{NI}{l}$ 이므로

$$\therefore \phi = BS = \mu H \times S = \mu \frac{NI}{l} \times S = \frac{\mu SNI}{l}[Wb]$$

답 ③

09 다음 중 자기저항의 단위는?

① A/Wb ② AT/m ③ AT/Wb ④ AT/H

풀이

자기저항 $R_m = \frac{F}{\phi}[AT/Wb]$

답 ③

10 1000[AT]의 기자력에서 5[Wb]의 자속에 생기는 자기회로의 저항[AT/Wb]은 얼마인가?

① 50   ② 100   ③ 150   ④ 200

• 풀이

$$R_m = \frac{F}{\phi} = \frac{1000}{5} = 200 [\text{AT/Wb}]$$

답 ④

11 자기회로의 길이 l, 단면적 A, 투자율 μ일 때 자기 저항 R를 나타낸 것은?

① $R = \frac{\mu l}{A}$ [AT/Wb]   ② $R = \frac{A}{\mu l}$ [AT/Wb]

③ $R = \frac{l}{\mu A}$ [AT/Wb]   ④ $R = \frac{\mu A}{l}$ [AT/Wb]

• 풀이

자기저항 $R_m = \frac{l}{\mu A} = \frac{F}{\phi}$ [AT/Wb]

전기저항 $R_e = \rho \frac{l}{A} = \frac{V}{I}$ [Ω]

답 ③

12 철심의 투자율 μ, 회로 길이 l인 자기 회로에 미소 공극 l_0를 만들었을 때 회로의 자기 저항은 대략 몇 배로 증가하는가?

① $1 + \frac{\mu l_0}{\mu_0 l}$ ② $1 + \frac{\mu l}{\mu_0 l_0}$ ③ $1 + \frac{\mu_0 l_0}{\mu l}$ ④ $1 + \frac{\mu_0 l}{\mu l_0}$

• 풀이

공극이 없는 경우 자기저항 $R_0 = \frac{l}{\mu A}$ [AT/Wb]

공극이 있는 경우 $R = R_{공극} + R_{철심} = \frac{l_0}{\mu_0 A} + \frac{l - l_0}{\mu A} = \frac{\mu_s l_0 + l}{\mu A}$ [AT/Wb]

∴ 자기저항의 증가율 $= \frac{R}{R_0} = \frac{\frac{\mu_s l_0 + l}{\mu A}}{\frac{l}{\mu A}} = \frac{\mu_s l_0 + l}{l} = 1 + \frac{\mu l_0}{\mu_0 l}$ [배]

답 ①

13 다음 중 자기회로의 누설계수를 나타낸 식은?

① $\frac{누설자속 \times 유효자속}{전자속}$ ② $\frac{누설자속}{전자속}$

③ $\frac{누설자속}{유효자속}$ ④ $\frac{누설자속 + 유효자속}{유효자속}$

• 풀이

누설계수 $= \frac{전자속}{유효자속} = \frac{유효자속 + 누설자속}{유효자속}$

답 ④

제3장 자기의 성질과 전류에 의한 자기장

제 4 장

전자력과 전자유도

4.1 전자력

1 전자력(전동기의 원리)

(1) 플레밍의 왼손 법칙

자장내에 놓인 도선에 전류가 흐를 때
도체가 힘을 받는 방향을 알 수 있는 법칙
- 엄지 : 힘의 방향(F)
- 검지 : 자기장의 방향(B)
- 중지 : 전류의 방향(I)

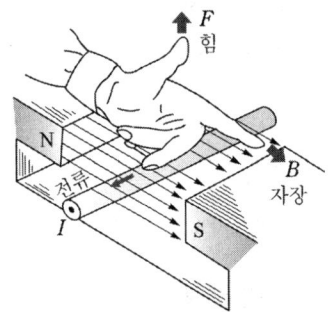

[플레밍의 왼손법칙]

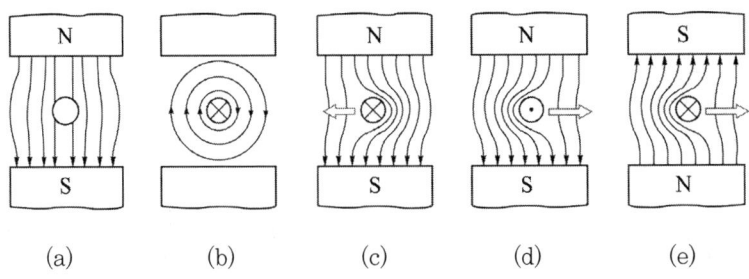

[전자력에 의한 힘의 방향]

(2) 전자력의 크기

$$F = BlI\sin\theta = \mu_0 HlI\sin\theta [\text{N}]$$

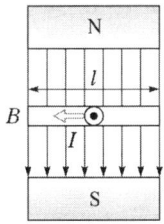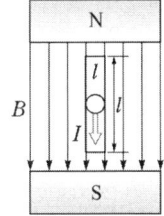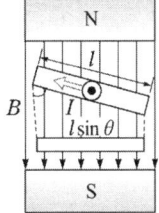

[도체와 자장 사이의 각과 전자력]

(3) 평형 도체 사이에 작용하는 힘

두 전류의 방향이 같으면 흡인력, 방향이 다른 경우 반발력이 작용한다.
도선 1[m]마다 받는 힘은 다음과 같다.

$$F = \frac{2I_1 \cdot I_2}{r} \times 10^{-7} [\text{N/m}]$$

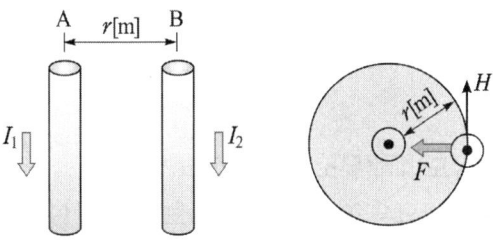

[평행 도체 사이의 작용력]

4.2 전자유도

1 | 전자유도 (발전기의 원리)

도체 주변의 자장을 변화시키거나 도체가 자기장내에서 운동하는 경우, 즉 자속이 도체를 관통하는 양이 변화하면 도체에 전압이 발생되는 현상
- 유도기전력 : 전자유도에 의해 발생한 전압
- 유도전류 : 유도기전력에 의해 흐르는 전류

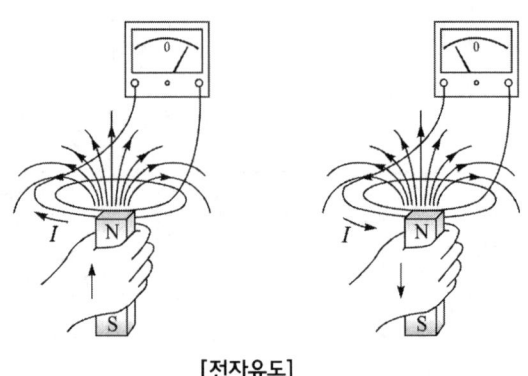

[전자유도]

(1) 렌츠의 법칙(유도기전력의 방향)

전자유도에 의해 발생되는 유도 기전력의 방향은 (유도 기전력에 의해서 발생한 유도전류) 유도 전류가 만들 자속이 항상 원래 자속의 증가 또는 감소를 방해하는 방향

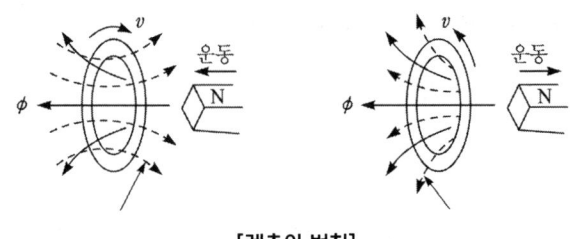

[렌츠의 법칙]

(2) 페러데이의 전자 유도법칙(유도기전력의 크기)

전자유도에 의해 발생되는 유도 기전력의 크기는 코일에 쇄교하는 자속의 변화율과 코일의 권수곱에 비례한다.

$$e = -N\frac{d\phi}{dt}[\text{V}]$$

(3) 플레밍의 오른손 법칙(운동에 의한 유도기전력의 방향)

자장내의 도체를 운동시켜 자속을 끊는 경우 도체에 발생하는 기전력의 방향을 알 수 있는 법칙

- 운동방향(v) : 엄지
- 자기장의 방향(B) : 검지
- 유도기전력의 방향(e) : 중지

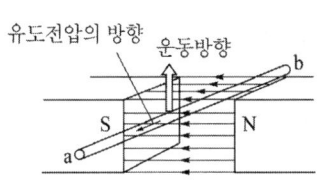 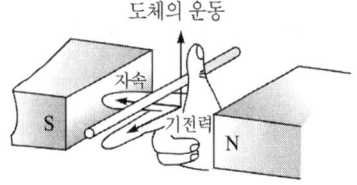

[플레밍의 오른손 법칙]

- 도체가 자기장과 θ의 각도, v[m/s]로 운동 시 유도기전력의 크기 : $e = Blv\sin\theta$[V]

기출&예상문제

제4장 전자력과 전자유도(1)

01 자장 내에 있는 도체에 전류를 흘리면 힘(전자력)이 작용하는데, 이 힘의 방향은 어떤 법칙으로 정하는가?
① 플레밍의 오른손 법칙   ② 플레밍의 왼손 법칙
③ 렌즈의 법칙   ④ 앙페르의 오른나사 법칙

▶풀이
플레밍의 왼손 법칙 : 자장내에 놓인 도선에 전류가 흐를 때 도체가 힘을 받는 방향을 알 수 있는 법칙 (전자력의 방향, 전동기의 원리)   답 ②

02 플레밍의 왼손법칙에서 엄지손가락이 뜻하는 것은?
① 자기력선속의 방향   ② 힘의 방향
③ 기전력의 방향   ④ 전류의 방향

▶풀이
• 힘의 방향(F) : 엄지
• 자기장의 방향(B) : 검지
• 전류의 방향(I) : 중지   답 ②

03 그림에서 도체 A가 받는 힘의 방향은?
① ①
② ②
③ ③
④ ④

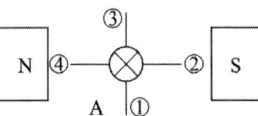

▶풀이
플레밍의 왼손 법칙에 적용하면 작용하는 힘의 방향은 그림과 같다.

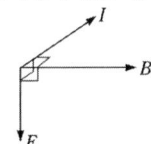

답 ①

04 자속밀도 0.5[Wb/m²]의 자계내에 자계에 직각으로 놓인 도선이 있다. 여기에 20[A]의 전류를 흘리면 단위 길이에 작용하는 힘[N]은?
① 5   ② 10   ③ 15   ④ 20

- **풀이**
  $F = BIl\sin\theta = 0.5 \times 1 \times 20 \times \sin 90° = 10[N]$

  답 ②

05 평행한 두 도체에 같은 방향의 전류가 흘렀을 때 두 도체 사이에 작용하는 힘은 어떻게 되는가?
① 반발력
② 힘이 작용하지 않는다.
③ 흡인력
④ $\dfrac{I}{2\pi r}$ 의 힘

- **풀이**
  평형 도체 사이에 작용하는 힘
  : 두 전류의 방향이 같으면 흡인력, 방향이 다른 경우 반발력이 작용한다.

  답 ③

06 그림과 같이 A, B 도체에 같은 방향의 전류가 동일하게 흐를 때 두 도체간의 작용하는 힘은?
① 반발력이 작용한다.
② A가 B쪽으로 흡인된다.
③ B가 A쪽으로 흡인된다.
④ 흡인력이 작용한다.

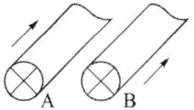

답 ④

07 서로 가까이 나란히 있는 두 도체에 전류가 반대 방향으로 흐를 때 각 도체 간에 작용하는 힘은?
① 흡인한다.
② 반발한다.
③ 흡인과 반발을 되풀이 하다.
④ 처음에는 흡인하다가 나중에는 반발한다.

답 ②

08 무한히 긴 평행 2직선이 있다. 이들 도선에 같은 방향으로 일정한 전류가 흐를 때 상호간에 작용하는 힘은? (단, r은 두 도선간의 거리이다)
① 흡인력이며 r이 클수록 작아진다.
② 반발력이며 r이 클수록 작아진다.
③ 흡인력이며 r이 클수록 커진다.
④ 반발력이며 r이 클수록 커진다.

- **풀이**
  $F = \dfrac{2I_1 I_2}{r} \times 10^{-7}[N] \propto \dfrac{1}{r}$

  답 ①

09 공기 중에서 간격 1[m]의 평행 왕복 도체에 길이 1[m]당 10^{-7}[N]의 반발력이 작용한다면 이 도체에 흐르는 전류는 몇 [A]인가?

① $\sqrt{2}$ ② $\dfrac{1}{\sqrt{2}}$ ③ 2 ④ $\dfrac{1}{2}$

풀이

평행도선간 작용력 $F = \dfrac{2I_1 I_2}{r} \times 10^{-7} = \dfrac{2I^2}{1} \times 10^{-7} = 10^{-7}$[N]에서 $I = \dfrac{1}{\sqrt{2}}$[A]

답 ②

10 발전기의 유도전압의 방향을 나타내는 것은?

① 렌쯔의 법칙 ② 플레밍의 오른손 법칙
③ 오른나사의 법칙 ④ 패러데이의 법칙

풀이

• 플레밍의 오른손 법칙(발전기의 원리) : 자장내의 도체를 운동시켜 자속을 끊는 경우 도체에 발생하는 기전력의 방향을 알 수 있는 법칙

답 ②

11 플레밍의 오른손 법칙에서 세번째 손가락의 방향은?

① 운동방향 ② 자속밀도의 방향
③ 유도 기전력의 방향 ④ 자력선의 방향

풀이

• 운동방향(v) : 엄지
• 자기장의 방향(B) : 검지
• 유도기전력의 방향(e) : 중지

답 ③

12 전류의 방향과 기전력의 방향을 결정하는 법칙은?

① 렌쯔의 법칙 ② 플레밍의 오른손 법칙
③ 패러데이의 전자유도법칙 ④ 앙페에르의 오른나사의 법칙

풀이

렌츠의 법칙(유도기전력의 방향) : 전자유도에 의해 발생되는 유도 기전력의 방향은 (유도 기전력에 의해서 발생한 유도전류) 유도 전류가 만들 자속이 항상 원래 자속의 증가 또는 감소를 방해하는 방향

답 ①

13 유도기전력은 자신의 발생 원인이 되는 자속의 변화를 방해하려는 방향으로 발생 한다. 이 것을 유도 기전력에 관한 무슨 법칙이라 하는가?

① 옴(ohm)의 법칙 ② 렌츠(Lenz)의 법칙
③ 쿨롱(Coulomb)의 법칙 ④ 앙페르(Ampere)의 법칙

답 ②

14 전자 유도 현상에 의하여 생기는 유도 기전력의 크기를 정의하는 법칙은?
① 렌쯔의 법칙 ② 패러데이의 법칙
③ 앙페르의 법칙 ④ 플레밍의 오른손 법칙

> **풀이**
> • 패러데이의 전자 유도법칙(유도기전력의 크기) : 전자유도에 의해 발생되는 유도 기전력의 크기는 코일에 쇄교하는 자속의 변화율과 코일의 권수곱에 비례한다.
> $$e = -N\frac{d\phi}{dt}[V]$$
> **답** ②

15 1회 감은 코일에 지나가는 자속이 1/100[sec]동안에 0.3[Wb]에서 0.5[Wb]로 증가하였다면 유도 기전력[V]는?
① 5 ② 10 ③ 20 ④ 40

> **풀이**
> $$e = -N\frac{d\phi}{dt} = -1 \times \frac{(0.5-0.3)}{0.01} = -20[V]$$
> **답** ③

16 패러데이의 전자 유도 법칙에서 유도 기전력의 크기는 코일을 지나는 (㉮)의 매초 변화량과 코일의 (㉯)에 비례한다.
① ㉮ 자속, ㉯ 굵기 ② ㉮ 자속, ㉯ 권수
③ ㉮ 전류, ㉯ 권수 ④ ㉮ 전류, ㉯ 굵기

> **풀이**
> 페러데이법칙 $e = -N\frac{d\phi}{dt}[V]$
> **답** ②

17 코일에 그림과 같은 방향으로 유도 전류가 흘렀을 때 자석의 이동 방향은?
① ①의 방향
② ②의 방향
③ ③의 방향
④ ④의 방향

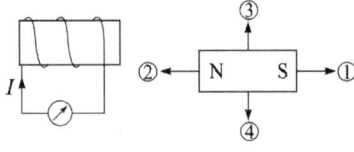

> **풀이**
> 렌츠의 법칙에 따라 유도기전력은 자속의 증감을 방해하는 방향으로 발생하게 되므로 그림과 같은 방향으로 유도전류가 흐르기 위해서는 코일에서 발생한 자속과는 반대방향으로 자석의 자속방향을 설정해 주면된다. 따라서 자석은 ②의 방향으로 이동하여야 한다.
> **답** ②

4.3 인덕턴스와 전자에너지

1 인덕턴스(inductance)

(1) 자체 인덕턴스 $L[\text{H}]$

SW를 달아 코일에 전류를 흘리면 코일에서 자속의 발생/변화로 인해
→ 코일에 전압을 유도 ⇒ 자체유도

① $V = -N\dfrac{d\Phi}{dt} = -L\dfrac{di}{dt}$ [V]

$\therefore LI = N\Phi \Rightarrow L = \dfrac{N\Phi}{I}$ [N]

② 환상 코일의 자체 인덕턴스

$L = \dfrac{\mu A N^2}{l}$ [H]

$\therefore L = \dfrac{N\phi}{I}\ (\phi = BA = \mu HA = \mu A \cdot \dfrac{NI}{l}) = \dfrac{\mu A N^2}{l}$ [H]

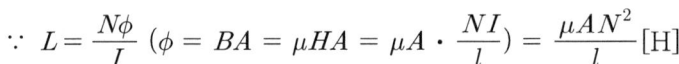

[자체유도]

(2) 상호 인덕턴스 $M[\text{H}]$

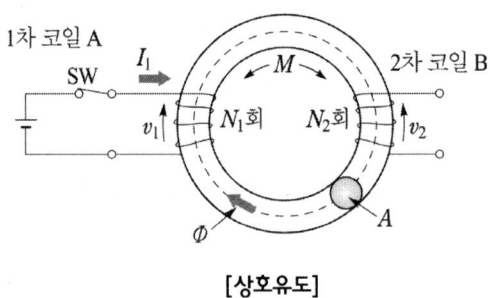

[상호유도]

A코일과 B코일을 감고 A코일의 전류를 변화시키면 B코일에도 전압이 발생 ⇒ 상호유도
- A코일 : 자체유도전압 V_1
- B코일 : 상호유도전압 V_2

① B코일이 A코일 전류의 변화에 의해 유도되는 상호유도전압

$V_2 = -M\dfrac{di_1}{dt} = -N_2\dfrac{d\Phi}{dt}$ [V] $\quad \therefore MI_1 = N_2\Phi$

$M = \dfrac{\mu A N_1 N_2}{l}$ [H]

② 결합계수(coupling coefficient)

$$K = \frac{M}{\sqrt{L_1 L_2}}[\text{H}], \quad M = K\sqrt{L_1 L_2}\,[\text{H}]$$

여기서, M : 상호 인덕턴스
$L_1,\ L_2$: 1, 2차 코일의 자기 인덕턴스

(3) 코일의 접속

① 가동접속(가극성)　　　　　② 차동접속(감극성)

$L_0 = L_1 + L_2 + 2M\,[\text{H}]$　　　$L_0 = L_1 + L_2 - 2M\,[\text{H}]$

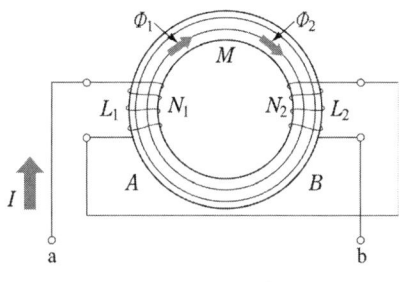
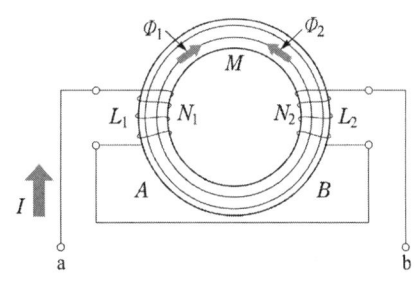

A코일$= \Phi_1 + \Phi_2\,[\text{Wb}]$　　　　　A코일$= \Phi_1 - \Phi_2\,[\text{Wb}]$
B코일$= \Phi_1 + \Phi_2\,[\text{Wb}]$　　　　　B코일$= \Phi_2 - \Phi_1\,[\text{Wb}]$

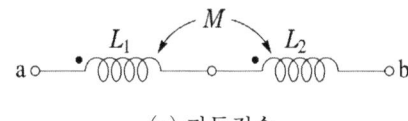
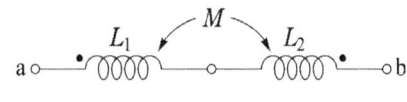

　　(a) 가동접속　　　　　　　　　(b) 차동접속

[코일의 접속]

2 전자에너지

(1) 코일에 축적되는 에너지 $W_L = \dfrac{1}{2}LI^2\,[\text{J}]$

(2) 단위 부피에 축적되는 에너지 $W = \dfrac{1}{2}\mu H^2 = \dfrac{1}{2}BH = \dfrac{1}{2}\cdot\dfrac{B^2}{\mu}\,[\text{J/m}^3]$

(3) 자기 흡인력 : 단위 면적($1[\text{m}^2]$) 마다의 흡인력 $f = \dfrac{1}{2}\cdot\dfrac{B^2}{\mu}\,[\text{N/m}^2]$

기출 & 예상문제

제4장 전자력과 전자유도(2)

01 코일의 자체 인덕턴스는 다음 어느 것에 따라 변하는가?
① 투자율 ② 유전율 ③ 도전율 ④ 저항률

▶풀이
$L = \dfrac{\mu A N^2}{l}[\text{H}] \propto \mu$

답 ①

02 자체 인덕턴스의 단위[H]와 같은 단위를 나타낸 것은?
① [H]=[Ω/S] ② [H]=[Wb/V] ③ [H]=[A/Wb] ④ [H]=$\dfrac{[\text{V}][\text{S}]}{[\text{A}]}$

▶풀이
$e = -L\dfrac{di}{dt}[\text{V}] \quad \therefore L = e[\text{V}] \times \dfrac{dt[\text{S}]}{di[\text{A}]}$

답 ④

03 권수 N[T]인 코일에 I[A]의 전류가 흘러 자속 Φ[Wb]가 발생할 때의 인덕턴스는 몇 [H]인가?
① $\dfrac{H\Phi}{I}$ ② $\dfrac{I\Phi}{N}$ ③ $\dfrac{NI}{\Phi}$ ④ $\dfrac{\Phi}{NI}$

▶풀이
$LI = N\Phi, \quad \therefore L = \dfrac{N\Phi}{I}[\text{H}]$

답 ①

04 환상 솔레노이드에 10회를 감았을 때의 자체 인덕턴스는 100회 감았을 때의 몇 배인가?
① 10 ② 100 ③ $\dfrac{1}{10}$ ④ $\dfrac{1}{100}$

▶풀이
$L = \dfrac{\mu A N^2}{l}[\text{H}] \propto N^2 \quad \therefore \dfrac{10^2}{100^2} = \dfrac{1}{100}$

답 ④

05 권선수 50인 코일에 5[A]의 전류가 흘렀을 때 10^{-3}[Wb]의 자속이 코일 전체를 쇄교하였다면 이 코일의 자체 인덕턴스는 몇 [mH]인가?
① 10 ② 20 ③ 30 ④ 40

풀이

$LI = N\Phi$ ∴ $L = \dfrac{N\Phi}{I} = \dfrac{50 \times 10^{-3}}{5} = 10[\text{mH}]$

답 ①

06 자체인덕턴스 L_1, L_2, 상호인덕턴스 M의 코일을 같은 방향으로 직렬 연결한 경우 합성인덕턴스는?

① $L_1 + L_2 + M$
② $L_1 + L_2 - M$
③ $L_1 + L_2 - 2M$
④ $L_1 + L_2 + 2M$

풀이
① 가동접속(가극성) $L_0 = L_1 + L_2 + 2M[\text{H}]$
② 차동접속(감극성) $L_0 = L_1 + L_2 - 2M[\text{H}]$
∴ 같은 방향으로 감고 직렬 접속시 두 자속이 합쳐지는 방향이므로 가동 접속이다.

답 ④

07 자기 인덕턴스가 각각 50[mH], 80[mH]이고 상호 인덕턴스가 60[mH]이며 누설 자속이 없는 두 코일을 화동으로 접속하면 합성 인덕턴스는 몇 [mH]인가?

① 10 ② 30 ③ 200 ④ 250

풀이
화동(가동)접속 $L_0 = L_1 + L_2 + 2M = 50 + 80 + 2 \times 60 = 250[\text{mH}]$

답 ④

08 3.5[H] 및 4.5[H]의 두 코일이 있다. 두 코일을 직렬로 접속하였을 때 합성 인덕턴스가 18[H] 및 8[H]였다면 두 코일의 결합계수가 약 얼마인가?

① 2 ② 0.63 ③ 1 ④ 1.25

풀이
• 가동접속(가극성) $L_0 = L_1 + L_2 + 2M = 18[\text{H}]$ … (1)
• 차동접속(감극성) $L_0 = L_1 + L_2 - 2M = 8[\text{H}]$ … (2)
식 (1)에서 식 (2)를 빼주면
$4M = 10[\text{H}]$, $M = k\sqrt{L_1 L_2} = 2.5[\text{H}]$
∴ $k = \dfrac{M}{\sqrt{L_1 L_2}} = \dfrac{2.5}{\sqrt{3.5 \times 4.5}} = 0.629$

답 ②

09 자기 인턱턴스가 같은 L_1, L_2[H]인 두 원통 코일이 서로 직교하고 있다. 두 코일간의 상호 인덕턴스는 어떻게 되는가?

① $L_1 + L_2$
② $\sqrt{L_1 L_2}$
③ $L_1 \times L_2$
④ 0

풀이
코일이 서로 직교하면 무유도 상태로 쇄교 자속이 0이되어 상호인덕턴스 또한 0이 된다.

답 ④

제4장 전자력과 전자유도

10 L[H]의 코일에 I[A]의 전류가 흐를 때 저축되는 에너지는 몇 [J]인가?

① LI ② $\frac{1}{2}LI$ ③ LI^2 ④ $\frac{1}{2}LI^2$

▶ 풀이

코일에 축척되는 에너지 $W_L = \frac{1}{2}LI^2$[J]

답 ④

11 비투자율 1500인 자로의 평균길이 50[cm], 단면적 30[cm²]인 철심에 감긴 권수 425회의 코일에 0.5[A]의 전류가 흐를 때 저축된 전자(電磁)에너지는 몇 [J]인가?

① 0.25 ② 2.73 ③ 4.96 ④ 15.3

▶ 풀이

$L = \frac{\mu A N^2}{l} = \frac{4\pi \times 10^{-7} \times 1500 \times 30 \times 10^{-4} \times 425^2}{50 \times 10^{-2}} \fallingdotseq 2$[H]

$\therefore W = \frac{1}{2}LI^2 = \frac{1}{2} \times 2 \times 0.5^2 = 0.25$[J]

답 ①

12 비투자율이 1,000인 철심의 자속밀도가 1[Wb/m²]일 경우 이 철심에 축적된 에너지는 대략 얼마인가?

① 300[J/m³] ② 400[J/m³]
③ 500[J/m³] ④ 600[J/m³]

▶ 풀이

$W = \frac{B^2}{2\mu} = \frac{1^2}{2 \times 1000 \times 4\pi \times 10^{-7}} = 400$[J/m³]

답 ②

13 히스테리시스 곡선의 ㉠가로축(횡축)과 ㉡세로축(종축)은 무엇을 나타내는가?

① ㉠ 자속 밀도 ㉡ 투자율
② ㉠ 자기장의 세기 ㉡ 자속밀도
③ ㉠ 자화의 세기 ㉡ 자기장의 세기
④ ㉠ 자기장의 세기 ㉡ 투자율

▶ 풀이

- BH곡선 - 가로축 : H(자기장의 세기)
  세로축 : B(자속밀도)
- 자성체를 $+H_m$으로 자화 시킨 후 자계의 세기 H를 0으로 하여도 자성체에 자속밀도가 0이 되지 않고 B_r 값만큼 자기가 남는다 ⇒ 잔류자기
- 잔류자기 B_r 값을 0으로 만드는데 소요되는 자계의 크기 H_c ⇒ 보자력

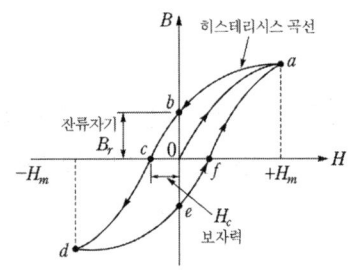

[히스테리시스 곡선]

답 ②

14 히스테리시스 곡선이 가로축(횡축)과 만나는 점의 값은 무엇을 나타내는가?

① 보자력 ② 잔류자기
③ 자속밀도 ④ 자장의 세기

풀이
히스테리시스곡선과 종축(자속밀도 B)과의 교점은 잔류자기 B_r이라 하며, 횡축(자장의 세기 H)과의 교점은 보자력 H_c라 한다.

답 ①

15 히스테리시스손은 최대 자속 밀도의 몇 제곱에 비례하는가?

① 1.2 ② 1.4 ③ 1.6 ④ 1.8

풀이
히스테리시스 손 $P_h = \eta f B_m^{1.6} [\text{W/m}^3]$

여기서, η : 히스테리시스 상수, f : 주파수, B_m : 최대자속밀도

답 ③

제 5 장

교류회로

5.1 교류의 발생

│1│ 주기와 주파수

(1) 주기 $T[\text{sec}]$: 주기적으로 반복되는 동일한 파형이 한번 반복 되는데 걸리는 시간
(2) 주파수 $f[\text{Hz}]$: 동일한 파형이 1초 동안 반복한 횟수

$$f = \frac{1}{T}[\text{Hz}], \quad T = \frac{1}{f}[\text{sec}]$$

(3) 각속도 $\omega[\text{rad/sec}]$

$$\omega = \frac{\theta}{t} = \frac{2\pi}{T} = 2\pi f[\text{rad/sec}]$$

│2│ 위상과 위상차

(1) 주파수가 같은 2개 이상의 교류 파형 간의 차이를 나타내는 데 위상(phase)을 사용하고 두 파형의 벗어난 각도를 위상차(phase difference)라 한다.
(2) $v_1 = V_m \sin(\omega t + \theta_1)[\text{V}]$; v_1은 v_2보다 θ_1만큼 앞선다.(진상/leading)
    $v_2 = V_m \sin \omega t[\text{V}]$
    $v_3 = V_m \sin(\omega t - \theta_2)[\text{V}]$; v_3은 v_2보다 θ_2만큼 뒤진다.(지상/lagging)

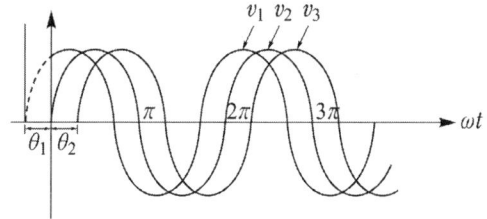

[교류전압의 위상차]

3 | 정현파 교류의 표시

(1) 순시값

시간에 따라 변하는 전류, 전압 파형에서 어떤 임의의 순간에서의 전류, 전압의 크기

$$v = V_m \sin\omega t [\text{V}]$$

(2) 최대값, 실효값, 평균값

① 최대값 : 순시값중 가장 큰 값 V_m

② 실효값 : 동일한 일을 하는 직류의 크기로 환산한 값

$$V = \sqrt{\frac{1}{T}\int_0^T v^2 dt}, \quad V = \frac{1}{\sqrt{2}} \cdot V_m = 0.707 V_m [\text{V}]$$

③ 평균값 : 한 주기 동안의 면적을 주기로 나누어 구한 산술적인 평균값

$$V_{av} = \frac{1}{T}\int_0^T v\,dt, \quad V_{av} = \frac{2}{\pi} \cdot V_m = 0.637 V_m [\text{V}]$$

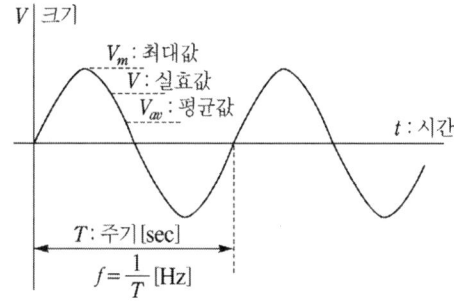

[교류의 표시]

(3) 파고율과 파형률

① 파고율 = $\dfrac{\text{최대값}}{\text{실효값}}$ ② 파형률 = $\dfrac{\text{실효값}}{\text{평균값}}$

(4) 각 파형의 크기 표시 및 파형율, 파고율

파 형		최대값	실효값	평균값	파고율	파형율
정 현 파	(사인파)	A	$\dfrac{A}{\sqrt{2}}$	$\dfrac{2}{\pi}A$	1.414	1.11
전파정류파						
반파정류파		A	$\dfrac{A}{2}$	$\dfrac{A}{\pi}$	2	1.57
삼 각 파 (톱 니 파)		A	$\dfrac{A}{\sqrt{3}}$	$\dfrac{A}{2}$	1.732	1.15
반파구형파		A	$\dfrac{A}{\sqrt{2}}$	$\dfrac{A}{2}$	1.414	1.414
구 형 파		A	A	A	1	1

4 벡터의 표시

(1) 직각좌표법 : $\dot{Z} = a + jb$

　① 절대값(크기) $|Z| = \sqrt{a^2 + b^2}$

　② 편각 $\theta = \tan^{-1}\dfrac{b}{a}$

　③ $\dot{A}_1 = a + jb$, $\dot{A}_2 = c + jd$ 일 때

　　$\dot{A}_1 + \dot{A}_2 = (a+c) + j(b+d)$

　　$\dot{A}_1 - \dot{A}_2 = (a-c) + j(b-d)$

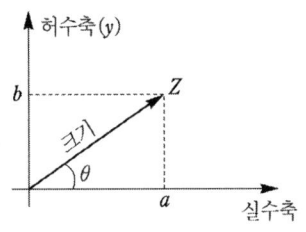

(2) 삼각함수법 : $|Z|(\cos\theta + j\sin\theta)$

(3) 극좌표법 : $|Z| \angle \theta$

① $\dot{A}_1 = |A_1| \angle \theta_1,\ \dot{A}_2 = |A_2| \angle \theta_2$ 일때

$\dot{A}_1 \times \dot{A}_2 = |A_1| |A_2| \angle \theta_1 + \theta_2$

$\dfrac{\dot{A}_1}{\dot{A}_2} = \dfrac{|A_1|}{|A_2|} \angle \theta_1 - \theta_2$

(4) 지수 함수법 : $|Z| e^{j\theta}$

기출 & 예상문제

제 5장 교류회로(1)

01 주파수 100[Hz]의 주기는?

① 0.01[sec]   ② 0.6[sec]   ③ 1.7[sec]   ④ 6000[sec]

▶풀이
주기 $T = \dfrac{1}{f} = \dfrac{1}{100} = 0.01[\text{sec}]$

답 ①

02 회전자가 1초에 30회전을 하면 각속도는?

① $30\pi[\text{rad/s}]$ ② $60\pi[\text{rad/s}]$ ③ $90\pi[\text{rad/s}]$ ④ $120\pi[\text{rad/s}]$

▶풀이
1초동안 반복되는 싸이클 수가 주파수이므로 $f = 30[\text{Hz}]$
∴ $\omega = 2\pi f = 2\pi \times 30 = 60\pi[\text{rad/sec}]$

답 ②

03 $e = 100\sin\left(377t - \dfrac{\pi}{6}\right)[\text{V}]$의 파형의 주파수[Hz]는?

① 50   ② 60   ③ 80   ④ 100

▶풀이
각속도 $\omega = 2\pi f = 377[\text{rad/sec}]$ ∴ $f = \dfrac{377}{2\pi} = 60[\text{Hz}]$

답 ②

04 저항 50[Ω]인 전구에 $e = 100\sqrt{2}\sin\omega t[\text{V}]$의 전압을 가할 때 순시 전류 [A] 값은?

① $\sqrt{2}\sin\omega t$ ② $2\sqrt{2}\sin\omega t$ ③ $5\sqrt{2}\sin\omega t$ ④ $10\sqrt{2}\sin\omega t$

▶풀이
순시전류(i) $i = \dfrac{e}{R}[\text{A}]$
∴ $i = \dfrac{e}{R} = \dfrac{100\sqrt{2}\sin\omega t}{50} = 2\sqrt{2}\sin\omega t$

답 ②

05 $e = 141\sin\left(120\pi t - \dfrac{\pi}{3}\right)$인 파형의 주파수는 몇 [Hz]인가?

① 120   ② 60   ③ 30   ④ 15

▶풀이
$\omega = 2\pi f = 120\pi[\text{rad/sec}]$ ∴ $f = \dfrac{\omega}{2\pi} = \dfrac{120\pi}{2\pi} = 60[\text{Hz}]$

답 ②

06 $I = 50\cos 314t$[A]의 주기[sec]는 얼마인가?

① 0.02[sec] ② 0.002[sec] ③ 0.04[sec] ④ 0.05[sec]

● 풀이

$$\omega = 2\pi f = 314 [\text{rad/sec}], \quad f = \frac{\omega}{2\pi} = \frac{314}{2\pi} = 50[\text{Hz}]$$

$$\therefore T = \frac{1}{f} = \frac{1}{50} = 0.02[\text{sec}]$$

답 ①

07 $v = V_m \sin(\omega t + 30°)$[V], $i = I_m \sin(\omega t - 30°)$[A]일 때 전압을 기준으로하면 전류의 위상차는?

① 60도 뒤짐 ② 60도 앞섬 ③ 30도 뒤짐 ④ 30도 앞섬

● 풀이

$\theta = 30 - (-30) = 60°$ 이므로 V가 I보다 60° 앞선다.

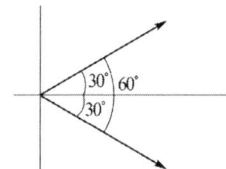

답 ①

08 $v = 100\sqrt{2}\sin\left(120\pi t + \frac{\pi}{4}\right)$[V], $i = 100\sin\left(120\pi t + \frac{\pi}{2}\right)$[A]인 경우 전류는 전압보다 위상이 어떻게 되는가?

① $\frac{\pi}{2}$[rad] 맡큼 앞선다. ② $\frac{\pi}{2}$[rad] 맡큼 뒤진다.

③ $\frac{\pi}{4}$[rad] 맡큼 앞선다. ④ $\frac{\pi}{4}$[rad] 맡큼 뒤진다.

● 풀이

$\theta = \frac{\pi}{2} - \frac{\pi}{4} = \frac{\pi}{4}$[rad]이므로 I가 V보다 $\frac{\pi}{4}$[rad] 앞선다.

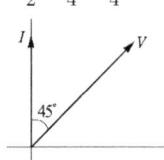

답 ③

09 정현파 교류의 실효값을 계산하는 식은?(단, T는 주기이다.)

① $I = \frac{1}{T}\int_0^T i\,dt$ ② $I = \sqrt{\frac{2}{T}\int_0^T i\,dt}$

③ $I = \sqrt{\frac{1}{T}\int_0^T i^2\,dt}$ ④ $I = \sqrt{\frac{2}{T}\int_0^T i^2\,dt}$

> **풀이**
> 실효값(I_{rms}) : 교류와 동일한 양의 일을 하는 직류로 환산했을 때의 크기값
> $I_{rms} = \sqrt{\dfrac{1}{T}\int_0^T i^2 dt}$: Root Mean Square value, 순시값의 제곱 평균의 제곱근
>
> **답** ③

10 $e = 141.4\sin(100\pi t)$[V]의 교류전압이 있다. 이 교류의 실효값은?

① 40[V]　　② 70[V]　　③ 100[V]　　④ 141.4[V]

> **풀이**
> $V = \dfrac{V_m}{\sqrt{2}} = \dfrac{141.4}{\sqrt{2}} = 100$[V]
>
> **답** ③

11 교류 전류의 평균값과 실효값 I의 관계로 옳은 것은? (단, I_m은 최대값이다.)

① $I_{av} = \dfrac{\pi}{2}I_m,\ I = \dfrac{1}{\sqrt{2}}I_m$　　② $I_{av} = \dfrac{2}{\pi}I_m,\ I = \sqrt{2}I_m$

③ $I_{av} = \dfrac{2}{\pi}I_m,\ I = \dfrac{1}{\sqrt{2}}I_m$　　④ $I_{av} = \dfrac{\pi}{2}I_m,\ I = \sqrt{3}I_m$

> **풀이**
> 실효값 $I = \dfrac{1}{\sqrt{2}} \cdot I_m = 0.707 I_m$[A]
> 평균값 $I_{av} = \dfrac{2}{\pi} \cdot I_m = 0.637 I_m$[A]
>
> **답** ③

12 다음 중 틀린 것은?

① 실효값=최대값 $\div \sqrt{2}$　　② 최대값=실효값 $\div 2$

③ 평균값=최대값 $\times \dfrac{2}{\pi}$　　④ 최대값=실효값 $\times \sqrt{2}$

> **풀이**
> 최대값 = 실효값 $\times \sqrt{2}$
>
> **답** ②

13 교류 100[V]의 최대값[V]은?

① 90　　② 100　　③ 111　　④ 141

> **풀이**
> $V_m = \sqrt{2}\,V = \sqrt{2} \times 100 = 141.42$[A]
>
> **답** ④

14 최대값이 V_m[V]인 사인파 교류에서 평균값 V_a[V]값은?

① $0.577\,V_m$　　② $0.637\,V_m$　　③ $0.707\,V_m$　　④ $0.866\,V_m$

풀이

$$V_{av} = \frac{2}{\pi} V_m = 0.637 V_m [\text{V}]$$

답 ②

15 어떤 정현파 전압의 평균값이 191[V]이면 최대값은 약 몇 [V]인가?

① 240　　　② 270　　　③ 300　　　④ 330

풀이

$$V_{av} = \frac{2}{\pi} V_m \quad \therefore V_m = \frac{\pi}{2} V_{av} = \frac{\pi}{2} \times 191 \fallingdotseq 300 [\text{V}]$$

답 ③

16 어떤 교류 전압의 실효값이 314[V]일 때 평균값은 약 몇 [V]인가?

① 122　　　② 141　　　③ 253　　　④ 283

풀이

$$V_m = \sqrt{2}\, V$$

$$\therefore V_a = \frac{2V_m}{\pi} = \frac{2 \times \sqrt{2} \times 314}{\pi} = 283[\text{V}]$$

답 ④

17 정현파 전압이 $v = V_m \sin\left(\omega t + \frac{\pi}{6}\right)[\text{V}]$ 일 때, 전압의 순시값이 전압의 최대값과 같아지는 순간의 ωt는 몇 [rad] 인가?

① $\frac{\pi}{2}$　　　② $\frac{\pi}{3}$　　　③ $\frac{\pi}{4}$　　　④ $\frac{\pi}{6}$

풀이

순시값의 특성

$v = V_m \sin\left(\omega t + \frac{\pi}{6}\right)[\text{V}]$ 식에서

순시값 v, 최대값 V_m 일 때 $v = V_m$ 이기 위해서는

$\sin\left(\omega t + \frac{\pi}{6}\right) = 1$ 이 되어야 하므로 $\omega t + \frac{\pi}{6} = \frac{\pi}{2}$ [rad]임을 알 수 있다.

$$\therefore \omega t = \frac{\pi}{2} - \frac{\pi}{6} = \frac{\pi}{3} [\text{rad}]$$

답 ②

18 교류의 파형률이란?

① $\frac{최대값}{실효값}$　　② $\frac{평균값}{실효값}$　　③ $\frac{실효값}{평균값}$　　④ $\frac{실효값}{최대값}$

풀이

• 파고율 = $\frac{최대값}{실효값}$　　• 파형율 = $\frac{실효값}{평균값}$

답 ③

19 사인파의 파형률은 약 얼마인가?

① 1　　② 1.11　　③ 1.414　　④ 1.732

▸풀이

$$\text{파형률} = \frac{\text{실효값}}{\text{평균값}} = \frac{\frac{1}{\sqrt{2}}V_m}{\frac{2}{\pi}V_m} = \frac{\pi}{2\sqrt{2}} = 1.11$$

답 ②

20 파형률과 파고율이 같고 그 값이 1인 파형은?

① 사인파　　② 구형파　　③ 삼각파　　④ 고조파

▸풀이

구형파는 실효값과 평균값이 모두 최대값과 같으므로 파형률과 파고율 모두 1이다.

답 ②

21 $\dot{I} = 8 + j6$[A]로 표시되는 전류의 크기 I는 몇 [A]인가?

① 6　　② 8　　③ 10　　④ 14

▸풀이

$$I = |\dot{I}| = \sqrt{8^2 + 6^2} = 10[A]$$

답 ③

22 $\dot{A}_1 = A_1 \angle \theta_1$, $\dot{A}_2 = A_2 \angle \theta_2$일 때 두 벡터의 곱 $\dot{A}$를 구하는 식은?

① $A_1 A_2 \angle \theta_1 \theta_2$　　② $A_1 A_2 \angle \theta_1 + \theta_2$
③ $A_1 + A_2 \angle \theta_1 \theta_2$　　④ $A_1 + A_2 \angle \theta_1 + \theta_2$

▸풀이

$$\dot{A}_1 \times \dot{A}_2 = |A_1||A_2| \angle \theta_1 + \theta_2$$

$$\frac{\dot{A}_1}{\dot{A}_2} = \frac{|A_1|}{|A_2|} \angle \theta_1 - \theta_2$$

∴ 벡터의 곱에서 각 벡터의 크기는 곱하고 각 편각은 더해준다.

답 ②

23 $V = 50\left(\cos\frac{\pi}{6} + j\sin\frac{\pi}{6}\right)$[V], $I = 25\left(\cos\frac{\pi}{3} - j\sin\frac{\pi}{3}\right)$[A]일 때 $\dot{Z}$[Ω]은 얼마인가?

① $2\angle 30°$　　② $2\angle -30°$
③ $2\angle 60°$　　④ $2\angle 90°$

▸풀이

$$\dot{Z} = \frac{\dot{V}}{\dot{I}} = \frac{50\angle 30°}{25\angle -60°} = \frac{50}{25} \angle 30° - (-60°) = 2\angle 90°$$

답 ④

5.2 교류 전류에 대한 *RLC*의 작용

| 1 | 저항(*R*)만의 회로

(1) $v_R = V_m \sin \omega t [\text{V}]$

(2) $i = \dfrac{v_R}{R} = \dfrac{V_m}{R} \sin \omega t = I_m \sin \omega t [\text{A}]$

(3) 전압과 전류가 동위상 $\theta = 0°$

(4) 역률 $\cos \theta = 1$

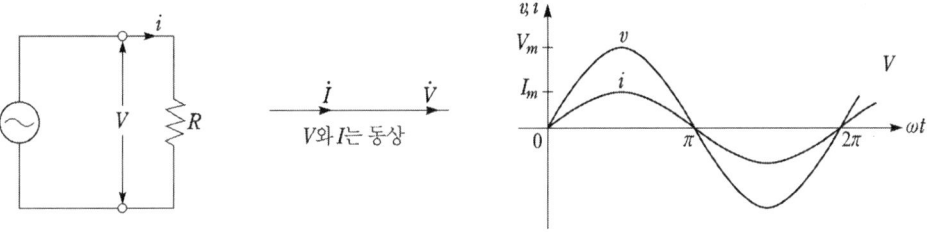

[저항만의 회로]

| 2 | 인덕턴스(*L*)만의 회로

(1) $i = I_m \sin \omega t [\text{V}]$

(2) $v_L = L \dfrac{di}{dt} = L \dfrac{d}{dt}(I_m \sin \omega t) = \omega L I_m \cos \omega t = \omega L I_m \sin(\omega t + 90°)[\text{V}]$

∴ $V = j\omega L I = jX_L I [\text{V}]$ ($j : \dfrac{\pi}{2}$ 앞선다.)

$I = -j\dfrac{V}{\omega L} = -j\dfrac{V}{X_L}[\text{A}]$ ($-j : \dfrac{\pi}{2}$ 뒤진다.)

(3) 유도성 리액턴스 $X_L[\Omega] = \omega L = 2\pi f L [\Omega]$

(4) 전압과 전류의 위상차 : 전류가 전압보다 90° 뒤진다. → 지상전류, 유도성 회로

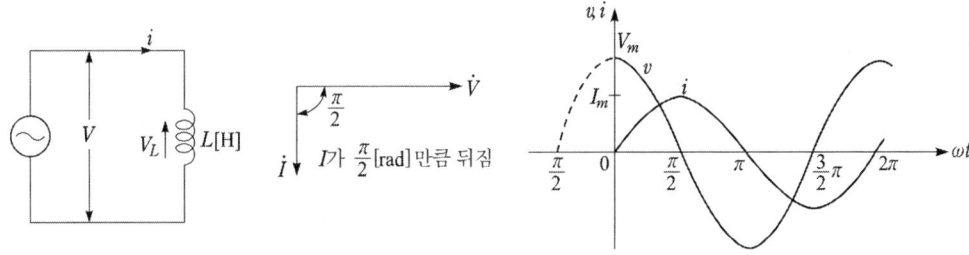

[인덕턴스만의 회로]

3 | 정전용량(C)만의 회로

(1) $i = I_m \sin\omega t [V]$

(2) $v_c = \dfrac{1}{C}\int i\,dt = \dfrac{1}{C}\int (I_m \sin\omega t)\,dt = \dfrac{1}{\omega C}I_m(-\cos\omega t)$

$\quad = -\dfrac{1}{\omega C}I_m \sin(\omega t + 90°) = -j\dfrac{1}{\omega C}I_m \sin\omega t$

$\therefore V = -j\dfrac{1}{\omega C}I = -jX_C I [V] \ (-j : \dfrac{\pi}{2} \ \text{뒤진다.})$

$\quad I = j\omega CV = j\dfrac{V}{X_C}[A] \ (j : \dfrac{\pi}{2} \ \text{앞선다.})$

(3) 용량성 리액턴스 $X_C[\Omega] = \dfrac{1}{\omega C} = \dfrac{1}{2\pi f C}[\Omega]$

(4) 전압과 전류의 위상차 : 전류가 전압보다 90° 앞선다. → 진상전류, 용량성회로

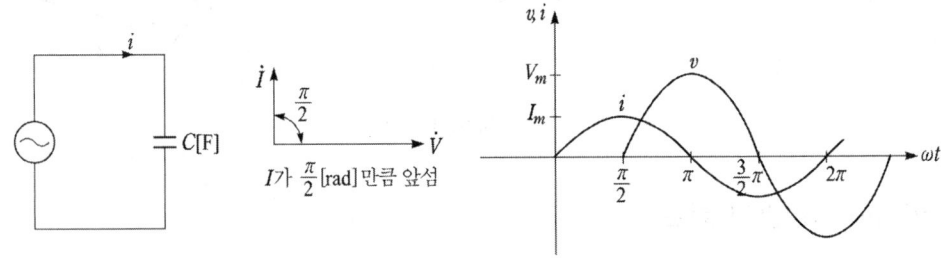

[정전용량만의 회로]

4 | 교류에 대한 R, L, C 작용 기본정리

회 로	저항 또는 리액턴스	전 류[A] 순시값	전 류[A] 실효값	전압과 전류의 벡터(전압기준)
R만의 회로	R	$i = \sqrt{2}\dfrac{V}{R}\sin\omega t$	$I = \dfrac{V}{R}$	V와 I는 동상
L만의 회로	$X_L = \omega L$	$i = \sqrt{2}\dfrac{V}{\omega L}\sin\left(\omega t - \dfrac{\pi}{2}\right)$	$I = \dfrac{V}{\omega L}$	I가 $\dfrac{\pi}{2}$[rad] 만큼 뒤짐
C만의 회로	$X_C = \dfrac{1}{\omega C}$	$i = \sqrt{2}\,V\omega C \sin\left(\omega t + \dfrac{\pi}{2}\right)$	$I = \dfrac{V}{\frac{1}{\omega C}}$	I가 $\dfrac{\pi}{2}$[rad] 만큼 앞섬

기출&예상문제

제5장 교류회로(2)

01 일반적인 경우 교류를 사용하는 전기난로의 전압과 전류의 위상에 대한 설명으로 옳은 것은?
① 전압과 전류는 동상이다.
② 전압이 전류보다 90도 앞선다.
③ 전류가 전압보다 90도 앞선다.
④ 전류가 전압보다 60도 앞선다.

▶ 풀이
전기난로(백열전구, 전기다리미등)는 순저항성 부하이므로 전압과 전류는 동상이다.
L만의 회로(유도성부하)에서 전압이 전류보다 90° 앞서고,
C만의 회로(용량성부하)에서 전류가 전압보다 90° 앞선다.

답 ①

02 어떤 소자 회로에 $e = 100\sin(377t + 60°)$[V]의 전압을 가했더니 $i = 10\sin(377t + 60°)$[A]의 전류가 흘렀다. 이 소자는 어떤 것인가?
① 순저항
② 유도 리액턴스
③ 용량 리액턴스
④ 다이오드

▶ 풀이
인가한 전압과 전류의 위상이 동일한 것은 순저항의 부하이다.

답 ①

03 10[Ω]의 저항회로에 $e = 100\sin\left(377t + \dfrac{\pi}{3}\right)$[V]의 전압을 가했을 때 $t = 0$에서의 순시전류는 몇 [A]인가?
① $5\sqrt{3}$
② 5
③ $5\sqrt{2}$
④ 10

▶ 풀이
$$e_{(t=0)} = 100\sin\dfrac{\pi}{3} = 100 \times \dfrac{\sqrt{3}}{2} = 50\sqrt{3}$$
$$\therefore i = \dfrac{e}{R} = \dfrac{50\sqrt{3}}{10} = 5\sqrt{3}\,[A]$$

답 ①

04 어떤 회로에 전압을 가하니 90° 위상이 뒤진 전류가 흘렀다. 이 회로는?
① 무유도성
② 유도성
③ 용량성
④ 저항성분

▶ 풀이
L만의 회로(유도성부하) : 전압이 전류보다 90°$\left(=\dfrac{\pi}{2}[rad]\right)$ 앞선다.
C만의 회로(용량성부하) : 전류가 전압보다 90°$\left(=\dfrac{\pi}{2}[rad]\right)$ 앞선다.

답 ②

05 자기 인덕턴스 10[mH]의 코일에 50[Hz], 314[V]의 교류전압을 가했을 때 몇 [A]의 전류가 흐르는가? (단, 코일의 저항은 없는 것으로 하며, π=3.14로 계산한다.)

① 10　　　　② 31.4　　　　③ 62.8　　　　④ 100

▶풀이
$$I = \frac{V}{X_L} = \frac{V}{\omega L} = \frac{V}{2\pi f L} = \frac{314}{2\pi \times 50 \times 10 \times 10^{-3}} = 100[A]$$

답 ④

06 0.1[H]인 코일의 리액턴스가 377[Ω]일 때 주파수는 몇[Hz]인가?

① 약 60　　　② 약 120　　　③ 약 360　　　④ 약 600

▶풀이
$$X_L = 2\pi f L, \quad f = \frac{X_L}{2\pi L} = \frac{377}{2\pi \times 0.1} = 600[Hz]$$

답 ④

07 314[mH]의 자기 인덕턴스에 120[V], 60[Hz]의 교류 전압을 가하였을 때 흐르는 전류는 몇 [A]인가?

① 10　　　　② 8　　　　③ 4　　　　④ 1

▶풀이
$$I = \frac{V}{X_L} = \frac{V}{\omega L} = \frac{V}{2\pi f L} = \frac{120}{2\pi \times 60 \times 0.314} = 1[A]$$

답 ④

08 다음 설명 중 옳은 것은?

① 인덕턴스를 직렬연결하면 리액턴스가 커진다.
② 저항을 병렬연결하면 합성저항은 커진다.
③ 콘덴서를 직렬연결하면 용량이 커진다.
④ 유도 리액턴스는 주파수에 반비례한다.

▶풀이
② 저항을 병렬 접속시 합성저항은 작아진다.
③ 콘덴서를 직렬 접속시 용량은 변화 없다.
④ $X_L = 2\pi f L$, 유도 리액턴스는 주파수에 비례한다.

답 ①

09 어떤 회로에 $v = 200\sin \omega t$[V]의 전압을 가했더니 $i = 50\sin\left(\omega t + \frac{\pi}{2}\right)$[A]의 전류가 흘렀다. 이 회로는?

① 저항회로　　　　　　　　② 유도성회로
③ 용량성회로　　　　　　　④ 임피던스회로

▶풀이
I가 V보다 90° 앞서므로 C만의 회로(용량성회로)이다.

답 ③

10 용량성의 회로에 정현파형의 교류전압을 인가하면 전류는 전압보다 위상이?
① 90° 앞선다.   ② 90° 늦다.
③ 180° 앞선다.   ④ 180° 늦다.

● 풀이

L만의 회로(유도성부하) : 전압이 전류보다 $90°(=\frac{\pi}{2}[\text{rad}])$ 앞선다.

C만의 회로(용량성부하) : 전류가 전압보다 $90°(=\frac{\pi}{2}[\text{rad}])$ 앞선다.

답 ①

11 커패시터에 전압 V=100[V]를 가하여 I=2[A] 전류가 흘렀다. 이때의 용량 리액턴스[Ω]는?
① 10   ② 20
③ 40   ④ 50

● 풀이

$X_C = \frac{V}{I} = \frac{100}{2} = 50[\Omega]$

답 ④

12 10[μF]의 콘덴서에 60[Hz], 100[V]의 교류 전압을 가하면 흐르는 전류[A]는?
① 약 0.16   ② 약 0.38
③ 약 2.1   ④ 약 4.8

● 풀이

$I = \frac{V}{X_C} = \omega CV = 2\pi fCV = 2\pi \times 60 \times 10 \times 10^{-6} \times 100 = 0.377[\text{A}]$

답 ②

13 다음 중 용량 리액턴스 X_C와 반비례하는 것은?
① 전류   ② 전압
③ 저항   ④ 주파수

● 풀이

$X_C = \frac{1}{\omega C} = \frac{1}{2\pi fC}$ ∴ $X_C \propto \frac{1}{f}$

답 ④

14 커패시턴스에서 전압과 전류의 변화에 대한 설명으로 옳은 것은?
① 전압은 급격히 변하지 않는다.
② 전류는 급격히 변하지 않는다.
③ 전압과 전류 모두가 급격히 변화한다.
④ 전압과 전류 모두가 급격히 변화하지 않는다.

답 ①

15 회로에 접속된 콘덴서(C)와 코일(L)에서 실제적으로 급격하게 변할 수 없는 것은?
① 코일(L) : 전압, 콘덴서(C) : 전류
② 코일(L) : 전류, 콘덴서(C) : 전압
③ 코일(L), 콘덴서(C) : 전류
④ 코일(L), 콘덴서(C) : 전압

> **풀이**
> $v_L = L\dfrac{di}{dt}$ 에서 i(전류)가 급격히 변화하면 v_L이 ∞가 되고, $i_c = C\dfrac{dv}{dt}$ 에서 v(전압)가 급격히 변화하면 i_c가 ∞가 된다.   **답** ②

5.3 RLC 직병렬회로

| 1 | $R-L$ 직렬회로(유도성회로)

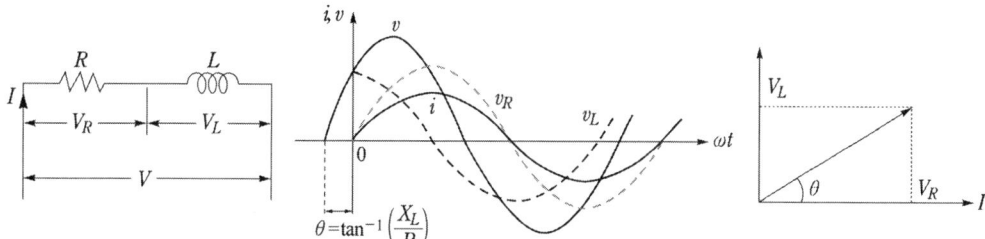

[$R-L$ 직렬회로]

(1) $\dot{V}_R = R \cdot \dot{I}\,[\text{V}],\ \dot{V}_L = j\omega L \cdot \dot{I}\,[\text{V}]$

$\therefore V = \dot{V}_R + \dot{V}_L = R\dot{I} + j\omega L\dot{I} = (R + j\omega L)\dot{I}\,[\text{V}]$

(2) $Z(\text{임피던스}) = R + j\omega L = R + jX_L\,[\Omega]$

- $|Z| = \sqrt{R^2 + X_L^2}$ (크기)
- $\theta = \tan^{-1}\dfrac{\omega L}{R}$ (위상)

(3) 전류와 전압의 위상차 : 전류가 전압보다 θ 만큼 뒤진다. (지상전류)

(4) 역률 : $\cos\theta = \dfrac{R}{Z} = \dfrac{R}{\sqrt{R^2 + (\omega L)^2}}$

| 2 | $R-C$ 직렬회로 (용량성회로)

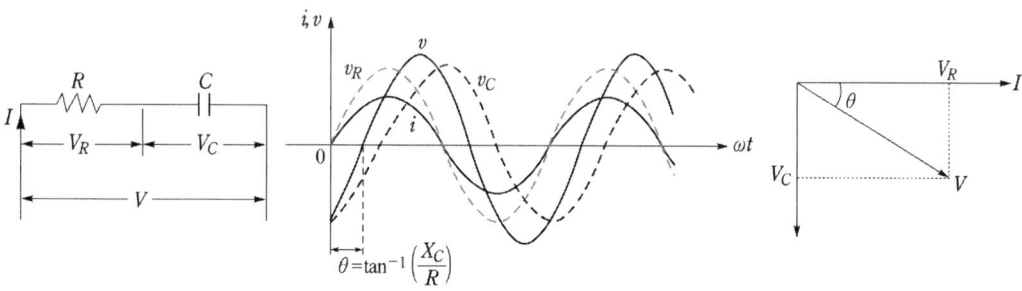

[$R-C$ 직렬회로]

(1) $\dot{V}_R = R \cdot \dot{I}$ [V], $\dot{V}_C = -j\dfrac{1}{\omega C}\dot{I}$ [V]

∴ $V = \dot{V}_R + \dot{V}_C = R\dot{I} - j\dfrac{1}{\omega C}\dot{I} = \left(R - j\dfrac{1}{\omega C}\right)\dot{I}$ [V]

(2) $Z(임피던스) = R - j\dfrac{1}{\omega C} = R - jX_C [\Omega]$

- $|Z| = \sqrt{R^2 + X_C^2}$ (크기)
- $\theta = \tan^{-1}\dfrac{\dfrac{1}{\omega C}}{R}$ (위상)

(3) 전류와 전압의 위상차 : 전류가 전압보다 θ 만큼 앞선다. (진상전류)

(4) 역률 : $\cos\theta = \dfrac{R}{Z} = \dfrac{R}{\sqrt{R^2 + \left(\dfrac{1}{\omega C}\right)^2}}$

3 R-L-C 직렬회로

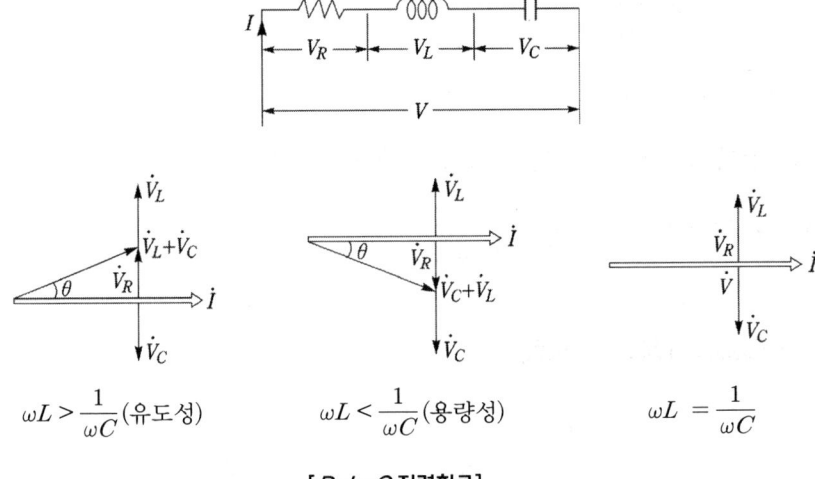

[R-L-C 직렬회로]

(1) $V = V_R + V_L + V_C$
$= I \cdot R + I \cdot jX_L + I \cdot (-jX_c)$
$= I \cdot [R + j(X_L - X_C)]$ [V]

(2) $Z = R + j(X_L - X_C) = R + j\left(\omega L - \dfrac{1}{\omega C}\right)[\Omega]$

- $|Z| = \sqrt{(R^2) + (X_L - X_C)^2} = \sqrt{R^2 + \left(\omega L - \dfrac{1}{\omega C}\right)^2}\,[\Omega]$

- $\theta = \tan^{-1}\dfrac{\omega L - \dfrac{1}{\omega C}}{R}$

(3) 역률 : $\cos\theta = \dfrac{R}{Z} = \dfrac{R}{\sqrt{R^2 + \left(\omega L - \dfrac{1}{\omega C}\right)^2}}$

(4) 전압과 전류의 위상차

① $X_L > X_C \left(\omega L > \dfrac{1}{\omega C}\right)$인 경우 : 유도성

② $X_L < X_C \left(\omega L < \dfrac{1}{\omega C}\right)$인 경우 : 용량성

③ $X_L = X_C \left(\omega L = \dfrac{1}{\omega C}\right)$인 경우 : 공진회로

(5) RLC 직렬회로의 공진

임피던스 $Z = R + j(X_L - X_C)[\Omega]$에서 합성 리액턴스 $X = X_L - X_C = 0$인 경우 저항만의 회로로 임피던스는 최소가 되며, 이를 직렬 공진(series resonance)라 한다.

- 공진조건 : $X_L = X_C \left(\omega L = \dfrac{1}{\omega C}\right)$, $\omega^2 LC = 1$, $\omega L - \dfrac{1}{\omega C} = 0$

- $Z = R$(최소)

- $I_0 = \dfrac{V}{R}$(최대)

- 전압과 전류의 위상차 : 동상(역률 : $\cos\theta = 1$)

- 공진주파수 : $f_r = \dfrac{1}{2\pi\sqrt{LC}}[\text{Hz}]$

- 선택도(양호도, 전압확대비) $Q = \dfrac{V_L}{V} = \dfrac{V_C}{V} = \dfrac{\omega L}{R} = \dfrac{\dfrac{1}{\omega C}}{R} = \dfrac{1}{R}\sqrt{\dfrac{L}{C}}$

(6) RLC 직렬회로 요약정리

회로	순시전류	위상차(θ)	전류의 크기 $I = \dfrac{V}{Z} = Y \cdot V[A]$	역률 $\cos\theta$	비고
$R-L$ 직렬	$i = I_m \sin(\omega t - \theta)$	$\tan^{-1}\dfrac{X_L}{R}$	$I = \dfrac{V}{\sqrt{R^2 + X_L^2}}$	$\dfrac{R}{\sqrt{R^2 + X_L^2}}$	
$R-C$ 직렬	$i = I_m \sin(\omega t + \theta)$	$\tan^{-1}\dfrac{X_C}{R}$	$I = \dfrac{V}{\sqrt{R^2 + X_C^2}}$	$\dfrac{R}{\sqrt{R^2 + X_C^2}}$	
$R-L-C$ 직렬	$i = I_m \sin(\omega t \pm \theta)$	$\tan^{-1}\dfrac{|X_L - X_C|}{R}$	$I = \dfrac{V}{\sqrt{R^2 + (X_L - X_C)^2}}$	$\dfrac{R}{\sqrt{R^2 + (X_L - X_C)^2}}$	$X_L > X_C$: 유도성 $X_L < X_C$: 용량성 $X_L = X_C$: 공진

4 $R-L-C$ 병렬회로

(1) 어드미턴스 $Y[\mho]$: 임피던스 $Z[\Omega]$의 역수

① $Z = R \pm jX[\Omega]$ $\begin{cases} R : \text{저항} \\ X : \text{리액턴스} \end{cases}$

② $Y = G \mp jB[\mho]$ $\begin{cases} G : \text{컨덕턴스} \\ B : \text{서셉턴스} \end{cases}$

(2) RLC 병렬회로 요약정리

회로	순시전류	위상차(θ)	전류의 크기 $I = \dfrac{V}{Z} = Y \cdot V[A]$	역률 $\cos\theta$	비고
$R-L$ 병렬	$i = I_m \sin(\omega t - \theta)$	$\tan^{-1}\dfrac{R}{X_L}$	$I = \sqrt{\left(\dfrac{1}{R}\right)^2 + \left(\dfrac{1}{X_L}\right)^2} \times V$	$\dfrac{X_L}{\sqrt{R^2 + X_L^2}}$	
$R-C$ 병렬	$i = I_m \sin(\omega t + \theta)$	$\tan^{-1}\dfrac{R}{X_C}$	$I = \sqrt{\left(\dfrac{1}{R}\right)^2 + \left(\dfrac{1}{X_C}\right)^2} \times V$	$\dfrac{X_C}{\sqrt{R^2 + X_C^2}}$	
$R-L-C$ 병렬	$i = I_m \sin(\omega t \mp \theta)$	$\tan^{-1}\dfrac{R}{|X_L - X_C|}$	$\sqrt{\left(\dfrac{1}{R}\right)^2 + \left(\dfrac{1}{X_L} - \dfrac{1}{X_C}\right)^2} \times V$	$\dfrac{G}{Y}$	$X_L > X_C$: 용량성 $X_L < X_C$: 유도성 $X_L = X_C$: 공진

5 | 공진회로 요약정리

	직렬 공진	병렬 공진
회로의 Z, Y	$Z = R + j\left(\omega L - \dfrac{1}{\omega C}\right)$	$Y = \dfrac{1}{R} + j\left(\omega C - \dfrac{1}{\omega L}\right)$
공진 조건	$\omega L = \dfrac{1}{\omega C}$	$\omega C = \dfrac{1}{\omega L}$
공진 각주파수	$f_r = \dfrac{1}{2\pi\sqrt{LC}}$	$f_r = \dfrac{1}{2\pi\sqrt{LC}}$
공진시 Z, Y	$Z = R$	$Y = \dfrac{1}{R}$
공진 전류	$I = \dfrac{E}{R}$ (최대)	$I = Y \cdot E$ (최소)
선 택 도 (양호도, 첨예도)	$Q = \dfrac{V_L}{V} = \dfrac{V_C}{V} = \dfrac{\omega L}{R} = \dfrac{\frac{1}{\omega C}}{R} = \dfrac{1}{R}\sqrt{\dfrac{L}{C}}$ (전압확대비)	$Q = \dfrac{I_L}{I} = \dfrac{I_C}{I} = \dfrac{R}{X_L} = \dfrac{R}{X_C} = R\sqrt{\dfrac{C}{L}}$ (전류확대비)

기출 & 예상문제

제5장 교류회로(3)

01 RL 직렬회로에서 임피던스 Z의 크기를 나타내는 식은?

① $R^2+X_L^2$ ② $R^2-X_L^2$ ③ $\sqrt{R^2+X_L^2}$ ④ $\sqrt{R^2-X_L^2}$

풀이
RL 직렬회로
$Z = R + jX_L = R + j\omega L[\Omega]$ $\therefore |Z| = \sqrt{R^2+X_L^2}$

답 ③

02 $R=7[\Omega]$, $\omega L=24[\Omega]$인 직렬 회로의 임피던스$[\Omega]$는?

① 30   ② 25   ③ 15   ④ 5

풀이
$|Z| = \sqrt{R^2+X_L^2} = \sqrt{7^2+24^2} = 25[\Omega]$

답 ②

03 저항 $4[\Omega]$과 유도 리액턴스 $3[\Omega]$이 직렬 접속된 회로에 $100[V]$의 교류전압을 가하면 몇 $[A]$의 전류가 흐르는가?

① 10   ② 20   ③ 50   ④ 100

풀이
$I = \dfrac{V}{Z} = \dfrac{100}{\sqrt{4^2+3^2}} = 20[A]$

답 ②

04 $4[\Omega]$의 저항과 $8[mH]$의 인덕턴스가 직렬로 접속된 회로에 $60[Hz]$, $100[V]$의 교류전압을 가하면 전류는?

① 약 $20[A]$ ② 약 $28[A]$ ③ 약 $24[A]$ ④ 약 $12[A]$

풀이
$I = \dfrac{V}{Z} = \dfrac{V}{\sqrt{R^2+X_L^2}} = \dfrac{100}{\sqrt{4^2+(2\pi \times 60 \times 8 \times 10^{-3})^2}} \fallingdotseq 20[A]$

답 ①

05 그림과 같은 RL 직렬회로에서 전류 i의 실효값은 몇 $[A]$인가?

① 10.82   ② 10
③ 7.07   ④ 5

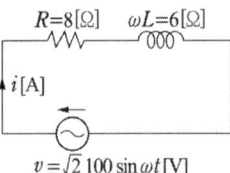

$R=8[\Omega]$ $\omega L=6[\Omega]$
$i[A]$
$v = \sqrt{2}\,100\sin\omega t[V]$

▶풀이

$v = \sqrt{2}\,100\sin\omega t\,[V]$에서 실효값 $V_{rms} = 100[V]$이므로

$\therefore I_{rms} = \dfrac{V_{rms}}{Z} = \dfrac{100}{\sqrt{8^2+6^2}} = 10[A]$

답 ②

06 저항 8[Ω]과 유도 리액턴스 6[Ω]이 직렬로 접속된 회로에 200[V]의 교류 전압을 인가하는 경우 흐르는 전류[A]와 역률[%]은 각각 얼마인가?

① 20[A], 80[%] ② 10[A], 60[%]
③ 20[A], 60[%] ④ 10[A], 80[%]

▶풀이

$I = \dfrac{V}{Z} = \dfrac{V}{\sqrt{R^2+X_L^2}} = \dfrac{200}{\sqrt{8^2+6^2}} = 20[A]$

$\cos\theta = \dfrac{R}{Z} = \dfrac{8}{10} = 0.8$

답 ①

07 저항 5[Ω], 리액턴스 5[Ω]인 직렬회로의 임피던스 각은 얼마인가?

① 0° ② 45° ③ 60° ④ 90°

▶풀이

$\theta = \tan^{-1}\dfrac{X}{R} = \tan^{-1}1 = 45°$

답 ②

08 RL 직렬회로에서 임피던스각 $\theta = \tan^{-1}\dfrac{1}{\sqrt{3}}$이면 역률은 얼마인가?

① 1 ② $\dfrac{\sqrt{3}}{2}$ ③ $\dfrac{1}{2}$ ④ $\dfrac{1}{\sqrt{3}}$

▶풀이

$\theta = \tan^{-1}\dfrac{1}{\sqrt{3}} = 30°$ $\therefore \cos30° = \dfrac{\sqrt{3}}{2}$

답 ②

09 저항 30[Ω], 유도 리액턴스 40[Ω]을 병렬로 접속하고 그 양단에 120[V] 교류전압을 가할 때 전전류[A]는?

① 2.4 ② 3.6 ③ 5 ④ 10

▶풀이

$I = \sqrt{I_R^2 + I_L^2} = \sqrt{\left(\dfrac{120}{30}\right)^2 + \left(\dfrac{120}{40}\right)^2} = 5[A]$

답 ③

10 R과 L의 병렬회로에서 합성 임피던스는?

① $\dfrac{R}{\sqrt{R^2+X_L^2}}$ ② $\dfrac{X_L}{\sqrt{R^2+X_L^2}}$ ③ $\dfrac{R+X_L}{\sqrt{R^2+X_L^2}}$ ④ $\dfrac{R \cdot X_L}{\sqrt{R^2+X_L^2}}$

▶풀이

$$Y = \frac{1}{R} - j\frac{1}{X_L} [\mho]$$

$$\therefore Z = \frac{1}{Y} = \frac{1}{\sqrt{\left(\frac{1}{R}\right)^2 + \left(\frac{1}{X_L}\right)^2}} = \frac{R \cdot X_L}{\sqrt{R^2 + X_L^2}} [\Omega]$$

답 ④

11 $R = 15[\Omega]$인 RC 직렬회로에 60[Hz] 100[V]의 전압을 가하니 4[A]의 전류가 흘렀다면 용량 리액턴스[Ω]는?

① 10   ② 15   ③ 20   ④ 25

▶풀이 RC 직렬회로에서 $Z = R - jX_C[\Omega]$이므로

$$I = \frac{V}{Z} = \frac{V}{\sqrt{R^2 + X_C^2}} = 4, \quad 25 = \sqrt{15^2 + X_C^2} \quad \therefore X_C = 20[\Omega]$$

답 ③

12 저항 $\frac{1}{3}[\Omega]$, 유도 리액턴스 $\frac{1}{4}[\Omega]$인 $R-L$ 병렬 회로에서 합성 어드미턴스를 구하면 얼마인가?

① $\dot{Y} = \frac{1}{3} + j\frac{1}{4}$ ② $\dot{Y} = \frac{1}{3} - j\frac{1}{4}$ ③ $\dot{Y} = 3 - j4$ ④ $\dot{Y} = 3 + j4$

▶풀이 $R = \frac{1}{3}[\Omega]$, $X_L = \frac{1}{4}[\Omega]$이므로 $Y_1 = \frac{1}{R} = 3[\mho]$, $Y_2 = -j\frac{1}{X_L} = -j4[\mho]$라 하면

$$\therefore \dot{Y}_0 = \dot{Y}_1 + \dot{Y}_2 = 3 - j4[\mho]$$

답 ③

13 $Z = 6 - j8[\Omega]$의 임피던스는 일반적으로 어떤 회로이며 역률은 얼마인가?

① RL 직렬회로, 0.6   ② RC 직렬회로, 0.6
③ RL 병렬회로, 0.8   ④ RC 병렬회로, 0.8

▶풀이
- RL 직렬회로의 임피던스 : $Z = R + jX_L[\Omega]$
- RC 직렬회로의 임피던스 : $Z = R - jX_C[\Omega]$

$$\cos\theta = \frac{R}{Z} = \frac{6}{\sqrt{6^2 + 8^2}} = 0.6$$

답 ②

14 $R = 10[\Omega]$, $C = 220[\mu F]$의 병렬 회로에 $f = 60[Hz]$, $V = 100[V]$의 사인파 전압을 가할 때 저항 R에 흐르는 전류[A]는?

① 0.45[A]   ② 6[A]   ③ 10[A]   ④ 22[A]

풀이

$$I_R = \frac{V}{R} = \frac{100}{10} = 10[A]$$

답 ③

15 $R = 100[\Omega]$, $C = 318[\mu F]$의 병렬 회로에 주파수 $f = 60[Hz]$, 크기 $V = 200[V]$의 사인파 전압을 가할 때 콘덴서에 흐르는 전류 I_c값은 약 얼마인가?

① 24 ② 31 ③ 41 ④ 55

풀이

$R-C$ 병렬회로

병렬회로에서 전압은 일정하며 콘덴서의 리액턴스 X_c는 $X_c = \frac{1}{\omega C}[\Omega]$이므로

$I_c = \frac{V}{X_c} = \omega CV = 2\pi fCV [A]$ 임을 알 수 있다.

∴ $I_c = \omega CV = 2\pi \times 60 \times 318 \times 10^{-6} \times 200 = 24[A]$

답 ①

16 RC 병렬회로에서 위상을 나타내는 식은?

① $\tan^{-1}\frac{1}{\omega CR}$ ② $\tan^{-1}\frac{R}{\omega C}$ ③ $\tan^{-1}\omega CR$ ④ $\tan^{-1}\frac{\omega C}{R}$

풀이

$Y = \frac{1}{R} + j\frac{1}{X}[\mho]$ ∴ $\theta = \tan^{-1}\frac{\omega C}{\frac{1}{R}} = \tan^{-1}\omega CR$

답 ③

17 $\omega L = 5[\Omega]$, $\frac{1}{\omega C} = 25[\Omega]$의 LC 직렬회로에 100[V]의 교류를 가할 때 전류[A]는?

① 3.3[A], 유도성 ② 5[A], 유도성
③ 3.3[A], 용량성 ④ 5[A], 용량성

풀이

LC 직렬회로

• $I = \frac{V}{Z} = \frac{V}{|X_L - X_C|} = \frac{100}{25-5} = 5[A]$

• $X_L < X_C$이므로 용량성이다.

답 ④

18 그림과 같은 회로에서 $R-C$ 임피던스는?

① $\dfrac{1}{\sqrt{\dfrac{1}{R^2} + \dfrac{1}{(\omega C)^2}}}$ ② $\dfrac{1}{\sqrt{\dfrac{1}{R^2} + (\omega C)^2}}$

③ $\sqrt{\dfrac{1}{R^2} + (\omega C)^2}$ ④ $\sqrt{R^2 + \left(\dfrac{1}{\omega C}\right)^2}$

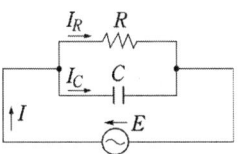

● 풀이

RC 병렬회로에서 합성어드미턴스 $Y=\sqrt{\left(\frac{1}{R}\right)^2+(\omega C)^2}$ 이므로

$$Z=\frac{1}{Y}=\frac{1}{\sqrt{\frac{1}{R^2}+(\omega C)^2}}$$

답 ②

19 저항 16[Ω], 유도 리액턴스 20[Ω], 용량 리액턴스 8[Ω]인 직렬회로에 10[A]의 전류가 흘렀다면 인가전압은 몇 볼트인가?

① 100　　　② 140　　　③ 200　　　④ 240

● 풀이

$Z=R+j(X_L-X_C)[\Omega]$에서

임피던스의 크기 $|Z|=\sqrt{R^2+(X_L-X_C)^2}$ 이므로,

$V=I\cdot Z=10\times\sqrt{16^2+(20-8)^2}=200[V]$

답 ③

20 저항 4[Ω], 유도 리액턴스 8[Ω], 용량 리액턴스 5[Ω]이 직렬로 된 회로에서의 역률은 얼마인가?

① 0.8　　　② 0.7　　　③ 0.6　　　④ 0.5

● 풀이

$Z=R+j(X_L-X_C)=4+j3[\Omega]$

$\therefore \cos\theta=\frac{R}{Z}=\frac{4}{\sqrt{4^2+3^2}}=\frac{4}{5}=0.8$

답 ①

21 R=4[Ω], X_L=8[Ω], X_C=5[Ω]의 직렬회로에 20[V]의 교류를 가할 때 X_L에 걸리는 전압은 몇 [V]인가?

① 16　　　② 20　　　③ 26　　　④ 32

● 풀이

$V_L=I\cdot X_L=\frac{V}{\sqrt{R^2+(X_L-X_C)^2}}\cdot X_L=\frac{20}{\sqrt{4^2+(8-5)^2}}\times 8=32[V]$

답 ④

22 8[Ω]의 용량리액턴스에 어떤 교류전압을 가하면 10[A]의 전류가 흐른다. 여기에 어떤 저항을 직렬로 접속하여, 같은 전압을 가하면 8[A]로 감소되었다. 저항은 몇 [Ω]인가?

① 6　　　② 8　　　③ 10　　　④ 12

● 풀이

$V=I\cdot X_C=10\times 8=80[V]$ 이고 저항 직렬 접속 후 임피던스 $Z=\frac{V}{I'}=\frac{80}{8}=10[\Omega]$이다.

따라서 $|Z|=\sqrt{R^2+X_C^2}$ 이므로,

$R=\sqrt{Z^2-X_C^2}=\sqrt{10^2-8^2}=6[\Omega]$

답 ①

23 그림과 같은 브리지 회로에서 미지의 인덕턴스 L_x를 구하면?

① $L_x = \dfrac{R_2}{R_1} \cdot L_s$ ② $L_x = \dfrac{R_1}{R_2} \cdot L_s$

③ $L_x = \dfrac{R_s}{R_1} \cdot L_s$ ④ $L_x = \dfrac{R_1}{R_s} \cdot L_s$

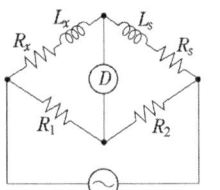

풀이
브리지 평형조건을 만족시키기 위해서 $R_2(R_x + j\omega L_x) = R_1(R_s + j\omega L_s)$의 조건을 만족하여야 한다.
허수부를 정리하면 $L_x = \dfrac{R_1}{R_2} \cdot L_s$

답 ②

24 직렬공진 시 최대가 되는 것은?
① 전류 ② 임피던스 ③ 리액턴스 ④ 저항

풀이
직렬공진 시 : 임피던스가 최소(허수부=0), 전류 최대 $\left(I = \dfrac{V}{Z}\right)$

답 ①

25 직렬 공진시 그 값이 영이 되어야 하는 것은?
① 전류 ② 전압 ③ 저항 ④ 리액턴스

답 ④

26 $R-L-C$ 직렬회로에서 전압과 전류가 동위상이 되기 위한 조건은?
① $\omega L^2 C^2 = 1$ ② $\omega^2 LC = 1$ ③ $\omega LC = 1$ ④ $\omega = LC$

풀이
RLC 직렬회로에서 전압과 전류가 동위상이 되기 위해서는
임피던스가 순저항성분(직렬공진시 $X_L - X_C = 0$)이 되어야 하므로 $\omega L = \dfrac{1}{\omega C}$이다.
즉, $\omega^2 LC = 1$

답 ②

27 RLC 직렬회로에서 $\omega L = \dfrac{1}{\omega C}$일 때 다음 설명 중 옳지 않은 것은?
① 리액턴스 성분이 0이 된다. ② 합성 임피던스는 최대가 된다.
③ 회로의 전류는 최대가 된다. ④ 공진현상이 일어난다.

풀이
공진조건 $\omega L = \dfrac{1}{\omega C}(X=0)$이 성립하면
㉠ 임피던스 최소 ㉡ 전류 최대
㉢ 동상전류 ㉣ 공진주파수 $f = \dfrac{1}{2\pi\sqrt{LC}}$[Hz]

답 ②

28 RLC 직렬 공진시의 주파수 f_r[Hz]는?

① $\dfrac{1}{2\pi\sqrt{LC}}$
② $\dfrac{1}{2\pi\sqrt{VLC}}$
③ $2\pi\sqrt{fLC}$
④ $2\pi\sqrt{VLC}$

▶ 풀이

$\omega^2 LC = 1$ 에서 $\omega = 2\pi f$ 이므로 $f = \dfrac{1}{2\pi\sqrt{LC}}$ [Hz]

답 ①

29 L[H], C[F]를 병렬로 결선하고 전압[V]를 가할 때 전류가 0이 되려면 주파수 f는 몇 [Hz]이어야 하는가?

① $f = 2\pi\sqrt{LC}$
② $f = \dfrac{2\pi}{\sqrt{LC}}$
③ $f = \dfrac{\sqrt{LC}}{2\pi}$
④ $f = \dfrac{1}{2\pi\sqrt{LC}}$

▶ 풀이

병렬공진 시 어드미턴스의 허수부가 0이 되는 $\omega C = \dfrac{1}{\omega L}$ 의 공진 조건에 따라

공진주파수는 $f = \dfrac{1}{2\pi\sqrt{LC}}$ [Hz] 이다.

답 ④

30 $L-C$ 회로에서 L 또는 C를 증가시킬 때 공진주파수의 변동은 어떠한가?

① 공진주파수는 증가한다.
② 공진주파수는 감소한다.
③ 변하지 않는다.
④ $\dfrac{L}{C}$에 반비례한다.

답 ②

31 R=5[Ω], L=20[mH] 및 가변 콘덴서 C로 구성된 $R-L-C$ 직렬회로에 주파수 1000 [Hz]인 교류를 가한 다음 C를 가변시켜 직렬 공진시킬 때 C의 값은 약 몇 [μF]인가?

① 1.27
② 2.54
③ 3.52
④ 4.99

▶ 풀이

$f = \dfrac{1}{2\pi\sqrt{LC}}$, $1000 = \dfrac{1}{2\pi\sqrt{20\times 10^{-3}\times C}}$, $C = 1.27[\mu F]$

답 ①

32 어떤 $R-L-C$ 병렬회로가 병렬공진 되었을 때 합성전류에 대한 설명으로 옳은 것은?

① 전류는 무한대가 된다.
② 전류는 최대가 된다.
③ 전류는 흐르지 않는다.
④ 전류는 최소가 된다.

▶ 풀이

병렬공진 시 : 어드미턴스가 최소(허수부=0), 전류 최소($I = YV$)

답 ④

33 $R = 10[\Omega]$, $L = 10[\text{mH}]$, $C = 1[\mu\text{F}]$인 직렬회로에 100[V] 전압을 가했을 때 공진의 첨예도 Q는 얼마인가?

① 1 　　　　② 10 　　　　③ 100 　　　　④ 1000

●풀이

직렬공진회로의 선택도(첨예도, 양호도)

$$Q = \frac{1}{R}\sqrt{\frac{L}{C}} = \frac{1}{10}\sqrt{\frac{10 \times 10^{-3}}{1 \times 10^{-6}}} = 10$$

답 ②

34 그림과 같은 $R - L - C$ 병렬 공진회로에 관한 설명 중 옳지 않은 것은?

① R이 작을수록 Q가 높다.
② 공진시 L 또는 C를 흐르는 전류는 입력 전류 크기의 Q배가 된다.
③ 공진 주파수 이하에서의 입력 전류는 전압보다 위상이 뒤진다.
④ 공진시 입력 어드미턴스는 매우 작아진다.

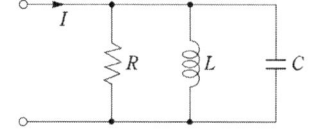

●풀이

병렬공진에서 선택도

$$Q = \frac{R}{\omega L} = \omega CR = R\sqrt{\frac{C}{L}}$$

답 ①

5.4 교류전력

1. 유효 전류와 무효전류

(1) 유효 전류 $I = I_a \cos\theta \, [\text{A}]$

(2) 무효 전류 $I_r = I_a \sin\theta \, [\text{A}]$

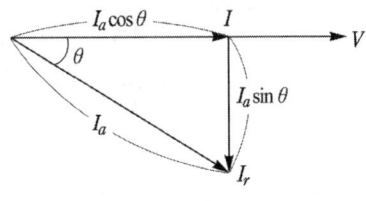

[전류의 벡터도]

2. 교류 전력

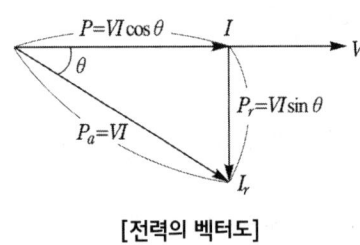

[전력의 벡터도]

(1) 유효 전력 $P[\text{W}]$: 저항에서 소모되는 전력 = 소비전력, 평균전력

$$P = VI \cdot \cos\theta = P_a \cos\theta \, [\text{W}] = \frac{V^2}{R} = I^2 R \, [\text{W}]$$

(2) 무효 전력 $P_r[\text{Var}]$: 리액턴스에서 소모되는 전력, 실제 일을 할 수 없는 전력

$$P_r = VI \cdot \sin\theta = P_a \sin\theta \, [\text{Var}] = \frac{V^2}{X} = I^2 X \, [\text{Var}]$$

(3) 피상 전력 $P_a[\text{VA}]$: 겉보기 전력, 유효전력과 무효전력의 벡터 합

$$P_a = V \cdot I = \frac{V^2}{Z} = I^2 Z = P \pm jP_r = \sqrt{P^2 + P_r^2} \, [\text{VA}]$$

3. 역률(power factor)

(1) $\cos\theta = \dfrac{\text{유효전력}(P)}{\text{피상전력}(P_a)} = \dfrac{P}{VI} \times 100 \, [\%]$ 또는 $\cos\theta = \dfrac{R}{Z}$

(2) 역률 개선(무효전력의 감소)

전력용 콘덴서 용량 $Q = P(\tan\theta_1 - \tan\theta_2) = P\left(\dfrac{\sin\theta_1}{\cos\theta_1} - \dfrac{\sin\theta_2}{\cos\theta_2}\right) [\text{kVA}]$

기출 & 예상문제

제5장 교류회로(4)

01 그림과 같은 회로에 흐르는 유효분 전류[A]는?

① 4　　　　　② 6
③ 8　　　　　④ 10

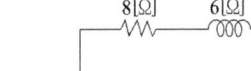

풀이
$Z = 8 + j6\,[\Omega]$ 이므로
유효 전류 $I = I_a\cos\theta = \dfrac{V}{Z} \times \dfrac{R}{Z} = \dfrac{100}{\sqrt{8^2+6^2}} \times \dfrac{8}{\sqrt{8^2+6^2}} = 10 \times 0.8 = 8\,[A]$

답 ③

02 어느 회로에 200[V]의 교류 전압을 가할 때 $\dfrac{\pi}{6}$[rad] 위상이 늦은 10[A]의 전류가 흐른다. 이 회로의 전력은[W]은?

① 3452　　② 2361　　③ 1732　　④ 1215

풀이
$P = VI\cos\theta = 200 \times 10 \times \cos 30° = 1732\,[W]$

답 ③

03 단상 100[V], 800[W], 역률 80[%]인 회로의 리액턴스는 몇 [Ω]인가?

① 10　　② 8　　③ 6　　④ 4

풀이
$I = \dfrac{P}{V\cos\theta} = \dfrac{800}{100 \times 0.8} = 10\,[A]$, $Z = \dfrac{V}{I} = \dfrac{100}{10} = 10\,[\Omega]$
여기서 $\cos\theta = 0.8$이므로 $\sin\theta = \sqrt{1 - \cos^2\theta} = 0.6$
$\therefore X = Z\sin\theta = 10 \times 0.6 = 6\,[\Omega]$

답 ③

04 전압 $v = 100\sin\omega t\,[V]$에 $i = 20\sin(\omega t - 30°)\,[A]$이라면 소비전력[W]은?

① 500　　② 866　　③ 1000　　④ 2000

풀이
$P = VI\cos\theta = \dfrac{100}{\sqrt{2}} \times \dfrac{20}{\sqrt{2}} \times \cos 30° = 866\,[W]$

답 ②

05 100[V], 40[W]의 형광등에 전류가 0.8[A]가 흐르고 소비 전력은 50[W]였다. 이 형광등의 역률은?

① 0.50　　② 0.63　　③ 0.88　　④ 0.90

> **풀이**
>
> $P = VI\cos\theta$ 이므로 $\cos\theta = \dfrac{P}{VI} = \dfrac{50}{100 \times 0.8} = \dfrac{5}{8} = 0.625$

답 ②

06 $v = V_m \sin(\omega t + \theta)[\mathrm{V}]$, $i = I_m \sin\omega t[\mathrm{A}]$일 때 평균전력[W]은?

① $\dfrac{V_m I_m}{2}\sin\theta$ ② $\dfrac{V_m I_m}{2}\cos\theta$

③ $V_m I_m \sin\theta$ ④ $V_m I_m \cos\theta$

> **풀이**
>
> 평균전력(소비전력, 유효전력)
> $P = \dfrac{V_m}{\sqrt{2}} \times \dfrac{I_m}{\sqrt{2}} \times \cos\theta = \dfrac{V_m I_m}{2}\cos\theta[\mathrm{W}]$

답 ②

07 저항 $R[\Omega]$, 리액턴스 $X[\Omega]$의 직렬회로에 전압 $V[\mathrm{V}]$를 가했을 때의 전력[W]은?

① $\dfrac{RV^2}{R^2+X^2}$ ② $\dfrac{XV^2}{R^2+X^2}$ ③ $\dfrac{RV^2}{R+X}$ ④ $\dfrac{XV^2}{R+X}$

> **풀이**
>
> $P = I^2 R = \left(\dfrac{V}{\sqrt{R^2+X^2}}\right)^2 \cdot R = \dfrac{R \cdot V^2}{R^2+X^2}[\mathrm{W}]$

답 ①

08 $60[\mu\mathrm{F}]$의 콘덴서에 100[V], 60[Hz]의 교류를 가할 때 무효전력[Var]은?

① 113   ② 165   ③ 226   ④ 274

> **풀이**
>
> $P_r = I^2 X_C = \dfrac{V^2}{X_C} = \omega C V^2 = 2\pi \times 60 \times 60 \times 10^{-6} \times 100^2 = 226.2[\mathrm{Var}]$

답 ③

09 다음 중 [VA]는 무엇의 단위인가?

① 유효전력   ② 무효전력   ③ 피상전력   ④ 역률

답 ③

10 정현파 교류의 전압과 전류가 최대값으로 $E[\mathrm{V}]$ 및 $I[\mathrm{A}]$일 때 피상전력은?

① $\dfrac{EI}{2}[\mathrm{VA}]$ ② $\dfrac{EI}{\sqrt{2}}[\mathrm{VA}]$

③ $2\sqrt{2}\,EI[\mathrm{VA}]$ ④ $2EI[\mathrm{VA}]$

> **풀이**
>
> 피상전력 $P_a = VI = \dfrac{E_m}{\sqrt{2}} \times \dfrac{I_m}{\sqrt{2}} = \dfrac{EI}{2}[\mathrm{VA}]$

답 ①

11 피상 전력이 10[kVA], 유효 전력이 7.07[kW]이면 역률은 얼마인가?
① 0.4
② 0.707
③ 1
④ 1.414

▶풀이
$P = P_a \cos\theta$ ∴ $\cos\theta = \dfrac{P}{P_a} = \dfrac{7.07}{10} = 0.707$

답 ②

12 100[V]의 전원에 1[kW]의 선풍기를 접속하니 12[A]의 전류가 흘렀다. 선풍기의 무효율은?
① 약 17
② 약 83
③ 약 45
④ 약 55

▶풀이
$\cos\theta = \dfrac{P}{P_a} = \dfrac{P}{VI} = \dfrac{1 \times 10^3}{100 \times 12} = 0.83$

∴ $\sin\theta = \sqrt{1 - \cos^2\theta} \fallingdotseq 0.55$

답 ④

13 교류 기기나 교류 전원의 용량을 나타낼 때 사용되는 것과 그 단위가 바르게 나열된 것은?
① 유효전력 – [VAh]
② 무효전력 – [W]
③ 피상전력 – [VA]
④ 최대전력 – [Wh]

▶풀이
피상전력은 전기기기에 있어서 전압이 몇 볼트 기준으로 몇 암페어의 전류가 흐르는가를 아는 데에 편리하며, 전기기기의 용량을 나타내는 의미로 이용된다.

답 ③

14 교류회로에서 유효전력을 (P), 무효전력을 (P_r), 피상전력을 (P_a)이라 하면 역률($\cos\theta$)을 구하는 식은?

① $\dfrac{P}{P_a}$
② $\dfrac{P_a}{P}$
③ $\dfrac{P}{P_r}$
④ $\dfrac{P_r}{P}$

▶풀이
$\dfrac{P}{P_a} = \dfrac{VI\cos\theta}{VI} = \cos\theta$

답 ①

15 역률 90[%]의 부하에 유효전력이 900[kW]일 때 무효전력은 몇 [kVar]인가?
① 392
② 436
③ 484
④ 900

▶풀이
$P_a = \dfrac{P}{\cos\theta} = \dfrac{900}{0.9} = 1000[\text{kVA}]$

∴ $P_r = \sqrt{P_a^2 - P^2} = \sqrt{1000^2 - 900^2} = 436[\text{kVar}]$

답 ②

16 $\dot{E} = 100 + j20$[V]와 $\dot{I} = 20 - j30$[A]일 때 유효전력 P는 몇 [W]인가?

① 1,400   ② 1,600
③ 2,000   ④ 2,600

▶풀이

복소전력 $P = E \cdot \overline{I} = (100 + j20) \times (20 + j30) = 1400 + j3400$[VA]

답 ①

17 기전력이 50[V], 내부저항 $r = 5$[Ω]인 전원이 있다. 이 전원에 부하를 연결하여 얻을 수 있는 최대 전력은 몇 [W]인가?

① 50   ② 75
③ 100   ④ 125

▶풀이

$P_{\max} = \dfrac{E^2}{4R_g} = \dfrac{50^2}{4 \times 5} = 125$[W]

답 ④

제 6 장

3상 및 다상 교류회로

6.1 3상 교류

1. 3상 회로의 결선

결선	(1) 성형결선 (Y-결선)	(2) 삼각결선 (△-결선)
결선도	(Y결선도: 상전압 $\dot{V}_a, \dot{V}_b, \dot{V}_c$, 선간전압 $\dot{V}_{ab}, \dot{V}_{bc}, \dot{V}_{ca}$, 중성점)	(△결선도: $\dot{V}_a, \dot{V}_b, \dot{V}_c$, $\dot{V}_{ab}, \dot{V}_{bc}, \dot{V}_{ca}$, 선간전압=상전압)
V_P (상전압)	$V_P = \dfrac{V_l}{\sqrt{3}}$	$V_P = V_l$
V_l (선간전압)	$V_l = \sqrt{3}\, V_P \angle \dfrac{\pi}{6}$	$V_l = V_P$
I_l (선전류)	$I_l = I_P$	$I_l = \sqrt{3}\, I_P \angle -\dfrac{\pi}{6}$
I_P (상전류)	$I_P = I_l$	$I_P = \dfrac{I_l}{\sqrt{3}}$

(1) V 결선

△-△ 결선 방식으로 운전 중 변압기의 고장발생시 두 대의 변압기로 3상 전압을 공급하는 방식

① 출력 : $P = \sqrt{3}\ VI\cos\theta = \sqrt{3}\ P_1 [\text{W}]$

② 이용률 : 86.6[%]

- 이용률 $= \dfrac{\text{V결선시 용량}}{\text{변압기 2대 용량}} = \dfrac{\sqrt{3}\ VI}{2\ VI} = 0.866$

③ 출력비 : 57.7[%]

- 출력비 $= \dfrac{\text{V결선시 출력(고장 후)}}{\triangle \text{결선시 출력(고장 전)}} = \dfrac{\sqrt{3}\ VI}{3\ VI} = 0.577$

2 평형 3상회로의 계산

(1) Y-Y 결선

① $V_l = \sqrt{3}\ V_P,\ I_l = I_p$

② 선전류 : $I_l = I_p = \dfrac{V_l}{\sqrt{3}\ Z}[\text{A}]$

(2) △-△ 결선

① $V_l = V_P,\ I_l = \sqrt{3}\ I_P$

② 선간전압 : $V_l = V_p = I_p \cdot Z\,[\text{V}]$

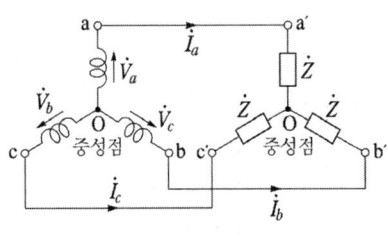

[Y-Y결선]

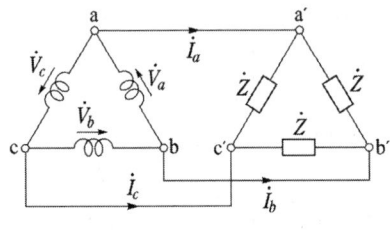

[△-△ 결선]

| 3 | 평형 임피던스의 Y-△ 변환

(1) Y → △ 변환 : $Z_\triangle = 3Z_Y$

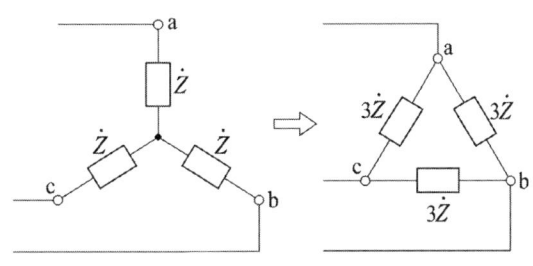

[Y-△ 변환]

(2) △ → Y 변환 : $Z_Y = \dfrac{1}{3} Z_\triangle$

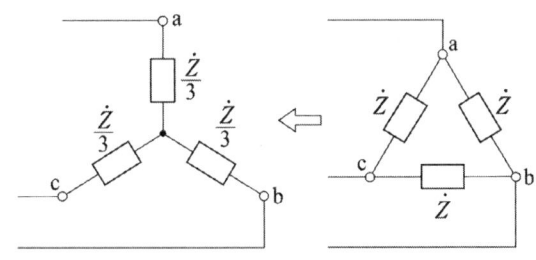

[△-Y 변환]

| 4 | 평형 3상 전력

$$P = \sqrt{3} \times 선간전압 \times 선전류 \times 역률[W]$$
$$= 3 \times 상전압 \times 상전류 \times 역률[W]$$

(1) 피상전력 : $P_a = \sqrt{3}\, VI[\text{VA}]$

(2) 유효전력 : $P = \sqrt{3}\, VI\cos\theta[\text{W}]$

(3) 무효전력 : $P_r = \sqrt{3}\, VI\sin\theta[\text{Var}]$

(4) 역률 : $\cos\theta = \dfrac{P}{P_a} = \dfrac{R}{Z}$

5 3상 교류 전력의 측정

(1) 2전력계법

- 유효전력 : $P = P_1 + P_2 [\text{W}]$
- 무효전력 : $P_r = \sqrt{3}(P_1 - P_2)[\text{var}]$
- 피상전력 : $P_a = \sqrt{P^2 + P_r^2}$
  $= 2\sqrt{P_1^2 + P_2^2 - P_1 \cdot P_2}\,[\text{VA}]$
- 역률 : $\cos\theta = \dfrac{P}{P_a} = \dfrac{P_1 + P_2}{2\sqrt{P_1^2 + P_2^2 - P_1 \cdot P_2}}$

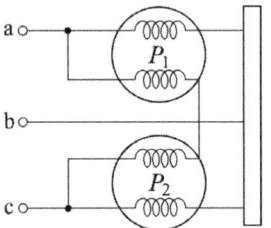

※ **2전력계법에서 각 전력계의 지시값에 따른 역률값**
- 두 전력계의 지시값이 같은 경우($P_1 = P_2$) : $\cos\theta = 1$
- 둘 중 하나가 0인 경우($P_1 = 0$ 또는 $P_2 = 0$) : $\cos\theta = 0.5$
- 어느 하나의 2배인 경우($P_1 = 2P_2$ 또는 $P_2 = 2P_1$) : $\cos\theta = \dfrac{\sqrt{3}}{2} = 0.866$
- 어느 하나의 3배인 경우($P_1 = 3P_2$ 또는 $P_2 = 3P_1$) : $\cos\theta = 0.75$

기출 & 예상문제

제6장 3상 및 다상 교류회로

01 대칭 3상 교류전압에 있어서 각 상간의 위상차[rad]는?

① $\dfrac{\pi}{6}$ ② $\dfrac{\pi}{3}$ ③ $\dfrac{\pi}{2}$ ④ $\dfrac{2\pi}{3}$

●풀이

각 기전력의 크기가 같고 서로 $\dfrac{2}{3}\pi$[rad] 만큼씩의 위상차가 있는 교류를 대칭 3상교류라 한다.

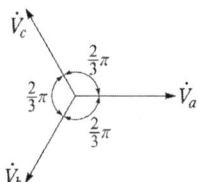

답 ④

02 대칭 3상 교류의 조건에 해당되지 않는 것은?

① 기전력의 크기가 같을 것
② 주파수가 같을 것
③ 위상차가 각각 $\dfrac{4\pi}{3}$[rad]일 것
④ 파형이 같을 것

●풀이

대칭 3상 교류 : 위상차가 $\dfrac{2}{3}\pi$[rad]이고 기전력의 크기, 주파수, 파형이 같아야 한다.

답 ③

03 대칭 3상 교류를 올바르게 설명한 것은?

① 3상의 크기 및 주파수가 같고 상차가 60°의 간격을 가진 교류
② 3상의 크기 및 주파수가 각각 다르고 상차가 60°의 간격을 가진 교류
③ 동시에 존재하는 3상의 크기 및 주파수가 같고 상차각 120°의 간격을 가진 교류
④ 동시에 존재하는 3상의 크기 및 주파수가 같고 상차각 90°의 간격을 가진 교류

답 ③

04 각 상의 임피던스가 $\dot{Z} = 6 + j8[\Omega]$인 평형 Y결선 부하에 선간전압 220[V]의 대칭 3상 전압을 인가하였을 때 흐르는 선전류는 약 몇 [A]인가?

① 8.7 ② 10.5
③ 12.7 ④ 17.5

> **풀이**
> Y결선 시 $I_l = I_p = \dfrac{V_p}{Z} = \dfrac{\frac{220}{\sqrt{3}}}{\sqrt{6^2+8^2}} = 12.7[A]$ **답** ③

05 선간전압 210[V], 선전류 10[A]의 Y-Y 회로가 있다. 상전압과 상전류는 각각 얼마인가?
① 약 121[V], 5.77[A]   ② 약 121[V], 10[A]
③ 약 210[V], 5.77[A]   ④ 약 210[V], 10[A]

> **풀이**
> Y결선 시 $V_p = \dfrac{V_l}{\sqrt{3}} = \dfrac{210}{\sqrt{3}} = 121.2[V]$, $I_p = I_l = 10[A]$ **답** ②

06 3상 회로의 △결선에서 선전류와 상전류와의 위상 관계는?
① 상전류가 60°앞선다.   ② 상전류가 30°앞선다.
③ 상전류가 60°뒤진다.   ④ 상전류가 30°뒤진다.

> **풀이**
> $V_l = V_p$, $I_l = \sqrt{3}I_p \angle -\dfrac{\pi}{6}$; 상전류가 선전류보다 $\dfrac{\pi}{6}(30°)$만큼 앞선다.   **답** ②

07 그림과 같은 회로에 대칭 3상 교류전압을 가했을 때 이 회로에 흐르는 전류[A]는?
① $\dfrac{10}{\sqrt{3}}$ ② 10
③ $10\sqrt{3}$ ④ $20\sqrt{3}$

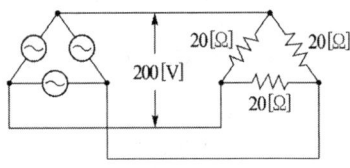

> **풀이**
> △결선 시 $I_l = \sqrt{3}I_p = \sqrt{3} \times \dfrac{200}{20} = 10\sqrt{3}[A]$ **답** ③

08 △결선의 각상 부하가 $R = 3[\Omega]$, $X_L = 4[\Omega]$이다. 여기에 200[V]의 대칭 3상 전원을 접속 할 때 상전류[A]는?
① 10   ② 20   ③ 30   ④ 40

> **풀이**
> $I_p = \dfrac{V_p}{Z} = \dfrac{200}{\sqrt{3^2+4^2}} = 40[A]$ **답** ④

09 정격 전류 5000[A] 3상 교류 발전기가 △결선일 때의 그 1상의 전류[A]는?
① 2200   ② 2886   ③ 5000   ④ 8669

> **풀이**
> $$I_p = \frac{I_l}{\sqrt{3}} = \frac{5000}{\sqrt{3}} = 2886.8[A]$$
> 답 ②

10 전압 220[V] 1상 부하 $Z = 8 + j6[\Omega]$인 △회로의 선전류는 몇 [A]인가?
① 22   ② $22\sqrt{3}$ ③ 11   ④ $\frac{22}{\sqrt{3}}$

> **풀이**
> $|Z| = \sqrt{8^2 + 6^2} = 10[\Omega]$
> $\therefore I_l = \sqrt{3} I_p = \sqrt{3} \times \frac{V}{Z} = \sqrt{3} \times \frac{220}{10} = 22\sqrt{3}[A]$
> 답 ②

11 $R[\Omega]$인 3개의 저항을 같은 전원에 △결선으로 접속시킬 때와 Y결선으로 접속시킬 때 선전류의 크기 비 $\left(\frac{I_\Delta}{I_Y}\right)$는?
① $\frac{1}{3}$ ② $\sqrt{6}$ ③ $\sqrt{3}$ ④ 3

> **풀이**
> $$\frac{I_\Delta}{I_Y} = \frac{\sqrt{3}\frac{V_l}{R}}{\frac{V_l}{\sqrt{3}R}} = 3$$
> 답 ④

12 3상 전원에서 한 상에 고장이 발생하였다. 이 때 3상 부하에 3상 전력을 공급할 수 있는 결선 방법은?
① Y결선   ② △결선   ③ 단상결선   ④ V결선

> **풀이**
> • V결선 : △-△ 결선 방식으로 운전 중 변압기의 고장발생시 두 대의 변압기로 3상 전압을 공급하는 방식
> 답 ④

13 20[kVA] 변압기 3대를 △결선하여 3상 전력을 보내던 중 한대가 고장나서 V결선으로 하였다. 이 경우 3상 최대 출력은 약 몇 [kVA]인가?
① 5   ② 35   ③ 40   ④ 60

> **풀이**
> $P_V = \sqrt{3} P_1 = \sqrt{3} \times 20 = 34.6[kVA]$
> 답 ②

14 V결선의 이용률[%]은?
① 57.7   ② 70.7   ③ 100   ④ 86.6

▶ 풀이

$$V결선 이용률 : \frac{V\ 결선시\ 용량}{변압기\ 2대\ 용량} = \frac{\sqrt{3}\,VI}{2VI} = 0.867(86.7[\%])$$

답 ④

15 △결선 변압기 1대가 고장으로 V결선으로 바꾸었을 때 출력은 고장 전의 출력의 몇 배인가?

① $\frac{1}{2}$ ② $\frac{\sqrt{3}}{3}$ ③ $\frac{2}{3}$ ④ $\frac{\sqrt{3}}{2}$

▶ 풀이

$$V결선\ 출력비 : \frac{V\ 결선시\ 출력(고장\ 후)}{\triangle 결선시\ 출력(고장\ 전)} = \frac{\sqrt{3}\,VI}{3VI} = 0.577(57.7[\%])$$

답 ②

16 평형 3상 교류 회로의 Y회로로부터 △회로로 등가 변환하기 위해서는 어떻게 하여야 하는가?

① 각 상의 임피던스를 3배로 한다. ② 각 상의 임피던스를 $\sqrt{3}$ 배로 한다.
③ 각 상의 임피던스를 $\frac{1}{\sqrt{3}}$ 배로 한다. ④ 각 상의 임피던스를 $\frac{1}{3}$ 배로 한다.

▶ 풀이

Y–△ 등가변환 : $Z_\triangle = 3Z_Y$

답 ①

17 세 변의 저항 $R_a = R_b = R_c = 15[\Omega]$인 Y결선 회로가 있다. 이것과 등가인 △결선회로의 각 변의 저항은 몇 [Ω]인가?

① 5 ② 10 ③ 25 ④ 45

▶ 풀이

$R_\triangle = 3R_Y = 3 \times 15 = 45[\Omega]$

답 ④

18 전압 220[V], 전류 10[A], 역률 0.8인 3상 전동기 사용 시 소비전력은?

① 약 1.5[kW] ② 약 3.0[kW] ③ 약 5.2[kW] ④ 약 7.1[kW]

▶ 풀이

$P = \sqrt{3}\,VI\cos\theta = \sqrt{3} \times 220 \times 10 \times 0.8 = 3048[W] ≒ 3[kW]$

답 ②

19 어느 공장의 평형 3상 부하 전압을 측정하였을 때 선간전압이 200[V], 소비전력이 35[kW], 역률이 95[%]라고 한다. 이때 전류는 대략 몇 [A]인가?

① 76 ② 98 ③ 106 ④ 122

▶ 풀이

$$I = \frac{P}{\sqrt{3}\,V\cos\theta} = \frac{35 \times 10^3}{\sqrt{3} \times 200 \times 0.95} = 106.35[A]$$

답 ③

20 단상전력계 2대를 사용하여 3상 전력을 측정하고자 한다. 두 전력계의 지시값이 각각 P_1, P_2[W]이었다. 3상 전력 P[W]를 구하는 옳은 식은?

① $P = 3 \times P_1 \times P_2$ 　　　② $P = P_1 - P_2$
③ $P = P_1 \times P_2$ 　　　④ $P = P_1 + P_2$

● 풀이
2전력계법
- 유효전력 $P = P_1 + P_2$ [W]
- 무효전력 $P_r = \sqrt{3}(P_1 - P_2)$ [Var]
- 피상전력 $P_a = \sqrt{P^2 + P_r^2} = 2\sqrt{P_1^2 + P_2^2 - P_1 \cdot P_2}$ [VA]
- 역률 $\cos\theta = \dfrac{P}{P_a} = \dfrac{P_1 + P_2}{2\sqrt{P_1^2 + P_2^2 - P_1 \cdot P_2}}$

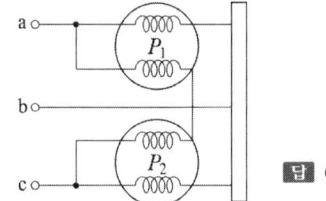

답 ④

21 3상 전력을 측정하는 2전력계법에서 하나의 지시가 0이었다면 이 회로의 역률은 얼마인가?

① 0.25 　　　② 0.5
③ 0.707 　　　④ 0.866

● 풀이
역률 $\cos\theta = \dfrac{P}{P_a} = \dfrac{P_1 + P_2}{2\sqrt{P_1^2 + P_2^2 - P_1 \cdot P_2}} = \dfrac{P}{2P} = \dfrac{1}{2}$

답 ②

22 2개의 전력계를 사용하여 평형부하의 3상 회로의 역률을 측정하고자 한다. 전력계의 지시가 각각 1[kW] 및 2[kW]라 할 때 이회로의 역률은 약 몇 [%]인가?

① 58.8 　　　② 63.3
③ 74.4 　　　④ 86.6

● 풀이
$\cos\theta = \dfrac{P_1 + P_2}{2\sqrt{P_1^2 + P_2^2 - P_1 P_2}} = \dfrac{1+2}{2\sqrt{1^2 + 2^2 - 1 \times 2}} = 0.866$

답 ④

제6장 3상 및 다상 교류회로

제 7 장

회로망

7.1 이상적인 전압원과 전류원

(1) 이상적인 전압원 : 내부 임피던스 Z = 0

(2) 이상적인 전류원 : 내부 임피던스 Z = ∞

(3) 전압원과 전류원의 등가 회로

$$\therefore I = \frac{10}{2} = 5[A] \quad \therefore R = 2[\Omega]$$

7.2 선형회로망

| 1 | 중첩의 정리(Superposition theorem)

회로망 내에 다수의 기전력이 동시에 존재할 때, 회로 전류는 각 기전력이 각각 단독으로 그 위치에 존재할 때 흐르는 전류를 각각 대수적으로 합하여 구하는 정리

① 한 개의 전원(전압원이나 전류 원)을 취하고 나머지 전원은 모두 없앤다. 전압원은 단락, 전류원은 개방한다.
② 각 지로에 흐르는 전류를 구한다.
③ 구하려는 지로의 전류는 각각의 전원에 의해 구한 전류값을 전류 방향이 같은 것은 (+)하고 다른 것은 (−)로 하여 대수적으로 합한다.

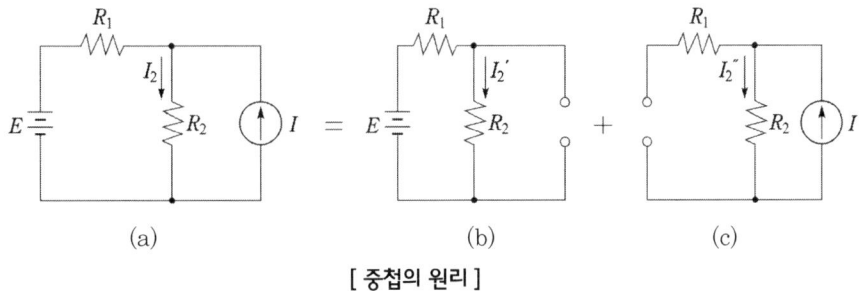

[중첩의 원리]

2 | 테브낭의 정리(Thevenin's theorem)

임의의 두 단자 a, b 외측에 대해서 하나의 전원전압 V_{ab}와 하나의 저항 R_{ab}가 직렬로 연결된 등가회로로 개방된 단자에서 내부를 바라본 저항 R_{ab}와 전압 V_{ab}의 관계에서 전류를 구할 수 있다.

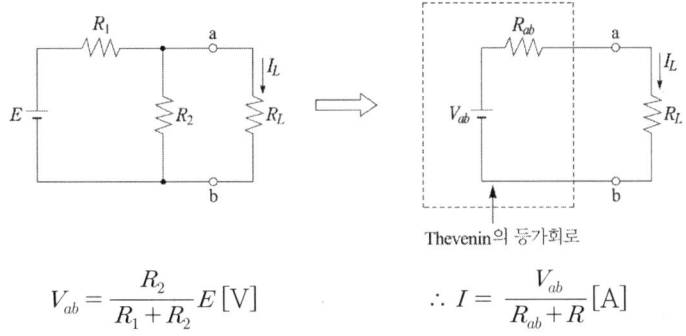

$$V_{ab} = \frac{R_2}{R_1 + R_2} E\,[\text{V}] \qquad \therefore I = \frac{V_{ab}}{R_{ab} + R}\,[\text{A}]$$

3 | 노튼의 정리(Norton's theorem)

전원이 포함된 능동회로망은 하나의 전류 원과 하나의 저항이 병렬로 접속된 회로로 대치

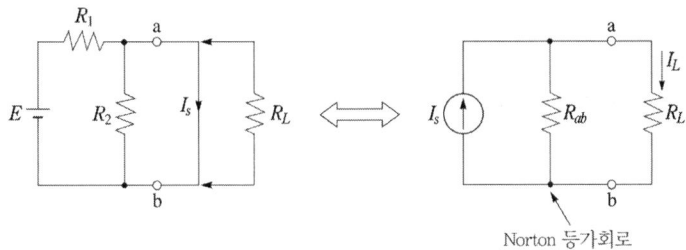

4 밀만의 정리

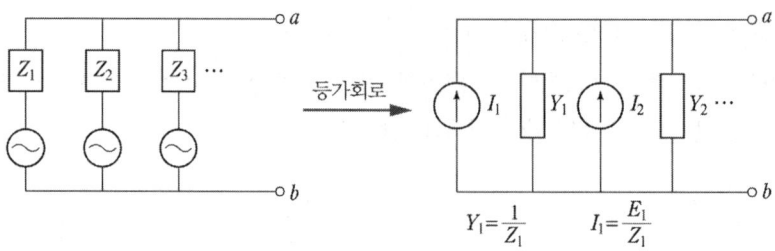

$$\therefore V_{ab} = \frac{\dfrac{E_1}{Z_1}+\dfrac{E_2}{Z_2}+\dfrac{E_3}{Z_3}+\cdots}{\dfrac{1}{Z_1}+\dfrac{1}{Z_2}+\dfrac{1}{Z_3}+\cdots}$$

$$= \frac{Y_1 \cdot E_1 + Y_2 \cdot E_2 + \cdots}{Y_1 + Y_2 + \cdots} = \frac{I_1 + I_2 + I_3}{Y_1 + Y_2 + Y_3}[\text{V}]$$

5 쌍대 회로(dual circuit)

어떤 회로에 대한 전압, 전류 관계식을 상대적으로 바꾸어 놓았을 때, 새로운 관계식을 만족하는 회로는 다른 회로와 쌍대성을 가지며 이러한 관계가 성립하는 두 회로

전 압	전 류	개 방	단 락
직 렬	병 렬	마 디	폐 로
저 항	컨덕턴스	나 무	보 목
리액턴스	서셉턴스	마디전압	폐로전류
임피던스	어드미턴스	커트세트	폐 로
인덕턴스	커패시턴스	테브낭정리	노튼정리

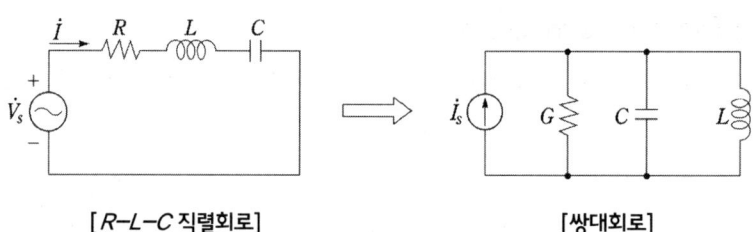

[R-L-C 직렬회로]　　　　[쌍대회로]

7.3 4단자 회로망

한 쌍의 단자가 입력단자이고 다른 한쌍의 단자가 출력단자가 되어 2개의 단자 쌍으로 이루어진 회로를 4개의 단자를 갖고 있는 4단자 회로망이라 한다.

|1| 임피던스 파라미터(Z parameter)

$$V_1 = Z_{11}I_1 + Z_{12}I_2$$
$$V_2 = Z_{21}I_1 + Z_{22}I_2$$

$$\begin{bmatrix} V_1 \\ V_2 \end{bmatrix} = \begin{bmatrix} Z_{11} & Z_{12} \\ Z_{21} & Z_{22} \end{bmatrix} \begin{bmatrix} I_1 \\ I_2 \end{bmatrix}$$

① Z_{11} : 단자 $1-1'$ 에서의 개방 구동점 임피던스 $\quad Z_{11} = \dfrac{V_1}{I_1}\bigg|_{I_2=0}$

② Z_{21} : 개방 순방향 전달임피던스 $\quad Z_{21} = \dfrac{V_2}{V_1}\bigg|_{I_2=0}$

③ Z_{22} : 단자 $2-2'$ 에서의 개방 구동점 임피던스 $\quad Z_{22} = \dfrac{V_2}{I_2}\bigg|_{I_1=0}$

④ Z_{12} : 개방 역방향 전달임피던스 $\quad Z_{12} = \dfrac{V_1}{I_2}\bigg|_{I_1=0}$

|2| 어드미턴스 파라미터 (Y Parameter)

$$I_1 = Y_{11}V_1 + Y_{12}V_2$$
$$I_2 = Y_{21}V_1 + Y_{22}V_2$$

$$\begin{bmatrix} I_1 \\ I_2 \end{bmatrix} = \begin{bmatrix} Y_{11} & Y_{12} \\ Y_{21} & Y_{22} \end{bmatrix} \begin{bmatrix} V_1 \\ V_2 \end{bmatrix}$$

① Y_{11} : 단자 1 − 1'에서의 단락 구동점 어드미턴스 $Y_{11} = \dfrac{I_1}{V_1}\bigg|_{V_2 = 0}$

② Y_{21} : 단락 순방형 전달 어드미턴스 $Y_{21} = \dfrac{I_2}{V_1}\bigg|_{V_2 = 0}$

③ Y_{22} : 단자 2 − 2'에서의 단락 구동점 어드미턴스 $Y_{22} = \dfrac{I_2}{V_2}\bigg|_{V_1 = 0}$

④ Y_{12} : 단락 역방형 전달 어드미턴스 $Y_{12} = \dfrac{I_1}{V_2}\bigg|_{V_1 = 0}$

3 | 4단자망의 4단자 정수

(1) $V_1 = AV_2 + BI_2$, $I_1 = CV_2 + DI_2$

$$\begin{bmatrix} V_1 \\ I_1 \end{bmatrix} = \begin{bmatrix} A & B \\ C & D \end{bmatrix} \begin{bmatrix} V_2 \\ I_2 \end{bmatrix} = \begin{bmatrix} 전압비 & 임피던스 \\ 어드미턴스 & 전류비 \end{bmatrix} \begin{bmatrix} V_2 \\ I_2 \end{bmatrix}$$

$A = \dfrac{V_1}{V_2}\bigg|_{I_2 = 0}$: 전압비   … 2차측 개방

$B = \dfrac{V_1}{I_2}\bigg|_{V_2 = 0}$: 임피던스 차원   … 2차측 단락

$C = \dfrac{I_1}{V_2}\bigg|_{I_2 = 0}$: 어드미턴스 차원 … 2차측 개방

$D = \dfrac{I_1}{I_2}\bigg|_{V_2 = 0}$: 전류비   … 2차측 단락

(2) 4단자 정수의 특징
- $AD - BC = 1$
- $A = D$인 경우 대칭 4단자회로 이다.

(3) 기본적인 회로의 4단자 정수

4단자 정수 회로의 종류	A	B	C	D
직렬 Z	1	Z	0	1
병렬 Z	1	0	$\dfrac{1}{Z}$	1
Z_1 직렬, Z_2 병렬	$1+\dfrac{Z_1}{Z_2}$	Z_1	$\dfrac{1}{Z_2}$	1
Z_2 병렬, Z_1 직렬	1	Z_1	$\dfrac{1}{Z_2}$	$1+\dfrac{Z_1}{Z_2}$
Z_1, Z_3 직렬, Z_2 병렬	$1+\dfrac{Z_1}{Z_2}$	$\dfrac{Z_1 Z_2 + Z_2 Z_3 + Z_3 Z_1}{Z_2}$	$\dfrac{1}{Z_2}$	$1+\dfrac{Z_3}{Z_2}$
Z_1, Z_3 병렬, Z_2 직렬	$1+\dfrac{Z_2}{Z_3}$	Z_2	$\dfrac{Z_1 + Z_2 + Z_3}{Z_1 Z_3}$	$1+\dfrac{Z_2}{Z_1}$

기출 & 예상문제
제7장 회로망

01 내부저항 R, 기전력 E인 건전지의 등가회로는?

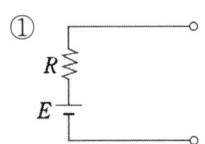 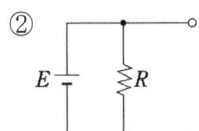 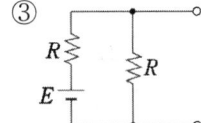 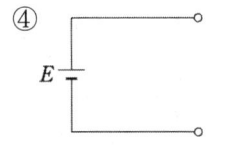

답 ①

02 실제적인 전압원을 나타내는 전압-전류 특성 곡선은?

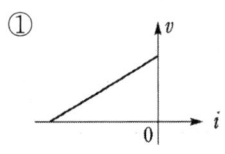 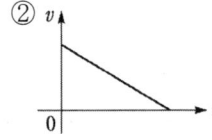 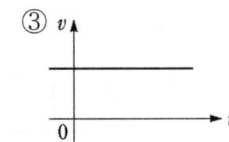 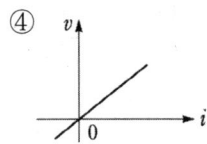

▶풀이

$E = V + r \cdot i \begin{cases} V=0, \ I=\dfrac{E}{r} \\ I=0, \ V=E \end{cases}$

답 ②

03 다음과 같은 전압원과 전류원 사이의 관계는?

① $I = \dfrac{E}{R_e}, \ R_i = R_e$
② $I = E, \ R_i = R_e$
③ $I = R_e E, \ R_i = \dfrac{1}{R_e}$
④ $I = \dfrac{R_e}{E}, \ R_i = R_e$

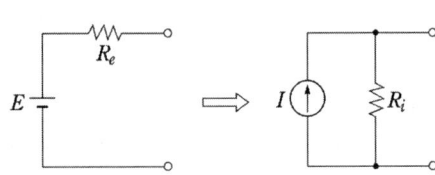

답 ①

04 회로 (a), (b)가 등가일 때 I_0[A], R_s[Ω]의 값은 각각 얼마인가?

① $2, \ \dfrac{1}{5}$
② 2, 5
③ 10, 5
④ 5, 10

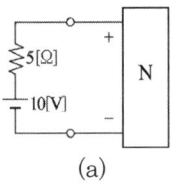 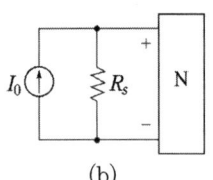

(a)   (b)

● 풀이

$$I_0 = \frac{V}{R} = \frac{10}{5} = 2[A], \ R_0 = 5[\Omega]$$

답 ②

05 그림에서 $R = 5[\Omega]$를 흐르는 전류의 크기[A]는?
① 1
② 2
③ 3
④ 4

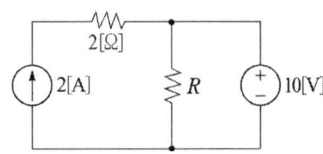

● 풀이

전압원 단락 $I_1 = 0$

전류원 개방 $I_2 = \frac{10}{5} = 2[A]$

$I = I_1 + I_2 = 2[A]$

답 ②

06 다음 회로에서 선형 저항기 양단에 걸리는 전압[V]은?
① 2
② -2
③ 3
④ -3

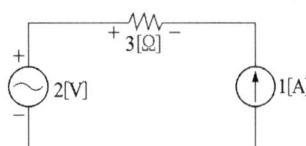

● 풀이

전류원 개방 $I_1 = 0$

전압원 단락 $I_2 = -1[A]$

$I = -1[A], \quad \therefore \ V = IR = -3[V]$

답 ④

07 그림과 같은 회로에서 $9[\Omega]$에 흐르는 전류 I는?
① +1
② -1
③ +0.5
④ -0.5

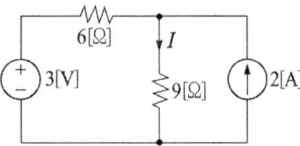

● 풀이

전류원 개방 $I_1 = \frac{3}{3+9} = 0.2[A]$

전압원 단락 $I_2 = \frac{6}{6+9} \times 2 = 0.8[A]$

$\therefore \ I = +1[A]$

답 ①

08 그림에서 a, b 단자의 전압이 12[V], a, b 단자에서 본 능동 회로망의 임피던스가 4[Ω]일 때, 단자 a, b에 2[Ω]의 저항을 접속하면 이 저항에 흐르는 전류[A]는 얼마인가?

① 8
② 6
③ 3
④ 2

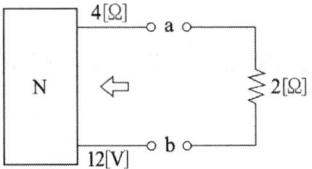

▶ 풀이

$$I = \frac{12}{4+2} = 2[A]$$

답 ④

09 그림의 회로에서 a, b 사이의 전압 E_{ab}의 값[V]은?

① 8
② 10
③ 12
④ 14

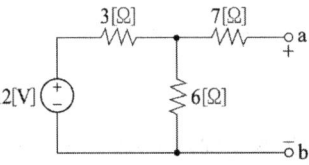

▶ 풀이

$$E_{ab} = \frac{6}{3+6} \times 12 = 8[V]$$

답 ①

10 그림에서 단자 a, b에서 좌로 본 데브낭의 등가 저항은 몇 [Ω]인가?

① $\frac{50}{15}$
② 5
③ $\frac{65}{15}$
④ 10

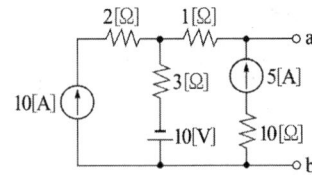

▶ 풀이

테브난등가 저항 구하기 위해 전압원 단락, 전류원 개방
$R = 2 + 3 = 5[\Omega]$

답 ②

11 다음 회로의 단자 a, b에 나타나는 전압 [V]은 얼마인가?

① 9   ② 10
③ 12   ④ 3

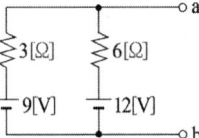

▶ 풀이

$$V_{ab} = \frac{\frac{9}{3} + \frac{12}{6}}{\frac{1}{3} + \frac{1}{6}} = 10[V]$$

답 ②

12 그림의 회로에서 단자 a, b에 걸리는 전압 V_{ab}는 몇 [V]인가?

① 12
② 18
③ 24
④ 36

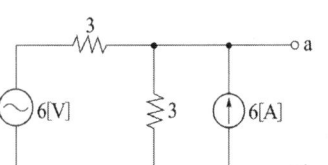

▶풀이

$$V_{ab} = \frac{\frac{6}{3}+\frac{18}{3}}{\frac{1}{3}+\frac{1}{3}} = \frac{\frac{24}{3}}{\frac{2}{3}} = 12[V]$$

답 ①

13 그림과 같은 회로의 임피던스 파라미터 Z_{22}를 구하면 몇 [Ω]인가?

① 4
② 5
③ 6
④ 7

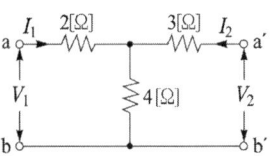

답 ④

14 그림에서 4단자망의 개방 순방향 전달 임피던스 $Z_{21}[\Omega]$과 단락 순방향 전달 어드미턴스 $Y_{21}[\mho]$은?

① $Z_{21} = 5$, $Y_{21} = -\frac{1}{2}$
② $Z_{21} = 3$, $Y_{21} = -\frac{1}{3}$
③ $Z_{21} = 3$, $Y_{21} = -\frac{1}{2}$
④ $Z_{21} = 3$, $Y_{21} = -\frac{5}{6}$

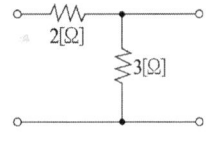

답 ③

15 그림과 같은 π형 4단자 회로의 어드미턴스 파라미터 중 Y_{11}은?

① Y_1
② Y_2
③ $Y_1 + Y_2$
④ $Y_2 + Y_3$

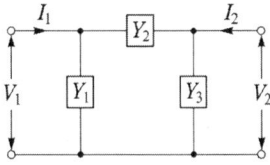

답 ③

16 4단자 정수 A, B, C, D 중에서 임피던스의 차원을 가진 정수는?

① A
② B
③ C
④ D

답 ②

17 4단자 정수를 구하는 식 중 옳지 않은 것은?

① $A = \dfrac{V_1}{V_2}\bigg|_{I_2 = 0}$ ② $B = \dfrac{V_2}{I_2}\bigg|_{V_2 = 0}$

③ $C = \dfrac{I_1}{V_2}\bigg|_{I_2 = 0}$ ④ $D = \dfrac{I_1}{I_2}\bigg|_{V_2 = 0}$

●풀이

$B = \dfrac{V_1}{I_2}\bigg|_{V_2 = 0}$

답 ②

18 그림과 같은 4단자 회로망에서 출력측을 개방하니 $V_1 = 12$, $I_1 = 2$, $V_2 = 4$이고 출력측을 단락하니 $V_1 = 16$, $I_1 = 4$, $I_2 = 2$였다. A, B, C, D는 얼마인가?

① 3, 8, 0.5, 2
② 8, 0.5, 2, 3
③ 0.5, 2, 3, 8
④ 2, 3, 8, 0.5

●풀이

$A = \dfrac{V_1}{V_2}\bigg|_{I_2 = 0} = \dfrac{12}{4} = 3$, $B = \dfrac{V_1}{I_2}\bigg|_{V_2 = 0} = \dfrac{16}{2} = 8$,

$C = \dfrac{I_1}{V_2}\bigg|_{I_2 = 0} = \dfrac{2}{4} = 0.5$, $D = \dfrac{I_1}{I_2}\bigg|_{V_2 = 0} = \dfrac{4}{2} = 2$

답 ①

19 어떤 회로망의 4단자 정수가 $A = 8$, $B = j2$, $D = 3 + j2$이면 이 회로망의 C는 얼마인가?

① $2 + j3$ ② $3 + j3$ ③ $24 + j14$ ④ $8 - j11.5$

●풀이

$AD - BC = 1$

$C = \dfrac{AD - 1}{B} = \dfrac{8 \times (3 + j2) - 1}{j2} = 8 - j11.5$

답 ④

20 그림과 같은 단일 임피던스 회로의 4단자 정수는?

① $A = Z$, $B = 0$, $C = 1$, $D = 0$
② $A = 0$, $B = 1$, $C = Z$, $D = 1$
③ $A = 1$, $B = Z$, $C = 0$, $D = 1$
④ $A = 1$, $B = 0$, $C = 1$, $D = Z$

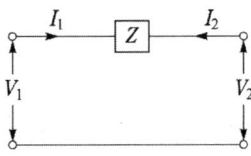

답 ③

21 그림과 같은 4단자망에서 4단자 정수 행렬은?

① $\begin{bmatrix} 1 & 0 \\ Y & 1 \end{bmatrix}$ 　　② $\begin{bmatrix} 1 & Y \\ 0 & 1 \end{bmatrix}$

③ $\begin{bmatrix} Y & 1 \\ 1 & 0 \end{bmatrix}$ 　　④ $\begin{bmatrix} 1 & 0 \\ \frac{1}{Y} & 1 \end{bmatrix}$

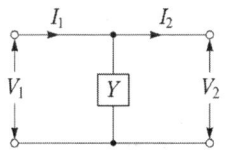

답 ①

22 그림과 같은 4단자망의 정수 A, B, C, D를 접속법에 의하여 구하면 어떻게 표현되는가?

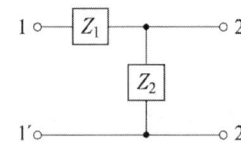

① $\begin{bmatrix} A & B \\ C & D \end{bmatrix} = \begin{bmatrix} 1 & Z_1 \\ 0 & 1 \end{bmatrix} \cdot \begin{bmatrix} 1 & 0 \\ \frac{1}{Z_2} & 1 \end{bmatrix}$

② $\begin{bmatrix} A & B \\ C & D \end{bmatrix} = \begin{bmatrix} 1 & Z_1 \\ 0 & 1 \end{bmatrix} \cdot \begin{bmatrix} 1 & 0 \\ Z_2 & 1 \end{bmatrix}$

③ $\begin{bmatrix} A & B \\ C & D \end{bmatrix} = \begin{bmatrix} 1 & 0 \\ Z_1 & 1 \end{bmatrix} \cdot \begin{bmatrix} 1 & \frac{1}{Z_2} \\ 0 & 1 \end{bmatrix}$

④ $\begin{bmatrix} A & B \\ C & D \end{bmatrix} = \begin{bmatrix} 1 & 0 \\ Z_1 & 1 \end{bmatrix} \cdot \begin{bmatrix} 1 & -\frac{1}{Z_2} \\ 0 & 1 \end{bmatrix}$

답 ①

23 그림과 같은 T형 4단자 회로의 4단자 정수 중 B의 값은?

① $\dfrac{Z_1 Z_2 + Z_2 Z_3 + Z_3 Z_1}{Z_3}$ 　　② $\dfrac{Z_3 + Z_1}{Z_5}$

③ $\dfrac{Z_3 + Z_2}{Z_3}$ 　　④ $\dfrac{1}{Z_3}$

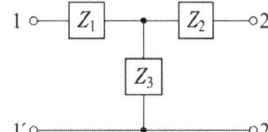

답 ①

24 그림과 같은 π형 회로의 4단자 정수 중 D의 값은?

① Z_2 　　② $1 + \dfrac{Z_2}{Z_1}$

③ $\dfrac{1}{Z_1} + \dfrac{1}{Z_3}$ 　　④ $1 + \dfrac{Z_2}{Z_3}$

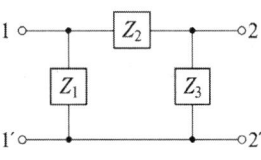

답 ②

25 그림의 T회로의 일반 4단자 정수가 다음과 같았다. $A = D = 1.2$, $B = 44[\Omega]$, $C = 0.01$ [℧]이면 임피던스 $Z[\Omega]$의 값을 구하면?

① 1.2   ② 12
③ 20   ④ 44

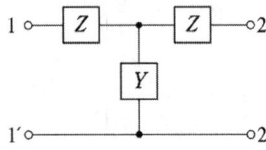

풀이

좌측 $Z = Z_1$, 가운데 $Y = \dfrac{1}{Z_2}$, 우측 $Z = Z_3$라 가정하면

T형 회로에서 $Z_2 = \dfrac{1}{Y} = \dfrac{1}{0.01} = 100[\Omega]$

$A = D = 1.2 = 1 + \dfrac{Z_1}{Z_2}$ $\therefore Z_1 = 20[\Omega]$

답 ③

26 그림과 같은 4단자 회로의 4단자 정수 중 D의 값은?

① $1 - \omega^2 LC$
② $j\omega L(2 - \omega^2 LC)$
③ $j\omega C$
④ $j\omega L$

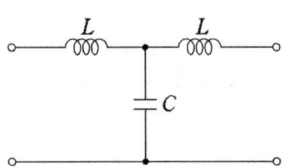

답 ①

27 그림의 회로에서 5[Ω]의 저항에 흐르는 전류[A]는?
(단, 각각의 전원은 이상적인 것으로 본다.)

① 10   ② 15
③ 20   ④ 25

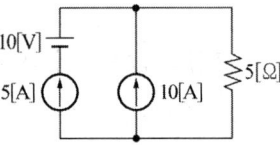

풀이

중첩의 원리를 이용하여 풀면
① 10[V] 전압원 기준 전류원 개방 시 5[Ω]의 저항에 흐르는 전류 $I_1 = 0[A]$
② 5[A] 전류원 기준 전압원 단락, 전류원 개방 시 5[Ω]의 저항에 흐르는 전류 $I_2 = 5[A]$
③ 10[A] 전류원 기준 전압원 단락, 전류원 개방 시 5[Ω]의 저항에 흐르는 전류 $I_3 = 10[A]$
④ 10[Ω]의 저항에 흐르는 전류 $\therefore I = I_1 + I_2 + I_3 = 0 + 5 + 10 = 15[A]$

답 ②

28 이상 변압기를 포함하는 그림과 같은 회로의 4단자 정수 $\begin{bmatrix} A & B \\ C & D \end{bmatrix}$는?

① $\begin{bmatrix} n & 0 \\ Z & \dfrac{1}{n} \end{bmatrix}$ ② $\begin{bmatrix} 0 & \dfrac{1}{n} \\ nZ & 1 \end{bmatrix}$

③ $\begin{bmatrix} \dfrac{1}{n} & nZ \\ 0 & n \end{bmatrix}$ ④ $\begin{bmatrix} n & 0 \\ \dfrac{Z}{n} & Z \end{bmatrix}$

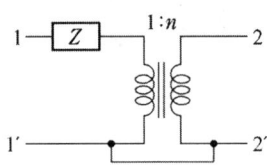

[풀이]

$$\begin{bmatrix} A & B \\ C & D \end{bmatrix} = \begin{bmatrix} 1 & Z \\ 0 & 1 \end{bmatrix} \begin{bmatrix} \frac{1}{n} & 0 \\ 0 & n \end{bmatrix} = \begin{bmatrix} \frac{1}{n} & nZ \\ 0 & n \end{bmatrix}$$

답 ③

제8장

라플라스변환과 전달함수

8.1 라플라스 변환(Laplace transformation)

어떤 임의의 시간함수 $f(t)$에 e^{-st}를 곱한 $f(t)e^{-st}$를 시간 t에 대해서 0부터 ∞ 까지 적분하면 $f(t)$는 라플라스 연산자 s를 갖는 함수 $F(s)$로 변환된다.

$$F(s) = \pounds\,[f(t)] = \int_0^\infty f(t) \cdot e^{-st}\,dt$$

역으로 $F(s)$ 함수로부터 $f(t)$를 구하는 것을 라플라스 역변환(inverse Laplace transformation)이라 하며 $\pounds^{-1}[F(s)]$로 표시하며 다음과 같다.

$$f(t) = \pounds^{-1}[F(s)] = \frac{1}{2\pi j}\int_{c-j\infty}^{c+j\infty} f(t)e^{st}\,ds$$

1 상수(constant) a

$f(t) = a$이므로 $\pounds\,[a] = \int_0^\infty a e^{-st}\,dt = a\left[-\frac{e^{-st}}{s}\right]_0^\infty = \frac{a}{s}$

$$\therefore \pounds\,[a] = \frac{a}{s}$$

2 단위 계단함수 $u(t)$

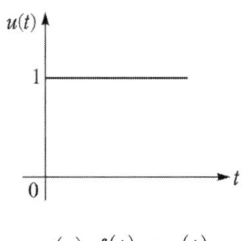
(a) $f(t) = u(t)$

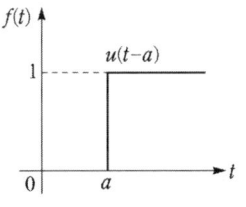
(b) $f(t) = u(t-a)$

(1) 단위 계단함수(unit step function)

$$u(t) = \begin{Bmatrix} 0, & t < 0 \\ 1, & t > 0 \end{Bmatrix}$$

$u(t)$를 라플라스 변환하면, $s > 0$ 범위에서

$$\mathcal{L}[u(t)] = \int_0^\infty u(t) e^{-st} dt = \int_0^\infty 1 \cdot e^{-st} dt = -\frac{1}{s}\left[-\frac{e^{-st}}{s}\right]_0^\infty = \frac{1}{s}$$

(2) 단위 계단함수가 시간 이동하는 경우

$$u(t-a) = \begin{Bmatrix} 0, & t < a \\ 1, & t \geq a \end{Bmatrix}$$

$u(t-a)$를 라플라스 변환하면

$$\mathcal{L}[u(t-a)] = \int_0^\infty u(t-a) e^{-st} dt = \int_0^a 0 \cdot e^{-st} dt + \int_a^\infty 1 \cdot e^{-st} dt$$

$$= \left[-\frac{1}{s} e^{st}\right]_a^\infty = -\frac{1}{s}(e^{-\infty} - e^{-as}) = \frac{1}{s} e^{-as}$$

3 단위 램프함수 t

(1) 단위 램프함수(unit ramp function)

$$f(t) = t\,u(t) = \begin{cases} 0, & t < 0 \\ t, & t > 0 \end{cases}$$

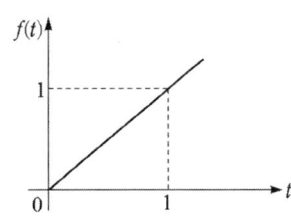

라플라스 변환하면

$$F(s) = \mathcal{L}[f(t)] = \int_0^\infty t\,u(t) e^{-st} dt$$

가 되며, 부분적분 공식

$$\int u\,dv = uv - v\int du$$

을 이용하여 $u = t$, $dv = e^{-st}dt$를 대입하면

$$\int_0^\infty te^{-st}dt = \left[t\frac{e^{-st}}{-s}\right]_0^\infty - \int_0^\infty \frac{e^{-st}}{-s}dt = \left[-\frac{1}{s^2}e^{-st}\right]_0^\infty = \frac{1}{s^2}$$

$$\therefore \mathcal{L}[tu(t)] = \frac{1}{s^2}$$

(2) 기울기가 a인 경우의 라플라스 변환은

$$\mathcal{L}[at] = \frac{a}{s^2}$$

4 지수함수

$f(t) = e^{-at}$의 라플라스 변환

$$F(s) = \mathcal{L}[f(t)] = \int_0^\infty e^{-at}e^{-st}dt = \int_0^\infty e^{-(s+a)t}dt$$

$$= \left[-\frac{1}{s+a}e^{-(s+a)t}\right]_0^\infty = \frac{1}{s+a}$$

$$\mathcal{L}[e^{\pm at}] = \frac{1}{s \pm a}$$

5 기본함수의 라플라스 변환

	함 수 명	$f(t)$	$F(S)$
1	단위 임펄스 함수	$\delta(t)$	1
2	단위 계단 함수	$u(t) = 1$	$\frac{1}{s}$
3	단위 램프 함수	t	$\frac{1}{s^2}$
4	n차 램프 함수	t^n	$\frac{n!}{s^{n+1}}$

	함 수 명	$f(t)$	$F(S)$
5	지수 함수	$e^{\mp at}$	$\dfrac{1}{s \pm a}$
6	지수 램프 함수	$te^{\mp at}$	$\dfrac{1}{(s \pm a)^2}$
7	지수 n차 램프 함수	$t^n e^{\mp at}$	$\dfrac{n!}{(s \pm a)^{n+1}}$
8	정현파 함수	$\sin \omega t$	$\dfrac{\omega}{s^2 + \omega^2}$
9	여현파 함수	$\cos \omega t$	$\dfrac{S}{s^2 + \omega^2}$
10	지수 정현파 함수	$e^{\mp at}\sin \omega t$	$\dfrac{\omega}{(s \pm a)^2 + \omega^2}$
11	지수 여현파 함수	$e^{\mp at}\cos \omega t$	$\dfrac{S \pm a}{(s \pm a)^2 + \omega^2}$
12	쌍곡선 정현파 함수	$\sinh at$	$\dfrac{a}{s^2 - a^2}$
13	쌍곡선 여현파 함수	$\cosh at$	$\dfrac{s}{s^2 - a^2}$

8.2 라플라스 변환의 기본정리

	분 류	공 식
1	실미분 정리	$\mathcal{L}\left[\dfrac{df(t)}{dt}\right] = sF(s) - f(0_+)$, $\mathcal{L}\left[\dfrac{d^n f(t)}{dt^n}\right] = s^n F(s) - \sum\limits_{k=1}^{k=n} s^{n-k} f^{k-1}(0_+)$
2	실적분 정리	$\mathcal{L}\left[\int f(t)dt\right] = \dfrac{1}{s}F(s) + \dfrac{1}{s}f^{-1}(0_+)$
3	시간 추이 정리	$\mathcal{L}[f(t-a)] = e^{-as}F(s)$
4	복소 추이 정리	$\mathcal{L}[e^{\pm at}f(t)] = F(s \mp a)$
5	복소 미분 정리	$\mathcal{L}[tf(t)] = -1\dfrac{d}{ds}F(s)$, $\mathcal{L}[t^n f(t)] = (-1)^n \dfrac{d^n}{ds^n}F(s)$
6	복소 적분 정리	$\mathcal{L}\left[\dfrac{f(t)}{t}\right] = \int_0^\infty F(s)ds$
7	초기값 정리	$f(0_+) = \lim\limits_{t \to 0} f(t) = \lim\limits_{s \to \infty} sF(s)$
8	최종값 정리	$f(\infty) = \lim\limits_{t \to \infty} f(t) = \lim\limits_{s \to 0} sF(s)$

8.3 전달함수

입력 신호 $x(t)$, 출력 신호 $y(t)$일 때 전달 함수 $G(s)$는,

$$G(s) = \frac{\mathcal{L}\,[y(t)]}{\mathcal{L}\,[x(t)]} = \frac{Y(s)}{X(s)}$$

또한, 입력과 출력이 정현파이면,

$$G(j\omega) = \frac{Y(j\omega)}{X(j\omega)}$$

이며, 이것을 주파수 전달 함수라 한다.

8.4 각종 요소의 전달함수

1 제어 요소의 전달함수

(1) 비례요소(P동작 : 잔류편차(off-set)가 생긴다.)

$y(t) = Kx(t) \;\rightarrow\; Y(s) = KX(s)$

$\therefore\; G(s) = \dfrac{Y(s)}{X(s)} = K$ (K : 비례 감도 또는 이득 정수)

(2) 미분요소(D동작 = rate 동작 : 응답시간이 짧고 간헐현상이 생김)

$y(t) = k\dfrac{d}{dt}x(t) \;\rightarrow\; Y(s) = K \cdot s \cdot X(s)$

$\therefore\; G(s) = \dfrac{Y(s)}{X(s)} = Ks$

(3) 적분요소(I동작 : 응답시간이 길고 잔류 편차제거 (I와 P 동작 함께 사용)

$y(t) = K\displaystyle\int x(t)dt \;\rightarrow\; Y(s) = \dfrac{K}{s}X(s)$

$\therefore\; G(s) = \dfrac{Y(s)}{X(s)} = \dfrac{K}{s}$

(4) 1차 지연요소

$\therefore\; G(s) = \dfrac{K}{Ts+1}\;\rightarrow\;$ 분모에 s가 1차 (1차 지연요소)

(5) 2차 지연요소

∴ $G(s) = \dfrac{\omega_n}{s^2 + 2\delta\omega_n + \omega_n^2}$ → 분모에 s의 2차(2차 지연요소)

δ (제동계수, 감쇠계수)

$\delta > 1$: 과제동	$\delta = 1$: 임계제동
$0 < \delta < 1$: 부족제동	$\delta = 0$: 무제동

(6) 부동작 시간요소

∴ $G(s) = \dfrac{Y(s)}{X(s)} = Ke^{-Ls}$

(7) 적분회로(RC)

$e_1 = R + \dfrac{1}{CS}$, $e_0 = \dfrac{1}{CS}$

$G(S) = \dfrac{\dfrac{1}{CS}}{R + \dfrac{1}{CS}} = \dfrac{e_0}{e_1} = \dfrac{1}{RCS+1}$

$e_1 = R + \dfrac{1}{j\omega c} = R + \dfrac{-j}{\omega c}$

$e_0 = \dfrac{1}{j\omega c} = \dfrac{-j}{\omega c}$ e_1이 e_0보다 각 θ만큼 앞선다.

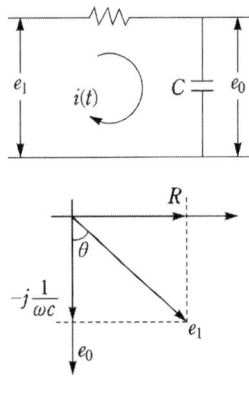

(8) 미분회로 (CR)

$e_1 = \dfrac{1}{CS} + R$, $e_0 = R$

$G(S) = \dfrac{R}{\dfrac{1}{CS} + R} = \dfrac{RCS}{1 + RCS}$

$e_1 = \dfrac{-j}{\omega c} + R$

$e_0 = R$ e_0(출력)이 e_1(입력)보다 θ만큼 앞선다.

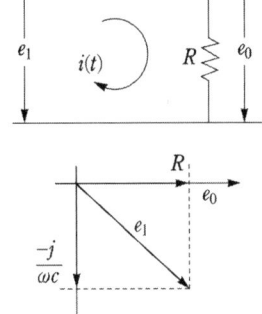

2. 블럭선도의 전달함수

전달함수 $G(s) = \dfrac{C(s)}{R(s)}$

$= \dfrac{\sum \text{전향경로 이득}}{1 - \sum \text{폐루프 이득(피드백 경로)}}$

8.5 블록선도

$$G(S) = \frac{경로}{1-폐로} = \frac{전향경로}{1-\text{loop의 값}}$$

전달함수 $\dfrac{P_1+P_2+P_3+\cdots}{1-L_1-L_2-L_3\cdots}$

- 경로(P) : 입력에서 출력으로 가는 도중에 있는 각소자의 곱
- 폐로(L) : 입력으로 되돌아오는 도중에 있는 각소자의 곱

|1| 직렬접속(×)

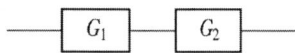 $G(S) = G_1 \cdot G_2$

|2| 병렬접속(±)

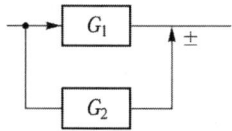 $G(S) = G_1 \cdot G_2$

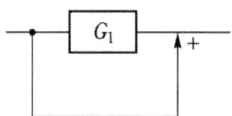 $G(S) = 1 + G_1$

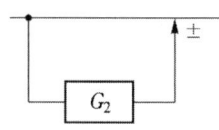 $G_{(s)} = 1 + G_2$

[feedback]

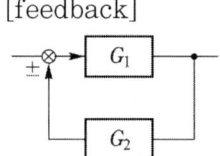 $G_{(s)} = \dfrac{G_1}{1 \mp G_1 G_2}$

[ex]

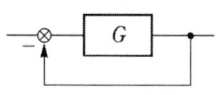 $G(S) = \dfrac{G}{1+G}$

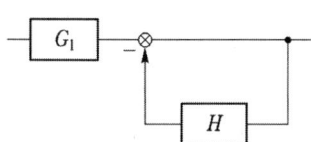 $G(s) = G_1 \times \dfrac{1}{1+H}$

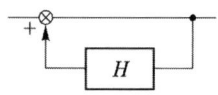 $G(S) = \dfrac{1}{1-H}$

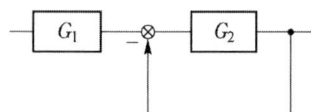 $G(s) = G_1 \times \dfrac{G_2}{1+G_2}$

※ 신호흐름선도의 등가변환

번호	항목	블록선도	신호흐름선도
1	신호	$a \rightarrow$	
2	전달요소 $b = G \cdot a$	$a \rightarrow \boxed{G} \rightarrow b$	$a \circ \xrightarrow{G} \circ b$
3	가합점 $c = a \pm b$	$a \xrightarrow{+} \bigcirc \xrightarrow{} c$, $b \xrightarrow{\pm}$	$a \circ \xrightarrow{1} \circ c$, $b \circ \xrightarrow{\pm 1}$
4	인출점 $a = b = c$	$a \rightarrow \bullet \rightarrow b$, $\rightarrow c$	$a \circ \xrightarrow{1} \circ b$, $\xrightarrow{1} \circ c$
5	종속접속 $c = G_1 \cdot G_2 \cdot a$	$a \rightarrow \boxed{G_1} \xrightarrow{b} \boxed{G_2} \rightarrow c$	$a \circ \xrightarrow{G_1} \circ \xrightarrow{b} \xrightarrow{G_2} \circ c$
6	병렬접속 $d = (G_1 \pm G_2)a$	$a \rightarrow \boxed{G_1}, \boxed{G_2} \rightarrow \bigcirc \rightarrow d$	$a \xrightarrow{1} \circ \xrightarrow{b}{G_1} \circ \xrightarrow{c}{1} \circ d$, $\pm G_2$
7	피드백 접속 $d = \dfrac{G}{1 \pm GH} \cdot a$	$a \rightarrow \bigcirc \xrightarrow{b} \boxed{G} \rightarrow d$, $\boxed{H}$	$a \xrightarrow{1} \circ \xrightarrow{b}{G} \circ \xrightarrow{c}{1} \circ d$, $\pm H$

기출 & 예상문제

제8장 라플라스변환과 전달함수

01 함수 f(t)의 라플라스 변환은 어떤 식으로 정의되는가?

① $\int_{-\infty}^{\infty} f(t)e^{-st}\,dt$
② $\int_{-\infty}^{\infty} f(t)e^{st}\,dt$
③ $\int_{0}^{\infty} f(t)e^{-st}\,dt$
④ $\int_{0}^{\infty} f(t)e^{st}\,dt$

답 ③

02 $f(t) = 3t^2$의 라플라스 변환은?

① $\dfrac{3}{s^2}$
② $\dfrac{3}{s^3}$
③ $\dfrac{6}{s^2}$
④ $\dfrac{6}{s^3}$

풀이
$F(s) = \mathcal{L}[f(t)] = \mathcal{L}[3t^2] = 3 \cdot \dfrac{2}{s^3} = \dfrac{6}{s^3}$

답 ④

03 $f(t) = 1 - e^{-at}$ 의 라플라스 변환은? 단, a는 상수이다.

① $U(s) - e^{-as}$
② $\dfrac{2s+a}{s(s+a)}$
③ $\dfrac{a}{s(s+a)}$
④ $\dfrac{a}{s(s-a)}$

풀이
$\mathcal{L}[1 - e^{-at}] = \dfrac{1}{s} - \dfrac{1}{s+a} = \dfrac{a}{s(s+a)}$

답 ③

04 주어진 시간함수 $f(t) = 3u(t) + 2e^{-t}$ 일 때 라플라스 변환한 함수 $F(s)$는?

① $\dfrac{s+3}{s(s+1)}$
② $\dfrac{5s+3}{s(s+1)}$
③ $\dfrac{3s}{s^2+1}$
④ $\dfrac{5s+1}{(s+1)s^2}$

풀이
$\mathcal{L}[3u(t) + 2e^{-t}] = \dfrac{3}{s} + 2 \cdot \dfrac{1}{s+1} = \dfrac{5s+3}{s(s+1)}$

답 ②

05 $f(t) = \sin t + 2\cos t$ 를 라플라스 변환하면?

① $\dfrac{2s}{s^2+1}$
② $\dfrac{2s+1}{(s+1)^2}$
③ $\dfrac{2s+1}{s^2+1}$
④ $\dfrac{2s}{(s+1)^2}$

▶ 풀이

$$\mathcal{L}[\sin t + 2\cos t] = \frac{1}{s^2+1^2} + 2 \cdot \frac{s}{s^2+1^2} = \frac{2s+1}{s^2+1}$$

답 ③

06 감쇠 여현파 함수 $e^{-at}\cos\omega t$ 의 라플라스 변환은?

① $\dfrac{\omega}{s^2+\omega}$ ② $\dfrac{\omega}{(s+a)^2+\omega^2}$ ③ $\dfrac{s+a}{(s+a)+\omega}$ ④ $\dfrac{s+a}{(s+a)^2+\omega^2}$

▶ 풀이

$$\mathcal{L}[e^{-at}\cos\omega t] = \left.\frac{s}{s^2+\omega^2}\right|_{s=s+a} = \frac{s+a}{(s+a)^2+\omega^2}$$

답 ④

07 $f(t) = \dfrac{e^{at}+e^{-at}}{2}$ 의 라플라스 변환은?

① $\dfrac{s}{s^2+a^2}$ ② $\dfrac{s}{s^2-a^2}$ ③ $\dfrac{a}{s^2+a^2}$ ④ $\dfrac{a}{s^2-a^2}$

▶ 풀이

$$\mathcal{L}\left[\frac{e^{at}+e^{-at}}{2}\right] = \frac{1}{2}\left(\frac{1}{s-a}+\frac{1}{s+a}\right) = \frac{s}{s^2-a^2}$$

답 ②

08 $f(t) = \delta(t) - be^{-bt}$ 의 라플라스 변환은? 단, $\delta(t)$는 임펄스 함수이다.

① $\dfrac{b}{s+b}$ ② $\dfrac{s(1-b)+5}{s(s+b)}$ ③ $\dfrac{1}{s(s+b)}$ ④ $\dfrac{s}{s+b}$

▶ 풀이

$$\mathcal{L}[\delta(t) - b \cdot e^{-bt}] = 1 - b \cdot \frac{1}{s+b} = \frac{s}{s+b}$$

답 ④

09 $\mathcal{L}[u(t-a)]$는?

① $\dfrac{e^{as}}{s^2}$ ② $\dfrac{e^{-as}}{s^2}$ ③ $\dfrac{e^{as}}{s}$ ④ $\dfrac{e^{-as}}{s}$

▶ 풀이

$$\mathcal{L}[u(t-a)] = \frac{1}{s} \cdot e^{-as}$$

답 ④

10 그림과 같은 램프(ramp)함수의 라플라스 변환을 구하면?

① $\dfrac{1}{s}$ ② $\dfrac{K}{s}$

③ $\dfrac{e^t}{s}$ ④ $\dfrac{1}{s^2}$

● 풀이
$$f(t) = t \cdot u(t)$$
답 ④

11 그림과 같은 파형의 라플라스 변환은?

① $\dfrac{1}{4}\left(\dfrac{1-4s}{s}\right)^3$ ② $\dfrac{1}{4}\left(\dfrac{1+e^{-4s}}{s}\right)$

③ $\dfrac{1}{s}(1-e^{-bs})$ ④ $\dfrac{1}{s}(1+e^{-bs})$

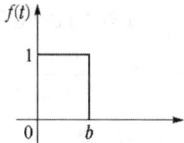

● 풀이
$$f(t) = u(t) - u(t-b)$$
$$\therefore F(s) = \dfrac{1}{s} - \dfrac{1}{s} \cdot e^{-bs} = \dfrac{1}{s}(1-e^{-bs})$$
답 ③

12 그림과 같이 높이가 1인 펄스의 라플라스 변환은?

① $\dfrac{1}{s}(e^{-as} + e^{-bs})$ ② $\dfrac{1}{s}(e^{-as} - e^{-bs})$

③ $\dfrac{1}{a-b}\left(\dfrac{e^{-as} + e^{-bs}}{s}\right)$ ④ $\dfrac{1}{a-b}\left(\dfrac{e^{as} + e^{-bs}}{s}\right)$

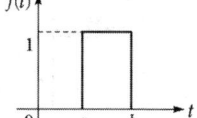

● 풀이
$$f(t) = u(t-a) - u(t-b)$$
$$\therefore F(s) = \dfrac{1}{s} \cdot e^{-as} - \dfrac{1}{s} \cdot e^{-bs} = \dfrac{1}{s}(e^{-as} - e^{-bs})$$
답 ②

13 다음과 같은 $I(s)$의 초기값 $I(0+)$가 바르게 구해진 것은? 단, $I(s) = \dfrac{2(s+1)}{s^2+2s}$

① $\dfrac{2}{s}$ ② $\dfrac{4}{s}$ ③ 2 ④ -2

● 풀이
초기값 정리
$$\lim_{t \to 0} f(t) = \lim_{s \to \infty} s \cdot F(s) = \lim_{s \to \infty} s \cdot \dfrac{2(s+1)}{s(s+2)} = \lim_{s \to \infty} \dfrac{2s+1}{s+2} = \lim_{s \to \infty} \dfrac{2+\dfrac{1}{s}}{1+\dfrac{2}{s}} = 2$$
답 ③

14 $F(s) = \dfrac{2s+15}{s^3+s^2+3s}$ 일 때 $f(t)$의 최종값은?

① 0 ② 3 ③ 4 ④ 5

● 풀이
최종값 정리

$$\lim_{t \to \infty} f(t) = \lim_{s \to 0} sF(s) = \lim_{s \to 0} s \cdot \frac{2s+15}{s(s^2+s+3)} = 5$$

답 ④

15 $F(s) = \dfrac{2}{s+3}$의 역라플라스 변환은?

① $2e^{-3t}$　　② $2e^{3t}$　　③ $3e^{-2t}$　　④ $3e^{2t}$

▶풀이

$\mathcal{L}^{-1}[F(s)] = f(t) = 2 \cdot e^{-3t}$

답 ①

16 다음 사항 중 옳게 표현된 것은?

① 비례 요소의 전달 함수는 $\dfrac{1}{Ts}$이다.

② 미분 요소의 전달 함수는 K이다.

③ 적분 요소의 전달 함수는 Ts이다.

④ 1차 지연 요소의 전달 함수는 $\dfrac{K}{Ts+1}$이다.

답 ④

17 $\dfrac{X(s)}{R(s)} = \dfrac{1}{s+4}$의 전달 함수를 미분 방정식으로 표시하면?

① $\dfrac{d}{dt}r(t) + 4r(t) = x(t)$　　② $\int r(t)dt + 4r(t) = x(t)$

③ $\dfrac{d}{dt}x(t) + 4x(t) = r(t)$　　④ $\int x(t)dt + 4x(t) = r(t)$

▶풀이

$(s+4)X(s) = R(s)$
$sX(s) + 4X(s) = R(s)$
$\therefore \dfrac{d}{dt}x(t) + 4x(t) = r(t)$

답 ③

18 어떤 계를 표시하는 미분 방정식이 $\dfrac{d^2y(t)}{dt^2} + 3\dfrac{dy(t)}{dt} + 2y(t) = \dfrac{dx(t)}{dt} + x(t)$ 라고 한다. $x(t)$는 입력, $y(t)$는 출력이라고 한다면 이 계의 전달함수는 어떻게 표시되는가?

① $G(s) = \dfrac{s^2+3s+2}{s+1}$　　② $G(s) = \dfrac{2s+1}{s^2+s+1}$

③ $G(s) = \dfrac{s+1}{s^2+3s+2}$　　④ $G(s) = \dfrac{s^2+s+1}{2s+1}$

▶풀이

$s^2 Y(s) + 3s Y(s) + 2 Y(s) = sX(s) + X(s)$

$$(s^2+3s+2)Y(s) = (s+1)X(s)$$
$$\therefore G(s) = \frac{Y(s)}{X(s)} = \frac{s+1}{s^2+3s+2}$$

답 ③

19 그림과 같은 회로의 전달 함수는 어느 것인가?

① $C_1 + C_2$
② $\dfrac{C_2}{C_1}$
③ $\dfrac{C_1}{C_1+C_2}$
④ $\dfrac{C_2}{C_1+C_2}$

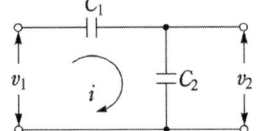

풀이

$$v_i = \frac{1}{C_1}\int i\,dt + \frac{1}{C_2}\int i\,dt,\quad v_o = \frac{1}{C_2}\int i\,dt$$
$$\to V_i(s) = \frac{1}{sC_1}I(s) + \frac{1}{sC_2}I(s) = \left(\frac{1}{sC_1}+\frac{1}{sC_2}\right)I(s),\quad V_o(s) = \frac{1}{sC_2}I(s)$$
$$\therefore G(s) = \frac{\dfrac{1}{sC_2}}{\dfrac{1}{sC_1}+\dfrac{1}{sC_2}} = \frac{C_2}{C_1+C_2}$$

답 ③

20 그림과 같은 회로에서 인가 전압에 의한 전류 i에 대한 출력 e_0의 전달함수는?

① $\dfrac{1}{Cs}$
② Cs
③ $\dfrac{1}{1+Cs}$
④ $1+Cs$

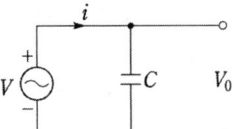

풀이

$$e_0 = \frac{1}{C}\int i\,dt \to E_0(s) = \frac{1}{sC}I(s)$$
$$\therefore G(s) = \frac{E_0(s)}{I(s)} = \frac{1}{sC}$$

답 ①

21 그림과 같은 $R-L$ 회로에서 전달함수를 구하면?

① $\dfrac{L}{R+Ls}$
② $\dfrac{1}{s+\dfrac{R}{L}}$
③ $\dfrac{1}{R+Ls}$
④ $\dfrac{s}{s+\dfrac{R}{L}}$

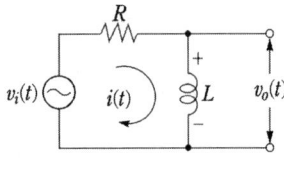

풀이

$$v_i(t) = Ri + L\frac{di}{dt},\quad v_0 = L\frac{di}{dt}$$

$$\rightarrow V_i(s) = (R+sL)I(s), \quad V_0(s) = sLI(s)$$
$$\therefore G(s) = \frac{V_0(s)}{V_i(s)} = \frac{sL}{R+sL} = \frac{s}{\frac{R}{L}+s}$$

답 ④

22 그림과 같은 회로의 전달함수는? 단, $T = RC$ 이다.

① $\dfrac{1}{Ts^2+1}$ ② $\dfrac{1}{Ts+1}$

③ Ts^2+1 ④ $Ts+1$

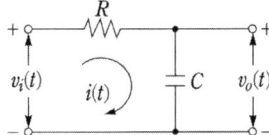

풀이

$$G(s) = \frac{\frac{1}{sL}}{R+\frac{1}{sC}} = \frac{1}{sCR+1} = \frac{1}{Ts+1}$$

답 ②

23 그림과 같은 $R-C$ 회로의 전달함수는?
단, $T_1 = R_2C$, $T_2 = (R_1+R_2)C$ 이다.

① $\dfrac{T_1}{T_2s+1}$ ② $\dfrac{T_2s}{T_1s+1}$

③ $\dfrac{T_1s+1}{T_2s+1}$ ④ $\dfrac{T_1(T_1s+1)}{T_2(T_2s+1)}$

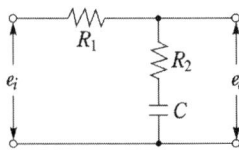

풀이

$$G(s) = \frac{R_2+\frac{1}{sC}}{R_1+R_2+\frac{1}{sC}} = \frac{sCR_2+1}{sC(R_1+R_2)+1} = \frac{sT_1+1}{T_2s+1}$$

답 ③

24 그림과 같은 $R-C$ 병렬회로의 전달함수 $\dfrac{E_0(s)}{I(s)}$ 는?

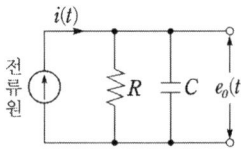

① $\dfrac{R}{RCs+1}$ ② $\dfrac{C}{RCs+1}$

③ $\dfrac{RC}{RCs+1}$ ④ $\dfrac{RCs}{RCs+1}$

▶풀이

$$I(s) = I_R(s) + I_C(s) = \frac{V(s)}{R} + \frac{V(s)}{\frac{1}{sC}} = \left(\frac{1}{R} + sC\right)V(s)$$

$$\therefore \frac{V(s)}{I(s)} = \frac{1}{\frac{1}{R} + sC} = \frac{R}{sCR+1}$$

답 ①

25 어떤 제어계의 임펄스 응답이 $\sin t$ 일 때에 이 계의 전달함수를 구하면?

① $\dfrac{1}{(s+3)^2}$ ② $\dfrac{1}{s^2+1}$

③ $\dfrac{s}{s+1}$ ④ $\dfrac{s}{s^2+1}$

▶풀이

$r(t) = \delta(t) \to R(s) = 1$, $G(s) = \dfrac{C(s)}{R(s)}$

$\therefore G(s) = C(s) = \dfrac{1}{s^2+1}$

답 ②

26 전달 함수 $C(s) = G(s)R(s)$에서 입력 함수를 단위 임펄스, 즉 $\delta(t)$로 가할 때 계의 응답은?

① $G(s)\delta(s)$ ② $\dfrac{G(s)}{\delta(s)}$

③ $\dfrac{G(s)}{s}$ ④ $G(s)$

▶풀이

임펄스 응답 : $C(s) = G(s)$

답 ④

27 시간지연 요인을 포함한 어떤 특정계가 다음 미분방정식으로 표현된다. 이 계의 전달함수를 구하면? $\dfrac{dy(t)}{dt} + y(t) = X(t-T)$

① $P(s) = \dfrac{Y(s)}{X(s)} = \dfrac{e^{-sT}}{s+1}$ ② $P(s) = \dfrac{Y(s)}{X(s)} = \dfrac{s+1}{e^{-sT}}$

③ $P(s) = \dfrac{Y(s)}{X(s)} = \dfrac{e^{sT}}{s-1}$ ④ $P(s) = \dfrac{Y(s)}{X(s)} = \dfrac{e^{-2sT}}{s+2}$

▶풀이

$sY(s) + Y(s) = X(s) \cdot e^{-Ts}$

$P(s) = \dfrac{Y(s)}{X(s)} = \dfrac{e^{-Ts}}{s+1}$

답 ①

28 전달함수의 성질 중 틀린 것은?

① 어떤 계의 전달함수는 그 계에 대한 임펄스 응답의 라플라스 변환과 같다.

② 전달함수 $P(s)$인 계의 입력이 임펄스 함수(δ)이고 모든 초기값이 0이면 그 계의 출력변환은 $P(s)$와 같다.

③ 계의 전달함수는 계의 미분방정식을 라플라스 변환하고 초기값에 의하여 생긴 항을 무시하면 $P(s) = \mathcal{L}^{-1}\left[\dfrac{Y^2}{X^2}\right]$와 같이 얻어진다.

④ 어떤 계의 전달함수의 분모를 0으로 놓으면 이것이 곧 특성방정식이 된다.

• 풀이

$$G(s) = \frac{Y(s)}{X(s)}$$

답 ③

29 그림과 같은 회로에서 입력을 $v(t)$, 출력을 $i(t)$로 했을 때의 입·출력 전달함수는? 단, 스위치 S는 $t=0$인 순간에 회로에 전압이 공급된다.

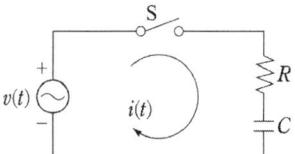

① $\dfrac{I(s)}{V(s)} = \dfrac{s}{R\left(s + \dfrac{1}{RC}\right)}$

② $\dfrac{I(s)}{V(s)} = \dfrac{s}{RC\left(s + \dfrac{1}{RC}\right)}$

③ $\dfrac{I(s)}{V(s)} = \dfrac{s}{RCs + 1}$

④ $\dfrac{I(s)}{V(s)} = \dfrac{RCs}{RCs + 1}$

• 풀이

$$V(s) = RI(s) + \frac{1}{sC}I(s) = \left(R + \frac{1}{sC}\right)I(s)$$

$$\therefore G(s) = \frac{I(s)}{V(s)} = \frac{1}{R + \dfrac{1}{sC}} = \frac{s}{sR + \dfrac{1}{C}} = \frac{s}{R\left(s + \dfrac{1}{RC}\right)}$$

답 ①

30 그림과 같은 블록선도에서 $\dfrac{C}{R}$의 값은?

① $1 + G_1 + G_1G_2$

② $1 + G_2 + G_1G_2$

③ $\dfrac{G_1G_2}{1 - G_2 - G_1G_2}$

④ $\dfrac{(1+G_1)G_2}{1 - G_2}$

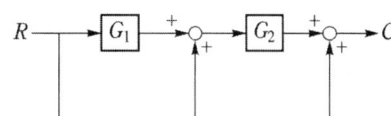

• 풀이

$$G(S) = G_1G_2 + G_2 + 1$$

답 ②

31 그림에서 전달함수 $G(S)$는?

$$U(S) \rightarrow \boxed{G(S)} \rightarrow C(S)$$

① $\dfrac{U(S)}{C(S)}$ ② $\dfrac{C(S)}{U(S)}$ ③ $U(S) \cdot C(S)$ ④ $\dfrac{C^2(S)}{U(S)}$

답 ②

32 다음과 같은 블록선도의 등가 합성 전달함수는?

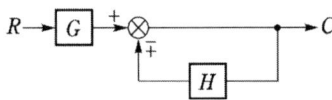

① $\dfrac{1}{1 \pm GH}$ ② $\dfrac{G}{1 \pm GH}$

③ $\dfrac{G}{1 \pm H}$ ④ $\dfrac{1}{1 \pm H}$

[풀이]
루프 $\triangle = \mp H$, 전향경로 $= G$

$\therefore G(S) = \dfrac{G}{1-(\mp H)} = \dfrac{G}{1 \mp H}$

답 ③

33 그림과 같은 궤환 회로의 종합전달 함수는?

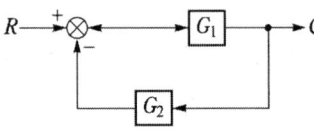

① $\dfrac{1}{G_1} + \dfrac{1}{G_2}$ ② $\dfrac{G_1}{1 - G_1 G_2}$

③ $\dfrac{G_1}{1 + G_1 G_2}$ ④ $\dfrac{G_1 G_2}{1 + G_1 G_2}$

[풀이]
loop 이득 $= -G_1 G_2$
전향이득 $= G_1$

$\therefore G(S) = \dfrac{G_1}{1-(-G_1 G_2)} = \dfrac{G_1}{1+G_1 G_2}$

답 ③

34 다음 그림의 블록 선도에서 C/R는?

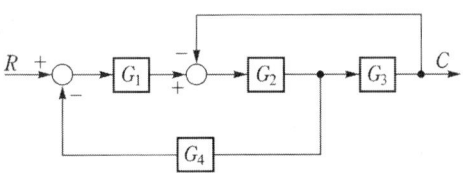

① $\dfrac{G_3 G_4}{1+G_1 G_2 G_3}$
② $\dfrac{G_1 G_3}{1+G_1 G_2 + G_3 G_4}$
③ $\dfrac{G_1 G_2 G_3}{1+G_2 G_3 + G_1 G_2 G_4}$
④ $\dfrac{G_1 G_2}{1+G_2 G_3 + G_1 G_4}$

▶풀이

$$G(S) = \dfrac{\text{이득}}{1-\text{loop 이득}} = \dfrac{G_1 G_2 G_3}{1+G_2 G_3 + G_1 G_2 G_4}$$

답 ③

35 다음 블록선도의 입출력비는?

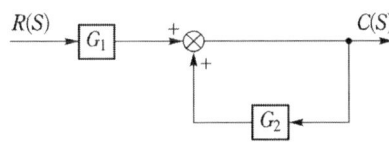

① $\dfrac{1}{1+G_1 G_2}$
② $\dfrac{G_1 G_2}{1-G_2}$
③ $\dfrac{G_1}{1-G_2}$
④ $\dfrac{G_1}{1+G_2}$

▶풀이

$$G(S) = \dfrac{\text{전향이득}}{1-\text{루프이득}} = \dfrac{G_1}{1-G_2}$$

답 ③

36 그림의 블록선도에서 C/R을 구하시오.

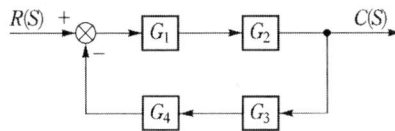

① $\dfrac{G_1 + G_2}{1 + G_1 G_2 + G_3 G_4}$ ② $\dfrac{G_1 G_2}{1 + G_1 G_2 G_3 G_4}$

③ $\dfrac{G_3 G_4}{1 + G_1 G_2 G_3 G_4}$ ④ $\dfrac{G_1 G_2}{1 + G_1 G_2 + G_3 G_4}$

▶풀이

loop 이득 $= - G_1 G_2 G_3 G_4$

전향이득 $= G_1 G_2$

$\therefore G(S) = \dfrac{G_1 G_2}{1 - (- G_1 G_2 G_3 G_4)} = \dfrac{G_1 G_2}{1 + G_1 G_2 G_3 G_4}$

답 ②

37 다음 블록 선도의 변환에서 ( )에 맞는 것은?

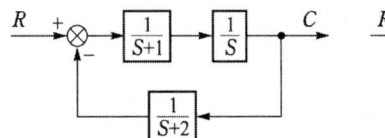 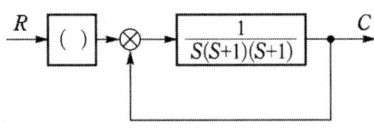

① $S + 2$ ② $(S+1)(S+2)$

③ S ④ $S(S+1)(S+2)$

▶풀이

이 두 회로의 loop이득이 같으므로 전향이득 또한 같아야 등가회로가 성립한다.

$\dfrac{1}{S(S+1)} = G \times \dfrac{1}{S(S+1)(S+2)}$

$\therefore G = S + 2$

답 ①

38 다음 시스템의 전달함수 (C/R)는?

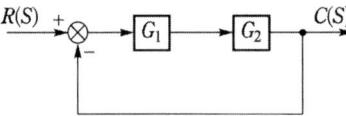

① $\dfrac{C}{R} = \dfrac{G_1 G_2}{1 + G_1 G_2}$ ② $\dfrac{C}{R} = \dfrac{G_1 G_2}{1 - G_1 G_2}$

③ $\dfrac{C}{R} = \dfrac{1 + G_1 G_2}{G_1 G_2}$ ④ $\dfrac{C}{R} = \dfrac{1 - G_1 G_2}{G_1 G_2}$

▶풀이

$(R - C) G_1 G_2 = C$ 에서 $G(S) = \dfrac{C}{R} = \dfrac{G_1 G_2}{1 + G_1 G_2}$

답 ①

39 블록선도에서 $r(t)=25$, $G_1=1$, $H_2=5$, $c(t)=50$일 때 H_1을 구하면?

① 1/4
② 1/10
③ 2/5
④ 2/3

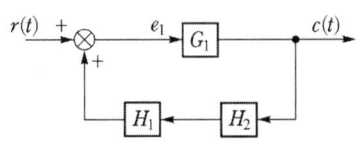

▶풀이

$$\frac{c(t)}{r(t)} = \frac{G_1}{1-(G_1 \cdot H_1 \cdot H_2)} = \frac{50}{25}$$

$2 = \dfrac{1}{1-5H_1} \rightarrow 2(1-5H_1)=1 \qquad \therefore H_1 = \dfrac{1}{10}$

답 ②

제 9 장

비정현파와 과도현상

9.1 과도현상

|1| 과도현상

$t=0$인 시간을 기준으로 하여 $t=0$에서 어떠한 상태의 변화가 발생한 후 정상적인 현상이 발생하기 이전에 나타내는 전압이나 전류의 여러 가지 과도기적인 현상

→ • 시간적 변화를 가질 수 있는 소자인 L과 C소자에서 과도현상이 발생하며
- R만의 회로에서는 과도전류는 없다.
- 과도현상은 시정수가 클수록 오래 지속된다.
- 시정수는 특성근의 절대값의 역수이다. (e^{-1}이 되는 t의 값)

(1) $R-L$ 직렬회로

전류 : $i(t) = \dfrac{E}{R}(1-e^{-\frac{R}{L}t})$[A]

시정수(시상수) : 정상상태의 63.2[%]에 도달하기까지의 시간

$\tau = \dfrac{L}{R}$[sec]

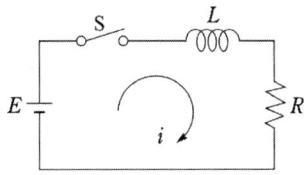

$R-L$ 직렬회로	직류 기전력 인가시 (S/W on 시)	직류 기전력 제거시 (S/W off 시)
전류 $i(t)$	$i(t) = \dfrac{E}{R}\left(1 - e^{-\frac{R}{L}t}\right)$	$i(t) = \dfrac{E}{R}e^{-\frac{R}{L}t}$
시정수	$\tau = \dfrac{L}{R}$ [sec]	$\tau = \dfrac{L}{R}$ [sec]
v_R	$v_R = E\left(1 - e^{-\frac{R}{L}t}\right)$ [V]	
v_L	$v_L = Ee^{-\frac{R}{L}t}$ [V]	

(2) $R-C$ 직렬회로

전하 및 전류 : $i(t) = \dfrac{E}{R}e^{-\frac{1}{RC}t}$ [A]

$q(t) = CE(1 - e^{-\frac{1}{RC}t})$ [C]

시정수 : $\tau = RC$ [sec]

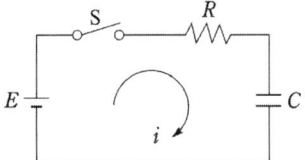

$R-C$ 직렬회로	직류 기전력 인가시 (S/W on 시)	직류 기전력 제거시 (S/W off 시)
전하 $q(t)$	$q(t) = CE\left(1 - e^{-\frac{1}{RC}t}\right)$	$q(t) = CEe^{-\frac{1}{RC}t}$
전류 $i(t)$	$i(t) = \dfrac{E}{R}e^{-\frac{1}{RC}t}$ [A]	$i(t) = -\dfrac{E}{R}e^{-\frac{1}{RC}t}$ [A]
시정수	$\tau = RC$ [sec]	$\tau = RC$ [sec]
v_R	$v_R = Ee^{-\frac{1}{RC}t}$ [V]	
v_C	$v_C = E\left(1 - e^{-\frac{1}{RC}t}\right)$ [V]	

기출 & 예상문제

제 9장 비정현파와 과도현상

01 비사인파의 일반적인 구성이 아닌 것은?
① 삼각파 ② 고조파
③ 기본파 ④ 직류분

▶풀이
비사인파 = 직류분 + 기본파 + 고조파

답 ①

02 비정현파를 여러 개의 정현파의 합으로 표시하는 방법은?
① 중첩의 원리 ② 노튼의 정리
③ 푸리에 분석 ④ 테일러의 분석

▶풀이
• 푸리에 급수 : 주파수와 진폭을 달리하는 무수히 많은 성분을 갖는 비정현파를 무수히 많은 정현항과 여현항의 합으로 표현

$$v = V_0 + \sum_{n=1}^{\infty} V_{mn}\sin(n\omega t + \theta_n)[\text{V}]$$

답 ③

03 주기적인 구형파 신호의 성분은 어떻게 되는가?
① 성분 분석이 불가능하다.
② 직류분만으로 합성된다.
③ 무수히 많은 주파수의 합성이다.
④ 교류 합성을 갖지 않는다.

▶풀이
구형파는 무수히 많은 홀수 고조파의 합성이다.

답 ③

04 $v = 100\sin\omega t + 100\cos\omega t[\text{V}]$의 실효값은?
① 100 ② 141
③ 172 ④ 200

▶풀이
위상차가 90°이므로 $V = \sqrt{\left(\dfrac{100}{\sqrt{2}}\right)^2 + \left(\dfrac{100}{\sqrt{2}}\right)^2} = 100[\text{V}]$

답 ①

05 어느 회로의 전류가 다음과 같을 때 이 회로에 대한 전류의 실효값은?

$$i = 3 + 10\sqrt{2}\sin(\omega t - \frac{\pi}{6}) + 5\sqrt{2}\sin(3\omega t - \frac{\pi}{3})\,[A]$$

① 11.6[A] ② 23.2[A] ③ 32.2[A] ④ 48.3[A]

- 풀이

비정현파의 실효값은 각 고조파의 실효값의 제곱의 합의 제곱근이므로

$$I = \sqrt{I_0^2 + \left(\frac{I_{m1}}{\sqrt{2}}\right)^2 + \left(\frac{I_{m3}}{\sqrt{2}}\right)^2}$$
$$= \sqrt{3^2 + (10)^2 + (5)^2} = 11.6\,[A]$$

답 ①

06 $R = 4[\Omega]$, $\frac{1}{\omega C} = 36[\Omega]$을 직렬로 접속한 회로에 $v = 120\sqrt{2}\sin\omega t + 60\sqrt{2}\sin(3\omega t + \phi_3) + 30\sqrt{2}\sin(5\omega t + \phi_5)\,[V]$를 인가했을 때 흐르는 전류의 실효값은 약 몇 [A]인가?

① 3.3[A] ② 4.8[A]
③ 3.6[A] ④ 6.8[A]

- 풀이

$$I_1 = \frac{V_1}{Z_1} = \frac{120}{\sqrt{4^2 + 36^2}} = 3.31\,[A], \quad I_3 = \frac{V_3}{Z_3} = \frac{V_3}{\sqrt{R^2 + \left(\frac{1}{3\omega C}\right)^2}} = 4.74\,[A]$$

$$I_5 = \frac{V_5}{Z_5} = \frac{V_3}{\sqrt{R^2 + \left(\frac{1}{5\omega C}\right)^2}} = 3.64\,[A], \quad \therefore I = \sqrt{I_1^2 + I_3^2 + I_5^2} = 6.83\,[A]$$

답 ④

07 $R = 4[\Omega]$, $\omega L = 3[\Omega]$의 직렬 회로에 $V = 100\sqrt{2}\sin\omega t + 30\sqrt{2}\sin 3\omega t\,[V]$의 전압을 가할 때 전력은 약 몇 [W]인가?

① 1,170 ② 1,563
③ 1,637 ④ 2,116

- 풀이

비정현파의 소비전력
기본파 전압의 실효값 V_1, 3고조파 전압의 실효값 V_3라 하면

$$P = \frac{V_1^2 R}{R^2 + (\omega L)^2} + \frac{V_3^2 R}{R^2 + (3\omega L)^2}\,[W]\text{ 이므로}$$

$$V_1 = \frac{V_{m1}}{\sqrt{2}} = 100\frac{\sqrt{2}}{\sqrt{2}} = 100\,[V]$$

$$V_3 = \frac{V_{m3}}{\sqrt{2}} = 30\frac{\sqrt{2}}{\sqrt{2}} = 30\,[V]\text{ 일 때}$$

$$\therefore P = \frac{100^2 \times 4}{4^2 + 3^2} + \frac{30^2 \times 4}{4^2 + (3 \times 3)^2} = 1,637\,[W]$$

답 ③

08 다음 중 비사인파 교류의 일그러짐율은?

① $\dfrac{\text{기본파의 실효값}}{\text{고조파의 실효값}}$ ② $\dfrac{\text{고조파의 실효값}}{\text{기본파의 실효값}}$

③ $\dfrac{\text{기본파의 실효값}}{\text{고조파의 최대값}}$ ④ $\dfrac{\text{고조파의 최대값}}{\text{기본파의 실효값}}$

▶ 풀이

일그러짐율(왜형율)

$\epsilon = \dfrac{\text{전 고조파의 실효값}}{\text{기본파 실효값}} = \dfrac{\sqrt{V_2^2 + V_3^2 + \cdots + V_n^2}}{V_1} \times 100[\%]$

답 ②

09 정현파 교류의 왜형율은?

① 0   ② 0.1212   ③ 0.2273   ④ 0.4834

답 ①

10 기본파의 3[%]인 제3고조파와 4[%]인 제5고조파, 1[%]인 제7고조파를 포함하는 전압파의 왜율은?

① 약 2.7[%]   ② 약 5.1[%]   ③ 약 7.7[%]   ④ 약 14.1[%]

▶ 풀이

$\epsilon = \dfrac{\sqrt{V_2^2 + V_3^2 + \cdots + V_n^2}}{V_1} \times 100$

$= \dfrac{\sqrt{(0.03V)^2 + (0.04V)^2 + (0.01V)^2}}{V} \times 100$

$\fallingdotseq 5.1[\%]$

답 ②

11 전기회로의 과도현상과 시정수와의 관계가 바른 것은?

① 시정수가 클수록 과도현상은 오래 계속 된다.
② 시정수는 전압의 크기에 비례한다.
③ 시정수와 과도지속 시간은 관계가 없다.
④ 시정수가 클수록 과도현상은 빨라진다.

▶ 풀이

시정수가 크면 정상상태에 도달하는데 걸리는 시간이 길어지므로 과도현상은 시정수가 클수록 오래 지속된다.

답 ①

12 $R-L$ 직렬회로의 시정수 τ[s]는?

① $\dfrac{R}{L}$[s]   ② $\dfrac{L}{R}$[s]   ③ RL[s]   ④ $\dfrac{1}{RL}$[s]

● 풀이

RL 직렬회로 $\tau = \dfrac{L}{R}[\sec]$

답 ②

13 $R-L$ 직렬회로에서 $R=20[\Omega]$, $L=10[H]$인 경우 시정수 τ는?
① 0.005[s]   ② 0.5[s]
③ 2[s]   ④ 200[s]

● 풀이

$\tau = \dfrac{L}{R} = \dfrac{10}{20} = 0.5[\sec]$

답 ②

14 $R=10[k\Omega]$, $C=5[\mu F]$의 직렬 회로에 110[V]의 직류전압을 인가했을 때 시상수(τ)는?
① 5[ms]   ② 50[ms]
③ 1[sec]   ④ 2[sec]

● 풀이

RC 직렬회로
$\tau = RC = 10 \times 10^3 \times 5 \times 10^{-6} = 5 \times 10^{-2} = 50[\text{msec}]$

답 ②

15 $R=2000[k\Omega]$, $C=2[\mu F]$인 $R-C$ 직렬 회로의 양단에 20[V]의 전압을 가한 뒤 C 양단의 전압이 12.64[V]가 되기까지의 시간은?
① 1[sec]   ② 2[sec]
③ 3[sec]   ④ 4[sec]

● 풀이

$\tau = RC = 2000 \times 10^3 \times 2 \times 10^{-6} = 4[\sec]$

답 ④

제9장 비정현파와 과도현상

MEMO

2과목 전기기기

- 제 1 장 직류기
- 제 2 장 동기기
- 제 3 장 변압기
- 제 4 장 유도전동기

제 1 장

직류기

직류기(DC machine)에는 직류발전기와 직류전동기가 있으며, 발전기는 기계에너지를 전기에너지로, 전동기는 전기에너지를 기계에너지로 변환하는 것이다.

직류를 생산하는 직류발전기는 반도체 정류기 등에 의해 쉽게 교류를 직류로 변환가능하기에 별로 사용하지 않고 화학공업용, 통신용, 전기 용접 등의 직류발전기 특성이 요구되는 곳에 사용된다. 직류전동기는 속도제어 및 토크 특성이 우수하여 전기철도용, 제철용, 제지공업용, 엘리베이터, 시멘트 공업 등에 사용된다.

1.1 직류발전기의 구조

직류발전기의 주요 3요소는 계자, 전기자, 정류자로 구성된다.

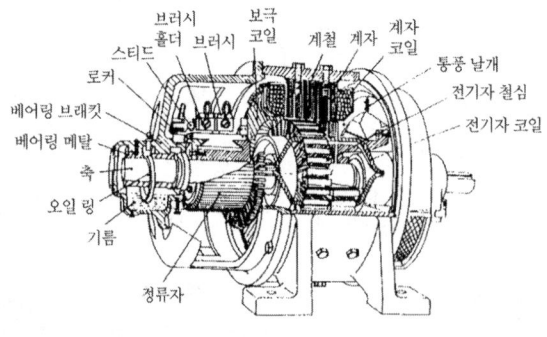
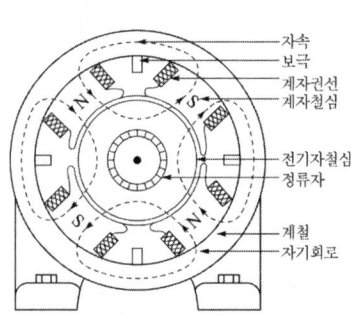

1 | 계자(Field Magnet) : 자속(ϕ)을 만드는 부분

(1) 구조 : 계자철심(두께 0.8~1.6mm 연강판 성층) + 계자권선(전류통로)

① 분권계자권선: 코일이 가늘고 저항값이 매우 크다.

② 직권계자권선: 코일이 굵고 저항이 매우 적다.

2 | 전기자(Armature) : 계자에서 만든 자속을 끊어 기전력을 유도

(1) 전기자철심 : 규소강판 성층하여 만든다.

① 저규소강판(규소 함유율 1~1.4[%] 정도) : 히스테리시스손 감소

② 0.35~0.5[mm] 두께의 규소강판 성층 : 와류손 감소

(2) 전기자와 계자사이의 공극

① 소형기 : 3[mm]

② 대형기 : 6~8[mm]

3 | 정류자(Commutator) : AC를 DC로 변환

(1) 전기자 권선에서 유도된 교류를 직류로 바꾸어 주는 부분

① 정류자편수(片數) : $K = \dfrac{u}{2}S$

(u : 슬롯(slot) 내부 코일변수, S : 슬롯 수)

② 정류자편간(片間) 전압 : $e_{sa} = \dfrac{PE}{K}$ [V]

(P : 극수, E : 기전력, K : 정류자 편수)

③ 정류자 편간 위상차 : $\theta = \dfrac{2\pi}{K}$ [rad]

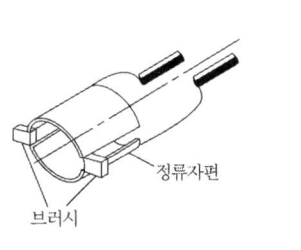

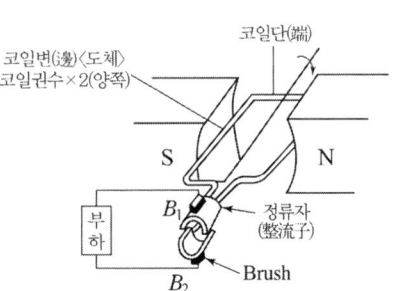

4 브러시 : 정류자면에 접촉하여 전기자 권선과 외부회로를 연결

(1) 접촉저항이 적당하고, 마모성이 적으며, 기계적으로 튼튼할 것
(2) 일반적으로 양호한 정류를 위해 접촉저항이 큰 탄소 브러시 사용
   ① 탄소질 브러시 : 접촉저항률, 마찰계수가 크고 허용전류가 작다 (소형기, 저속기 사용)
   ② 흑연질 브러시 : 접촉저항률, 마찰계수가 작고 허용전류가 크다 (대전류형, 고속기 사용)
   ③ 정류자면 접촉압력 : $0.15 \sim 0.25 [kg/cm^2]$
   ④ 로커 : 브러시를 중성축에서 이동시 사용

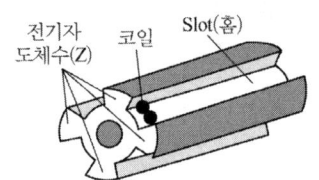
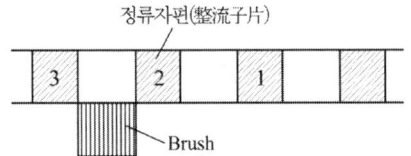

5 전기자 권선법

기전력이 유도되는 전기자 도체를 결선하는 방식에 따라서 출력전압, 전류의 크기가 변화 (고상권, 폐로권, 이층권(중권,파권) 채용)

```
┌ 환상권
│ 고상권 ┌ 개로권
        └ 폐로권 ┌ 단층권
                └ 이층권 ┌ 중권(병렬권)
                        └ 파권(직렬권)
```

(1) 중권

극수와 같은 병렬회로수로 하면($a = P$), 전지의 병렬접속과 같이 되므로 저전압, 대전류가 얻어진다.

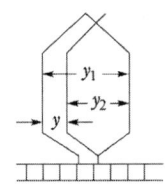
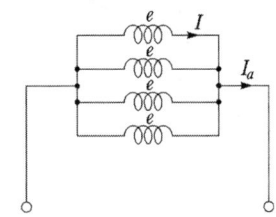

(2) 파권

극수와 관계없이 병렬회로수를 항상 2개($a = 2$)로 하면, 전지의 직렬접속과 같이 되므로 대전압, 소전류가 얻어진다.

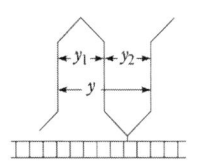 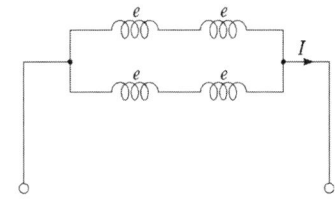

(3) 중권과 파권의 비교

비교 항목	단중 중권(병렬권)	단중 파권(직렬권)
병렬회로 수(a)	P(극수)	2
브러시 수(B)	P(극수)	2
전압과 전류	저전압, 대전류	고전압, 소전류
균압 접속	4극 이상 시 필요	필요 없음

기출 & 예상문제
제1장 직류기(1)

전기기능장

01 플레밍의 오른손 법칙에 따르는 기전력이 발생하는 기기는?
① 교류발전기 ② 교류전동기
③ 교류정류기 ④ 교류용접기

▶풀이
- 플레밍의 오른손법칙 : 발전기의 원리(전자유도)
- 플레밍의 왼손법칙 : 전동기의 원리(전자력)

답 ①

02 철심에 권선을 감고 전류를 흘려서 공극(Air Gap)에 필요한 자속을 만드는 것은?
① 정류자 ② 계자
③ 회전자 ④ 전기자

▶풀이
- 계자(Field Magnet) : 자속(ϕ)을 만드는 부분
- 전기자(Armature) : 계자에서 만든 자속을 끊어 기전력을 유도
- 정류자(Commutator) : AC를 DC로 변환

답 ②

03 발전기 전기자의 주된 역할은?
① 자속을 만든다. ② 기전력을 유도한다.
③ 정류작용을 한다. ④ 회전체와 외부회로를 접속시킨다.

▶풀이
- 계자(Field Magnet) : 자속(ϕ)을 만드는 부분
- 전기자(Armature) : 계자에서 만든 자속을 끊어 기전력을 유도
- 정류자(Commutator) : AC를 DC로 변환

답 ②

04 직류기의 전기자 철심을 규소 강판으로 성층하는 가장 큰 이유는?
① 기계손을 줄이기 위해서 ② 철손을 줄이기 위해서
③ 제작이 간편하기 때문에 ④ 가격이 싸기 때문에

▶풀이
철손(히스테리시스손+와류손)을 줄이기 위해 규소 강판을 겹쳐 쌓아서 만든 성층 철심을 사용한다. 성층 철심을 사용하여, 와전류 손실을 줄이며, 규소강판을 사용하여 히스테리시스손실을 줄인다.

답 ②

05 직류기에서 브러시의 역할은?
① 기전력 유도　　　　　　　　　② 자속 생성
③ 정류작용　　　　　　　　　　　④ 전기자 권선과 외부회로 접속

▶ 풀이
　브러시 : 정류자면에 접촉하여 전기자 권선과 외부회로를 연결　　　답 ④

06 직류기에 주로 사용하는 권선법으로 다음 중 옳은 것은?
① 개로권, 환상권, 이층권　　　　② 개로권, 고상권, 이층권
③ 폐로권, 고상권, 이층권　　　　④ 폐로권, 환상권, 이층권

▶ 풀이
　직류기의 전기자 권선법으로는 폐로권, 고상권, 이층권(중권, 파권)을 주로 사용한다.　답 ③

07 직류기의 전기자 권선법 중 파권 권선에 대한 설명으로 옳은 것은?
① 브러시 수가 극수과 같다.
② 균압환이 필요하다.
③ 저전압 대전류용이다.
④ 전기자 병렬회로수는 항상 2이다.

▶ 풀이

비교 항목	단중 중권(병렬권)	단중 파권(직렬권)
병렬회로 수(a)	P(극수)	2
브러시 수(B)	P(극수)	2
전압과 전류	저전압, 대전류	고전압, 소전류
균압 접속	4극이상 시 필요	필요없음

답 ④

08 단중 중권의 극수 P인 직류기에서 전기자 병렬회로수 a는 어떻게 되는가?
① $a = P$　　　　　　　　　　　② $a = 2$
③ $a = 2P$　　　　　　　　　　 ④ $a = 3P$

▶ 풀이
　중권일 경우 병렬회로수는 극수와 같게 된다.　　　답 ①

09 8극 파권 직류발전기의 전기자권선의 병렬회로수의 a는 얼마로 되어있는가?
① 1　　　　② 2　　　　③ 4　　　　④ 8

▶ 풀이
　파권일 경우 극수와 관계없이 병렬회로수는 항상 2개이다.　　　답 ②

10 다극 중권 직류 발전기의 전기자 권선에 균압 고리를 설치하는 이유는?
① 브러시에서 불꽃을 방지하기 위하여
② 전기자 반작용을 방지하기 위하여
③ 정류 기전력을 높이기 위하여
④ 전압 강하를 방지하기 위하여

풀이
균압 고리는 중권으로 전기자 권선으로 감을시 병렬회로수의 증가로 인한 각 병렬 회로에 기전력의 불균일로 인해 브러시에 국부적인 전류가 불꽃이 발생하게 되어 정류가 나빠지는 것을 방지하기 위한 목적으로 사용된다.
답 ①

11 복권 발전기의 병렬 운전을 안전하게 하기 위해서 두 발전기의 전기자와 직권 권선의 접촉점에 연결하여야 하는 것은?
① 집전환 ② 균압선 ③ 안정저항 ④ 브러시
답 ②

12 직류기에서 파권 권선의 이점은?
① 효율이 좋다.
② 출력이 크다.
③ 전압이 높게 된다.
④ 역률이 안정된다.

풀이

[중권과 파권의 비교]

	중권(병렬권)	파권(직렬권)
병렬회로수	P(극수)	2
브러시수	P(극수)	2
용도	대전류, 저전압	소전류, 고전압
균압결선	4극 이상 필요	불필요

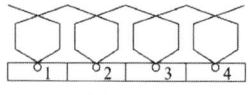
(a) 중권

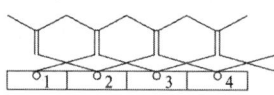
(b) 파권

[전기자 권선법]
답 ③

13 2극의 직류발전기에서 코일변의 유효길이 l[m], 공극의 평균자속밀도 B[Wb/m²], 주변속도 v[m/s]일 때 전기자 도체 1개에 유도되는 기전력의 평균값 e[V]은?
① $e = Blv$[V]
② $e = \sin \omega t$[V]
③ $e = 2B\sin\omega t$[V]
④ $e = v^2 Bl$ [V]
답 ①

14 자속밀도 0.8[Wb/m²]인 자계에서 길이 50[cm]인 도체가 30[m/s]로 회전할 때 유기되는 기전력[V]은?

① 8 ② 12 ③ 15 ④ 24

풀이
$e = v \cdot B \cdot l [V] = 30 \times 0.8 \times 0.5 = 12 [V]$

답 ②

15 전기 기기의 철심 재료로 규소 강판을 많이 사용하는 이유로 가장 적당한 것은?

① 와류손을 줄이기 위해
② 맴돌이 전류를 없애기 위해
③ 히스테리시스손을 줄이기 위해
④ 구리손을 줄이기 위해

풀이
철손(히스테리시스손+와류손)을 줄이기 위해 규소 강판을 겹쳐 쌓아서 만든 성층 철심을 사용한다. 성층 철심을 사용하여, 와전류 손실을 줄이며, 규소강판을 사용하여 히스테리시스손실을 줄인다.

답 ③

1.2 직류발전기의 이론

1 유도기전력

전기자 도체수가 Z, 병렬 회로수가 a(중권은 $a = P$, 파권은 $a = 2$), 극수가 P[극], 회전수와 계자자속이 각각 N[rpm], ϕ[Wb]인 직류 발전기의 유기기전력은 다음 식과 같다.

$$E = \frac{PZ\phi N}{60a}[\text{V}]$$

여기서, 자속 ϕ가 0인 경우에는 기전력이 발생할 수 없으며, 반드시 자속이 있어야만 발전이 가능함을 알 수 있다.

2 전기자 반작용

(1) 전기자 전류에 의하여 발생한 자속이 주자속에 영향을 미치는 현상

(2) 전기자 반작용의 영향
　① 전기적 중성축 이동(편자작용) ┌ 발전기 : 회전방향
　　　　　　　　　　　　　　　　　└ 전동기 : 회전반대방향
　② 주자속 감소 ┌ 발전기 : 유기기전력 감소($E \propto \phi$)
　　　　　　　　 └ 전동기 : 토크감소($T \propto \phi$), 회전속도 증가($N \propto \frac{1}{\phi}$)
　③ 브러시에 불꽃섬락 발생

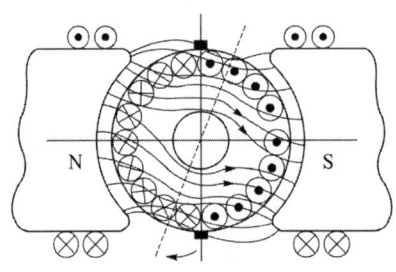

[전기자 반작용]

(3) 방지대책
　① 브러시 위치를 전기적 중성점인 회전방향으로 이동
　② 보극설치 : 별도의 자극을 설치하여 전기자반작용 경감

③ 보상권선 : 가장 유효한 방법으로 계자극에 홈을 파고 권선을 감아 전기자와 직렬로 연결하여 반대방향의 전류를 흘려줌으로서 대부분의 전기자반작용 상쇄

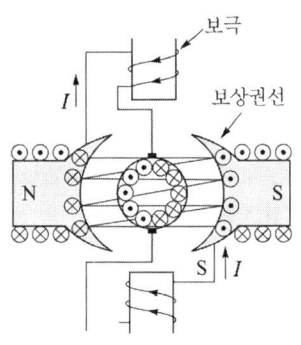

[보상권선 및 보극]

|3| 정류

(1) 직류발전기의 전기자 권선 안에 유기되는 기전력 교류를 정류자와 브러시의 작용으로 직류로 변환하는 작용
(2) 리액턴스 전압 : 전기자 코일에 자기 인덕턴스에 의한 역기전력을 말하며, 코일 안의 전류의 변화를 방해
(3) 양호한 정류를 얻는 방법(리액턴스 전압에 의한 영향을 적게 하는 방법)
 ① 저항정류 : 접촉저항이 큰 브러시 사용
 ② 전압정류 : 보극 설치
 ③ 리액턴스 전압감소 : 보극설치

※ 양호한 정류를 얻는 조건 : 브러시접촉면 전압강하 > 평균리액턴스 전압

$$e_L = L \frac{2 \cdot I_c}{T_c} \downarrow \text{(리액턴스 전압이 작아야 한다.)}$$

㉮ 인덕턴스 $L \downarrow$ (작게) : 단절권 채택
㉯ 정류주기 $T_c \uparrow$ (길게) : 회전속도를 낮춘다.
㉰ 저항 $R_c \uparrow$ (크게) ($\because I_c \downarrow$) : 브러시의 접촉저항 클 것
  (탄소 브러시 사용 : 저항정류)
㉱ 리액턴스전압 $e_L \downarrow$ (작게) : 보극사용(리액턴스전압과 반대방향) → 전압정류

기출 & 예상문제

제1장 직류기(2)

01 극수 P, 전기자 전도체수 Z, 각 자극의 자속 ϕ[Wb]인 단중 중권 발전기가 있다. 회전수 N[rpm]일 때의 유기 전압을 표시하는 식은?

① $E = \dfrac{Z}{a}\phi\dfrac{N}{60}$[V] ② $E = Z\phi\dfrac{N}{60}$[V]

③ $E = Z\phi N 60$[V] ④ $E = Z\phi P\dfrac{N}{60}$[V]

◆ 풀이

유도기전력 $E = \dfrac{P}{a}Z\phi\dfrac{N}{60}$[V]에서 중권일시 병렬회로수와 극수가 같다. ($P = a$) 답 ②

02 10극의 직류 파권 발전기의 전기자 도체수 400, 매극의 자속수 0.02[Wb], 회전수 600[rpm]일 때 기전력은 몇 [V]인가?

① 200 ② 220 ③ 380 ④ 400

◆ 풀이

유도기전력 $E = \dfrac{PZ}{60a}\phi N = \dfrac{10 \times 400}{60 \times 2} \times 0.02 \times 600 = 400$[V] 답 ④

03 직류발전기의 기전력을 E, 자속을 ϕ, 회전속도를 N이라 할 때 이들 사이의 관계로 옳은 것은?

① $E \propto \phi N$ ② $E \propto \dfrac{\phi}{N}$

③ $E \propto \phi N^2$ ④ $E \propto \dfrac{\phi}{N^2}$

◆ 풀이

유도기전력 $E = \dfrac{P}{a}Z\phi\dfrac{N}{60}$[V]에서 $E \propto \phi N$ 임을 알 수 있다. 답 ①

04 포화하고 있지 않은 직류발전기의 회전수가 1/2로 감소되었을 때 기전력을 전과 같은 값으로 하자면 여자를 속도 변화 전에 비하여 몇 배로 하여야 하는가?

① 0.5배 ② 1배 ③ 2배 ④ 4배

◆ 풀이

$E = \dfrac{P}{a}Z\phi\dfrac{N}{60}$[V]에서 $E \propto \phi N$ 답 ③

05 직류발전기에 있어서 전기자 반작용이 생기는 요인이 되는 전류는?
① 동손에 의한 전류
② 전기자 권선에 의한 전류
③ 계자 권선의 전류
④ 규소 강판에 의한 전류

▶풀이
전기자반작용 : 전기자 전류에 의하여 발생한 자속이 주자속에 영향을 미치는 현상
답 ②

06 직류발전기의 전기자 반작용에 있어서 전기자 자속의 많은 부분을 상쇄시키는 데 가장 중요한 것은?
① 균압 환 설치
② 탄소 브러시
③ 보상 권선 설치
④ 보극

▶풀이
전기자 반작용 방지책
• 브러시 위치를 전기적 중성점, 즉 회전방향으로 이동시킨다.
• 보극설치로 전기적인 중성점의 이동을 방지
• 보상권선을 주자극 표면에 설치해준다.(주대책)
답 ③

07 직류기에서 전기자 반작용을 방지하기 위한 보상권선의 전류 방향은 어떻게 되는가?
① 전기자 권선의 전류 방향과 같다.
② 전기자 권선의 전류 방향과 반대이다.
③ 계자권선의 전류 방향과 같다.
④ 계자권선의 전류 방향과 반대이다.

▶풀이
보상권선의 전류 방향은 전기자 권선과 직렬로 연결하고, 전기자 전류 방향과 반대 방향이 되도록 하여 전기자 전류에 의한 자속을 상쇄시킨다.
답 ②

08 보극이 없는 직류기의 운전 중 중성점의 위치가 변하지 않는 경우는?
① 무부하일 때
② 전부하일 때
③ 중부하일 때
④ 과부하일 때

▶풀이
전기자 반작용은 부하 연결시 전기자 전류에 의한 기자력이 주자속에 영향을 주는 것으로 무부하시에는 전기자 전류가 없으므로 중성점의 위치가 변하지 않는다.
답 ①

09 보극이 없는 직류발전기의 부하 증가에 따라서 브러시의 위치는?
① 그대로 둔다.
② 회전 방향과 반대로 이동시킨다.
③ 회전 방향으로 이동시킨다.
④ 극의 중간에 놓는다.

▶풀이

전기자 반작용으로 중성축이 이동, 불꽃이 발생하므로 브러시의 중성축을 이동시켜 불꽃을 방지한다. 이 경우 발전기에서는 회전 방향으로 이동시키고, 전동기에서는 회전방향과 반대방향으로 이동시키게 된다.

답 ③

10 직류기에서 보극을 두는 가장 주된 목적은?
① 기동 특성을 좋게 한다.
② 전기자 반작용을 크게 한다.
③ 정류작용을 돕고 전기자 반작용을 약화시킨다.
④ 전기자 자속을 증가시킨다.

▶풀이

보극은 전기자반작용(브러시에 불꽃 발생, 중성축 이동, 유도기전력 감소)을 경감시키고, 정류작용을 좋게 하기 위해 사용된다.

답 ③

11 전기자 권선에 의해 생기는 전기자 기자력을 없애기 위하여 주 자극의 중간에 작은 자극으로 전기자 반작용을 상쇄하고 또한 정류에 의한 리액턴스 전압을 상쇄하여 불꽃을 없애는 역할을 하는 것은?
① 보상권선   ② 공극   ③ 전기자권선   ④ 보극

답 ④

12 직류기에서 양호한 정류(Commutation)를 얻기 위한 조건이 아닌 것은?
① 정류 주기를 크게 한다.   ② 전기자 코일의 인덕턴스를 작게 한다.
③ 리액턴스 전압을 크게 한다.   ④ 브러시의 접촉저항을 크게 한다.

▶풀이

정류 개선 대책
• 저항정류 : 접촉저항이 큰 브러시를 사용
• 전압정류 : 보극 설치
• 정류주기를 길게 조정하여 리액턴스 전압을 줄인다. ($e_L = L\dfrac{2 \cdot I_c}{T_c}$)

답 ③

13 저항정류의 역할을 하는 것은?
① 보상권선   ② 보극
③ 리액턴스 코일   ④ 탄소브러시

▶풀이

정류 개선 대책
• 저항정류 : 접촉저항이 큰 브러시를 사용(탄소브러시)
• 전압정류 : 보극 설치
• 정류주기를 길게 조정하여 리액턴스 전압을 줄인다. ($e_L = L\dfrac{2 \cdot I_c}{T_c}$)

답 ④

14 직류발전기의 정류를 개선하는 방법 중 틀린 것은?

① 코일의 자기 인덕턴스가 원인이므로 접촉저항이 작은 브러시를 사용한다.
② 보극을 설치하여 리액턴스 전압을 감소시킨다.
③ 보상권선은 전기자 권선과 직렬로 접속한다.
④ 브러시를 전기적 중성축을 지나서 회전방향으로 약간 이동시킨다

▶풀이
전기자 반작용에 의한 자기적 중성축 이동방향
직류발전기 → 회전방향과 동일
직류전동기 → 회전방향과 반대

답 ①

15 다음의 정류곡선 중 브러시의 후단에서 불꽃이 발생하기 쉬운 것은?

① 직선정류   ② 정현파 정류
③ 과정류   ④ 부족정류

▶풀이
• 과정류 : 브러시 전단에 불꽃 발생
• 부족정류 : 브러시 후단에 불꽃 발생

답 ④

16 직류 발전기 전기자 반작용의 영향에 대한 설명으로 틀린 것은?

① 브러시 사이에 불꽃을 발생시킨다.
② 주 자속이 찌그러지거나 감소된다.
③ 전기자 전류에 의한 자속이 주 자속에 영향을 준다.
④ 회전방향과 반대방향으로 자기적 중성축이 이동된다.

답 ④

17 직류 발전기의 전기자 반작용을 줄이고 정류를 잘되게 하기 위해서는?

① 브러시 접촉 저항을 적게 할 것
② 보극과 보상권선을 설치할 것
③ 브러시를 이동시키고 주기를 크게 할 것
④ 보상권선을 설치하여 리액턴스 전압을 크게 할 것

▶풀이
전기자 반작용 방지책
• 브러시 위치를 전기적 중성점으로 한다. 즉 회전방향으로 이동시킨다.
• 보극설치로 전기적인 중성점의 이동을 방지
• 보상권선을 주자극 표면에 설치해준다.(주대책)

답 ②

1.3 직류발전기의 종류

(1) 타여자발전기 : 계자회로와 전기자 회로 분리
(2) 자여자발전기 : 계자회로와 전기자 회로 접속
  ① 분권발전기 : 계자회로와 전기자 회로가 병렬
  ② 직권발전기 : 계자회로와 전기자 회로가 직렬
  ③ 복권발전기 : 계자회로와 전기자 회로가 직·병렬

| 1 | 타여자발전기

외부의 독립된 직류 전원에 의해 계자권선에 여자전류를 공급하는 발전기로 잔류자기가 없어도 발전이 가능하며, 원동기의 회전방향을 반대로 하면 +, -극성이 반대가 된다.

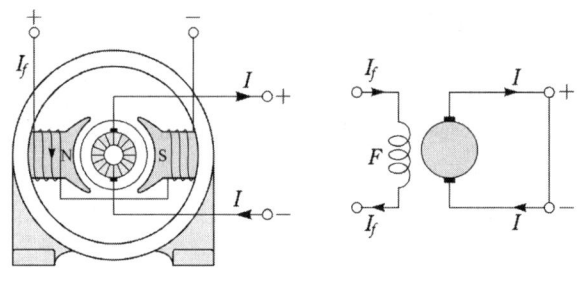

[타여자발전기]

| 2 | 자여자발전기

계자권선의 여자전류를 발전기자체에서 발생한 기전력에 의해 공급하는 발전기로 전기자권선과 계자권선의 연결방식에 따라 분권, 직권, 복권발전기가 있다.

(1) 분권발전기 : 계자권선과 전기자를 병렬로 연결한 것

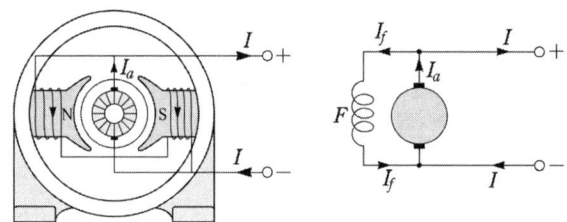

[분권발전기]

(2) 직권발전기 : 계자권선과 전기자를 직렬로 연결한 것

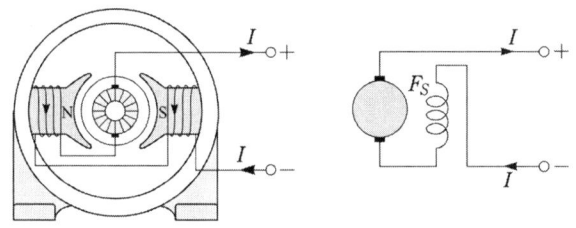

[직권발전기]

(3) 복권발전기 : 전기자권선과 직렬 접속인 직권 계좌권선과 병렬 접속인 분권 계자권선이 설치
  ① 위치상 분류 : 내분권, 외분권
  ② 자속방향의 분류 : 가동복권(두 자속이 쇄교), 차동복권(주 자속이 상쇄)

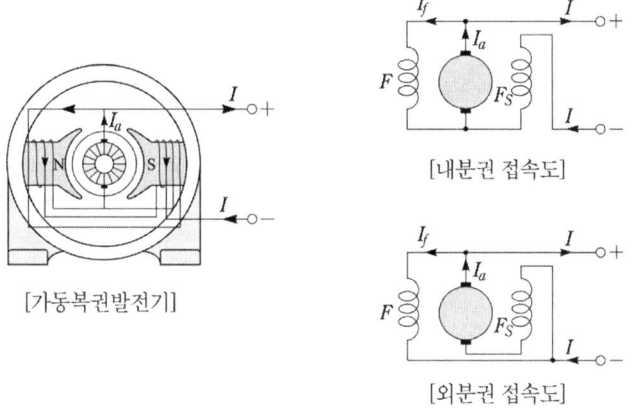

[가동복권발전기]   [내분권 접속도]

[외분권 접속도]

[복권발전기]

구 분	발 전 기	
타 여 자	(회로도)	$I_a = I$ $E = V + I_a R_a + e_b + e_a$ e_b : 브러시 전압강하 e_a : 전기자 반작용 전압강하 잔류 자기가 없어도 발전 가능

구 분		발 전 기	
자여자	분권	(회로도)	$I_a = I + I_f = I + \dfrac{V}{R_f}$ $E = V + I_a R_a$
	직권	(회로도)	$I_a = I_s = I$ $E = V + I_a(R_a + R_s)$
	복 권 (외분권)	(회로도)	$I_a = I + I_f = I + \dfrac{V}{R_f}$ $E = V + I_a(R_s + R_a)$
	복 권 (내분권)	(회로도)	$I_a = I + I_f,\ I = I_s$ $E = V + I_s R_s + I_a R_a$

3 | 직류 발전기의 용도

발전기 종류	용 도
타여자	시험용 직류전원, 직류전동기 속도조정용 발전기, 대형직류기 또는 교류발전기의 주여자기
분 권	축전지 충전용, 동기기의 여자용, 일반 직류 전원용
직 권	선로승압기(booster)로 사용가능하나 일반적이지 않다.
복 권	평복권-직류 전원 및 여자기 과복권-광산, 전차용(장거리급전선 전압강하 보상) 차동복권-아크용접기용

1.4 직류발전기의 병렬운전

1대의 발전기로 용량이 부족하거나 경부하에 대한 효율을 개선하기 위해서 2대 이상의 발전기를 병렬로 연결해서 사용

│1│ 병렬운전 조건

(1) 전압 및 극성이 같을 것
(2) 외부 특성 곡선이 어느 정도 수하 특성일 것
   ① 분권, 부족(차동)복권 발전기 : 수하특성을 스스로 가진다.
   ② 직권, 평복권, 과복권 발전기 : 수하특성이 존재하지 않는다.
                  안정운전을 위하여 균압선 연결
  ※ 직권발전기 병렬운전(균압모선 사용, 직권계자권선을 서로 교환하여 접속)
(3) 각 발전기의 외부 특성 곡선이 같을 것
   ① 분권, 타여자발전기 : 수하특성을 스스로 가진다.
   ② 직권, 복권발전기 : 수하특성을 가지지 않으므로, 직권계자에 균압모선을 연결하여 병렬운전을 할 수 있다.
(4) 용량이 다를 경우 [%] 부하 전류로 나타낸 외부 특성 곡성이 거의 일치할 것

│2│ 병렬운전 시 부하분담

계자권선(F)과 직렬로 계자저항기(R_f)를 접속시켜 저항을 가감하여 자속(Φ)을 조정하여 단자전압(V)을 조정한다. 부하분담을 증가시키려면 계자 ϕ를 강하게하여 전압을 상승시키면 된다.

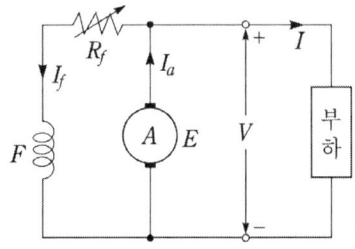

기출 & 예상문제
제1장 직류기(3)

01 직류발전기에서 계자철심에 잔류자기가 없어도 발전을 할 수 있는 발전기는?
① 분권 발전기 ② 직권 발전기
③ 복권 발전기 ④ 타여자 발전기

▶ 풀이
- 타여자 발전기 : 외부 전원으로부터 계자 권선에 전류를 공급받으므로 잔류자기가 없어도 기전력이 확립
- 자여자 발전기 : 철심에 잔류자기가 있어야 하며, 회전방향이 잔류자기를 강화해야 기전력이 확립

답 ④

02 무부하에서 자기여자로 전압을 확립하지 못하는 직류발전기는?
① 직권발전기 ② 분권발전기
③ 복권발전기 ④ 타여자발전기

▶ 풀이
$I_a = I_f = 0$가 되어 무부하시 자속이 0이 되어 자기여자로 전압을 유기하지 못하게 된다.

답 ①

03 다음은 직권발전기의 특징에 대한 설명이다. 틀린 것은?
① 계자 권선과 전기자 권선이 직렬로 접속되어 있다.
② 승압기로 사용되며 수전 전압을 일정하게 유지하고자 할 때 사용된다.
③ 단자 전압을 V, 유기 기전력을 E, 부하전류를 I, 전기자 저항 및 직권 계자저항을 각각 R_a, R_s라 할 때 $V = E + I(R_a + R_s)$[V] 이다.
④ 부하 전류에 의해 여자되므로 무부하 시 자기 여자에 의한 전압 확립은 일어나지 않는다.

▶ 풀이
직권발전기 유도 기전력 $E = V + I_a(R_a + R_f)$
∴ $V = E - I_a(R_a + R_f)$이 된다.

답 ③

04 유도기전력 110[V], 전기자 저항 및 계자 저항이 각각 0.05[Ω]인 직권발전기가 있다. 부하전류가 100[A]이면, 단자전압[V]은?
① 95 ② 100 ③ 105 ④ 110

▶ 풀이
직권발전기 유도 기전력 $E = V + I_a(R_a + R_f)$
∴ $V = E - I_a(R_a + R_f) = 110 - 100 \times (0.05 + 0.05) = 100$[V]

답 ②

05 직류 분권발전기를 역회전하면 어떻게 되는가?
① 섬락이 일어난다.
② 과전압이 일어난다.
③ 정회전 때와 마찬가지이다.
④ 발전되지 않는다.

> **풀이**
> 자여자발전기인 분권발전기의 회전방향을 반대로 하는 경우나 계자의 접속을 반대로 하는 경우에는 잔류자기가 소멸되어 전압확립이 되지 않아 발전이 이루어지지 않는다.
> **답** ④

06 직류 분권 발전기를 정격 속도로 회전시켜도 전압이 확립되지 않는 경우는?
① 계자 회로의 저항이 적다.
② 잔류 자속이 많다.
③ 전기자 저항이 적다.
④ 계자 권선의 접속을 반대로 하였다.

> **풀이**
> 자여자 발전기의 전압을 확립하기 위해서는 잔류자기가 있어야 하고, 회전방향이 잔류자기를 강화하는 방향이며, 부하특성이 자기 포화를 가져야 한다. 또한 계자 저항이 임계저항보다 작아야 한다.
> **답** ④

07 정격 속도로 회전하고 있는 무부하 분권 발전기의 유기 기전력은 몇 [V]인가?
(단, 계자 저항 50[Ω], 계자 전류가 2[A], 전기자저항이 1.5[Ω] 이다.)
① 100 ② 103 ③ 105 ④ 110

> **풀이**
> 분권발전기의 유도기전력 $E = V + (I_f + I)R_a$에서 무부하시 전기자 전류 I_a가 I_f로 전부 흐르게 되므로, 단자 전압 $V = I_f R_f = 50 \times 2 = 100[V]$가 되고,
> 따라서 $E = 100 + 2 \times 1.5 = 103[V]$가 된다.
>
>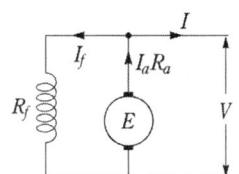
>
> **답** ②

08 전기자 저항 0.1[Ω], 전기자 전류 104[A], 유도 기전력 110.4[V]인 직류 분권 발전기의 단자 전압은 몇 [V]인가?
① 98 ② 100 ③ 102 ④ 105

> **풀이**
> 분권발전기의 유도기전력 $E = V + I_a R_a$
> $\therefore V = E - I_a R_a = 110.4 - 0.1 \times 104 = 100[V]$가 된다.
> **답** ②

09 정격속도로 회전하고 있는 분권 발전기가 있다. 단자전압 100[V], 권선의 저항은 50[Ω], 계자전류 2[A], 부하전류 50[A], 전기자 저항 0.1[Ω]이다. 이때 발전기의 유기기전력은 약 몇 [V]인가?(단, 전기자 반작용은 무시한다.)
① 100 ② 105 ③ 128 ④ 141

> **풀이**
> 분권발전기의 유도기전력 $E = V + (I_f + I)R_a = 100 + (50+2) \times 0.1 = 105.2[V]$가 된다.   **답** ②

10 부하의 변화가 있어도 그 단자 전압의 변화가 작은 직류 발전기는?
① 가동복권발전기   ② 차동복권발전기
③ 직권발전기   ④ 분권발전기

> **풀이**
> 가동복권 발전기 : 부하증가에 따른 전압감소를 보충하는 특성을 가진 발전기   **답** ①

11 직류발전기의 부하 포화곡선은 다음 어느 것의 관계인가?
① 부하전류와 여자전류
② 단자전압과 부하전류
③ 단자전압과 계자전류
④ 부하전류와 유기기전력

> **풀이**
> 직류발전기의 각종 특성 곡선
> • 무부하 특성곡선 : 무부하시 계자전류 I_f와 유도기전력 E의 관계를 나타낸 곡선
> • 부하 포화곡선 : 정격부하시 계자전류 I_f와 단자전압 V의 관계를 나타낸 곡선
> • 외부 특성곡선 : 정격부하시 부하전류 I와 단자전압 V의 관계를 나타낸 곡선   **답** ③

12 직류발전기의 종류 중 선로의 전압강하를 보상하는 목적으로 장거리 급전선에 사용되는 것은?
① 과복권발전기   ② 타여자발전기
③ 분권발전기   ④ 차동복권발전기

> **풀이**
> 과복권발전기는 광산, 전차 등의 전원으로 사용하는데 장거리급전선의 전압강하를 보상하는 기능이 있기 때문이다.   **답** ①

13 타여자 발전기와 같이 전압 변동률이 적고 자여자이므로 다른 여자 전원이 필요 없으며, 계자저항기를 사용하여 전압 조정이 가능하므로 전기화학용 전원, 전지의 충전용, 동기기의 여자용으로 쓰이는 발전기는?
① 분권 발전기   ② 직권 발전기
③ 과복권 발전기   ④ 차동복권 발전기

> **풀이**
> 타여자 발전기와 같은 특성을 가진 발전기로써 부하에 따른 전압의 변화가 적은 정전압형 발전기라고 한다.   **답** ①

14 수하 특성을 가지므로 용접기용 전원으로 이용되는 것은?
① 분권 발전기 ② 직권 발전기
③ 가동복권 발전기 ④ 차동복권 발전기

- 풀이
  - 수하 특성 : 부하증가에 따라 전압이 현저하게 감소하는 특성
  - 차동 복권 발전기 : 직권과 분권계자권선의 기자력이 서로 상쇄되게 설계된 것으로 스스로 수하특성을 가지고 있는 발전기

  답 ④

15 용접기에 사용되는 직류발전기에 필요한 조건 중 가장 중요한 것은?
① 전압변동률이 적을 것 ② 과부하에 견딜 것
③ 전류 대 전압특성이 수하특성일 것 ④ 경부하 시 효율이 좋을 것

- 풀이
  차동 복권 발전기 : 직권과 분권계자권선의 기자력이 서로 상쇄되게 설계된 것으로 스스로 수하특성을 가지고 있는 발전기로써 용접기용 전원으로 접합하다.

  답 ③

16 직류발전기의 단자 전압을 조정하려면 다음 어느 저항을 가변시키는가?
① 계자저항 ② 방전저항 ③ 전기자저항 ④ 기동저항

- 풀이
  계자저항기의 저항을 가감시켜 자속을 조정, 단자전압을 조정하게 된다.

  답 ①

17 2대의 직류 분권발전기 G_1, G_2를 병렬운전시킬 때, G_1의 부하 분담을 증가시키려면 어떻게 하여야 하는가?
① G_1의 계자를 강하게 한다.
② G_2의 계자를 강하게 한다.
③ G_1, G_2의 계자를 똑같이 강하게 한다.
④ 균압선을 설치한다.

- 풀이
  계자를 강하게 하여 전압의 상승을 이루어 부하 분담을 키우게 된다.

  답 ①

18 각각 계자저항기가 있는 직류분권 전동기와 직류분권 발전기가 있다. 이것을 직렬하여 전동발전기로 사용하고자 한다. 이것을 기동할 때 계자저항기의 저항은 각각 어떻게 조정하는 것이 가장 적합한가?
① 전동기 : 최대, 발전기 : 최소 ② 전동기 : 중간, 발전기 : 최소
③ 전동기 : 최소, 발전기 : 최대 ④ 전동기 : 최소, 발전기 : 중간

> 풀이
>
> 발전기 기동 순서
> - 계자저항기의 저항을 최대로 하여 적정 회전수로 운전
> - 계자저항기를 조정 적정 전압을 유도
>
> 전동기 기동 순서
> - 기동 토크를 키우기 위해 계자저항을 최소값으로
> - 기동 전류를 줄이기 위하여 기동저항기를 최대값으로
>
> 답 ③

19 직류발전기의 병렬운전 중 한쪽 발전기의 여자를 늘리면 그 발전기는?
① 부하 전류는 불변, 전압은 증가
② 부하 전류는 줄고, 전압은 증가
③ 부하 전류는 늘고, 전압도 오른다.
④ 부하 전류는 늘고, 전압은 불변

> 풀이
>
> 직류발전기의 병렬 운전 중 한쪽의 여자를 늘리면 자속이 증가하여 유도 기전력이 증가하면서 부하분담이 늘어난다.
>
> 답 ③

20 복권발전기의 병렬운전을 안전하게 하기 위해서 두 발전기의 전기자와 직권권선의 접촉점에 연결해야 하는 것은?
① 균압선
② 집전환
③ 안정저항
④ 브러시

> 풀이
>
> 직권과 복권 발전기의 경우 수하특성을 가지지 않아 직권계자에 균압선을 연결, 전압상승을 같게 하여 병렬 운전을 할 수 있다.
>
> 답 ①

21 다음 중 병렬운전시 균압선을 설치해야 하는 직류 발전기는?
① 분권
② 차동복권
③ 평복권
④ 부족복권

> 풀이
>
> - 병렬운전시 균압모선이 필요하지 않은 발전기 : 분권, 부족복권, 차동복권
> - 균압모선이 필요한 발전기(수하특성 無) : 직권, 평복권, 과복권
>
> 답 ③

22 유기기전력 110[V], 단자전압 100[V]인 5[kW] 분권 발전기의 계자저항이 50[Ω]이라면 전기자저항은 약 몇 [Ω]인가?
① 0.12
② 0.19
③ 0.96
④ 1.92

풀이
$E = V + I_a R_a \quad (I_a = I + I_f)$
$V = I_f R_f \quad P = VI$
$I = \dfrac{P}{V} = \dfrac{5 \times 10^3}{100} = 50[A]$, $\quad I_f = \dfrac{V}{R_f} = \dfrac{100}{50} = 2[A]$
$R_a = \dfrac{E - V}{I_a} = \dfrac{110 - 100}{50 + 2} = 0.19[\Omega]$

답 ②

23 직류 복권 발전기의 직권 계자권선은 어디에 설치되어 있는가?
① 주자극 사이에 설치
② 분권 계자권선과 같은 철심에 설치
③ 주자극 표면에 홈을 파고 설치
④ 보극 표면에 홈을 파고 설치

답 ②

24 직류 분권 발전기의 병렬운전의 조건에 해당되지 않은 것은?
① 극성이 같을 것
② 단자전압이 같을 것
③ 외부특성곡선이 수하특성일 것
④ 균압모선을 접속할 것

답 ④

25 직류 발전기 중 무부하 전압과 전부하 전압이 같도록 설계된 직류 발전기는?
① 분권 발전기
② 직권 발전기
③ 평복권 발전기
④ 차동복권 발전기

풀이
외부 특성 곡선에서 무부하 전압과 전부하 전압의 값이 거의 같은 것을 평복권 발전기라고 한다.
• 평복권 발전기 : 전부하 전압 ≒ 무부하 전압
• 과복권 발전기 : 전부하 전압 > 무부하 전압

답 ③

제1장 직류기

1.5 직류전동기의 이론

|1| 직류 전동기의 단자전압

$$V = E_c + I_a R_a [\text{V}], \quad I_a = \frac{(V-E_c)}{R_a}[\text{A}]$$

여기서, V : 단자 전압[V], E_c : 역기전력[V]
I_a : 전기자 전류[A], R_a : 전기자 저항[Ω]

|2| 직류 전동기의 회전 속도(회전수 N)

직류전동기 역기전력은 $E_c = V - I_a R_a = p\phi \cdot \dfrac{N}{60} \cdot \dfrac{Z}{a}$ 이므로,

$$N = K_1 \frac{V - I_a R_a}{\phi}[\text{rpm}]$$

여기서, K_1 : 전동기의 변하지 않는 상수 $\left(K_1 = \dfrac{60a}{pZ}\right)$

|3| 토크(T)

$$\tau = \frac{pZ}{2\pi a}\phi I_a [\text{N}\cdot\text{m}] = \frac{1}{9.8}K_2 \phi I_a [\text{kg}\cdot\text{m}] = 0.975 \frac{P}{N}[\text{kg}\cdot\text{m}]$$

토크는 전기자 전류(I_a)와 자속(ϕ)의 곱에 비례한다.

|4| 기계적 출력과 토크와의 관계

$$P_o = E_c I_a = \omega\tau = 2\pi n\,\tau = 2\pi\frac{N}{60}\tau[\text{W}]$$

출력(P_o)은 토크와 회전수의 곱에 비례한다.

1.6 직류전동기의 종류

|1| 종류

직류 전동기는 발전기와 동일하게 여자방식에 따라 타여자와 자여자전동기로 분류되며, 계자권선과 전기자권선의 접속방법에 따라 분권, 직권, 복권전동기로 분류된다.

직권(直捲)전동기 (series-wound motor)	〈비교〉	분권(分捲)전동기 (shunt-wound motor)
① 계자-전기자 권선 직렬. ② **토크가 크다. 변속도 특성** (무부하때 위험속도). $T \propto I_a^2 \propto \dfrac{1}{N^2}$, $E_b = V - I_a(R_a + R_s)$ ③ 제어용은 부적합, 시동전동기, 크레인, 전동차 등에 사용된다.	〈토크〉 직권 > 분권 〈시동전류〉 직권 > 분권 〈효율〉 직권 < 분권 〈속도변동〉 직권 > 분권	① 계자-전기자 권선 병렬. ② 부하변동에 따른 속도변화가 적다. **(정속도 특성)** $T \propto I_a \propto \dfrac{1}{N}$, $E_b = V - I_a R_a$ ③ 컨베이어 벨트, blower(송풍기), 공작기계 등에 사용된다.
△차동복권 전동기(差動複捲) (Differential Compound Motor)		△가동복권 전동기(加動複捲) (Cumulative Compound Motor)
전기자전류가 변화(負荷변화)했을때 **거의 속도가 불변, 토크가 적어** 잘 사용되지 않는다. (부하변화에 대한 정속도특성)		권양기(捲揚機)·전단기(剪斷機)·왕복펌프 등 **부하 토크의 변화가 심할 경우**에 널리 사용된다.

구 분		전 동 기
타여자		$I_a = I$ $E_b = V - I_a R_a - e_b - e_a$ E_b(전기자 역기전력) $= K\Phi N$ • 특성 : 정속도 ⇒ 공급전원의 방향을 반대 → 회전방향 반대로 됨
자여자	분권	• 정속도 운전 부하시 $I_a = I - I_f$, $I_f = \dfrac{V}{R_f}$ $E_b = V - I_a R_a$ ⇒ 공급전원의 방향을 반대 → 계자 전류와 전기자 전류의 방향이 동시에 반대로 되어 회전방향이 바뀌지 않는다. ⇒ 계자회로가 단선이 되면 자속이 0이 되어 과속도에 도달할 수 있으니 주의

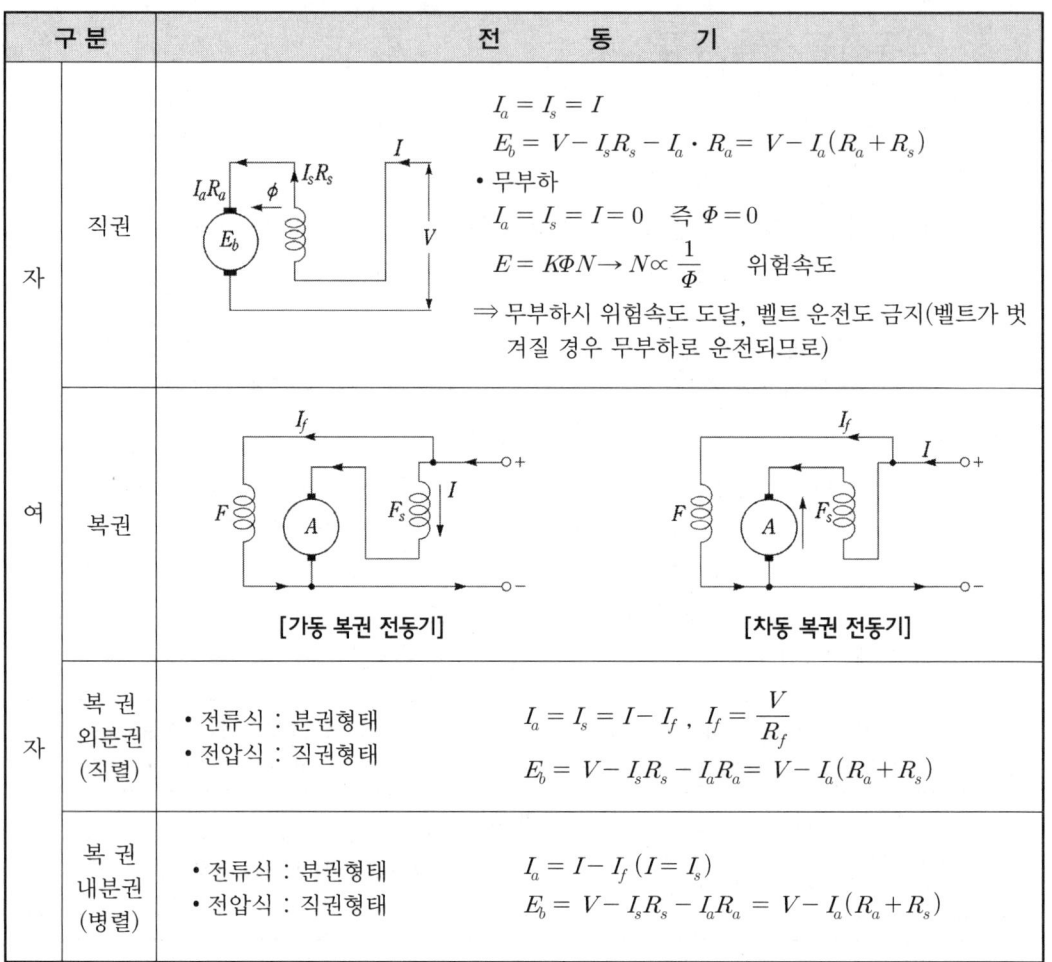

1.7 직류전동기의 속도토크 특성

| 1 | 타여자전동기

(1) 속도특성

$$N = K\frac{V - I_a R_a}{\Phi}\,[\text{rpm}]$$

① 자속이 일정하고, 전기자저항 R_a가 매우 작으므로 부하 변화에 전기자 전류 I_a가 변해도 정속도 특성을 가진다.

② 주의할 점은 계자전류가 0이 되면, 속도가 급격히 상승하여 위험하기 때문에 계자회로에 퓨즈를 넣어서는 안된다.

(2) 토크의 특성

$$T = K_2 \Phi I_a [\text{N} \cdot \text{m}]$$

타여자이므로 부하 변동에 의한 자속의 변화가 없으며, 부하 증가에 따라 전기자 전류가 증가하므로 토크는 부하전류에 비례하게 된다. ($T \propto I_a$)

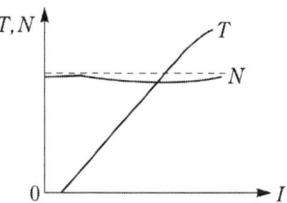

2 분권전동기

(1) 속도 및 토크특성

전기자와 계자권선이 병렬로 접속되어 있어서 단자전압이 일정하면, 부하전류에 관계없이 자속이 일정하므로 타여자 전동기와 거의 동일한 특성을 가진다. ($T \propto I_a$)

(2) 타여자와 분권전동기는 속도조정이 쉽고, 정속도의 특성이 좋으나, 거의 동일한 특성의 3상유도 전동기가 있으므로 별로 사용하지 않는다.

3 직권전동기

(1) 속도특성

$$N = K_1 \frac{V - I_a R_a}{\Phi} [\text{rpm}]$$

① 부하에 따라 자속이 비례하므로, 부하의 변화에 따라 속도가 반비례하게 된다.
② 부하가 감소하여 무부하가 되면, 회전속도가 급격히 상승하여 위험하게 되므로 벨트 운전이나 무부하 운전을 금지하고 있다.

(2) 토크특성

일반적 토크식 $T = K_2 \Phi I_a [\text{N} \cdot \text{m}]$ 으로부터 전기자와 계자권선이 직렬로 접속되어 있어서 자속이 전기자 전류에 비례하므로 $T \propto I_a^2$

(3) 부하 변동이 심하고, 큰 기동 토크가 요구되는 전동차, 크레인, 전기 철도에 적합하다.

※ 직류직권전동기에 교류를 인가하는 경우

계자권선과 전기자권선이 직렬로 접속되어 있으므로 두 단자에 가하는 직류전압의 극성을 바꾸면 전기자전류와 계자전류의 방향이 동시에 바뀌어 토크와 회전방향은 변하지 않는다. 그러므로 교류를 인가하여 사용할 수 있으나 다음과 같은 단점이 있다.

- 철손이 크다.
- 효율이 나쁘다.
- 역률이 나쁘다.
- 정류가 불량하다.

4 복권전동기

(1) 가동복권전동기

분권전동기와 직권전동기의 중간 특성을 가지고 있어, 크레인, 공작기계, 공기압축기에 사용된다.

(2) 차동복권전동기

직권계자 자속과 분권계자 자속이 서로 상쇄되는 구조로 과부하의 경우에는 위험속도가 되고, 토크 특성도 좋지 않으므로 거의 사용하지 않는다.

5 전동기의 토크 측정 및 안정운전 조건

(1) 토크측정 : 전기 동력계법(대형), 프로니 브레이크법, 와전류제동기

(2) 정속도 전동기 안정운전 조건 :

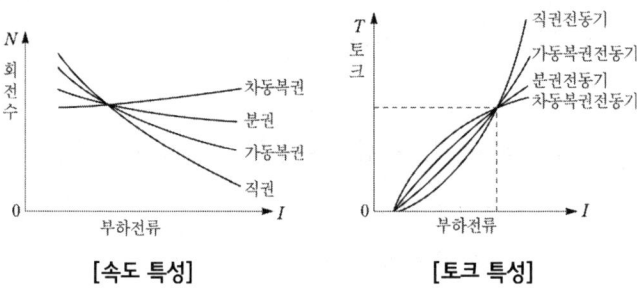

[속도 특성]   [토크 특성]

$$\frac{dT_L}{dn} > \frac{dT_M}{dn}$$

T_L : Torque of Load

T_M : Torque of Motor

기출 & 예상문제
제1장 직류기(4)

01 직류 전동기는 무슨 법칙에 의해서 토크가 발생하는가?
① 플레밍의 왼손 법칙
② 플레밍의 오른손 법칙
③ 오른 나사 법칙
④ 렌츠의 법칙

풀이
플레밍의 오른손 법칙은 발전기의 원리에 해당하며, 플레밍의 왼손 법칙은 전동기의 원리에 해당한다.

답 ①

02 직류 전동기의 역기전력은?(단, K는 상수)
① $K\dfrac{V}{p}$
② $K\phi N$
③ $\dfrac{2\pi NT}{60}$
④ $K\phi I$

풀이
역기전력 $E_c = V - I_a R_a = p\phi \cdot \dfrac{N}{60} \cdot \dfrac{Z}{a} = K\phi N \,[\text{V}]$

답 ②

03 직류 전동기의 속도식은? (단, V는 단자전압, E는 역기전력, I_a는 전기자 전류, ϕ는 계자 자속, R_a는 전기자 저항, $K_1 = \dfrac{60a}{PZ}$ 이다.)
① $N = K_1 \dfrac{E-V}{\phi}$
② $N = \dfrac{V + I_a R_a}{\phi}$
③ $N = K_1 \dfrac{V-E}{IR_a}$
④ $N = K_1 \dfrac{V - I_a R_a}{\phi}$

풀이
$E = K\phi N = \dfrac{PZ}{60a}\phi N$

$\therefore N = \dfrac{60aE}{PZ\phi} = \dfrac{60a}{PZ} \cdot \dfrac{E}{\phi} = K_1 \dfrac{V - I_a R_a}{\phi}$

답 ④

04 직류전동기의 출력이 50[kW], 회전수가 1,800[rpm]일 때 토크는 약 몇 [kg·m]인가?
① 12
② 23
③ 27
④ 31

풀이
출력 $P = \omega\tau$ 이므로 회전력 $\tau = \dfrac{P}{\omega} = \dfrac{P}{2\pi n} = \dfrac{60P}{2\pi N}[\text{N·m}] = \dfrac{1}{9.8} \cdot \dfrac{60P}{2\pi N}[\text{kg·m}]$

$\therefore \tau = 0.975 \dfrac{P}{N} = 0.975 \times \dfrac{50 \times 10^3}{1800} \fallingdotseq 27[\text{kg·m}]$

답 ③

05 직류 복권전동기를 분권전동기로 사용하려면 어떻게 하여야 하는가?
① 분권계자를 단락시킨다. ② 부하단자를 단락시킨다.
③ 직권계자를 단락시킨다. ④ 전기자를 단락시킨다.

▶ 풀이
직권 계좌 권선에 해당하는 F를 단락시키게 되면 분권전동기와 같아진다. **답** ③

06 타여자 또는 분권 전동기에서 어떠한 회로에 퓨즈를 넣으면 위험한가?
① 전원단자 ② 계자회로
③ 전기자회로 ④ 정류회로

▶ 풀이
회전속도 $N = K_1 \dfrac{V - I_a R_a}{\phi}$ 이므로 $\phi = 0$이면 속도가 ∞가 되어 위험하게 된다. 따라서 계자회로에 퓨즈를 넣게 되면 퓨즈가 단선될 경우 자속이 0이 되어 위험하게 된다. **답** ②

07 직류분권전동기의 부하로 가장 적당한 것은?
① 크레인 ② 권상기 ③ 전동차 ④ 공작기계

▶ 풀이
분권전동기는 정속도 특성을 가지므로 일정 속도를 요하는 공작기계나 압연기에 적합하다. **답** ④

08 분권전동기에 대한 설명으로 틀린 것은?
① 토크는 전기자 전류의 제곱에 비례한다.
② 부하 전류에 따른 속도 변화가 거의 없다.
③ 계자 회로에 퓨즈를 넣어서는 안 된다.
④ 계자 권선과 전기자 권선이 전원에 병렬로 접속되어 있다.

▶ 풀이
분권전동기는 단자전압이 일정하면 부하전류에 관계없이 일정한 속도를 가지므로 정속도 특성을 가지게 된다. 따라서 토크와의 관계는 $\tau \propto I_a$가 된다. **답** ①

09 직류전동기 중에서 무부하 운전이나 벨트를 연결한 운전을 하면 절대로 안 되는 것은 어느 것인가?
① 직권전동기 ② 분권전동기
③ 가동 복권전동기 ④ 차동 복권전동기

▶ 풀이
속도 $N = K \dfrac{V - I_a R_a}{\phi}$ [rpm]에서 벨트가 벗겨져 무부하 상태가 되면 여자전류가 최소값이 되면서 발생 자속도 최소값이 된다. 따라서 속도는 위험 속도가 된다. **답** ①

10 직류 직권전동기에서 토크 T와 회전수 N과의 관계는 어떻게 되는가?
① $T \propto N$
② $T \propto N^2$
③ $T \propto \dfrac{1}{N}$
④ $T \propto \dfrac{1}{N^2}$

풀이
직권전동기의 속도 $N \propto \dfrac{1}{I_a}$이며, $\tau \propto I_a^2$이므로 $\tau \propto \dfrac{1}{N^2}$이 된다. **답** ④

11 직류 직권전동기의 회전수를 1/3로 줄이면 토크는 어떻게 되는가?
① 변화가 없다.
② 1/3배 작아진다.
③ 3배 커진다.
④ 9배 커진다.

풀이
직권전동기의 속도 $N \propto \dfrac{1}{I_a}$이며, $\tau \propto I_a^2$이므로 $\tau \propto \dfrac{1}{N^2}$이 된다. **답** ④

12 다음은 직권전동기의 특징에 대한 설명이다. 틀린 것은?
① 부하 전류가 증가할 때 속도가 크게 감소된다.
② 전동기 기동 시 기동 토크가 작다.
③ 무부하 운전이나 벨트를 연결한 운전은 위험하다.
④ 계자 권선과 전기자 권선이 직렬로 접속되어 있다.

풀이
직권전동기의 회전력 $\tau \propto I_a^2$이므로 기동 토크가 크다. **답** ②

13 기중기, 전기 자동차, 전기 철도와 같은 곳에는 어느 전동기가 사용되는가?
① 분권전동기
② 차동복권전동기
③ 가동복권전동기
④ 직권전동기

풀이
토크 변동이 심하고 큰 기동토크가 요구되는 기중기, 전동차, 크레인, 전기철도 등에 직권전동기가 사용된다. **답** ④

14 부하 전류에 따라 속도변동이 가장 심한 전동기는?
① 타여자전동기
② 분권전동기
③ 직권전동기
④ 차동복권전동기

풀이
직권전동기의 회전력 $\tau \propto I_a^2$이므로 속도변동이 심하게 된다. **답** ③

15 다음 그림에서 직류 분권전동기의 속도특성 곡선은?

① A
② B
③ C
④ D

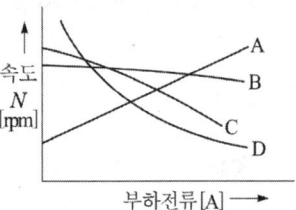

▶ 풀이
A : 차동복권전동기   B : 분권전동기
C : 가동복권전동기   D : 직권전동기

답 ②

16 직류전동기의 출력을 나타내는 것은? (단, V는 단자전압, E는 역기전력, I는 전기자전류이다.)

① VI ② EI ③ V^2I ④ E^2I

▶ 풀이
- 직류전동기의 입력 $P_1 = VI\,[\mathrm{W}]$
- 직류전동기의 출력 $P_0 = EI\,[\mathrm{W}]$

답 ②

17 직류용 직권전동기를 교류에 사용할 때 여러 가지 어려움이 발생되는데 다음 중 교류용 단상 직권전동기에서 강구 할 대책으로 옳은 것은?

① 원통형 고정자를 사용한다.
② 계자권선의 권수를 크게 한다.
③ 전기자 반작용을 적게 하기 위해 전기자 권수를 증가 시킨다.
④ 브러시는 접촉저항이 적은 것을 사용한다.

▶ 풀이
직류 직권 전동기는 교류 전원을 사용할 수 있으나 자극은 철 덩어리로 되어 있기 때문에 철손이 크고, 계자 권선 및 전기자 권선의 인덕턴스 때문에 역률이 나쁘다. 또한 브러시에 의한 단락된 전기자 코일 내에 큰 기전력이 유기되어 정류가 불량하다는 단점이 있다.

답 ①

1.8 직류전동기의 운전

|1| 기동

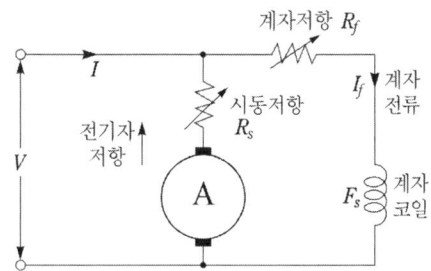

기동 시에 $N = 0$이므로 $N = K\dfrac{V - I_a R_a}{\phi}$에서 기동전류 $I_a = \dfrac{V}{R_a}$가 되어 대단히 크므로 전기자 회로에 직렬로 저항기를 넣어 기동 시 직렬저항(시동저항)을 최대로 하여 정격전류의 2배 이내로 기동을 하며, 토크를 유지하기 위해 계자저항을 최소로 하여 기동한다.

|2| 회전 방향의 변경(역회전)

회전방향을 바꾸려면, 계자권선이나 전기자권선 중 어느 한쪽의 접속을 반대로 하면 되는데, 일반적으로 전기자권선의 접속을 바꾸어 역회전시킨다. 직류전동기는 전원의 극성을 바꾸게 되면, 계자권선과 전기자권선의 전류방향이 동시에 바뀌게 되므로 회전방향이 바뀌지 않는다.

|3| 속도제어

$N = K_1 \dfrac{V - I_a R_a}{\phi}$ [rpm]의 식에서 속도 N을 제어하기 위해 ϕ, R_a, V 중 하나를 변화시키는 다음의 세 가지 방법이 있다.

(1) 계자제어(ϕ)
 ① 계자권선에 직렬로 저항을 삽입하여 계자전류를 변화시켜 조정한다.
 ② 광범위하게 속도를 조정할 수 있고, 정출력 가변속도에 적합하다.

(2) 저항제어(R_a)
 ① 전기자권선에 직렬로 저항을 삽입하여 속도를 조정한다.
 ② 전력손실이 생기고 속도 조정의 폭이 좁아서 별로 사용하지 않는다.

(3) 전압제어(V)

① 직류전압 V를 조정하여 속도를 조정한다.

② 워드 레오나드 방식(M-G-M법), 일그너 방식이 있으나, 설치비용이 많이 든다.

구 분	제어 특성	특 징
계자 제어법	• 정출력 제어 • 효율 양호 • 정류 불량	직권에서는 ϕ가 대단히 작으면 과속이 되어 위험하므로 주의
저항 제어법	• 효율 불량 • 제어범위가 좁다	분권 및 타여자는 정속도 특성을 잃는다.
전압 제어법	• 정토크 제어 • 고가이나 광범위한 속도 제어	타여자 전동기에 적용, 워드-레오나드 방식과 일그너 방식이 있다.

※ 직권전동기의 속도제어 방식
  ① 계자제어법
  ② 직렬저항제어법
  ③ 직·병렬제어법

4 직류전동기의 제동

(1) 발전제동 : 제동 시에 전원을 개방하여 발전기로 이용하여 발전된 전력을 제동용 저항에 열로 소비시키는 방법이다.

(2) 회생제동 : 제동 시에 전원을 개방하지 않고 발전기로 이용하여 발전된 전력을 다시 제동용 전원으로 사용하는 방식이다.

(3) 플러깅(역전)제동 : 급제동시 사용하는 방법으로 역전제동이라 하며, 전기자의 접속을 반대로 바꾸어 회전방향과 반대의 토크를 발생시켜 제동

1.9 직류기의 손실

전부하 손실 = 전부하 동손 + 무부하손 + 표유 부하손 + 기계손(풍손 + 마찰손)
무부하손 = 철손(히스테리시스손 + 맴돌이 전류손) + 기계손(풍손+마찰손)

| 1 | 동손(P_c)

저항 중에 전류가 흘러 줄열로 발생하는 손실을 말하며, 저항손이라고도 한다.

| 2 | 철손(P_i)

철심에서 생기는 히스테리시스손과 와류손을 말한다.
(1) 히스테리시스손(P_h) : $P_h \propto fB_m^{1.6 \to 2}$
(2) 와류손(P_e) : $P_e \propto (tfB_m)^2$

| 3 | 기타 손실

(1) 기계손 : 회전 시에 생기는 손실로 마찰손, 풍손
(2) 표유 부하손 : 철손, 기계손, 동손을 제외한 손실

| 4 | 온도상승 시험

(1) 실부하법 : 부하를 연결하여 실운전 후 저항측정
　　　　　　　전기동력계, 프로니브레이크, 직류발전기
(2) 반환부하법 : 브론델법, 홉킨스법, 카푸법
　　　　　　　동일정격의 발전기와 전동기로 운전하여 상호간의 전력과 동력을 주고 받도록하여 손실만을 공급하여 온도상승 측정

| 5 | 토크측정법

대형기기-전기동력계
소형기기- 프로니브레이크법, 와전류제동기

1.10 직류기의 효율

1 효율

(1) 전기 기기의 입력과 출력의 비(출력 = 입력 − 손실)

$$실측\ 효율(\eta) = \frac{출력}{입력} \times 100[\%]$$

(2) 규약 효율

규정된 방법에 의하여 각 손실을 측정 또는 산출하고 입력 또는 출력을 구하여 효율을 계산하는 방법

$$발전기\ 효율 = \frac{출력}{출력 + 손실} \times 100[\%]$$

$$전동기\ 효율 = \frac{입력 - 손실}{입력} \times 100[\%]$$

(3) 최대 효율 조건

고정손(무부하손 ~ 철손) = 부하손(동손)

계산 시 : 철손(P_i) = 동손(P_c)

2 전압변동률

발전기 정격부하일 때의 전압(V_n)과 무부하일 때의 전압(V_o)이 변동하는 비율

$$\epsilon = \frac{V_o - V_n}{V_n} \times 100[\%]$$

3 속도변동률

전동기의 정격회전수(N_n)에서 무부하일 때의 회전속도(N_o)가 변동하는 비율

$$\epsilon = \frac{N_o - N_n}{N_n} \times 100[\%]$$

1.11 특수 직류기

|1| 회전 증폭기

전기자 반작용을 이용하거나, 여자회로의 작은 전력증가로 출력측에 큰폭의 전력증가를 얻는 기계

① 앰플리다인 : 2단 증폭으로 10,000 정도의 계자전력과 부하전력의 비를 가진다.
② 로토트롤
③ HT 다이나모

|2| 정전압형 발전기

회전수에 관계없이 일정전압유지

① 로젠베르그
② 3브러시
③ 베르그만 발전기: 분권식(정전압형으로 열차), 직권식(정전류형으로 용접용)

|3| 단극발전기

일정방향의 기전력 발생하여 정류자가 필요없는 구조
3~15[V] 전압과 수 천[A] 이상 대전류 발생용으로 화학공업이나 저항용접에 사용

|4| 3선식 발전기

두 종류의 전압(220/110[V])을 하나의 발전기로 겸용

|5| 전기동력계

회전기, 내연기관 등의 출력이나 동력측정을 하기위한 특수직류기

|6| 절연물허용온도

절연의 종류	Y	A	E	B	F	H	C
허용최고온도[℃]	90	105	120	130	155	180	180초과

기출 & 예상문제
제1장 직류기(5)

01 직류전동기를 기동할 때 전기자전류를 제한하는 가감저항기를 무엇이라 하는가?
① 단속기 ② 제어기
③ 가속기 ④ 기동기

풀이 전동기를 기동할 때 전기자 저항에 직렬로 넣어 기동전류를 제한하여 속도가 증가함에 따라 저항을 천천히 감소시키게 된다. 이와 같은 가감저항기를 기동기(starter)라 한다. **답** ④

02 직류분권 전동기의 기동시 여자 전류는?
① 큰 것이 좋다. ② 작은 것이 좋다.
③ 정격 출력 때와 같은 것이 좋다. ④ 0에 가까운 것이 좋다.

풀이 전기자에 직렬 연결된 기동 저항을 크게 하여 기동 전류를 낮추고, 계자저항기의 저항값을 '0'으로 낮추어 여자 전류를 증가시켜 기동토크를 가급적 크게 하여 기동한다. **답** ①

03 직류분권 전동기의 기동방법 중 가장 적당한 것은?
① 기동기저항기를 전기자와 병렬 접속한다.
② 기동 토크를 작게 한다.
③ 계자저항기의 저항값을 크게 한다.
④ 계자저항기의 저항값을 0으로 한다.

답 ④

04 기동저항기 R_s, 계자저항기 R_f 일 때 직류 분권전동기의 기동상태는?
① R_s 최대, R_f 최소 ② R_s 최대, R_f 최대
③ R_s 최소, R_f 최대 ④ R_s 최소, R_f 최소

답 ①

05 직류전동기의 속도 제어에서 자속을 2배로 하면 회전수는 몇 배가 되는가?
① 0.5 ② 1
③ 2 ④ 4

> **풀이**
>
> 속도 $N = K \dfrac{V - I_a R_a}{\phi}$ [rpm]에서 자속을 2배로 하면 속도는 $\dfrac{1}{2}$배로 감소한다.
>
> **답** ①

06 직류 전동기의 운전 중 계자 저항을 증가하면?
① 전기자 전류 증가
② 역기전력 감소
③ 회전 속도 증가
④ 여자 전류 증가

> **풀이**
>
> 계자 저항이 증가하면 계자 전류는 감소하게 되어 자속이 감소한다. 따라서 속도는 $N = K \dfrac{V - I_a R_a}{\phi}$ [rpm]에서 자속에 반비례하므로 속도는 증가한다.
>
> **답** ③

07 직류전동기의 속도제어 중 계자권선에 직렬 또는 병렬로 저항을 접속하여 속도를 제어하는 방법은?
① 저항제어
② 전류제어
③ 계자제어
④ 전압제어

> **풀이**
>
> 직류전동기 속도제어
>
> $N = K_1 \dfrac{V - I_a R_a}{\phi}$ [rpm]의 식에서 속도 N을 제어하기 위해 ϕ, R_a, V 중 하나를 변화시키는 다음의 세 가지 방법이 있다.
>
> ① 계자제어(ϕ)
>   ㉠ 계자권선에 직렬로 저항을 삽입하여 계자전류를 변화시켜 조정한다.
>   ㉡ 광범위하게 속도를 조정할 수 있고, 정출력 가변속도에 적합하다.
> ② 저항제어(R_a)
>   ㉠ 전기자권선에 직렬로 저항을 삽입하여 속도를 조정한다.
>   ㉡ 전력손실이 생기고 속도 조정의 폭이 좁아서 별로 사용하지 않는다.
> ③ 전압제어(V)
>   ㉠ 직류전압 V를 조정하여 속도를 조정한다.
>   ㉡ 워드 레오나드 방식(M-G-M법), 일그너 방식이 있으나, 설치비용이 많이 든다.
>
> **답** ③

08 전기자전압을 전원전압으로 일정하게 유지하고, 계자전류를 조정하여 자속 ϕ[Wb]를 변화시킴으로써 속도를 제어하는 제어법은?
① 계자제어법
② 전기자 전압제어법
③ 저항제어법
④ 전압제어법

> **풀이**
>
> • 계자제어 : 단자전압 V를 일정하게 하고 전동기의 계자전류 I_f를 제어, 극당 자속 ϕ를 바꿔서 속도 제어하는 방법 정출력 가변속도 제어에 적합하다.
> • 전압제어 : 계자 전류 일정 유지, 전기자 인가전압 V를 변화시켜 속도 제어하는 방법, 정토크 가변속도 제어에 적합하다.
> • 저항제어 : 계자 전류를 일정하게 하고 전기자에 직렬로 가변저항 R_s를 접속하여 부하전류에 의한 전압강하를 증가시켜 속도를 제어하는 방법
>
> **답** ①

09 직류 전동기의 속도 제어법 중 정출력 제어에 속하는 것은?
① 계자 제어법
② 워드 레오나드 방식
③ 저항 제어법
④ 전압 제어법

▶풀이
계자제어법에서 출력은 $P \propto \tau N$ 이므로 자속 ϕ가 변화할 경우 토크 τ는 자속 ϕ비례하나 회전수 N은 자속 ϕ에 반비례하므로 정출력 제어가 된다.　　　답 ①

10 직류전동기의 속도제어 방법 중 속도제어가 원활하고 정토크 제어가 되며 운전 효율이 좋은 것은?
① 계자제어
② 병렬 저항제어
③ 직렬 저항제어
④ 전압제어

▶풀이
전압제어법에서는 계자 자속이 거의 일정하고 전기자 공급 전압만을 변화시키므로 정토크 제어법이 된다.　　　답 ④

11 워드 레오너드(Ward Leonard)방식은 직류기의 무엇을 목적으로 하는 것인가?
① 정류개선
② 속도제어
③ 계자자속 조정
④ 병렬운전

▶풀이
• 전압제어의 종류 : 워드 레오나드(M-G-M 법), 일그너, 정지레오나드, 초퍼 제어, 직·병렬 제어 등이 있다.　　　답 ②

12 전압제어에 의한 속도제어가 아닌 것은?
① 정지형 레너드식
② 일그너식
③ 직병렬 제어
④ 회생제어

▶풀이
• 전압제어의 종류 : 워드 레오나드 (M-G-M 법), 일그너, 정지레오나드, 초퍼 제어, 직·병렬 제어 등이 있다.　　　답 ④

13 정속도 및 가변속도 제어가 되는 전동기는?
① 직권기
② 가동 복권기
③ 분권기
④ 차동 복권기

▶풀이
분권전동기와 타여자 전동기는 정속도 특성을 가짐으로써 정속도 및 가변속도에 용이하다.　　　답 ③

14 직류전동기의 전기자에 가해지는 단자전압을 변화하여 속도를 조정하는 제어법이 아닌 것은?

① 워드 레오나드 방식
② 일그너 방식
③ 직·병렬 제어
④ 계자 제어

▶ 풀이
①, ②, ③은 전압제어
직병렬제어(直並列制御/Series Parallel Control) : 전기차량에서 여러 개의 주 전동기를 직렬 또는 병렬로 접속하여 주 회로를 구성하는 것으로, 주전동기의 단자전압을 변화시켜 차량의 속도 제어를 하는 방법

답 ④

15 발전제동의 설명으로 잘못된 것은?

① 직류전동기는 전기자 회로를 전원에서 끊고 저항을 접속한다.
② 유도전동기는 1차 권선에 직류를 통하고 2차 쪽(회전자)은 단락한다.
③ 전동기를 발전기로 운전하여 회전부분의 운동 에너지를 전기회로 중의 저항에서 열로 소비시키면서 제동하는 방법이다.
④ 전동기의 유도기전력을 전원 전압보다 높게 한다.

▶ 풀이
- 발전제동 : 제동 시에 전원을 개방하여 발전기로 이용하여 발전된 전력을 제동용 저항에 열로 소비시키는 방법이다.
- 회생제동 : 제동 시에 전원을 개방하지 않고 발전기로 이용하여 발전된 전력을 다시 제동용 전원으로 사용하는 방식으로 전동기의 유도기전력을 전동기가 갖는 운동에너지를 전기에너지로 변화 전원으로 반환
- 플러깅제동 : 급제동시 사용하는 방법으로 역전제동이라 하며, 전기자의 접속을 반대로 바꾸어 회전방향과 반대의 토크를 발생시켜 제동

답 ④

16 전동기의 제동에서 역기전력이 높아서 전원쪽으로 전기를 되돌려 주면서 제동하는 방법은?

① 발전제동
② 역전제동
③ 마찰제동
④ 회생제동

▶ 풀이
회생제동 : 유도 기전력을 전원 전압보다 높게 하여 전동기가 갖는 운동에너지를 전기에너지로 변화 전원으로 반환하는 방식

답 ④

17 직류전동기에서 전기자에 가해 주는 전원전압을 낮추어서 전동기의 유도 기전력을 전원전압보다 높게 하여 제동하는 방법은?

① 맴돌이전류제동
② 발전제동
③ 역전제동
④ 회생제동

▶ 풀이
- 발전제동 : 제동 시에 전원을 개방하여 발전기로 이용하여 발전된 전력을 제동용 저항에 열로 소비시키는 방법이다.

제1장 직류기 **217**

- 회생제동 : 제동 시에 전원을 개방하지 않고 발전기로 이용하여 발전된 전력을 다시 제동용 전원으로 사용하는 방식으로 전동기의 유도기전력을 전동기가 갖는 운동에너지를 전기에너지로 변화 전원으로 반환
- 플러깅제동 : 급제동시 사용하는 방법으로 역전제동이라 하며, 전기자의 접속을 반대로 바꾸어 회전방향과 반대의 토크를 발생시켜 제동

답 ④

18 다음 제동방법 중 급정지하는 데 가장 좋은 제동방법은?
① 발전제동
② 회생제동
③ 역전제동
④ 단상제동

▶풀이
역상제동 : 전기자의 전류방향을 반대로 공급 → 강한 역토크 발생

답 ③

19 직류전동기의 회전 방향을 바꾸기 위해서는 어떻게 하면 되는가?
① 전원의 극성을 바꾼다.
② 전류의 방향이나 계자의 극성을 바꾸면 된다.
③ 차동복권을 가동복권으로 한다.
④ 발전기로 운전한다.

▶풀이
계좌권선이나 전기자 권선 중 어느 한쪽의 접속을 반대로 하면 회전 방향이 바뀌게 된다.

답 ②

20 직류 분권전동기의 회전방향을 바꾸기 위해 일반적으로 무엇의 방향을 바꾸어야 하는가?
① 전원
② 주파수
③ 계자저항
④ 전기자전류

▶풀이
직류기의 회전방향을 바꾸기 위해서는 2선 중 한선의 방향을 바꿔주는데 일반적으로 전기자권선의 방향을 바꿔준다.

답 ④

21 직류 전동기의 특성에 대한 설명으로 틀린 것은?
① 직권전동기는 가변속도 전동기이다.
② 분권전동기에서는 계자회로에 퓨즈를 사용하지 않는다.
③ 분권전동기는 정속도 전동기이다.
④ 가동 복권전동기는 기동시 역회전할 염려가 있다.

답 ④

22 출력 10[kW], 효율 90[%]인 기기의 손실은 약 몇 [kW]인가?
① 0.6
② 1.1
③ 2
④ 2.5

• 풀이

효율 $\eta = \dfrac{출력}{입력} \times 100[\%]$

∴ 입력 $= \dfrac{출력}{\eta} \times 100 = \dfrac{10}{90} \times 100 = 11.1[\text{kW}]$

따라서 손실 = 입력 − 출력 = 11.1 − 10 = 1.1[kW]

답 ②

23 효율 80[%], 출력 10[kW]인 직류발전기의 전 손실은 몇 [kW]인가?
① 1.25
② 2.5
③ 2.0
④ 3.0

• 풀이

발전기 규약효율 $\eta_G = \dfrac{출력}{출력 + 손실} \times 100[\%]$

∴ 손실 $= \dfrac{출력}{\eta_G} - 출력 = \dfrac{10}{0.8} - 10 = 2.5[\text{kW}]$

답 ②

24 직류전동기의 규약효율을 표시하는 식은?
① $\dfrac{출력}{출력 + 손실} \times 100[\%]$
② $\dfrac{출력}{입력} \times 100[\%]$
③ $\dfrac{입력 - 손실}{입력} \times 100[\%]$
④ $\dfrac{입력}{출력 + 손실} \times 100[\%]$

• 풀이

• 발전기 규약효율 $= \dfrac{출력}{출력 + 손실} \times 100[\%]$

• 전동기 규약효율 $= \dfrac{입력 - 손실}{입력} \times 100[\%]$

답 ③

25 직류발전기를 정격 속도, 정격 부하 전류에서 정격 전압 V_n를 발생하도록 한 다음, 계자저항 및 회전 속도를 바꾸지 않고 무부하로 하였을 때의 단자 전압을 V_o라 하면, 이 발전기의 전압 변동률 $\epsilon[\%]$는?

① $\dfrac{V_o - V_n}{V_o} \times 100[\%]$
② $\dfrac{V_n - V_o}{V_o} \times 100[\%]$
③ $\dfrac{V_o - V_n}{V_n} \times 100[\%]$
④ $\dfrac{V_n - V_o}{V_n} \times 100[\%]$

• 풀이

발전기를 정격으로 운전하고 여자회로응 조정하지 않고 일정하게 유지하면서 정격 부하에서 무부하로 했을 때, 전압이 변동하는 비율을 전압 변동률이라고 하며,

이를 식으로 나타내면 $\epsilon = \dfrac{V_0 - V_n}{V_n} \times 100[\%]$ 이다.

답 ③

26 무부하전압 137[V], 정격전압 100[V]인 발전기의 전압 변동률은 얼마인가?

① 21   ② 37   ③ 54   ④ 63

풀이
전압변동률 $\epsilon = \dfrac{V_0 - V_n}{V_n} \times 100 = \dfrac{137 - 100}{100} \times 100 = 37[\%]$

답 ②

27 직류전동기의 속도 변동률은 몇 [%]인가?(단, n은 전부하속도이고, n_0는 무부하속도이다.)

① $\dfrac{n_0 - n}{n} \times 100$ ② $\dfrac{n_0 - n}{n_0} \times 100$

③ $\dfrac{n - n_0}{n} \times 100$ ④ $\dfrac{n - n_0}{n_0} \times 100$

풀이
전동기를 정격으로 운전하고 정격 회전수가 되도록 계자 저항기를 조정한 상태에서 무부하로 하였을 때 회전수가 변동하는 비율을 속도변동율이라 하며, 이를 식으로 나타내면 $\epsilon = \dfrac{N_0 - N_n}{N_n} \times 100[\%]$ 이다.

답 ①

28 정격 전압 230[V], 정격 전류 28[A]에서 직류전동기의 속도가 1,680[rpm]이다. 무부하에서의 속도가 1,733[rpm]이라고 할 때 속도 변동률[%]은 약 얼마인가?

① 6.1   ② 5.0   ③ 4.6   ④ 3.2

풀이
속도변동률 $\epsilon = \dfrac{N_0 - N_n}{N_n} \times 100 = \dfrac{1733 - 1680}{1680} \times 100 = 3.2[\%]$

답 ④

29 직류기의 효율이 최대가 되는 조건은?

① 와류손 = 히스테리시스손   ② 동손 = 철손
③ 기계손 = 동손   ④ 부하손 = 고정손

풀이
직류기에서 최대 효율이 되는 조건은 고정손과 부하손이 같을 경우이다.

답 ④

30 일정 전압으로 운전하는 직류발전기의 손실이 $y + xI^2$ 으로 표시될 때 효율이 최대가 되는 전류는? (단, x, y는 정수이다.)

① $\dfrac{y}{x}$ ② $\dfrac{x}{y}$ ③ $\sqrt{\dfrac{y}{x}}$ ④ $\sqrt{\dfrac{x}{y}}$

풀이
주어진 손실에서 y : 철손, x : 동손

$y = xI^2$ ($I^2 = \dfrac{y}{x} \to I = \sqrt{\dfrac{y}{x}}$)일 때 최대효율을 낸다.

답 ③

31 직류 복권전동기 중에서 무부하 속도와 전부하 속도가 같도록 만들어진 것은?
① 과복권
② 부족복권
③ 평복권
④ 차동복권

▶풀이

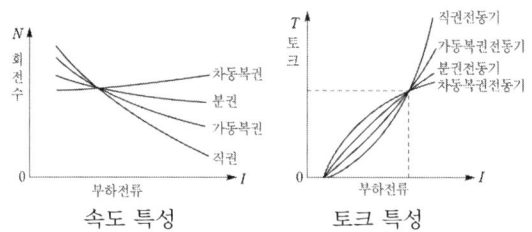

속도 특성   토크 특성

답 ③

32 직류기에서 전압 변동률이 (−)값으로 표시되는 발전기는?
① 분권 발전기
② 과복권 발전기
③ 타여자 발전기
④ 평복권 발전기

▶풀이

직류발전기 전압변동률
[+] : 타여자, 분권, 부족(차동)복권
[0] : 평복권
[−] : 과(가동)복권

답 ②

제 2 장

동기기

동기기는 정상 운전 상태에서 일정한 주파수와 자극 수에 따라 결정되는 동기속도로 회전하는 발전기와 전동기를 말한다. 동기발전기는 전력계통의 발전소에서 운전되는 교류발전기로 사용되며, 전력설비 가운데 가장 중요한 부분이다. 동기전동기는 정속도 전동기로서 사용되며, 전력계통에서 동기조상기로도 사용된다.

2.1 동기발전기의 원리

|1| 동기속도

N_s를 동기 속도, f는 주파수, p를 발전기 극수라 할 때 동기발전기는 동기속도로 회전한다.

$$N_s = \frac{120f}{p}[\text{rpm}]$$

기출 & 예상문제

제2장 동기기(1)

01 동기발전기 중 회전계자형 발전기의 설명으로 타당성이 적은 것은?
① 고전압 대전류용으로 적당하다.
② 계자회로는 구조가 간단하다.
③ 계자회로는 고전압 대용량의 직류 회로이다.
④ 동기발전기는 대부분 회전계자형이다.

◆풀이
회전계자형을 쓰는 이유
- 기계적으로 유리
- 고전압에 유리하다.(Y결선)
- 절연이 용이

답 ③

02 동기발전기는 무엇에 의해 회전수가 결정되는가?
① 역률과 전류
② 주파수와 역률
③ 주파수와 자극수
④ 정격전압과 주파수

◆풀이
동기속도는 $N_s = \dfrac{120f}{p}$[rpm]이므로 회전 속도는 주파수 f와 자극수 p로 결정된다.

답 ③

03 1,200[rpm]의 회전수를 만족하는 동기기의 극수 P와 주파수 f[Hz]에 해당하는 것은?
① $P=6$, $f=50$
② $P=8$, $f=50$
③ $P=6$, $f=60$
④ $P=8$, $f=60$

◆풀이
동기속도 $N_s = \dfrac{120f}{p}$[rpm]에서
- 극수 $p=6$일 때, $f = \dfrac{N_s p}{120} = \dfrac{1200 \times 6}{120} = 60$[Hz]
- 극수 $p=8$일 때, $f = \dfrac{N_s p}{120} = \dfrac{1200 \times 8}{120} = 80$[Hz]

답 ③

04 60[Hz], 12극 회전자 바깥지름 2[m]의 동기기의 회전자 주변 속도[m/s]는?
① 10
② 30
③ 50
④ 60

> **풀이**
>
> 주변속도 $v = \pi D \dfrac{N}{60}$ [m/s]에서
>
> 동기속도 $N_s = \dfrac{120f}{p} = \dfrac{120 \times 60}{12} = 600$ [rpm]
>
> $\therefore v = \pi \times 2 \times \dfrac{600}{60} = 62.8$ [m/s]
>
> **답** ④

05 수차 발전기에서 우산형을 사용하는 이유는?

① 저속 소형기
② 저속 대형기
③ 고속 대형기
④ 고속 소형기

> **풀이**
>
> 우산형 발전기는 저속 대용량 수차발전기라고 부르기도 한다.
>
> **답** ②

06 터빈 발전기의 구조가 아닌 것은?

① 고속 운전을 한다.
② 회전 계자형의 철극형으로 되어 있다.
③ 축방향으로 긴 회전자로 되어 있다.
④ 일반적으로 극수는 2극 또는 4극으로 사용한다.

> **풀이**
>
> • 수차발전기 : 철극형의 회전자를 채용함으로써 저속도 운전에 적합하다.
> • 터빈발전기 : 2극기의 원통형 회전자를 채용함으로써 고속도 운전에 적합하다.
>
> **답** ②

07 수소냉각 발전기의 특징으로 옳지 않은 것은?

① 풍손이 대폭으로 감소한다.
② 절연물의 수명이 길다.
③ 비열이 공기보다 작다.
④ 코로나 발생 전압이 높다.

> **풀이**
>
> • 수소의 비중이 공기의 약 7[%]이므로 풍손이 공기냉각의 1/10로 감소한다.
> • 비열은 공기의 약 14배로 냉각 효과가 크고 동일 발전기에서의 온도 상승은 2/3배 이며, 온도 상승이 같고 같은 치수이면 공기 냉각보다 출력은 약 25[%] 증가한다.
> • 코일의 절연이 파괴되어 아크가 발생하여도 연소하지 않는다.
> • 수소는 공기가 30~90[%] 혼입하면 폭발할 염려가 있으므로 방폭 구조로 해야 하기 때문에 설비비가 많이 들며 이 방식은 터빈 발전기, 대용량의 동기 조상기에 많이 사용한다.
>
> **답** ③

08 수소냉각 방식의 동기 발전기의 풍손은 공기냉각 방식에 비하여 어떠한가?

① 90[%] 감소
② 10[%] 감소
③ 20[%] 증가
④ 20[%] 감소

답 ①

09 여자기(Exciter)에 대한 설명으로 옳은 것은?
① 발전기의 속도를 일정하게 하는 것이다.
② 부하변동을 방지하는 것이다.
③ 직류전류를 공급하는 것이다.
④ 주파수를 조정하는 것이다.

풀이
동기발전기의 계자 권선에 여자 전류를 공급하는 직류 전원 공급장치를 여자기(Exciter)라 한다.

답 ③

10 동기발전기의 권선을 분포권으로 하면 어떻게 되는가?
① 권선의 리액턴스가 커진다.
② 파형이 좋아진다.
③ 난조를 방지한다.
④ 집중권에 비하여 합성유도 기전력이 높아진다.

풀이
분포권의 권선 특징
• 기전력의 파형이 좋아진다.
• 권선의 누설 리액턴스가 감소한다.
• 분포계수 만큼 합성 유도 기전력이 감소한다.

답 ②

11 교류 발전기에서 권선을 절약할 뿐 아니라 특정 고주파분이 없는 권선은?
① 전절권   ② 집중권   ③ 단절권   ④ 분포권

풀이
단절권의 특징
• 파형개선(고조파 제거)
• 동량(코일의 양)이 감소 → 기계적인 길이 감소
• 가격이 싸다.

답 ③

12 동기기의 전기자 권선법이 아닌 것은?
① 2층 분포권   ② 단절권   ③ 중권   ④ 전절권

풀이
동기기는 중권(2층권), 단절권, 분포권이 동시에 채용된다.

답 ④

13 단절권 계수를 나타내는 식은?
① $\dfrac{\beta\pi}{2}$ ② $\sin\beta\pi$ ③ $\sin\dfrac{\beta\pi}{2}$ ④ $\cos\dfrac{\beta\pi}{2}$

▶ 풀이

단절권 계수 $K_p = \sin\dfrac{\beta\pi}{2}$ 여기서, $\beta = \dfrac{코일피치}{극피치}$

답 ③

14 3상 동기발전기의 전기자 권선은 보통 어떤 결선인가?
① Y결선　　　　　　　　　　② △결선
③ 지그재그 삼각형　　　　　　④ 지그재그 결선

▶ 풀이

동기발전기는 주로 Y형이나 2중 Y형 결선을 사용한다.

답 ①

15 3상 발전기의 전기자 권선에서 Y결선을 채택하는 이유로 볼 수 없는 것은?
① 중성점을 이용할 수 있다.
② 같은 상전압이면 △결선보다 높은 선간전압을 얻을 수 있다.
③ 같은 상전압이면 △결선보다 상절연이 쉽다.
④ 발전기 단자에서 높은 출력을 얻을 수 있다.

▶ 풀이

Y결선을 쓰는 이유
- 중성점 접지를 함으로써 이상전압으로부터 기기 보호 및 보호계전기 동작이 확실
- 상전압이 낮아 코로나에 의한 열화를 방지
- 권선의 불평형 및 제 3고조파 제거

답 ④

16 6극 36슬롯 3상 동기 발전기의 매극 매상당 슬롯수는?
① 2　　　　　② 3　　　　　③ 4　　　　　④ 5

▶ 풀이

매극 매상당 슬롯수 $= \dfrac{총 슬롯수}{상수 \times 극수} = \dfrac{36}{3 \times 6} = 2$

답 ①

2.2 동기발전기의 이론

│1│ 유도기전력

1상당 유기기전력 다음과 같다.

$$E = 4.44 K_w f W \phi [\text{V}]$$

여기서, K_w : 권선계수($= K_p \cdot K_d$), W : 1상당 권수, f : 주파수, ϕ : 자속

│2│ 전기자 반작용

발전기에 부하전류에 의한 자속이 주 자속에 영향을 주는 작용

(1) 횡축반작용(교차자화작용)

동기 발전기에 저항 부하를 연결하면, 기전력과 전류가 동위상이 된다. 이때 전기자전류에 의한 기자력과 주자속이 직각이 되는 현상

(2) 직축반작용(감자작용)

동기발전기에 리액터 부하를 연결하면, 전류가 기전력보다 90° 늦은 위상이 된다. 전기자 전류에 의한 자속이 주자속을 감소시키는 방향으로 작용하여 유도기전력이 작아지는 현상

(3) 자화작용(증자작용)

동기발전기에 콘덴서 부하를 연결하면, 전류가 기전력보다 90° 앞선 위상이 된다. 전기자 전류에 의한 자속이 주자속을 증가시키는 방향으로 작용한다. 유도 기전력이 증가하게 되는데, 이런 현상을 동기발전의 자기여자작용이라고 한다.

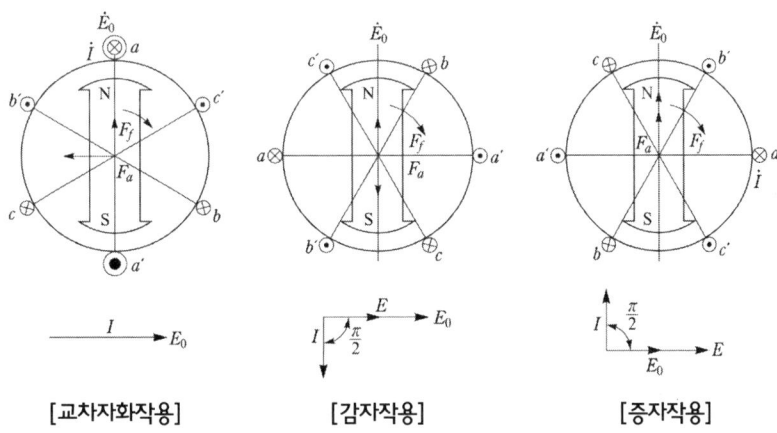

[교차자화작용]　　　[감자작용]　　　[증자작용]

구 분	발전기		전동기
R(저항, 역률 1)	교차자화작용	횡축반작용($I\cos\theta$)	교차자화작용
L(유도성, 지상전류)	감자작용	직축반작용($I\sin\theta$)	증자작용
C(용량성, 진상전류)	증자작용	자화작용	감자작용

3 단락비(short circuit ratio)

(1) 단락비에 따른 발전기의 특징

단락비가 큰 동기기(철기계)	단락비가 작은 동기기(동기계)
전기자 반작용이 작고, 전압변동률이 작다.	전기자 반작용이 크고, 전압변동률이 크다.
공극이 크고 과부하 내량이 크다.	공극이 좁고 안정도가 낮다.
기계의 중량이 무겁고 가격이 비싸다.	기계의 중량이 가볍고 가격이 싸다.

K_s의 값은 터빈발전기에서는 0.6~1.0, 수차발전기에서는 0.9~1.2 정도이다.

(2) 단락비의 대소관계
- $K_S(大) \rightarrow \%Z(小) \rightarrow Z_S(小) \rightarrow X_S(小)$
- $K_S(大)$ - ① 과부하 내량 증대   ② 선로의 충전용량 증대
           ③ 안정도 증대   ④ 자기 여자현상 방지
           ⑤ 철기계는 동기계보다 공극이 크다.
- $Z_S(小)$ - ① 임피던스 전압강하 작다.
           ② 전압 변동률 적다.   ③ 계자기자력 크다.

(3) 단락비와 다른 발전기별 특성

철기계(돌극형)	동기계(원통형, 비돌극형)
단락비가 크다(안정도 높다) 동기임피던스가 작아진다 반작용리액턴스(x_a)가 작다 계자기자력이크다(전압변동율 양호) 기계의 중량이 크다 과부하내량 증대(기계가격 상승) 극수가 적은 저속기	단락비가 작다 동기임피던스가 크다 전기자반작용이 크다 공극이 작다 중량이 가볍고 재료가 적게들어 가격이 싸다.

4 | 전압변동률

발전기 정격부하일 때의 전압(V_n)과 무부하일 때의 전압(V_o)이 변동하는 비율

$$\epsilon = \frac{V_o - V_n}{V_n} \times 100[\%]$$

C부하 : $V_0 < V_n \rightarrow \epsilon(-)$: 용량성
R부하 : $V_0 > V_n \rightarrow \epsilon(+)$
L부하 : $V_0 > V_n \rightarrow \epsilon(+)$: 유도성

5 | 자기여자 현상

무부하 장거리 송전선에 동기 발전기를 접속한 경우, 송전선로의 충전전류에 의한 전기자 반작용(증자작용)과 무여자 동기 발전기의 잔류자기로 인하여 발전기가 스스로 여자되어 수전단전압이 위험 전압까지 상승하는 현상

(1) 자기여자 방지법
① 동기 조상기 설치
② 발전기 병렬운전
③ 분로 리액터 설치
④ 변압기 병렬운전
⑤ 단락비 증대

2.3 동기발전기의 운전

1 | 병렬운전 조건

(1) 기전력의 크기가 같을 것 : 같지 않을 경우 무효 순환 전류(무효 횡류)가 흐른다.
   (방지대책 : 여자 전류로 조정)
(2) 기전력의 위상이 같을 것 : 같지 않을 경우 동기화 전류(유효 횡류)가 흐른다.
  • 동기화전류 $I_s = \dfrac{E}{X_s} \sin\dfrac{\delta}{2}$
  • 동기화력(수수전력) : $P_s = \dfrac{E^2}{2Z_s} \sin\delta[W]$ ($\delta = 90°$일 때 최대)
(3) 기전력의 주파수가 같을 것 : 같지 않을 경우 난조의 원인
(4) 기전력의 파형이 같을 것 : 같지 않을 경우 고조파 무효 순환 전류가 흐른다.
   (방지대책 : 분포권, 단절권, Y 권선)
(5) 기전력의 상회전이 같을 것

> ※ 동기 발전기 병렬 운전 시 서로 같지 않아도 되는 사항
> : 발전기 용량, 부하 전류, 임피던스, 회전수

2 난조의 발생과 대책

(1) 난조

　　부하가 갑자기 변하면 속도 재조정을 위한 진동이 발생하게 된다. 일반적으로는 그 진폭이 점점 적어지나, 진동주기가 동기기의 고유진동에 가까워지면 공진작용으로 진동이 계속 증대하는 현상, 이런 현상의 정도가 심해지면 동기 운전을 이탈하게 되는데, 이것을 동기이탈 또는 탈조라 한다.

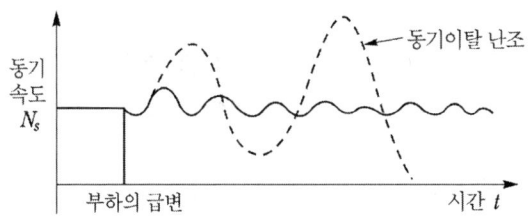

(2) 발생하는 원인

　　① 조속기의 감도가 지나치게 예민한 경우
　　② 원동기에 고조파 토크가 포함된 경우
　　③ 전기자 저항이 큰 경우

(3) 난조방지법

　　① 발전기에 제동권선을 설치한다.
　　② 원동기의 조속기가 너무 예민하지 않도록 한다.
　　③ 송전계통을 연계하여 부하의 급변을 피한다.
　　④ 회전자에 플라이 휠 효과를 준다.

(4) 동기발전기 안정도

　　① 정태안정도 : 여자를 일정하게 유지하고 부하를 서서히 증가시 안정운전 할 수 있는 정도

$$P_s = \frac{EV}{X_s}\sin\delta[W]\ (극한에서의\ 전력) : 정태안정극한전력$$

② 동태안정도 : 발전기를 송전선에 접속하고 AVR로 여자전류 제어하여 안정운전 할 수 있는 정도
③ 과도안정도 : 부하급변, 선로개폐, 접지, 단락 등의 고장에 의한 운전으로 상태급변시 안정 유지정도

기출 & 예상문제

제2장 동기기(2)

01 동기기의 전기자 도체에 유기되는 기전력의 크기는 그 주파수를 2배로 했을 경우 어떻게 되는가?
① 2배로 증가
② 2배로 감소
③ 4배로 증가
④ 4배로 감소

▶풀이
유기기전력 $E = 4.44 f N \phi$ [V]에서 $E \propto f$ 이므로 주파수 2배 증가시 기전력도 2배 증가하게 된다.

답 ①

02 동기 발전기의 전기자 반작용의 원인은?
① 전기자 전류
② 동기 리액턴스
③ 강한 여자전류
④ 철심의 히스테리시스

▶풀이
전기자 전류로 인한 자속이 계자극에 영향을 미치는 것을 전기자 반작용이라 한다.

답 ①

03 3상 교류 발전기의 기전력에 대하여 $\pi/2$[rad] 뒤진 전기자 전류가 흐르면 전기자 반작용은 어떻게 되는가?
① 횡축 반작용으로 기전력을 증가시킨다.
② 교차자화작용으로 기전력을 감소시킨다.
③ 감자작용을 하여 기전력을 감소시킨다.
④ 증자작용을 하여 기전력을 증가시킨다.

▶풀이
전기자 반작용
- 저항 부하에 의한 교차자화작용 : 기전력과 전류는 동위상으로써 횡축반작용이라고도 한다.
- 유도성 부하에 의한 감자작용 : 전류가 기전력보다 $\pi/2$만큼 뒤지는 경우이며 직축 반작용이라고도 한다.
- 용량성 부하에 의한 증자작용 : 전류가 기전력보다 $\pi/2$만큼 앞서는 경우이며 자화 작용이라고도 한다.

답 ③

04 3상 동기발전기에 무부하 전압보다 90° 앞선 전기자전류가 흐를 때 전기자 반작용은?
① 감자작용을 한다.
② 증자작용을 한다.
③ 교차자화작용을 한다.
④ 자기여자작용을 한다.

▶풀이

동기발전기의 경우 전류가 기전력보다 $\frac{\pi}{2}(90°)$ 뒤지면 감자작용, $\frac{\pi}{2}(90°)$ 앞서면 자화작용을 한다.

답 ②

05 동기기의 자기 여자 현상의 방지법이 아닌 것은?
① 단락비 증대
② 리액턴스 접속
③ 발전기 직렬 연결
④ 변압기 접속

▶풀이

자기여자 방지법
① 동기 조상기 설치
② 발전기 병렬운전
③ 분로 리액터 설치
④ 변압기 병렬운전
⑤ 단락비 증대

답 ③

06 동기발전기의 무부하 포화곡선에 대한 설명으로 옳은 것은?
① 정격전류와 단자전압의 관계이다.
② 정격전류와 정격전압의 관계이다.
③ 계자전류와 정격전압의 관계이다.
④ 계자전류와 단자전압의 관계이다.

▶풀이

각종 특성 곡선
• 3상단락곡선 : 계자전류와 단락전류
• 무부하 포화곡선 : 계자전류와 단자전압
• 부하 포화곡선 : 계자전류와 단자전압
• 외부특성곡선 : 부하전류와 단자전압

답 ④

07 동기발전기의 3상 단락곡선은 무엇과 무엇의 관계 곡선인가?
① 계자전류와 단락전류
② 정격전류와 계자전류
③ 여자전류와 계자전류
④ 정격전류와 단락전류

▶풀이

각종 특성 곡선
• 3상단락곡선 : 계자전류와 단락전류
• 무부하 포화곡선 : 계자전류와 단자전압
• 부하 포화곡선 : 계자전류와 단자전압
• 외부특성곡선 : 부하전류와 단자전압

답 ①

08 다음 중 동기기의 3상 단락 곡선이 직선이 되는 이유는?
① 무부하 상태이므로
② 자기 포화가 있으므로
③ 전기자 반작용으로
④ 누설 리액턴스가 크므로

> **풀이**
> 전기자 반작용으로 일어나는 감자작용으로 인해서 철심의 포화가 일어나지 않게 된다.   **답** ③

09 동기발전기의 역률 및 계자 전류가 일정할 때 단자 전압과 부하 전류와의 관계를 나타낸 곡선은?
① 단락 특성 곡선
② 외부 특성 곡선
③ 토크 특성 곡선
④ 전압 특성 곡선

답 ②

10 발전기의 단락비나 동기임피던스를 산출하는 데 필요한 시험은?
① 무부하 포화시험과 3상 단락시험
② 정상, 영상 리액턴스의 측정시험
③ 돌발 단락시험과 부하시험
④ 단상 단락시험과 3상 단락시험

> **풀이**
> 무부하 포화시험으로 무부하에서 정격전압을 유기하는데 필요한 계자 전류의 값을 3상 단락시험으로 정격전류와 같은 단락전류를 흘리는 데 필요한 계자 전류를 구하여 단락비나 동기 임피던스를 산출하게 된다.   **답** ①

11 동기발전기의 단락비가 크다는 것은?
① 기계가 작아진다.
② 효율이 좋아진다.
③ 전압 변동률이 나빠진다.
④ 전기자 반작용이 작아진다.

> **풀이**
> 단락비가 큰 동기기(철기계)의 특징
> - 동기 임피던스가 작다 : 단락비 $K_s = \dfrac{1}{Z_s}$ 에서 동기 임피던스가 적어지게 된다.
> - 반작용 리액턴스가 작다 : 동기 임피던스 $Z_s = r_a + j(x_a + x_l)$ 이므로 동기 임피던스가 작아진다는 것은 반작용 리액턴스가 작다는 것을 의미하게 된다.
> - 계자 기자력이 크다. : 전기자 반작용의 의한 영향이 적게 되고, 전압변동률이 양호해진다.
> - 기계의 중량이 크다. : 계자 권수가 많고 계자철심의 직경이 크게 되므로 기계의 중량이 커지게 된다.
> - 과부하 내량이 증대되고 송전선의 충전 용량이 큰 반면 기계의 가격이 상승하게 된다.
> - 공극이 크고 효율이 낮아진다.   **답** ④

12 단락비가 큰 동기기는?
① 안정도가 높다.
② 기계가 소형이다.
③ 전압 변동률이 크다.
④ 전기자 반작용이 크다.

답 ①

13 동기 임피던스가 작은 동기발전기는?
① 단락비가 작다.
② 전기자 반작용이 작다.
③ 전압 변동률이 크다.
④ 과부하 내량이 작다.

답 ②

14 단락비가 1.2인 동기발전기의 %동기 임피던스는 약 몇 [%]인가?
① 68   ② 83   ③ 100   ④ 120

풀이
단락비 $K_s = \dfrac{100}{\%Z_s}$ ∴ $\%Z_s = \dfrac{100}{K_s} = \dfrac{100}{1.2} = 83.33[\%]$가 된다.

답 ②

15 정격이 10,000[V], 500[A], 역률 90[%]의 3상 동기발전기의 단락전류 I_s[A]는? (단, 단락비는 1.3으로 하고, 전기자저항은 무시한다.)
① 450   ② 550   ③ 650   ④ 750

풀이
$k_s = \dfrac{I_s}{I_n} = \dfrac{100}{\%Z} = \dfrac{1}{\%Z[\text{p.u}]}$ 식에서
∴ $I_s = k_s I_n = 1.3 \times 500 = 650[\text{A}]$

답 ③

16 발전기의 전압변동률을 표시하는 식은?(단, V_o : 무부하전압, V_n : 정격전압)
① $\epsilon = \left(\dfrac{V_o}{V_n} - 1\right) \times 100[\%]$
② $\epsilon = \left(1 - \dfrac{V_o}{V_n}\right) \times 100[\%]$
③ $\epsilon = \left(\dfrac{V_n}{V_o} - 1\right) \times 100[\%]$
④ $\epsilon = \left(1 - \dfrac{V_n}{V_o}\right) \times 100[\%]$

풀이
전압변동률 $\epsilon = \dfrac{V_o - V_n}{V_n} \times 100 = \left(\dfrac{V_o}{V_n} - \dfrac{V_n}{V_n}\right) \times 100 = \left(\dfrac{V_o}{V_n} - 1\right) \times 100[\%]$가 된다.

답 ①

17 3상 동기발전기를 병렬운전시키는 경우 고려하지 않아도 되는 조건은?
① 주파수가 같은 것
② 회전수가 같은 것
③ 위상이 같은 것
④ 전압 파형이 같은 것

풀이
동기발전기 병렬 운전 조건
• 기전력의 크기가 같을 것
• 기전력의 위상이 같을 것
• 기전력의 주파수가 같을 것
• 기전력의 파형이 같을 것
• 상회전 방향이 같을 것(3상)

답 ②

18 동기발전기를 계통에 병렬로 접속시킬 때 관계없는 것은?
① 주파수　　　② 위상　　　③ 전압　　　④ 전류

답 ④

19 8극 900[rpm]의 교류발전기와 병렬 운전하는 극수 6의 동기발전기의 회전수[rpm]는?
① 750
② 900
③ 1,000
④ 1,200

> **풀이**
> 병렬운전 조건 중 주파수가 같아야 하므로
> - 동기 속도 $N_s = \dfrac{120f}{p}$　∴ $f = \dfrac{N_s p}{120} = \dfrac{8 \times 900}{120} = 60[\text{Hz}]$이어야 하므로
> - 6극 발전기의 회전수 $N_s = \dfrac{120f}{p} = \dfrac{120 \times 60}{6} = 1200[\text{rpm}]$이 된다.

답 ④

20 동기발전기를 병렬운전할 때 동기검정기(Synchroscope)를 사용하여 측정이 가능한 것은?
① 기전력의 크기　　　② 기전력의 파형
③ 기전력의 진폭　　　④ 기전력의 위상

답 ④

21 동기발전기의 병렬 운전에서 한 쪽의 계자전류를 증대시켜 유기기전력을 크게 하면 어떤 현상이 발생하는가?
① 주파수가 변화되어 위상각이 달라진다.
② 두 발전기의 역률이 모두 낮아진다.
③ 속도 조정률이 변한다.
④ 무효순환 전류가 흐른다.

답 ④

22 병렬운전 중 A, B 두 동기발전기에서 A 발전기의 여자를 B 발전기보다 강하게 하면 A 발전기는 어떻게 변화되는가?
① 90° 진상 전류가 흐른다.
② 90° 지상 전류가 흐른다.
③ 동기화 전류가 흐른다.
④ 부하 전류가 증가한다.

> **풀이**
> 여자를 강하게 한 쪽에는 지상분 무효 순환 전류가 흐르게 된다.

답 ②

23 병렬운전 중인 동기발전기의 유효 전력의 분담을 변화시키려면, 다음 중 어느 방식을 채택해야 하는가?

① 무효 순환 전류의 크기를 조절한다.
② 균압선을 접속한다.
③ 원동기의 입력을 조절한다.
④ 동기 조상기를 동작시킨다.

▶풀이
원동기의 입력을 조절하여 출력을 변화시키게 된다.　　　　　　　　　답 ③

24 동기발전기에서 난조 현상에 대한 설명으로 옳지 않은 것은?

① 부하가 급격히 변화하는 경우 발생할 수 있다.
② 제동 권선을 설치하여 난조 현상을 방지한다.
③ 난조 정도가 커지면 동기 이탈 또는 탈조라고 한다.
④ 난조가 생기면 바로 멈춰야 한다.

▶풀이
난조 발생의 원인과 대책
- 관성모멘트가 작은 경우 : 제동권선 설치(가장 효과적), 플라이휠(fly wheel) 부착(관성모멘트 크게)
- 부하 급변으로 인한 조속기(속도 검출기)가 너무 예민할 경우 : 조속기의 성능을 너무 예민하지 않도록 할 것
- 고조파가 포함된 경우 : 고조파 제거(분포권, 단절권, Y 결선)
- 동기화력이 줄어든 경우
- 난조로 인한 진동은 일반적으로 그 진폭이 점점 작아져서 정상 상태로 되돌아갈 수 있다.　　답 ④

25 수차발전기가 난조를 일으키는 가장 큰 원인은?

① 발전기의 관성 모멘트가 크다.
② 발전기의 자극에 제동권선이 감겨 있다.
③ 수차의 속도변동률이 작다.
④ 수차의 조속기가 예민하다.

답 ④

26 동기기에서 난조(Hunting)를 방지하기 위한 것은?

① 계자권선　　② 제동권선　　③ 전기자권선　　④ 난조권선

▶풀이
제동권선의 효능
- 동기 전동기 기동장치로 이용 : 기동 토크 발생
- 동기 전동기 난조 방지
- 송전선 불평형 부하시 전압, 전류의 파형 개선
- 송전선 불평형 단락시 역상서지 흡수 및 이상전압 방지　　　　　　　답 ②

27 3상 동기기에 제동권선을 설치하는 목적 중 가장 적합한 것은?
① 출력 증가 및 효율 증가
② 출력 증가 및 난조 방지
③ 기동 작용 및 난조 방지
④ 기동 작용 및 효율 증가

답 ③

28 동기발전기의 돌발 단락 전류를 주로 제한하는 것은?
① 권선 저항
② 동기 리액턴스
③ 누설 리액턴스
④ 역상 리액턴스

▶풀이
동기 발전기의 각 단락 전류의 제한
• 지속 단락 전류 : 동기 리액턴스가 제한
• 돌발 단락 전류 : 누설 리액턴스가 제한

답 ③

29 그림은 3상 동기발전기의 무부하 포화곡선이다. 이 발전기의 포화율은 얼마인가?
① 0.5
② 0.67
③ 0.8
④ 1.5

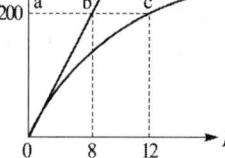

▶풀이
포화율 $\dfrac{\overline{bc}}{\overline{ab}} = \dfrac{4}{8} = 0.5$

답 ①

30 동기 발전기에서 부하가 갑자기 변화할 때 발전기의 회전 속도가 동기속도 부근에서 진동하는 현상을 무엇이라 하는가?
① 탈조
② 공조
③ 난조
④ 복조

▶풀이
난조 발생의 원인과 대책
• 관성모멘트가 작은 경우 : 제동권선 설치(가장 효과적), 플라이휠(fly wheel) 부착(관성모멘트 크게)
• 부하 급변으로 인한 조속기(속도 검출기)가 너무 예민할 경우 : 조속기의 성능을 너무 예민하지 않도록 할 것
• 고조파가 포함된 경우 : 고조파 제거(분포권, 단절권, Y 결선)
• 동기화력이 줄어든 경우
• 난조로 인한 진동은 일반적으로 그 진폭이 점점 작아져서 정상 상태로 되돌아갈 수 있다.

답 ③

31 동기 발전기의 무부하 포화곡선에서 횡축은 무엇을 나타내는가?
① 계자 전류
② 전기자 전류
③ 전기자 전압
④ 자계의 세기

> **풀이**
>
> 동기발전기 특성 곡선
> 단락곡선이 직선인 이유는 전기자 반작용 때문인데, 단락시 단자전압은 [0]이므로 단락전류는 거의 90도 뒤진 전류이고 전기자 반작용에 의한 감자작용(L부하에 따른 직축반작용으로 I_a가 E보다 90° 늦다)으로서 자기기자력의 대부분은 상쇄되고 실제 남아 있는 자속은 극히 적어 자기회로는 비포화 상태이고 자계전류와 단락전류 관계는 거의 직선 상태가 된다.

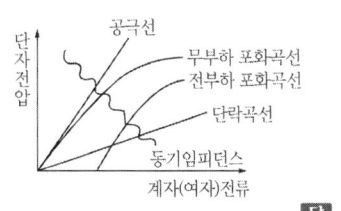

답 ①

32 34극, 60[MVA], 역률 0.8, 60[Hz], 22.9[kV] 수차 발전기의 전부하 손실이 1600[kW]이면 전부하 효율은 약 몇 [%]인가?

① 92.4[%]   ② 94.6[%]   ③ 96.8[%]   ④ 98.2[%]

> **풀이**
>
> - 발전기 규약효율 $= \dfrac{출력}{출력 + 손실} \times 100[\%]$
>
> $= \dfrac{60 \times 10^3 \times 0.8}{(60 \times 10^3 \times 0.8) + 1600} = 0.967$
>
> - 전동기 규약효율 $= \dfrac{입력 - 손실}{입력} \times 100[\%]$

답 ③

33 동기발전기의 병렬운전 중에 기전력의 위상차가 생기면?

① 위상이 일치하는 경우보다 출력이 감소한다.
② 부하 분담이 변한다.
③ 무효순환전류가 흘러 전기자 권선이 과열한다.
④ 동기화력이 생겨 두 기전력의 위상이 동상이 되도록 작용한다.

> **풀이**
>
> 동기화력(同期化力) : 동기기가 병행운전 중에 1대가 어떤 원인으로 동기를 벗어나려고 할 때 그것을 동기(타이밍이 같아지도록)로 되돌리려는 힘을 말한다.

답 ④

34 동기기를 병렬운전할 때 순환전류가 흐르는 원인은?

① 기전력의 저항이 다른 경우   ② 기전력의 위상이 다른 경우
③ 기전력의 전류가 다른 경우   ④ 기전력의 역률이 다른 경우

> **풀이**
>
> 동기기 병렬운전시 기전력의 크기, 위상, 파형이 다를시 순환전류 발생

답 ②

35 동기 발전기에서 비돌극기의 출력이 최대가 되는 부하각(power angle)은?

① 0°   ② 45°   ③ 90°   ④ 180°

답 ③

36 동기발전기의 공극이 넓을 때의 설명으로 잘못된 것은?
① 안정도 증대 ② 단락비가 크다
③ 여자전류가 크다 ④ 전압변동이 크다

풀이
공극은 발전기의 고정자와 회전자 사이의 간격. 공극이 크다는 것은 그만큼 기계가 크고 따라서 단락비도 크다는 의미. 단락비가 크게되면 여자전류가 커지고 안정도가 높아지지만 전압변동률은 반비례로 작아진다.

답 ④

2.4 동기전동기의 원리

|1| 위상특성곡선(V곡선)

단자전압과 부하를 일정하게 했을 때 계자전류의 변화에 대한 전기자 전류의 크기와 위상변화를 나타낸 곡선

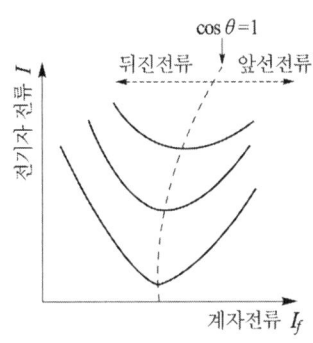

(1) 여자가 약할 때(부족 여자) : 뒤진 전류 → 전압조정
    리액터작용, 지상역률, 전기자 전류증가
(2) 여자가 강할 때(과여자) : 앞선 전류 → 역률개선
    콘덴서작용, 진상역률, 전기자 전류증가
(3) 여자가 접합 할 때 : I와 V가 동위상이 되어 역률이 100[%]
    역률이 1이면 전기자전류 최소, 여자전류(계자전류) 변화하면 전기자 전류, 역률 변화

|2| 동기조상기

전력계통의 전압조정과 역률 개선을 위해 계통에 접속한 무부하의 동기전동기를 말한다.

(1) 부족여자로 운전 : 지상 무효 전류가 증가하여 리액터의 역할로 자기여자에 의한 전압 상승을 방지
(2) 과여자로 운전 : 진상 무효 전류가 증가하여 콘덴서 역할로 역률을 개선하고 전압강하를 감소

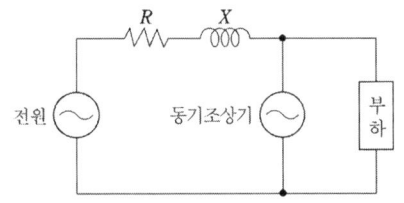

전기자반작용(구분)	발전기		전동기
R(저항, 역률 1)	교차자화작용	횡축반작용-($I\cos\theta$)	교차자화작용
L(유도성, 지상전류)	감자작용	직축반작용-($I\sin\theta$)	증자작용
C(용량성, 진상전류)	증자작용	자화작용	감자작용

2.5 동기전동기의 운전

| 1 | 기동특성

(1) 기동 시 고정자 권선의 회전자기장은 동기속도 N_s로 빠르게 회전하고, 정지되어 있는 회전자는 관성이 커서 바로 반응하지 못하기 때문에 기동토크가 발생되지 않아 회전하지 못하고 계속 정지하게 된다. 회전자를 동기속도로 회전시키면 일정 방향의 토크가 발생하여 회전하게 된다.

(2) 기동법
　① **자기 시동법** : 회전자 자극표면에 권선을 감아 만든 기동용 권선(제동권선)을 이용하여 기동하는 것
　② **타 시동법** : 유도 전동기나 직류전동기로 동기 속도까지 회전시켜 주전원에 투입하는 방식으로 유도 전동기를 사용할 경우 극수가 2극 적은 것을 사용한다.

$$\text{동기기 극수} - 2\text{극} = \text{유도기 극수}$$

　③ **저주파 시동법** : 낮은 주파수에서 시동하여 서서히 높여가면서 동기 속도가 되면 주전원에 동기 투입하는 방식

| 2 | 운전특성

(1) 전동기에 부하가 있는 경우, 회전자가 뒤쪽으로 밀리면서 회전자기장과 각도를 유지하면서 회전을 계속하는데, 이 각도를 부하각 $\delta[°]$라 한다.
(2) 부하가 증가하면, 부하각 δ도 커지게 되며, $\frac{\pi}{2}$[rad]에서 최대토크 T_m이 발생하게 되고, π[rad]보다 커지게 되면 역방향의 토크가 발생되어 회전자가 정지하게 되는데, 이를 동기이탈이라고 한다.
(3) 토크특성 : 동기속도 이외의 속도에서는 운전불가능
　① • 비돌극형 : $\delta = 90°$: 최대토크 (실제 $80°$)
　　• 돌극형 : $\delta = 60°$
　② $90° < \delta < 180°$: 동기이탈 현상
　③ $\delta = 180°$: $\tau = 0$(정지)
　④ $\delta > 180°$: 역토크 발생

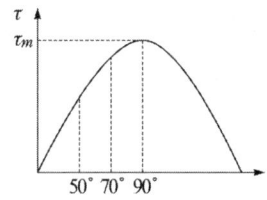

δ : 부하각
• 무부하시 $\delta = 0$
• 부하시 $\delta \rightarrow$ 증가

3 동기전동기의 난조

(1) 전동기의 부하가 급격하게 변동하면, 동기속도로 주변에서 회전자가 진동하는 현상이다. 난조가 심하면 전원과의 동기를 벗어나 정지하기도 한다.

(2) 원인과 대책 (제동권선 설치가 가장 안정적)
   ① 관성모멘트가 작은 경우(대책 : 회전부의 플라이휠 효과)
   ② 조속기(속도 검출기)가 너무 예민할 경우(대책 : 조속기를 적당히 조정)
   ③ 고조파 토크가 포함된 경우, 부하가 맥동하는 경우(대책 : 회전부의 플라이휠 효과)
   ④ 전기자회로의 저항이 상당히 큰 경우(대책 : 회로의 저항을 작게하거나 리액턴스 삽입)

> ※ 제동권선의 역할 : 자극면 슬롯에 저항이 적은 단락권선 설치한 것을 의미
> - 난조방지
> - 기동 토크 발생
> - 불평형부하시의 전류, 전압 파형 개선
> - 송전선의 불평형단락시의 이상전압 방지
>
> ※ 안정도 증진법
> - 정상리액턴스를 작게 하고 단락비를 크게 한다.
> - 영상 및 역상 임피던스를 크게 한다.
> - 동기 임피던스를 작게 한다.
> - 회전자의 관성을 크게 한다. (플라이휠 설치)
> - 속응 여자방식 채택한다.

2.6 동기전동기의 특징 및 용도

1 동기전동기의 장점

(1) 부하의 변화에 속도가 일정 불변이다.
(2) 역률을 항상 1로 운전 가능하다.
(3) 공극이 넓으므로 기계적으로 견고하다.
(4) 공급전압의 변화에 대한 토크 변화가 작다.
(5) 유도 전동기에 비하여 효율이 좋다.

2 동기전동기의 단점
(1) 보통 구조의 것은 기동 토크가 적고 속도 조정을 할 수 없다.
(2) 난조를 일으킬 염려가 있다.
(3) 여자용의 직류 전원을 필요로 하며 설비비가 많이 든다.

3 용도
(1) 저속도 대용량 : 시멘트공장의 분쇄기, 각종 압축기, 송풍기, 제지용 쇄목기, 동기조상기
(2) 소용량 : 전기시계, 오실로그래프, 전송 사진

기출 & 예상문제

제 2 장 동기기(3)

01 동기전동기를 무부하로 하였을 때, 계자전류를 조정하면 동기기는 마치 L, C 소자로 동작하고, 계자전류를 어떤 일정 값 이하의 범위에서 가감하면 가변 리액턴스가 되고 어떤 일정 값 이상에서 가감하면 가변 캐패시턴스로 동작한다. 이와 같은 목적으로 사용되는 것을 무엇이라고 하는가?
① 변압기
② 동기조상기
③ 균압환
④ 제동권선

풀이
동기전동기의 V곡선을 이용하여 송전계통의 전압조정 및 역률개선에 사용되는 무부하 동기 전동기를 말한다.

답 ②

02 동기전동기의 V곡선(위상 특성 곡선)에서 종축이 표시하는 것은?
① 계자 전류
② 전기자 전류
③ 단자 전압
④ 유기기전력

풀이
위상특선곡선(V곡선)은 종축이 전기자 전류, 횡축은 계자전류를 나타낸다.

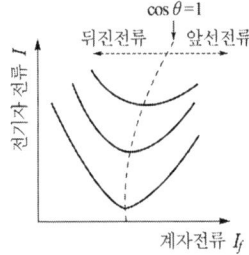

답 ②

03 동기 전동기의 전기자 전류가 최소일 때 역률 [%]는?
① 0
② 50
③ 86.6
④ 100

풀이
V곡선에서 전기자 전류가 최소일 때 $\cos\theta = 1$, 즉 역률 100[%] 이다.

답 ④

04 동기전동기를 송전선의 전압 조정 및 역률 개선에 사용한 것을 무엇이라 하는가?
① 동기 이탈
② 동기조상기
③ 댐퍼
④ 제동권선

> **풀이**
> 동기조상기는 전력계통의 전압조정과 역률 개선을 위해 계통에 접속한 무부하의 동기전동기를 말한다.
>
> 답 ②

05 동기조상기를 과여자로 해서 운전하였을 때 나타나는 현상이 아닌 것은?
① 리액터로 작용한다.
② 전압강하를 감소시킨다.
③ 진상전류를 취한다.
④ 콘덴서로 작용한다.

> **풀이**
> • 과여자 상태(콘덴서 작용) : 진상역률, 전기자 전류 증가
> • 부족여자 상태(리액터 작용) : 지상역률, 전기자 전류 증가
>
> 답 ①

06 동기조상기를 부족여자로 운전하면 어떻게 되는가?
① 콘덴서로 작용한다.
② 리액터로 작용한다.
③ 여자 전압의 이상 상승이 발생한다.
④ 일부 부하에 대하여 뒤진 역률을 보상한다.

> **풀이**
> • 과여자 상태(콘덴서 작용) : 진상역률, 전기자 전류 증가
> • 부족여자 상태(리액터 작용) : 지상역률, 전기자 전류 증가
>
> 답 ②

07 동기전동기의 기동 토크는 몇 [N·m]인가?
① 0　　② 100　　③ 150　　④ 200

> **풀이**
> 동기 전동기는 회전자가 동기 속도로 회전할 때에만 전동기로서 토크를 내게 되므로, 동기 전동기의 기동 토크는 0 이다. 그러므로 기동할 때에는 대개 제동 권선을 기동 권선으로 하고, 이것에서 기동 토크를 얻도록 한다.
>
> 답 ①

08 동기전동기를 자체 기동법으로 기동시킬 때 계자 회로는 어떻게 하여야 하는가?
① 단락시킨다.　　② 개방시킨다.
③ 직류를 공급하다　　④ 단상교류를 공급한다.

> **풀이**
> 동기전동기의 기동법
> • 자기기동법 : 계자극 표면에 단락권선을 감고 회전자계와 이 권선에 유도되는 전류와의 전자력으로 기동토크를 얻어 기동하는 방식 → 기동권선(제동권선) → 기동토크 발생 → 난조방지
> • 유도전동기법 : 기동시 유도전동기를 이용하는 방식(기동할 동기기보다 2극 적은 것을 사용)
>
> 답 ①

09 동기 전동기의 자기 기동에서 계자권선을 단락하는 이유는?
① 기동이 쉽다.
② 기동권선으로 이용
③ 고전압 유도에 의한 절연파괴 위험 방지
④ 전기자 반작용을 방지한다.

답 ③

10 8극 동기전동기의 기동방법에서 유도전동기로 기동하는 기동법을 사용하려면 유도전동기의 필요한 극수는 몇 극인가?
① 6 ② 8 ③ 10 ④ 12

풀이
유도전동기로 기동하는 경우에는 동기전동기의 극수보다 2극 적게 하여야 한다.

답 ①

11 동기전동기의 난조 방지 및 기동 작용을 목적으로 설치하는 것은?
① 제동 권선 ② 계자 권선
③ 전기자 권선 ④ 단락 권선

풀이
제동권선은 난조방지와 기동용으로 사용한다.

답 ①

12 동기전동기에 대한 특성으로 옳지 않은 것은?
① 기동토크가 작다. ② 여자기가 필요하다.
③ 난조가 일어나기 쉽다. ④ 역률을 조정할 수 없다.

풀이
동기 전동기의 특징
① 효율이 좋다.
② 정속도 전동기이다.
③ 역률을 1, 또는 앞선 역률, 뒤진 역률로 운전할 수 있다.
④ 공극이 넓으므로 기계적으로 튼튼하고 보수가 용이하다.
⑤ 기동 토크를 얻기가 곤란하다.
⑥ 직류 여자 장치가 필요하다.
⑦ 난조가 일어나기 쉽다.

답 ④

13 다음 중 동기전동기의 공급 전압과 부하가 일정할 때 여자 전류를 변화시켜도 변하지 않는 것은?
① 전기자 전류 ② 역률 ③ 전동기 속도 ④ 역기전력

풀이
동기전동기는 동기속도로 일정하게 회전하는 전동기이다.

답 ③

14 다음 중 역률이 가장 좋은 전동기는?
① 반발 기동 전동기
② 동기 전동기
③ 농형 유도 전동기
④ 교류 정류자 전동기

> **풀이**
> 동기전동기는 동기조상기로 사용 시 계자전류를 조정하여 역률을 항상 1로 할 수 있다.   답 ②

15 동기전동기의 장점이 아닌 것은?
① 전부하 효율이 양호하다.
② 역률 1로 운전할 수 있다.
③ 직류 여자가 필요하다.
④ 동기 속도를 얻을 수 있다.

> **풀이**
> 동기전동기의 단점
> ① 보통 구조의 것은 기동 토크가 적고 속도 조정을 할 수 없다.
> ② 난조를 일으킬 염려가 있다.
> ③ 여자용의 직류 전원을 필요로 하며 설비비가 많이 든다.   답 ③

16 부하를 일정하게 유지하고 역률 1로 운전 중인 동기전동기의 계자전류를 증가시키면?
① 아무 변동이 없다.
② 리액터로 작용한다.
③ 뒤진 역률의 전기자 전류가 증가한다.
④ 앞선 역률의 전기가 전류가 증가한다.

> **풀이**
> 전력 계통에 있어서 역률(力率)을 개선하기 위하여 쓰는 동기 전동기로서 계자 전류를 조정하여 역률의 진상(進相) 또는 지상(遲相) 으로 운전
> • 부족여자 : 늦은 역률, 리액터 역할
> • 과여자 : 빠른역률, 콘덴서 역할   답 ④

17 동기조상기에 대한 설명으로 옳은 것은?
① 유도부하와 병렬로 접속한다.
② 부하전류의 가감으로 위상을 변화시켜 준다.
③ 동기전동기에 부하를 걸고 운전하는 것이다.
④ 부족여자로 운전하여 진상전류를 흐르게 한다.

> **풀이**
> 동기조상기 : 전력계통의 전압조정과 역률 개선을 위해 계통에 병렬접속한 무부하의 동기전동기를 말한다.
> ① 부족여자로 운전 : 지상 무효 전류가 증가하여 리액터의 역할로 자기여자에 의한 전압 상승을 방지
> ② 과여자로 운전 : 진상 무효 전류가 증가하여 콘덴서 역할로 역률을 개선하고 전압강하를 감소

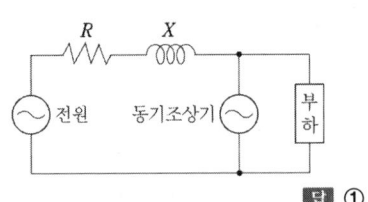

답 ①

18 동기 전동기에서 제동권선의 사용 목적으로 가장 옳은 것은?

① 난조 방지　　　　　　　　　② 정지시간의 단축
③ 운전토크의 증가　　　　　　④ 과부하 내량의 증가

> **풀이**
> 난조 발생의 원인과 대책
> - 관성모멘트가 작은 경우 : 제동권선 설치(가장 효과적), 플라이휠(fly wheel) 부착(관성모멘트 크게)
> - 부하 급변으로 인한 조속기(속도 검출기)가 너무 예민할 경우 : 조속기의 성능을 너무 예민하지 않도록 할 것
> - 고조파가 포함된 경우 : 고조파 제거(분포권, 단절권, Y 결선)
> - 동기화력이 줄어든 경우
> - 난조로 인한 진동은 일반적으로 그 진폭이 점점 작아져서 정상 상태로 되돌아갈 수 있다.　　**답 ①**

19 동기전동기는 유도전동기에 비하여 어떤 장점이 있는가?

① 기동특성이 양호하다.
② 속도를 자유롭게 제어할 수 있다.
③ 구조가 간단하다.
④ 역률을 1로 운전할 수 있다.

> **풀이**
> 무부하 동기전동기는 동기조상기로 사용하기 때문에 계자전류를 조정하여 역률을 항상 100[%]로 운전할 수 있다.　　**답 ④**

20 전압이 일정한 도선에 접속되어 역률 1로 운전하고 있는 동기전동기의 여자전류를 증가시키면 이 전동기의 역률과 전기자 전류는?

① 역률은 앞서고 전기자 전류는 증가한다.
② 역률은 앞서고 전기자 전류는 감소한다.
③ 역률은 뒤지고 전기자 전류는 증가한다.
④ 역률은 뒤지고 전기자 전류는 감소한다.

> **풀이**
> - 과여자 상태(콘덴서 작용)
>   : 진상역률, 전기자 전류 증가
> - 부족여자 상태(리액터 작용)
>   : 지상역률, 전기자 전류 증가

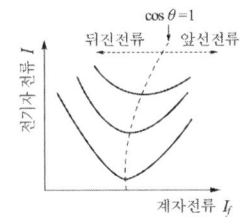

답 ①

21 동기 전동기의 위상특성 곡선에 대하여 옳게 표현한 것은?
(단, P : 출력, I_f : 계자전류, E : 유도 전력, I_a : 전기자 전류, $\cos\theta$: 역률 이다.)

① $P-I_f$ 곡선, I_a 일정
② $P-I_a$ 곡선, I_f 일정
③ I_f-E 곡선, $\cos\theta$ 일정
④ I_f-I_a 곡선, P 일정

● 풀이
위상특선곡선(V곡선)은 종축이 전기자 전류, 횡축은 계자전류를 나타낸다.

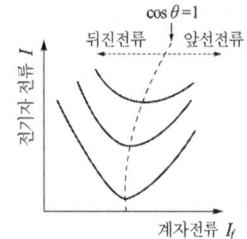

답 ④

22 동기기에서 사용되는 절연재료로 B종 절연물의 온도상승 한도는 약 몇 [℃]인가?
① 65 ② 75 ③ 90 ④ 120

● 풀이
절연물 허용온도

Y종	A종	E종	B종	F종	H종	C종
90[℃]	105[℃]	120[℃]	130[℃]	155[℃]	180[℃]	180[℃] 초과

• 온도상승한도 = 최고허용온도 − 기준온도 = 130 − 40 = 90[℃]
• B종 절연물 : 운모, 석면, 유리섬유 등의 재료에 실리콘 알킬 수지 등의 접착재료를 사용한 것

답 ③

23 동기전동기의 기동을 다른 전동기로 할 경우에 대한 설명으로 옳은 것은?
① 유도전동기를 사용할 경우 동기전동기의 극수보다 2극 정도 적은 것을 택한다.
② 유도전동기의 극수를 동기전동기의 극수와 같게 한다.
③ 다른 동기전동기로 기동시킬 경우 2극 정도 많은 전동기를 택한다.
④ 유도전동기로 기동시킬 경우 동기전동기보다 2극 정도 많은 것을 택한다.

● 풀이
유도전동기 기동법
① 자기 시동법 : 회전자 자극표면에 권선을 감아 만든 기동용 권선(제동권선)을 이용하여 기동하는 것
② 타 시동법 : 유도 전동기나 직류전동기로 동기 속도까지 회전시켜 주전원에 투입하는 방식으로 유도 전동기를 사용할 경우 극수가 2극 적은 것을 사용한다.
  동기기 극수 − 2극 = 유도기 극수
③ 저주파 시동법 : 낮은 주파수에서 시동하여 서서히 높여가면서 동기 속도가 되면 주전원에 동기 투입 하는 방식

답 ①

24 동기 검정기로 알수 있는 것은?
① 전압의 크기 ② 전압의 위상
③ 전류의 크기 ④ 주파수

● 풀이
동기검정기(synchroscope, 同期檢定器)…교류전원의 주파수와 위상이 일치하는가를 검출하기 위해서 사용하는 기기

답 ②

25 동기기 운전 시 안정도 증진법이 아닌 것은?
① 단락비를 크게 한다.
② 회전부의 관성을 크게 한다.
③ 속응여자방식을 채용한다.
④ 역상 및 영상임피던스를 작게 한다.

▶풀이
동기기 안정도 증진법
• 리액턴스를 작게 한다.
• 단락비를 크게 한다.
• 속응여자방식을 채택한다.
• 회전자의 관성을 크게 한다.(플라이휠 설치)
• 동기임피던스를 작게 한다.

답 ④

26 동기기의 손실에서 고정손에 해당되는 것은?
① 계자철심의 철손
② 브러시의 전기손
③ 계자 권선의 저항손
④ 전자가 권선의 저항손

▶풀이
동기기의 손실 = 무부하손(고정손) + 부하손
대표 무부하손 - 철손, 대표 부하손 - 동손

답 ①

27 발전기 권선의 층간단락보호에 가장 적합한 계전기는?
① 차동 계전기
② 방향 계전기
③ 온도 계전기
④ 접지 계전기

▶풀이
• 차동계전기 : 전기자 권선의 상간단락, 층간단락이 발생한 경우에 동작하는 계전기
• 방향계전기 : 전압, 전류, 전력 따위의 방향이 정상적인 방향과 반대 방향이 되고 미리 정한 값 이상 또는 이하가 될 때에 작동하는 계전기
• 온도계전기 : 온도가 설정 온도 이상이나 이하가 되면 작동하는 계전기
• 접지계전기 : 1선 지락, 2선 지락 등의 지락 고장이 발생했을 때 동작하는 계전기

답 ①

제 3 장

변압기

변압기(transformer)는 발전소에서 발전된 전력을 공장이나 가정에서 필요로 하는 전압으로 변환하는 정지기기이다. 대전력을 송전하면 전압을 높이고 전류를 적게 해서 송전선의 전압강하를 적게 하는 것이 경제적이다.

발전된 전력을 높은 전압으로 승압하여 송전하고, 송전된 전력은 변전소에서 다시 전압을 낮추어 각 수용가에 배전되며, 주상변압기에서 다시 전압을 낮추어 가정에 공급된다.

3.1 변압기의 구조

1. 변압기의 재료

(1) 철심 : 철손을 적게 하기 위해 규소강판(규소함량 3~4[%], 0.35[mm]~0.5[mm]의 두께)을 성층하여 사용(철손 P_i 감소)

① 저항손 : 1(%) → 무부하시 무시

② 고정손 : 철손 P_i 가 대표적

③ $P_i = P_h + P_e$ (P_h : 75~80[%], P_e : 20~24[%])

- 히스테리시스손(P_h) : $P_h \propto f \cdot B_m^2 \propto \dfrac{E^2}{f}$

- 와류손 (P_e) : $P_e \propto (K_f \cdot f \cdot t \cdot B_m)^2$

(2) 도체 : 권선의 도체는 동선에 면사, 종이 테이프, 유리섬유 등으로 피복한 것을 사용

(3) 절연

① 변압기의 절연은 철심과 권선 사이의 절연, 권선 상호간의 절연, 권선의 층간 절연으로 구분된다.

② 절연체는 절연물의 최고사용온도로 분류된다.

종 류	Y종	A종	E종	B종	F종	H종	C종
최고허용온도[℃]	90	105	120	130	155	180	180 초과

3.2 변압기유

│1│ 변압기유의 구비조건

변압기유는 변압기권선의 절연과 냉각작용을 목적으로 사용되는 것으로 다음과 같은 구비조건을 만족하여야 한다.

(1) 절연 내력이 클 것
(2) 점도가 낮아 유동성이 풍부하고, 비열이 커서 냉각효과가 클 것
(3) 인화점이 높고, 응고점이 낮을 것
(4) 고온에서도 석출물이 생기거나 산화하지 않을 것
(5) 절연재료와 화학작용을 일으키지 않을 것

│2│ 변압기유의 열화방지대책

변압기의 호흡작용에 의해 고온의 절연유가 외부 공기와의 접촉에 의해 열화가 발생하여 절연내력이 저하되고 냉각효과가 감소, 침식작용이 일어나게 되는데, 이를 방지하기 위한 설비로는 브리더, 질소봉입, 콘서베이터가 있다.

(1) 브리더 : 변압기의 호흡작용이 브리더를 통해서 이루어지도록 하여 공기 중의 습기를 흡수
(2) 콘서베이터 : 공기가 변압기 외함 속으로 들어갈 수 없게 하여 기름의 열화를 방지
(콘서베이터 유면 위에 공기와의 접촉을 막기 위해 질소로 봉입)

(3) 부흐홀쯔계전기(기계적고장)

변압기 내부 고장으로 인한 절연유의 온도 상승 시 발생하는 유증기를 검출하여 경보 및 차단하기 위한 계전기로 변압기 탱크와 컨서베이터 사이에 설치한다.

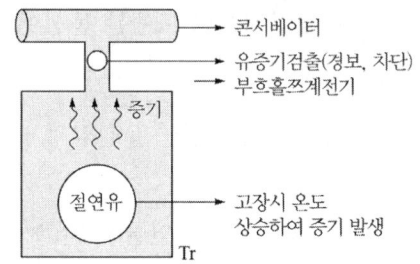

3 | 변압기 보호계전기

(1) 차동계전기(전기적고장)

변압기 내부 고장 발생 시 1·2차 측에 설치한 CT 2차 전류의 차에 의하여 계전기를 동작시키는 방식

(2) 비율차동계전기(전기적고장)

① 변압기 내부 고장발생 시 1·2차 측에 설치한 CT 2차 측의 억제 코일에 흐르는 전류차가 일정비율 이상이 되었을때 계전기가 동작하는 방식

② 주로 변압기 단락보호용으로 사용된다.

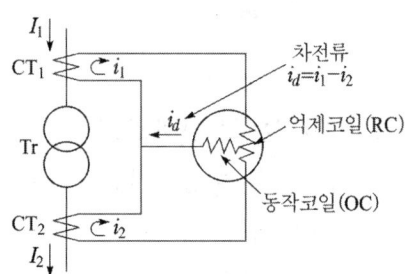

- 내부고장 검출용: 차동계전기(비율차동계전기), 압력계전기, 부흐홀쯔 계전기, 가스검출계전기
- 변압기권선온도 측정 : 열동계전기
- 변압기온도시험 : 실부하법, 반환부하법

기출&예상문제

제 3 장 변압기(1)

01 다음 괄호 안에 들어갈 알맞은 말은?

"(㉠)는 고압 회로의 전압을 이에 비례하는 낮은 전압으로 변성해주는 기기로서, 회로에 (㉡) 접속하여 사용된다."

① ㉠ CT ㉡ 직렬
② ㉠ PT ㉡ 직렬
③ ㉠ CT ㉡ 병렬
④ ㉠ PT ㉡ 병렬

풀이
계기용 변압기(PT): 고전압을 저전압으로 변성, 병렬연결
계기용 변류기(CT): 대전류를 소전류로 변성, 직렬연결   **답** ④

02 코일 주위에 전기적 특성이 큰 에폭시 수지를 고진공으로 침투시키고, 다시 그 주위를 기계적 강도가 큰 에폭시 수지로 몰딩한 변압기는?

① 건식 변압기
② 유입 변압기
③ 몰드 변압기
④ 타이 변압기

풀이
몰드 변압기 : 종래의 유입식 및 건식 변압기의 문제점을 해결하기 위해 코일을 에폭시 수지로 몰드한 고체절연방식의 변압기   **답** ③

03 절연 내력이 낮은 주상 변압기, 계기용 변압기 등에 주로 설치하며, 중심 도체에 절연물을 감고 자기 애관으로 절연한 후 절연 물질로 채워 절연 내력을 향상시킨 변압기 부싱은?

① 컴파운드 부싱
② 콘덴서 부싱
③ 단일형 부싱
④ 유입 부싱

풀이
컴파운드 부싱 : 도체에 절연물을 감고 이것과 자기 애관 사이에 콤파운드를 넣어 절연내력을 향상시킨 것이며, 주상 변압기, 계기용 변압기 등에 주로 쓰이며 80[kV]이하에 많이 변압기에 많이 사용이 된다.   **답** ①

04 유입 변압기에 기름을 사용하는 목적이 아닌 것은?

① 열방산을 좋게 하기 위하여
② 냉각을 좋게 하기 위하여
③ 절연을 좋게 하기 위하여
④ 효율을 좋게 하기 위하여

> **풀이**
> 변압기유의 사용목적으로는 변압기 권선의 절연과 냉각을 위해 사용하게 된다.
>
> 답 ④

05 변압기유의 비중은?
① 1.2   ② 1.0   ③ 0.9   ④ 0.6

> **풀이**
> 변압기유의 비중은 약 0.8~0.9 정도가 된다.
>
> 답 ③

06 변압기유가 구비해야 할 조건은?
① 절연 내력이 클 것
② 인화점이 낮을 것
③ 응고점이 높을 것
④ 비열이 작을 것

> **풀이**
> 변압기유 구비 조건
> ① 절연내력 및 냉각효과가 클 것
> ② 점도가 낮을 것
> ③ 인화점이 높고 응고점이 낮을 것
> ④ 화학작용 및 석출물 없을 것
>
> 답 ①

07 변압기의 콘서베이터의 사용 목적은?
① 일정한 유압의 유지
② 과부하로부터의 변압기 보호
③ 냉각 장치의 효과를 높임
④ 변압 기름의 열화 방지

답 ④

08 콘서베이터의 유면상 공기와 기름의 접촉을 막기 위하여 무슨 가스를 봉입하는가?
① 수소   ② 질소   ③ 아르곤   ④ 오존

> **풀이**
> 콘서베이터는 절연유의 열화를 방지하는 장치로 방식에 따라 질소 가스를 봉입한다.
>
> 답 ②

09 변압기유의 열화방지를 위해 쓰이는 방법이 아닌 것은?
① 방열기   ② 브리더   ③ 콘서베이터   ④ 질소봉입

답 ①

10 부흐홀츠 계전기로 보호되는 기기는?
① 변압기   ② 유도전동기   ③ 직류발전기   ④ 교류발전기

> **풀이**
> 변압기의 내부 고장 보호용으로는 부흐홀즈 계전기와 비율차동 계전기가 사용된다.
>
> 답 ①

11 부흐홀츠 계전기의 설치 위치로 가장 적당한 곳은?
① 변압기 주탱크 내부
② 콘서베이터 내부
③ 변압기 고압 측 부싱
④ 변압기 주탱크와 콘서베이터 사이

답 ④

12 변압기 내부 고장 보호에 쓰이는 계전기로서 가장 적당한 것은?
① 차동계전기
② 접지계전기
③ 과전류계전기
④ 역상계전기

• 풀이
변압기 내부고장 보호용 계전기로서 브흐홀쯔 계전기와 비율차동 계전기, 차동계전기등이 사용된다.

답 ①

13 다음 중 변압기의 단락 보호용 계전기는 어느 것인가?
① 비율차동 계전기
② 평형 계전기
③ 역전류 계전기
④ 온도 계전기

• 풀이
변압기 내부고장 보호용 계전기로서 브흐홀쯔 계전기와 비율차동 계전기가 사용이 된다.
여기서 비율차동 계전기는 주로 변압기의 단락 보호용으로 사용된다.

답 ①

14 다음 변압기의 냉각방식 종류가 아닌 것은?
① 건식 자냉식
② 유입 자냉식
③ 유입 예열식
④ 송유 풍냉식

• 풀이
변압기의 냉각 방식
① 건식자냉식 : 공기의 대류작용에 의해 냉각시키는 방식
② 건식풍냉식 : 송풍기에 의해 강제 통풍을 시켜 냉각시키는 장식
③ 유입자냉식 : 변압기의 본체를 절연유로 채워진 외함 내에 넣어 대류 작용에 의해 발생된 열을 외기중으로 방산시키는 방식
④ 유입풍냉식 : 유입자냉식 변압기의 방열기를 설치함으로써 냉각효과를 더욱 증가시키는 방식
⑤ 송유풍냉식 : 외함 내에 있는 가열된 기름을 순환펌프에 의해 외부의 수냉식냉각기 및 풍냉식냉각기에 의해 냉각시켜 다시 외함 내에 유입시키는 방식

답 ③

15 절연유를 충만 시킨 외함 내에 변압기를 수용하고, 오일의 대류작용 때문에 철심 및 권선에 발생한 열을 외함에 전달하며, 외함의 방산이나 대류에 의하여 열을 대기로 방산시키는 변압기의 냉각방식은?
① 유입 송유식
② 유입 수냉식
③ 유입 풍냉식
④ 유입 자냉식

> **풀이**
> 변압기의 본체를 절연유로 채워진 외함 내에 넣어 대류 작용에 의해 발생된 열을 외기중으로 방산시키는 방식을 유입자냉식이라 한다.
> **답 ④**

16 송유풍냉식 특별고압용 변압기의 송풍기가 고장이 생길 경우에 어느 보호장치가 필요한가?
① 경보장치　　　　　　　　② 자동차단장치
③ 전압계전기　　　　　　　④ 속도조정장치

> **풀이**
> 송풍기 고장을 알려주는 장치가 필요하다.
> **답 ①**

17 변압기의 누설 리액턴스를 줄이는 가장 효과적인 방법은?
① 코일의 단면적을 크게 한다.　　② 권선을 동심 배치한다.
③ 권선을 분할하여 조립한다.　　④ 철심의 단면적을 크게 한다.

> **풀이**
> 권선을 분할조립(서로 어긋나게 배치)하면 누설리액턴스를 절반 이상 감소시킬 수 있다.
> **답 ③**

18 변압기 여자전류의 파형은?
① 파형이 나타나지 않는다.　　② 사인파
③ 왜형파　　　　　　　　　④ 구형파

> **풀이**
> 변압기의 철심에는 자기 포화 현상과 히스테리시스 현상으로 인해 자속 ϕ를 만드는 여자 전류 i_0는 정현파가 될 수 없으며 제 3고조파를 포함하는 비정현파(첨두파,왜형파)가 된다.
> **답 ③**

19 변압기의 권선 배치에서 저압 권선을 철심에 가까운 쪽에 배치하는 이유는?
① 전류 용량　　　　　　　　② 절연 문제
③ 냉각 문제　　　　　　　　④ 구조상 편의

답 ②

20 변압기 명판에 표시된 정격에 대한 설명으로 틀린 것은?
① 변압기의 정격출력 단위는 [kW]이다.
② 변압기 정격은 2차측을 기준으로 한다.
③ 변압기의 정격은 용량, 전류, 전압, 주파수 등으로 결정된다.
④ 정격이란 정해진 규정에 적합한 범위 내에서 사용할 수 있는 한도이다.

> **풀이**
> 변압기의 정격출력 단위는 [kVA]이다
> **답 ①**

21 변압기 내부고장 시 급격한 유류 또는 gas의 이동이 생기면 동작하는 브흐홀쯔 계전기의 설치 위치는?
① 변압기 본체
② 변압기의 고압측 부싱
③ 컨서베이터 내부
④ 변압기 본체와 컨서베이터를 연결하는 파이프

◆풀이

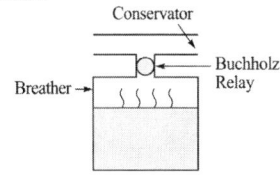

답 ④

22 주상변압기의 고압측에 탭을 여러 개 만든 이유는?
① 역률 개선　　　　　　　　② 단자 고장 대비
③ 선로 전류 조정　　　　　　④ 선로 전압 조정

◆풀이
탭 조정을 통해 부하전압을 조정

답 ④

23 변압기의 정격출력으로 맞는것은?
① 정격 1차 전압 × 정격 1차 전류
② 정격 1차 전압 × 정격 2차 전류
③ 정격 2차 전압 × 정격 1차 전류
④ 정격 2차 전압 × 정격 2차 전류

◆풀이
정격은 정해진 규정에 적합한 범위 내에서 사용할 수 있는 한도의 의미이고 변압기의 정격출력은 2차측 기준으로 단위는 [kVA]이다.

답 ④

24 변압기의 용도가 아닌 것은?
① 교류 전압의 변환　　　　　② 주파수의 변환
③ 임피던스의 변환　　　　　④ 교류 전류의 변환

◆풀이
주파수의 변환은 인버터에 해당.

답 ②

25 다음 중 ( )속에 들어갈 내용은?

> 유입변압기에 사용되는 목면, 명주, 종이 등의 절연재료는 내열등급 ( )으로 분류되고, 장시간 지속하여 최고 허용온도 ( )[℃]를 넘어서는 안 된다.

① Y종 - 90 ② A종 - 105 ③ E종 - 120 ④ B종 - 130

풀이

절연의 종류	최고허용온도[℃]	절연재료
Y	90	물, 면, 비단, 종이 등의 재료에 유중에 담그지 않은 절연
A	105	목면, 비단, 종이 등의 재료에 유중에 담근 절연
E	120	에나멜선용 폴리우레탄 수지, 에폭시 수지, 면적층 품, 종이 적층품
B	130	마이카, 석면, 유리섬유 등의 재료와 접착재료 같이 사용한 절연
F	155	B종과 같은 재료를 실리콘 알키드 수지 등의 접착재료를 이용하여 절연
H	180	B종, F종과 같은 재료를 규소수지 또는 동등의 접착재료를 이용하여 절연
C	180초과	생마이카, 석면, 자기등의 단독적으로 구성된 것 또는 접착재료와 함께 사용한 것

답 ②

26 가스 절연 개폐기나 가스차단기에 사용되는 가스인 SF_6의 성질이 아닌 것은?
① 같은 압력에서 공기의 2.5~3.5배의 절연내력이 있다.
② 무색, 무취, 무해 가스이다.
③ 가스압력 3~4[kgf/cm^2]에서는 절연내력은 절연유 이상이다.
④ 소호능력은 공기보다 2.5배 정도 낮다.

풀이
소호능력은 공기보다 우수하다.

답 ④

3.3 변압기의 이론

|1| 권수비

유도기전력 $E_1 = 4.44\, K\phi N_1 f\,[\text{V}]$

$E_2 = 4.44\, K\phi N_2 f\,[\text{V}]$

1차 측의 전압(V_1)과 전류(I_1), 2차 측의 전압(V_2)과 전류(I_2)는 1차 권선수(N_1)와 2차 권선수(N_2)의 비(권수비 a)에 의해 다음과 같이 구해진다.

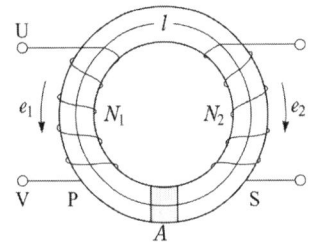

$$a = \frac{N_1}{N_2} = \frac{V_1}{V_2} = \frac{I_2}{I_1} = \sqrt{\frac{R_1}{R_2}} = \sqrt{\frac{L_1}{L_2}} = \sqrt{\frac{Z_1}{Z_2}}$$

|2| 여자 전류와 철손

(1) 여자전류

$\vec{I_0} = \vec{I_w} + \vec{I_u}$

$I_0 = \sqrt{I_w^2 + I_u^2}$

철손전류 $I_w = I_0 \cos\theta$ (유효전류분)

자화전류 $I_u = I_0 \sin\theta$ (무효전류분)

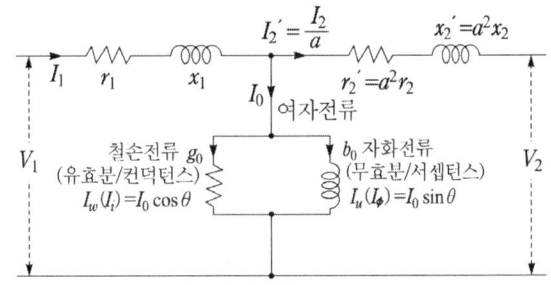

(2) 철손 $P_i = P_h + P_e = g_0 \cdot V_1^2\,[\text{W}]$

|3| 등가회로

(1) 1차 측에서 본 등가회로

2차 측의 전압, 전류 및 임피던스를 1차 측으로 환산하여 등가회로를 만들 수 있다.

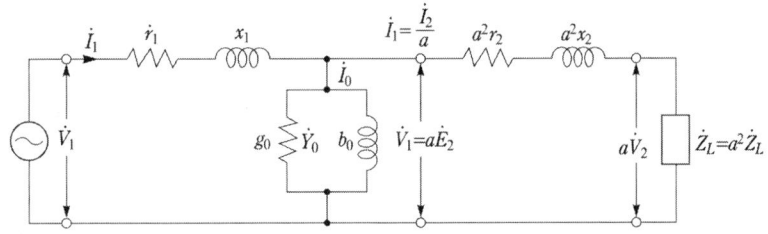

(2) 2차 측에서 본 등가회로

1차 측을 2차 측으로 환산하여 등가회로를 만들 수 있다.

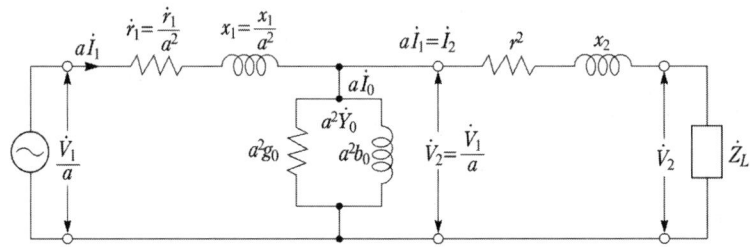

(3) 간이 등가회로

실제 변압기에서 1차 임피던스에 의한 전압강하가 매우 작고, 여자전류도 작으므로, 여자 어드미턴스를 전원 쪽으로 옮겨서 계산하여도 오차가 거의 없으므로, 변압기 특성을 계산하는 데 많이 사용한다.

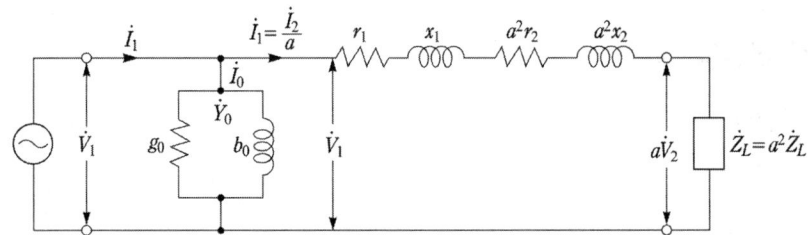

(4) 1, 2차 전압, 전류, 임피던스 환산

구 분	2차를 1차로 환산	1차를 2차로 환산
전 압	$V_1 = aV_2$	$V_2 = \dfrac{V_1}{a}$
전 류	$I_1 = \dfrac{I_2}{a}$	$I_2 = aI_1$
저 항	$r'_2 = a^2 r_2$	$r'_1 = \dfrac{r_1}{a^2}$
리액턴스	$x'_2 = a^2 x_2$	$x'_1 = \dfrac{x_1}{a^2}$
임피던스	$Z'_2 = a^2 Z_2$	$Z'_1 = \dfrac{Z_1}{a^2}$

기출 & 예상문제

제 3 장 변압기(2)

01 변압기의 1차 및 2차의 전압, 권선수, 전류를 각각 V_1, N_1, I_1 및 V_2, N_2, I_2라 할 때 다음 중 어느 식이 성립되는가?

① $\dfrac{V_1}{V_2} = \dfrac{N_1}{N_2} = \dfrac{I_2}{I_1}$ ② $\dfrac{V_1}{V_2} \fallingdotseq \dfrac{N_2}{N_1} \fallingdotseq \dfrac{I_2}{I_1}$

③ $\dfrac{V_1}{V_2} \fallingdotseq \dfrac{N_2}{N_1} \fallingdotseq \dfrac{I_1}{I_2}$ ④ $\dfrac{V_1}{V_2} \fallingdotseq \dfrac{N_1}{N_2} \fallingdotseq \dfrac{I_1}{I_2}$

◆풀이
변압기 권수비 $a = \dfrac{V_1}{V_2} = \dfrac{E_1}{E_2} = \dfrac{N_1}{N_2} = \dfrac{I_2}{I_1} = \sqrt{\dfrac{R_1}{R_2}} = \sqrt{\dfrac{L_1}{L_2}} = \sqrt{\dfrac{Z_1}{Z_2}}$

답 ①

02 권수비 30의 변압기의 1차에 6,600[V]를 가할 때 2차 전압은 몇 [V]인가?

① 220   ② 380   ③ 420   ④ 660

◆풀이
권수비 $a = \dfrac{V_1}{V_2}$ $\therefore V_2 = \dfrac{V_1}{a} = \dfrac{6600}{30} = 220[\text{V}]$

답 ①

03 권수비 100의 변압기에 있어 2차 쪽의 전류가 10^3[A]일 때, 이것을 1차 쪽으로 환산하면 얼마인가?

① 16[A]   ② 10[A]   ③ 9[A]   ④ 6[A]

◆풀이
권수비 $a = \dfrac{I_2}{I_1}$ $\therefore I_1 = \dfrac{I_2}{a} = \dfrac{10^3}{100} = 10[\text{A}]$

답 ②

04 1차 전압이 210[V], 2차 전압이 105[V]인 단상변압기에서 2차 권회수가 42회일 때 1차 권회수는 몇 회인가?

① 80회   ② 82회   ③ 84회   ④ 86회

◆풀이
권수비 $a = \dfrac{V_1}{V_2} = \dfrac{210}{105} = 2$

따라서 $a = \dfrac{N_1}{N_2}$ $\therefore N_1 = aN_2 = 2 \times 42 = 84[\text{회}]$

답 ③

05 그림과 같이 표시된 변압기 회로에 전원전압 200[V]를 인가할 때 전류계에 흐르는 전류는 몇 [A]인가?(단, 변압기의 무부하 전류 손실은 무시한다.)

① 2
② 2.5
③ 3
④ 3.5

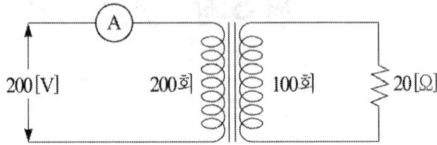

▶풀이

권수비 $a = \dfrac{N_1}{N_2} = \dfrac{200}{100} = 2$

$a = \sqrt{\dfrac{R_1}{R_2}}$ ∴ $R_1 = a^2 R_2 = 2^2 \times 20 = 80[\Omega]$

따라서 $I_1 = \dfrac{V}{R_1} = \dfrac{200}{80} = 2.5[\Omega]$

답 ②

06 변압기의 권수비가 60일 때 2차측 저항이 0.1[Ω]이다. 이것을 1차로 환산하면 몇 [Ω]이 되는가?

① 310　　② 390　　③ 410　　④ 360

▶풀이

권수비 $a = \sqrt{\dfrac{R_1}{R_2}}$ ∴ $R_1 = a^2 R_2 = 60^2 \times 0.1 = 360[\Omega]$

답 ④

07 어떤 변압기의 1차 환산 임피던스 $Z_1 = 225[\Omega]$이고, 이것을 2차로 환산하면 $Z_2 = 1[\Omega]$이다. 2차 전압이 400[V]이면 1차 전압[V]은 얼마인가?

① 1,500　　② 3,000　　③ 4,500　　④ 6,000

▶풀이

권수비 $a = \sqrt{\dfrac{Z_1}{Z_2}} = \sqrt{\dfrac{225}{1}} = 15$

따라서 $a = \dfrac{V_1}{V_2}$ ∴ $V_1 = aV_2 = 15 \times 400 = 6000[V]$

답 ④

08 50[Hz]의 변압기에 60[Hz]의 같은 전압을 가했을 때 자속밀도는 50[Hz]일 때의 몇 배인가?

① $\dfrac{6}{5}$　　② $\dfrac{5}{6}$　　③ $\left(\dfrac{6}{5}\right)^2$　　④ $\left(\dfrac{6}{5}\right)^{1.6}$

▶풀이

전압이 일정하면 최대자속밀도 B_m은 주파수 f에 반비례 하므로, 주파수가 $\dfrac{6}{5}$로 증가했다면 자속밀도는 $\dfrac{5}{6}$으로 감소하게 된다.

답 ②

09 변압기의 자속은 무엇에 비례하는가?

① 전류   ② 권수   ③ 주파수   ④ 전압

▶풀이
변압기의 유도 기전력 $E = 4.44\,fN\phi_m$ [V]에서 $\phi = \dfrac{E}{4.44fN}$ 의 관계가 성립한다.

답 ④

10 1차 전압이 3,300[V], 권수가 1,650회인 단상 변압기가 있다. 60[Hz]에 사용할 때의 철심의 최대 자속 [Wb]은?

① 7.5×10^{-2} ② 7.5×10^{-3} ③ 8.2×10^{-2} ④ 8.2×10^{-3}

▶풀이
$E = 4.44\,fN\phi_m$ [V]에서
$\phi_m = \dfrac{E}{4.44fN} = \dfrac{3300}{4.44 \times 60 \times 1650} = 0.0075$ [Wb]

답 ②

11 변압기 2차를 개방할 때 1차에 흐르는 전류는?

① 자화 전류   ② 부하 전류   ③ 철손 전류   ④ 여자 전류

답 ④

12 변압기에서 여자전류를 감소시키려면?

① 접지를 한다.
② 코일의 권회수를 증가시킨다.
③ 코일의 권회수를 감소시킨다.
④ 우수한 절연물을 사용한다.

▶풀이
권수비 $a = \dfrac{N_1}{N_2} = \dfrac{I_2}{I_1}$ 에 의해서 코일의 횟수와 전류는 반비례 관계이므로 코일의 수를 늘리게 되면 변압기의 여자전류는 감소하게 된다.

답 ②

13 변압기 여자전류의 파형은?

① 첨두파   ② 사인파   ③ 구형파   ④ 비대칭파

▶풀이
변압기의 철심에는 자기 포화 현상과 히스테리시스 현상으로 인해 자속 ϕ를 만드는 여자 전류 i_0는 정현파가 될 수 없으며 제3고조파를 포함하는 비정현파(첨두파)가 된다.

답 ①

14 변압기의 여자전류가 일그러지는 이유는 무엇 때문인가?

① 와류(맴돌이 전류) 때문에
② 자기포화와 히스테리시스 현상 때문에
③ 누설 리액턴스 때문에
④ 선간의 정전용량 때문에

답 ②

15 정격 30[kVA], 1차측 전압 6600[V], 권수비 30인 단상변압기의 2차측 정격전류는 약 몇 [A]인가?

① 93.2[A] ② 136.4[A] ③ 220.7[A] ④ 455.5[A]

■풀이

$P = V_1 I_1 = V_2 I_2$, 권수비 $a = \dfrac{V_1}{V_2} = \dfrac{I_2}{I_1}$

$I_2 = a \times I_1 = a \times \dfrac{P}{V_1} = 30 \times \dfrac{30000}{6600} = 136.36[A]$

답 ②

16 변압기의 자속에 관한 설명으로 옳은 것은?
① 전압과 주파수에 반비례한다.
② 전압과 주파수에 비례한다.
③ 전압에 반비례하고 주파수에 비례한다.
④ 전압에 비례하고 주파수에 반비례한다.

■풀이

$E = 4.44 K \phi N f$ 에서 $\phi = \dfrac{E}{4.44 KNf}$ ∴ $\phi \propto E \propto \dfrac{1}{f}$

답 ④

17 복잡한 전기회로를 등가 임피던스를 사용하여 간단히 변화시킨 회로는?
① 유도회로 ② 전개회로 ③ 등가회로 ④ 단순회로

■풀이

등가회로(等價回路) : 변압기, 유도 전동기 등의 전기회로에서 회로 계산을 쉽게 하기 위해 그 값과 성질을 바꾸지 않고 간이화한 회로.

답 ③

18 변압기 등가회로 작성에 필요하지 않은 시험은?
① 무부하 시험
② 단락시험
③ 반환부하 시험
④ 저항 측정시험

■풀이

변압기 등가회로 작성시 필요한 시험 : 저항측정, 단락시험, 무부하시험

답 ③

19 변압기의 2차측을 개방하였을 경우 1차측에 흐르는 전류는 무엇에 의하여 결정 되는가?
① 저항
② 임피던스
③ 누설 리액턴스
④ 여자 어드미턴스

■풀이

변압기의 2차측을 개방하였을 경우 1차측에 흐르는 전류를 무부하전류 즉, 여자전류라 하며 이 여자전류는 여자어드미턴스에 따라서 결정된다. ($I = YV$)

답 ④

3.4 변압기의 특성

| 1 | 전압 변동률

변압기의 전압 변동률은 2차측의 전압의 변화를 기준으로 산출한다.

$$\epsilon = \frac{V_{20} - V_{2n}}{V_{2n}} \times 100 [\%]$$

여기서, V_{20} : 무부하 2차 전압 $(= V_1/a)$

V_{2n} : 정격 2차 전압

백분율 저항강하를 p, 백분율 리액턴스강하를 q라고 하면,

$$\epsilon = p\cos\theta + q\sin\theta [\%]$$

(1) %저항강하(p) : 정격전류가 흐를 때 권선저항에 의한 전압강하의 비율을 퍼센트로 나타낸 것

(2) %리액턴스강하(q) : 정격전류가 흐를 때 리액턴스에 의한 전압강하의 비율을 퍼센트로 나타낸 것

(3) %임피던스 강하 %Z(=전압변동률의 최대값 ϵ_{max})

$$\%Z = \epsilon_{max} = \sqrt{p^2 + q^2}$$

(4) 전압변동률이 최대일 때 역률 $\cos\theta_{max}$

$$\cos\theta_{max} = \frac{p}{\sqrt{p^2 + q^2}}$$

(5) 전압변동률이 최소일 때 역률 $\cos\theta_{min}$

$$\cos\theta_{min} = \frac{q}{\sqrt{p^2 + q^2}}$$

(6) 단락전류

$$I_s = \frac{100}{\%Z} I_n \qquad 여기서, I_n : 정격전류$$

| 2 | 임피던스 전압, 임피던스 와트

(1) 임피던스 전압(V_s) : 2차측을 단락했을 때 1차측에 정격전류(I_{1n})가 흐르게 하기 위한 1차측 인가전압(변압기 내의 임피던스 전압강하)

(2) 임피던스 와트(P_s) : 2차측을 단락했을 때 1차측에 정격전류(I_{1n})가 흐르게 하기 위한

1차측 유효전력(부하손 = 동손, 정격시 동손)

3 변압기의 손실

(1) 무부하손 : $P_i = P_h + P_e$[W]

거의 철손으로 되어 있으며 변압기 철손에는 히스테리시스손과 와류손이 있다. 무부하시험으로 측정

① 히스테리시스손(철손의 약 80[%]) : $P_h = k_h f B_m^{(1.6 \sim 2)}$[W]

② 맴돌이전류손(와류손) : $P_e = k_e (t f B_m)^2$[W]

여기서, B_m : 최대자속밀도, t : 강판두께, f : 주파수, k_h, k_e : 상수

(2) 부하손 : 거의 대부분이 동손(P_c)으로 되어 있다. – 단락시험으로 측정

$$P_c = (r_1 + a^2 r_2) \cdot I_1^2 = I^2 R \text{[W]}$$

4 효율

(1) 규약효율 : $\eta = \dfrac{\text{출력[kW]}}{\text{출력[kW]} + \text{손실[kW]}} \times 100[\%]$

(2) 전부하 효율 : $\eta = \dfrac{V_{2n} I_{2n} \cos\theta}{V_{2n} I_{2n} \cos\theta + P_i + P_c} \times 100[\%]$

(3) 임의의 부하의 효율 : 정격 출력의 $\dfrac{1}{m}$ 부하의 효율

$$\eta_{\frac{1}{m}} = \dfrac{\dfrac{1}{m} V_{2n} I_{2n} \cos\theta}{\dfrac{1}{m} V_{2n} I_{2n} \cos\theta + P_i + \left(\dfrac{1}{m}\right)^2 P_c} \times 100[\%]$$

(4) 최대효율 조건

① 전부하 시(고정손=부하손) : 철손(P_i)=동손(P_c)

② $\dfrac{1}{m}$ 부하 시 : $\dfrac{1}{m} = \sqrt{\dfrac{P_i}{P_c}}$

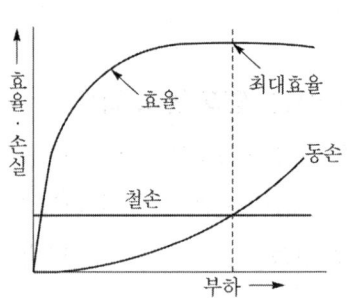

(5) 전일효율(η_d) : 하루의 출력 전력량과 입력 전력량의 백분율

$$\eta_d = \frac{V_2 I_2 \cos\theta \times T}{V_2 I_2 \cos\theta \times T + 24P_i + T \times P_c} \times 100[\%]$$

(6) 무부하손 측정(무부하 시험) : 2차측 개방
  ① 전력계 : 입력 P_i (철손 ← 무부하손) 측정
  ② 전류계 : 여자전류 I_0 측정

(7) 부하손 측정(단락시험, 부하시험) : 2차측 단락
  ① 전압계 : 임피던스 전압 (V_s) → 임피던스 강하 측정
  ② 전력계 : 임피던스 와트 (P_s) → 변압기의 부하손 측정

(8) 변압기의 시험 및 보수
  ① 절연내력 시험 : 유도, 가압, 충격전압 시험
  ② 정수측정 시험 : 권선저항, 무부하 시험, 단락 시험
  ③ 온도상승 시험 : 실부하법, 반환부하법

※ 50[Hz]용 변압기를 60[Hz]에 사용 시 관계

여자전류	자속	자속밀도	철손	리액턴스
$\frac{5}{6}$ 감소	$\frac{5}{6}$ 감소	$\frac{5}{6}$ 감소	$\frac{5}{6}$ 감소	$\frac{6}{5}$ 증가

※ 변압기 부하 증가 시 현상
  (동손증가, 온도상승, 여자전류 변화 없음, 철손(무부하손) 일정)

기출 & 예상문제

제 3 장 변압기(3)

01 무부하 2차 단자 전압 V_{20}, 정격 2차 단자 전압 V_{2n}일 때 변압기의 전압 변동률은?

① $\dfrac{V_{20}}{V_{2n}} \times 100[\%]$
② $\dfrac{V_{2n}}{V_{20}} \times 100[\%]$
③ $\dfrac{V_{20} - V_{2n}}{V_{20}} \times 100[\%]$
④ $\dfrac{V_{20} - V_{2n}}{V_{2n}} \times 100[\%]$

● 풀이

변압기의 전압 변동률은 2차측의 전압의 변화를 기준으로 $\epsilon = \dfrac{V_{20} - V_{2n}}{V_{2n}} \times 100[\%]$으로 나타낸다.

변압기 전압 변동률은 부하 역률에 따라 달라지므로 지정 역률 부하라 한다. **답 ④**

02 권수비 30인 단상변압기가 전 부하에서 2차 전압이 115[V], 전압변동률이 2[%]라 한다. 1차 단자전압은 약 몇 [V]인가?

① 3,300 ② 3,419 ③ 3,519 ④ 3,700

● 풀이

전압변동률 $\epsilon = \dfrac{V_{20} - V_{2n}}{V_{2n}} \times 100 = \left(\dfrac{V_{20}}{V_{2n}} - 1\right) \times 100$

$\therefore V_{20} = \left(\dfrac{\epsilon}{100} + 1\right) \times V_{2n} = 1.02 \times 115 = 117.3[V]$

따라서 권수비 $a = \dfrac{V_1}{V_2}$ $\therefore V_1 = aV_2 = 30 \times 117.3 = 3519[V]$ **답 ③**

03 p를 퍼센트 저항 강하, q를 리액턴스 강하라 하면 역률이 1인 경우의 전압변동률은?

① $p\cos\theta + q\sin\theta$
② $p + q\sin\theta$
③ $p + q$
④ p

● 풀이

전압변동률 $\epsilon = p\cos\theta + q\sin\theta = p + 0 = p[\%]$ ($\because \cos\theta = 1,\ \sin\theta = 0$) **답 ④**

04 변압기의 퍼센트 저항강하 2[%], 리액턴스 강하 3[%], 부하역률 80[%], 늦음일 때 전압변동률은 몇 [%]인가?

① 1.6 ② 2.0 ③ 3.4 ④ 4.6

● 풀이

전압변동률 $\epsilon = p\cos\theta + q\sin\theta = 2 \times 0.8 + 3 \times 0.6 = 3.4[\%]$ **답 ③**

05 퍼센트 저항 강하 3[%], 리액턴스 강하 4[%]인 변압기의 최대 전압 변동률은 몇 [%]인가?

① 1   ② 2   ③ 3   ④ 5

> **풀이**
> 최대전압변동률 $\epsilon_m = \sqrt{p^2 + q^2} = \sqrt{3^2 + 4^2} = 5[\%]$

답 ④

06 변압기에서 전압변동률이 최대가 되는 부하의 역률은?
(단, p : 퍼센트 저항강하, q : 퍼센트 리액턴스 강하, $\cos\theta_m$: 역률)

① $\cos\theta_m = \dfrac{p}{\sqrt{p+q}}$ ② $\cos\theta_m = \dfrac{p}{\sqrt{p^2+q^2}}$

③ $\cos\theta_m = \dfrac{p}{p^2+q^2}$ ④ $\cos\theta_m = \dfrac{p}{p+q}$

> **풀이**
> 최대전압변동률 $\epsilon_m = \sqrt{p^2+q^2}$
> 전압변동률 최대가 되는 부하의 역률 $\cos\theta = \dfrac{p}{\%Z} = \dfrac{p}{\sqrt{p^2+q^2}}$

답 ②

07 변압기의 전압변동률을 작게 하려면 어떻게 해야 하는가?

① 권선의 리액턴스를 작게 한다.   ② 권선의 임피던스를 크게 한다.
③ 권수비를 작게 한다.   ④ 권수비를 크게 한다.

> **풀이**
> 전압변동률 $\epsilon = p\cos\theta + q\sin\theta$에서 %저항강하와 %리액턴스강하를 작게 해야 한다.

답 ①

08 변압기의 임피던스 전압에 대한 설명으로 옳은 것은?

① 여자 전류가 흐를 때의 2차측 단자 전압이다.
② 정격 전류가 흐를 때의 2차측 단자 전압이다.
③ 정격 전류에 의한 변압기 내부 전압 강하이다.
④ 2차 단락 전류가 흐를 때의 변압기 내의 전압 강하이다.

> **풀이**
> 임피던스 전압 : 변압기 2차를 단락하고 1차에 저전압을 가하여 1차 단락 전류가 1차 정격전류와 같이 될 때 전압을 말한다. 이때 입력을 임피던스 와트라 하며, 전부하 동손에 해당한다.

답 ③

09 변압기에서 임피던스 전압을 구하는 시험은?

① 단락시험   ② 부하시험
③ 극성시험   ④ 변압비시험

답 ①

10 어떤 변압기를 운전하던 중에 단락이 되었을 때 그 단락전류가 정격전류의 25배가 되었다면 이 변압기의 임피던스 강하는 몇 [%]인가?

① 2 ② 3 ③ 4 ④ 5

풀이

단락비 $K_s = \dfrac{I_s}{I_n} = \dfrac{100}{\%Z}$ 에서

$I_s = \dfrac{100}{\%Z} I_n = 25 I_n$ ∴ $\%Z = \dfrac{100}{25} = 4[\%]$

답 ③

---

11 변압기의 손실 중 옳지 못한 것은?

① 히스테리시스손 ② 기계손
③ 맴돌이 전류손 ④ 동손

풀이

정지기인 변압기에서는 기계손(회전기기)은 발생하지 않는다.

답 ②

---

12 다음 중 변압기의 무부하손으로 대부분을 차지하는 것은?

① 유전체손 ② 동손 ③ 철손 ④ 표유 부하손

풀이

• 무부하손 : 2차 권선을 개방하고 1차 단자에 정격 전압을 가할 때 생기는 손실로, 여자전류에 의한 권선의 저항손은 작은 전력이고, 절연물 중의 유전체 손은 매우 높은 전압에 사용하는 것 외에는 대단히 작으므로 이것을 무시하면 무부하손은 히스테리시스손과 맴돌이전류의 합인 철손이라 해도 무방하다.

답 ③

---

13 일정 전압 및 일정 파형에서 주파수가 상승하면 변압기 철손은 어떻게 변하는가?

① 증가한다. ② 감소한다.
③ 불변이다. ④ 어떤 기간 동안 증가한다.

풀이

철손 = 히스테리시스손 + 와류손

• 히스테리시스손 $P_h = k_h f B_m^{1.6 \sim 2.0}$, $B_m = \dfrac{E}{f}$, ∴ $P_h \propto \dfrac{E^2}{f}$
• 와류손 $P_e = k_e (t k_f f B_m)^2$, ∴ $P_e \propto t^2 \propto E^2$ 의 관계를 가지게 된다.
• 주파수의 변화에 의해서 와류손은 영향이 없지만 히스테리시스손은 주파수와 반비례로 감소하게 되어 철손도 감소하게 된다.

답 ②

---

14 변압기에 철심의 두께를 2배로 하면 와류손은 약 몇 배가 되는가?

① 2배로 증가한다. ② 1/2배로 증가한다.
③ 1/4배로 증가한다. ④ 4배로 증가한다.

풀이

와류손 $P_e = k_e (t k_f f B_m)^2$ ∴ $P_e \propto t^2$

답 ④

15 변압기의 개방회로시험으로 구할 수 없는 것은?
① 무부하 전류 ② 동손
③ 히스테리시스 손실 ④ 와류손

> **풀이**
> 개방회로시험 또는 무부하시험으로 철손(히스테리시스손+와류손)을 구할수 있으며, 단락시험(부하시험)으로 동손을 구할수 있다.
> **답** ②

16 변압기의 무부하시험, 단락시험에서 구할 수 없는 것은?
① 동손 ② 철손
③ 전압 변동률 ④ 절연 내력

답 ④

17 변압기의 권선과 철심 사이의 습기를 제거하기 위하여 건조하는 방법이 아닌 것은?
① 열풍법 ② 단락법 ③ 진공법 ④ 가압법

> **풀이**
> • 변압기의 절연내력시험 : 절연파괴 전압시험, 가압시험, 유도시험, 충격 전압 시험
> • 변압기의 건조법 : 열풍법, 단락법, 진공법
> **답** ④

18 정격 2차 전압 및 정격주파수에 대한 출력[kW]과 전체 손실[kW]이 주어졌을 때 변압기의 규약효율을 나타내는 식은?

① $\dfrac{입력[kW]}{입력[kW]-전체손실[kW]} \times 100[\%]$

② $\dfrac{출력[kW]}{출력[kW]+전체손실[kW]} \times 100[\%]$

③ $\dfrac{출력[kW]}{입력[kW]-철손[kW]-동손[kW]} \times 100[\%]$

④ $\dfrac{입력[kW]-철손[kW]-동손[kW]}{입력[kW]} \times 100[\%]$

답 ②

19 200[kVA] 단상변압기가 있다. 철손은 1.6[kW], 전부하 동손은 2.4[kW] 이다. 역률이 0.8일 때 전 부하에서의 효율은 약 몇 [%]인가?
① 91.9 ② 94.7 ③ 97.6 ④ 99.1

> **풀이**
> 효율 $\eta = \dfrac{P\cos\theta}{P\cos\theta + P_i + P_c} \times 100 = \dfrac{200 \times 0.8}{200 \times 0.8 + 1.6 + 2.4} \times 100 = 97.6[\%]$
> **답** ③

20 변압기의 철손이 P_i[kW], 전부하동손이 P_c[kW]일 때 정격 출력이 $\dfrac{1}{m}$인 부하를 걸었다면 전 손실은 몇 [kW]가 되는가?

① $(P_i + P_c)\left(\dfrac{1}{m}\right)^2$ ② $P_i\left(\dfrac{1}{m}\right)^2 + P_c$

③ $P_i + P_c\left(\dfrac{1}{m}\right)^2$ ④ $P_i + P_c\left(\dfrac{1}{m}\right)$

▶ 풀이

효율 $\eta_{\frac{1}{m}} = \dfrac{\dfrac{1}{m}P\cos\theta}{\dfrac{1}{m}P\cos\theta + P_i + \left(\dfrac{1}{m}\right)^2 P_c} \times 100$ 에서 전체 손실은 $P_i + \left(\dfrac{1}{m}\right)^2 P_c$가 된다.

답 ③

21 철손 P_i, 동손 P_c, 히스테리시스손 P_h, 맴돌이 전류손 P_e일 때 변압기의 최대효율은?

① $P_i = P_c$ ② $P_i = P_h$

③ $P_h > P_e$ ④ $P_h = P_e$

▶ 풀이

최대효율은 철손과 동손이 같을 때$(P_i = P_c)$ 일어난다.

답 ①

22 어떤 주상 변압기가 4/5 부하일때 최대효율이 된다고 한다. 전부하에 있어서의 철손과 동손의 비 P_c/P_i는?

① 약 1.25 ② 약 1.56

③ 약 1.64 ④ 약 0.64

▶ 풀이

최대 효율이 나타나는 부하 $\dfrac{1}{m} = \sqrt{\dfrac{P_i}{P_c}}$ 에서 $\dfrac{P_i}{P_c} = \left(\dfrac{1}{m}\right)^2$ 이므로

∴ $\dfrac{P_c}{P_i} = \left(\dfrac{5}{4}\right)^2 = \dfrac{25}{16} = 1.563$

답 ②

23 변압기에서 임피던스의 전압을 걸 때 입력은?

① 정격용량 ② 철손

③ 전부하시의 전손실 ④ 임피던스 와트

▶ 풀이

• 임피던스 전압(V_s) : 2차측을 단락했을 때 1차측에 정격전류(I_{1n})가 흐르게 하기 위한 1차측 인가전압 (변압기 내의 임피던스 전압강하)
• 임피던스 와트(P_s) : 2차측을 단락했을 때 1차측에 정격전류(I_{1n})가 흐르게 하기 위한 1차측 유효전력 (부하손 = 동손, 정격시 동손)

답 ④

24 3권선 변압기에 대한 설명으로 옳은 것은?
① 한 개의 전기회로에 3개의 자기회로로 구성되어 있다.
② 3차 권선에 조상기를 접속하여 송전선의 전압조정과 역률개선에 사용된다.
③ 3차 권선에 단권변압기를 접속하여 송전선의 전압조정에 사용된다.
④ 고압배전선의 전압을 10[%] 정도 올리는 승압용이다.

•풀이
3권선 변압기
• 1대의 변압기 철심에 3개의 권선이 감긴 변압기
• 1차권선은 전원 측(1차측), 2차권선은 부하 측, 3차권선은 역률개선용(선로조상기로 사용) 내지 부하용이다.

답 ②

25 어떤 변압기에서 임피던스 강하가 5[%]인 변압기가 운전 중 단락되었을때 그 단락전류는 정격전류의 몇 배인가?
① 5 ② 20 ③ 50 ④ 200

•풀이
단락비 $K_s = \dfrac{I_s}{I_n} = \dfrac{100}{\%Z} \Rightarrow I_s = \dfrac{100}{5}I_n = 20I_n$

I_s : 단락전류, I_n : 정격전류, $\%Z$: %임피던스강하

답 ②

26 변압기의 전일효율을 최대로 하기 위한 조건은?
① 전부하시간이 길수록 철손을 작게 한다.
② 전부하시간이 짧을수록 무부하손을 작게 한다.
③ 전부하시간이 짧을수록 철손을 크게 한다.
④ 부하시간에 관계없이 전부하 동손과 철손을 같게 한다.

•풀이
전일효율 $\eta_d = \dfrac{V_2 I_2 \cos\theta \times T}{V_2 I_2 \cos\theta \times T + 24P_i + T \times P_c} \times 100[\%]$ $24P_i$를 작게

답 ②

27 변압기에서 철손은 부하전류와 어떤 관계인가?
① 부하전류에 비례한다.
② 부하전류의 자승에 비례한다.
③ 부하전류와 반비례한다.
④ 부하전류와 관계 없다.

•풀이
철손($P_i = P_h + P_e$)은 무부하손으로 부하전류와 관계 없다. 그러나 동손은 부하손으로 부하전류의 제곱에 비례한다. ($P_\ell = I^2 R$) 그러므로 역률 개선으로 부하전류를 감소시키면 동손은 부하전류의 제곱에 비례하여 감소하게 된다.

답 ④

28 3300[V], 60[Hz]용 변압기의 와류손이 620[W]이다. 이 변압기를 2650[V], 50[Hz]의 주파수에 사용할 때 와류손은 약 몇 [W]인가?

① 500 ② 400 ③ 312 ④ 210

풀이
와류손은 전압의 제곱에 비례하고 주파수와는 무관하다.
$P_e \propto E^2$ $620 : P_e = 3300^2 : 2650^2$
$P_e = \left(\dfrac{2650}{3300}\right)^2 \times 620 = 400[W]$

답 ②

29 변압기의 여자전류와 철손을 구할 수 있는 시험은?

① 부하시험 ② 무부하시험 ③ 유도시험 ④ 단락시험

풀이
변압기의 손실
(1) 무부하손 : $P_i = P_h + P_e$ [W]
　거의 철손으로 되어 있으며 변압기 철손에는 히스테리시스손과 와류손이 있다.
　무부하시험으로 측정
　① 히스테리시스손(철손의 약 80[%]) : $P_h = k_h f B_m^{1.6}$ [W/kg]
　② 맴돌이전류손(와류손) : $P_e = k_e (t f B_m)^2$ [W/kg]
　　여기서, B_m : 최대자속밀도, t : 강판두께, f : 주파수, k_h, k_e : 상수
(2) 부하손 : 거의 대부분이 동손(P_c)으로 되어 있다. - 단락시험으로 측정
　$P_c = (r_1 + a^2 r_2) \cdot I_1^2$ [W] $= I^2 R$

※ 절연내력 시험법의 종류
　• 변압기유의 절연파괴 전압시험 : 변압기유의 절연내력을 시험
　• 가압시험 : 온도시험 직후 변압기의 절연저항과 절연내력을 시험
　• 유도 시험 : 변압기나 그 외의 기기는 층간절연을 시험
　• 충격 전압 시험 : 변압기에 번개와 같은 충격전압이 가해 견딜 수 있는 정도를 확인하는 시험

※ 온도 시험법의 종류
　① 실부하법 : 변압기의 전부하를 연속적으로 가해서, 권선이나 오일 등의 온도상승을 시험하는 방법
　② 반환 부하법 : 전력을 낭비하지 않고 철손과 동손만을 공급해서 온도상승을 시험하는 방법
　③ 등가 부하법(단락시험법) : 변압기의 권선 하나를 단락하고 부하 손실에 해당하는 동손을 공급, 온도상승을 시험하는 방법

답 ②

30 변압기 권선의 층간 절연 시험은?

① 가압시험 ② 충격시험 ③ 단락시험 ④ 유도시험

풀이
절연내력 시험법의 종류
　• 변압기유의 절연파괴 전압시험 : 변압기유의 절연내력을 시험
　• 가압시험 : 온도시험 직후 변압기의 절연저항과 절연내력을 시험
　• 유도 시험 : 변압기나 그 외의 기기는 층간절연을 시험
　• 충격 전압 시험 : 변압기에 번개와 같은 충격전압이 가해 견딜수 있는 정도를 확인하는 시험

답 ④

31 다음 중 변압기의 온도상승 시험법으로 가장 널리 사용되는 것은?
① 단락 시험법
② 유도 시험법
③ 절연전압 시험법
④ 고조파 억제법

▶풀이
온도 시험법의 종류
① 실부하법 : 변압기의 전부하를 연속적으로 가해서, 권선이나 오일등의 온도상승을 시험하는 방법
② 반환 부하법 : 전력을 낭비하지 않고 철손과 동손만을 공급해서 온도상승을 시험하는 방법
③ 등가 부하법(단락시험법) : 변압기의 권선 하나를 단락하고 부하 손실에 해당하는 동손을 공급, 온도 상승을 시험하는 방법
답 ①

32 변압기 절연물의 열화 정도를 파악하는 방법으로서 적절하지 않은 것은?
① 유전정접
② 유중가스분석
③ 접지저항측정
④ 흡수전류나 잔류전류측정

▶풀이
• 유전정접 (誘電正接/ Dielectric Loss Tangent)…유전손 각 δ의 정접, 즉 tanδ를 뜻한다. 일반적으로 온도나 습도가 상승하면 이 값은 상승하고, 주파수가 높아지면 감소한다.
• 흡수전류(吸收電流/ Absorption Current)…유전체(誘電體)를 전극 사이에 끼우고 직류 전압을 가할 경우 순시에 흐르는 충전 전류 이외에 시간과 함께 점차 감소하는 전류.
답 ③

33 변압기의 온도상승시험을 하는데 가장 좋은 방법은?
① 내전압법
② 실부하법
③ 충격전압시험법
④ 반환부하법

▶풀이
변압기의 온도시험
① 실부하시험 : 변압기에 전부하를 걸어서 온도가 올라가는 상태를 시험하는 것으로 전력이 많이 소비되므로, 소형기에서만 적용할 수 있다.
② 반환부하법 : 전력을 소비하지 않고, 온도가 올라가는 원인이 되는 철손과 구리손만 공급하여 시험하는 방법
③ 등가부하법 : 변압기의 권선 하나를 단락하고 전손실에 해당하는 부하 손실을 공급해서 온도상승을 측정한다. (단락시험법)
답 ④

3.5 변압기의 결선

1 극성시험(직류전압계법, 교류전압계법, 표준전압계법)

변압기의 극성에는 감극성과 가극성의 두 가지가 있으며, 우리나라에서는 감극성을 표준으로 하고 있다.

(1) 감극성인 경우 : $V = V_1 - V_2 [\text{V}]$

(2) 가극성인 경우 : $V = V_1 + V_2 [\text{V}]$

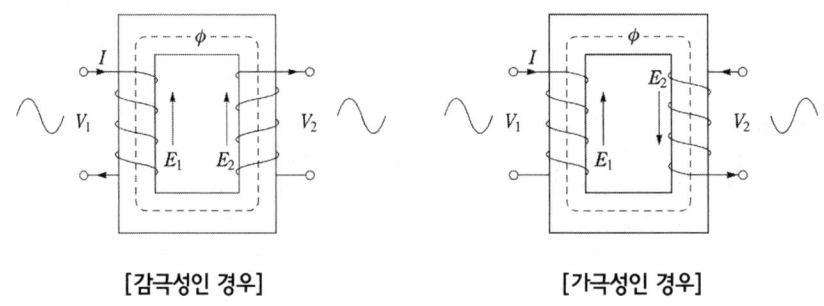

[감극성인 경우] [가극성인 경우]

2 단상변압기 3상 결선방식

(1) △-△ 결선

① 변압기 외부에 제3고조파가 발생하지 않아 통신장애가 없다.

② 변압기 3대 중 1대가 고장이 나도 나머지 2대로 V결선이 가능하다.

③ 중성점을 접지할 수 없어 지락사고 시 보호가 곤란하다.

④ 선로전압과 권선전압이 같으므로 60[kV] 이하의 배전용 변압기에 사용된다.

(2) Y-Y결선

① 중성점을 접지할 수 있어서 보호계전방식의 채용이 가능하다.

② 권선전압이 선간전압의 $\frac{1}{\sqrt{3}}$ 이므로 절연이 용이하다.

③ 선로에 제3고조파를 포함한 전류가 흘러 통신장애를 일으킨다.

④ 이 결선법은 3권선 변압기에서 Y-Y-△의 송전 전용으로 주로 사용한다.

(3) △-Y 결선

① 2차측 선간전압이 변압기 권선의 전압에 $\sqrt{3}$ 배가 된다.

② 발전소용 변압기와 같이 승압용 변압기에 주로 사용한다.

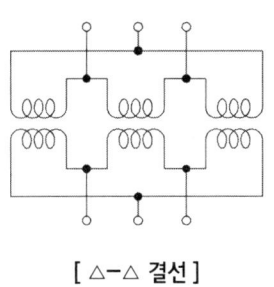 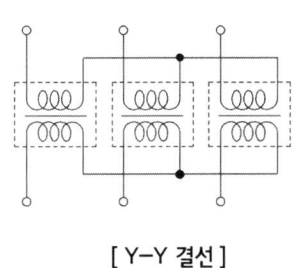 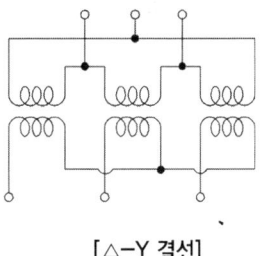

[△-△ 결선]　　　　　[Y-Y 결선]　　　　　[△-Y 결선]

(4) Y-△ 결선

① 변압기 1차 권선에 선간전압의 $\frac{1}{\sqrt{3}}$ 배의 전압이 유도되고, 2차 권선에는 1차 전압에 $\frac{1}{a}$ 배의 전압이 유도된다.

② 수전단 변전소의 변압기와 같이 강압용 변압기에 주로 사용한다.

(5) V-V결선

① △-△ 결선으로 3상 변압을 하는 경우, 1대의 변압기가 고장이 나면 제거하고 남은 2대의 변압기를 이용하여 3상 변압을 계속하는 방식

② V결선의 3상 출력

$$P_v = \sqrt{3}\,P$$

여기서, P : 단상 변압기 1대의 출력[kVA]

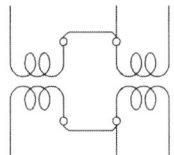

③ △결선과 V결선의 출력비

$$\frac{P_v}{P_\triangle} = \frac{\sqrt{3}\,P}{3P} = 0.577 = 57.7[\%]$$

④ V결선한 변압기의 이용률

$$이용률 = \frac{\sqrt{3}\,P}{2P} = 0.866 = 86.6[\%]$$

3 3상 변압기

(1) 단상 변압기 3대를 철심으로 조합시켜서 하나의 철심에 1차 권선과 2차 권선을 감은 변압기

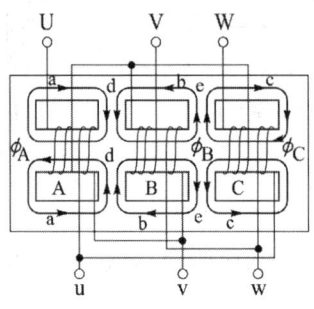

[외철형 3상 변압기]

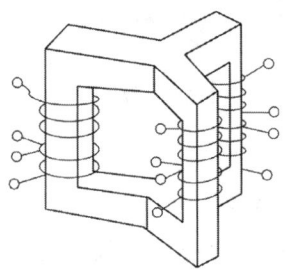

[내철형 3상 변압기]

(2) 3상 변압기의 장점
　① 철심재료가 적게 들고, 변압기 유량도 적게 들어 경제적이고 효율이 높다.
　② 발전기와 변압기를 조합하는 단위방식에서 결선이 쉽다.
　③ 전압 조정을 위한 탭 변환장치를 채용에 유리하다.

(3) 3상 변압기의 단점
　① V 결선으로 운전할 수 없다.
　② 예비기가 필요할 때 단상변압기는 1대만 있으면 되지만, 3상변압기도 1세트가 있어야 하므로 비경제적이다.

4 상수의 변환

(1) 3상 – 2상간 상수 변환
　① 스코트(Scott) 결선(T결선)
　② 메이어(Meyer) 결선
　③ 우드브리지(Wood bridge) 결선

(2) 3상 – 6상간 상수 변환
　① 환상결선
　② 2차 2중 삼각결선(회전변류기)
　③ 2차 2중 성형결선
　④ 대각 결선
　⑤ 포크(Fork) 결선(수은정류기 부하)

3.6 변압기 병렬운전

│1│ 병렬운전조건

(1) 각 변압기의 극성이 같을 것
   → 불일치 시 2차 권선에 큰 순환 전류가 흘러서 변압기 권선 소손

$$I_c = \frac{E_{a2} - E_{b2}}{Z_a + Z_b} = \frac{|Z_a I_a - Z_b I_b|}{Z_a + Z_b} = \frac{I_a(Z_b - Z_a)}{Z_a + Z_b}$$

(2) 각 변압기의 권수비가 같고, 1차 및 2차의 정격전압이 같을 것
   → 불일치 시 2차 권선에 큰 순환전류가 흘러서 권선이 과열
(3) 각 변압기의 %임피던스 강하가 같을 것, 각 변압기의 임피던스가 정격용량에 반비례할 것 → 불일치 시 부하부담이 부적당
(4) 3상일 경우 상회전 방향 및 위상 변위가 같을 것

※ 합성(환산)용량 구하는 식(%Z = 임피던스전압(%) 작은 것 기준)

① $\dfrac{P_a}{P_b} = \dfrac{P_A}{P_B} \times \dfrac{\%Z_b}{\%Z_a} = m \times \dfrac{\%Z_b}{\%Z_a}$ $\left(\dfrac{P_A}{P_B} = m\right)$

② $P_a = \dfrac{\%Z_b}{\%Z_a + \%Z_b} \times P[\text{kVA}]$, $P_b = \dfrac{\%Z_a}{\%Z_a + \%Z_b} \times P[\text{kVA}]$

│2│ 3상 변압기군의 병렬운전

(1) 3상 변압기군을 병렬로 결선하여 송전하는 경우에는 각 군의 3상 결선 방식에 따라서 같은 1차 전압이라도 2차 전압의 위상이 달라지는 경우가 있기에 병렬운전이 가능한 것과 불가능한 것이 있게 된다.
(2) 3상 변압기군의 병렬운전의 결선조합

병렬운전 가능		병렬운전 불가능
△-△ 와 △-△	△-Y 와 △-Y	△-△ 와 △-Y Y-Y 와 △-Y
Y-Y 와 Y-Y	△-△ 와 Y-Y	
Y-△ 와 Y-△	△-Y 와 Y-△	

기출 & 예상문제 전기기능장
제3장 변압기(4)

01 변압기 결선 방식에서 △-△ 결선 방식에 대한 설명으로 틀린 것은?
① 단상 변압기 3대 중 1대의 고장이 생겼을 때 2대로 V결선하여 사용할 수 있다.
② 외부에 고조파 전압이 나오지 않으므로 통신 장해의 염려가 없다.
③ 중성점 접지를 할 수 없다.
④ 100[kW] 이상 되는 계통에서 사용되고 있다.

> **풀이**
> △-△ 결선의 특징
> ① 변압기 외부에 제 3고조파가 발생하지 않아 통신 장애가 없다.
> ② 변압기 3대 중 1대가 고장이 나도 나머지 2대를 V결선 송전을 계속할 수 있다.
> ③ 중성점을 접지할 수 없어 지락 사고시 보호가 곤란하다.
> ④ 선간 전압과 권선 전압이 서로 같기 때문에 고압시 절연에 문제점이 있다.
> ⑤ 60[kV] 이하의 배전용 변압기에만 주로 사용된다.   **답** ④

02 제3고조파 전류가 나타나고 송배전계통에서 거의 사용하지 않는 결선법은?
① Y-△ 결선   ② Y-Y 결선
③ △-Y 결선   ④ △-△ 결선

> **풀이**
> Y-Y결선의 특징
> ① 중성점을 접지할 수 있다.
> ② 권선 전압은 선간 전압의 $1/\sqrt{3}$ 배이므로 절연이 용이하다.
> ③ 중성점 접지시 선로에는 제 3고조파를 포함한 전류가 흘러 통신 장애를 일으킨다.
> ④ 거의 사용하지 않으나, 2차 권선을 설치하여 Y-Y-△의 3권선 변압기로 한 것은 송전용으로 많이 사용된다.   **답** ②

03 승압용 변압기에 주로 사용되는 결선법은?
① Y-△   ② △-Y
③ Y-Y   ④ △-△

> **풀이**
> △-Y 결선법은 2차 측의 선간 전압이 권선 전압 $\sqrt{3}$ 배가 되므로 발전소용 변압기와 같이 승압용 변압기에 주로 사용된다.
> • △-Y : 승압용
> • Y-△ : 강압용   **답** ②

04 3상 전원에서 한 상에 고장이 발생하였다. 이때 3상 부하에 3상 전력을 공급할 수 있는 결선방법은?

① Y결선 ② △결선
③ 단상결선 ④ V결선

풀이
V-V 결선은 △-△ 결선으로 3상 변압을 하는 경우, 1대의 변압기가 고장이 나면 제거하고 남은 2대의 변압기를 이용하여 3상 변압을 계속하는 3상 결선 방식으로 많이 사용된다. **답 ④**

05 변압기를 △-Y로 연결할 때 1, 2차간의 위상차는?

① 30° ② 45° ③ 60° ④ 90°

풀이
변압기 △-Y, Y-△ 결선은 위상차 30° 발생 **답 ①**

06 다음 그림은 단상변압기 결선도이다. 1, 2차는 각각 어떤 결선인가?

① Y-Y 결선
② △-Y 결선
③ △-△ 결선
④ Y-△ 결선

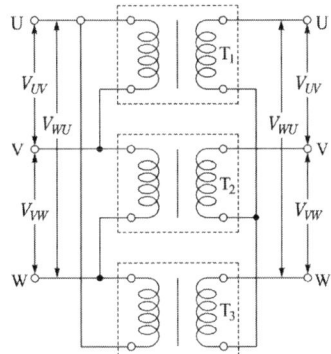

답 ②

07 변압기에서 V결선의 이용률은?

① 0.577 ② 0.707
③ 0.866 ④ 0.977

풀이
V결선시 이용률 $= \dfrac{\sqrt{3}P}{2P} = 0.866 = 86.6$ **답 ③**

08 100[kVA]의 단상 변압기 3대를 △-△결선하여 300[kVA] 3상 평형 부하에 전력을 공급하던 중 1대가 고장이 나서 이것을 떼어 버리고 2대로 송전을 계속하려면 몇 [kVA]까지 송전할 수 있겠는가?

① 173.2 ② 86.6 ③ 57.5 ④ 200

> **풀이**
> V결선시 출력 $P_V = \sqrt{3}P = 100 \times \sqrt{3} = 173.2[\text{kVA}]$
>
> 답 ①

09 용량 $P[\text{kVA}]$인 동일 정격의 단상 변압기 4대로 낼 수 있는 3상 최대 출력 용량은?
① $3P$ ② $\sqrt{3}P$ ③ $4P$ ④ $2\sqrt{3}P$

> **풀이**
> 단상 변압기 4대로 3상 전력을 보내기 위해 Y결선이나 델타 결선 시 전력 $P=3P$가 되어 3대를 사용하지만, V결선 시에는 2군으로 사용할 때 $P=2군 \times \sqrt{3}P = 2\sqrt{3}P$ 이 되어 최대가 된다.
>
> 답 ④

10 3상에서 2상으로 상수 변환하는 데 사용되는 결선법은?
① 환상결선 ② 2중 Y결선
③ 스코트 결선(T결선) ④ 2중 △결선

> **풀이**
> 3상–2상간의 상수 변환
> • 스콧(Scott) 결선 : T 결선
> • 메이어(Meyer) 결선
> • 우드브리지(Wood Bridge) 결선
>
> 답 ③

11 3상에서 2상으로 변환할 수 없는 변압기 결선방식은?
① 포크 결선 ② 스코트 결선
③ 메이어 결선 ④ 우드브리지 결선

> **풀이**
> 3상–6상간의 상수 변환
> • 2차 2중 Y 결선(Double star connection)
> • 2차 2중 △ 결선(Double delta connection)
> • 대각 결선(Diagonal connection)
> • 포크 결선(Fork connection)
>
> 답 ①

12 단상변압기 2대를 병렬운전하기 위한 조건으로 잘못된 것은?
① 2차유도 기전력의 크기가 같아야 한다.
② 각 변압기의 저항과 리액턴스비가 같아야 한다.
③ 2차권선의 폐회로에 순환전류가 흐르지 않아야 한다.
④ 각 변압기에 흐르는 부하전류가 임피던스에 비례해야 한다.

> **풀이**
> 변압기 병렬 운전 조건
> • 각 변압기의 극성이 같을 것
> • 각 변압기의 권수비(변압비)가 같고 1차 및 2차의 정격 전압이 같을 것
> • 각 변압기의 백분율 임피던스 강하가 같을 것, 즉 각 변압기의 임피던스가 정격용량에 반비례할 것
> • 각 변압기의 r/x 비가 같을 것
>
> 답 ④

13 변압기를 병렬운전하고자 할 때 갖추어져야 할 조건이 아닌 것은?
① 극성이 같을 것
② 변압비가 같을 것
③ %임피던스 강하가 같을 것
④ 효율이 같을 것

답 ④

14 3상 변압기의 병렬운전시 병렬운전이 불가능한 결선 조합은?
① △-△와 Y-Y
② △-△와 △-Y
③ △-Y와 △-Y
④ △-△와 △-△

▶풀이
변압기의 병렬 운전 불가능 조합 : 홀수 조합은 불가능
• △-△와 △-Y   • △-Y와 △-△   • Y-Y와 Y-△ 등

답 ②

15 변압기 병렬운전 조건으로 옳지 않은 것은?
① 극성이 같아야 한다.
② 권수비, 1차 및 2차의 정격전압이 같아야 한다.
③ 각 변압기의 저항과 누설리액턴스의 비가 같아야 한다.
④ 각 변압기의 임피던스가 정격용량에 비례하여야 한다.

▶풀이
단상 변압기의 병렬운전 조건
① 극성이 일치할 것 → 불일치 : 순환전류 → 2차 권선의 손실, 파손 (극성 : 유도기전력의 방향 : 위상 관계)
② 권수비 및 1, 2차 정격전압이 같은 것 : 불일치 → 순환전류 → 2차 권선의 손실, 파손

$$I_c = \frac{E_{a2} - E_{b2}}{Z_a + Z_b} = \frac{|Z_a I_a - Z_b I_b|}{Z_a + Z_b} = \frac{I_a(Z_b - Z_a)}{Z_a + Z_b}$$

** I_c : cycling current
③ 각 변압기의 %임피던스 강하가 같으며 저항과 리액턴스비가 같을 것.
∴ 부하분담은 내부 임피던스(%Z)에 반비례하여 분담된다.
※ 합성(환산)용량 구하는 식(%Z=임피던스전압(%) 작은 것 기준)
㉠ $\frac{P_a}{P_b} = \frac{P_A}{P_B} \times \frac{\%Z_b}{\%Z_a} = m \times \frac{\%Z_b}{\%Z_a}$ $\left(\frac{P_A}{P_B} = m\right)$
㉡ $P_a = \frac{\%Z_b}{\%Z_a + \%Z_b} \times P[\text{kVA}]$, $P_b = \frac{\%Z_a}{\%Z_a + \%Z_b} \times P[\text{kVA}]$
④ 상회전 방향 및 각 변위 일치 (3상)
각변위(위상변위) : 1차 유기전압을 기준으로 이에대한 2차유기전압의 뒤진 각
※ 병렬운전 불가능 조합 : △-△와 △-Y 조합 - Y-Y와 Y-△ 조합

답 ④

16 3권선 변압기의 3차 권선의 용도가 아닌 것은?
① 소내용 전원 공급
② 조상 설비 접속
③ 제3고조파 제거 역할
④ 승압용에 이용

> **풀이**
> 3권선 변압기의 용도
> ① 3차에 콘덴서를 접속하여 1차측 역률을 개선하는 선로 조상기(Phase modifier)
> ② 3차 권선으로부터 발전소나 변전소의 구내전력 공급용
> ③ 2권선을 1차로 하여 서로 다른 계통의 전력을 받아 나머지 1권선을 2차로 하여 전력을 공급
>
> **답** ④

17 1차 전압 200[V], 2차 전압 220[V], 50 [kVA]인 단상 단권변압기의 부하용량[kVA]는?
① 25[kVA] ② 50[kVA]
③ 250[kVA] ④ 550[kVA]

> **풀이**
> $$\frac{\text{자기용량}(P_s)}{\text{부하용량}(P_n)} = \frac{V_2 - V_1}{V_2}, \quad \frac{50}{P_n} = \frac{220-200}{220}$$
> $$\therefore P_n = 50 \times 11 = 550$$
>
> **답** ④

18 단권 변압기에 대한 설명으로 옳지 않은 것은?
① 1차 권선과 2차 권선의 일부가 공통으로 되어 있다.
② 3상에는 사용할 수 없는 단점이 있다.
③ 동일 출력에 대하여 사용 재료 및 손실이 적고 효율이 높다.
④ 단권 변압기는 권선비가 1에 가까울수록 보통 변압기에 비하여 유리하다.

> **풀이**
> 권선 하나의 도중에 탭(Tab)를 만들어 사용한 것으로, 경제적이고 특성도 좋다. (단상,3상 모두 사용 가능)
> 보통변압기와 단권변압기의 비교
> ① 권선이 가늘어도 되며, 자로가 단축되어 재료를 절약
> ② 동손이 감소되어 효율이 좋다.
> ③ 공통선로를 사용하므로 누설자속이 없어 전압변동률이 작다.
> ④ 고압 측 전압이 높아지면 저압 측에서도 고전압을 받게 되므로 위험
>
> **답** ②

19 용량 10[kVA]의 단권변압기에서 전압 3000[V]를 3300[V]로 승압시켜 부하에 공급할 때 부하용량 [kVA]는?
① 1.1[kVA] ② 11[kVA]
③ 110[kVA] ④ 990[kVA]

> **풀이**
> $$\frac{P_s}{P_n} = \frac{V_h - V_l}{V_h}$$
> $$\frac{10}{P_n} = \frac{3300-3000}{3300}$$
> $$P_n = \frac{3300}{300} \times 10 = 110[\text{kVA}]$$
>
> **답** ③

20 동기전동기나 유도 전동기의 기동시 기동 보상기로 많이 사용하는 변압기로서 1차, 2차 전압을 같은 권선으로부터 얻는 변압기의 명칭은 무엇인가?
① 단권 변압기
② 계기용 변압기
③ 누설 변압기
④ 계기용 변류기

풀이
단권 변압기의 용도
- 동기 전동기 및 유도 전동기의 기동 보상기용
- 고압 배전선의 전압을 10[%]정도 올리는 승압기
- 형광등용 승압기 등

답 ①

21 다음은 단권 변압기의 용도에 대한 설명이다. 이 중 잘못된 것은?
① 권수비가 10에 가까운 강압용에 사용
② 승압 변압기로 사용
③ 전압 조정기로 사용
④ 기동 보상기로 사용

답 ①

22 3,000/3,300[V]인 단권변압기의 자기용량은 약 몇 [kVA]인가?(단 부하는 1,000[kVA] 이다.)
① 90
② 70
③ 50
④ 30

풀이
단권 변압기 자기 용량 = 부하용량 $\times \dfrac{V_2 - V_1}{V_2} = 1000 \times \dfrac{3300 - 3000}{3300} = 91[kVA]$

답 ①

23 계기용 변압기의 2차측 단자에 접속하여야 할 것은?
① O.C.R
② 전압계
③ 전류계
④ 전열부하

풀이
- 계기용 변압기(PT) : 2차측에 연결된 전압계의 눈금으로 1차측 전압을 알 수 있게 전압의 크기를 변경
- 계기용 변류기(CT) : 2차측에 연결된 전류계의 눈금으로 1차측 전류를 알 수 있게 전류의 크기를 변경

답 ②

24 1차 권선에 전압이 주어졌을 때 2차 권선을 개방하면 안되는 것은?
① 계기용 변류기(CT)
② 계기용 변압기(PT)
③ 주상 변압기
④ 단권 변압기

풀이
- 계기용 변류기 2차측 개방해서는 안되는 이유
변류기는 2차 회로의 임피던스가 작고 2차 전압이 낮으므로 여자 전류가 매우 작게 되어 1차 전류의 대부분은 부하 전류가 된다. 그러므로 2차가 개방되면 2차 전류는 0이 되고 1차 부하 전류도 0이 된다. 그러나 1차측은 선로에 연결되어 있어서 2차측의 전류에 관계없이 선로 전류가 흐르고 있고, 이 전류는 전부 여자 전류로 되어 철심중의 자속 밀도는 대단히 높아진다. 따라서 철손이 증가하며 많은 온도 상승을 일으킨다. 이때 자속의 증가는 기전력을 증가시켜 2차 회로의 절연을 파괴할 염려가 있으므로 사용중에 2차측을 절대로 개방하여서는 안된다.

답 ①

25 계기용 변류기(CT)의 정격 2차 전류는 몇 [A]인가?

① 5 ② 15 ③ 25 ④ 50

▶풀이
- 계기용 변류기(CT)
  변류기의 2차 전류는 5[A]가 표준이고, 보통 전류비는 1000 : 5 에서 20 : 1 정도이며,
  용량은 12.5[VA]에서 200[VA]정도의 소용량이다. 답 ①

26 변류기의 오차를 경감시키는 방법은?

① 암페어 턴을 감소시킨다.   ② 철심의 단면적을 크게 한다.
③ 도자율이 작은 철심을 사용한다.   ④ 평균자로의 길이를 길게 한다.

▶풀이
변류기의 특성을 좋게 하려면 암페어턴을 증가시키든가 철심의 단면적을 크게 하고, 투자율이 크고, 철손이 적은 것을 사용하고 누설 자속을 감소시켜 권선의 임피던스값을 줄여야 한다. 답 ②

27 주상 변압기 고압측에 여러 개의 탭(tap)을 설치하는 이유는?

① 역률 개선용   ② 주파수 조정용
③ 위상 조정용   ④ 전압 조정용

▶풀이
부하 변동에 따른 선로의 전압 강하를 보상하기 위해서, 또는 1차 전압 변화에 대해 2차 전압을 항상 일정하게 유지하기 위하여 전원을 차단하지 않고 부하를 연결한 상태에서 1차측 탭을 바꾸어 전압을 조정하는 변압기를 부하시 전압 조정 변압기라 한다. 답 ④

28 다음 중 누설 변압기의 특징이 아닌 것은 어느 것인가?

① 전압 변동률이 작고 역률이 높다.
② 아크등, 방전등, 아크 용접기의 전원용 변압기로 쓰인다.
③ 부하에 일정한 전류를 공급하는 정전류 전원용으로 쓰인다.
④ 기동 시에는 고전압, 운전 중에는 낮은 전압이 요구되는 곳에 쓰인다.

▶풀이
- 누설 변압기 : 네온관 점등용 변압기나 아크 용접용 변압기는 이정 전류를 유지시키기 위해 부하 전류 증가에 따른 전압 강하를 크게 하려고 리액턴스를 되도록 증가시킨다. 이런 일정전류 특성을 가지도록 설계한 변압기 답 ①

29 전력용 일반 변압기에 비교할 때 아크 용접용 변압기의 차이점에 해당되는 것은?

① 역률이 좋다.   ② 효율이 좋다.
③ 철심을 사용한다.   ④ 누설리액턴스가 크다.

답 ④

30 다음 중 자기누설 변압기의 가장 큰 특징은 어느 것인가?
① 전압변동률이 크다. ② 단락전류가 크다.
③ 역률이 좋다. ④ 무부하손이 적다.

답 ①

31 다음 중 권선저항 측정 방법은?
① 메거 ② 전압 전류계법
③ 켈빈 더블 브리지법 ④ 휘이스톤 브리지법

▶ 풀이
- 메거 : 절연저항 측정
- 전압 전류계법 : 간접 전력 측정
- 켈빈 더블 브리지법 : 권선의 저저항 측정

답 ③

32 수전단 발전소용 변압기 결선에 주로 사용하고 있으며 한 쪽은 중성점을 접지할 수 있고 다른 한 쪽은 제3고조파에 의한 영향을 없애주는 장점을 가지고 있는 3상 결선방식은은?
① Y-Y ② △-△ ③ Y-△ ④ V

▶ 풀이
중성점을 접지할 수 있는 것은 Y결선이고, 제3고조파를 제거하는 것은 △결선이다.

답 ③

33 송배전계통에 거의 사용되지 않는 변압기 3상 결선방식은?
① Y-△ ② Y-Y ③ △-Y ④ △-△

▶ 풀이
Y-Y결선을 하지 않는 이유
- 중성점 접지로 제3고조파가 포함, 파형 일그러짐
- 제3고조파에 의한 인근 통신선에 유도장애 발생
- 1상 고장시 V결선이 될 수 없음

답 ②

34 계전기가 설치된 위치에서 고장점까지의 임피던스에 비례하여 동작하는 보호계전기는?
① 방향단락 계전기 ② 거리 계전기
③ 단락회로 선택 계전기 ④ 과전압 계전기

▶ 풀이
각종 보호 계전기
- 방향단락계전기(DS) : 일정방향으로 일정치 이상의 전류가 흐를 경우 동작하는 것으로 전류의 방향을 검사할 때 전압을 기준으로 한다.
- 선택단락계전기(SS) : 병행 2회선의 단락고장 회선의 선택에 사용되는 것으로 전류의 흐름방향에 따라 동작하는 것과 2개의 전류차에 의해 작동하는 것이 있다.

답 ②

제 4 장

유도전동기

　유도전동기(induction motor)는 각종 전동기 중에서 가장 많이 쓰이고 있는 전동기이며, 3상 유도전동기는 공작기계, 양수펌프 등과 같이 큰 기계장치를 움직이는 동력으로 사용되고 있다. 단상 유도전동기는 선풍기, 냉장고, 펌프 등과 같이 작은 동력을 필요로 하는 곳에 주로 사용된다. 이와 같이 유도 전동기가 산업 및 가정용으로 널리 이용되고 있는 것은 교류전원을 생활 주변에서 쉽게 얻을 수 있고, 구조가 튼튼하고, 가격이 싸며, 취급과 운전이 쉬우므로 다른 전동기에 비해 편리하게 사용할 수 있기 때문이다.

기출 & 예상문제

제 4 장 유도전동기(1)

01 다음 중 유도 전동기의 원리와 직접 관계가 되는 것은?
① 옴의 법칙
② 키르히호프의 법칙
③ 정전 유도 작용
④ 회전 자기장

• 풀이
• 유도전동기의 원리 : 동 또는 알루미늄으로 만든 원판의 중심을 축으로 지지하여 회전할 수 있게 하고 이 원판을 강한 자석의 중앙에 놓고 자석을 급속히 회전하면 자석보다 느린 속도로 같은 방향으로 회전한다. 이와 같은 원리로 3상 교류를 가해줌으로써 전기적으로 회전하는 회전자기장을 만들어 원판을 회전시키는 원리이다.
답 ④

02 3상 유도전동기의 동기속도는?
① $\dfrac{2f}{P}$
② $\dfrac{60f}{P}$
③ $\dfrac{120f}{P}$
④ $2\pi f$

• 풀이
동기속도 $N_s = \dfrac{120f}{p}$ [rpm] 이다.
답 ③

03 6극이 60[Hz] 3상 유도전동기의 동기속도는 몇 [rpm]인가?
① 200
② 750
③ 1,200
④ 1,800

• 풀이
동기속도 $N_s = \dfrac{120f}{p} = \dfrac{120 \times 60}{6} = 1200$ [rpm]
답 ③

04 60[Hz]의 교류 전원에서 사용 가능한 3상 유도전동기의 최대동기속도[rpm]는? (단, 자극수는 2극이 최소이다.)
① 1,200
② 1,800
③ 3,600
④ 7,200

• 풀이
동기속도 $N_s = \dfrac{120f}{p} = \dfrac{120 \times 60}{2} = 3600$ [rpm]
답 ③

05 다음 전동기 중에서 브러시를 사용하지 않는 것은?
① 직류전동기　　　　　　　　② 권선형 유도전동기
③ 정류자전동기　　　　　　　④ 농형 유도전동기

　●풀이
　　농형 유도전동기의 회전자는 원통형의 단락고리로 구성된 회전자로써 브러시가 없다.　　답 ④

06 220/380[V] 겸용 3상 유도전동기의 리드선은 몇 가닥 인출하는가?
① 3　　　　　② 6　　　　　③ 9　　　　　④ 12

　●풀이
　　회전 자기장을 발생시키기 위해 $a_1 a_1{'}$, $b_1 b_1{'}$, $c_1 c_1{'}$을 3개조의 코일로 리드선을 인출해야 한다.　답 ②

07 4극 24홈 표준 농형 3상 유도전동기의 매극 매상당의 홈수는?
① 6　　　　　② 3　　　　　③ 2　　　　　④ 1

　●풀이
　　매극 매상당의 홈수 $= \dfrac{\text{홈수}}{\text{극수} \times \text{상수}} = \dfrac{24}{3 \times 4} = 2$　　답 ③

08 농형 회전자에 비뚤어진 홈을 쓰는 이유로 잘못된 것은?
① 기동 특성 개선　　　　　　② 파형 개선
③ 소음 경감　　　　　　　　④ 미관상 좋다.

　●풀이
　　비뚤어진 홈(사구 슬롯 : Skew slot)
　　• 소음을 경감시키고 기동 특성과 파형을 개선하기 위해 행해주게 된다.　　답 ④

09 슬립 링이 있는 유도전동기는?
① 농형　　　　② 권선형　　　　③ 심홈형　　　　④ 2중농형

　●풀이
　　권선형 회전자 : 회전자 내부 권선 결선은 대개 Y 결선으로 하고, 3상 권선의 세 단자는 각각 3개의 슬립
　　링에 접속하고 접촉되어 있는 브러시를 통해 바깥에 있는 기동 저항기와 연결한다.　답 ②

10 3상 권선형 유도전동기를 사용하는 주된 이유는?
① 효율향상　　　　　　　　　② 역률개선
③ 기동특성의 향상　　　　　　④ 소용량 기기에 적용

　●풀이
　　권선형 유도 전동기는 2차 회로의 저항을 가감시킬 수 있는 경우에는 2차 저항을 조절함으로써, 비례 추
　　이에 따라 기동 토크를 크게 할수 있게 되고 속도 조정을 자유로이 할 수 있는 이점이 있다.　답 ③

11 다음 중 유도 전동기의 공극을 작게 하는 이유는?
① 효율 증대
② 기동 전류 감소
③ 역률 증대
④ 토크 증대

> **풀이**
> 공극이 넓으면 기계적으로는 안전하지만 전기적으로는 공기의 자기 저항이 철심에 비해 매우 크므로 여자 전류가 커지고 전동기의 역률이 현저하게 떨어진다. 그러나 지나치게 공극이 좁으면 기계적으로 약간의 불평형이 생겨도 진동과 소음의 원인이 되고, 전기적으로는 누설 리액턴스가 증가하여 전동기의 순간 최대 출력이 감소하고 철손이 증가한다. 그러므로 공극은 일반적으로 0.3~2.5[mm] 정도로 하고 있다.
> **답** ③

12 유도 전동기의 보호 방식에 따른 분류가 아닌 것은?
① 방진형
② 방폭형
③ 밀폐형
④ 방수형

답 ③

13 다음 중 승강기용으로 주로 사용되는 전동기는?
① 동기전동기
② 단상 유도 전동기
③ 3상 유도 전동기
④ 셀신 전동기

답 ③

14 소형 유도전동기의 슬롯을 사구(skew slot)로 하는 이유는?
① 기동 토크를 증가시키기 위하여
② 게르게스 형상을 방지하기 위하여
③ 제동 토크를 증가시키기 위하여
④ 크로우링을 방지하기 위하여

> **풀이**
> 유도전동기 이상기동현상
> ① 게르게스(Grges) 현상
>   1차는 3상, 2차는 단상일 때 동기속도의 1/2(0.5) 되는 점에서 차동기 토크가 발생하여 정격속도의 $\frac{1}{h}$의 속도로 회전하는 현상
> ② 크로우링(Crawling) 현상(차동기 운전)
>   낮은 속도에서 운전할 때 자속분포가 고조파에 의한 (-)가 겹쳐 회전자가 가속되지 않아 과대 전류가 흘러 전기자 코일이 소손되는 현상 → 소형 농형 유도기
>   • 방지책 : 전동기 슬롯을 사구(skew slot~경사슬롯) 설치
> **답** ④

15 다음은 3상 유도전동기 고정자 권선의 결선도를 나타낸 것이다. 맞는 사항을 고르시오.

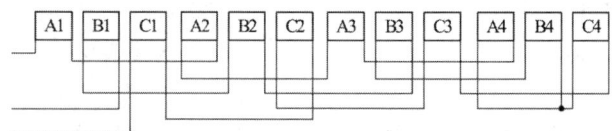

① 3상2극, Y결선 ② 3상4극, Y결선
③ 3상2극, △결선 ④ 3상4극, △결선

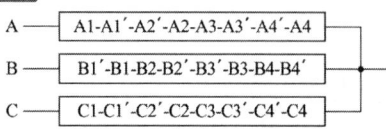

A, B, C 3상의 각상 반대편을 한데 묶어 중성점을 만들었다. 따라서 Y결선이며 A, B, C, N의 4극이다.

답 ②

16 유도전동기가 많이 사용되는 이유가 아닌 것은?
① 값이 저렴 ② 취급이 어려움
③ 전원을 쉽게 얻음 ④ 구조가 간단하고 튼튼함

풀이
유도 전동기가 산업 및 가정용으로 널리 이용되고 있는 것은 교류전원을 생활 주변에서 쉽게 얻을 수 있고, 구조가 튼튼하고, 가격이 싸며, 취급과 운전이 쉬우므로 다른 전동기에 비해 편리하게 사용할 수 있기 때문이다.

답 ②

17 고압전동기 철심의 강판 홈(slot)의 모양은?
① 반폐형 ② 개방형
③ 반구형 ④ 밀폐형

풀이
• 저압전동기 : 반폐홈
• 고압전동기 : 개방홈

답 ②

18 전동기에 접지공사를 하는 주된 이유는?
① 보안상 ② 미관상
③ 역률 증가 ④ 감전사고 방지

답 ④

4.1 유도전동기의 이론

1 회전수와 슬립

(1) 슬립(Slip) : 동기속도(N_s)와 회전자의 속도(N) 사이에 차이가 발생하며, 이 차이 ($N_s - N$)와 동기속도(N_s)와의 비를 슬립이라 한다.

$$슬립\ S = \frac{동기속도 - 회전자속도}{동기속도} = \frac{N_s - N}{N_s} = 1 - \frac{N}{N_s}$$

$$N = (1-S)N_s = \frac{120f}{P}(1-S)$$

(2) 회전자가 정지상태(기동시) : $S = 1$
동기속도로 회전(무부하시) : $S = 0$
유도 전동기 : $0 < S < 1$, 유도 발전기 : $S < 0$

(3) 일반적인 슬립은 소형인 경우에는 5~10[%], 중·대형인 경우에는 2.5~5[%] 이다.
슬립측정법 : 스트로보스코프법, 수화기법, 직류밀리볼트계법

기출 & 예상문제

제 4 장 유도전동기(2)

01 유도전동기의 동기속도 N_s, 회전속도 N일 때 슬립은?

① $s = \dfrac{N_s - N}{N}$ ② $s = \dfrac{N - N_s}{N}$

③ $s = \dfrac{N_s - N}{N_s}$ ④ $s = \dfrac{N_s + N}{N}$

답 ③

02 3상 유도 전동기의 회전속도[rpm]는?

① $N_s(1-S)$ ② $\dfrac{N_s}{1-S}$ ③ $N_s(S-1)$ ④ $\dfrac{N_s}{S-1}$

▶ 풀이

슬립 $S = \dfrac{N_s - N}{N_s} = \dfrac{N_s}{N_s} - \dfrac{N}{N_s} = 1 - \dfrac{N}{N_s}$

∴ $N = N_s(1-S)[\text{rpm}]$

답 ①

03 3상 유도전동기의 회전원리를 설명한 것 중 틀린 것은?
① 회전자의 회전속도가 증가할수록 도체를 관통하는 자속수가 감소한다.
② 회전자의 회전속도가 증가할수록 슬립은 증가한다.
③ 부하를 회전시키기 위해서는 회전자의 속도는 동기속도 이하로 운전되어야 한다.
④ 3상 교류전압을 고정자에 공급하면 고정자 내부에서 회전 자기장이 발생된다.

▶ 풀이
- 슬립 : 3상 유도 전동기에서는 동기 속도 N_s[rpm]과 회전자의 속도 N[rpm] 사이에 차이가 생긴다. 이 차($N_s - N$)와 동기 속도 N_s와의 비를 슬립(Slip)이라고 한다. 따라서 슬립 S가 커지면 회전자의 속도는 감소하고, 슬립 S가 작아지면 회전자의 속도는 증가한다.

답 ②

04 유도전동기의 동기속도가 1,200[rpm]이고, 회전수가 1,176[rpm]일 때 슬립은?
① 0.06   ② 0.04   ③ 0.02   ④ 0.01

▶ 풀이

슬립 $s = \dfrac{N_s - N}{N_s} = \dfrac{1200 - 1176}{1200} = 0.02$

답 ③

05 3상 60[Hz] 6극인 유도 전동기가 전부하 시에 1,140[rpm] 이다. 이때의 슬립은?

① 2.5[%]　　　② 3.5[%]　　　③ 5.0[%]　　　④ 7.0[%]

▶ 풀이

동기속도 $N_s = \dfrac{120f}{p} = \dfrac{120 \times 60}{6} = 1200[\text{rpm}]$

슬립 $s = \dfrac{N_s - N}{N_s} = \dfrac{1200 - 1140}{1200} = 0.05 \times 100 = 5[\%]$

답 ③

06 유도 전동기의 슬립을 측정하기 위하여 스트로보스코프법으로 원판의 겉보기 회전수를 측정하니 1분 동안 90회였다. 4극 60[Hz]용 전동기라면 슬립은 얼마인가?

① 3[%]　　　② 4[%]　　　③ 5[%]　　　④ 6[%]

▶ 풀이

• 스트로보스코프법

전동기의 축 끝에 전동기의 극수와 같은 흑색 부채꼴 같은 간격으로 그림 판을 설치해서 운전하고, 이 원판을 전동기와 동일한 전원에 접속시킨 네온램프와 같은 방전등으로 비친다. 즉 동기속도와 회전자속도의 차를 표시하게 된다. 이런 방법을 스트로보스코프법이라 한다.

스트로보스코프법에 의해 표시된 속도

$90[\text{rpm}] = N_s - N$ 이고

동기속도 $N_s = \dfrac{120f}{p} = \dfrac{120 \times 60}{4} = 1800[\text{rpm}]$ 이므로

슬립 $s = \dfrac{N_s - N}{N_s} = \dfrac{90}{1800} = 0.05 \times 100 = 5[\%]$ 가 된다.

답 ③

07 4극의 3상 유도전동기가 60[Hz]의 전원에 연결되어 4[%]의 슬립으로 회전할 때 회전수는 몇 [rpm]인가?

① 1,656　　　② 1,700

③ 1,728　　　④ 1,880

▶ 풀이

동기속도 $N_s = \dfrac{120f}{p} = \dfrac{120 \times 60}{4} = 1800[\text{rpm}]$

∴ 회전속도 $N = (1-s)N_s = (1-0.04) \times 1800 = 1728[\text{rpm}]$

답 ③

08 50[Hz], 슬립 0.2인 경우의 회전자 속도가 600[rpm]이 되는 유도 전동기의 극수는?

① 16극　　　② 12극　　　③ 8극　　　④ 4극

▶ 풀이

회전속도 $N = (1-s)N_s$ ∴ $N_s = \dfrac{N}{(1-s)} = \dfrac{600}{1-0.2} = 750[\text{rpm}]$

따라서 동기속도 $N_s = \dfrac{120f}{p}$ ∴ $p = \dfrac{120f}{N_s} = \dfrac{120 \times 50}{750} = 8[\text{극}]$

답 ③

09 유도 전동기에서 슬립이 1이면 전동기의 속도 N은?
① 동기 속도보다 빠르다.   ② 정지한다.
③ 불변이다.   ④ 동기 속도와 같다.

> **풀이**
> 회전자속도 $N=(1-s)N_s$에서 슬립이 1이라면 회전자속도도 0이므로 정지 상태를 나타내고 있다.
>
> **답** ②

10 유도전동기의 무부하시 슬립은 얼마인가?
① 4   ② 3   ③ 1   ④ 0

> **풀이**
> 무부하시 회전자속도와 동기속도는 거의 같아지므로 슬립 $s ≒ 0$이 되게 된다.
>
> **답** ④

11 유도전동기에서 슬립이 0이라는 것은 어느 것과 같은가?
① 유도전동기가 동기속도로 회전한다.   ② 유도전동기가 정지상태이다.
③ 유도전동기가 전부하 운전상태이다.   ④ 유도 제동기의 역할을 한다.
>
> **답** ①

12 3상 유도 전동기가 회전하고 있는 상태를 나타내는 것은? (단, 슬립은 S라 한다.)
① $S=0$ ② $0<S<1$
③ $2>S>1$ ④ $S=1$

> **풀이**
> 전동기 상태에 따른 슬립의 크기
> • 무부하시 $N=N_s$: $s=0$ • 정지시(기동시) $N=0$: $s=1$
> • 부하로 운전시 : $0<s<1$ • 제동시 : $1<s<2$
>
> **답** ②

13 유도 전동기에서 슬립이 가장 큰 상태는?
① 무부하 운전시   ② 경부하 운전시
③ 정격 부하 운전시   ④ 기동시
>
> **답** ④

14 60[Hz]의 전원에 접속되어 5[%]의 슬립으로 운전되고 있는 유도 전동기의 2차 권선에 유기되는 전압의 주파수[Hz]는?
① 2   ② 3   ③ 4   ④ 5

> **풀이**
> 2차주파수란 전동기가 회전하고 있을 때 회전자권선에 유도되는 기전력의 주파수 이며,
> $f_2 = sf_1 = 0.05 \times 60 = 3$[Hz]가 된다.
>
> **답** ②

15 60[Hz]의 4극 유도 전동기의 2차 주파수가 15[Hz]가 되었다고 하면 회전자 속도[rpm]는?
① 1050　　② 1100　　③ 1150　　④ 1350

풀이
2차 주파수 $f_2 = sf_1$ 이므로 $s = \dfrac{f_2}{f_1} = \dfrac{15}{60} = 0.25$

$\therefore N = (1-s)N_s = (1-0.25)\dfrac{120 \times 60}{4} = 1350[\text{rpm}]$

답 ④

16 3상 유도전동기의 2차 동손 P_{2c}, 슬립 S와 2차 입력 P_2 사이의 관계는?
① $P_{2c} > SP_2$　　② $P_{2c} < SP_2$
③ $P_{2c} = SP_2$　　④ $P_{2c} \gg SP_2$

풀이
$P_2 : P_{2c} = 1 : s$를 정리하면 $P_{2c} = SP_2$가 된다.

답 ③

17 회전자 입력을 P_2, 슬립을 S라 할 때 3상 유도 전동기의 기계적 출력 관계식은?
① SP_2　　② $(1-S)P_2$
③ S^2P_2　　④ P_2/S

풀이
관계식 $P_2 : P_{2c} : P_0 = 1 : s : 1-s$에서 $P_2 : P_0 = 1 : 1-s$를 출력 P_0로 정리하면 $P_0 = (1-s)P_2$가 된다.

답 ②

18 3상 유도 전동기의 1차 입력 60[kW], 1차 손실 1[kW], 슬립 3[%]일 때 기계적 출력[kW]은?
① 57　　② 58　　③ 59　　④ 60

풀이
관계식 $P_2 : P_{2c} : P_0 = 1 : s : 1-s$에서 $P_2 : P_0 = 1 : 1-s$를 출력 P_k으로 정리하면
출력 $P_0 = (1-s)P_2$가 되며, 여기서, 2차 입력 = 1차 입력 - 1차 손실 = 60 - 1 = 59[kW]이므로
$\therefore$ 출력 $P_0 = (1-0.03) \times 59 = 57[\text{kW}]$가 된다.

답 ①

19 전부하 슬립 5[%], 2차 저항손 5.26[kW]인 3상 유도전동기의 2차 입력은 몇 [kW]인가?
① 2.63　　② 5.26
③ 105.2　　④ 226.5

풀이
관계식 $P_2 : P_{2c} : P_0 = 1 : s : 1-s$에서 $P_2 : P_{2c} = 1 : s$를
출력 P_2로 정리하면 $P_2 = \dfrac{P_{2c}}{s} = \dfrac{5.26}{0.05} = 105.2[\text{kW}]$가 된다.

답 ③

20 회전자 입력 10[kW], 슬립 4[%]인 3상 유도전동기의 2차 동손은 몇 [kW]인가?
① 9.6　　　　② 4　　　　③ 0.4　　　　④ 0.2

풀이
관계식 $P_2 : P_{2c} : P_0 = 1 : s : 1-s$ 에서 $P_2 : P_{2c} = 1 : s$ 를
출력 P_{2c} 로 정리하면 $P_{2c} = sP_2 = 0.04 \times 10 = 0.4$[kW]가 된다.　　**답 ③**

21 출력 10[kW], 슬립 4[%]로 운전되고 있는 3상유도 전동기의 2차 동손[W]은?
① 약 250　　② 약 315　　③ 약 417　　④ 약 620

풀이
관계식 $P_2 : P_{2c} : P_0 = 1 : s : 1-s$ 에서 $P_{2c} : P_0 = s : 1-s$ 를
출력 P_{2c} 로 정리하면 $P_{2c} = \dfrac{s}{1-s}P_0 = \dfrac{0.04}{(1-0.04)} \times 10 \times 10^3 ≒ 417$[W]가 된다.　　**답 ③**

22 슬립 5[%]인 유도 전동기의 2차 효율은 얼마인가?
① 90[%]　　② 95[%]
③ 97.5[%]　　④ 99.5[%]

풀이
2차 효율 $\eta_2 = \dfrac{\text{출력}}{\text{2차입력}} = \dfrac{P_0}{P_2}$ 가 된다.

관계식 $P_2 : P_{2c} : P_0 = 1 : s : 1-s$ 에서 $P_2 : P_0 = 1 : 1-s$ 를 정리하면 $\dfrac{P_0}{P_2} = 1-s$ 와 같아지게 된다.

따라서, 효율 $\eta = 1-s = 1-0.05 = 0.95 \times 100 = 95$[%]가 된다.　　**답 ②**

23 200[V], 50[Hz], 8극 15[kW]의 3상 유도전동기에서 전부하 회전수가 720[rpm]이면 이 전동기의 2차 효율은 약 몇 [%]인가?
① 86　　② 96　　③ 98　　④ 100

풀이
효율 $\eta = 1-s$ 와 같다. 회전자속도 $N = (1-s)N_s$ 에서 $1-s = \dfrac{N}{N_s}$ 가 되므로

동기속도 $N_s = \dfrac{120f}{p} = \dfrac{120 \times 50}{8} = 750$[rpm]

∴ 효율 $\eta = 1-s = \dfrac{N}{N_s} = \dfrac{720}{750} = 0.96 \times 100 = 96$[%]　　**답 ②**

24 역률 80[%], 출력 10[kW] 기기의 입력[kW]은 얼마인가?
① 8　　② 10　　③ 12.5　　④ 15

풀이
출력 $P_0 = VI\cos\theta\eta$　∴ $VI = \dfrac{P_0}{\cos\theta\eta} = \dfrac{10}{0.8} = 12.5$[kW]　　**답 ③**

25 3상 유도전동기의 효율이 90[%], 출력 120[kW]의 전 손실[kW]은?
① 8   ② 11   ③ 13   ④ 16

▶풀이
효율 = 출력/입력 = $\frac{P_2}{P_1}$ ∴ $\frac{120}{0.9} = 133[kW]$, $133 - 120 = 13[kW]$

답 ③

26 3상 유도 전동기의 정격 전압을 V_n[V], 출력을 P[kW], 1차 전류를 I_1[A], 역률을 $\cos\theta$라 하면 효율을 나타내는 식은?

① $\frac{P \times 10^3}{\sqrt{3} \, V_n I_1 \cos\theta} \times 100[\%]$ ② $\frac{\sqrt{3} \, V_n I_1 \cos\theta}{P \times 10^3} \times 100[\%]$

③ $\frac{P \times 10^3}{3 \, V_n I_1 \cos\theta} \times 100[\%]$ ④ $\frac{3 \, V_n I_1 \cos\theta}{P \times 10^3} \times 100[\%]$

▶풀이
효율 $\eta = \frac{P}{\sqrt{3} \, VI\cos\theta} \times 100[\%]$

답 ①

27 정격출력 5[kW], 회전수 1,800[rpm]인 3상 유도전동기의 토크는 약 몇 [N·m]인가?
① 2.7   ② 26.5   ③ 79.5   ④ 259.7

▶풀이
유도전동기의 토크 $\tau = \frac{60}{2\pi}\frac{P_0}{N} = 9.55\frac{P_0}{N}[N \cdot m] = 9.55 \times \frac{5 \times 10^3}{1800} = 26.5[N \cdot m]$

답 ②

28 9.8[kW], 1,200[rpm]인 유도전동기의 토크는 약 몇 [kg·m]인가?
① 8.4   ② 8.2   ③ 7.9   ④ 7.5

▶풀이
유도전동기의 토크
$\tau = \frac{60}{2\pi}\frac{P_0}{N} = 9.55\frac{P_0}{N} \times \frac{1}{9.8} = 0.975 \times \frac{P_0}{N}[kg \cdot m] = 0.975 \times \frac{9.8 \times 10^3}{1200} = 7.9[kg \cdot m]$

답 ③

29 동기 와트란 무엇인가?
① 임의의 속도에 있어서 전동기의 토크
② 유도 전동기의 전부하 속도와 동기 속도의 비
③ 동기기의 출력
④ 유도 전동기의 토크를 2차 입력으로 표시한 것

답 ④

30 유도 전동기의 1차 접속을 △에서 Y 결선으로 바꾸면 기동시의 1차 전류는?

① $\frac{1}{3}$로 감소한다. ② $\frac{1}{\sqrt{3}}$로 감소한다.

③ 3배로 증가한다. ④ $\sqrt{3}$배로 증가한다.

풀이 기동토크와 기동전류가 $\frac{1}{3}$이 된다.

답 ①

31 3상 유도전동기의 회전력은 단자전압과 어떤 관계인가?
① 단자전압에 무관하다.
② 단자전압에 비례한다.
③ 단자전압의 2승에 비례한다.
④ 단자전압의 1/2승에 비례한다.

풀이 유도전동기의 토크 $\tau \propto V^2$

답 ③

4.2 유도전동기의 운전

│1│ 기동법

(1) 농형 유도전동기의 기동법

① 전전압 기동 : 별도의 기동장치를 사용하지 않고 직접 정격전압을 인가하여 기동하는 방법으로 5[kW] 이하의 소용량에 쓰이며, 기동전류는 정격전류의 600[%] 정도이다.

② Y-△ 기동법 : 10~15[kW] 이하의 중용량 전동기에 쓰이며, 기동시 고정자권선을 Y로 하여 기동함으로써 기동전류를 감소시키고 운전속도에 가까워지면 △로 하여 운전하는 방식이다. 기동전류는 정격전류의 1/3로 줄어들지만, 기동토크도 1/3로 감소한다.

③ 리액터 기동 : 전동기의 전원 측에 직렬 리액터(일종의 교류 저항)를 연결하여 기동하는 방법이다. 중·대용량의 전동기에 채용할 수 있으며, 다른 기동법이 곤란한 경우나 기동 시 충격을 방지할 필요가 있을 때 적합하다.

④ 기동보상기법 : 15[kW] 이상의 전동기나 고압 전동기에 사용되며, 단권변압기를 써서 공급전압을 낮추어 기동시키는 방법으로 기동전류를 1배 이하로 낮출 수가 있다.

⑤ 콘도로퍼법(Kondorfer)-기동보상기법과 리액터기동 방식의 혼합

(2) 권선형 유도 전동기의 기동법

① 2차 저항법 : 2차 회로에 가변 저항기를 접속하고 비례추이의 원리에 의하여 큰 기동토크를 얻고 기동전류도 억제한다.

│2│ 속도제어

(1) 주파수 제어법 : 농형 유도 전동기에 적용되는 방법으로 높은 속도를 원하는 곳에 적합하다. 포트 모터, 선박의 추진기 등에 이용된다.

① 인버터 시스템을 이용하여 $N_s = \dfrac{120f}{p}$ 에서 주파수 f 를 변환시켜 속도를 제어하는 방법이다.

② VVVF 제어 : 주파수를 가변하면 $\Phi \propto \dfrac{V}{f}$ 와 같이 자속이 변화기 때문에 자속을 일정하게 유지하기 위해 전압과 주파수를 비례하게 가변시키는 제어법을 말한다.

(2) 전원 전압 제어법

전압의 2승에 비례하여 토크는 변화하므로 이것을 이용해서 속도를 바꾸는 제어법으로 전력 전자소자를 이용하는 방법이 최근에 널리 이용되고 있다.

(3) 극수 변환법

고정자권선의 접속을 바꾸어 극수를 바꾸면 단계적이지만 속도를 바꿀 수 있다.

(4) 2차 저항법(권선형)

권선형 유도전동기의 2차에 저항을 삽입하여 비례추이를 이용한 속도제어를 말한다.

(5) 2차 여자법(권선형)

권선형 유도 전동기 2차 회전자에 2차 유기기전력과 같은 주파수를 갖는 슬립주파수 전압을 가하여 속도를 제어한다.
- 셀비우스방식 : 보조기와 전기적연결(유도발전기 혹은 사이리스터 이용)
- 크래머방식 : 보조기와 기계적연결(분권정류자전동기 이용)

(6) 종속법(농형, 권선형) : 직렬접속, 병렬접속, 차동접속

권선형 2대 이용 – 2단 불연속제어, 효율·역률 나쁘다.

- 직렬접속 : $N_s = \dfrac{120f}{P_1 + P_2}$ [rpm]

- 차동접속 : $N_s = \dfrac{120f}{P_1 - P_2}$ [rpm] : 고정자계와 회전자계의 방향반대

- 병렬접속 : $N_s = \dfrac{2 \times 120f}{P_1 + P_2}$ [rpm]

3 제동법

(1) 회생제동 : 유도 전동기를 유도 발전기로 동작시켜 그 발생 전력을 전원에 반환하면서 제동하는 방법

(2) 발전제동 : 제동시 전원으로 분리한 후 직류전원을 연결하면 계자에 고정자속이 생기고 회전자에 교류기전력이 발생하여 제동력이 생긴다.

(3) 역상제동(플러깅) : 운전 중인 유도전동기에 회전방향과 반대방향의 토크를 발생시켜서 급속하게 정지시키는 방법이다.

(4) 단상제동 : 권선형 유도전동기에서 2차 저항이 클 때 전원에 단상전원을 연결하면 제동 토크가 발생한다.

4 유도전동기 이상기동현상

(1) 게르게스(Görges) 현상

1차는 3상, 2차는 단상일 때 동기속도의 1/2(0.5) 되는 점에서 차동기 토크가 발생하여

정격속도의 $\frac{1}{h}$의 속도로 회전하는 현상

(2) 크로우링(Crawling) 현상 (차동기운전)

낮은 속도에서 운전할 때 자속분포가 고조파에 의한 (−)가 겹쳐 회전자가 가속되지 않아 과대 전류가 흘러 전기자 코일이 소손되는 현상 → 소형 농형 유도기

- 방지책 : 전동기 슬롯을 사구(skew slot~경사슬롯) 설치

기출 & 예상문제

제 4 장 유도전동기(3)

01 유도전동기의 토크는?
① 단자전압의 2승에 비례한다. ② 단자전압에 비례한다.
③ 단자전압의 $\frac{1}{2}$ 승에 비례한다. ④ 단자전압과는 무관하다.

풀이 유도전동기의 토크 $\tau \propto V^2$

답 ①

02 3상 유도전동기의 전전압 기동토크는 전부하시의 1.8배이다. 전전압의 2/3로 기동할 때 기동토크는 전부하시의 몇 배인가?
① 0.6 ② 0.8 ③ 1.0 ④ 1.2

풀이 유도전동기의 토크 $\tau \propto V^2$ 에서
$1.8\tau : \tau' = V^2 : \left(\frac{2}{3}V\right)^2$ $\therefore \tau' = 1.8 \times \left(\frac{2}{3}\right)^2 \tau = 0.8\tau$

답 ②

03 3상 유도 전동기의 전압이 10[%] 저하하면 기동 토크는 몇 [%] 감소하는가?
① 5 ② 10 ③ 15 ④ 20

풀이 유도전동기의 토크는 전압의 제곱에 반비례하므로 $\tau \propto (0.9V)^2 = 0.81V^2$
즉, 토크는 약 20[%]가 감소하게 된다.

답 ④

04 일반적으로 10[kW] 이하 소용량인 전동기는 동기속도의 몇 [%]에서 최대 토크를 발생시키는가?
① 2[%] ② 5[%] ③ 80[%] ④ 98[%]

풀이 소용량의 전동기(10[kW])는 동기속도의 80[%] 정도에서 최대 토크가 발생한다.

답 ③

05 다음 중 비례추이의 성질을 이용할 수 있는 전동기는 어느 것인가?
① 직권 전동기 ② 단상 동기전동기
③ 권선형 유도 전동기 ④ 농형 유도 전동기

> **풀이**
> 토크의 비례 추이는 농형 유도 전동기와 같이 2차회로의 저항을 바꿀 수 없는 것에는 응용할 수 없으나, 권선형 유도 전동기와 같이 2차 회로의 저항을 가감시킬 수 있는 경우에는 2차 저항을 조절함으로써, 비례 추이에 따라 기동 토크를 크게 할 수 있다.
>
> **답 ③**

06 권선형 유도 전동기의 2차측 외부 저항 R을 접속하였을 때의 토크 속도 곡선에서 R의 값이 가장 큰것은?

① a ② b
③ c ④ d

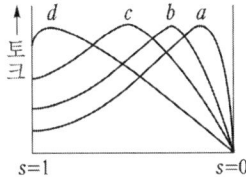

> **풀이**
> 토크는 비례추이를 하므로 저항이 클수록 최대 토크를 발생하는 슬립점이 점점 왼쪽으로 이동한다.
>
> **답 ④**

07 슬립 5[%]인 유도 전동기를 전부하 토크로 기동시키려면 2차에 2차 저항의 몇 배를 넣으면 되는가?

① 5 ② 15 ③ 9 ④ 19

> **풀이**
> 2차 삽입저항 $R_2 = \left(\dfrac{1-s}{s}\right)r_2 = \left(\dfrac{1-0.05}{0.05}\right)r_2 = 19r_2$이 된다.
> 따라서 2차 저항의 19배에 해당하는 저항을 삽입해주게 된다.
>
> **답 ④**

08 유도 전동기의 2차측 저항을 2배로 하면 그 최대 회전력은?

① $\dfrac{1}{2}$배 ② $\sqrt{2}$배 ③ 2배 ④ 불변

> **풀이**
> 2차 저항을 변화시켜도 최대토크는 변화하지 않는다.
>
> **답 ④**

09 3상 유도전동기의 원선도를 그리는 데 필요하지 않은 것은?

① 저항 측정 ② 무부하 시험
③ 구속 시험 ④ 슬립 측정

> **풀이**
> 원선도 작성에 필요한 시험 : 저항 측정, 무부하 시험, 구속(단락) 시험
>
> **답 ④**

10 농형 유도전동기의 기동법이 아닌 것은?

① 기동보상기에 의한 기동법 ② 2차 저항기법
③ 리액터 기동법 ④ Y-△ 기동법

> **풀이**
> 농형 유도 전동기 기동법 : 전전압 기동법, Y-△ 기동법, 기동보상기법, 리액터기동법
>
> **답 ②**

11 50[kW]의 농형 유도전동기를 기동하려고 할 때, 다음 중 가장 적당한 기동 방법은?
① 분상기동법　　　　　　　　② 기동 보상기법
③ 권선형 기동법　　　　　　　④ 슬립 부하기동법

▶ 풀이
농형 유도 전동기 기동법
- 전전압 기동법 : 5[kW] 이하에서 많이 사용
- Y-△ 기동법 : 10~15[kW]에서 많이 사용
- 기동보상기법 : 15[kW] 이상에서 많이 사용

답 ②

12 농형 유도 전동기의 기동법 중 가장 기동 토크가 큰 것은?
① 가변 저항기 기동법　　　　② Y-△ 기동법
③ 전전압 기동법　　　　　　　④ 기동 보상기법

▶ 풀이
유도전동기의 토크는 공급전압의 2승에 비례하므로 기동법중 전전압 기동방식이 토크가 가장 크다.

답 ③

13 1차 쪽에 철심형 리액터를 접속하여 전압 강하를 이용해서 저전압 기동하고 기동 후 단락한다. 구조가 간단하여 15[kW] 이하에서 자동 운전, 원격 제어용에 사용되는 것은?
① 리액터 기동　　　　　　　　② 기동 보상기법
③ Y-△ 기동　　　　　　　　　④ 전전압 기동

답 ①

14 유도 전동기의 Y-△ 기동시 기동 토크와 기동 전류는 전전압 기동시의 몇 배가 되는가?
① $1/\sqrt{3}$　　② $\sqrt{3}$　　③ $1/3$　　④ 3

▶ 풀이
Y-△ 기동법
- 기동 전류가 전부하 전류의 1/3으로 줄어든다.
- 기동 토크가 전부하 토크의 1/3으로 줄어든다.

답 ③

15 10~15[kW]의 농형 유도전동기를 Y-△ 기동법에 의해 기동시키는 경우 기동 전류는 전부하 전류의 대략 몇 [%]인가?
① 200~250　　　　　　　　　② 250~400
③ 400~600　　　　　　　　　④ 300~1,000

▶ 풀이
직접 정격 전압을 인가시에 발생하는 기동 전류는 500~700[%] 정도가 흐르게 되는데 Y-△ 기동 시에는 기동 전류가 전부하 전류의 1/3이므로 약 200~250[%]로 제한하게 된다.

답 ①

16 권선형에서 비례추이를 이용한 기동법은?

① 리액터 기동법　　　　　　　② 기동 보상기법
③ 2차 저항법　　　　　　　　　④ Y-△ 기동법

풀이
권선형은 회전자에 저항을 삽입하면 기동 전류는 제한되고, 기동 토크는 증가되고, 역률은 개선되는 좋은 점이 있어서 대형 다상 유도 전동기는 권선형으로 만들어지고 있다. **답 ③**

17 권선형 유도 전동기가 농형에 비하여 우수한 점은?

① 구조가 간단하다.　　　　　② 효율이 좋다.
③ 기동토크가 크다.　　　　　④ 운전이 쉽다.

풀이
권선형 유도 전동기는 기동 토크가 크므로 대형이 적합하다. 농형 유도 전동기는 기계적으로 튼튼하나 기동 토크가 작아 대형이 되면 기동이 어렵게 된다. **답 ③**

18 3상 유도전동기 중에서 권상기, 펌프 등 중관성 부하용에 많이 사용되는 유도전동기는?

① 농형 유도전동기　　　　　　② 권선형 유도전동기
③ 콘덴서기동형 전동기　　　　④ 반발기동형 전동기

풀이
기동 저항기를 사용하여 기동토크를 크게 하여 기동하는 권선형 유도 전동기이다. **답 ②**

19 다음 중 유도 전동기의 속도제어에 사용되는 인버터 장치의 약호는?

① CVCF　　　　　　　　　　② VVVF
③ CVVF　　　　　　　　　　④ VVCF

풀이
- CVCF(Constant Voltage Constant Frequency) : 일정 전압, 일정 주파수가 발생하는 교류전원 장치
- VVVF(Variable Voltage Variable Frequency) : 가변 전압, 가변 주파수가 발생하는 교류전원 장치

답 ②

20 3상 유도전동기의 속도 제어와 관계없는 것은?

① 극수의 변환　　　　　　　　② 전원 주파수의 변환
③ 2차 회로의 저항의 변화　　　④ 여자 전류의 변화

풀이
유도전동기의 속도 변화 요소 : 극수, 주파수, 전압 등이 있으며 권선형에 사용되는 2차 저항이나, 2차 여자법등이 있다. **답 ④**

21 3상 유도전동기의 공급전압이 일정하고 주파수가 정격값보다 수 % 감소할 때 다음 현상 중 옳지 않은 것은?
① 동기속도가 감소한다.   ② 철손이 증가한다.
③ 누설 리액턴스가 증가한다.   ④ 역률이 나빠진다.

▶ 풀이
① 동기속도 $N_s = \dfrac{120f}{p}$ 의 관계식에서 주파수는 비례관계이므로 감소하게 된다.
② 철손 중 히스테리시스손 $P_h \propto \dfrac{E^2}{f}$ 의 관계로 주파수 감소시 철손은 증가하게 된다.
③ 누설 리액턴스 는 주파수에 비례하므로 감소하게 되고 자기 포화 현상으로 인해 여자 전류가 증가, 역률이 나빠지게 된다.   답 ③

22 3상 농형 유도전동기의 속도 제어는 주로 어떤 제어를 사용하는가?
① 사이리스터 제어   ② 2차 저항 제어
③ 주파수 제어   ④ 계자 제어

▶ 풀이
인버터 시스템을 사용하여 주파수를 변환시켜 속도를 제어하는 방법으로써 선박추진기, 포트모터(방사용 전동기) 등에 사용된다.   답 ③

23 유도전동기의 토크가 전압의 제곱에 비례하여 변화하는 성질을 이용하여 유도전동기의 속도를 제어하는 것은?
① 극수변환 방식   ② 전원전압 제어법   ③ 크래머 방식   ④ 전원주파수 변환법

▶ 풀이
유도 전동기의 토크는 1차 전압의 제곱에 비례하고 슬립에 반비례하게 되는데 1차 전압을 변화시켜 속도를 제어하는 방법을 1차 전압 제어 또는 전압 제어라 한다.   답 ②

24 유도전동기의 회전자에 2차 주파수와 같은 주파수의 전압을 가하여 속도 제어를 하는 방법으로 옳은 것은?
① 2차 여자법   ② 주파수 변환법   ③ 2차 저항법   ④ 극수 변환법

▶ 풀이
• 2차 여자법 : 유도 전동기의 회전자 권선에 2차 기전력 sE_2와 동일 주파수의 전압 E_c를 가해 그 크기를 조절하므로써 속도를 제어하는 방법   답 ①

25 전동기가 회전하고 있을 때 회전 방향과 반대 방향으로 토크를 발생시켜 갑자기 정지시키는 제동법은?
① 역상제동   ② 회생제동   ③ 발전제동   ④ 단상제동

답 ①

26 3상 유도전동기의 회전방향을 바꾸기 위한 방법으로 가장 옳은 것은?

① △-Y 결선
② 전원의 주파수를 바꾼다.
③ 전동기에 가해지는 3개의 단자 중 어느 2개의 단자를 서로 바꾸어 준다.
④ 기동보상기를 사용한다.

●풀이
①, ④ 은 기동법에 속하며, ② 은 속도제어법에 속한다.   **답 ③**

27 유도전동기의 제어방법 중 슬립의 범위를 1~2 사이로 하여 제동하는 방법은?

① 역상제동   ② 직류제동   ③ 단상제동   ④ 회생제동

답 ①

28 유도전동기를 이용한 권상기 등에서 일정한 속도 이상으로 되는 것을 방지하는 동시에 전력도 회수할 수 있는 제동법은?

① 단상 제동   ② 발전 제동   ③ 플러깅   ④ 회생 제동

●풀이
① 발전제동 : 제동시 전원으로 분리한 후 직류전원을 연결하면 계자에 고정자속이 생기고 회전자에 교류기전력이 발생하여 제동력이 생긴다. 직류제동이라고도 한다.
② 역상제동(플러깅) : 운전 중인 유도전동기에 회전방향과 반대방향의 토크를 발생시켜서 급속하게 정지시키는 방법이다.
③ 회생제동 : 제동시 전원에 연결시킨 상태로 외력에 의해서 동기속도 이상으로 회전시키면 유도발전기가 되어 발생된 전력을 전원으로 반환하면서 제동하는 방법이다.
④ 단상제동 : 권선형 유도 전동기에서 2차 저항이 클 때 전원에 단상전원을 연결하면 제동 토크가 발생한다.   **답 ④**

29 2극과 8극의 2대의 3상 유도전동기를 차동 접속법으로 속도제어를 할 때 전원 주파수가 60[Hz]인 경우 무부하속도 N_0는 몇 [rpm]인가?

① 1800[rpm]   ② 1200[rpm]   ③ 900[rpm]   ④ 720[rpm]

●풀이
유도전동기 속도제어법으로 종속법(농형, 권선형)에는 직렬접속, 병렬접속, 차동접속이 있다.
- 직렬접속 $N_s = \dfrac{120f}{P_1 + P_2}$
- 병렬접속 $N_s = \dfrac{2 \times 120f}{P_1 + P_2}$
- 차동접속 $N_s = \dfrac{120f}{P_1 - P_2}$

$N_s = \dfrac{120f}{P_1 - P_2} = \dfrac{120 \times 60}{8 - 2} = 1200$[rpm]   **답 ②**

30 게르게스현상은 다음 중 어느 기기에서 일어나는가?
① 직류 직권전동기　　　　　　　② 단상 유도전동기
③ 3상 농형 유도전동기　　　　　④ 3상 권선형 유도전동기

▶ 풀이

유도전동기 이상기동현상
① 게르게스(Grges) 현상(3상권선형 유도기)
　1차는 3상, 2차는 단상일 때 동기속도의 1/2(0.5) 되는 점에서 차동기 토크가 발생하여 정격속도의 $\frac{1}{h}$ 의 속도로 회전하는 현상
② 크로우링(Crawling) 현상(차동기 운전)
　낮은 속도에서 운전할 때 자속분포가 고조파에 의한 (−)가 겹쳐 회전자가 가속되지 않아 과대 전류가 흘러 전기자 코일이 소손되는 현상 → 소형 농형 유도기
　• 방지책 : 전동기 슬롯을 사구(skew slot∼경사슬롯) 설치
답 ④

31 3상 권선형 유도전동기의 2차 회로에 저항을 삽입하는 목적이 아닌 것은?
① 속도 제어를 하기 위하여
② 기동 토크를 크게 하기 위하여
③ 기동 전류를 줄이기 위하여
④ 속도는 줄어지지만 최대 토크를 크게 하기 위하여

▶ 풀이

권선형 유도 전동기의 기동법(2차 저항법) : 2차 회로에 가변 저항기를 접속하고 비례추이의 원리에 의하여 큰 기동 토크를 얻고 기동전류도 억제한다.
답 ④

32 3상 유도전동기의 설명으로 틀린 것은?
① 전부하 전류에 대한 무부하 전류의 비는 용량이 작을수록 극수가 많을수록 크다.
② 회전자 속도가 증가할수록 회전자측에 유기되는 기전력은 감소한다.
③ 회전자 속도가 증가할수록 회전자 권선의 임피던스는 증가한다.
④ 전동기의 부하가 증가하면 슬립은 증가한다.

▶ 풀이

회전자 속도가 증가할수록 슬립 s가 작아지므로 회전자 권선의 임피던스는 작아진다.
$Z_{2s} = r_a + jsx_2$
답 ③

33 유도 전동기에 기계적 부하를 걸었을 때 출력에 따라 속도, 토크, 효율, 슬립 등이 변화를 나타낸 출력특성 곡선에서 슬립을 나타내는 곡선은?
① 1　　　　　　　　　　　　② 2
③ 3　　　　　　　　　　　　④ 4

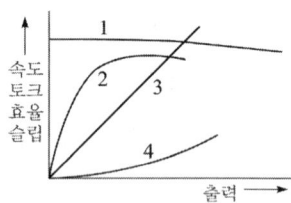

풀이
- 1 : 속도, 2 : 효율, 3 : 토크, 4 : 슬립

답 ④

34 다음 중 유도전동기에서 비례추이를 할 수 있는 것은?
① 출력　　　② 2차동손　　　③ 효율　　　④ 역률

풀이
- 비례추이 가능 : 1,2차 전류, 동기와트, 역률
- 비례추이 불가능 : 효율, 2차 동손, 출력

답 ④

35 슬립이 일정한 경우 유도전동기의 공급 전압이 1/2로 감소되면 토크는 처음에 비해 어떻게 되는가?
① 2배가 된다.　　　② 1배가 된다.
③ 1/2로 줄어든다　　　④ 1/4로 줄어든다

풀이
유도기 인가전압(V_1) 및 토크(T) 특성 $T \propto V_1^2$

답 ④

36 유도전동기가 회전하고 있을 때 생기는 손실 중에서 구리손이란?
① 브러시의 마찰손　　　② 베어링의 마찰손
③ 표유 부하손　　　④ 1차, 2차 권선의 저항손

풀이
①, ②는 기계손중 마찰손이며 ③은 기타손이다. 구리손(동손)은 저항손이라고도 한다.

답 ④

37 용량이 작은 유도 전동기의 경우 전부하에서의 슬립[%]은?
① 1~2.5　　　② 2.5~4　　　③ 5~10　　　④ 10~20

풀이
용량이 작은 소형 유도전동기의 경우 전부하에서 슬립이 5~10[%], 중대형의 경우 2.5~5[%]가 된다.

답 ③

38 3상 유도 전동기의 2차 저항을 2배로 하면 그 값이 2배로 되는 것은?
① 슬립　　　② 토크
③ 전류　　　④ 역률

풀이
3상 권선형 유도 전동기의 경우 비례추이의 원리에 의하여 2차 저항이 2배가 되면 슬립도 2배가 된다.
즉, 저항과 슬립비는 불변. $\dfrac{r_2}{s} = \dfrac{r_2 + R}{s'}$

답 ①

39 슬립 $S=5[\%]$, 2차 저항 $r_2=0.1[\Omega]$인 유도 전동기의 등가 저항 $R[\Omega]$은 얼마인가?

① 0.4 ② 0.5 ③ 1.9 ④ 2.0

풀이

$$R = \frac{1-s}{s} \cdot r_2 = \frac{1-0.05}{0.05} \cdot 0.1 = 1.9[\Omega]$$

답 ③

40 3상 유도전동기의 속도제어 방법 중 인버터(inverter)를 이용한 속도 제어법은?

① 극수 변환법 ② 전압 제어법
③ 초퍼 제어법 ④ 주파수 제어법

풀이

주파수 제어법
- 인버터 시스템을 이용하여 $N_s = \frac{120f}{p}$에서 주파수 f를 변환시켜 속도를 제어하는 방법이다.
- VVVF 제어 : 주파수를 가변하면 $\Phi \propto \frac{V}{f}$와 같이 자속이 변화기 때문에 자속을 일정하게 유지하기 위해 전압과 주파수를 비례하게 가변시키는 제어법을 말한다.

답 ④

41 포트 모터의 속도 제어법은?

① 2차 여자법 ② 1차 권선의 극수 변환
③ 2차 회로의 저항 가감 ④ 전원 주파수 변환

풀이

인경공업에 많이 사용되는 포트 전동기는 연속적 제어와 높은 속도를 얻기 위해 주파수 제어법을 사용하고 있다.

답 ④

4.3 단상 유도전동기

단상유도 전동기는 기동토크가 발생하지 않아 기동할 수 없으므로 별도의 기동용 장치를 설치하여 기동한다. 동일한 정격의 3상 유도전동기에 비해 역률과 효율이 매우 나쁘고, 중량이 무거워서 0.75[kW]이하의 가정용과 소동력용으로 많이 사용되고 있다.

| 1 | 단상유도전동기의 기동방법에 의한 분류

(1) 분상기동형

단상전동기에 보조권선(기동권선)을 설치하여 단상전원에 주권선과 기동권선에 위상이 다른 전류를 흘려서 불평형 2상 전동기로서 기동하는 방법

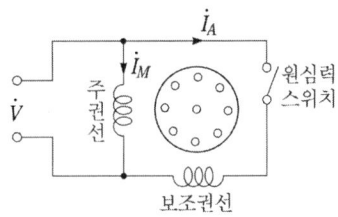

(2) 콘덴서 기동형

기동권선에 직렬로 콘덴서를 넣고, 권선에 흐르는 기동전류를 앞선 전류로 하고 운전권선에 흐르는 전류와 위상차를 갖도록 한 것이다. 기동 시 위상차가 2상식에 가까우므로 기동특성을 좋게 할 수 있고, 시동전류가 적고, 시동토크가 큰 특징을 갖고 있다.

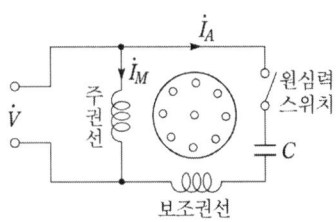

(3) 영구 콘덴서용

영구 콘덴서 전동기는 기동 후에도 계속 콘덴서를 사용하기 때문에 역률이 개선되고 효율도 좋아지지만 콘덴서의 값은 최적의 기동 토크와 운전토크를 고려한 값이 되어야 하기에 기동토크가 비교적 작다.

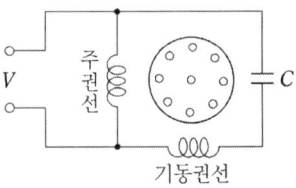

(4) 반발 기동형

회전자에 직류전동기 같이 전기자 권선과 정류자를 갖고 있고 브러시를 단락하면 기동시에 큰 기동 토크를 얻을 수 있는 전동기이다.

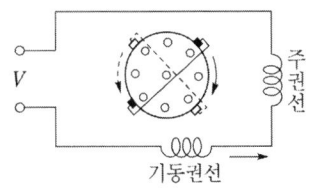

(5) 셰이딩 코일형

돌극형 자극의 고정자와 농형 회전자로 구성된 전동기로 자극에 슬롯을 만들어서 단락된 셰이딩 코일을 끼워 넣은 것이다. 구조가 간단하나 기동 토크가 매우 작고 효율과 역률이 떨어지며, 회전 방향을 바꿀 수 없는 큰 결점이 있다.

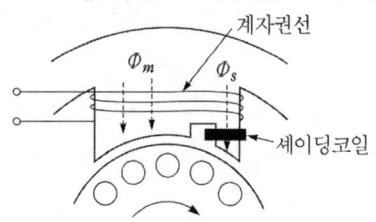

2 기동 토크가 큰 순서

반발기동형 → 반발유도형 → 콘덴서기동형 → 분상기동형 → 셰이딩코일형

기출 & 예상문제

제 4 장 유도전동기(4) 　전기기능장

01 단상유도전동기의 특성이라 할 수 없는 것은?
① 보통 기동 장치가 있다.
② 보통 1[HP] 이하가 많다.
③ 동용량의 3상용에 비하여 기동 전류가 작다.
④ 비교적 효율이 좋다.

▶풀이
단상 유도전동기는 전부하 전류에 대한 무부하 전류의 비율이 대단히 크고, 역률과 효율 및 그 밖의 성능은 동일한 정격의 3상 유도전동기에 비하면 대단히 나쁘고, 중량이 무거우며 가격도 비싸다.　답 ④

02 선풍기, 드릴, 믹서, 재봉틀 등에 주로 사용되는 전동기는?
① 단상 유도전동기
② 권선형 유도전동기
③ 동기전동기
④ 직류 직권전동기

▶풀이
단상 유도전동기는 전원으로부터 간단하게 사용될 수 있는 편리한 점이 있어 가정용, 소공업용, 농사용 등 주로 0.75[kW] 이하의 소출력용으로 많이 사용된다.　답 ①

03 다음 중 단상 유도전동기의 기동방법에 따른 분류에 속하지 않는 것은?
① 분상 기동형
② 저항 기동형
③ 콘덴서 기동형
④ 셰이딩 코일형

▶풀이
기동방법에 따른 분류
• 분상 기동형　• 콘덴서 기동형　• 콘덴서 운전형　• 반발 기동형
• 반발 유도형　• 셰이딩 코일형　• 모노사이클릭 기동형　답 ②

04 분상기동형 단상유도전동기의 회전방향을 바꾸려면?
① 주권선 및 기동권선 단자의 접속을 모두 바꾼다.
② 기동권선이나 주권선 중 어느 한 권선의 단자의 접속을 바꾼다.
③ 전원의 두 선을 바꾸어 접속한다.
④ 정지 후 손으로 회전방향을 바꾼 다음에 기동시킨다.

> **풀이**
> 회전방향을 반대로 할 때는 주권선과 보조권선 중 어느 한쪽의 접속을 반대로 하면 상순서가 바뀌어 회전방향이 바뀐다.
> **답** ②

05 역률과 효율이 좋아서 가정용 선풍기, 전기세탁기, 냉장고 등에 주로 사용되는 것은?
① 분상 기동형 전동기
② 콘덴서 기동형 전동기
③ 반발 기동형 전동기
④ 셰이딩 코일형 전동기

> **풀이**
> 기동토크는 반발기동 - 콘덴서 기동 - 분상 기동 - 셰이딩 코일형의 순서로 크기를 가지지만, 특히 이 중 콘덴서 기동형 단상 유도전동기가 역률과 효율이 가장 좋다.
> **답** ②

06 단상 유도전동기 중에서 콘덴서 기동전동기의 특징은?
① 기동토크가 크다.
② 기동전류가 크다.
③ 소출력의 것에 사용된다.
④ 정류자, 브러시 등을 이용한다.

> **풀이**
> 콘덴서 전동기의 종류
> - 콘덴서 기동형 : 기동특성이 크게 개선되어서 200~300[%]의 기동토크를 얻을 수 있다.
> - 콘덴서 기동-콘덴서 운전형 전동기 : 기동시에 가장 적합한 콘덴서의 용량은 운전시 콘덴서 용량의 5~6배 정도가 되며, 기동토크가 크고 운전시 역률이 좋다.
> - 영구 콘덴서 전동기 : 기동토크는 적고 운전시의 특성도 양호하지 않지만, 원심력스위치가 필요 없고 가격도 싸므로 큰 기동토크를 요구하지 않는 선풍기, 전기냉장고, 전기세탁기 등에 널리 사용되며 기동토크는 20~100[%]이다.
> **답** ①

07 유도전동기에서 회전방향을 바꿀 수 없고, 구조가 극히 단순하며, 기동 토크가 대단히 작아서 운전 중에도 코일에 전류가 계속 흐르므로 소형 선풍기 등 출력이 매우 작은 0.05마력 이하의 소형 전동기에 사용되고 있는 것은?
① 셰이딩 코일형 유도전동기
② 영구 콘덴서형 단상 유도전동기
③ 콘덴서 기동형 단상 유도전동기
④ 분상 기동형 단상 유도전동기

> **풀이**
> 셰이딩 코일형 전동기
> 기동토크가 대단히 작고, 운전 중에도 셰이딩 코일에 전류가 흐르기 때문에 역률과 효율이 낮고 속도변동율이 크다. 그러나, 구조가 간단하고 견고하기 때문에 전축, 선풍기, 수10[W] 이하의 소형 전동기에 널리 사용된다.
> **답** ①

08 단상 유도전동기의 반발 기동형(A), 콘덴서 기동형(B), 분상 기동형(C), 셰이딩 코일형(D)일 때 기동토크가 큰 순서는?
① A - B - C - D
② A - D - B - C
③ A - C - D - B
④ A - B - D - C

> **풀이**
> 기동 토크가 큰 순서
> 반발기동형 → 반발유도형 → 콘덴서기동형 → 분상기동형 → 셰이딩코일형
> **답** ①

09 교류정류자 전동기가 아닌 것은?
① 만능 전동기 ② 콘덴서 전동기
③ 시라게 전동기 ④ 반발 전동기

답 ②

10 단상 유도전압조정기에서 단락 권선의 직접적인 역할은?
① 누설 리액턴스로 인한 전압 강하 방지
② 절연 보호
③ 전압 조정 용이
④ 전압 강하 경감

▶풀이
- 단락권선 : 2차 권선에 부하 전류가 흐를 때 누설리액턴스 때문에 발생하는 전압강하를 방지하기 위해 설치

답 ①

11 다음 중 3상 유도 전압 조정기의 정격 출력[kVA]은?
(단, I_2는 정격 2차 전류[A], E_2는 정격 2차 상전압 [V]이다.)
① $\sqrt{3}\,E_2 I_2 \times 10^3$
② $\sqrt{3}\,E_2 I_2 \times 10^{-3}$
③ $3E_2 I_2 \times 10^3$
④ $3E_2 I_2 \times 10^{-3}$

▶풀이
3상 유도 전압 조정기의 용량 $P = \sqrt{3}\,E_2 \cdot I_2 \times 10^{-3}$[kVA]에서
E_2는 2차 조정 전압을 나타내므로 선간전압이 된다.
따라서, $P = \sqrt{3}(\sqrt{3}\,E_2) \cdot I_2 \times 10^{-3} = 3E_2 \cdot I_2 \times 10^{-3}$[kVA]가 된다.

답 ④

12 단상 유도전동기의 기동방법 중 기동 토크가 가장 큰 것은?
① 분상 기동형 ② 콘덴서 기동형
③ 반발 기동형 ④ 세이딩 코일형

▶풀이
단상유도전동기 기동 토크가 큰 순서
반발기동형 → 반발유도형 → 콘덴서기동형 → 분상기동형 → 셰이딩코일형

답 ③

13 단상 직권 정류자 전동기의 속도를 고속으로 하는 이유는?
① 전기자에 유도되는 역기전력을 적게 한다.
② 전기자 리액턴스 강하를 크게 한다.
③ 토크를 증가시킨다.
④ 역률을 개선시킨다.

> **풀이**
> 정류자전동기에서 역율을 개선하기위하여 보상권선 이용, 회전속도를 증가하고 약계자 강전기자형을 사용한다.
> **답** ④

14 교류 서보전동기(Servo Motor)로 많이 사용되는 것은?
① 콘덴서형 전동기 ② 권선형 유도전동기
③ 타여자 전동기 ④ 영구자석형 동기전동기

> **풀이**
> 서보모터
> ① 기동토크가 크다.
> ② 회전자관성모멘트가 작다.
> ③ 제어권선전압이 0에서는 기동해서는 안되며 정지해야 한다.
> ④ 직류서보모터의 기동토크는 교류서보모터보다 크다.
> ⑤ 속응성이 좋다, 시정수가 짧다. 기계적 응답[답] 좋다.
> ⑥ 회전자 팬에 의한 냉각효과를 기대할 수 없다(열의 발생).
> **답** ④

15 서보(servo) 전동기에 대한 설명으로 틀린 것은?
① 회전자의 직경이 크다.
② 교류용과 직류용이 있다.
③ 속응성이 높다.
④ 기동·정지 및 정회전·역회전을 자주 반복 할 수 있다.

> **풀이**
> 서보(servo) 모터의 특징
> ① 기동토크가 크다.
> ② 회전자관성모멘트가 작다(회전자의 직경이 작다).
> ③ 제어권선전압이 0에서는 기동해서는 안되며 정지해야한다.
> ④ 직류서보모터의 기동토크는 교류서보모터보다 크다.
> ⑤ 속응성이 좋다. 시정수가 짧다. 기계적 응답[답] 좋다.
> ⑥ 회전자 팬에 의한 냉각효과를 기대할 수 없다(열의 발생)
> **답** ①

16 다음은 콘덴서형 전동기 회로로서 보조 권선에 콘덴서를 접속하여 보조 권선에 흐르는 전류와 주권선에 흐르는 전류의 위상차를 더욱 크게 한 것으로 회로에 사용한 콘덴서의 목적으로 옳지 않은 것은?
① 정·역 운전에 도움을 준다.
② 운전시에 효율을 개선한다.
③ 운전시에 역률을 개선한다.
④ 기동 회전력을 크게 한다.

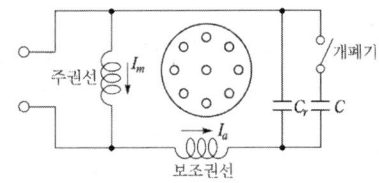

답 ①

17 콘덴서 기동형 단상 유도전동기의 설명으로 옳은 것은?
① 콘덴서를 주 권선에 직렬 연결한다.
② 콘덴서를 기동권선에 직렬 연결한다.
③ 콘덴서를 기동권선에 병렬 연결한다.
④ 콘덴서는 운전권선과 기동권선을 구별하지 않고 연결한다.

● 풀이
콘덴서 기동형 : 기동권선에 직렬로 콘덴서를 넣고, 권선에 흐르는 기동전류를 앞선 전류로 하고 운전권선에 흐르는 전류와 위상차를 갖도록 한 것이다. 기동 시 위상차가 2상식에 가까우므로 기동특성을 좋게 할 수 있고, 시동전류가 적고, 시동토크가 큰 특징을 갖고 있다.

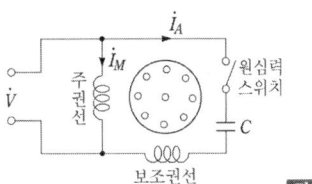

답 ②

18 단상 유도전동기에서 주권선과 보조권선을 전기각 2π[rad]로 배치하고 보조권선의 권수를 주권선의 1/2로 하여 인덕턴스를 적게 하여 기동하는 방법은?
① 분상기동형   ② 콘덴서기동형
③ 셰이딩코일형 ④ 권선기동형

● 풀이
(1) 분상기동형
단상전동기에 보조권선(기동권선)을 설치하여 단상전원에 주권선과 기동권선에 위상이 다른 전류를 흘려서 불평형 2상 전동기로서 기동하는 방법

(2) 콘덴서 기동형
기동권선에 직렬로 콘덴서를 넣고, 권선에 흐르는 기동전류를 앞선 전류로 하고 운전권선에 흐르는 전류와 위상차를 갖도록 한 것이다. 기동 시 위상차가 2상식에 가까우므로 기동특성을 좋게 할 수 있고, 시동전류가 적고, 시동토크가 큰 특징을 갖고 있다.

(3) 셰이딩 코일형
돌극형 자극의 고정자와 농형 회전자로 구성된 전동기로 자극에 슬롯을 만들어서 단락된 셰이딩 코일을 끼워 넣은 것이다. 구조가 간단하나 기동 토크가 매우 작고 효율과 역률이 떨어지며, 회전 방향을 바꿀 수 없는 큰 결점이 있다.

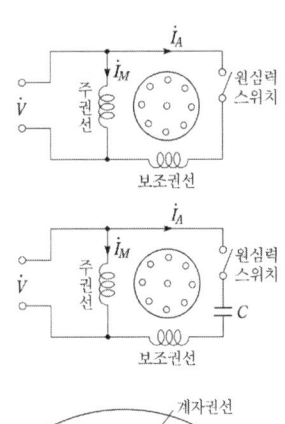

답 ①

19 단상 유도전압조정기의 동작 원리 중 가장 적당한 것은?
① 교번자계의 전자유도 작용을 이용한다.
② 두 전류 사이에 작용하는 힘을 이용한다.
③ 충전된 두 물체 사이에 작용하는 힘을 이용한다.
④ 회전자계에 의한 유도작용을 이용하여 2차 전압의 위상 전압 조정에 따라 변화한다.

▶ 풀이

단상유도전압조정기(단권변압기 원리-교변자계)
(1) 분로권선의 위치를 연속적으로 조정하여 θ를 변화시키면 출력측 전압을 연속적으로 조정할 수 있다. $E = E_1 + E_2\cos\theta$이므로 θ에 따른 조정 범위는 $V_2 = V_1 + E_2 \sim V_1 - E_2$ 가 된다.
(2) 단락권선 : 직렬권선의 누설리액턴스를 감소시켜 전압강하를 감소시킨다.
(3) 출력 $P_a = E_2 I_2 \times 10^{-3}[\text{kVA}]$
(4) 입력과 출력 전압 사이에는 위상차가 발생하지 않는다.

답 ①

20 그림은 교류전동기 속도제어 회로이다.
전동기 M의 종류로 알맞은 것은?
① 단상 유도전동기
② 3상 유도전동기
③ 3상 동기전동기
④ 4상 스텝전동기

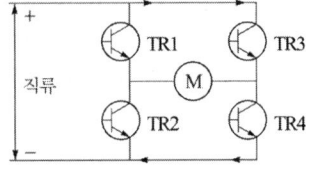

▶ 풀이

그림은 단상유도전동기의 트랜지스터 이용한 속도제어 회로이다.
트랜지스터의 컬렉터(그림의 TR,) 전류 그래프는
다음과 같다.
Ⓐ 부분은 TR1과 TR4
Ⓑ 부분은 TR2, TR3

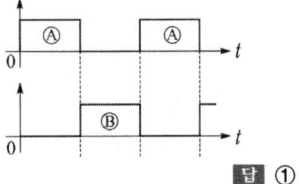

답 ①

21 단상 유도전동기 기동장치에 의한 분류가 아닌 것은?
① 분상 기동형 ② 콘덴서 기동형
③ 세이딩 코일형 ④ 회전계자형

▶ 풀이

회전계자형은 3상 유도전동기에 해당.

답 ④

22 그림과 같은 전동기 제어회로에서 전동기 M의 전류방향으로 올바른 것은? (단, 전동기의 역률은 100[%]이고, 사이리스터의 점호각은 0°)라고 본다.
① 항상 "A"에서 "B"의 방향
② 항상 "B"에서 "A"의 방향
③ 입력의 반주기마다 "A"에서 "B"의 방향, "B"에서 "A"의 방향
④ S1과 S4, S2와 S3의 동작 상태에 따라 "A"에서 "B"의 방향, "B"에서 "A"의 방향

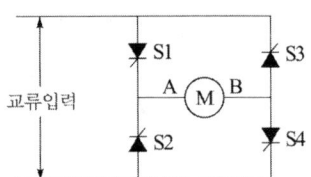

답 ①

23 단상 유도전동기에 보조권선을 사용하는 주된 이유는?
① 역률개선을 한다. ② 회전자장을 얻는다.
③ 속도제어를 한다. ④ 기동전류를 줄인다.

답 ②

24 용량이 작은 전동기로 직류와 교류를 겸용할 수 있는 전동기는?
① 셰이딩 전동기 ② 단상반발 전동기
③ 단상 직권 정류자 전동기 ④ 리니어 전동기

◆풀이
- 단상 직권 정류자 전동기는 : DC(직류) 직권전동기 구조로 되어있다. 단상정류자 전동기는 계자권선과 전기자권선이 직렬 연결되어 있음으로 교류전원이 인가되어도 계자와 전기자 권선이 함께 자극이 변화므로 회전 방향은 변화지않고 계속 같은 방향으로 회전하는 전동기이다.
- Linear Motor(선형전동기) : 직선 모양으로 면하는 이동자(移動子)와 고정자 사이에서 추력(推力:미는 힘)을 발생하는 구조의 전동기. 직선 위를 움직이고, 직접 동력을 주며, 높은 가·감속을 가지게 할 수 있기 때문에 고속철도 등에 사용된다.

답 ③

25 셰이딩코일형 유도전동기의 특징을 나타낸 것으로 틀린 것은?
① 역률과 효율이 좋고 구조가 간단하여 세탁기 등 가정용 기기에 많이 쓰인다.
② 회전자는 농형이고 고정자의 성층철심은 몇 개의 돌극으로 되어 있다.
③ 기동토크가 작고 출력이 수 10[W]이하의 소형 전동기에 주로 사용된다.
④ 운전 중에도 셰이딩코일에 전류가 흐르고 속도변동률이 크다.

◆풀이
셰이딩코일형 유도전동기의 특징 : 각각의 고정자 자극의 한쪽 끝에 홈을 파서 돌출(salient)극을 만들고 이 돌출극에 셰이딩코일(shading coil)이라는 구리 단락 고리를 끼운 것이다. 이 shading coil에 의해서 회전 자계장이 형성되어 토크가 발생하여 회전하게 된다.
- shading coil형의 특징은 운전 중에도 shading coil에 전류가 흐르므로 효율과 역률이 아주 작으며, 기동 토크도 작다.
- 구조가 간단하고 견고하지만 회전방향을 변경할 수 없다.
- FCU(fan coil unit)의 fan, 소형 condensing unit의 fan, 소형 선풍기, record player 등에 쓰인다.

답 ①

26 그림과 같은 분상기동형 단상 유도전동기를 역회전시키기 위한 방법이 아닌 것은?
① 원심력 스위치를 개로 또는 폐로한다.
② 기동권선이나 운전권선의 어느 한 권선의 단자접속을 반대로 한다.
③ 기동권선의 단자접속을 반대로 한다.
④ 운전권선의 단자접속을 반대로 한다.

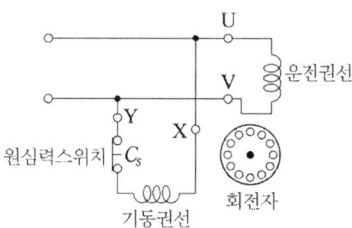

> **[풀이]**
> 주권선과 보조권선 중 어느 한쪽의 접속을 전원에 대해서 반대로 함.
> ※ 원심력 스위치는 기동 때 on 되었다가 정상 회전되면 원심력에 의하여 자동으로 off 되는 스위치이다.
> **답 ①**

27 그림의 전동기 제어회로에 대한 설명으로 잘못된 것은?
① 교류를 직류로 변환한다.
② 사이리스터 위상제어 회로이다.
③ 전파 정류회로이다.
④ 주파수를 변환하는 회로이다.

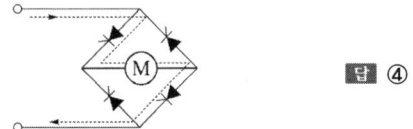

> **[풀이]**
> 주파수변환 회로는 인버터나 트랜지스터가 필요한데 위의 회로는 SCR 4개로 구성된 전파 정류회로이다.
> **답 ④**

28 다음 설명 중 틀린 것은?
① 3상 유도 전압조정기의 회전자 권선은 분로권선이고, Y결선으로 되어 있다.
② 디프 슬롯형 전동기는 냉각효과가 좋아 기동 정지가 빈번한 중·대형 저속기에 적합하다.
③ 누설 변압기가 네온사인이나 용접기의 전원으로 알맞은 이유는 수하특성 때문이다.
④ 계기용 변압기의 2차 표준은 110/220[V]로 되어 있다.

> **[풀이]**
> 계기용 변압기의 2차 표준전압은 110[V]이다.
> **답 ④**

29 보호계전기 시험을 하기 위한 유의사항이 아닌 것은?
① 시험회로 결선시 교류와 직류 확인
② 시험회로 결선시 교류의 극성 확인
③ 계전기 시험 장비의 오차 확인
④ 영점의 정확성 확인

> **[풀이]**
> 교류에서는 극성이 항상 바뀌므로 극성을 확인할 필요가 없다.
> **답 ②**

30 입력으로 펄스신호를 가해주고 속도를 입력펄스의 주파수에 의해 조절하는 전동기는?
① 전기동력계
② 서보전동기
③ 스테핑전동기
④ 권선형유도전동기

> **[풀이]**
> 스테핑(Stepping) 전동기 : 입력 펄스 수에 대응하여 일정 각도씩 움직이는 전동기. 펄스 수와 전동기 회전각도가 비례하므로 회전각도를 정확하게 제어할 수 있다.
> **답 ③**

31 직류 스테핑 모터(DC Stepping Motor)의 특징이다. 다음 중 가장 옳은 것은?
① 교류 동기 서보 모터에 비하여 효율이 나쁘고 토크 발생도 작다.
② 입력되는 전기신호에 따라 계속하여 회전한다.
③ 일반적인 공작 기계에 많이 사용된다.
④ 출력을 이용하여 특수기계의 속도, 거리, 방향 등을 정확하게 제어할 수 있다.

풀이
스테핑(Stepping) 전동기 : 입력 펄스 수에 대응하여 일정 각도씩 움직이는 전동기. 펄스 수와 전동기 회전각도가 비례하므로 회전각도를 정확하게 제어할 수 있다.
답 ④

32 교류 동기 서보 모터에 비하여 효율이 훨씬 좋고, 큰 토크를 발생하여 입력되는 각 전기신호에 따라 규정된 각도만큼씩 회전하며, 회전자는 축방향으로 자화된 영구자속으로서 보통 50개 정도의 톱니로 만들어져 있는 것은?
① 전기동력계   ② 유도전동기
③ 직류 스테핑 모터   ④ 동기전동기
답 ③

33 자동제어장치의 특수 전기기기로 사용되는 전동기는?
① 전기 동력계   ② 3상 유도전동기
③ 직류 스테핑 모터   ④ 초동기 전동기

풀이
스테핑 모터
• 입력 단자에 펄스 신호가 들어올 때마다 권선의 여자 전류는 전환되고, 자기 인력 자기 반발력에 의 회전자가 일정한 각도 만큼씩 회전하는 전동기이다.
• 기동 및 정지 특성이 우수하다.
• 종류로는 영구 자석형, 스테핑 전동기, 가변 자기 저항형 스테핑 전동기, 하이브리드형 스테핑 전동기가 있다.
답 ③

34 교류분권 정류자전동기는 어느 때에 가장 적당한 특성을 가지고 있는가?
① 속도의 연속 가감과 정속도 운전을 아울러 요하는 경우
② 속도를 여러 단으로 변화시킬 수 있고 각 단에서 정속도 운전을 요하는 경우
③ 부하 토크에 관계없이 안전하게 일정 속도를 요하는 경우
④ 무부하와 전부하의 속도변화가 적고 거의 일정 속도를 요하는 경우

풀이
분권전동기와 타여자 전동기가 정속도 특성을 가지고 있다.
답 ④

35 2중 농형 유도전동기가 보통 농형 전동기에 비하여 다른 점은?

① 기동 전류가 크고, 기동 토크도 크다.
② 기동 전류는 크고, 기동 토크는 적다.
③ 기동 전류가 적고, 기동 토크도 적다.
④ 기동 전류는 적고, 기동 토크는 크다.

> **풀이**
>
> 이중 농형전동기(Double Squirrel-Cage Motor : 농형권선을 안팎 2중으로 설치)
> • 회전자의 농형권선을 내외 2중으로 설치하여 기동시에는 저항이 높은 외측도체를 이용하여 큰 기동토크를 얻고 완료 후 저항이 적은 내측도체로 흘러 우수한 운전특성을 얻는 전동기
> ※ 외측도체 : 저항이 높은 황동 또는 동니켈 합금
> ※ 내측도체 : 저항이 낮은 전기동 사용
> 보통 농형은 기동용량이 크고 기동토크는 작은데 이를 보완하기 위해 2중 농형을 사용(기동전류감소, 기동 토오크 증가)함. ~ 기동정지가 빈번한 곳 사용
> (외측권선의 저항은 내측보다 크고 리액턴스는 작다)   **답** ④

3 과목
전기설비설계 기초 및 시공

- 제 1 장 배선설비
- 제 2 장 조명설비
- 제 3 장 수·변전설비
- 제 4 장 신재생에너지설비
- 제 5 장 적산
- 제 6 장 배선재료 및 공구
- 제 7 장 각종 배관·배선공사
- 제 8 장 배전설비 및 배전반공사
- 제 9 장 시험, 운영, 검사
- 제 10 장 전선 및 기계기구의 보안

제 1 장

배선설비

1.1 전압

| 1 | 전압의 종류

(1) 전압은 저압, 고압, 특고압으로 구분

	교 류	직 류
저 압	1[kV]이하	1.5[kV]이하
고 압	1[kV]초과 7[kV]이하	1.5[kV]초과 7[kV]이하
특고압	7[kV]초과	

(2) 전압을 표현하는 용어

① 공칭전압 : 전선로를 대표하는 선간 전압

② 정격전압 : 실제로 사용하는 전압 또는 전기기구 등에 사용되는 전압

③ 대지전압 : 측정점과 대지 사이의 전압

| 2 | 옥내배선선로의 대지전압의 제한

(1) 주택의 옥내전로

옥내전로의 대지전압은 300[V] 이하로 하며, 다음 각 호의 의하여 시설하여야 한다. (단, 대지전압 150[V] 이하인 경우 제외)

① 사용전압은 400[V] 미만일 것

② 사람이 쉽게 접촉할 우려가 없도록 할 것

③ 주택의 전로 인입구에는 인체 보호용 누전 차단기를 시설할 것
④ 백열전등 및 형광등 안정기는 옥내배선과 직접 접속하여 시설할 것
⑤ 전구소켓은 키나 점멸기구가 없는 것일 것
⑥ 정격소비전력이 2[kW] 이상의 전기장치는 옥내배선과 직접 시설하고, 전용의 개폐기 및 과전류 차단기를 시설할 것
⑦ 주택 이외의 장소에서는 은폐된 장소에 합성수지 전선관, 금속전선관, 케이블 공사로 시설할 것

(2) 주택 이외의 옥내전로

옥내전로의 대지전압은 300[V] 이하로 하며,(단, 대지전압 150[V] 이하인 경우 제외) "주택의 옥내전로"항의 ①, ②,⑤, ⑥항에 따라 시설하거나, 취급자 이외의 사람이 쉽게 접촉할 우려가 없도록 시설할 것

3 | 전압강하

(1) 전압강하의 계산식

전기방식	전압강하	전선 단면적	비고
단상 2선식 직류 2선식	$e = \dfrac{35.6LI}{1000A}$	$A = \dfrac{35.6LI}{1000e}$	단, e : 각 선식의 전압강하[V] e' : 외측선 또는 각상의 1선과 중성선 사이의 전압강하[V] L : 전선 1본의 길이[m] A : 전선의 단면적[mm^2] I : 전류
3상 3선식	$e = \dfrac{30.8LI}{1000A}$	$A = \dfrac{30.8LI}{1000e}$	
단상 3선식 직류 3선식 3상 4선식	$e' = \dfrac{17.8LI}{1000A}$	$A = \dfrac{17.8LI}{1000e'}$	

(2) 전선의 색상

교류(AC)		직류(DC)	
상(문자)	색상	극	색상
L1	갈색	L+	적색
L2	흑색	L-	백색
L3	회색	N	청색
N	청색	중성선	
보호도체	녹색-노란색	보호도체	녹색-노란색

색상 식별이 종단 및 연결 지점에서만 이루어지는 나도체 등은 전선 종단부에 색상이 반영구적으로 유지될 수 있는 도색, 밴드, 색 테이프 등의 방법으로 표시해야 한다.

기출 & 예상문제

제1장 배선설비(1)

01 정격전압 13.2[kV]의 전원 3개를 Y결선하여 3상 전원으로 할 때 이 전원의 정격 전압[kV]은?

① 22.9　　② 13.2　　③ 7.6　　④ 30

▶풀이
3상 전원방식에서는 선간전압을 정격으로 표시하므로
$13.2[\text{kV}] \times \sqrt{3} = 22.9[\text{kV}]$ 이다.

답 ①

02 우리나라에서 저압은 교류일 경우 몇 [V]까지인가?

① 330　　② 600　　③ 1,000　　④ 1,500

▶풀이

	교 류	직 류
저압	1[kV] 이하	1.5[kV] 이하
고압	1[kV] 초과 7[kV] 이하	1.5[kV] 초과 7[kV] 이하
특고압	7[kV] 초과	

답 ③

03 다음 중 3상3선식 방식에 대한 전압강하 식으로 바른 것은?

① $e = \dfrac{30.8LI}{1,000A}[\text{V}]$　　　② $e = \dfrac{35.6LI}{1,000A}[\text{V}]$

③ $e = \dfrac{17.8LI}{1,000A}[\text{V}]$　　　④ $e = \dfrac{23.4LI}{1,000A}[\text{V}]$

▶풀이

구 분	전압강하 계산식
단상 2선식	$e = \dfrac{35.6LI}{1,000A}[\text{V}]$
3상 3선식	$e = \dfrac{30.8LI}{1,000A}[\text{V}]$
3상 4선식 또는 단상 3선식	$e = \dfrac{17.8LI}{1,000A}[\text{V}]$

답 ①

04 저압, 고압 및 특별 고압수전의 3상 3선식 또는 3상 4선식에서 설비 불평형을 몇 [%] 이하로 하는 것을 원칙으로 하는가?

① 10 ② 20 ③ 30 ④ 40

• 풀이
불평형 부하의 제한
① 단상 3선식 : 40[%] 이하
② 3상 3선식 또는 3상 4선식 : 30[%]이하

답 ③

05 3상3선식 선로에 그림과 같이 부하가 접속되어 있을 경우 설비불평형률은 약 몇 [%]인가?

① 58.8
② 34.33
③ 45.29
④ 16.33

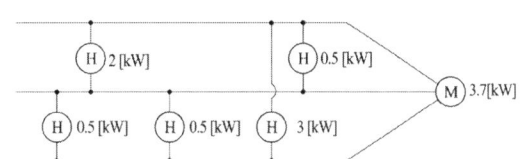

• 풀이

$$설비불평형률 = \frac{각\ 전선간에\ 접속하는\ 단상부하설비의\ 최대와\ 최소의\ 차}{총\ 부하설비\ 용량 \times 1/3} \ 이므로$$

$$설비불평형률 = \frac{3-1}{\frac{(0.5 \times 3 + 3 + 2 + 3.7)}{3}} \times 100[\%] = 58.8[\%]$$

답 ①

06 저압으로 수전하는 조명 설비의 경우 수용가 설비의 인입구로부터 기기까지의 전압강하 값은 몇[%] 이하 이어야 하는가?

① 3 ② 5 ③ 6 ④ 8

• 풀이

설비의 유형	조명(%)	기타(%)
저압으로 수전하는 경우	3	5
고압 이상으로 수전하는 경우	6	8

사용자의 배선설비가 100m를 넘는 부분의 전압강하는 미터당 0.005% 증가할 수 있으나 이러한 증가분은 0.5%를 넘지 않아야 한다. ※ 예외적 허용(기동시간 중의 전동기, 돌입전류가 큰 기타 기기)

답 ①

07 3상 4선식 Y접속 시 전등과 동력을 공급하는 옥내배선의 경우는 상별 부하 전류가 평형으로 유지되도록 상별로 결선하기 위하여 전압 측 전선에 색별 배선을 하거나 색 테이프를 감는 등의 방법으로 표시 하여야 한다. 이때 전압 측 전선의 색별 표시가 아닌것은?

① 갈색 ② 흑색
③ 청색 ④ 회색

▶풀이

상(문자)	색상
L1	갈색
L2	흑색
L3	회색
N	청색
보호도체	녹색-노란색

답 ③

08 전선의 색상 구분에서 보호도체(접지도체)에 해당하는 색은?
① 갈색　　　　② 흑색　　　　③ 청색　　　　④ 녹색-노란색

답 ④

4 | 부하의 상정

배선을 설계하기 위한 전등 및 소형 전기 기계기구의 부하용량 산정은 아래 표에 표시하는 건물의 종류 및 그 부분에 해당하는 표준부하에 바닥 면적을 곱한 값을 구하고 여기에 가산하여야 할 VA 수를 더한 값으로 계산한다.

$$부하설비용량 = \{표준부하밀도\} \times \{바닥면적\} + \{부분부하밀도\} \times \{바닥면적\} + \{가산부하\}[VA]$$

표준 부하 [A]

건물 종류	부하 밀도
공장, 공회장, 사원, 교회, 극장, 영화관	10[VA/m^2]
기숙사, 여관, 호텔, 병원, 음식점, 다방	20[VA/m^2]
사무실, 은행, 백화점, 상점	30[VA/m^2]
주택, 아파트	40[VA/m^2]

부분 부하 [B]

건물 부분	부하 밀도
계단, 복도, 지하, 창고	5[VA/m^2]
강당, 관람석	10[VA/m^2]

기출 & 예상문제

제1장 배선설비(2)

01 간선에서 분기하여 분기 과전류 차단기를 거쳐서 부하에 이르는 사이의 배선을 무엇이라 하는가?
① 간선   ② 인입선   ③ 중성선   ④ 분기회로

▶풀이
급전선 → 간선 → 분기회로 → 부하

답 ④

02 배전방식에서 간선계통의 종류가 아닌 것은?
① 단독형 간선   ② 분기형 간선
③ 방사형 간선   ④ 횡접속형 간선

▶풀이
간선계통의 종류
• 나뭇가지식(분기형)   • 평행식(단독형)   • 병용식(횡접속형)

답 ③

03 아파트, 주택 등의 건축물 종류에서 표준부하[VA/m²] 값은 얼마로 규정하고 있는가?
① 10   ② 20   ③ 30   ④ 40

▶풀이

건축물의 종류	표준부하[VA/m²]
공장, 공회당, 사원, 교회, 극장, 영화관, 연회장 등	10
기숙사, 여관, 호텔, 병원, 학교, 음식점, 다방, 대중 목욕탕	20
사무실, 은행, 상점, 이발소, 미장원	30
주택, 아파트	40

답 ④

04 220[V] 저압옥내전로의 인입구 가까운 곳에 반드시 시설하여야 하는 인입구 장치는 어느 것인가?
① 계량기 및 배선용 차단기   ② 계량기 및 누전 차단기
③ 분전반 및 배선용 차단기   ④ 개폐기 및 과전류 차단기

▶풀이
옥내간선과의 분기점에서 전선의 길이가 3[m] 이하의 장소에 개폐기 및 과전류 차단기를 시설하는 것이 원칙이다.

답 ④

05 인체 보호용 누전차단기의 정격감도전류 및 동작 시간은 각각 어떻게 되는가?
① 10[mA] 이하, 0.3초 이내
② 30[mA] 이하, 0.3초 이내
③ 10[mA] 이하, 0.03초 이내
④ 30[mA] 이하, 0.03초 이내

> **풀이**
> 누전차단기의 시설
> 전로에 누설전류가 흐르는 경우 화재 및 인체의 감전사고를 유발할 수 있으므로 정격감도전류 30[mA] 이하, 동작시간 0.03초 이하에서 동작할 수 있는 전류동작형 누전차단기를 설치하여야 한다. 만약 욕실 등 인체가 물에 젖어 있는 상태에서 물을 사용하는 장소에서 전기기구를 사용하는 경우에는 정격감도전류 15[mA] 이하, 동작시간 0.03초 이하에서 동작할 수 있는 전류동작형 누전차단기를 설치하여야 한다.
> **답 ④**

06 저압옥내 전로에서 분기회로의 종류가 아닌 것은?
① 10[A] 분기회로
② 15[A] 분기회로
③ 20[A] 분기회로
④ 50[A] 분기회로

답 ①

07 옥내저압 배전선의 전선 굵기를 결정하는 3대 요소가 아닌 것은?
① 허용전류
② 절연종류
③ 기계적 강도
④ 전압강하

> **풀이**
> 전선의 굵기는 허용전류, 전압강하 및 기계적 강도
> **답 ②**

08 분기회로시설 중 다른 분기회로 또는 콘센트의 접속이 없고 단락, 화재 및 인체에 대한 위험이 최소화될 경우 저압 옥내간선과의 분기점에서 전선의 길이가 몇 [m] 이하인 곳에 개폐기 및 과전류 차단기를 시설하여야 하는가?
① 3
② 4
③ 5
④ 6

> **풀이**
> 옥내간선과의 분기점에서 전선의 길이가 3[m] 이하의 장소에 개폐기 및 과전류 차단기를 시설하는 것이 원칙
> **답 ①**

09 분기회로시설 중 도체의 단면적이 줄어들거나 다른 변경이 이루어진 분기회로의 시작점(O)과 이 분기회로의 단락보호장치(P_2) 사이에 있는 도체가 전원측에 설치되는 보호장치(P_1)에 의해 단락보호가 되는 경우 저압 옥내간선과의 분기점에서 전선의 길이가 몇 [m] 이하인 곳에 개폐기 및 과전류 차단기를 시설하여야 하는가?
① 3
② 5
③ 8
④ 거리제한 없다.

▶풀이

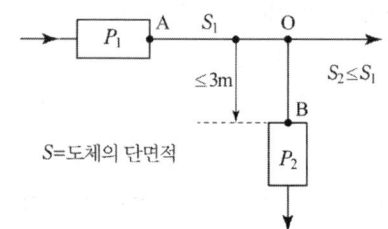

〈분기회로 단락보호장치(P_2)의 제한된 위치 변경〉

분기회로의 단락보호장치 설치점(B)과 분기점(O) 사이에 다른 분기회로 또는 콘센트의 접속이 없고 단락, 화재 및 인체에 대한 위험이 최소화될 경우, 분기회로의 단락 보호장치 P_2는 분기점(O)으로 부터 3[m]까지 이동하여 설치할 수 있다.

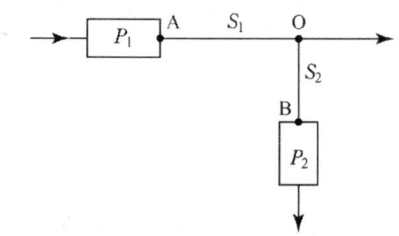

〈분기회로 단락보호장치(P_2)의 설치 위치〉

도체의 단면적이 줄어들거나 다른 변경이 이루어진 분기회로의 시작점(O)과 이 분기회로의 단락보호장치(P_2) 사이에 있는 도체가 전원측에 설치되는 보호장치(P_1)에 의해 단락보호가 되는 경우에, P_2의 설치 위치는 분기점(O)로부터 거리제한이 없이 설치할 수 있다.

답 ④

10 관등회로에 대한 설명으로 옳은 것은?
① 방전등용 안정기로부터 방전관까지의 선로
② 전선 지지점의 거리가 2[m] 이하인 전로
③ 전선 상호 간의 간격이 0.8[m] 이상인 전로
④ 금속관 공사로서 콘크리트에 매설하는 깊이가 0.2[m] 이상인 전로

답 ①

11 건물의 종류에 따른 표준 부하에서 창고, 복도, 계단 등의 부하 [VA/m²] 값은?
① 5　　② 10　　③ 30　　④ 40

▶풀이

부분적인 표준부하

건축물의 부분	표준부하[VA/m²]
복도, 계단, 세면장, 창고, 다락	40
강당, 관람석	30

답 ①

12 사무실, 은행, 상점, 미용원 등의 건축물 종류에서 표준부하[VA/m²] 값은 얼마로 규정하고 있는가?

① 5 ② 10 ③ 20 ④ 30

• 풀이

건축물의 종류	표준부하[VA/m²]
공장, 공화당, 사원, 교회, 극장, 영화관, 연회장 등	10
기숙사, 여관, 호텔, 병원, 학교, 음식점, 다방, 대중 목욕탕	20
사무실, 은행, 상점, 이발소, 미장원	30
주택, 아파트	40

답 ④

13 전등 및 소형 전기기계 기구의 부하 선정에 있어 배선 도면에 대형 전등 수구만 표시되고, 부하의 종류, 용량 등의 표시가 없을 경우 이 수구의 예상부하[VA]는?

① 150 ② 300 ③ 500 ④ 600

• 풀이

수구종류에 의한 예상부하

수구의 종류	예상부하[VA/개]	비고
소형전등 수구, 콘센트	150	공칭지름 26[mm] 베이스
대형전등 수구	300	공칭지름 39[mm] 베이스

답 ②

14 그림과 같은 건물을 표준부하를 적용하여 분기회로수를 구하고자 한다. 회로수는?(단, 전원전압은 100[V]로 하고, 분기회로는 16A], 분기회로로 80[%]의 정격이 되도록 하며, 주거부분에 가산부하는 1,000[VA]로 한다.)

건물평면도

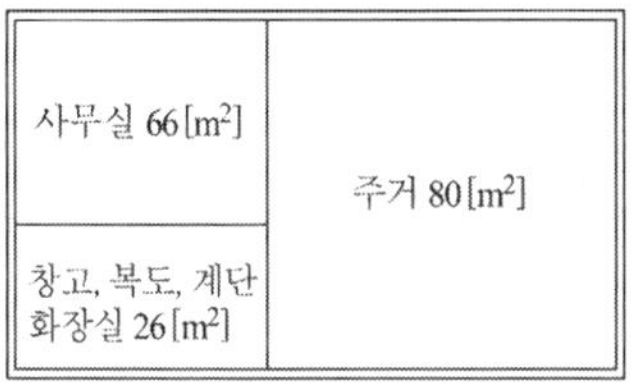

사무실 66[m²]
주거 80[m²]
창고, 복도, 계단 화장실 26[m²]

표준부하

건물의 종류	표준부하[VA/m²]
주택, 아파트,	40
사무실, 은행, 백화점, 상점	30
창고, 복도, 계단, 화장실	5

① 1 ② 2 ③ 3 ④ 6

> **풀이**
> 부하설비용량 =(표준부하밀도)×(바닥면적)+(부분부하밀도) × (바닥면적)+(가산부하)[VA] 이므로
> $= 30 \times 66 + 5 \times 26 + 40 \times 80 + 1{,}000$
> $= 6{,}310 [\text{VA}]$
>
> 간선전류$= \dfrac{6{,}310}{100} = 63.1[\text{A}]$
>
> 분기회로수$= \dfrac{63.1}{15 \times 0.8} = 5.26$(분기회로 80[%] 정격 고려)
>
> ∴ 소수점 절상하여 6분기 회로가 된다.
>
> **답** ④

15 학교, 사무실, 은행 등의 옥내배선 설계에서 간선의 굵기를 선정할 때, 등 및 소형 전기기계기구의 용량 합계가 10[kVA]를 넘는 것에 대한 수용률은 내선규정에서 몇 [%]를 적용하도록 규정하고 있는가?

① 40 ② 50 ③ 60 ④ 70

> **풀이**
> 전등부하의 수용률[%] $\left(= \dfrac{\text{최대수용전력}}{\text{설비용량}} \right)$
>
> | 건물의 종류 | 수용률[%] | |
> |---|---|---|
> | | 10[kVA] 이하 | 10[kVA] 초과 |
> | 주택, 아파트, 기숙사, 여관, 호텔, 병원 | 100 | 50 |
> | 사무실, 은행, 학교 | 100 | 70 |
> | 기타 | 100 | |
>
> **답** ④

16 전기설비의 절연 열화 정도를 판정하는 측정방법이 아닌 것은?

① Corona 진동법 ② Megger법
③ tan δ법 ④ 보이스 Camera

> **풀이**
> 절연열화 진단기술
> ① 직류고압법 : 직류고전압을 인가하여 흡수전류를 측정하여 진단
> ② 부분방전 측정법 : 고전압을 인가하면 부분방전이 발생하기 시작하는 인가전압으로 진단
> ③ 유전정접(tanδ) 측정법 : 상용주파교류전압을 인가하여 온도특성, 전압특성을 측정하여 절연상태를 판정하는 방법
> ④ 절연저항계법 : 직류전압을 인가하여 이때의 누설전류로부터 절연저항을 측정
>
> **답** ④

제 2 장

조명설비

2.1 조명의 개요

1 조명의 목적

모든 건축물에 필요한 전등설비는 명시조건을 만족하여야 함은 물론 건물내 각 작업장의 환경과 조화를 이루고 사용하기 쉽고 안전하며 경제적이어야 한다. 전등설비에 콘센트 설비까지 합친 것을 보통 조명설비라고 한다.

(1) 물체를 보기 쉬운 밝은 상태(명시)를 중요시하는 것
(2) 안락한 분위기를 이루게 하는 것

2 조명의 용어 및 공식

용어	기호[단위]	정의
광속	F[lm] 루멘	• 광원으로 나오는 복사속을 눈으로 보아 빛으로 느끼는 크기를 나타낸 것
광도	I[cd] 칸델라	• 광원이 가지고 있는 빛의 세기
조도	E[lx] 럭스	• 어떤 물체에 광속이 입사하여 그 면은 밝게 빛나는 정도 • 조명조건에서 중요한 요소로 조도는 밝음을 의미함
휘도	B[sb] 스틸브	• 광원이 빛나는 정도
광속 발산도	R[rlx] 래드럭스	• 물체의 어느 면에서 반사되어 발산하는 광속
광색	켈빈[K]	• 점등 중에 있는 램프의 겉보기 색상을 말하며 그 정도를 색온도로 표시 • 색온도가 높으면 빛은 청색을 띠고 낮을수록 적색을 띤 빛으로 나타낸다.
연색성		• 조명된 피사체의 색 재현 충실도를 나타내는 광원의 성질 (빛이 색에 미치는 효과)

- 삼파장 형광램프 : 파장폭이 좁은 청색, 녹색, 적색의 3가지 색의 빛을 조합하여 높은 백색 빛을 얻는 램프. 최근 백화점이나 고급 의상실 등에서 많이 사용하고 있다.
- 조명의 4대 요소 : 물체의 보임에 큰 영향을 미치는 요소로서
  ① 밝기 : 보이기 위한 최소한의 조도
  ② 크기 : 물체의 크기
  ③ 속도 : 물체가 움직이는 속도[m/sec]
  ④ 대비 : 주변과의 색깔 대비

(1) 광도(光度 candela, I[cd]) : 어떤 방향의 발산광속의 입체각 밀도

$$I = \frac{F}{\omega}[\text{cd}] \ (F : \text{광속[lm]}, \ \omega : \text{입체각})$$

$$\omega = 2\pi(1 - \cos\theta)$$

(구(球) : $\omega = 4\pi$, 반구(半球) : $\omega = 2\pi$, 평판(平板) : $\omega = \pi$, 원통(圓筒) : $\omega = \pi^2$)

(2) 조도(照度 lux, E[lx]) : 피조면의 단위면적당 입사광속

$$E = \frac{F}{S}[\text{lx}] = [\text{lm/m}^2], \ [\text{lm/m}^2] = 10^4 [\text{lm/cm}^2]$$

※ 조도의 거리의 역제곱 법칙(inverse-square law)

$$E = \frac{I}{r^2}[\text{lx}]$$

조도는 광도 I[cd]에 비례하며 거리 r[m]의 제곱에 반비례한다.

(3) 휘도(輝度, B[sb]) : 눈부심의 정도(광원의 빛나는 정도)

$$B = \frac{I}{S}[\text{cd/m}^2] = [\text{nt}]$$

여기서, S : 광원의 면적

한계휘도 $0.5[\text{sb}] = 0.5 \times 10^4 [\text{nt}]$

$[\text{cd/m}^2] = [\text{nt}]$, $[\text{cd/cm}^2] = [\text{sb}]$, $1[\text{sb}] = 10^4 [\text{nt}]$

(4) 광속발산도(光束發散度, R[rlx]) : 광속의 단위 면적당 입사, 반사 또는 투과되는 밀도

$$R = \frac{F}{S}$$

여기서, S : 단면적[m^2], F : 광속[lm]

[lm/m^2]=[rlx(radlux)]=[asb(apostilb)]

(5) 반사율(ρ), 투과율(τ), 흡수율(α) 관계

① 글로브효율 $\eta = \dfrac{\tau(\rho)}{1-\rho}$

② 전등효율 $= \dfrac{출력(광속)}{입력(전력)} = \dfrac{F}{P}$ [lm/W]

③ 완전확산면

가을하늘이나 유백색 유리구와 같이 어느 방향에서 관측하여도 휘도가 동일한 표면

$R = \pi B = \rho E = \tau E$

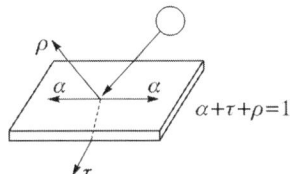

2.2 조명설계

│1│ 우수한 조명의 조건

(1) 조도가 적당할 것 : 장소마다 필요한 만큼의 밝음의 정도

(2) 시야 내의 조도차가 없을 것 : 잘 보이지 않을 뿐만 아니라 눈이 피로를 초래

(3) 눈부심이 일어나지 않도록 할 것 : 불쾌하거나 대상이 보기 힘들어짐

(4) 적당한 그림자가 있을 것 : 인공조명을 자연광에 가까운 광색으로 선정하는 것

│2│ 옥내 조명설계

(1) 조명기구의 배치 결정(위치설계)

1) 광원의 높이 : 광원의 높이가 너무 높으면 조명률이 나빠지고, 너무 낮으면 조도의 분포가 불균일하게 됨

① 직접 조명일 때 : $H = \dfrac{2}{3}H_0$ (천장과 조명 사이의 거리는 $\dfrac{H_0}{3}$)

② 간접 조명일 때 : $H = H_0$ (천장과 조명 사이의 거리는 $\dfrac{H_0}{5}$)

2) 광원의 간격 : 실내 전체의 명도차가 없는 조명이 되도록 기구 배치한다.

① 광원 상호 간 간격 : $S \leq 1.5H$

② 벽과 광원 사이의 간격 : $S_0 \leq \dfrac{H}{2}$ (벽측 사용안 할 때)

③ 벽과 광원 사이의 간격 : $S_0 \leq \dfrac{H}{3}$ (벽측 사용할 때)

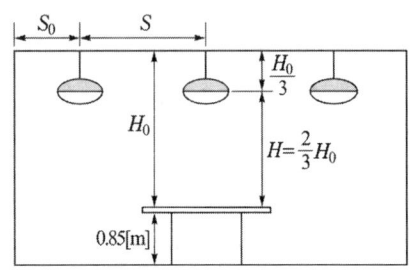
[직접 조명방식에서 전등의 높이와 간격]

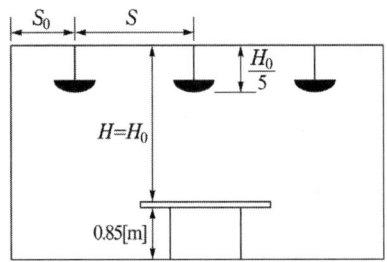
[간접 조명방식에서 전등의 높이와 간격]

(2) 조명의 계산

　1) 광속의 결정

$$FUN = EAD$$

　　여기서, F : 광속[lm], 　U : 조명률, 　N : 전등수[개]
　　　　　 E : 조도[lx], 　A : 바닥면적[m²]
　　　　　 D : 감광보상률 $= \dfrac{1}{M}$ 　M : 보수율

　2) 조명률 결정(U) : 광원에서 방사된 총 광속 중 작업 면에 도달하는 광속의 비율을 말하며, 실지수, 조명기구의 종류, 실내면의 반사율, 감광보상률에 따라 결정된다.

　3) 실지수의 결정

　　① 조명률을 구하기 위해서는 어떤 특성을 가진 방인가를 나타내는 실지수를 알아야 하는데, 실지수는 실의 크기 및 형태를 나타내는 척도로서 실의 폭, 길이, 작업면 위의 광원의 높이 등의 형태를 나타내는 수치로 다음 식으로 나타낸다.

$$\text{실지수} = \dfrac{XY}{H(X+Y)}$$

　　여기서, X : 방의 가로 길이, Y : 방의 세로 길이
　　　　　 H : 작업면으로부터 광원의 높이

　　② 위의 식에서 구한 실지수는 아래 표에 적용하여 실지수의 기호를 결정한다.

기호	A	B	C	D	E	F	G	H	I	J
실지수	5.0	4.0	3.0	2.5	2.0	1.5	1.25	1.0	0.8	0.6

4) 반사율 : 조명률에 대하여 천장, 벽, 바닥의 반사율이 각각 영향을 주지만 이들 중 천장의 영향이 가장 크고, 벽면, 바닥 순서이다.

재 료	반사율	재 료	반사율
흰 벽	0.6~0.8	목재(노란 리스칠)	0.3~0.5
흰 진회벽	0.6	창호지	0.4~0.5
엷은색 크림벽	0.5~0.6	신문지	0.1~0.2
진한색의 벽	0.1~0.3	밝은 벽돌	0.15
목재(백목)	0.4~0.6	회색 텍스	0.40
흰 타일	0.6	콘크리트	0.25
리놀륨	0.15	엷은색 페인트	0.35~0.55
흰 페인트	0.6~0.8	진한색 페인트	0.1~0.3
투명 아크릴	0.7~0.9	검은색 페인트	0.05
반투명 아크릴	0.3~0.5		

5) 감광보상률(D)-소요 전광속의 여유

조명은 사용함에 따라 조도가 점차로 감소하여 평균 조도를 유지하지 못하게 되는데 그 이유는 광원의 조도의 저하와 주위환경의 변화(전구의 필라멘트 증발에 따르는 발산광속의 감소, 유리구 내면에서의 흑화, 조명기구 및 실내 반사면의 먼지 축척으로 인하여 반사율의 감소 등)에 기인 한 것이다.

- 직접조명(보통 장소) : $D = 1.3$
- 직접조명(먼지, 오물 많은 장소) : $D = 1.5 \sim 2.0$
- 간접조명 : $D = 1.5 \sim 2.0$

6) 보수율(M)

감광보상률의 역수로 소요되는 평균조도를 유지하기 위한 조도저하에 대한 보상계수라고 볼 수 있다.

기출 & 예상문제
제 2 장 조명설비

01 직접 조명의 장점이 아닌 것은?
① 조명률이 크므로 소비전력은 간접조명의 1/2 ~1/3 이다.
② 설비비가 저렴하며 설계가 단순하다.
③ 그늘이 생기므로 물체의 식별이 입체적이다.
④ 등기구의 사용을 최소화하여 조명효과를 얻을 수 있다.

답 ③

02 조명기구의 배광에 의한 분류 중 40~60[%] 정도의 빛이 위쪽과 아래쪽으로 고루 향하고 가장 일반적인 용도를 가지고 있으며 상·하 좌우로 빛이 모두 나오므로 부드러운 조명이 되는 방식은?
① 직접 조명 방식
② 반직접 조명방식
③ 전반확산 조명방식
④ 반간접 조명방식

답 ③

03 우수한 조명의 조건이 되지 못하는 것은?
① 조도가 적당할 것
② 균등한 광속발산도 분포일 것
③ 그림자가 없을 것
④ 광색이 적당할 것

▶ 풀이
우수한 조명의 조건
① 조도가 적당할 것
② 그림자가 적당할 것(요철부 같은 곳을 명확하게 할 필요성)
③ 균등한 광속발산도 분포(얼룩이 없는 조명)일 것
④ 휘도의 대비가 적당할 것
⑤ 광색이 적당할 것

답 ③

04 조명에서 사용되는 칸델라[cd]의 단위는?
① 광속
② 광도
③ 휘도
④ 조도

▶ 풀이
광도(I)[cd] : 광원이 가지고 있는 빛의 세기

답 ②

05 물체의 보임에 큰 영향을 미치는 네 가지 조건을 조명의 4대 요소라 한다. 해당하지 않는 것은?

① 밝음 ② 물체의 크기
③ 색온도 ④ 시간

▶ 풀이

물체의 보임의 조건
① 밝기 : 보이기 위한 최소한의 조도 ② 크기 : 물체의 크기
③ 속도 : 물체가 움직이는 속도 ④ 대비 : 주변과의 색깔 대비

답 ③

06 반간접조명의 설계에서 등의 높이란?

① 바닥에서 천정 ② 피조면에서 천정
③ 피조면에서 등기구 ④ 방바닥에서 등기구

▶ 풀이
- 직접조명 : 등~피조면
- 간접조명 : 천정~피조면

답 ②

07 정밀작업의 공장에 적당한 조명방식은?

① 전반 조명 ② 국부 조명
③ 전반 국부병용 조명 ④ 코브 조명

▶ 풀이

조명방식	특 징
국부조명	작업 면이 필요한 장소만 고조도로 하기 위한 방식으로 그 장소에 조명기구를 밀집하여 설치하든가 또는 스탠드 등을 사용한다. 이 방식은 국부만을 조명하기 때문에 밝고 어둠의 차이가 커서 눈부심을 일으키고 눈이 피로하기 쉬운 결점이 있다.
전반 국부 병용 조명	전반조명에 의하여 시각 환경을 좋게 하고, 국부조명을 병용해서 필요한 장소에 고조도를 경제적으로 얻는 방식으로 병원 수술실, 공부방, 기계공작실 등에 채용된다.
전반조명	작업 면 전반에 균등한 조도를 가지게 하는 방식, 광원을 일정한 높이와 간격으로 배치하며, 일반적으로 사무실, 학교, 공장 등에 채용된다. 이 방식은 설치가 쉽고, 작업대의 위치가 변해도 균등한 조도를 얻을 수 있다.
코니스 조명	천장과 벽면의 경계구역에 건축적으로 턱을 만들어 그 내부에 조명기구를 설치하는 방식
코퍼조명	천장 면에 환형, 사각형 등의 형상으로 기구를 취부한 방식
루버조명	천장 면에 루버 판을, 천장 내부에 광원을 배치한 방식으로 높은 조도로 인하여 낮과 같은 조명환경을 얻을 수 있다.
밸런스조명	벽면조명으로 벽면에 나누마 금속판을 시설하여 그 내부에 램프를 설치하는 방식

조명방식	특 징
다운라이트 조명	천장에 작은 구멍을 뚫어 그 속에 등기구를 매입시키는 방식
코브 조명	벽이나 천장면에 플라스틱, 목재 등을 이용하여 광원을 감추는 방식

답 ③

08 옥내배선용 심볼 ○는 무엇을 나타내는 것인가?
① 조광기　　② 형광등　　③ 백열등　　④ 비상콘센트

풀이
▭○▭ (형광등)

답 ③

09 다음 중 가장 많은 조도가 필요한 장소는?
① 곡선도로　　② 교차로　　③ 직선도로　　④ 경사도로

답 ①

10 건축화 조명이란?
① 물체의 보임, 작업에 필요한 조명
② 건물에 필요한 조명기구의 종류
③ 상업조명과 같이 매상의 증가와 비교하여 조명비를 고려한 조명
④ 조명기구를 건축내장재의 마무리 일부로서 건축의 장과 조명기구를 일체화한 조명

풀이
건축구조나 표면마감이 조명기구의 일부가 되는 것으로 건축디자인과 조명과의 조화를 도모하는 조명방식

답 ④

11 작업면에서 천장까지의 높이가 3[m]일 때 직접 조명일 경우의 광원 높이는 몇 [m]인가?
① 1　　② 2　　③ 3　　④ 4

풀이
직접조명일 때 $H = \frac{2}{3}H_0$ 이므로
$\therefore H = \frac{2}{3} \times 3 = 2[\text{m}]$

답 ②

12 완전 확산면에서는 어느 방향에서도?
① 광도가 같다.　　② 조도가 같다.
③ 휘도가 같다.　　④ 광속이 같다.

답 ③

13 바닥면적 12[m²]인 방에 40[W] 형광등 2등(1등당의 전광속은 3,000[lm])을 점등하였을 때 바닥면에서의 광속의 이용도(조명률)를 60[%]라 하면 바닥면의 평균조도[lx]는? (단, 감광보상률은 1로 계산한다.)

① 200　　② 300　　③ 400　　④ 500

▶풀이

$FUN = EAD$ 에서

$$E = \frac{FUN}{AD} = \frac{3000 \times 0.6 \times 2}{12 \times 1} = 300$$

답 ②

14 바닥 면적 200[m²]의 교실에 전 광속 2500[lm]의 40[W] 형광등을 시설하여 평균조도를 150[lx]로 하자면 전등수는 얼마인가? (단, 조명률 50[%], 감광 보상률 1.25로 한다.)

① 30등　　② 26등　　③ 20등　　④ 18등

▶풀이

$$N = \frac{EAD}{FU} = \frac{150 \times 200 \times 1.25}{2500 \times 0.5} = 30$$

답 ①

15 곡선 도로 조명 상 조명 기구의 배치 조건이 가장 적당한 것은?

① 양측 배치의 경우는 지그재그식으로 한다.
② 한쪽만 배치하는 경우는 커브 바깥쪽에 배치한다.
③ 직선 도로에서보다 등 간격을 조금 더 넓게 한다.
④ 곡선 도로의 곡률 반경이 클수록 등 간격을 짧게 한다.

▶풀이

조명 기구의 배치 조건
(1) 양측 배치의 경우는 균등하게(일렬)로 한다.
(2) 한쪽만 배치하는 경우는 커브 바깥쪽에 배치한다.
(3) 직선 도로에서보다 등 간격을 조금 좁게 한다.
(4) 곡선 도로의 곡률 반경이 클수록 등 간격을 넓게 한다.

답 ②

제 3 장

수·변전 설비

3.1 수·변전설비 용량의 결정

| 1 | 부하설비 용량 산정

모든 부하설비가 전부 상시 사용되는 것이 아니며, 사용시각이 항상 일정하지 않다. 그러므로 각 부하마다 추산한 설비용량에 수용률, 부등률, 부하율 등을 고려해서 최대수용전력을 산정한다. 여기에 장래의 부하 증설계획과 여유분 등을 감안하여 수전 변압기 용량을 결정하게 된다.

(1) **수용률** : 수용장소에 설비된 전 용량에 대하여 실제 사용하고 있는 부하의 최대 전력 비율을 말한다. 전력 소비기기가 동시에 사용되는 정도를 나타내는 척도이며, 보통 1보다 작다.

$$수용률 = \frac{최대수용전력}{총\ 부하설비용량\ 합계} \times 100[\%]$$

(2) **부등률** : 한 배전용 변압기에 접속된 수용가의 부하는 최대수용전력을 나타내는 시각이 서로 다른 것이 보통이다. 이 다른 정도를 부등률로 나타낸다. 보통 1보다 큰 값을 나타낸다.

$$부등률 = \frac{각\ 부하의\ 최대수용전력의\ 합계}{합성최대수용전력}$$

(3) **부하율** : 전기설비가 어느 정도 유효하게 사용되는가를 나타내며 부하율이 높을수록 설비가 효율적으로 사용되는 것이다.

$$부하율 = \frac{부하의\ 평균전력}{최대수용전력} \times 100[\%]$$

(4) 수용률, 부등률 및 부하율의 관계

① 합성최대수용전력 $= \dfrac{\text{각각의 최대수용전력의 합}}{\text{부등률}}$

$\qquad\qquad\qquad\quad = \dfrac{\text{수용설비용량의 합} \times \text{수용률}}{\text{부등률}}$

② 부하율 $= \dfrac{\text{평균수용전력}}{\text{합성최대수용전력}} = \dfrac{\text{평균수용전력}}{\text{수용설비용량의 합}} \times \dfrac{\text{부등률}}{\text{수용률}}$

③ 최대부하 $=$ 부하설비용량의 합계 $\times \dfrac{\text{수용률}}{\text{부등률}}$

(5) 피뢰기의 시설장소

① 발전소, 변전소 또는 이에 준하는 장소의 가공전선 인입구 및 인출구
② 가공전선로에 접속하는 특고압 배전용 변압기의 고압 측 및 특별고압 측
③ 고압 또는 특별고압 가공전선로로부터 공급을 받는 수용장소의 인입구
④ 가공전선로와 지중전선로가 접속되는 곳

(6) 피뢰기의 접지

고압 및 특고압의 전로에 시설하는 피뢰기 접지저항 값은 10[Ω] 이하로 하여야 한다. 단, 고압가공전선로에 시설하는 피뢰기의 접지공사의 접지선이 전용의 것인 경우에는 접지 저항치가 30[Ω]까지 허용된다.

2. 수변전설비 결선

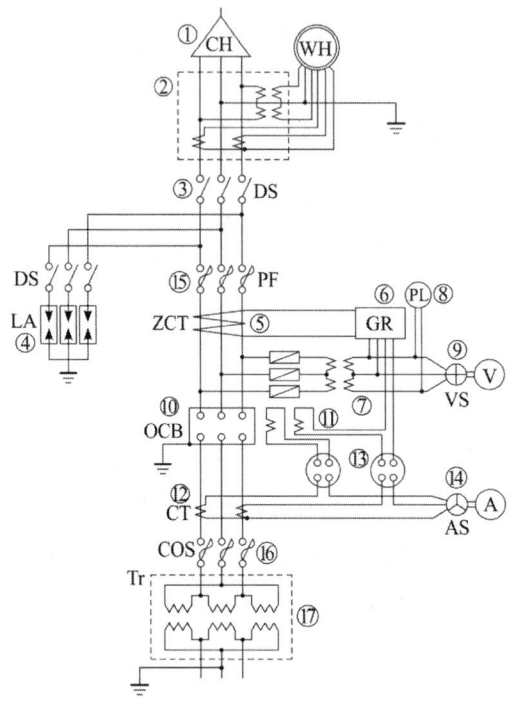

[수변전설비의 복선결선도]

①	케이블헤드(CH)	케이블 단말처리 및 접지를 용이하게 하고 절연 열화 방지
②	계기용변성기(MOF)	전력량계 산출을 위해 PT와 CT를 하나의 함 속에 넣은 것
③	단로기(DS)	차단기와 조합하여 사용하며 전류가 통하고 있지 않은 상태에서 개폐가능
④	피뢰기(LA)	이상전압 발생 시 대지로 방전시키고 속류를 차단한다.
⑤	영상변류기(ZCT)	지락 영상전류 검출
⑥	지락계전기(GR)	전로의 지락 시 지락전류로 동작하여 트립 코일을 여자
⑦	계기용변압기(PT)	고전압을 저전압으로 변압하여 계전기나 계측기에 전원공급
⑧	표시등(PL)	전원의 정전 여부를 표시
⑨	전압계용전환 스위치(VS)	전압계 하나로 3상의 선간전압을 측정하기 위해 사용
⑩	유입차단기(OCB)	부하전류 개폐 및 고장전류 차단
⑪	트립코일(TC)	사고 시 전류가 흘러 여자되어 차단기를 개로
⑫	계기용 변류기(CT)	대전류를 소전류로 변류하여 계전기나 계측기에 전원을 공급
⑬	과전류계전기(OCR)	고장전류로 동작하여 트립코일을 여자
⑭	전류계용 전환스위치(AS)	하나의 전류계로 3상의 선간전류를 측정
⑮	전력퓨즈(PF)	전로의 단락보호용으로 사용
⑯	컷아웃스위치(COS)	변압기 및 주요기기 1차측에 시설하여 단락보호용으로 사용
⑰	변압기(Tr)	고전압을 저전압으로 변압하여 부하에 전원 공급
⑱	전력용 콘덴서(SC)	무효전력을 공급하여 부하의 역률을 개선

기출 & 예상문제

제3장 수·변전설비

01 어떤 공장의 수용설비용량이 2000[kW], 수용률 60[%], 부하역률 80[%]라고 한다. 이 공장의 수전설비용량의 최저는 몇 [kVA]인가?

① 1500　　② 2000　　③ 2500　　④ 3000

풀이
수전설비용량 $= \dfrac{2000 \times 0.6}{0.8} = 1500$ [kVA]

답 ①

02 수용설비용량이 320[kW]이고 수용률이 80[%]일 때 최대수용전력은 몇 [kW]인가?

① 140　　② 256　　③ 320　　④ 360

풀이
최대수용전력 $= 320 \times 0.8 = 256$ [kW]

답 ②

03 최대 수용전력이 각각 5[kW], 8[kW], 10[kW], 15[kW], 17[kW]의 수용가에 있어서 그 합성 최대 수용 전력이 50[kW]이다. 부등률은 얼마인가?

① 0.9　　② 1　　③ 1.1　　④ 1.2

풀이
부등률 $= \dfrac{\text{각 부하의 최대수용전력의 합계}}{\text{합성최대수용전력}}$ 이므로

부등률 $= \dfrac{5+8+10+15+17}{50} = 1.1$ 이다.

답 ③

04 평균전력과 최대전력의 비를 백분율로 나타낸 것은?

① 수용률　　② 부등률　　③ 부하율　　④ 비등률

풀이
부하율 $= \dfrac{\text{부하의 평균전력}}{\text{최대수용전력}} \times 100$ [%]

답 ③

05 최대수용전력이 45×10^3[kW]의 공장에서 어느 하루의 소비전력이 480×10^3[kWh]라고 한다. 하루 일 부하율은 약 몇 [%]인가?

① 20.5　　② 30.4　　③ 44.4　　④ 52.4

풀이

$$부하율 = \frac{48 \times 10^3 / 24}{45 \times 10^3} \times 100 = 44.4[\%]$$

답 ③

06 설비용량이 2[kW]의 주택에서 최대수용전력이 600[W]였을 때 수용률[%]은?

① 20 ② 30 ③ 50 ④ 70

풀이

$$수용률 = \frac{600}{2 \times 10^3} \times 100 = 30[\%]$$

답 ②

07 최대수용전력이 각각 600[kW], 750[kW], 850[kW]의 수용가에 있어서 이것을 총괄했을 때의 최대수용전력이 1100[kW]였다. 이때의 부등률은?

① 0.8 ② 1 ③ 1.2 ④ 2

풀이

$$부등률 = \frac{600 + 750 + 850}{1100} = 2$$

답 ④

08 어느 공장의 총 설비전력이 1600[kW], 역률이 0.8, 수용률 0.5인 공장의 변전설비용량[kVA]은?

① 900 ② 1000 ③ 1100 ④ 1200

풀이

$$변전설비용량 = \frac{1600 \times 0.5}{0.8} = 1000[kVA]$$

답 ②

09 전력 수용가의 수용률 공식으로 맞는 것은?

① $\dfrac{평균전력}{최대전력} \times 100[\%]$ ② $\dfrac{최대수용전력}{설비용량} \times 100[\%]$

③ $\dfrac{최대전력}{평균전력} \times 100[\%]$ ④ $\dfrac{설비용량}{최대수용전력} \times 100[\%]$

풀이

$$수용률 = \frac{최대수용전력}{총\ 부하설비용량\ 합계} \times 100[\%]$$

답 ②

10 $\dfrac{부하의\ 평균전력(1시간\ 평균)}{최대\ 수용전력(1시간\ 평균)} \times 100[\%]$의 관계를 가지고 있는 것은?

① 부하율 ② 부등률
③ 수용률 ④ 설비율

• 풀이

$$부하율 = \frac{부하의\ 평균전력}{최대수용전력} \times 100[\%]\ 이다.$$

답 ①

11 문자 기호와 계전기의 명칭이 잘못된 것은?
① DfR – 차동계전기
② DGR – 지락방향계전기
③ UVR – 부족전압계전기
④ OCR – 과부하계전기

• 풀이
OCR : 과전류계전기

답 ④

12 발전기, 변압기, 선로 등의 단락보호용으로 사용되는 것으로 보호할 회로의 전류가 적정치보다 커질때 동작하는 계전기는?
① OCR
② SGR
③ OVR
④ UCR

• 풀이
- OCR : 과전류 계전기
- OVR : 과전압계전기

답 ①

13 과부하 또는 외부의 단락사고 시에 동작하는 계전기는?
① 차동계전기
② 과전압계전기
③ 과전류계전기
④ 부족전압계전기

답 ③

14 계전기 중 변압기의 내부고장보호에 사용되지 않는 계전기는?
① 비율차동계전기
② 차동전류계전기
③ 부흐홀쯔계전기
④ 임피던스계전기

• 풀이
- 임피던스 거리계전기 : 선로의 단락이나 지락 시 계전기가 고장점까지의 거리를 측정하여 그 거리에 비례하여 동작하는 계전기

답 ④

15 차동계전기의 동작요소는?
① 양쪽 전압차
② 정상전압과 역상전압의 차
③ 양쪽 전류의 차
④ 정상전류와 역상전류의 차

• 풀이
변압기 내부고장 시는 1차, 2차 전류의 차이가 발생하여 계전기가 동작하는 방식

답 ③

제3장 수·변전 설비 353

16 변전소에 사용하는 주요기기로서 VCB는 무엇을 의미하는가?
① 유입차단기　　② 자기차단기　　③ 진공차단기　　④ 공기차단기

▸ **풀이**
유입차단기(OCB), 자기차단기(MBB), 공기차단기(ABB)

답 ③

17 변전실에서 전로차단이 6불화 유황 [SF$_6$]과 같은 특수한 기체를 매질로 하여 동작하는 차단기는?
① VCB　　② MBB　　③ GCB　　④ OCB

▸ **풀이**
가스차단기는 절연내력이 높고, 불활성인 6불화유황(SF$_6$) 가스를 소호매질로 사용

답 ③

18 자연 공기내에서 개방할 때 접촉자가 떨어지면서 소호되는 방식을 가진 차단기로 저압의 교류 또는 직류 차단기로 많이 사용되는 것은?
① 유입차단기　　　　　　② 자기차단기
③ 가스차단기　　　　　　④ 기중차단기

▸ **풀이**
① 유입차단기 : 절연유 이용
② 자기차단기 : 자기장 이용
③ 가스차단기 : SF$_6$ 가스 이용

답 ④

19 역률 개선용 콘덴서는 부하와 어떻게 결선하는가?
① 직렬결선　　② 병렬결선　　③ △결선　　④ V결선

답 ②

20 부하가 P[kW]인 부하를 역률 $\cos\theta_1$에서 $\cos\theta_2$로 개선하는데 필요한 전력용 콘덴서의 용량은 몇 [kVA]인가?
① $P(\cos\theta_1 - \cos\theta_2)$　　　　② $P(\tan\theta_1 - \tan\theta_2)$
③ $\dfrac{P}{\tan\theta_1 - \tan\theta_2}$　　　　④ $P(\sin\theta_1 - \sin\theta_2)$

답 ②

21 직렬 리액터는 송전선로에 어떻게 접속해야 하고, 어떤 용량을 이용한 것인가?
① 직렬, 진상　　　　　　② 직렬, 지상
③ 병렬, 진상　　　　　　④ 병렬, 지상

답 ②

22 변압기유의 열화방지의 목적으로 사용되는 것은?
① 정전용량
② 콘서베이터
③ 애자형개폐기
④ 가공지선

•풀이
변압기유의 열화(劣化 : aging) 방지법
① 콘서베이터(conservator) : 기름과 공기접촉 차단을 위한 설치로 콘서베이터 유면위에 불활성 질소 봉입을 한다.
② 브리더(breather) : 탈수제를 넣어 습기를 흡수하는 장치
답 ②

23 발전기나 주변압기의 내부고장에 대한 보호용으로 가장 적합한 것은?
① 비율차동계전기
② 과전류차단기
③ 열동계전기
④ 퓨즈

•풀이
비율차동계전기 : 변압기나 발전기의 내부고장 시 동작하는 계전기
답 ①

24 계전기에 관한 기호 중 지락 방향계전기의 기호로 옳은 것은?
① DS
② OCR
③ OVR
④ DGR

•풀이
• DS(단로기)
• OCR(과전류계전기)
• OVR(과전압계전기)
• DGR(지락방향계전기)
답 ④

25 PT의 2차측 정격전압으로 옳은 것은?
① 110[V]
② 220[V]
③ 380[V]
④ 1차측 정격 전압에 따라 변할 수 있다.
답 ①

26 3상 3선식 수전설비에서 영상변류기와 조합하여 차단기를 동작시키는 계전기는?
① 과전류계전기
② 과부하계전기
③ 지락계전기
④ 거리계전기

•풀이
영상변류기(ZCT)는 지락계전기와 조합하여 고압전로에 지락이 생겼을 때 전로를 자동적으로 차단할 수 있도록 전원에 가장 가까운 위치에 시설
답 ③

27 영상변류기(ZCT)의 사용 목적은?
① 과전류검출
② 과전압검출
③ 지락전류검출
④ 부하전류검출

> **풀이**
> 선로 전류 중에 포함되는 영상전류를 검출하여 접지계전기에 의하여 차단기를 동작시켜 사고의 파급을 방지하는 장치
>
> **답** ③

28 역률 개선은 전동기에 적정부하의 선로에 콘덴서 삽입으로 이루어지며, 콘덴서는 삽입된 위치로부터 전원 측으로 향하여 역률이 개선된다. 다음 중 역률이 개선되었을 때 이루어지지 않는 것은?
① 변압기의 저항손실 감소　　② 설비용량의 실질적 감소
③ 부하단에 전압확보　　　　　④ 선로에 저항손실 감소

> **풀이**
> 역률개선의 효과
> ① 전압강하의 저감
> ② 선로손실의 저감
> ③ 동손 감소
>
> **답** ②

29 3상 유도전동기기가 여러 대 설치되어 있는 공장에서 역률을 개선하기 위하여 경제성, 보수성만 유리하게 콘덴서를 설치한다면 다음 중 어떤 방법이 가장 적절한가?
① 고압 측에 설치한다.
② 저압 측에 일괄해서 설치한다.
③ 대용량 전동기에만 설치한다.
④ 저압 측에 각 전동기마다 개별적으로 설치한다.

> **풀이**
> 진상용 콘덴서 설치방법
> ① 모선에 일괄 설치 : 가장 경제적인 방법
> ② 고저압 병용 설치
> ③ 개개의 부하에 설치
>
> **답** ①

30 어떤 공장의 소모전력이 100[kW]이며, 이 부하의 역률이 0.6일 때, 역률을 0.9로 개선하기 위하여 필요한 전력용 콘덴서의 용량은 몇 [kVA]인가?
① 30　　② 60　　③ 85　　④ 90

> **풀이**
> $Q = P(\tan\theta_1 - \tan\theta_2)[\text{kVA}]$ 이므로
> $Q = 100(\tan \cdot \cos^{-1}0.6 - \tan \cdot \cos^{-1}0.9) = 85[\text{kVA}]$
>
> **답** ③

31 역률 80[%], 300[kW]의 전동기를 95[%]의 역률로 개선하는 데 필요한 콘덴서의 용량은 약 몇 [kVA]가 필요한가?
① 32　　② 63　　③ 87　　④ 126

▶풀이

$Q = P(\tan\theta_1 - \tan\theta_2)[\text{kVA}]$ 이므로

$Q = 300(\tan \cdot \cos^{-1}0.8 - \tan \cdot \cos^{-1}0.95) = 126[\text{kVA}]$

답 ④

32 지상역률 80[%]인 1,000[kVA]의 부하를 100[%]의 역률로 개선하는 데 필요한 전력용 콘덴서의 용량은 몇 [kVA]인가?

① 200   ② 400   ③ 600   ④ 800

▶풀이

$Q = P(\tan\theta_1 - \tan\theta_2)[\text{kVA}]$ 이므로

$Q = 1,000 \times 0.8(\tan \cdot \cos^{-1}0.8 - \tan \cdot \cos^{-1}1.0) = 600[\text{kVA}]$

답 ③

33 피뢰기(LA)는 일반적으로 속류를 제한하는 특성요소(Element)와 속류를 차단하는 직렬갭(Series-gap) 및 성능을 유지하는 기밀구조의 애관(Insulator)으로 되어 있으나, 최근 개발된 직렬갭이 필요 없는 피뢰기의 종류는?

① 산화아연형   ② 변저항형   ③ 방출형   ④ 지형

▶풀이

• 갭리스 피뢰기 : 산화아연을 주성분으로 한 피뢰기로 비직선 전압, 전류 특성이 대단히 우수하기 때문에 정격전압에서도 속류는 대부분 흐르지 않고 평상시의 대지전압에서는 절연상태를 유지하므로 직렬갭이 불필요하다.

답 ①

34 피뢰기가 동작할 때 방전 중의 단자전압의 파고값을 무엇이라 하는가?

① 특성요소의 방전 전류   ② 방전개시전압
③ 속류   ④ 제한전압

▶풀이

• 제한전압 : 피뢰기 방전 시 단자 간에 남게 되는 충격전압의 파고치로서 방전 중에 피뢰기 단자 간에 걸리는 전압을 말한다.

답 ④

35 전압이 22[kV]인 변전소에 피뢰기의 정격전압은 몇 [kV]인가?

① 18   ② 21   ③ 24   ④ 28

▶풀이

전력계통		피뢰기 정격 전압[kV]	
전압[kV]	중성점 접지방식	변전소	배전선로
345	유효접지	288	-
154	유효접지	144	-
66	PC접지 또는 비접지	72	-
22	PC접지 또는 비접지	24	-
22.9	3상4선 다중접지	21	18

답 ③

36 다음 중 피뢰기를 반드시 시설하여야 할 곳은?
① 전기 수용 장소 내의 차단기 2차 측
② 수전용 변압기의 2차 측
③ 가공 전선로와 지중 전선로가 접속되는 곳
④ 경간이 긴 가공 전선로

▶풀이
피뢰기의 시설장소
① 발전소, 변전소 또는 이에 준하는 장소의 가공전선 인입구 및 인출구
② 가공전선로에 접속하는 특고압 배전용 변압기의 고압 측 및 특별고압 측
③ 고압 또는 특별고압 가공전선로로부터 공급을 받는 수용장소의 인입구
④ 가공전선로와 지중전선로가 접속되는 곳
답 ③

37 송전계통의 절연협조에 있어 절연 레벨을 가장 낮게 잡고 있는 기기는?
① 단로기   ② 피뢰기   ③ 변압기   ④ 차단기
답 ②

38 콘덴서를 회로로부터 개방하였을 때 잔류전하로 인한 사고의 방지와 재투입 시 콘덴서에 걸리는 과전압의 방지를 위하여 필요한 장치는?
① 직렬 리액터   ② 방전코일
③ 단로기   ④ 소호리액터
답 ②

39 전선로나 전기기기를 수리 및 점검하는 경우 전로를 확실하게 열기(open) 위하여 사용하는 개폐기의 명칭은?
① 단로기   ② 차단기   ③ PF   ④ PT

▶풀이
단로기(DS) ; 공칭전압 3.3[kV] 이상 전로에 사용되며 기기의 보수 점검 시 또는 회로 접속변경을 하기 위해 사용하지만 부하전류 개폐는 할 수 없는 기기이다.
답 ①

40 기름을 사용하지 않은 차단기로서 진공에서의 높은 절연내력과 아크 생성물의 진공 중으로 급속한 확산을 이용해 소호시키는 차단기의 이름은 무엇인가?
① VCB   ② MBB   ③ OCB   ④ ACB

▶풀이
진공차단기(VCB): 진공도가 높은 상태에서는 절연내력이 높아지고 아크가 분산되는 원리를 이용하여 소호하고 있는 차단기이다. 소호장치의 구조가 간단하여 소형으로 제작할 수 있으므로 차단기 전체가 다른 차단기에 비하여 소형 경량으로 된다.
답 ①

41 배전전압을 3000[V]에서 6000[V]로 높이고, 수송전력을 같게 한다면 전력손실은?

① $\frac{1}{2}$ 배 ② 2배 ③ $\frac{1}{4}$ 배 ④ 4배

● 풀이
전력손실 $P_l \propto \dfrac{1}{V^2 \cdot \cos^2\theta}$ 이므로 $\dfrac{1}{2^2} = \dfrac{1}{4}$ 배

답 ③

42 변전소의 전력기기를 시험하기 위하여 회로를 분리하거나 또는 계통의 접속을 바꾸거나 하는 경우에 사용되는 것은?

① 변성기 ② 전자접촉기 ③ 단로기 ④ 차단기

답 ③

43 부하에 전력을 공급하는 상태에서 사용할 수 없는 개폐기는?

① 유입 차단기 ② 자기 차단기
③ 유입 개폐기 ④ 단로기

답 ④

44 단로기의 기능은?

① 무부하 회로 개폐 ② 부하 전류 개폐
③ 고장 전류 개폐 ④ 사고시 자동 차단

답 ①

45 다음 개폐기 중에서 옥내 배선의 분기 회로 보호용에 사용되는 배선용 차단기의 약호는 어느 것인가?

① OCB ② ACB ③ MCCB ④ DS

● 풀이
배선용 차단기(MCCB/Molded Case Circuit Breaker)

답 ③

46 MOF란 무엇인가?

① 계기용 변압기
② 계기용 변류기
③ 변전소 내의 계기류의 총칭
④ 한 뱅크(bank)내에 계기용 변압기와 변류기를 장치한 것

● 풀이
• MOF : 계기용 변성기(계기용 변압·변류기)

답 ④

47 다음 중 주로 저압 옥내배선에 주로 사용되는 차단기는?
① OCB ② MCB ③ VCB ④ ABB

답 ②

48 수·변전 설비의 인입구 개폐기로 많이 사용되고 있으며 전력 퓨즈의 용단시 결상을 방지하는 목적으로 사용되는 개폐기는?
① 부하 개폐기
② 선로 개폐기
③ 자동 고장 구분 개폐기
④ 기중부하 개폐기

• 풀이
개폐기의 종류
(1) 부하개폐기 : 수변전 설비 인입구 개폐기로서 전력퓨즈 용단시 결상을 방지할 목적으로 사용하는 개폐기
(2) 선로개폐기 : 주로 66[kV] 이상의 수전실 구내 인입구에 사용하는 개폐기
(3) 자동고장 구분개폐기 : 22.9[kV-Y] 전기사업자 배전계통에서 부하용량 4,000[kVA] 이하의 분기점 또는 7,000[kVA] 이하의 수전실 인입구에 설치하는 개폐기
(4) 기중 부하 개폐기 : 수변전 설비 인입구 개폐기로서 부하 전류만의 개폐를 필요로 하는 장소인 구내 선로의 간선 및 분기선에 시설하는 개폐기

답 ①

49 피뢰기를 시설하지 않아도 되는 곳은 어느 것인가?
① 발·변전소 또는 이에 준하는 장소의 가공전선 인입구 및 인출구
② 가공전선로에 접속하는 배전용 변압기의 저압측
③ 고압 가공전선로로부터 공급받는 수전 전력의 용량이 500[kW] 이상의 수용장소 인입구
④ 특고압 가공전선로로부터 공급받는 수용장소 인입구

• 풀이
피뢰기 설치 장소
① 발전소, 변전소 또는 이에 준하는 장소의 가공전선 인입구 및 인출구
② 가공전선로에 접속되는 배전용 변압기의 고압측 및 특별고압측
③ 고압 및 특고압 가공전선로로부터 공급을 받는 수용장소의 인입구
④ 가공전선로와 지중전선로가 접속되는 곳

답 ②

50 피뢰의 정격전압이란?
① 충격 방전 전류를 통하고 있을 때의 단자전압
② 충격파의 방전 개시 전압
③ 속류의 차단이 되는 최고의 교류 전압
④ 상용 주파수의 방전 개시 전압

답 ③

51 대용량의 콘덴서를 설치하면 고조파 전류가 증대하여 파형이 나빠지므로 파형 개선을 위해서는 무엇을 설치하는가?

① 콘덴서 회로   ② 직렬 리액터   ③ 변압기   ④ 영상 변류기

▶풀이
직렬리액터 : 콘덴서의 용량이 크게 되면 투입 시의 돌입전류가 커지고, 고조파를 포함하는 경우가 많으므로 이를 억제하기 위해서 직렬리액터를 설치한다. 보통 직렬리액터는 콘덴서 임피던스의 6[%]를 설치한다.

답 ②

52 다음은 과전류계전기가 동작하여 차단기를 동작하는 순서이다. ( ) 속에 들어가야 할 것은?

$$\text{과전류 검출 - 판단 - (   ) - 차단기 동작}$$

① OCB 동작   ② GR동작
③ UVR 동작   ④ 트립코일 소자

▶풀이
• 상시폐로형 : CT의 2차 전류가 정해진 값보다 초과되었을 때 OCR(과전류계전기)이 동작하여 접점이 떨어져서 TC(트립코일)가 소자되고, 차단기가 동작한다.

답 ④

53 전압이 설정값보다 내려갔을 때 동작하는 계전기는?

① 과전압계전기   ② 부족전압계전기
③ 과전류계전기   ④ 부족전류계전기

▶풀이

명 칭	기 능
과전류계전기(OCR)	일정값 이상의 전류가 흘렀을 때 동작
과전압계전기(OVR)	일정값 이상의 전압이 걸렸을 때 동작
부족전압계전기(UVR)	전압이 일정값 이하로 떨어졌을 때 동작
비율차동계전기(RFDR)	고장에 의해 생긴 불평형 전류차가 기준치 이상됐을 때 동작, 변압기 내부고장 검출용으로 주로 사용

답 ②

제 4 장

신재생에너지 설비

1 신·재생에너지의 분류(신에너지 및 재생에너지 개발, 이용, 보급 촉진법)

(1) 신에너지

기존의 화석연료를 변환시켜 이용하거나 수소·산소 등의 화학 반응을 통하여 전기 또는 열을 이용하는 에너지
① 수소에너지
② 연료전지
③ 석탄을 액화·가스화한 에너지 및 중질잔사유를 가스화한 에너지

(2) 재생에너지

햇빛·물·지열·강수·생물유기체 등을 포함하는 재생 가능한 에너지를 변환시켜 이용하는 에너지
① 태양광에너지   ② 태양열에너지
③ 풍력   ④ 수력
⑤ 해양에너지   ⑥ 지열에너지
⑦ 바이오에너지   ⑧ 폐기물에너지

2 신·재생에너지의 특징

지속 가능한 에너지 공급체계를 위한 미래에너지원
① 환경친화적 에너지
② 공공미래에너지
③ 기술에너지
④ 비고갈성에너지

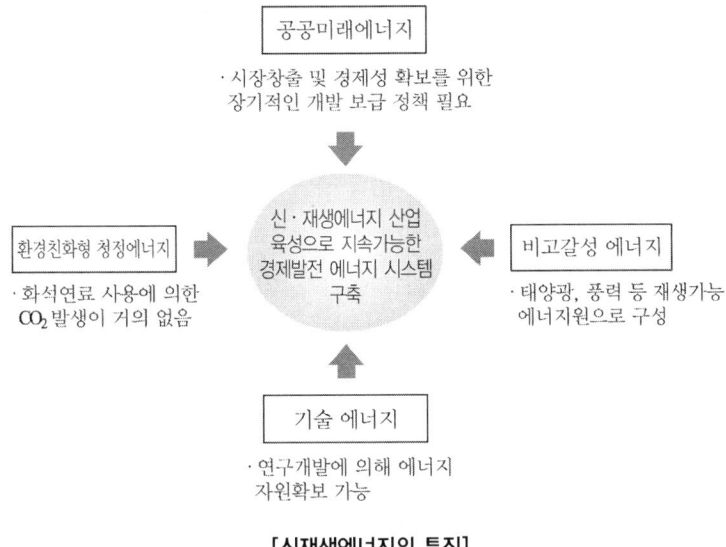

[신재생에너지의 특징]

| 3 | 신·재생에너지의 중요성

(1) 화석에너지 고갈

(2) 국제적 환경분쟁

(3) 에너지 정책

4.1 태양광발전(Photovoltaic)

| 1 | 개요

태양의 빛에너지를 변환시켜 전기를 생산하는 발전기술로 햇빛을 받으면 광전효과에 의해 전기를 발생하는 태양전지를 이용한 발전방식으로 태양전지 발전시스템은 태양전지(solar cell)로 구성된 모듈(module)과 축전지 전력변환장치 등으로 구성

| 2 | 태양광발전의 원리

(1) 태양전지(Solar cell)

① 태양에너지를 전기에너지로 변환할 목적으로 제작된 광전지로서 금속과 반도체의 접촉면 또는 반도체의 P-N접합에 빛을 받으면 광전효과에 의해 전기가 발생됨.

② 금속과 반도체의 접촉을 이용한 것으로 셀렌광전지, 아황산구리 광전지가 있고, 반도체 P-N 접합을 사용한 것으로는 태양전지로 이용되고 있는 실리콘 광전지가 있음.

(2) P-N접합에 의한 발전원리

① 태양전지는 실리콘으로 대표되는 반도체기술의 발달과 특성에 의해 자연스럽게 개발됨.

② 태양전지는 전기적 성질이 다른 N(Negative)형 반도체와 P(Positive)형의 반도체를 접합시킨 구조를 하고 있으며, 2개의 반도체 경계부분을 P-N접합(P-N junction)이라고 함.

③ 태양전지에 태양빛이 닿으면 태양빛은 태양전지 속으로 흡수되며, 흡수된 태양빛이 가지고 있는 에너지에 의해 반도체내에서 정공(hole, +)과 전자(electron, -)의 전기를 갖은 입자(정공과 전자)가 발생하여 각각 자유롭게 태양전지 속을 움직이게 되지만, 전자(-)는 N형 반도체 쪽으로, 정공(+)은 P형 반도체 쪽으로 모이게 되어 전위가 발생하게 되며, 이 때문에 앞면과 뒷면에 붙여 만든 전극에 전구나 모터와 같은 부하를 연결하게 되면 전류가 흐르게 되는데 이것이 태양전지의 P-N접합에 의한 태양광발전의 원리

1) **광흡수** : 전기를 생산하기 위한 외부의 빛이 실리콘 내부로 흡수되는 과정이며, 흡수되는 빛의 양을 증가시키기 위하여 실리콘 표면에 반사 방지막을 증착시키거나 표면을 거칠게 하여 반사율을 감소시킨다.

2) **전하 생성** : 흡수된 빛에 의해 실리콘 내부에 전하가 생성된다. 일반적으로 광자로부터 전자와 정공 한 쌍이 생성된다.

3) **전하의 분리** : P형 실리콘과 N형 실리콘의 P-N접합에서 만들어진 전위차에 의해 전자(-)와 정공(+)이 분리되어 전자(-)는 N형 반도체 쪽으로 이동하고, 정공(+)은 P형 반도체 쪽으로 이동한다.

4) **전하의 수집** : 상부전극 방향 및 하부전극 방향으로 이동한 전자와 정공은 실리콘과 전극의 계면 장벽을 넘어 각각의 전극으로 수집된다. 하부전극이 양극이 되고, 상부전극이 음극이 되어 부하에 전기를 공급하게 된다.

3 태양광발전의 특징

(1) 장점

① 햇빛이 있는 곳이면 어느 곳에서나 간단히 설치할 수 있다.
② 한번 설치해 놓으면 유지비용이 거의 들지 않는다.

③ 태양전지 숫자만큼 전기를 생산한다.
④ 무소음 / 무진동으로 환경오염을 일으키지 않는다.
⑤ 수명이 20년 이상으로 길다.

(2) 단점
① 낮은 에너지 밀도로 다량의 전기를 생산할 때는 많은 공간을 차지한다.
② 비싼 반도체 재료인 실리콘을 사용하여 태양전지가 생산되므로 초기 설치비가 많이 든다.

4.2 태양열 발전

1 개요

태양열발전은 햇빛을 반사판을 통해서 집중시켜 300[℃] 이상의 고열을 얻은 다음, 이 열을 이용해서 고압 증기를 발생시켜 증기터빈을 돌리고, 터빈과 직결된 발전기를 구동 시켜 전기를 생산한다. 이 때 반사판은 집열판의 경우 간접광도 이용하는 것과는 달리 직광만 이용할 수 있기 때문에, 태양열발전을 하는 데에는 구름이 적고 햇빛이 강한 지역이 적합하다. 사막이 최적지라 할 수 있으며, 사막의 1[%]에만 태양열 발전시설을 설치하면 전 세계의 전기수요가 모두 충족될 수 있을 것으로 추정된다. 태양의 입사는 연중, 주야 및 일기에 따라 다르기 때문에 균일한 열에너지를 공급하기 위하여 축열장치가 필요하다.

2 태양열발전의 원리

태양열발전 시스템은 집광열 → 축열 → 열전달 → 증기발생 → 터빈(동력) → 발전으로 구성되어 밀도가 낮은 태양열을 넓은 면적의 집광장치(반사경)로 집광시켜서 고온의 열에너지로 변환시키고, 이를 흡수하는 집열장치로 부터 유체 등을 이용한 열전달을 통해 증기를 만들어 축열장치에 보내면 여기서 터빈에 증기를 보내 발전을 하게 된다.

3 태양열 발전의 특징

(1) 장점
① 무공해, 무가격, 무한한 양의 청정에너지원이다.
② 직접 에너지 비용이 들지 않는다.

③ 환경오염 물질의 배출이 없는 재생 가능한 에너지원이다.

(2) 단점

① 고급에너지이나 밀도가 낮아서 수집하여 이용하는데 경제성이 낮다.

② 이용시 초기 장치 비용이 높게 든다.

③ 에너지 생산이 간헐적이므로 계속적인 수용에 안정적 공급이 어렵다.

기출 & 예상문제

제 4 장 신재생에너지 설비

01 다음 중 재생에너지가 아닌 것은?
① 수소에너지 ② 태양광
③ 풍력 ④ 지열

풀이
- 재생에너지 : 태양광, 태양열, 바이오, 풍력, 수력, 해양, 폐기물, 지열 (8개 분야)
- 신에너지 : 연료전지, 석탄액화가스화 및 중질잔사유 가스화, 수소에너지 (3개 분야)

답 ①

02 신 에너지에 속하지 않는 것은?
① 연료전지 ② 석탄액화가스화
③ 수소에너지 ④ 태양광 발전

풀이
- 재생에너지 : 태양광, 태양열, 바이오, 풍력, 수력, 해양, 폐기물, 지열 (8개 분야)
- 신에너지 : 연료전지, 석탄액화가스화 및 중질잔사유 가스화, 수소에너지 (3개 분야)

답 ④

03 신재생 에너지의 중요성으로 틀린 것은?
① 유가상승 등 화석에너지 고갈
② 국제적 환경분쟁
③ 중앙공급식에서 지방분산화 정책전환
④ 환경 비친화적 에너지

답 ④

04 풍력의 기계장치부의 구성요소가 아닌 것은?
① Blade (회전날개) ② Rotor (회전자)
③ Gearbox (증속기) ④ Yaw Control

풀이
- 풍력설비의 기계장치부 구성요소
  바람으로부터 회전력을 생산하는 Blade(회전날개), Shaft(회전축)를 포함한 Rotor(회전자), 적정 속도로 변환하는 증속기(Gearbox)

답 ④

05 풍력 발전시스템에서 회전축 방향에 따라 수평축과 수직축으로 구분할 수 있는데, 이에 해당되지 않는 것은?
① 프로펠라형　　　　　　　　　② 다리우스형
③ 사보니우스형　　　　　　　　④ 통상 Geared형

▶ 풀이
- 수직축 풍력시스템 : 다리우스형, 사보니우스형
- 수평축 풍력시스템 : 프로펠라형

답 ④

06 풍력의 수직축에 관련된 내용에 해당하지 않는 것은?
① 사막이나 평원에 많이 설치
② 중대형급 이상에서 사용
③ 수평축에 비해 효율이 떨어진다.
④ 100[kW]급 이하 소형에서 많이 사용

▶ 풀이
수직축은 바람의 방향과 관계가 없어 사막이나 평원에 많이 설치하여 소재가 비싸고 수평축 풍차에 비해 효율이 떨어지는 단점이 있음. 100[kW]급 이하 소형에서 많이 사용. 수평축은 설치하기 편리하며, 중대형급 이상은 수평축을 사용.

답 ②

07 연료전지 발전시스템의 구성 3요소가 아닌 것은?
① 개질기　　　　　　　　　　　② 주변장치
③ 스택　　　　　　　　　　　　④ 전력변환기

▶ 풀이
- 개질기(Reformer) : 화석연료(천연가스, 메탄올, 석유 등)로부터 수소를 발생시키는 장치
- 스택(Stack) : 원하는 전기출력을 얻기 위해 단위전지를 수십장, 수백장 직렬로 쌓아 올린 본체
- 전력변환기(Inverter) : 연료전지에서 나오는 직류전기(DC)를 우리가 사용하는 교류(AC)로 변환시키는 장치

답 ②

08 태양전지의 구조에 대한 설명중 틀린 것은?
① 태양전지 소재로 보면, 주로 실리콘계소재, 화합물계소재, 유기계소재 등으로 구분 할 수가 있다.
② 현재 일반적인 주택에 주로 사용하는 것은 실리콘을 사용한 태양전지이다.
③ 결정질 태양전지에는 단결정과 다결정으로 구분한다.
④ 유기계의 태양전지에는 결정질과 비결정질(박막 태양전지)로 구분한다.

▶ 풀이
④ 유기계가 아니라, 실리콘계(系) 태양전지를 말한다.

답 ④

09 연료전지 발전원리가 아닌 것은?

① 연료극에 공급된 수소이온과 전자가 결합
② 수소이온이 전해질층을 통해 공기극으로 이동
③ 반응생성물은 물이 생성
④ 열효율과 전기에너지 발생

> **풀이**
> 연료중 수소와 공기중 산소가 전기 화학 반응에 의해 직접 발전
> • 연료극에 공급된 수소는 수소이온과 전자로 분리
> • 수소이온은 전해질층을 통해 공기극으로 이동
> • 전자는 외부회로를 통해 공기극으로 이동
> • 공기극 쪽에서 산소이온과 수소이온이 만나 반응생성물(물)을 생성
> ⇒ 최종적인 반응은 수소와 산소가 결합하여 전기, 물 및 열생성
> **답 ①**

10 태양열의 시스템 구성 부분이 아닌 것은?

① 집열부   ② 축열부   ③ 인버터   ④ 제어장치

> **풀이**
> • 집열부 : 태양열 집열이 이루어지는 부분으로 집열온도는 집열기의 열손실율과 집광장치의 유무에 따라 결정됨
> • 축열부 : 열 시점과 집열량이 이용시점과 부하량에 일치하지 않기 때문에 필요한 일종의 버퍼(buffer) 역할을 할 수 있는 열저장 탱크
> • 이용부 : 태양열 축열조에 저장된 태양열을 효과적으로 공급하고 부족할 경우 보조열원에 의해 공급
> • 제어장치 : 태양열을 효과적으로 집열 및 축열하고 공급, 태양열 시스템의 성능 및 신뢰성 등에 중요한 역할을 해주는 장치
> **답 ③**

11 태양광 발전시스템의 아래 구성요소 중 Wafer를 이용하여 제작하는 구성요소에 해당하는 것은?

① 모듈   ② 셀   ③ 어레이   ④ 인버터

> **풀이**
> Wafer → 셀 → 모듈 → 어레이 순으로 구성됨.
> **답 ②**

12 신재생에너지에 대한 설명 중 틀린 것은?

① 풍력발전은 지상에 풍차를 설치하여, 바람의 힘으로 풍차를 회전시켜 회전운동을 발전기에 전달하는 것으로 발전하는 방법이다(풍속의 3승에 비례하여 발전)
② 바이오매스는 원래에는 생물자원의 양을 말하는 것이나, 요즘에는 재생가능한 생물체의 유기성 에너지 및 자원 (화석연료는 제외)을 말하는 것이다.
③ 지열발전은 주로 화산활동에 의해 축적되었던 깊이가 약 3km 정도의 비교적 지표부근의 지열을 이용하여 발전하는 방법이다.
④ 조력발전은 풍력발전과 같이 출력을 예측하는 것이 어려운 단점이 있다.

- 풀이
  출력의 예측이 쉬운 장점이 있다.
  조력발전은 조석간만의 차를 동력원으로 해수면의 상승하강운동을 이용하여 전기를 생산하는 기술
  답 ④

13 수력발전 용어에 대한 유황 곡선의 설명으로 틀린 내용은?
① 지속곡선과 같은 말이다.
② 하천의 기본계획 및 설계에 이용한다.
③ 유황곡선은 어떤 지점에서의 하천유량의 규모와 유량의 변동특성을 평가 할 수 있다.
④ 횡측에 유량, 종축에 일수를 나타내고 하천의 일평균유량을 1년에 걸쳐서 크기 순으로 나열해서 얻은 곡선

- 풀이
  유황곡선(flow-duration curve, discharge- duration curve)
  • 지속곡선(duraton curve),유량지속곡선과 같은 의미로 횡측에 일수, 종축에 유량을 나타내고 하천의 일평균유량을 1년에 걸쳐서 크기 순으로 나열해서 얻은 곡선을 말한다. 어떤 지점에서의 하천유량의 규모와 유량의 변동특성을 평가할 수 있으며, 타 하천과의 유황비교에 효과적이며 풍수량, 평수량, 갈수량, 저수량 등을 결정하여 하천의 기본계획 및 설계에 이용한다.
  답 ④

14 소수력의 분류중 발전방식에 따른 분류에서 그 종류가 아닌 것은?
① 중력식
② 자연 유하식
③ 댐식
④ 터널식 댐과 수로식 발전방식을 합한 것

- 풀이
  소수력의 분류 중 발전 방식에 따른 분류 종류
  ① 수로식(혹은 자연 유하식) : 수로식 소수력 발전 방식은 하천을 따라서 완경사의 수로를 결정하고 하천의 급경사와 굴곡 등을 이용하여 수로에 의해서 낙차를 얻는 방식, 하천 중류, 상류에 적합.
  ② 댐식 : 댐에 의해서 낙차를 얻는 형식으로 발전소는 댐에 근접하여 건설, 일반적으로 하천경사가 작은 중, 하류로서 유량이 풍부한 지점 유리.
  ③ 터널식 댐과 수로식 발전방식을 혼합한 것으로서 하천의 형태가 조롱박형(오메가)인 지점에 적합, 자연낙차를 크게 얻을 수 있으며 댐은 일반적으로 월류식, 지형상 지하터널 수로를 통해 큰 낙차를 얻을 수 있는 곳
  답 ①

15 소수력 분류시 발전방식의 구조적 측면으로 볼 때 해당하지 않는 것은?
① 수로식　　② 댐식　　③ 터널식　　④ 유입식

- 풀이
  발전 방식에 따른 분류(구조면 측면)
  • 수로식(혹은 자연 유하식) : 하천을 따라서 완경사의 수로를 결정하고 하천의 급경사와 굴곡 등을 이용하여 수로에 의해서 낙차를 얻는 방식. 하천 중류, 상류에 적합.
  • 댐식 : 댐에 의해서 낙차를 얻는 형식으로 발전소는 댐에 근접하여 건설, 일반적으로 하천경사가 작은 중, 하류로서 유량이 풍부한 지점 유리
  • 터널식 : 댐식과 수로식 발전방식을 혼합한 것으로서 하천의 형태가 조롱박형(오메가)인 지점에 적합, 자역낙차를 크게 얻을 수 있으며 댐은 일반적으로 월류식, 지형상 지하터널 수로를 통해 큰 낙차를 얻을 수 있는 곳
  답 ④

16 소수력 분류시 발전방식의 물의 이용 측면으로 볼 때 해당하지 않는 것은?

① 수로식　　② 유입식　　③ 저수식　　④ 조정지식

▶풀이

발전 방식에 따른 분류 (물의 이용 측면)
- 유입식 : 하천의 굴곡 등의 지형을 이용하여, 자연유량을 그대로 이용하는 발전소
- 저수식(Reservoir Type) : 계절적인 하천의 유량변화를 큰 저수지로 조정한 후 발전에 이용하는 발전소
- 조정지식(Regulation Type) : 몇 시간 또는 몇 일간의 부하변동에 대처할 수 있는 조정지 용량을 가진 발전소. 즉, 심야의 경부하시에 발전을 정지하여, 물을 저수하고 주간의 중부하시에 하천의 자연유량과 저수유량을 합쳐서 발전에 사용. 우리나라 수력발전소 대부분의 방식임
- 양수식(Pumping-Up Power Plant) : 심야, 휴일의 잉여전력을 이용하여 펌프로 양수하여 발전 시키는 방식

답 ①

17 수차의 종류중 반동수차에 해당하지 않는 것은?

① 프란시스 수차　　　　② 사류 수차
③ 프로펠러 수차　　　　④ 펠턴 수차

▶풀이

수차의 종류
(1) 충동(impulse) 수차 : 에너지 발생면에서 유수의 속도수두를 이용하는 방식
　① 펠턴(Pelton) 수차 : 고낙차 수차로 유량조절이 최우선이 되는 경우 사용
　② 튜고수차
(2) 반동(Reaction) 수차 : 압력수두를 이용하는 방식
　① 프란시스 수차
　② 사류 수차
　③ 프로펠러 수차

답 ④

18 풍력발전의 특징 중에서 기존발전원보다 단점인 것은?

① 에너지안보여 기여할 수 있다.
② 기후변화 대응기술로 적절하다.
③ 출력이 간헐적이다.
④ 전력수요에 대한 현지공급이 가능한 분산전원이다.

답 ③

19 수차의 공동현상의 방지책으로 틀린 것은?

① 흡출관의 높이를 너무 높게 한다. (7[m] 이상)
② 수차의 특유속도를 작게 선택한다.
③ 흡출관의 입구에 구멍을 만들어 적당량의 공기를 넣어 진공을 파괴한다.
④ 수차를 가능한 부분부하로 운전하지 않아야한다.

제4장 신재생에너지 설비

> **풀이**
> 수차의 공동현상(Cavitation)
> 방지책 : (1) 흡출관의 높이를 너무 높게 하지 않아야 한다. (7[m] 이하)
> (2) 수차의 특유속도를 작게 선택한다.
> (3) 흡출관의 입구에 구멍을 만들어 적당량의 공기를 넣어 진공을 파괴한다.
> (4) 침식에 대하여 강한재료를 사용
> (5) 수차를 가능한 부분부하로 운전하지 않아야 한다. **답 ①**

20 "신·재생에너지 설비 원별 시공기준"에서 규정된 태양전지모듈 그림자의 영향을 받지 않는 곳에 정남향 설치를 원칙으로 하고 있다. 정남향을 결정하는 각의 기준은?
① 교각 ② 경사각 ③ 방위각 ④ 방향각

> **풀이**
> ① 교각 (angle of intersection, 交角) : 두 직선, 두 곡선, 두 평면, 평면과 직선이 한 점 또는 한 직선에서 만나서 이루는 각이다.
> ② 경사각 (傾斜角) : 어떤 직선이나 평면이 수평면과 이룬 각도.
> ③ 방위각 (azimuth, 方危角) : 방위를 나타내는 각도. 관측점으로부터 정남을 향하는 직선과 주어진 방향과의 사이의 각으로 나타냄.
> ④ 방향각 (assumed azimuth, 方向角) : 평면 직각 좌표계의 북 또는 임의의 방향을 기준으로 하여 우회전하여 측정한 각 **답 ③**

21 태양광 모듈의 크기가 0.52[m] × 1.19[m]이며, 최대출력 80[W]인 이 모듈의 에너지 변환효율은 몇 [%]인가? (표준조건상태의 시험임).
① 14.23 ② 15.56 ③ 11.98 ④ 12.92

> **풀이**
> 독립형 태양광발전기 용량계산 방법
> 독립형 태양광 발전기를 설치할 때에는 용량을 결정해야 한다. 용량결정의 첫 번째는 1일 총 소비전력을 구하고 그에 따라 구성을 하면 된다.
> 예) DC용 12볼트 LED전등 50와트급을 하루 5시간 사용한다는 가정.
> • 1일 소비전력[Wh] = 전기기구소비전력[W] × 1일 사용시간[h]
> • (50[Wh] × 5[h] = 250[Wh]) – 하루 총 소비전력은 250[Wh]
> • 필요한 태양전지모듈(1일 필요한 발전량×1.2(출력손실보정계수)
> • (250[Wh] ÷ 3.5[h](우리나라평균일조시간) = 71[Wh]
> • 71[Wh] × 1.2(출력손실보정계수) = 85[W] → 필요한 태양전지모듈은 85WH급.
> • 축전지 용량 = 1일 소비전력 ÷ 축전지 전압 × 부조일수(5일) × 1.25(축전지방전손실보정계수)
> 부조일수는 태양이 뜨지 않는 날수를 의미
> • (250[Wh] ÷ 12[V] × 5일 × 1.25 = 130[AH]) – 필요한 배터리는 130AH급
> 축전지는 가능한 딥싸이클용을 사용하시는 것이 장기적으로 이득. 다만, 초기 투자비용이 많은 만큼 대용량에서는 사용하기 어렵지만 태양전지판 100wh급 이하에서는 사용을 고려해 보는 것이 좋다.
> • 콘트롤러(85와트모듈 최대입력전류 4.49ah와 사용할 전기제품의 소비전류 50[W] ÷ 12[V] = 4.17ah 중 큰 치수로 사용) 12V 4.49ah 이상 급 솔라콘트롤러가 필요하다.
> • 볼트[V] × 암페어[A] = 와트[W]
> 예를 들면 DC 12볼트용 20와트급 전등을 3시간 사용할 때 몇 암페어가 소요되는지 알아보면,
> ∴ 12V × ?A = 60WH (20Wh × 3H = 60WH)

?A = 60WH ÷ 12V = 5AH 이 식을 응용

※ 모듈 효율 계산법
- 태양전지모듈의 효율을 계산하는 방식
예) 모듈 - 출력 80[W] 면적 0.52[m] × 1.19[m] = 0.6188[m²]인 모듈의 효율
* 변환효율계산(1[m²]당 평균 에너지량 1000[W]로 상정)
* 해당모듈에 입사되는 에너지량 = 0.6188 × 1000 = 618.8[W]
* 모듈변환효율[%] = 80[W] ÷ 618.8[W] × 100[%] = 12.92[%]
모듈효율이 높거나 낮더라도 같은 80와트급 이면 출력양은 동일하다. 다만 모듈의 효율이 높은 것이 상대적으로 크기가 작다. 공간 활용도 면에서 이득이 있다. 위 식은 정식 계산을 한 것이기는 하나 필드에서의 상황은 다를 수 있다. 즉, 날씨의 영향을 많이 받기 때문에 계산해둔 용량보다 적어도 10[%] 정도 이상으로 용량을 증대시켜서 사용하는 것이 좋다.   **답** ④

22 태양전지의 PN접합의 설명이 맞는 것은?
① 전자는 P형에서 나와서 N형으로 이동한다.
② 정공은 N형에서 나와서 P형으로 이동한다.
③ 정공은 P형에서 나와서 N형으로 이동한다.
④ 전자나 정공은 이동하지 않는다.

▶풀이
전자(-)는 N형 반도체쪽으로, 정공(+)은 P형 반도체쪽으로 모이게 되어 전위가 발생하게 되며 이 때문에 앞면과 뒷면에 붙여 만든 전극에 전구나 모터와 같은 부하를 연결하게 되면 전류가 흐르게 되는데, 이것이 태양전지의 PN접합에 의한 태양광발전의 원리라 한다.   **답** ③

23 태양광발전에서 DC를 AC로 변환해주는 장치는 무엇인가?
① 모듈   ② 태양전지   ③ 인버터   ④ 변압기

▶풀이
인버터는 태양광모듈의 DC를 한전과 계통연계할 수 있는 AC로 변환해주는 장치이다.   **답** ③

24 풍력의 설명으로 틀린 것은?
① 바람에너지를 터빈을 돌리는데 이용한다.   ② 풍력은 재생에너지이다.
③ 풍력은 저녁에는 작동하지 않는다.   ④ 풍력은 전기에너지는 생산한다.
  답 ③

25 풍력의 주요 부품으로 틀린 것은?
① 회전날개   ② 증속기   ③ 인버터   ④ 변압기

▶풀이
바람 에너지를 회전력으로 변환시켜 주는 회전날개(Blade)와 이를 주축(主軸)과 연결시켜 주는 허브(Hub) 시스템, 날개의 회전력을 증속기 또는 발전기에 전달하여 주는 회전축(Shaft) 또는 주축(Main shaft), 회전속도를 올려 주는 증속기(Gearbox), 증속기로부터 전달받은 기계적 에너지를 전기적 에너지로 변환시키는 발전기(Generator), 제동장치인 Brake, 날개의 각도를 조절하는 피치시스템, 날개를 바람 방향에 맞추기 위하여 낫셀을 회전시켜 주는 요잉시스템(Yawing System), 그리고 풍력발전기를 지지하는 타워 시스템 등으로 구성되어 있다.   **답** ③

제4장 신재생에너지 설비

제 5 장

적산

5.1 견 적

예정 가격을 산출하기 위하여 설계 도서와 시방서 및 시공 현장의 조건에 따라 시설 공사에 소요되는 재료와 노무의 품을 계산하는 일련의 과정과 업무를 말한다.

(1) 상세견적
  주어진 도면 또는 사양서 등의 설계도면 및 자료에 의해 재료와 공법 등 관계 법령을 이해하고 현장 상황을 파악하여 상세하게 견적을 계산하는 것

(2) 견적도
  일반적으로 구조, 치수를 나타내는 개요도, 외형도 정도의 것을 사용하는 도면으로 견적서에 첨부하여 피조회자에게 첨부되는 도면

(3) 설계서의 작성순서에서 변경설계순서
  표지 – 목차 – 변경이유서 – 일반시방서 – 특별시방서 – 예정공정표 – 동원인원 계획표 – 내역서 – 이하생략

(4) 시방서(Specification)를 작성할 때 요구되는 전문성
  ① 설계도서 구성 및 작성에 대한 이해
  ② 계약수립 및 관리 과정에 관한 지식
  ③ 설계도서의 활용에 대한 이해
  ④ 공사개시 전 준비단계에 대한 이해
  ⑤ 공사 추진 과정의 단계별 활용에 대한 이해
  ⑥ 공사 완성 단계의 업무에 대한 이해

⑦ 법적, 기술적 책임한계를 명확하게 표현할 수 있는 지식

5.2 공사원가의 체계

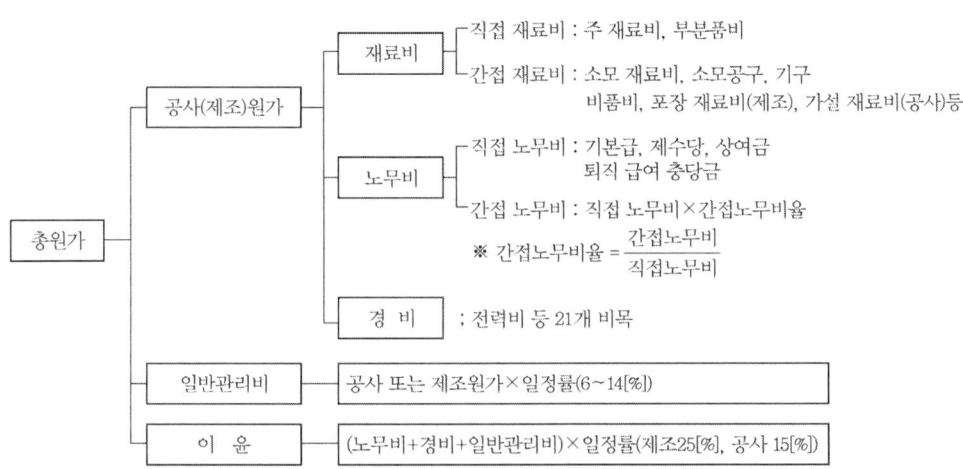

※ 예정가격 = 총원가 + 부가 가치세(10[%])

(1) 경비의 종류

전력비, 운반비, 기계경비, 특허사용료, 기술료, 품질관리비, 가설비, 보험료, 보관비, 안전관리비, 수도광열비, 연구개발비, 복리후생비, 소모품비, 여비, 교통비, 통신비, 도서인쇄비, 지급수수료

(2) 일반관리비의 계상 방법

일반 관리비는 공사 원가에 아래와 같이 정한 일반 관리 비율을 초과하여 계상할 수 없으며 공사 규모별로 체감 적용한다.

전문, 전기, 전기 통신 공사	
공사 원가	일반 관리 비율
5억원 미만	6[%]
5억원~30억원 미만	5.5[%]
30억원 이상	5[%]

(3) 이윤

영업 이익을 말하며 공사 원가 중 노무비, 경비와 일반 관리비의 합계액(이 경우 기술료 및 외주 가공비는 제외한다)에 이윤을 15[%]를 초과하여 계상할 수 없다.

(4) 공구 손료
　① 공구 손료는 일반 공구 및 시험용 계측 기구류의 손료로서 공사 중 상시 일반적으로 사용하는 것을 말하며, 직접 노무비(노임 할증 제외)의 3[%]까지 계상한다.
　② Chain hoist, Block, Pipe expander, Straightedge, 절연 내압 시험기, 변압기 탈기기, 자동 전압 조정기, synchroscope, Potentiometer 등 특수 시험 검사용 기구류의 손료 산정은 경장비 손료에 준한다.

- Chain Hoist : 체인을 이용하여 무거운 물건을 들어올리는 장치. Hoist : 끌어올림, 기중기
- Block : 도르래, 활차 《하나 또는 그 이상의 도르래(pulley)를 나무[금속] 케이스에 넣은 것》
- Pipe Expander : 擴管器, 파이프의 직경을 확장하는 기기.
- Straight Edge(직선자 / 直角定規) : 면 또는 변을 직각으로 가공하여 다듬질한 것으로써 곧은 직선의 금긋기에 사용하기도 하고, 평면도의 검사에도 사용한다.

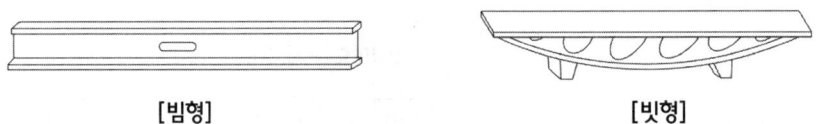

[빔형]　　　　　　[빗형]

- Synchroscope(同期檢定器) : 교류전원의 주파수와 위상이 일치하는가를 검출하기 위해서 사용하는데, 반복해서 일어나는 2개의 현상이 같은 순간에 일어나고 있는가를 검출하는 장치.
- Potentiometer(電位差計) : 일반적으로 전압을 나누는 목적으로 만들어진 가변저항을 뜻한다. 또는 가변저항을 사용하여 전위차가 0이면 전류가 흐르지 않는 원리를 이용하여 만든 전압계를 뜻하기도 한다.

(5) 잡품 및 소모 재료비
　"잡품 및 소모 재료는 설계 내역에 표시하여 계상한다. 단, 동력 및 조명 공사 부분에서 계상이 어렵고 금액이 근소한 조명 공사의 소모품에 대해서는 직접 재료비(전선과 배관 자재비)의 2~5[%]까지 계상한다."

5.3 재료의 수량 및 산출

(1) 건물의 일반 높이 및 각 기구의 설치 높이를 확인한다. 일반적으로 각 기구의 설치 높이는 아래와 같다.
　① 텀블러 스위치 : 바닥에서 1,200[mm]
　② 일반 전열 콘센트 : 바닥에서 300[mm]
　③ 분전반 : 바닥에서 1,000[mm](하단기준)

④ 등기구 : 천장 매입 및 직부등 – 천장 높이 기준,
　　　　　 벽부형 및 기타 노출형 – 도면에 표시된 설치 높이를 기준

[예] 건물의 층고를 "A", 산출하고자 하는 기구와 기구 사이의 거리를 "B",
　　 건물 바닥에서 기구까지의 설치 높이를 "C"라고 할 때
　　 콘센트와 콘센트 사이의 소요 전선관 산출 : 2C + B
　　 등기구와 스위치 사이의 소요 전선관 산출 : A – C + B
　　 전선의 수량 = 전선가닥수 × 전선관의 수량

(2) 도면의 축적(Scale)을 확인한다. 각 도면마다 하단에 축적이 표시되며, 일반적으로 도면의 축적은 1/100을 기준으로 하고 있다.

(3) 전선의 규격을 확인한다.

(4) 길이를 측정한다.
　① 기구 상호간 : 각 기구의 중심점간의 직선거리
　② 기구와 벽체간 : 기구와 벽체의 중심점간의 직선거리
　③ 벽체와 벽체간 : 각 벽체의 중심점간의 직선거리

(5) 전선의 가닥수를 확인하여 측정된 거리에 그 가닥수를 곱하여 전선의 수량을 산출한다.

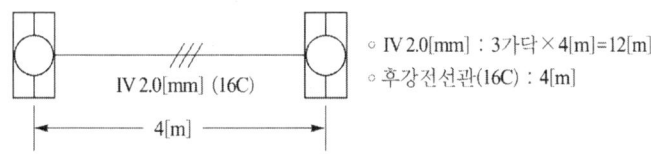

○ IV 2.0[mm] : 3가닥×4[m]=12[m]
○ 후강전선관(16C) : 4[m]

(6) 전선의 총 수량을 구하여 각 종류별, 규격별 집계를 한 후 표준 품셈에 의거 소요 공량을 산출한다.

(7) 전선의 종류별 집계 수량에 재료의 할증률을 적용하여 재료비 내역서에 그 수량을 기록한다. 전기 재료의 할증은 아래와 같다.
　① 옥내 전선 : 10[%]
　② 옥외 전선 : 5[%]
　③ 케이블 : 옥내 5[%], 옥외 3[%]

(8) 전선관의 종류
　① 후강 전선관 : 공칭 내경으로 규격을 짝수로 표시
　　　　　　　　　(16, 22, 28, 36, 42, 54, 70, 82, 92, 104[mm])
　② 박강 전선관 : 공칭 외경으로 규격을 홀수로 표시(19, 25, 31, 39, 51, 63, 75[mm])

(9) 전선관 부속품
　① 새들 : 전선관을 조영재에 노출로 배관할 때 사용되며 그 소요 수량은 전선관 1.5[m]

1개씩 설치할 경우 전선관의 총 수량을 구한 후 1.5로 나눈다.
② 부싱 및 로크너트 : 박스, 풀 박스(Pull Box), 또는 분전반과 전선관과의 접속 개소에는 그 내·외면에 로크너트를 사용하여 관을 고정하고, 관의 단말 부분에 배선 시 전선 피복의 손상을 방지하기 위하여 부싱 처리를 한다.
로크너트의 수량은 부싱 수량의 2배이다.
③ 커플링 : 배관 시공 시 전선관 상호의 접속을 위하여 사용하되 전선관의 총 수량을 구한 후 필요 수량을 산출한다. (배관길이÷1본당 길이)
④ 박스류 : 전등 및 기타 기구의 전선 접속함으로써 연결되는 관로수 및 기구의 종류와 내부 접속도는 통신 상태에 적용하는 크기를 사용하므로 도면의 표시에 의하여 그 수량을 산출한다.
㉠ 스위치 박스
- 텀블러 스위치의 설치 수량에 따라 1개용, 2개용, 3개용으로 구분하여 산출한다.
- 일반 전열 콘센트의 단말 부분은 1개용으로 산출
  (경과 부분은 4각 박스로 산출한다.)
㉡ 아우트렛 박스 및 콘크리트 박스 : 배관에 적합한 박스를 사용
- 8각 박스 : 22[mm] 이하의 전선관 접속이 2조 이하의 경우
- 4각 박스 : 22[mm] 이하의 전선관 접속이 3조 이상,
  또는 25[mm] 이상의 배관 접속 시 와 콘센트 경과 부분 박스

기출 & 예상문제

제 5 장 적산

01 공사원가 구성에 관하여 아래의 답안에 적당한 비목을 완성하시오.

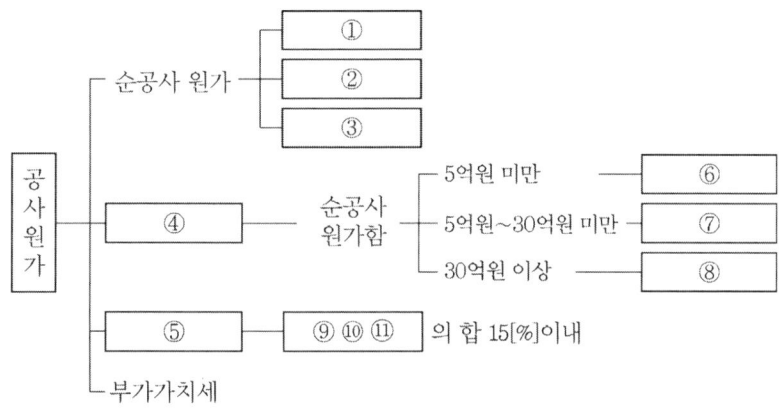

● 풀이

전문, 전기, 전기 통신 공사	
공사 원가	일반 관리 비율
5억원 미만	6[%]
5억원~30억원 미만	5.5[%]
30억원 이상	5[%]

답 ① 재료비 ② 노무비 ③ 경비 ④ 일반관리비 ⑤ 이윤 ⑥ 6[%]
⑦ 5.5[%] ⑧ 5[%] ⑨ 노무비 ⑩ 경비 ⑪일반관리비

02 공사원가 계산과정 중 다음 물음에 답하시오.
(1) 공사원가라 함은 공사 시공과정에서 발생하는 (①), (②), (③)의 세 가지 합계액이다.
(2) 경비의 세목 중 7가지만 쓰시오.

답 (1) ① 노무비 ② 재료비 ③ 경비
(2) 전력비, 운반비, 기계경비, 특허권사용료, 기술료, 품질관리비, 가설비(외에 지급임차료, 보험료, 보관비, 외주가공비, 안전관리비, 수도광열비, 연구개발비)

03 어느 공장의 수전설비공사를 시행하는데 재료비 20,000,000원, 노무비 15,000,000원, 경비 10,000,000원이었다. 이 공사를 공사원가 계산방법에 의하여 일반 관리비와 이윤을 각각 계산하시오. (단, 일반관리비 6[%], 이윤은 15[%]로 보고 계산한다.)

● 풀이

(1) 일반관리비 : $(20,000,000 + 15,000,000 + 10,000,000) \times 0.06 = 2,700,000$[원]
(2) 이　　윤 : $(15,000,000 + 10,000,000 + 2,700,000) \times 0.15 = 4,155,000$[원]

답 (1) 일반관리비 : 2,700,000[원]
　　(2) 이　　윤 : 4,155,000[원]

04 총 공사비가 32억원이고 공사기간이 18개월인 전기공사의 간접 노무비율[%]을 참고자료에 의거 계산하시오.

[표 공사종류 등에 따른 간접노무비율]　　　　(단위 : %)

구　　분		간접노무비율
공사 종류별	건축공사	14.5
	토목공사	15
	특수공사(포장, 준설등)	15.5
	기타(전문, 전기, 통신등)	15
공사 규모별 품셈에 의하여 산출되는 공사원가기준	5억원 미만	14
	5~30억 미만	15
	30억 이상	16
공사 기간별	6개월 미만	13
	6~12개월 미만	15
	12개월 이상	17

간접勞務비율 = $\dfrac{\text{工種別노무비} + \text{工規模別노무비} + \text{工期別노무비}}{3}$

● 풀이

간접노무비율 = $\dfrac{15 + 16 + 17}{3} = 16$[%]

답 16[%]

제 6 장

배선재료 및 공구

6.1 전선 및 케이블

│1│ 전선

(1) 전선의 구비조건
  ① 도전율이 높을 것
  ② 기계적 강도 및 가요성이 풍부할 것
  ③ 내구성이 클 것
  ④ 비중이 작을 것
  ⑤ 가격이 저렴할 것
  ⑥ 시공 및 보수의 취급이 용이 할 것

(2) 단선과 연선
  ① 단선 : 전선의 도체가 한 가닥으로 이루어진 전선
  ② 연선 : 여러 가닥의 소선을 꼬아 합쳐서 된 전선
    ㉮ 총 소선수 : $N = 3n(n+1) + 1$[개]

층수(n)	1	2	3	4	5
총 소선수(N)	7	19	37	61	91

37/3.2 (총 소선수 37개에 소선 1개가 3.2[mm]인 전선)

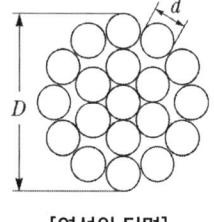

[연선의 단면]

㉯ 연선의 바깥지름 : $D = (2n+1)d[\text{mm}]$

㉰ 연선의 총 단면적 $A = aN[\text{mm}^2]$

　　여기서, n : 중심 소선을 뺀 층수, d : 소선의 지름

　　　　　a : 전선 한 가닥의 단면적$[\text{mm}^2]$

	구 성		굵기의 명칭	종 류
단선	전선의 단면이 소선 1개로 구성		지름(경동선)[mm]	1.2, 1.6, 2.0, 2.6, 3.2, 4[mm]등
			단면적(연동선)$[\text{mm}^2]$	1.5, 2.5, 4, 6, 10, 16$[\text{mm}^2]$등
연선	여러 단선을 꼬아서 만든 것		공칭단면적$[\text{mm}^2]$	0.9$[\text{mm}^2]$~1000$[\text{mm}^2]$ 26종

2 전선의 종류와 용도

(1) 전선분류

전선에는 절연전선, 코드, 케이블로 나눌 수가 있고, 사용되는 도체로는 구리(동), 알루미늄, 철(강)등이 있으며, 절연체로는 합성수지, 고무, 섬유 등이 사용된다.

- 450/750[V] 비닐절연전선
- 450/750[V] 저독난연 폴리올레핀 절연전선
- 450/750[V] 고무절연전선

(2) 절연전선의 종류와 약호

명 칭	약 호
450/750[V] 일반용 단심 비닐 절연전선	NR
450/750[V] 일반용 유연성 비닐절연전선	NF
300/500[V] 기기 배선용 단심 비닐절연전선(70[℃])	NRI(70)
300/500[V] 기기 배선용 유연성 단심 비닐절연전선(70[℃])	NFI(70)
300/500[V] 기기 배선용 단심 비닐절연전선(90[℃])	NRI(90)
300/500[V] 기기 배선용 유연성 단심 비닐절연전선(90[℃])	NFI(90)
750[V] 내열성 고무 절연전선(110[℃])	HR(0.75)
300/500[V] 내열 실리콘 고무 절연전선(180[℃])	HRS
옥외용 비닐 절연전선	OW
인입용 비닐 절연전선	DV
형광방전등용 비닐전선	FL
비닐절연 네온전선	NV
6/10[kV] 고압 인하용 가교 폴리에틸렌 절연전선	PDC
6/10[kV] 고압 인하용 가교 EP 고무절연전선	PDP

(3) 코드

① 소형 전기기계·기구에 접속하는 이동전선에 사용되는 것으로 소선의 굵기가 아주 얇아서 전선 자체가 부드러우나, 기계적 강도가 약하다.

② 재질 : 취급이 편리하도록 충분한 가요성을 가져야 하므로, 심선에 주석 도금한 연동선을 여러 가닥으로 꼬아서 만든다.

③ 코드 및 형광등 전선의 허용전류

도체	공칭단면적 [mm²]	0.75	1.25	2.0	3.5	5.5	금사코드
	소선수/지름 [본/mm]	30/0.18	50/0.18	37/0.26	45/0.32	70/0.32	
	허용전류 [A]	7	12	17	23	35	0.5

④ 종류 : 고무코드, 비닐코드, 내열비닐코드, 고무캡타이어코드, 비닐절연 비닐캡타이어코드, 금사코드 등이 있다
  ㉮ 고무코드 : 공칭단면적 0.75~5.5[mm²]의 심선에 고무 절연을 하고 실로 겉을 편조한 코드
  ㉯ 전열기용코드 : 고무코드는 높은 열에 물러지는 결점이 있으므로 전열기용에는 석면 사용
  ㉰ 비닐코드 : 공칭단면적 0.75~2.0[mm²]의 주석 도금한 연동 연선에 염화비닐수지를 주절연체로 만든 코드
  ㉱ 금사코드 : 전기이발기, 전기면도기, 헤어드라이기 등에 사용

(4) 케이블

① 케이블 : 전선을 1차 절연물로 절연하고, 2차로 외장한 전선

② 특징 : 절연전선보다 절연성 및 안정성이 좋아서, 높은 전압이나 전류가 많이 흐르는 배선에 사용한다.

③ 저압 케이블 종류
  - 0.6/1[kV] 연피(鉛皮)케이블
  - 클로로프렌외장(外裝)케이블
  - 비닐외장케이블
  - 폴리에틸렌외장케이블
  - 무기물 절연(MI) 케이블
  - 금속외장케이블
  - 유선텔레비전용 급전겸용 동축 케이블(그 외부도체를 접지하여 사용하는 것에 한함)

④ 고압 케이블 종류
  - 클로로프렌외장 케이블
  - 비닐외장 케이블
  - 폴리에틸렌외장 케이블
  - 콤바인 덕트 케이블

⑤ 특고압 케이블 종류
  ㉮ 특고압 전로의 전선일 경우

ⓒ 충실외피를 적용하지 않은 케이블은 중성선 위에 흑색의 폴리염화비닐(PVC) 또는 할로겐 프리 폴리올레핀을 동심원상으로 압출 피복할 것.

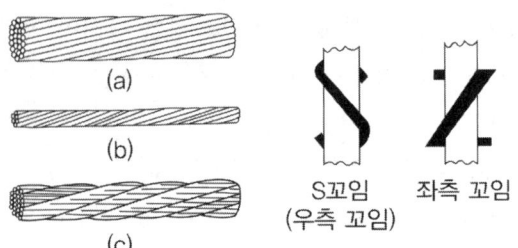

⑥ 케이블의 종류와 약호

명 칭	약호
0.6/1[kV] 비닐절연 비닐시스 케이블	VV
0.6/1[kV] 비닐절연 비닐 캡타이어 케이블	VCT
0.6/1[kV] 가교 폴리에틸렌 절연 비닐시스 케이블	CV1
0.6/1[kV] 가교 폴리에틸렌 절연 저독성 난연 폴리올레핀시스 전력케이블	HFCO
6/10[kV] 가교 폴리에틸렌 절연 비닐시스 케이블	CV10
동심중성선 차수형 전력케이블	CN-CV
폴리에틸렌절연 비닐 시스케이블	EV
콘크리트 직매용 폴리에틸렌절연 비닐시스케이블(환형)	CB-EV
미네랄 인슈레이션 케이블	MI
고무 시스 용접용 케이블	AWR

⑦ 캡타이어 케이블 (Captire Cable)

㉮ 고무 캡타이어 케이블 : 주석 도금한 연동연선을 종이 테이프로 감거나 무명실로 감은 위에 순고무 30[%] 이상을 함유한 고무 혼합물로 피복하고 내수성, 내산성, 내알칼리성, 내유성을 가진 질긴 고무 혼합물로 위를 다시 피복한 것

분류	특 징
제1종	표면 피복에 캡타이어(천연고무 혼합물) 고무로 피복한 것. 전기공사에는 사용 않음.
제2종	제1종보다 질 좋은 고무를 사용한 것
제3종	캡타이어 고무 피복 중간에 면포를 넣어서 강도를 보강한 것
제4종	제3종과 같고, 각 심선사이를 고무로 채워서 튼튼하게 만든 것

• 사용장소 : 전기적 성질보다 기계적 성질이 우수해 광산, 공장, 농사, 의료, 수중, 무대 등에 사용된다.

㉯ 비닐 시스 케이블(Vinyl Sheathed Cable)

- 2심 또는 3심의 비닐 절연선 위에 염화비닐수지 혼합물로 포장한 것
- 저압 가공 케이블, 인입구 배선, 옥외조명 가공케이블 등에 사용된다.

㉓ 플렉시블 시스 케이블 (Flexible Sheathed Cable)
- 이 케이블은 고무 절연전선 또는 비닐 절연전선 위에 크래프트지를 감고 외장 내면과 전기적 접속을 하는 접지용 나동대를 전반에 걸쳐 삽입하고, 그 위에 아연도금 연강제의 편조를 나선모양으로 감은 케이블이다.
- 플렉시블 케이블의 형식과 용도

분류	형 식	용 도
AC	고무 절연 전선이 내장	노출 또는 은폐 배선으로 건조한 장소
ACT	비닐 절연 전선이 내장	
ACV	쥬트를 감고 절연 콤파운드를 입힌 것	공장 또는 은폐 배선으로 건조한 장소
ACL	외장 밑에 연피가 있는 것	물기, 습기 있는 노출 배선과 지중 콘크리트 내 또는 기름 가솔린 등에 노출된 장소

※ 주트(jute) : 황마껍질로 가공한 방수포용 섬유원료
※ 콤파운드(compound) : 열경화 수지, 열가소성 수지, 에폭시 수지 및 탄성물질등과 같이 첨가물 또는 충전재로 사용되어 응고될 수 있는 물질을 말한다.

㉔ 용접용 케이블

종 류	기 호
리드용 제1종 케이블	WCT
리드용 제2종 케이블	WNCT
홀더용 제1종 케이블	WRCT
홀더용 제2종 케이블	WRNCT

※ leader cable : 용접용 모재에 연결선, holder cable : 용접봉 잡는 선

(5) 전선의 선정 조건 : 허용전류, 기계적강도, 전압강하
① 전선의 허용전류
㉮ 절연전선의 허용전류

단선(구리도체 공칭단면적)	1.5[mm²]	2.5[mm²]	4[mm²]	6[mm²]	10[mm²]	16[mm²]
허용전류	20[A]	28[A]	37[A]	48[A]	66[A]	88[A]

코드 및 형광등 전선	0.75[mm²]	1.25[mm²]	2.0[mm²]	3.5[mm²]	5.5[mm²]	금사코드
허용전류	7[A]	12[A]	17[A]	23[A]	35[A]	0.5[A]

㉯ 전선의 전류 감소계수

동일관 내의 전선 수	금속, PVC관
3 이하	0.70
4	0.63
5~6	0.56
7~15	0.49
16~40	0.43

절연전선을 전선관 속에 넣어 사용할 경우 전선의 허용전류는 전류감소계수를 곱한 값

(6) 전선의 식별

① 전선의 색상

상(문자)	색상
L1	갈색
L2	흑색
L3	회색
N	청색
보호도체	녹색-노란색

② 색상 식별이 종단 및 연결 지점에서만 이루어지는 나도체 등은 전선 종단부에 색상이 반영구적으로 유지될 수 있는 도색, 밴드, 색 테이프 등의 방법으로 표시해야 한다.

케이블의 약호

구 분	기 호	내 용	품 명 (예)
용 도	C	Control (제어용)	CVV, CEE
	S	Signal (신호용)	SVV
	K	계장용 또는 기기용	KPEV 또는 KIV
	I	Indoor (옥내용)	IV
	O	Outdoor (옥외용)	OW
도 체	AL	Aluminium conductor	AL-OC 또는 AL-CV
절 연 체	C	Cross-liked PE (XLPE)	CV
	E	Polyethylene (PE)	EV, EE
	V	Vinyl (PVC)	VV
	P	EPR (고무)	FR-PN, FR-PH
시 즈	V	Vinyl (PVC)	CV, VV
	E	Polyethylene(PE)	EE, CEE
	N	Neoprene 고무(CR)	FR-PN
	H	Hypalon 고무(CSP)	FR-CH

구 분	기 호	내 용	품 명 (예)
외 장	TA	Galvanized steel tape	VCTAV
	WA	Galvaned steel wire	CVWAV
	ATA	Aluminium tape	CVTAV
	AWA	Aluminium wire	CVWAV
차 폐	SB	Shield braid	CVV-SB
	S	Tape shield	SVV-S
	AMS	Aluminum mylar Shield Tape	CVV-AMS
	CMS	Copper mylar tape Shield	CVV-AMS
	I/C	Individual/Common Shield	SVV-I/CAMS
난 연	FR	Frame Retardant	FR-CV, FR-CVV
	FRT	Fire resistance of Fire Resi sting	FRT-CVVWAV
	FRLS	Flame Retardant Low Smoke	FRT-CV
		Low Smoke Flame Retardant H-alogen	FRLS-CVV
	HF	Free	HF-CO, HF-CCO

기출 & 예상문제
제6장 배선재료 및 공구(1)

01 다음 중 전선의 구비조건이 아닌 것은?
① 도전율이 크고, 기계적인 강도가 클 것
② 신장률이 크고, 내구성이 있을 것
③ 비중(밀도)이 크고, 가선이 용이할 것
④ 가격이 저렴하고, 구입이 쉬울 것

풀이
전선의 구비조건
① 도전율이 높을 것 ② 기계적 강도 및 가요성이 풍부할 것
③ 내구성이 클 것 ④ 비중이 작을 것
⑤ 가격이 저렴할 것 ⑥ 시공 및 보수의 취급이 용이 할 것
답 ③

02 표준 연동의 고유 저항 값[Ω·mm²/m]은?
① $\frac{1}{55}$ ② $\frac{1}{56}$ ③ $\frac{1}{57}$ ④ $\frac{1}{58}$

풀이
- 경동선의 고유저항 $\frac{1}{55}[\Omega \cdot mm^2/m]$
- 연동선의 고유저항 $\frac{1}{58}[\Omega \cdot mm^2/m]$
- 알루미늄선의 고유저항 $\frac{1}{35}[\Omega \cdot mm^2/m]$
답 ④

03 직경 1.6[mm] 19가닥의 경동 연선의 바깥지름[mm]은?
① 11 ② 10 ③ 9 ④ 8

풀이
연선의 바깥지름
$D = (2n+1)d = (2 \times 2 + 1) \times 1.6 = 8 [mm]$
답 ④

04 공칭단면적 8[mm²] 되는 연선의 구성은 소선의 지름이 1.2[mm]일 때 소선수는 몇 가닥으로 되어있는가?
① 3 ② 4 ③ 6 ④ 7

▶ 풀이

총 단면적은 $A = aN [\mathrm{mm}^2]$의 식으로 나타낼 수 있다.

따라서, 소선수 $= \dfrac{A}{a} = \dfrac{\text{연선 전체 단면적}}{\text{소선 한가닥의 단면적}} = \dfrac{8}{\pi \times \left(\dfrac{1.2}{2}\right)^2} ≒ 7[\text{가닥}]$

답 ④

05 직경 2.6[mm] 단선 19가닥을 사용한 연선의 규격은?
① 60[mm²] ② 80[mm²]
③ 100[mm²] ④ 120[mm²]

▶ 풀이

소선 한 가닥의 단면적 : $\pi \times \left(\dfrac{2.6}{2}\right)^2 = 5.3[\mathrm{mm}^2]$

연선 전체 단면적 : $5.3 \times 19 ≒ 100[\mathrm{mm}^2]$

답 ③

06 옥내배선에 사용하는 600[V] 비닐절연전선에서 공칭단면 38[mm²]인 연선의 소선구성 (소선수/소선의 지름)은?(단 절연물의 최고 허용온도가 60[℃] 이다.)
① 7/1.6 ② 7/2.0
③ 7/2.3 ④ 7/2.6

▶ 풀이

연선 단면적 : 소선수 $\times \pi \left(\dfrac{\text{소선지름}}{2}\right)^2$ 에 각각을 대입하여 계산한다.

답 ④

07 동심 연선에서 심선을 뺀 층수를 n, 소선의 지름을 d, 소선 단면적을 S라 할 때 소선의 총 수(N)를 구하는 식은?
① $N = n(n+1)$ ② $N = 3n(n+1)+1$
③ $N = (1+2n)d+1$ ④ $N = (1+2n)d$

▶ 풀이

연선의 소선의 총수 $N = 3n(n+1)+1$ 로 표시한다.

답 ②

08 인입용 비닐 절연 전선의 기호는?
① FF ② NV
③ DV ④ OW

▶ 풀이

- OW : 옥외용 비닐 절연 전선
- NV : 비닐 절연 네온 전선
- DV : 인입용 비닐 절연 전선
- FF : 플렉시블 코드
- OW(Outdoor Polyvinyl Chloride Insulated Wire)

답 ③

09 주석 도금한 0.75[mm^2](30/0.18)의 연동연선에 비닐을 피복한 것으로 형광등용 안정기의 2차 배선에 주로 사용되는 전선은?
① IAL 전선　　　　　　　　　② RB 전선
③ FL 전선　　　　　　　　　　④ ACRS 전선

▶풀이
　　FL(Fluorescent Lamp) : 형광방전등용 비닐 전선
　　　　　　　　　　　　　　　　　　　　　　　　　　　　　　답 ③

10 ACSR은 다음 중 어떤 것을 말하는가?
① 경동 연선　　　　　　　　　② 중공 연선
③ 알루미늄선　　　　　　　　　④ 강심 알루미늄 연선

▶풀이
　• ACSR(aluminium cable steel reinforced, 강심 알루미늄 연선) : 중심에 강철선을 두고 둘레에 알루미늄선을 꼬아서 만든 전선. 강도가 있고 전기를 이끄는 힘이 좋아서 고압용 송전선으로 쓰인다.
　　　　　　　　　　　　　　　　　　　　　　　　　　　　　　답 ④

11 절연전선의 피복에 "15[kV] NRV"라고 표기되어 있다. 여기서 "NRV"는 무엇을 나타내는 약호인가?
① 형광등 전선
② 고무절연 폴리에틸렌 시스 네온 전선
③ 고무절연 비닐 시스 네온 전선
④ 폴리에틸렌 절연 비닐 시스 네온 전선

▶풀이
　• N(Neon) : 네온
　• R(Rubber) : 고무
　• V(Vinyl) : 비닐
　　　　　　　　　　　　　　　　　　　　　　　　　　　　　　답 ③

12 고무 절연 전선 및 비닐 절연 전선에서 몇 [℃]를 넘으면 절연물이 변질되고, 전선을 손상할 뿐만 아니라 화재의 원인도 되는가?
① 100[℃]　　　　　　　　　　② 90[℃]
③ 75[℃]　　　　　　　　　　　④ 60[℃]

▶풀이
　　고무나 비닐은 열에 취약하기 때문에 허용 전류값에 대해 최고 허용 온도가 60[℃] 이하로 되어 있다.
　　　　　　　　　　　　　　　　　　　　　　　　　　　　　　답 ④

13 내열성이 우수하며, 기계적 강도가 크고 흡수성이 없으며, 화학적으로 안정되어 있으며 사용 전압 600[V] 이하이고 테플론으로 절연 피복된 전선은?

① 폴리에틸렌 절연 전선
② 플루오르수지 절연 전선
③ 비닐 절연 전선
④ 형광등 전선

▶풀이
플루오르수지(테플론) 절연 전선은 내열성이 우수하고 기계적강도가 크며, 화학적으로 안정한 절연 전선이다. **답** ②

14 전선의 색 구별에 있어서 중성선은 어떤 색을 쓰고 있는가?

① 청색   ② 흑색   ③ 회색   ④ 갈색

▶풀이
보호도체, 접지선(녹색-황색), 중성선(N) 청색,
L1(갈색), L2(흑색), L3(회색) **답** ①

15 공칭 단면적을 설명한 것 중 관계가 없는 것은?

① 단위를 [mm²]로 나타낸다.
② 전선의 굵기를 표시하는 호칭이다.
③ 전선의 실제 단면적과 반드시 같다.
④ 계산상의 단면적은 따로 있다.

▶풀이
전선의 단면적은 계산적 단면적과 공칭 단면적은 근사적으로 같다. **답** ③

16 전기이발기, 전기면도기, 헤어드라이어 등에 사용되는 코드는?

① 캡타이어 코드   ② 전열기용 코드
③ 금실 코드   ④ 극장용 코드

▶풀이
금사(金絲)코드는 고도의 굴곡성을 가지는 코드로 가요성이 커 이동이 잦아 굴곡을 필요로 하는 전기기구(전기 다리미 등) 전원코드로 많이 사용된다. **답** ③

17 전기특성이 우수하고 저압에서 특별 고압에 이르기까지 널리 사용되고 내약품성이 우수한 폴리에틸렌 절연 비닐 시스 케이블의 약호는?

① EV 케이블   ② BL 케이블
③ RN 케이블   ④ VV 케이블

▶ 풀이

0.6/1 kV 비닐절연 비닐시스 케이블	VV
0.6/1 kV 비닐절연 비닐 캡타이어 케이블	VCT
0.6/1 kV 가교 폴리에틸렌 절연 비닐시스 케이블	CV1
0.6/1 kV 가교 폴리에틸렌 절연 저녹성 난연 폴리올레핀시스 전력케이블	HFCO
6/10 kV 가교 폴리에틸렌 절연 비닐시스 케이블	CV10
동심중성선 차수형 전력케이블	CN-CV
폴리에틸렌절연 비닐 시스케이블	EV
콘크리트 직매용 폴리에틸렌절연 비닐시스케이블(환형)	CB-EV
미네랄 인슈레이션 케이블	MI
고무 시스 용접용 케이블	AWR

답 ①

18 600[V] 이하의 저압 회로에 사용하는 비닐절연 비닐외장 케이블의 약칭으로 맞는 것은?
① VV   ② EV   ③ FP   ④ CV

답 ①

19 플라스틱 전력 케이블의 대표격이고, 저압에서 고압에 이르기까지 널리 사용하고, 가교 폴리에틸렌 케이블이라고 한다. 약칭은?
① EV 케이블   ② VV 케이블
③ CV 케이블   ④ RN 케이블

답 ③

20 노출하면 외부로부터 손상을 받을 우려가 있으므로 관에 넣어 시공하는 케이블은?
① 연피 케이블   ② 비닐시스 케이블
③ 고무시스 케이블   ④ 주트권 연피 케이블

▶ 풀이
연피케이블 : 연피가 외부로부터 손상을 받을 우려가 없는 곳, 부식의 우려가 없는 관로식 지중전선로 등에 사용한다.

답 ①

21 순 고무 30[%] 이상을 함유한 고무 혼합물로 피복하고 내유, 내산, 내알칼리, 내수성을 갖게 만든 케이블은 어느 것인가?
① 연피 케이블   ② 캡타이어 케이블
③ 비닐시스 케이블   ④ 플렉시블시스 케이블

▶ 풀이
캡타이어케이블 : 연동선 위에 테이프 또는 실을 감고 고무 절연 또는 절연한 심선을 2~4가닥 꼬아 모으고 그 위에 캡타이어 고무 클로로프렌 또는 비닐로 심선 사이의 틈을 메워 피복한 코드를 말한다.

답 ②

22 캡타이어 케이블에서 캡타이어의 고무 피복 중간에 면포를 넣어서 강도를 보강한 것은?

① 제1종　　② 제2종　　③ 제3종　　④ 제4종

풀이

분류	특 징
제1종	표면 피복에 캡타이어(천연고무 혼합물) 고무로 피복한 것. 전기공사에는 사용 않음.
제2종	제1종보다 질 좋은 고무를 사용한 것
제3종	캡타이어 고무 피복 중간에 면포를 넣어서 강도를 보강한 것
제4종	제3종과 같고, 각 심선사이를 고무로 채워서 튼튼하게 만든 것

답 ③

23 플렉시블 외장 케이블에서 습기, 물기 또는 기름이 있는 곳에는 어떤 형식을 쓰는가?

① AC　　② ACT　　③ ACV　　④ ACL

풀이

플렉시블 케이블의 형식과 용도

분류	형 식	용 도
AC	고무 절연 전선이 내장	노출 또는 은폐 배선으로 건조한 장소
ACT	비닐 절연 전선이 내장	
ACV	쥬트를 감고 절연 콤파운드를 입힌 것	공장 또는 은폐 배선으로 건조한 장소
ACL	외장 밑에 연피가 있는 것	물기, 습기, 있는 노출 배선과 지중콘크리트 내 또는 기름 가솔린 등에 노출된 장소

답 ④

24 옥내 저압 이동전선으로 사용하는 캡타이어 케이블에는 단심, 2심, 3심, 4~5심이 있다. 이 때 도체 공칭단면적의 최소값은 몇 [mm²]인가?

① 0.75　　② 2　　③ 5.5　　④ 8

풀이

캡타이어 코드의 공칭 단면적 : 0.75 / 1.25 / 2.0[mm²]

답 ①

25 리드용 2종 케이블의 약호로 옳은 것은?

① WRNCT　　② WNCT　　③ WCT　　④ WRCT

풀이

용접용 케이블

종 류	기 호
리드용 제1종 케이블	WCT
리드용 제2종 케이블	WNCT
홀더용 제1종 케이블	WRCT
홀더용 제2종 케이블	WRNCT

답 ②

26 홀더용 제1종 용접용 케이블의 기호는?
① WCT ② WNCT
③ WRCT ④ TRNCT

답 ③

27 옥내배선 공사에 사용할 수 없는 케이블은?
① OF 케이블 ② VV 케이블
③ VCT 케이블 ④ MI 케이블

▶풀이
OF케이블은 66~154[kV] 특고압에 사용된다.

답 ①

28 전선의 굵기를 결정하여야 할 이유 중 꼭 필요하지 않은 사항은?
① 허용 전류 ② 기계적 세기
③ 전압 강하 ④ 외부 온도

▶풀이
전선의 선정 조건 : 허용전류, 기계적강도, 전압강하

답 ④

29 전기적 특성이 우수하고 내식성도 좋으며 내열전선으로 300[℃]의 고온에도 사용되는 전선은?
① 폴리우레탄 전선 ② 폴리에틸렌 전선
③ 폴리에스테르 전선 ④ 테플론전선

▶풀이
고온 300[℃]에 견디며 저온 -70[℃]에서 탄력, 절연 내력을 잃지 않으며 내식성 전기적 특성이 커 내열전선에 사용된다.

답 ④

30 다음 중 전력용 케이블의 손실과 거리가 먼 것은?
① 철손 ② 저항손
③ 유전체손 ④ 차폐손

▶풀이
철손 : 전기기기의 철심에서 생기는 손실로 히스테리시스손과 와류손이다.

답 ①

6.2 배선재료

│1│ 점멸 스위치

전등이나 소형 전기기구 등의 전류의 흐름을 개폐하는 옥내배선기구

명 칭	그 림	용 도
텀블러 스위치		노브(knob)를 상하로 움직이거나 좌우로 움직여 점멸한다. 노출형과 매입형, 단극형과 3로, 4로 등이 있다.
버튼 스위치		버튼을 눌러서 점멸하는 것으로 매입형과 노출형이 있다.
코드 스위치		중간 스위치라고 하며, 전기담요, 전기방석 등의 코드 중간에 사용
펜던트 스위치		형광등 또는 소형 전기기구의 코드 끝에 매달아 사용하는 스위치이다.
일광 스위치		정원등, 방범등 및 가로등을 주위의 밝기에 의하여 자동적으로 점멸하는 스위치
타임 스위치		시계기구를 내장한 스위치로 지정한 시간에 점멸을 할 수 있게된 것과 일정시간 동안 동작하게 된 것 (일반가정 : 3분, 숙박업소(호텔) : 1분)
풀 스위치		끈을 당기면 한번은 개로 다음은 폐로되는 것
캐노피 스위치		풀 스위치의 한 종류로서 조명기구의 캐노피(플랜지) 안에 스위치가 시설되어 있는 것
로터리스위치		회전 스위치라고도 하며 노출형으로 노브를 돌려가며 개로나 폐로 또는 강약으로 점멸
3로 스위치 및 4로 스위치		전환스위치의 한 종류로 둘 이상의 장소에서 전등을 자유롭게 점멸

2 | 과전류 보호장치

(1) 퓨즈

① 저압전로

〈퓨즈(gG)의 용단특성〉

정격전류의 구분	시 간	정격전류의 배수	
		불용단전류	용단전류
4[A] 이하	60분	1.5배	2.1배
4[A] 초과 16[A] 미만	60분	1.5배	1.9배
16[A] 이상 63[A] 이하	60분	1.25배	1.6배
63[A] 초과 160[A] 이하	120분	1.25배	1.6배
160[A] 초과 400[A] 이하	180분	1.25배	1.6배
400[A] 초과	240분	1.25배	1.6배

② 고압전로
- 비포장 퓨즈는 정격전류 1.25배에 견디고, 2배의 전류로는 2분 안에 용단되어야 한다.
- 포장퓨즈는 정격전류 1.3배에 견디고, 2배의 전류로는 120분 안에 용단되어야 한다.

구분	명칭		용 도
비포장 퓨즈	실 퓨즈		납과 주석의 합금으로 만든 것으로 정격전류 5[A] 이하의 것이 많으며, 안전기, 단극 스위치 등에 사용
	훅 퓨즈 (판퓨즈)		실퓨즈와 같은 재료의 판 모양 퓨즈 양단에 단자 고리가 있어 나사 조임을 쉽게 할 수 있는 것으로 정격전류 10~600[A]까지 있으며 나이프 스위치에 사용
포장 퓨즈	통형 퓨즈 (칼날단자)		통형 퓨즈와 같은 재료로 원통 내부에 판퓨즈를 넣고 칼날형의 단자를 양단에 접속한 것으로 정격전류 75~600[A]의 것에 사용
	플러그 퓨즈		자기 또는 특수유리제의 나사식 통 안에 아연재료로 된 퓨즈를 넣어 나사식으로 돌리어 고정하는 것으로 충전 중에도 바꿀 수 있다.
	텅스텐 퓨즈		유리관 안에 텅스텐선을 넣고 연동선이 리드를 뺀 구조로, 정격전류는 0.2[A]의 미소전류로 계기의 내부 배선 보호용으로 사용
	유리관 퓨즈		유리관 안에 실퓨즈를 넣고 양단에 캡을 씌운 것으로 정격전류는 0.1~10[A]까지 있으며 TV 등 가정용 전기기구의 전원 보호용으로 사용
	온도 퓨즈 (서모퓨즈)	100℃	주위온도에 의하여 용단되는 퓨즈로 100, 110, 120[℃]에서 동작하며 주로 난방기구(담요, 장판)의 보호용으로 사용

(2) 배선용 차단기(MCCB/Molded Case Circuit Breaker)

① 역할 : 전류가 비정상적으로 흐를 때 자동적으로 회로를 끊어서 전선 및 기계 기구를 보호하는 장치. 노퓨즈 브레이커(NFB)라고도 하며, 개폐기 및 자동차단기 2가지 역할을 한다.

② 과전류 차단기의 시설 금지 장소
- 접지공사의 접지선
- 접지공사를 한 저압 가공선로의 접지측 전선
- 다선식 선로의 중성선

③ 과전류차단기로 저압전로에 사용하는 산업용 배선용차단기(「전기용품 및 생활용품 안전관리법」에서 규정하는 것을 제외)는 아래표에 적합한 것이어야 한다. 다만, 일반인이 접촉할 우려가 있는 장소(세대내 분전반 및 이와 유사한 장소)에는 주택용 배선차단기를 시설하여야 하고, 주택용 배선차단기를 정방향(세로)으로 부착할 경우에는 차단기의 위쪽이 켜짐(on)으로, 차단기의 아래쪽은 꺼짐(off)으로 시설하여야 한다.

〈과전류트립 동작시간 및 특성(산업용 배선용 차단기)〉

정격전류의 구분	시 간	정격전류의 배수 (모든 극에 통전)	
		부동작 전류	동작 전류
63[A] 이하	60분	1.05배	1.3배
63[A] 초과	120분	1.05배	1.3배

〈과전류트립 동작시간 및 특성(주택용 배선용 차단기)〉

정격전류의 구분	시 간	정격전류의 배수(모든 극에 통전)	
		부동작 전류	동작 전류
63[A] 이하	60분	1.13배	1.45배
63[A] 초과	120분	1.13배	1.45배

기출 & 예상문제
제6장 배선재료 및 공구(2)

01 금속제 외함을 가지는 사용전압이 50[V]를 초과하는 저압의 기계 기구로서 사람이 쉽게 접촉할 우려가 있는 곳에 시설하는 것에 전기를 공급하는 전로에는 누전차단기를 설치하여야 한다. 다음 중 누전차단기를 설치하여야하는 경우는?

① 기계기구를 건조한 곳에 시설하는 경우
② 대지전압이 150[V] 이하인 기계기구를 물기가 있는 곳 이외의 곳에 시설하는 경우
③ 주택의 인입구 등 저압전로
④ 이중 절연구조의 기계기구를 시설하는 경우

▶풀이
누전차단기 생략가능 장소
① 기계기구를 발전소·변전소·개폐소 또는 이에 준하는 곳에 시설하는 경우
② 기계기구를 건조한 곳에 시설하는 경우
③ 대지전압이 150[V] 이하인 기계기구를 물기가 있는 곳 이외의 곳에 시설하는 경우
④ 「전기용품 및 생활용품 안전관리법」의 적용을 받는 이중 절연구조의 기계기구를 시설하는 경우
⑤ 그 전로의 전원측에 절연변압기(2차 전압이 300[V] 이하인 경우에 한한다)를 시설하고 또한 그 절연변압기의 부하측의 전로에 접지하지 아니하는 경우
⑥ 기계기구가 고무·합성수지 기타 절연물로 피복된 경우
⑦ 기계기구가 유도전동기의 2차측 전로에 접속되는 것일 경우

답 ③

02 옥내배선 공사에서 대지전압 150[V]를 초과하고 300[V] 이하 저압 전로의 주택인입구 등에 반드시 시설해야 하는 지락차단 장치는?

① 퓨즈(F)
② 누전차단기(ELB)
③ 배선용 차단기(MCB)
④ 커버나이프스위치(KS)

▶풀이
• 주택의 옥내에 시설하는 것으로 대지전압 150[V] 초과 300[V] 이하의 저압 전로 인입구에는 누전차단기를 설치하여야 한다.
• 사람이 쉽게 접촉할 우려가 있는 장소에 시설하는 사용 전압이 50[V]를 초과하는 저압의 금속제 외함을 가지는 기계 기구에 전기를 공급하는 전로

답 ②

03 다음 중 지락 차단장치를 시설해야 하는 곳은?
① 금속제 외함을 가지는 사용전압이 60[V]를 넘는 저압의 기계기구로서 사람이 쉽게 접촉할 우려가 있는 장소
② 기계기구를 건조한 장소에 시설하는 경우
③ 기계기구가 고무, 합성수지 등의 절연물로 피복되어 있는 경우
④ 기계기구가 유도전동기의 2차 측 전로에 접속되는 저항기일 경우

답 ①

04 조명용 전등에 일반적으로 타임스위치를 시설하는 곳은?
① 병원
② 은행
③ 아파트 현관
④ 공장

풀이
조명용 백열 전등을 호텔, 여관 객실 입구에 타임 스위치를 설치 1분 이내에 소등하며, 일반주택, 아파트 각 호실의 현관은 3분 이내 소등되도록 한다.

답 ③

05 열효과에 의해 동작하는 계전기로 모터 과부하 보호용으로 가장 많이 사용되고 있는 것은?
① 비율차동계전기
② 정전계전기
③ 열동계전기
④ 정류형 계전기

풀이
열동계전기(thermal relay/THR)는 전동기의 과부하 등으로 정격전류 이상의 과전류가 흐르면 열에 의해 바이메탈이 휘어지는 원리를 이용해 접점을 동작시킨다.

답 ③

06 조명용 백열전등을 일반주택 및 아파트 각 호실에 설치할 때 현관등은 최대 몇 분 이내에 소등되는 타임스위치를 시설하여야 하는가?
① 1
② 2
③ 3
④ 4

풀이
호텔, 여관 객실 입구에 타임스위치를 시설하여 1분이내 소등하도록 하며, 일반주택, 아파트 각 호실의 현관은 3분 이내 소등되도록 한다.

답 ③

07 저항선 또는 전구를 직렬이나 병렬로 접속 변경하여 발열량 또는 광도를 조절할 수 있는 스위치는?
① 로터리 스위치
② 텀블러 스위치
③ 나이프 스위치
④ 풀 스위치

풀이
로터리스위치 : 회전스위치라고도 하며 노출형으로 노브를 돌려가며 개로나 폐로 또는 강약으로 점멸

답 ①

08 배선기구로서 플랜지 내부에 사용되는 스위치는?
① 텀블러 스위치　　　　② 캐노피 스위치
③ 팬던트 스위치　　　　④ 프로트 스위치

■ 풀이
캐노피스위치(canopy switch) : 풀 스위치의 한 종류로서, 조명기구의 캐노피(플랜지) 안에 스위치가 매설되어 있는 것을 말한다.　　　　**답** ②

09 생산 공장 작업의 자동화에 널리 사용되고, 바이메탈과 조합하여 실내 난방장치의 자동온도 조절에 사용되는 것은?
① 타임 스위치　　　　② 수은 스위치
③ 부동 스위치　　　　④ 압력 스위치

■ 풀이
수은스위치 : 진공의 유리관 속에 수은과 1[mm] 정도의 전극용 단자선을 봉입한 것으로 좌우로 기울어지게 함으로써 내부의 수은이 유동하여 접점을 개폐하는 구조의 스위치

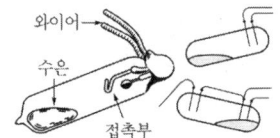

답 ②

10 계단의 전등을 계단의 아래와 위의 두 곳에서 자유로이 점멸하도록 하기 위해 사용하는 스위치는?
① 단극 스위치　　　　② 코드 스위치
③ 3로 스위치　　　　④ 절환 스위치

■ 풀이
2개소 이상에서 한등을 점등 점멸 할 수 있도록 하기 위해 사용되는 스위치는 3로 스위치와 4로 스위치가 있다.　　　　**답** ③

11 4개소에서 한 등을 자유롭게 점등 점멸할 수 있도록 하기 위해 배선하고자 할 때 필요한 스위치의 수는? 단, SW_3는 3로 스위치, SW_4는 4로 스위치이다.
① SW_3 4개　　　　② SW_3 1개, SW_4 3개
③ SW_3 2개, SW_4 2개　　　　④ SW_4 4개

■ 풀이
4개소에서 점멸할 경우 사용되는 스위치는 3로 2개와 4로 2개가 사용된다.

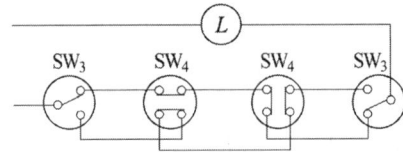

답 ③

12 다음은 전등 ⓛ을 3로 스위치 2개를 사용하여 2개소 점멸하도록 하였다. 선의 가닥수가 맞는 것은 어느 것인가?(단, 전원은 단상 2선식이다.)

①  ②  ③ 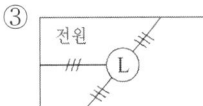 ④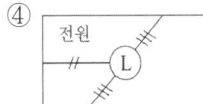

● 풀이

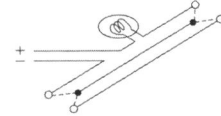

답 ④

13 다음 중 방수형 콘센트의 심벌은?

① 　② 　③ 　④

● 풀이
① 벽붙이 콘센트 ② 비상등 ③ 방수형 ④ 접지극붙이

답 ③

14 하나의 콘센트에 둘 또는 세 가지의 기계기구를 끼워서 사용할 때 사용되는 것은?
① 노출형 콘센트　　　　　　　② 키리스 소켓
③ 멀티 탭　　　　　　　　　　④ 아이언 플러그

● 풀이
- 노출형 콘센트　　　　　• 키이리스 소켓

- 멀티 탭(multi-tap)　　　• 아이언 플러그

답 ③

15 코드 길이가 짧을 때 연장하여 사용하는 것으로 익스텐션 코드라고도 부른 것은?
① 아이언 플러그(iron plug)
② 작업등(extension light)
③ 테이블 탭(table tap)
④ 멀티 탭(multi tap)

● 풀이
테이블 탭(table tap): 코드의 길이가 짧을 때 연장하여 사용하는 것으로 익스텐션 코드(extetion cord)라 한다.

답 ③

16 먼지가 많은 장소에 사용하는 소켓은 다음 중 어느 것인가?
① 키소켓
② 풀 소켓
③ 부기소켓
④ 키리스 소켓

● 풀이
먼지가 많은 곳에서는 점멸 시 일어나는 아크로 인해 발화의 위험성이 있으므로 키리스(keyless) 소켓을 사용한다.

답 ④

17 콘센트에 끼운 플러그가 빠지는 것을 방지하기 위하여 플러그를 끼우고 약 몇 도 쯤 돌려주면 빠지지 않도록 되어 있는 콘센트는?
① 턴 로크 콘센트
② 프로어 콘센트
③ 시계용 콘센트
④ 선풍기용 콘센트

● 풀이
턴 로크 콘센트(Turn lock consent) : 플러그가 빠지는 것을 방지하기 위해 플러그를 끼우고 약 90° 정도 돌려준다.

답 ①

18 저압전로에서 사용하는 과전류 차단기용 20[A] 퓨즈를 수평으로 붙인 경우 견디어야 할 전류는 정격전류의 몇 배로 정하고 있는가?
① 1.1배
② 1.2배
③ 1.25배
④ 1.5배

● 풀이
⟨퓨즈(gG)의 용단특성⟩

정격전류의 구분	시 간	정격전류의 배수	
		불용단전류	용단전류
4[A]이하	60분	1.5배	2.1배
4[A]초과 16[A]미만	60분	1.5배	1.9배
16[A]이상 63[A]이하	60분	1.25배	1.6배
63[A]초과 160[A]이하	120분	1.25배	1.6배
160[A]초과 400[A]이하	180분	1.25배	1.6배
400[A]초과	240분	1.25배	1.6배

답 ③

19 과전류차단기로 시설하는 퓨즈 중 고압전로에 사용하는 비포장퓨즈는 정격전류의 몇 배의 전류에 견디어야 하는가?
① 1배
② 1.25배
③ 1.3배
④ 3배

● 풀이
고압전로의 퓨즈는 비포장 퓨즈의 경우 정격전류 1.25배에 견디고, 2배의 전류로는 2분 안에 용단되어야 하며, 포장퓨즈는 정격전류 1.3배에 견디고, 2배의 전류로는 120분 안에 용단되어야 한다.

답 ②

20 과전류 차단기로 시설하는 퓨즈 중 고압 전로에 사용하는 포장 퓨즈는 정격전류의 1.3배에 견디고 또한 2배의 전류로 몇 분 이내에 용단되는 것이어야 하는가?

① 10분　　　② 30분　　　③ 60분　　　④ 120분

답 ④

21 과전류 차단기로 저압 전로에 사용하는 30 [A] 이하의 배선용 차단기는 정격 전류 1.3배의 전류가 흐를 때 몇 분 내에 자동적으로 동작하여야 하는가?

① 10분　　　② 30분　　　③ 60분　　　④ 120분

▶풀이

〈과전류트립 동작시간 및 특성(산업용 배선용 차단기)〉

정격전류의 구분	시 간	정격전류의 배수 (모든 극에 통전)	
		부동작 전류	동작 전류
63[A] 이하	60분	1.05배	1.3배
63[A] 초과	120분	1.05배	1.3배

〈과전류트립 동작시간 및 특성(주택용 배선용 차단기)〉

정격전류의 구분	시 간	정격전류의 배수 (모든 극에 통전)	
		부동작 전류	동작 전류
63[A] 이하	60분	1.13배	1.45배
63[A] 초과	120분	1.13배	1.45배

답 ③

22 옥내에 시설하는 전동기에는 전동기가 손상될 우려가 있는 과전류가 생겼을 때에 자동적으로 이를 저지하거나 이를 경보하는 장치를 하여야 한다. 그러나 그 예외조항이 아닌 경우는?

① 단상전동기로서 그 전원측 전로에 시설하는 과전류 차단기의 정격전류가 16[A] (배선용 차단기는 20[A]) 이하인 경우
② 전동기를 운전 중 상시 취급자가 감시할 수 있는 위치에 시설하는 경우
③ 전동기의 구조나 부하의 성질로 보아 전동기가 손상될 수 있는 과전류가 생길 우려가 없는 경우
④ 정격 출력이 0.75[kW] 이하인 전동기

▶풀이
- 정격 출력이 0.2[kW] 이하 전동기
- F : 전동기를 운전 중 상시 취급자가 감시할 수 있는 위치에 시설하는 경우
- 전동기의 구조나 부하의 성질로 보아 전동기가 손상될 수 있는 과전류가 생길 우려가 없는 경우
- 단상전동기로서 그 전원측 전로에 시설하는 과전류 차단기의 정격전류가 16[A] (배선용 차단기는 20[A]) 이하인 경우

답 ④

23 가용체가 용단된 것을 외부에서 알 수 있도록 앞면에 운모를 이용한 창을 만들어 내부가 들여다보이는 퓨즈는?

① 관형 퓨즈 ② 통형 퓨즈 ③ 판형 퓨즈 ④ 플러그 퓨즈

> **풀이**
> 플러그 퓨즈(plug fuse)는 에디슨 베이스의 내부에 가용체를 넣고 퓨즈 홀더에 끼워 사용하는 구조로 가용체가 용단된 것을 외부에서 알 수 있도록 앞면에 운모를 이용한 창을 만들어 내부가 보이게 되어 있다.
> **답** ④

24 전압계, 전류계 등의 소손방지용으로 계기 내에 장치하고 봉입하는 퓨즈는?

① 텅스텐 퓨즈 ② 방출형 퓨즈
③ 플러그 퓨즈 ④ 통형 퓨즈

> **풀이**
> 0.2~2[A]의 작은 전류에 민감하게 용단되므로 전압계, 전류계 등의 소손 방지용으로 계기 내에 장치하고 봉입하는 것
> **답** ①

25 다음 중 과전류 차단기를 시설하여야 할 곳은 어디인가?

① 발전기, 변압기, 전동기 등의 기계 기구를 보호하는 곳
② 접지공사의 접지선
③ 다선식 전로의 중성선
④ 저압 가공 전로의 접지측 전선

> **풀이**
> 과전류 차단기의 시설 금지 장소
> • 접지공사의 접지선
> • 중성점 접지공사를 한 저압 가공선로의 접지측 전선
> • 다선식 선로의 중성선
> **답** ①

26 다음 중 과전류 차단기를 꼭 설치해야 되는 것은?

① 접지공사의 접지선
② 저압 옥내 간선의 전원측 전선
③ 다선식 선로의 중성선
④ 전로의 일부에 접지공사를 한 저압 가공 전로의 접지측 전선

> **답** ②

27 63[A]이하 주택용 배선용 차단기(MCCB)의 동작 시간은?

① 정격전류 105[%]에서 60분 이내 ② 정격전류 113[%]에서 60분 이내
③ 정격전류 130[%]에서 60분 이내 ④ 정격전류 145[%]에서 60분 이내

• 풀이

〈과전류트립 동작시간 및 특성(주택용 배선용 차단기)〉

정격전류의 구분	시 간	정격전류의 배수	
		부동작 전류	동작 전류
63[A] 이하	60분	1.13배	1.45배
63[A] 초과	120분	1.13배	1.45배

답 ④

28 차단기에서 ELB의 용어는?
① 유입 차단기   ② 진공 차단기
③ 배선용 차단기   ④ 누전 차단기

• 풀이
누전 차단기(ELB / Earth Leakage Circuit Breaker)

답 ④

29 배선용 차단기의 심벌은?
① B   ② E   ③ BE   ④ S

• 풀이
① 배선용 차단기   ② 누전 차단기
③ 과전류 겸용 누전차단기 ④ 개폐기

답 ①

30 전기세탁기에 사용하는 콘센트로서 적당한 것은?
① 2극 15[A]   ② 2극 20[A]
③ 접지극부 2극 15[A]   ④ 2극 20[A] 걸이형

• 풀이
세탁기와 같은 기계 기구에 접지를 하여야 하므로 접지극이 있는 콘센트로 사용한다.

답 ③

31 섬유 등 먼지가 많은 장소에서 사용하는 배선 기구에 대하여 틀린 것은?
① 전기소켓은 키리스 소켓을 쓴다.
② 로젯은 절연성 불가연성 물질로 만들어진 것일 것
③ 로젯 안에는 반드시 퓨즈를 장치할 것
④ 로젯은 진동으로 뚜껑이 풀리지 않는 구조로 할 것

• 풀이
먼지가 많은 장소이므로 배선 기구 내부에서 스파이크가 발생되어도 위험을 초래하므로 소켓도 키가 없는 것이 좋고, 로젯은 절연성 불가연성으로 만들며 파손이나 뚜껑이 풀리지 않도록 하는 것이 좋다. 그리고 로젯 내에도 퓨즈를 사용하지 않는 것이 좋다.

답 ③

제6장 배선재료 및 공구

32 접속기 또는 접속함을 사용하지 않고 접속해도 좋은 것은?
① 코드 상호
② 비닐 외장 케이블과 코드
③ 캡타이어 케이블과 비닐 외장 케이블
④ 절연전선과 코드

> **풀이**
> 코드 상호, 캡타이어 케이블 상호, 케이블 상호 또는 이들을 상호 또는 접속할 때에는 원칙적으로 접속기, 접속함 기타의 기구를 사용하게 되어 있으므로 ①, ②, ③은 해당 없고 ④의 절연 전선과 코드를 접속한다는 것은 절연 전선 상호를 접속하는 것과 같다는 것으로서 접속기를 사용하여도 지장은 없으므로, 접속기를 사용하지 않아도 좋다.
> **답** ④

33 두께, 깊이, 안지름 및 바깥지름 측정에 사용하는 공사용 공구는?
① 캘리퍼스 및 버니어 캘리퍼스
② 마이크로미터
③ 와이어 게이지
④ 잉그리시 스패너

> **풀이**
> 버니어캘리퍼스(VernierCalipers) : 어미자와 아들자의 눈금을 이용하여 두께, 깊이, 안지름 및 바깥지름 측정
> **답** ①

34 합성수지 전선관(PVC전선관)을 구부릴 때 사용하는 공구는?
① 토치 램프
② 플라이어
③ 파이프 렌치
④ 녹아웃 펀치

> **풀이**
> 토치램프(torch lamp) : 전선의 납땜 접속이나 합성수지관(PVC)의 가공에 열을 가할 때 사용 **답** ①

35 펜치로 절단하기 힘든 굵은 전선을 절단할 때 사용하는 공구는?
① 스패너
② 프레셔 툴
③ 파이프 바이스
④ 클리퍼

> **풀이**
> 클리퍼(cliper) : 굵은 전선을 절단할 때 사용하는 가위로 굵은 전선은 펜치로 절단하기 힘들어 클리퍼를 사용하거나 쇠톱으로 절단한다.
> **답** ④

36 절연 전선으로 가선된 배전 선로에서 활선 상태인 경우 전선의 피복을 벗기는 것은 매우 곤란한 작업이다. 이런 경우 활선 상태에서 전선의 피복을 벗기는 공구는?
① 전선피박기
② 애자 커버
③ 와이어 통
④ 데드엔드 커버

> **[풀이]**
> 활선피박기: 활선 상태에서 전선의 피복 제거

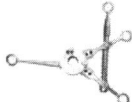

답 ①

37 전선에 압착단자를 접속시키는 공구는?
① 와이어 스트리퍼 ② 프레셔 툴
③ 볼트 클리퍼 ④ 드라이브이트

> **[풀이]**
> ① 와이어스트리퍼(Wire striper): 절연전선 피복의 절연물을 벗기는 공구
> ② 프레셔 툴(Pressure tool): 커넥터 또는 터미널 접속시 사용
> ③ 볼트 클리퍼(Bolt clipper): 2개의 날을 맞대어 절단하는 구조로 되어 있으며, 굵은 철선도 쉽게 절단
> ④ 드라이브 이트(Drive-it): 새들 등을 고정시키기 위해 콘크리트 벽에 화약의 폭발력을 이용하여 구멍을 뚫는 공구

답 ②

38 금속관의 나사를 내기 위하여 사용하는 공구는?
① 토치램프 ② 파이프 커터 ③ 리머 ④ 오스터

> **[풀이]**
> 오스터(Oster): 금속관 끝에 나사를 내는 공구

답 ④

39 콘크리트 벽이나 기구에 구멍을 뚫어 전선관이나 기타 배선기구를 고정하기 위한 배선 재료가 아닌 것은?
① 스크루우 앵커 ② 익스팬션 볼트
③ 토글 볼트 ④ 비트 익스팬션

> **[풀이]**
> 비트 익스팬션(Bit expansion)은 아주 깊은 구멍을 뚫을 때 사용하는 것으로 벽이나 기구에 전선관이나 배선기구를 설치하기 위한 공구와는 거리가 멀다.

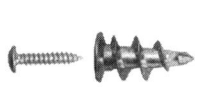 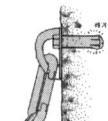  

Screw anchor   Expansion bolt   Toggle Bolt   Bit Expansion

답 ④

40 콘크리트 조영재에 볼트류를 박고자 할 때에 사용하는 공구의 명칭은?
① 홀소 ② 와이어스트리퍼
③ 드라이브이트 ④ 히키

- **풀이**
  드라이브 이트(Drive-it) : 새들 등을 고정시키기 위해 콘크리트 벽에 화약의 폭발력을 이용하여 구멍을 뚫는 공구
  답 ③

41 전기공사에 사용하는 공구와 작업내용이 잘못된 것은?
① 토치 램프 – 합성 수지관 가공하기
② 홀소 – 분전반 구멍 뚫기
③ 와이어 스트리퍼 – 전선 피복 벗기기
④ 피시 테이프 – 전선관 보호

- **풀이**
  피시 테이프(Fish tape) : 전선관에 전선을 넣을 때 사용되는 평각 강철선이다.
  답 ④

42 다음 공구 중 금속관 가공 공사에 쓰이지 않는 것은?
① 오스터 ② 프레셔툴 ③ 파이프커터 ④ 벤더

- **풀이**
  ① 오스터(Oster) : 금속관 끝에 나사를 내는 공구
  ② 프레셔 툴(Pressure tool) : 커넥터 또는 터미널 접속시 사용
  ③ 파이프커터(Pipe cutter) : 금속관을 절단할 때 사용
  ④ 벤더(Bender) : 금속관을 구부리는 공구
  답 ②

43 금속관을 가공할 때 절단된 내부를 매끈하게 하기 위하여 사용하는 공구의 명칭은?
① 리머 ② 프레셔 툴
③ 오스터 ④ 녹아웃 펀치

- **풀이**
  리머(Reamer) : 금속관을 쇠톱이나 커터로 끊은 다음 관 안에 날카로운 부분을 다듬는 것
  답 ①

44 금속관에 여러 가닥의 전선을 넣을 때 매우 편리하게 넣을 수 있는 방법으로 쓰이는 것은?
① 비닐전선 ② 철망그리프
③ 접지선 ④ 호밍사

- **풀이**
  철망 그립(Pulling grip) : 여러 가닥의 전선을 전선관에 넣을 때 사용되는 공구이다.
  답 ②

45 피시 테이프(fish tape)의 용도는?
① 전선을 테이핑하기 위해서 사용 ② 전선관의 끝마무리를 위해서 사용
③ 전선관에 전선을 넣을 때 사용 ④ 합성수지관을 구부릴 때 사용

> **풀이**
> 피시 테이프(Fish tape) : 전선관에 전선을 넣을 때 사용되는 평각 강철선이다.
>
> **답 ③**

46 녹아웃 펀치와 같은 용도로 배전반이나 분전반 등에 구멍을 뚫을 때 사용하는 것은?
① 클리퍼(Cliper)
② 홀 소(hole saw)
③ 프레스 툴(pressure tool)
④ 드라이브이트 툴(driveit tool)

> **풀이**
> 녹아웃용 펀치는 캐비넷의 철판 등에 전선을 넣기 위한 녹아웃구멍을 뚫는 공구로 홀소와 같은 용도이다.
>
> **답 ②**

47 다음 중 옥내에 시설하는 저압 전로와 대지 사이의 절연저항 측정에 사용되는 계기는?
① 멀티 테스터
② 메거
③ 어스 테스터
④ 훅 온 미터

> **풀이**
> 메거(Megger) : 절연저항 측정
>
> **답 ②**

48 주택배선에 금속관 또는 합성수지관 공사를 할때 전선을 2.5[mm^2] 또는 4.0[mm^2]의 단선으로 배선하려고 한다. 전선관의 접속함(정크션 박스)내에서 비닐테이프를 사용치 않고 직접 전선 상호 간을 접속하는 데 가장 편리한 재료는?
① 터미널 캡
② 서비스 캡
③ 와이어 커넥터
④ 엔트런스 캡

> **풀이**
> 터미널 캡, 서비스 캡, 엔트런스 캡은 금속관용 접속 부품이다.
>
> **답 ③**

49 절연전선의 피복을 벗기는 데 사용하는 공구는?
① 벤더
② 플라이어
③ 와이어 스트리퍼
④ 리머

> **풀이**
> ① 벤더 : 금속관을 구부리는 공구
> ② 플라이어 : 팬치와 같은 작업공구
> ③ 리머 : 절단된 금속관 안의 날카로운 것을 다듬는 공구
>
> **답 ③**

50 충전중의 저압 옥내배선의 접지측과 비접지측을 간단히 알아볼 수 있는 기구는?
① 메거
② 전압계
③ 네온 검전기
④ 어스 테스터

제6장 배선재료 및 공구

> **[풀이]**
> (1) 메거(Megger) : 절연저항 측정
> (2) 어스 테스터, 콜라우시 브리지 : 접지저항 측정
> (3) 네온 검전기 : 충전유무 조사(전압유무)
> (4) 멀티테스터(Multi Tester) : 회로시험기, 전압, 저항, 전류 측정, 도통 시험

답 ③

51 저압 옥내선의 회로 점검을 하는 경우 필요로 하지 않는 것은?
① 어스 테스터
② 슬라이 덕스
③ 서키트 테스터
④ 메거

> **[풀이]**
> (1) 어스 테스터, 콜라우시 브리지 : 접지저항 측정
> (2) 슬라이 덕스 : 유도전압조정기의 일종으로 전압조정시 사용
> (3) 서키트 테스터 : 회로시험기
> (4) 메거(Megger) : 절연저항 측정

답 ②

52 다음의 검사방법 중 옳은 것은?
① 어스 테스터로서 절연저항을 측정한다.
② 검전기로서 전압을 측정한다.
③ 메가로서 회로의 저항을 측정한다.
④ 코올라우시 브리지로 접지저항을 측정한다.

답 ④

6.3 전선의 접속

|1| 전선의 접속 요건

(1) 전선상호간 접속시 전기저항을 증가시키지 아니하도록 접속하여야 한다.
   ① 전선의 세기(인장하중)를 20[%] 이상 감소시키지 아니할 것.
   ② 접속부분을 그 부분의 절연전선의 절연물과 동등 이상의 절연효력이 있는 것으로 충분히 피복할 것.
   ③ 전기 화학적 성질이 다른 도체를 접속하는 경우에는 접속부분에 전기적 부식이 생기지 않도록 할 것.

(2) 코드 상호, 캡타이어 케이블 상호 또는 이들 상호를 접속하는 경우에는 코드 접속기·접속함 기타의 기구를 사용할 것.

(3) 두 개 이상의 전선을 병렬로 사용하는 경우에는 다음에 의하여 시설할 것.
   ① 병렬로 사용하는 각 전선의 굵기는 동선 50[mm^2] 이상 또는 알루미늄 70[mm^2] 이상으로 하고, 전선은 같은 도체, 같은 재료, 같은 길이 및 같은 굵기의 것을 사용할 것.
   ② 같은 극의 각 전선은 동일한 터미널러그에 완전히 접속할 것.
   ③ 같은 극인 각 전선의 터미널러그는 동일한 도체에 2개 이상의 리벳 또는 2개 이상의 나사로 접속할 것.
   ④ 병렬로 사용하는 전선에는 각각에 퓨즈를 설치하지 말 것.
   ⑤ 교류회로에서 병렬로 사용하는 전선은 금속관 안에 전자적 불평형이 생기지 않도록 시설할 것.

|2| 전선 접속 방법

납땜 접속, 슬리브 접속, 커넥터 접속, 쥐꼬리 접속

단선의 직선 접속	연선의 직선 접속
① 트위스트 접속 : 6[mm^2] 이하 단선 ② 브리타니어 접속 : 10[mm^2] 이상의 전선	① 단권 접속: 소선을 하나씩 차례로 감아서 접속하는 방법이다. ② 복권 접속 : 소선을 한꺼번에 돌리면서 감아 접속하는 방법이다.

③ 쥐꼬리 접속 : 조인트박스내 가는 전선간의 접속
　　　　　　　(와이어 커넥터 사용)
　㉮ 전선 꼬임횟수 : 2~3회
　㉯ 배선과 기구심선의 접속시 : 5회 이상

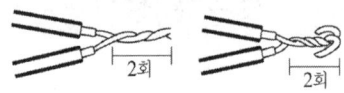
[쥐꼬리 접속]

|3| 슬리브 접속 및 전선과 기구단자의 접속

(1) 슬리브 접속

　S형 및 관형이 있으며 옥내배선에서 납땜하지 않고 접속시 사용

(2) 전선과 기구 단자의 접속

　① 단선 10[mm^2], 연선 5.5[mm^2] 이하의 것은 단자에 직접 접속
　　 직접접속 굵기 이상시 동관단자, 압착단자 접속 실시 (프레셔 툴)
　② 진동이 있는 기계기구의 접속 시 : 2중 너트 또는 스프링 와셔 사용

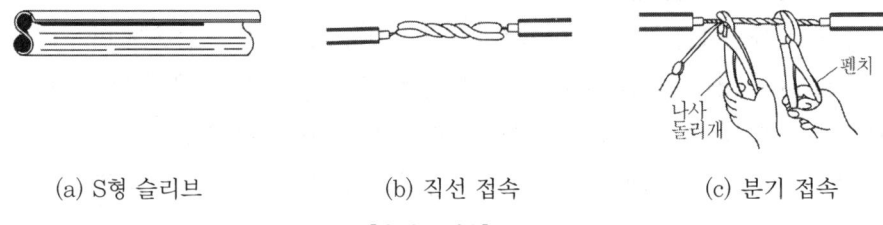

　(a) S형 슬리브　　　(b) 직선 접속　　　(c) 분기 접속
[슬리브 접속]

(3) 납땜 및 테이프

　① 납땜 : 주석과 납의 함유량 각각 50[%]
　② 테이프
　　㉮ 면 테이프
　　㉯ 고무테이프
　　㉰ 비닐 테이프
　　㉱ 리노 테이프 : 점착성이 없으며, 절연성, 내온성, 내유성으로 연피케이블 접속 시 사용
　　　　※ Lino tape : 절연용의 테이프로 면의 양측에 바니시(varnishi 니스)를 수회 발라서 말린 것.
　　㉲ 자기 융착 테이프 : 내오존성·내수성·내약품성·내온성·내열화성 우수
　　　　(비닐외장 케이블 / 클로로프렌 외장케이블 접속시 사용) 2배 늘려서 감는다.

※ **자기융착 테이프(Self Bonding Insulating Tape) :**
(EPR : Ethylene Propylene Rubber)로 만든 절연 테이프

기출 & 예상문제
제6장 배선재료 및 공구(3)
전기기능장

01 다음 중 전선 및 케이블 접속 방법이 잘못된 것은?
① 전선의 세기를 30[%]이상 감소시키지 않을 것
② 접속 부분은 접속관 기타의 기구를 사용하거나 납땜을 할 것
③ 코드 상호, 캡타이어 케이블 상호, 케이블 상호, 또는 이들 상호를 접속하는 경우에는 코드 접속기, 접속함 기타의 기구를 사용할 것
④ 도체에 알루미늄을 사용하는 전선과 동을 사용하는 전선과 동을 사용하는 전선을 접속하는 경우에는 접속 부분에 전기적 부식이 생기지 않도록 할 것

▶ 풀이
- 전선의 세기(기계적 강도)를 20[%] 이상 감소시키지 말 것.(80[%] 이상 유지할 것)
- 접속 부분은 접속관 기타의 기구를 사용하거나 납땜을 할 것.
- 접속부의 절연은 전선 자체의 절연레벨과 동일하게 하며 접속점 부위의 전기저항을 증가시키지 말 것
- 코드 상호, 캡타이어 케이블 상호, 케이블 상호, 또는 이들 상호를 접속하는 경우에는 코드 접속기, 접속함 기타의 기구를 사용할 것
- 도체에 알루미늄을 사용하는 전선과 동을 사용하는 전선과 동을 사용하는 전선을 접속하는 경우에는 접속 부분에 전기적 부식이 생기지 않도록 할 것

답 ①

02 코드 상호간 또는 캡타이어 케이블 상호간을 접속하는 경우 가장 많이 사용되는 기구는?
① T형 접속기   ② 코드 접속기
③ 와이어 커넥터   ④ 박스용 커넥터

▶ 풀이
- 코드 상호, 캡타이어 케이블 상호, 케이블 상호, 또는 이들 상호를 접속하는 경우에는 코드 접속기, 접속함 기타의 기구를 사용할 것

답 ②

03 다음은 전선 접속에 관한 설명이다. 옳지 않은 것은?
① 접속 슬리브나 전선 접속기구를 사용하여 접속하거나 또는 납땜을 한다.
② 접속 부분의 전기저항을 증가시켜서는 안 된다.
③ 전선의 세기를 60[%] 이상 유지해야 한다.
④ 절연을 원래의 절연효력이 있는 테이프로 충분히 한다.

▶ 풀이
전선접속의 조건
① 전기적 저항을 증가시키지 않는다.

② 접속부위의 기계적 강도를 20[%] 이상 감소시키지 않는다.
③ 접속점의 절연이 약화되지 않도록 테이핑 또는 와이어 커넥터로 절연한다.
④ 전선의 접속은 박스 안에서 하고, 접속점에 장력이 가해지지 않도록 한다.

답 ③

04 테이프를 감을 때 약 2배 늘여서 감을 필요가 있는 것은?
① 블랙 테이프
② 리노 테이프
③ 자기융착 테이프
④ 비닐 테이프

답 ③

05 전선 6[mm²] 이하의 가는 단선을 직선 접속할 때 어느 방법으로 하여야 하는가?
① 브리타니어 접속
② 트위스트 접속
③ 슬리브 접속
④ 우산형 접속

▶풀이
단선의 직선 접속 방법으로
① 트위스트 접속 : 6[mm²] 이하 단선
② 브리타니어 접속 : 10[mm²] 이상의 전선

답 ②

06 10[mm²] 이상의 굵은 단선의 분기 접속은 어떤 접속을 하여야 하는가?
① 브리타니아 접속
② 쥐꼬리 접속
③ 트위스트 접속
④ 슬리브 접속

답 ①

07 접속함 안에서 가는 전선을 접속할 때에는 어떤 방법으로 접속하는가?
① 쥐꼬리 접속
② 트위스트 접속
③ 브리타니아 접속
④ 슬리브 접속

▶풀이
조인트박스 내 가는 전선간의 접속은 쥐꼬리 접속을 한다. (와이어 커넥터 사용)

답 ①

08 다음 중 전선의 접속방법에 해당 되지 않는 것은?
① 슬리브 접속
② 직접 접속
③ 트위스트 접속
④ 커넥터 접속

답 ②

09 다음 중 단선의 브리타니아 직선 접속에 사용되는 것은?
① 조인트선
② 파라핀선
③ 바인드선
④ 에나멜선

> **풀이**
> 브리타니어 접속: 조인트선을 이용하여 접속한다.

답 ①

10 구리 합금으로 만든 꺽쇠 사이에 전선을 끼우고 볼트로 죄는 접속법으로 주로 구리선의 접속에 쓰이는 것은?
① 신연 접속
② PG 그램프 접속
③ 압축 접속
④ 매킹타이어 접속

답 ②

11 저압 옥내 배선공사에 부득이한 경우, 전선 접속이 되는 것은?
① 가요 전선관 내
② 합성수지관 내
③ 금속관 내
④ 금속 덕트 내

답 ④

12 연피가 없는 케이블은 습기가 많고 접속 박스가 없는 경우 케이블의 상호 접속은 어떻게 해야 하는가?
① 클리트를 써서 접속한다.
② 납땜 접속을 한다.
③ 애자를 써서 접속한다.
④ 접속함에서 접속한다.

답 ③

13 연피 케이블 접속법은?
① 단자 접속함 접속
② 주철 직선 접속함 접속
③ 무단자 접속함 접속
④ 애자 사용 접속

답 ②

14 박스 내에서 절연 전선을 쥐꼬리 접속 후 접속과 절연을 완전하게 하고 작업 시간을 빠르게 하는데 쓰이는 것은?
① 링형 슬리브
② S형 슬리브
③ 와이어 커넥터
④ 터미널 러그

> **풀이**
> 조인트박스 내 가는 전선간의 접속 후 와이어 커넥터 사용

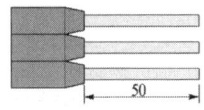 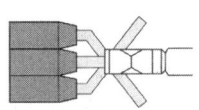 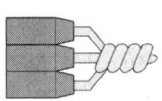 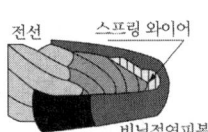

답 ③

15 평형 비닐 외장 케이블 서로 간을 노출한 곳에서 접속할 때에는 어떤 방법이 좋은가?
① 슬리브
② 조인트 박스
③ 와이어 커넥터
④ 박스용 커넥터

답 ④

16 연피 케이블의 접속에 반드시 사용되는 테이프는?
① 고무테이프
② 비닐테이프
③ 리노테이프
④ 자기 융착 테이프

▶ **풀이**
리노 테이프(lino tape) : 바이어스 테이프(bias tape)에 절연성 바니시(니스)를 몇 차례 바르고 다시 건조시킨 것으로 점착성이 없으나 절연성, 내온성 및 내유성이 있으므로 연피 케이블 접속에는 반드시 사용된다.

답 ③

17 비닐 외장 케이블 및 클로로프렌 외장 케이블 접속에 이용되고 내수성, 내약품성, 내온성이 우수한 테이프는 다음 중 어느 것인가?
① 고무 테이프
② 비닐 테이프
③ 리노 테이프
④ 자기 융착 테이프

▶ **풀이**
자기융착 테이프: 내오존성·내수성·내약품성·내온성·내열화성이 우수하고 테이프를 감을 때 약 2배 늘려서 감는다.

답 ④

18 전선을 접속하는 재료로서 납땜을 하는 것은?
① 박스형 커넥터
② S형 슬리브
③ 와이어 커넥터
④ 동관단자

답 ④

19 박스 내에서 절연전선을 쥐꼬리 접속하면 다음의 어느 처리 방법이 옳은가?
① 납땜만 하면 된다.
② 납땜하고 테이프를 감아야 한다.
③ 테이프만 감으면 된다.
④ 납땜과 테이프 감기가 필요 없다.

답 ②

20 전선의 접속 방법에서 납땜과 테이프 감기가 다 같이 필요 없는 것은?
① 트위스트 접속
② 브리타니아 접속
③ 와이어 커넥터 접속
④ 슬리브 접속

답 ③

21 땜납은 주석과 납이 각각 몇 [%]씩 된 것을 사용하는가?
① 30 ② 50 ③ 80 ④ 90

답 ②

22 옥내배선에 있어서 전선 굵기 결정에 고려하지 않아도 되는 것은?
① 전압강하
② 허용전류
③ 전력손실
④ 기계적 강도

▶풀이
전선의 굵기 선정은 허용전류, 전압강하, 기계적강도를 고려하여야 한다.

답 ③

23 다음 중 전선의 접속에 대해서 바른 것은?
① 박스 내에서 전선과 기구의 코드를 접속하는데 코드의 심선을 6회 전선에 감아 그 위에 테이프를 감았다.
② 저압 가공 전선 상호를 규정의 방법으로 접속하였으나 납땜을 하지 않고 테이프를 감았다.
③ 나전선과 600[V] 절연전선을 접속해서 전선의 인장 하중을 조사했더니 70[%] 감소했다.
④ 코드와 코드를 서로 꼬아서 납땜하고 정규의 테이프를 감았다.

답 ①

24 다음 중 동전선의 접속에서 직선 접속에 해당하는 것은?
① 직선맞대기용슬리브(B형)에 의한 압착 접속
② 비틀어 꽂은 형의 직선접속기에 의한 접속
③ 종단겹침용슬리브(E형)에 의한 접속
④ 동선압착단자에 의한 접속

▶풀이
직선 맞대기용 슬리브에 의한 압착접속동전선의 직선접속에서 단선 및 연선에 적용하는 방법이다.

답 ①

25 굵기가 같은 두 단선의 쥐꼬리 접속에서 와이어 커넥터를 사용하는 경우에는 심선을 몇 회 정도 꼰 다음 끝을 잘라내야 하는가?
① 2~3회
② 4~5회
③ 6~7회
④ 8~9회

답 ①

26 구리 전선과 전기 기계 기구 단자를 접속하는 경우에 진동 등으로 인하여 헐거워질 염려가 있는 곳에는 어떤 것을 사용하여 접속하여야 하는가?

① 평와샤 2개를 끼운다.   ② 스프링 와셔를 끼운다.
③ 코드 패스너를 끼운다.   ④ 정 슬리브를 끼운다.

풀이
진동이 있는 기계기구의 접속 시 : 2중 너트 또는 스프링 와셔 사용   **답** ②

제 7 장

각종 배관·배선공사

설치방법	배선공사방법
전선관 시스템	합성수지관 공사, 금속관 공사, 가요전선관 공사
케이블트렁킹 시스템	합성수지몰드 공사, 금속몰드 공사, 금속덕트 공사
케이블덕트 시스템	플로어덕트 공사, 셀룰러덕트 공사, 금속덕트 공사
애자 사용방법	애자사용 공사
케이블트레이 시스템 (래더, 브래킷 포함)	케이블트레이 공사
케이블 공사	고정하지 않는 방법, 직접 고정하는 방법, 지지선 방법
a. 금속본체와 커버가 별도로 구성되어 커버를 개폐할 수 있는 금속덕트를 사용한 배선방법. b. 본체와 커버 구분없이 하나로 구성된 금속덕트를 사용한 배선방법.	

※ 참고 (버스바트렁킹시스템-버스덕트공사, 파워트랙시스템-라이팅덕트공사)

7.1 전선관시스템(합성수지관 공사)

|1| 경질비닐 전선관(PVC PIPE)

경질 비닐관 공사는 금속관보다 가격이 싸고 시공이 용이하며 절연성, 내약품성이 뛰어나고 경량, 녹슬지 않으며 대량 공급이 가능해 많이 보급되고 있다. 그러나 열에 약하기 때문에 기계적 충격이나 중량물에 의한 압력 등 외력을 받을 우려가 없도록 시설해야 한다.

① 관의 굵기를 안지름의 크기에 가까운 짝수로써 표시
② 지름 14~82[mm]로 9종(14C, 16C, 22C, 28C, 36C, 42C, 54C, 70C, 82C)
③ 한 본의 길이는 4[m]로 제작

경질 비닐 전선관의 규격

규격 (호칭)	표준길이 (1본당)	SIZE [mm] 외 경	SIZE [mm] 내 경	구 조
14C	4.0[m]	18±0.2	14	
16C	4.0[m]	22±0.20	16	
22C	4.0[m]	26±0.25	22	
28C	4.0[m]	34±0.30	28	
36C	4.0[m]	42±0.35	35	
42C	4.0[m]	48±0.40	40	
54C	4.0[m]	60±0.50	52	
70C	4.0[m]	76±0.50	67	
82C	4.0[m]	89±0.50	78	

2. 합성수지 전선관의 부속품

① 1호 커플링, TS 커플링, 2호 커플링 : 관 상호간의 접속용으로 사용한다.

② 박스 커넥터 : 2호 커넥터관과 박스의 접속에 사용한다.

③ 노멀 벤드 : 직각으로 구부러지는 곳에서 관 상호간의 접속에 사용한다.

원형 노출박스, 아우트렛박스, 엔트런스캡, 새들, 콘크리트 박스 등은 금속관의 부속품과 같다.

(a) 콘넥터　　　(b) 커플링　　　(c) 노말 밴드

합성수지제 전선관의 부속품

3. 합성수지관의 시공

(1) 합성수지관은 전개된 장소나 은폐된 장소 등 어느 곳에서나 시공할 수 있지만, 중량물의 압력 또는 심한 기계적 충격을 받는 장소에서 시설해서는 안 된다.(콘크리트 매입은 제외)

(2) 관의 지지점 간의 거리는 1.5[m] 이하로 하고, 관과 박스의 접속점 및 관 상호 간의 접속점 등에 서는 가까운 곳(0.3[m] 이내)에 지지점을 시설하여야 한다.

① 전선은 절연전선(옥외용 제외)으로 연선일 것. 다만 짧고 가는 관에 넣는 경우 또는 단면적 $10[mm^2]$(알루미늄 $16[mm^2]$) 이하의 것은 단선을 사용할 수 있다.

② 관 상호 및 박스와의 접속(관의 삽입 깊이)
- 접착제 사용 시 : 관 바깥지름의 0.8배 이상
- 접착제 미사용 시 : 관 바깥지름의 1.2배

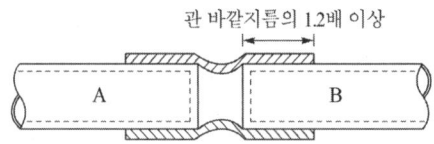

③ 전선 단면적(절연피복 포함)은 전선관 크기의 $\frac{1}{3}$ 이하로 한다

④ 습기가 많은 장소 또는 물기가 있는 장소에 시설하는 경우에는 방습 장치를 할 것.

⑤ 난연성이 없는 콤바인 덕트관은 직접 콘크리트에 매입하여 시설하는 경우 이외에는 전용의 불연성 또는 난연성의 관 또는 덕트에 넣어 시설할 것.

⑥ 합성수지제 휨(가요) 전선관 상호 간은 직접 접속하지 말 것.

(3) 스위치 접속 및 전선 접속을 위한 박스와 전선관의 접속방법은 그림과 같다.

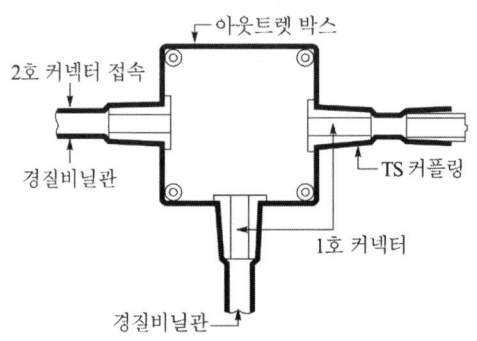

[박스와 전선관(커넥터) 접속]

(4) 관 상호 접속은 커플링을 이용하여 다음과 같다.

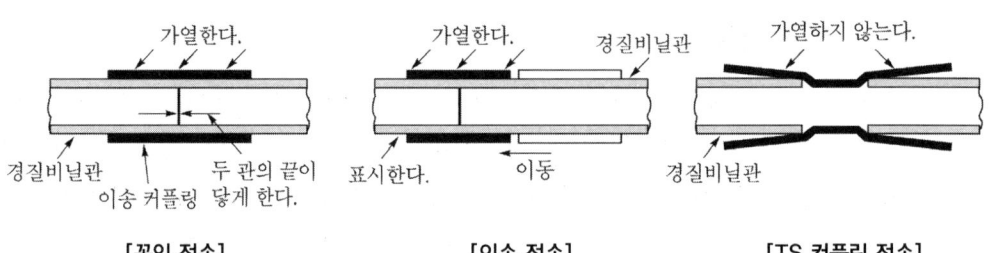

이송 커플링	양쪽 관이 같은 길이로 맞닿게 하여 연결한다.
TS 커플링	커플링 양쪽 입구 지름이 중앙부보다 크게 되어 있다.

7.2 전선관시스템(금속관 공사)

|1| 금속전선관의 특징

(1) 금속관 공사(Steel Conduit Wiring)

노출된 장소, 은폐 장소, 습기, 물기 있는 곳, 먼지가 있는 곳 등 어느 장소에서나 시설할 수 있고, 가장 완전한 공사방법으로 공장이나 빌딩에서 주로 사용된다.

(2) 금속관 공사
① 전선이 기계적으로 완전히 보호된다.
② 단락사고, 접지사고 등에 있어서 화재의 우려가 적다.
③ 접지공사를 완전히 하면 감전의 우려가 없다.
④ 방습장치를 할 수 있으므로, 전선을 내수적으로 시설할 수 있다.
⑤ 전선이 노후되었을 경우나 배선방법을 변경할 경우에 전선의 교환이 쉽다.

(3) 금속관 공사의 시설방법
① 매입배관공사 : 콘크리트 또는 흙벽 속에 시설
② 노출배관공사 : 벽면, 천장면 등을 따라 시설하거나 천장 등에 매달아 시설

|2| 금속전선관의 종류

(1) 후강 및 박강전선관

구 분	후강 전선관	박강 전선관
관의 호칭	안지름의 크기에 가까운 짝수	바깥지름의 크기에 가까운 홀수
관의 종류 [mm]	16, 22, 28, 36, 42, 54, 70, 82, 92, 104 (10종류)	19, 25, 31, 39, 51, 63, 75 (7종류)
관의 두께	2.3~3.5[mm]	1.2~2.0[mm]
한 본의 길이	3.66[m]	3.66[m]

(2) 관의 두께와 공사
① 콘크리트에 매설하는 경우 : 1.2[mm] 이상
② 기타의 경우 : 1[mm] 이상

3 금속 전선관의 시공

(1) 관의 절단과 나사내기
  ① 금속관의 절단 : 파이프 바이스에 고정시키고 파이프 커터 또는 쇠톱으로 절단하고, 절단한 내면을 리머로 다듬어 전선의 피복이 손상되지 않도록 한다.
  ② 나사내기 : 오스터로 필요한 길이만큼 나사를 낸다.

(2) 금속전선관 구부리기
  ① 히키(벤더)를 사용하여 관이 심하게 변형되지 않도록 구부려야 하며, 구부러지는 관의 안쪽 반지름은 관 안지름의 6배 이상으로 구부려야 한다.
  ② 금속관의 굵기가 36[mm] 이상이 되면, 노멀 벤드와 커플링을 이용하여 시설한다.

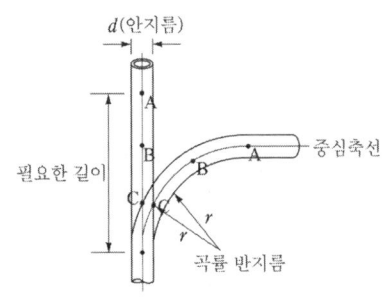
[굴곡 반경]

(3) 금속 전선관으로 연결되는 박스 상호 간이나 전기기구와 박스 사이의 전선관에는 3개소를 초과하는 굴곡 개소를 만들면 안 되며, 굴곡 개소가 많은 경우 또는 관의 길이가 30[m]를 초과하는 경우에는 전선의 입선을 쉽게 하기 위하여 배관 도중에 박스를 시설한다.

(4) 관 상호 접속은 커플링을 이용하여 접속한다.

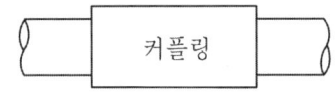
[커플링 접속방법]

(5) 전선관과 박스접속
  금속관을 박스에 접속하려면 나사가 내어져 있는 관 끝을 구멍(녹아웃)에 끼우고, 부싱과 로크너트를 써서 전기적, 기계적으로 완전히 접속한다. 녹아웃 크기가 클 때는 링리듀서를 사용한다.

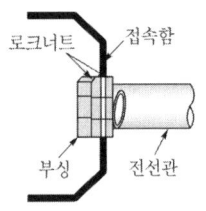 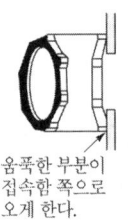 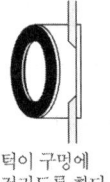

(a) 녹아웃의 크기가 적당할 때   (b) 로크너트   (c) 링 리듀서
[접속방법]

4 | 금속전선관 굵기 선정

(1) 금속전선관의 배선에는 절연전선을 사용해야 한다.
(2) 절연전선은 10[mm^2](알루미늄 선은 16[mm^2]) 이하의 단선을 사용하며, 그 이상일 경우는 연선을 사용하며, 전선에 접속점이 없도록 해야 한다.
(3) 교류회로에서는 1회로의 전선 모두를 동일관 내에 넣는 것을 원칙으로 한다.
(4) 교류회로에서 전선을 병렬로 여러 가닥 입선하는 경우 관내에 왕복전류의 합계가 "0"(평형)이 되도록 하여야 한다.
(5) 금속전선관의 굵기 선정은 다음과 같다.

① 전선과 전선관의 단면적 관계

배선 구분	전선 단면적에 따른 전선관 굵기 선정 (전선 단면적은 절연피복 포함)
동일 굵기의 절연전선을 동일관 내에 넣을 경우 배관의 굴곡이 작아 전선을 쉽게 인입하고 교체할 수 있는 경우	전선관 내단면적의 48[%] 이하로 전선관 선정
굵기가 다른 절연 전선을 동일관 내에 넣는 경우	전선관 내단면적의 32[%] 이하로 전선관 선정

② 금속(후강) 전선관의 내단면적 32[%] 및 48[%]일 때의 단면적은 아래 표와 같다.

전선관 굵기 [mm]	내단면적 32% [mm^2]	내단면적 48% [mm^2]	전선관 굵기 [mm]	내단면적 32% [mm^2]	내단면적 48% [mm^2]
16	67	101	42	460	690
22	120	180	54	732	1,098
28	201	301	70	1,216	1,825
36	342	513	82	1,701	2,552

5 | 금속전선관의 접지

금속전선관은 누전에 의한 사고를 방지하기 위하여 접지공사를 해야 한다. 다만, 사용전압이 400 [V] 미만으로서 다음 중 하나에 해당하는 경우에는 그러하지 아니하다.

(1) 관의 길이(2개 이상의 관을 접속하여 사용하는 경우에는 그 전체의 길이를 말한다. 이하 같다)가 4[m] 이하인 것을 건조한 장소에 시설하는 경우
(2) 옥내배선의 사용전압이 직류 300[V] 또는 교류 대지 전압 150[V] 이하로서 그 전선을 넣는 관의 길이가 8[m] 이하인 것을 사람이 쉽게 접촉할 우려가 없도록 시설하는 경우 또는 건조한 장소에 시설하는 경우

6 | 금속 전선관의 부속품

(1) 콘크리트 박스 : 콘크리트내의 매입 배선용으로 아웃트렛 박스와 같은 목적으로 사용되나 밑판을 뗄 수 있으므로 슬라브 배관의 경우 천장면에 박스나 관을 취부하기가 용이하다. 중형 4각, 대형 4각, 8각 등 사용목적에 맞출 수 있는 여러 종류가 있다.

(2) 아웃틀렛 박스 : 전선 접속, 조명기구, 콘센트 등의 취부에 사용하고 중형 4각(얕은 형, 깊은 형), 대형 4각(얕은 형, 깊은 형)등 사용목적에 따라 여러 종류가 있다.

(3) 로크 너트 : 박스에 금속관을 고정할 때, 커플링으로 관 상호간을 접속할 때 커플링이 도는 것을 방지하기 위해서 사용하고 6각형과 톱니형 두 가지가 있다.

(4) 절연 부싱 : 전선의 절연피복을 보호하기 위해서 금속관의 관 끝에 취부하고, 절연부싱은 강제부싱의 안쪽을 절연물로 피복하였기 때문에 안전성이 높다. 합성수지제 부싱도 많이 사용된다.

(5) 유니버설 엘보우(C형 엘보우) : 노출 배관 공사에서 관을 직각으로 굽히는 곳에 사용하고 3방향으로 분기할 수 있는 T형과, 4방향으로 분기할 수 있는 크로스(cross)형이 있다.

(6) 터미널 캡, 엔트런스 캡 : 저압 가공 인입선에서 금속관 공사로 옮겨지는 곳 또는 금속관으로부터 전선을 인출하여 전동기 단자 부분에 접속할 때 전선을 보호하기 위해서 관 끝에 취부한다.

(7) 픽스쳐 스터트(노 볼트형) : 무거운 조명기구를 박스에 취부할 때 사용하는 것이며 박스 밑면 중심에 있는 녹아웃 구멍에 꽂고 로그너트로 죈다.

(8) 픽스쳐 히키 : 기구를 파이프로 매달 때 스탠드와 기구 파이프 사이에 취부하고 옆 구멍으로부터 전선을 파이프 속에 넣을 수 있게 되어 있다.

(9) 접지 클램프 : 금속관과 접지선 사이의 접속에 사용한다.

(10) 커플링(유니온 커플링) : 금속관 사이를 접속할 때 사용한다. 전선관에 나사를 내고 접속하는 것과 나사를 내지 않고 접속하는 커플링이 있다.

(11) 플로어 박스 : 바닥 밑으로 매입 배선을 할 때 콘센트 기타 바닥에 취부하는 기구를 취부할 때, 또는 배선을 인출할 때 사용한다.

(12) 패널 박스 : 패널을 벽에 고정할 때 사용한다.

(13) 새들 : 새들은 전선과 바깥지름에 맞추어 반원형으로 굽혀져 있어 관 고정작업에 사용된다.

(14) 노멀 벤드 : 배관이 직각으로 굽는 곳에서 사용한다. 박강 전선관은 25[mm] 이상, 후강 전선관은 16[mm] 이상의 크기가 시판되고 있다.

(15) 링레듀서 : 금속관을 아웃트렛 박스 등의 녹아웃(knock out)에 취부할 때 녹아우트의 지름이 관의 지름보다 큰 관계로 로그너트만으로는 고정할 수 없을 때 보조적으로 사용한다.

금속 전선관 부속품

재료명	용도	재료명	용도
정션박스	방수 및 방폭용 자재로 노출된 장소에서 전선의 분기 또는 접속 시에 사용된다.	노출 스위치박스(1개용)	전선관 배관 설비시에 전선관의 관끝에 사용하며, 매입용 스위치 또는 콘센트 부착용으로 사용한다.
노크넛트와 붓싱	아웃트렛 박스 및 배·분전반에서 전선관(강관)의 인입 인출시 전선관을 고정시킬 경우와 전선을 입선할 경우 전선의 피복이 손상 방지를 위해 사용한다.	노출 스위치박스(2개용)	스위치 또는 콘센트를 취부하는 배관자재로 스위치나 콘센트를 2개 취부할 경우 노출공사용으로 사용된다.
노말 밴드	전선관 배관 설비시에 직각으로 구부러지는 부분에 연결 배관용으로 사용한다.	환형박스	노출전선관 배관 설비시 분기되는 T형, +형, 또는 L형 부분에 사용하며 조명기구의 부착용일 때와 전선접속 등에 사용한다.
커플링	전선관(강관) 상호간에 연결 부분에 사용된다.	유니온 커플링	금속관 상호간 접속용으로 관의 양쪽이 고정이 되어 있는 경우 사용된다.

7. 기타사항

(1) 피시 테이프(fish tape) : 관로가 길고, 구부러진 곳이 많은 경우 피시 테이프를 이용 전선을 넣는다.
(2) 관의 두께가 1.2[mm] 이상 되어야 콘크리트에 매입할 수 있다.
(3) 금속관 공사에서 전선의 접속은 반드시 박스(Joint box)내에서 시설하고 금속관 내 전선의 접속 을 하여서는 안된다.
(4) 지지점간의 거리 : 2[m]이하 마다 고정

기출 & 예상문제
제 7 장 각종 배관·배선공사(1)

전기기능장

01 다음은 합성수지관 공사의 장점에 대한 설명이다. 이 중 틀린 것은?
① 무게가 가볍고 시공이 쉽다.
② 누전의 우려가 없다.
③ 고온 및 저온의 곳에서 사용하기 좋다.
④ 부식성의 가스 또는 용액이 발산되는 곳에서 적당하다.

▶풀이
합성수지관의 특징
① 염화비닐수지로 만든 것으로, 금속관에 비하여 가격이 싸다.
② 절연성과 내부식성이 우수하고, 재료가 가볍기 때문에 시공이 편리하다.
③ 관 자체가 비자성체이므로 접지할 필요가 없다.
④ 열에 약할 뿐 아니라, 충격 강도가 떨어지는 결점이 있다.
⑤ 관의 굵기를 안지름의 크기에 가까운 짝수로써 표시(근사내경)
⑥ 한 본의 길이는 4[m]로 제작
⑦ 절연전선은 지름 10[mm²](알루미늄선 16[mm²]) 이하의 단선을 사용하며, 그 이상일 경우는 연선을 사용하고, 전선에 접속점이 없도록 해야 한다.   답 ③

02 보통 금속관 구부리기에 있어서 안쪽 반지름은 금속관 안지름의 몇 배 이상으로 구부려야 하는가?
① 4배 ② 6배 ③ 8배 ④ 10배

▶풀이
금속관의 가공 : 구부러진(off-set) 금속관 안쪽 반지름은 금속관 안지름의 6배 이상   답 ②

03 링 리듀서의 용도는?
① 박스 내의 전선 접속에 사용
② 노크아웃 경이 접속하는 금속관보다 큰 경우에 사용
③ 노크아웃 구멍을 막는데 사용
④ 록크 너트를 고정하는데 사용

▶풀이
링 리듀서(ring reducer) : 금속관을 아웃렛 박스 등의 녹아웃에 취부할 때 관보다 지름이 큰 관계로 로크 너트만으로는 고정할 수 없을 때 보조적으로 사용한다.

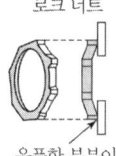
로크 너트
움푹한 부분이
접속함쪽으로
오게 한다.

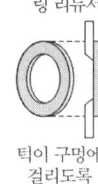
링 리듀서
턱이 구멍에
걸리도록
한다.

답 ②

04 금속관 공사에서 다음 중 옳지 않은 것은?
① 22[mm] 금속관의 나사의 유효길이는 19~20[mm]가 적당하다.
② 콘크리트에 매설하는 관의 두께는 1[mm] 이상일 것
③ 16[mm] 금속관에 2.5[mm²] 비닐전선 최대 4가닥을 넣을 수 있다.
④ 관의 굵기 선정은 절연전선의 피복을 포함한 총 단면적이 관내 단면적의 40[%] 이하가 되어야 한다.

• 풀이
금속관 공사 시 관의 두께
① 콘크리트에 매설시 : 1.2[mm] 이상
② 기타의 경우 : 1[mm] 이상

답 ②

05 다음 중 합성수지관의 굵기를 부르는 호칭은 무엇인가?
① 반지름
② 단면적
③ 근사 안지름
④ 근사 바깥지름

• 풀이
합성수지관의 관 굵기는 안지름의 크기에 가까운 짝수로써 표시한다.

답 ③

06 합성수지관 상호 및 관과 박스와의 접속 시에 삽입하는 깊이는 관 바깥지름의 몇 배 이상으로 하여야 하는가?(접착제 사용하지 않음)
① 0.8
② 1.2
③ 2.0
④ 2.5

• 풀이
커플링에 들어가는 관의 길이는 관 바깥지름의 1.2배 이상으로 한다. 단, 접착제를 사용할 때는 0.8배 이상으로 한다.

답 ②

07 합성수지관 공사 시 반드시 연선으로 시공해야 하는 전선의 굵기는 몇 [mm²] 초과하는 것이어야 하는가?
① 2.5
② 4
③ 6
④ 10

• 풀이
절연선 10[mm²] 이하의 것을 제외하고 연선을 사용한다.

답 ④

08 유니온 커플링의 사용 목적은 무엇인가?
① 내경이 틀린 금속관 상호의 접속
② 돌려 끼울 수 없는 금속관 상호의 접속
③ 금속관과 박스와의 접속
④ 금속관 상호를 나사로 연결하는 접속

> **풀이**
> • 유니온 커플링 : 금속관 상호 접속용으로 관이 고정되어 있을 때 또는 관 자체를 돌릴 수 없을 때 사용
>
> **답** ②

09 합성수지관을 새들 등으로 지지하는 경우에는 그 지지점간의 거리를 몇 [m] 이하로 하여야 하는가?
① 1.5[m] 이하
② 2.0[m] 이하
③ 2.5[m] 이하
④ 3.0[m] 이하

> **풀이**
> 합성수지관의 지지점간 거리는 1.5[m]로 한다.
>
> **답** ①

10 PVC PIPE의 부속자재 중 커넥터(또는 PIPE 커넥터)의 사용 시 용도는 다음 중 어느 것인가?
① 관과 노멀밴드의 접속에 사용된다.
② 관과 관 또는 관과 BOX와의 접속에 공히 사용된다.
③ 관과 BOX와의 접속에 사용된다.
④ 관과 관의 접속에 사용된다.

> **답** ③

11 합성수지관 공사에 대한 설명으로 틀린 것은?
① 합성수지관은 절연 전선을 사용하여야 한다.
② 합성수지관 내에서 전선의 접속점을 만들어서는 안 된다.
③ 합성수지관 공사는 중량물의 압력 또는 심한 기계적 충격을 받는 장소에 시설하여서는 안 된다.
④ 합성수지관의 공사에 사용되는 관 및 박스, 기타 부속품은 온도변화에 따른 신축을 고려할 필요가 없다.

> **풀이**
> 합성수지관은 가요성이 풍부하고, 누전위험과 부식우려가 없지만 열에 약한 단점이 있다.
>
> **답** ④

12 금속관 공사는 다른 공사 방법에 비해 특징을 가지고 있는데 속하지 않는 것은?
① 전선이 기계적으로 완전히 보호된다.
② 단락 사고, 접지 사고 때 있어서 화재의 우려가 적다.
③ 방수 장치로 할 수 있으므로 전선을 내수적으로 시설할 수 있다.
④ 접지공사를 하지 않아도 정전의 우려가 없다.

답 ④

13 금속관의 굵기[mm]를 부르는 방법으로 옳은 것은?
① 후강관으로서는 외경에 가까운 홀수
② 후강관으로서는 내경에 가까운 짝수
③ 박강관으로서는 외경에 가까운 짝수
④ 박강관으로서는 내경에 가까운 홀수

▶ 풀이
- 후강 전선관은 안지름의 크기에 가까운 짝수로 정하여 16~104[mm]까지 10종
- 박강 전선관은 바깥지름의 크기에 가까운 홀수로 정하여 19~75[mm]까지 7종

답 ②

14 강제 전선관의 굵기를 표시하는 방법 설명 중 옳은 것은 어느 것인가?
① 후강은 내경, 박강은 외경을 [mm]로 표시한다.
② 후강, 박강의 외경을 [mm]로 표시한다.
③ 후강은 외경, 박강은 내경을 [mm]로 표시한다.
④ 후강, 박강의 내경을 [mm]로 표시한다.

답 ①

15 금속관 공사에서 400[V]이하에서 접지공사를 생략할 수 있는 사항이 아닌 것은?
① 금속관을 건조한 장소에 시설하는 경우.
② 교류 대지 전압 300[V] 이하로서 그 전선을 넣는 관의 길이가 8[m] 이하인 것을 사람이 쉽게 접촉할 우려가 없도록 시설하는 경우.
③ 관옥내배선의 사용전압이 직류 300[V] 이하로서 그 전선을 넣는 관의 길이가 8[m] 이하인 것을 사람이 쉽게 접촉할 우려가 없도록 시설하는 경우.
④ 관의 길이가 4[m] 이하인 것을 건조한 장소에 시설하는 경우

▶ 풀이
관의 길이가 4[m] 이하인 것을 건조한 장소에 시설하는 경우
옥내배선의 사용전압이 직류 300[V] 또는 교류 대지 전압 150[V] 이하로서 그 전선을 넣는 관의 길이가 8[m] 이하인 것을 사람이 쉽게 접촉할 우려가 없도록 시설하는 경우 또는 건조한 장소에 시설하는 경우

답 ②

16 금속 전선관을 콘크리트에 매설할 경우 관 두께가 몇 [mm] 이상이어야 하는가?
① 1.0　　　　② 1.2　　　　③ 1.6　　　　④ 2.3

풀이
① 콘크리트에 매설하는 경우 : 1.2[mm] 이상
② 기타의 경우 : 1[mm] 이상　　　　　　　　　　　　　　　　　　**답** ②

17 교류회로의 왕복회선을 동일관 내에 넣어 전자적으로 평형을 유지시켜야 하는 공사방법은?
① 경질비닐전선관　　　　　　　② 연질전선관
③ 합성수지 몰드공사　　　　　　④ 금속전선관 공사

풀이
내선규정 제2225절 2호 전자적 평형
교류회로는 1회로의 전선 전부를 동일 관내에 넣는 것을 원칙으로 한다. 다만, 동극 왕복선을 동일 관내에 넣는 경우와 같이 전자적 평형상태로 시설하는 것은 적용하지 않는다.　　**답** ④

18 박스에 금속관을 고정할 때 사용하는 것은?
① 새들　　　　　　　　　　　　② 부싱
③ 커플링　　　　　　　　　　　④ 로그너트

풀이
① 부싱 : 전선관에 전선을 배선할 때 전선의 손상을 방지
② 로크너트 : 전선관과 박스를 전기적, 기계적으로 접속
③ 새들 : 전선관을 조영재에 지지
④ 커플링 : 전선관 상호 접속　　　　　　　　　　　　　　　　　**답** ④

19 아웃렛 박스에서 녹아웃 지름이 전선관의 지름보다 클 때 관을 박스에 고정시키기 위해 쓰는 재료는?
① 링리듀서　　② 절연부싱　　③ 노멀밴드　　④ 새들

풀이
① 링리듀서 : 관과 박스(Box)를 접속하는 경우 파이프 나사를 죄어 고정시키는데 사용
② 절연부싱 : 전선관 단에 끼우고 전선을 넣거나 빼는 데 있어서 전선의 피복을 보호하여 전선이 손상되지 않게 하는 것
③ 노멀밴드 : 배관의 직각 굴곡에 사용
④ 새들 : 전선관을 조영재에 지지　　　　　　　　　　　　　　　　**답** ①

20 금속 전선관을 조영재에 따라서 시설하는 경우에는 새들 또는 행거(hanger) 등으로 견고하게 지지하고, 그 간격을 최대 몇 [m] 이하로 하는 것이 바람직한가?
① 1.0　　　　② 1.5　　　　③ 2.0　　　　④ 2.5

> **풀이**
> 금속관공사 지지점간의 거리 : 2[m] 이하마다 고정
> **답** ③

21 엔트런스 캡의 주된 사용장소는 다음 중 어느 것인가?
① 부스 덕트의 끝 부분의 마감재
② 저압 인입선 공사 시 전선관 공사로 넘어갈 때 전선관의 끝부분
③ 케이블 트레이의 끝부분의 마감재
④ 케이블 헤드를 시공할 때 케이블 헤드의 끝부분

> **풀이**
> 엔트런스 캡(우에사 캡) : 인입구, 인출구의 관단에 설치하여 금속관에 접속하여 옥외의 빗물을 막는 데 사용한다.
> **답** ②

22 콘크리트에 매입하는 금속관 공사에서 직각으로 배관할 때 사용하는 것은?
① 노멀밴드
② 뚜껑이 있는 엘보
③ 서비스 엘보
④ 유니버설 엘보

답 ①

23 금속관 공사 시 관을 접지하는 데 사용하는 것은?
① 노출배관용 박스
② 엘보
③ 접지 클램프
④ 터미널 캡

> **풀이**
> 접지 클램프 또는 접지 부싱을 사용하여 분전반, 배전반 등의 인입 개폐기에 가까운 곳에서 각 관로마다 접속한다.
> **답** ③

24 절연 부싱을 사용하는 이유는?
① 관의 끝이 퍼지는 것을 방지
② 박스 내에서 전선의 접촉을 방지
③ 관의 입구에서 조영재의 접속을 방지
④ 관 안에서 전선의 손상 방지

> **풀이**
> • 부싱 : 금속관의 마지막부분에 사용해주며 전선의 인입에 있어서 절연 파괴를 막기 위하여 사용된다.
> **답** ④

25 경질 비닐관 공사에서 접착제를 사용하여 관상호를 접속할 때 커플링의 관 삽입 깊이는?
① 경질 비닐관 내경의 0.8배
② 경질 비닐관 외경의 0.8배
③ 경질 비닐관 내경의 1.2배
④ 경질 비닐관 외경의 1.2배

> **풀이**
> 커플링에 들어가는 관의 길이는 관 바깥지름의 1.2배 이상으로 한다. 단, 접착제를 사용할 때는 0.8배 이상으로 한다.
> **답** ②

26 금속관 공사에 의한 저압 옥내배선을 점검하였더니 다음과 같은 개소가 있었다. 올바르지 못한 것은?
① 관금속관에 대하여 접지공사를 시행했다.
② 지름이 10[mm^2]인 비닐절연선을 사용
③ 지름이 6[mm^2]인 600[V] 비닐절연선을 사용
④ 애자사용 공사로 전환하는 곳에 강제 부싱을 사용

> **풀이**
> 관의 끝 부분에는 전선의 피복을 손상하지 아니하도록 적당한 구조의 부싱을 사용할 것. 다만, 금속관공사로부터 애자사용 공사로 옮기는 경우에는 그 부분의 관의 끝부분에는 절연부싱 또는 이와 유사한 것을 사용하여야 한다.
> **답** ④

27 피시 테이프(fish tape)의 용도는?
① 전선을 테이핑하기 위해서
② 전선관의 끝마무리를 위해서
③ 배관에 전선을 넣을 때
④ 합성수지관을 구부릴 때

> **풀이**
> 피시테이프(fish tape) : 전선관에 전선을 넣을 때 사용하는 평각 강철선
> **답** ③

28 합성수지관 공사에 의한 저압 옥내 배선 공사에서 잘못된 것은?
① 단구 및 내면은 전선의 피복을 손상하지 아니하도록 매끈할 것
② NR선(450/750[V] 일반용 단심 비닐절연전선) 10[mm^2]를 사용
③ 관의 지지점간의 거리를 2[m]로 함
④ 관상호를 접속할 때 삽입 깊이를 관외경의 1.2배로 함

> **풀이**
> 관의 지지점 간의 거리는 1.5[m] 이하로 하고, 관과 박스의 접속점 및 관 상호 간의 접속점 등에서는 가까운 곳(0.3[m] 이내)에 지지점을 시설하여야 한다.
> **답** ③

29 다음의 재료를 필요로 하는 공사방법은 어느 것인가? (엔트런스캡, 링리듀스, 유니온커플링, 새들, 방출형 노출박스)
① 후렉시블 전선관공사
② 합성수지관공사
③ 금속전선관공사
④ 버스덕트공사

답 ③

30 합성수지관 공사에 대한 설명 중 옳지 않은 것은?

① 전선은 인입용 비닐 절연전선을 사용한다.
② 관상호의 접속에 접착제를 사용하였기 때문에 관의 삽입 길이는 관 바깥지름의 0.6배로 한다.
③ 관의 지지점 간의 거리는 1.5[m] 이하로 한다.
④ 단구를 윤활하게 한다.

◆풀이
관상호 접속시 삽입깊이는 접착제 사용시 외경의 0.8배, 접착제 미사용시 외경의 1.2배

답 ②

7.3 전선관시스템(가요전선관공사)

│1│ 금속제 가요전선관의 특징

(1) 가요 전선관은 두께 0.8[mm] 이상의 연강대에 아연도금을 하고, 이것을 약 반 폭씩 겹쳐서 나선 모양으로 만들어 가요성이 풍부하고, 길게 만들어져서 관에 상호 접속하는 일이 적고 자유롭게 배선할 수 있는 전선관이다.

(2) 가요전선관공사는 작은 증설 배선, 안전함과 전동기 사이의 배선, 기차나 전차 안의 배선 등의 시설에 적당하다.

│2│ 금속제 가요전선관의 종류

(1) 제 1종 금속제 가요전선관

플렉시블 콘딧(Flexible Conduit)이라고 하며, 전면을 아연도금한 파상 연강대가 빈틈 없이 나선형으로 감겨져 있으므로 유연성이 풍부하다. 방수형과 비방수형, 고장력형이 있다.

(2) 제 2종 금속제 가요전선관

플리커 튜브(Flicker Tube)라고 하며, 아연도금한 강대와 강대 사이에 별개의 파이버를 조합하여 감아서 만든 것으로 내면과 외면이 매끈하고 기밀성, 내열성, 내습성, 내진성, 기계적 강도가 우수하며, 절단이 용이하다. 방수형과 비방수형이 있다.

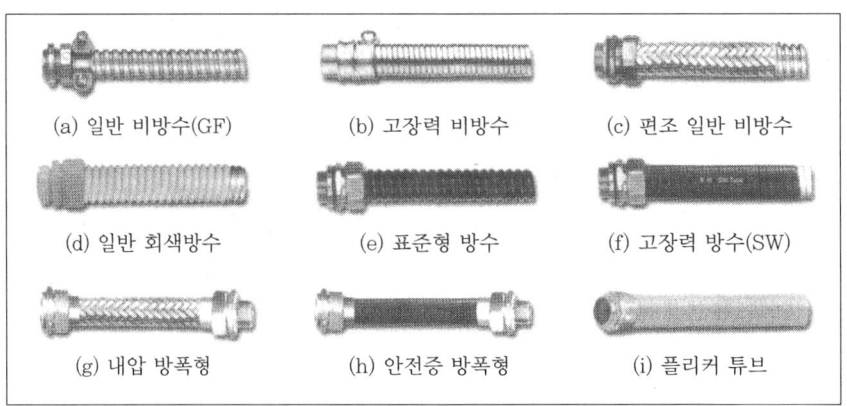

금속제 가요 전선관

(3) 금속제 가요전선관의 호칭

금속 가요 전선관의 크기는 안지름에 가까운 홀수로 정하는데 15, 19, 25[mm] 등이 있으며 길이는 10, 15, 30[m]로 되어 있다.

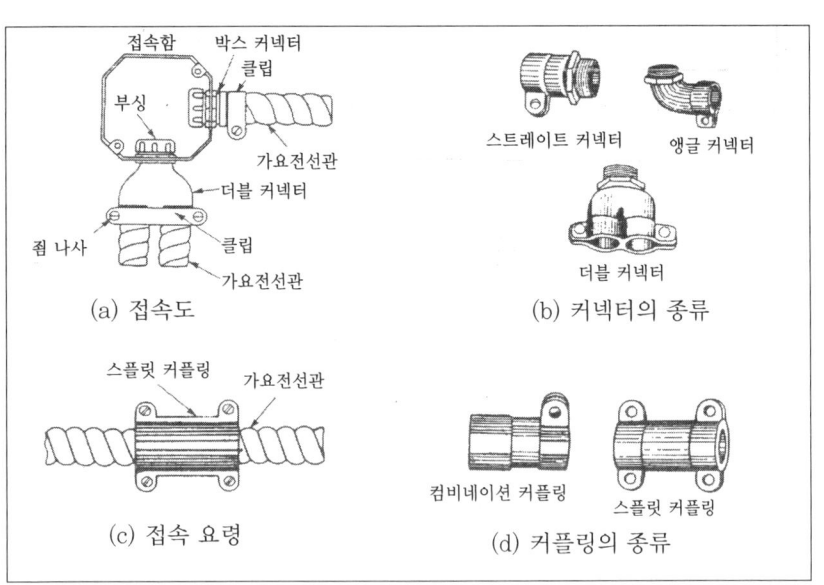

금속제 가요 전선관의 부속품

3 | 금속제 가요전선관의 시공

(1) 건조하고 전개된 장소와 점검할 수 있는 은폐장소에 한하여 시설할 수 있다. 그러나 무게의 압력 또는 심한 기계적 충격을 받을 우려가 있는 장소는 피해야 한다.

(2) 관의 지지점 간의 거리는 1[m] 이하마다 새들을 써서 고정시키고, 구부러지는 쪽의 안쪽 반지름은 가요전선관 안지름의 6배 이상으로 하여야 한다.

(3) 금속제 가요전선관의 부속품은 아래와 같다.
   ① 가요전선관 상호의 접속 : 스플릿(split) 커플링
   ② 가요전선관 + 금속관의 접속 : 콤비네이션 커플링
   ③ 가요전선관 + 박스와의 접속 : 스트레이트 박스커넥터, 앵글 박스커넥터, 더블 박스커넥터

(4) 전선은 절연전선으로 10[mm^2](알루미늄선은 16[mm^2])를 초과하는 것은 연선을 사용해야 되고, 관내에서는 전선의 접속점을 만들어서는 안된다.
   ① 전선은 절연전선(옥외용 제외)으로 연선일 것(단면적 10[mm^2] 이하의 것은 단선 사용 가능)
   ② 1종 금속제 가요전선관은 두께 0.8[mm] 이상
   ③ 1종 금속제 가요 전선관은 두께 0.8[mm] 이상으로 4[m]를 넘는 것은 단면적 2.5[mm^2] 이상의 나연동선을 전장에 걸쳐 삽입 또는 첨가하여 양단에서 관과 전기적으로 완전하게 접속해야 한다.

| 4 | 금속제 가요전선관의 접지

(1) 금속제 가요전선관 및 부속품은 접지공사 해야 한다. 다만, 전개된 장소 또는 점검할 수 있는 은폐된 장소(옥내배선의 사용전압이 400[V] 이상인 경우에는 전동기에 접속하는 부분으로서 가요성을 필요로 하는 부분에 사용하는 것에 한한다)에는 1종 가요전선관(습기가 많은 장소 또는 물기가 있는 장소에는 비닐 피복 1종 가요전선관에 한한다)을 사용할 수 있다.

(2) 금속제 가요전선관은 금속 전선관에 비해 전기저항이 크고 굴곡으로 인하여 전기저항의 변화가 심하므로 접지효과를 충분하게 하기 위하여 나연동선을 접지선으로 하여 배관의 안쪽에 삽입 또는 첨가한다.

7.4 애자사용공사

| 1 | 애자사용공사의 특징

(1) 전선을 지지하여 전선이 조영재(벽면이나 천장면) 및 기타 접촉할 우려가 없도록 배선하는 것이다.

(2) 애자는 절연성, 난연성 및 내수성이 있어야 한다.

| 2 | 애자의 종류

애자의 높이와 크기에 따라 소놉, 중놉, 대놉, 특대놉과 재질로는 사기, PVC, 에폭시 등이 있다.

| 3 | 애자사용공사 시공

(1) 전선은 절연전선을 사용해야 한다. 다만, 아래의 경우에는 노출장소에 한해 나전선을 사용할 수 있다.
① 열로 인한 영향을 받는 장소
② 전선의 피복 절연물이 부식하는 장소
③ 취급자 이외의 사람이 출입할 수 없도록 설비한 장소

(2) 절연전선과 애자를 묶기 위한 바인드선은 0.9~1.6[mm]의 구리 또는 철의 심선에 절연 혼합물을 피폭한 선을 사용한다.

(3) 애자 사용 공사는 시공 전선을 조영재의 아래 면이나 옆면에 시설.
전선은 절연전선(옥외용 비닐 절연전선 및 인입용 비닐 절연전선은 제외)일 것.

사용전압 거리	400[V]이하인 경우	400[V]초과인 경우	고압
전선 상호간의 거리	0.06[m] 이상		0.08[m] 이상
전선과 조영재간의 거리	25[mm] 이상	45[mm]이상 (건조한 장소 25[mm]이상)	50[mm]이상
지지점간 거리	조영재의 위면 또는 옆면에 따라 붙일 경우 2[m]이하	조영재의 위면 또는 옆면에 따라 붙일 경우 6[m]이하	6[m] 조영재의 면에 따라 붙일 경우 2[m]이하

7.5 케이블 공사

| 1 | 케이블 공사

(1) 케이블 공사는 절연전선보다 안전성이 뛰어나므로 빌딩, 공장, 변전소, 주택 등 다방면으로 많이 사용되고 있다.
(2) 다른 배선방식에 비하여 시공이 간단하여, 전력 수요가 증대되는 곳에서 주로 사용된다.

| 2 | 케이블 배선의 종류

(1) 비닐 외장 케이블, 클로로프렌 외장 케이블 및 폴리에틸렌 외장 케이블
(2) 콘크리트 직매용 케이블
(3) 연피 또는 알루미늄 피 케이블
(4) 캡타이어 케이블
(5) MI 케이블
(6) CD 케이블

| 3 | 케이블 공사의 시공

(1) 중량물의 압력 또는 심한 기계적 충격을 받을 우려가 있는 장소에서는 사용해서는 안된다. 단, 케이블을 금속관 또는 합성수지관 등으로 방호하는 경우에는 사용 가능하다.
(2) 옥측 및 옥외에 케이블을 설치할 때는 구내는 지표상 1.5[m], 구외는 2[m] 이상 높이로 한다.

(3) 케이블을 마루바닥, 벽, 천장, 기둥 등에 직접 매입하지 않도록 한다.
(4) 케이블을 구부리는 경우 피복이 손상되지 않도록 하고, 그 굴곡부의 곡률 반지름은 원칙적으로 케이블의 바깥 지름의 6배(단심의 경우 8배) 이상으로 하여야 한다.
(5) 케이블 지지점 간의 거리
    ① 조영재의 수직방향으로 시설할 경우 : 6[m] 이하
    ② 조영재의 수평방향(아래면 및 옆면)으로 시설할 경우 : 2[m] 이하(단, 캡타이어 케이블 1[m])
(6) 콘크리트 직매용 포설 시
    ① 전선은 미네럴인슈레이션케이블(MI)·콘크리트 직매용(直埋用) 케이블일 것 의하여 접속 부분의 온도 상승 값이 접속부 이외의 온도 상승 값을 넘지 않도록 할 것
    ② 전선을 박스 또는 풀박스 안에 인입하는 경우는 물이 박스 또는 풀박스 안으로 침입하지 아니하도록 할 것.
    ③ 콘크리트 안에는 전선에 접속점을 만들지 아니할 것.
(7) 케이블을 관내에 시설하는 경우 동일관내를 통과하는 전선의 전자적 평형을 유지하도록 할 것(유지하기 어려운 곳에서는 비자성관을 사용한다)
(8) 필요 부분(금속관, 함, 금속제 보호 장치 등)에는 접지 공사를 할 것
(9) 케이블을 건조물의 전기 배선용 샤프트(shaft)내에 시설할 것(수직 케이블 시설)
    ① 비닐외장케이블 또는 클로로프렌외장케이블(구리 25[mm^2] 이상, 알루미늄 35[mm^2] 이상), 강심알루미늄 도체 케이블에 적합할 것.
    ② 수직조가용선 부(付) 케이블로서 다음에 적합할 것.
        ㉮ 케이블은 인장강도 5.93[kN] 이상의 금속선 또는 단면적이 22[mm^2] 아연도강연선으로서 단면적 5.3[mm^2] 이상의 조가용선을 비닐외장케이블 또는 클로로프렌외장케이블의 외장에 견고하게 붙인 것일 것.
        ㉯ 조가용선은 케이블의 중량의 4배의 인장강도에 견디도록 것일 것.
    ③ 비닐외장케이블 또는 클로로프렌외장케이블의 외장 위에 그 외장을 손상하지 아니하도록 좌상(座床)을 시설하고 또 그 위에 아연도금을 한 철선으로서 인장강도 294[N] 이상의 것 또는 지름 1[mm] 이상의 금속선을 조밀하게 연합한 철선 개장 케이블
        ㉮ 전선 및 그 외 지지물의 안전율 : 4이상
        ㉯ 전선과의 분기부분에 시설하는 분기선은 케이블일 것
        ㉰ 분기선은 장력이 가해지지 않도록 시설하고 진동방지장치 시설
(10) 중량물의 압력 또는 심한 기계적 충동을 받을 우려가 있는 곳에서는 케이블을 사용하지 말 것(캡타이어 케이블은 가능, 다만 그 부분의 케이블을 금속관, 합성수지관 등 적당한

방호 시설을 할 때에는 사용 가능하다. 이 때 관의 안지름은 케이블 바깥지름의 1.5배 이상을 유지할 것)
(11) 케이블을 수용 장소의 구내에 매설할 경우에는 직접 매설식 또는 관로 인입식으로 시설할 것
(12) 케이블의 지지는 해당 케이블에 적합한 클리트, 새들, 스테이플 등으로 외상을 손상하지 않도록 견고하게 고정할 것(저압용)

7.6 케이블트레이 시스템(케이블트레이 공사)

1 | 케이블 트레이 공사

케이블트레이배선은 케이블을 지지하기 위하여 사용하는 금속재 또는 불연성 재료로 제작된 유닛 또는 유닛의 집합체 및 그에 부속하는 부속재 등으로 구성된 견고한 구조물을 말하며 사다리형, 펀칭형, 메시형, 바닥밀폐형, 기타 이와 유사한 구조물을 포함하여 적용한다.

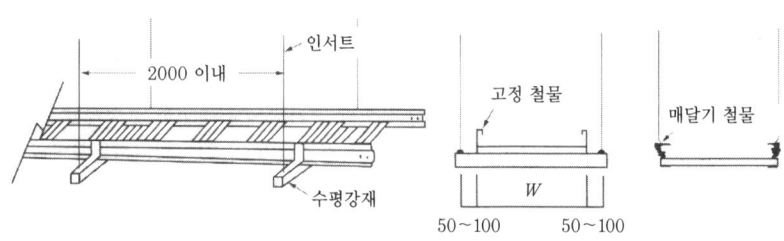

케이블 트레이 배관

(1) 금속제 케이블트레이의 사용전선 및 케이블
  ① 전선은 연피 케이블, 알루미늄피 케이블 등 난연성 케이블 또는 금속관 혹은 합성수지관 등에 넣은 절연 전선을 사용한다.
  ② 케이블 트레이 내에서 전선을 접속하는 경우에는 그 부분을 절연 처리해야 한다.
  ③ 동일 케이블 트레이에 시설할 수 있는 다심 케이블은 다음에 따른다.
    • 케이블의 단면적이 120[mm^2] 이상의 케이블인 경우에는 이들 케이블의 지름의 합계는 케이블 트레이 내측 폭 이하로 하고, 단층으로 시설한다.

- 내부 깊이 150[mm] 이하의 사다리형 또는 통풍 트러프형(Trough Type) 케이블 트레이 내에 다심 제어용 케이블 또는 다심 신호용 케이블만을 넣는 경우 혹은 이들 케이블을 함께 넣는 경우에는 모든 케이블의 단면적의 합계는 케이블 트레이의 내부 단면적의 50[%] 이하로 하여야 한다.

(2) 케이블트레이의 사용전선 및 케이블
① 전선은 연피(鉛皮)케이블, 알루미늄피케이블 등 난연성케이블, 기타케이블(적당한 간격으로 연소(燃燒)방지조치) 또는 금속관 혹은 합성수지관등에 넣은 절연전선을 사용하여야 한다.
② 케이블트레이 내에서 전선을 접속하는 경우에는 전선접속 부분에 사람이 접근할 수 있고 또한 그 부분이 옆면 레일위로 나오지 않도록 하고 그 부분을 절연처리하여야 한다.
③ 케이블의 경우 모든 케이블의 단면적 100[mm^2] 이상인 경우에는 단면적의 합계가 트레이 내부 단면적 40[%] 이하로서 내부 측의 폭 이내에 케이블끼리 겹치지 않도록 단층으로 시설한다.

7.7 케이블덕팅시스템

강판제를 이용하여 사각 틀을 만들고, 그 안에 절연전선, 케이블, 동바 등을 넣어서 배선하는 것이다.

| 1 | 금속덕트 공사

(1) 강판재의 덕트 내에 다수의 전선을 정리하여 사용하는 것으로, 주로 공장, 빌딩 등에서 다수의 전선을 수용하는 부분에 사용되며, 다른 전선관 공사에 비해 경제적이고 외관도 좋으며 배선의 증설 및 변경 등이 용이하다.
(2) 금속 덕트는 폭 5[cm]를 넘고 두께 1.2[mm] 이상인 철판으로 견고하게 제작하고, 내면은 아연도금 또는 에나멜 등으로 피복한다.

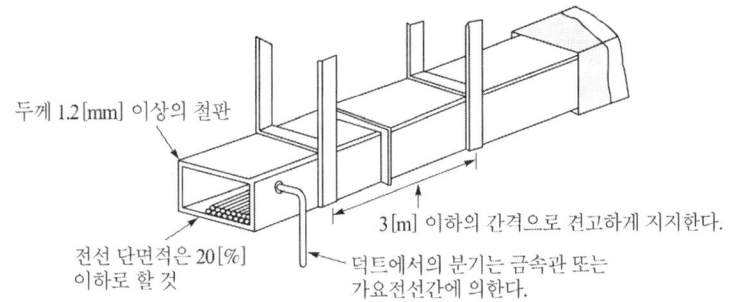

(3) 금속 덕트 배선의 시공

① 옥내에서 건조한 노출장소와 점검 가능한 은폐장소에 시설할 수 있다.
② 지지점 간의 거리는 3[m](수직일 경우 6[m]) 이하로 견고하게 지지하고, 뚜껑이 쉽게 열리지 않도록 하며, 덕트의 끝 부분을 막는다.
③ 절연 전선을 사용하고, 덕트 내에서는 전선이 접속점을 만들어서는 안 된다.
④ 금속 덕트는 접지공사를 하여야 한다.
⑤ 금속 덕트에 수용하는 전선은 절연물을 포함하는 단면적의 총합이 금속 덕트 내 단면적의 20[%] 이하가 되도록 한다.

단, 전광사인 장치, 출퇴 표시등, 기타 이와 유사한 장치 또는 제어회로 등의 배선에 사용하는 전선만을 넣는 경우에는 50[%]이하로 할 수 있다.

2 플로어덕트 공사

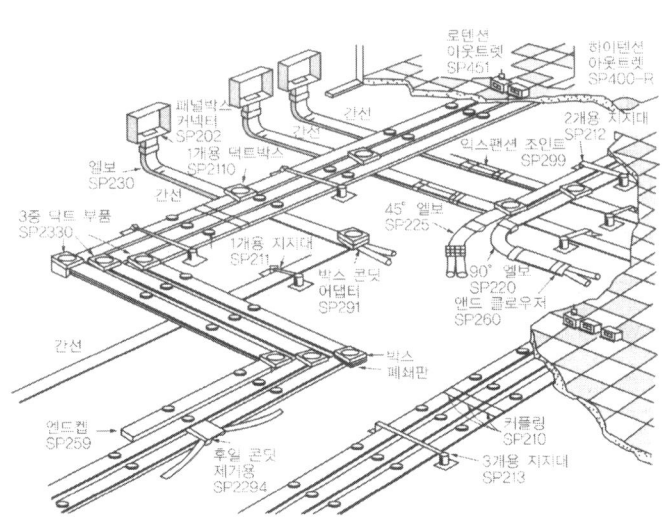

(1) 마루 밑에 매입하는 배선용의 덕트로 마루 위로 전선인출을 목적으로 하는 것
(2) 사무용 빌딩에서 전화 및 전기배선 시설을 위해 사용하며, 사무기기의 위치가 변경될 때 쉽게 전기를 끌어 쓸 수 있는 융통성이 있으므로 사무실, 은행, 백화점 등의 실내공간이 크고 조명, 콘센트, 전화 등의 배선이 분산된 장소에 적합하다.
(3) 플로어 덕트 배선의 시공
   ① 옥내의 건조한 콘크리트 바닥에 매입할 경우에 한하여 시설한다.
   ② 플로어 덕트 배선에 사용되는 전선은 절연전선으로 10[mm^2](알루미늄선은 16[mm^2]) 이하를 사용하고 초과하는 경우에는 연선을 사용해야 되고, 관내에서는 전선의 접속점을 만들어서는 안 된다.
   ③ 플로어 덕트에 수용하는 전선은 절연물을 포함하는 단면적의 총합이 덕트 내 단면적의 32[%] 이하가 되도록 한다.
   ④ 플로어 덕트 및 박스 등 기타 부속품은 두께 2[mm] 이상의 강판으로 제작하고 아연도금 또는 에나멜로 피복한다.
   ⑤ 덕트 및 박스 기타의 부속품은 물이 고이는 부분이 없도록 시설하여야 하며 덕트의 끝부분은 폐쇄 및 접지공사 할 것

3 셀룰러덕트 공사

(1) 셀룰러 덕트의 특징

건물의 바닥 콘크리트 가설틀 또는 바닥 구조재의 일부로서 사용되는 데크 플레이트 등의 홈을 폐쇄하여 전기 배선용 덕트로 사용하는 것이고, 고층건물, 넓은공간 구조의 건물 등에 이용된다.

(2) 셀룰러 덕트 배선의 시공
   ① 옥내의 건조한 곳으로 점검할 수 있는 은폐장소이거나, 점검할 수 없는 은폐장소로서 콘크리트바닥 내에 매설하는 부분에 한하여 시설할 수 있다.
   ② 전선은 절연전선으로 10[mm^2](알루미늄선은 16[mm^2] 이상은 연선을 사용해야 되고, 관내에서는 전선의 접속점을 만들지 말아야 한다.

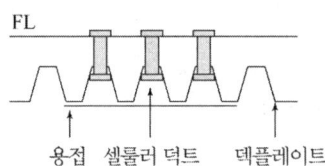
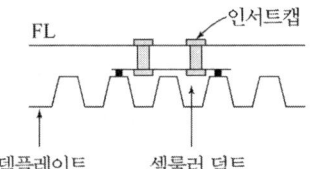

③ 셀룰러 덕트에 수용하는 전선은 절연물을 포함하는 단면적의 총합이 금속 덕트 내 단면적의 20[%] 이하가 되도록 한다. 단, 전광사인 장치, 출퇴 표시등, 기타 이와 유사한 장치 또는 제어회로 등의 배선에 사용하는 전선만을 넣는 경우에는 50[%] 이하로 할 수 있다.
④ 셀룰러 덕트 및 부속품에 물이 고이지 않도록 시설하고, 덕트의 종단부는 폐쇄한다.
⑤ 덕트 끝과 안쪽 면은 전선의 피복이 손상하지 아니하도록 매끈한 것이고 접지공사 할 것
⑥ 부속품의 판두께는 1.6[mm] 이상이어야 한다.

〈셀룰러덕트의 판 두께〉

덕트의 최대 폭 [mm]	덕트의 판 두께 [mm]
150 이하	1.2
150 초과 200 이하	1.4
200 초과	1.6

7.8 버스바트렁킹시스템(버스덕트공사)

1 버스덕트 공사(버스바트렁킹시스템)

(1) 버스 덕트는 절연 모선을 금속제 함에 넣는 것으로 빌딩, 공장 등의 저압 대용량의 배선설비 또는 이동 부하에 전원을 공급하는 수단으로 사용된다.
(2) 구리 또는 알루미늄으로 된 나도체를 난연성, 내열성, 내습성이 풍부한 절연물로 지지하고, 절연한 도체를 강판 또는 알루미늄으로 만든 덕트 내에 수용한 것이다.
(3) 버스 덕트는 대전류 용량을 수용할 수 있고, 신뢰도가 높으며, 배선이 간단하여 보수가 쉽고, 시공이 용이하다.
(4) 버스 덕트 배선 시공
① 덕트 상호 간 및 전선 상호 간은 견고하고 또한 전기적으로 완전하게 접속할 것.
② 덕트를 조영재에 붙이는 경우에는 덕트의 지지점 간의 거리를 3[m](취급자 이외의 자가 출입할 수 없는 곳에서 수직으로 붙이는 경우 6[m]) 이하로 할 것.
③ 덕트(환기형의 것을 제외)의 끝부분은 막을 것.
④ 덕트(환기형의 것을 제외)의 내부에 먼지가 침입하지 아니하도록 할 것.

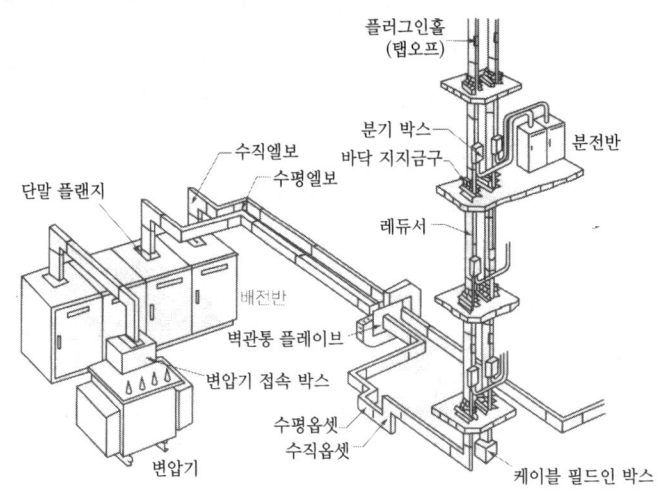

⑤ 습기·물기가 많은 장소에는 옥외용 버스덕트를 사용하고 내부에 물이 고이지 아니하도록 할 것.

(5) 버스덕트 종류
① 피더버스 덕트 : 도중에 부하를 접속하지 않는 것
② 플러그인 버스덕트 : 도중에 접속용 플러그를 접속할 수 있는 구조
③ 트롤리 버스덕트 : 이동부하 접속시 사용
④ 로우임피던스 버스덕트 : 전압강하 보상목적으로 사용

(6) 버스덕트의 부속품 등 명칭과 용도
① 엘보(Elbow) : 버스덕트의 경로를 직각으로 바꿀 때 사용
② 오프셋(Off-Set) : 경로 도중의 장해물을 피하거나 경로의 고저차를 바꿀때 사용
③ 티-이(Tee) : 경로에서 어떤 직각 1방향으로 버스덕트를 분기할 때 사용
④ 크로스(Cross) : 경로에서 3방향으로 버스덕트를 분기할 때 사용
⑤ 레듀서(Reducer) : 버스덕트 회로의 도중에 정격전류를 저감할 때 사용
⑥ 익스팬션 버스 덕트(Expansion Bus Duct) : 직선부분이 30[m]를 초과할 경우에 그 도중에 익스팬션 버스덕트를 삽입하여 온도변화 또는 진동 등으로 인한 버스덕트의 신축작용 등을 흡수하기 위하여 사용
⑦ 플랜지 버스덕트 : 버스덕트를 배전반에 접속할 때 사용
⑧ 앤드클로저(End Closer) : 버스덕트의 끝 부분을 폐쇄할 때 사용
⑨ 트랜스포지션 버스덕트(Trans Position Bus Duct) : 각 상의 임피던스 평균을 측정하기 위해 도체 상호간의 위치를 바꾼 것

(7) 버스덕트의 선정

① 도체는 단면적 20[mm^2] 이상의 띠 모양, 지름 5[mm] 이상의 관모양이나 둥글고 긴 막대 모양의 동 또는 단면적 30[mm^2] 이상의 띠 모양의 알루미늄을 사용한 것일 것.

② 도체 지지물은 절연성·난연성 및 내수성이 있는 견고한 것일 것.

③ 덕트는 다음표의 두께 이상의 강판 또는 알루미늄판으로 견고히 제작한 것일 것.

〈버스덕트의 선정〉

덕트의 최대 폭 [mm]	덕트의 판 두께 [mm]		
	강 판	알루미늄판	합성수지판
150 이하	1.0	1.6	2.5
150 초과 300 이하	1.4	2.0	5.0
300 초과 500 이하	1.6	2.3	–
500 초과 700 이하	2.0	2.9	–
700 초과하는 것	2.3	3.2	–

7.9 파워트랙시스템(라이팅덕트공사)

라이팅덕트는 절연체로 지지한 도체를 덕트에 수납하여 조명 기구나 소형 전기 기기에 플러그를 통해서 전원을 공급하는 장치이며 플러그를 라이팅덕트의 임의 개소에 이동할 수 있는 구조로 되어 있다.

이 배선은 주로 분기 회로에 사용되며 모양을 자주 바꾸는 점포나 백화점, 칸막이의 변경이 잦은 사무실 빌딩, 소형기기를 많이 쓰는 공장 등에서 그 성능이 인정되어 수요가 급증하고 있다.

① 라이팅덕트 공사의 사용전압은 400[V] 미만으로 한다.

② 라이팅덕트는 옥내의 건조한 장소로서 노출장소, 점검할 수 있는 은폐장소에 한하여 시설할 수 있다.

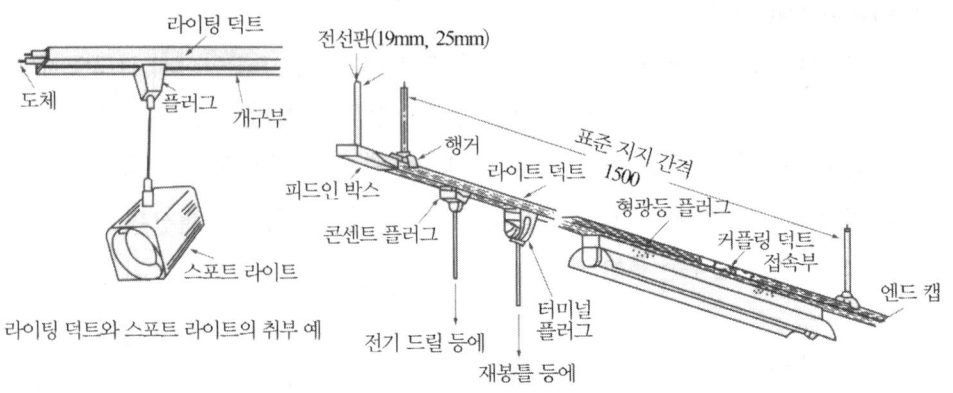

라이팅덕트의 구성도

(1) 시설방법

① 라이팅덕트는 건축구조물에 견고하게 붙이고, 건축구조물을 관통하지 않도록 한다.
② 라이팅덕트에 접속하는 부분의 배선은 금속관배선, 합성수지관배선, 금속제가요 전선관 배선, 금속몰드배선, 합성수지몰드배선 또는 케이블배선에 의하여 전선에 손상을 받을 우려가 없도록 시설한다.
③ 라이팅덕트 상호 및 도체상호는 견고하고 전기적 및 기계적으로 완전하게 접속한다.
④ 라이팅덕트를 건축구조물에 부착할 경우는 라이팅덕트의 지지점은 매 덕트마다 2개소 이상 및 지지점간의 거리는 2[m] 이하로 하고 또한 견고하게 부착한다.
⑤ 라이팅덕트의 개구부는 아래로 향하여 시설한다. 단, 사람이 쉽게 접촉할 우려가 없는 장소에는 덕트의 내부에 먼지가 들어가지 않도록 시설하는 경우에는 옆으로 향하게 할 수 있다.
⑥ 라이팅덕트의 끝부분은 폐쇄하고 접지공사 할 것. 다만, 대지 전압이 150[V] 이하이고 또한 덕트의 길이(2본 이상의 덕트를 접속하여 사용할 경우에는 그 전체 길이)가 4[m] 이하인 때는 그러하지 아니하다.
⑦ 사람이 접촉할 우려가 있는 장소에 시설하여 지락이 생겼을 경우 자동차단장치를 시설하여야 한다.

7.10 케이블트렁킹시스템

|1| 합성수지 몰드 공사

(1) 합성수지 몰드 공사의 특징

매립 배선이 곤란한 경우의 노출 배선이며, 접착테이프와 나사못 등으로 고정시키고 절연전선 등을 넣어 배선하는 방법이다.

(2) 합성수지 몰드 공사 시공

① 옥내의 건조한 노출장소와 점검할 수 있는 은폐장소에 한하여 시공할 수 있다.
② 전선은 절연전선을 사용하며 몰드 내에서는 접속점을 만들지 않는다.
③ 홈의 폭과 깊이가 3.5[cm] 이하, 두께는 2[mm] 이상의 것이어야 한다. 단, 사람이 쉽게 접촉될 우려가 없도록 시설한 경우에는 폭 5[cm] 이하, 두께 1[mm] 이상인 것을 사용할 수 있다.
④ 합성수지 몰드의 베이스를 조영재에 부착할 경우 40~50[cm] 간격마다 나사못 또는 접착제를 이용하여 견고하게 부착해야 한다.

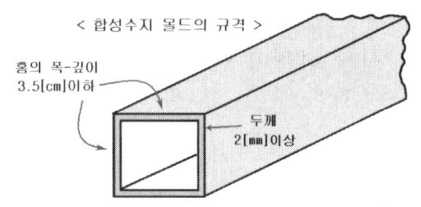

〈 합성수지 몰드의 규격 〉

|2| 금속몰드 공사

(1) 금속몰드 공사의 특징

콘크리트 건물 등의 노출 공사용으로 쓰이며, 금속전선관 공사와 병용하여 점멸 스위치, 콘센트 등의 배선기구의 인하용으로 사용된다.

(2) 금속몰드 공사의 시공

① 사용전압 400[V]이하로 옥내의 외상을 받을 우려가 없는 건조한 노출장소와 점검할 수 있는 은폐장소에 한하여 시공할 수 있다.
② 전선은 절연전선을 사용하며 몰드 내에서는 접속점을 만들지 않는다.
③ 조영재에 부착할 경우 1.5[m] 이하마다 고정하고, 금속몰드 및 기타 부속품에는 제3

종 접지공사를 하여야 한다.

다만, 다음 중 하나에 해당하는 경우에는 그러하지 아니하다.

㉮ 몰드의 길이(2개 이상의 몰드를 접속하여 사용하는 경우에는 그 전체의 길이)가 4[m] 이하인 것을 시설하는 경우

㉯ 옥내배선의 사용전압이 직류 300[V] 또는 교류 대지 전압이 150[V] 이하로서 그 전선을 넣는 관의 길이가 8[m] 이하인 것을 사람이 쉽게 접촉할 우려가 없도록 시설하는 경우 또는 건조한 장소에 시설하는 경우

3 레이스웨이 공사(2종 금속몰드)

(1) 배선용 덕트와 조합하여 사용하는 배선 및 기구 설치용으로 사무실, 주차장, 기계실, 전시장, 생산 공장 등의 조명이나 콘센트 설치, 통신용 배선 등에 사용된다.

(2) 레이스 웨이의 시공

① 조립식 공법을 채택하여 조명기구, 리셉터클, 박스 등의 동시 설치작업이 가능하다.
② 다양한 조립식으로 증설, 변경, 철거 및 이설 등이 용이하다.
③ 외관이 미려하고 내구성이 뛰어나며, 현장 여건에 따라서 전로의 형태를 자유롭게 설계 시공할 수 있다.
④ 해체 및 조립이 용이하고 재활용이 가능하여 경제적이다.
⑤ 레이스 웨이는 접지공사를 하여야 한다.

4 금속트렁킹공사

본체부와 덮개가 별도로 구성되어 덮개를 열고 전선을 교체하는 금속트렁킹공사방법은 금속덕트공사를 준용한다.

5 케이블트렌치공사

① 케이블트렌치 내의 사용 전선 및 시설방법은 케이블트레이공사를 준용한다. 단, 전선의 접속부는 방습 효과를 갖도록 절연 처리하고 점검이 용이하도록 할 것

㉠ 케이블은 배선 회로별로 구분하고 2 m 이내의 간격으로 받침대등을 시설할 것

㉡ 케이블트렌치에서 케이블트레이, 덕트, 전선관 등 다른 공사방법으로 변경되는 곳에는 전선에 물리적 손상을 주지 않도록 시설할 것

㉢ 케이블트렌치 내부에는 전기배선설비 이외의 수관·가스관 등 다른 시설물을 설치하지 말 것

② 케이블트렌치 구조
　㉠ 케이블트렌치의 바닥 또는 측면에는 전선의 하중에 충분히 견디고 전선에 손상을 주지 않는 받침대를 설치할 것
　㉡ 케이블트렌치의 뚜껑, 받침대 등 금속재는 내식성의 재료이거나 방식처리를 할 것
　㉢ 케이블트렌치 굴곡부 안쪽의 반경은 통과하는 전선의 허용곡률반경 이상이어야 하고 배선의 절연피복을 손상시킬 수 있는 돌기가 없는 구조일 것
　㉣ 케이블트렌치의 뚜껑은 바닥 마감면과 평평하게 설치하고 장비의 하중 또는 통행 하중 등 충격에 의하여 변형되거나 파손되지 않도록 할 것
　㉤ 케이블트렌치의 바닥 및 측면에는 방수처리하고 물이 고이지 않도록 할 것
③ 케이블트렌치는 외부에서 고형물이 들어가지 않도록 IP2X 이상으로 시설할 것
④ 케이블트렌치가 건축물의 방화구획을 관통하는 경우 관통부는 불연성의 물질로 충전(充塡)하여야 한다.
⑤ 케이블트렌치의 부속설비에 사용되는 금속재는 접지공사를 하여야 한다.

기출 & 예상문제

제7장 각종 배관·배선공사(2)

01 다음 중 가요전선관 공사로 적당하지 않은 것은?
① 엘리베이터
② 천장내의 배선
③ 콘크리트 매입
④ 금속관 말단

답 ③

02 가요전선관의 크기를 호칭하는 방법은 어느 것인가?
① 안지름에 가까운 홀수
② 안지름에 가까운 짝수
③ 금속 두께에 가까운 홀수
④ 금속 두께에 가까운 짝수

▶풀이
안지름에 가까운 홀수로 15, 19, 25[mm]로 표시하며, 길이는 10, 15, 30[m]가 있다.

답 ①

03 가요 전선관의 상호 접속은 무엇을 사용하는가?
① 콤비네이션 커플링
② 스플릿 커플링
③ 더블 커넥터
④ 앵글 커넥터

▶풀이
① 가요전선관 상호의 접속 : 스플리트 커플링
② 가요전선관과 금속관의 접속 : 콤비네이션 커플링
③ 가요전선관과 박스와의 접속 : 스트레이트 박스 커넥터, 앵글 박스 커넥터

답 ②

04 가요전선관 공사에 사용되는 부품 중 전선관 상호 간에 접속되는 연결구로 사용되는 부품의 명칭은?
① 스플리트 커플링
② 콤비네이션 커플링
③ 콤비네이션 유니온 커플링
④ 앵글 박스 커넥터

▶풀이
① 가요전선관 상호의 접속 : 스플리트 커플링
② 가요전선관과 금속관의 접속 : 콤비네이션 커플링
③ 가요전선관과 박스와의 접속 : 스트레이트 박스 커넥터, 앵글 박스 커넥터

답 ①

05 제2종 가요전선관을 구부릴 경우 안쪽 반지름은 내경의 몇 배 이상으로 해야 하는가?
① 2
② 3
③ 5
④ 6

- **풀이**
  구부러지는 쪽의 안쪽 반지름은 가요전선관 안지름의 6배 이상으로 하여야 한다.
  답 ④

06 2중 천장 내 옥내배선에서 분기하여 조명기구에 접속하는 시공방법 중 바르게 된 것은?
① NR 또는 합성수지관공사
② NR 또는 가요전선관공사
③ 케이블 또는 합성수지관공사
④ 케이블 또는 금속제 가요전선관공사
답 ④

07 가요전선관과 금속관을 접속하는데 사용하는 것은?
① 컴비네이션 커플링
② 앵글박스 커넥터
③ 플렉시블 커플링
④ 스트레이트 박스 커넥터

- **풀이**
  - 가요 전선관 상호의 접속 : 플렉시블 커플링, 스플리트 커플링
  - 가요 전선관과 금속관의 접속 : 컴비네이션 커플링
  - 가요 전선관과 박스와 접속 : 스트레이트 박스 커넥터, 앵글 박스 커넥터
  답 ①

08 버스덕트 공사 중 도중에서 부하를 접속할 수 있도록 꽂음 구멍이 있는 덕트는?
① Feeder Bus Way
② Plug-in Way
③ Trolley Bus Way
④ Floor Bus Way

- **풀이**
  ① 피더버스덕트 : 옥내의 변압기와 배전반, 배전반과 분전반 간의 간선에서 분기 접속이 없는 전로에 사용
  ② 플러그인버스덕트 : 피더버스덕트의 측면에 적당한 간격으로 분기장치를 할 수 있도록 한 것
  ③ 트롤리버스 덕트 : 덕트의 하면에 홈을 만들어 모선에 따라 접촉자가 이동할 수 있도록 한 것
  답 ②

09 애자 공사에 있어서 사용전압이 400 [V] 넘는 경우 전선 상호간의 이격 거리는 몇 [mm] 이상인가? (단, 점검할 수 있는 은폐장소인 경우)
① 25
② 60
③ 45
④ 120

- **풀이**

거리 \ 사용전압	400[V] 미만인 경우	400[V] 이상인 경우	고압
전선 상호간의 거리	0.06[m] 이상		0.08[m] 이상
전선과 조영재 간의 거리	25[mm] 이상	45[mm]이상 (건조한 장소 25[mm]이상)	50[mm]이상
지지점간 거리	조영재의 위면 또는 옆면에 따라 붙일 경우 2[m]이하	조영재의 위면 또는 옆면에 따라 붙일 경우 6[m]이하	6[m] 조영재의 면에 따라 붙일 경우 2[m] 이하

답 ②

10 애자 사용공사에서 사용전압이 220[V]인 경우 전선 상호 간의 이격거리는 몇 [mm] 이상이어야 하는가?
① 25   ② 60   ③ 45   ④ 120

답 ②

11 네온관등 회로의 배선공사 방법은?
① 금속몰드공사   ② 가요전선관공사
③ 애자사용공사   ④ 합성수지몰드공사

답 ③

12 다음 중 노브애자사용 공사에서 전선 교차 시 사용하는 것은?
① 애관   ② 부목   ③ 동관   ④ 테이프

풀이
저압 옥내배선공사
애관, 노브애자나 클리트 배선공사 시, 전선 교차장소에 절연 목적으로 애관이 사용된다.

답 ①

13 케이블 공사 시 단심 비닐 외장 케이블의 굴곡 반지름은 바깥지름의 몇 배 이상이 되어야 하는가?
① 6   ② 8   ③ 10   ④ 12

풀이
케이블을 구부리는 경우 피복의 손상이 되지 않도록 하여 그 굴곡 반지름이 케이블의 완성품 지름의 6배 (단심의 경우 8배) 이상

답 ②

14 케이블 공사에서 비닐외장 캡타이어케이블을 조영재의 측면에 따라 붙이는 경우 지지점 간 거리의 최대값[m]은 얼마로 규정되어 있는가?
① 1.0   ② 1.5   ③ 2.0   ④ 2.5

답 ①

15 케이블을 고층건물에 수직으로 배선하는 경우에는 다음 중 어떤 방법으로 지지하는 것이 가장 적당 한가?
① 3층마다   ② 2층마다
③ 매 층마다   ④ 4층마다

풀이
고층건물에 수직으로 배선하는 경우에는 매 층마다 2개소를 지지한다.

답 ③

16 바닥 통풍형과 바닥 밀폐형의 복합채널 부품으로 구성된 조립 금속구조로 폭이 (150mm) 이하이며, 주 케이블 트레이로부터 말단까지 연결되어 단일 케이블을 설치하는 데 사용하는 tray는?

① 통풍채널형 케이블 트레이
② 사다리형 케이블 트레이
③ 바닥 밀폐형 케이블 트레이
④ 메시형 케이블 트레이

풀이
채널형 케이블트레이(Channel Cable-Tray) : 바닥 통풍형, 바닥 밀폐형 복합 채널 단면으로 구성된 조립금속 구조로서 폭이 150[mm] 이하인 케이블트레이를 말한다. **답 ①**

17 다음 중 금속덕트 배선공사의 시설방법 중 틀린 것은?
① 덕트 상호 간의 견고하고 또한 전기적으로 완전하게 접속할 것
② 덕트 지지점 간의 거리는 3[m] 이하로 할 것
③ 덕트 종단부는 열어둘 것
④ 금속덕트공사시에 접지공사를 할 것

풀이
금속덕트의 종단부는 폐쇄하여야 한다. **답 ③**

18 금속덕트 안에 넣는 전선의 고무절연전선, 비닐절연전선 또는 케이블로서 그 피복을 포함한 총 단면적은 덕트 내 단면적을 몇 [%] 이내로 하여야 가장 적당한가?
① 10 ② 20 ③ 30 ④ 40

풀이
금속덕트 : 건조하고 전개된 장소에 시설. 주로 빌딩 공장 등의 전기실에서 많은 간선이 출입하는데 사용
㉠ 금속덕트는 두께 1.2[mm] 이상의 철판을 사용한다.
㉡ 금속덕트는 천장 또는 벽에 3[m]이하마다 지지한다.
㉢ 금속덕트에 넣는 전선이나 케이블은 그 피복을 포함한 총 단면적이 덕트내 단면적의 20[%] 이내 (제어회로는 50[%] 이내)로 하여야 한다.
㉣ 길이와 시설장소에 관계없이 접지공사를 실시한다. **답 ②**

19 다음 중 플로어 덕트의 전선 접속은 어디에서 하는가?
① 전선 입출구에서 한다.
② 접속함 내에서 한다.
③ 플로어 덕트 내에서 한다.
④ 덕트 끝단부에서 한다.

답 ②

20 보호도체의 종류에 해당되지 않는 것은?
① 다심케이블의 도체
② 충전도체와 같은 트렁킹에 수납된 절연도체 또는 나도체
③ 가요성 금속 전선관
④ 금속케이블 외장, 케이블 차폐, 케이블 외장, 전선 묶음, 동심도체, 금속관

▶ **풀이**
- 보호도체의 종류
  - 다심케이블의 도체
  - 충전도체와 같은 트렁킹에 수납된 절연도체 또는 나도체
  - 고정된 절연도체 또는 나도체
  - 금속케이블 외장, 케이블 차폐, 케이블 외장, 전선 묶음(편조전선), 동심도체, 금속관(기계적, 화학적, 전기화학적 열화에 대하여 보호할 수 있으며 전기적 연속성을 유지한 경우)

답 ③

21 셀룰러 덕트 배선공사 시 부속품의 판 두께는 몇 [mm] 이상이어야 하는가?
① 1.0   ② 1.2   ③ 1.4   ④ 1.6

▶ **풀이**
판 두께는 1.6[mm] 이상

답 ④

22 합성수지몰드 공사에 사용하는 몰드 홈의 폭과 깊이는 몇 [cm] 이하가 되어야 하는가?
① 1.5   ② 2.5   ③ 3.5   ④ 4.5

▶ **풀이**
홈의 폭과 깊이가 3.5[cm] 이하, 두께는 2[mm] 이상의 것이어야 한다. 단, 사람이 쉽게 접촉될 우려가 없도록 시설한 경우에는 폭 5[cm] 이하, 두께 1[mm] 이상인 것을 사용할 수 있다.

답 ③

23 몰드의 길이가 3.5[m]인 금속몰드 공사 시 금속몰드는 어떤 접지공사를 하여야 되는가?
① 계통접지공사   ② 보호접지공사
③ 접지하지 않는다   ④ 등전위본딩접지

▶ **풀이**
금속몰드 공사 접지생략가능 경우
- 몰드의 길이(2개 이상의 몰드를 접속하여 사용하는 경우에는 그 전체의 길이)가 4[m] 이하인 것을 시설하는 경우
- 옥내배선의 사용전압이 직류 300[V] 또는 교류 대지 전압이 150[V] 이하로서 그 전선을 넣는 관의 길이가 8[m] 이하인 것을 사람이 쉽게 접촉할 우려가 없도록 시설하는 경우 또는 건조한 장소에 시설하는 경우

답 ③

24 가요전선관 공사에 사용하는 가요 전선관의 최소 두께는?
① 0.6[mm]   ② 0.8[mm]   ③ 1.0[mm]   ④ 1.2[mm]

답 ②

25 금속덕트 공사에서 금속관과의 접속부는 전기적, 기계적으로 완전히 접속하여야 하며, 그 지지점 간의 거리는 몇 [m] 이하로 하여야 하는가?
① 2[m]　　　② 4[m]　　　③ 3[m]　　　④ 5[m]

답 ③

26 옥내 배선에 사용하여도 되는 전선의 최소 굵기는?
① 1.5[mm^2]　　　② 2.5[mm^2]
③ 4[mm^2]　　　④ 6[mm^2]

답 ②

27 다음은 가요전선관을 설명한 것이다. 옳은 것은?
① 가요전선관의 크기는 바깥지름에 가까운 홀수로 만든다.
② 가요전선관은 건조하고 점검할 수 없는 은폐장소에 한하여 시설한다.
③ 작은 증설공사 안전함과 전동기 사이의 공사 등에 적합하다.
④ 가요전선관을 고정할 때에는 조영재에 2[m] 이하마다 새들로 고정한다.

●풀이
- 가요전선관의 크기는 안지름에 가까운 홀수로 만든다.
- 가요전선관은 건조하고 점검할 수 있는 은폐장소에 한하여 시설한다.
- 가요전선관을 고정할 때에는 조영재에 1[m] 이하마다 새들로 고정한다.

답 ③

28 다음에 열거한 것은 금속 몰드공사를 할 수 있는 방법이다. 여기서 금속 몰드공사로 적합지 않는 것은?
① 금속몰드 안에는 전선에 접속점이 없도록 할 것
② 몰드안의 전선을 외부로 인출하는 부분은 몰드의 관통부분에서 전선이 손상될 우려가 없도록 시설할 것
③ 전선은 절연전선
④ 몰드에는 접지공사를 하지 않을 것

●풀이
금속 몰드 및 기타 부속품에 접지공사를 한다.

답 ④

29 철판제의 덕트 안에 평각 구리선 또는 평각 알루미늄선을 자기제 절연물로 간격 50[cm] 이내로 지지하여 만든 것을 다음 중 무엇이라고 하는가?
① 금속덕트　　　② 플로어덕트
③ 버스덕트　　　④ 덕트서포트

답 ③

30 금속 몰드 공사 요령 설명 중 틀린 것은?
① 분기점에는 엑스터널 엘보 사용 ② 연강판제 베이스와 뚜껑으로 구성
③ 기계적 전기적으로 완전 접속할 것 ④ 쇠톱과 줄로 홈을 파서 절단함

답 ①

31 저압옥내 배선에서 애자사용공사를 할 경우 전선의 지지점간의 거리는 몇 [m] 이하인가?
① 6   ② 4   ③ 3   ④ 2

▶풀이
애자의 지지점 간의 거리는 2[m] 이하이다.

답 ④

32 금속덕트배선 공사에 관한 사항이다. 다음 중 금속덕트의 시설로서 옳지 않은 것은?
① 덕트의 끝부분은 열어 놓을 것
② 덕트를 조영재에 붙이는 경우에는 덕트의 지지점 간의 거리를 3[m] 이하로 하고 견고하게 붙일 것
③ 덕트의 뚜껑은 쉽게 열리지 않도록 시설할 것
④ 덕트 상호간은 견고하고 또한 전기적으로 완전하게 접속할 것

▶풀이
- 3[m] 이하의 간격으로 견고하게 지지할 것
- 뚜껑은 쉽게 열리지 않도록 시설할 것
- 금속덕트 상호는 견고하고 또한 전기적으로 완전하게 접속할 것
- 내부는 먼지가 침입하지 않도록 할 것
- 끝부분은 막을 것
- 콘크리트 바닥에 매설하는 경우 물이 고일 수 있는 낮은 부분이 없도록 시설할 것
- 내부에 물이 고이지 않도록 시설할 것

답 ①

7.11 전기응용 시설공사

| 1 | 옥내 배선용 심벌

천장은폐배선	바닥은폐배선	노출배선	바닥노출배선	지중매설배선
———————	– – – – –	– – – – – –	—‥—‥—‥	—・—・—・

전력량계	전동기	전열기	룸 에어콘	배선용차단기	발전기
(WH)	(M)	(H)	[RC]	[B]	(G)
실링라이트	샹들리에	리셉터클	형광등 (1등용)	형광등 (2등용)	스위치
(CL)	(CH)	(R)	⊏⊐F40	⊏⊐F40×2	●

유도등	콘센트 (벽붙이)	콘센트 (천장형)	(제어반, 분전반, 배전반 공용)	(동력용)	(분전반)	(제어반)
⊗	◐	∴	☐	⊠	◨	⊠
벽등	콘센트 (바닥형)	옥외등	일반 조명	벽붙이 조명	환기팬	누전차단기	피뢰기
○—	☺	⊕	○	◐	∞	[E]	⏚

기출 & 예상문제

제7장 각종 배관·배선공사(3)

01 전동기를 그림 기호로 표시하면?
① Ⓗ   ② Ⓣ   ③ Ⓜ   ④ Ⓟ

답 ③

02 계전기에 관한 기호 중 과부하 계전기의 기호는?
① OC   ② OL   ③ RC   ④ V

▶풀이
과부하 계전기(OverLoad relay; OL)

답 ②

03 폭연성 분진이 존재하는 곳의 금속관 공사에 있어서 관상호 및 관과 박스의 접속은 몇 턱 이상의 죔나사로 시공하여야 하는가?
① 3턱   ② 4턱   ③ 5턱   ④ 6턱

▶풀이
폭연성 분진, 화약류 분말이 존재하는 곳, 가연성의 가스 또는 인화성 물질의 증기가 새거나 체류하는 곳의 전기 공작물은 금속관 공사, 또는 케이블 공사에 의하여야 하며 금속관 공사를 하는 경우 관 상호 간 및 관과 박스 등은 5턱 이상의 나사 조임으로 접속하여야 한다.

답 ③

04 가연성 분진이 존재하는 곳에 저압 옥내배선을 할 때 다음 중 공사방법이 옳지 못한 것은?
① 합성수지관공사   ② 금속관공사
③ 캡타이어 케이블공사   ④ 애자사용공사

▶풀이
가연성 분진이 존재하는 곳(소맥분, 전분, 유황 기타)의 가연성 먼지로서 공중에 떠다니는 상태에서 착화하였을 때, 폭발의 우려가 있는 곳의 저압 옥내 배선은 합성수지관 공사, 금속관 공사, 케이블 공사에 의하여 시설한다.
이동전선은 0.6/1 kV 비닐절연 비닐캡타이어케이블 또는 0.6/1 kV EP 고무절연 클로로프렌 캡타이어 케이블을 사용

답 ④

05 전력용 콘덴서의 약호는?
① SC   ② PC   ③ CT   ④ LA

풀이
② PC : 프라이머리 컷아웃스위치
③ CT : 계기용변류기
④ LA : 피뢰기

답 ①

06 ☐ 의 심벌은?
① 전등용 분전반
② 분전반 및 제어반
③ 직류용 분전반
④ 전업용 분전반

답 ②

07 고전압 측정에 이용되는 방전현상은?
① 불꽃방전
② 코로나 방전
③ 아크 방전
④ 글로우 방전

답 ②

08 제분공장 등 가연성분진으로 항상 가득 찰 우려가 있는 장소에 있어서 저압옥내배선을 시설할 때 할 수 없는 공사는?
① 금속덕트배선공사
② 금속관배선공사
③ 합성수지관배선공사
④ 케이블배선공사

풀이
가연성 분진이 존재하는 곳(소맥분, 전분, 유황 기타)의 가연성 먼지로서 공중에 떠다니는 상태에서 착화하였을 때, 폭발의 우려가 있는 곳의 저압 옥내 배선은 합성 수지관 공사, 금속관 공사, 케이블 공사에 의하여 시설한다.
그 밖에 일반적 먼지가 많은 장소일 경우는 금속관, 케이블, 합성수지관, 애자사용, 금속제가요전선관, 금속덕트, 버스덕트 가능하다.

답 ①

09 화약류를 제조하는 건물 안이나 화학류를 보관하는 곳의 저압 전기공사에 해당되지 않는 것은?
① 전열기구 이외의 전기기계, 기구는 전폐형을 사용할 것
② 비닐 캡타이어 케이블로서 단면적이 0.75 [mm^2] 이상일 것
③ 온도가 현저히 올라가는 등 위험이 생긴 경우 자동 차단장치를 할 것
④ 전열기구는 실드선 등의 충전부가 노출되지 아니한 발열체를 사용할 것

답 ④

10 극장의 무대 영사실 등에 공급하는 전로의 최고 사용전압은?
① 100[V]
② 200[V]
③ 400[V]
④ 1000[V]

> **풀이**
> 무대·무대마루 밑·오케스트라박스·영사실 기타 사람이나 무대 도구가 접촉 할 우려가 있는 곳에 시설하는 저압 옥내배선·전구선 또는 이동전선은 사용전압이 400[V] 미만일 것. **답** ③

11 셀룰로이드, 성냥, 석유 등 위험한 물질을 제조하거나 저장하는 곳의 전기배선 방법이 옳지 못한 것은?
① 금속덕트공사　　　　　　　　② MI 케이블공사
③ 박강 전선관공사　　　　　　　④ 케이블공사

> **풀이**
> 위험물 등이 존재하는 장소
> ① 배선은 금속관공사(박강)·케이블공사·합성수지관 공사에 의한다.
> ② 케이블 및 MI케이블 사용, 이동 전선은 0.6/1 kV EP 고무절연 클로로프렌 캡타이어 케이블
> ③ 금속관 상호 및 관과 박스 등과는 5턱 이상 나사 조임으로 접속 **답** ①

12 광산이나 갱도내 가스 또는 먼지의 발생에 의해서 폭발 우려가 있는 장소의 전기공사 방법 중 바르지 못한 것은?
① 전선은 외장 연피케이블 공사가 가장 안전함
② 금속제의 전선 접속함 및 케이블의 피복에 사용하는 금속체에는 접지공사 시행.
③ 이동 전선은 1종 캡타이어 케이블을 사용할 것
④ 백열등은 진동 없게 고정된 키 없는 소켓에 끼워 외장 글로우브를 끼울 것

> **풀이**
> 이동 전선은 용접용 케이블을 사용하는 경우를 제외하고는 300/300[V] 편조고무코드·비닐코드 또는 0.6/1 kV EP 고무절연 클로로프렌 캡타이어케이블을 사용할 것 **답** ③

13 폭연성 분진이 떠돌아다녀 분진 폭발이 발생될 우려가 있는 장소에 사용하는 전동기는 어떤 구조이어야 하는가?
① 분진방폭 특수방진 구조　　　　② 내압 방폭 구조
③ 안전중 방폭 구조　　　　　　　④ 분진 방폭 보통방진 구조

> **풀이**
> 먼지가 많은 장소에서의 저압의 시설
> 전기기계기구는 적합한 분진 방폭 특수 방진 구조로 되어 있을 것. **답** ①

14 성냥을 제조하는 공장의 내선 공사 방법으로서 적당하지 않은 공사는?
① 케이블공사　　　　　　　　　　② 방습형플렉시블공사
③ 합성 수지관공사　　　　　　　　④ 금속관공사

> **풀이**
> 위험물이 있는 곳의 공사

- 금속전선관공사(박강전선관)
- 합성수지관공사(두께 2[mm] 이상)
- 케이블공사

답 ②

15 전기 배선의 그림 중 ──·──·── 의 배선은 무슨 배선인가?
① 천장 은폐 배선   ② 바닥면노출배선
③ 지중 매설선   ④ 벽면 은폐 배선

● 풀이
- 천장은폐배선 ─────────
- 노출배선   ─ ─ ─ ─ ─ ─
- 지중매설배선 ──·──·──
- 바닥은폐배선 ─ ─ ─ ─ ─
- 바닥노출배선 ──·──·──

답 ②

16 ────────── 심벌의 명칭은?
① 지중 매설배선   ② 바닥면 노출배선
③ 천장 은폐배선   ④ 노출배선

답 ③

17 석유류를 저장하는 장소에 시설해서는 안 될 저압 옥내배선은?
① 애자사용공사   ② 케이블공사
③ 합성수지관공사 ④ 금속관공사

● 풀이
위험물이 있는 곳의 공사
- 금속전선관공사(박강전선관)
- 합성수지관공사(두께 2[mm] 이상)
- 케이블공사

답 ①

18 교통 신호등의 제어 장치로부터 신호등까지의 전로는 몇 [V] 이하이어야 하는가?
① 150   ② 300   ③ 400   ④ 600

● 풀이
교통 신호등의 시설
- 사용전압은 300[V]이하

답 ②

19 분수 등 물속에 시설하는 조명등에 전기를 공급하기위한 절연변압기를 사용할 때 그 2차측 전로에는 어떤 조치를 하여야 하는가?
① 접지공사를 한다.   ② 계통접지공사를 한다
③ 접지하지 않는다.   ④ 30[mA] 이하의 누전차단기를 시설한다.

> **풀이**
> 절연변압기의 2차 측 전로는 접지하지 말 것
> 절연변압기의 2차측 전로의 사용전압이 30[V]를 초과하는 경우에는 그 전로에 지락이 생겼을 때에 자동적으로 전로를 차단하는 정격감도전류 30[mA] 이하의 누전차단기를 시설
> 답 ③

20 분수 등 물속에 시설하는 조명등에 전기를 공급하기위한 이동전선의 굵기는 얼마이상의 케이블이어야 하는가?

① 0.75[mm^2]　　② 2.5[mm^2]　　③ 1.5[mm^2]　　④ 4.0[mm^2]

> **풀이**
> 접속점이 없는 단면적 2.5[mm^2] 이상의 0.6/1 kV EP 고무절연 클로프렌 캡타이어 케이블일 것.
> 답 ②

21 소세력회로이란 사용전압이 몇 [V] 이하인 전압을 말하는가?

① 40　　② 60　　③ 80　　④ 100

> **풀이**
> 전자 개폐기의 조작회로 또는 초인벨, 경보벨 등에 접속하는 전로로서 최대 사용전압이 60[V] 이하인 것
> 답 ②

22 소세력회로에서 사용되는 전선은 아닌 것은?

① 1.5[mm^2] 단심 비닐절연전선
② 0.75[mm^2] 캡타이어 케이블
③ 2.5[mm^2] 비닐절연 케이블
④ 1.5[mm^2] 에틸렌아세테이트 고무절연전선

> **풀이**
> - 1차 대지 전압 300[V] 이하, 2차 대지 전압 60[V] 이하의 절연 변압기를 사용할 것
> - 전선은 공칭단면적 1[mm^2] 이상의 연동선 혹은 코드 · 캡타이어 케이블 또는 케이블일 것
> 답 ②

23 폭연성 분진이 있는 곳의 금속관 공사이다. 박스 기타의 부속품 및 풀박스 등이 쉽게 마모, 부식, 기타 손상을 일으킬 우려가 없도록 하기 위해 쓰이는 재료는?

① 새들　　② 커플링　　③ 노멀벤드　　④ 패킹

답 ④

24 소맥분, 전분 기타 가연성의 분진이 존재하는 곳의 저압 옥내 배선공사 방법 중 적당하지 않은 것은?

① 애자사용공사　　　　② 합성수지관공사
③ 케이블공사　　　　　④ 금속관공사

답 ①

25 흥행장의 저압공사에서 잘못된 것은?
① 무대용의 콘센트 박스 플라이 덕트 및 보더 라이트의 금속제 외함에는 접지공사를 하여야 한다.
② 무대 마루 밑 오케스트라 박스 및 영사실의 전로에는 전용 개폐기 및 과전류 차단기를 시설할 필요가 없다.
③ 플라이덕트는 조영재 등에 견고하게 시설할 것
④ 플라이 덕트 내의 전선을 외부로 인출할 경우는 캡타이어 케이블을 사용한다.

> **풀이**
> 무대 마루 밑 오케스트라 박스 및 영사실의 전로에는 전용 개폐기 및 과전류 차단기를 시설할 것
>
> **답** ②

26 인화성 유기용제를 사용하는 도색 공장 내에 시설해서는 안되는 저압 옥내 배선공사 방법은 어느 것인가?
① 합성수지관공사 ② 연피 케이블공사
③ 금속관공사 ④ 캡타이어 케이블공사

> **답** ②

27 가연성 가스가 존재하는 장소의 저압시설공사 방법으로 옳은 것은?
① 가요전선관공사 ② 합성수지관공사
③ 금속관공사 ④ 금속몰드공사

> **풀이**
> 금속전선관공사, 케이블공사가 가능하다.
>
> **답** ③

28 화약고 등 위험장소의 배선공사에서 전로의 대지전압은 몇 [V] 이하로 하도록 되어있는가?
① 300 ② 400 ③ 500 ④ 600

> **풀이**
> 화약고 등의 위험장소에는 원칙적으로 전기설비를 시설해서는 안되지만 다음의 경우에 시설할 수 있다.
> ① 전로의 대지전압이 300[V] 이하로 전기기계기구(개폐기, 차단기 제외)는 전폐형으로 사용하여야 한다.
> ② 금속전선관 또는 케이블 공사에 의하여 시설한다.
>
> **답** ①

29 소세력회로를 지중으로 매설하는 경우 매설깊이는 몇 [m]인가? (단, 중량물의 압력이 없는 경우)
① 0.3 ② 0.6 ③ 1 ④ 1.2

> **풀이**
> 매설깊이 : 0.3[m](차량 기타 중량물의 압력을 받을 우려가 있는 장소에 시설하는 경우는 1.2[m] 이상)
>
> **답** ①

30 농사용 저압 가공 전선로의 시설시 전선은 몇 [mm] 이상의 경동선 이어야 하는가?

① 2.0　　　　② 2.6　　　　③ 3.2　　　　④ 4.0

> **풀이**
> - 사용전압은 저압일 것
> - 저압 가공전선은 인장강도 1.38[kN] 이상의 것 또는 지름 2[mm] 이상의 경동선일 것.
> - 저압 가공전선의 지표상의 높이는 3.5[m] 이상일 것. 다만, 저압 가공전선을 사람이 쉽게 출입하지 아니하는 곳에 시설하는 경우에는 3[m]까지로 감할 수 있다.
> - 목주의 굵기는 말구 지름이 9[cm] 이상일 것.
> - 전선로의 경간은 30[m] 이하일 것.
> - 다른 전선로에 접속하는 곳 가까이에 그 저압 가공전선로 전용의 개폐기 및 과전류 차단기를 각 극(과전류 차단기는 중성극을 제외한다)에 시설할 것.
>
> **답** ①

31 40W 형광등 기구와 가연성 재료와의 간은 최소 몇 m 를 두고 설치하여야 하는가?

① 0.5　　　　② 0.8　　　　③ 1.0　　　　④ 1.2

> **풀이**
> 가연성재료와 등기구간의 이격거리
>
> | 구분 | 100W 이하 | 100W 초과 300W 이하 | 300W 초과 500W 이하 | 500W 초과 |
> |---|---|---|---|---|
> | 이격거리 | 0.5m | 0.8m | 1.0m | 1.0m 초과 |
>
> **답** ①

제 8 장

배전설비 및 배전반공사

8.1 인입선 공사

1. 가공 인입선

(1) 가공 인입선

가공 전선로의 지지물에서 분기하여 다른 지지물을 거치지 아니하고 수용 장소의 붙임점에 이르는 가공전선을 말한다. 가공 인입선에는 저압 가공 인입선과 고압 가공 인입선이 있다.

(2) 저압 인입선

① 지름 2.6[mm](경간 15[m] 이하는 2[mm])의 경동선 또는 이와 동등 이상의 세기 및 굵기의 것일 것
② 전선은 옥외용 비닐전선(OW), 인입용 절연전선(DV) 또는 케이블일 것
③ 인입선의 길이는 50[m] 이하로 할 것
④ 전선의 높이는 다음에 의할 것
  • 도로를 횡단하는 경우에는 노면상 5[m] 이상
    (기술상 부득이한 경우에 교통에 지장이 없을 때에는 2.5[m])
  • 철도 궤도를 횡단하는 경우에는 레일면상 6.5[m] 이상
  • 기타의 경우 : 4[m] 이상

(3) 고압 및 특고압 인입선

① 인입선의 길이는 30[m]를 표준(불가피한 경우 50[m] 이하)

② 전선의 높이는 다음에 의할 것
- 도로를 횡단하는 경우에는 노면상 6[m] 이상
- 철도 궤도를 횡단하는 경우에는 레일면상 6.5[m] 이상
- 기타의 경우 : 5[m] 이상

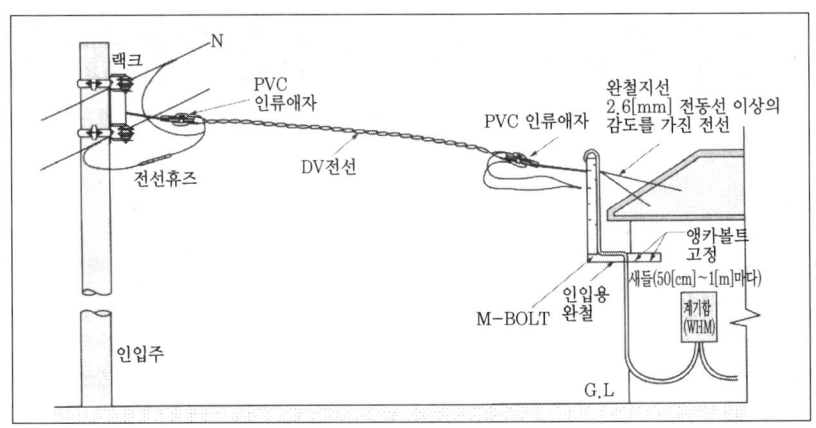

(4) 인입용 전선은 허용전류를 초과하지 않도록 굵기 선정

2 이웃 연결 인입선

(1) 이웃 연결 인입선

한 수용 장소의 인입선에서 분기하여 다른 지지물을 거치지 아니하고 다른 수용가의 인입구에 이르는 부분의 전선.

(2) 시설 제한 규정

① 인입선에서의 분기하는 점에서 100[m]를 넘는 지역에 이르지 않아야 한다.

② 폭 5[m]를 넘는 도로를 횡단하지 않아야 한다.

③ 이웃 연결 인입선은 옥내를 관통하면 안된다.

④ 고압 이웃 연결 인입선은 시설할 수 없다.

8.2 지중 전선로

│1│ 지중 전선로의 특징
(1) 케이블을 사용해서 땅속에 시설하는 전선로를 말한다.
(2) 전력사용의 안정도가 향상되고, 시가지 내 전력시설 건설에 도시미관을 저해하지 않는다.
(3) 건설비가 많이 들고, 선로의 사고 복구에 많은 시간이 걸린다.

│2│ 시설방식
(1) 직접매설식
  ① 땅을 파고 케이블 방호물을 매설하고, 그 속에 케이블을 포설하는 방식
  ② 케이블 매설 깊이
    • 차량 등 중량물의 압력을 받을 우려가 있는 장소 : 1.0[m] 이상
    • 기타 장소 : 0.6[m] 이상
  ③ 지중 케이블의 상부에 견고한 판 또는 경질 비닐판 등으로 덮어서 매설한다.

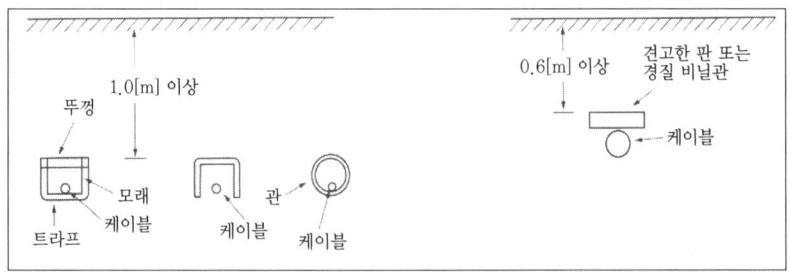

(2) 관로인입식
  ① 케이블을 포설할 관로를 만들어 놓고, 여기에 케이블을 포설하는 방식
  ② 케이블 조수가 많은 장소, 장래에 부하의 변경이 예상되는 장소에 사용

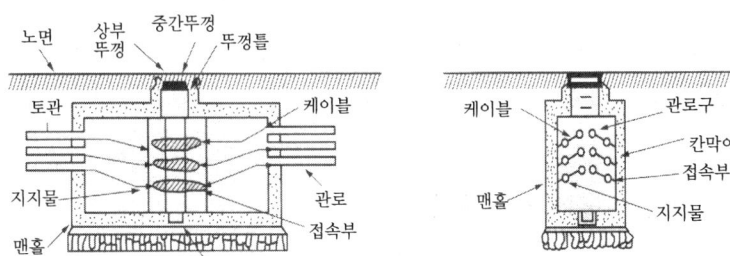

(3) 암거식

① 지중에 암거를 시설하고 그 속에 케이블을 포설하는 방식

② 케이블은 암거의 측벽에 받침대나 선반에 의해 지지하며, 작업자의 보행을 위한 통로를 확보한다.

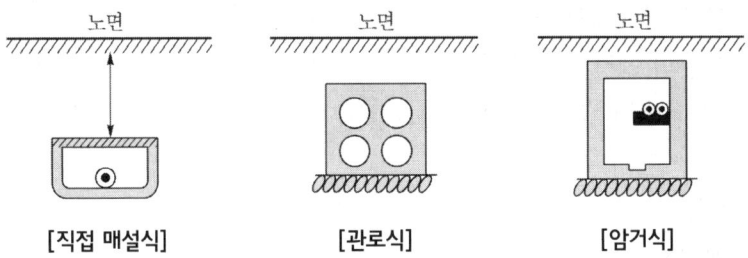

[직접 매설식]   [관로식]   [암거식]

구 분	장 점	단 점
직접 매설식	케이블의 부설 경로에 제약을 받지 않음 공사가 용이하며, 공사비가 저렴하다 공기가 짧고, 열방산이 좋다 길이가 짧은 구내에 적당	증설이나, 교체 작업시 재시공이 요함 외상을 받을 우려가 있다 보수 점검이 곤란
관로 인입식	증설이나 교체가 비교적 용이함 맨홀 등을 이용한 점검이 비교적 용이 손상우려가 없다.	공사비용이 높다 관로의 경로에 제약이 있다. 공기가 길어진다
암거식	증설이나 교체가 용이함 맨홀 등을 이용한 점검이 비교적 용이 전류저감계수가 적다 신뢰성이 필요한 개소에 적합	공기와 비용이 가장 많이 소요됨 시설의 변경이 곤란하다. 케이블사고로 다른 회선에 지장을 준다.
개거식	공사비가 싸고 열방산이 가장높다	외상을 받을 우려가 가장 많다.

3 지중함의 시설

① 견고하고 차량 기타 중량물의 압력에 견디는 구조일 것

② 그 안의 고인 물을 제거할 수 있는 구조일 것

③ 폭발성 또는 연소성 가스의 침입 우려가 있는 것에 시설하는 지중함으로서 크기가 1[m^3] 이상인 것에는 통풍장치 기타 가스를 방산(放散)하기 위한 장치를 시설할 것

④ 지중함의 뚜껑은 시설자 이외의 자가 쉽게 열 수 없도록 시설할 것

4 케이블 가압(加壓)장치의 시설

① 케이블 가압장치 : 최고 사용압력의 1.5배의 유압 또는 수압(1.25배의 기압)을 연속하여 10분간 가하여 시험을 하였을 때 이에 견딜 것

② 기압장치에는 압축가스 또는 유압의 압력을 계측하는 장치를 설치할 것
③ 압축가스는 가연성 및 부식성의 것이 아닐 것

5 | 지중전선의 피복금속체(被覆金屬體)의 접지

관·암거·기타 지중전선을 넣은 방호장치의 금속제 부분(케이블을 지지하는 금구류는 제외한다)·금속제의 전선 접속함 및 지중전선의 피복으로 사용하는 금속체에는 규정된 접지 공사를 하여야 한다. 다만, 이에 방식조치를 한 부분에 대해서는 그러하지 아니한다.

6 | 지중약전류전선의 유도장해(誘導障害) 방지

지중전선로는 기설 지중약전류전선로에 대하여 누설전류 또는 유도작용에 의하여 통신상의 장해를 주지 않도록 기설 약전류전선로로부터 충분히 이격시키거나 기타 적당한 방법으로 시설하여야 한다.

7 | 지중전선과 지중약전류전선 등 또는 관과의 접근 또는 교차

저압 또는 고압의 지중전선과 지중약전류 전선 등 또는 관과의 접근 또는 교차 시에는 상호 간의 이격거리가 0.3[m] 이하인 때에는 견고한 내화성 격벽(隔壁)을 설치하거나 불연성(不燃性) 또는 난연성(難燃性)의 관에 넣어 그 관이 지중약전류전선 등과 직접 접촉하지 아니하도록 하여야 한다.

8.3 배전반 공사

1 | 배전반의 종류
(1) 라이브 프런트식 (Live Front /수직형) : 저압 간선용.
(2) 데드 프런트식 : 고압 수전반, 고압 전동기 운전반 등에 사용.
(3) 폐쇄식 배전반 (큐비클형) : 점유면적이 좁고, 보수 및 운전이 안전하여 널리 사용

2 | 배전 계통의 구성
(1) 급전선 : 변전소에서 수용가에 이르는 배전선로 중 분기선과 변압기가 없는 부분의 선로
(2) 간　선 : 급전선에서 분기한 주요선로

(3) 분기선 : 간선에서 분기된 선로
(4) 급전점 : 급전선과 간선이 접속하는 점
(5) 부하점 : 간선과 분기선이 접속하는 점

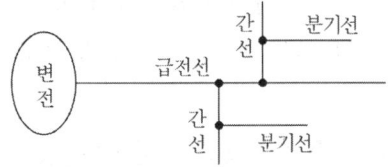

3 고압 배전 선로의 구성형식

(1) 가지식(Tree system) : 수용 부하에 따라 나뭇가지와 같이 분기되어 가는 방식이다.
   [장점] ① 선로를 쉽게 연장할 수 있다.   ② 시설비가 저렴하다.
           ③ 고장선의 분리가 쉽다.
   [단점] ① 전력손실이 많다.   ② 전압 변동이 심하다.

(2) 환상식(Loop system) : 한 부하점에서 좌우 두 간선으로부터 전력이 공급된다.
   [장점] ① 전력손실 선로 전압강하가 작다.
           ② 간선의 일부에 고장이 생긴 경우에 그 고장 구간을 분리하여도 다른 구간에 배전을 계속할 수 있다.
   [단점] ① 시설비가 많이 든다.

(3) 네트워크식(Network system) : 환상식 간선을 여러 곳에서 접속하여 배전망을 만들고 여러 점에 급전점을 만든 방식이다.
   ① 전압강하가 매우 적다.
   ② 사고시 정전 범위를 좁게 할 수 있다.
   ③ 대도시 수용밀집 지대에 이상적인 배전방식이다.

(4) 뱅킹식(Banking system) : 1개의 고압전선로에 2대 이상의 배전용변압기의 2차측을 연결하여 사용하는 방식이다.
   ① 부하밀집지역
   ② 전압안정, 변압기설비 감소의 이점이 있다.

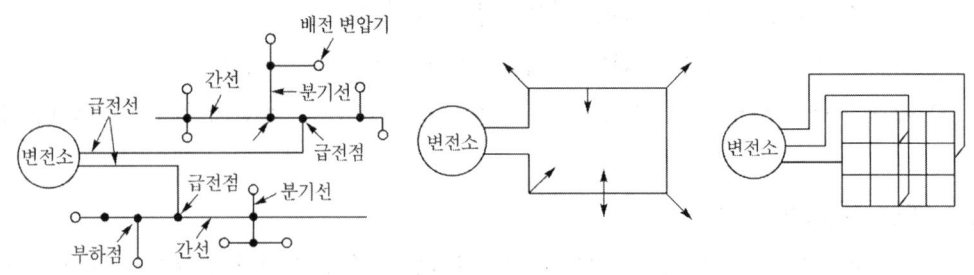

[가지식 고압 배전 선로]   [환상식 고압 배전 선로]   [망상식 고압 배전 선로]

8.4 분전반 공사

분전반이란 간선에서 배선을 분기시키는 분기용 개폐기나 자동 차단기(퓨즈, 배선용 차단기)를 취급상 편리하도록 한 장소에 집합시킨 장치이다. 가정용으로 1개~수개의 회로로 구성되나 빌딩, 공장 등에서는 30회로까지도 수용한다. 주택용으로는 이 분전반 내에 누전 차단기, 주 차단기, 분기 차단기, 단자반 등을 수용한다. 가정용 분기 회로에서의 자동 차단기의 정격은 1회로에 대해서 부하 용량과 배선용 전선의 굵기에 따라 결성한다.

│1│ 분전반의 구분

분전반에는 벽에 부착하는 상태에 따라 매입형, 반노출형, 노출형의 것이 있으며 상자의 구조는 같다. 주로 MCCB 방식의 장점은 비교하면 다음과 같다.
① 현저하게 소형·경량화 된다.
② 표면에 충전부가 노출되지 않아 다루기가 안전하다.
③ 퓨즈 용단시 교환해야 할 손질이나 비용이 필요 없고 간단하며 재투입이 쉽다.
④ 내구성이 있다.

다음 그림은 분전반 내부 결선도 이다.

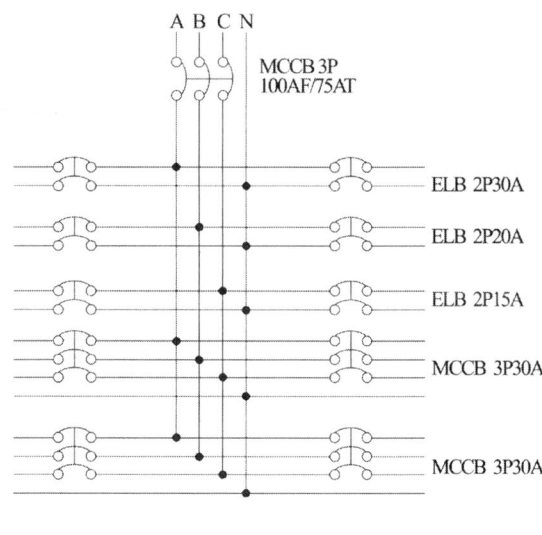

분전반 결선도

2 분전반의 시설

(1) 분전반은 부하의 중심 부근이고 각 층마다 하나 이상을 설치하나 회로수가 6 이하인 경우에는 2개 층을 담당한다.
(2) 하나의 분전반이 담당하는 경제 면적은 750~1000[m^2]로 하고 분전반에서 최종 부하까지의 거리는 30[m] 이내로 하는 것이 좋다.
(3) 분전반에서 분기 회로를 위한 배관의 상승 또는 하강이 용이해야 한다.
(4) 보수 점검에 편리한 곳이어야 한다.
(5) 분전반을 넣는 금속제의 함 및 이를 지지하는 금속 프레임 또는 구조물은 접지하여야 한다.
(6) 분전반이 여러 면일 때는 번호를 붙여 쉽게 구분할 수 있도록 한다.

예를 들면, 분전반은 L로 표시하고 지하 1층은 B1L, 지하 2층은 B2L, 5층은 5L, 1층 2호 분전반은 1L-2, 4층의 3호 분전반은 4L-3 등과 같이 표시한다.

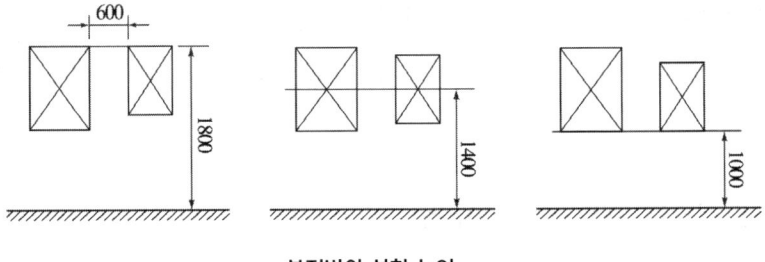

분전반의 설치 높이

① 나이프식 분전반 : 퓨즈가 붙은 나이프 스위치와 모선을 시설 철제 캐비넷에 장치
② 텀블러식 분전반 : 개폐기로 텀블러 스위치, 자동 차단기에는 퓨즈 등을 시설
③ 브레이크식 분전반 : 열동계전기 또는 전자 코일로 만든 차단기를 시설

기출 & 예상문제

제 8장 배전설비 및 배전반공사

01 고층 건물의 배선방식에서 옳지 못한 것은?
① 간선의 수를 되도록 늘린다.
② 간선에 과부하가 안 되도록 하고 길게 할 것
③ 간선의 수를 되도록 적게 할 것
④ 각 분전반에 있어서는 공급전압의 차가 될수록 적게 할 것

답 ①

02 전기의 정액 수용가가 계약용량을 초과하여 사용하면 자동적으로 회로가 차단되는 장치는?
① 전류 제한기　　　　　　　　② 열 계전기
③ 과전류 차단기　　　　　　　④ 과용량 계전기

답 ①

03 저압 단상 3선식 회로의 중성선에는?
① 다른선의 퓨즈와 같은 용량의 퓨즈를 넣는다.
② 다른선의 퓨즈의 2배 용량의 퓨즈를 넣는다.
③ 다른선의 퓨즈의 1/2배 용량의 퓨즈를 넣는다.
④ 퓨즈를 넣지 않고 직결한다.

답 ④

04 배전반은 스위치를 조작하기 위하여 앞 벽과의 사이를 몇 [m] 이상 띄어서 설치하는 것이 좋은가?
① 0.5　　　　② 1.0　　　　③ 1.5　　　　④ 2.0

● 풀이

수전실 등의 시설　　　　　　(단위:[mm])

부위별 기기별	앞면 또는 조작·계측면	뒷면 또는 점검면	열상호간 (점검하는 면)	기타의 면
특별고압반	1700	800	1400	–
고압배전반	1500	600	1200	–
저압배전반	1500	600	1200	–
변압기등	600	600	1200	300

답 ③

05 다음 중 급전에 사고가 생기면 고장 전류가 평상 운전 때와는 반대방향으로 흐를 때가 있다. 이런 저압 배전방식은?
① 가지식　　　② 직선뱅킹식　　　③ 환상식　　　④ 네트워크식
답 ③

06 간선 일부에 고장이 생겨도 그 고장 구간을 분리시키면 다른 구간에는 배전을 계속할 수 있고 전류 통로에 융통성이 있는 배전방식은 어느 것인가?
① 가지식(tree system)　　　② 환상식(loop system)
③ 네트워크식(network system)　　　④ 뱅킹식(banking system)
답 ②

07 뱅킹 배전방식이 적당한 경우는?
① 부하가 밀집된 지역　　　② 산촌
③ 바람이 많은 어촌　　　④ 농촌
답 ①

08 우리나라의 저압 배전선로 구성 형식은 일반적으로 어떤 방식이 많이 쓰이는가?
① 가지식　　　② 환상식　　　③ 망상식　　　④ 뱅킹식
답 ④

09 저압 배전선로에서 신뢰도가 가장 좋아 부하밀도가 높고 무정전 배전이 필요한 경우 채용되는 방식은?
① 가지식　　　② 환상식　　　③ 뱅킹식　　　④ 네트워크식
답 ④

10 계전기의 성능 중 별로 중요하지 않은 것은?
① 소비전력이 적을 것　　　② 동작이 정확할 것
③ 가격이 저렴할 것　　　④ 감도가 예민할 것
답 ③

11 전압강하가 큰 고압 배전선로의 전압 조정을 목적으로 전선로 중간에 설치하는 것은?
① 콘덴서　　　② 자동전압조정기
③ 밸런서　　　④ 승압기
답 ②

12 수전단에 있는 무효 전력을 조정, 수전단 전압을 일정하게 유지하는 것으로 선로의 수전단이나 중간에 설치하는 것은?
① 슬라이닥스　　　　　　　　② 조상기
③ 진상콘덴서　　　　　　　　④ 유도전압조정기

답 ②

13 15[m] 콘크리트주를 시설하는 경우 근입의 표준 깊이는 몇 [m]인가?
① 1.0　　② 1.2　　③ 2.5　　④ 3.0

▶풀이
전주가 땅에 묻히는 깊이
- 전주의 길이 15[m] 이하 : 전주 길이의 1/6 이상
- 전주의 길이 15[m] 초과 : 2.5[m] 이상

답 ③

14 구내에 시설하는 22.9[kV-Y] 가공 전선로의 지지물에 기기를 장치하는 경우의 콘크리트주의 최소길이는 몇 [m]인가?
① 10　　② 12　　③ 14　　④ 16

▶풀이
지지물의 길이는 10[m] 이상이어야 하며, 기기를 장치하는 경우에는 12[m] 이상이어야 한다.

답 ②

15 전주의 길이가 10[m]이고, 근가의 길이가 1.2[m]일 때 U-볼트(경×길이)[mm]의 표준은?
① 270×500　　　　　　　　② 320×550
③ 360×590　　　　　　　　④ 400×630

▶풀이
전주의 규격에 따른 U-볼트의 직경

전주규격 [M]	10	12	14	16
U-볼트 직경[mm]	320	360	360	400

답 ②

16 고압 가공전선로의 전선의 조수가 3조일 때 완금의 길이는?
① 1,200[mm]　　② 1,400[mm]　　③ 1,800[mm]　　④ 2,400[mm]

▶풀이
완금의 길이

전선의 조수	특고압	고압	저압
2	1,800	1,400	900
3	2,400	1,800	1,400

답 ③

17 지선의 시설 목적에 적합하지 않은 것은?
① 지지물의 강도보강　　　　　　② 전선로의 안정성 증대
③ 전선로와 건조물과의 이격　　　④ 불평형 하중에 대한 평형

▶풀이
전주의 강도를 보강하고 전주가 기우는 것을 방지하며, 선로의 신뢰도를 높이기 위해서 설치

답 ③

18 가공전선로의 지지물에 시설하는 지선에서 맞지 않는 것은?
① 지선의 안전율은 2.5 이상일 것
② 지선의 안전율이 2.5 이상일 경우에 허용 인장하중의 최저는 4.31[kN]으로 한다.
③ 소선의 지름이 1.6[mm] 이상의 동선을 사용한 것일 것
④ 지선에 연선을 사용할 경우에는 소선 3가닥 이상의 연선일 것

▶풀이
지선의 안전율은 2.5이상이고 지선에 연선을 사용할 경우 3가닥 이상, 지름이 2.6[mm]이상의 금속선을 사용할 것

답 ③

19 전선로의 지선에 사용되는 애자는?
① 현수애자　　② 구형애자　　③ 인류애자　　④ 핀애자

▶풀이
말굽애자, 옥애자, 지선애자라고도 한다.

답 ②

20 저압 전로의 접지측 전선을 식별하는 데 애자의 빛깔에 의하여 표시하는 경우 어떤 빛깔의 애자를 접지측으로 하여야 하는가?
① 백색　　② 청색　　③ 갈색　　④ 황갈색

▶풀이
저압 전선로 및 인입선의 중성선 또는 접지측 전선의 식별
• 애자의 빛깔에 의하여 식별하는 경우 – 청색표시를 한 애자를 접지측으로 사용
저압인류애자
• 중성선용 – 녹색

답 ②

21 지지물에 완금, 완목, 애자 등을 장치하는 것을 무슨 공사라 하는가?
① 근가공사　　　　② 지선공사
③ 장주공사　　　　④ 가선공사

▶풀이
장주 : 지지물에 전선 그 밖의 기구를 고정시키기 위하여 완금, 완목, 애자 등의 기기(변압기, 콘덴서, 유입 개폐기, 피뢰기, PF, COS 등)를 장치하는 공정

답 ③

22 완목이나 완금을 목주에 붙이는 경우에는 볼트를 사용하고, 철근콘크리트주에 붙이는 경우에는 어느 것을 사용하는가?
① 지선밴드　② 암타이　③ 암밴드　④ U볼트

답 ④

23 전선을 지지하기 위해 사용되는 자재로 애자를 부착하여 사용하는 □형으로 생긴 형강은?
① 인류스트립　② 각암타이　③ 소켓아이　④ 경완금

답 ④

24 주상변압기를 철근콘크리트 전주에 설치할 때 사용되는 기구?
① 암밴드
② 암타이밴드
③ 앵커
④ 행거밴드

답 ④

25 주상변압기에 시설하는 캐치 홀더는 다음 어느 부분에 직렬로 삽입하는가?
① 1차 측 양선
② 1차 측 1선
③ 2차 측 비접지 측선
④ 2차 측 접지된 선

▶풀이
　캐치 홀더는 변압기를 보호하기 위해 변압기 2차 측에 설치

답 ③

26 저압인입선을 설비할 경우 보호장치로 캐치홀더(Catch-holder)를 설치하고 고리 퓨즈(Fuse)를 시설할 경우 잘못 표현된 것은?
① 저압배전선에서 분기하는 저압 측 인입선에는 그 분기점 가까운 곳에 설치한다.
② 캐치홀더의 부하전류 합계 100[A]까지는 공용할 수 있다.
③ 동력 부하의 경우에는 인입개폐기의 퓨즈 용량과 동일 또는 측근 상위의 것을 사용할 수 있다.
④ 전등공용 방식의 저압배선에서 인하하는 동력인입선에는 각 상마다 시설해야 한다.

답 ②

27 ACSR 약호의 명칭은?
① 경동연선
② 중공연선
③ 알루미늄선
④ 강심알루미늄연선

▶풀이
　ACSR ; Aluminium Conductor Steel Reinforced

답 ④

28 고주파 전기의 송전선으로 가장 적합한 것은?
① 강심알루미늄선   ② 중공연선
③ 경동선   ④ 주석도금선

> **풀이**
> • 중공연선 : 200[kV] 이상의 초고압 송전선로에서 코로나 발생을 방지하기 위하여 단면적은 증가시키지 않고, 전선의 바깥지름만 필요한 만큼 크게 만든 전선
> **답** ②

29 직격뢰에 대한 방호설비로서 가장 적당한 것은?
① 서지 흡수기   ② 가공지선
③ 복도체   ④ 정전방전기

> **풀이**
> 전주의 최상부에 설치되어 직격뢰에 대해 전선로를 보호한다.
> **답** ②

30 전주 사이의 경간이 50[m]인 가공 전선로에서 전선 1[m]의 하중이 0.37[kg], 전선의 딥이 0.8 [m]라면 전선의 수평 장력은 약 몇 [kg]인가?
① 80   ② 120   ③ 145   ④ 165

> **풀이**
> $D = \dfrac{WS^2}{8T}$ 이므로 $0.8 = \dfrac{0.37 \times 50^2}{8 \times T}$ 에서, $T = 144.5[\text{kg}]$ 이다.
> **답** ③

31 가공인입선 중 수용장소의 인입선에서 분기하여 다른 수용장소의 인입구에 이르는 전선을 무엇이라 하는가?
① 소주인입선   ② 이웃 연결 인입선
③ 본주인입선   ④ 인입간선

> **답** ②

32 저압 이웃 연결 인입선은 인입선에서 분기하는 점으로부터 100[m]를 넘지 않는 지역에 시설하고 폭 몇 [m]를 초과하는 도로를 횡단하지 않아야 하는가?
① 4   ② 5   ③ 6   ④ 6.5

> **풀이**
> 시설 제한 규정
> ① 인입선에서의 분기하는 점에서 100[m]를 넘는 지역에 이르지 않아야 한다.
> ② 폭 5[m]를 넘는 도로를 횡단하지 않아야 한다.
> ③ 이웃 연결 인입선은 옥내를 관통하면 안 된다.
> ④ 고압 이웃 연결 인입선은 시설할 수 없다.
> **답** ②

33 다음 중 저압 이웃 연결 인입선의 시설기준으로 틀린 것은?

① 인입선에서 분기하는 점으로부터 100[m]를 넘는 지역에 미치지 아니할 것
② 폭 5[m]를 넘는 도로를 횡단하지 아니할 것
③ 옥내를 통과하지 아니할 것
④ 지름은 최소 3.2[mm] 이상의 경동선을 사용할 것

◆풀이
지름 2.6[mm]의 경동선 또는 이와 동등 이상의 세기 및 굵기의 것일 것   답 ④

34 다음은 가공전선로에 비교한 지중선로의 장점이다. 이에 속하지 않는 것은?

① 선로사고 시 복구가 용이하다.
② 도시환경미화를 향상시킨다.
③ 폭풍우, 뇌(雷)의 위험이 적다.
④ 지상노출이 적어 보안상 유리하다.

◆풀이
① 전력사용의 안정도가 향상되고, 시가지 내 전력시설 건설에 도서미관을 저해하지 않는다.
② 건설비가 많이 들고, 선로의 사고 복구에 많은 시간이 걸린다.   답 ①

35 지중전선로 시설 방식이 아닌 것은?

① 직접 매설식   ② 관로식   ③ 트라이식   ④ 암거식

◆풀이
지중전선로 시설방식은 직접매설식, 관로식, 암거식이 있다.

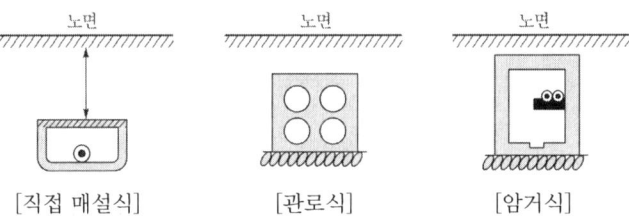

[직접 매설식]   [관로식]   [암거식]   답 ③

36 지중 전선로를 직접매설식에 의하여 중량물을 견디도록 시설하는 경우에는 매설 깊이를 몇 [m] 이상으로 하여야 하는가?

① 0.6   ② 1.0   ③ 1.2   ④ 1.5

◆풀이
지중 전선로의 시설
① 지중 전선로는 전선에 케이블을 사용하고 또한 관로식 · 암거식 또는 직접 매설식에 의하여 시설하여야 한다.
② 관로식에 의하여 시설하는 경우에는 매설 깊이를 1.0 [m] 이상으로 하며, 매설 깊이가 충분하지 못한 장소에는 견고하고 차량 기타 중량물의 압력에 견디는 것을 사용할 것

③ 지중 전선로를 직접 매설식에 의하여 시설하는 경우에는 매설 깊이를 차량 기타 중량물의 압력을 받을 우려가 있는 장소에는 1.0[m] 이상, 기타 장소에는 60[cm]이상으로 하고 또한 지중 전선을 견고한 트라프 기타 방호물에 넣어 시설하여야 한다.

답 ②

37 지중 전선로를 관로인입식에 의하여 중량물을 견디도록 시설하는 경우에는 매설 깊이를 몇 [m] 이상으로 하여야 하는가?
① 0.6　　　　② 1.0　　　　③ 1.2　　　　④ 1.5

답 ②

38 지중배전에 사용되는 기기는 별도의 설치공간에 적합한 구조로 제작되어 설치되는데 이에 사용되는 일반기기를 설치형태별로 구분한 종류에 해당하지 않는 것은?
① 지상 설치형
② 지중 설치형
③ 지하공 설치형
④ 반가대 설치형

▶풀이
반가대 설치는 가공전선로에서 사용하는 방법이다.

답 ④

39 지중에 매설되어 있는 케이블의 전식(전기적인 부식)을 방지하기 위한 대책이 아닌 것은?
① 회생양극법
② 외부전원법
③ 선택배류법
④ 배양법

▶풀이
지중케이블의 전식방지법
① 금속표면 코팅
② 회생양극법(유전양극법)
③ 외부전원법
④ 배류법(직접배류법, 강제배류법, 선택배류법) : 누설전류가 흐르도록 길을 만들어 금속표면의 부식을 방지

답 ④

40 지중전선로에 사용하는 지중함을 시설할 때 고려할 사항으로 잘못된 것은?
① 차량 기타 중량물의 압력에 견디는 튼튼한 구조로 할 것
② 물기가 스며들지 않으며, 또 고인 물은 제거할 수 있는 구조일 것
③ 지중함 뚜껑은 보통 사람이 열 수 없도록 하여 시설자만 점검하도록 할 것
④ 폭발성 가스가 침입할 우려가 있는 곳에 시설하는 최소 0.5[m^3] 이상의 지중함에는 통풍장치를 할 것

▶풀이
지중전선로에 사용하는 지중함은 다음 각 호에 의하여 시설하여야 한다.
① 지중함은 견고하고 차량 기타 중량물의 압력에 견디는 구조일 것
② 지중함은 그 안의 고인 물을 제거할 수 있는 구조로 되어 있을 것

③ 폭발성 또는 연소성의 가스가 침입할 우려가 있는 것에 시설하는 지중함으로써 그 크기가 1[m³] 이상인 것에는 통풍장치 기타 가스를 방산시키기 위한 적당한 장치를 시설할 것
④ 지중함의 뚜껑은 시설자 이외의 자가 쉽게 열 수 없도록 시설할 것

답 ④

41 케이블 포설공사가 끝난 후 하여야 할 시험의 항목에 해당되지 않는 것은?
① 절연저항 시험
② 절연내력 시험
③ 접지저항 시험
④ 유전체손 시험

풀이
① 절연저항 시험 : 각 심선 상호 간 및 심선과 대지 간의 절연저항 시험
② 절연내력 시험 : 전로와 대지 간, 각 심선과 대지 간의 절연내력 시험
③ 접지저항 시험 : 케이블 차폐막의 접지저항 시험
④ 상시험 : 케이블 양단의 상순이 맞는지 여부 시험

답 ④

42 고체 유전체의 파괴시험을 기름(Oil) 중에서 행하는 이유로 가장 적당한 것은?
① 선행 불꽃방전을 방지하기 위하여
② 공기 중에서의 실행에 따른 위험을 방지하기 위하여
③ 연면섬락을 방지하기 위하여
④ 매질효과를 없애기 위하여

답 ③

43 이웃 연결 인입선의 시설 제한상 잘못된 내용은?
① 인입선에서 분기하는 점에서 50[m]를 넘지 않아야 한다.
② 폭 5[m]를 넘는 도로를 횡단하지 않아야 한다.
③ 옥내를 통과하면 안된다.
④ 전선은 절연전선, 다심형 전선 또는 케이블일 것

풀이
저압 이웃 연결 인입선의 시설
- 인입선에서 분기하는 점으로부터 100[m]을 초과하는 지역에 미치지 아니할 것.
- 폭 5[m]을 초과하는 도로를 횡단하지 아니할 것.
- 옥내를 통과하지 아니할 것

답 ①

44 지선의 종류가 아닌 것은?
① Y지선
② 배선지선
③ 궁지선
④ 공동지선

답 ②

45 보통 주상변압기의 2차 측에 설치하는 것은?
① 구분개폐기　　　　　　　　　② 캐치 홀더
③ 애자형개폐기　　　　　　　　④ 프라이머 컷 아웃

답 ②

46 저압가공 인입선이 일반 도로를 횡단하는 경우 지표상의 높이는 최소 몇 [m]로 하여야 하는가?
① 2.5　　　　② 3　　　　③ 4　　　　④ 5

답 ④

47 가공 전선로의 지지물에 지선을 사용해서 안되는 곳은?
① 목주　　　② 콘크리트주　　　③ 철주　　　④ 철탑

▸풀이
　가공전선로의 지지물로 사용하는 철탑은 지선을 사용하여 그 강도를 분담시켜서는 아니 된다.

답 ④

48 저압 인입선 시설에서 횡단 보도교의 위에 시설하는 경우에는 노면 상에서 최소 몇 [m]이상 하여야 하는가?
① 2　　　　② 3　　　　③ 4　　　　④ 5

▸풀이
　저압 가공인입선의 지표상 높이
　• 도로횡단 : 5[m] 이상　　　　• 철도, 궤도 횡단 : 6.5[m] 이상
　• 횡단보도교 위 : 3[m] 이상　• 일반장소 : 4[m] 이상

답 ②

49 도로를 횡단하여 지선을 설치할 때 쓰이는 지선은?
① 공동지선　　　② Y지선　　　③ 수평지선　　　④ 보통지선

▸풀이
　• 수평지선 : 토지의 상황이나 기타 사유로 인하여 보통 지선을 시설할 수 없는 경우

답 ③

50 저압 인입선의 시설에서 잘못 표현된 것은?
① 전선은 절연 전선
② 전선은 다심형 전선 또는 케이블
③ 전선이 옥외용 비닐 절연 전선인 경우에는 사람이 접촉하여도 무방함
④ 전선은 케이블인 경우 이외에는 지름이 2.6[mm]의 경동선 또는 이와 동등 이상의 세기 및 굵기의 것일 것

답 ③

51 지선 및 지주는 전주를 보정할 필요가 있는 곳에 설치한다. 설치 시 유의할 사항이 잘못된 것은?

① 전선 수평 장력의 합성점에 가장 먼 곳에 설치한다.
② 완목을 달 때나 교환할 때 지장이 없도록 설치한다.
③ 불가피한 경우 이외에는 양측 지선은 저압선의 아래쪽에 설치한다.
④ 전주와의 각도는 약 $30 \sim 40°$ 정도 되게 한다.

▶풀이
지선은 공사상 불가피한 경우를 제외하고 특고압 도는 고압용 완철 하부에 설치하고, 장력의 합성점에 가깝게 설치한다.

답 ①

52 랙(rack) 배선은 어떤 곳에 사용하는가?

① 저압 가공 선로　② 고압 가공 선로
③ 저압 지중 선로　④ 고압 지중 선로

답 ①

53 지중에서 지선의 끝을 고정시키는데 사용되는 것은?

① 앵커　② 스트랙　③ 랙　④ 터미널

답 ①

54 지선이나 지주를 시설할 때에 고려하여야 할 사항으로 옳은 것은?

① 전선의 수평장력의 합성점에 가까운 곳에 시설한다.
② 가능한 한 고압선의 위쪽에 시설한다.
③ 전주와의 각도는 $60 \sim 70°$ 정도 도로 쪽으로 시설한다.
④ 양측 지선은 저압선의 위쪽에 시설한다.

답 ①

55 전선간에 가해지는 전압이 어떤 값 이상으로 되면 전선주위의 전장이 강하게 되어 전선표면의 공기가 국부적으로 절연이 파괴되어 빛과 낮은 소리를 내는 것은?

① 표피작용　② 페란티효과　③ 코로나현상　④ 혼현상

답 ③

56 송전선에서 연가를 하는 주목적은 무엇인가?

① 도시 미관을 좋게 한다.　② 선로정수가 평형되게 한다.
③ 유도뢰를 방지한다.　④ 전력수송을 줄일 수 있다.

답 ②

57 연가에 대한 설명으로 맞지 않는 것은?
① 3상 3선식 선로에서 선간거리가 일정하지 않을 때 실시한다.
② 통신선로에 대한 유도장애를 경감시킨다.
③ 등가선간거리는 $D = \sqrt[2]{D_{ab} \times D_{bc} \times D_{ca}}$
④ 전선로의 전구간을 3등분하여 전선의 배치를 바꾸어 각선의 인덕턴스를 같게 한다.

▶풀이
등가선간거리 $D = \sqrt[3]{D_{ab} \times D_{bc} \times D_{ca}}$ 답 ③

58 초고압 송전선에 사용되는 복도체방식의 전선을 단도체방식에 비교할 때 맞지 않는 것은?
① 선로리액턴스가 작아진다.   ② 정전용량이 작아진다.
③ 코로나 손실을 적게 한다.   ④ 송전용량을 증가시킨다.
답 ②

59 송선선로의 선로정수에 대한 설명으로 맞는 것은?
① 저항   ② 저항, 인덕턴스
③ 저항, 커패시던스   ④ 저항, 인덕턴스, 커패시턴스

▶풀이
송전선로의 선로정수 : 저항(R), 인덕턴스(L), 커패시턴스(C), 컨덕턴스(G)   답 ④

60 다음에서 전선의 도약을 방지하기 위한 방법이 아닌 것은?
① 전선의 배열을 수직으로 한다.
② 애자는 내장형으로 연결하여 사용한다.
③ 빙설의 부착이 쉬운 곳은 피한다.
④ 전선의 딥을 알맞게 한다.
답 ①

61 선로정수 중에서 그 영향이 다른 정수에 비하여 매우 적어서 보통의 계산에서는 무시하여도 실용상 지장이 없는 것은?
① 리액턴스   ② 인덕턴스   ③ 정전용량   ④ 누설 콘덕턴스
답 ④

62 송전로에서 매설지선의 설치 목적은 무엇인가?
① 절연증가   ② 기계적 강도증가
③ 코로나 전압가감   ④ 피뢰작용을 높인다.

> **풀이**
> 매설지선 : 지지물(철탑) 하단에 매설하여 지지물의 접지저항을 저감시켜 역섬락(flash over)현상을 방지한다.
>
> 답 ④

63 켈빈의 법칙이 적용되는 것은?
① 전력 손실량을 줄일 때
② 경제적인 전선의 굵기를 설정할 때
③ 부하 배분의 균형을 맞출 때
④ 전압을 승압할 때

답 ②

64 우리나라에서 가장 많이 사용되는 배전방식은?
① 3상 4선식
② 3상 3선식
③ 단상 2선식
④ 단상 3선식

답 ①

65 우리나라에서 사용되는 송전방식은?
① 3상 4선식
② 3상 3선식
③ 단상 2선식
④ 단상 3선식

답 ②

제 9 장

시험, 운용, 검사

9.1 전력의 측정

(1) 계기의 계급 및 용도

계급	확도	용도	허용오차
0.2급	부표준기급	실험실용	±0.2[%]
0.5급	정 밀 급	휴대용	±0.5[%]
1.0급	준 정 밀 급	소형 휴대용	±1.0[%]
1.5급	보 통 급	배전반용	±1.5[%]
2.5급	준 보 통 급	소형 panel	±2.5[%]

(2) 전기계기의 오차

    1) 계기의 구조 등으로 인한 오차
        ① 가동 부분의 마찰　　　② 0점의 틀림
        ③ 눈금의 부정확　　　　④ 가동 부분의 불평형
        ⑤ 주파수 및 파형의 영향　⑥ 열기전력
        ⑦ 자기가열

    2) 외부의 영향으로 인한 오차
        ① 외기 온도의 영향
        ② 외부 자계의 영향
        ③ 정전계의 영향

(3) 오차 및 보정

① 오차 = 측정값(M) – 참값(T)

② 오차율 = $\dfrac{오차}{참값(T)} = \dfrac{M-T}{T}$

③ 보정값 = 참값(T) – 측정값(M)

④ 보정률 = $\dfrac{보정값}{측정값(M)} = \dfrac{T-M}{M}$

여기서, M : 측정값, T : 참값

(4) 적산전력계의 구비 조건

① 내부 손실이 적을 것

② 온도나 주파수 변화에 보상이 되도록 할 것

③ 기계적 강도가 클 것

④ 부하 특성이 좋을 것

⑤ 과부하 내량이 클 것

(5) 적산전력계의 잠동

1) **잠동 현상** : 무부하 상태에서 정격 주파수 및 정격 전압의 110[%]를 인가하여 계기의 원판이 1회전 이상 회전하는 현상

2) 방지 대책

① 원판에 작은 구멍을 뚫는다.

② 원판에 소철편을 붙인다.

9.2 저항 및 접지저항 측정법

| 1 | 저항측정

(1) 저 저항 측정(1[Ω] 이하)

켈빈더블 브리지법 : $10^{-5} \sim 1[\Omega]$ 정도의 저 저항 정밀 측정에 사용된다.

(2) 중 저항 측정(1[Ω]~10[kΩ] 정도)

① 전압 강하법의 전압 전류계법 : 백열 전구의 필라멘트 저항 측정 등에 사용된다.

② 휘이스톤 브리지법

(3) 특수 저항 측정

① 검류계의 내부 저항 : 휘이스톤 브리지법

② 전해액의 저항 : 콜라우시 브리지법

③ 접지 저항 : 콜라우스 브리지법

④ 절연저항, 절연재료의 고유저항 : 절연저항계(Megger)

2 콜라우시 브리지법에 의한 접지 저항 측정

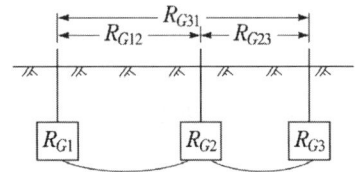

$$R_{G1} + R_{G2} = R_{G12} \cdots\cdots\cdots ①$$
$$R_{G2} + R_{G3} = R_{G23} \cdots\cdots\cdots ②$$
$$R_{G3} + R_{G1} = R_{G31} \cdots\cdots\cdots ③$$

즉, (① + ② + ③)을 하면

$$2(R_{G1} + R_{G2} + R_{G3}) = (R_{G12} + R_{G23} + R_{G31}) \cdots\cdots ④$$
$$R_{G1} + R_{G2} + R_{G3} = \frac{1}{2}(R_{G12} + R_{G23} + R_{G31}) \cdots\cdots ⑤$$

∴ ⑤ − ② 하면 $R_{G1} = \frac{1}{2}(R_{G12} + R_{G31} - R_{G23})$

⑤ − ③ 하면 $R_{G2} = \frac{1}{2}(R_{G12} + R_{G23} - R_{G31})$

⑤ − ① 하면 $R_{G3} = \frac{1}{2}(R_{G23} + R_{G31} - R_{G12})$ 가 된다.

또한 쉽게 암기 할 수 있는 방법으로

R_{G1}을 구할 때는 1이 포함된 항은 +, 1이 포함되지 않은 항은 −로

R_{G2}을 구할 때는 2가 포함된 항은 +, 2가 포함되지 않은 항은 −로

R_{G3}을 구할 때는 3이 포함된 항은 +, 3이 포함되지 않은 항은 −로 하면 된다.

9.3 고장점 탐지법

│1│ 지중케이블 고장점 탐지법

(1) 머레이루프(Murray loop) 법

휘이스톤브리지의 평형상태를 이용하여 고장점까지의 도체저항으로부터 거리를 측정하는 방법으로 1선 지락 사고 및 선간 단락 사고시 측정에 이용

(2) 펄스 측정법(Pulse radar)

케이블 한쪽에서 펄스를 입사시키면 고장점에서는 케이블의 서지 임피던스가 급변하기 때문에 입사파의 일부는 고장점에서 반사되어 돌아온다. 그 시간을 측정하면 펄스의 케이블내의 전파속도에 의해서 고장점까지의 거리를 구할 수 있으며 3선 단락 및 지락 사고시 측정에 이용

(3) 정전 브리지법(Capacity bridge)

정전용량은 길이에 비례하므로 선로전체의 정전용량을 알고 있으면 고장점까지의 정전용량을 측정하여 그 값으로부터 길이의 비를 알 수 있으며 단선 사고시 측정에 이용

(4) 수색 코일법

케이블의 한쪽에 600[Hz] 전후의 단속전류를 흘리고 지상에서 수색코일에 증폭기와 수화기를 가지고 케이블을 따라서 고장점을 수색하는 방법으로 전원 측으로부터 고장점 사이에서는 단속전류에 의해서 수색코일에 전압이 유도되므로 소리가 들리지만 고장점을 넘어서면 소리가 작아지므로 고장점이 판명된다.

(5) 음향에 의한 방법

고장 케이블에 고전압의 펄스를 보내어 고장점에서의 방전음을 듣고 고장점을 찾는 방법

│2│ 머레이루프(Murray loop)법

전기적 사고점 탐지법의 하나로서 휘이스톤 브리지의 원리를 이용하여 선로상의 고장점(1선 지락 사고)을 검출하는 방법으로 이 방법은 건전한 보조 귀선 1선이 필요하다.

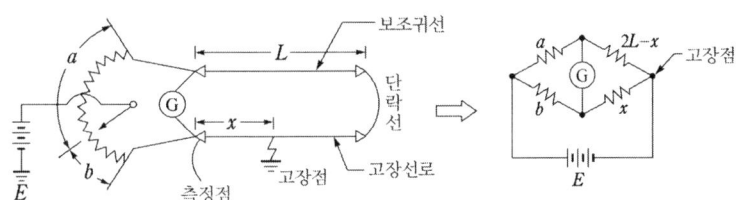

검류계에 전류가 흐르지 않으면 평형 상태이므로

$$a \cdot x = b \cdot (2L - x)$$
$$\therefore x = \frac{b}{a+b} \times 2L [\text{m}]$$

여기서, L : 선로의 전체 길이[m]
x : 측정점에서 고장점까지의 거리[m]

│3│ 정전용량법

건전상의 정전 용량과 사고상의 정전 용량을 비교하여 사고점 산출

$$L = \text{선로 긍장} \times \frac{C_x}{C_o}$$

여기서, C_x : 사고상의 사고점까지의 정전 용량 측정치
C_o : 건전상의 정전 용량 측정치

9.4 변압기 시험

│1│ 변압기 절연 내력 시험

(1) 회로도

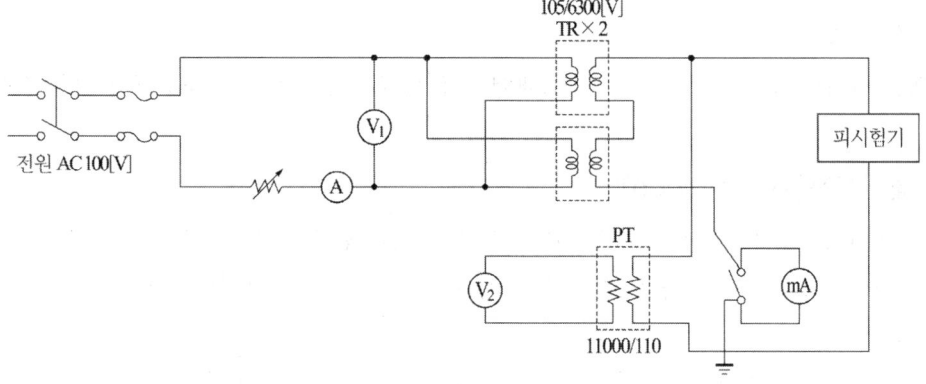

(2) 절연내력

최대 사용 전압(최대 사용전압 = 공칭 전압 $\times \frac{1.15}{1.1}$)의 1.5배(중성점 접지식 결선에서는

최대 사용 전압의 0.92배)의 전압에 연속 10분간 견디어야 한다.

$$시험\ 전압 = (공칭\ 전압 \times \frac{1.15}{1.1}) \times 1.5(중성점\ 접지식에서는\ 0.92)$$

(3) 결선

시험용 변압기의 결선을 1차측은 병렬로, 2차측은 직렬로 접속하여 1차측 전압을 0[V]에서 105[V]로 조정하면 2차측 전압은 0[V]에서 12,600[V]로 조정된다.

(4) 각 기기의 용도

① V_1에 인가되는 전압 : $V_1 = \frac{1}{2} \times$ 시험 전압 $\times \frac{n_1}{n_2}$

② V_2에 인가되는 전압 : $V_2 =$ 시험 전압 $\times \frac{1}{PT비}$

③ mA 전류계 : 절연 내력 시험시 피시험 기기의 누설 전류를 측정하여 절연 강도를 판정

④ PT의 설치 목적 : 피시험 기기에 인가되는 절연 내력 시험 전압 측정

2 변압기 단락 시험과 개방 시험

(1) 단락 시험

1) 단락 시험 회로

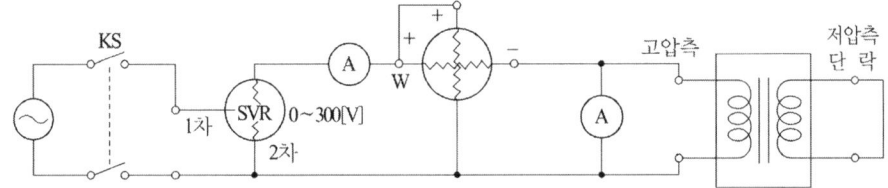

2) 측정 항목

① 임피던스 전압 : 변압기 2차측(저압측)을 단락시키고 1차측(고압측)에 전압을 가하여 1차(고압측) 단락 전류가 1차(고압측) 정격 전류와 같게 되었을 때, 이때 고압측에 인가하는 전압으로 교류 전압계의 지시값 $V[V]$로 표시된다.

② % 임피던스

$$\%임피던스(\%Z) = \frac{1차\ 정격\ 전류 \times 임피던스}{1차\ 정격\ 전압} \times 100[\%]$$

$$= \frac{I_n Z}{V_{1n}} \times 100 = \frac{V}{V_{1n}} \times 100[\%]$$

③ 동손 : 교류 전력계 지시값 $W[W]$로 표시된다.

(2) 개방 시험

1) 개방 시험 회로

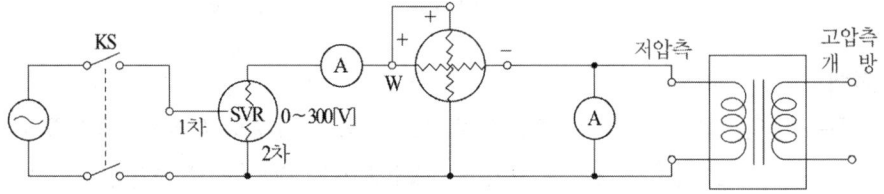

2) 측정 항목

① 철손 : 슬라이닥스를 조정하여 시험용 변압기 1차측(저압측) 전압이 정격 전압과 동일하게 될 때의 교류 전력계 지시값 W[W]로 표시

기출 & 예상문제

제 9 장 시험, 운용, 검사

01 %오차가 −3[%]인 전압계로 측정한 값이 100[V]라면 그 참값은 몇 [V]인가?
- 계산 :
- 답 :

▶풀이

$$-0.03 = \frac{100-T}{T}, \quad T = \frac{100}{0.97} = 103.09[\text{V}]$$

답 103.09[V]

02 어떤 부하에 그림과 같이 접속된 전압계, 전류계 및 전력계의 지시가 각각 $V=200[\text{V}]$, $I=30[\text{A}]$, $W_1=5.96[\text{kW}]$, $W_2=2.36[\text{kW}]$이다.

이 부하에 대하여 다음 각 물음에 답하시오.
(1) 소비 전력은 몇 [kW]인가?
(2) 피상 전력은 몇 [kVA]인가?
(3) 부하 역률은 몇 [%]인가?

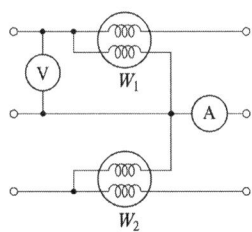

▶풀이

$P_a = 2\sqrt{W_1^2 + W_2^2 - W_1 W_2} = 2\sqrt{5.96^2 + 2.36^2 - 5.96 \times 2.36} = 10.4[\text{kVA}]$로
$P_a = \sqrt{3}\,VI$ 로 계산한 결과와 동일하다.

답 (1) 소비 전력 $P = W_1 + W_2 = 5.96 + 2.36 = 8.32[\text{kW}]$
(2) 피상 전력 $P_a = \sqrt{3} \times VI = \sqrt{3} \times 200 \times 30 \times 10^{-3} = 10.39[\text{kVA}]$
(3) 역률 $\cos\theta = \dfrac{P}{P_a} = \dfrac{8.32}{10.39} \times 100 = 80.08[\%]$

03 3개의 접지판 상호간의 저항을 측정한 값이 그림과 같다면 G_3의 접지 저항값은 몇 [Ω]이 되겠는가?
- 계산 :
- 답 :

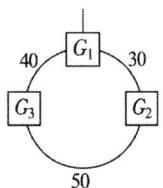

▶풀이

$$R_{G3} = \frac{1}{2}(R_{G23} + R_{G31} - R_{G12}) = \frac{1}{2}(50 + 40 - 30) = 30[\Omega]$$

답 30[Ω]

04 75[mm²], 길이 3.45[km]의 3심 케이블의 1선이 접지되었을 때 그림과 같이 접속하고 측정한 결과 $P=10[\Omega]$, $Q=1000[\Omega]$, $R=92[\Omega]$에서 검류계 G가 평형되었다. 지락 사고점까지의 거리 d를 구하시오. 단, 시험시 20[℃]에서 케이블의 전체 왕복 저항 $R=1.65[\Omega]$이다.

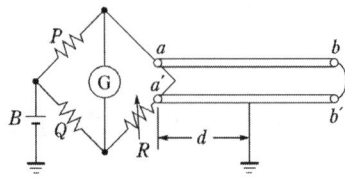

[풀이]

여기서, $R_x = 0.723[\Omega]$

∴ 측정점에서 고장점까지의 거리

$x = \dfrac{0.723}{1.65} \times (3.45 \times 2) = 3.02 \text{[km]}$

[답] 3.02[km]

제 10 장

전선 및 기계기구의 보안

10.1 전로의 절연 및 절연내력

│1│ 전로의 절연의 필요성
(1) 누설전류로 인하여 화재 및 감전사고 등의 위험 방지
(2) 전력손실 방지
(3) 지락전류에 의한 통신선에 유도 장해 방지

│2│ 전로의 절연저항 및 절연내력
(1) 저압 전로에서 절연저항 측정이 곤란한 경우 누설전류를 1[mA] 이하로 유지하여야 한다.

전로의 사용전압	DC 시험전압 [V]	절연 저항값[MΩ]
SELV 및 PELV	250	0.5
FELV, 500V 이하	500	1.0
500V초과	1,000	1.0

[주] 특별저압(Extra Low Voltage : 2차 전압이 AC 50V, DC 120V 이하)으로 SELV(비접지회로 구성) 및 PELV(접지회로구성)은 1차와 2차가 전기적으로 절연된 회로, FELV는 1차와 2차가 전기적으로 절연되지 않은 회로

(2) 고압 및 특고압은 전로와 대지 사이에 연속하여 10분간 가하여 절연내력을 시험하였을 때에 이에 견디어야 한다. (회전기, 정류기, 연료전지 및 태양전지 모듈의 전로, 변압기의 전로 등은 제외)

〈전로의 종류 및 시험전압 - 기구 등의 전로의 시험전압〉

전로의 종류	시험 전압
① 7[kV]이하	1.5배
② 7[kV] 초과 25[kV]이하인 중성점 접지(다중접지)	0.92배
③ 7[kV]초과 60[kV]이하(②란은 제외)	1.25배(10.5[kV]미만은 10.5[kV])
④ 60[kV]초과 비접지식	1.25배
⑤ 60[kV]초과 접지식	1.1배(75[kV]미만은 75[kV])
⑥ 60[kV]초과 직접접지식	0.72배
⑦ 170[kV] 초과 중성점 직접 접지식 전로로서 그 중성점이 직접 접지되어 있는 발전소 또는 변전소	0.64배
⑧ 60[kV]를 초과하는 정류기에 접속되고 있는 전로	교류측 및 직류 고전압측에 접속되고 있는 전로는 교류측의 최대사용전압의 1.1배의 직류전압

⑧의 직류측 중성선 또는 귀선이 되는 전로일 경우 직류 저압측 전로의 절연내력시험 전압의 계산방법

$$E = V \times \frac{1}{\sqrt{2}} \times 0.5 \times 1.2$$

E : 교류 시험 전압(V를 단위로 한다)

V : 역변환기의 전류 실패 시 중성선 또는 귀선이 되는 전로에 나타나는 교류성 이상전압의 파고 값(V를 단위로 한다). 다만, 전선에 케이블을 사용하는 경우 시험전압은 E의 2배의 직류전압으로 한다.

3 회전기 및 정류기의 절연내력

〈회전기 및 정류기 시험전압〉

종류			시험 전압	시험 방법
회전기	발전기 전동기 조상기 등	7[kV] 이하	1.5배의 전압 (500[V] 미만은 500[V])	권선과 대지 사이에 연속하여 10분간
		7[kV] 초과	1.25배의 전압 (10.5[kV] 미만은 10.5[kV])	
	회전변류기		직류측의 최대사용전압의 1배의 교류전압 (최저 500[V])	
정류기	60[kV] 이하		직류측의 최대사용전압의 1배의 교류전압 (최저500[V])	충전부분과 외함 간에 연속하여 10분간
	60[kV] 초과		교류측의 최대사용전압의 1.1배의 교류전압 또는 직류측의 1.1배의 직류전압	교류측 및 직류고전압측 단자와 대지 사이에 연속하여 10분간

4 | 변압기 전로의 절연내력

권선의 종류	시험전압	시험방법
① 7[kV] 이하	1.5배(최저 500[V]) 중성점접지 0.92배(최저500[V])	시험되는 권선과 다른 권선, 철심 및 외함 간에 연속하여 10분.
② 7[kV] 초과 25[kV] 이하 중성점접지식전로	0.92배	
③ 7[kV] 초과 60[kV] 이하	1.25배(최저 10.5[kV])	
④ 60[kV] 초과 (중성점 비접지식)	1.25배	
⑤ 60[kV] 초과 (성형결선, 또는 스콧결선 중성점 접지식 전로) 피뢰기를 시설.	1.1배(최저 75[kV])	
⑥ 60[kV]를 초과 (성형결선 중성점 직접접지식전로) 170[kV] 초과시 중성점에 피뢰기를 시설	0.72배	
⑦ 170[kV] 초과 (성형결선 중성점직접접지식)	0.64배	시험되는 권선과 다른 권선, 철심 및 외함 간에 연속하여 10분.
⑧ 60[kV] 초과하는 정류기접속하는 권선	교류측에 1.1배의 교류전압 직류측에 1.1배의 직류전압	
⑨ 기타 권선	1.1배의 전압(최저 75[kV])	

5 | 연료전지 및 태양전지 모듈의 절연내력

연료전지 및 태양전지 모듈은 최대사용전압의 1.5배의 직류전압 또는 1배의 교류전압(500[V] 미만으로 되는 경우에는 500[V])을 충전부분과 대지사이에 연속하여 10분간 가하여 절연내력을 시험하였을 때에 이에 견디는 것이어야 한다.

10.2 접지공사

1 | 접지의 목적

(1) 전기 설비의 절연물이 열화 또는 손상되었을 때 흐르는 누설 전류로 인한 감전을 방지.
(2) 높은 전압과 낮은 전압이 혼촉 사고가 발생했을 때 사람에게 위험을 주는 높은 전류를 대지로 흐르게 하기 위함.
(3) 뇌해로 인한 전기설비나 전기기기 등을 보호하기 위함
(4) 전로에 지락 사고 발생 시 보호계전기를 신속하고, 확실하게 작동하도록 하기 위함.

(5) 전기기기 및 전로에서 이상전압이 발생하였을 때 대지전압을 억제하여 절연강도를 낮추기 위함.

2 접지시스템의 구분 및 종류

(1) 접지시스템: 계통접지, 보호접지, 피뢰시스템 접지
(2) 종류 : 단독접지, 공통접지, 통합접지
   ① 공통접지 : 고압 및 특고압과 저압 전기설비의 접지극이 서로 공통으로 시설
   ② 통합접지 : 전기설비의 접지계통·건축물의 피뢰설비·전자통신설비 등의 접지극을 공용(통합)하는 시설
(3) 구성 : 접지극, 접지도체, 보호도체 및 기타 설비

3 접지시스템의 시설

(1) 접지극은 다음의 방법 중 하나 또는 복합하여 시설하여야 한다.
   ① 콘크리트에 매입 된 기초 접지극
   ② 토양에 매설된 기초 접지극
   ③ 토양에 수직 또는 수평으로 직접 매설된 금속전극(봉, 전선, 테이프, 배관, 판 등)
   ④ 케이블의 금속외장 및 그 밖에 금속피복
   ⑤ 지중 금속구조물(배관 등)
   ⑥ 대지에 매설된 철근콘크리트의 용접된 금속 보강재

(2) 접지극의 매설은 다음에 의한다.
   ① 접지극은 매설하는 토양을 오염시키지 않아야 하며, 가능한 다습한 부분에 설치한다.
   ② 접지극은 고압이상의 전기설비일 경우 지표면으로부터 지하 0.75[m] 이상으로 하되 동결 깊이를 감안하여 매설 깊이를 정해야 한다. (저압은 매설깊이 규정 없음.)
   ③ 접지도체를 철주 기타의 금속체를 따라서 시설하는 경우에는 접지극을 철주의 밑면으로부터 0.3[m] 이상의 깊이에 매설하거나 접지극을 지중에서 그 금속체로부터 1[m] 이상 떼어 매설하여야 한다.
   ④ 지중에 매설된 접지저항 값이 3[Ω]이하인 금속제 수도관로는 접지극으로 사용이 가능하다. 그러나 접지도체와 금속제 수도관로의 접속은 안지름 75[mm] 이상인 부분 또는 여기에서 분기한 안지름 75[mm] 미만인 분기점으로부터 5[m] 이내의 부분에서 접지해야 한다. 다만, 금속제 수도관로와 대지 사이의 전기저항 값이 2[Ω] 이하인 경우에는 분기점으로부터의 거리는 5[m]를 넘을 수 있다.

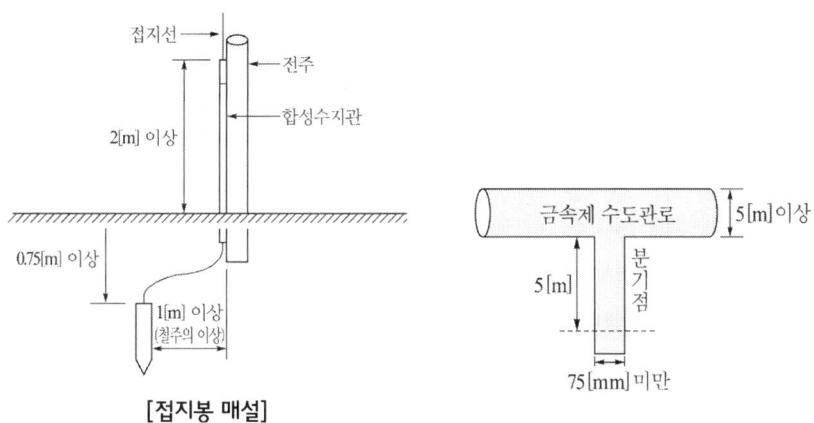

[접지봉 매설]

4 | 접지도체·보호도체

종전에는 기기나 플러그, 콘센트에서 접지단자를 거쳐 접지극까지를 접지선이라고 했는데 접지단자를 기준으로 접지극과 연결을 [접지도체(接地導體/ Earthing Conductor)], 각종 기기와 접지단자를 [보호도체(保護導體/ Protective Conductor/ PE)]로 구별한다.

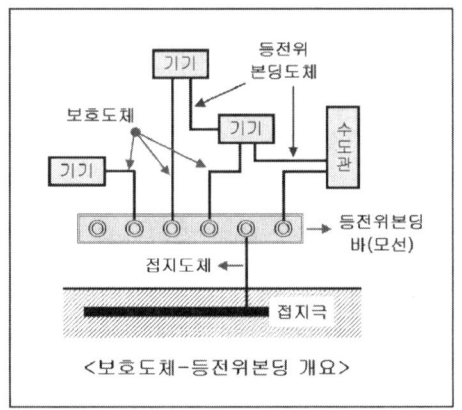

<보호도체-등전위본딩 개요>

(1) 접지도체의 시설

접지도체는 지하 0.75[m]부터 지표상 2[m]까지 부분은 합성수지관(두께 2[mm] 미만의 합성수지제 전선관 및 가연성 콤바인덕트관은 제외) 또는 이와 동등 이상의 절연효과와 강도를 가지는 몰드로 덮어야 한다.

(2) 접지도체의 굵기(단면적)

유 형	구 분		접지선 굵기
접지에 피뢰시스템 접속			구리 16[mm^2] 이상 철제 50[mm^2] 이상
접지에 큰 전류가 흐르지 않은 경우			구리 6[mm^2] 이상 철제 50[mm^2] 이상
고장시 전류를 안전하게 흐를 수 있는 경우	특고압 또는 고압설비용 접지도체		6[mm^2] 이상
접지에 큰 전류가 흐르지 않은 경우	중성점 접지용 도체	고압이하 전로 또는 25[kV] 이하 특고압가공 (중성선 다중접지식 2초이내 자동자단장치)	6[mm^2] 이상
		그 외	16[mm^2] 이상
이동하여 사용하는 전기기계기구의 금속제 외함	특고압·고압 전기설비용 접지도체 및 중성점 접지용 접지도체 ① 클로로프렌캡타이어케이블(3종 및 4종) ② 클로로설포네이트폴리에틸렌캡타이어케이블(3종 및 4종) ③ 다심 캡타이어케이블의 차폐 또는 기타의 금속체		10[mm^2] 이상
	저압 전기설비용 접지도체 ① 다심 코드 또는 다심 캡타이어케이블 ② 기타 유연성이 있는 연동연선		0.75[mm^2] 이상 1.5[mm^2] 이상

(3) 보호도체의 종류

   ① 보호도체는 다음 중 하나 또는 복수로 구성하여야 한다.

      ㉮ 다심케이블의 도체

      ㉯ 충전도체와 같은 트렁킹에 수납된 절연도체 또는 나도체

      ㉰ 고정된 절연도체 또는 나도체

      ㉱ 열화가 보호되는 금속케이블 외장, 케이블 차폐, 케이블 외장, 전선묶음(편조전선), 동심도체, 금속관

   ② 다음과 같은 금속부분은 보호도체 또는 보호본딩도체로 사용해서는 안 된다.

      ㉮ 금속 수도관

      ㉯ 가스·액체·분말과 같은 잠재적인 인화성 물질을 포함하는 금속관

      ㉰ 상시 기계적 응력을 받는 지지 구조물 일부

      ㉱ 가요성 금속배관. 다만, 보호도체의 목적으로 설계된 경우는 예외로 한다.

      ㉲ 가요성 금속전선관

      ㉳ 지지선, 케이블트레이 및 이와 비슷한 것

(4) 보호도체의 전기적 연속성

① 보호도체를 접속하는 나사는 다른 목적으로 겸용해서는 안 된다.

② 접속부는 납땜(soldering)으로 접속해서는 안 된다.

③ 보호도체에는 시험 등 특수목적 외에는 어떠한 개폐장치를 연결해서는 안 된다.

④ 접지에 대한 전기적 감시를 위한 전용장치(동작센서, 코일, 변류기 등)를 설치하는 경우, 보호도체 경로에 직렬로 접속하면 안 된다.

⑤ 기기·장비의 노출도전부는 다른 기기를 위한 보호도체의 부분을 구성하는데 사용할 수 없다.

(5) 보호도체의 굵기

① 보호도체의 최소 단면적은 다음에 의한다.

〈보호도체의 최소 단면적〉

상도체의 단면적 S (mm^2, 구리)	보호도체의 최소 단면적(mm^2, 구리)	
	보호도체의 재질	
	상도체와 같은 경우	상도체와 다른 경우
$S \leq 16$	S	$(k_1/k_2) \times S$
$16 < S \leq 35$	16(a)	$(k_1/k_2) \times 16$
$S > 35$	S(a)/2	$(k_1/k_2) \times (S/2)$

여기서, $-k_1$: 선정된 상도체에 대한 k값
       $-k_2$: 선정된 보호도체에 대한 k값
       $-a$: PEN 도체의 최소단면적은 중성선과 동일하게 적용.

② 차단시간이 5초 이하인 경우에만 다음 계산식을 적용한다.

$$S = \frac{\sqrt{I^2 t}}{k}$$

여기서, S : 단면적[mm^2]
       I : 보호장치를 통해 흐를 수 있는 예상 고장전류 실효값[A]
       t : 자동차단을 위한 보호장치의 동작시간[s]
       k : 보호도체, 절연, 기타 부위의 재질 및 초기온도와 최종온도에 따라 정해지는 계수

③ 보호도체가 케이블의 일부가 아니거나 상도체와 동일 외함에 설치되지 않을 경우

구 분	구리	알루미늄
기계적 손상에 대해 보호(전선관설치)	2.5[mm^2] 이상	16[mm^2] 이상
기계적 손상에 대해 보호가 되지 않는 경우	4[mm^2] 이상	16[mm^2] 이상

■ 케이블의 일부가 아니라도 전선관 및 트렁킹 내부에 설치되거나, 이와 유사한 방법으로 보호되는 경우 기계적으로 보호되는 것으로 간주

(6) 보호도체의 단면적 보강
① 보호도체는 정상 운전상태에서 전류의 전도성 경로(전기자기간섭 보호용 필터의 접속 등으로 인한)로 사용되지 않아야 한다.
② 전기설비의 정상 운전상태에서 보호도체에 10[mA]를 초과하는 전류가 흐르는 경우, 다음과 같이 보호도체를 증강하여 사용해야 한다.
㉮ 보호도체가 하나인 경우 보호도체의 단면적은 전 구간에 구리 10[mm^2] 이상 또는 알루미늄 16[mm^2] 이상으로 한다.
㉯ 추가로 보호도체를 위한 별도의 단자가 구비된 경우, 최소한 고장 보호에 요구되는 보호도체의 단면적은 구리 10[mm^2], 알루미늄 16[mm^2] 이상으로 한다.

(7) 보호도체와 계통도체 겸용
① 보호도체와 계통도체를 겸용하는 겸용도체(중성선과 겸용, 상도체와 겸용, 중간도체와 겸용 등)는 해당하는 계통의 기능에 대한 조건을 만족하여야 한다.
② 겸용도체는 고정된 전기설비에서만 사용할 수 있으며 다음에 의한다.
㉮ 단면적은 구리 10[mm^2] 또는 알루미늄 16[mm^2] 이상이어야 한다.
㉯ 중성선과 보호도체의 겸용도체는 전기설비의 부하 측으로 시설하여서는 안 된다.
㉰ 폭발성 분위기 장소는 보호도체를 전용으로 하여야 한다.
③ 겸용도체의 성능은 다음에 의한다.
㉮ 공칭전압과 같거나 높은 절연성능을 가져야 한다.
㉯ 배선설비의 금속 외함은 겸용도체로 사용해서는 안 된다.
④ 겸용도체는 다음 사항을 준수하여야 한다.
㉮ 중성선·중간도체·상도체를 전기설비의 다른 접지된 부분에 접속해서는 안 된다.
㉯ 겸용도체는 보호도체용 단자 또는 바(bar)에 접속되어야 한다.
㉰ 계통외 도전부는 겸용도체로 사용해서는 안 된다.

(8) 감전보호에 따른 보호도체
과전류보호장치를 감전에 대한 보호용으로 사용하는 경우, 보호도체는 충전도체와 같은 배선설비에 병합시키거나 근접한 경로로 설치하여야 한다.

(9) 주 접지단자
접지시스템은 주 접지단자를 설치하고, 다음의 도체를 접속하여야 한다.
• 등전위본딩도체   • 접지도체   • 보호도체   • 기능성 접지도체

5 전기수용가 접지

(1) 다음의 것들은 저압수용가 인입구 부근에서 변압기 중성점 접지를 한 저압전선로의 중성선 또는 접지측 전선에 추가로 접지공사를 할 수 있다.
   ① 지중에 매설되어 있고 대지와의 전기저항 값이 3[Ω] 이하의 값을 유지하고 있는 금속제 수도관로
   ② 대지 사이의 전기저항 값이 3[Ω] 이하인 값을 유지하는 건물의 철골
   ③ 이때의 접지도체는 공칭단면적 6[mm²] 이상의 연동선이어야 한다.

(2) 저압수용장소에서 계통접지가 TN-C-S 방식인 경우에 보호도체는 다음에 따라 시설하여야 한다.
   ① 중성선 겸용 보호도체(PEN)는 고정 전기설비에만 사용할 수 있고, 그 도체의 단면적이 구리는 10[mm²] 이상, 알루미늄은 16[mm²] 이상이어야 하며, 그 계통의 최고전압에 대하여 절연되어야 한다.
   ② 감전보호용 등전위본딩을 하여야 한다. 그렇지 않으면 중성선 겸용 보호도체를 수용장소의 인입구 부근에 추가로 접지하여야 한다.

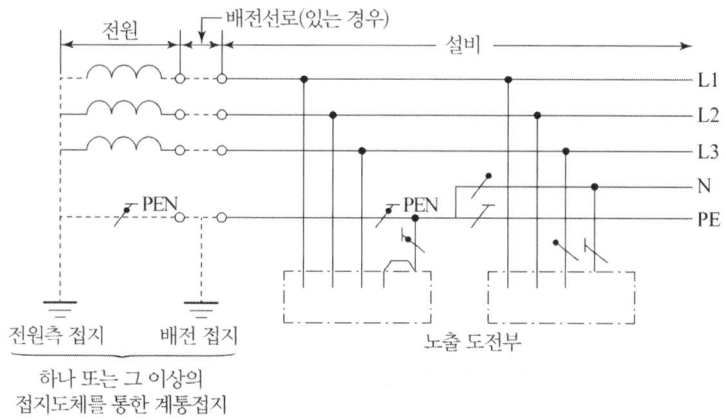

TN-C-S

6 변압기 중성점 접지

1) 중성점 접지 저항 값
   ① 일반적으로 변압기의 고압·특고압측 전로 1선 지락전류로 150을 나눈 값과 같은 저항 값 이하 ($\frac{150}{I_g}$)
   ② 변압기의 고압·특고압측 전로 또는 사용전압이 35[kV] 이하의 특고압전로가 저압측

전로와 혼촉하고 저압전로의 대지전압이 150[V]를 초과하는 경우는 저항 값은 다음에 의한다.

 ㉮ 1초 초과 2초 이내에 고압·특고압 전로를 자동으로 차단하는 장치를 설치할 때는 300을 나눈 값 이하 ($\frac{300}{I_g}$)

 ㉯ 1초 이내에 고압·특고압 전로를 자동으로 차단하는 장치를 설치할 때는 600을 나눈 값 이하 ($\frac{600}{I_g}$)

(2) 공통접지 및 통합접지

 고압 및 특고압과 저압 전기설비의 접지극이 서로 근접하여 시설되어 있는 변전소 또는 이와 유사한 곳에서는 공통접지시스템으로 할 수 있다. 접지시스템에서 고압 및 특고압 계통의 지락사고 시 저압계통에 가해지는 상용주파 과전압은 아래표에서 정한 값을 초과해서는 안 된다.

<저압설비 허용 상용주파 과전압>

고압계통에서 지락고장시간 [초]	저압설비 허용 상용주파 과전압 [V]	비 고
> 5	$U_0 + 250$	중성선 도체가 없는 계통에서 U_0는 선간전압을 말한다.
≤ 5	$U_0 + 1,200$	

[비고] 1. 순시 상용주파 과전압에 대한 저압기기의 절연 설계기준과 관련된다.
   2. 중성선이 변전소 변압기의 접지계통에 접속된 계통에서, 건축물외부에 설치한 외함이 접지되지 않은 기기의 절연에는 일시적 상용주파 과전압이 나타날 수 있다.

① 고압 및 특고압을 수전 받는 수용가의 접지계통을 수전 전원의 다중접지된 중성선과 접속하면 위 표의 요건은 충족하는 것으로 간주할 수 있다.

| 7 | 감전보호용 등전위 본딩(等電位 Bonding)

(1) 등전위본딩의 적용

 ① 건축물·구조물에서 접지도체, 주 접지단자와 다음의 도전성부분은 등전위본딩 하여야 한다.

  ㉮ 수도관·가스관 등 외부에서 내부로 인입되는 금속배관

  ㉯ 건축물·구조물의 철근, 철골 등 금속보강재

  ㉰ 일상생활에서 접촉이 가능한 금속제 난방배관 및 공조설비 등 계통외 도전부

 ② 주 접지단자에 보호등전위본딩 도체, 접지도체, 보호도체, 기능성 접지도체를 접속하여야 한다.

(2) 등전위본딩 시설
   ① 보호등전위본딩
      ㉮ 건축물·구조물의 외부에서 내부로 들어오는 각종 금속제 배관은 다음과 같이 해야 한다.
         • 1개소에 집중하여 인입하고, 인입구 부근에서 서로 접속하여 등전위본딩 바에 접속하여야 한다.
         • 대형건축물 등으로 1개소에 집중하여 인입하기 어려운 경우에는 본딩도체를 1개의 본딩바에 연결한다.
      ㉯ 수도관·가스관의 경우 내부로 인입된 최초의 밸브 후단에서 등전위본딩을 하여야 한다.
      ㉰ 건축물·구조물의 철근, 철골 등 금속보강재는 등전위본딩을 하여야 한다.
   ② 비접지 국부등전위본딩
      ㉮ 절연성 바닥으로 된 비접지 장소에서 다음의 경우 국부등전위 본딩을 하여야 한다.
         • 전기설비 상호 간이 2.5[m] 이내인 경우
         • 전기설비와 이를 지지하는 금속체 사이
      ㉯ 전기설비 또는 계통외도전부를 통해 대지에 접촉하지 않아야 한다.

(3) 등전위본딩 도체
   ① 보호등전위본딩 도체
      ㉮ 주접지단자에 접속하기 위한 등전위본딩 도체는 설비 내에 있는 가장 큰 보호접지 도체 단면적의 1/2 이상의 단면적을 가져야 하고 다음의 단면적 이상이어야 한다.
         • 구리도체 6[mm^2]
         • 알루미늄 도체 16[mm^2]
         • 강철 도체 50[mm^2]
      ㉯ 주접지단자에 접속하기 위한 보호본딩도체의 단면적은 구리도체 25[mm^2] 또는 다른 재질의 동등한 단면적을 초과할 필요는 없다.
   ② 보조 보호등전위본딩 도체
      ㉮ 두 개의 노출도전부를 접속하는 경우 도전성은 노출도전부에 접속된 더 작은 보호도체의 도전성보다 커야 한다.
      ㉯ 노출도전부를 계통외도전부에 접속하는 경우 도전성은 같은 단면적을 갖는 보호도체의 1/2 이상이어야 한다.

㉰ 케이블의 일부가 아닌 경우 또는 선로도체와 함께 수납되지 않은 본딩도체는 다음 값 이상 이어야 한다.
- 기계적 보호가 된 것은 구리도체 2.5[mm^2], 알루미늄 도체 16[mm^2]
- 기계적 보호가 없는 것은 구리도체 4[mm^2], 알루미늄 도체 16[mm^2]

8 계통접지

(1) 계통접지 구성

① 저압전로의 보호도체 및 중성선의 접속 방식에 따라 접지계통 분류

㉮ TN 계통　　㉯ TT 계통　　㉰ IT 계통

〈IEC 분류에서 접지 CODE의 정의〉

| 1 | 2 | - | 3 |

1) 제1문자 : 전력계통과 대지와의 관계
   - T(Terra) – 한 점을 대지에 직접 접속
   - I(Insulation, Insert) – 모든 충전부를 대지(접지)로부터 절연시키거나 임피던스를 삽입하여 한 점을 접속
2) 제2문자 : 설비의 노출 도전성 부분과 대지와의 관계
   - T(Terra) – 노출 도전부를 대지로 직접 접속, 전력계통의 접지와는 무관
   - N(Neutral) – 노출 도전부를 전력계통의 접지점(교류계통에서는 통상적으로 중성점 또는 중성점이 없을 경우는 선도체)에 직접 접속
3) 그 다음 문자(문자가 있을 경우) : 중성선과 보호도체의 배치
   - S(Separator) – 보호도체의 기능을 중성선 또는 접지측 도체와 분리된 도체에서 실시
   - C(Combine) – 중성선과 보호도체의 기능을 한 개의 도체로 겸용(PEN도체)

〈각 계통에서 나타내는 그림의 기호〉

기호	설명
	중성선(N), 중간도체(M)
	보호도체(PE)
	중성선과 보호도체 겸용(PEN)

(2) TN 계통

전원측의 한 점을 직접접지하고 설비의 노출도전부를 보호도체로 접속시키는 방식. 중성선 및 보호도체(PE 도체)의 배치 및 접속방식에 따라 다음과 같이 분류한다.

① TN-S 계통 : 계통 전체에 대해 별도의 중성선 또는 PE 도체를 사용한다. 배전계통에서 PE 도체를 추가접지 가능.

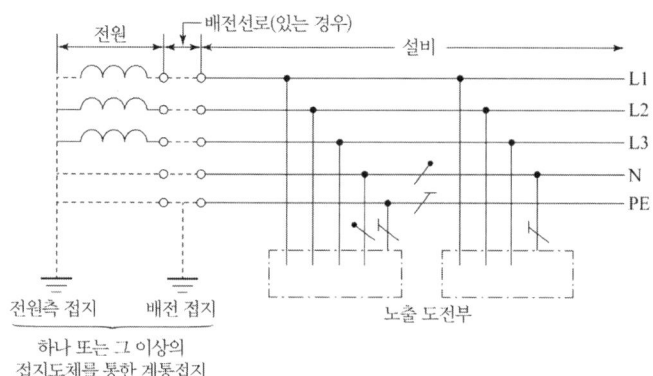

〈계통 내에서 별도의 중성선과 보호도체가 있는 TN-S 계통〉

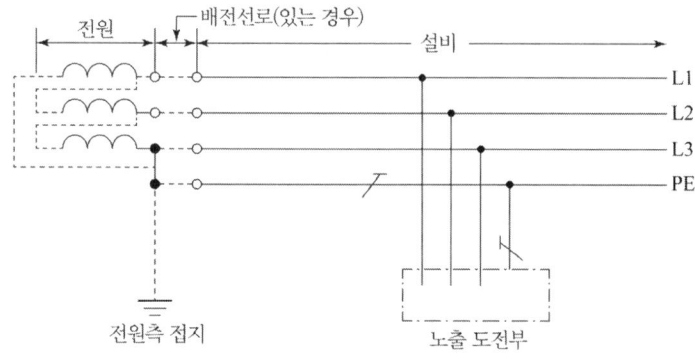

〈계통 내에서 별도 접지된 선도체와 보호도체가 있는 TN-S 계통〉

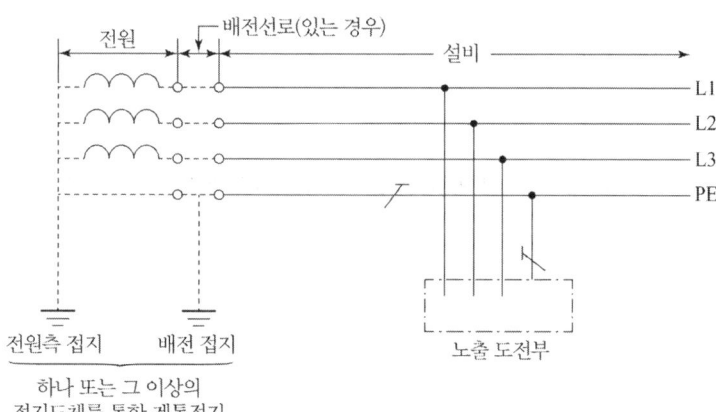

〈계통 내에서 접지된 보호도체는 있으나 중성선의 배선이 없는 TN-S 계통〉

② TN-C 계통 : 그 계통 전체에 대해 중성선과 보호도체의 기능을 동일도체로 겸용한 PEN 도체 사용하는 방식. 배전계통에서 PEN 도체를 추가접지 가능.

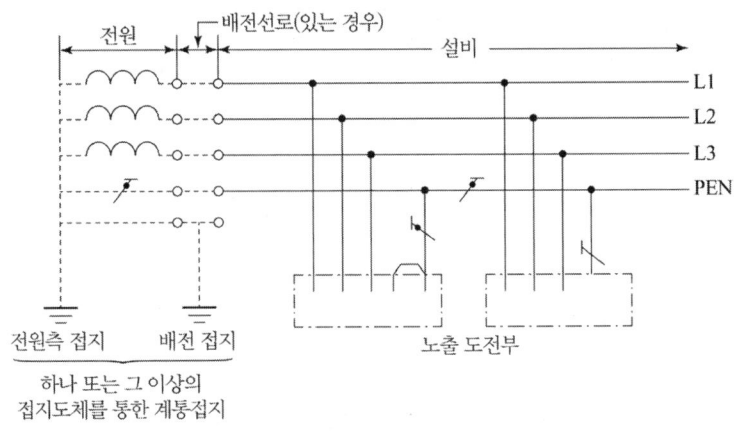

⟨TN-C 계통⟩

③ TN-C-S계통 : 계통의 일부분에서 PEN 도체를 사용하거나, 중성선과 별도의 PE 도체를 사용하는 방식으로 배전계통에서 PEN 도체와 PE 도체를 추가접지 가능.

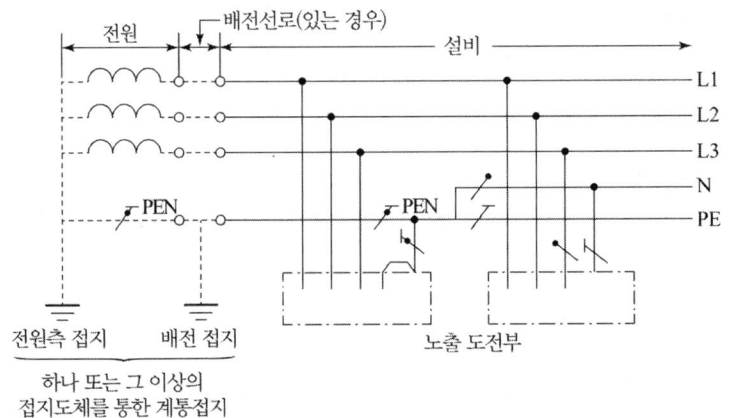

⟨설비의 어느 곳에서 PEN이 PE와 N으로 분리된 3상 4선식 TN-C-S 계통⟩

(3) TT 계통

전원의 한 점을 직접 접지하고 설비의 노출도전부는 전원의 접지전극과 전기적으로 독립적인 접지극에 접속시킨다. 배전계통에서 PE 도체를 추가접지 가능.

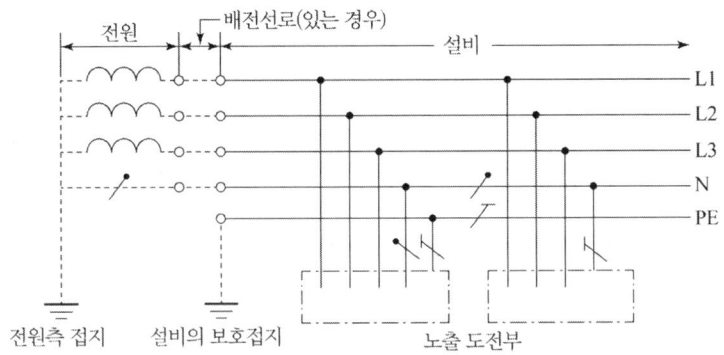

〈설비 전체에서 별도의 중성선과 보호도체가 있는 TT 계통〉

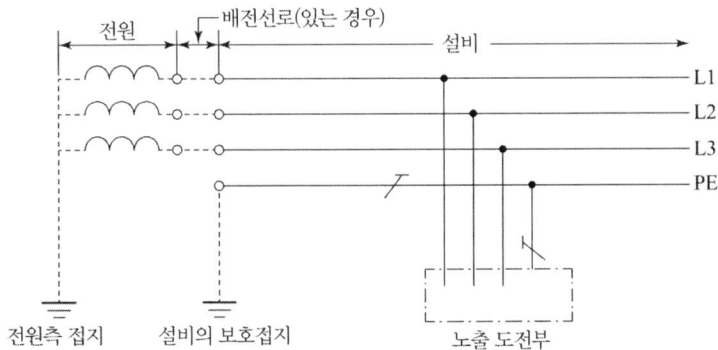

〈설비 전체에서 접지된 보호도체가 있으나 배전용 중성선이 없는 TT 계통〉

(4) IT 계통

① 충전부 전체를 대지로부터 절연시키거나, 한 점을 임피던스를 통해 대지에 접속시킨다. 전기설비의 노출도전부를 단독 또는 일괄적으로 계통의 PE 도체에 접속시킨다. 배전계통에서 추가접지가 가능하다.

② 계통은 충분히 높은 임피던스를 통하여 접지할 수 있다. 이 접속은 중성점, 인위적 중성점, 선도체 등에서 할 수 있다. 중성선은 배선할 수도 있고, 배선하지 않을 수도 있다.

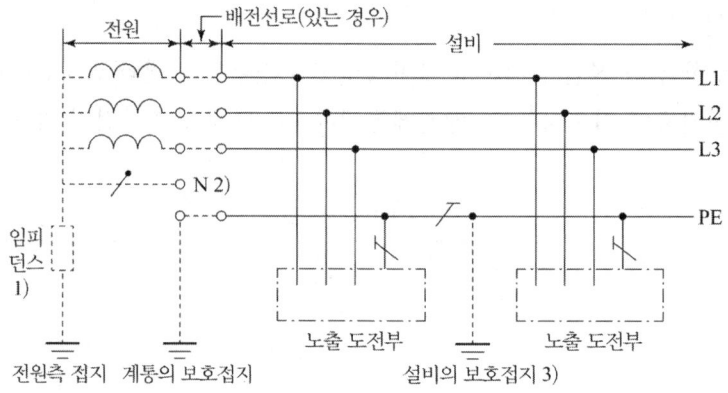

〈계통 내의 모든 노출도전부가 보호도체에 의해 접속되어 일괄 접지된 IT 계통〉

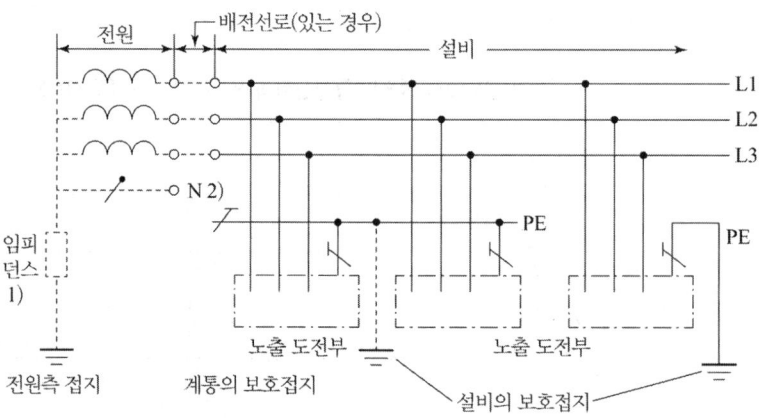

〈노출도전부가 조합으로 또는 개별로 접지된 IT 계통〉

10.3 전선 및 기계기구의 보안

1. 저압전로 중의 개폐기 및 과전류차단장치의 시설

- 과전류 차단기 : 단락 또는 접지사고에 대해 전선을 보호
- 퓨즈, 마그네트스위치, 자동차단기 : 과부하에 의한 전류가 흐를 때 전선이나 기계·기구에 대한 보호 (자동차단기 : 공기차단기, 유입차단기, 배선용 차단기 등)

(1) 저압전로 중의 개폐기의 시설

① 저압전로 중에 개폐기를 시설하는 경우에는 각 극에 설치.

② 사용전압이 다른 개폐기는 상호 식별이 용이하도록 시설.

③ 저압 옥내전로에는 인입구에 가까운 곳에서 쉽게 개폐할 수 있는 곳에 개폐기를 각 극에 시설.

④ 사용전압이 400 V 이하인 옥내 전로로서 다른 옥내전로(정격전류가 16 A 이하인 과전류 차단기 또는 정격전류가 16 A를 초과하고 20 A 이하인 배선차단기로 보호되고 있는 것에 한한다)에 접속하는 길이 15 m 이하의 전로에서 전기의 공급을 받는 것은 개폐기 생략 가능

(2) 간선의 굵기와 수용률

전선 및 소형 전기기계기구의 용량 합계가 10[kVA]를 넘는 것은 그 넘는 용량에 대하여 다음 수용률을 적용한다.

[간선의 수용률]

건축물의 종류	수용률[%]
주택, 기숙사, 여관, 호텔, 병원, 창고	50
학교, 사무실, 은행, 상점	70

2 │ 간선의 보호(과부하 및 단락보호)

(1) 선도체의 보호

① 원칙적으로 모든 선도체에 대하여 과전류 검출기를 설치하여 과전류가 발생할 때 전원을 안전하게 차단해야 한다. 다만, 과전류가 검출된 도체 이외의 다른 선도체는 차단하지 않아도 된다.

② 3상 전동기 등과 같이 단상 차단이 위험을 일으킬 수 있는 경우 적절한 보호 조치를 해야 한다.

③ TT 계통 또는 TN 계통에서, 동일 회로 또는 전원 측에서 부하 불평형을 감지하고 모든 선도체를 차단하기 위한 보호장치를 갖춘 경우 과전류 검출기를 설치하지 않아도 된다.

(2) 중성선의 보호

① TT 계통 또는 TN 계통

㉮ 중성선의 단면적이 선도체보다 크고, 그 중성선의 전류가 선도체보다 크지 않을 것으로 예상될 경우, 중성선에는 과전류 차단장치를 설치하지 않아도 된다.

㉯ 중성선의 단면적이 선도체보다 작은 경우 과전류 검출기를 설치할 필요가 있다.

㉰ 검출된 과전류가 설계전류를 초과하면 선도체를 차단해야 하지만, 중성선을 차단할 필요까지는 없다.

㉣ 중성선에 관한 요구사항은 차단에 관한 것을 제외하고 중성선과 보호도체 겸용 (PEN) 도체에도 적용한다.

② IT 계통

㉮ 중성선을 배선하는 경우 중성선에 과전류검출기를 설치해야하며, 과전류가 검출되면 중성선을 포함한 해당 회로의 모든 충전도체를 차단해야 한다.

㉯ 설비의 전력 공급점과 같은 전원 측에 설치된 보호장치에 의해 그 중성선이 과전류에 대해 효과적으로 보호되는 경우 과전류검출기를 설치하지 않아도 된다.

㉰ 정격감도전류가 해당 중성선 허용전류의 0.2배 이하인 누전차단기로 그 회로를 보호하는 경우 과전류검출기를 설치하지 않아도 된다.

(3) 중성선의 차단 및 재폐로

중성선을 차단 및 재폐로하는 회로의 경우에 설치하는 개폐기 및 차단기는 차단 시에는 중성선이 선도체보다 늦게 차단되어야 하며, 재폐로 시에는 선도체와 동시 또는 그 이전에 재폐로 되는 것을 설치하여야 한다.

(4) 보호장치의 종류 및 특성

① 과부하전류 및 단락전류 겸용 보호장치
② 과부하전류 전용 보호장치
③ 단락전류 전용 보호장치

과전류 보호장치는 KS C 또는 KS C IEC 관련 표준(배선차단기, 누전차단기, 퓨즈 등의 표준)의 동작특성에 적합하여야 한다.

(5) 과부하전류에 대한 보호

① 도체와 과부하 보호장치 사이의 협조

과부하에 대해 케이블(전선)을 보호하는 장치의 동작특성은 다음의 조건을 충족해야 한다.

$$I_B \leq I_n \leq I_Z$$

$$I_2 \leq 1.45 \times I_Z$$

I_B : 회로의 설계전류, I_Z : 케이블의 허용전류, I_n : 보호장치의 정격전류

I_2 : 보호장치가 규약시간 이내에 유효하게 동작하는 것을 보장하는 전류

② 과부하 보호장치의 설치 위치

과부하 보호장치는 전로 중 도체의 단면적, 특성, 설치방법, 구성의 변경으로 도체의 허용전류 값이 줄어드는 곳(이하 분기점이라 함)에 설치해야 한다.

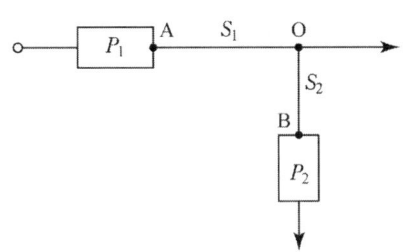
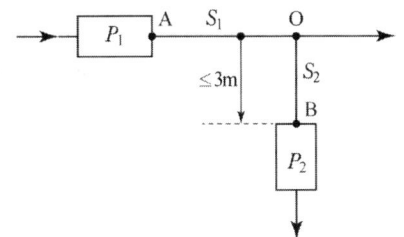

분기회로(S_2)의 분기점(O)에 설치되지 않은
분기회로 과부하보호장치(P_2)

분기회로(S_2)의 분기점(O)에서 3[m] 이내에
설치된 과부하 보호장치(P_2)

분기회로(S_2)의 과부하 보호장치(P_2)의 전원 측에 다른 분기회로 또는 콘센트의 접속이 없고, 분기회로에 대한 단락보호가 이루어지고 있는 경우, P_2는 분기회로의 분기점(O)으로부터 부하 측으로 거리에 구애 받지 않고 이동하여 설치

분기회로 (S_2)의 보호장치 (P_2)는 (P_2)의 전원측에서 분기점(O) 사이에 다른 분기회로 또는 콘센트의 접속이 없고, 단락의 위험과 화재 및 인체에 대한 위험성이 최소화 되도록 시설된 경우, 분기회로의 보호장치 (P_2)는 분기회로의 분기점(O)으로부터 3[m]까지 이동하여 설치

③ 과부하보호장치의 생략

화재 또는 폭발 위험성이 있는 장소에 설치되는 설비 또는 특수설비 및 특수 장소의 요구사항들을 별도로 규정하는 경우외에는 과부하보호장치를 생략할 수 있다.
- 분기회로의 전원 측에 설치된 보호장치에 의하여 분기회로에서 발생하는 과부하에 대해 유효하게 보호되고 있는 분기회로
- 단락전류에 대한보호의 요구사항에 따라 단락보호가 되고 있으며, 분기점 이후의 분기회로에 다른 분기회로 및 콘센트가 접속되지 않는 분기회로 중, 부하에 설치된 과부하 보호장치가 유효하게 동작하여 과부하전류가 분기회로에 전달되지 않도록 조치를 하는 경우
- 통신회로용, 제어회로용, 신호회로용 및 이와 유사한 설비
- 이중절연에 의한 보호수단 적용(IT계통)
- 2차 고장이 발생할 때 즉시 작동하는 누전차단기로 각 회로를 보호(IT계통)
- 지속적으로 감시되는 시스템의 경우 다음 중 어느 하나의 기능을 구비한 절연 감시 장치의 사용

① 최초 고장이 발생한 경우 회로를 차단하는 기능
② 고장을 나타내는 신호를 제공하는 기능. 이 고장은 운전 요구사항 또는 2차 고장에 의한 위험을 인식하고 조치가 취해져야 한다.

- 중성선이 없는 IT 계통에서 각 회로에 누전차단기가 설치된 경우
- 사용 중 예상치 못한 회로의 개방이 위험 또는 큰 손상을 초래할 수 있는 다음과 같은 부하에 전원을 공급하는 회로에 대해서는 과부하 보호장치를 생략할 수 있다.
  ① 회전기의 여자회로
  ② 전자석 크레인의 전원회로
  ③ 전류변성기의 2차회로
  ④ 소방설비의 전원회로
  ⑤ 안전설비(주거침입경보, 가스누출경보 등)의 전원회로

(6) 단락전류에 대한 보호
  ① 단락보호장치의 설치위치

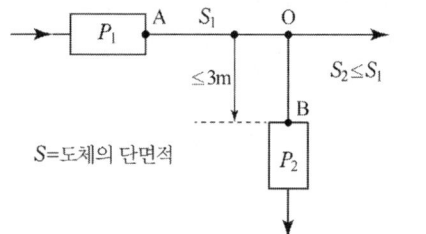

분기회로 단락보호장치(P_2)의 제한된 위치 변경

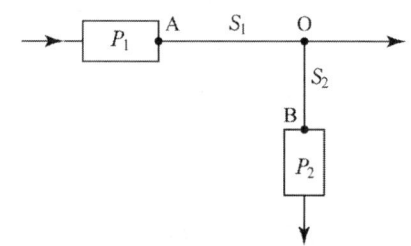

분기회로 단락보호장치(P_2)의 설치 위치

| 분기회로의 단락보호장치 설치점(B)과 분기점(O) 사이에 다른 분기회로 또는 콘센트의 접속이 없고 단락, 화재 및 인체에 대한 위험이 최소화될 경우, 분기회로의 단락 보호장치 P_2는 분기점(O)으로 부터 3[m]까지 이동하여 설치할 수 있다. | 도체의 단면적이 줄어들거나 다른 변경이 이루어진 분기회로의 시작점(O)과 이 분기회로의 단락보호장치(P_2) 사이에 있는 도체가 전원측에 설치되는 보호장치(P_1)에 의해 단락보호가 되는 경우에, P_2의 설치위치는 분기점(O)로부터 거리제한이 없이 설치할 수 있다 |

  ② 단락보호장치의 생략
  배선을 단락위험이 최소화할 수 있는 방법과 가연성 물질 근처에 설치하지 않는 조건이 모두 충족되면 다음과 같은 경우 단락보호장치를 생략할 수 있다.
    ㉮ 발전기, 변압기, 정류기, 축전지와 보호장치가 설치된 제어반을 연결하는 도체
    ㉯ 전원차단이 설비의 운전에 위험을 가져올 수 있는 회로
    ㉰ 특정 측정회로

(7) 저압전로 중의 개폐기 및 과전류차단장치의 시설
  ① 저압전로 중의 개폐기의 시설
    ㉮ 저압전로 중에 개폐기를 시설하는 경우(이 규정에서 개폐기를 시설하도록 정하는 경우에 한한다)에는 그 곳의 각 극에 설치하여야 한다.
    ㉯ 사용전압이 다른 개폐기는 상호 식별이 용이하도록 시설하여야 한다.
    ㉰ 저압 옥내전로에는 인입구에 가까운 곳에서 쉽게 개폐할 수 있는 곳에 개폐기를 각 극에 시설하여야 한다.
  ② 저압전로 중의 과전류차단기의 시설
    ㉮ 과전류차단기로 저압전로에 사용하는 퓨즈(「전기용품 및 생활용품 안전관리법」에서 규정하는 것은 제외)는 다음 표에 적합한 것이어야 한다.

〈퓨즈(gG)의 용단특성〉

정격전류의 구분	시 간	정격전류의 배수	
		불용단전류	용단전류
4[A] 이하	60분	1.5배	2.1배
4[A] 초과 16[A] 미만	60분	1.5배	1.9배
16[A] 이상 63[A] 이하	60분	1.25배	1.6배
63[A] 초과 160[A] 이하	120분	1.25배	1.6배
160[A] 초과 400[A] 이하	180분	1.25배	1.6배
400[A] 초과	240분	1.25배	1.6배

    ㉯ 과전류차단기로 저압전로에 사용하는 산업용 배선용차단기(「전기용품 및 생활용품 안전관리법」에서 규정하는 것을 제외)는 아래표에 적합한 것이어야 한다. 다만, 일반인이 접촉할 우려가 있는 장소(세대내 분전반 및 이와 유사한 장소)에는 주택용 배선차단기를 시설하여야 하고, 주택용 배선차단기를 정방향(세로)으로 부착할 경우에는 차단기의 위쪽이 켜짐(on)으로, 차단기의 아래쪽은 꺼짐(off)으로 시설하여야 한다.

〈과전류트립 동작시간 및 특성(산업용 배선용 차단기)〉

정격전류의 구분	시 간	정격전류의 배수 (모든 극에 통전)	
		부동작 전류	동작 전류
63[A] 이하	60분	1.05배	1.3배
63[A] 초과	120분	1.05배	1.3배

⟨과전류트립 동작시간 및 특성(주택용 배선용 차단기)⟩

정격전류의 구분	시 간	정격전류의 배수 (모든 극에 통전)	
		부동작 전류	동작 전류
63[A] 이하	60분	1.13배	1.45배
63[A] 초과	120분	1.13배	1.45배

⟨순시트립에 따른 구분(주택용 배선용 차단기)⟩

형	순시트립범위
B	$3I_n$ 초과 ~ $5I_n$ 이하
C	$5I_n$ 초과 ~ $10I_n$ 이하
D	$10I_n$ 초과 ~ $20I_n$ 이하

[비고] 1. B, C, D: 순시트립전류에 따른 차단기 분류
2. I_n : 차단기 정격전류

③ 저압전로 중의 전동기 보호용 과전류보호장치의 시설

㉮ 과전류차단기로 저압전로에 시설하는 과부하보호장치(전동기가 손상될 우려가 있는 과전류가 발생했을 경우에 자동적으로 이것을 차단하는 것에 한한다)와 단락보호 전용차단기 또는 과부하보호장치와 단락보호전용퓨즈를 조합한 장치는 전동기에만 연결하는 저압전로에 사용하고 다음 각각에 적합한 것이어야 한다.

㉠ 과부하 보호장치, 단락보호전용 차단기 및 단락보호전용 퓨즈는「전기용품 및 생활용품 안전관리법」에 적용을 받는 것 이외에는 한국산업표준(이하 "KS"라 한다)에 적합하여야 하며, 다음에 따라 시설할 것.

- 과부하 보호장치로 전자접촉기를 사용할 경우에는 반드시 과부하계전기가 부착되어 있을 것.
- 단락보호전용 차단기의 단락동작설정 전류 값은 전동기의 기동방식에 따른 기동돌입전류를 고려할 것.
- 단락보호전용 퓨즈는 다음표의 용단 특성에 적합한 것일 것.

⟨단락보호전용 퓨즈(aM)의 용단특성⟩

정격전류의 배수	불용단시간	용단시간
4배	60초 이내	-
6.3배	-	60초 이내
8배	0.5초 이내	-
10배	0.2초 이내	-
12.5배	-	0.5초 이내
19배	-	0.1초 이내

㈏ 고압전로용 퓨즈
- 비포장 퓨즈는 정격전류 1.25배에 견디고, 2배의 전류로는 2분 안에 용단되어야 한다.
- 포장퓨즈는 정격전류 1.3배에 견디고, 2배의 전류로는 120분 안에 용단되어야 한다.

㈐ 옥내에 시설하는 전동기(정격 출력이 0.2[kW] 이하인 것을 제외)에는 전동기가 손상될 우려가 있는 과전류가 생겼을 때에 자동적으로 이를 저지하거나 이를 경보하는 장치를 하여야 한다. 다만, 다음의 어느 하나에 해당하는 경우에는 그러하지 아니하다.
- 전동기를 운전 중 상시 취급자가 감시할 수 있는 위치에 시설하는 경우
- 전동기의 구조나 부하의 성질로 보아 전동기가 손상될 수 있는 과전류가 생길 우려가 없는 경우
- 단상전동기로서 그 전원측 전로에 시설하는 과전류 차단기의 정격전류가 16[A](배선용 차단기는 20[A]) 이하인 경우

3 지락 보호 장치

(1) 누전 차단기(ELB/Earth Leakage Circuit Breaker)
① 역할 : 옥내배선회로에 누전이 발생 했을 때 이를 감지하고, 자동적으로 회로를 차단하는 장치로서 감전사고 및 화재를 방지할 수 있는 장치이다.
② 설치장소
㈎ 금속제 외함을 가지는 사용전압이 50[V]를 초과하는 저압의 기계 기구로서 사람이 쉽게 접촉할 우려가 있는 곳에 시설하는 것에 전기를 공급하는 전로에는 누전차단기를 설치해야 한다.

※ 설치 예외의 경우
- 기계기구를 발전소·변전소·개폐소 또는 이에 준하는 곳에 시설하는 경우
- 기계기구를 건조한 곳에 시설하는 경우
- 대지전압이 150[V] 이하인 기계기구를 물기가 있는 곳 이외의 곳에 시설하는 경우
- 이중 절연구조의 기계기구를 시설하는 경우
- 그 전로의 전원측에 절연변압기(2차 전압이 300[V] 이하인 경우에 한한다)를 시설하고 또한 그 절연 변압기의 부하측의 전로에 접지하지 아니하는 경우
- 기계기구가 고무·합성수지 기타 절연물로 피복된 경우
- 기계기구가 유도전동기의 2차측 전로에 접속되는 것일 경우

• 기계기구내에 누전차단기를 설치하고 또한 기계기구의 전원 연결선이 손상을 받을 우려가 없도록 시설하는 경우
㉯ 주택의 인입구 등 누전차단기 설치를 요구하는 전로
㉰ 특고압전로, 고압전로 또는 저압전로와 변압기에 의하여 결합되는 사용전압 400[V] 초과의 저압전로 또는 발전기에서 공급하는 사용전압 400[V] 초과의 저압전로(발전소 및 변전소와 이에 준하는 곳에 있는 부분의 전로를 제외한다).
㉱ 다음의 전로에는 전기용품안전기준의 적용을 받는 자동복구 기능을 갖는 누전차단기를 시설할 수 있다.
• 독립된 무인 통신중계소·기지국
• 관련법령에 의해 일반인의 출입을 금지 또는 제한하는 곳
• 옥외의 장소에 무인으로 운전하는 통신중계기 또는 단위기기 전용회로. 단, 일반인이 특정한 목적을 위해 지체하는(머물러 있는) 장소로서 버스정류장, 횡단보도 등에는 시설할 수 없다.

누전차단기의 종류 및 정격감도전류

구 분		정격 감도 전류(mA)	동 작 시 간
고감도형	고 속 형	5, 10, 15, 30	정격감도전류에서 0.1초 이내, 인체감전보호형은 0.03초 이내
	시 연 형		정격감도전류에서 0.1초를 초과하고 2초 이내
	반한시형		정격감도전류에서 0.2초를 초과하고 1초 이내 정격감도전류×1.4에서 0.1초과하고 0.5초 이내 정격감도전류×4.4에서 0.05초 이내
중감도형	고 속 형	50, 100, 200, 500, 1000	정격감도전류에서 0.1초 이내
	시 연 형		정격감도전류에서 0.1초를 초과하고 2초 이내
저감도형	고 속 형	3000, 5000, 10000, 20000	정격감도전류에서 0.1초 이내
	시 연 형		정격감도전류에서 0.1초를 초과하고 2초 이내

주) 정격 부동작 전류는 정격감도전류의 50[%] 이상으로 한다. 다만 정격감도전류가 100[mA] 이하인 것은 60[%] 이상으로 한다.

③ 저압용 비상용 조명장치·비상용승강기·유도등·철도용 신호장치, 비접지 저압전로, 기타 그 정지가 공공의 안전 확보에 지장을 줄 우려가 있는 기계기구에 전기를 공급하는 전로의 경우, 그 전로에서 지락이 생겼을 때에 이를 기술원 감시소에 경보하는 장치를 설치한 때에는 누전차단장치를 시설하지 않을 수 있다.
④ 누전차단기를 저압전로에 사용하는 경우 일반인이 접촉할 우려가 있는 장소(세대 내 분전반 및 이와 유사한 장소)에는 주택용 누전차단기를 시설하여야 한다. 주택용 누전

차단기를 정방향(세로)으로 부착할 경우에는 차단기의 위쪽이 켜짐(on)으로, 차단기의 아래쪽은 꺼짐(off)으로 시설하여야 한다.

4 접지방식

(1) 비접지방식

변압기를 △-△결선하여 송전하는 방식이다. 주로 20~30[kV] 정도의 단거리 송전선 또는 배전선에 사용된다.

(2) 직접 접지방식

Y결선의 중성점을 직접 도선으로 접지하는 방식인데, 선로나 변압기의 절연을 낮게 할 수 있다. 그리고 접지 계전기의 동작이 용이하여 선택, 차단이 확실하다.

(3) 저항 접지방식

변압기의 중성점을 저항을 통해 접지하는 방식이다.

(4) 소호 리액터(코일) 접지식

중성점을 소호 리액터를 통해서 접지하는 방식이다.

[장점] ① 통신선에 대한 유도장해가 적다.
        ② 고장난 곳의 전선이나 애자의 손상이 적다.

[단점] ① 시설비가 비싸다.
        ② 단선 사고의 경우 이상전압 발생의 염려가 있다.

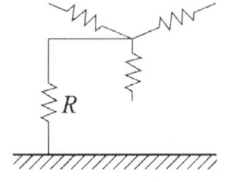 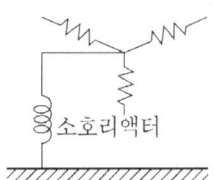

5 중성점 접지 목적

(1) 1선 지락시에 대지 전위의 상승을 억제, 선로와 기기의 절연을 가볍게 한다.
(2) 벼락 등에 의한 아아크 접지로 발생하는 이상 전압을 억제한다.
(3) 지락사고 발생시 접지 계전기의 동작을 확실하게 하며, 신속하게 선택 차단한다.

6 유도장해

(1) 전력측의 대책
① 전력선 연가로 평상시의 유도장해를 방지한다.
② 고장전류를 감소시킨다.
③ 고장 회선을 고속도 차단 한다.
④ 가공지선에 의하여 고장전류를 분리시켜 유도 전류를 감소시킨다.
⑤ 정전유도 대책으로는 송전선의 지상높이를 높게 한다.

(2) 통신선측 대책
① 통신선에 특성이 양호한 피뢰기를 시설한다.(유도장해 방지용)
② 통신선을 연피케이블로 시설한다.
③ 배류코일을 설치한다.
④ 통신선을 케이블화 한다.

7 보호계전기

[보호계전기의 종류 및 기능]

명 칭	기 능
과전류계전기(OCR)	일정값 이상의 전류가 흘렀을 때 동작
과전압계전기(OVR)	일정값 이상의 전압이 걸렸을 때 동작
부족전압계전기(UVR)	전압이 일정값 이하로 떨어졌을 때 동작
비율차동계전기(RFDR)	고장에 의해 생긴 불평형 전류차가 기준치 이상됐을 때 동작, 변압기 내부고장 검출용으로 주로 사용
선택계전기(SR)	병행 2회선중 한쪽의 회선에 고장이 생겼을 때 어느 회선에 고장이 생겼는지 선택
방향계전기(DR)	고장점의 방향을 아는 데 사용
거리계전기	계전기가 설치된 위치에서 고장점까지의 전기적 거리에 비례해 한시로 동작
지락과전류계전기(OCGR)	지락보호용으로 사용하기 위해 과전류 계전기의 동작을 작게 한 것
지락방향계전기(DGR)	지락과전류계전기에 방향성을 준 것
지락회선선택계전기(SGR)	지락보호용으로 사용하기 위해 선택계전기의 동작을 작게 한 것

(1) 보호계전기의 시한 특성
① 순한시 계전기 : 동작시간이 0.3초 이내의 계전기를 말하며, 0.05초 이하의 계전기를 고속도 계전기라 한다.
② 정한시 계전기 : 최소 동작값 이상의 구동 전기량이 주어지면 일정 시한으로 동작 하는 것이다.

③ 반한시 계전기 : 동작 시한이 구동 전기량으로 동작전류의 값이 커질수록 짧아지고, 동작 전류가 작을수록 시한이 길어지는 계전기이다.
④ 반한시·정한시 계전기 : 어느 한도까지의 구동 전기량에서는 반한시성이고, 그 이상의 전기량에서는 정한시성의 특성을 가진 계전기이다.
⑤ 비례한시 계전기 : 동작 시한이 동작량에 비례하는 것이다.

(2) 보호계전기의 동작원리에 따른 분류
① 전자형(유도형)　② 정지형　③ 디지털형

8 배전선 보호와 이상전압에 대한 보호

(1) 배전선 보호

공통중성점 다중 접지계의 보호에 있어서 배전선로의 요소에 라인퓨즈, 섹셔널라이저, 리클로저 등을 배치한다.

① 리클로저(recloser) : 회로의 차단과 투입을 자동적으로 반복하는 기구를 갖춘 차단기의 일종으로서 단상용, 3상용이 있는데 주상에 설치할 수 있도록 소형, 경량화되어 있으며, 유입식과 전자식이 있다.

② 섹셔널라이저(sectionalizer) : 단극 자동유입 개폐기인데, 유중에서 동작하는 주접촉자와 사고 전류가 흐르는 것을 계산하는 카운터로 구성되어 있다. 섹셔널라이저는 리클로저와 조합하여 사용한다.

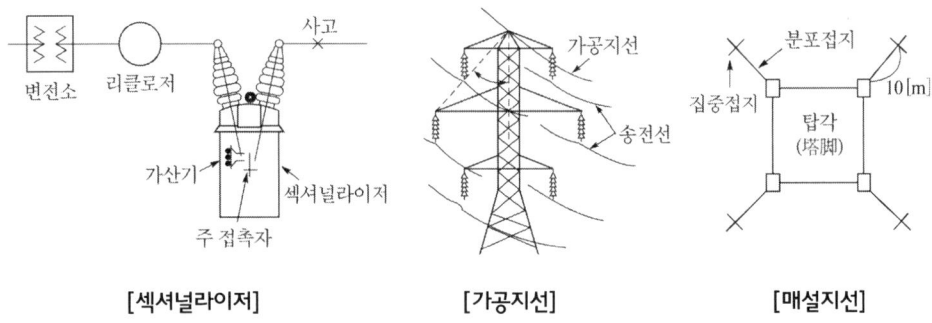

[섹셔널라이저]　　[가공지선]　　[매설지선]

(2) 이상 전압에 대한 보호

① 가공지선 : 유도뢰 및 직격뢰로부터 가공송전선을 보호할 목적으로 전선을 차폐하도록 지지물에 가설하는 도선이다.
② 매설지선 : 지지물(철탑) 하단에 매설하여 지지물의 접지저항을 저감시켜 역섬락(flash over)현상을 방지한다.

9 피뢰기

(1) 피뢰기의 설치기준
  ① 발전소, 변전소 또는 이에 준하는 장소의 가공전선 인입구 및 인출구
  ② 가공전선로에 접속하는 배전용 변압기의 고압측 및 특별 고압측
  ③ 고압 및 특별고압 가공전선로로부터 공급을 받는 수용장소의 인입구
  ④ 가공전선로와 지중전선로가 접속하는 곳

(2) 피뢰기의 종류
  ① 저항형 피뢰기
  ② 밸브형 피뢰기

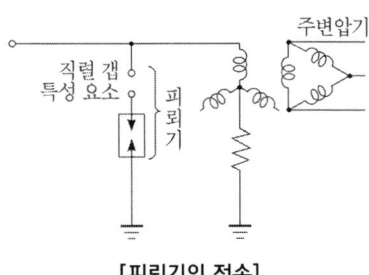
[피뢰기의 접속]

(3) 방출형 피뢰기
  ※ 직렬갭 : 이상전압이 내습하면 뇌전류를 방전
            하고 속류(續流)를 차단
  ※ 특성요소 : 탄화규소(SiC)가 주성분인 저항체

(3) 피뢰기의 구비조건
  ① 충격방전개시전압이 낮을 것
  ② 방전내량이 크고 제한전압이 낮을 것
  ③ 상용주파 방전개시전압이 높을 것
  ④ 속류차단능력이 충분할 것

(4) 피뢰기의 접지
  고압 및 특고압의 전로에 시설하는 피뢰기 접지저항 값은 10[Ω] 이하로 하여야 한다. 단, 고압가공전선로에 시설하는 피뢰기의 접지공사의 접지선이 전용의 것인 경우에는 접지 저항치가 30[Ω]까지 허용된다.

> ※ 피뢰설비의 방식
> ① 돌침방식 : 종래에 가장 많이 사용된 방식으로 작은 건조물에 적합하다.
> ② 용마루위 도체방식 : 건물 옥상에 거의 수평되게 피뢰도체를 설치. 비교적 큰 건조물에 적합.
> ③ 케이지(Cage) 방식 : 건축물 주위를 피뢰도선으로 감싸는 방식. 가장 안전한 방식
> ④ 이온방사형 피뢰방식 : 돌침부에서 이온 또는 펄스를 발생시켜 뇌운의 전하와 작용토록 하여 멀리 있는 뇌운의 방전을 유도. 보호범위가 넓다.

10 피뢰시스템

(1) 적용범위

　① 저압 전기전자설비

　② 저압, 고압 및 특고압 전기설비

　③ 전기전자설비가 설치된 건축물·구조물로서 낙뢰로부터 보호가 필요한 것 또는 지상으로부터 높이가 20[m] 이상인 것

(2) 피뢰시스템의 구성

　① 직격뢰로 부터 대상물을 보호하기 위한 외부피뢰시스템

　② 간접뢰 및 유도뢰로부터 대상물을 보호하기 위한 내부피뢰시스템

(3) 외부피뢰시스템

　① 수뢰부시스템

　　㉮ 돌침, 수평도체, 메시도체의 요소 중에 한 가지 또는 이를 조합한 형식으로 시설하여야 한다.

　　㉯ 보호각법, 회전구체법, 메시법 중 하나 또는 조합된 방법으로 배치하여야 한다.

　　㉰ 건축물·구조물의 뾰족한 부분, 모서리 등에 우선하여 배치한다.

　② 인하도선 시스템

　　㉮ 수뢰부시스템과 접지시스템을 연결하는 복수의 인하도선을 병렬로 구성해야 한다.

　　㉯ 경로의 길이가 최소가 되도록 한다.

　③ 인하도선 배치방법

　　가. 건축물·구조물과 분리된 피뢰시스템인 경우

　　　㉮ 뇌전류의 경로가 보호대상물에 접촉하지 않도록 하여야 한다.

　　　㉯ 별개의 지주에 설치되어 있는 경우 각 지주마다 1조 이상의 인하도선을 시설한다.

　　　㉰ 수평도체 또는 메시도체인 경우 지지 구조물마다 1조 이상의 인하도선을 시설한다.

　　나. 건축물·구조물과 분리되지 않은 피뢰시스템인 경우

　　　㉮ 벽이 불연성 재료로 된 경우에는 벽의 표면 또는 내부에 시설할 수 있다. 다만, 벽이 가연성 재료인 경우에는 0.1[m] 이상 이격하고, 이격이 불가능 한 경우에는 도체의 단면적을 100[mm^2] 이상으로 한다.

　　　㉯ 인하도선의 수는 2조 이상으로 한다.

　　　㉰ 보호대상 건축물·구조물의 투영에 다른 둘레에 가능한 한 균등한 간격으로 배치한다. 다만, 노출된 모서리 부분에 우선하여 설치한다.

㉣ 병렬 인하도선의 최대 간격은 피뢰시스템 등급에 따라 Ⅰ·Ⅱ 등급은 10[m], Ⅲ 등급은 15[m], Ⅳ 등급은 20[m]로 한다.

④ 접지극시스템

뇌전류를 대비로 방류하기위한 접지극 시스템은 수평 또는 수직접지극(A형) 또는 환상도체접지극 또는 기초접지극(B형) 중 하나 또는 조합한 시설을 한다.

㉮ 지표면에서 0.75[m] 이상 깊이로 매설하여야 한다.

㉯ 대지가 암반지역으로 대지저항이 높거나 건축물·구조물이 전자통신시스템을 많이 사용하는 시설의 경우에는 환상도체접지극 또는 기초접지극으로 한다.

㉰ 접지극 재료는 대지에 환경오염 및 부식의 문제가 없어야 한다.

㉱ 철근콘크리트 기초 내부의 상호 접속된 철근 또는 금속제 지하구조물 등 자연적 구성부재는 접지극으로 사용할 수 있다.

⑤ 접속은 용접, 압착, 봉합, 나사 조임 또는 볼트 조임 등의 방법 중 현장여건에 적합한 방법으로 하여야 한다.

(4) 내부피뢰시스템

① 전기전자설비 보호용 피뢰시스템

㉮ 뇌서지에 대한 보호는
- 접지·본딩
- 자기차폐와 서지유입경로 차폐
- 서지보호장치 설치
- 절연인터페이스 구성 중 하나 이상에 의한다.

㉯ 접지를 환상도체접지극 또는 기초접지극으로 시설한다.

② 피뢰시스템 등전위본딩

㉮ 등전위본딩은 구조물과 구조물 내부의 금속부분은 다중으로 접속한다.

㉯ 도전성 부분의 등전위본딩은 방사형, 메시형 또는 이들의 조합형으로 한다.

㉰ 건축물·구조물에는 지하 0.5[m]와 높이 20[m]마다 환상도체를 설치한다.

㉱ 저압 접지계통이 TN계통인 경우, 보호도체(또는 중성선 겸용 보호도체)는 직접 또는 서지보호장치를 통하여 본딩 바에 접속하여야 한다. 다만, 전원선 또는 통신선이 차폐되었거나 금속관 내에 배선되어 있으면, 차폐층 또는 금속관을 본딩하여야 한다.

기출 & 예상문제

제 10 장 전선 및 기계기구의 보안

01 다음 중 접지공사의 목적으로 부적합한 것은 어느 것인가?
① 감전방지   ② 뇌해방지
③ 보호협조   ④ 절연강도 강화

● 풀이
접지의 목적
(1) 전기 설비의 절연물이 열화 또는 손상되었을 때 흐르는 누설 전류로 인한 감전을 방지.
(2) 높은 전압과 낮은 전압이 혼촉 사고가 발생했을 때 사람에게 위험을 주는 높은 전류를 대지로 흐르게 하기 위함.
(3) 뇌해로 인한 전기설비나 전기기기 등을 보호하기 위함
(4) 전로에 지락 사고 발생 시 보호계전기를 신속하고, 확실하게 작동하도록 하기 위함.
(5) 전기기기 및 전로에서 이상전압이 발생하였을 때 대지전압을 억제하여 절연강도를 낮추기 위함.

답 ④

02 전로의 중성점을 접지하는 목적에 해당되지 않는 것은 어느 것인가?
① 보호장치의 확실한 동작의 확보
② 부하전류의 일부를 대지로 흐르게 함으로서 전선을 절약
③ 이상전압의 억제
④ 대지전압의 저하

● 풀이
중성점 접지 목적
(1) 1선 지락시에 대지 전위의 상승을 억제, 선로와 기기의 절연을 가볍게 한다.
(2) 벼락 등에 의한 아아크 접지로 발생하는 이상 전압을 억제한다.
(3) 지락사고 발생시 접지 계전기의 동작을 확실하게 하며, 신속하게 선택 차단한다.

답 ②

03 접지공사설비에서 시공할 장소의 상황을 확인하는 사전준비를 요하고 있다. 다음 중 이에 해당하지 않는 것은?
① 부하의 종별 분리 및 선정 검토
② 필요한 접지공사의 종류, 접지공사의 확인 및 검토
③ 건설공정표 등으로 접지공사 시공시기의 검토
④ 접지공사에 필요한 재료의 선정 및 수배

답 ①

04 기계기구의 접지구분에서 고압용 또는 특별고압용 외함의 접지공사는?
① 계통접지 ② 보호접지
③ 피뢰시스템접지 ④ 공통접지

> **풀이**
> 접지시스템구분 : 계통접지, 보호접지, 피뢰시스템 접지
> 피뢰침은 피뢰시스템접지
> 변압기중성점 등은 계통접지
> 기계기구 등의 외함 은 보호접지
>
> **답** ②

05 피뢰침 접지공사는 몇 종 접지공사를 하여야 하는가?
① 피뢰시스템접지 ② 계통접지
③ 공통접지 ④ 보호접지

> **풀이**
> 피뢰침은 피뢰시스템접지
> 변압기중성점 등은 계통접지
> 기계기구 등의 외함은 보호접지
>
> **답** ①

06 특별고압 계기용 변성기의 2차 전로의 접지방법은?
① 피뢰시스템접지 ② 계통접지
③ 공통접지 ④ 보호접지

> **풀이**
> 접지시스템구분 : 계통접지, 보호접지, 피뢰시스템 접지
> 피뢰침은 피뢰시스템접지
> 변압기중성점 등은 계통접지
> 기계기구 등의 외함 은 보호접지
>
> **답** ④

07 가공배전선로에서 고압선과 저압선의 혼촉으로 인한 위험을 방지하기 위한 접지공사는 몇 종 접지를 하는가?
① 피뢰시스템접지 ② 계통접지
③ 공통접지 ④ 보호접지

> **답** ②

08 네온변압기의 외함, 네온변압기를 넣는 금속함 및 관 등을 지지하는 금속제 프레임 등은 몇 종 접지를 하여야 하는가?
① 피뢰시스템접지 ② 계통접지
③ 공통접지 ④ 보호접지

▶풀이
네온변압기를 넣은 외함의 금속제 부분 : 보호접지공사

답 ④

09 분수 등 물속에서 시설하는 조명등용 용기 및 방호 장치의 금속부분에 하는 접지공사는 무엇인가?
① 피뢰시스템접지   ② 계통접지   ③ 공통접지   ④ 보호접지

답 ④

10 전극식 온천용 승온기 차폐장치의 전극에 시행하여야 할 접지공사는?
① 피뢰시스템접지   ② 계통접지   ③ 공통접지   ④ 보호접지

답 ④

11 다음 중 교통 신호등의 외함에 시설하는 접지공사는?
① 피뢰시스템접지   ② 계통접지   ③ 공통접지   ④ 보호접지

▶풀이
접지시스템구분 : 계통접지, 보호접지, 피뢰시스템 접지
피뢰침은 피뢰시스템접지
변압기중성점 등은 계통접지
기계기구 등의 외함 은 보호접지

답 ④

12 접지공사를 할 경우 접지선의 굵기 선정에서 고려할 요소가 아닌 것은?
① 기계적 강도   ② 가요성   ③ 내식성   ④ 전류용량

답 ②

13 25[kV] 이하의 중성점 접지식으로 전로에 지기가 생긴 경우 2[초] 이내에 차단하는 장치를 한 특별고압가공전선로와 저압이 결합된 변압기의 경우 접지공사에 접지선의 굵기는 몇 [mm²] 이상인가?
① 16   ② 10   ③ 6   ④ 2.5

▶풀이

유 형	구 분	접지선 굵기
	접지에 피뢰시스템 접속	구리 16[mm²]이상 철제 50[mm²]이상
	접지에 큰 전류가 흐르지 않은 경우	구리 6[mm²]이상 철제 50[mm²]이상
	고장시 전류를 안전하게 흐를 수 있는 경우(특고압 또는 고압설비용 접지도체)	6[mm²]이상

제10장 전선 및 기계기구의 보안

유 형	구 분		접지선 굵기
접지에 큰 전류가 흐르지 않은 경우	중성점 접지용 도체	고압이하 전로 또는 25[kV] 이하 특고압가공 (중성선 다중접지식 2초 이내 자동차단장치)	6[mm²]이상
		그 외	16[mm²]이상
이동하여 사용하는 전기기계 기구의 금속제 외함	특고압 · 고압 전기설비용 접지도체 및 중성점 접지용 접지도체 ① 클로로프렌캡타이어케이블(3종 및 4종) ② 클로로설포네이트폴리에틸렌 캡타이어케이블(3종 및 4종) ③ 다심 캡타이어케이블의 차폐 또는 기타의 금속체		10[mm²]이상
	저압 전기설비용 접지도체 ① 다심 코드 또는 다심 캡타이어케이블 ② 기타 유연성이 있는 연동연선		0.75[mm²]이상 1.5[mm²]이상

답 ③

14 피뢰기를 접지시스템에 연결할 경우 접지도체로 구리를 사용 할 경우 접지선의 최소 굵기는?

① 2.5[mm²]
② 6[mm²]
③ 16[mm²]
④ 50[mm²]

풀이

유 형	구 분		접지선 굵기
접지에 피뢰시스템 접속			구리 16[mm²]이상 철제 50[mm²]이상
접지에 큰 전류가 흐르지 않은 경우			구리 6[mm²]이상 철제 50[mm²]이상
고장시 전류를 안전하게 흐를 수 있는 경우(특고압 또는 고압설비용 접지도체)			6[mm²]이상
접지에 큰 전류가 흐르지 않은 경우	중성점 접지용 도체	고압이하 전로 또는 25[kV] 이하 특고압가공 (중성선 다중접지식 2초 이내 자동차단장치)	6[mm²]이상
		그 외	16[mm²]이상
이동하여 사용하는 전기기계 기구의 금속제 외함	특고압 · 고압 전기설비용 접지도체 및 중성점 접지용 접지도체 ① 클로로프렌캡타이어케이블(3종 및 4종) ② 클로로설포네이트폴리에틸렌 캡타이어케이블(3종 및 4종) ③ 다심 캡타이어케이블의 차폐 또는 기타의 금속체		10[mm²]이상
	저압 전기설비용 접지도체 ① 다심 코드 또는 다심 캡타이어케이블 ② 기타 유연성이 있는 연동연선		0.75[mm²]이상 1.5[mm²]이상

답 ③

15 KS C IEC 60364에서 충전부 전체를 대지로부터 절연시키거나 한 점에 임피던스를 삽입하여 대지에 접속시키고, 전기기기의 노출 도전성 부분 단독 또는 일괄적으로 접지하거나 또는 계통접지로 접속하는 접지 계통을 무엇이라 하는가?
① TT 계통
② IT 계통
③ TN-C 계통
④ TN-S 계통

•**풀이**
① TT 계통 : 전원의 한 점을 직접접지하고 설비의 노출 도전성부분을 전원계통의 접지극과는 전기적으로 독립한 접지극에 접지하는 접지계통
② IT 계통 : 충전부 전체를 대지로부터 절연시키거나, 한 점에 임피던스를 삽입하여 대지에 접속시키고, 전기기기의 노출 도전성부분 단독 또는 일괄적으로 접지하거나 또는 계통접지로 접속하는 접지계통
③ TN 계통 : 전원의 한 점을 직접접지하고 설비의 노출 도전성부분을 보호선(PEN)을 이용하여 전원의 한 점에 접속하는 접지계통
 • TN-S : 계통 전체의 중성선(또는 접지된 상전선)과 보호선을 접속하여 사용
 • TN-C-S : 계통 일부의 중성선과 보호선을 동일전선으로 사용
 • TN-C : 계통 전체의 중성선과 보호선을 동일전선으로 사용

답 ②

16 계통 접지에서 전원의 한 점을 직접접지하고 설비의 노출 도전성부분을 보호선(PEN)을 이용하여 전원의 한 점에 접속하는 접지계통으로 중성선과 보호선을 동일전선으로 사용하는 방식을 무엇이라 하는가?
① TT 계통
② IT 계통
③ TN-C 계통
④ TN-S 계통

답 ③

17 전원의 한 점을 직접접지하고 설비의 노출 도전성부분을 전원계통의 접지극과는 전기적으로 독립한 접지극에 접지하는 접지계통을 무엇이라 하는가?
① TT 계통 ② IT 계통 ③ TN-C 계통 ④ TN-S 계통

답 ①

18 계통접지공사의 저항값을 결정하는 가장 큰 요인은?
① 변압기의 용량
② 고압 가공 전선로의 전선연장
③ 변압기 1차 측에 넣는 퓨즈 용량
④ 변압기 고압 또는 특고압 측 전로의 1선 지락 전류의 암페어 수

•**풀이**
계통접지공사 $E_2 = \dfrac{150\ (300,\ 600)}{1선지락전류(I_g)}[\Omega]$

답 ④

19 사람이 접촉될 우려가 있는 곳에 시설하는 경우 접지극은 지하 몇 [m] 이상의 깊이에 매설하여야 하는가?

① 1 ② 0.5 ③ 0.3 ④ 0.75

▶풀이
접지극은 지하 0.75[m] 이상의 깊이에 매설할 것

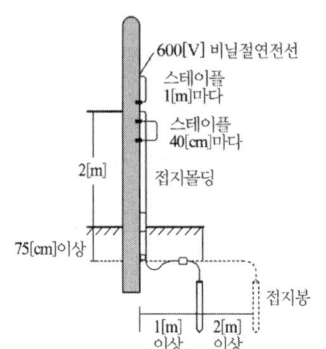

답 ④

20 접지극에 동봉, 동피복 강봉을 사용하는 경우는 지름 몇 [mm] 이상의 것을 사용하여야 하는가?

① 0.5[mm], 0.7[m] ② 0.9[mm], 2.0[m]
③ 8[mm], 0.8[m]   ④ 8[mm], 0.9[m]

▶풀이
접지극으로 동봉, 동복 강봉을 사용하는 경우에는 지름 8[mm] 이상, 길이 0.9[m] 이상이어야 하며, 동판을 사용하는 경우에는 두께 0.7[mm] 이상, 면적 900[cm^2] 이상이어야 한다.

답 ④

21 접지공사를 다음과 같이 시행하였다. 잘못된 접지공사는?
① 접지극은 동봉을 사용하였다.
② 접지극은 75cm 이상의 깊이에 매설하였다.
③ 지표, 지하 모두에 옥외용 비닐절연전선을 사용하였다.
④ 접지선과 접지극은 은납땜을 하여 접속하였다.

▶풀이
접지선에는 절연전선(옥외용 비닐절연전선을 제외한다.) 캡타이어 케이블 또는 케이블(통신용 케이블을 제외한다.)을 사용할 것. 다만, 철주 기타의 금속체를 따라서 시설하는 경우 이외의 경우에는 접지선의 지표상 60[cm]를 넘는 부분에 대하여는 그러하지 아니하다.

답 ③

22 접지공사에서 접지극으로 사용되는 금속제 수도관의 접지 저항의 최대값은 몇 [Ω]인가?

① 2 ② 3 ③ 4 ④ 5

▶풀이
지중에 매설되어 있고 대지와의 전기 저항치가 3[Ω] 이하의 값을 유지하고 있는 금속제 수도관은 접지공사의 접지극으로 사용할 수 있다.
답 ②

23 접지공사 시공방법으로 맞지 않는 것은?
① 피뢰침, 피뢰기용 접지선은 강제 금속관에 넣어 설치
② 접지극은 일반적으로 건물바닥 밑에 매설
③ 건물에 대하여 접지극을 수직으로 매설
④ 지중매설 부분은 황동땜으로 시공

▶풀이
피뢰도선이 지중으로 들어가는 부분은 경질비닐관 또는 비자성체의 관에 넣어 기계적으로 보호한다.
답 ①

24 1차와 2차가 전기적으로 절연되지 않은 회로의 절연저항의 최소값은 얼마인가?
① 0.1[MΩ]　　② 0.2[MΩ]　　③ 0.4[MΩ]　　④ 1[MΩ]

▶풀이

전로의 사용전압	DC 시험전압 [V]	절연 저항값[MΩ]
SELV 및 PELV	250	0.5
FELV, 500V 이하	500	1.0
500V 초과	1,000	1.0

[주] 특별저압(Extra Low Voltage: 2차 전압이 AC 50V, DC 120V 이하)으로 SELV(비접지회로 구성) 및 PELV(접지회로구성)은 1차와 2차가 전기적으로 절연된 회로, FELV는 1차와 2차가 전기적으로 절연되지 않은 회로
답 ④

25 이동하여 사용하는 전기기계기구의 금속제외함에 저압의 전기설비용 접지도체를 다심 캡타이어케이블로 시설할때의 접지선의 최소 굵기는?
① 2.5[mm²]　　② 4[mm²]　　③ 0.75[mm²]　　④ 1.5[mm²]

▶풀이

유 형	구 분		접지선 굵기
접지에 피뢰시스템 접속			구리 16[mm²]이상 철제 50[mm²]이상
접지에 큰 전류가 흐르지 않은 경우			구리 6[mm²]이상 철제 50[mm²]이상
고장시 전류를 안전하게 흐를 수 있는 경우(특고압 또는 고압설비용 접지도체)			6[mm²]이상
접지에 큰 전류가 흐르지 않은 경우	중성점 접지용 도체	고압이하 전로 또는 25[kV] 이하 특고압가공 (중성선 다중접지식 2초 이내 자동차단장치)	6[mm²]이상
		그 외	16[mm²]이상

제10장 전선 및 기계기구의 보안　533

유 형	구 분	접지선 굵기
이동하여 사용하는 전기기계 기구의 금속제 외함	특고압·고압 전기설비용 접지도체 및 중성점 접지용 접지도체 ① 클로로프렌캡타이어케이블(3종 및 4종) ② 클로로설포네이트폴리에틸렌 캡타이어케이블(3종 및 4종) ③ 다심 캡타이어케이블의 차폐 또는 기타의 금속체	10[mm²]이상
	저압 전기설비용 접지도체 ① 다심 코드 또는 다심 캡타이어케이블 ② 기타 유연성이 있는 연동연선	0.75[mm²]이상 1.5[mm²]이상

답 ③

26 고압 및 특별고압 가공전선로로부터 공급을 받는 수용 장소의 인입구에 반드시 시설하여야 하는 것은?
① 댐퍼　　② 아킹혼　　③ 조상기　　④ 피뢰기

답 ④

27 피뢰기를 설치하지 않아도 되는 곳은?
① 발·변전소의 가공전선 인입구 및 인출구
② 가공전선로의 말구부분
③ 가공전선로에 접속한 1차측 전압이 35[kV] 이하인 배전용 변압기의 고압측 및 특별고압측
④ 특별고압가공전선로로부터 공급을 받는 수용장소의 인입구

▶풀이
피뢰기의 설치기준
  (1) 발전소, 변전소 또는 이에 준하는 장소의 가공전선 인입구 및 인출구
  (2) 가공전선로에 접속하는 배전용 변압기의 고압측 및 특별 고압측
  (3) 고압 및 특별고압 가공전선로로부터 공급을 받는 수용장소의 인입구
  (4) 가공전선로와 지중전선로가 접속하는 곳

답 ②

28 과전류차단기를 시설하면 절대로 안 되는 장소와 관계가 없는 것은 어느 것인가?
① 각종 접지공사에 있어서 접지선
② 다선식 전로의 중성선
③ 배전용 변압기의 1차측
④ 전로의 일부에 접지공사를 한 저압 가공전로의 접지측 전선

▶풀이
과전류 차단기의 시설제한
  (1) 접지공사의 접지선
  (2) 접지 공사를 한 저압 가공전선로의 접지측 전선
  (3) 다선식 선로의 중성선

답 ③

29 지락차단기시설이 제외된 사항이 아닌 것은?

① 기계 기구를 건조한 장소에 시설하는 경우
② 기계 기구를 발전소, 변전소 또는 개폐소나 이에 준하는 곳에 시설하는 경우
③ 기계기구가 유도전동기의 2차측 전로에 접속되는 경우
④ 금속제 외함으로 60[V]를 넘는 저압의 기계 기구에 사람의 접촉 우려가 있는 경우

답 ④

30 중성점접지공사의 접지저항값을 $\frac{300}{I}[\Omega]$으로 정하고 있는데, 이때 I에 해당되는 것은?

① 변압기의 고압측 또는 특별고압측 전로의 1선 지락 전류의 암페어수
② 변압기의 고압측 또는 특별고압측 전로의 단락사고시의 고장전류의 암페어수
③ 변압기의 1차측과 2차측의 혼촉에 의한 단락전류의 암페어수
④ 변압기의 1차와 2차에 해당되는 전류의 합

답 ①

31 대지전압 100[V]의 옥내전선로에서 분기회로의 절연저항 측정에서 DC시험전압은 얼마로 하여야 하는가?

① 100　　② 250　　③ 500　　④ 1,000

▶풀이

전로의 사용전압	DC 시험전압 [V]	절연 저항값[MΩ]
SELV 및 PELV	250	0.5
FELV, 500V 이하	500	1.0
500V 초과	1,000	1.0

[주] 특별저압(Extra Low Voltage : 2차 전압이 AC 50V, DC 120V 이하)으로 SELV(비접지회로 구성) 및 PELV(접지회로구성)은 1차와 2차가 전기적으로 절연된 회로, FELV는 1차와 2차가 전기적으로 절연되지 않은 회로

답 ③

32 접지공사에 사용하는 접지선을 사람이 접촉할 우려가 있는 곳에 시설하는 접지선은 최소 어느 부분에 대하여 합성수지관 또는 이와 동등 이상의 절연효력 및 강도를 가지는 몰드로 덮게 되어 있는가?

① 지하 30[cm]로부터 지표상 1.5[m]까지의 부분
② 지하 50[cm]로부터 지표상 1.6[m]까지의 부분
③ 지하 75[cm]로부터 지표상 2[m]까지의 부분
④ 지하 90[cm]로부터 지표상 2.5[m]까지의 부분

▶풀이
접지선의 시설기준

(1) 접지극은 지하 75[cm] 이상의 깊이로 매설할 것
(2) 접지선을 철주 기타의 금속체를 따라서 시설하는 경우에는 접지극을 철주의 밑면으로부터 30[cm] 이상의 깊이에 매설하는 경우 이외에는 접지극을 지중에서 그 금속체로부터 1[m]이상 떼어 매설할 것
(3) 접지선은 접지극에서 지표상 60[cm]까지의 부분에는 절연전선, 캡타이어 케이블 또는 케이블을 사용할 것
(4) 접지선의 지하 75[cm]로부터 지표상 2[m]까지의 부분을 두께 2[mm] 이상의 합성수지관 또는 이와 동등 이상의 절연효력 및 강도를 가지는 것으로 덮을 것

답 ③

33 전로의 절연원칙에 따라 대지로부터 반드시 절연하여야 하는 것은?
① 전로의 중성점에 접지공사를 하는 경우의 접지점
② 계기용 변성기의 2차측 전로에 접지공사를 하는 경우의 접지점
③ 저압가공전선로에 접속되는 변압기
④ 시험용 변압기

답 ③

34 일반적으로 학교 건물이나 은행 건물 등의 간선의 수용률은 얼마인가?
① 50[%]   ② 60[%]   ③ 70[%]   ④ 80[%]

• 풀이
간선의 굵기와 수용률
전선 및 소형 전기기계기구의 용량 합계가 10[kVA]를 넘는 것은 그 넘는 용량에 대하여 다음 수용률을 적용한다.

[간선의 수용률]

건축물의 종류	수용률[%]
주택, 기숙사, 여관, 호텔, 병원, 창고	50
학교, 사무실, 은행, 상점	70

답 ①

35 제2차 접근상태라는 것은 가공전선이 다른 공작물로부터 수평거리로 몇 [m] 미만인 곳에 시설되는 것을 말하는가?
① 1.5   ② 3   ③ 3.5   ④ 5

• 풀이
제2차 접근상태 : 가공전선이 다른 시설물과 상방 또는 측방에서 수평거리로 3[m] 미만인 곳에 시설되는 상태

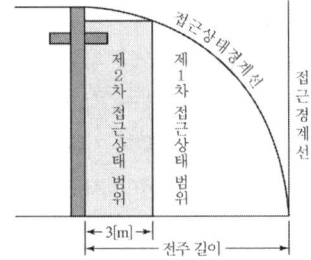

답 ②

36 송전선로의 중성점을 접지하는 목적은?

① 전선의 절약
② 송전 용량의 증가
③ 전압 강하의 감소
④ 이상 전압의 방지

풀이
중성점 접지 목적
(1) 지락 고장시 건전상의 전위 상승 억제, 절연레벨 경감
(2) 뇌, 아크 지락, 기타에 의한 이상전압의 경감 및 발생 방지
(3) 지락 고장시 지락 계전기의 동작 확보

답 ④

37 사용전압이 저압인 전로에서 정전이 어려운 경우 등 절연 저항 측정이 곤란한 경우에는 누설전류를 몇 [mA] 이하로 유지하여야 하는가?

① 0.1[mA]　② 1.0[mA]　③ 10[mA]　④ 100[mA]

풀이
사용전압이 저압인 전로에서 정전이 어려운 경우 등 절연저항 측정이 곤란한 경우에는 누설전류를 1[mA] 이하로 유지하여야 한다.

답 ②

38 사용전압이 저압인 전로에서 정전이 어려운 경우 등 절연 저항 측정이 곤란한 경우에는 누설전류를 몇 [mA] 이하로 유지하여야 하는가?

① 0.1[mA]　② 1.0[mA]　③ 10[mA]　④ 100[mA]

풀이
사용전압이 저압인 전로에서 정전이 어려운 경우 등 절연저항 측정이 곤란한 경우에는 누설전류를 1[mA] 이하로 유지하여야 한다.

답 ②

39 과전류 차단기를 시설하면 안 되는 경우는?

① 발전기 보호
② 분기선 보호
③ 접지측 보호
④ 송배전 보호

풀이
과전류 차단기의 시설 금지 장소
• 접지공사의 접지선　• 저압 가공선로의 접지측 전선
• 다선식 선로의 중성선

답 ③

40 분기회로의 개폐기 및 과전류 차단기는 저압옥내간선과의 분기점에서 전선의 길이가 몇 [m] 이하의 곳에 시설하여야 하는가?

① 1.5　② 3　③ 5　④ 8

풀이
간선과의 분기점에서 전선의 길이가 3[m] 이하의 장소에 개폐기 및 과전류 차단기를 시설하여야 한다.

답 ②

41 과전류 차단기를 시설하면 안 되는 경우는?
① 발전기 보호 ② 분기선 보호
③ 접지측 보호 ④ 송배전 보호

▶풀이
과전류 차단기의 시설 금지 장소
- 접지공사의 접지선
- 저압 가공선로의 접지측 전선
- 다선식 선로의 중성선

답 ③

42 공급 점에서 30[m]의 지점에 80[A], 45[m]의 지점에 30[A]의 부하가 걸려 있을 때 부하 중심까지의 거리를 산출하여 전압 강하를 고려한 전선의 굵기를 결정하려고 한다. 부하 중심까지의 거리[m]는?
① 약 60 ② 약 34 ③ 약 50 ④ 약 40

▶풀이
부하 중심 거리 $= \dfrac{\sum LI}{\sum I} = \dfrac{(80 \times 30 + 30 \times 45)}{(80+30)} = 34[m]$

답 ②

43 저압전로에서 사용하는 과전류 차단기용 15[A] 퓨즈를 수평으로 붙인 경우 견디어야 할 전류는 정격전류의 몇 배로 정하고 있는가?
① 1.1배 ② 1.2배 ③ 1.25배 ④ 1.5배

▶풀이
〈퓨즈(gG)의 용단특성〉

정격전류의 구분	시 간	정격전류의 배수	
		불용단전류	용단전류
4[A] 이하	60분	1.5배	2.1배
4[A]초과 16[A]미만	60분	1.5배	1.9배
16[A]이상 63[A]이하	60분	1.25배	1.6배
63[A]초과 160[A]이하	120분	1.25배	1.6배
160[A]초과 400[A]이하	180분	1.25배	1.6배
400[A] 초과	240분	1.25배	1.6배

답 ④

44 과전류차단기로 시설하는 퓨즈 중 고압전로에 사용하는 포장퓨즈는 정격전류의 몇 배의 전류에 견디어야 하는가?
① 1배 ② 1.25배 ③ 1.3배 ④ 3배

▶풀이
고압전로의 퓨즈는 비포장 퓨즈의 경우 정격전류 1.25배에 견디고, 2배의 전류로는 2분 안에 용단되어야 하며, 포장퓨즈는 정격전류 1.3배에 견디고, 2배의 전류로는 120분 안에 용단되어야 한다.

답 ③

45 과전류 차단기로 시설하는 퓨즈 중 고압 전로에 사용하는 비포장 퓨즈는 정격전류의 1.25배에 견디고 또한 2배의 전류로 몇 분 이내에 용단되는 것이어야 하는가?

① 2분　　　② 10분　　　③ 60분　　　④ 120분

답 ①

46 과전류 차단기로 저압 전로에 사용하는 30 [A] 이하의 배선용 차단기는 정격 전류 1.6배의 전류가 흐를 때 몇 분 내에 자동적으로 동작하여야 하는가?

① 10분　　　② 30분　　　③ 60분　　　④ 120분

● 풀이

〈퓨즈(gG)의 용단특성〉

정격전류의 구분	시 간	정격전류의 배수	
		불용단전류	용단전류
4[A] 이하	60분	1.5배	2.1배
4[A]초과 16[A]미만	60분	1.5배	1.9배
16[A]이상 63[A]이하	60분	1.25배	1.6배
63[A]초과 160[A]이하	120분	1.25배	1.6배
160[A]초과 400[A]이하	180분	1.25배	1.6배
400[A] 초과	240분	1.25배	1.6배

〈과전류트립 동작시간 및 특성(산업용 배선용 차단기)〉

정격전류의 구분	시 간	정격전류의 배수 (모든 극에 통전)	
		부동작 전류	동작 전류
63[A] 이하	60분	1.05배	1.3배
63[A] 초과	120분	1.05배	1.3배

〈과전류트립 동작시간 및 특성(주택용 배선용 차단기)〉

정격전류의 구분	시 간	정격전류의 배수 (모든 극에 통전)	
		부동작 전류	동작 전류
63[A] 이하	60분	1.13배	1.45배
63[A] 초과	120분	1.13배	1.45배

답 ③

47 옥내에 시설하는 단상전동기로서 그 전원측 전로에 시설하는 과전류 차단기의 정격전류가 몇 [A]이하인 것을 시설하면 별도의 차단장치를 하지 않아도 되는가?

① 10[A]이하　　　② 16[A]이하
③ 20[A]이하　　　④ 32[A]이하

● 풀이

옥내에 시설하는 전동기(정격 출력이 0.2[kW] 이하인 것을 제외)에는 전동기가 손상될 우려가 있는 과전류가 생겼을 때에 자동적으로 이를 저지하거나 이를 경보하는 장치를 하여야 한다. 다만, 다음의 어느 하나에 해당하는 경우에는 그러하지 아니하다.

- 전동기를 운전 중 상시 취급자가 감시할 수 있는 위치에 시설하는 경우
- 전동기의 구조나 부하의 성질로 보아 전동기가 손상될 수 있는 과전류가 생길 우려가 없는 경우
- 단상전동기로서 그 전원측 전로에 시설하는 과전류 차단기의 정격전류가 16[A] (배선용 차단기는 20[A]) 이하인 경우

답 ②

48 63[A]이하 주택용 배선용 차단기(MCCB)의 과전류트립 동작 시간은?
① 정격전류 105[%]에서 60분 이내
② 정격전류 113[%]에서 60분 이내
③ 정격전류 130[%]에서 60분 이내
④ 정격전류 145[%]에서 60분 이내

▶ 풀이

〈과전류트립 동작시간 및 특성(주택용 배선용 차단기)〉

정격전류의 구분	시 간	정격전류의 배수	
		부동작 전류	동작 전류
63[A] 이하	60분	1.13배	1.45배
63[A] 초과	120분	1.13배	1.45배

답 ④

49 저압전로 중 전선상호간 및 전로와 대지 사이의 절연저항값은 사용전압이 400[V] 이상 시 어느 정도 되어야 하는가?
① 0.4[MΩ]　　　　　　　　　　② 0.5[MΩ]
③ 1[MΩ]　　　　　　　　　　④ 10[MΩ]

▶ 풀이

전로의 사용전압	DC 시험전압 [V]	절연 저항값[MΩ]
SELV 및 PELV	250	0.5
FELV, 500V 이하	500	1.0
500V 초과	1,000	1.0

[주] 특별저압(Extra Low Voltage: 2차전압이 AC 50 V, DC 120V 이하)으로 SELV(비접지회로 구성) 및 PELV(접지회로구성)은 1차와 2차가 전기적으로 절연된 회로, FELV는 1차와 2차가 전기적으로 절연되지 않은 회로

답 ③

50 저압 옥내 배선 공사에서 순서에 맞게 보기에서 골라 바르게 나열한 것은?

[보기]　A. 점검　　　　　　B. 절연 저항 측정
　　　　C. 접지 저항 측정　　D. 통전 시험

① B-A-D-C　　　　　　② A-B-C-D
③ A-D-B-C　　　　　　④ D-A-C-B

답 ②

51 전로의 사용전압이 500V를 초과하는 경우 절연저항은 최저 몇 [MΩ] 이상이어야 하는가?

① 0.5[MΩ]　　② 0.2[MΩ]　　③ 0.4[MΩ]　　④ 1[MΩ]

• 풀이

전로의 사용전압	DC 시험전압 [V]	절연 저항값[MΩ]
SELV 및 PELV	250	0.5
FELV, 500V 이하	500	1.0
500V 초과	1,000	1.0

[주] 특별저압(Extra Low Voltage: 2차전압이 AC 50V, DC 120V 이하)으로 SELV(비접지회로 구성) 및 PELV(접지회로구성)은 1차와 2차가 전기적으로 절연된 회로, FELV는 1차와 2차가 전기적으로 절연되지 않은 회로

답 ①

52 그림과 같은 2차측 중성점을 접지한 210/105[V] 단상 3선식 회로가 있다. "개폐기2"의 부하측전로의 전선상호간 및 전로와 대지간의 절연저항은 최소 몇 [MΩ] 이상으로 유지하여야 하는가?

① 1　　② 0.2
③ 0.5　　④ 0.4

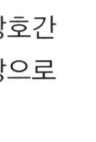

• 풀이

전로의 사용전압	DC 시험전압 [V]	절연 저항값[MΩ]
SELV 및 PELV	250	0.5
FELV, 500V 이하	500	1.0
500V 초과	1,000	1.0

[주] 특별저압(Extra Low Voltage: 2차전압이 AC 50V, DC 120V 이하)으로 SELV(비접지회로 구성) 및 PELV(접지회로구성)은 1차와 2차가 전기적으로 절연된 회로, FELV는 1차와 2차가 전기적으로 절연되지 않은 회로

답 ①

53 최대사용전압 440[V]인 전동기의 절연내력시험전압[V]은?

① 330　　② 440　　③ 500　　④ 660

• 풀이

7[kV] 이하는 1.5배
$440 \times 1.5 = 660$　최저시험전압 500[V]

답 ④

54 발전기, 전동기, 조상기, 기타 회전기(회전 변류기 제외)의 절연내력시험시 시험 전압은 어느 곳에 가하면 되는가?

① 권선과 대지　　　　② 외함과 전선
③ 외함과 대지　　　　④ 회전자와 고정자

> **풀이**
> 시험전압 인가 장소
> • 회전기 : 권선과 대지 사이
> • 변압기 : 권선과 다른 권선 사이, 권선과 철심 사이, 권선과 외함 사이
> • 전기기계기구 : 충전부와 대지 사이
>
> **답** ①

55 최대 사용전압 22,000[V]인 변압기가 비접지식으로 되어 있다. 이 변압기 절연내력시험전압은 몇 [V]인가?

① 20,240 ② 24,200
③ 27,500 ④ 33,000

> **풀이**
> 비접지식 • 7[kV]이하 1.5배 (최저 500[V])
>   • 7[kV]초과 1.25배 (최저 10500[V])
> $22000 \times 1.25 = 27500$
>
> **답** ③

56 고압용 SCR의 절연내력 시험전압은 직류측 최대 사용전압의 몇 배의 교류전압인가?

① 1배 ② 1.25배
③ 1.5배 ④ 2배

> **풀이**
> SCR(실리콘 정류기)
> • 교류전압 1배
> • 충전부분과 외함간
>
> **답** ①

57 2개의 단상변압기(200/6,000[V])를 그림과 같이 연결하여 최대 사용전압 6,600[V]의 고압 전동기의 권선과 대지 사이의 절연내력시험을 하는 경우에 전압계의 전압(V)과 시험전압(E)의 값으로 옳은 것은?

① $V=82.5[V]$, $E=8250[V]$
② $V=165[V]$, $E=13200[V]$
③ $V=165[V]$, $E=9900[V]$
④ $V=200[V]$, $E=12000[V]$

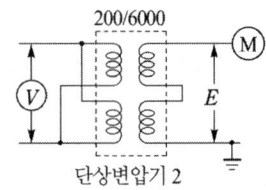

> **풀이**
> • 7[kV] 이하 시험전압 1.5배
> • 시험전압 $E = 6600 \times 1.5 = 9900[V]$
>   전압계전압 $V = V_1 = aV_2$
> $= \frac{200}{6000}(권수비) \times 9900(시험전압) \times \frac{1}{2}(변압기 2대중 1대) = 165$
>
> **답** ③

58 연료전지 및 태양전지 모듈의 절연내력 시험을 하는 경우 충전부분과 대지사이에는 어느 정도의 시험전압을 인가해야 하는가? (단, 연속하여 10분간 가하여 견디는 것이어야 한다.)
① 최대 사용 전압의 1.5배의 직류 전압 또는 1.25배의 교류 전압
② 최대 사용 전압의 1.25배의 직류 전압 또는 1.25배의 교류 전압
③ 최대 사용 전압의 1.5배의 직류 전압 또는 1배의 교류 전압
④ 최대 사용 전압의 1.25배의 직류 전압 또는 1배의 교류 전압

▶풀이
연료전지 및 태양전지 모듈의 절연내력 : 연료 전지 및 태양전지 모듈은 최대 사용전압의 1.5배의 직류 전압 또는 1배의 교류 전압 (500[V] 미만으로 되는 경우에는 500[V])을 충전 부분과 대지사이에 연속하여 10분간 가하여 절연내력을 시험하였을 때에 이에 견디는 것이어야 한다. **답 ③**

59 저압수용가 인입구부근에서 저압전로의 중성선 또는 접지측전선에 추가로 시설하는 접지선의 굵기[mm²]는?
① 0.75　② 2.5　③ 6　④ 16

답 ③

60 계통접지공사의 저항값을 결정하는 가장 큰 요인은?
① 변압기의 용량
② 고압 가공 전선로의 전선연장
③ 변압기 1차 측에 넣는 퓨즈 용량
④ 변압기 고압 또는 특고압 측 전로의 1선 지락 전류의 암페어 수

▶풀이
계통접지공사 $E_2 = \dfrac{150\ (300,\ 600)}{1선지락전류(I_g)}[\Omega]$ **답 ④**

61 금속관공사시 과전류보호장치 용량이 100 [A]이다. 접지공사시 시행해야하는 보호도체 규격[mm²]은 얼마이상이어야 하는가?
① 2.5[mm²]　② 4[mm²]
③ 6[mm²]　④ 16[mm²]

▶풀이
보호도체가 케이블의 일부가 아니거나 상도체와 동일 외함에 설치되지 않을 경우

구 분	구리	알루미늄
기계적 손상에 대해 보호(전선관설치)	2.5[mm²] 이상	16[mm²] 이상
기계적 손상에 대해 보호 되지 않는 경우	4[mm²] 이상	16[mm²] 이상

■ 케이블의 일부가 아니라도 전선관 및 트렁킹 내부에 설치되거나, 이와 유사한 방법으로 보호되는 경우 기계적으로 보호되는 것으로 간주한다. **답 ①**

62 버스덕트 공사시 전압이 3φ 440[V]였다면 접지공사시 시행해야하는 보호도체 규격[mm²]은 얼마이상이어야 하는가?

① 0.75　　　　② 1.5　　　　③ 2.5　　　　④ 4

풀이

보호도체가 케이블의 일부가 아니거나 상도체와 동일 외함에 설치되지 않을 경우

구 분	구리	알루미늄
기계적 손상에 대해 보호(전선관설치)	2.5[mm²] 이상	16[mm²] 이상
기계적 손상에 대해 보호 되지 않는 경우	4[mm²] 이상	16[mm²] 이상

■ 케이블의 일부가 아니라도 전선관 및 트렁킹 내부에 설치되거나, 이와 유사한 방법으로 보호되는 경우 기계적으로 보호되는 것으로 간주한다.

답 ③

4 과목

전력전자

- 제1장 전력용 반도체 소자
- 제2장 정류 및 트리거 회로
- 제3장 사이리스터 접속, 보호 및 시험
- 제4장 인버터 및 컨버터 회로

제 1 장

전력용 반도체 소자

1.1 다이오드

|1| 진성 반도체
4가(최외각 전자의 수가 4개)의 원자를 말하며, 실리콘(Si)이나 게르마늄(Ge) 등과 같이 불순물이 섞이지 않은 순수한 반도체

|2| 불순물 반도체
진성 반도체에다 3가의 원자나 5가의 원자를 섞어 만든 반도체로 하면 진성 반도체와 다른 전기적 성질이 나타낸다. P형과 N형 반도체가 있다.

구분	첨가 불순물		반송자
P형 반도체	3가 원자 인듐(In), 알루미늄(Al), 갈륨(Ga), 붕소(B)	억셉터 (Acceptor)	정공
N형 반도체	5가 원자 (인P, 비소As, 안티몬Sb)	도너 (Donor)	과잉전자

|3| PN 접합 반도체의 정류작용

(1) 정류작용

전압의 방향에 따라 전류를 흐르게 하거나 흐르지 못하게 하는 정류특성을 가진다.

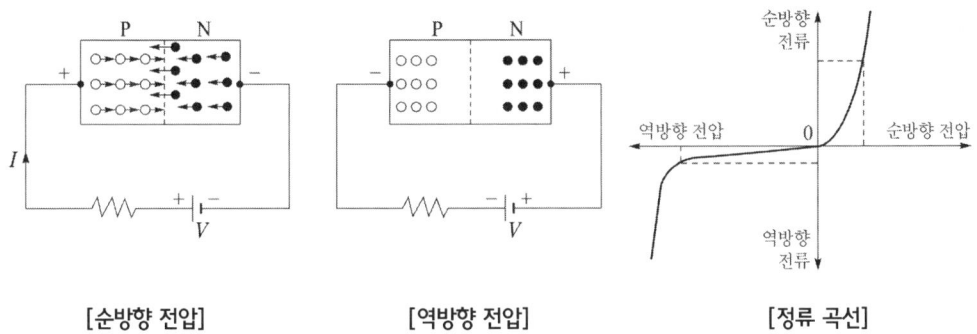

| [순방향 전압] | [역방향 전압] | [정류 곡선] |

| 4 | 다이오드

실리콘 다이오드는 교류를 직류로 변환하는 대표적인 정류소자로 PN접합 반도체에 전극을 붙인 구조

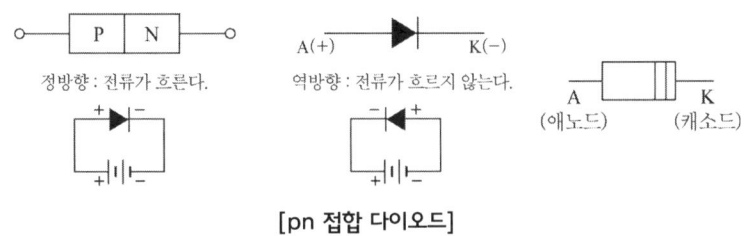

[pn 접합 다이오드]

| 5 | 다이오드의 종류와 용도

(1) 일반용 다이오드(스위칭, 검파용) - 순방향 전류
(2) 정류용 다이오드(정류 회로) - 순방향 전류
(3) 정전압 다이오드(정전압 회로) - 역방향으로 일정전압을 가하면 급격히 전류가 흐름
(4) 발광 다이오드(LED, 표시 소자) - 순방향 전류가 흐르면 발광함
(5) 포토 다이오드(카메라의 노출계) - 역방향으로 일정 전압을 가하고 빛을 주사하면 전류가 증가함

1.2 사이리스터(thyristor)

| 1 | SCR

(1) PNPN의 4층 구조로 된 사이리스터의 대표적인 소자로서 A(anode), K(cathode) 및 G(gate)의 3개의 단자를 가지고 있다. 게이트에 흐르는 작은 전류로 큰 전력을 제어할 수 있다.

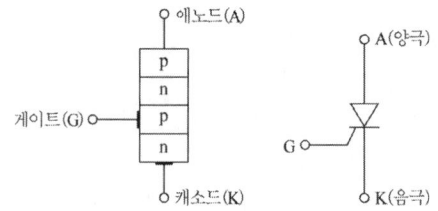

(2) 동작원리

1) 위상각 $\theta = \alpha$되는 점에서 SCR의 게이트에 트리거 펄스를 가해 주면 그때부터 SCR은 통전 상태가 되고, 직류 전류 i_d가 흐르기 시작한다. $\theta = \pi$에서 전압이 음(-)으로 되면, SCR에는 역으로 전류가 흐를 수 없어서 이때부터 SCR은 소호된다. 다음 주기의 전압이 양(+)으로 되고, 게이트에 신호가 가해지기 전까지 직류측 전압은 나타나지 않는다.

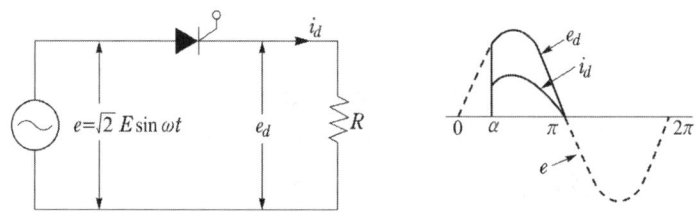

2) 제어 정류 작용 : 게이트에 의하여 점호 시간을 조정할 수 있으므로 단순히 교류를 직류로 변환할 뿐만 아니라, 점호 시간을 변화함으로써 출력전압을 제어할 수 있다.

※ SCR의 특징

① SCR ON 조건 : 래칭전류 이상의 전류가 흐르고 게이트에 입력이 주어질 때 ON 된다. 일단 도통된 후 게이트 전류를 차단하여도 계속 도통상태를 유지하며 소자에 역전압이 걸려 흐르던 전류가 멈추면 소호된다.
  • 래칭전류 : SCR이 ON이 되기 위하여 흘려야 할 애노드전류(순전류)(80[mA] 이상)
  • 유지전류 : SCR이 ON 상태를 유지하기 위한 애노드의 최소전류

② SCR OFF 조건 : 애노드의 극성을 부(-)로 하거나 유지전류 이하가 되면 OFF가 된다.

③ SCR은 직류, 교류 다 제어할 수 있으나, 단일방향으로만 위상 제어된다.

④ 게이트에 전류가 증가하면 브레이크 오버 전압은 감소한다.

⑤ 아크가 생기지 않으므로 열의 발생이 적다.

⑥ 과전압에 약하고 열용량이 적어 고온도 약하다.

⑦ 게이트신호를 인가할 때 부터 도통할 때 까지의 시간이 짧다.

⑧ 전류가 흐르고 있을 때 양극전압강하가 작다.

⑨ 정류기능을 갖는 단일방향성 3단자 소자이다.

⑩ SCR은 항상 역률각보다 큰 범위에서만 제어가 가능하다

1.3 전력용 트랜지스터

│1│ 바이폴러 트랜지스터(Bipolar Transistor)

(1) 트랜지스터의 구조

① 접합형 트랜지스터로 3층 구조로 된 반도체 소자로 PN 접합다이오드에 P형 영역 또는 N형 영역을 부가한 형태이다. npn형과 pnp형 트랜지스터가 있다.

② 트랜지스터는 E(Emitter, 이미터), C(Collector, 컬렉터), B(Base, 베이스)로 표시하는 3개의 단자가 있다.

(2) 트랜지스터는 증폭, 발진, 변조, 검파의 용도로 쓰인다.

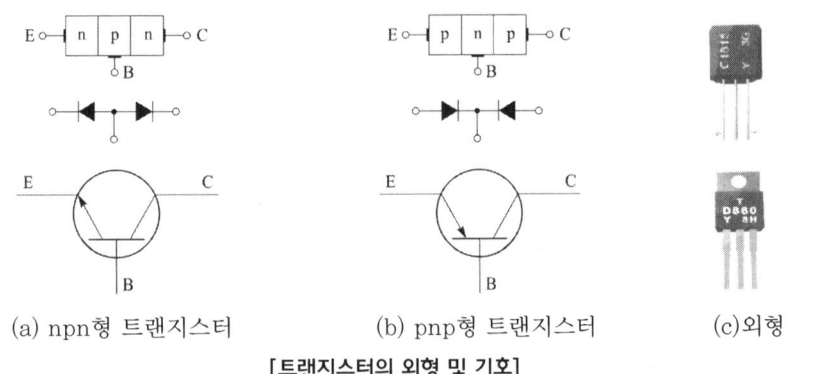

(a) npn형 트랜지스터   (b) pnp형 트랜지스터   (c) 외형

[트랜지스터의 외형 및 기호]

│2│ 전계효과 트랜지스터(FET)

(1) 전계효과 트랜지스터의 분류

① 접합형 FET(junction FET ; JFET) : n 채널, p 채널

② 금속산화물 반도체 FET(metal oxide semi-conductor FET ; MOS FET) : 증가형, 공핍형

(2) FET의 외형과 기호

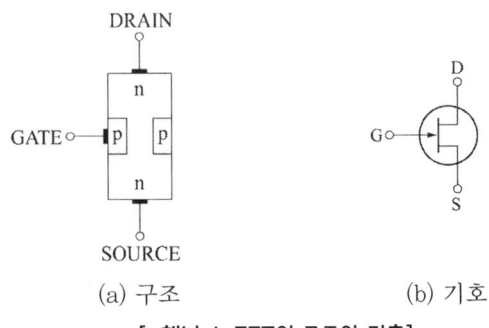

(a) 구조   (b) 기호

[n채널 J-FET의 구조와 기호]

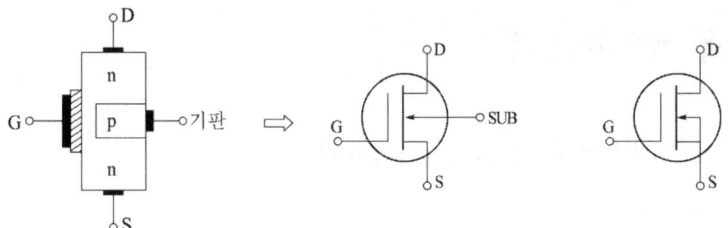

[공핍형 MOS-FET의 구조와 기호]

(3) 동작원리(n 채널형 J-FET)

① 3개의 전극을 가지고 있으며 반송자가 흘러들어 가는 쪽이 소스(source), 흘러나가는 쪽이 드레인(drain), 그리고 반송자가 드레인으로 이동할 때 채널(통로) 폭을 결정해 주는 전극이 게이트(gate)이다.

② 드레인-소스 간에 전압을 가하면 자유전자가 소스단자에서 소자 내로 유입되며, 드레인 쪽으로 흘러나가 전류를 형성한다.

③ 게이트 전극에는 (-)전압이 걸려 있으므로, p형 안의 정공은 게이트 전극 쪽으로 끌리고, n 채널의 전자는 게이트의 (-)전압에 반발되어 공핍층이 커진다.

④ 공핍층이 커지면 전류의 통로가 좁아져 드레인의 전류가 제한된다. 이러한 공핍층은 역방향 전압이 클수록 넓어지게 되어 주전류의 흐름을 제한한다.

3 | IGBT(Insulated Gate Bipolar Transistor)

(1) 구조 및 원리

① IGBT는 MOSFET, BJT, GTO 사이리스터의 장점을 결합한 일종의 하이브리드(hybrid)소자로서 바이폴러 트랜지스터와 MOSFET를 복합한 형태이다.

② MOSFET와 마찬가지로 입력부(Gate)의 임피던스가 무한대에 가까우나 바이폴라 트랜지스터와 같이 도통 손실이 낮고, 출력 C-E 간은 트랜지스터의 특성을 갖는 전력용 반도체 소자이다.

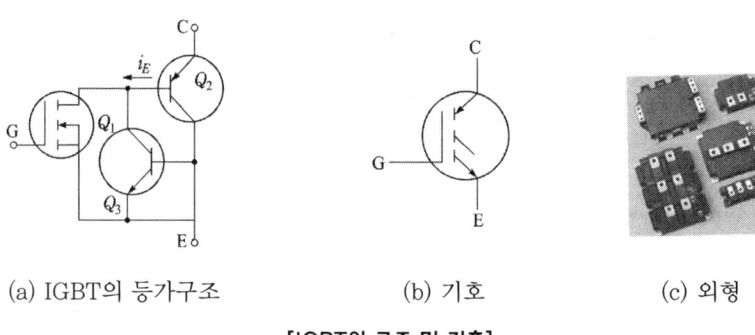

(a) IGBT의 등가구조   (b) 기호   (c) 외형

[IGBT의 구조 및 기호]

(2) 특징

① 전압제어 소자로서 게이트와 이미터 간 입력 임피던스가 매우 높으며 BJT보다 구동이 쉽다.

② BJT처럼 on-drop이 전류에 관계없이 낮고 거의 일정하여 MOSFET보다 훨씬 큰 전류를 흘릴 수 있다.

③ GTO 사이리스터처럼 역방향 전압저지 특성을 갖는다.

④ 각 단자에 용량을 가지고 있기 때문에 턴 온 또는 턴 오프시키려면 입력 용량에 충전, 방전 전류가 필요하다.

⑤ 고전압, 대전류를 고속으로 스위칭 동작시키기 위하여 턴 온 또는 턴 오프 시 di/dt가 높게 되어 높은 서지(Surge)전압이 발생한다.

⑥ 절연 게이트를 갖고 있기 때문에 정전대책이 필요하다. 게이트 OFF 시 이미터와 컬렉터 간의 전압을 부가해서는 안된다. 또한 게이트와 이미터 간에 20[V] 이상의 과도한 전압을 가하지 않도록 하여야 한다.

(3) IGBT의 응용분야

직류 및 교류 전동기의 구동, 지하철 차량의 구동 전동기, 무정전 전원공급 장치, 반도체 릴레이, 전자 접촉기 등 중용량급 전력전자회로에 주로 사용되며 소음이 적고, 동작 성능이 우수하다.

1.4 특수 반도체

1 특수 반도체(사이리스터)

TR	Thyristor (SCR)	TRIAC	DIAC	PUT	SCS
GTO Thyristor	역도통 GTO Thyristor	감열 Thyristor	SBS	SSS	SUS

(1) 서미스터 : 열 민감성 이용 – 온도검출, 조절보상, RC 발진기, 화재탐지
(2) 바리스터 : 전압의 민감성 이용 – 통신선로의 피뢰침, 전자기기 충격전압흡수, 소자의 과전압보호
(3) SCR(Silicon Controlled Rectifier)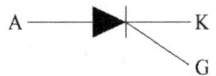
- PNPN 구조, 역저지 3단자 사이리스터
- 위상제어
- 용도 : 대전력 제어, 모터속도제어, 온도조절용, 정류기, 점화장치
(4) SCS(Silicon Controlled Switch)
- 역저지 4단자(P게이트 SCR, N게이트 SCR) 겸용
(5) SSS(Silicon Symmetrical Switch)
- 순방향, 역방향 대칭적 부특성
- 2단자 쌍방성 사이리스터광 장치, 온도제어
(6) TRAIC(Triode Switch For Ac)
- 3극 교류제어소자 3단자 쌍방성 사이리스터
(7) DIAC(Diode Ac Switch)
- 쌍방향 부성저항, 2단자
- 트리거 펄스 발생소자

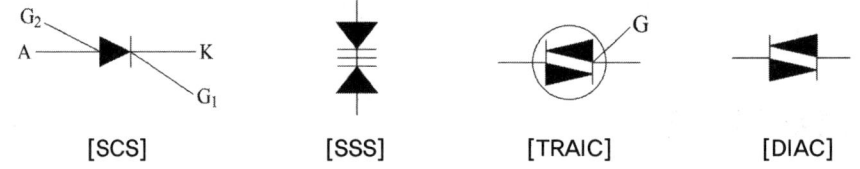

[SCS]　　　[SSS]　　　[TRAIC]　　　[DIAC]

(8) GTO(Gate Turn Off Thyristor) : 자기소호 소자
- 게이트에 흐르는 전류를 점호할 때의 전류와 반대로 흐르게 함으로서 GTO 소호
(9) SUS(Silicon Unilateral Switch)
- SCR, 다이오드 조합 3단자 IC 소자, 빠른 턴-온 시간
- SUS 2개 역병렬 조합, 쌍방향성
(10) UJT(Unijunction Tr) – 스위칭 회로, 펄스회로, 발진기
(11) CdS 셀

가장 많이 이용되고 있는 제조 방법은 소결법이며, 다결정의 박막을 만들어 광도전성을 얻고 있다. 이것은, 빛의 강약에 따라 그 양단 저항치가 변화하는데, 빛이 강할 때는 저항이 낮아지고, 빛이 약해지면 저항이 증가한다

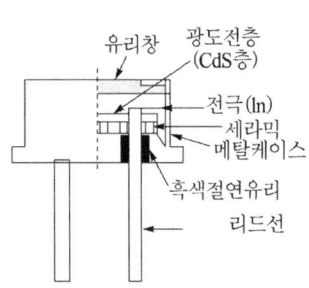 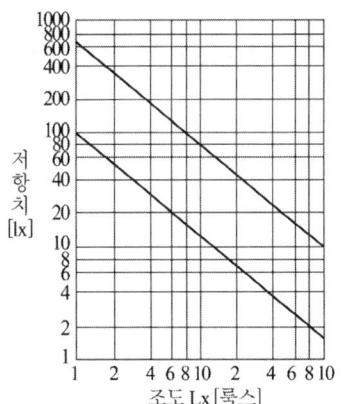

기출 & 예상문제
제1장 전력용 반도체 소자(1)

01 일반적으로 활용하고 있는 불순물 반도체의 결정구조 형태는?
① 이온결합 ② 공유결합 ③ 금속결합 ④ 반데르발스

▶풀이
원자결합에는 이온결합(ionic bond), 공유결합(covalent bond), 금속결합(metallic bond), Van der Waals 결합이 있는데 실리콘과 게르마늄과 같은 주기율표 4족의 원소들은 공유결합을 이루려는 경향이 있다.
답 ②

02 p형 반도체에 관한 내용으로 가장 관계가 먼 것은?
① 알미늄   ② 도너(Donor)
③ 불순물 반도체   ④ 정공

▶풀이
N형 반도체의 첨가불순물은 5가 원자(인, 비소, 안티몬)로서 도너라고 불리운다.
답 ②

03 "절연체에 빛이나 열과 같은 에너지를 부가하면 에너지에 의해 전자가 궤도를 이탈하여 자유로이 움직이는 전자와 (㉮)의 쌍이 생기는데, 이에 따라 (㉯)가 통하게 된다. 여기에서 전자나 (㉮)을 (㉰)라고 한다." 여기에서 ㉮, ㉯, ㉰에 들어갈 용어는?
① ㉮ 정공   ㉯ 전기   ㉰ 캐리어
② ㉮ 전기   ㉯ 정공   ㉰ 캐리어
③ ㉮ 정공   ㉯ 캐리어   ㉰ 전기
④ ㉮ 캐리어   ㉯ 전기   ㉰ 정공
답 ①

04 다이오드의 애벌란시(Avalanche) 현상이 발생되는 것을 옳게 설명한 것은?
① 역방향 전압이 클 때 발생한다.
② 순방향 전압이 클 때 발생한다.
③ 역방향 전압이 작을 때 발생한다.
④ 순방향 전압이 작을 때 발생한다.

▶풀이
• 애벌란시 항복 : 항복전압에 가까운 충분한 크기의 역바이어스를 반도체 접합부에 가했을 때 넓어진 공핍층에 있어서 캐리어가 높은 전계에 의해 가속되고, 원자와 충돌하여 눈사태와 같이 새 캐리어가 생성되어 전류가 증배되는 현상.
답 ①

05 피크 역전압(PIV)을 결정하는 것은?
① PN 접합 다이오드에 걸리는 전압
② PN 접합 다이오드 역바이어스 특성으로 애벌란시 영역
③ PN 접합에 걸리는 전압
④ 유지전류

답 ②

06 PN 접합 다이오드에서 공핍층이 생기는 경우는?
① 전자와 정공의 확산에 의해서 생긴다.
② (-)전압만 가할 때 생긴다.
③ 전압을 가하지 않을 때 생긴다.
④ 다수의 반송자가 많이 모여 있는 순간 생긴다.

▶ 풀이
실리콘 4가(진성반도체)의 원소에 P형(3가 원소) N형(5가 원소)의 불순물을 도핑을 하게되면, 농도차에 의한 확산현상이 일어나고 N형에 자유전자가 P형의 정공과 확산에 의해 서로 결합함으로서 n형과 p형 사이에는 공핍층이 생긴다. 이렇게 PN 접합부분의 자유전자와 정공이 결핍한 영역을 공핍층이라 한다.

답 ①

07 PN 접합 정류소자에 대한 설명 중 틀린 것은?
① 정류비가 클수록 정류특성은 좋다.
② 역방향 전압에서는 극히 적은 전류만이 흐른다.
③ 순방향전압은 P에 [+], N에 [-]전압을 가함을 말한다.
④ 온도가 높아지면 순방향 및 역방향전류가 모두 감소한다.

▶ 풀이
순방향 바이어스된 다이오드의 경우 온도가 증가하면 순방향 전류는 증가하고, 역방향 바이어스일 때는 감소한다. 실제로 역방향전류는 아주 작아 무시하기도 한다.

답 ④

08 전력용 반도체 소자 중 일정한 전압값을 얻기 위해 역바이어스 상태에서 항복전압과 관련된 특성을 사용하는 반도체소자는?
① SCR
② Zener diode
③ IGBT
④ Transistor

▶ 풀이
• 제너 다이오드 : 불순물 농도가 높은 PN접합 다이오드에 역방향 전압을 인가하면 역방향 전압이 낮을 때에는 전류가 거의 흐르지 않지만 전압을 증가시키면 어느 특정한 전압에서는 급격히 많은 전류가 흐르게 된다. 이를 제너효과(Zener effect)라고 하고, 제너 효과를 이용한 다이오드를 제너 다이오드 또는 정전압 다이오드라고 한다.

답 ②

제1장 전력용 반도체 소자

09 제너 다이오드의 용도 중 맞는 것은?
① 고압 정류용　　　　　　　　　② 검파용
③ 전압 안정회로　　　　　　　　④ 전파 정류용

　　■풀이

답 ③

10 전력용 반도체 소자를 직렬 접속하여 사용하는 주된 목적은?
① 고내압화　　　　　　　　　　② 고정밀화
③ 고신속성　　　　　　　　　　④ 고용량화

　　■풀이
　　다이오드 직렬 연결 : 다이오드의 내전압이 증가하여 과전압으로부터 다이오드 보호
　　다이오드 병렬 연결 : 다이오드의 순방향 전류가 증가되어 과전류로부터 다이오드 보호

답 ①

11 파워(Power) 트랜지스터에 관한 설명이다. 옳은 것은?
① 자기소호형 반도체 소자이다.
② 파워 트랜지스터는 그 동작원리에 따라 3종류로 나눈다.
③ 유니폴라 트랜지스터는 증폭작용을 한다.
④ 유니폴라 트랜지스터는 내압특성이 우수하다.

답 ①

12 파워 트랜지스터를 병렬 접속하는 주목적은?
① 대용량화　　② 소형화　　③ 고주파화　　④ 저손실화

답 ①

13 파워 트랜지스터의 파워 스위칭 전원의 용도로 사용되지 않는 것은?
① 용접기 전원　　　　　　　　　② 고주파 전원
③ UPS 전원　　　　　　　　　　④ 직류 안정화 전원

답 ④

14 바이폴라 트랜지스터의 동작영역 중 트랜지스터가 정상적으로 증폭동작을 하는 영역은?
① 포화영역　　　　　　　　　　② 항복영역
③ 차단영역　　　　　　　　　　④ 활성영역

답 ④

15 파워 트랜지스터에서 달링턴 트랜지스터가 널리 이용되는 이유는 무엇인가?
① 스위칭 특성이 뛰어나고 전류증폭률이 높다.
② 포화전압 특성이 뛰어나다.
③ 전류증폭률이 높고 베이스 드라이브 회로가 소형화된다.
④ 전류분포가 균일하다.

▶ 풀이
- 달링턴(Darlington) 트랜지스터는 한 개의 트랜지스터 소자 내에 두 개의 트랜지스터가 달링턴 쌍으로 연결된 구조의 트랜지스터 모듈이고 이 3단자 소자는 매우 큰 전류 증폭률을 갖는 하나의 트랜지스터로서의 역할을 한다.

답 ③

16 직렬 접속시킨 파워 트랜지스터의 전압 분담을 저해하는 요인이 아닌 것은?
① 스위칭 특성의 편차
② 컬렉터 차단전류 편차
③ 드라이브 회로의 신호전달 지연시간의 편차
④ 정특성 편차

답 ④

17 트랜지스터의 스위칭 시간에서 턴오프(Turn Off) 시간은?
① 상승시간
② 하강시간 + 지연시간
③ 축적시간 + 상승시간
④ 축적시간 + 하강시간

▶ 풀이
턴온시간(turn on) : 축적시간 + 상승시간

답 ④

18 MOS-FET의 드레인 전류는 무엇으로 제어하는가?
① 게이트 전압
② 게이트 전류
③ 소스 전류
④ 소스 전압

답 ①

19 일반적으로 동작 주파수가 가장 빠른 반도체 소자는?
① MOS-FET
② 바이폴라 트랜지스터
③ IGBT
④ GTO

▶ 풀이
주파수 속도는 MOSFET > IGBT > 바이폴라 트랜지스터 > GTO로 MOSFET가 가장 빠르다.

답 ①

20 다음은 전력용 MOS FET에 대한 설명이다. 잘못된 것은?
① 작은 구동전력을 요구하는 전압제어 소자이다.
② 작은 게이트 임피던스 때문에 작은 구동전력이 요구된다.
③ 고속 스위칭의 수행이 가능하다.
④ 넓은 안정동작 분야를 갖는다.

▶풀이
MOS FET는 전압제어 소자로서 매우 작은 입력전류만 흘러도 된다. 스위칭 시간이 10^{-9}초 수준으로 매우 빨라 저전력 고주파 컨버터 영역으로 이용이 증대되고 있다. 일반적으로 증가형 MOS FET를 전력용으로 쓰고 이는 높은 입력임피던스를 가진다.　　　답 ②

21 전력용(Power) MOSFET의 특징을 설명한 것이다. 잘못된 것은?
① 직렬접속이 용이하다.　　　② 열(熱)적으로 안정하다.
③ 고속 스위칭의 수행이 가능하다.　　　④ 구동전력이 작다.
　　　답 ①

22 IGBT는 파워 트랜지스터에 비하여 고속 스위칭이 가능하고 게이트 회로가 간단하여 많이 사용되는데 그림에서 IGBT가 on 되는 조건은?
① Tr_1이 on
② Tr_1이 off
③ Tr_2이 on
④ Tr_2이 off

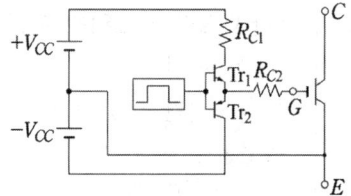

▶풀이
Tr_1을 on 해야만 Gate에 $+V_{cc}$ 전압이 가해지므로 IGBT가 on　　　답 ①

23 파워용 전력반도체 소자 중 IGBT는 스위칭 속도가 빨라서 응용범위가 확대되고 있는데 이 소자의 구동방식은?
① 전류구동　　　② 클램프구동
③ 전압구동　　　④ 자연전류구동

▶풀이
IGBT의 특징은 전압제어 소자로서 게이트와 이미터 간 입력 임피던스가 매우 높아 BJT보다 구동이 쉽다는 것이다.　　　답 ③

24 파워 트랜지스터가 턴, 오프할 때 주회로 전류의 급격한 변화에 따라 주회로 인덕턴스에 전압이 유기됨에 따라 발생되는 전압은?
① 유기전압　　　② 서지전압　　　③ 충전전압　　　④ 정류전압
　　　답 ②

25 지속적인 게이트 신호를 필요로 하는 소자는?
① TRIAC
② SCR
③ GTO
④ MOSFET

> **풀이**
> 1회성 신호로도 제어가 가능한 소자로는 TRIAC, SCR, GTO가 있다.
>
> **답** ④

26 전자회로에서 온도보상용으로 많이 사용되고 있는 소자는?
① 저항
② 코일
③ 콘덴서
④ 서미스터

> **답** ④

27 서미스터는 온도가 증가할 때 저항은?
① 감소한다
② 증가한다
③ 임의로 변화한다
④ 변화가 없다

> **풀이**
> 서미스터는 전기 저항이 온도의 상승에 따라, 현저하게 감소하는 회로용 소자로 온도상승 시 저항이 감소하는 부(−)의 온도계수를 가지고 있다.
>
> **답** ①

28 다음 중 반도체의 저항값과 온도의 관계가 바른 것은?
① 저항값은 온도에 비례한다.
② 저항값은 온도에 반비례한다.
③ 저항값은 온도의 제곱에 반비례한다.
④ 저항값은 온도에 제곱에 비례한다.

> **풀이**
> 반도체의 전기저항은 일반적으로 부(−)의 온도계수를 가지고 있다.
>
> **답** ②

29 반도체 다이오드의 온도를 높이면 정방향 전류 및 역방향 전류는 각각 어떻게 되겠는가?
① 정방향 전류는 증가하고 역방향 전류는 감소한다.
② 정방향 전류와 역방향 전류는 모두 증가한다.
③ 정방향 전류는 증가하고 역방향 전류는 증가한다.
④ 정방향 전류와 역방향 전류는 모두 감소한다.

> **풀이**
> 순방향 바이어스 다이오드의 경우 온도가 증가하면 순방향 전류는 증가하고, 역방향 바이어스일 때는 감소한다. 실제로 역방향전류는 아주 작아 무시할 수 있다.
>
> **답** ①

30 PN접합 다이오드에서 Cut-in voltage란?
① 순방향에서 전류가 현저히 증가하기 시작하는 전압이다.
② 순방향에서 전류가 현저히 감소하기 시작하는 전압이다.
③ 역방향에서 전류가 현저히 증가하기 시작하는 전압이다.
④ 역방향에서 전류가 현저히 감소하기 시작하는 전압이다.

▶풀이
Cut-in voltage : 순방향에서 전류가 현저히 증가하기 시작하는 전압으로서 실리콘 다이오드는 0.7[V], 게르마늄 다이오드는 0.3[V] 정도를 가리킨다.   답 ①

31 그림과 같은 기호의 소자는?
① PUT
② VRD
③ SCR
④ SCS

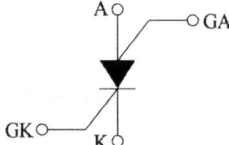

▶풀이

PUT	SCR	SCS
A○G ─▽─ K	A ─▽─G K	G_A─▽─G_K K

답 ④

32 황화 카드뮴(CdS)소자의 특성을 설명한 것 중 적합한 것은?
① 빛에 의하여 전기저항이 변화한다.
② 온도에 의하여 저항이 변화한다.
③ 전압에 의하여 전기저항이 변화한다.
④ 태양에너지를 전기에너지로 변화한다.

▶풀이
• CdS : 빛의 강약에 따라 그 양단 저항치가 변화하는데, 빛이 강할 때는 저항이 낮아지고, 빛이 약해지면 저항이 증가한다   답 ①

33 CdS(황화 카드뮴)은 어떠한 소자인가?
① 빛에 의한 전도성을 이용하는 소자이다.
② 빛에 의한 기전력이 발생하는 소자이다.
③ 태양전지에서 0.55[V]의 기전력을 발산하는 소자이다.
④ 광전 트랜지스터를 만드는 소자이다.

> **풀이**
> • CdS : 빛의 강약에 따라 그 양단 저항치가 변화하는데, 빛이 강할 때는 저항이 낮아지고, 빛이 약해지면 저항이 증가한다
>
> **답** ①

34 발광소자와 수광소자를 하나의 용기에 넣어 외부의 빛을 차단한 구조로 출력 측의 전기적인 조건이 입력 측에 전혀 영향을 끼치지 않는 소자는?
① 포토 다이오드
② 포토 트랜지스터
③ 서미스터
④ 포토 커플러

답 ④

35 다음 중 포토 커플러(Photo Coupler) 소자와 용도가 유사한 것은?
① 펄스 변압기
② 서미스터
③ LASCR
④ GTO

> **풀이**
> 펄스 트랜스 : 비교적 높은 주파수, 넓은 대역의 신호전달용 트랜스
>
> **답** ①

36 포토 다이오드(Photo Diode)에 관한 설명 중 틀린 것은?
① 빛에 대하여 민감하다.
② 온도 특성이 나쁘다.
③ PN 접합에 역방향으로 바이어스를 가한다.
④ PN 접합의 순방향 전류가 빛에 대하여 민감하다.

답 ②

37 빛의 에너지를 전기 에너지로 변화시키는 것은?
① 광전 다이오드
② 광전로 소자
③ 광전 트랜지스터
④ 태양전지

답 ④

38 다음 중 무정전 전원장치를 나타내는 기호는?
① CATV
② PCS
③ UPS
④ PID

> **풀이**
> 무정전 전원장치 [uninterruptible power supply (UPS)]
>
> **답** ③

39 다음 중 UPS의 기능으로서 옳은 것은 어느 것인가?
① 3상 전파정류 방식　　　　　② 가변주파수 공급 가능
③ 무정전 전원공급장치　　　　④ 고조파 방지 및 정류 평활

답 ③

40 무정전전원장치(UPS)에는 별로 중요하지 않아 일반적으로 포함되지 않는 요소는?
① 축전기　　　　　　　　　　② 인버터
③ 컨버터　　　　　　　　　　④ 주파수변환기

답 ④

41 고전압 대전력 정류기로 널리 사용되는 것은?
① 회전변류기　　　　　　　　② 수은정류기
③ 전동발전기　　　　　　　　④ 베르트로(Vertro)

답 ②

42 낮은 전압에서 큰 저항을 나타내며, 높은 전압에서는 작은 저항을 갖는 소자는?
① 서미스터　　　　　　　　　② 바렉터
③ 배리스터　　　　　　　　　④ 사이리스터

▶ 풀이
• 배리스터(Varistor) : 전압의 민감성 이용하여 통신선로의 피뢰침, 전자기기 충격전압흡수, 소자의 과전압보호등에 쓰이는 소자로 저항값이 전압에 의해 비직선적으로 변화되는 성질을 가진 두 전극의 반도체 디바이스를 말한다. 저항은 전압이 높아지면 감소하고, 또 온도에 의해서도 변화한다.

답 ③

43 특정전압 이상이 되면 ON 되는 반도체인 배리스터의 주된 용도는?
① 온도 보상　　　　　　　　　② 전압의 증폭
③ 출력전류의 조절　　　　　　④ 서지전압에 대한 회로보호

답 ④

1.5 사이리스터(Thyristor) 구조 및 동작원리

| 1 | 정의

사이리스터(Thyristor)란 Off상태부터 On상태로, 또는 On상태로부터 Off상태로 스위칭할 수 있는 3개 또는 그 이상의 접합을 갖는 4층 이상의 PNPN 구조로 된 반도체 스위칭소자를 말한다. 바이폴라 트랜지스터의 일종으로 아날로그회로, 디지털회로 등에 사용되는 바이폴라단체소자로 On상태와 Off상태의 두 가지 안정상태를 유지할 수 있으며, 전력용 트랜지스터에 비해 고전압에서 우수한 특성을 가지고 있다.

| 2 | SCR

(1) 구조

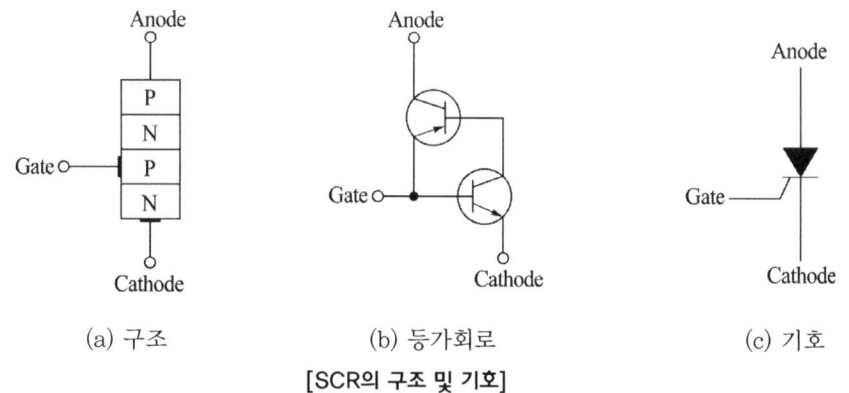

(a) 구조   (b) 등가회로   (c) 기호

[SCR의 구조 및 기호]

(2) SCR의 동작

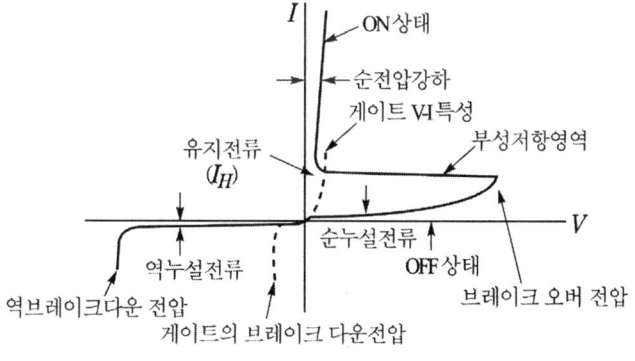

[SCR의 V-I 특성곡선]

※ SCR의 특징
① turn on 시간 : 게이트 전류를 가하여 도통 완료까지의 시간
② 래칭 전류 : SCR을 turn on시키기 위하여 게이트에 흘려야 할 최소 전류(80[mA])
③ 유지 전류 : SCR이 on 상태를 유지하기 위한 최소전류
④ 제어전극에 가하는 신호가 전압인 소자의 특징
- 구동 전력이 작다.
- 구동회로가 간단하다.
- 소형화 할 수 있다.
⑤ Thyristor에서 양극전류 상승률 $\frac{di}{dt}$가 커지면 나타나는 현상?
- 접합주 온도가 상승 과열되어 파괴가 되는 경우도 있다.
⑥ Thyristor bridge를 이용한 일반적인 변환장치의 특징은?
- 위상제어에 의해 직류전압은 가변된다.

1) SCR 턴-온 : SCR을 턴 온하려면 애노드 전류를 증가시켜야 한다. 애노드 전류가 증가하는 외적요인에는 소자의 온도 증가, 광의 조사, 고전압, dv/dt의 증가, 게이트 전류 등의 증가가 있다.
① 열(Thermal) : 사이리스터의 온도가 높아지면 전자-정공 쌍의 수도 증가하여 누설전류도 증가하게 된다. 이때 사이리스터는 결국 턴온된다. 이러한 턴온 방법은 열 폭주를 일으키게 되므로 피해야 한다.
② 빛(Light) : 빛을 사이리스터의 접합면에 직접 쪼이면, 전자-정공쌍이 증가하게 되고 사이리스터도 턴온된다. LA(Light-activated) SCR은 바로 이렇게 실리콘 웨이퍼에 빛을 쬐어 턴온시키는 사이리스터다.
③ 고전압(High Voltage) : 순방향의 애노드-캐소드 전압을 항복전압 V_{BO} 이상으로 크게 하면, 충분한 크기의 누설전류가 턴온이 유발되도록 흐르게 된다. 이러한 방법의 턴온은 소자를 파괴시키므로 피하여야 한다.
④ dv/dt : 애노드-캐소드 전압의 상승률을 높게 할 때, 용량성 접합면의 충전전류가 충분히 커지게 되어 사이리스터를 턴온시키게 된다. 이러한 충전전류의 큰 값은 사이리스터를 파괴시킬 수 있으므로 높은 dv/dt에 대하여 보호해야 한다.
⑤ 게이트 전류(Gate Current) : 사이리스터가 순방향 바이어스된 상태에서 게이트와 캐소드 단자 사이에 정(正)의 게이트 전압을 인가하면, 게이트 전류를 유발시켜 사이리스터는 턴온된다. 게이트 전류를 증가시키면 순방향 차단전압은 감소하게 된다.

2) SCR의 턴-오프

① 온상태에 있는 사이리스터는 순방향 전류를 유지전류 I_H 미만으로 감소시켜 턴오프 시킬 수 있다.
② 애노드 전류는 유지전류 미만으로 충분히 오랜 시간 동안 유지하여야 하며 이렇게 함으로써 과잉캐리어는 사라지거나 재결합하게 된다. 재결합 시간을 필요로 한다.
③ 역전압을 턴오프 과정 동안 사이리스터 양단에 인가한다.

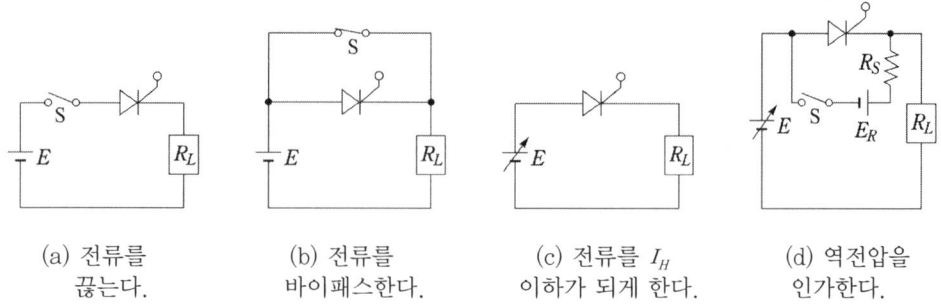

(a) 전류를 끊는다.　　(b) 전류를 바이패스한다.　　(c) 전류를 I_H 이하가 되게 한다.　　(d) 역전압을 인가한다.

3) 사이리스터의 형태

① 위상제어 사이리스터 : 일반적으로 상용전류에서 동작되며, 지연전류에 의하여 턴 오프 할 수 있다. 턴 오프 시간은 $50 \sim 100 [\mu s]$ 정도가 된다. 컨버터와 같이 저속 스위칭분야에 적합하다.
② 고속스위칭 사이리스터 : 초퍼, 인버터에 사용된다. 턴 오프 시간은 $5 \sim 50 [\mu s]$ 정도로 전압범위에 따라 다르게 된다.

3 | GTO(Gate Turn Off thyristor)

4층 구조로서 GTO는 양(+) 게이트 전류에 의하여 턴 온 하는 것 이외에도 음(-)의 게이트 전류에 의하여 턴 오프 시킬 수 있다.

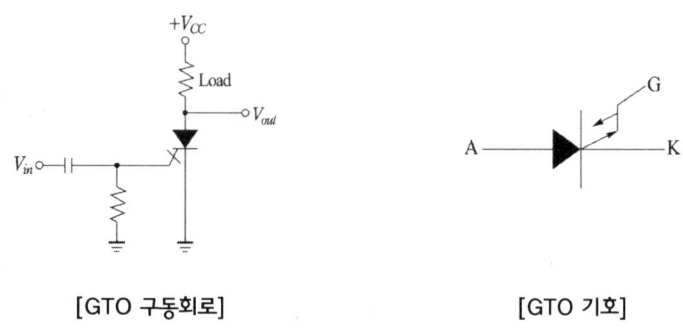

[GTO 구동회로]　　　　　　　　[GTO 기호]

(1) SCR과 비교한 GTO의 장점
   ① 강제전류에 요구되는 전류소자를 제거할 수 있으므로 가격, 무게, 부피 등을 감소시킬 수 있다.
   ② 전류형 초크를 제어하여 전자기적 소음을 감소시킬 수 있다.
   ③ 높은 스위칭 주파수를 허용하는 빠른 턴오프 기능을 갖고 있다.
   ④ 컨버터 효율을 향상시킬 수 있다.

(2) 전력용 트랜지스터에 비교한 GTO의 장점
   ① 더 높은 차단전압을 가진다.
   ② 평균전류에 대해 제어 가능한 피크전류의 비율이 높다.
   ③ 평균전류에 대한 피크서지 전류의 비율이 높아 일반적으로 10:1이다.
   ④ 높은 온상태 이득(애노드 전류/게이트 전류)은 일반적으로 600 정도이다.
   ⑤ 펄스게이트 신호 기간이 짧다. 서지상태에서 GTO는 재생작용으로 인하여 더 짙은 포화상태에 이르게 된다.

4 TRIAC(Triode AC switch)

양방향으로 도통되며 일반적으로 교류 위상제어에 사용된다. 이 소자는 2개의 사이리스터를 공통게이트로 역병렬 접속한 것이다.
① 2개의 병렬 연결된 SCR로서 작용
② 트라이액은 양방향 사이리스터 소자이며 래치소자이다.
③ MT_1, MT_2 : 주단자 G : 제어단자
④ 게이트 펄스는 게이트(G)와 주단자(MT1) 사이로 입력한다.
⑤ 양의 전류 방향에는 양의 펄스가 음의 전류 방향에는 음의 펄스가 사용된다.
⑥ 한번 턴온되면 전류가 0으로 떨어진 후 스위칭이 가능하며 다시 턴온하기 위해서는 또 다른 펄스입력이 있어야 한다.

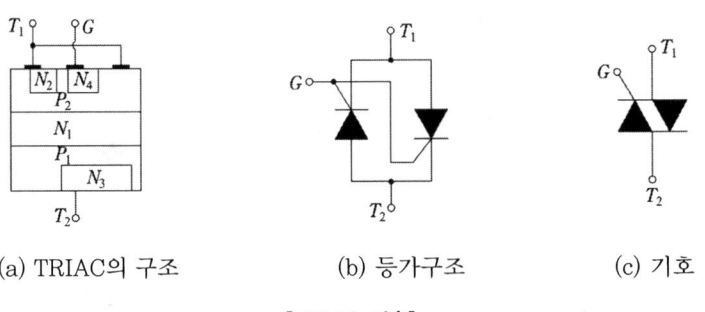

(a) TRIAC의 구조   (b) 등가구조   (c) 기호

[TRIAC 기호]

⑦ 스위칭 동특성은 사이리스터에 미치지 못한다.
⑧ SCR같은 사이리스터처럼 고전류 고전압에서 사용할 수 없다.
⑨ 트라이액을 대신하여 SCR의 조합한 교류스위치가 많이 사용하고 있다.

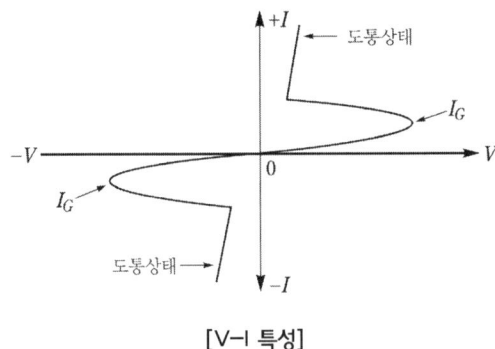

[V-I 특성]

| 5 | 역도통 사이리스터(RCT : Reverse Conducting Thyristor)

역도통 사이리스터(RCT)는 초퍼나 인버터 회로의 유도성 부하에서 역전류를 흐르게 하거나 커뮤테이션 회로의 턴 오프 조건을 개선하기 위하여 사이리스터에 역병렬 다이오드를 연결한 구조이다.

| 6 | 정전유도 사이리스터(SITH : Static Induction Thyristor)

MOSFET와 유사하며 양(+)의 게이트 전압을 인가하면 턴 온 되며, 음(-)의 전압을 인가하여 턴 오프 된다. SITH는 낮은 온상태 저항과 전압강하를 나타내므로 고압의 전압, 전류 정격의 소자를 만들 수 있다.

| 7 | 광실리콘 제어정류기(LASCR : Light Activated Silicon Controlled Rectifier)

실리콘웨이퍼 위에 빛을 조사하면 턴 온 된다. 빛의 방사에 의하여 발생한 전자와 정공쌍은 전기장의 영향에 의해 트리거 전류를 발생시킨다. 일반적으로 게이트 구조는 광원으로부터 게이트가 충분히 민감하게 반응하도록 설계된다. 이 LASCR은 고압 대전류응용에 많이 사용되며 전력용 컨버터의 스위칭 소자 사이에 완전한 전기적 절연이 가능하다.

| 8 | FET 제어 사이리스터(FET - CTH : FET - Controlled THyristor)

MOSFET와 사이리스터가 병렬로 연결된 것이다. MOSFET의 게이트에 충분한 전압, 약 3[V] 정도를 인가하면, 사이리스터를 점호시키기 위한 전류가 내부적으로 발생한다. 이 소자는 높은 스위칭 속도, 높은 di/dt, dv/dt 특성을 가지고 있다.

9 | MOS 제어 사이리스터(MCT)

재생형 4층 사이리스터와 MOS 게이트 구조의 특징을 결합한 것이다.
(1) 도통기간 동안에 순방향 전압강하가 낮다.
(2) 턴온시간과 턴오프시간이 빠르다.
   (300[A], 500[V]의 MCT에 대해서 턴온시간이 $0.4[\mu s]$, 턴오프 시간이 $1.25[\mu s]$])
(3) 스위칭 손실이 낮다.
(4) 역방향 전압 저지능력이 낮다.
(5) 게이트 입력임피던스가 높아서 구동회로가 매우 간단하다.

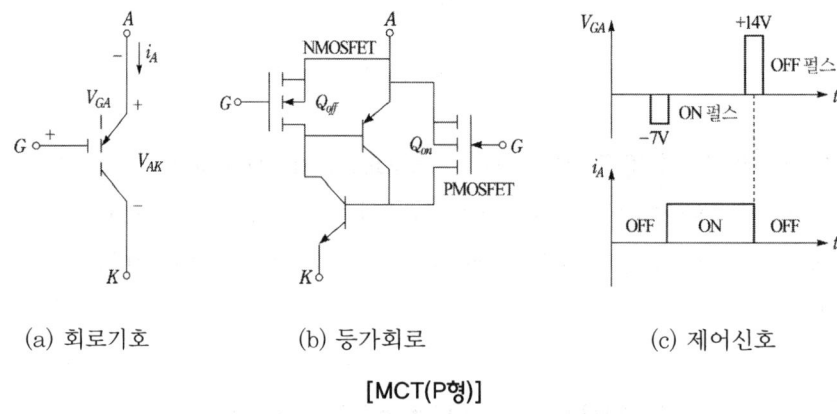

(a) 회로기호　　(b) 등가회로　　(c) 제어신호

[MCT(P형)]

10 | 쌍방향 2단자 사이리스터(SSS : Silicon Symmetrical Swith)

(1) 실리콘 대칭형 스위치의 약어로 일명 사이댁(Sidac)이라고도 한다.
(2) 2개의 역저지 3단자 사이리스터를 역병렬 접속시킨 소자이며 게이트 단자가 없는 사이리스터이다.
(3) SSS를 온상태로 하기 위해서는 T_1과 T_2 사이에 펄스상의 브레이크 오버 전압 이상의 전압을 가하는 V_{BO}와 상승이 빠른 전압을 가하는 d/dt 점호가 필요하다.
(4) SSS는 브레이크 오버 전압 이상의 펄스를 줌으로써 온 시킬 수 있어 SCR과 같이 과전압이 걸려도 파괴되는 일없이 온이 된다는 강점을 가지고 있다. 따라서 과전압이 걸리기 쉬운 옥외용 네온사인의 조광 등에 알맞다.

※ 각종 소자의 방향성
　• 단방향성 : SCR, GTO, SCS, LASCR
　• 쌍방향성 : SSS, TRIAC, DIAC, SBS

기출 & 예상문제

제1장 전력용 반도체 소자(2)

01 사이리스터에 대한 설명 중 틀린 것은?
① PNPN 구조를 이용하여 2개의 안정된 ON/OFF 동작을 한다.
② SCR도 사이리스터의 일부분으로 이 소자는 확산공정에 의하여 제조된다.
③ 단자의 수에 의하여 2단자, 3단자 또는 4단자가 있고, 전류가 흐르는 방향에 따라 구분하기도 한다.
④ NPN 또는 PNP의 3층 구조로서 베이스 신호에 의하여 ON/OFF를 제어할 수 있다.

▶풀이
④ 트랜지스터 　　　　　　　　　　　　　　　　　　　　　답 ④

02 SCR의 전압공급방법(Turn-On) 중 가장 타당한 것은?
① 애노드에 (-)전압, 캐소드에 (+)전압, 게이트에 (+)전압을 공급한다.
② 애노드에 (-)전압, 캐소드에 (+)전압, 게이트에 (-)전압을 공급한다.
③ 애노드에 (+)전압, 캐소드에 (-)전압, 게이트에 (+)전압을 공급한다.
④ 애노드에 (+)전압, 캐소드에 (-)전압, 게이트에 (-)전압을 공급한다.

▶풀이
SCR의 Turn-On 조건은 애노드(+), 캐소드(-), 게이트(+)의 전압을 공급하는 것이다. 　답 ③

03 SCR을 off 상태에서 on 상태가 되게 하는 방법으로 적당하지 않은 것은?
① 게이트에 (+)의 펄스전류를 인가한다.
② 게이트에 (-)의 펄스전류를 인가한다.
③ 양극과 음극 사이에 브레이크 오버 전압까지 인가한다.
④ 양극에 인가하는 전압 상승률을 크게 한다.

▶풀이
SCR 턴-온 게이트 전류(Gate Current) : 사이리스터가 순방향 바이어스된 상태에서 게이트와 캐소드 단자 사이에 정(正)의 게이트 전압을 인가하면, 게이트 전류를 유발시켜 사이리스터는 턴온된다. 답 ②

04 SCR의 게이트에 전류를 흘리기 전에 애노드에 정(+)의 전압, 캐소드에 부(-)의 전압을 인가하는 상태는?
① 역저지상태　　② 순저지상태　　③ Turn-on 상태　　④ Turn-off 상태

▶ 풀이
애노드 전압이 캐소드에 대하여 전위가 높을 때 순방향저지(Forward Blocking)상태에 있다고 말한다.
답 ②

05 SCR의 설명 중 잘못된 것은?
① 주전류를 차단하려면 게이트 전압을 0 또는 +로 하여야 한다.
② 정류 기능을 갖는 1방향성 3단자 소자이다.
③ ON 상태에서는 PN 접합의 순방향과 마찬가지로 낮은 저항을 나타낸다.
④ SCR은 실리콘의 PNPN 4층으로 되어 있다.

▶ 풀이
SCR은 점호(도통)능력은 있으나 소호(차단)능력이 없으므로 소호시키기 위해서는 온상태에 있는 사이리스터는 순방향 전류를 유지전류 I_H미만으로 감소시키거나 SCR의 애노드, 캐소드 간에 역전압을 인가한다.
답 ①

06 SCR에 대한 설명으로 옳지 않은 것은?
① 대전류 제어 정류용으로 이용된다.
② 게이트전류로 통전전압을 가변시킨다.
③ 주전류를 차단하려면 게이트전압을 영 또는 부(-)로 해야 한다.
④ 게이트전류의 위상각으로 통전전류의 평균값을 제어시킬 수 있다.

▶ 풀이
게이트 전압으로 주전류를 차단할 수 없다.
답 ③

07 SCR의 설명으로 적당치 않은 것은?
① 과전압에 약하다.
② 대전류의 제어 및 정류용으로 이용된다.
③ 게이트 전류로 통전전압을 가변시킨다.
④ 주전류를 차단하려면 게이트 전압을 0 또는 부(-)로 해야 한다.
답 ④

08 SCR에 대한 설명으로 옳지 않은 것은?
① 게이트 전류로 턴-온 할 수 있다.
② 애노드, 게이트, 캐소드 구간의 3단자이다.
③ 역전압이 걸리면 턴-오프 할 수 있다.
④ 턴-온 시 게이트 전류를 차단하면 소호된다.
답 ④

09 SCR의 설명이 옳은 것은?
① 게이트 전류로 애노드 전류를 제어할 수 있다.
② 단락상태에서 전원 전압을 감소시켜 차단상태로 할 수 있다.
③ 게이트 전류를 차단하면 애노드 전류가 차단된다.
④ 단락상태에서 애노드 전압을 0 또는 부(-)로 하면 차단상태로 된다.

답 ④

10 다음 중 SCR에 대한 설명으로 가장 옳은 것은?
① 게이트 전류로 애노드 전류를 연속적으로 제어할 수 있다.
② 쌍방향성 사이리스터이다.
③ 게이트 전류를 차단하면 애노드 전류가 차단된다.
④ 단락상태에서 애노드 전압을 0 또는 부(-)로 하면 차단상태로 된다.

답 ④

11 OFF 상태에 있던 SCR을 ON 상태로 되게 하는 방법이 아닌 것은?
① 온도를 높인다.
② 게이트 전류를 흘린다.
③ 애노드에 (+)의 전압을 내압까지 인가한다.
④ 애노드에 인가되는 전압 상승률을 작게 잡는다.

▶풀이
애노드-캐소드 전압의 상승률(dv/dt)을 높게 할 때, 용량성 접합면의 충전전류가 충분히 커지게 되어 사이리스터를 턴온시키게 된다.

답 ④

12 사이리스터는 자기소호 능력이 없는 소자로서 턴-온에서 턴-오프하려는 방법 중 적당하지 못한 것은?
① 전류를 유지전류 이하로 한다.   ② 역바이어스를 주는 방법을 취한다.
③ 게이트 전류를 차단한다.   ④ 주전원을 완전히 차단한다.

답 ③

13 사이리스터의 유지전류(Holding Current)에 관한 설명으로 옳은 것은?
① 사이리스터가 턴온(Turn On)하기 시작하는 순전류
② 게이트를 개방한 상태에서 사이리스터가 도통상태를 유지하기 위한 최소의 순전류
③ 사이리스터의 게이트를 개방한 상태에서 전압을 상승하면 급히 증가하게 되는 순전류
④ 게이트 전압을 인가한 후에 급히 제거한 상태에서 도통상태가 유지되는 최소의 순전류

▶풀이
유지전류는 SCR이 On 상태를 유지하기 위한 최소전류를 말한다.

답 ②

14 사이리스터에 관한 설명이다. 적합하지 않은 것은?
① 사이리스터를 턴온시키기 위해 필요한 최소의 순방향 전류를 래칭전류라고 한다.
② 도통 중인 사이리스터에 유지전류 이하가 흐르면 사이리스터는 턴오프된다.
③ 유지전류의 값은 항상 일정하다.
④ 래칭전류는 유지전류보다 크다.

▶ 풀이
① 래칭전류(I_L, latching current) : SCR을 Turn On시키기 위하여 게이트에 흘려야 할 최소전류
② 유지전류(I_H, holding current) : SCR이 On 상태를 유지하기 위한 최소전류
④ Holding Current는 Latching Current보다 항상 작은 값을 갖는다.   답 ③

15 사이리스터의 응용에 대한 설명으로 잘못된 것은?
① 위상제어에 의해 AC 전력제어를 할 수 있다.
② AC 전원에서 가변주파수의 AC 변환이 가능하다.
③ DC 전력의 증폭은 컨버터가 가능하다.
④ 위상제어에 의해 제어정류, 즉 AC를 가변 DC로 변환할 수 있다.   답 ③

16 어떤 제어소자를 턴온하려고 할 때에는 유지전류 이상의 순방향전류가 필요하고 턴온시키기 위한 최소의 순방향 전류를 무엇이라 하는가?
① 유지전류   ② 래칭전류
③ 브레이크 오버 전류   ④ 브레이크 다운 전류   답 ②

17 도통상태의 SCR을 턴오프(Turn Off)하려면 애노드 전류의 값은?
① 래칭(Latching) 전류보다 작게 해야 한다.
② 래칭(Latching) 전류보다 크게 해야 한다.
③ 유지전류보다 작게 해야 한다.
④ 래칭전류보다는 작게 유지전류보다는 크게 한다.   답 ③

18 유지전류(Holding Current)의 설명 중 옳은 것은?
① 일반적으로 부의 온도의 특성을 가지며, 온도가 상승하면 유지전류는 감소한다.
② SCR을 ON 상태로 유지하는 데 필요한 최소의 게이트 전류를 말한다.
③ SCR을 게이트로서 턴온시킨 직후에 ON 상태로 유지하는 데 필요한 최소한의 양극전류이다.
④ 일반적으로 부의 온도 특성을 가지며, 온도가 상승하면 유지전류는 증가한다.   답 ③

19 SCR의 턴온 시 10[A]의 전류가 흐를 때 게이트 전류를 1/2로 줄이면 SCR의 전류는 몇 [A]인가?

① 5   ② 10   ③ 20   ④ 40

▶풀이
SCR의 게이트 전류는 턴오프 능력이 없으므로 게이트 전류를 1/2로 줄여도 턴온상태를 유지한다. **답** ②

20 실리콘정류기의 동작 시 최고 허용온도를 제한하는 가장 주된 이유는?
① 브레이크 오버(Breake Over) 전압의 저하방지
② 브레이크 오버(Breake Over) 전압의 상승방지
③ 역방향 누설전류의 감소방지
④ 정격 순전류의 저하방지

답 ①

21 사이리스터에 관한 설명이다. 옳은 것은?
① 브레이크 오버(Break Over) 전압에서 소자는 파괴된다.
② 브레이크 다운(Break Down) 전압은 브레이크 오버(Break Over) 전압과 거의 같은 값이다.
③ 유지(Holding) 전류 이상이 되면 순방향저지 상태가 된다.
④ 래칭(Latching) 전류는 유지(Holding) 전류보다 적다.

▶풀이
(1) 브레이크 오버(Break Over) 전압에서 소자는 도통(on)상태가 된다.
(2) 유지(Holding) 전류 이상이 되면 순방향도통 상태를 계속 유지하고 있다.
(3) 래칭(Latching) 전류는 유지(Holding) 전류보다 크다. **답** ②

22 SCR을 제어회로에 사용할 때의 설명으로 잘못된 것은?
① AC를 완전히 제어하기 위해서는 SCR 2개를 사용한다.
② DC 회로를 제어할 때에는 Gate의 전류를 기준치 이하로 떨어뜨린다.
③ DC 회로를 제어할 때에는 순간적인 역전압을 애노드에 가한다.
④ AC를 완전히 제어하기 위해서는 쌍방향 대칭 특성을 가진 소자를 쓴다.

▶풀이
SCR은 게이트에 인가되는 전류 의해서 점호되며 소호능력은 없다. **답** ②

23 사이리스터가 오프(Off)되었을 때의 등가회로는?

① 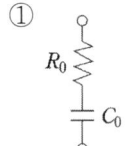   ② 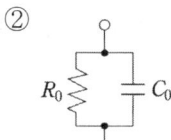   ③ 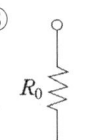   ④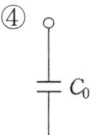

답 ②

24 SCR의 pn 접합 구조를 옳게 나타낸 것은?

① 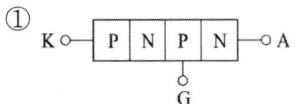   ②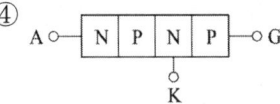

③ 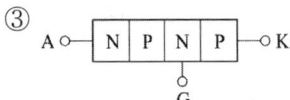   ④
A○─[N | P | N | P]─○G
             │
             K

답 ②

25 사이리스터의 접속 중에서 옳은 것은?

① 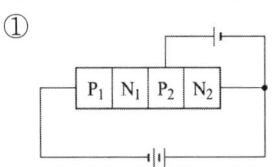   ②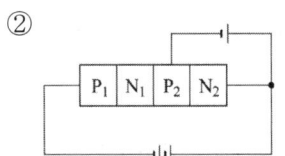

③ 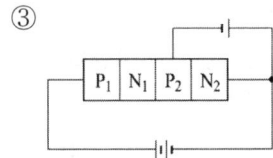   ④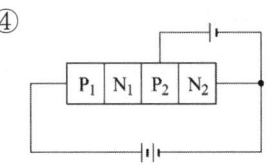

▶풀이
SCR의 Turn-On 조건은 애노드(+), 캐소드(-), 게이트(+)의 전압을 공급
P_1 : Anode(+), N_2 : Cathode(-), P_2 : Gate(+)

답 ④

26 사이리스터에 대한 기호가 옳은 것은?

① 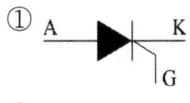   ②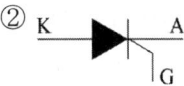

③ 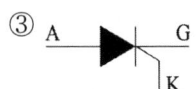   ④

답 ①

27 사이리스터(Thyristor)의 가장 일반적인 펠릿(Pellet)의 제조법이 아닌 것은?
① 플레이너(Planer) 확산법   ② 전 확산법
③ 합금 확산법   ④ 다이케스팅법

▶풀이
펠릿(Pellet)의 제조법에는 전 확산법, 합금 확산법, 플레이너 확산법이 있다.

답 ④

28 사이리스터를 턴온하기 위한 게이트 전류의 펄스 폭은?

① 지연시간 이상

② 상승시간 이상

③ 턴온시간 이상

④ 턴온시간에서 상승시간을 뺀 시간 이상

> **풀이**
> 사이리스터를 턴온하기 위해서는 게이트 펄스폭을 턴온시간 이상하여야 한다.   **답** ③

29 사이리스터를 사용하는 회로에서 회로의 턴-오프시간과 사이리스터 자체의 턴-오프시간의 관계로 옳은 것은?

① 회로의 턴-오프시간 < 사이리스터 자체의 턴-오프시간

② 회로의 턴-오프시간 = 사이리스터 자체의 턴-오프시간

③ 회로의 턴-오프시간 > 사이리스터 자체의 턴-오프시간

④ 회로의 턴-오프시간과 사이리스터 자체의 턴-오프시간은 상관이 없다.

답 ③

30 사이리스터의 내압(V_{DRM})은 전원전압에 몇 배를 곱한 값을 기준으로 하는가?

① 1.5~2.0   ② 2.0~2.5   ③ 2.5~3.0   ④ 3.0~3.5

답 ③

31 사이리스터에서 양극전류 상승률 $\dfrac{di}{dt}$가 커지면 나타나는 현상은?

① 게이트 전류는 지수함수적으로 증가한다.

② 양극전류가 감소한다.

③ $\dfrac{di}{dt}$를 증가시키면 고주파 진동을 억제할 수 있다.

④ 접합부 온도가 상승 과열되어 파괴가 되는 경우도 있다.

> **풀이**
> • 전류 상승률 $\left(\dfrac{di}{dt}\right)$: 애노드-캐소드 전압의 상승률을 높게 할 때, 용량성 접합면의 충전전류가 충분히 커지게 되어 사이리스터를 턴온시키게 된다. 이러한 충전전류의 큰 값은 사이리스터를 파괴시킬 수 있으므로 높은 dv/dt에 대하여 보호해야 한다.   **답** ④

32 다음 중 SCR의 응용과 관계없는 것은?

① 접점의 스파크 제거장치   ② 자동전압 제어장치

③ 조광장치   ④ 전동기 제어장치

답 ①

33 다음 중 사이리스터의 용도가 아닌 것은?
① 전동기의 속도제어　　　　　　② 조명제어
③ 램프의 소프트 스타트 회로　　　④ 발전기 병렬운전 시 부하제어
　　　　　　　　　　　　　　　　　　　　　　답 ④

34 SCR을 직·병렬로 구성하여 사용하는 주된 목적은?
① 고주파를 얻을 수 있다.　　　　② 고전압, 대전류를 얻는다.
③ 전류의 불평형이 없다.　　　　　④ 스위칭 속도가 빠르다.
　　　　　　　　　　　　　　　　　　　　　　답 ②

35 SCR의 용도 중 틀린 것은?
① 증폭기　　　　　　　　　　　　② 전동기 제어장치
③ 조명장치　　　　　　　　　　　④ 교류 온-오프 제어장치

> 풀이
> 트랜지스터는 증폭기 용도로 사용한다.　　　　　　답 ①

36 다음 중 사이리스터의 응용분야가 아닌 것은?
① 스위칭　　② 증폭기　　③ 초퍼　　④ 위상제어
　　　　　　　　　　　　　　　　　　　　　　답 ②

37 사이리스터의 응용에 대한 설명이 잘못된 것은?
① 가격이 비싸고 주파수 제어, 직류제어가 되지 않는다.
② 무접점 스위치로 응답 특성이 빠르고 손실이 작다.
③ 위상제어에 의한 AC 전력제어가 된다.
④ AC-DC 변환, 제어가 가능하다.
　　　　　　　　　　　　　　　　　　　　　　답 ①

38 SCR의 신뢰성 향상을 위해 실시하는 시험이 아닌 것은?
① 서지전류시험　　　　　　　　　② 열충격시험
③ 고온방치시험　　　　　　　　　④ 저지전압인가시험
　　　　　　　　　　　　　　　　　　　　　　답 ①

39 다음은 전력용 반도체 소자인 GTO에 관한 설명이다. 적합하지 않은 것은?
① Gate Turn Off Transistor의 약자이다.
② GCS라고도 한다.
③ 자기소호기능을 갖고 있다.
④ 역저지 3단자 사이리스터의 일종이다.

> **풀이**
> ① GTO는 Gate Turn Off thyristors의 약자이다.
> ② GTO는 Gate-Controlled Switch의 약자로 GCS라고도 한다.   **답** ①

40 게이트에 인가된 전류의 극성에 따라 온-오프(On-off)를 절환하는 디바이스는?
① GTO   ② MOSFET   ③ SIT   ④ TR

> **풀이**
> • GTO(Gate Turn Off thyristors)는 양(+)의 게이트 전류에 의하여 턴온시킬 수 있고 음(-)의 게이트 전류에 의하여 턴오프시킬 수 있는 소자이다.   **답** ①

41 반도체에 트리거 소자로서 자기 회복능력이 있는 것은?
① GTO   ② SSS   ③ SCS   ④ SCR

> **풀이**
> • GTO(Gate Turn Off thyristors)는 양(+)의 게이트 전류에 의하여 턴온시킬 수 있고 음(-)의 게이트 전류에 의하여 턴오프시킬 수 있는 소자이다.   **답** ①

42 GTO의 동작원리를 올바르게 설명한 것은?
① 게이트에 정(+)의 전류 인가로 턴-온, 부(-)의 전류로 턴-오프
② 한번 턴-온되면 게이트 입력에 관계없이 계속 유지
③ 게이트 입력은 오직 삼각파이어야 된다.
④ 빛에 의해서만 턴-온, 턴-오프된다.   **답** ①

43 GTO를 바르게 설명한 것은?
① 게이트에 역방향 전류를 흘려서 주전류를 차단한다.
② 게이트에 순방향 전류를 흘려서 주전류를 차단한다.
③ 게이트에 역방향 전류를 흘려서 주전류를 흐르게 한다.
④ 게이트에 의한 제어전력이 적게 든다.   **답** ①

44 전력용 반도체 소자인 GTO를 턴-오프하기 위해서는 어떻게 해야 하는가?
① 게이트에 (+)의 신호를 준다.
② 게이트에 (-)의 신호를 준다.
③ 게이트에 전류를 0으로 한다.
④ 전류(轉流)회로가 필요하다.   **답** ②

45 다음 반도체 소자 중에서 일반적으로 정격전류-정격전압 범위가 가장 좋은 소자는?
① MOS-FET ② 바이폴라 트랜지스터
③ IGBT ④ GTO

답 ④

46 양방향성 소자가 아닌 것은?
① DIAC ② SBS ③ SSS ④ GTO

▶풀이
• 단방향성 : SCR, GTO, SCS, LASCR
• 쌍(양)방향성 : SSS, TRIAC, DIAC, SBS

답 ④

47 전력용 반도체 소자 중 양방향으로 전류를 흘릴 수 있는 것은?
① GTO ② TRIAC ③ DIODE ④ SCR

▶풀이
• 단방향성 : SCR, GTO, SCS, LASCR
• 쌍(양)방향성 : SSS, TRIAC, DIAC, SBS

답 ②

48 트라이액 설명 중 틀린 것은?
① (+)게이트 전류로 트리거시킬 수 있다.
② (-)게이트 전류로 트리거시킬 수 있다.
③ 단방향성 소자이다.
④ 비교적 약한 전력으로 기동할 수 있다.

▶풀이
TRIAC은 쌍방향성 소자

답 ③

49 트라이액(TRIAC)에 대하여 바르게 설명한 것은?
① 단일방향 특성을 가진 소자이다.
② 정(+)의 게이트 전류만을 흐르게 하는 소자이다.
③ 부(-)의 게이트 전류만을 흐르게 하는 소자이다.
④ 쌍방향 특성을 가진 소자이다.

답 ④

50 트라이액(TRIAC)에 관한 설명 중 잘못된 것은?
① 쌍방향소자이다.
② 정, 부 어떤 극성이라도 통전한다.
③ 교류회로의 전류제어 소자로 이용된다.
④ (+)의 Gate 신호만이 통전한다.

답 ④

51 트라이액(TRIAC)에 대한 다음 기술 중 적절하지 못한 것은?
① 전류제어 소자이다.
② 게이트 전류에 의해 트리거시킬 수 있다.
③ 사이리스터 2개를 역병렬로 접속한 것과 같다.
④ 애노드(A), 캐소드(K)의 두 전극이 있다.

▶ 풀이
TRIAC은 쌍방향성 소자이므로 각 단자를 애노드와 캐소드로 구분하지 않는다.

답 ④

52 트라이액에 대한 설명 중 옳지 않은 것은?
① AC 전력의 제어에 사용된다.
② 트랜지스터 2개를 역병렬로 조합한 것이다.
③ 2방향성 3단자 사이리스터이다.
④ 턴오프는 주전극 간의 극성을 역전시키면 된다.

▶ 풀이
SCR 2개를 게이트 공통으로 하여 역병렬 조합한 것이다.

답 ②

53 다음의 그림 기호와 같은 반도체 소자의 명칭은?
① SCR
② UJT
③ TRIAC
④ FET

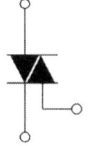

답 ③

54 교류회로에서 스위칭 소자로 널리 사용되는 TRIAC은 부하에 흐르는 어떤 전류를 제어하는 데 이용되는가?
① 최대전류
② 평균전류
③ 실효전류
④ 누설전류

답 ②

55 TRIAC을 사용하여 소용량 저항부하의 AC 전력제어를 하려고 한다. 게이트용 소자로 가장 간단히 사용할 수 있는 것은?
① UJT
② PUT
③ DIAC
④ SUS

답 ③

56 그림은 어떤 반도체의 특성 곡선인가?

① SSS
② UJT
③ FET
④ MHS

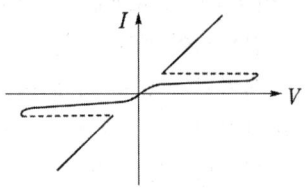

▶ 풀이
그림은 양방향성을 가진 반도체의 특성곡선이다.
• 쌍(양)방향성 : SSS, TRIAC, DIAC, SBS

답 ①

57 SSS의 트리거에 대한 설명 중 옳은 것은?

① 게이트에 (+)펄스를 가한다.
② 게이트에 (−)펄스를 가한다.
③ 게이트에 빛을 비춘다.
④ 브레이크 오버전압을 넘는 전압의 펄스를 양 단자 간에 가한다.

▶ 풀이
쌍방향 2단자 사이리스터(SSS : Silicon Symmetrical Swith)를 온상태로 하기 위해서는 T_1과 T_2 사이에 펄스상의 브레이크 오버 전압 이상의 전압을 가하는 V_{BO}와 상승이 빠른 전압을 가하는 dv/dt 점호가 필요하다.

답 ④

58 다음 SSS에 대한 설명 중 잘못된 것은?

① 쌍방향성 소자이다.
② SCR 2개를 직렬 접속한 것과 같은 구조
③ V_{BO}이상의 전압 인가로 통전(V_{BO} : 브레이크 오버 전압)
④ 구조가 간단하다.

▶ 풀이
쌍방향 2단자 사이리스터(SSS : Silicon Symmetrical Swith)는 2개의 역저지 3단자 사이리스터를 역병렬 접속시킨 소자이며 게이트 단자가 없는 사이리스터이다.

답 ②

59 반도체 전력소자인 SSS에 관한 설명이다. 옳지 않은 것은?

① 브레이크 오버(Break Over) 전압 이상의 펄스를 인가함으로써 온(on)된다.
② 양방향성 2단자 사이리스터라고 한다.
③ 2개의 역저지 3단자 사이리스터를 직렬 접속한 구조이다.
④ 과전압에 잘 견딘다.

답 ③

60 과전압이 걸리기 쉬운 옥외용 네온사인의 조광회로에 사용되는 소자는?

① SCR   ② TRIAC   ③ SSS   ④ TR

▶풀이

쌍방향 2단자 사이리스터(SSS : Silicon Symmetrical Swith)는 브레이크 오버 전압 이상의 펄스를 줌으로써 온 시킬 수 있어 SCR과 같이 과전압이 걸려도 파괴되는 일 없이 온(on)이 되어 과전압이 걸리기 쉬운 옥외 네온사인 조광회로에 적합하다.   답 ③

61 전파제어 정류회로에 사용하는 쌍방향성 반도체 소자는?

① SCR   ② SSS   ③ UJT   ④ PUT

답 ②

제 2 장

정류 및 트리거 회로

2.1 정류회로

1. 정류회로

교류(AC)를 직류(DC)로 변환하는 것을 정류라 하고, 정류소자로 주로 다이오드가 쓰인다. 다이오드를 사용하여 교류전력을 직류전력으로 변환하는 전력변환기(power converter)를 정류기(Rectifier)라 한다. 정류회로는 다이오드를 사용하여 교류를 한 방향의 전류로 변환하고 평활회로를 이용하여 교류성분(Ripple Current)을 제거하여 전지와 같은 실효값을 갖는 직류로 만든다.

2. 정류효율(Efficiency of Rectification)

(1) 직류출력 P_{dc}

출력전압과 출력전류의 평균값을 V_{dc}, I_{dc}라고 하면 $P_{dc} = V_{dc}I_{dc}$

(2) 교류출력 P_{ac}

정류회로에서 입력전압과 입력전류의 실효값을 V_{rms}, I_{rms}라고 하면 $P_{ac} = V_{rms}I_{rms}$

(3) 정류효율(efficiency of rectification; η) $\eta = \dfrac{P_{dc}}{P_{ac}}$

3. 맥동률(Ripple Factor : 리플률)

정류된 맥류(Pulsating Current) 파형에는 직류뿐 만아니라 교류의 기본파 및 고조파 성분이 들어 있다. 정류된 직류 출력에 교류 성분이 얼마나 포함되어 있는지의 정도를 나타내는 것을 맥동률이라 한다.

$$\gamma = \frac{\text{파형 속의 맥류분 실효값[rms]}}{\text{정류된 파형의 평균값(직류)}} = \sqrt{\left(\frac{I_{rms}}{I_{dc}}\right)^2 - 1}$$

4 전압변동률(Voltage Regulation)

(1) 정류회로에서 전원전압이나 부하의 변동에 따라 직류 출력전압이 변화하는 정도를 전압변동률(Voltage Regulation)이라 한다.

$$\alpha = \frac{\text{무부하 직류전압} - \text{전부하 직류전압}}{\text{전부하직류전압}} \times 100[\%]$$

$$= \frac{V_o - V_{dc}}{V_{dc}} \times 100[\%]$$

(2) 이상적인 전원회로는 부하 전류의 크기에 관계없이 항상 일정한 출력전압을 유지하여야 하며, 그 변압변동률은 0이다. 즉 전압변동률은 작을수록 좋다.

2.2 다이오드 정류회로

1 단상 정류회로

(1) 단상반파 정류회로

1) 입력 전압의 (+) 반주기만 통전하여(순방향 전압) 반파만 출력된다.

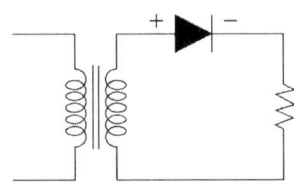 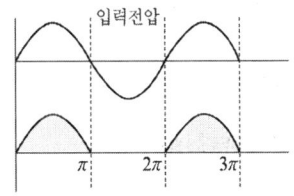

2) 출력전압은 사인파 교류 평균값의 반이 된다.

① $E_d = \frac{1}{2\pi}\int_0^\pi \sqrt{2}E\sin\theta d\theta = \frac{\sqrt{2}}{\pi}E = 0.45E$

② PIV(역전압첨두값) $= \sqrt{2}E = \pi E_d$ (Peak Inverse Voltage)

③ 정류효율 40.6[%]

(2) 단상전파 정류회로

1) 단상 브리지 전파 정류 회로

입력 전압의 (+) 반주기 동안에는 D_1, D_4 통전하고, (-) 반주기 동안에는 D_2, D_3 통전하여 전파 출력한다.

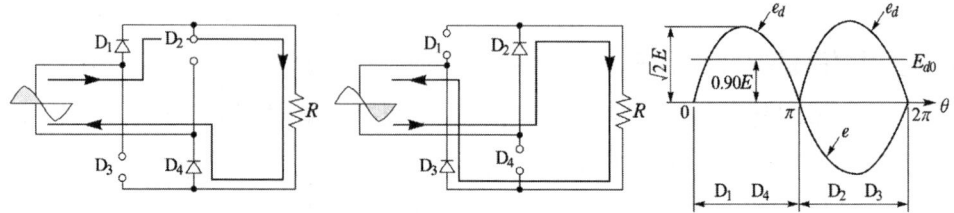

2) 출력전압은 사인파 교류 평균값이 된다.

① $E_d = 2 \times \dfrac{1}{2\pi} \displaystyle\int_0^\pi \sqrt{2} E \sin\theta d\theta = \dfrac{2\sqrt{2}}{\pi} E = 0.9E$

② PIV(역전압첨두값) $= \sqrt{2} E = \pi E_d$

③ 정류효율 81.2[%]

3) 변압기 중성점을 이용한 전파 정류 회로

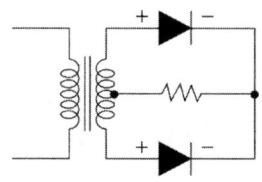 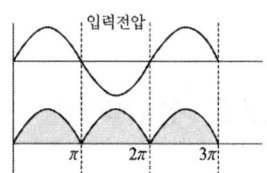

① $E_d = 2 \times \dfrac{1}{2\pi} \displaystyle\int_0^\pi \sqrt{2} E \sin\theta d\theta = \dfrac{2\sqrt{2}}{\pi} E = 0.9E$

② PIV(역전압첨두값) $= 2\sqrt{2} E = \pi E_d$

③ 정류효율 81.2[%]

2 3상 정류회로

(1) 3상 반파 정류회로

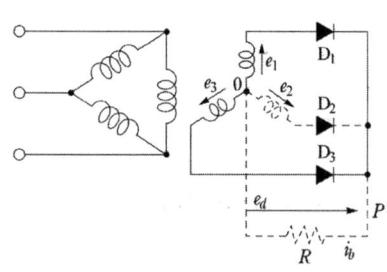 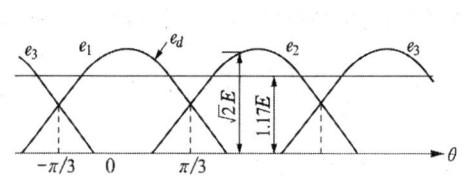

① 직류 전압의 평균값 $E_d = 1.17E$

② 직류 전류의 평균값 $I_d = 1.17\dfrac{E}{R}$

③ PIV(역전압첨두값) $= \sqrt{3} \times \sqrt{2}\,E = \sqrt{6}\,E$

④ 정류효율 96.7[%]

(2) 3상 전파 정류회로

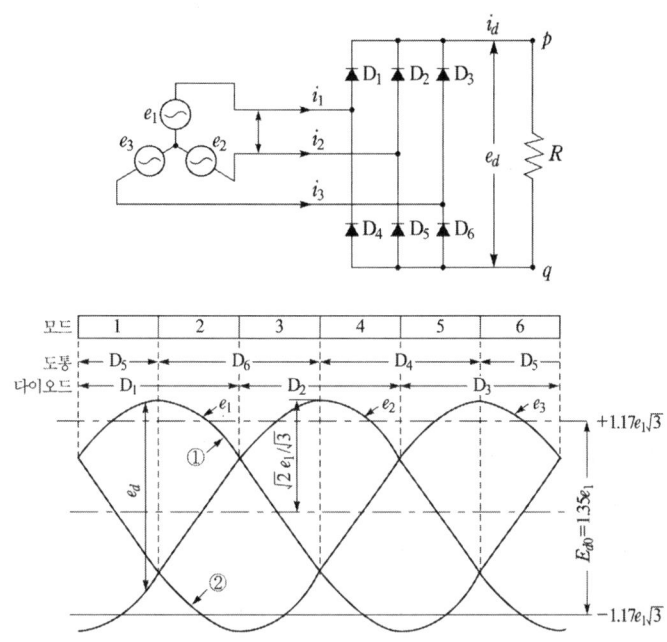

① 직류 전압의 평균값 $E_d = 1.35E$

② 직류 전류의 평균값 $I_d = 1.35\dfrac{E}{R}$

③ PIV(역전압첨두값) $= \sqrt{3} \times \sqrt{2}\,E = \sqrt{6}\,E$

④ 정류효율 99.8[%]

| 3 | 맥동률

(1) 정류된 직류에 포함되는 교류성분의 정도로서, 맥동률이 작을수록 직류의 품질이 좋아진다.
(2) 맥동률(%): 단상반파(121[%]), 단상전파(48[%]), 3상반파(17[%]), 3상전파(4[%])
(3) 맥동주파수(f): 단상반파(f), 단상전파($2f$), 3상반파($3f$), 3상전파($6f$)

정류 종류	단상 반파	단상 전파	3상 반파	3상 전파
평균(직류)값	$0.45E$	$0.9E$	$1.17E$	$1.35E$
맥동률	121[%]	48[%]	17[%]	4[%]
맥동주파수	f	$2f$	$3f$	$6f$
정류효율	40.6[%]	81.2[%]	96.7[%]	99.8[%]

| 4 | 환류 다이오드(free wheeling)

부하와 병렬로 접속되어 다이오드가 오프될 때 유도성부하전류의 통로를 만드는 다이오드 D_f를 환류다이오드라 하며 정류회로에 유도성부하가 접속 되어 있는 경우 사용된다.

(1) 부하 전류의 평활화
(2) 다이오드의 역바이어스 전압을 부하에 관계없이 일정하게 유지
(3) 저항에서 소비되는 전력이 약간 증가하게 되므로 역률이 개선된다.

2.3 사이리스터 정류회로

| 1 | SCR의 특성

(1) SCR turn on 조건
① 양극과 음극 간에 브레이크 오버전압 이상의 전압 인가($I_g = 0$)
② 게이트에 래칭 전류 이상의 전류인가(펄스 전류)

(2) SCR turn off 조건
① 애노드의 극성을 부(-)로 한다.
② SCR에 흐르는 전류를 유지 전류 이하로 한다.

| 2 | SCR의 위상 제어

(1) 단상반파 정류회로

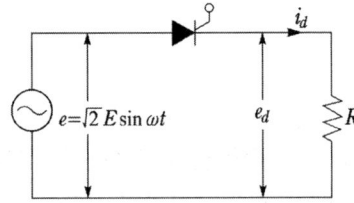

$$E_d = \frac{1}{2\pi}\int_0^\pi \sqrt{2}\,E\sin wt\,d(wt) = \frac{\sqrt{2}\,E}{2\pi}[-\cos wt]_a^\pi$$
$$= \frac{\sqrt{2}}{\pi}E\left(\frac{1+\cos a}{2}\right) = 0.45E\left(\frac{1+\cos a}{2}\right)$$

(2) 단상전파 정류회로

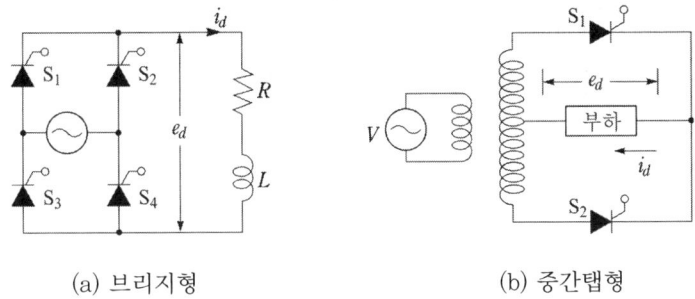

(a) 브리지형　　　　　　　(b) 중간탭형

① 저항만의 부하

$$E_d = \frac{1}{\pi}\int_0^\pi \sqrt{2}\,E\sin wt\,d(wt) = \frac{\sqrt{2}\,E}{\pi}[-\cos wt]_a^\pi = \frac{2\sqrt{2}\,E}{\pi}\left(\frac{1+\cos\alpha}{2}\right)$$

$$= \frac{\sqrt{2}}{\pi}E(1+\cos a) = 0.45E(1+\cos a)$$

② 유도성 부하　$E_d = \dfrac{2\sqrt{2}}{\pi}E\cos a = 0.9E\cos a$

(3) 3상 반파 정류회로

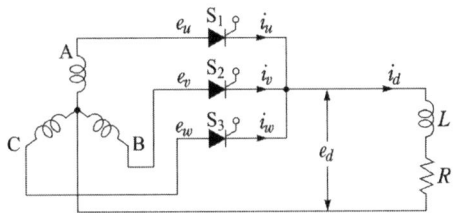

$E_d = \dfrac{3\sqrt{6}}{2\pi}E\cos a = 1.17E\cos a$ (유도성 부하)

(4) 3상 전파 정류회로

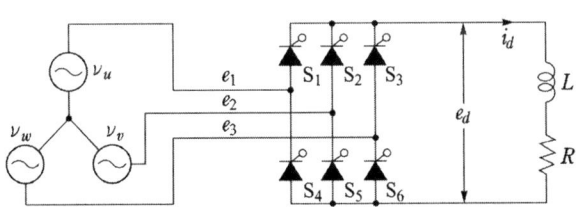

$E_d = \dfrac{3\sqrt{6}}{2\pi}E\cos a = 1.35E\cos a$ (유도성 부하)

기출 & 예상문제

제2장 정류 및 트리거 회로(1)

01 저항부하 정류회로의 특성 중 맥동률이 가장 큰 것은?
① 단상반파 ② 단상전파 ③ 삼상반파 ④ 삼상전파

▶풀이
맥동률
(1) 정류된 직류에 포함되는 교류성분의 정도로서, 맥동률이 작을수록 직류의 품질이 좋아진다.
(2) 맥동률(%): 단상반파(121[%]), 단상전파(48[%]), 3상반파(17[%]), 3상전파(4[%]) 답 ①

02 저항부하 시 맥동률이 가장 작은 정류방식은?
① 단상반파식 ② 단상전파식 ③ 3상반파식 ④ 3상전파식

▶풀이
맥동률 크기의 순서 : 3상전파식 < 3상반파식 < 단상전파식 < 단상반파식 답 ④

03 정류회로에서 순저항 부하에 유도성 부하가 포함되면 공급 전력은?
① 증가한다. ② 감소한다.
③ 변함이 없다. ④ 부하의 조건에 따라 달라진다. 답 ②

04 단상반파 정류회로의 최대 정류효율[%]은?
① 30.6 ② 40.6 ③ 50 ④ 81.2

▶풀이

정류 종류	단상 반파	단상 전파	3상 반파	3상 전파
평균(직류)값	$0.45E$	$0.9E$	$1.17E$	$1.35E$
맥동률	121[%]	48[%]	17[%]	4[%]
맥동주파수	f	$2f$	$3f$	$6f$
정류효율	40.6[%]	81.2[%]	96.7[%]	99.8[%]

답 ②

05 저항부하를 갖는 다이오드 단상반파 정류회로의 출력전압은?(단, $e = V_m \sin\theta$ 이다.)
① $\dfrac{V_m}{\pi}$ ② $\dfrac{V_m}{2\pi}$ ③ $\dfrac{\sqrt{2}\,V_m}{\pi}$ ④ $\dfrac{\sqrt{2}\,V_m}{2\pi}$

풀이

$$V_d = \frac{1}{2\pi}\int_0^\pi V_m \sin\theta\, d\theta = \frac{V_m}{\pi} = \frac{\sqrt{2}}{\pi}V$$

답 ①

06 반파 정류회로에서 직류전압 200[V]를 얻는 데 필요한 변압기 2차 상전압은 약 몇 [V]인가? (단, 부하는 순저항 변압기 내 전압강하를 무시하면 정류기 내의 전압강하는 50[V]로 한다.)

① 68　　② 113　　③ 333　　④ 555

풀이

$E_d = 0.45E - e$

$\therefore E = \frac{1}{0.45}(E_d + e) = \frac{1}{0.45}(200 + 50) = 555[\text{V}]$

답 ④

07 반파 정류회로에서 직류전압 200[V]를 얻는 데 필요한 변압기 2차 전압은 약 몇 [V]인가? (단, 부하는 순저항이고 전압강하는 15[V]로 한다.)

① 74　　② 185　　③ 392　　④ 478

풀이

$E = \frac{1}{0.45}(E_d + e) = \frac{1}{0.45}(200 + 15) = 478[\text{V}]$

답 ④

08 220[V], 60[Hz]의 정현파 단상교류를 반파 정류하고자 한다. 순저항 부하 시 평균 출력 전압은 몇 [V]인가?(단, 정류기의 전압강하는 9[V] 이다.)

① 80　　② 90　　③ 100　　④ 110

풀이

$E_d = 0.45E - e = 0.45 \times 220 - 9 = 90[\text{V}]$

답 ②

09 그림의 회로에서 전원전압 $v = 110\sqrt{2}\sin 120\pi t[\text{V}]$, $R = 5[\Omega]$, $L = 30[\text{mH}]$일 때, 부하전류 i_0의 평균치는 약 몇 [A]인가?

① 9.9
② 12.3
③ 23.2
④ 45.5

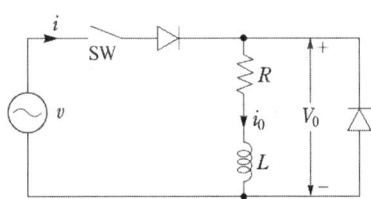

풀이

환류 다이오드의 출력전압 v_0은 단상반파 정류회로(L값에 무관하게 작용하므로 저항부하만 고려)에서의 출력전압과 동일하므로 부하전류 i_0의 평균값은

$I_{dc} = \frac{V_{dc}}{R} = \frac{0.45V}{R} = \frac{0.45 \times 110}{5} = 9.9[\text{A}]$

답 ①

제2장 정류 및 트리거 회로

10 단상전파 정류회로를 구성한 회로로 가장 알맞은 것은?

① 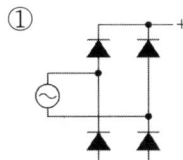 ② 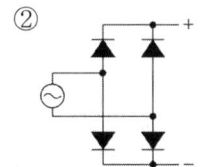 ③ 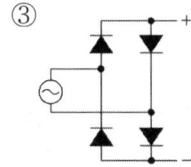 ④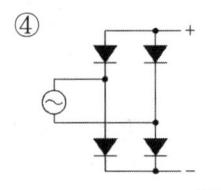

답 ①

11 단상전파 정류회로에서 맥동률은 약 몇 [%]인가?
① 4　　　② 17　　　③ 48　　　④ 96

▶풀이

정류 종류	단상 반파	단상 전파	3상 반파	3상 전파
맥동률	121[%]	48[%]	17[%]	4[%]

$\gamma = \sqrt{\left(\dfrac{I_{rms}}{I_{dc}}\right)^2 - 1} = \sqrt{\left(\dfrac{I}{0.9I}\right)^2 - 1} = 0.48$

답 ③

12 교류 브리지용 전원의 주파수, 파형에 대한 구비조건이 아닌 것은?
① 주파수가 되도록 높을 것
② 파형이 정현파에 가까울 것
③ 주파수가 되도록 일정할 것
④ 취급이 간단할 것

답 ①

13 단상전파 정류회로에 입력교류전압 200[V]를 인가하여 출력되는 직류전압은 몇 [V]인가? (단, 소자의 전압강하는 무시하며, 부하는 순저항 부하이다.)
① 90　　　② 180　　　③ 270　　　④ 360

▶풀이
$E_d = 0.9E = 0.9 \times 200 = 180[V]$

답 ②

14 그림과 같은 회로에서 AB 간의 전압의 실효값을 200V라고 할 때 R_L 양단에서 전압의 평균 값은 약 몇 [V]인가?(단, 다이오드는 이상적인 다이오드이다.)
① 64
② 90
③ 141
④ 282

▶풀이
$E_d = 0.9E = 0.9 \times 100 = 90[V]$

답 ②

15 그림에서 가동코일형 밀리암페어계의 지시는?
(단, 정류기의 저항은 무시한다.)

① 9.2[mA] ② 12.7[mA]
③ 18.4[mA] ④ 25.4[mA]

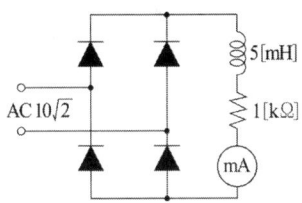

- 풀이
저항부하만을 갖는 전파정류회로로 간주하여
$E_d = \dfrac{2E_m}{\pi} = \dfrac{2\sqrt{2}}{\pi}E = 0.9E$
$I_d = \dfrac{E_d}{R} = \dfrac{0.9E}{R} = \dfrac{0.9 \times 10\sqrt{2}}{1 \times 10^3} = 12.7[\text{mA}]$

답 ②

16 입력 200[V]의 단상 교류전압을 SCR 4개를 사용하여 전파정류제어하려고 한다. 이때 사용할 SCR 한 개의 최대 역전압(내압)은 약 몇 [V] 이상이어야 하는가?

① 141.4 ② 200 ③ 282.8 ④ 400

- 풀이
브리지형 전파정류회로의 첨두역전압 $PIV = V_m$ 이므로
$V_m = \sqrt{2}\,V = \sqrt{2} \times 200 = 282.8[\text{V}]$

답 ③

17 단상 브리지 정류회로에서 직류 출력전압이 100[V]이고 부하저항이 5[Ω]일 때, 각 다이오드에 걸리는 최대 역전압은 몇 [V]인가?

① 10π ② 13π ③ 50π ④ 100π

- 풀이

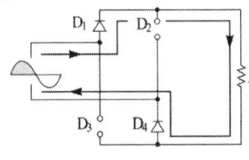 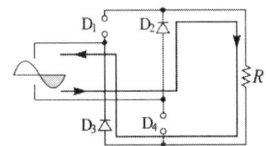

∴ $PIV = E_m = 100 \times \pi = 100\pi[\text{V}]$
전체다이오드에 걸리는 역전압이므로 각 다이오드에는 1/2인 50π가 걸린다.

답 ③

18 회로에 스위치 S_1이 닫혀지면 전압 V_L에 나타나는 파형의 모양은 어느 것이 적당한가?

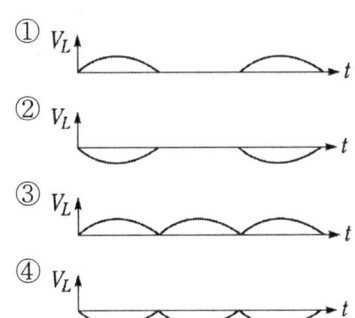
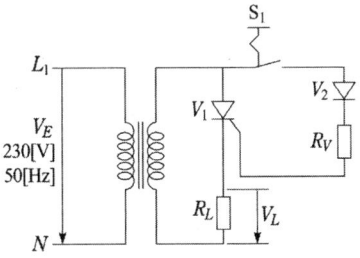

> 풀이
> SCR 1개 ~ 반파정류회로

답 ①

19 그림의 정류회로는 어떠한 회로인가?
① 단상전파 정류회로
② 브리지 정류회로
③ 단상 3배압 정류회로
④ 3상 반파 정류회로

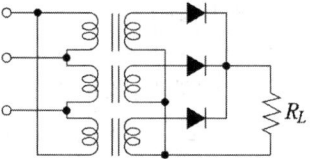

> 풀이
> 입력 3상이고 다이오드 3개 사용한 3상 반파 정류회로

답 ④

20 그림의 정류회로에서 상전압이 220[V], 주파수 60[Hz], 부하저항 R은 10[Ω]이다. 다이오드에 흐르는 전류는 약 몇 [A]인가?
① 25.7
② 31.1
③ 51.4
④ 62.2

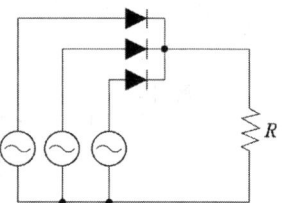

> 풀이
> $E_d = 1.17E$, $I_d = 1.17\dfrac{E}{R} = \dfrac{1.17 \times 220}{10} = 25.7[A]$

답 ①

21 상전압 300[V]의 3상 반파 정류회로의 직류전압은 몇 [V]인가?
① 117
② 200
③ 283
④ 351

> 풀이
> $E_d = 1.17E = 1.17 \times 300 = 351[V]$

답 ④

22 맥동전압 주파수가 전원 주파수의 6배가 되는 정류방식은?
① 단상전파 정류
② 단상 브리지 정류
③ 3상 반파 정류
④ 3상 전파 정류

> 풀이
>
> | 정류 종류 | 단상 반파 | 단상 전파 | 3상 반파 | 3상 전파 |
> |---|---|---|---|---|
> | 맥동주파수 | f | $2f$ | $3f$ | $6f$ |

답 ④

23 200[V]의 교류전압을 배전압 정류할 때 최대 정류전압은 약 몇 [V]인가?
① 220
② 282
③ 360
④ 566

> 풀이
> 최대 정류전압 $= 2V_m = 2 \times \sqrt{2} \times 200 = 566[V]$

답 ④

24 3상 제어 정류회로에서 점호각의 최대값은 몇 도인가?
① 30 ② 90 ③ 150 ④ 180

답 ③

25 교류를 직류로 변화시키는 정류회로에서 맥류를 직류에 가깝도록 파형을 개선하는 평활회로에 반드시 필요한 콘덴서는?
① 세라믹 콘덴서 ② 전해 콘덴서
③ 공기 콘덴서 ④ 무극성 콘덴서

답 ②

26 정류회로에 사용되는 평활회로는?
① 저역 여파기 ② 고역 여파기
③ 대역 여파기 ④ 대역 소거 여파기

답 ①

27 정류기 회로에 사용되는 고조파 제거용 필터에 관한 설명으로 옳은 것은?
① 정류기의 입력 측에는 DC 필터를 사용한다.
② 정류기의 출력 측에는 AC 필터를 사용한다.
③ DC 필터로는 LC형이 주로 사용된다.
④ AC 필터로는 L형과 C형이 사용된다.

답 ③

28 순저항 부하를 갖는 3상 반파 정류회로에서 출력전류가 연속되기 위한 점호각 α의 범위는?
① $\alpha \leq 30°$ ② $\alpha \leq 45°$
③ $\alpha \leq 60°$ ④ $60° \leq \alpha \leq 90°$

답 ①

2.4 트리거 소자 및 특성

1 UJT(Uni-Junction Transistor)

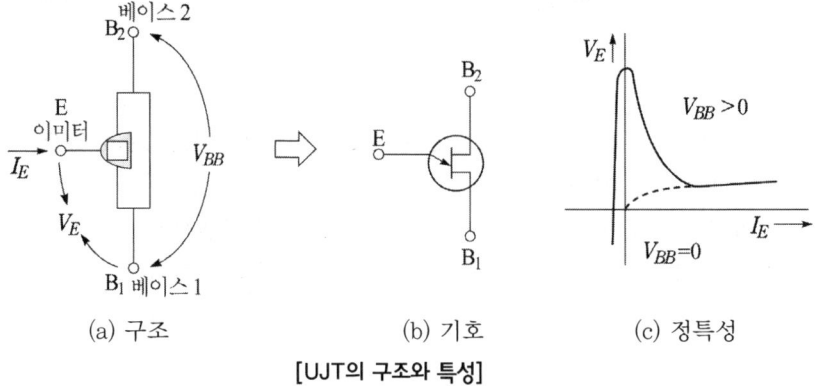

(a) 구조 (b) 기호 (c) 정특성

[UJT의 구조와 특성]

(1) 유니정션 트랜지스터(UJT; 단일접합 트랜지스터) : 사이리스터의 트리거신호발생에 일반적으로 이용되고 있다. UJT는 세 개의 단자를 가지고 있으며 각각은 이미터 E, 베이스1 B_1과 베이스2 B_2이다. B_1과 B_2 사이의 단일접합은 보통 저항의 특성을 가지고 있다. 이 저항이 베이스 저항 R_{BE}이고 9.1[kΩ] 범위의 저항값을 가지고 있다.

(2) UJT는 일명 더블베이스 다이오드(Double Base Diode)라고 한다.

(3) 트리거 발생기로 사용되는 이유는 정격피크 전류가 크고 트리거 전압이 안정되며, 특히 소비 전력이 적고 소형이며 간단하다.

2 PUT(Programable Uni-junction Transistor)

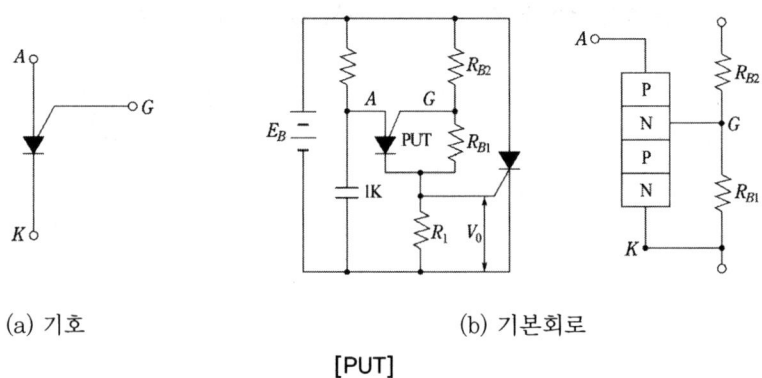

(a) 기호 (b) 기본회로

[PUT]

(1) 프로그래머블 단일 접합 트랜지스터(PUT : Programmable Unijunction Transistor)
: PUT는 소형 사이리스터이며 발진기로서 사용될 수 있다.
(2) 애노드 측에 게이트 단자를 붙인 소형의 N게이트 사이리스터다.
(3) PUT의 게이트 전압이 어떤 값으로 유지되어 있는 경우에 애노드 전압이 게이트 전압보다 낮을 때는 턴온하지 않고, 애노드 전압이 게이트 전압보다 높을 경우에만 턴온 한다.

3 SUS(Silicon Unilateral Switch)

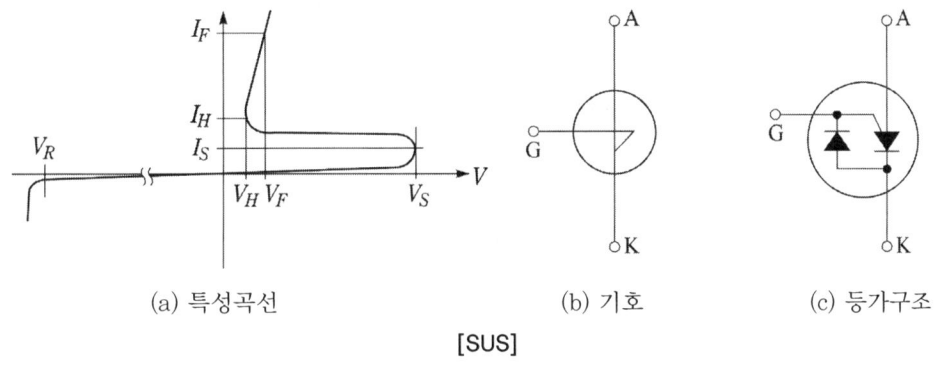

(a) 특성곡선 (b) 기호 (c) 등가구조

[SUS]

(1) 게이트와 캐소드 사이에 저전압 제너 다이오드를 가진 소형의 1방향성 3단자 트리거 소자이다.
(2) SUS는 내부의 애벌란시 전압으로 결정되는 일정 전압으로 스위칭된다.

4 SBS(Silicon Bilateral Switch)

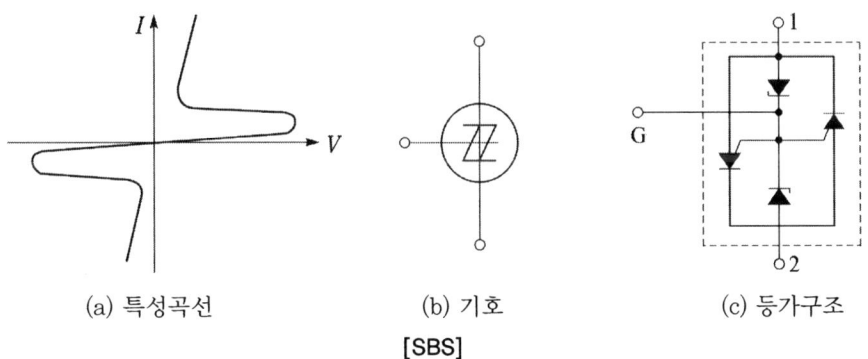

(a) 특성곡선 (b) 기호 (c) 등가구조

[SBS]

(1) 두 개의 같은 SUS를 역병렬로 접속한 것과 같다.
(2) 쌍방향성 3단자 트리거 소자이다.

5 펄스변압기

(1) 2개의 회로 사이에 전기적인 절연을 목적으로 쓰인다.
(2) 트리거 펄스 발생기와 사이리스터를 결합하기 위해 사용된다.

6 DIAC(Diode AC switch)

(1) 2단자의 교류 스위칭 소자로, 교류 전원으로부터 직접 트리거 펄스를 얻는 회로에 사용되므로 트리거 다이오드(Trigger Diode)라고 한다.
(2) 다이액은 쌍방향성(양방향성)으로, 교류 전원을 한 순간만 도통시켜 트리거 펄스를 만든다.
(3) 간단하고 값이 싸기 때문에 가정용 전화, SCR이나 트라이액의 트리거용으로 사용되고 있다.

기출 & 예상문제

제 2 장 정류 및 트리거 회로(2)

01 다음 중 UJT를 맞게 설명한 것은?
① 보통 트랜지스터와 같은 접합이다.
② 1개의 접합밖에 없다.
③ 2개의 Emitter 전극을 가지고 있다.
④ Gate 전극이 있다.

▶풀이
- UJT; Uni-Junction Transistor 단일접합 트랜지스터
사이리스터의 트리거신호 발생에 일반적으로 이용되고 있다. UJT는 세 개의 단자를 가지고 있으며 각각은 이미터 E, 베이스1 B_1, 베이스2 B_2 이다.   답 ②

02 UJT의 특징에 대한 설명으로 틀린 것은?
① 소비전력이 적다.
② 정격 피크전류가 작다.
③ 트리거 전압이 안정하다.
④ 소형이다.

▶풀이
UJT(Uni-Junction Transistor)는 정격피크 전류가 크고 트리거 전압이 안정되며, 특히 소비전력이 적고 소형이며 간단하기에 트리거 발생기로 사용된다.   답 ②

03 펄스 발생기로서 성능이 우수한 것은?
① Varractor
② Thyristor
③ MOS FET
④ UJT

답 ④

04 사이리스터 트리거소자 중에서 애노드 측에 게이트 단자를 붙인 소형의 N게이트 사이리스터의 명칭은?
① SCS
② DIAC
③ PUT
④ SSS

▶풀이
- 프로그래머블 단일 접합 트랜지스터 PUT(Programmable Uni-junction Transistor)는 PUT는 소형 사이리스터이며 발진기로서 사용될 수 있는 애노드 측에 게이트 단자를 붙인 소형의 N게이트 사이리스터다.   답 ③

05 PUT가 UJT에 비하여 좋은 점을 설명한 것이다. 잘못 설명된 것은?
① 외부 저항에 의해 효율값을 조정할 수 있다.
② 베이스 간 저항을 조절할 수 있다.
③ 누설전류가 적다.
④ 발진주파수의 변화폭이 크다.

답 ④

06 단일 방향성 3단자 트리거(SUS ; Silicon Unilateral Switch)에 의한 펄스 정형회로이다. 그림과 같이 톱니파를 입력으로 인가한 경우 출력파형은?

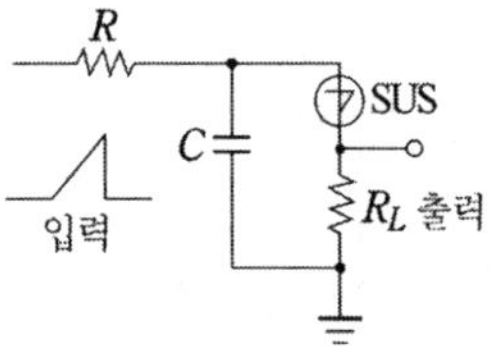

① 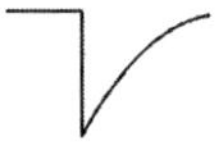 ② 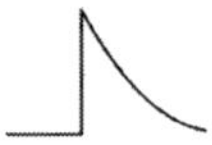 ③ 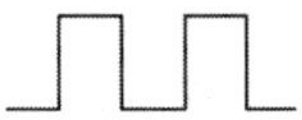 ④

답 ②

07 그림과 같은 SUS(Silicon Unilateral Switch) 펄스 정형회로의 출력파형은?

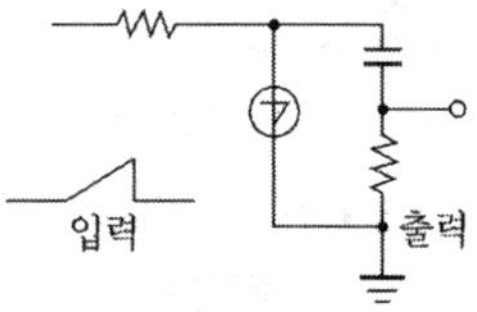

①  ②  ③  ④

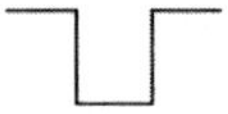

답 ③

08 다이액(DIAC)에 대한 설명으로 맞는 것은?
① NPN 3층으로 되어 있다.
② 트리거 용도로 사용된다.
③ 역저지 4극 사이리스터이다.
④ 쌍방향으로 대칭적인 부성저항을 나타낸다.

답 ②

09 다음 사이리스터 중 3단자 형식이 아닌 것은?
① SCR ② GTO
③ DIAC ④ TRIAC

▶ 풀이
　DIAC은 2단자의 교류 스위칭 소자이다.

답 ③

10 트리거소자가 아닌 것은?

① SCR ② UJT
③ SBS ④ DIAC

> **풀이**
> 트리거소자는 UJT, PUT, SUS, SBS, DIAC, 펄스 변압기 등이 있다.

답 ①

11 사이리스터의 게이트 트리거용 반도체 소자로서 적합하지 않은 것은?

① UJT ② SUS
③ DIAC ④ TRIAC

답 ④

제3장

사이리스터 접속, 보호 및 시험

3.1 사이리스터의 접속

|1| 병렬 접속

회로의 부하 전류가 다이오드의 정격을 초과하면, 다이오드를 병렬 접속하여 사용한다. 특성이 다른 다이오드를 병렬 연결하면 문제가 발생한다. 즉, 약간의 온상태 전압 차이에 의해 다이오드간의 전류 편차가 커진다. 병렬 접속 시 전류 분담의 균등화를 위해 리액터를 사용하거나 저항을 직렬 연결하여 저항에 의한 전압 강하를 이용한다.

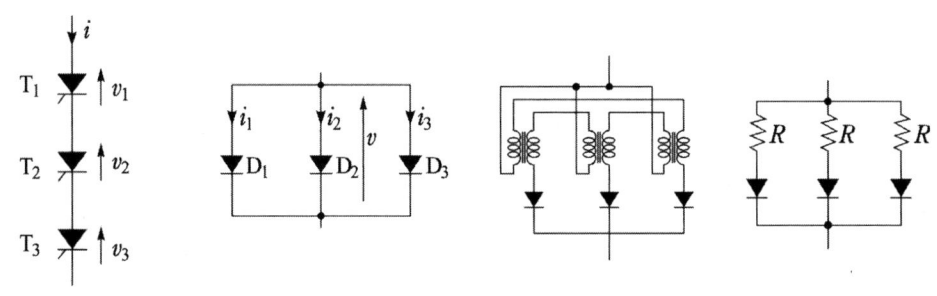

[직·병렬 접속]

|2| 직렬 접속

순방향이나 역방향 최대 전압이 크며, 전압을 분담하기 위해 정류 소자를 직렬 접속하여 사용한다. 직렬 연결된 사이리스터는 동시 점호에 의해 턴온시켜야 한다.

3 | 직·병렬 접속

직·병렬 접속에는 스트링(string) 방식과 메시(mesh) 방식이 있고, 각 방식의 특징은 다음과 같다.

	스트링방식	메시방식
결 선		
전류의 평형	소자의 순방향 특성이 달라도 평준화 되므로, 전류는 평형됨	각 메시의 전류 평형이 문제됨
소자 1개가 단락될 때	단락된 소자가 있는 열(列)의 건전소자에 과전압 발생	단락된 소자와 병렬인 소자 이외의 모든 소자에 과전압 발생
소자 1개가 개방될 때	건전 직렬 소자 그룹에 과전류 발생	개방된 소자와 병렬인 소자에만 과전류발생
누설 전류의 영향	평준화됨	평준화됨. 균압용 저항과 콘덴서 접속
게이트 회로의 절연	모든 소자를 절연	병렬 회로 단위로 절연

3.2 정격과 보호

1 | 정격

반도체 소자가 그 기능을 충분히 발휘할 수 있는 전기적 조건, 열적 조건, 기계적 조건 및 환경 조건을 나타내는 것을 그 소자의 정격이라 한다.

반도체 소자의 정격에는 케이스의 기준점 온도를 기준으로 케이스 온도 정격(case rating)과 주위 온도와 냉각 방법을 기준으로 하는 주위 온도 정격(ambient rating)이 있다. 전력용 반도체 소자에는 케이스 온도 정격이 주로 사용된다. 반도체 소자에서 열을 발생하는 곳은 접합부이고, 이곳이 최고 온도가 되면 소자의 성능을 제한하는 것은 접합부 온도이다. 따라서 기준점 온도가 변하든지, 단시간 과부하 정격을 구하는 경우 케이스 온도 정격으로는 부족하다. 이것을 보충하기 위해 겉보기 접합 온도, 열저항, 과도열 임피던스 등이 주어진다.

(1) 겉보기 접합 온도 : 가정된 접합부의 온도이다. 이 정격값은 과부하 전류 정격을 계산할 때 사용된다.

(2) **열저항** : 열평형 상태에서 접합면 온도를 $T_j[\text{℃}]$, 기준점 온도를 $T_s[\text{℃}]$라 하고, 반도체 소자 내부에서 소비되는 전력을 $P[\text{W}]$라 하면, 열저항 R_{th}는

$$R_{th} = \frac{T_j - T_s}{P} [\text{℃/W}]$$

(3) **과도열 임피던스** : 반도체 소자에 소비되는 전력 손실에 계단 함수의 변화 $P[\text{W}]$를 줄 때, 접합부 온도의 변화를 $\{T_j(t) - T_j(0)\}$, 기준점 온도의 변화를 $\{T_s(t) - T_s(0)\}$이라 하면, 과도열 임피던스 $Z_{th}(t)$는

$$Z_{th} = \frac{\{T_j(t) - T_j(0)\} - \{T_s(t) - T_s(0)\}}{P} [\text{℃/W}]$$

여기서, t는 전력 손실의 변화 P가 주어진 시점에서의 시간이다.

(4) **역회복 전하** : 순방향 전류가 흐르고 있는 반도체 정류 소자에 역전압을 인가하면, 회로의 인덕턴스와 축적 캐리어의 작용으로 전류가 흐르고 급격하게 감쇠하는 역회복 전류와 회로의 인덕턴스와의 상호 작용으로, 과도한 전압이나 진동이 생기게 된다. 이것을 억제하기 위해 과전압 억제 요소인 스너버(snubber) 회로를 정류 소자와 병렬로 접속한다.

(5) **전류 정격** : 전류의 값은 온도에 따라 달라지기 때문에, 적당한 크기의 방열판을 사용하여, 반도체 소자의 온도가 제한값을 초과하지 않도록 한다. 정격 전류에는
   ① 평균 전류 ② 실효 전류 ③ 최대 전류 가 있고, 이들값의 이내에서 사용되어야 한다.

(6) **전압 정격** : 다이오드의 전압 정격에는 주기적인 최대 역전압, 비주기적인 최대 역전압이 있고, 비주기적인 최대 역전압은 다이오드가 회로 고장 시 발생하는 과도 전압을 저지할 수 있는 능력이다. 사이리스터의 전압 정격에는 순방향 저지 전압 정격·역방향 저지 전압 정격이 있다.

(7) **임계 오프 전압 상승률**(dv/dt) : 오프 상태에서 온상태로 되지 않는 최대의 전압 상승률을 임계 오프 전압 상승률이라 한다. 사이리스터에 급속히 상승하는 오프 전압을 인가하면 규정된 브레이크오버 전압보다 낮은 전압에서 턴온하게 된다. 이것은 사이리스터 접합부의 공핍층에 형성된 정전 용량에 의한 충전 전류가 원인이고, 서지 전류가 발생하기 쉬운 유도성 부하 등에서 오프 전압 상승률이 높아져서 브레이크 오버에 의해 오동작을 일으킨다. 이 특성은 오프 전압 상승시의 파형, 오프 전압의 휴지시간, 반족 주파수, 게이트에 따라 달라지고, 그 값은 $20 \sim 200[\text{V}/\mu\text{sec}]$이다.

(8) **임계 온전류 상승률**(di/dt) : 사이리스터의 턴온시 애노드 전압, 온전류의 변화에 대한 전력 손실의 과정을 나타낸 것으로 턴온시 접합부의 온영역은 게이트 부근의 작은 영역이 온상태로 되고, 이부분에 온전류가 집중하여 정상상태보다 훨씬 큰 손실이 발생한다. 이

것을 턴온 손실이라 한다. 그 후 온영역이 넓어져 정상 상태가 된다. 이와 같이 턴온 손실은 게이트 부근에서 발생하고, 온전류가 너무 빠르게 상승하면 게이트 부근의 접합부 온도가 높아지고, 과열점이 발생한다. 이 온도에 견딜 수 있는 최대 온전류 상승률을 임계 온전류 상승률이라 한다.

│2│ 보호

(1) **과전압 보호** : 반도체 전력 변환 장치에서는 변압기의 투입·차단 또는 직류 차단 등으로 발생하는 서지 전압, 뇌격에 의한 서지 전압 등이 과전압의 원인이 된다. 변압기의 투입·차단, 직류 차단 등에 의한 서지 전압은 CR로 구성되는 서지 완충기(surge absorber)나 스너버 회로를 접속하고, 뇌격에 의한 서지는 반도체 피뢰기를 접속한다.

① CR 서지 완충기(surge absorber)

그림은 CR을 이용한 서지 완충 회로로서, 전원 변압기의 인덕턴스 L에서 발생한 에너지 $\left(\frac{1}{2}Li^2\right)$를 스위치 개방시 커패시터 C에 충전시켜 과전압을 억제한다. 그리고 커패시터와 직렬로 저항 R을 접속한 것은 LC 공진에 의한 진동 전류를 방지하기 위해서이다.

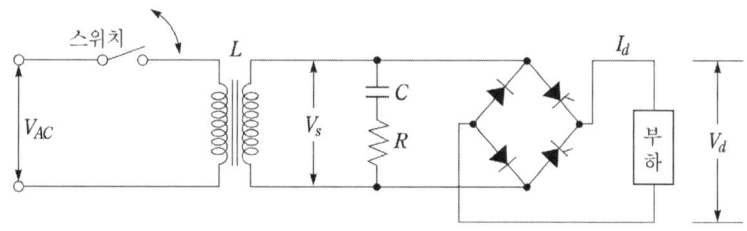

[서지완충기에 의한 과전압보호]

② 스너버(snubber)회로

그림과 같은 CR 직렬 회로를 스너버 회로라고 한다. 스너버 회로는 인덕턴스에 의해 발생한 과도 전압으로부터 사이리스터를 보호하고, 사이리스터가 오플될 때의 전압 상승률(dv/dt)을 억제하며, 첨두 회복 전압의 크기와 소자의 스위칭 손실을 감소시키는 역할을 한다. 저항 R은 LC 공지에 의한 진동 전류의 방지와 사이리스터의 턴온시 충전된 커패시터의 전류를 제어한다. 스너버 회로는 사이리스터에 인가되는 전압을 억제하기 때문에 임피던스는 낮을수록 좋고, 사이리스터에 가깝게 배치하여 회로 자체의 임피던스를 줄이도록 하고 저항은 무유도 저항을 사용한다.

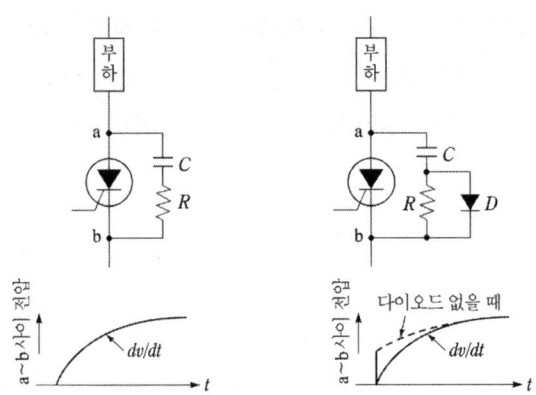

그림과 같이 저항 R과 병렬로 다이오드 D를 접속하며, 커패시터의 충전 전류에 의해 R의 양단에 발생하는 전압 강하가 다이오드의 순방향 전압 강하 정도로 감소되므로, 초기에 전압이 급히 상승하는 것을 방지 할 수 있다. 또한 사이리스터의 턴온시 커패시터의 방전 전류는 저항 R로써 제한된다.

(2) **과전류 보호** : 반도체 소자는 열용량이 작기 때문에 단시간 전류 정격이 대단히 작다. 따라서 단시간일지라도 과전류에는 특히 주의해야 한다. 과전류에 대한 사이리스터의 보호는 퓨즈 또는 크로우바(crowbar) 회로라는 단락 회로를 사용한다.

퓨즈의 선정시 사이리스터의 $I^2 t$ 정격을 고려해야 한다. 보호 기능을 가지려면 퓨즈의 $I^2 t$ 정격은 사이리스터의 $I^2 t$ 정격보다 작아야 한다. 또한, 퓨즈의 연속 전류 정격은 사이리스터의 연속 전류 정격과 협조되어야 하고, 퓨즈의 전압 정격은 퓨즈가 동작시 퓨즈 양단에 걸리는 회로 전압의 최대값 이상이어야 한다.

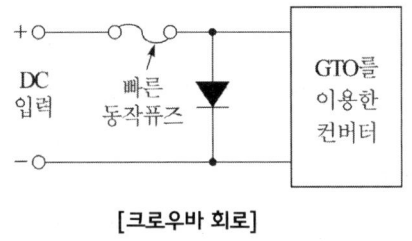

[크로우바 회로]

크로우바 회로는 전력 변환 회로에 과도한 전류가 발생하면 그림과 같이 전원 양단에 접속된 사이리스터를 턴온시켜서, 전원을 단락하고 퓨즈가 동작되게 하여 전원이 차단되는 구조이다.

(3) **턴온 전류 상승률(di/dt)보호** : di/dt가 크면 사이리스터가 특별한 이유없이 자주 파괴된다. 예를 들면, 스너버 회로의 저항값이 너무 작으며, 턴온시 사이리스터에 방전 전류가 흐를 때 di/dt가 커져서 소자가 파괴된다. 전류의 급격한 상승을 막기 위해 사이리스터와 직렬로 인덕턴스 L을 접속한다.

3.3 사이리스터의 측정과 시험

|1| 사이리스터의 측정

(1) 순전압 강하(온전압)의 측정
  ① 오실로스코프법   ② 직류법   ③ 평균 순전압 강하 측정법

(2) 순 및 역누설 전류 측정
  ① 오실로스코프법   ② 직류법   ③ 평균 누설 전류 측정법

(3) 게이트 점호 전류 및 전압 측정

(4) 최대 부(不) 점호 전류의 측정

(5) 유지 전류의 측정

(6) 래칭 전류의 측정

(7) 턴온 시간의 측정

(8) 턴오프 시간의 측정

(9) 한계 순저지 전압 상승률(dv/dt)의 측정

(10) 정상 열저항의 측정

(11) 과도열 임피던스의 측정
  ① 가열법   ② 냉각법

|2| 사이리스터의 시험

(1) 서지 전류 시험

(2) I^2t 시험

(3) 턴온 전류 상승률(di/dt) 시험

(4) 열피로 시험

(5) 신뢰성 향상을 위한 시험
  ① 열충격 시험
  ② 케이스 누설 시험
  ③ 고온 방지 시험
  ④ 고온 중 저지 전압 인가 시험
  ⑤ 동작 수명 시험

기출 & 예상문제
제3장 사이리스터 접속, 보호 및 시험

01 SCR을 직·병렬로 구성하여 사용하는 목적은?
① 고주파수를 얻을 수 있다.   ② 전류의 불평형이 없다.
③ 스위칭 속도가 빠르다.   ④ 고전압, 대전류를 얻는다.

답 ④

02 높은 전압, 소전류에 사용하는 SCR의 접속은?
① 직렬 접속   ② 병렬 접속
③ 직·병렬 접속   ④ 혼합 접속

답 ①

03 사이리스터를 대전류에 사용하기 위해서는 소자를 (　) 연결하고, 고전압에 사용하기 위해서는 소자를 (　) 연결한다. (　)에 알맞은 단어의 순서는?
① 직렬, 직렬   ② 직렬, 병렬
③ 병렬, 병렬   ④ 병렬, 직렬

답 ④

04 다음은 사이리스터의 병렬 연결시 발생하는 전류 불평형에 관한 설명이다. 잘못된 것은?
① 자기(磁氣)적으로 결합된 인덕터를 사용하여 전류 분담을 일정하고 한다.
② 사이리스터에 저항을 병렬로 연결하여 전류 분담을 일정하게 한다.
③ 전류가 많이 흐르는 사이리스터는 내부 저항이 감소한다.
④ 병렬 연결된 사이리스터가 동시에 턴온되기 위해서는 점호 펄스의 상승 시간이 빨라야 한다.

▶풀이
사이리스터의 병렬 접속 시 전류 분담의 균등화를 위해 리액터를 사용하거나 저항을 직렬 연결하여 저항에 의한 전압 강하를 이용한다. 각 사이리스터와 저항을 직렬로 접속하여 전류 분담을 일정하게 해야 한다. 전류가 많이 흐르게 되면 전력 손실이 커지게 되고, 접합부 온도가 증가하게 되어 내부 저항이 감소한다.

답 ②

05 SCR을 병렬 접속할 경우 부하 전류를 균등하게 부담시켜야 한다. 그 방법이 아닌 것은?
① 순방향 특성이 동일한 소자를 사용한다.
② 소자와 병렬로 저저항을 접속하고, 각각을 병렬로 접속한다.
③ 소자와 직렬로 리액터를 접속하고, 각각을 병렬로 접속한다.
④ 전류 평형용 밸런서를 사용한다.

▶풀이
소자와 직렬로 저저항이나 리액터를 접속하고 각각을 병렬로 접속한다. 답 ②

06 고전압, 대전류에 사용하는 SCR의 접속법은?
① 직렬 접속 ② 병렬 접속
③ 직·병렬 접속 ④ 혼합 접속

답 ③

07 고압, 대전류용 교류 스위치로서 SCR을 사용할 때 적합한 SCR의 접속법은?
① 직렬 접속 ② 병렬 접속
③ 역직렬 접속 ④ 역병렬 접속

답 ④

08 SCR을 직렬 접속 했을 때 소자의 특성 차이로 문제가 되지 않는 것은?
① 순저지 상태 ② 저지 능력 회복 상태
③ 온상태 ④ 역저지 상태

▶풀이
순저지 상태, 턴온, 저지 능력 회복, 역저지 상태에서는 인가된 전압이 평형되어야 한다. 답 ③

09 사이리스터의 병렬 연결시 부하 전류의 분담을 균등하게 하기 위해 각 사이리스터를 어떻게 하는가?
① 저항을 직렬로 연결한다. ② 저항을 병렬로 연결한다.
③ 콘덴서를 직렬로 연결한다. ④ 콘덴서를 병렬로 연결한다.

답 ①

10 다음은 스너버(snubber) 회로에 관한 설명이다. 잘못된 것은?
① R, C로 구성된다.
② 반도체 소자와 병렬로 접속된다.
③ 반도체 소자의 전류 상승률(di/dt)을 저감하기 위한 것이다.
④ 전력용 반도체 소자의 보호 회로로 사용된다.

> **풀이**
> 스너버 회로는 인덕턴스에 의해 발생한 과도 전압으로부터 사이리스터를 보호하고, 사이리스터가 오플될 때의 전압 상승률(dv/dt)을 억제하며, 첨두 회복 전압의 크기와 소자의 스위칭 손실을 감소시키는 역할을 한다.
> **답** ③

11 사고 전류에서 사이리스터와 사이리스터 변환 장치를 보호하기 위한 방법이 아닌 것은?
① 직류 고속 차단기 사용
② 사이리스터용 고속 한류 퓨즈의 사용
③ 게이트 신호 차단에 의한 지속성 사고 전류의 정지
④ 출력측 교류 차단기의 개방

> **풀이**
> 사고 전류에서 사이리스터와 사이리스터 변환 장치를 보호하기 위한 방법
> • 직류 고속 차단기(통상 20[msec]에서 차단 완료) 사용
> • 사이리스터용 고속 한류 퓨즈 사용
> • 게이트 신호 차단에 의한 지속성 사고 전류의 정지
> • 전원측 교류 차단기의 개방
> **답** ④

12 사이리스터의 과전압 발생 원인이 아닌 것은?
① 차단기의 개폐
② 사이리스터의 전류(轉流)
③ 사이리스터의 역회복 특성
④ CAR

> **풀이**
> CAR(controlled avalanche rectifier, 제어 애벌란시 정류 소자)
> **답** ④

13 SCR을 사용한 보호 회로가 아닌 것은?
① 고속 스위치 회로
② 회생 전압에 대한 보호 회로
③ 직류 차단기
④ 교류 점멸 회로

> **답** ④

14 과전압 발생 원인이 아닌 것은 다음에서 어느 것인가?
① 천둥에 의한 서지 전압
② 차단기 개폐에 의한 이상 전압
③ 역회복 특성에 기인한 과전압
④ 내압 시험기에 의한 이상 전압

> **답** ④

15 전력용 반도체 소자의 턴-오프 시 소자에 가해지는 과전압과 스위칭 손실을 저감시키거나 전력용 트랜지스터의 역바이어스 2차 항복 파괴방지를 목적으로 하는 회로는?
① 스너버회로
② 드라이브회로
③ 정류회로
④ 브리지회로

● 풀이
스너버회로
① 스너버회로는 전력용 반도체 디바이스의 턴오프 시 디바이스에 인가되는 과전압과 스위칭 손실을 저감시키거나 전력용 트랜지스터의 역바이어스 2차 항복 파괴방지를 목적으로 하는 보호회로이다.
② 턴온 시의 스위칭 손실저감과 순전압 2차 항복파괴방지를 목적으로 하는 보호회로를 일반적으로 di/dt 제어회로라 부른다.
③ 스너버회로가 존재하지 않는 경우 턴온 시 전류는 급격하게 상승하며, 턴오프 시에 급격하게 강하하여 과대전압(dv/dt)이 컬렉터와 이미터 사이에 인가된다.

답 ①

16 클램프회로와 스너버회로는 전력전자회로에서 주로 어떤 곳에 사용하는가?
① 스위칭 속도의 증가
② 정전용량 발생 억제
③ 래치업(Latch-up) 상승
④ 과전압 방지

답 ④

17 전력용 사이리스터를 사용한 회로에서 과전류 보호를 위한 회로가 아닌 것은?
① 전류제한 퓨즈 사용회로
② 리액터 사이리스터 클로버회로
③ 접합부의 온도상승저지회로
④ RC 서지흡수기회로

● 풀이
RC 서지흡수기회로 : 과전압 보호회로

답 ④

18 펄스 전압을 측정하는 데 가장 적합한 것은?
① 오실로스코프 ② 전압계 ③ VTVM ④ 전위차계

답 ①

19 크로우바(crowbar)회로란?
① 정류 회로의 일종이다.
② 과전류 보호 회로이다.
③ 역률 개선용으로 사용되는 회로이다.
④ 고조파 제거용으로 사용되는 회로이다.

● 풀이
crowbar 회로:과전류 발생시 전원 양단에 연결된 사이리스터를 턴온시켜 전원을 단락시키고, 단락으로 회로 전류가 증가되면 이 전류에 의해 전원측 퓨즈가 끊어져 전원이 차단되게 하는 2차 보호 회로이다.

답 ②

20 SCR의 접합부 온도는 주로 무엇의 변동을 측정하게 되는가?
① 충전 전하
② 순전압 강하
③ 턴온 전류
④ 시정수

답 ②

21 사이리스터의 순전압(온전압)강하 측정법이 아닌 것은?

① 오실로스코프법 ② 평균 순전압 강하법
③ 전위차계법 ④ 직류법

> **풀이**
> 사이리스터의 순전압 강하(온전압) 측정법
> ① 오실로스코프법 ② 직류법 ③ 평균 순전압 강하 측정법

답 ③

22 사이리스터의 턴온 전류 상승률(di/dt) 시험에서 접합부의 규정 온도는?

① 최고 허용 온도에서 시험한다.
② 최저 허용 온도에서 시험한다.
③ 상온 및 최고 허용 온도에서 시험한다.
④ 상온 및 최저 허용 온도에서 시험한다.

답 ③

23 다음은 사이리스터의 I^2t의 시험에 관한 설명이다. 틀린 것은?

① 통전 시간은 1초 이상이다.
② I^2t의 값은 통전 기간이 짧으면 감소한다.
③ 시험시 접합부의 온도가 규정된다.
④ 서지(surge) 전류에 대한 시험의 일종이다.

답 ①

24 SCR의 신뢰성 향상을 위해 실시하는 시험은?

① 서지 전류 시험 ② I^2t 시험
③ 턴온 전류 상승률 시험 ④ 열충격 시험

> **풀이**
> 사이리스터 신뢰성 향상을 위한 시험
> ① 열충격 시험 ② 케이스 누설 시험 ③ 고온 방지 시험
> ④ 고온 중 저지 전압 인가 시험 ⑤ 동작 수명 시험

답 ④

25 대형 SCR에서 1초 이상의 과도열 임피던스를 측정할 때 사용하는 측정법은?

① 가열법 ② 직류법
③ 오실로스코프법 ④ 냉각법

답 ④

26 사이리스터의 시험이 아닌 것은?

① 서지 전류 시험 ② I^2t 시험
③ 턴온 전류 상승률 시험 ④ 무부하 시험

풀이 사이리스터의 시험법
(1) 서지 전류 시험 (2) I^2t 시험
(3) 턴온 전류 상승률(di/dt)시험 (4) 열피로 시험

답 ④

제 4 장

인버터 및 컨버터 회로

4.1 컨버터 회로(AC-AC Converter : 교류변환)

1. 교류전력 제어장치

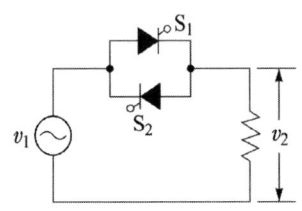 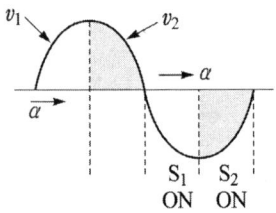

(a) 단상 교류전력 제어

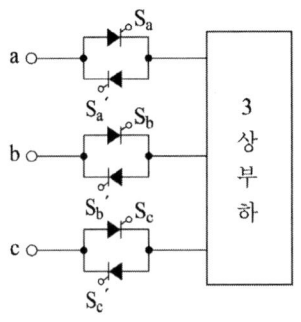 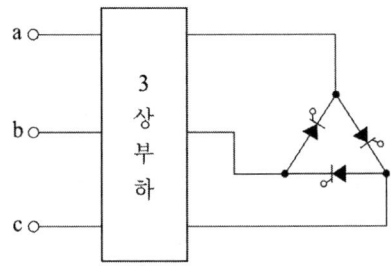

(b) 3상 교류전력 제어

[교류전력 제어장치]

(1) 주파수의 변화는 없고, 전압의 크기만을 바꾸어주는 교류-교류전력 제어장치이다.
(2) 사이리스터의 제어각 α를 변화시킴으로써 부하에 걸리는 전압의 크기를 제어한다.
(3) 전동기의 속도제어, 전등의 조광용으로 쓰이는 디머(Dimmer), 전기담요, 전기밥솥 등의 온도조절장치로 많이 이용되고 있다.

| 2 | 사이클로컨버터(Cycloconverter)

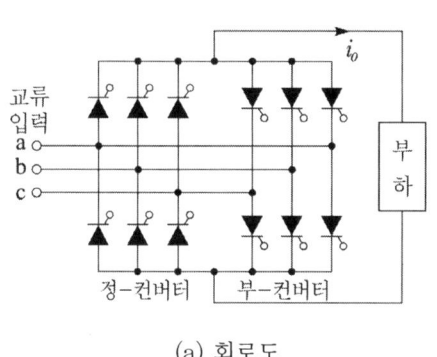
(a) 회로도

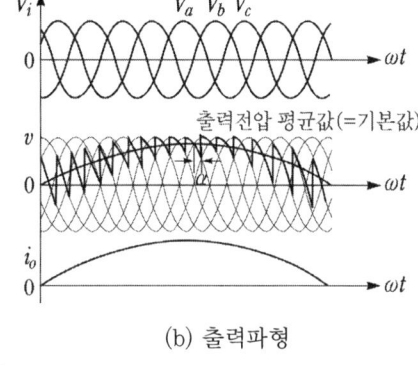
(b) 출력파형

[사이클로컨버터]

(1) 주파수 및 전압의 크기까지 바꾸는 교류-교류전력 제어장치이다.
(2) 어떤 주파수의 교류전력을 다른 주파수의 교류전력으로 변환하는 것을 주파수변환이라고 하며, 직접식과 간접식이 있다. 간접식은 정류기와 인버터를 결합시켜서 변환하는 방식이고, 직접식은 교류에서 직접 교류로 변환시키는 방식으로 사이클로컨버터라고 한다.
(3) 전원 전압의 파형을 조합시켜, 전원보다 낮은 주파수의 교류를 직접 구하는 방식이므로 효율은 좋지만 출력 파형의 일그러짐이 크고, 다상방식에서 사이리스터 소자의 이용률이 나쁜 결점이 있고 제어회로가 복잡하다.

4.2 초퍼 회로(DC-DC Converter : 직류변환)

1 강압형 초퍼

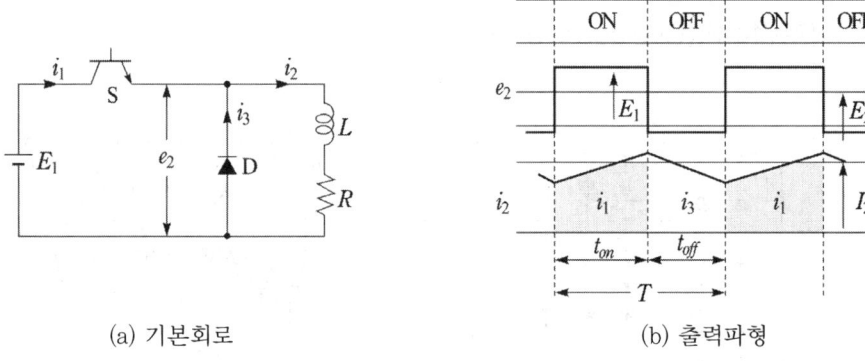

(a) 기본회로   (b) 출력파형

[강압형 초퍼]

(1) 초퍼(Chopper)는 직류를 다른 크기의 직류로 변환하는 장치이다. 강압형 초퍼는 트랜지스터 S의 도통시간을 가변함으로써 직류-직류전력 변환이 이루어진다.
(2) 출력 전압 e_2의 평균값 E_2는

$$E_2 = \frac{T_{on}}{T_{on}+T_{off}}E_1 = \frac{T_{on}}{T}E_1$$

여기서, $T = T_{on} + T_{off}$로 스위칭 주기이다.

2 승압형 초퍼

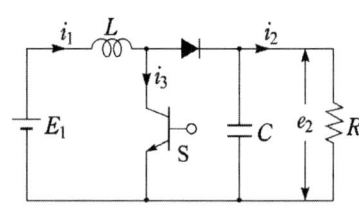 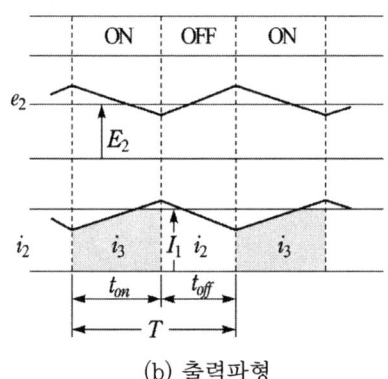

(a) 기본회로   (b) 출력파형

[승압형 초퍼]

(1) 승압형 초퍼는 입력 측에 인덕턴스를 넣고 트랜지스터 S의 도통 시간을 가변함으로써 직류-직류전력 변환이 이루어진다.

(2) 출력 전압 e_2의 평균값 E_2와 입력전압 E_1과의 관계식은 다음과 같이 된다.

$$\frac{E_2}{E_1} = \frac{T}{T_{off}}$$

(3) 강압형 및 승압형 초퍼를 구성하기 위해서는 스위칭 소자가 ON, OFF가 가능해야한다. 따라서 SCR, GTO, 파워 트랜지스터 등이 이용되나, SCR은 정류 회로가 부착되어야 하고 신뢰성 등의 문제가 있어 별로 이용되지 않고 있다.

4.3 인버터 회로(DC-AC Converter : 역변환)

| 1 | 인버터의 원리

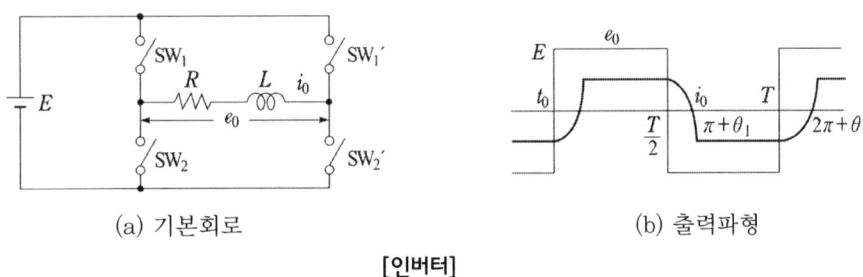

(a) 기본회로　　　　　　　　(b) 출력파형

[인버터]

(1) 직류를 교류로 변환하는 장치를 인버터(Inverter) 또는 역변환장치라고 한다.
(2) $t = t_0$에서 스위치 SW_1과 SW_2'를 동시에 ON 하면 a점의 전위가 +로 되어 a점에서 b점으로 전류가 흐르고, $t = \frac{T}{2}$에서 SW_1과 SW_2'를 OFF하고 SW_1'과 SW_2를 ON 하면 b점의 전위가 +로 되어 b점에서 a점으로 전류가 흐르게 된다. 이러한 동작을 주기 T마다 반복하면 부하 저항에 걸리는 전압은 그림 (b)와 같은 직사각형파 교류를 얻을 수 있다.

| 2 | 인버터의 분류

(1) 타여식 인버터 : 전원 전류형, 부하전류형
(2) 자여식 인버터 : ① 공진형(직렬공진형, 병렬공진형)
　　　　　　　　　② 구형파 : 전압형, 전류형

3 인버터 출력전압의 제어방법

(1) 펄스진폭변조(PAM)
(2) 펄스 폭변조(PWM) : SCR, GTO 등의 전력용 반도체소자를 ON, OFF 스위치로 사용하여 교류측의 전압, 전류크기와 주파수를 제어
(3) 펄스 주파수 변조(PFM)

항 목	PAM 인버터	PWM 인버터
전력회로	복잡하다	간단하다
제어회로	간단하다	다소 복잡하다
역률, 효율	나쁘다	좋다
속응성	나쁘다	좋다
스위칭주파수	낮다	높다

4 인버터 출력파형의 개선법

(1) 교류필터 사용
(2) 인버터의 다중화
(3) 펄스폭의 최적 선정

5 단상 인버터

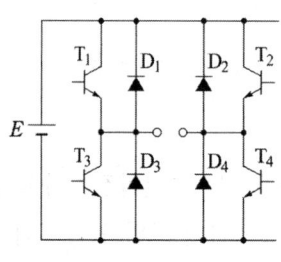

(a) 단상 인버터 회로

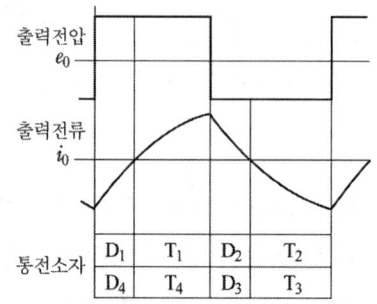

(b) 출력전압, 전류 및 통전 소자

[단상 인버터]

그림 (a)와 같은 단상 인버터 회로에 직류 전압을 가해주고, T_1, T_4와 T_2, T_3를 주기적으로 ON시켜 주면 그림 (b)와 같은 방형파 교류 전압이 출력된다. 부하가 R, L 부하일 경우에 출력 전류의 파형은 그림 (b)의 i_0와 같은 파형이 된다.

6 3상 인버터

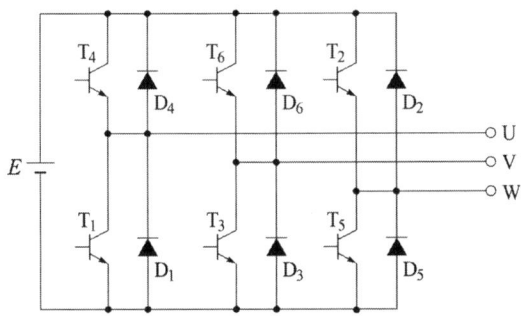

회로에서 트랜지스터를 T_1, T_2, T_3, T_4, T_5, T_6 순서로 점호를 해주면 출력으로 3상 교류를 얻을 수 있다.

7 전동기 제어

(1) 유도 전동기 제어

유도 전동기의 속도와 토크는 다음의 방법으로 제어된다.
- 고정자 전압 제어
- 회전자 전압 제어
- 주파수 제어
- 고정자 전압과 주파수 제어
- 고정자 전류 제어
- 전압, 전류 및 주파수 제어

구동부의 토크-속도 시비율을 충족시키기 위해 전압, 전류 및 주파수 제어가 일반적으로 사용된다.

기출 & 예상문제

제4장 인버터 및 컨버터 회로

01 인버터의 스위칭 주기가 10[msec]이면 주파수는 몇 [Hz]인가?
① 1 ② 20 ③ 60 ④ 100

● 풀이
$$f = \frac{1}{T} = \frac{1}{10 \times 10^{-3}} = 100[\text{Hz}]$$

답 ④

02 다음 중 위상제어에 대하여 바르게 설명한 것은?
① 입력전압이 직류이다. ② 입력전압이 교류이다.
③ 출력전압이 교류이다. ④ 다이오드만 사용한다.

답 ②

03 위상제어 컨버터의 역률 개선방법이 아닌 것은?
① 소호각 제어 ② 대칭각 제어
③ 펄스 폭 변조 ④ 지연전류 제어

● 풀이
위상제어 컨버터의 역률 개선방법
① 소호각 제어법
② 대칭각 제어법
③ 펄스폭 변조법
④ 정현파펄스폭 변조제어법

답 ④

04 그림과 같은 회로에서 위상각 $\theta = 60°$의 유도부하에 대해 점호각 α를 0°에서 180°까지 가감하는 경우에 전류가 연속되는 α의 각도는 몇 도인가?
① 30
② 60
③ 90
④ 120

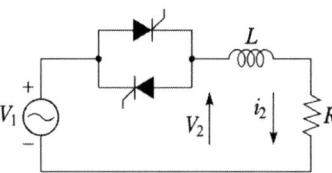

● 풀이
단상전파정류회로 유도성부하
$E_d = 0.9E\cos\alpha$, $I_d = \frac{E_d}{R} = \frac{0.9E\cos\alpha}{R}$ 이며 전류가 연속되는 각도가 출력이 존재하는 각도이므로 $\theta = \alpha$에서 출력이 시작되어 $\pi(180)$까지 출력이 된다.

답 ②

05 단상 전파 제어회로인 그림에서 전원 전압이 2,300[V]이고 부하의 저항은 1.15[Ω]에서 2.3[Ω] 사이를 변동하지만 항상 출력부하는 2,300[kW]가 되어야 한다. 이 경우에 사이리스터의 최대 전압[V]은?

① 2,308　② 2,830　③ 3,252　④ 4,600

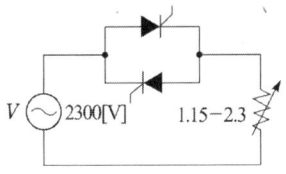

• 풀이

최대 전류 $I_m = \sqrt{\dfrac{P}{R}} = \sqrt{\dfrac{2,300 \times 10^3}{1.15}} = 1,414.2[A]$

최대저항 $R_m = 2.3[\Omega]$

최대 전압 $V_m = I_m \times R_m = 1,414.2 \times 2.3 = 3,252[V]$

답 ③

06 위상 제어 스위치를 통해 부하에 10[Ω]의 저항이 연결되어 있다. 200[V] 전원에서 출력 전력을 2[kW]에서 제어하려고 한다. 제어각 α에서 부하전류의 실효값은 몇 [A]인가?

① 14.14　② 22.36　③ 33.94　④ 8.76

• 풀이

$I = \sqrt{\dfrac{P}{R}} = \sqrt{\dfrac{2 \times 10^3}{10}} = 14.14[A]$

답 ①

07 그림의 회로에 단상 220[V], 60[Hz]를 인가할 때 부하에 흐르는 전류의 파형은?(단, 부하는 순저항 부하이고, 보기의 빗금 친 부분은 통전됨을 나타낸다.)

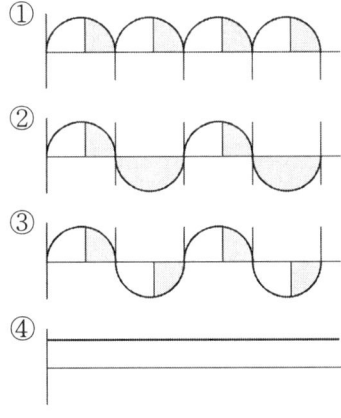

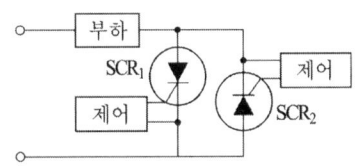

• 풀이

SCR을 역병렬로 연결되어 양(+)의 주기부분과 음(-)의 주기부분을 모두 제어

답 ③

08 다음에서 단상 인버터의 출력 전압 제어에 주로 사용되는 방식은?

① 펄스폭 변조(PWM)방식　② 펄스 진폭 변조(PAM)방식
③ 펄스 주파수 변조(PFM)방식　④ 혼합 변조(PWM+PFM)방식

답 ①

09 인버터의 출력 파형을 개선하여 정현파를 얻는 방법이 아닌 것은?
① 교류 필터 사용
② 스너버 회로 사용
③ 인버터의 다중화
④ 인버터의 최적 펄스폭 선정

> **풀이**
> 스너버 회로는 인덕턴스에 의해 발생한 과도 전압으로부터 사이리스터를 보호하고, 사이리스터가 오플될 때의 전압 상승률(dv/dt)을 억제하며, 첨두 회복 전압의 크기와 소자의 스위칭 손실을 감소시키는 역할을 한다.
> **답** ②

10 무정전 전원 장치(UPS)란 다음 중 어느 것인가?
① VVVF 인버터
② CVCF 인버터
③ VVCF 인버터
④ CVVF 인버터

> **풀이**
> • VVVF (가변전압 가변주파수방식)
> • CVCF (정전압 정주파수 방식)
> **답** ②

11 그림의 회로에서 전원 전압이 110[V]이면 사이리스터(SCR)에 인가되는 역전압은 몇 [V]인가?
① 0
② 110
③ 220
④ 311

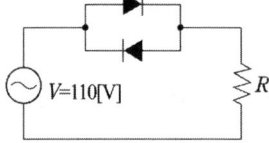

> **풀이**
> 다이오드가 사이리스터(SCR)의 역방향으로 존재하므로 전압은 다이오드에 의해서 0[V]가 된다.
> **답** ①

12 사이리스터 브리지를 이용한 일반적인 변환장치의 특징인 것은?
① 위상제어에 의해 직류전압은 연속 가변된다.
② 자여식 전류가 가능하다.
③ 교류전류는 일련의 우수파 고조파를 함유하고 있다.
④ 제어각이 커짐에 따라 기본파 역률은 앞선 방향으로 저하된다.
> **답** ①

13 사이클로컨버터(Cycloconverter)란?
① 실리콘 양방향성 소자이다.
② 제어 정류기를 사용한 주파수 변환기이다.
③ 직류 제어 소자이다.
④ 전류 제어 소자이다.

> **풀이**
> 어떤 주파수의 교류 전력을 다른 주파수의 교류 전력으로 변환하는 것을 주파수 변환이라고 하며, 직접식과 간접식이 있다. 간접식은 정류기와 인버터를 결합시켜서 변환하는 방식이고, 직접식은 교류에서 직접 교류로 변환시키는 방식으로 사이클로컨버터라고 한다.
> **답** ②

14 교류정전압을 가변주파수나 교류가변전압으로 변화하는 기능을 무엇이라 하는가?
① 정류기　　　② 초퍼　　　③ 인버터　　　④ 사이클로컨버터

> **풀이**
> 사이클로컨버터 : 주파수 및 전압의 크기까지 바꾸는 교류-교류전력 제어장치.
> **답** ④

15 사이클로컨버터에 관한 설명 중 잘못된 것은?
① 일반적으로 출력파형이 좋다.
② 일반적으로 다상 정류결선이고, 각 상의 이용률이 나쁘다.
③ 전원전압에 의해 전류(轉流)된다.
④ 직류를 이용하지 않으므로 일반적으로 종합효율이 높다.

> **풀이**
> 전원전압의 파형을 조합시켜, 전원보다 낮은 주파수의 교류를 직접 구하는 방식이므로 효율은 좋지만 출력파형이 일그러짐이 크고, 다상방식에서 사이리스터 소자의 이용률이 나쁜 결점이 있고 제어회로가 복잡하다.
> **답** ①

16 사이클로컨버터에서 SCR 게이트의 가장 주된 작용은?
① 온-오프 작용　　　② 브레이크 오버 작용
③ 브레이크 다운 작용　　　④ 통과전류의 제어작용
답 ④

17 저속, 대용량 동기전동기의 구동에 적합한 장치는?
① 전류제어형 PWM 인버터　　　② 전압제어형 PWM 인버터
③ 구형파 전류원 인버터　　　④ 사이클로컨버터
답 ④

18 일정한 직류전압에서 가변 직류전압을 얻는 장치는?
① 정류기　　　② 초퍼　　　③ 인버터　　　④ 사이클로컨버터

> **풀이**
> 전력변환방식
> ① AC-DC Converter(순변환) : 제어정류기(Controlled Rectifier)
> ② AC-AC Converter(교류변환) : 교류전압제어기, 사이클로컨버터
> ③ DC-DC Converter(직류변환) : Chopper, 스위칭 레귤레이터
> ④ DC-AC Converter(역변환) : Inverter
> **답** ②

19 다음 전력변환방식 중 직류를 크기가 다른 직류로 변환하는 것은?
① 인버터　　　② 컨버터　　　③ 변파정류　　　④ 직류초퍼

> 풀이
> 초퍼(Chopper) : 직류-직류로 변환하는 장치.
> 답 ④

20 전력변환을 하기 위한 반도체 전력변환장치의 변환회로에 해당되지 않는 것은?
① 직류변환회로　　② 교류변환회로　　③ 순변환회로　　④ 클리핑회로

> 답 ④

21 사이리스터의 온 기간, 오프 기간 및 동작주기를 제어하여 부하의 직류 출력 전압을 직접 제어하는 것은?
① 단상 인버터　　　　　　② 초퍼 회로
③ 브리지형 인버터　　　　④ 3상 인버터

> 풀이
> 인버터는 직류를 교류로 제어하고, 초퍼는 직류-직류를 제어한다.
> 답 ②

22 초퍼에 의한 전력제어 방법이 아닌 것은?
① 위상제어방식　　　　　② 펄스폭 변조방식
③ 혼합 변조방식　　　　　④ 펄스 주파수 변조방식

> 풀이
> 위상제어방식의 입력전압이 교류이며 교류전압을 출력한다.
> 답 ①

23 직류 직권전동기의 속도제어에 사용되는 전력 변환기기에 알맞은 것은?
① 사이클로컨버터　② 인버터　　③ 듀얼컨버터　　④ 초퍼

> 풀이
> 직류를 출력하는 것은 초퍼이다.
> 답 ④

24 일반적으로 공진형 컨버터에 사용되지 않는 소자는?
① MOS-FET　　　② SCR　　　③ 트랜지스터　　　④ IGBT

> 풀이
> 컨버터의 스위치로 사용되는 트랜지스터나 MOS-FET 등 반도체 소자들은 ON, OFF 시 전력손실이 발생한다. RLC 중에 L과 C를 공진하게 하여 소모전력도 줄이고 스위칭 반도체의 열도 감소시킬 수 있는 초퍼를 공진형 컨버터라고 한다.
> 초퍼를 구성하기 위해서는 스위칭 소자가 ON, OFF가 가능해야 하며 SCR, GTO, 파워 트랜지스터 등이 이용되나, SCR은 정류회로가 부착되어야 하고 신뢰성 등의 문제가 있어 별로 이용되지 않고 있다.
> 답 ②

25 강압형 직류 제어기의 정의를 알맞게 설명한 것은?

① 출력전압이 입력전압보다 높게 나타난다.
② 출력전압이 입력전압보다 낮게 나타난다.
③ 출력전압과 입력전압이 같게 나타난다.
④ 출력전압이 입력전압에 관계없이 높게 나타난다.

답 ②

26 초퍼에 의해 구동되는 전기기기에서 입력전원은 직류 1,000[V]이고, 스위칭 소자의 유효 온(ON)시간은 20[μs]이다. 기동 시와 저속 운전 시 초퍼의 출력전압이 직류 10[V]라면 이때 초퍼의 주파수는 몇 [Hz]인가?

① 200　　② 250　　③ 500　　④ 750

▶풀이

$$E_2 = \frac{T_{on}}{T_{on}+T_{off}}E_1 = \frac{T_{on}}{T}E_1, \quad T = \frac{E_1}{E_2}T_{on} = \frac{1,000}{10}\times 20\times 10^{-6} = 2[\text{ms}]$$

$$f = \frac{1}{T} = \frac{1}{2\times 10^{-3}} = 500[\text{Hz}]$$

답 ③

27 전기철도 주 전동기제어, 전기 자동차 속응서보 구동 등 다양한 전동기제어의 응용에 알맞은 변환방식은?

① 순변환정류　　② 역변환 인버터
③ 직류 초퍼　　④ 주파수변환 사이클로컨버터

▶풀이

직류 초퍼는 지하철 전동차의 직류 전동기 제어에 이용되고 있어 에너지 절약효과를 크게 하고 있다. 전동 지게차 및 전기자동차 등의 수송 및 교통기관용으로도 이용되고 있다. 고속 서보 직류전동기의 구동 및 VTR 등의 전자기기의 서보 제어 등에도 이용되고 있다.

답 ③

28 직류를 교류로 변환하는 장치를 무엇이라 하는가?

① 버퍼　　② 정류기　　③ 인버터　　④ 정전압장치

▶풀이

직류를 교류로 변환하는 장치를 인버터(Inverter) 또는 역변환장치라고 한다.

답 ③

29 반도체 전력변환 기기에서 인버터의 역할은?

① 직류 → 직류변환　　② 직류 → 교류변환
③ 교류 → 교류변환　　④ 교류 → 직류변환

▶풀이

- 컨버터 : 교류를 직류로 변환
- 인버터 : 직류를 교류로 변환

답 ②

30 인버터(Inverter)의 설명 중 맞는 것은?
① 직류에서 교류로 변화하는 것을 역변환 또는 인버터라고 한다.
② 교류에서 직류로 변화하는 것을 역변환 또는 변환이라고 한다.
③ 교류에서 직류로 변화하는 것을 순변환이라고 하고, 변환이라고 부른다.
④ 인버터란 교류에서 교류로 변환하는 것을 말한다.

답 ①

31 단상 인버터에 관한 설명으로 틀린 것은?
① 직류를 교류로 변환하는 장치이다.　② 정류기의 출력전원은 단상 교류이다.
③ 역변환장치라고 한다.　④ 3상 유도전동기를 구동할 수 없다.

풀이
정류기의 직류를 출력한다.

답 ②

32 전력 회로가 제어 정류 회로와 동일한 인버터는?
① 직렬 인버터　② 타여식 인버터
③ 병렬 인버터　④ 전류원 인버터

풀이
타여식 인버터 : 변환장치가 외부에 설치되어 인버터에 DC를 공급하는 방식

답 ②

33 직렬 공진형 컨버터에서 전력 회로에 무엇이 연결되는가?
① 콘덴서가 직렬로 연결된다.　② 인덕터가 직렬로 연결된다.
③ 콘덴서와 인덕터가 직렬로 연결된다.　④ 콘덴서와 인덕터가 병렬로 연결된다.

답 ③

34 인버터의 PWM방식에서 반송 신호로 가장 많이 사용되는 파형은?
① 삼각파　② 톱니파　③ 구형파　④ 정현파

풀이
톱니파도 반송 신호로 사용 가능하지만, 삼각파가 일반적이다.

답 ①

35 PWM방식에서 스위칭 주파수를 높일 때의 설명이다. 틀린 것은?
① 고조파 제거가 상대적으로 쉽다.　② 스위칭 손실이 증가한다.
③ 큰 저차 고조파를 발생한다.　④ 가청 잡음을 없앨 수 있다.

풀이
주파수 변조비 m_f가 정수이면 동기 PWM방식이 되어 저차 고조파가 발생하지 않는다. 비동기 PWM방식이더라도 스위칭 주파수를 높여 $m_f > 21$이 되면 저차 고조파가 발생은 하지만 크기가 작아 별로 문제되지 않는다.

답 ③

36 유도 전동기 부하를 갖는 인버터에서 전력의 이동은?
① 직류측에서 교류측으로만 이동한다.
② 교류측에서 직류측으로만 이동한다.
③ 양방향으로 이동하지만, 직류측에서 교류측으로 이동하는 전력이 더 많다.
④ 양방향으로 이동하지만, 교류측에서 직류측으로 이동하는 전력이 더 많다.

> **풀이**
> 인버터에서 대부분의 전력은 직류측에서 교류측을 이동하지만, 유도 전동기의 제동시 교류측에서 직류측으로 전력의 이동 방향이 역전될 수 있다. **답** ③

37 PWM 인버터에 관한 설명이다. 옳은 것은?
① 스위칭 소자로 SCR을 사용한다.
② 직류 입력 전원의 크기는 일정하다.
③ 출력 전압의 주파수만 가변할 수 있다.
④ 스위치 모드(switch mode) 인버터라고 한다.

답 ④

38 사이리스터 인버터의 점호 회로는?
① UJT를 이용한 회로
② 가포화 리액터 이용 회로
③ 멀티 바이브레이터 이용 회로
④ 브리지 다이오드 이용 회로

답 ③

39 사이클로 컨버터에서 지연각이 커지면?
① 출력 전압과 전원측 역률이 증가한다.
② 출력 전압은 증가하고 전원측 역률은 감소한다.
③ 출력 전압은 감소하고 전원측 역률은 증가한다.
④ 출력 전압과 전원측 역률이 감소한다.

답 ④

40 인버터제어라고도 불리며, 유도전동기에 인가되는 전압과 주파수를 동시에 변환시켜 직류전동기제어와 동등한 성능을 갖는 제어방식은?
① VVVF 제어방식
② 궤환제어방식
③ 워드레오나드제어방식
④ 1단 속도제어방식

> **풀이**
> ① 가변전압 가변주파수(VVVF : Variable Voltage Variable Frequency)
> ② 가변전압 일정주파수(VVCF : Variable Voltage Constant Frequency)
> ③ 일정전압 일정주파수(CVCF : Constant Voltage Constant Frequency) **답** ①

41 유도전동기의 주파수제어를 위한 정지형 전력변환장치는?
① 정류기　　② 여자기　　③ 인버터　　④ 초퍼

답 ③

42 PWM 전압형 인버터의 특징이 아닌 것은?
① 소형화 저가격화에 유리　　② 고차고조파 제거 가능
③ 고속전류제어 가능　　④ 전압제어를 위한 주회로 디바이스 불필요

▶ 풀이
PWM 전압형 인버터
① 전압제어를 위한 주회로 디바이스가 불필요하므로 소형화, 저가격화에 유리하다.
② 저차 고조파의 제거 또는 저감이 가능하다.
③ 벡터제어와 같은 교류전동기의 고성능 구동에 불가결한 고속전류제어가 가능해진다.

답 ②

43 인버터의 응용분야의 부하로 적합하지 않은 것은?
① 유도가열장치　　② 동기전동기
③ 직류 분권전동기　　④ 유도전동기

▶ 풀이
직류 분권전동기는 직류전압을 입력으로 받아야 하나, 인버터는 교류전압을 출력함으로 부하로 적합하지 않다.

답 ③

44 PWM 인버터방식에서 반송신호로 가장 많이 사용되는 것은?
① 삼각파　　② 반원파　　③ 구형파　　④ 정현파

답 ①

45 인버터의 출력전압 파형의 제어에 주로 사용되는 방식은?
① 펄스폭 변조(PWM)방식　　② 펄스진폭 변조(PAM)방식
③ 펄스주파수 변조(PFM)방식　　④ 혼합 변조방식(PWM+PAM)

답 ①

46 CVCF의 용도는?
① 자동전압조정기　　② 콘덴서 차단장치
③ 실리콘형 정류기　　④ 정전압 및 정주파수장치

▶ 풀이
일정전압 일정주파수(CVCF : Constant Voltage Constant Frequency)

답 ④

47 유도전동기의 정격전압이 480[V], 60[Hz] 이다. 이 전동기를 50[Hz]에서 사용한다면 전압은 몇 [V]를 사용하여야 가장 적절한가?
① 400　　② 440　　③ 480　　④ 576

▶ 풀이

$\dfrac{V}{f}=$일정, $\dfrac{480}{60}=\dfrac{V_x}{50}=$일정, $V_x=400[V]$

답 ①

48 다음 중 직렬 인버터(Inverter)를 사용하는 경우는?
① 이 인버터는 비교적 주파수가 높고 출력파형이 정현파에 가까운 것을 원할 때
② 이 인버터는 비교적 주파수가 낮고 출력파형이 정현파에 가까운 것을 원할 때
③ 이 인버터는 비교적 주파수가 높고 출력파형이 삼각파를 원할 때
④ 이 인버터는 비교적 주파수가 낮고 출력파형이 삼각파를 원할 때

답 ①

49 전자계산기용 전원, FA 기기나 OA 기기 또한 의료기기 등 전력의 고품질화를 요구하는 기기에 광범위하게 사용되는 장치는?
① CVCF 장치
② VVVF 인버터장치
③ 컨버터장치
④ 승압기

답 ①

50 전력 변환기의 응용 중 항공기의 전원에 사용되는 것은?
① 인버터
② 초퍼
③ 컨버터
④ 사이클로 컨버터

답 ①

51 다음의 설명 중에서 옳은 것은?
① 전류형 인버터의 직류회로에는 평활콘덴서가 필요하다.
② 전류형 인버터의 교류전압은 부하에 따라 변한다.
③ 전류형 인버터의 직류회로에는 다이오드가 직렬로 접속된다.
④ 전류형 인버터의 출력전류는 구형파이다.

▶ 풀이

VSI(전압형 인버터)와 CSI(전류형 인버터)의 특징

구분	VSI(전압형 인버터)	CSI(전류형 인버터)
출력 전압	구형파	톱니파
출력 전류	톱니파	구형파
회로구성의 특징	1. 주 소자와 역병렬로 귀환다이오드를 갖는다. 2. 직류전원은 저임피던스의 전압원(평활콘덴서)을 갖는다.	1. 주 소자는 한 방향으로만 전류를 흘린다.(귀환다이오드가 없다.) 2. 직류전원은 고임피던스의 전류원(전류리액터)을 갖는다.

답 ④

52 전류원 인버터(CSI)로 유도전동기를 구동할 때의 설명이 잘못된 것은?
① 전류(Commutation)가 용이하다.
② 저속 스위칭 SCR을 사용할 수 있다.
③ 출력 전압이 구형파이며 스파이크(Spike)가 발생한다.
④ 인버터 자체에서 출력전류의 크기를 제어할 수 없다.

> **풀이**
> 출력전압은 톱니파이다.

답 ③

53 전압형 인버터의 특징이 아닌 것은?
① 부하단락 시에도 과전류가 흐른다.
② 프리휠링 다이오드가 있다.
③ 직류전원에 직렬로 큰 인덕턴스를 접속한다.
④ 전동기의 4상한 운전을 위하여 회생용 컨버터가 필요하다.

> **풀이**
> 직류전원은 저임피던스의 전압원(평활콘덴서)을 갖는다.

답 ③

54 브리지형 인버터에서는 상하 암(Arm)의 전류를 바꿀 때 동시에 온(on) 하면 직류 단락상태가 되며, 과전류가 발생한다. 이것을 방지하는 방법은?
① 클램프회로를 부하와 병렬로 접속한다.
② 스너버회로를 소자와 병렬로 접속한다.
③ 암에 대한 양쪽 모두 동시에 off 상태를 유지하는 구간을 설정한다.
④ 배선의 인덕턴스를 작게 한다.

답 ③

55 유도전동기의 속도제어를 위한 계통이 잘못된 것은?
① 직류전원 − 초퍼 − 필터 − 인버터 − 유도전동기
② 직류전원 − PWM 인버터 − 유도전동기
③ 교류전원 − 제어정류회로 − 필터 − 인버터 − 유도전동기
④ 교류전원 − PWM 인버터 − 유도전동기

> **풀이**
> 인버터는 직류전원을 입력으로 받는다.

답 ④

56 전압형 인버터로 유도전동기를 구동하는 경우 1차 주파수를 변화시키며, 동시에 전압도 비례해서 변화시켜 제어하게 되는데 이런 경우 무엇을 일정하게 하기 위한 것인가?
① 포화전류　　　　　　　　　② 여자전류
③ 스위칭 주파수　　　　　　　④ 펄스 폭

답 ②

57 그림과 같은 연산 증폭기에서 입력에 구형파 전압을 가했을 때 출력 파형은?

① 정현파
② 대형파
③ 삼각파
④ 구형파

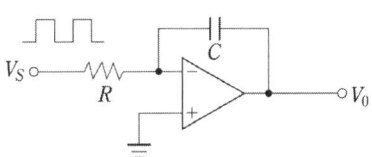

▶풀이
적분기(Integrator)

답 ③

58 그림과 같은 신호파와 반송파를 비교기에 인가한 경우 출력파형은?

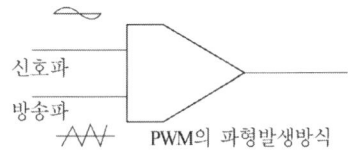

① 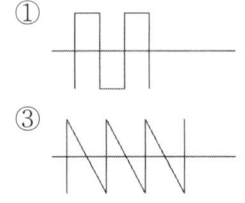 ②

③   ④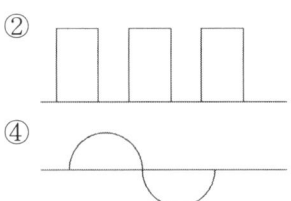

▶풀이
신호파와 반송파를 비교하여 신호파가 반송파보다 작은 구역에서만 On 된다.

답 ①

59 일반적인 전력전자의 구성영역에 포함되지 않는 것은?

① 전력   ② 전자   ③ 제어   ④ 기계

▶풀이
전력전자의 구성영역 : 전력분야, 전자분야, 제어분야

답 ④

60 제어전극에 가하는 신호가 전압인 소자의 특징이 아닌 것은?

① 구동 전력이 작다.   ② 구동 회로가 간단하다.
③ 소형화할 수 있다.   ④ 저주파에 사용된다.

답 ④

61 전력전자 제어용 센서 소자의 구비요건이 아닌 것은?

① 안정성과 직선성이 좋을 것   ② 잔류편차가 없을 것
③ 리플 노이즈가 있을 것   ④ 선로의 응답성이 좋을 것

답 ③

62 서지보호장치(SPD)의 기능에 따라 분류할 경우 해당되지 않는 것은?
① 전류 스위칭형 SPD
② 전압 스위칭형 SPD
③ 전압 제한형 SPD
④ 복합형 SPD

▶풀이
서지보호장치(SPD)는 기능에 따라 전압 스위칭형 SPD, 전압 제한형 SPD, 복합형 SPD로 분류된다.

답 ①

63 유도전동기의 속도 제어에 일반적으로 사용되는 폐루프 제어 방식이 아닌 것은?
① 스칼라(scalar)제어
② 벡터(vecctor)제어
③ 적응(adaptive)제어
④ PLL제어

▶풀이
PLL(phase-locked loop) 제어는 주로 직류기의 제어에 사용된다.

답 ④

64 유도 전동기의 구동 장치를 나타낸 것에서 인버터의 역할을 가장 잘 설명한 것은?
① 전압을 가변한다.
② 주파수를 가변한다.
③ 전압과 주파수를 가변한다.
④ 전압을 직류에서 교류로 변환한다.

답 ②

65 정격 전압이 220[V], 60[Hz]인 4극 농형 유도 전동기를 인버터로 구동하고자 한다. 이 전동기의 회전수를 1200[rpm]으로 한다면 인버터의 출력 전압은 몇 [V]인가?
① 110
② 147
③ 200
④ 220

▶풀이
$N = \dfrac{120f}{p}$ $f = \dfrac{N \cdot p}{120} = \dfrac{1200 \times 4}{120} = 40[\text{Hz}]$

$\dfrac{V}{f}$=일정하므로 $V = 220 \times \dfrac{40}{60} \fallingdotseq 147[\text{V}]$

답 ②

66 정격 전압이 220[V], 60[Hz]인 4극 농형 유도 전동기를 인버터로 구동하고자 한다. 이 전동기의 회전수를 900[rpm]으로 한다면 인버터의 출력 주파수는 몇 [Hz]인가?
① 15
② 30
③ 50
④ 60

▶풀이
$N = \dfrac{120 \times f}{p}$ $f = \dfrac{N \cdot p}{120} = \dfrac{900 \times 4}{120} = 30[\text{Hz}]$

답 ②

67 직류 전동기 구동에 있어서 컨버터의 역할은?
① 고조파 제거
② 주파수 제어
③ AC 전원으로부터 직류 전압 제어
④ DC 전원으로부터 직류 전압 제어

답 ③

… **5** 과목

송배전 선로의 전기적 특성

- 제1장 전력계통
- 제2장 선로정수 및 코로나
- 제3장 송전특성

제 1 장

전력계통

1.1 전력계통

(1) 발전소 : 발전기, 원동기, 연료전지, 태양전지 등을 시설하여 전기를 발생시키는 곳으로 수력발전소, 화력발전소, 원자력발전소, 조력발전소 등이 있다.
(2) 변전소 : 구외로부터 전송되는 전기를 구내에 시설한 변압기, 전동발전기, 회전변류기, 수은정류기 등으로 변성한 전기를 다시 구외로 전송하는 곳.(Substation S/S)
(3) 전선로 : 전선 또는 이를 지지하거나 보장하는 전기설비를 말한다.
　① 송전선로 : 발전소, 변전소, 개폐소 상호간을 연락하는 전선로로서 발전된 전기를 수송하는 것을 목적으로 하는 전선로.(T/L Transmition Line)
　② 배전선로 : 발전소 또는 변전소에서 직접 수용가까지 이르는 전선로로서 수송된 전기를 수용가에 배분하는 것을 목적으로 하는 전선로.(D/L Distribution Line)

1.2 송배전전압

송배전전압은 다음과 같은 관계가 있다.
(1) 전선의 굵기는 전압의 제곱에 반비례한다.
(2) 송전전력은 전압의 제곱에 비례한다.
(3) 전력손실, 전압강하율, 전압변동률은 전압의 제곱에 반비례한다.

(4) 송전전압이 높으면 선로의 보수 유지비가 증가한다.

$$전력손실 \quad P_l = P_S - P_R = 3I^2R$$
$$= 3 \times \left(\frac{P}{\sqrt{3}\,V\cos\theta}\right)^2 \times R = \frac{P^2 R}{V^2 \cos^2\theta} = \frac{P^2 \rho\, l}{V^2 \cos^2\theta A}$$

※ 송전전압과 각종 계수와의 관계

항 목	관 계	관 계 식
송전전력(P)	전압의 자승에 비례	$\propto V^2$
공급용량	전압의 비례	$\propto V$
전압강하(e)	전압에 반비례	$\propto \dfrac{1}{V}$
· 전선의 단면적(A) · 전선의 총중량(W) · 전력손실(P_l) · 전압강하율(e)	전압의 자승에 반비례	$\propto \dfrac{1}{V^2}$

|1| 경제적 송전전압 결정(A. Still 식)

$$v = 5.5\sqrt{0.6L + \frac{P}{100}}\ [\text{kV}]$$

여기서, L : 송전거리[km]
$\qquad P$: 송전전력[kW]

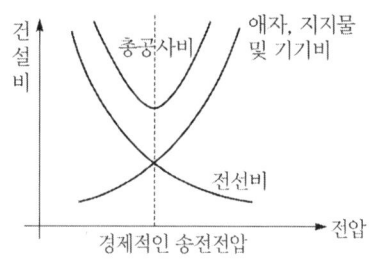

|2| 전압의 종별

송배전 계통의 전압을 표준화해서 정한 것이 표준 전압이며 표준 전압에는 공칭 전압과 최고 전압이 있다.

(1) 공칭전압(nominal voltage)

송배전 계통의 연계, 사용기기의 규격화, 기술적 편리성, 호환성 때문에 사용전압의 표준 치를 정한 것

① 배전전압 : 110, 220, 380, 440, 3300, 6600, 22900[V]

② 송전전압 : 154000, 345000, 765000[V]

우리나라의 대표적인 송전 및 배전방식

① 송전방식 : 3상 3선식

② 배전방식 : 3상 4선식

(2) 최고 전압

전선로에 통상 발생하는 최고의 선간 전압으로서 염해대책, 1선 지락고장 시 등 내부 이상전압, 코로나 장해, 정전유도 등을 고려할 때의 표준이 되는 전압.

$$※ \ 최고 \ 전압 = 공칭전압 \times \frac{1.15}{1.1}$$

공칭 전압[kV]	최고 전압[kV]
3.3/5.7 Y	3.4/5.9 Y
6.6/11.4 Y	6.9/11.9 Y
13.2/22.9 Y	13.7/23.8 Y
22/38 Y	23/40 Y
66	69
154	170
345	352
765	800

1.3 전기방식

1 직류송전방식

직류로 송전하는 방식으로 이 방식의 특징은 다음과 같다.

(1) 장점
  ① 서로 다른 주파수로 비동기 송전할 수 있다.
  ② 리액턴스가 없으므로 리액턴스 강하가 없다. 따라서 계통 안정도의 문제가 없어 도체 허용전류치 한도만큼 송전할 수 있다.
  ③ 절연비가 저감되며 코로나 임계전압이 높아져서 코로나에 유리하다.
  ④ 케이블 송전 경우 충전전류가 없으므로 유전체손이나 연피손이 없다.
  ⑤ 단락용량 및 지락용량이 감소하여 고장전류가 적어 전력계통을 확충시킬 수 있다.

(2) 단점
  ① 전압변성이 어렵고 전압변성을 하려면 교직 변환장치가 필요하며 설비가 고가이다.
  ② 대용량의 무효전력 공급이 필요하다.
  ③ 직류는 고전압 대전류 차단이 어려우므로 전용의 직류차단기가 필요하다.

2 | 교류송전방식

정현파 교번전압을 사용하여 송전하는 방식을 교류송전방식이라 한다. 이 방식의 특징은
(1) 전압을 승압, 강압을 변압기로서 간단하게 효율적으로 할 수 있다.
(2) 교류발전기는 직류발전기보다 구조가 간단하고 능률도 높으며 전동기의 경우에는 회전자계를 쉽게 얻을 수 있다.
(3) 전 계통을 일괄하여 교류방식으로 하면 경제적 급전이 용이하다.

기출 & 예상문제

제1장 전력계통

01 교류송전방식에 비하여 직류송전방식의 장점이 아닌 것은?
① 고전압, 대전류의 차단이 용이함
② 기기 및 선로의 절연에 요하는 비용이 절감됨
③ 안정도의 한계가 없으므로 송전용량을 높일 수 있음
④ 1선 지락 고장 시 인접 통신선의 전자유도장해를 경감시킬 수 있음

> **풀이**
> 고전압, 대전류의 차단이 어려우며 직류전용 차단기가 필요하다.
>
> **답** ①

02 변전소의 역할에 대한 설명으로 옳지 않은 것은?
① 유효전력과 무효전력을 제어한다.
② 전력을 발생하고 분배한다.
③ 전압을 승압 또는 강압한다.
④ 전력조류를 제어한다.

> **풀이**
> 변전소는 전력조류(전력수요에 따라 유효전력 및 무효전력의 흐름)를 제어하고 전압승압, 강압한다.
>
> **답** ②

03 다음 식은 무엇을 결정할 때 사용되는 식인가?

식 : $5.5\sqrt{0.6\ell + \dfrac{P}{100}}$ [kV] (단, ℓ은 송전거리[km]이고, P는 송전전력[kW]이다.)

① 송전전압　　　　　　　　　② 송전선의 굵기
③ 역률개선시 콘덴서의 용량　　④ 전압불평형이 생길 우려가 있다.

> **풀이**
> 스틸(still)식 = 경제적인 송전전압 결정
>
> **답** ①

04 송전전압을 높일 때 발생하는 경제적 문제 중 옳지 않은 것은?
① 송전 전력과 전선의 단면적이 일정하면 선로의 전력 손실이 감소한다.
② 절연 애자의 개수가 증가한다.
③ 변전소에 시설할 기기의 값이 고가로 된다.
④ 보수 유지에 필요한 비용이 적어진다.

> **풀이**
> 보수 유지에 필요한 비용이 증가(단점)   **답** ④

05 직류송전방식의 장점이 아닌 것은?
① 리액턴스의 강하가 생기지 않는다.   ② 코로나손 및 전력 손실이 작다.
③ 회전자계가 쉽게 얻어진다.   ④ 유전체손 및 충전전류의 영향이 없다.

> **풀이**
> 회전자계가 쉽게 얻어지는 것은 교류일 경우임   **답** ③

06 전력계통의 전압조정과 무관한 것은?
① 발전기의 조속기   ② 발전기의 전압조정장치
③ 전력용 콘덴서   ④ 전력용 분로 리액터

> **풀이**
> • 조속기(Speed Governer) : 유효전력을 조정한다. 역률 1.0에서 운전중 계자전류를 증가시키면 발전기는 지상운전을 하여 무효전력을 발생하고, 계자전류를 감소시키면 진상운전을 해 무효전력을 감소한다.
> • 전압 조정기(voltage regulator) : 입력 전압과 출력 부하가 변화하더라도 항상 일정한 출력 전압을 유지하도록 설계된 장치.
> • 전력용 콘덴서 : 송배전계통의 부하역률을 개선하여 송전 손실의 저감이나 계통전압의 저하를 억제한다.
> • 분로 리액터 : 송전계통에 병렬로 설치하여 지상용량을 공급하는 기능을 가져 진상 부하전력을 보상하거나, 이상전압 발생억제 등의 목적으로 사용.(페란티 현상 방지)   **답** ①

07 각 전력계통을 연락선으로 상호연결하면 여러 가지 장점이 있다. 옳지 않은 것은?
① 각 전력계통의 신뢰도가 증가한다.
② 경제급전이 용이하다.
③ 배후전력(back power)이 크기 때문에 고장이 적으며 그 영향의 범위가 작아진다.
④ 주파수의 변화가 작아진다.

> **풀이**
> 배후전력(back power)이 크기 때문에 고장이 많고 그 영향의 범위가 커진다.   **답** ③

08 다음 그림에서 송전선로의 건설비와 전압과의 관계를 옳게 나타낸 것은?

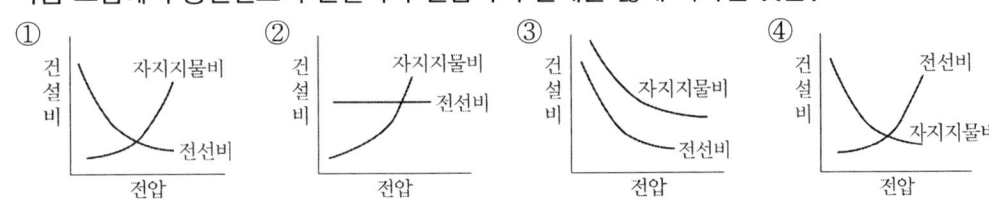

> **풀이**
> 송전전압이 증가하면 전류가 감소하므로 전선의 굵기는 작아지고($A \propto \dfrac{1}{V^2}$), 절연레벨의 상승으로 애자의 개수 및 선로의 건설비용이 증가한다.
>
> **답** ①

09 직류송전방식에 비교할 때 교류송전방식의 이점은?
① 선로의 리액턴스에 의한 전압강하가 없으므로 장거리 송전에 적합하다.
② 변압이 쉬워 고압송전을 하는데 유리하다.
③ 같은 절연에서는 송전전력이 크게 된다.
④ 지중송전의 경우 충전전류와 유전체손을 고려하지 않아도 되므로 절연이 쉽다.

답 ②

10 전압이 다른 송전선로를 루프(loop)로 사용하여 조류제어를 할 때 필요한 기기는?
① 동기조상기   ② 3권선 변압기
③ 분로리액터   ④ 위상조정 변압기

답 ①

제 2 장

선로정수 및 코로나

2.1 선로정수

|1| 저항

$$R = \rho \cdot \frac{l}{S}$$

여기서, ρ : 저항률[$\Omega \cdot mm^2/m$]
 S : 단면적[mm^2]
 l : 길이[m]

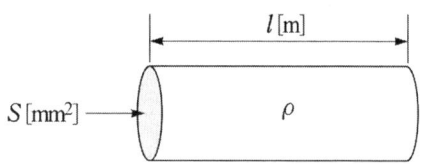

구 분	저항률[$\Omega \cdot mm^2/m$]	도전율[%]
연 동 선	$\frac{1}{58}$	100
경 동 선	$\frac{1}{55}$	97
알루미늄선	$\frac{1}{35}$	61

(1) 온도 변화에 따른 전선의 저항 변화

$$R_t = R\{1 + \alpha_t(T-t)\} \;\;\rightarrow\;\; \alpha_t = \frac{\alpha_0}{1 + \alpha_0 \cdot t}, \;\; \alpha_0 = \frac{1}{234.5}$$

기출 & 예상문제

제2장 선로정수 및 코로나(1)

전기기능장

01 ACSR은 동일한 길이에서 동일한 전기저항을 갖는 경동연선에 비하여 어떠한가?
① 바깥지름은 크고 중량은 작다.
② 바깥지름은 작고 중량은 크다.
③ 바깥지름과 중량이 모두 크다.
④ 바깥지름과 중량이 모두 작다.

▶풀이
　ACSR(Aluminium Conductor Steel Reinforced/強芯알루미늄撚線)

　강철
　알루미늄

답 ①

02 그림과 같은 전선 배치에서 등가(等價) 선간거리 [m]는?

① 10
② $\sqrt{10}$
③ $\sqrt[3]{2}\,10$
④ $\sqrt[3]{10}\,10$

▶풀이
　일직선 배치일때 등가선간거리
　$D_e = \sqrt[3]{D_1 D_1 2D_1} = \sqrt[3]{2} \cdot D_1 = \sqrt[3]{10 \times 10 \times 2 \times 10} = 10\sqrt[3]{2}$

답 ③

03 그림과 같이 송전선이 4도체인 경우 소선 상호간의 등가평균거리는?

① $\sqrt[3]{2}\,D$
② $\sqrt[4]{2}\,D$
③ $\sqrt[6]{2}\,D$
④ $\sqrt[8]{2}\,D$

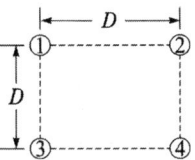

▶풀이
　정사각형 배치일 때 등가선간거리 $D_e = \sqrt[6]{D_1 D_1 D_1 D_1 \sqrt{2}\,D_1 \sqrt{2}\,D_1} = \sqrt[6]{2}\,D_1$

답 ③

04 7/3.7[mm]인 경동연선(반지름 0.555[cm])을 그림과 같이 배치한 완전연가의 66[kV] 1회선 송전선이 있다. 1[km]당 작용인덕턴스는 얼마인가?

① 1.237[mH/km]
② 1.287[mH/km]
③ 2.849[mH/km]
④ 2.899[mH/km]

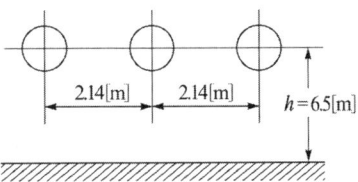

● 풀이

$L = 0.05 + 0.4605 \log \dfrac{D_e}{r}$ 에서 $D_e = 2.14\sqrt[3]{2}$ [m]

$\therefore L = 0.05 + 0.4605 \log \dfrac{2.14\sqrt[3]{2}}{0.555 \times 10^{-2}} = 1.287$ [mH/km]

답 ②

05 3상3선식 1회선의 가공송전선로에서 D를 선간거리, r을 전선의 반지름이라고 하면 1선당 정전용량 C는?

① $\log_{10} \dfrac{D}{r}$ 에 비례한다.
② $\log_{10} \dfrac{D}{r}$ 에 반비례한다.
③ $\dfrac{D}{r}$ 에 비례한다.
④ $\dfrac{r}{D}$ 에 비례한다.

● 풀이

$C_s = \dfrac{0.02413}{\log \dfrac{D_e}{r}}$ 따라서 C_s는 $\log_{10} \dfrac{D}{r}$ 에 반비례

답 ②

06 송배전선로의 작용 정전용량은 무엇을 계산하는데 사용되는가?

① 비접지계통의 1선 지락 고장시 지락고장 전류 계산
② 정상 운전시 선로의 충전전류 계산
③ 선간단락 고장시 고장전류 계산
④ 인접통신선의 정전유도전압 계산

답 ②

07 현수애자 4개를 1련으로 한 66[kV]송전 선로가 있다. 현수 애자 1개의 절연 저항이 1500 [MΩ]이라면 표준 경간을 200[m]로 할 때 1[km]당의 누설 컨덕턴스[℧]는?

① 0.83×10^{-9}
② 0.83×10^{-6}
③ 0.83×10^{-3}
④ 0.83×10

풀이

$G = \dfrac{1}{R} = \dfrac{1}{1500 \times 10^6 \times 4} \times 5 = 0.83 \times 10^{-9}$

애자 4개 저항 6000[MΩ]
전체 철탑수 6개 양끝 철탑저항은 1/2씩 계산

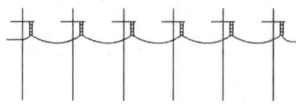

답 ①

08 선간거리가 D[m]이고 반지름이 r[m]인 선로의 정전용량 $C[\mu F]$는?

① $\dfrac{0.2413}{\log_{10}\dfrac{r}{D}}$ ② $\dfrac{0.02413}{\log_{10}\dfrac{r}{D}}$ ③ $\dfrac{0.2413}{\log_{10}\dfrac{D}{r}}$ ④ $\dfrac{0.02413}{\log_{10}\dfrac{D}{r}}$

답 ④

09 송전선로의 선로정수가 아닌 것은?

① 저항   ② 리액턴스
③ 정전용량   ④ 누설콘덕턴스

풀이
- 단거리 선로정수 : RL(50[km]이하)
- 중거리(집중정수회로) : RLC(50~100[km])
- 장거리(분포정수) : RLCG(100[km] 이상)

답 ②

10 일반적으로 전선 1가닥 단위 길이 당의 작용 정전 용량 $C_n[\mu F/km]$이 $C_n = \dfrac{0.02413\epsilon_s}{\log_{10}\dfrac{D}{r}}$ [μF/km]로 표시되는 경우 여기서 D는 무엇을 나타내는가?

① 전선반지름[m]   ② 선간거리[m]
③ 전선지름[m]   ④ 선간거리$\times \dfrac{1}{2}$[m]

풀이
r : 전선반지름[m], D : 선간거리[m]

답 ②

11 선간거리 D[m]이고, 반지름이 r[m]인 선로의 인덕턴스 L[mH/km]은?

① $L = 0.4605\log_{10}\dfrac{D}{r} + 0.5$ ② $L = 0.4605\log_{10}\dfrac{D}{r} + 0.05$

③ $L = 0.4605\log_{10}\dfrac{r}{D} + 0.5$ ④ $L = 0.4605\log_{10}\dfrac{r}{D} + 0.05$

답 ②

2.2 연가

※ **연가** : 각 상의 L과 C의 크기를 같게 하기 위하여 전구간을 3배수로 나누어 각상의 위치를 변경한다.

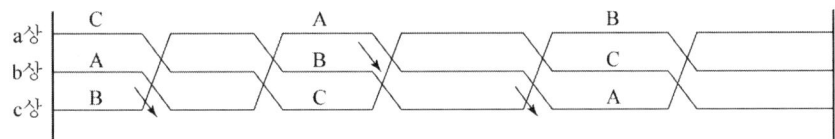

1) 연가의 목적 : 선로정수의 평형
2) 연가의 효과

> ① 선로정수의 평형
> ② 통신선 유도장해 경감
> ③ 소호리액터 접지시 직렬공진에 의한 이상전압 상승억제
> ④ 각상의 전압강하 동일
> ⑤ 등가선간거리 동일

기출 & 예상문제

제2장 선로정수 및 코로나(2) *전기기능장*

01 3상 3선식 송전선을 연가 할 경우 일반적으로 전체 선로길이의 몇 배수로 등분해서 연가 하는가?
① 5　　　② 4　　　③ 3　　　④ 2

풀이
선로정수의 평형 및 유도장해 방지를 목적으로 전 송전 긍장을 3배수 등분하여 각 상의 위치를 교환하는 것
효과 : 직렬공진 방지, 유도장해 감소, 선로정수(R, L, C, G) 평형　　　**답 ③**

02 3상 3선식 송전선로를 연가하는 주된 목적은?
① 전압강하를 방지하기 위하여　　② 송전선을 절약하기 위하여
③ 고도를 표시하기 위하여　　　　④ 선로정수를 평형시키기 위하여

풀이
선로정수의 평형 및 유도장해 방지를 목적으로 전 송전 긍장을 3배수 등분하여 각 상의 위치를 교환하는 것
효과 : 직렬공진 방지, 유도장해 감소, 선로정수(R, L, C, G) 평형　　　**답 ④**

03 초고압 송전선로에 단도체 대신 복도체를 사용할 경우에 적합하지 않은 것은?
① 전선의 작용인덕턴스를 감소시킨다.　　② 선로의 작용정전용량을 증가시킨다.
③ 전선 표면의 전위경도를 저감시킨다.　　④ 전선의 코로나 임계전압을 저감시킨다.

풀이
복도체
① 1선 단면적은 그대로, 전선직경 증가
② 선로의 인덕턴스 감소, 정전용량 증가(20[%]정도)
③ 선로의 리액턴스 감소로 인한 송전용량 증가
④ 전선 표면의 전위경도(電位傾度) 저감
⑤ 코로나 임계전압(臨界電壓)의 증가로 인한 코로나(Corona)현상 방지　　　**답 ④**

04 송전선에 복도체를 사용하는 목적은?
① 전선 표면의 전위 경도의 증가　　② 코로나 발생의 감소
③ 인덕턴스의 증가　　　　　　　　④ 정전 용량의 감소

답 ②

05 송전선로에서 코로나 임계 전압이 높아지는 경우는 다음 중 어느 것인가?
① 온도가 높아지는 경우
② 상대 공기밀도가 작을 경우
③ 전선의 직경이 큰 경우
④ 기압이 낮은 경우

답 ③

06 송전선에 코로나가 발생하면 전선이 부식된다. 무엇에 의하여 부식되는가?
① 산소
② 질소
③ 수소
④ 오존

▶풀이
코로나 발생
① 전력 손실 발생 – 코로나 손실
② 전선 주위 산소(O_2)의 오존(O_3)로 인한 전선 부식 발생
③ 고주파로 인한 통신선 유도장해 발생
④ 소호리액터의 소호능력 저하
⑤ 진행파의 파고값이 감소

답 ④

07 복도체에서 2본의 전선이 서로 충돌하는 것을 방지하기 위하여 2본의 전선 사이에 적당한 간격을 두어 설치하는 것은?
① 아머로드
② 댐퍼
③ 아킹혼
④ 스페이서

▶풀이
단락사고 등의 대전류 발생시 소도체간 흡인력 발생
(소도체간 충돌방지 → 스페이서(Spacer) 설치)

답 ④

08 연가의 효과가 아닌 것은 무엇인가?
① 작용정전용량의 감소
② 통신선의 유도장해 감소
③ 각 상의 임피던스 평형
④ 직렬공진의 방지

▶풀이
선로정수의 평형 및 유도장해 방지를 목적으로 전 송전 긍장을 3배수 등분하여 각 상의 위치를 교환하는 것
효과 – 직렬공진 방지, 유도장해 감소, 선로정수(R, L, C, G) 평형

답 ①

09 송전전압을 높일 경우에 생기는 문제점이 아닌 것은?
① 전선 주위의 전위 경도가 커지기 때문에 코로나손, 코로나 잡음이 발생한다.
② 변압기, 차단기 등의 절연 레벨이 높아지기 때문에 건설비가 많이 든다.
③ 표준상태에서 공기의 절연이 파괴되는 전위경도는 직류에서 50[kV/cm]로 높아진다.
④ 태풍, 뇌해, 염해(鹽害) 등에 대한 대책이 필요하다.

◆ 풀이
공기의 절연파괴 전위경도
① 직류 : 30[kV/cm]
② 교류 : 21.1[kV/cm]

답 ③

10 선로정수를 전체적으로 평형 되게 하고 근접통신선에 대한 유도장해를 줄일 수 있는 방법은?
① 댐을 준다.   ② 연가를 한다.
③ 복도체를 사용한다.   ④ 소호리액터 접지를 한다.

◆ 풀이
선로정수의 평형 및 유도장해 방지를 목적으로 전 송전 긍장을 3배수 등분하여 각 상의 위치를 교환하는 것
효과 – 직렬공진 방지, 유도장해 감소, 선로정수(R, L, C, G) 평형

답 ②

11 복도체를 사용하면 송전용량이 증가하는 가장 주된 이유는?
① 코로나가 발생하지 않는다.
② 선로의 작용인덕턴스는 감소하고 작용정전용량이 증가한다.
③ 전압강하가 적다.
④ 무효전력이 적어진다.

◆ 풀이
복도체 특징
① 1선 단면적은 그대로, 전선직경 증가
② 선로의 인덕턴스 감소, 정전용량 증가(20[%] 정도)
③ 선로의 리액턴스 감소로 인한 송전용량 증가
④ 전선 표면의 전위경도 저감
⑤ 코로나 임계전압의 증가로 인한 코로나현상 방지

답 ②

12 복도체 선로가 있다. 소도체의 지름 8[mm], 소도체 사이의 간격 40[cm]일 때, 등가 반지름 [cm]은?
① 2.8   ② 3.6
③ 4.0   ④ 5.7

◆ 풀이
$r_e = \sqrt{rs} = \sqrt{0.4 \times 40} = 4[cm]$

답 ③

13 공기의 파열 극한 전위경도는 정현파 교류의 실효치로 약 몇 [kV/cm]인가?
① 21[kV/cm]
② 25[kV/cm]
③ 30[kV/cm]
④ 33[kV/cm]

풀이
공기의 절연파괴 전위경도는 직류 30[kV/cm], 교류 21.1[kV/cm]

답 ①

14 전선의 어느 일부분의 전위경도가 커져서 공기와의 절연이 파괴되어 생기는 현상은?
① 페란티 현상
② 코로나 현상
③ 카르노 현상
④ 보어 현상

풀이
코로나 현상은 송전전압이 높아지면 전선주위의 공기의 절연이 국부적으로 파괴되어 빛과 낮은 소리를 내는 현상이다.

답 ②

15 코로나 방지 대책으로 적당하지 않은 것은?
① 가선 금구를 개량한다.
② 복도체 방식을 채용한다.
③ 선간 거리를 증가시킨다.
④ 전선의 외경을 증가시킨다.

풀이
코로나 방지대책
① 굵은 전선 사용(복도체, ACSR, 중공연선(中空撚線) 등)
② 코로나 임계전압(臨界電壓)을 높게 한다.
③ 가선금구(架線金具)를 개량한다.

답 ③

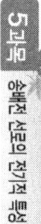

제 3 장

송전특성

3.1 단거리 송전선로

| 1 | 송전특성

(1) 전압강하

$$e \fallingdotseq V_S - V_r = I(R\cos\theta + X\sin\theta)(\text{단상})$$

$$e \fallingdotseq \sqrt{3}\,I(R\cos\theta + X\sin\theta)(3\text{상}) = \frac{P}{V_r}(R + X\tan\theta)$$

(2) 전압강하율 = $\dfrac{\text{송전단전압} - \text{수전단전압}}{\text{수전단전압}} \times 100[\%]$

$$\epsilon = \frac{V_S - V_r}{V_r} \times 100 = \frac{e}{V_r} \times 100 = \frac{P}{V_r^{\,2}}(R + X\tan\theta) \times 100[\%]$$

(3) 전압변동률 = $\dfrac{\text{무부하시 수전단전압} - \text{부하시 수전단전압}}{\text{부하시 수전단전압}} \times 100[\%]$

$$\delta = \frac{V_{r0} - V_r}{V_r} \times 100[\%]$$

(4) 전력손실(선로손실)

$$P_l = P_S - P_r = 3I^2 R = 3 \times \left(\frac{P}{\sqrt{3}\,V\cos\theta}\right)^2 \times R = \frac{P^2 R}{V^2 \cos^2\theta} = \frac{P^2 \rho l}{V^2 \cos^2\theta\, A}$$

(5) 전력손실률[%]

$$\eta = \frac{P_S - P_r}{P_r} \times 100 = \frac{3I^2 R}{P_r} \times 100 = \frac{PR}{V^2 \cos^2\theta} \times 100 = \frac{P\rho l}{V^2 \cos^2\theta A} \times 100$$

| 2 | 전압과의 관계

(1) 송전전력(P), 송전거리(l) : 전압의 제곱에 비례 $\propto V^2$

(2) 전압강하(e) : 전압에 반비례 $\propto \dfrac{1}{V}$

(3) 전압강하율(ϵ), 전압변동률(δ), 전력손실(P_l), 전력손실률(η), 전선단면적(A) 등

: 전압의 제곱에 반비례 $\propto \dfrac{1}{V^2}$

※ 송전전압과 각종 계수와의 관계

항 목	관 계	관계식
송전전력(P)	전압의 자승에 비례	$\propto V^2$
공급용량	전압의 비례	$\propto V$
전압강하(e)	전압에 반비례	$\propto \dfrac{1}{V}$
· 전선의 단면적(A) · 전선의 총중량(W) · 전력손실(P_l) · 전압강하율(e)	전압의 자승에 반비례	$\propto \dfrac{1}{V^2}$

기출 & 예상문제

제3장 송전특성(1)

01 늦은 역률의 부하를 갖는 단거리 송전선로의 전압강하의 근사식은? 단, P는 3상 부하 전력 [kW], E는 선간전압[kV], R는 선로저항[Ω], X는 리액턴스[Ω], θ는 부하의 늦은 역률각이다.

① $\dfrac{\sqrt{3}P}{E}(R+X\tan\theta)$
② $\dfrac{P}{\sqrt{3}E}(R+X\tan\theta)$
③ $\dfrac{P}{E}(R+X\tan\theta)$
④ $\dfrac{P}{\sqrt{3}E}(R\cos\theta+X\sin\theta)$

풀이

3상 $e = V_S - V_R = \sqrt{3}I(R\cos\theta + X\sin\theta) = \dfrac{P}{V}(R+X\tan\theta)$

답 ②

02 송전선의 전압 변동률은 다음 식 $\dfrac{V_{R1}-V_{R2}}{V_{R2}} \times$ [%]으로 표시된다. 이 식에서 V_{R1}은 무엇인가?

① 무부하시 송전단 전압
② 부하시 송전단 전압
③ 무부하시 수전단 전압
④ 부하시 수전단 전압

풀이

전압변동률 = $\dfrac{\text{무부하시 수전단전압} - \text{부하시 수전단전압}}{\text{부하시 수전단전압}}$

답 ③

03 부하 전력 및 역률이 같을 때 전압을 n배 승압하면 전압 강하율과 전력 손실은 어떻게 되는가?

① $\dfrac{1}{n}, \dfrac{1}{n^2}$
② $\dfrac{1}{n^2}, \dfrac{1}{n}$
③ $\dfrac{1}{n}, \dfrac{1}{n}$
④ $\dfrac{1}{n^2}, \dfrac{1}{n^2}$

풀이

$P_l, \epsilon \propto \dfrac{1}{V^2}$

답 ④

04 저항이 9.8[Ω]이고 리액턴스가 13.5[Ω]인 22.9[kV] 선로에서 수전단 전압이 21[kV], 역률이 0.8[lag/늦음], 전압 강하율이 10[%]라고 할 때 송전단 전압은 몇 [kV]인가?

① 22.1
② 23.1
③ 24.1
④ 25.1

● 풀이

$$\delta = \frac{V_S - V_R}{V_R} \times 100 \qquad 10 = \frac{V_S - 21}{21} \times 100$$

$$V_S - 21 = \frac{10 \times 21}{100} = 2.10 \qquad \therefore V_S = 2.10 + 21 = 23.1$$

답 ②

05 단일부하 배전선에서 부하역률 $\cos\theta$, 부하전류 I 선로저항 r, 리액턴스 x라 하면 배전선에서 최대전압강하가 생기는 조건은?

① $\cos\theta = \dfrac{r}{x}$ ② $\sin\theta = \dfrac{x}{r}$ ③ $\tan\theta = \dfrac{x}{r}$ ④ $\tan\theta = \dfrac{r}{x}$

답 ③

06 전압을 $\sqrt{3}$ 배로 하면 동일한 전력 손실률로 보낼 수 있는 전력은 몇 배가 되는가?

① $\sqrt{3}$ ② $\dfrac{3}{2}$ ③ 3 ④ $2\sqrt{3}$

● 풀이

$P \propto V^2 \Rightarrow P \propto (\sqrt{3})^2 = 3$

답 ③

07 전력이 같고, 단면적과 긍장이 같을 때 전압변동률[%]은?

① 전압에 비례한다. ② 전압의 제곱에 비례한다.
③ 전압에 반비례한다. ④ 전압의 제곱에 반비례한다.

● 풀이

$A \propto \dfrac{1}{V^2} \qquad P \propto V^2 \qquad Pl,\ \epsilon,\ \delta \propto \dfrac{1}{V^2}$

답 ④

3.2 중거리 송전선로(4단자정수회로)

| 1 | 4단자망에 의한 전송 파라미터(Parameter/매개변수)

$$\begin{pmatrix} E_S \\ I_S \end{pmatrix} = \begin{pmatrix} A & B \\ C & D \end{pmatrix} \begin{pmatrix} E_r \\ I_r \end{pmatrix} \rightarrow \begin{cases} E_S = AE_r + BI_r \\ I_S = CE_r + DI_r \end{cases}$$

(1) 4단자정수

$A = \dfrac{E_S}{E_r} \bigg|_{I_r = 0}$ → 수전단 무부하시 전압이득(전류개방)

$B = \dfrac{E_S}{I_r} \bigg|_{E_r = 0}$ → 수전단 단락시 임피던스비(전압단락)

$C = \dfrac{I_S}{E_r} \bigg|_{I_r = 0}$ → 수전단 무부하시 어드미턴스비(전류개방)

$D = \dfrac{I_S}{I_r} \bigg|_{E_r = 0}$ → 수전단 단락시 전류이득(전압단락)

(2) $AD - BC = 1$
(3) 대칭회로의 경우 $A = D$ (전압비=전류비)

| 2 | 4단자정수에 의한 중거리 송전선로의 해석

(1) 임피던스 집중선로

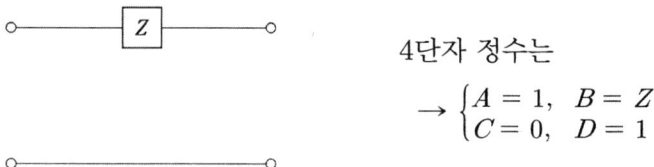

4단자 정수는
→ $\begin{cases} A = 1, & B = Z \\ C = 0, & D = 1 \end{cases}$

(2) 어드미턴스 집중선로

4단자 정수는
→ $\begin{cases} A = 1, & B = 0 \\ C = Y, & D = 1 \end{cases}$

(3) T형 회로

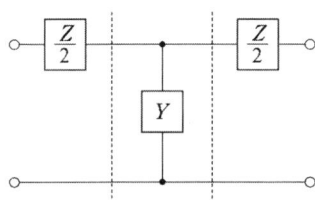

4단자 정수는

$$\rightarrow \begin{cases} A = 1 + \dfrac{ZY}{2}, & B = \left(1 + \dfrac{ZY}{4}\right)Z \\ C = Y, & D = 1 + \dfrac{ZY}{2} \end{cases}$$

(4) π형 회로

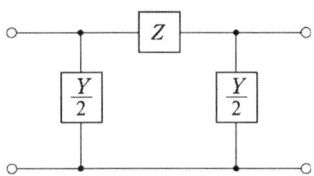

4단자 정수는

$$\rightarrow \begin{cases} A = 1 + \dfrac{ZY}{2}, & B = Z \\ C = \left(1 + \dfrac{ZY}{4}\right)Y, & D = 1 + \dfrac{ZY}{2} \end{cases}$$

3 선로 형태에 따른 4단자 정수

(1) 병행2회선(평행2회선)

합성 4단자 정수는

$$\rightarrow \begin{cases} A_0 = A, & B_0 = \dfrac{1}{2}B \\ C_0 = 2C, & D_0 = D \end{cases} \quad ** \begin{cases} (A)1, & (B)\dfrac{1}{2} \\ (C)2, & (D)1 \end{cases}$$

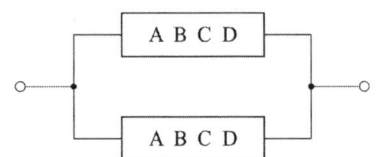

※ 직렬 2회선

$$\begin{cases} A^2 + BC & AB + BD \\ CA + DC & CB + D^2 \end{cases}$$

(2) 임피던스 접속

합성 4단자 정수는

$$\rightarrow \begin{cases} A_0 = A, & B_0 = AZ_{tr} + B \\ C_0 = C, & D_0 = CZ_{tr} + D \end{cases}$$

$$** \begin{cases} (A), & (B) + AZ_{tr} \\ (C), & (D) + CZ_{tr} \end{cases}$$

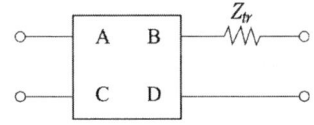

기출 & 예상문제

제 3 장 송전특성(2)

01 T회로에서 4단자 정수 A는 다음 중 어느 것인가?

① $\left(1+\dfrac{ZY}{2}\right)$　　② $\left(1+\dfrac{ZY}{4}\right)$　　③ Y　　④ Z

▶풀이
T형 회로 4단자 정수는
$\begin{cases} A = 1+\dfrac{ZY}{2},\ B = (1+\dfrac{ZY}{4})Z \\ C = Y,\ \ \ \ \ \ \ \ \ \ D = 1+\dfrac{ZY}{2} \end{cases}$

답 ①

02 송전단 전압, 전류를 각각 E_S, I_S 수전단의 전압, 전류를 각각 E_R, I_R이라 하고 4단자정수를 A, B, C, D라 할 때 다음 중 옳은 것은?

① $E_S = AE_R + BI_R$　　　　② $E_S = CE_R + DI_R$
　$I_S = CE_R + DI_R$　　　　　$I_S = AE_R + BI_R$

③ $E_S = BE_R + AI_R$　　　　④ $E_S = DE_R + CI_R$
　$I_S = DE_R + CI_R$　　　　　$I_S = BE_R + AI_R$

답 ①

03 송전선로의 일반 회로 정수가 $A=0.7$, $B=j190$, $D=0.9$라 하면 C의 값은?

① $-j1.95\times10^{-3}$　② $j1.95\times10^{-3}$　③ $-j1.95\times10^{-4}$　④ $j1.95\times10^{-4}$

▶풀이
$AD-BC=1$
$C=\dfrac{AD-1}{B}=\dfrac{0.7\times0.9-1}{j190}=\dfrac{j(1-0.7\times0.9)}{190}=j1.95\times10^{-3}$

답 ②

04 그림과 같은 회로에 있어서의 합성 4단자 정수에서 B_0의 값은?

① $B_0 = B + Z_{tr}$
② $B_0 = A + BZ_{tr}$
③ $B_0 = B + AZ_{tr}$
④ $B_0 = C + DZ_{tr}$

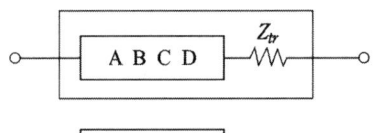

• 풀이

$$\begin{pmatrix} A_0 & B_0 \\ C_0 & D_0 \end{pmatrix} = \begin{pmatrix} A & B \\ C & D \end{pmatrix} \begin{pmatrix} 1 & Z_{tr} \\ 0 & 1 \end{pmatrix} = \begin{pmatrix} A, & AZ_{tr} + B \\ C, & CZ_{tr} + D \end{pmatrix}$$

$\therefore B_0 = B + AZ_{tr}$

답 ③

05 그림과 같이 정수가 서로 같은 평행 2회선의 4단자 정수 중 C_0는?

① $\dfrac{C_1}{4}$

② $\dfrac{C_1}{2}$

③ $2C_1$

④ $4C_1$

• 풀이

평행2회선 합성 4단자 정수

$\rightarrow \begin{cases} A_0 = A, & B_0 = \dfrac{1}{2}B \\ C_0 = 2C, & D_0 = D \end{cases}$

답 ③

06 154[kV], 300[km]의 3상 송전선에서 일반 회로정수는 다음과 같다. $A = 0.900$, $B = 150$, $C = j0.901 \times 10^{-3}$, $D = 0.930$이 송전선에서 무부하시 송전단에 154[kV]를 가했을 때 수전단 전압은 몇 [kV]인가?

① 143   ② 154   ③ 166   ④ 171

• 풀이

$E_S = AE_R + BI_R \rightarrow I_R = 0$

$A = \dfrac{E_S}{E_R}\bigg|_{I_R = 0}$ $E_R = \dfrac{E_S}{A} = \dfrac{154}{0.9} = 171$

답 ④

07 π형 회로의 일반회로 정수에서 B의 값은?

① $1 + \dfrac{ZY}{2}$ ② $Y\left(1 + \dfrac{ZY}{4}\right)$ ③ Y ④ Z

• 풀이

4단자 정수는

$\rightarrow \begin{cases} A = 1 + \dfrac{ZY}{2}, & B = Z \\ C = \left(1 + \dfrac{ZY}{4}\right)Y, & D = 1 + \dfrac{ZY}{2} \end{cases}$

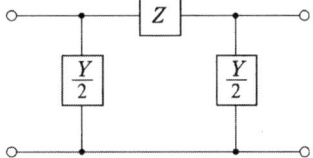

답 ④

3.3 장거리 송전선로(분포정수회로)

|1| 분포정수회로의 4단자 정수

$$\begin{pmatrix} A & B \\ C & D \end{pmatrix} = \begin{pmatrix} \cosh\gamma\ell & Z_0\sinh\gamma\ell \\ \dfrac{1}{Z_0}\sinh\gamma\ell & \cosh\gamma\ell \end{pmatrix}$$

$$\begin{cases} E_S = \cosh\gamma\ell E_r + Z_0\sinh\gamma\ell I_r \\ I_S = \dfrac{1}{Z_0}\sinh\gamma\ell E_r + \cosh\gamma\ell I_r \end{cases} \rightarrow \text{분포정수 회로의 전파방정식}$$

|2| 특성 임피던스와 전파정수

(1) 특성임피던스(파동임피던스, 서지임피던스)

$$Z_0 = \sqrt{\dfrac{Z}{Y}} = \sqrt{\dfrac{R+j\omega L}{G+j\omega C}} = \sqrt{\dfrac{L}{C}}$$

$$※ \ Z_0 = \sqrt{\dfrac{Z}{Y}} = \sqrt{\dfrac{0.4605\log_{10}\dfrac{D}{r}\times 10^{-3}}{\dfrac{0.024123}{\log_{10}\dfrac{D}{r}}\times 10^{-6}}} = 138\log_{10}\dfrac{D}{r}\,[\Omega]$$

인덕턴스 $L \fallingdotseq 0.4605\log_{10}\dfrac{D}{r} = 0.4605 \times \dfrac{Z_0}{138}\,[\text{mH/km}]$

정전용량 $C = \dfrac{0.02413}{\log_{10}\dfrac{D}{r}} = \dfrac{0.02413}{\dfrac{Z_0}{138}}\,[\mu\text{F/km}]$

(2) 전파정수

$$\gamma = \sqrt{ZY} = \sqrt{(R+j\omega L)\times(G+j\omega C)} = \alpha + j\beta \quad (\alpha : \text{감쇠정수},\ \beta : \text{위상정수})$$

(3) 무손실 선로에서의 전파특성

① 무손실선로 : $R = G = 0$

② 특성임피던스 : $Z_0 = \sqrt{\dfrac{Z}{Y}} = \sqrt{\dfrac{L}{C}}$

③ 전파정수 : $\gamma = \sqrt{ZY} = j\omega\sqrt{LC} \rightarrow \alpha = 0,\ \beta = \omega\sqrt{LC}$

(4) 무왜형 선로에서의 전파특성

① 무왜형선로 : $RC = GL$

② 특성임피던스 : $Z_0 = \sqrt{\dfrac{Z}{Y}} = \sqrt{\dfrac{L}{C}}$

③ 전파정수 : $\gamma = \sqrt{ZY} = \sqrt{RG} + j\omega\sqrt{LC} \rightarrow \alpha = \sqrt{RG},\ \beta = \omega\sqrt{LC}$

(5) 파장과 전파속도

① 파장 : $\lambda = \dfrac{2\pi}{\beta}$

② 전파속도 : $v = \lambda f = \dfrac{2\pi}{\beta}f = \dfrac{\omega}{\omega\sqrt{LC}} = \sqrt{\dfrac{1}{LC}}$

③ 장거리 송전선로의 인덕턴스

$$\dfrac{\sqrt{\dfrac{L}{C}}}{\sqrt{\dfrac{1}{LC}}} = L = \dfrac{Z_0}{v}$$

3 수전단 단락 및 개방시 특성임피던스

(1) 수전단 단락시 송전단 임피던스

$$Z_{SS} = \dfrac{E_S}{I_S} = \dfrac{Z_0 \sinh\gamma\ell I_R}{\cosh\gamma\ell I_R} = Z_0 \tanh\gamma$$

(2) 수전단 개방시(무부하시) 송전단 임피던스

$$Z_{SO} = \dfrac{E_S}{I_S} = \dfrac{\cosh\gamma\ell E_R}{\dfrac{1}{Z_0}\sinh\gamma\ell E_R} = Z_0 \coth\gamma$$

(3) 특성임피던스

$$Z_{SS} \times Z_{S0} = Z_0 \tanh\gamma \times Z_0 \coth\gamma = Z_0^2$$

$$\therefore Z_0 = \sqrt{Z_{SS}Z_{S0}}$$

기출 & 예상문제

제3장 송전특성(3)

01 송전선로의 수전단을 단락한 경우 송전단에서 본 임피던스는 300[Ω]이고, 수전단을 개방한 경우에는 1200[Ω]일 때 이 선로의 특성 임피던스는 몇 [Ω]인가?

① 600   ② 750   ③ 1000   ④ 1200

풀이
$Z_0 = \sqrt{Z_{SS}Z_{SO}} = \sqrt{300 \times 1200} = 600$

답 ①

02 수전단을 단락한 경우 송전단에서 본 임피던스가 300[Ω]이고, 수전단을 개방한 경우 송전단에서 본 어드미턴스가 1.875×10^{-3}[℧]일 때 송전선의 특성 임피던스[Ω]는?

① 약 200   ② 약 300   ③ 약 400   ④ 약 500

풀이
$Z_0 = \sqrt{\dfrac{Z}{Y}} = \sqrt{\dfrac{300}{1.875 \times 10^{-3}}} = 400$

답 ③

03 선로의 특성 임피던스는?
① 선로의 길이가 길어질수록 값이 커진다.
② 선로의 길이가 길어질수록 값이 작아진다.
③ 선로의 길이보다는 부하전력에 따라 값이 변한다.
④ 선로의 길이에 관계없이 일정하다.

풀이
특성임피던스는 내부 임피던스와 무관하다.

답 ④

04 송전선로의 특성 임피던스와 전파 정수는 무슨 시험에 의해서 구할 수 있는가?
① 무부하시험과 단락시험   ② 부하시험과 단락시험
③ 부하시험과 충전시험   ④ 충전시험과 단락시험

답 ①

05 장거리 송전선로의 특성은 무슨 회로로 다루는 것이 가장 좋은가?
① 특성 임피던수 회로   ② 집중정수 회로
③ 분포정수 회로   ④ 분산부하 회로

답 ③

06 어떤 가공선의 인덕턴스가 1.6[mH/km]이고 정전용량이 0.008[μF/km]일 때 특성 임피던스는 약 몇 [Ω]인가?

① 128 ② 224
③ 346 ④ 447

▶풀이

$$Z_0 = \sqrt{\frac{Z}{Y}} = \sqrt{\frac{R+j\omega L}{G+j\omega C}} = \sqrt{\frac{L}{C}} = \sqrt{\frac{1.6 \times 10^{-3}}{0.008 \times 10^{-6}}} = 447.2$$

답 ④

07 가공선의 써지(특성) 임피던스를 Z_a, 지중선의 써지 임피던스를 Z_C라 할 때, 일반적으로 어떤 관계가 성립하는가?

① $Z_a = Z_C$ ② $Z_a > Z_C$
③ $Z_a < Z_C$ ④ $Z_a \leq Z_C$

답 ②

08 송전선로의 특성임피던스를 $Z[\Omega]$, 전파정수를 α라 할 때 이 선로의 직렬임피던스는 어떻게 표현되는가?

① $Z \cdot \alpha$ ② $\dfrac{Z}{\alpha}$ ③ $\dfrac{\alpha}{Z}$ ④ $\dfrac{1}{Z\alpha}$

▶풀이

$$Z(Z_0) = \sqrt{\frac{Z}{Y}}, \quad \alpha(\gamma) = \sqrt{ZY} \quad Z_S = Z_0 \times \gamma = \sqrt{\frac{Z}{Y}} \times \sqrt{ZY}$$

답 ①

09 전력손실이 없는 송전선로에서 써지파가 진행하는 속도는 어떻게 표시되는가?
(단, L : 단위선로 길이 당 인덕턴스, C : 단위선로 길이당 커패시턴스이다.)

① $\sqrt{\dfrac{L}{C}}$ ② $\sqrt{\dfrac{C}{L}}$ ③ $\dfrac{1}{\sqrt{LC}}$ ④ $\sqrt{LC}$

답 ③

3.4 조상설비 및 전력원선도

|1| 조상설비 – 위상을 조정하는 설비

(1) 리액터 (늦은 전류를 취하여 이상전압의 상승을 억제)

① 직렬리액터 : 콘덴서의 5고조파를 억제하여 파형 개선

　직렬리액터의 용량은 전력용 콘덴서 용량의 4[%](이론상), 실제 → 5~6[%]

② 병렬리액터(분로리액터) : 페란티(Ferantti) 현상 방지

　페란티 현상 : 수전단 무부하, 경부하시 선로의 정전용량 때문에 충전전류가 흘러 수전단 전압이 송전단보다 높아지는 현상

※ 페란티 현상 방지 대책(선로에 흐르는 전류가 지상이 되도록 한다.)
- 수전단에 분로리액터를 설치한다.
- 동기조상기의 부족여자 운전

③ 소호리액터 : 지락전류 억제(중성점 접지방식)

④ 한류리액터 : 단락전류 제한

리액터의 종류	역할
분로리액터	페란티 현상의 방지
직렬리액터	제5고조파의 제거
한류리액터	단락전류의 제한
소호리액터	지락아크의 소호

(2) 콘덴서

① 직렬콘덴서 : 선로의 유도리액턴스를 보상하여 전압강하 경감, 송전용량 증가

② 병렬콘덴서 : 역률개선　　$Q = P(\tan\theta_1 - \tan\theta_2)[\text{kVA}]$

　방전코일 : 콘덴서의 잔류전하를 방전하여 인체 감전사고 방지

※ 역률을 과보상 할 경우 발생하는 현상

　① 손실의 증가　② 단자 전압 상승　③ 계전기 오동작

(3) 동기조상기

무부하로 운전하는 동기전동기 ← 동기전동기의 위상특성곡선(V곡선)을 이용

① 과여자 시 : 콘덴서로 작용(지상 → 진상)

② 부족여자 시 : 리액터로 작용(진상 → 지상)

③ 시송전(시충전)이 가능하며, 값의 변화가 연속적이다.
  ⇒ 리액터 및 콘덴서는 값의 변화가 연속적이지 않고 계단적으로 변화한다.
  ※ 진·지상공급(연속적), 손실이 크다, 증설이 힘들다, 시송전(시충전)가능

④ 동기전동기 위상특성곡선

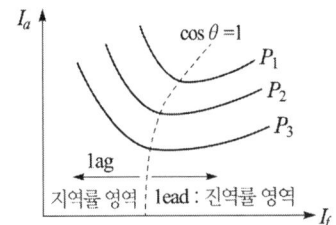

  ㉠ I_f ↑ (과여자) – 앞선 역률
     (콘덴서) – I_a 증가
  ㉡ I_f ↓ (부족여자) – 뒤진 역률
     (리액터) – I_a 증가

[조상설비의 비교]

항 목	동기 조상기	전력용 콘덴서	분로 리액터
전력손실	많음(1.5~2.5[%])	적음(0.3[%] 이하)	적음(0.6[%] 이하)
가격	비싸다(전력용 콘덴서, 분로 리액터의 1.5~2.5배)	저렴	저렴
무효전력	진상, 지상 양용	진상전용	지상전용
조정	연속적	계단적	계단적
사고시 전압유지	큼	작음	작음
시송전	가능	불가능	불가능
보수	손질필요	용이	용이

2 전력원선도

전력계통의 안정을 위한 근거로 사용(발전소서 조상설비로 운용)

(1) 가로축 : 유효전력, 세로축 : 무효전력

(2) 반지름 $R = \dfrac{E_S E_R}{B} = \dfrac{E_S E_R}{Z}$

(3) 전력원선도에서 알 수 있는 사항
   ① 송전전력
   ② 전력손실
   ③ 정태안정 극한전력
   ④ 수전단 역률
   ⑤ 조상기 용량
   ⑥ 송수전단 전압간 상차각(相差角)

(4) 전력원선도에서 알수 없는 사항(과도안정 극한전력, 코로나 손실)

기출 & 예상문제

제 3 장 송전특성(4)

전기기능장

01 초고압 장거리 송전선로에 접속되는 1차 변전소에 병렬 리액터를 설치하는 목적은?
① 송전용량의 증가
② 페란티 효과의 방지
③ 과도 안정도의 증대
④ 전력손실의 경감

▶풀이

리액터의 종류	역할
분로리액터	페란티 현상의 방지
직렬리액터	제5고조파의 제거
한류리액터	단락전류의 제한
소호리액터	지락아크의 소호

답 ②

02 동기 조상기에 대한 설명 중 맞는 것은?
① 무부하로 운전되는 동기 발전기로 역률을 개선한다.
② 무부하로 운전되는 동기 전동기로 역률을 개선한다.
③ 전부하로 운전되는 동기 발전기로 위상을 조정한다.
④ 전부하로 운전되는 동기 전동기로 위상을 조정한다.

▶풀이
동기조상기 : 무부하로 운전하는 동기전동기 ← 동기전동기의 위상특성곡선(V곡선)을 이용
① 과여자 시 : 콘덴서로 작용(지상→진상)
② 부족여자 시 : 리액터로 작용(진상→지상)
③ 시송전(시충전)이 가능하며, 값의 변화가 연속적이다.

답 ②

03 동기 조상기 대한 다음 설명 중 옳지 않은 것은?
① 선로의 시충전이 불가능하다.
② 중부하시에는 과여자로 운전하여 앞선 전류를 취한다.
③ 경부하시에는 부족여자로 운전하여 뒤진 전류를 취한다.
④ 전압 보정이 연속적이다.

▶풀이
동기조상기 : 무부하로 운전하는 동기전동기 ← 동기전동기의 위상특성곡선(V곡선)을 이용
① 과여자 시 : 콘덴서로 작용(지상→진상)
② 부족여자 시 : 리액터로 작용(진상→지상)
③ 시송전(시충전)이 가능하며, 값의 변화가 연속적이다.

답 ①

04 전력계통의 전압조정 설비의 특징에 대한 설명 중 틀린 것은?
① 병렬콘덴서는 진상능력만을 가지며 병렬 리액터는 진상능력이 없다.
② 동기조상기는 무효전력의 공급과 흡수가 모두 가능하여 진상 및 지상 용량을 갖는다.
③ 동기조상기는 조정의 단계가 불연속적이나 직렬콘덴서 및 병렬리액터는 그것이 연속적이다.
④ 병렬 리액터는 장거리 초고압 송전선 또는 지중선 계통의 충전용량 보상용으로 주로 발변전소에 설치된다.

풀이

[조상설비의 비교]

항 목	동기 조상기	전력용 콘덴서	분로 리액터
전력손실	많음(1.5~2.5[%])	적음(0.3[%] 이하)	적음(0.6[%] 이하)
가격	비싸다(전력용 콘덴서, 분로 리액터의 1.5~2.5배)	저렴	저렴
무효전력	진상, 지상 양용	진상전용	지상전용
조정	연속적	계단적	계단적
사고시 전압유지	큼	작음	작음
시송전	가능	불가능	불가능
보수	손질필요	용이	용이

답 ③

05 전력용 콘덴서에 직렬로 콘덴서 용량의 5[%]정도의 유도 리액턴스를 삽입하는 목적은?
① 제3고조파 전류의 억제   ② 제5고조파 전류의 억제
③ 이상 전압 발생 방지   ④ 정전 용량의 조절

풀이
직렬리액터 : 콘덴서의 5고조파를 억제하여 파형 개선
직렬리액터의 용량은 전력용 콘덴서 용량의 4[%](이론상), 실제 → 5~6[%]

답 ②

06 1상당의 용량 150[kVA]의 콘덴서에 제5고조파를 억제시키기 위하여 필요한 직렬 리액터의 기본파에 대한 용량[kVA]은?
① 3   ② 4.5   ③ 6   ④ 7.5

풀이
$L = 0.05(5\%) \times C = 0.05 \times 150 = 7.5$

답 ④

07 전력용 콘덴서 회로에 방전 코일을 설치하는 주목적은?
① 합성 역률의 개선
② 전원 개방시 잔류 전하를 방전시켜 인체의 위험 방지
③ 콘덴서의 등가용량 증대
④ 전압의 개선

> 풀이

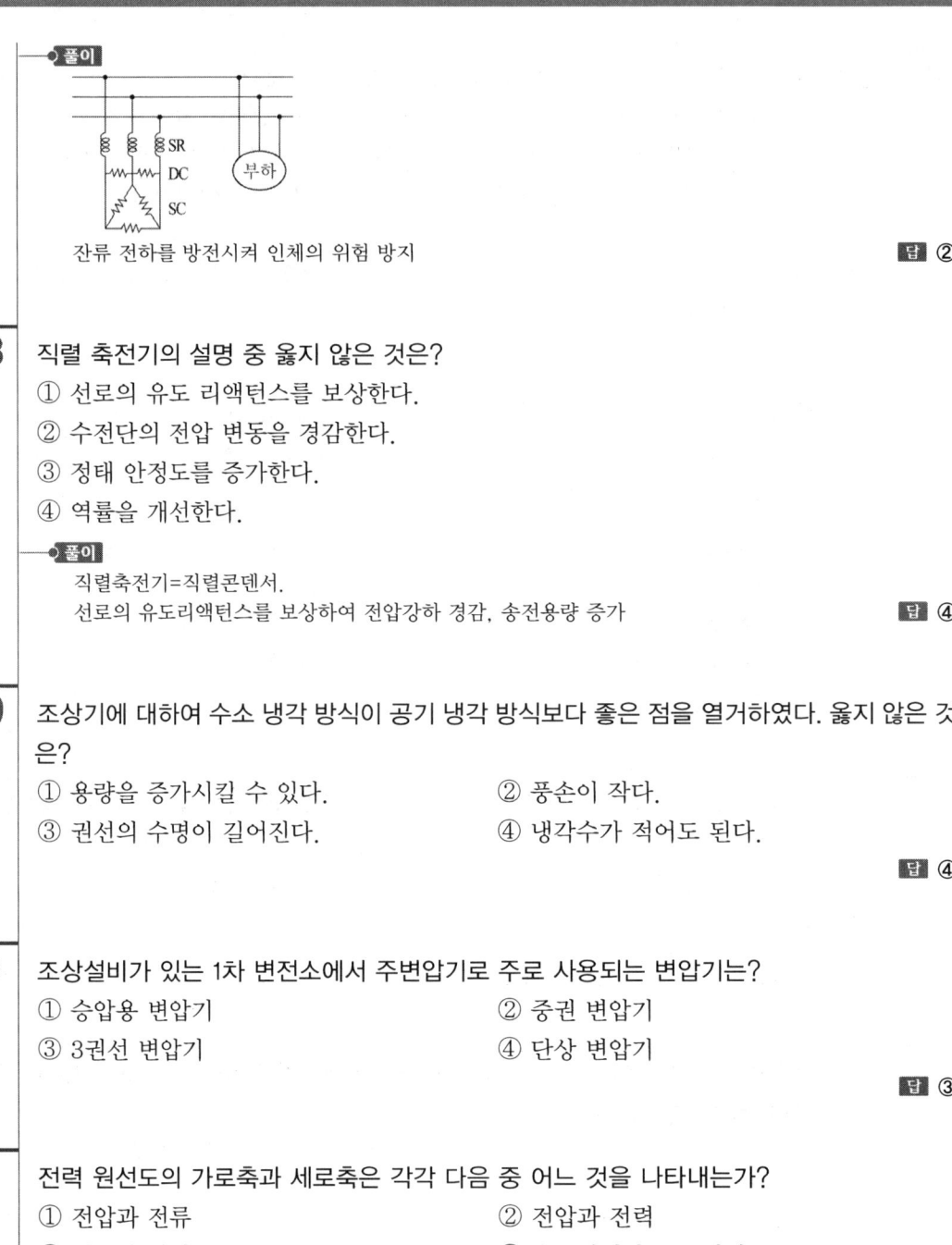

잔류 전하를 방전시켜 인체의 위험 방지

답 ②

08 직렬 축전기의 설명 중 옳지 않은 것은?
① 선로의 유도 리액턴스를 보상한다.
② 수전단의 전압 변동을 경감한다.
③ 정태 안정도를 증가한다.
④ 역률을 개선한다.

> 풀이

직렬축전기=직렬콘덴서.
선로의 유도리액턴스를 보상하여 전압강하 경감, 송전용량 증가

답 ④

09 조상기에 대하여 수소 냉각 방식이 공기 냉각 방식보다 좋은 점을 열거하였다. 옳지 않은 것은?
① 용량을 증가시킬 수 있다.
② 풍손이 작다.
③ 권선의 수명이 길어진다.
④ 냉각수가 적어도 된다.

답 ④

10 조상설비가 있는 1차 변전소에서 주변압기로 주로 사용되는 변압기는?
① 승압용 변압기
② 중권 변압기
③ 3권선 변압기
④ 단상 변압기

답 ③

11 전력 원선도의 가로축과 세로축은 각각 다음 중 어느 것을 나타내는가?
① 전압과 전류
② 전압과 전력
③ 전류와 전력
④ 유효전력과 무효전력

답 ④

12 전력 원선도에서 구할 수 없는 것은?
① 조상용량
② 과도안정 극한전력
③ 송전손실
④ 정태안정 극한전력

● 풀이

전력원선도(電力圓線圖) : 전력계통의 안정을 위한 근거로 사용(발전소서 조상설비로 운용)
① 가로축 : 유효전력, 세로축 : 무효전력
② 반지름

전력원선도 반지름 $= \dfrac{E_S E_R}{B} = \dfrac{E_S E_R}{Z}$

③ 전력원선도에서 알 수 있는 사항
ㄱ) 송전전력
ㄴ) 전력손실
ㄷ) 정태안정 극한전력
ㄹ) 수전단 역률
ㄷ) 조상기 용량
ㅁ) 송수전단 전압간 상차각(相差角)

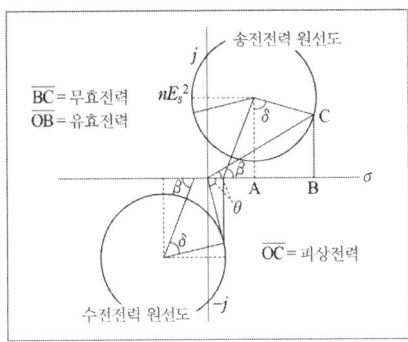

답 ②

13 안정권선(△권선)을 가지고 있는 대용량 고전압의 변압기가 있다. 조상기 전력용 콘덴서는 주로 어디에 접속되는가?
① 주변압기의 1차
② 주변압기의 2차
③ 주변압기의 3차(안정권선)
④ 주변압기의 1차와 2차

답 ③

14 수전단 전압이 송전단 전압보다 높아지는 현상을 무엇이라 하는가?
① 페란티 효과
② 표피효과
③ 근접효과
④ 도플러효과

● 풀이

페란티 현상 : 수전단 무부하, 경부하시 선로의 정전용량 때문에 충전전류가 흘러 수전단 전압이 송전단 보다 높아지는 현상
※ 페란티 현상 방지 대책(선로에 흐르는 전류가 지상이 되도록 한다.)
  · 수전단에 분로리액터를 설치한다.
  · 동기조상기의 부족여자 운전

답 ①

15 1차 변전소에서는 어떤 결선의 3권선 변압기가 가장 유리한가?
① △-Y-Y
② Y-△-△
③ Y-Y-△
④ △-Y-△

답 ③

16 송전선로의 페란티 효과를 방지하는데 효과적인 것은?
① 분로리액터 사용
② 복도체 사용
③ 병렬콘덴서 사용
④ 직렬콘덴서 사용

▶ 풀이

조상설비 – 위상을 조정하는 설비
(1) 리액터 (늦은 전류를 취하여 이상전압의 상승을 억제)
   ① 직렬리액터 : 콘덴서의 5고조파를 억제하여 파형 개선
      직렬리액터의 용량은 전력용 콘덴서 용량의 4[%](이론상), 실제 → 5~6[%]
   ② 병렬리액터(분로리액터) : 페란티(Ferantti) 현상 방지
   ③ 소호리액터 : 지락전류 억제(중성점 접지방식)
   ④ 한류리액터 : 단락전류 제한
(2) 콘덴서
   ① 직렬콘덴서 : 선로의 유도리액턴스를 보상하여 전압강하 경감, 송전용량 증가
   ② 병렬콘덴서 : 역률개선
      방전코일 : 콘덴서의 잔류전하를 방전하여 인체 감전사고 방지

답 ①

17 한류리액터를 사용하는 주된 목적은?
① 코로나 방지
② 역률 개선
③ 피뢰기 대용
④ 단락전류 제한

▶ 풀이

리액터의 종류	역할
분로리액터	페란티 현상의 방지
직렬리액터	제5고조파의 제거
한류리액터	단락전류의 제한
소호리액터	지락아크의 소호

답 ④

18 동기조상기(A)와 전력용콘덴서(B)를 비교한 것으로 옳은 것은?
① 조정 : A는 계단적, B는 연속적
② 전력손실 : A가 B보다 적음
③ 무효전력 : A는 진상, 지상겸용, B는 진상용
④ 시충전 : A는 불가능, B는 가능

▶ 풀이

진상용 콘덴서	동기조상기
진 상	진-지상
계단적	연속적
작고 싸다	크고 비싸다
용량변화 쉽다	시충전운전 가능

답 ③

19 전력용 콘덴서 회로의 전원 개방시 잔류전하에 의한 인체의 위험방지를 목적으로 설치하는 것은?
① 직렬리액터 ② 방전코일 ③ 아킹혼 ④ 직렬저항

> **풀이**
> 조상설비 – 위상을 조정하는 설비
> (1) 리액터 (늦은 전류를 취하여 이상전압의 상승을 억제)
>   ① 직렬리액터 : 콘덴서의 5고조파를 억제하여 파형 개선
>   직렬리액터의 용량은 전력용 콘덴서 용량의 4[%](이론상), 실제 → 5~6[%]
>   ② 병렬리액터(분로리액터) : 페란티(Ferantti) 현상 방지
>   ③ 소호리액터 : 지락전류 억제(중성점 접지방식)
>   ④ 한류리액터 : 단락전류 제한
> (2) 콘덴서
>   ① 직렬콘덴서 : 선로의 유도리액턴스를 보상하여 전압강하 경감, 송전용량 증가
>   ② 병렬콘덴서 : 역률개선
>   방전코일 : 콘덴서의 잔류전하를 방전하여 인체 감전사고 방지   **답** ②

20 조상설비라고 할 수 없는 것은?
① 분로리액터   ② 동기조상기
③ 비동기조상기   ④ 상순표시기

답 ④

21 진상전류만이 아니라 지상전류도 잡아서 광범위하게 연속적인 전압조정을 할 수 있는 것은?
① 전력용 콘덴서   ② 동기조상기
③ 분로리액터   ④ 직렬리액터

답 ②

22 페란티현상이 발생하는 원인은?
① 선로의 저항   ② 선로의 인덕턴스
③ 선로의 정전용량   ④ 선로의 누설콘덕턴스

답 ③

23 모선의 단락용량이 10000[MVA]인 154[kV] 변전소에서 4[kV]의 전압 변동 폭을 주기에 필요한 조상설비는 몇 [MVA]정도 되는가?
① 100   ② 160
③ 200   ④ 260

> **풀이**
> $Q = P \times \dfrac{e}{V} = 10000 \times \dfrac{4}{154} = 259.7$

답 ④

24 중간조상방식(intermediate phase modifying system)이란?
① 송전선로의 중간에 동기조상기 연결
② 송전선로의 중간에 직렬 전력 콘덴서 삽입
③ 송전선로의 중간에 병렬 전력 콘덴서 연결
④ 송전선로의 중간에 개폐소설치, 리액터와 전력 콘덴서 병렬연결

답 ①

25 다음 표는 리액터의 종류와 그 목적을 나타낸 것이다. 바르게 짝지어진 것은?

종　　류	목　　적
① 병렬 리액터	ⓐ 지락 아크의 소멸
② 한류 리액터	ⓑ 송전 손실 경감
③ 직렬 리액터	ⓒ 차단기의 용량 경감
④ 소호 리액터	ⓓ 제5고조파의 제거

① ① – ⓑ　　　② ② – ⓐ　　　③ ③ – ⓓ　　　④ ④ – ⓒ

▶풀이

직렬리액터	5고조파 제거, 파형개선
병렬리액터	페란티효과 방지
소호리액터	지락전류 제한
한류리액터	단락전류 제한
직렬콘덴서	전압강하방지(L보상)
병렬콘덴서	역률개선

답 ③

26 역률을 개선하면 전력요금의 절감과 배전선의 손실경감, 전압강하의 감소, 설비여력의 증가 등을 기할 수 있으나, 너무 과보상하면 역효과가 나타난다. 즉, 경부하시에 콘덴서가 과대 삽입되는 경우의 결점에 해당되는 사항이 아닌 것은?
① 송전손실의 증가　　　　　　② 전압변동폭의 감소
③ 모선 전압의 과상승　　　　　④ 고조파 왜곡의 증대

▶풀이
경부하시 콘덴서가 과대 삽입되는 경우
① 앞선 역률에 의한 전력손실이 생긴다.
② 모선전압의 과상승
③ 설비용량이 감소하여 과부하가 될 수 있다.
④ 고조파 왜곡의 증대

답 ②

6 과목

디지털 공학

- 제1장 수의 변환 및 코드화
- 제2장 불대수 및 논리회로
- 제3장 플립플롭 회로
- 제4장 조합논리회로

제1장

수의 변환 및 코드화

1.1 진수의 변환

1. 10진수와 2진수

0과 1의 두 수만으로 표시되는 2진수를 10진수로 나타내면 다음과 같다.

$(110101.11)_2$

$N_2 = 1 \times 2^5 + 1 \times 2^4 + 0 \times 2^3 + 1 \times 2^2 + 0 \times 2^1 + 1 \times 2^0 + 1 \times 2^{-1} + 1 \times 2^{-2}$

$\quad = 32 + 16 + 4 + 1 + 0.5 + 0.25 = (53.75)_{10}$

10진수를 2진수로 변환하는 경우는 10진수를 2로 나누고 그 때 생긴 몫을 그 몫이 0이 될 때까지 2로 계속 나누어 가면서 발생하는 나머지를 역순으로 열거하면 된다.

10진 – 2진 변환

```
2 | 20
2 | 10  … 0
2 | 5   … 0
2 | 2   … 1
2 | 1   … 0
    0   … 1
```
∴ $(20)_{10} = (10100)_2$

10진 – 8진 변환

```
8 | 20
    2   … 4
```
∴ $(20)_{10} = (24)_8$

2 | 2진수의 연산

(1) 덧셈의 법칙

0 + 0 = 0
0 + 1 = 1
1 + 0 = 1
1 + 1 = 0
1 + 1 = 10 ※ 자리올림(carry)

```
  1011011      91       001101      13
+ 1011010    + 90     + 100101    + 37
 10110101    181       110010      50
```

(2) 뺄셈의 법칙

0 − 0 = 0
0 − 1 = 1
1 − 0 = 1
1 − 1 = 0
1 − 1 = 1 ※ 자리빌림(borrow)

```
 1000       8       110101      53
−  11     − 3     − 101010    − 42
  101       5       001011      11
```

(3) 2진수, 8진수와 16진수

① 2진수 → 8진수 : 2진수의 세 자리를 8진수 한 자리로 변환

② 2진수 → 16진수 : 2진수 네 자리를 16진수 한 자리로 변환

(4) 보수(complement)

① 1의 보수 (one's complement) : 0을 1로, 1을 0으로 변환시킨 것

　예) 101의 보수는 010

② 2의 보수 (two's complement) : 1보수에 1을 더한 값.(뺄셈을 표시하는 방법)

　2의 보수 = 1의 보수 + 1

③ 2진화 10진수 (binary coded decimal, BCD) : 10진수 1자리를 2진수 4자리 (4bit)로 표시한 것으로 자리에 따라서 8, 4, 2, 1 의 무게를 가지고 있으므로 8·4·2·1 부호라고도 한다.

④ 부호(정보량)의 최소단위, 즉 1 또는 0을 비트(bit) 라 하고 8 비트를 바이트(byte)라 하며, 몇 개의 바이트를 워드(word)로 표시한다.

⑤ 부호화 : 2진수와 10진수의 두 성질을 가지는 것을 부호화했을 때

　㉠ 웨이티드 부호 (weighted code) : 비트 자리에 따라 일정한 값을 가지는 것

　㉡ 언웨이티드 부호 (unweighted code) : 비트 자리에 따라 값이 다른 것

1.2 디지털 코드

코드(code)란 10진수, 문자, 기호 등을 디지털 시스템 등에서 입력으로 받아 처리할 수 있도록 약속된 다른 진수나 기호로 변환하여 나타내는 것을 말한다.

| 1 | BCD(Binary Coded Decimal) 코드 – 2진화 십진수

0~9의 10진수를 2진수로 표현하는 코드로 10진수 1자리를 2진수 4자리(4bit)로 표시하며 자리에 따라서 8, 4, 2, 1 의 자리값을 가지고 있으므로 8421코드라고도 한다.

(1) 모든 코드의 기본이 된다.
(2) 2^6=64가지 문자 표현이 가능하다.
(3) 6개의 data bit의 구성
  - Zone bit(2개) : 군의 구별
  - Digit bit(4개) : 동일군 내의 위치 구별

10진수	2진수	BCD(8421코드)	10진수	2진수	BCD(8421코드)
7	0111	0000 0111 | 0 | | 7 |	15	1111	0001 0101 | 1 | | 5 |

| 2 | 3초과 코드

BCD코드보다 3이 크기 때문에 3-초과라 하며 BCD코드에 10진수 $3(0011_2)$을 더하여 구하는 코드

10진수	BCD	3초과 코드	10진수	BCD	3초과 코드
8	0000 1000 | 0 | | 8 |	0000 1011	64	0110 0100 | 6 | | 4 |	1001 0111

| 3 | 그레이(Gray) 코드

(1) 그레이 코드는 2진수와 같이 코드의 조합에 의하여 모든 상태를 사용하고 있으나 각 자리에 해당하는 자리 값이 정해지지 않는 비 가중 코드(unweighted code)로 사용 시 에러가 적다는 장점이 있다.
(2) 연산용으로는 부적합하지만 코드가 시스템의 입출력용, A/D변환기, 기타 주변장치용 코드로 많이 활용되고 있다.
(3) 2진수를 그레이 코드로 변환시킬 경우 최대 자릿수는 그대로 내려쓰고 다음 자리부터 앞

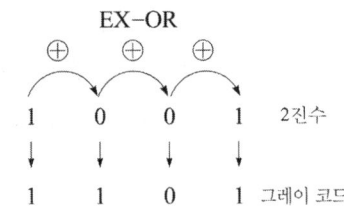

자리와 변환하고자 하는 자리의 2진수를 서로 비교하여 두 수가 같을 때는 0을 적고, 다를 때는 1을 적으면 된다.(배타적 논리합 EX-OR)

4 패리티 비트(Parity bit)

(1) 디지털코드가 가끔 1과 0의 오류가 발생하는데 이 오류 검출의 목적으로 사용한다.
(2) 문자 코드 내의 전체 1의 비트가 짝수 개가 홀수 개가 되도록 하여 코드에 덧붙이는 비트이다.

5 해밍(Hamming)코드

(1) 잘못된 정보를 parity bit에 의해 착오를 검출하고, 이를 다시 교정할 수 있는 코드로 R.W.Hamming에 의해 고안되었다.
(2) 해밍부호는 오직 하나의 착오만 검출하고 정정할 수 있다.
(3) 에러 체크 코드로서 Biquinary 코드, Ring counter 코드, 2-out-of-5 코드, 3-out-of-5 코드 등이 있다.
(4) 4개의 순수한 정보 비트에 3개의 체크 비트를 추가하여 만든 코드로 오류의 검출뿐만 아니라 오류를 정정할 수 있는 코드이다.

6 ASCII(American Standard Code for Information Interchange) 코드

개인용 컴퓨터 및 데이터통신에서 주로 사용하며 가장 많이 사용되는 영문숫자 코드
(1) 1968년 ISO 위원회에서 제정한 코드이다.
(2) 문자 연산이 가능하며, 데이터 통신에 널리 사용한다.
   | 예 | 'A' + 1 → 'B'   /   'A' + 32 → 'a'
(3) 7개의 data bit의 구성   Zone bit(3개) / Digit bit(4개)

7 EBCDIC(Extended Binary Coded Decimal Interchange) 코드

IBM의 대형 컴퓨터 등에서 많이 사용되는 코드이다.
(1) 확장된 BCD코드이다.
(2) 16진수로 표기가 가능하다.
(3) 8bit 단위이며, 2^8=256가지의 문자 표현이 가능하다.
(4) 현재 범용 컴퓨터에서 가장 많이 쓰이는 코드이다.
(5) 8개의 data bit와 1개의 parity bit 로 구성된다.
(6) 8개의 data bit의 구성 : Zone bit(4개) / Digit bit(4개)

기출 & 예상문제
제1장 수의 변환 및 코드화

01 2진수 (110010.111)₂를 8진수로 변환한 값은?

① (62.7)₈　　② (32.7)₈　　③ (6.26)₈　　④ (32.6)₈

- 풀이

  2진수를 8진수로 변환은 2진수를 소수점을 기준으로 왼쪽, 오른쪽으로 3비트씩 묶어서 계산한다.

  | 110 | 010 | . | 111 |
  ⇩
  | 6 | 2 | . | 7 |

  답 ①

02 10진수 463을 16진수로 옳게 나타낸 것은?

① 1FC　　② 1DA　　③ 1CF　　④ 1AD

- 풀이

  16) 463
  16) 28 … ⑮ F
        1 … ⑫ C

  답 ③

03 2진수 (1010)₂와 (11)₂를 더하고, 그 결과를 10진수로 변환하면?

① 4　　② 13　　③ 43　　④ 1021

- 풀이

  ```
    1010
  +   11
   1101₂ → 13
  ```

  답 ②

04 2진수 01011의 1의 보수는?

① 10101　　② 01100　　③ 10100　　④ 01010

- 풀이

  1의 보수 = 0을 1로, 1을 0으로 변환하면 되므로
  01011 → 1011

  답 ③

05 다음 2진수의 2의 보수를 구하면?

(10110)₂

① 01101　　② 01011　　③ 01010　　④ 0111

● 풀이

2의 보수 = 1의 보수 + 1

```
              10110
1의 보수   01001
           +    1
              01010
```

답 ③

06 다음 식과 같이 2진수 뺄셈을 한 것은?

$$10111 - 01101$$

① $(01010)_2$ ② $(01111)_2$
③ $(01000)_2$ ④ $(01001)_2$

답 ①

07 10진수 249를 16진수 값으로 변환한 것은?

① 189   ② 9F   ③ FC   ④ F9

● 풀이

```
16 ) 249
16 )  15  …… 나머지 9  ↑
       0  …… 나머지 F
```

답 ④

08 10진수 −113을 2진수 1의 보수로 변환하여 8bit로 표현한 것은?

① 11110001   ② 01110001
③ 10001110   ④ 10001111

● 풀이

```
2 ) 113
2 )  56  …… 1
2 )  28  …… 0
2 )  14  …… 0
2 )   7  …… 0
2 )   3  …… 1
      1  …… 1
```

0111 0001   1의 보수 ∴ 1000 1110

답 ③

09 다음 표는 8진수와 16진수의 수열을 지시하고 있다. 그 다음의 수는?

① 377, 400
② 377, 3FG
③ 400, 400
④ 400, 3FG

OCTAL	HEXADECUMAL
375	3FE
376	3FF
?	?

답 ①

제1장 수의 변환 및 코드화

10 A=01100, B=00111인 두 2진수의 연산결과가 주어진 식과 같다면 연산의 종류는?

$$\begin{array}{r} 01100 \\ +\ 11001 \\ \hline 00101 \end{array}$$

① 덧셈　　　② 뺄셈　　　③ 곱셈　　　④ 나눗셈

▸ 풀이
B=00111의 2의 보수는 100000−00111 = 11001이고 이를 A에 더해주는 것으로 A+(−B)=A−B로 뺄셈 연산이다.

답 ②

11 그림과 같은 회로의 기능은?
① 홀수 패리티 비트 발생기
② 크기 비교기
③ 2진 코드의 그레이 코드 변환기
④ 디코더

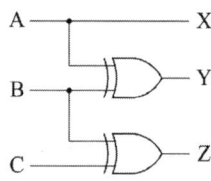

▸ 풀이
• 그레이코드 : 2진수를 그레이 코드로 변환시킬 경우 최대 자릿수는 그대로 내려쓰고 다음자리부터 앞자리와 변환하고자 하는 자리의 2진수를 서로 비교하여 두 수가 같을 때는 0을 적고, 다를 때는 1을 적으면 된다.(배타적 논리합 EX−OR)

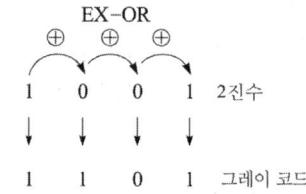

답 ③

12 2진수 1000을 그레이 코드(Gray Code)로 환산한 값은?
① 1100　　　② 1101
③ 1111　　　④ 1110

▸ 풀이

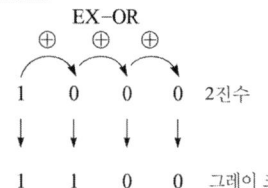

답 ①

13 에러(Error) 검출이 가능하지 못한 코드(Code)는?
① Gray Code　　　② Parity Code
③ 2−out−of−5 Code　　　④ Hamming Code

답 ①

14 45_{10}의 3초과 코드는?

① 01111000 ② 01110101 ③ 01111111 ④ 10000111

풀이

- 3초과 코드

    BCD코드보다 3이 크기 때문에 3-초과라 하며 BCD코드에 10진수 $3(0011_2)$을 더하여 구하는 코드

10진수	BCD	3초과 코드
45	0100 0101 | 4 | | 5 |	0111 1000

답 ①

15 영문자 코드에 해당하는 것은?

① Gray Code ② BCD Code
③ 3초과 Code ④ ASCII Code

답 ④

제 2 장

불대수 및 논리회로

2.1 불대수와 논리 게이트

1 논리게이트의 종류

게이트	기호 및 수식	전자회로	계전기회로	진리표
AND	$Y = A \cdot B$ $= AB$ $= A \times B$			A B Y 0 0 0 0 1 0 1 0 0 1 1 1
OR	$Y = A + B$			A B Y 0 0 0 0 1 1 1 0 1 1 1 1
NOT	$Y = \overline{A} = A'$			A Y 0 1 1 0

게이트	기호 및 수식	전자회로	계전기회로	진리표
NAND	$Y = \overline{AB}$			A B Y 0 0 1 0 1 1 1 0 1 1 1 0
NOR	$Y = \overline{A+B}$			A B Y 0 0 1 0 1 0 1 0 0 1 1 0
XOR	입력 변수들 중 1인 것이 홀수개 있을 때 결과가 1인 성질 $Y = (A \oplus B)$, $Y = \overline{A}B + A\overline{B}$			A B Y 0 0 0 0 1 1 1 0 1 1 1 0
XNOR	입력 변수가 둘다 0 이거나 1일 때 결과가 1인 성질 $Y = \overline{(A \oplus B)}$			A B Y 0 0 1 0 1 0 1 0 0 1 1 1

| 2 | 기본적인 등가 변환도

논리식	논리도	접점회로도	
$A \cdot A = A$			
$A + A = A$			
$A \cdot \overline{A} = 0$			
$A + \overline{A} = 1$			
$A \cdot (A+B) = A$			
$A \cdot B + A = A$			

제2장 불대수 및 논리회로

3 | 불대수의 기본 성질

[공리 1] 교환법칙

$A + B = B + A$ $\qquad\qquad A \cdot B = B \cdot A$

[공리 2] 결합법칙

$(A + B) + C = A + (B + C)$ $\qquad (A \cdot B) \cdot C = A \cdot (B \cdot C)$

[공리 3] 상호분배 법칙

$A + (B \cdot C) = (A + B) \cdot (A + C)$ $\qquad A \cdot (B + C) = A \cdot B + A \cdot C$

※ 여기서 괄호가 없는 것은 곱셈을 먼저하고, 덧셈을 나중에 하는 법칙이 작용된다.

[공리 4] $A + 0 = A$ $\qquad\qquad\qquad A \cdot 1 = A$

[공리 5] $A + \overline{A} = 1$ $\qquad\qquad\qquad A \cdot \overline{A} = 0$

[정리 1] 0과 1로 연산하면 다음과 같이 성립한다.

$\quad 0 + 0 = 0 \qquad 1 + 0 = 1 \qquad 1 \cdot 1 = 1 \qquad 0 \cdot 1 = 0$

[정리 2] 각 요소는 보수(Complement)가 존재 $\overline{0} = 1$ $\quad \overline{1} = 0$

[정리 3] $A + 1 = 1$ $\qquad\qquad\qquad A \cdot 0 = 0$

[정리 4] $A + A = A$ $\qquad\qquad\qquad A \cdot A = A$

[정리 5] $A + A \cdot B = A$ $\qquad\qquad A \cdot (A + B) = A$

[정리 6] $A + \overline{A} \cdot B = A + B$ $\qquad A \cdot (\overline{A} + A \cdot B) = AB$

[정리 7] $\overline{\overline{A}} = A$ 부정의 부정은 긍정

4 | 드 모르간의 정리

(1) 제1정리 : $\overline{A + B} = \overline{A} \cdot \overline{B}$

　　　　　　논리합의 전체 부정은 각각 변수의 부정을 논리곱한 것과 같다.

(2) 제2정리 : $\overline{AB} = \overline{A} + \overline{B}$

　　　　　　논리곱의 전체 부정은 각각 변수의 부정을 논리합한 것과 같다.

5 | 쌍대의 원리

(1) 논리식 중의 AND는 OR로, OR은 AND로 바꾼다.

(2) 논리식 중의 1은 0으로, 0은 1로 서로 바꾼다.

(3) 변수는 그대로 둔다.

2.2 논리함수의 간소화

│1│ 불대수에 의한 논리식의 간략화

불 대수의 정리와 및 법칙을 적용시켜 논리식을 간략화 하는데 사용

$$Y = A\overline{B} + AB = A(\overline{B} + B) = A$$

│2│ 카르노 맵(Karnaugh Map)에 의한 논리식의 간소화

논리 회로에서 카르노 맵(Karnaugh map, 간단히 K-map)은 논리함수를 간소화시키기 위해 고안된 것으로, 불 대수에서 확장된 논리 표현을 사람의 패턴인식에 의해 연관된 상호관계를 이용하여 줄이는 방법

A	B	Y
0	0	1
0	1	0
1	0	0
1	1	1

A\B	0	1
0	$\overline{A}\overline{B}$	$\overline{A}B$
1	$A\overline{B}$	AB

A\B	0	1
0	1	0
1	0	1

[2변수 카르노 맵]

A	B	C	Y
0	0	0	1
0	0	1	0
0	1	0	1
0	1	1	0
1	0	0	1
1	0	1	1
1	1	0	1
1	1	1	0

A\BC	00	01	11	10
0	$\overline{A}\overline{B}\overline{C}$	$\overline{A}\overline{B}C$	$\overline{A}BC$	$\overline{A}B\overline{C}$
1	$A\overline{B}\overline{C}$	$A\overline{B}C$	ABC	$AB\overline{C}$

C\AB	00	01	11	10
0	1	1	1	1
1	0	0	0	0

[3변수 카르노 맵]

A	B	C	D	Y	A	B	C	D	Y
0	0	0	0	1	1	0	0	0	0
0	0	0	1	0	1	0	0	1	0
0	0	1	0	1	1	0	1	0	1
0	0	1	1	1	1	0	1	1	0
0	1	0	0	1	1	1	0	0	1
0	1	0	1	0	1	1	0	1	1
0	1	1	0	1	1	1	1	0	0
0	1	1	1	0	1	1	1	1	0

CD\AB	00	01	11	10
00	$\bar{A}\bar{B}\bar{C}\bar{D}$	$\bar{A}B\bar{C}\bar{D}$	$AB\bar{C}\bar{D}$	$A\bar{B}\bar{C}\bar{D}$
01	$\bar{A}\bar{B}\bar{C}D$	$\bar{A}B\bar{C}D$	$AB\bar{C}D$	$A\bar{B}\bar{C}D$
11	$\bar{A}\bar{B}CD$	$\bar{A}BCD$	$ABCD$	$A\bar{B}CD$
10	$\bar{A}\bar{B}C\bar{D}$	$\bar{A}BC\bar{D}$	$ABC\bar{D}$	$A\bar{B}C\bar{D}$

CD\AB	00	01	11	10
00	1	1	1	0
01	0	0	1	0
11	1	0	0	0
10	1	1	0	1

[4변수 카르노 맵]

카르노도로 간소화 하는 방법은 다음과 같다.
(1) 입력 변수로부터 전달된 함수 값이 1인 것을 2^n개씩 사각형으로 묶는다(중복가능).
(2) 전달 함수 값이 1인 것과 관련된 가로항과 세로항에서 불변인 것만 선택한다. 1로 불변인 것은 해당 변수 그대로, 0으로 불변인 것은 해당 변수에 보수(Complement)를 취하면 된다.
(3) 선택된 가로항과 세로항에서 생긴 변수들끼리는 논리곱(AND)을 취하고 최종적으로 이러한 다른 사각형끼리는 서로 논리합(OR)을 구한다.

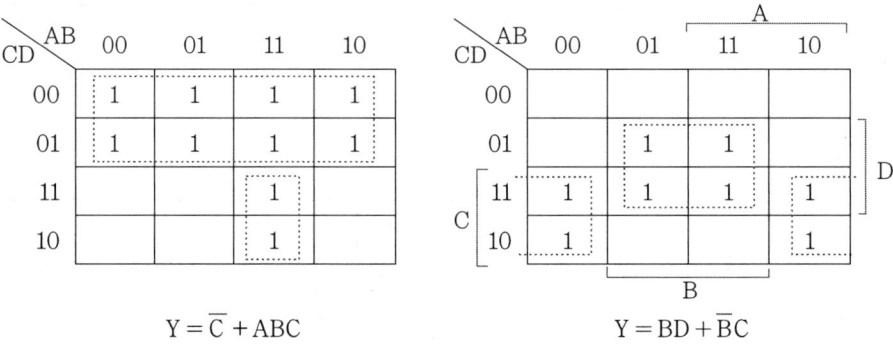

[카르노 맵을 이용한 논리식의 간소화]

기출 & 예상문제

제2장 불대수 및 논리회로

01 가법 표준형의 논리식을 다음 진리표에서 찾으면?

① $f = \overline{A}\,\overline{B}C + \overline{A}BC + AB\overline{C} + ABC$
② $f = \overline{A}\,\overline{B}\,\overline{C} + \overline{A}BC + A\overline{B}C + ABC$
③ $f = \overline{A}BC + \overline{A}\,\overline{B}\,\overline{C} + AB\overline{C} + AB\overline{C}$
④ $f = ABC + \overline{A}BC + \overline{A}\,\overline{B}\,\overline{C} + AB\overline{C}$

A	B	C	f
0	0	0	0
0	0	1	1
0	1	0	0
0	1	1	1
1	0	0	0
1	0	1	0
1	1	0	1
1	1	1	1

▶풀이

A의 자리수가 "0"이면 $\overline{A}$로 표시
A의 자리수가 "1"이면 A로 표시

답 ①

02 다음의 그림과 같은 논리기호와 같은 것은?

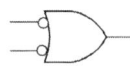

① 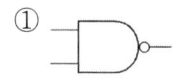 ② 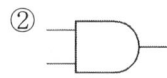 ③  ④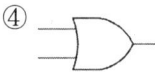

▶풀이

드 모르간의 정리
 (1) 제1정리 : $\overline{A+B} = \overline{A} \cdot \overline{B}$
 (2) 제2정리 : $\overline{AB} = \overline{A} + \overline{B}$

답 ①

03 그림과 같은 회로의 논리식 F는?

① $A + B$
② AB
③ $\overline{A} + \overline{B}$
④ $\overline{AB}$

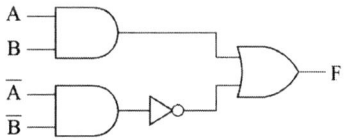

▶풀이

$F = A \cdot B + \overline{\overline{A} \cdot \overline{B}} = A \cdot B + (\overline{\overline{A}} + \overline{\overline{B}})$
$= A \cdot B + (A + B) = (A \cdot B + A) + (A \cdot B + B)$
$= A(B+1) + B(A+1) = A + B$

답 ①

04 다음 논리도(Logic diagram)에서 단자 A에 "0000", 단자 B에 "0101"이 입력된다고 할 때 그 출력은?

① 1111
② 0110
③ 1001
④ 0101

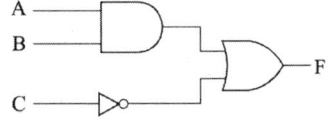

● 풀이

A	B
0000	0101
0000 (AND)	
0101 (B와 OR)	

답 ④

05 다음 논리회로를 NAND 게이트로만 구성하려면 최소 몇 개가 필요한가?

① 2
② 3
③ 4
④ 5

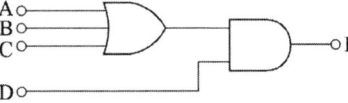

답 ①

06 논리회로의 출력 F를 나타낸 논리식은?

① $(A \cdot B \cdot C) \cdot D$
② $(A \cdot B \cdot C) + D$
③ $(A + B + C)D$
④ $A + B + C + D$

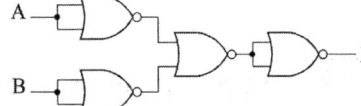

● 풀이
$F = (A+B+C)D$

답 ③

07 논리회로의 출력함수가 뜻하는 논리게이트의 명칭은?

① AND
② OR
③ NAND
④ NOR

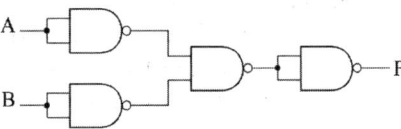

● 풀이
$\overline{\overline{\overline{A} + \overline{B}}} = \overline{A} + \overline{B} = \overline{AB}$

답 ③

08 다음의 그림은 어떤 논리 회로인가?

① NAND
② NOR
③ E-OR
④ E-NOR

풀이

$$\overline{\overline{\overline{A \cdot B}}} = \overline{A} \cdot \overline{B} = \overline{A+B}$$

답 ②

09 그림과 같은 논리회로의 출력 X는?

① $A \oplus B$
② $A \cdot B + \overline{A} \cdot \overline{B}$
③ $A \cdot \overline{B}$
④ $\overline{A + \overline{B}}$

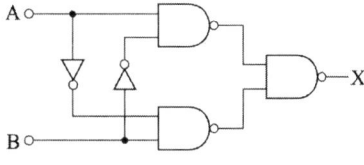

풀이

$$X = \overline{\overline{A\overline{B}} \cdot \overline{\overline{A}B}} = \overline{\overline{A\overline{B}}} + \overline{\overline{\overline{A}B}} = A\overline{B} + \overline{A}B = A \oplus B$$

답 ①

10 그림과 같은 논리회로의 논리 함수는?

① $A\overline{B} + AC + BC + AC + BC$
② $\overline{A}B + \overline{A}C + BC$
③ $\overline{A}B + AC + BC$
④ $\overline{A}B + A\overline{C} + BC$

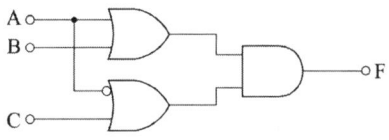

풀이

$$F = (A+B) \cdot (\overline{A} + C) = (A+B)\overline{A} + (A+B)C$$
$$= A\overline{A} + \overline{A}B + AC + BC = \overline{A}B + AC + BC$$

답 ③

11 그림의 논리회로와 그 기능이 같은 회로는?

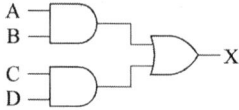

① 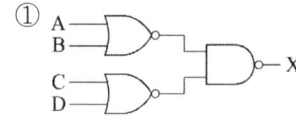   ②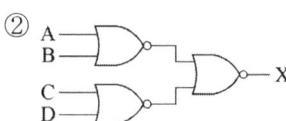

③ 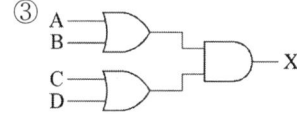   ④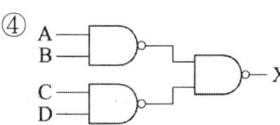

풀이

$X = AB + CD$

① $\overline{\overline{(A+B)} \cdot \overline{(C+D)}} = \overline{\overline{(A+B)}} + \overline{\overline{(C+D)}} = (A+B) + (C+D)$

② $\overline{\overline{(A+B)} + \overline{(C+D)}} = \overline{\overline{(A+B)}} \cdot \overline{\overline{(C+D)}} = (A+B) \cdot (C+D)$

③ (A+B)·(C+D)
④ $\overline{(\overline{AB})\cdot(\overline{CD})} = \overline{(\overline{AB})} + \overline{(\overline{CD})} = AB + CD$

답 ④

12 다음과 같은 기능을 가지는 등가인 논리 게이트는?

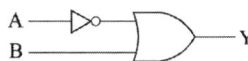

① 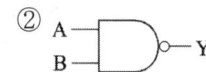 ② 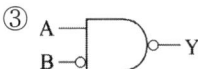 ③ 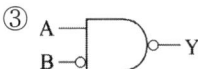 ④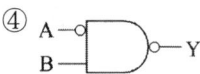

• 풀이

$Y = \overline{A} + B$
① $Y = \overline{\overline{A}\cdot\overline{B}} = \overline{\overline{A}} + \overline{\overline{B}} = A+B$ ② $Y = \overline{\overline{A}\cdot B}$
③ $Y = \overline{A\cdot\overline{B}} = \overline{A} + \overline{\overline{B}} = \overline{A}+B$ ④ $Y = \overline{\overline{A}\cdot B} = \overline{\overline{A}} + \overline{B} = A+\overline{B}$

답 ③

13 그림과 같은 논리회로를 논리함수로 바꾸면?

① $\overline{A} + B$
② $A + \overline{B}$
③ $\overline{A} + \overline{B}$
④ $A + B$

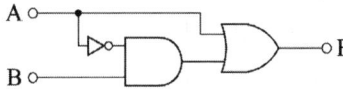

• 풀이

$F = A + (\overline{A}B) = (A+\overline{A})(A+B) = A+B$
($\because A+\overline{A}=1$)

답 ④

14 그림과 같은 논리회로의 간략화된 논리함수는?

① 0
② 1
③ A
④ B

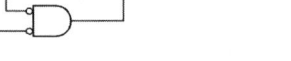

• 풀이

$F = AB + \overline{A}B + A\overline{B} + \overline{A}\overline{B} = (A+\overline{A})B + (A+\overline{A})\overline{B} = B + \overline{B} = 1$

답 ②

15 그림과 같은 논리회로에서 X가 1이 되기 위한 입력 조건으로 옳은 것은?

① A=1, B=1
② A=1, B=0
③ A=0, B=0
④ 위 3가지 경우가 모두 해당

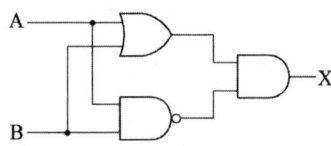

> **풀이**
> $F = (A+B)(\overline{AB})$
> $= (A+B)(\overline{A}+\overline{B})$
> $= A(\overline{A}+\overline{B}) + B(\overline{A}+\overline{B})$
> $= A\overline{A} + A\overline{B} + \overline{A}B + B\overline{B}$
> $= A\overline{B} + \overline{A}B = A \oplus B$

A	B	X
0	0	0
0	1	1
1	0	1
1	1	0

답 ②

16 다음 논리회로와 등가인 논리함수는?

① $(\overline{A}+\overline{B})(A+B)$
② $(A+\overline{B})(\overline{A}+B)$
③ $(\overline{A}+\overline{B})(\overline{A}+\overline{B})$
④ $(\overline{A}+\overline{B})(\overline{A}+B)$

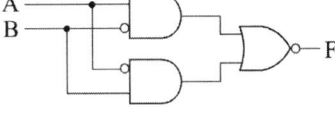

> **풀이**
> $F = \overline{\overline{A\overline{B}} + \overline{\overline{A}B}} = (A+B)(A+\overline{B}) = AB + \overline{A}\overline{B}$

$F = \overline{A\overline{B} + \overline{A}B} = (\overline{A}+B)(A+\overline{B}) = AB + \overline{A}\overline{B}$

답 ②

17 그림의 논리회로와 그 기능이 같은 것은?

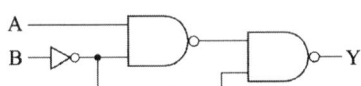

① 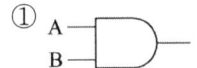 ②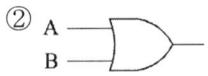

③ 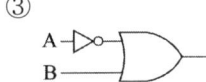 ④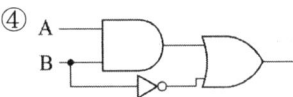

> **풀이**
> $Y = \overline{(\overline{A\overline{B}}) \cdot \overline{B}} = \overline{\overline{A\overline{B}}} + \overline{\overline{B}} = A\overline{B} + B = (A+B)(B+\overline{B}) = A+B$

답 ②

18 그림과 같은 접점회로를 논리 게이트로 표현하면?

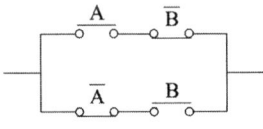

① 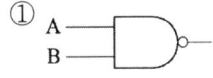 ②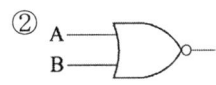

③ 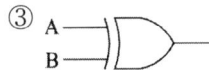 ④ (A, B XOR-like gate)

풀이

$A\bar{B} + \bar{A}B = A \oplus B$

답 ③

19 그림의 스위칭 회로에서 논리식은?
① (A+B)C
② AB+C
③ AC+B
④ A+BC

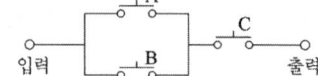

풀이
(A+B)C

답 ①

20 다음과 같은 접점회로를 논리회로로 표현한것은?

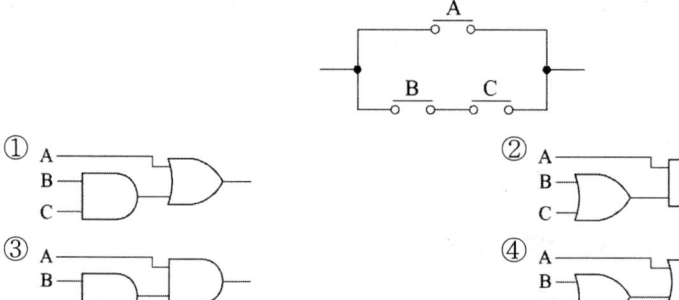

풀이
A+BC
① A+BC   ② A(B+C)   ③ ABC   ④ A+B+C

답 ①

21 그림과 같은 스위칭회로의 논리식은?
① $(AB) + \bar{C}D$
② $(A + \bar{C})(B + D)$
③ $(A + B)(\bar{C} + D)$
④ $(B + \bar{C})(A + D)$

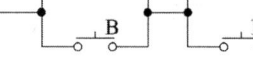

풀이
$(A+B)(\bar{C}+D)$

답 ③

22 다음과 같은 회로에서 저항R이 0[Ω]인 것을 사용하면 무슨 문제가 발생하는가?
① 낮은 전압이 인가되어 문제가 없다
② 저항 양단의 전압이 커진다.
③ 저항 양단의 전압이 작아진다.
④ 스위치를 ON 했을 때 회로가 단락된다.

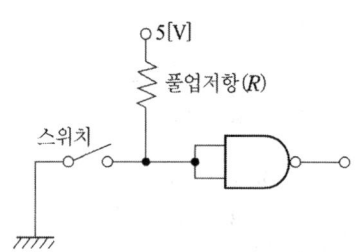

> **풀이**
> 풀업저항이 없을 경우, 스위칭이 일어날 때 과도한 전류가 흘러 디바이스에 안 좋은 영향을 끼칠 수가 있다.
> **답** ④

23 그림과 같은 다이오드 게이트(Diode Gate)의 출력값은?
① 0[V]
② 5[V]
③ 10[V]
④ 15[V]

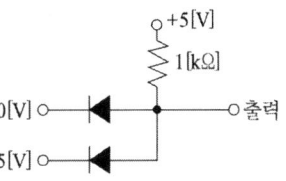

> **풀이**
> AND 게이트 전자소자 회로
> **답** ①

24 그림과 같은 다이오드 논리회로의 출력식은?
① $Z = A + BC$
② $Z = AB + C$
③ $Z = ABC$
④ $Z = A + B + C$

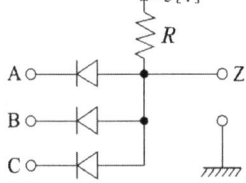

> **풀이**
> 논리표($Z=ABC$)
>
> | A | B | C | Z |
> |---|---|---|---|
> | 0 | 0 | 0 | 0 |
> | 0 | 0 | 1 | 0 |
> | 0 | 1 | 0 | 0 |
> | 0 | 1 | 1 | 0 |
> | 1 | 0 | 0 | 0 |
> | 1 | 0 | 1 | 0 |
> | 1 | 1 | 0 | 0 |
> | 1 | 1 | 1 | 1 |
>
> **답** ③

25 그림과 같은 회로는 어떠한 논리동작을 하는가?
① NAND
② NOR
③ AND
④ OR

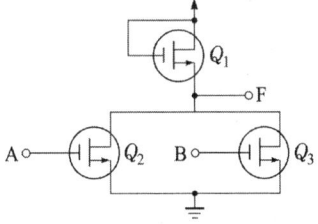

> **풀이**
> NOR 게이트 전자소자 회로
> **답** ②

26 그림과 같은 회로는 어떠한 논리동작을 하는가?

① NAND
② NOR
③ AND
④ OR

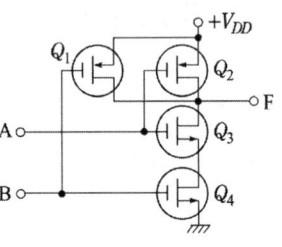

▶풀이
  NAND 게이트 전자소자 회로

답 ①

27 그림의 트랜지스터 회로에 5V펄스 1개를 가하면 출력파형 V_0은?

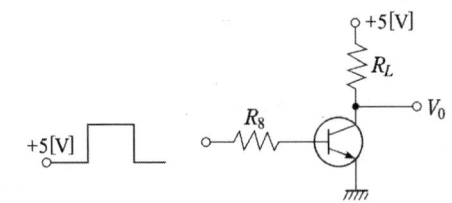

① +5[V] ⎍ (단일 펄스)
② +5[V] ⎍⎍ (두 펄스)
③ +5[V] ⎴ (반전 펄스)
④ +5[V] ⎍⎍⎍ (세 펄스)

▶풀이
  NOT 게이트

답 ③

28 다음 중 이항(Binary)연산 명령이 아닌 것은?

① AND   ② OR   ③ Exclusive OR   ④ MOVE

▶풀이
  단항연산자 : 로테이트, 시프트, MOVE, NOT(COMPLEMENT, 보수)

답 ④

29 불대식 중 옳지 않은 것은?

① $A \cdot 1 = A$ ② $A + 1 = 1$ ③ $A \cdot \overline{A} = 0$ ④ $A + \overline{A} = 0$

▶풀이
  $A + \overline{A} = 1$, $A + A = A$

답 ④

30 논리식 중 맞는 표현은?

① $\overline{A + B} = \overline{A} \cdot \overline{B}$ ② $\overline{A} + \overline{B} = \overline{A + B}$
③ $\overline{A \cdot B} = \overline{A} \cdot \overline{B}$ ④ $\overline{A + B} = \overline{A \cdot B}$

풀이
② $\overline{A} + \overline{B} = \overline{A \cdot B}$
③ $\overline{A \cdot B} = \overline{A} + \overline{B}$
④ $\overline{A+B} = \overline{A} \cdot \overline{B}$

답 ①

31 A + BC와 같은 논리식은?
① $(A+B)(A+C)$
② $AB+AC$
③ $A(B+C)$
④ $A+(B+C)$

풀이
$A+BC = (A+B)(A+C)$

답 ①

32 논리식 A · (A+B)를 간단히 하면?
① A
② B
③ A · B
④ A + B

풀이
$A \cdot (A+B) = A \cdot A + A \cdot B = A + A \cdot B = A(1+B) = A$

답 ①

33 논리식 $F = \overline{A}\,\overline{B}C + \overline{A}B\overline{C} + \overline{A}B\overline{C} + A\overline{B}C + AB\overline{C}$를 간소화한 것은?
① $F = \overline{A}C + A\overline{C}$
② $F = \overline{B}C + B\overline{C}$
③ $F = \overline{A}B + A\overline{B}$
④ $F = \overline{A}B + B\overline{C}$

풀이
$F = \overline{A}(\overline{B}C + B\overline{C}) + A(\overline{B}C + B\overline{C}) = (\overline{A}+A)(\overline{B}C + B\overline{C}) = \overline{B}C + B\overline{C}$

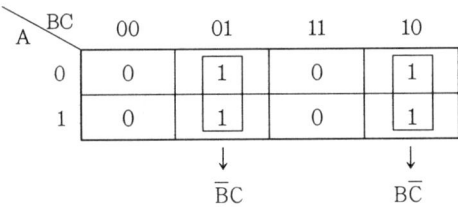

답 ②

34 그림과 같은 카르노 도표를 보고 논리함수 f를 구하면?
① $BC + \overline{B}\,\overline{C}$
② $B\overline{C} + \overline{B}C$
③ $AB + BC$
④ $A\overline{B} + \overline{B}C$

AB\C	0	1
00	0	1
01	1	0
11	1	0
10	0	1

답 ②

35 카르노프법으로 다음 그림과 같은 결과를 간단히 하였을 때 결과값을 나타낸 것은?

① A + B
② A + $\overline{B}$
③ $\overline{A}$ + B
④ $\overline{A}$ + $\overline{B}$

B\A	0	1
0		1
1	1	1

답 ①

36 카르노도(Karnaugh)가 나타내는 논리식은?

① X = $\overline{A}$D + A$\overline{B}\overline{C}$
② X = $\overline{A}\overline{D}$ + $\overline{B}\overline{C}$
③ X = $\overline{A}$D + BCD
④ X = A$\overline{D}$ + $\overline{A}$BC

CD\AB	00	01	11	10
00	0	0	0	1
01	1	1	0	1
11	1	1	0	0
10	0	0	0	0

답 ①

37 다음 카르노도를 보고 논리함수를 최소화시키면?

① ($\overline{B \cdot D}$)
② $\overline{B} \cdot \overline{D}$
③ $\overline{B} \cdot C \cdot D + B \cdot \overline{C} \cdot \overline{D}$
④ A $\cdot$ $\overline{B}$ $\cdot$ D + B $\cdot$ $\overline{C}$ $\cdot$ $\overline{C}$

CD\AB	00	01	11	10
00	1	0	0	1
01	0	0	0	0
11	0	0	0	0
10	1	0	0	1

답 ②

38 카르노도에서 간략화 된 논리함수를 구하면?

① $\overline{A}$ + $\overline{C}$ + $\overline{B}D$
② A + C + $\overline{B}\overline{D}$
③ $\overline{B}$ + $\overline{D}$ + AC
④ $\overline{B}$ + D + $\overline{A}\,\overline{C}$

	$\overline{A}\overline{B}$	$\overline{A}$B	AB	A$\overline{B}$
$\overline{C}\overline{D}$	1	1	1	1
$\overline{C}$D	1	1	1	1
CD	1	1		
C$\overline{D}$	1	1		1

▶ 풀이

CD\AB	00	01	11	10
00	1	1	1	1
01	1	1	1	1
11	1	1	0	0
10	1	1	0	1

Q = $\overline{A}$ + $\overline{C}$ + $\overline{B}D$

답 ①

제 3 장

플립플롭 회로

3.1 RS 래치와 RS 플립플롭

1 RS래치

(1) NOR 게이트를 이용한 RS 래치회로

① 2개의 입력단자 (R : reset , S : set)를 가지고 있어서 이들 입력의 상태에 따라서 출력이 정해진다.

② 출력의 상태가 한번 결정되면 입력을 0으로 하여도 출력의 상태는 그대로 유지되므로, 일반적으로 래치(latch)회로라고도 한다.

③ R=0, S=0 : 래치는 저장된 값을 그대로 유지

④ R=0, S=1 : Q의 값을 1로 세팅

⑤ R=1, S=0 : Q의 값을 0으로 리셋

⑥ R=1, S=1 : 금지입력

⑦ 액티브 하이(Active High)회로(입력신호 R, S)

입력		출력	비고
R	S	Q	
0	0	불변	
0	1	1	
1	0	0	
1	1	부정	금지

(a) 진리표

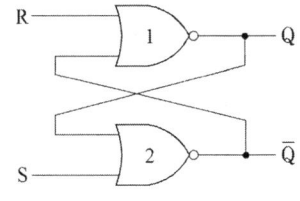

(b) 논리회로도

[NOR 게이트를 이용한 RS 래치회로]

(2) NAND 게이트를 이용한 RS 래치회로

① R=0, S=0 : 금지입력

② R=0, S=1 : Q의 값을 0으로 리셋

③ R=1, S=0 : Q의 값을 1로 세팅

④ R=1, S=1 : 래치는 저장된 값을 그대로 유지

⑤ 액티브 로우(Active Low)회로(입력신호 $\overline{R}$, $\overline{S}$)

입력		출력	비고
R	S	Q	
0	0	부정	금지
0	1	0	
1	0	1	
1	1	불변	

(a) 진리표

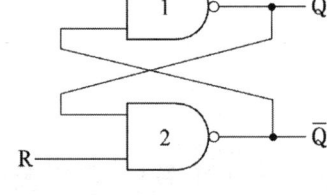

(b) 논리회로도

[NAND 게이트를 이용한 RS 래치회로]

(3) RS 플립플롭

① 플립플롭은 래치와 달리 입력이 변해도 클록이 변하지 않으면 출력도 변하지 않는 회로로 클록이 있을 때만 동작하는 RS 래치를 RS 플립플롭이라 한다. 즉, 정에지 트리거라고 가정하면 CP 입력(시각펄스 또는 트리거 펄스)이 1 (HIGH) 레벨일 때에만 RS-FF와 같은 동작을 하고, 0(LOW) 레벨일 때에는 입력 R, S의 상태에 무관하여 주어진 앞의 상태를 계속 유지한다. 3개의 입력(R : reset, S : set, C : Clock)을 가지는 FF이며, RST-FF(R : reset, S : set, T : trigger)라고도 한다.

② 동작설명

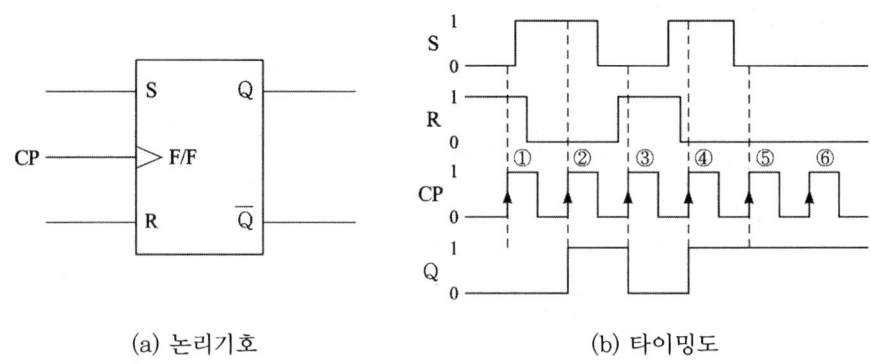

(a) 논리기호   (b) 타이밍도

[RS 플립플롭의 논리기호와 타이밍도]

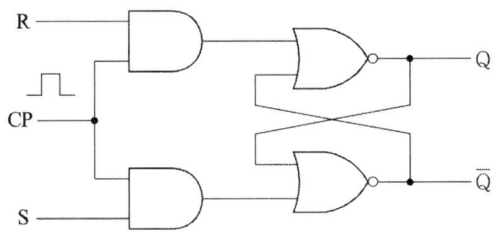

[RS 플립플롭 논리회로도]

3.2 JK 플립플롭

RS 플립플롭은 R과 S 입력이 모두 1인 경우에 출력이 불안정한 상태가 되는데 JK플립플롭은 이러한 점을 보완한 것으로 J, K의 입력이 모두 1인 경우에 클럭신호가 가해지면 출력이 반전된다.

1 동작설명

(1) J = K = 0일 때 클럭펄스가 1이면 출력은 불변이며, J = 1, K = 0일 때 CP = 1이면 출력은 1이 된다.
(2) J = K = 1일 때 CP = 1이면 출력은 현 상태에서 반전되어 나온다.
(3) J = K = 1을 계속 유지하고 CP가 계속 들어오면 출력은 0과 1로 반복하게 된다.
(4) JK-FF에서는 출력쪽이 입력에 되먹임 되어 있기 때문에 CP=1일 때 출력 쪽의 상태가 변화하면 입력 쪽이 변하여 오동작을 유발하는 레이싱 (racing) 현상이 일어남.

레이싱 현상을 피하기 위한 구성으로 2개의 FF 사이에 전달 회로를 두고 이것을 다시 CP로 제어하여 레이싱을 방지하고 있다.(마스터-슬레이브 JK-FF)

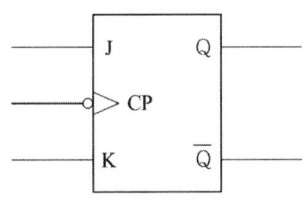

J	K	CP	Q
0	0	↑	Q_0
1	0	↑	1
0	1	↑	0
1	1	↑	$\overline{Q_0}$

(a) 논리기호   (b) 진리표

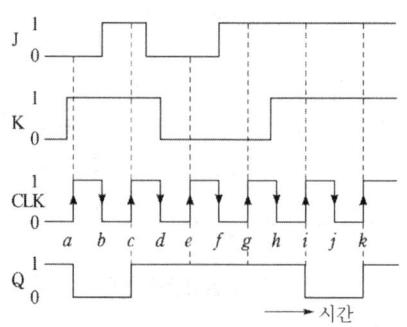

[JK 플립플롭 동작 설명]

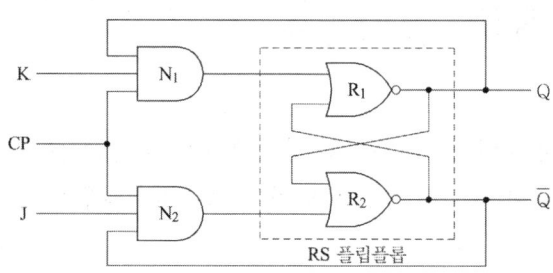

[JK 플립플롭 논리회로도]

3.3 D 플립플롭

D(Data or Delay)플립플롭은 하나의 클럭 입력과 하나의 데이터 입력을 가진다. RS 플립플롭의 변형으로서 S는 입력을 그대로 연결하고 R은 인버터(Inverter-NOT gate)를 통하여 연결하고, S입력에 D라는 기호를 붙인 것이다. 만약 D가 0일 경우(S=0, R=1)에는 클리어(0)이고, 1일 경우(S=1, R=0)에는 세트(1)가 된다. S=1, R=1일 경우 부정이 되는 것을 방지하기 위하여 입력 값이 항상 보수화되도록 변형한 것으로 S=0, R=1인 상태와 S=1, R=0인 2가지 상태값만 나타낸다.

| 1 | 동작설명

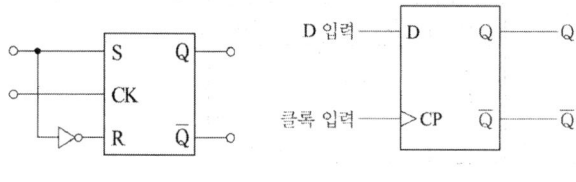

D	CP	$Q(t+1)$
0	↑	0
1	↑	1

(a) 논리기호   (b) 진리표

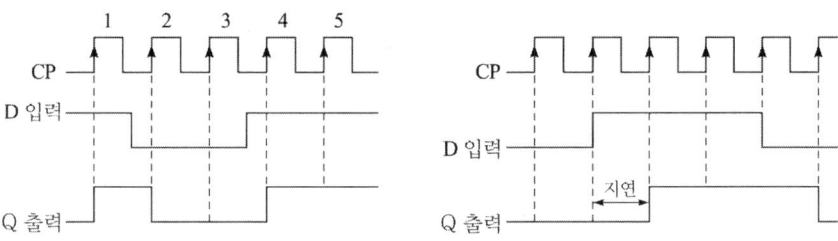

[D 플립플롭 동작설명]

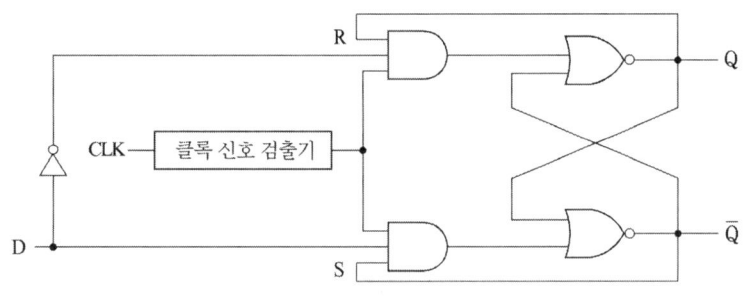

[D 플립플롭 논리회로도]

3.4 T 플립플롭

JK 플립플롭의 J와 K를 묶어 하나의 데이터 입력(T)으로 한다. 입력 T가 0일 경우에는 상태가 불변이고, T가 1일 경우에는 보수가 출력된다. 클럭펄스가 가해질 때 마다 출력상태가 반전하는 토글(Toggle) 또는 스위칭작용을 하므로 계수기(counter)에 사용된다.

1 │ 동작설명

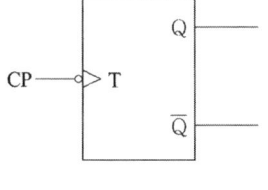

T	CP	Q(t+1)
0	↑	0
1	↑	1

(a) 논리기호　　(b) 진리표

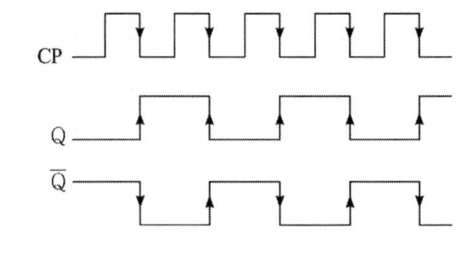

[T플립플롭 동작설명]

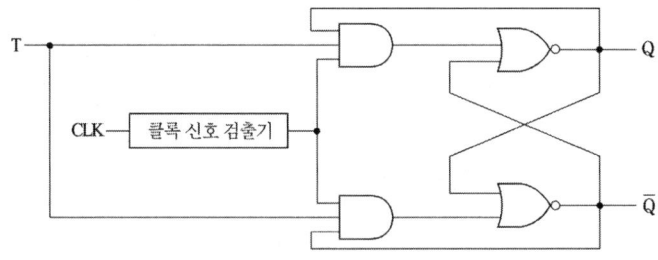

[T 플립플롭 논리회로도]

기출 & 예상문제

제 3 장 플립플롭 회로

01 플립플롭회로에 대한 설명으로 잘못된 것은?
① 두 가지 안정상태를 갖는다.
② 쌍안정 멀티바이브레이터이다.
③ 반도체 메모리 소자로 이용된다.
④ 트리거 펄스 2개마다 2개의 출력펄스를 얻는다.

▶ 풀이
플립플롭을 쌍안정 멀티바이브레이터(Bistable multivibrator)라고 하는데, 두 개의 안정산태를 가진다는 말이다. 가해진 입력에 따라 어느 한 쪽 상태(0 또는 1)를 취하므로 1비트의 상태를 기억할 수 있다. 트리거 펄스 1개마다 2개의 출력펄스를 얻게 된다.   답 ④

02 순서논리회로가 아닌 것은?
① 플립플롭(Flip-flop)　　② 가산기(Adder)
③ 레지스터(Register)　　 ④ 계수기(Counter)

▶ 풀이
순서 논리 회로(sequential logic circuit)는 디지털 시스템에서 현재의 입력상태의 조합에 의해서만 출력 상태가 결정되는 조합 논리 회로(combinational logic circuit)와는 다르게 입력의 시간적 상태가 출력상태에 영향을 주는 회로이며, 예로는 플립플롭(Flip-flop), 레지스터(Register), 계수회로(Counter)가 있다.   답 ②

03 R·S-NAND 래치회로에서 $\overline{S}=1$, $\overline{R}=0$인 때 $Q=0$, $\overline{Q}=1$ 이다. 이때 동작상태는?
① 기억유지　　② 세트
③ 리셋　　　　④ 금지 입력

답 ③

04 RS-FF(reset-set-flip-flop)회로의 동작에서 R=1, S=1을 입력에 넣었을 때 출력이 옳은 것은?
① Q_n　　② 1
③ 0　　　 ④ 부정

답 ④

제3장 플립플롭 회로 699

05 RS 플립플롭에서 R = S = 1인 조건은 부정 상태이다. 이를 개량한 플립플롭은?
① T   ② D   ③ JK   ④ M/S

답 ③

06 일반적으로 쌍안정 멀티바이브레이터에는 가속(Speed-up)콘덴서가 몇 개 필요한가?
① 2   ② 4   ③ 6   ④ 8

답 ①

07 교차 결합 NAND 게이트 회로는 RS 플립플롭을 구성하며, 비동기 FF 또는 RS NAND 래치라고도 하는데 허용되지 않는 입력 조건은?
① S=0, R=0   ② S=1, R=0
③ S=0, R=1   ④ S=1, R=1

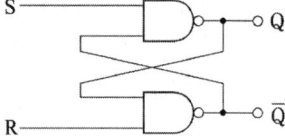

● 풀이

NAND 게이트를 이용한 RS 래치회로

입력		출력	비고
R	S	Q	
0	0	부정	금지
0	1	0	
1	0	1	
1	1	불변	

답 ①

08 JK 플립플롭에서 J입력과 K입력에 모두 1을 가하면 출력은 어떻게 되는가?
① 반전된다.
② 불확정상태가 된다.
③ 이전 상태가 유지된다.
④ 이전 상태에 상관없이 1이 된다.

● 풀이

JK 플립플롭

J	K	CP	Q
0	0	↑	Q_0
1	0	↑	1
0	1	↑	0
1	1	↑	$\overline{Q_0}$

답 ①

09 J-K FF에서 현재상태의 출력 Q_n을 0으로 하고, J입력에서 0, K입력에 1을 클럭펄스 C.P에 (Rising Edge)의 신호를 가하게 되면 다음 상태의 출력 Q_{n+1}은?

① X
② 0
③ 1
④ $\overline{Q_n}$

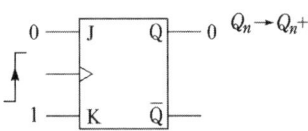

답 ②

10 그림은 어떤 플립플롭의 타임차트이다.
(A), (B)에 해당되는 것은?

① (A) : S, (B) : R
② (A) : R, (B) : S
③ (A) : J, (B) : K
④ (A) : K, (B) : J

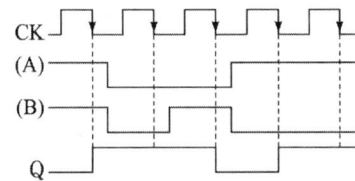

● 풀이

부진행 에지 트리거에서 각 출력을 정리해보면 J=1, K=1일 때 클럭이 가해지면 출력상태가 반전되는 JK 플립플롭임을 알 수 있다.

J	K	CP	Q
0	0	↑	Q_0
1	0	↑	1
0	1	↑	0
1	1	↑	$\overline{Q_0}$

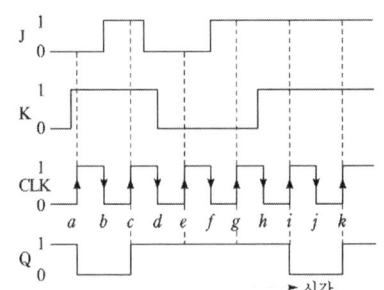

답 ③

11 순서회로 설계의 기본인 JK-FF 진리표에서 현재 상태의 출력 Q_n이 "0"이고, 다음 상태의 출력 Q_{n+1}이 "1"일 때 필요입력 J 및 K의 값은? (단, x는 "0" 또는 "1"이다.)

① J = 0, K = 0
② J = 0, K = 1
③ J = 0, K = x
④ J = 1, K = x

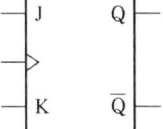

● 풀이

J	K	CP	Q
0	0	↑	Q_0
1	0	↑	1
0	1	↑	0
1	1	↑	$\overline{Q_0}$

답 ④

12 RS 플립플롭에서 R=S=1일 때 발생되는 결점을 보완한 플립플롭은?
① D 플립플롭 ② T 플립플롭 ③ RS 플립플롭 ④ JK 플립플롭

> 풀이
> RS 플립플롭은 R과 S 입력이 모두 1인 경우에 출력이 불안정한 상태가 되는데 JK플립플롭은 이러한 점을 보완한 것으로 J, K의 입력이 모두 1인 경우에 클럭신호가 가해지면 출력이 반전된다. **답** ④

13 비 동기형 10진 계수기를 T 플립플롭으로 구성하려 한다. 몇 개의 플립플롭이 필요한가?
① 2 ② 4 ③ 5 ④ 10

> 풀이
> 2^n개의 플립플롭 필요 $2^3 = 8$, $2^4 = 16$ **답** ②

14 현재 상태의 값에 관계없이 다음 상태가 "0"이 되려면 입력도 "0"이 되어야 하는 플립플롭은?
① T 플립플롭 ② D 플립플롭 ③ JK 플립플롭 ④ RS 플립플롭

> 풀이
> D(Data or Delay)플립플롭은 하나의 클럭 입력과 하나의 데이터 입력을 가진다. RS 플립플롭의 변형으로서 S와 R을 인버터(Inverter)를 통하여 연결하고, S입력에 D라는 기호를 붙인 것이다. 만약 D가 0일 경우(S=0, R=1)에는 클리어(0)이고, 1일 경우(S=1, R=0)에는 세트(1)가 된다. **답** ②

15 JK 플립플롭의 두 입력 단자 J와 K를 "1"상태로 고정하고 클록 단자(CK)만을 사용할 때 다음의 어느 동작과 같은가?
① RS flip flop ② T flip flop ③ D flip flop ④ RST flip flop

답 ②

16 JK 플립플롭의 4가지 동작 형태 중에서 두 입력이 모두 1일 때 어떤 동작의 출력이 발생되는가?
① toggle ② set ③ reset ④ hold

답 ①

17 J-K형 플립플롭의 동작 기능이 아닌 것은?
① 가산의 기능
② 2입력(J와 K)의 기억소자
③ 2개의 입력단자와(J와 K)가 모두 1일 때에 출력을 반전시킨다.
④ 분주(分周)의 기능

답 ①

18 데이터 전송에 있어 시간 지연을 만드는 플립플롭은?
① RS ② T ③ D ④ JK

답 ③

19 그림의 회로 명칭은?
① D 플립플롭
② T 플립플롭
③ J-K 플립플롭
④ R-S 플립플롭

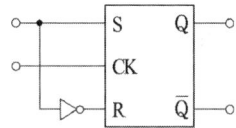

답 ①

20 D형 플립플롭의 현재 상태가 0일 때 다음 상태를 1로 하기 위한 D의 입력 조건은?
① 1
② 0
③ 1과 0 모두 가능
④ 1에서 0으로 바뀌는 펄스

답 ①

21 2진 계수회로에 가장 적합한 플립플롭은?
① RS 플립플롭
② D 플립플롭
③ T 플립플롭
④ JK 플립플롭

답 ③

22 다음과 같은 S-R 플립플롭 회로는 어떤 회로 동작을 하는가?
① 4진 카운터
② 시프트 레지스터
③ 분주회로
④ M/S 플립플롭

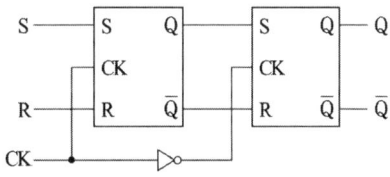

> **풀이**
> M/S(Master-slave)은 그림과 같이 정확한 동작을 위해 분리된 두 개의 플립플롭이 서로 주종 관계로 연결 구성된 플립플롭으로 클록을 180°의 위상차를 주어 공급하여 동작이 안정되게 하는 방식

답 ④

23 레이스(Race) 현상을 방지하기 위하여 사용되는 것은?
① 시미트 트리거
② 단안정 멀티바이브레이터
③ 무안정 멀티바이브레이터
④ 마스터/슬레이브 플립플롭

> **풀이**
> 레이싱 현상을 피하기 위한 구성으로 2개의 FF 사이에 전달 회로를 두고 이것을 다시 CP로 제어하여 레이싱을 방지하고 있다. (마스터-슬레이브 JK-FF)

답 ④

24 회로는 RS-FF 이다. D-FF 으로 변환하려면 어떻게 하여야 하는가?

① $\overline{Q}$를 S에 Q를 R에 궤환시키고 S를 D로 대체한다.
② $\overline{Q}$를 AND를 통하여 S에 궤환하고 S를 D로 대체한다.
③ S에서 NOT를 통하여 R에 연결하고 S를 D로 대체한다.
④ $\overline{Q}$를 S에 궤환시키고 S를 D로 대체한다.

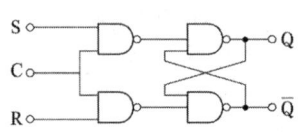

▶ 풀이

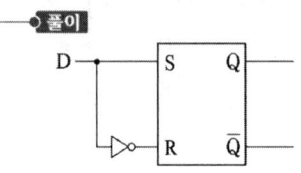

답 ③

제 4 장

조합논리회로

4.1 가산기와 감산기

|1| 반가산기(Half-Adder ; HA)

두 개의 2진수 A와 B를 더할 때 그 합 S(sum)와 자리올림수 C(carry)가 발생하며 이 두 출력을 동시에 나타내는 회로를 반가산기라 한다.

(1) 합 : $S = \overline{A}B + A\overline{B} = A \oplus B$

(2) 자리올림 수 : $C = AB$

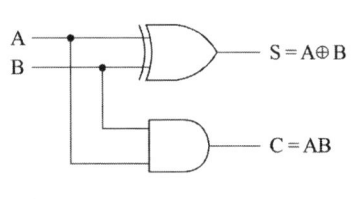
(a) 논리회로도

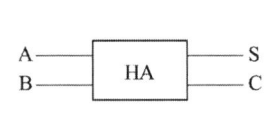
(b) 논리기호

입 력		출 력	
A	B	S	C
0	0	0	0
0	1	1	0
1	0	1	0
1	1	0	1

(c) 진리표

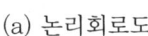
[반가산기]

|2| 전가산기(Full-Adder ; FA)

2진수 가산을 완전히 하기 위해 자리올림 입력도 함께 더할 수 있는 기능을 가진다.
입력 중 어느 하나가 1인 경우에는 출력은 1이 되고, 모든 입력이 1일 때에도 출력은 1이 되며, 자리올림 C_n은 입력 중 2개 이상이 1인 경우에는 1이 된다.

(1) 합 : $S = \overline{A}\,\overline{B}C + \overline{A}B\overline{C} + A\overline{B}\,\overline{C} + ABC = A \oplus B \oplus C$

(2) 자리올림 수 : $\overline{A}BC + A\overline{B}C + AB\overline{C} + ABC = AB + (A \oplus B) \cdot C$

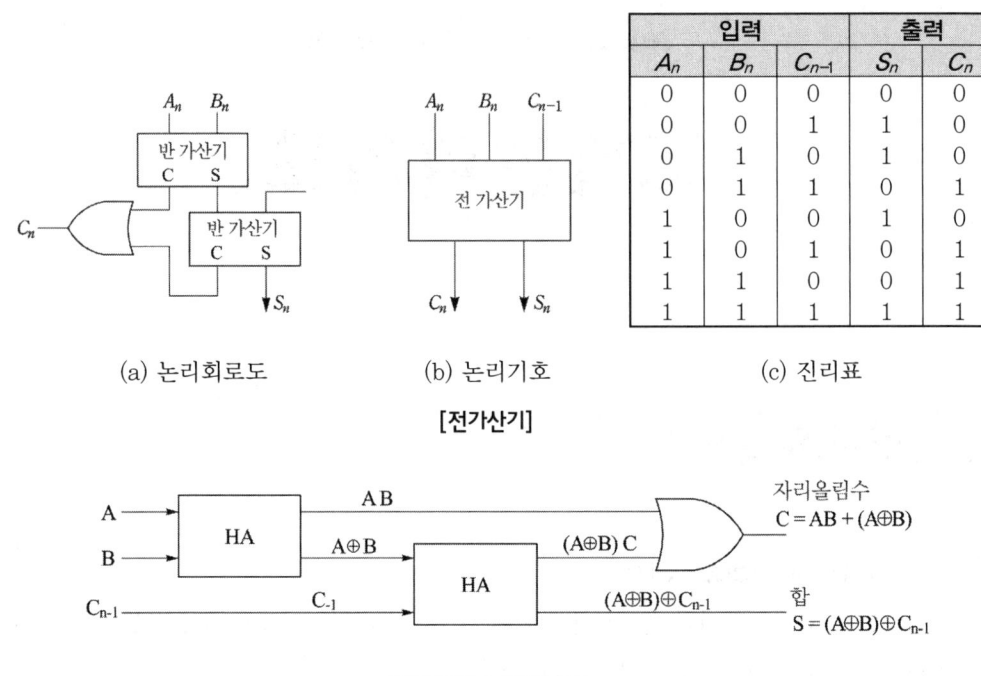

입력			출력	
A_n	B_n	C_{n-1}	S_n	C_n
0	0	0	0	0
0	0	1	1	0
0	1	0	1	0
0	1	1	0	1
1	0	0	1	0
1	0	1	0	1
1	1	0	0	1
1	1	1	1	1

(a) 논리회로도   (b) 논리기호   (c) 진리표

[전가산기]

[전가산기 논리회로도]

3 반감산기(Half-Subtracter ; HS)

피감수와 감수만 다루고 아랫자리에서의 빌림수는 취급하지 않으므로 2진수 1자리의 감산에만 사용할 수 있다.

(1) 차 : $D = \overline{A}B + A\overline{B} = A \oplus B$

(2) 빌림 수 : $b = \overline{A}B$

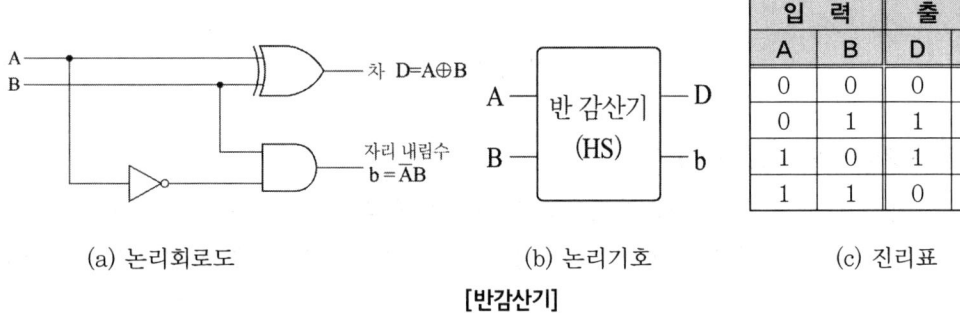

입력		출력	
A	B	D	b
0	0	0	0
0	1	1	1
1	0	1	0
1	1	0	0

(a) 논리회로도   (b) 논리기호   (c) 진리표

[반감산기]

4 | 전감산기(Full-Subtracter ; FS)

3개의 입력을 가진 2진수 뺄셈회로 즉 피감수와 감수 및 자리 내림수의 3개의 입력이 필요하며 2개의 반감산기와 1개의 OR게이트로 구성

(1) 차 : $D = \overline{A}\overline{B}C + \overline{A}B\overline{C} + A\overline{B}\overline{C} + ABC = A \oplus B \oplus C$

(2) 자리 내림수 : $B_i = \overline{A}\overline{B}C + \overline{A}BC + \overline{A}BC + ABC = \overline{A}B + \overline{(A \oplus B)} \cdot C$

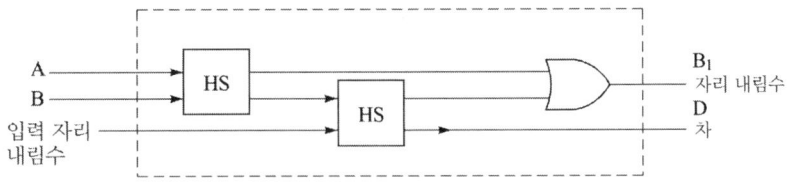

입 력			출 력	
A	B	B_0	차(D)	자리내림수(B_1)
0	0	0	0	0
0	0	1	1	0
0	1	0	1	0
0	1	1	0	1
1	0	0	1	0
1	0	1	0	1
1	1	0	0	1
1	1	1	1	1

[전감산기 논리회로도]

4.2 인코더와 디코더

1 | 인코더(Encoder : 부호기)

(1) 인코더는 디코더의 역연산을 수행하는 것으로 10진수나 8진수를 입력으로 받아들여 2진수나 BCD Code로 변환하는 디지털 함수이다.
(2) 인코더는 2^n개 이하의 입력선과 n개의 출력선을 가진다.
(3) 4×2 인코더 : 4개의 입력과 부호화된 신호를 출력하는 2개의 출력을 가진 장치

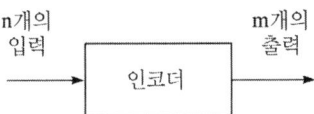

입 력				출 력	
D_0	D_1	D_2	D_3	Y_0	Y_1
1	0	0	0	0	0
0	1	0	0	1	0
0	0	1	0	0	1
0	0	0	1	1	1

(a) 진리표

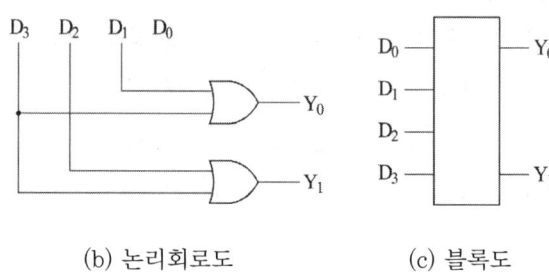

(b) 논리회로도 (c) 블록도

[인코더]

2 디코더(Decoder : 해독기)

(1) 코드 형식의 2진 정보를 다른 코드 형식으로 바꾸는 회로가 디코더(Decoder)이다. 다시 말하면, 2진 코드나 BCD Code를 해독(Decoding)하여 이에 대응하는 1개(10진수)의 선택 신호로 출력하는 것을 말한다.

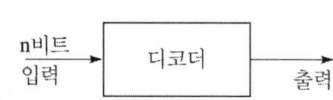

(2) 디코더는 컴퓨터의 중앙처리장치 내에서 번지의 해독, 명령의 해독, 제어 등에 사용되며 타이프라이터 등에서는 중앙처리장치로부터 들어온 2진 코드를 문자로 변환하여 인쇄할 때 사용되고 있다.

(3) 2×4 디코더 : 2개의 입력은 4개의 출력으로 해독된다.

입 력		출 력			
A	B	D_0	D_1	D_2	D_3
0	0	1	0	0	0
0	1	0	1	0	0
1	0	0	0	1	0
1	1	0	0	0	1

(a) 진리표

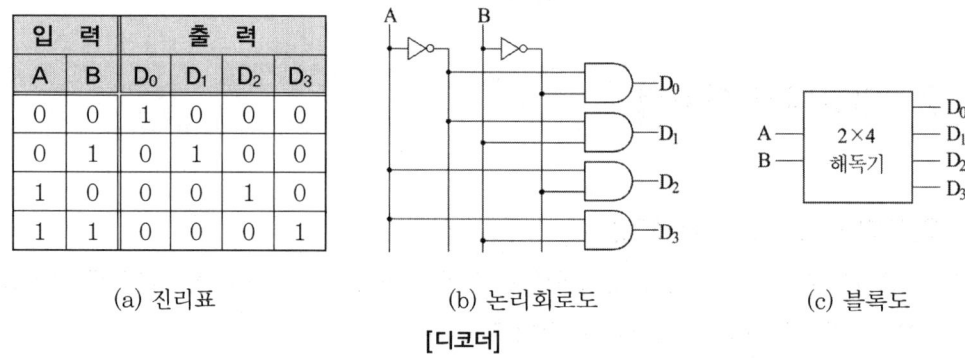

(b) 논리회로도 (c) 블록도

[디코더]

3 멀티플렉서와 디멀티플렉서

(1) 멀티플렉스(Multiplexer ; MUX)

※ 다중화 장치로 다수의 정보를 적은수의 채널이나 회선을 통해 전송하는 기기

① 2개 이상의 입력 중에서 필요로 하는 신호를 외부로부터의 선택 기호에 의해 1개만 선택하여, 출력 신호로 꺼낼 수 있는 기능을 가진 조합 논리 회로이다.

② 게이트를 사용하여 구성하는 멀티플렉서는 2^n개의 입력선과 입력 선택을 위한 n개의 선택선 및 하나의 출력 선을 가지며, 이 선택 선에 가하는 비트 조합에 따라 입력 중의 하나가 선택된다

(2) 디멀티플렉스(Demultiplexer ; DeMUX)

① 한 신호원으로부터의 데이터를 제어 입력에 의해 여러 개의 출력 단 중에서 선택된 출력 단에 출력하는 회로이다.

② 1×2^n 디멀티플렉서는 하나의 입력과 2^n개의 출력선 중에서 하나를 선택하기 위한 n개의 선택선을 가진다.

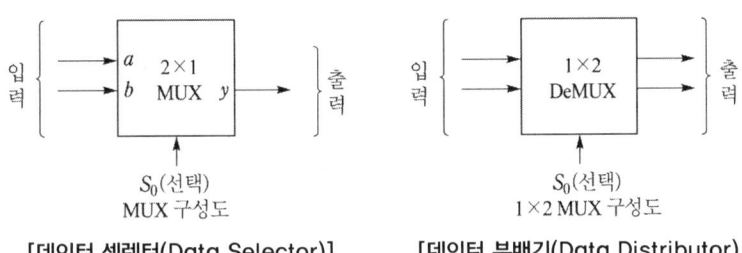

[데이터 셀렉터(Data Selector)]   [데이터 분배기(Data Distributor)]

4 계수회로

(1) 계수기 (Counter)

입력 펄스가 들어올 때마다 미리 정해진 순서대로 플립플롭의 상태가 변화하는 것을 이용한 것이며, 동기형과 비동기형이 있다.

① 동기형(synchronous type) 계수기 : 계수기 회로에 쓰이는 모든 플립플롭에 클록 펄스를 동시에 공급하여 출력상태가 동시에 변화하고, 클록펄스가 없을 때 가해진 입력 펄스에 대해서는 각각 플립플롭이 동작하지 않게 되어 있는 계수기

② 비동기형(asynchronous type) 계수기 : 계수기 회로에 쓰이는 플립플롭이 종속 연결되어 있어서 각각의 플립플롭이 동작할 때 첫 번째 플립플롭에만 입력 클럭을 가하고 그 다음 플립플롭부터는 바로 앞단 플립플롭의 출력에서 보내오는 클럭펄스만으로 동작하는 계기

(2) 비동기형 계수회로

① 2진 리플 계수기 : 주로 T 플립플롭으로 구성되며, 계수 출력 상태의 총수는 2^n개가 된다. n은 사용된 플립플롭의 계수이고, 이때 계수기는 2^n개의 자연계수를 갖는다고 한다.

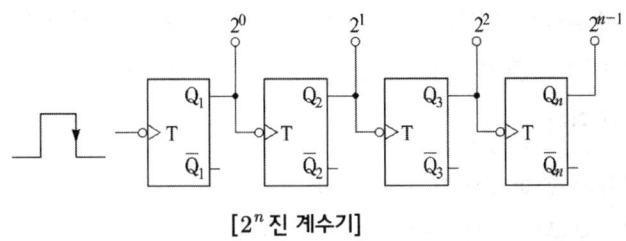

[2^n진 계수기]

② 비동기형 2^n진 계수기 : T 플립플롭을 n개 종속 연결하여 만든 계수기로서, 첫 번째의 플립플롭만 외부에서 클록 입력이 가해져 트리거하고, n번째의 플립플롭의 출력 $(n+1)$ 번째 플립플롭을 트리거 한다.

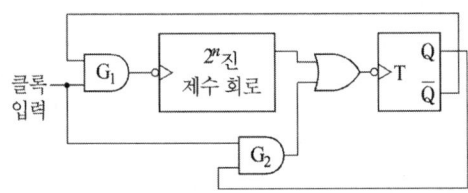

[비동기형 N진 계수기]

(3) 상향 계수기와 하향 계수기
  ① 상향계수기(binary up counter) : 입력 펄스가 들어올 때 마다 계수기의 내용이 증가하는 계수기로서 가산 계수기라고도 한다.
  ② 하향계수기 (binary down counter) : 높은 자리에서 낮은 자리로 역순의 계수를 하는 2진 계수기로서 감산 계수기라고도 한다.

5 레지스터

(1) 레지스터 / 시프트 레지스터
  ① 레지스터(register) : 2진 데이터를 일시 저장하는데 적합한 2진 기억 소자들의 집합이며, 1개의 플립플롭은 2진 데이터의 1비트를 저장할 수 있는 기억 소자의 역할을 하므로 레지스터는 플립플롭의 집합이라 할 수 있다.
  ② 일반적으로 입·출력의 기능을 바꾸어 오른쪽으로 시프트하거나 왼쪽으로 시프트 할 수 있도록 하는데, 이와 같은 것을 범용 레지스터라고 한다.
  ③ 시프트 레지스터(shift register) : 2진수를 직렬로 1비트씩 차례로 입력시키면 레지스터가 기억하고 있는 데이터를 오른쪽 또는 왼쪽으로 한 자리씩 이동(shift) 시킬 수 있는 레지스터이다.

(2) 직렬 시프트 레지스터

① 직렬(serial) 시프트 레지스터 : 2진수의 1비트를 기억할 수 있는 플립플롭 여러 개를 직렬로 연결한 것이다.

② 링 카운터(ring counter) : 시프트 레지스터의 출력을 입력 쪽에 되먹임시킴으로써 펄스가 가해지는 한 같은 2진수가 레지스터 내부에서 순환하도록 만든 것이며, 환상 카운터(circulating register)라고도 한다.

③ 시프트 레지스터(shift register) : 직렬 시프트 레지스터에 역 되먹임 시켜 구성한 것으로, 동작 상태가 주기적이며, 출력 파형이 플립플롭을 시프트 해 간다.

(3) 병렬 시프트 레지스터

① 병렬(parallel) 시프트 레지스터는 레지스터의 모든 비트를 클록 펄스에 의해 새로운 데이터(입력 데이터)로 동시에 바꾸어 로드해 주는 시프트 레지스터이다.

② 각 비트의 플립플롭은 완전히 독립되어 있으므로 입력 신호가 동시에 들어가면 그에 따라 출력상태가 동시에 나타난다.

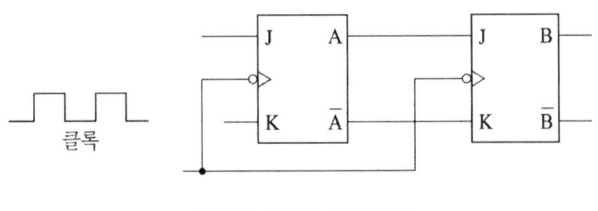

[2비트 시프트 레지스터]

기출 & 예상문제

제4장 조합논리회로

01 그림과 같은 회로의 기능은?
① 반일치회로
② 감산기
③ 반가산기
④ 부호기

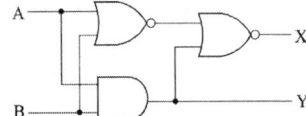

풀이
$X = \overline{\overline{A+B} + AB} = \overline{\overline{A+B}} \cdot \overline{AB} = (A+B)(\overline{A}+\overline{B}) = A\overline{A} + A\overline{B} + \overline{A}B + B\overline{B} = A\overline{B} + \overline{A}B \rightarrow S(sum)$
$Y = AB \rightarrow C(carry)$
두 개의 2진수 A와 B를 더할 때 그 합 S(sum)와 자리올림수 C(carry)가 발생하며 이 두 출력을 동시에 나타내는 회로를 반가산기라 한다.
(1) 합 : $S = \overline{A}B + A\overline{B} = A \oplus B$
(2) 자리올림 수 : $C = AB$

답 ③

02 반가산기의 진리치표에 대한 출력함수는?
① $S = \overline{A}B + AB,\ C_0 = \overline{A}B$
② $S = \overline{A}B + A\overline{B},\ C_0 = AB$
③ $S = \overline{A}\overline{B} + A,\ C_0 = AB$
④ $S = \overline{A}B + A\overline{B},\ C_0 = \overline{A}B$

입력		출력	
A	B	S	C_0
0	0	0	0
0	1	1	0
1	0	1	0
1	1	0	1

답 ②

03 반가산기 회로에서 입력을 A, B라고 합을 S로 표시할 때 S는 어떻게 되는가?
① $A \cdot B$
② $A + B$
③ $\overline{A}B + A\overline{B}$
④ $\overline{A+B}$

답 ③

04 다음 그림은 2진수의 0과 1을 입력하는 논리회로이다. 이 회로의 이름은?
① 반 감산기
② 반 가산기
③ 전가산기
④ 플립플롭

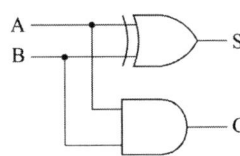

답 ②

05 그림과 같은 전가산기 회로에서 A = B = C = 1일 때, 자리올림 C_0와 합 S는?

① $C_0 = 0$, $S = 0$
② $C_0 = 0$, $S = 1$
③ $C_0 = 1$, $S = 0$
④ $C_0 = 1$, $S = 1$

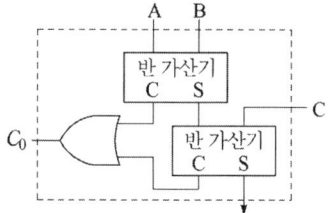

▶풀이
입력 ABC 중 1개라도 1이거나 3개가 모두 1이면 S=1
입력 ABC 중 2개 이상이 1이면 C=1 이다

답 ④

06 다음 그림과 같은 회로의 명칭은?

① decoder
② demultiplexer
③ multiplexer
④ encoder

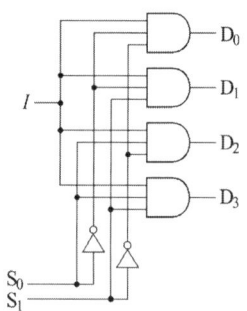

▶풀이
디멀티플렉서는 하나의 신호로부터 데이터를 제어입력에 의해 여러 개의 출력단 중에서 선택된 출력단에 출력하는 회로

답 ②

07 반 덧셈기는 어떤 회로의 조합인가?

① AND와 OR
② AND와 NOR
③ exclusive-OR와 AND
④ exclusive-OR

답 ③

08 Flip-Flop의 모임으로 구성된 임시 기억 소자로 중앙처리장치 내부의 처리자료를 일시적으로 기억하는 것은?

① 가산기(Adder)
② 레지스터(Register)
③ 디코더(Decorder)
④ 시프터(Shifter)

답 ②

09 병렬가산기의 장점은?

① 기계가 복잡하다.
② 연산처리 속도가 직렬가산기에 비해 빠르다.
③ 가격이 저렴하다.
④ 가산 자리수 만큼 가산회로가 사용된다.

답 ②

제4장 조합논리회로

10 디지털 장치에서 DATA 선이 4개라면 최대 몇 가지 상태로 기호화 할 수 있는가?
① 4가지   ② 8가지
③ 16가지   ④ 32가지

답 ③

11 전가산기의 입력변수가 x, y, z이고, 출력함수가 S, C일 때 출력의 논리식으로 옳은 것은?
① $S = x \oplus y \oplus z,\ C = xyz$
② $S = x \oplus y \oplus z,\ C = xy + xz + yz$
③ $S = x \oplus y \oplus z,\ C = (x \oplus y)z$
④ $S = x \oplus y \oplus z,\ C = xy + (x \oplus y)z$

답 ④

12 반감산기에서 차를 얻기 위해 사용되는 게이트는?
① AND 게이트   ② OR 게이트
③ NOR 게이트   ④ EX-OR 게이트

▶풀이

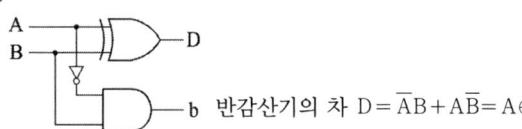 반감산기의 차 $D = \overline{A}B + A\overline{B} = A \oplus B$

답 ④

13 10진수의 입력을 전자계산기의 내부 code로 변환시키는 장치는?
① Decoder   ② Multiplexer
③ Encoder   ④ Adder

▶풀이
  인코더(Encoder, 부호기)는 Decoder의 역연산을 수행하는 것으로 10진수나 8진수를 입력으로 받아들여 2진수나 BCD Code로 변환하는 디지털 함수이다.

답 ③

14 주어진 진리치표는 무엇을 나타내는가?
① 디코더
② 인코더
③ 멀티플렉서
④ 디멀티플렉서

입력				출력	
D_0	D_1	D_2	D_3	B	A
1	0	0	0	0	0
0	1	0	0	0	1
0	0	1	0	1	0
0	0	0	1	1	1

답 ②

15 어떤 시스템 프로그램에 있어서 특정한 부호와 신호에 대해서만 응답하는 일종의 장치 해독기로 다른 신호에 대해서는 응답하지 않는 것을 무엇이라 하는가?
① 디코더(Decoder)
② 산술연산기(ALU)
③ 인코더(Encoder)
④ 멀티플렉서(Multplexer)

답 ①

16 디코더(Decoder)는 어떤 입력을 받는가?
① BCD Code
② Gray Code
③ 3중 Code
④ Cyclic Code

답 ①

17 다음 회로의 기능은?
① 3×8 디코더
② 2×4 디코더
③ 2×8 디코더
④ 2×8 멀티플렉서

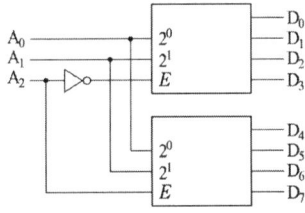

답 ①

18 진리표와 같은 입력조합으로 출력이 결정되는 회로는?
① 인코더
② 디코더
③ 멀티플렉서
④ 디멀티플렉서

입력		출력			
A	B	X_0	X_1	X_2	X_3
0	0	1	0	0	0
0	1	0	1	0	0
1	0	0	0	1	0
1	1	0	0	0	1

답 ②

19 다음 회로의 기능은?
① 4×1 MUX
② 6×1 MUX
③ 4×1 디코더
④ 6×1 인코더

> **풀이**
> 멀티플렉스(Multiplexer ; MUX)
> ① 2개 이상의 입력 중에서 필요로 하는 신호를 외부로부터의 선택 기호에 의해 1개만 선택하여, 출력 신호로 꺼낼 수 있는 기능을 가진 조합 논리 회로이다.
> ② 게이트를 사용하여 구성하는 멀티플렉서는 2^n개의 입력선과 입력 선택을 위한 n개의 선택선 및 하나의 출력 선을 가지며, 이 선택 선에 가하는 비트 조합에 따라 입력 중의 하나가 선택된다.

답 ①

20 많은 입력 중 선택된 입력선의 2진 정보를 출력선에 넘기므로 데이터 선택기라고도 불리는 것은?
① DeMultiplexer ② Multiplexer
③ PLA ④ Decoder

답 ②

21 많은 입력선 중에 필요한 데이터를 선택하여 단일 출력선으로 연결시켜 주는 회로는?
① 인코드 ② 디코드 ③ 멀티플렉서 ④ 디멀티플렉서

● 풀이
멀티플렉스(Multiplexer ; MUX)
① 2개 이상의 입력 중에서 필요로 하는 신호를 외부로부터의 선택 기호에 의해 1개만 선택하여, 출력 신호로 꺼낼 수 있는 기능을 가진 조합 논리 회로이다.
② 게이트를 사용하여 구성하는 멀티플렉서는 2^n개의 입력선과 입력 선택을 위한 n개의 선택선 및 하나의 출력 선을 가지며, 이 선택 선에 가하는 비트 조합에 따라 입력 중의 하나가 선택된다.

답 ③

22 그림의 회로에서 X와 Y를 선택 입력으로 하고 Z를 데이터 입력단자로 사용할 경우 이 회로의 기능은?
① 데이터 셀렉터
② 멀티플렉서
③ 인코더
④ 디멀티플렉서

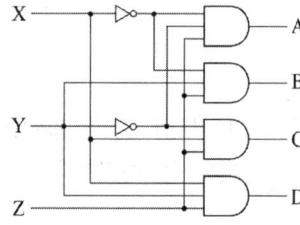

● 풀이
디멀티플렉스(Demultiplexer ; DeMUX)
① 한 신호원으로부터의 데이터를 제어 입력에 의해 여러 개의 출력 단 중에서 선택된 출력 단에 출력하는 회로이다.
② 1×2^n 디멀티플렉서는 하나의 입력과 2^n개의 출력선 중에서 하나를 선택하기 위한 n개의 선택선을 가진다.

답 ④

23 다음 설명 중 조합논리회로의 특징으로 옳지 않은 것은?
① 입·출력을 갖는 게이트의 집합으로 출력 값은 0과1의 입력 값에 의해서만 결정되는 회로
② 기억 회로를 갖고 있음
③ 반가산기, 전가산기, 디코더 등이 있음
④ 출력 함수는 n개의 입력 변수의 항으로 표시

● 풀이
조합논리 회로는 임의 시간 출력이 이전의 입력과는 무관하게 현재의 입력 값으로부터 직접 결정되는 논리회로이다. 논리 게이트에 기억소자(Flip-flop)를 첨가하여 사용하는 것은 순서논리회로에 대한 설명이다.

답 ②

7 과목

공업경영

- 제1장 품질관리
- 제2장 생산관리
- 제3장 작업관리

제 1 장

품질관리

1.1 품질관리의 개요

1 개념

(1) 표준화의 정의
  가장 적정한 이익을 올리는 것을 목적으로 하고 있는 모든 활동과 안전조건을 대상으로 관계자가 협동하여 과학, 기술, 경험을 기본으로 하여 표준을 정하고 사용해 가는 조직적 과정

(2) 공업경영에서의 표준화
  제품의 원재료 부품 설비의 모양, 치수, 성질, 성능 등을 조사, 설계, 구매, 외주, 가공, 검사, 저장 판매, 애프터 서비스 재무에 관해 사용되는 용어 및 기호를 정의하고 수속등에 대하여 단순화, 통일화의 목표에서 규격을 정해 지켜나가는 체제

(3) 표준화의 주요 기능
  ① 안정화 : 일정기간 일정한 수준을 정하여 고정시키는 것
  ② 조정 : 수준을 정하기 위해서는 요구 조건을 만족시키기 위한 필요한 여러 원인 사이의 이해 득실을 조정하여 최적화 시키는 것

(4) 사내표준 중 품질관리에 직접적으로 관련되는 것
  사내표준 규정에 관한 규정, 사내표준의 체계, 사내표준서의 양식 및 관리, 제품규격, 원재료 부품규격, 구매규격, 공구규격, 직업표준, 등

2 | 품질의 분류

(1) **설계품질** : 제조업자가 어떤 품질을 제작할 것인가 결정하는 것 (품질시방서상의 품질로서 시장품질과 가격등을 고려한 품질)

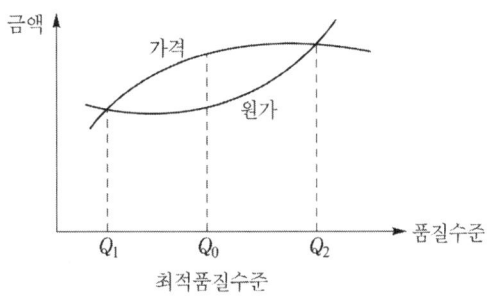

(2) **제조(적합)품질** : 설계품질을 제품화했을 때의 품질 (설계품질에 얼마나 적합했는지 판단)

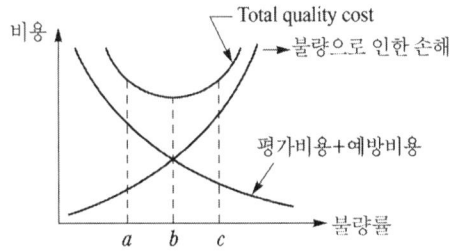

(3) **시장(서비스)품질** : 소비자가 요구하는 품질(설계와 시장조사, 판매정책에 반영)
(사용품질, 소비자품질)

(4) **기능 및 수행절차**

품질설계(Design) ⇨ 공정관리(Make) ⇨ 품질보증(Sell) ⇨ 품질조사(Test)

3 | 품질관리 효과

품질향상, 원가절감, 생산량증가, 작업의욕향상, 사외신용향상, 검사비용감소, 소비자관계개선, 신제품개발이 빨라지는 효과 등으로 나타난다.

4 | 품질관리 시스템의 4요소(4M)

(1) **작업자(Man)** : 생산주체(작업자의 양과 질)
(2) **설비(Machine)** : 생산수단(기계,계측기) ⇨ 노동력의 기계화
(3) **재료(Material)** : 생산대상(원재료,반제품 등)
(4) **가공방법(Method)** : 생산방법(표준화, 작업표준에 근거한 방법 등)

5 관리 사이클(P → D → C → A cycle)

(1) Plan(계획, 설계)

(2) Do(실행, 관리)

(3) Check(검토)

(4) Action(조치, 개선)

6 품질 코스트

(1) 예방 코스트(P-cost : Prevention cost)
   ① 고객에 대하여 품질보증을 하기 위해 투자되는 비용(cost)
   ② 불량이 생기지 않도록 하기 위해서 투자되는 비용(cost)
   ③ 제품을 초기 단계(제품개발, 설계 등)에서 제대로 만들기 위해 투자되는 비용(cost)
   ④ 중요 항목 : 품질계획 비용, 신제품 설계 비용, 공정설계 비용, 품질자료 수집비용 등

(2) 평가 코스트(A-cost : Appraisal cost)
   ① 소정의 품질 수준을 유지(품질 보증)하고 있는지를 측정 및 평가하는 데 소요되는 비용(cost)
   ② 중요 항목 : 원자재 수입 검사 비용, 공정 검사 비용, 완제품 검사 비용 검사 및 시험장비 유지보수 비용 등

(3) 실패 코스트(F-cost : Failure cost)
   소정의 품질 수준의 유지(품질 보증) 실패의 결과로 발생하는 비용(cost)으로 내부 실패 비용과 외부 실패 비용이 있다.
   ① 내부 실패 비용 : 고객에게 인도되기 전에 발견된 불량으로 인한 비용으로서 재작업 비용, 재검사 비용, 폐기처분 비용 등
   ② 외부 실패 비용 : 고객에게 인도된 후 발생하는 비용으로 반품 비용, 클레임 처리 비용, 보증수수료 등

7 전사적 품질관리(TQC)

소비자를 충분히 만족시킬 수 있는 품질의 제품을 가장 경제적인 수준으로 생산할 수 있도록 사내의 각 부문이 품질개발, 품질유지, 품질개선의 노력을 조정 통합하는 효과적인 시스템

1.2 품질관리기법

|1| 자료의 분석

(1) 평균($\bar{x}$, Mean) : 자료의 전체 합을 전체 개수로 나눈 값

$$\bar{x} : \frac{\text{자료의 전체합}}{\text{자료의 개수}}$$

(2) 중앙값(Me, Median, 중위수) : 자료를 크기 순서대로 나열했을 때 중앙에 해당하는 값

① 홀수인 경우 : Me = $\frac{n+1}{2}$ 번째의 수

[예] 3, 7, 6, 5, 4의 경우 크기 순서대로 나열하면

3, 4, 5, 6, 7이므로 $\frac{n+1}{2}$

즉 $\frac{5+1}{2}=3$ 따라서 3번째 수인 5가 중앙값이 된다.

② 짝수인 경우 : Me = $\frac{n}{2}$ 번째의 값과 ($\frac{n}{2}$)+1번째 값의 평균

[예] 12, 5, 3, 10, 7, 9의 경우 크기 순서대로 나열하면

3, 5, 7, 9, 10, 12이므로 $\frac{6}{2}=3$, 즉 3번째 값인 7과 $\frac{6}{2}+1=4$

즉, 4번째 값인 9가 된다. 따라서 $\frac{7+9}{2}=8$이므로 8이 중앙값이 된다.

(3) 최빈값(Mo, Mode) : 자료 중에서 가장 많이 나타나는 값
   [예] 7, 7, 8, 8, 9, 9, 9, 10, 10, 11의 자료인 경우 9값이 가장 많이 나오므로 9가 최빈값이 된다.

(4) 범위중앙값(M, MidRange) : 자료 중에서 가장 큰 값과 가장 작은 값의 평균 값

$$M = \frac{x_{\max} + x_{\min}}{2}$$

[예] 9, 7, 10, 4, 3, 2인 경우 순서대로 나열하면

2, 3, 4, 7, 9, 10이므로 $\frac{2+10}{2}=6$이므로 범위 중앙값은 6이 된다.

(5) 표준편차(S) : 하나의 사례가 평균으로부터 떨어진 정도를 의미

$$= x_i - \bar{x}$$

편차제곱값 $= \sum (x_i - \overline{x})^2$

(6) 시료(표본) 분산 $(S^2) = \dfrac{\sum (x_i - \overline{x})^2}{n-1}$

여기서, n : 자료의 수, x_i : 자료에서 각각의 수, $\overline{x}$: 평균값

(7) 범위(R, Range) : 자료 중에서 최대 값과 최소 값의 차이 값을 말한다.

$$R = x_{\max} - x_{\min}$$

2 통계적 품질관리의 기초

(1) 일정한 생산 조건하에서 만들어진 제품의 품질 특성치의 산포의 상태를 미리 알고 이 산포의 상태가 변화하면 생산조건 또는 환경의 변화가 있다.
(2) 통계적 품질관리를 위해서는 → 생산조건과 환경의 표준화가 선행되어야 함.
(3) sampling 검사로 생산조건, 환경이 유지되는지 확인, 이때 편차가 허용범위 밖으로 나가면 원인규명하여 원인제거
(4) Data의 종류 : 계수치Data, 계량치Data

3 품질관리의 도구

(1) 품질변동을 분포형상 또는 수량적으로 파악하는 통계적 기법으로 데이터의 흩어진 모양을 파악하고 평균치와 표준편차를 구할 때 사용(원 데이터 규격과 대조)
  ① 분포 : 완성된 제품 중에는 품질이 고르지 못하여 분포(distribution)를 갖음
  ② 규격한계 : 허용차 이내의 것을 양품으로 정하는 것
    [예] $50\phi \pm 0.02$[mm] → 49.98[mm] 이상 50.02[mm] 이하

(2) 도수분포표
  ① 같은 수치끼리 혹은 각 범주나 구간별로 분류한 표로 측정치를 순서대로 기록하여 놓은 것이다.
  ② 데이터가 어떻게 분포되는가 하는 집단 품질 확인이 가능하다.
  ③ 흩어진 데이터의 모양을 알 수 있다.
  ④ 많은 데이터로부터 평균치와 표준편차를 구한다.
  ⑤ 원 데이터를 규격과 대조하기가 쉽다.
  ⑥ 공정관리에 효과적이다.

냉장고 판매대수[대]	근무자수[명]
0	0
1	4
2	6
3	9
4	15
5	8
6	6
7	2
합계	50

[도수분포표의 예_냉장고 판매 실적]

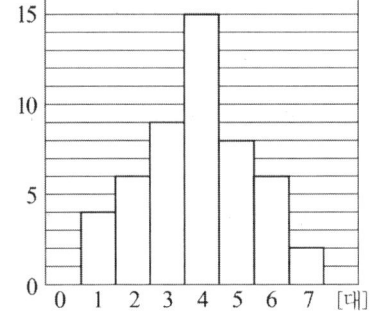

[히스토그램의 예]

(3) 히스토그램(주상도)

도수분포표로 정리된 변수의 활동 수준을 막대의 길이로 표시하여, 수평이나 수직으로 늘어 놓아 상호 비교가 쉽도록 만드는 그림

데이터 분포를 알 수 있는 가장 대표적인 그림으로서 막대 그래프의 일종이다.

[작성순서]

① data의 최대값, 최소값을 찾는다. (L)최대값 = 15, (S)최소값 = 2

② 분포폭= $L - S$ = 13

③ data의 분포폭을 정한다.

　　상한 규격치와 하한 규격치의 차이(공차)를 정수로 나눌 수 있도록 등분의 폭을 정함.

④ 급간격(등분의 폭)이 정해지면 data를 분류한다.

(4) 도수분포표와 히스토그램에서 사용하는 용어

① 비대칭도 : 비대칭의 방향 및 정도

② 모우드 : 도수분포표에서 도수가 최대인 곳의 대표치를 말하는 것으로 1개 있는 경우에는 단봉성분포, 2개 이상 있는 경우에는 복봉성 분포라 한다.

③ 첨도 : 분포곡선에서 정점의 뾰족한 정도를 나타내는 척도를 말한다.

④ 중위수 : 자료를 크기 순서로 나열 했을 때 한가운데 위치하는 지표의 값으로 중앙값이라고 한다.

⑤ 계급 : 히스토그램의 기둥 하나하나를 말한다.

⑥ 계급의 폭 : 기둥의 굵기

⑦ 경계치 : 기둥과 기둥이 접해 있는 곳의 수치

⑧ 도수 : 계급에 해당하는 자료(data)의 수

제1장 품질관리

(5) 특성요인도
　① 문제가 되는 특성(결과)과 이에 영향을 미치는 요인(원인)과의 관계를 알기 쉽게 도표로 나타낸 것
　② 특성에 대하여 어떤 요인이 어떤 관계로 영향을 미치고 있는지 명확히 하여 원인 규명을 쉽게 할 수 있도록 하는 기법으로 결과나 문제점에 대한 특성치를 구할 때 사용, 비슷한 기법으로 브레인스토밍, 프로세스 맵, 공정도 등이 있다.

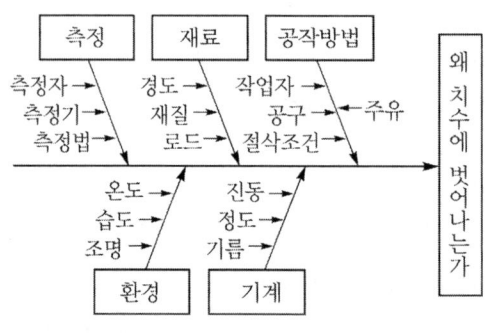

[특성요인도의 예]

　　㉠ 문제가 발생된 특성(결과)과 그 원인과의 관계를 알기 쉽게 도표로 나타낸 것
　　㉡ 4M을 토대로 품질에 영향을 미친다고 생각되는 요인을 도시
　　㉢ 요인
　　　　ⓐ 작업원의 기술 안정도　　ⓑ 재료의 적부
　　　　ⓒ 사용기계의 상태　　　　ⓓ 공작 방법
　　　　ⓔ 환경 조건

(6) 파레토도(pareto chart)
　① 불량이나, 수정손실, 크레임 손실 등에 따라 금액이나 건수 또는 백분율을 현상별(원인별)로 분석하여 크기순으로 나열한 것
　② 불량수가 큰 원인을 발견할 수 있으며 이를 중점관리하여 개선의 성과를 얻을 수 있음. 취급한 데이터 발생 기관과 수량을 반드시 기입한다.
　③ 막대 그래프와 꺾은선 그래프를 혼합한 형태
　④ 가장 중요한 항목을 맨 앞에 오도록 막대 그래프를 그리고 누적 비율을 꺾은선 그래프로 연결하여 작성(크기 순으로 나열)

⑤ 파레토 분석을 통해서 문제의 핵심을 찾아 무엇을 개선하고 관리할 것인가를 결정한다.

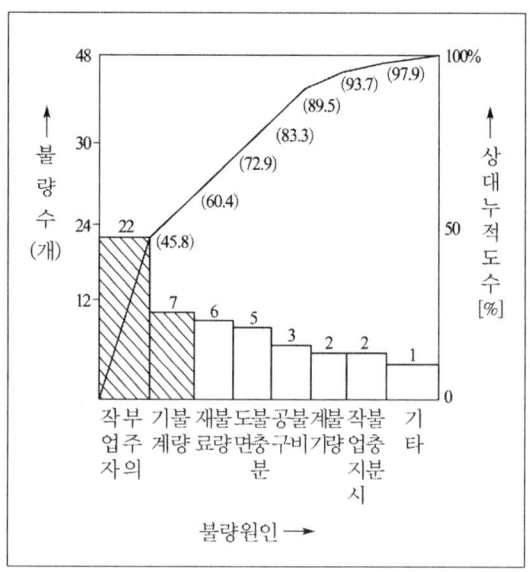

4 확률 분포

(1) 이산확률분포

1) 이산확률분포의 종류

① 베르누이분포 : 시험결과가 두가지 뿐인 분포

② 이항분포 : 베르누이시행에서 성공과 실패의 확률은 n번 반복 시행할 때 x번 성공할 확률이 주어지는 분포

㉮ $p=0.5$일 때 분포의 형태는 기대치 np에 대하여 좌우 대칭이 된다

㉯ $p \leq 0.5$ 이고, $np \geq 5$일 때 정규분포에 근사한다.

㉰ $p \leq 0.1$이고, $np=0.1 \sim 10$일 때는 포아송 분포에 근사한다.

(여기서, p : 성공확률, q : 실패확률, n : 시행횟수)

③ 초기하분포 : 유한모집단으로부터 비복원추출할 때 불량계수의 확률분포

④ 다항분포 : 통계학에서 우연 현상을 파악할 때 여러 번의 시행 결과 발생된 확률분포

⑤ 포아송분포 : 단위시간, 단위공간, 단위면적에서 그 사건의 발생횟수를 측정하는 확률의 분포

1.3 관리도

|1| 목적
공정을 안정상태로 유지하기 위해 사용되는 것으로 품질기준치를 벗어난 피할 수 있는 원인을 찾기 위한 방법으로 한눈에 알 수 있게 도표로 작성하고 관리의 한계를 정하여 공정을 판단하는 통계적 방법
① 품질을 차트로 나타낸 기록
② 보통의 그래프와 다른 점은 관리 한계선과 중심선이 표시된다.
③ 여러 가지 방법의 데이터 분석을 통해서 개선이나 관리해야 할 품질 특성이 정해지면 개선 및 관리방법을 알기 위하여 관리도를 이용한다.(공정관리)
④ 제품들의 품질특성을 측정하여 그 평균과 산포를 토대로 관리 한계선을 설정하고 그 한계선을 벗어나면 공정에 문제가 발생한 것으로 판단

(1) 관리 한계선(Control Limit)
관리도상에서 관리 한계선(UCL과 LCL 사이)을 벗어나는 점이 없으면 공정이 정상 상태에 있는 것으로 판단.

$$LCL < 관리\ 한계선 < UCL$$

① 중심선(CL: Center Line) : 데이터의 평균값
② 관리 상한선(UCL: Upper Control Limit)
정상적인 공정에서 얻어진 데이터의 평균에서 표준편차의 3배를 더한 값
③ 관리 하한선(LCL: Lower Control Limit)
정상적인 공정에서 얻어진 데이터의 평균에서 표준편차의 3배를 뺀 값

|2| 관리도의 종류

(1) 계량치 관리도
① $\bar{x}-R$(평균치와 범위) 관리도, x(개개 측정치) 관리도, $\tilde{x}-R$(메디안과 범위) 관리도, R 관리도
② 품질을 대표하는 특성치를 측정표시하는 것으로서 길이, 무게, 강도, 전압, 전류 등 연속변량 측정

(2) 계수치 관리도
① P(불량계수)관리도, p(불량률)관리도, c(결점수)관리도, u(단위당 결점수) 관리도

② 제품의 합격여부를 판별하는 데 사용되는 것으로서 직물의 얼룩, 흠 등과 같이 한 개, 두 개로 계수되는 수치와 그에 따른 불량률을 측정

종 류		특 징
계량형	$\bar{x}-R$ 관리도 (정규분포)	· 가장 대표적인 관리도 · 평균값의 변화를 파악 · 다른 관리도에 비해 많은 정보를 제공 · 연속적인 계량치 데이터에 대한 관리도이다.(길이, 무게, 시간, 강도 등) · 시료채취가 쉬워야 사용 가능 · $\bar{x}$ 관리도는 공정의 평균변화를 R관리도는 산포의 변화 여부를 관리 · 평균값과 표준편차 관리도이다.
	x 관리도 (정규분포)	· 공정안정상태 판정 및 조치가 빠름 · 자료를 얻는 시간적 간격이 크거나 정해진 공정으로부터 한 개의 측정값 밖에 얻을 수 없을 때 사용 · 군 구분의 실익이 없는 경우에 사용 · 시료 채취가 쉽지 않을 때 $\bar{x}$ 관리도 대신 사용 · 데이터를 그룹(Group)으로 나누지 않고 개개의 측정치를 이용하여 공정 관리한다.
	$\tilde{x}-R$ 관리도 (정규분포)	· 평균값의 계산시간과 노력을 줄이기 위한 것이 목적 · R 관리도 보다 취급이 간단 · 1개의 로트에서 1개의 측정치밖에 얻을 수 없는 경우 공정 관리한다. · 측정치를 구하는 데 쉽지 않을 때 사용
계수형	nP(Pn) 관리도 (이항분포)	· 측정이 불가능하여 개수값으로 밖에 나타낼 수밖에 없을 때 사용 · 합격여부에 판정만이 목적인 경우에 사용(이항분포를 이용하여 구함) · 부적합품 수 ($\bar{P}n=n\bar{P}$)에 대한 관리도이다. · 부적합 수(결함 수)에 대해 시료 크기 n이 일정할 때 적용 · 같은 시료로 구성되어 있을 때 ① 불량개수 $n\bar{P}=\dfrac{\sum nP}{k}$ $\bar{P}=\dfrac{\sum nP}{\sum nk}$ ($\sum nP$: 시료마다 불량개수의 합, k : 시료군의 수, n : 시료크기) ② 관리 상한선(UCL)$=n\bar{P}+3\sqrt{n\bar{P}(1-\bar{P})}$ ③ 관리 하한선(LCL)$=n\bar{P}-3\sqrt{n\bar{P}(1-\bar{P})}$
	p 관리도 (이항분포)	· 계수형 관리도 중에 가장 널리 사용 · 부적합률($\bar{p}$)에 대한 관리도. · 양품률, 출근율 등과 같이 비율을 계산해서 공정을 관리할 경우 (수확률, 순도 등은 계량값이므로 계량형 관리도를 사용)
	c 관리도 (포아송분포)	· 일정 단위에 나타나는 결점수($\bar{C}$)에 의거 공정을 관리할 경우 · 부적합수(결점수)에 대한 시료크기 n이 일정할 때, 같은시료로 구성 (납땜 불량의 수, 직물의 일정면적 중에 흠의 수) ① 중심선(control line)$=cL=\bar{c}=\dfrac{\sum c}{k}$ (k : 시료군의 수) ② 관리 상한선(UCL)$=\bar{c}+3\sqrt{\bar{c}}$ ③ 관리 하한선(LCL)$=\bar{c}-3\sqrt{\bar{c}}$

종류		특징
계수형	u 관리도 (포아송분포)	· 단위당 부적합 수 c(결함 수)에 대한 관리도 · 검사하는 시료의 크기(면적, 길이 등)가 일정치 않은 경우 사용 ① 중심선(control line)= $cL = \bar{u} = \dfrac{\sum c}{\sum n}$ ② 관리 상한선(UCL)= $\bar{u} + 3\sqrt{\dfrac{\bar{u}}{n}}$ ③ 관리 하한선(LCL)= $\bar{u} - 3\sqrt{\dfrac{\bar{u}}{n}}$ (c : 부적합 수 n : 시료크기)

3 관리도를 보는 방법

(1) 관리도를 작성하게 되면 점의 분포상태를 관찰하고 이것으로부터 품질, 공정, 작업에 대한 상황이나 정보를 얻어 이상 원인을 발견하고 제거할 필요가 있다. 관리한계를 나타내는 한 쌍의 선을 중심선의 상하로 긋고 제품의 특성값을 측정한 결과를 나타내는 점을 찍어 관리 한계 안쪽에 있는가 밖에 있는가에 따라 공정의 관리상태를 판정한다.

(2) 안정상태 판정

  1) 점이 관리한계선을 벗어나지 않고 점의 배열에 아무런 습관성이 없어야 공정이 안정상태에 있다고 판정한다.

   ① 한점이라도 관리한계를 벗어나는 경우에는 그 원인을 탐구하여여 조치를 취한다.
   ② 찍은 점이 중심선 한쪽에 많이 연속될 때
   ③ 찍은 점이 점차로 상향 또는 하향으로 연속할 때
   ④ 점의 배열에 주기성 또는 위치의 격차가 있을 때

(3) 관리도에 사용되는 용어

  ① 경향 : 점이 점점 올라가거나 내려가는 현상
  ② 주기 : 점이 주기적으로 상, 하로 변동하여 파형을 나타내는 현상
  ③ 런 : 중심선의 한쪽에 연속해서 나타나는 점
     (길이가 연속 5~6런이면 주의, 길이 7런이면 공정이상으로 판단)
  ④ 산포 : 수집된 자료값이 그 중앙값으로부터 떨어져 있는 정도를 나타내는 값

4 우연원인과 이상원인

(1) 우연원인(불가피 원인) : 생산조건이 엄격하게 관리된 상태에서 발생되는 어느 정도의 불가피한 변동을 일으키는 원인

(2) 이상원인(우발적 또는 기피원인) : 공정에서 만성적으로 존재하는 것은 아니고 산발적으

로 발생하며, 품질의 변동에 크게 영향을 끼치는 요주의 원인으로 우발적인 원인

1.4 샘플링 검사

│1│ Sampling 검사의 목적

(1) 제품이나 재료의 합격, 불합격을 판정하여 이것으로 제품을 구입하거나 재료를 수입하기 위해
(2) 반제품, 제품의 검사 결과에 따라 생산공정의 조치를 취하기 위해
(3) 검사비용을 절감
(4) 생산자의 품질향상에 자극

※ 로트(Lot) : 같은 제품이 일정 간격을 두고 반복 제조되는 경우, 1회마다의 생산 제품의 조

│2│ 전수검사와 샘플링검사 비교

(1) 전수검사 또는 100[%] 검사 : 개개의 물품에 대하여 그 전수를 검사하는 것
　① 전수검사를 쉽게 할 수 있을 때
　② 불량품의 혼입이 허용되지 않을 때
(2) 샘플링검사 : 로트별로 시료를 샘플링하고 뽑힌 물품을 조사해서 로트의 합격, 불합격을 결정하는 검사로 보통의 샘플링검사는 로트별 샘플링검사이다.
　① 파괴검사의 경우
　② 연속체나 대량품
　③ 다수, 다량의 것으로 어느 정도 불량품 혼입이 허용될 경우
　④ 불완전한 전수검사에 비해 신뢰성이 높은 결과가 얻어지는 경우
　⑤ 검사항목이 많을 경우
　⑥ 검사비용을 적게 하는 것이 이익이 되는 경우
　⑦ 생산자에게 품질향상의 자극을 주고 싶을 때

│3│ 샘플링 방법

(1) 랜덤 샘플링
　① 단순랜덤 샘플링 : 무작위 시료를 추출하는 방법으로 사전에 모집단에 대한 지식이 없는 경우 사용한다.
　　ⓐ 크기 N의 로트로부터 크기 n의 시료를 랜덤(무작위)하게 뽑는 방법

ⓑ 행운권 추첨, 난수표, 카드 배열법 등
② 계통 샘플링 : 모집단으로부터 시간적 또는 공간적으로 일정간격에서 시료를 뽑는 방법(공정이나 품질에 주기적 연동이 있을 때 사용금지)
　　ⓐ N개의 물품 중 k개 단위의 샘플링 중 1개를 뽑고, 계속 k번째를 선택하여 n개의 시료를 뽑는다.
　　ⓑ 시료가 같으면 단순 랜덤 샘플링보다 정밀도가 높다.
　　ⓒ 주기성이 없어야 한다.
③ 지그재그 샘플링 : 계통 샘플링에서 주기성에 의한 치우침의 발생 위험을 방지토록 고안한 것으로 공정이나 품질이 변화하는 주기와는 다른 간격으로 시료를 취하는 방법
　　ⓐ 계통 샘플링에서 주기성에 의한 치우침의 발생 위험을 방지하기 위한 방법으로 하나씩 걸러서 일정한 간격으로 시료를 뽑는다.
　　ⓑ 샘플의 채취간격이 주기성보다 긴 경우에는 단순 랜덤 샘플링을 사용해야 한다.

(2) 2단계 샘플링

　모집단을 몇 개의 부분집단으로 나누고 1단계로 그 중에서 몇 개의 부분을 추출하고, 다음 2단계로 그 부분 중에서 몇 개의 단위체 또는 단위량을 추출하는 방법
　① 전체 모집단(lot)이 여러 개의 하위 모집단(상자)으로 구성되어 있을 때 1차 샘플링으로 n의 시료(하위 모집단)를 뽑고, 뽑힌 n시료(하위모집단)에서 2차로 랜덤하게 샘플링한다.
　② 샘플링이 용이하다는 장점이 있으나 랜덤 샘플링보다 추정 정밀도가 낮다.
　　ex) 20개씩 들어있는 50개의 과일 상자에서 10박스(하위 모집단)를 랜덤하게 1차 샘플링하고, 10박스(하위 모집단)에서 랜덤하게 5개를 뽑는 것을 2차 샘플링이라고 한다.

(3) 층별 샘플링(작업반별, 기계장치 원자재 작업방법, 작업시간별)

　모집단을 몇 개의 층(부분집단)으로 나누어 각층에 포함된 품목의 수에 따라 시료의 크기를 비례 배분하여 추출하는 방법
　① 전체 모집단이 서로 다른 이질적인 하위 모집단 층(상자)으로 구성되었을 때 모든 하위 모집단에서 샘플링하는 방법
　② 이질적인 하위 모집단의 로트의 크기가 다른 경우에는 그 크기에 비례하여 샘플링하는 방법을 층별 비례 샘플링이라고 한다.
　③ 랜덤 샘플링보다 시료수는 적으나 같은 정밀도를 얻을 수 있다.
　④ 정밀도가 좋고 샘플링 조작이 용이하다.

(4) 취락(집락)샘플링

　모집단을 여러 개 집단으로 나누고 나눈 부분집단 중 몇 개를 무작위로 추출한 뒤 선택된

집단의 로트를 모두 검사하는 방법

4 샘플링 검사의 형태

(1) **계수형 샘플링 검사** : 시료 중 발견된 불량 단위체의 개수 또는 결점수를 세어 미리 정해진 합격판정 개수와 비교하여 합격, 불합격을 판단하는 방법(통계이론에 의해 결정)
   ① 구입자측에서 샘플링 검사 난이도를 조정
   ② 합격할 로트의 품질(AQL)을 정하고 이 수준보다 높은 품질의 로트에 대해서 합격시킬 것을 공급자측에 보증
   ③ 품질 높은 로트에 대해 샘플의 크기를 작게 하여 검사비용 절감
   ④ AQL 지표형 샘플링 검사, LQ 지표형 샘플링 검사, 스킵로트 샘플링 검사

(2) **계량형 샘플링 검사** : 시료 중 단위체의 품질 특성치를 계측하여 시료 전부에 대한 평균치를 산출하고 미리 정해진 합격 평균치와 비교하여 합격, 불합격을 판단하는 방법

(3) **규준형 샘플링 검사** : 생산자 위험 확률을 정하고, 소비자 위험 확률을 정한 최저한의 Lot(로트)품질, 즉 합격품질 수준을 정하여 이 수준보다 양호하면 합격
   ① 생산자와 구매자의 요구를 동시에 만족시킨다.
   ② 파괴검사와 같이 전수검사가 불가능할 때 사용
   ③ 최초 거래 시 사용
   ④ 계수규준형 1회 샘플링 검사, 계량규준형 샘플링 검사, 계량규준형 1회 샘플링 검사가 있다.

(4) **조정형 샘플링 검사** : 품질이 좋은 물품의 생산자에게 가벼운 검사, 품질이 나쁜 물품의 생산자에게는 엄격한 검사를 적용하는 검사방법

(5) **선별형 샘플링 검사** : 시료 중 불량품의 수가 합격판정개수를 넘을 때 Lot(로트)를 전량 검수하여 양호한 제품을 선별하는 방법

(6) **연속 생산형 샘플링 검사** : 물품의 흐름상태 그대로 연속하여 검사하는 방법

5 판정 대상에 따른 종류

(1) 전수 검사   (2) 로트별 샘플링 검사
(3) 관리 샘플링 검사   (4) 자주 검사

6 검사 공정에 따른 종류

(1) 수입 검사   (2) 최종 검사   (3) 공정 검사   (4) 출하 검사

7 검사 성질에 따른 종류

(1) 파괴 검사   (2) 비파괴 검사   (3) 관능 검사

8 검사 항목에 따른 종류

(1) 수량 검사   (2) 중량 검사   (3) 치수 검사   (4) 외관 검사   (5) 성능 검사

9 샘플링으로 인한 변동과 OC곡선

(1) 샘플링에 의한 변동 : 샘플링 검사를 같은 제품에 대해 수 회 되풀이하여도 그 결과는 우연성에 지배되어 같지 않게 된다.

(2) OC(검사특성)곡선(Operating Characteristic curve)

① 부적합품률(불량률) P(%)를 가로축, 로트가 합격할 확률L(P)를 세로축으로 나타낸 곡선이다.

② 이 값은 초기하 분포, 이항 분포, 푸아송 분포에 의해서 구한다.

③ 크기 N 모집단(lot)으로부터 크기 n의 시료를 랜덤하게 샘플링해서 조사하고, 시료중에 포함된 불량품의 수(x)가 합격판정 개수(c) 이하이면 합격시키고 c를 초과하면 불합격시키는 샘플링 검사(N, n, c)의 특성 곡선이다.

④ 로트의 합격비율에 대한 로트의 부적합품률을 알 수 있다.

㉠ 생산자 위험(제1종 과오) : 시료가 불량하기 때문에 lot가 불합격되는 확률
(실제로는 진실인데 거짓으로 판단되는 과오로서 α로 표시한다)

㉡ 소비자 위험(제2종 과오) : 당연히 불합격되어야 할 lot가 합격되는 확률
(실제로는 거짓인데 진실로 판단되는 과오로서 β로 표시한다)

α, β의 값은 P_0, P_1의 결정법이나 발취 개수에 따라 달라지므로 이것이 발취 조건의 결정에 이용된다.

P_0 : 합격시키고 싶은 lot의 부적합률($1-\alpha$)

P_1 : 불합격시키고 싶은 lot의 합격될 확률($1-\beta$)

α : 생산자의 위험, β : 소비자의 위험

N : lot의 크기, n : 시료의 크기

c : 합격판정개수

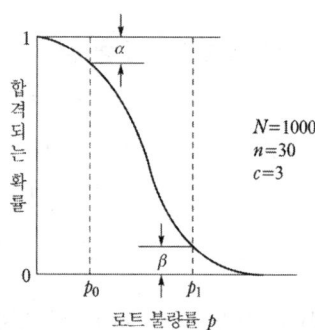

10 오차

(1) 오차시 고려해야 할 사항

① 신뢰성   ② 정밀도   ③ 정확성

(2) 측정오차의 용어

① 오차 : 모집단의 참값과 측정 data의 차이

② 정밀도 : data 분포의 폭의 크기

③ 정확성 : data 분포의 평균치와 참값의 차이

기출 & 예상문제
제1장 품질관리

01 다음 중 품질관리시스템에 있어서 4M에 해당하지 않는 것은?
① Man ② Machine ③ Material ④ Money

▶풀이
품질관리 시스템의 4요소(4M)
(1) 작업자(Man) (2) 설비(Machine) (3) 재료(Material) (4) 가공방법(Method)   답 ④

02 품질의 종류가 아닌 것은?
① 시장품질 ② 설계품질 ③ 제조품질 ④ 가치품질

▶풀이
품질의 분류 : 설계 품질, 제조 품질, 사용(서비스) 품질   답 ④

03 품질 관리의 기능을 수행하는 절차는?
① 품질설계-공정관리-품질보증-품질개선
② 품질설계-공정관리-품질조사-품질보증
③ 품질관리-공정설계-품질보증-품질개선
④ 품질설계-품질보증-공정관리-품질개선

답 ①

04 품질관리의 업무에 속하지 않는 것은?
① 신제품 관리 ② 원가관리
③ 제품관리 ④ 특별공정조사

답 ②

05 사내표준화의 추진 순서는?
① 계획 – 운영 – 조치 – 평가   ② 계획 – 운영 – 평가 – 조치
③ 계획 – 평가 – 운영 – 조치   ④ 운영 – 계획 – 평가 – 조치

▶풀이
관리 사이클(P → D → C → A cycle)
(1) Plan(계획, 설계)   (2) Do(실행, 관리)
(3) Check(검토)   (4) Action(조치, 개선)   답 ②

06 수입자재관리 항목에 속하지 않는 것은?
① 공정계획　　　　　　　　　　　② 자재구입
③ 자재의 수입검사　　　　　　　　④ 제품발송

답 ④

07 사내 표준화 효과가 아닌 것은?
① 생산능률의 증진과 생산비의 저하　② 품질의 향상 및 균일화
③ 표준원가 및 표준작업공수의 산정　④ 사용소비의 절약화

답 ④

08 사내 표준화의 요건이 아닌 것은?
① 실천가능성이 있는 내용일 것
② 기록내용이 구체적이며 객관적일 것
③ 기여도가 작은 것부터 실행할 것
④ 작업표준에는 수단 및 행동을 직접 지시할 것

답 ③

09 KS제정의 4가지 원칙이 아닌 것은?
① 공업 규격의 통일성 유지
② 공업표준 조사심의 공정의 민주적 운영
③ 공업표준의 주관적 타당성 및 합리성 유지
④ 공업표준의 공중성 유지

답 ③

10 계수치 데이터에 속하지 않는 것은?
① 불량개수　　② 결점수　　③ 홈의 수　　④ 온도

▶ 풀이
계수치 관리도
① 종류 : nP(불량계수)관리도, p(불량률)관리도, c(결점수)관리도, u(단위당 결점수) 관리도
② 직물의 얼룩, 홈 등과 같이 한 개, 두 개로 계수되는 수치와 그에 따른 불량률을 측정

답 ④

11 제품의 불량이나 결점 등의 데이터를 그 내용이나 원인 별로 분류하여 발생상황의 크기 차례로 놓아 기둥모양으로 나타낸 그림은?
① 파레토도　　　　　　　　　　　② 체크 사이트
③ 특성 요인도　　　　　　　　　　④ 히스토 그램

▶ 풀이
(1) 도수분포표
① 여러 개의 제품을 측정하여 측정치를 순서대로 기록하여 놓은 표
② 데이터가 어떻게 분포되는가 하는 집단 품질 확인이 가능하다.
(2) 파레토도(pareto chart)
① 불량이나, 수정손실, 크레임 손실 등에 따라 금액이나 건수 또는 백분율을 현상별(원인별)로 분석하여 크기순으로 나열한 것
(3) 특성요인도
① 일의 결과(특성)와 그것에 영향을 미치는 원인(요인)을 계통적으로 정리한 그림
② 특성에 대하여 어떤 요인이 어떤 관계로 영향을 미치고 있는지 명확히 하여 원인 규명을 쉽게 할 수 있도록 하는 기법으로 결과나 문제점에 대한 특성치를 구할 때 사용
(4) 히스토그램(주상도)
도수분포표로 정리된 변수의 분포 특징이 한눈에 보이도록 기둥 모양으로 나타낸 것   답 ①

12 도수분포의 수량적 표시방법에 속하지 않는 것은?
① 중심적 경향
② 흩어짐 또는 산포
③ 편차의 정도
④ 분포의 모양
답 ①

13 샘플링 합법화에서 목적의 명확화에 속하지 않는 것은?
① 모집단의 명확화
② 판정기준의 명확화
③ 행동기준의 명확화
④ 표준편차의 명확화
답 ④

14 샘플단위의 크기조건에 속하지 않는 것은?
① 샘플링 목적
② 비용
③ 시험방법
④ 샘플기술
답 ④

15 샘플링 방법에 속하지 않는 것은?
① 랜덤 샘플링
② 지그재그 샘플링
③ 층별 샘플링
④ 집락 샘플링

▶ 풀이
샘플링 방법
(1) 랜덤 샘플링
① 단순랜덤 샘플링 : 무작위 시료를 추출하는 방법으로 사전에 모집단에 대한 지식이 없는 경우 사용한다.
② 계통 샘플링 : 모집단으로부터 시간적 또는 공간적으로 일정간격에서 시료를 뽑는 방법(공정이나 품질에 주기적 연동이 있을 때 사용금지)
③ 지그재그 샘플링 : 계통 샘플링에서 주기성에 의한 치우침의 발생 위험을 방지토록 고안한 것으로 공정이나 품질이 변화하는 주기와는 다른 간격으로 시료를 취하는 방법

(2) 2단계 샘플링
    모집단을 몇 개의 부분으로 나누어 그 중 몇 개를 추출(1단계)하고, 다음 단계로 그 부분 중에서 몇 개의 단위체 또는 단위량을 추출(2단계)하는 방법
(3) 층별 샘플링(작업반별, 기계장치 원자재 작업방법, 작업시간별)
    로트를 몇 개의 층으로 나눌 수 있는 경우 로트 전체를 모아서 단순히 랜덤 추출하는 것 보다 층별로 샘플링 하는 편이 바람직할 때, 각층에 포함된 품목의 수에 따라 시료의 크기를 비례 배분하여 추출하는 방법
(4) 취락(집락)샘플링
    모집단을 여러 개 집단으로 나누고 이들 중에서 몇 개를 무작위로 추출한 뒤 선택된 집단의 로트를 모두 검사하는 방법
    답 ②

16 모집단의 참값과 측정 데이터의 차를 무엇이라 하나?
① 오차   ② 신뢰성   ③ 정밀도   ④ 정확성

▶풀이
측정오차의 용어
(1) 오차 : 모집단의 참값과 측정 data의 차이
(2) 정밀도 : data 분포의 폭의 크기
(3) 정확성 : data 분포의 평균치와 참값의 차이
답 ①

17 제조 공정의 품질특성이 시간이나 수량에 따라서 어느 정도 주기적으로 변할 때 샘플링 하는 방법은?
① 지그재그 샘플링   ② 2단계 샘플링
③ 층별 샘플링   ④ 집락 샘플링
답 ①

18 파레토그림에 대한 설명으로 가장 거리가 먼 내용은?
① 부적합품(불량), 클레임 등의 손실금액이나 퍼센트를 그 원인별, 상황별로 취해 그림의 왼쪽에서부터 오른쪽으로 비중이 작은 항목부터 큰 항목 순서로 나열한 그림이다.
② 현재의 중요 문제점을 객관적으로 발견할 수 있으므로 관리방침을 수립할 수 있다.
③ 도수분포의 응용수법으로 중요한 문제점을 찾아내는 것으로서 현장에서 널리 사용된다.
④ 파레토그림에서 나타난 1~2개 부적합품(불량) 항목만 없애면 부적합품(불량)률은 크게 감소된다.

▶풀이
파레토도는 불량이나, 수정손실, 크레임 손실 등에 따라 금액이나 건수 또는 백분율을 현상별(원인별)로 분석하여 크기순으로 나열한 것이므로 제품 불량이나 결점데이터를 원인별로 분류하여 왼쪽에서부터 오른쪽으로 비중이 큰 항목부터 작은 항목 순서로 나열한 그림이다.
답 ①

19 랜덤 샘플링 방법에 속하지 않는 것은?
① 단순 랜덤 샘플링   ② 2단계 샘플링
③ 계통 샘플링   ④ 지그재그 샘플링
답 ②

20 다음 중 데이터를 그 내용이나 원인 등 분류 항목별로 나누어 크기의 순서대로 나열하여 나타낸 그림을 무엇이라 하는가?
① 히스토그램(Histogram)
② 파레토도(Pareto Diagram)
③ 특성요인도(Causes and Effects Diagram)
④ 체크시트(Check Sheet)

답 ②

21 어떤 측정법으로 동일 시료를 무한 횟수 측정하였을 때 데이터 분포의 평균치와 참값과의 차를 무엇이라고 하는가?
① 신뢰성 ② 정확성 ③ 정밀도 ④ 오차

답 ②

22 도수분포표에서 도수가 최대인 곳의 대표치를 말하는 것은?
① 중위수 ② 비대칭도 ③ 모드(Mode) ④ 첨도

▶풀이
모드(Mode)는 도수분포표의 도수가 최대인 곳의 대표치를 말하기도 한다.

답 ③

23 도수분포표를 만드는 목적이 아닌 것은?
① 데이터의 흩어진 모양을 알고 싶을 때
② 많은 데이터로부터 평균치와 표준편차를 구할 때
③ 원 데이터를 규격과 대조하고 싶을 때
④ 결과나 문제점에 대한 계통적 특성치를 구할 때

▶풀이
④ 특성요인도

답 ④

24 공정에서 만성적으로 존재하는 것은 아니고 산발적으로 발생하며, 품질의 변동에 크게 영향을 끼치는 요주의 원인으로 우발적 원인인 것을 무엇이라 하는가?
① 우연원인 ② 이상원인
③ 불가피원인 ④ 억제할 수 없는 원인

답 ②

25 모집단과의 참값과 data 분포의 평균치의 차를 무엇이라 하는가?
① 오차 ② 신뢰성 ③ 정밀도 ④ 정확도

답 ④

26 문제가 되는 결과와 이에 대응하는 원인과의 관계를 알기 쉽게 도표로 나타낸 것은?
① 산포도　　　② 파레토도　　　③ 히스토그램　　　④ 특성요인도

답 ④

27 관리도에 대한 설명 내용으로 가장 관계가 먼 것은?
① 관리도는 공정의 관리만이 아니라 공정의 해석에도 이용된다.
② 관리도는 과거의 데이터의 해석에도 이용된다.
③ 관리도는 표준화가 불가능한 공정에는 사용할 수 없다.
④ 계량치인 경우에는 $\bar{X}-R$ 관리도가 일반적으로 이용된다.

답 ③

28 다음 중 계량치 관리도는 어느 것인가?
① R관리도　　　② nP관리도　　　③ c관리도　　　④ u관리도

▶ 풀이
- 계량치 관리도 : $\bar{x}-R$ 관리도, x 관리도, x-R 관리도, R 관리도
  길이, 무게, 강도, 전압, 전류 등 연속변량 측정
- 계수치 관리도 : nP(불량계수)관리도, p(불량률)관리도, c(결점수)관리도, u(단위당 결점수) 관리도,
  직물의 얼룩, 흠 등과 같이 한 개, 두 개로 계수되는 수치와 그에 따른 불량률을 측정

답 ①

29 철사의 인장강도, 아스피린 순도와 같은 데이터를 관리하는 가장 대표적인 관리도는?
① $\bar{x}-R$ 관리도　　　② nP관리도　　　③ c관리도　　　④ u관리도

▶ 풀이
계량형 관리도로 가능함

답 ①

30 품질특성을 나타내는 데이터 중 계수치 데이터에 속하는 것은?
① 무게　　　　　　　　② 길이
③ 인장강도　　　　　　④ 부적합품의 수

▶ 풀이
- 계수치 관리도 : nP(불량계수)관리도, p(불량률)관리도, c(결점수)관리도, u(단위당 결점수) 관리도,
  직물의 얼룩, 흠 등과 같이 한 개, 두 개로 계수되는 수치와 그에 따른 불량률을 측정

답 ④

31 계수값 관리도는 어느 것인가?
① R관리도　　　　　　② $\bar{x}$관리도
③ p관리도　　　　　　④ $\bar{x}-R$관리도

답 ③

32 미리 정해진 일정 단위 중에 포함된 부적합(결점)수에 의거 공정을 관리할 때 사용되는 관리도는?

① p관리도　　② $\bar{x}$관리도　　③ c관리도　　④ u관리도

▶풀이
- c 관리도 : 일정 단위에 나타나는 결점수($\bar{C}$)에 의거 공정을 관리할 경우
  부적합수(결점수)에 대한 시료크기 n이 일정할 때, 같은시료로 구성
  (납땜 불량의 수, 직물의 일정면적 중에 흠의 수)

답 ③

33 M타입의 자동차 또는 LCD TV를 조립, 완성한 후 부적합수(결점수)를 점검한 데이터에는 어떤 관리도를 사용하는가?

① p관리도　　② nP관리도　　③ c관리도　　④ $\bar{x}$-R관리도

▶풀이
- c 관리도 : 일정 단위에 나타나는 결점수($\bar{C}$)에 의거 공정을 관리할 경우
  부적합수(결점수)에 대한 시료크기 n이 일정할 때, 같은시료로 구성
  (납땜 불량의 수, 직물의 일정면적 중에 흠의 수)

답 ③

34 c관리도에서 K=20인 군의 총부적합(결점)수 합계는 58이었다. 이 관리도의 UCL, LCL을 구하면 약 얼마인가?

① UCL=6.92, LCL=0
② UCL=490, LCL=고려하지 않음
③ UCL=6.92, LCL=고려하지 않음
④ UCL=8.01, LCL=고려하지 않음

▶풀이

중심선 $CL = \bar{C} = \dfrac{\Sigma C}{K} = \dfrac{58}{20} = 2.9$

관리한계선 $UCL, LCL = \bar{C} \pm 3\sqrt{\bar{C}}$

$UCL = \bar{C} + 3\sqrt{\bar{C}} = 2.9 + 3\sqrt{2.9} = 8.01$

$LCL = \bar{C} - 3\sqrt{\bar{C}} = 2.9 - 3\sqrt{2.9} = -2.21$

답 ④

35 u관리도의 공식으로 가장 올바른 것은?

① $\bar{u} \pm 3\sqrt{\bar{u}}$　　② $\bar{u} \pm \sqrt{\bar{u}}$　　③ $\bar{u} \pm 3\sqrt{\dfrac{\bar{u}}{n}}$　　④ $\bar{u} \pm \sqrt{\dfrac{\bar{u}}{n}}$

▶풀이

u 관리도

① 중심선(control line) = $cL = \bar{u} = \dfrac{\Sigma c}{\Sigma n}$

② 관리 상한선(UCL) = $\bar{u} + 3\sqrt{\dfrac{\bar{u}}{n}}$

③ 관리 하한선(LCL) = $\bar{u} - 3\sqrt{\dfrac{\bar{u}}{n}}$

답 ③

36 nP관리도에서 시료군마다 n=100이고, 시료군의 수가 k=20이며, ∑nP=77이다. 이때 nP관리도의 관리상한선 UCL을 구하면 얼마인가?
① UCL=8.94　　　　　　　　　② UCL=3.85
③ UCL=5.77　　　　　　　　　④ UCL=9.62

▶풀이

nP(Pn) 관리도 (이항분포)	・측정이 불가능하여 개수값으로 밖에 나타낼 수밖에 없을 때 사용 ・합격여부에 판정만이 목적인 경우에 사용(이항분포를 이용하여 구함) ・부적합품 수 ($\overline{Pn}=n\overline{P}$)에 대한 관리도이다. ・부적합 수(결함 수)에 대해 시료 크기 n이 일정할 때 적용 ・같은 시료로 구성되어 있을 때 ① 불량개수 $n\overline{P}=\dfrac{\sum nP}{k}$　　$\overline{P}=\dfrac{\sum nP}{\sum nk}$ 　($\sum nP$: 시료마다 불량개수의 합, k : 시료군의 수, n : 시료크기) ② 관리 상한선(UCL)=$n\overline{P}+3\sqrt{n\overline{P}(1-\overline{P})}$ ③ 관리 하한선(LCL)=$n\overline{P}-3\sqrt{n\overline{P}(1-\overline{P})}$

$(n\overline{P})=\dfrac{\sum nP}{k}=\dfrac{77}{20}=3.85$　　$\overline{P}=\dfrac{\sum Pn}{nk}=\dfrac{77}{(100\times 20)}=0.0385$

관리 상한선(UCL)=$n\overline{P}+3\sqrt{n\overline{P}(1-\overline{P})}=3.85+3\sqrt{3.85(1-0.0385)}=9.62$

답 ④

37 관리한계선을 구하는 데 이항분포를 이용하여 관리선을 구하는 관리도는?
① nP관리도　　　　　　　　　② u관리도
③ $\overline{x}$–R관리도　　　　　　　　④ x관리도

▶풀이
・계량치 관리도 : $\overline{x}$–R 관리도, x 관리도, x–R 관리도, R 관리도
　　　　　　　길이, 무게, 강도, 전압, 전류 등 연속변량 측정
・계수치 관리도 : nP(불량계수)관리도, p(불량률)관리도, c(결점수)관리도, u(단위당 결점수) 관리도, 직물의 얼룩, 흠 등과 같이 한 개, 두 개로 계수되는 수치와 그에 따른 불량률을 측정

관리도	데이터	분포	관리도	데이터	분포
$\overline{X}$–R 관리도 X 관리도 X–R 관리도	계량치	정규분포	nP 관리도 P 관리도 C 관리도 U 관리도	계수치	이항분포 포아송분포

답 ①

38 다음 검사 중 판정의 대상에 의한 분류가 아닌 것은?
① 관리 샘플링 검사　　　　　　② 로트별 샘플링 검사
③ 전수검사　　　　　　　　　　④ 출하검사

답 ④

39 이항분포의 특징으로 가장 옳은 것은?
① P=0일 때는 평균치에 대하여 좌우 대칭이다.
② P≤0.1이고 nP=0.1~10일 때는 포아송 분포에 근사한다.
③ 부적합품의 출전 개수에 대한 표준 편차는 D(x)=nP이다.
④ P≤0.5이고 nP≥5일 때는 포아송 분포에 근사한다.

답 ②

40 관리도에서 점이 관리한계 내에 있고 중심선 한 쪽에 연속해서 나타나는 점의 배열상태를 무엇이라 하는가?
① 경향   ② 주기   ③ 런   ④ 산포

▶ 풀이
① 경향 : 점이 점점 올라가거나 내려가는 현상
② 주기 : 점이 주기적으로 상, 하로 변동하여 파형을 나타내는 현상
③ 런 : 중심선의 한쪽에 연속해서 나타나는 점
　　 (길이가 연속 5~6런이면 주의, 길이 7런이면 공정이상으로 판단)
④ 산포 : 수집된 자료값이 그 중앙값으로부터 떨어져 있는 정도를 나타내는 값

답 ③

41 로트로부터 시료를 샘플링해서 조사하고, 그 결과를 로트외 판정기준과 대조하여 그 로트의 합격, 불합격을 판정하는 검사를 무엇이라 하는가?
① 샘플링 검사   ② 전수검사   ③ 공정검사   ④ 품질검사

▶ 풀이
Sampling 검사
① 제품이나 재료의 합격, 불합격을 판정하여 이것으로 제품을 구입하거나 재료를 수입하기 위해 실시
② 반제품, 제품의 검사 결과에 따라 생산공정의 조치를 취하기 위해 실시
③ 검사비용을 절감
④ 생산자의 품질향상에 자극

답 ①

42 샘플링 검사의 목적으로 틀린 것은?
① 검사비용 절감　　　　　　　② 생산공정상의 문제점 해결
③ 품질향상의 자극　　　　　　④ 나쁜 품질인 로트의 불합격

답 ②

43 모집단을 몇 개의 층으로 나누고 각 층으로부터 각각 랜덤하게 시료를 뽑는 샘플링 방법은?
① 층별 샘플링   ② 2단계 샘플링   ③ 계통 샘플링   ④ 단순 샘플링

▶ 풀이
• 층별 샘플링 : 로트를 몇 개의 층으로 나눌 수 있는 경우 로트 전체를 모아서 단순히 랜덤 추출하는 것보다 층별로 샘플링 하는 편이 바람직할 때, 각층에 포함된 품목의 수에 따라 시료의 크기를 비례 배분하여 추출하는 방법

㉠ 전체 모집단이 서로 다른 이질적인 하위 모집단 층(상자)으로 구성되었을 때 모든 하위 모집단에서 샘플링하는 방법
㉡ 이질적인 하위 모집단의 로트의 크기가 다른 경우에는 그 크기에 비례하여 샘플링하는 방법을 층별 비례 샘플링이라고 한다.
㉢ 랜덤 샘플링보다 시료수는 적으나 같은 정밀도를 얻을 수 있다.
㉣ 정밀도가 좋고 샘플링 조작이 용이하다.

답 ①

44 다음은 워크 샘플링에 대한 설명이다. 틀린 것은?

① 관측대상의 작업을 모집단으로 하고 임의의 시점에서 작업내용을 샘플로 한다.
② 업무나 활동의 비율을 알 수 있다.
③ 기초이론은 확률이다.
④ 한 사람의 관측자가 1인 또는 1대의 기계만을 측정한다.

풀이
• 워크 샘플링 : 관측대상을 무작위로 선정하여 일정 시간 관측하고, 그 상태를 기록, 집계한 다음 그 데이터를 기초로 하여 작업자나 기계 설비의 가동 상태 등을 통계적 수법을 사용하여 분석하는 작업 연구의 한 수법이다.

답 ④

45 계수 규준형 1회 샘플링 검사(KS A 3102)에 관한 설명 중 가장 거리가 먼 것은?

① 검사에 제출된 로트의 공정에 관한 사전 정보가 없어도 샘플링 검사를 적용할 수 있다.
② 생산자 측과 구매자 측이 요구하는 품질보호를 동시에 만족시키도록 샘플링 검사방식을 선정한다.
③ 파괴검사의 경우와 같이 전수검사가 불가능한 때에는 사용할 수 없다.
④ 1회만 거래 시에도 사용할 수 있다.

답 ③

46 공급자에 대한 보호와 구입자에 대한 보증의 정도를 규정해 두고 공급자의 요구와 구입자의 요구 양쪽을 만족하도록 하는 샘플링 검사방식은?

① 규준형 샘플링 검사
② 조정형 샘플링 검사
③ 선별형 샘플링 검사
④ 연속생산형 샘플링 검사

풀이
• 규준형 샘플링 검사 : 생산자 위험 확률을 정하고, 소비자 위험 확률을 정한 최저한의 Lot(로트)품질, 즉 합격품질 수준을 정하여 이 수준보다 양호하면 합격되도록 하는 검사방법
㉠ 생산자와 구매자의 요구를 동시에 만족시킨다.
㉡ 파괴검사와 같이 전수검사가 불가능할 때 사용
㉢ 최초 거래 시 사용
㉣ 계수규준형 1회 샘플링 검사, 계량규준형 샘플링 검사, 계량규준형 1회 샘플링 검사가 있다.

답 ①

47 다음 중 검사항목에 의한 분류가 아닌 것은?

① 자주검사　　② 수량검사　　③ 중량검사　　④ 성능검사

▶ 풀이
(1) 검사 항목에 따른 종류
　① 수량 검사　② 중량 검사　③ 치수 검사　④ 외관 검사　⑤ 성능 검사
(2) 검사공정에 의한 분류
　① 수입검사(구입검사)　② 공정검사(중간검사)　③ 최종검사(완성검사)　④ 출하검사(출고검사)
(3) 검사장소에 의한 검사
　① 정위치검사　② 순회검사　③ 출장검사(입회검사)
(4) 검사성질에 의한 분류
　① 파괴검사　② 비파괴검사　③ 관능검사
(5) 검사방법(판정대상)에 의한 분류
　① 전수검사　② Lot별 샘플링 검사　③ 관리 샘플링 검사　④ 자주검사

답 ①

48 다음 중 로트별 검사에 대한 AQL 지표형 샘플링 검사 방식은 어느 것인가?

① KS A ISO 2859-0　　② KS A ISO 2859-1
③ KS A ISO 2859-2　　④ KS A ISO 2859-3

답 ②

49 그림의 OC 곡선을 보고 가장 올바른 내용을 나타낸 것은?

① α : 소비자 위험
② $L(p)$: 로트의 합격확률
③ β : 생산자 위험
④ 불량률 : 0.03

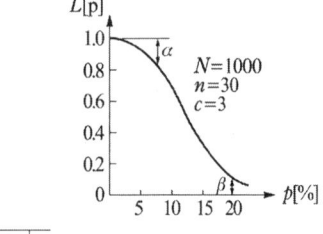

▶ 풀이
P_0 : 합격시키고 싶은 lot의 부적합률($1-\alpha$)
P_1 : 불합격시키고 싶은 lot의 합격될 확률($1-\beta$)
α : 생산자의 위험
β : 소비자의 위험,
N : lot의 크기
n : 시료의 크기
c : 합격판정개수

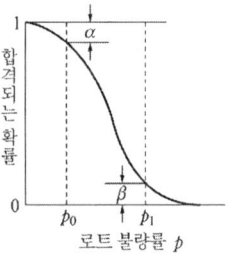

답 ②

50 계량치에 해당하는 관리도는?

① X - R관리도　　② Pn 관리도　　③ C 관리도　　④ u 관리도

▶ 풀이
• 계량치 관리도 : $\bar{x}-R$ 관리도, x 관리도, x-R 관리도, R 관리도
　　　　　　　길이, 무게, 강도, 전압, 전류 등 연속변량 측정
• 계수치 관리도 : nP(불량계수)관리도, p(불량률)관리도, c(결점수)관리도, u(단위당 결점수) 관리도,
　　　　　　　직물의 얼룩, 흠 등과 같이 한 개, 두 개로 계수되는 수치와 그에 따른 불량률을 측정

관리도	데이터	분포	관리도	데이터	분포
$\bar{X}-R$ 관리도 X 관리도 $\tilde{X}-R$ 관리도	계량치	정규분포	nP 관리도 P 관리도 C 관리도 U 관리도	계수치	이항분포 포아송분포

답 ①

51 계수치 관리도 중 이항분포를 사용하는 것은?
① Pn 관리도 ② u 관리도 ③ C 관리도 ④ X 관리도

답 ①

52 품질관리 활동의 초기단계에서 가장 큰 비율로 들어가는 코스트는?
① 평가코스트 ② 실패코스트 ③ 예방코스트 ④ 검사코스트

◆풀이
품질코스트 중 초기단계에서 실패코스트가 50~75[%]로 비율이 가장 크다.

답 ②

53 다음 중 품질관리의 기능이라 할 수 없는 것은?
① 품질의 설계 ② 공정의 관리 ③ 품질의 개발 ④ 품질의 보증

답 ③

54 품질관리기능은 품질을 중요시하는 관념과 제품 책임으로 피드백의 유지로 W.E. Deming 은 4가지의 기능 사이클을 설명하고 있다. 여기에 속하지 않는 것은?
① 공정의 관리 ② 표준의 설정 ③ 품질보증 ④ 품질조사

답 ②

55 소비자의 요구품질과 공장의 제조능력을 고려하여 경제적으로 균형화시킨 품질 시방은 다음 중 어느 것인가?
① 균형품질 ② 제조품질
③ 시장품질 ④ 설계품질

답 ④

56 품질관리기능의 사이클 중 맞지 않는 것은?
① P ② D ③ O ④ A

◆풀이
관리 사이클(P → D → C → A cycle)
(1) Plan(계획, 설계)
(2) Do(실행, 관리)
(3) Check(검토)
(4) Action(조치, 개선)

답 ③

57 TQC(종합적 품질관리)의 4가지 업무는?
① 신제품관리, 수입자재관리, 제품관리, 특별공정조사
② 품질보증, 검사, 품질감사, 품질계획
③ 품질보증, 품질감사, 품질계획, 교육훈련
④ 품질보증, 검사, 품질계획, 교육훈련

답 ①

58 다음의 각 설명 중에서 옳지 못한 것은 어느 것인가?
① 품질특성은 치수, 온도, 압력 등과 같이 그 샘플의 성질을 규정하는 요소 또는 그 품질을 평가할 때 지표가 되는 요소를 말한다.
② 시장품질은 소비자가 요구하는 품질로서 설계나 판매정책에 반영되는 품질이다.
③ 통계적 품질관리는 가장 유용하고, 더욱 시장성이 있는 제품을 가장 경제적으로 생산하기 위하여, 생산의 모든 단계에 통계적 원리와 수법을 응용하는 일이다.
④ 품질목표는 현재의 기술로 관리하면 도달할 수 있는 공정에 주어지는 품질의 수준이다.

답 ④

59 다음 중 품질보증의 개념에 맞지 않는 것은?
① 소비자와 생산자와의 하나의 약속이며 계약이다
② 품질보증은 품질관리의 핵심이고 감사의 기능이다
③ 품질이 소정의 수준에 있음을 보증하는 것이다.
④ 품질관리를 기업에 침투시키려는 하나의 방책이다.

답 ④

60 다음 중 품질보증의 뜻에 가장 적합한 것은 어느 것인가?
① 품질특성을 조사하여 합부판정을 내리는 것
② 보증된 수준을 갖고 있음을 선전하는 것
③ 품질이 소정의 수준에 있음을 보증하는 것
④ 품질이 규격에 적합한 지를 분석하는 것

답 ③

61 다음 내용 중 품질보증에 대한 참뜻을 설명한 것으로 맞지 않는 것은?
① 품질이 소정의 수준에 있음을 보증하는 것이다.
② 품질기준에 일치시키기 위하여 품질의 세부요소를 관리하는 기능이다.
③ 제품에 대한 소비자와의 하나의 약속이며 계약이다.
④ 소비자에게 제품이 만족스럽고 신뢰할 수 있으며 경제적임을 보증하는 것이다.

답 ②

62 제품의 생산과정에서 발생되는 불량개수나 불량에 의한 손실금액을 세로축에 두고 불량개수 또는 불량손실금액이 많은 항목을 차례로 가로축에 두어 작성된 그래프를 무엇이라 부르는가?
① 파레토도
② 특성 요인도
③ 산점도
④ 공정 능력도

답 ①

63 표준이 유지되도록 관리하기 위하여 이용되는 것은?
① 특성 요인도
② 단순화, 전문화
③ 관리도, 샘플링 검사, 히스토그램
④ 특성 요인도, 파레토도

답 ③

64 파레토 그림을 그리는 방법이 틀린 것은?
① 분류항목이 많이 있을 경우 파레토도의 가로축이 길 경우 적은 항목은 몇 개 모아서 기타로 일괄하여 오른편 끝에 그린다.
② 데이터의 누적수를 막대 그래프로 그린다.
③ 파레토도의 세로축은 불량개수, 결점수 등을 나타낼 뿐만 아니라 손실금액 나타내는 수도 있다.
④ 불량항목이 많은 것부터 왼쪽에서 오른쪽으로 항목을 정한다.

답 ②

65 다음의 관리도의 설명 중 맞는 것은?
① 관리도는 작업표준을 작성할 때까지의 수단이며, 작업표준이 완성되면 관리도를 그릴 필요가 없다.
② 관리도는 표준화가 되어 있지 않는 공정에는 사용할 수 없다.
③ 작업표준을 만들어 두면 관리도는 그릴 필요가 없다.
④ 관리도는 과거의 데이터 해석에도 사용된다.

답 ④

66 다음 중 샘플링 검사가 적합하지 않은 경우는?
① 파괴검사의 경우
② 어느 정도 불량품이 섞여도 허용되는 경우
③ 검사비용이 많이 드는 경우
④ 치명적인 결점을 포함하고 있는 제품의 경우

답 ④

67 T.Q.C(종합적 품질관리) 에서 가장 핵심적인 계층은?
① 최고경영층 ② 중간관리층
③ 작업감독자 ④ 일선작업자

답 ④

68 모집단의 특성에 일정 간격마다 주기적으로 변동이 있고 이것이 샘플링 간격과 일치할 때 치우침이 생긴다. 이 때 행하여 할 샘플링은?
① 단순 랜덤 샘플링 ② 계통 샘플링
③ 지그재그 샘플링 ④ 층별 샘플링

답 ③

69 어떤 측정법으로 동일시료를 무한회수 측정하였을 때 얻어진 데이터는 반드시 흩어지는데 그 데이터의 분포의 폭의 크기를 무엇이라 하는가?
① 오차(error) ② 신뢰성(reliability)
③ 정밀도(precision) ④ 정확성(accuracy)

답 ③

70 다음 어느 경우가 샘플링 검사보다 전수검사가 유리한가?
① 생산자에게 품질향상의 자극을 주고 싶은 경우
② 고가인 물품
③ 검사항목이 많은 경우
④ 검사비용을 적게 하는 것이 이익이 되는 경우

답 ②

71 다음 중 샘플링 검사를 할 수 있는 것은?
① 작은 나사 ② 자동차의 브레이크
③ 고압용기 ④ 등산용 로프

답 ①

72 공장에 있어서의 샘플링 검사의 목적분류에 속하지 않는 것은?
① 공정관리를 위해
② 검사를 위해
③ 원료재와 제품 로트의 특성을 추정하기 위해
④ 공정단축을 위해

답 ④

73 다음 중 샘플링 검사의 순서로 맞는 것은?

> ㉠ 검사특성에 웨이트(weight)를 정해 둔다.
> ㉡ 검사단위의 품질기준과 측정방법을 정한다.
> ㉢ 샘플을 뽑는다.
> ㉣ 샘플링 검사방식을 정한다.

① ㉣ – ㉡ – ㉠ – ㉢
② ㉣ – ㉠ – ㉡ – ㉢
③ ㉡ – ㉠ – ㉣ – ㉢
④ ㉡ – ㉣ – ㉠ – ㉢

답 ③

74 층별이란 다음 중 어느 것인가?
① 데이터를 측정 순서대로 바로 잡아 쓰는 일
② 관리도의 종별을 나누는 일
③ 측정치를 요인별로 나누는 일
④ 군(群)의 크기를 바꾸는 일

답 ③

75 다음 데이터의 제곱합(sum of squares)은 약 얼마인가?

데이터				
18.8	19.1	18.8	18.2	18.4
18.3	19.0	18.6	19.2	

① 0.129 ② 0.338 ③ 0.359 ④ 1.029

▶풀이

편차제곱값 = 제곱합(S) = $\sum(x_i - \bar{x})^2$

평균값 $\bar{x} = \dfrac{18.8+19.1+18.8+18.2+18.4+18.3+19.0+18.6+19.2}{9} = 18.71$

$\sum(x_i - \bar{x})^2 = \sum((18.8-18.71)^2 + (19.1-18.71)^2 + (18.8-18.71)^2 + (18.2-18.71)^2 +$
$(18.4-18.71)^2 + (18.3-18.71)^2 + (18-18.71)^2 + (18.6-18.71)^2 + (19.2-18.71)^2)$
$= 0.09^2 + 0.39^2 + 0.09^2 + 0.51^2 + 0.31^2 + 0.41^2 + 0.29^2 + 0.11^2 + 0.49^2 = 1.029$

답 ④

제2장

생산관리

2.1 생산관리의 개요

|1| 생산관리의 목적
질좋은 제품을 염가로 정한 기일 내에 일정수량 생산해 내는 데 있다.

|2| 생산관리
생산계획에 따라서 생산이 경제적이고, 안전하고 빠르고 능률적으로 관리하는 것

|3| 생산관리의 범위
(1) 총괄적 관리(생산조직, 생산계획, 이익계획, 기술관리 표준화)
(2) 재료 및 제품에 관한 관리(자제관리, 공정관리, 품질관리, …)
(3) 기계설비 관련 관리(공기구 기계, 운송, 열, 동력, 환경관리)
(4) 사람에 관한 관리(인사관리, 안전관리)

|4| 생산관리의 중심이 되는 것
(1) 공정관리 : 생산을 원활히, 납기를 확실히 하는 목적
(2) 품질관리 : 품질향상시켜 상품의 가치증진, 불량품을 적게 하는 목적
(3) 원가관리 : 재료절약, 가동율 향상, 원가절감 목적

5. 생산활동의 6가(6W) : 생산활동에 관계있는 요소와 조건

(1) 원인목적(생산의 방침) : 왜(Why)
(2) 생산의 주체(작업자 설비) : 누가(Who)
(3) 생산의 대상(재료, 제품) : 무엇을(What)
(4) 장소 (생산하는 곳) : 어디서(Where)
(5) 시간 (시간이나 일수) : 언제(When)
(6) 방법(작업방법, 방식) : 어떻게(How)

6. 생산관리 싸이클

(1) 관리활동이 행해지는 경로

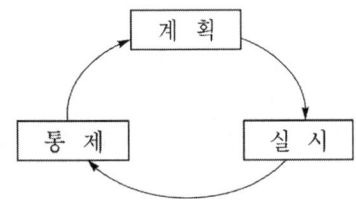

(2) 생산관리의 내용
① 공정관리, 품질관리, 원가관리, 인사관리, 안전관리, 설비관리, 기계공구관리, 자재관리, 운반관리, 작업관리, 환경관리, 에너지관리
② 생산관리는 생산계획을 우선 수립한다.

[생산계획]
- 공정계획(순서, 열람)
- 노무계획(공수조사, 인원부족대책)
- 설비, 기계계획
- 자재계획

7. 생산관리의 영역

(1) 생산의 정의 : 소정의 품질과 원가로 제품의 수량을 소정기간에 완성
(2) 생산의 기본적인 업무 : 설계, 조달, 작업

8. 생산활동을 구성하는 요소

(1) 공업경영은 7M에 따라 구성된다.
- 4M(Man, Material, Machine, Method) - 내적인 요소
- 3M(Market, Money, Management) - 외적인 요소

(2) 생산관리에 있어서는 4M이 직접적인 관계가 있다.

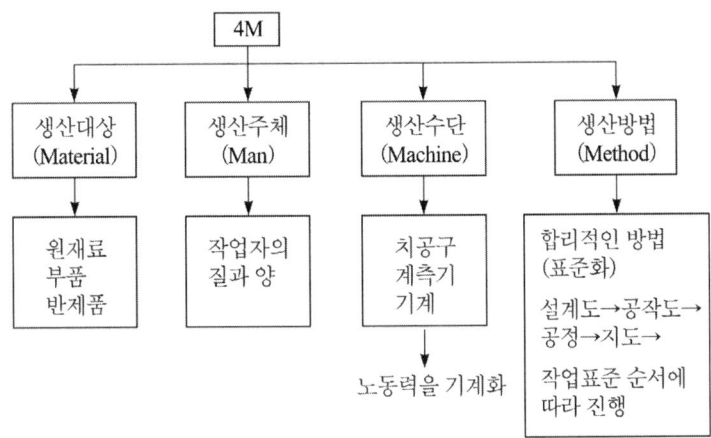

※ 노동력을 기계화하는 목적
① 생산능력의 증가 ② 품질의 향상
③ 원가저하 ④ 노력의 절감

|9| 생산합리화 : 능률을 올려서 좋은 결과를 얻는 것

능률의 3원칙 - 낭비 없이, 무리 없이, 고르게 일하기

(1) 방법
  ① 생산성 향상운동(Productivity)
  ② 종합적 품질관리(Total Quality Control)
  ③ 종합적 설비관리(Total Productivity Maintenance)
  ④ Computer 지원의 종합적 생산관리

(2) 방향
  ① 생산합리화의 3방법
   • 좋은 품질을 만드는 것(품질관리영역)
   • 염가로 만드는 것(원가관리영역)
   • 신속히 만드는 것(공정관리영역)

(3) 관리의 단계
  • 1차 단계관리 : 3방향의 품질, 원가, 공정관리로 합리화의 직접적인 연결이 되는 관리
  • 2차 단계관리 : 작업, 설비관리, 운반관리는 1차관리에 관해 연결되는 관리

(4) 생산합리화의 원칙
  단계적 구분 : 합리화 추진시 다음의 3단계를 거쳐 검토

① 분업화의 원칙(Adam Smith)
　• 작업 세분시켜 좁은 범위의 작업을 시키면 빨리 습득
　• 작업의 전문화가 작업방법의 개선촉진
　• 동일작업 반복으로 준비회수 감소
② 기계화의 원칙
③ 표준화의 원칙
　• 물적 요소의 표준화
　• 방법적 요소의 표준화

(5) 생산관리의 원칙(3S)

① 표준화(Standardization) : 관리표준화, 물적표준화, 방법표준화
　과학적으로 인정된 표준을 설정함으로써 대량 생산으로 생산비가 절감되고 품질 향상과 호환성이 좋아진다.
② 단순화(Simplification)
　㉠ 생산수단이나 작업 방법을 단순화한다.
　㉡ 생산기간의 단축, 재료소모 감소, 재고관리 수월 등 효과가 있다.
③ 전문화(Specialization) : 생산능력증대, 업무책임감소, 설비의 특수화
　㉠ 각 작업별, 공정별로 분리하여 작업의 전문성을 높인다.
　㉡ 설비의 전문화와 숙련도가 높아져서 생산 능력이 증대되는 효과가 있다.

2.2 생산계획

1. 생산계획의 전체적인 경영계획에서의 관계

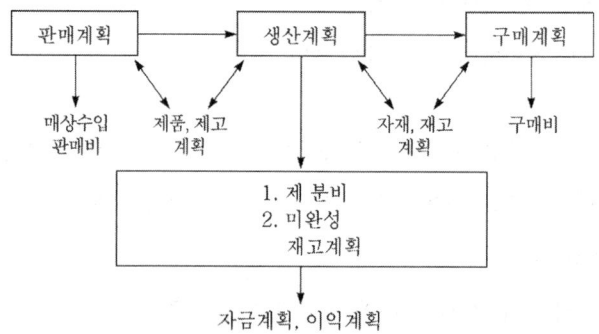

2 | 수요예측

제품이나 서비스에 대한 미래의 시장 요구를 예측하는 것

(1) 수요예측의 주요기능

제조계획에 유용하도록 하는 것

① 공장확장 필요성 여부 결정 → 장기예측

② 현재설비에 의한 제조계획 결정 → 제조계획예측

③ 단기의 생산계획결정 → 생산계획예측

※ 수요량은 정치적, 경제적 영향을 강하게 받아 장기, 단기의 경향과 변동이 생긴다.

정성적 수요예측기법	1) 델파이법	
	2) 시장조사법	
	3) 전문가 의견법	
정량적 수요예측기법	1) 시계열 분석법	① 최소 자승법
		② 지수 평활법
		③ 이동 평균법
		④ Box-Jenkins법
	2) 인과형 분석법	① 희귀모델법
		② 계량경제모델법
		③ 선도지표법
		④ 투입산출모델법

(2) 정성적 수요예측기법

① 델파이(Delphi)법

㉠ 신제품의 수요 예측, 장기 예측에 사용하는 기법

㉡ 전문가에게 의견 질의서를 배포하여 의견을 수집한다.

㉢ 중장이 계획을 수립하는 데 있어서 정성적 기법 중 정확도가 높은 기법이다.

② 시장조사법

㉠ 제품 출시 전 소비자들에 대한 시장조사로 수요를 예측하는 기법

㉡ 단기예측능력은 좋지만 장기예측능력은 떨어진다.

③ 전문가 의견법

관련 전문가, 판매 담당자로부터 의견을 수집하여 예측하는 방법으로서 단기예측능력은 있지만 다소 주관적으로 치우칠 우려가 있다.

(3) 정량적 수요예측기법

① 시계열 분석법

㉠ 시계열(연, 월, 주, 일 등의 시간 간격)에 따라 과거의 자료(매출액, 생산량)를 기

준으로 추세나 경향을 분석하여 미래 수요를 예측하는 기법이다.
ⓛ 시계열적 변동의 구분
ⓐ 추세 변동 : 장기 변동의 추세로서 장기간에 걸쳐 수요가 일정하게 증가 또는 감소하는 추세
ⓑ 순환 변동 : 일정한 주기없이 수요추세가 장기간 반복되는 변동
ⓒ 계절 변동 : 계절에 따라 수요가 주기적으로 변동되는 것
ⓓ 불규칙 변동 : 단기간에 일어나는 변동으로서 수요추세가 우연이나 돌발적으로 변동되는 것
② 최소 자승법(추세 분석법)
㉠ 상승 또는 하강 변동 추세가 있는 수요 계열에 사용
㉡ 관측치와 경향치의 편차 제곱의 총 합계가 최소가 되도록 동적 평균선(회귀직선)을 구하고 그 직선을 연장해서 수요의 추세변동을 예측
③ 지수 평활법
㉠ 과거의 데이터에 대한 비중을 최근에서 과거로 지수적으로 감소시켜 계산하는 방법
㉡ 불규칙 변동이 있는 경우 데이터로 예측 가능
④ 이동 평균법
과거의 일정기간의 실적을 평균해서 수요의 계절변동을 예측하는 방법으로 추세변동을 고려하여 가중이동평균법을 사용한다.

│3│ 손익분기점(BEP)

일정기간 매출액과 총 비용이 균형이 잡힌 점으로서 이익과 손실이 발생하지 않는 점을 말한다.

(1) 고정비(fixed cost)
① 고정적으로 발생하는 비용
② 고정비 = 가격 × 한계 이익률 × 생산량
③ 감가상각비, 임금, 세금, 고장 보수비 등

(2) 변동비(variable cost)
① 판매량이나 생산량에 따라 변동하는 비용
② 직접 노무비, 소모품비, 직접 재료비 등

(3) 손익 분기점(BEP)의 계산

$$BEP = \frac{고정비}{한계\ 이익률} \quad (한계\ 이익률 = \frac{매상고 - 변동비}{매상고})$$

4 | 프로젝트 관리

프로젝트 관리는 공정 계획, 일정 계획, 진도 관리의 과정으로 전개되는데 특히 일정 관리(일정, 시간 관리)를 중점적으로 하는 간트 차트나 PERT/CPM의 기법

(1) PERT/CPM의 개요

① PERT(Program Evaluation and Review Technique)
network를 이용하여 일정, 노력, 비용 등을 과학적으로 계획하고 관리하는 종합적인 일정관리 기법이다.

② CPM(Critical Path Method)
프로젝트 관리에서 공기의 단축을 위해서 공정상 최소의 비용 증가로 공사 기간을 최소화하는 기법이다.

(2) 네트워크의 작성

① 구성 요소
활동(activity)-실제 활동은 한쪽 방향의 실선 화살표로 표시(→)
명목상의 활동(dummy activity)은 한쪽 방향의 점선 화살표로 표시(⇢)

② 기본원칙
㉠ 공정원칙   ㉡ 단계원칙   ㉢ 활동원칙   ㉣ 연결원칙

③ 주공정(CP : Critical Path)
㉠ 시간적으로 가장 긴 경로
㉡ 네트워크(network)상에서 굵은 선으로 표시하고 중점 관리
㉢ 전체 공정의 소요시간을 결정

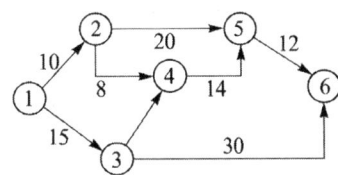

ex) 주공정(CP : Critical Path): ① - ③ - ⑥

(3) 비용 구배(Cost Slope)

① 공기단축을 위한 최소 비용의 증가분
② 정상 상태에서 한 단위 줄이는 데 발생하는 증가 비용
③ 비용구배 = $\dfrac{\text{특급비용} - \text{정상비용}}{\text{정상시간} - \text{특급시간}}$

5. 경제적 lot size 선정

※ lot(로트) : 1회의 준비로서 만들 수 있는 생산단위

단위 생산 수량으로서 여러 개의 수량을 한 묶음이나 한 단위로 하여 생산이 이루어지는 경우의 단위

(1) Lot의 수 : 제조횟수를 나타내는 것으로서 생산 목표량을 몇 회로 분할 생산할 것인가를 결정할 때 사용

(2) Lot의 크기 : 생산 목표량을 Lot의 수로 나눈 것

(3) 경제적 Lot의 산출 방식(F.W.Harris 식)

경제적 발주량(Lot의 크기) $Q = \sqrt{\dfrac{2RP}{CI}}$

R : 소비예측(연간 소비량)
P : 준비비(1회 발주비용)
C : 단위비(구입단가)
I : 단위당 연간 재고유지비

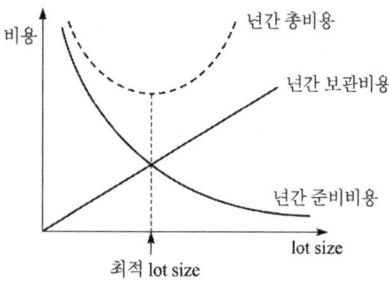

6. 생산방식의 분류

(1) 제품의 종류, 분량에 의한 생산
- 다종 소량 생산 : 주문생산
- 소종 다량 생산 : 예정생산(mass production)

(2) 제조방법에 의한 분류
- 개별생산 : 한개 또는 수개씩 개별적으로 만드는 것
- 로트생산 : 어떤 수량을 단위로 만들고 되풀이하며 만드는 일
- 연속생산 : 같은 제품을 연속적으로 만드는 것

(3) 생산방침에 의한 분류
- 수주생산
- 예정생산 : 제품의 수요를 예정하여 만드는 것 (계획생산)

(4) 제조기술에 의한 분류
- 조립생산
- 분해연속생산(원료의 분해나 화합에 의한 가공으로 제품생산)

2.3 공정관리

|1| 순서계획

(1) 설계도나 시방서에 따라 작업방법, 작업조건, 표준시간, 사용재료 등을 설정하는 것.

(2) 순서계획을 표시한 것 : 순서표(route sheet)

(3) 순서표의 기재항목 : 제품, 부품의 명칭, 공사건명, 공사번호, 사용재료의 재질, 형상, 치수, 수량, 공정순서와 작업방법 작업표준시간

※ **공수체감현상** : 다량 생산으로 동종작업이 계속적으로 반복될 때에는 작업시간은 일정한 것이 아니고 시간이 경과됨에 따라 그 작업에 숙달되어 작업시간이 단축되는 현상

|2| 공수계획

작업하기에 필요한 공수(工數)로부터 소요 인원수나 기계 대수를 산정해 이것과 현재 보유하는 능력(작업자와 기계)과의 조정을 꾀하는 일(Man-Hour단위를 많이 사용)

(1) 합리적인 공수계획을 수립하기 위한 조건

　① 부하와 능력의 균일화를 기할 것

　② 일정별의 부하 변동을 방지할 것

　③ 부하와 능력에 여유를 둘 것

　※ 부하란 할당된 작업량을 말한다.

(2) 능력의 계산

• 작업자의 능력 = 환산인원 × 취업시간(실노동시간) × 가동률

단, 실동시간 = 직접작업시간 + 간접작업시간

가동률 (직접작업률) = $\dfrac{\text{직접작업시간}}{\text{실노동시간}}$ = 출근율 × (1−간접 작업률)

환산인원 : 실제인원을 표준능력의 인원으로 환산

　　　　= 작업자수 × 능력환산계수, 가동률

• 기계능력 = 유효가동 시간 × 기계대수

(유효가동 시간 = 1개월 가동일수 × 1일 실동시간 × 가동률

　　　　　　= 1개월 실동시간 × 가동률 (가동률 = 1 − 고장률)

• 여력 = $\dfrac{\text{능력}-\text{부하}}{\text{능력}}$

|3| 일정계획(Scheduling)

• 일정 : 실제작업에 착수하여 끝날 때 까지의 시간

실제 작업시간 + 정체시간

(1) 부품 가공의 일정
- 작업시간 전후에 정체시간이 있음
- 일정계산은 1/2일이나 1일 단위로 한다.

(2) 조립작업의 일정
- 최종 공정에서 반대로 공정선을 그려 기준일정을 만든다.
- 부품가공과 조립 공종 사이에는 적당한 여유시간을 둔다.

(3) 생산예정표의 작성
- 기준 일정표의 완성선을 일력의 눈금의 예정 완성일에 맞추어 정한다.
- 공수계획과 평행으로 진행시키고 부하의 산포가 크게 되지 않도록 조정

4 재료계획

재료의 소요량을 견적하여 구매하고 재료의 조달을 행하게 하는 목적

2.4 설비보전

1 보전예방(MP)

설비의 설계 및 설치 시 고장이 적은 설비를 선택하여 설비 신뢰성과 보전성 향상

2 예방보전(PM)

설비 사용 전 정기 점검 및 검사와 조기수리 등을 하여, 설비성능의 저하와 고장 및 사고를 미연에 방지함으로써 설비의 성능을 표준 이상으로 유지하는 보전활동

정기적인 점검 및 서비스 체계가 필요

(1) TBM(시간기준보전 : Time Based Maintenance) 방식

돌발고장, 프로세스 트러블을 예방하기 위하여 정기적으로 설비를 검사, 정비 청소하고 부품을 교환하는 보전방식

(2) CBM(상태기준보전 : Condition Based Maintenance) 방식

고장이 일어나기 쉬운 부분에 계측장비를 연결하여 사전에 고장위험을 검출하는 보전활동으로 설비상태를 보전하는 방식

3 개량보전(CM)

설비가 고장난 후에 설계변경, 부품의 개선 등으로 수명을 연장하거나 수리검사가 용이하도

록 설비 자체의 체질개선을 꾀하는 보전방식

4 | 사후보전(BM)

기계설비의 고장이나 결함이 발생한 후에 이를 수리 또는 보수하여 회복시키는 보전활동으로 고장이 난 후 보전하는 쪽이 비용이 적게 드는 설비에 적용
설비의 열화 정도가 수리한계를 넘어간 경우에 사용하는 보전법

5 | 설비 열화형의 종류

(1) 기술적 열화 : 새로운 설비의 도입으로 구 설비의 상대적 열화
(2) 물리적 열화 : 시간의 경과에 따른 노후화로 기능 저하형의 열화

설비보전조직 특징	장점	단점
지역보전 특정 지역에 보전요원배치 (조직상 집중) • 배치 지역의 예방보전 검사, 급유, 수리 등을 담당 (배치상 분산)	• 보전요원이 용이하게 제조부의 작업자에게 접근할 수 있다. • 작업지시에서 완성까지 시간적인 지체를 최소로 할 수 있다. • 보전감독자와 보전요원이 해당 설비에 정통하고 예비부품의 요구에 신속히 대처할 수 있다. • 생산라인의 공정변경이 신속히 이루어진다. • 근무시간의 교대가 유기적이다. • 보전감독자나 보전요원은 생산계획, 생산의 문제점, 특별작업 등에 고민하여 잘 알게 된다.	• 대수리작업의 처리가 어렵다. • 지역별로 스태프를 여분으로 배치하는 경향이 있다. • 배치전환, 고용, 초과근로에 대하여 인간적 문제나 제약이 많다. • 전문가 채용이 어렵다
부문(부분)보전 보전요원을 제조부분의 감독자 밑에 배치 (조직상 분산)	• 지역보전의 장점과 유사하다. • 작업계획은 제조부문 관리자에 의하여 수립된다.	• 제조부문의 감독자들은 보전업무의 지도를 할 자격이 없다. • 제조부문의 감독자들은 생산계획을 만족시키기 위해서 보전작업을 무시하는 수가 있다. • 공장의 보전책임이 분할된다. • 보전비를 획득하는 것도 어렵고 고리하는 것도 곤란하다. • 인사문제는 지역보전의 경우보다 조금 양호한 편이다.
절충보전	지역보전 또는 부분보전과 집중보전을 조합시켜 각각의 장점을 살리고 단점을 보완하는 방식	
집중보전 공장의 모든 보전요원을 한 사람의 관리자 밑에 조직 (조직상 집중) • 모든 보전을 집중 관리하는 보전방식	• 충분한 인원동원 가능하다 • 다른 기능을 가진 보전원을 배치한다. • 긴급작업, 고장, 새로운 작업을 신속히 처리한다. • 특수 기능자를 효과적으로 이용한다. • 1인 보전에 관한 전 책임을 지고 있다. • 자본과 새로운 일에 대하여 통제가 보다 확실하다. • 보전원의 기능 향상을 위하여 훈련이 보다 잘 행해진다.	• 보전요원이 공장 전체에서 작업을 하기 때문에 적절한 관리감독을 할 수 없다. • 작업표준을 위한 시간손실이 많다. • 일정작성이 곤란하다. • 작업의뢰와 완성까지의 시간이 상당히 길다. • 보전원이 각종 생산작업에 대하여 우선순위를 갖게 된다.

기출 & 예상문제
제 2 장 생산관리

01 다음 중 생산에 5M과 관계가 없는 것은?
① 기계 설비 ② 관리 ③ 방법 ④ 자금

풀이
5M : Man, Machine, Material, Method, Management

답 ④

02 생산합리화의 기본목표와 관계가 먼 것은?
① 생산의 신속화 ② 품질의 균일화
③ 생산의 동기화 ④ 원가 유지

답 ③

03 생산관리의 일반원칙이 아닌 것은?
① 표준화 ② 단순화
③ 전문화 ④ 규격화

답 ④

04 다음 중 표준화의 목적에 해당하는 것은?
① 낭비배제 ② 능률저하방지
③ 원가절감 ④ 불량감소

답 ①

05 표준화의 3가지 분류방법과 거리가 먼 것은?
① 관리표준화 ② 물적표준화
③ 방법표준화 ④ 규격표준화

답 ④

06 다음 중 전문화의 효과와 관계가 먼 것은?
① 생산능력증대 ② 업무, 책임감소
③ 기계공구 감소 ④ 설비의 특수화

답 ③

07 다음 중 관리 표준화와 관계가 없는 것은?
① 생산　　　　② 재무　　　　③ 품질　　　　④ 기술연구

답 ③

08 다음 중 시스템의 공통적 성질과 관계가 먼 것은?
① 목적추구성　　　　② 환경적용성
③ 집합성　　　　　　④ 상관성

> 풀이
> System의 공통적 성질 : 집합성, 관련성, 목적 추구성, 환경 적응성

답 ④

09 다음 중 생산계획에서 How에 해당하는 것은?
① 자재계획　　② 일정계획　　③ 인원계획　　④ 공수계획

답 ④

10 다음 중 생산계획에서 What에 해당하는 것은?
① 대일정계획　　② 일정계획　　③ 자재계획　　④ 공정계획

답 ③

11 보편적으로 많이 사용되는 공수의 단위는?
① Man-Minute　　　　② Man-Day
③ Man-Sec　　　　　　④ Man-Hour

답 ④

12 생산보전과 관계가 없는 것은?
① 개량보전　　② 사후보전　　③ 보전예방　　④ 사전보전

답 ④

13 쉽고, 빨리, 싸게 잘 보전할 수 있는 설비의 선택은 어디에 해당하는가?
① 보전예방　　② 예방보전　　③ 개량보전　　④ 사후보전

답 ①

14 설비사용 중 윤활, 청소, 조정, 교체 등을 행하는 방법은?
① 보전예방　　　　② 예방보전
③ 개량보전　　　　④ 사후보전

답 ②

15 설비사용 중 보전성 향상을 위하여 계획공사, 수리보전의 작업방법, 기기, 재료의 선택 등을 행하는 것은?
① 사후보전　　　　　　　　　② 개량보전
③ 예방보전　　　　　　　　　④ 보전예방

답 ③

16 설비의 경제성 향상을 위하여 개량비와 열화손실 및 보전비의 합이 최소가 되도록 하는 것은?
① 사후보전　　　　　　　　　② 예방보전
③ 보전예방　　　　　　　　　④ 개량보전

답 ①

17 생산관리의 목표에 속하지 않는 것은?
① 적질의 품질제조　　　　　② 적기에 제조
③ 싸게 제조　　　　　　　　④ 많은 양의 제품을 제조

답 ④

18 Lot의 크기에 따라 증가하는 비용은?
① 기타경비　② 준비비　③ 원가비　④ 고정비

답 ①

19 Lot 수란?
① 예정생산 목표량을 Lot수로 나타낸 것
② 일정한 제조회수를 표시하는 개념
③ 예정 생산목표량을 보유 기계 대수로 나눈 것
④ 예정 생산목표량을 공정수로 나눈 것

답 ②

20 ABC 분석은 한마디로 무엇이라 할 수 있는가?
① 종합관리　② 효율관리　③ 중점관리　④ 성과관리

답 ③

21 보전에 대한 경제성을 고려한 설비관리 방식은?
① 예방보전　　　　　　　　　② 개량보전
③ 보전예방　　　　　　　　　④ 사후보전

답 ④

22 설비열화에 의한 부품교체시 교체방식을 결정할 때 비용과 관계가 가장 먼 것은?
① 부품비　　　　　　　　　　② 교체비용
③ 잔존가치　　　　　　　　　　④ 휴지손실비

답 ③

23 설비 보전의 직접기능 중 일상보전에 해당하지 않는 것은?
① 윤활　　② 청소　　③ 조정　　④ 분해

답 ④

24 생산 계획과 통제의 기능에 대응되는 내용과 관계가 먼 것은?
① 공수계획 – 여력관리　　　② 일정계획 – 진도관리
③ 절차계획 – 작업지도　　　④ 공정계획 – 배치관리

답 ④

25 고장이 없는 설비나 조기 수리가 가능한 설비의 설계 및 선택시 적용하는 설비 보전 방식은?
① 사후보전　　② 예방보전　　③ 개량보전　　④ 보전예방

답 ④

26 설비가 어느 기간을 지나면 고장 정지는 없어도 생산량, 수율, 정도 등의 성능이나 전력 증가 등의 효율이 감소하는 열화현상은?
① 기능 저하형　　　　　　　　② 기능 정지형
③ 기능 수축형　　　　　　　　④ 기능 단축형

답 ①

27 설비의 성능 열화원인과 관계가 먼 것은?
① 사용에 의한 열화　　　　　② 경제적 열화
③ 재해에 의한 열화　　　　　④ 자연 열화

답 ②

28 설비보전조직의 기본형에 해당하지 않는 것은?
① 집중보전　　② 지역보전　　③ 절충보전　　④ 분산보전

답 ④

29 생산계획의 절차 중 가장 중심이 되는 것은?
① 수량　　② 납기　　③ 원가　　④ 품절

답 ①

제2장 생산관리

30 제조 Lot란
① 1회 제조 수량을 말한다.
② 시간당의 제조 수량을 말한다.
③ 일정한 제조량을 말한다.
④ 제조회수를 표시하는 개념이다.

답 ①

31 일정에 관한 계획과 관련 많은 생산 방식은?
① 주문생산
② 계획생산
③ Lot생산
④ 연속생산

답 ①

32 합리적인 공수계획을 수립하기 위한 조건이 아닌 것은?
① 부하와 능력의 균형화를 기할 것
② 일정별의 부하 변동을 방지할 것
③ 적합 배치의 단순화를 기할 것
④ 부하와 능력에 여유를 줄 것

답 ③

33 부하란?
① 최대 작업량
② 최소 작업량
③ 할당된 작업량
④ 평균 작업량

답 ③

34 일정의 구성 현상이 아닌 것은?
① 가공
② 검사
③ 정체
④ 여유

답 ④

35 일정 계획 수립에 필요한 사항이 아닌 것은?
① 생산기간을 아는 것
② 일정을 수립하는 것
③ 납기를 고려하는 것
④ 일정표를 작성하는 것

답 ②

36 작업 분배시 고려해야 할 사항이 아닌 것은?
① 능력 이상의 작업을 할당치 말 것
② 기술적인 문제의 발생
③ 불량품에 대한 조치
④ 원가에 대한 관리

답 ④

37 공정 대기란?

① 가공　　② 정체　　③ 일정　　④ 검사

답 ②

38 수요예측 방법의 하나인 시계열분석에서 시계열적 변동에 해당되지 않는 것은?

① 추세변동　　② 순환변동　　③ 계절변동　　④ 판매변동

▶풀이
- 시계열 분석법
  ㉠ 시계열(연, 월, 주, 일 등의 시간 간격)에 따라 과거의 자료(매출액, 생산량)를 기준으로 추세나 경향을 분석하여 미래 수요를 예측하는 기법이다.
  ㉡ 시계열적 변동의 구분
    ⓐ 추세 변동 : 장기 변동의 추세로서 장기간에 걸쳐 수요가 일정하게 증가 또는 감소하는 추세
    ⓑ 순환 변동 : 일정한 주기없이 수요추세가 장기간 반복되는 변동
    ⓒ 계절 변동 : 계절에 따라 수요가 주기적으로 변동되는 것
    ⓓ 불규칙 변동 : 단기간에 일어나는 변동으로서 수요추세가 우연이나 돌발적으로 변동되는 것

답 ④

39 신제품에 가장 적합한 수요예측 방법은?

① 시계열분석　　② 의견분석　　③ 최소자승법　　④ 지수평활법

답 ②

40 단순지수평활법을 이용하여 금월의 수요를 예측하려고 한다면 이때 필요한 자료는 무엇인가?

① 일정기간의 평균값, 가중값, 지수평활계수
② 추세선, 최소자승법, 매개변수
③ 전월의 예측치와 실제치, 지수평활계수
④ 추세변동, 순환변동, 우연변동

▶풀이
지수평활법(Exponential Smoothing Method)은 과거의 데이터에 대한 비중을 최근에서 과거로 지수적으로 감소시켜 계산하는 방법으로 당기의 데이터를 고려한 차기의 예측치는 당기판매실적치, 당기예측치 등으로부터 구한다.

답 ③

41 생산, 계획량을 완성하는 데 필요한 인원이나 기계의 부하를 결정하여 이를 현재인원 및 기계의 능력과 비교하여 조정하는 것은?

① 진도관리　　② 절차계획　　③ 공수계획　　④ 진도관리

▶풀이
공수계획 : 작업하기에 필요한 공수(工數)로 부터 소요 인원수나 기계 대수를 산정해 이것과 현재 보유하는 능력(작업자와 기계)과의 조정을 꾀하는 일(Man-Hour단위를 많이 사용)

답 ③

42 다음 중 절차계획에서 다루어지는 주요한 내용으로 가장 관계가 먼 것은?
① 각 작업의 소요시간
② 각 작업의 실시 순서
③ 각 작업에 필요한 기계와 공구
④ 각 작업의 부하와 능력의 조정

▶풀이
④는 공수계획에 대한 설명이다.
답 ④

43 로트(Lot)수를 가장 올바르게 정의한 것은?
① 1회 생산수량을 의미한다.
② 일정한 제조횟수를 표시하는 개념이다.
③ 생산목표량을 기계대수로 나눈 것이다.
④ 생산목표량을 공정수로 나눈 것이다.

▶풀이
로트(Lot) : 1회의 준비로서 만들 수 있는 생산단위
답 ②

44 표는 어느 회사의 월별 판매실적을 나타낸 것이다. 5개월 이동평균법으로 6월의 수요를 예측하면?

월	1	2	3	4	5
판매량	100	110	120	130	140

① 150 ② 140 ③ 130 ④ 120

▶풀이
$$F_t = \frac{100+110+120+130+140}{5} = 120$$
답 ④

45 다음 중 부하와 능력의 조정을 도모하는 것은?
① 진도관리 ② 절차계획 ③ 공수계획 ④ 현품관리

▶풀이
공수계획 : 작업하기에 필요한 공수(工數)로부터 소요 인원수나 기계 대수를 산정해 이것과 현재 보유하는 능력(작업자와 기계)과의 조정을 꾀하는 일(Man-Hour단위를 많이 사용)
답 ③

46 여력을 나타내는 식으로 가장 올바른 것은?
① 여력 = 1일 실동시간 × 1개월 실동시간 × 가동대수
② 여력 = (능력-부하) × $\frac{1}{100}$
③ 여력 = $\frac{능력-부하}{능력} \times 100$
④ 여력 = $\frac{능력-부하}{부하} \times 100$

답 ③

47 월 100대의 제품을 생산하는데 세이퍼 1대의 제품 1대당 소요공수가 14.4H라 한다. 1일 8H 월 25일, 가동한다고 할 때 이 제품 전부를 만드는 데 필요한 세이퍼의 필요대수를 계산하면? (단, 작업자 가동률 80[%], 세이퍼 가동률 90[%] 이다.)

① 8대 ② 9대
③ 10대 ④ 11대

▶풀이
기계능력 = 유효가동 시간 × 기계대수
(유효가동 시간 = 1개월 가동일수×1일 실동시간×가동률 = 1개월 실동시간×가동률,
여기서, 가동률 = 1 − 고장률)
100대 × 14.4시간 = 200시간 × (0.9×0.8) × 기계대수
∴ 기계대수 = 10대

답 ③

48 연산소요량이 4,000개인 어떤 부품의 발주비용은 매회 200원이며 부품단가는 100원, 연간 재고유지비율이 10%일 때 F.W Harris에 의한 경제적 주문량은 얼마인가?

① 40[개/회] ② 400[개/회]
③ 1,000[개/회] ④ 1,300[개/회]

▶풀이
경제적 Lot의 산출 방식(F.W.Harris 식)
경제적 발주량(Lot의 크기) $Q = \sqrt{\dfrac{2RP}{CI}}$

여기서, R : 소비예측(연간소비량), P : 준비비(1회 발주 비용)
C : 단위비(구입단가), I : 단위당 연간 재고유지(이자, 보관, 손실 등)

$Q = \sqrt{\dfrac{2 \times 4000 \times 200}{100 \times 0.1}} = 400$[개/회]

답 ②

49 다음 표를 이용하여 비용구배(Cost Slope)를 구하면 얼마인가?

정 상		특 급	
소요시간	소요비용	소요시간	소요비용
5일	40,000원	3일	50,000원

① 3,000원/일 ② 4,000원/일
③ 5,000원/일 ④ 6,000원/일

▶풀이
비용 구배(Cost Slope)
① 공기단축을 위한 최소 비용의 증가분
② 정상 상태에서 한 단위 줄이는 데 발생하는 증가 비용
③ 비용구배 = $\dfrac{\text{특급비용}-\text{정상비용}}{\text{정상시간}-\text{특급시간}} = \dfrac{50,000-40,000}{5-3} = 5,000$[원/일]

답 ③

50 어떤 공장에서 작업을 하는 데 있어서 소요되는 기간과 비용이 다음[표]와 같을 때 비용구배는 얼마인가?(단, 활동시간의 단위는 일(日)로 계산한다.)

정상 작업		특 급	
기간	비용	기간	비용
15일	150만원	10일	200만원

① 50,000원 ② 100,000원 ③ 200,000원 ④ 300,000원

▶풀이
비용 구배(Cost Slope)
① 공기단축을 위한 최소 비용의 증가분
② 정상 상태에서 한 단위 줄이는 데 발생하는 증가 비용
③ 비용구배 = $\dfrac{특급비용 - 정상비용}{정상시간 - 특급시간}$ = $\dfrac{2,000,000 - 1,500,000}{15 - 10}$ = 100,000[원/일]

답 ②

51 일정통제를 할 때 1일당 그 작업을 단축하는 데 소요되는 비용의 증가를 의미하는 것은?
① 비용구배(Cost Slope)   ② 정상 소요시간(Normal Duration)
③ 비용견적(Cost Estimation)   ④ 총비용(Total Cost)

▶풀이
비용 구배(Cost Slope)
① 공기단축을 위한 최소 비용의 증가분(1일당 그 작업을 단축하는데 소요되는 비용의 증가)
② 정상 상태에서 한 단위 줄이는 데 발생하는 증가 비용

답 ①

52 더미활동(Dummy Activity)에 대한 설명 중 가장 적합한 것은?
① 가장 긴 작업시간이 예상되는 공정을 말한다.
② 공정의 시작에서 그 단계에서 이르는 공정별 소요시간들 중 가장 큰 값이다.
③ 실제활동은 아니며, 활동의 선행조건을 네트워크에 명확히 표현하기 위한 활동이다.
④ 각 활동별 소요시간이 베타분포를 따른다고 가정할 때의 활동이다.

답 ③

53 그림과 같은 계획공정도(Network)에서 주공정으로 옳은 것은?(단, 화살표 밑의 숫자는 활동시간[단위 : 주]을 나타낸다.)

① ① - ② - ⑤ - ⑥
② ① - ② - ④ - ⑤ - ⑥
③ ① - ③ - ④ - ⑤ - ⑥
④ ① - ③ - ⑥

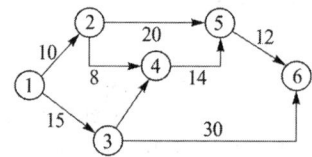

▶풀이
주공정(CP : Critical Path)는 시간적으로 가장 긴 경로이다.
① : 42주 ② : 44주 ③ : 41주 ④ : 45주

답 ④

54 다음의 PERT/CPM에서 주공정(Critical Path)은?
(단 화살표 밑의 숫자는 활동시간을 나타낸다.)

① ① – ③ – ② – ④
② ① – ② – ③ – ④
③ ① – ② – ④
④ ① – ④

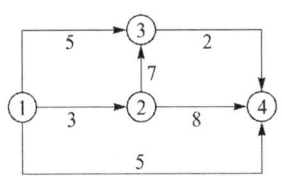

▶ 풀이
주공정(CP : Critical Path)는 시간적으로 가장 긴 경로이다.
① : ×   ② : 12시간   ③ : 11시간   ④ : 5시간   **답** ②

55 생산보전(Productive Maintenance)의 내용에 속하지 않는 것은?

① 사후보전   ② 안전보전   ③ 예방보전   ④ 개량보전

▶ 풀이
설비보전에는 보전예방(MP), 예방보전(PM), 개량보전(CM), 사후보전(BM)이 있다.   **답** ②

56 예방보전의 기능에 해당하지 않는 것은?

① 취급되어야 할 대상설비의 결정   ② 정비작업에서 점검시기의 결정
③ 대상설비 점검개소의 결정   ④ 대상설비의 외주이용도 결정

▶ 풀이
예방보전(PM) : 설비 사용 전 정기 점검 및 검사와 조기수리 등을 하여, 설비성능의 저하와 고장 및 사고를 미연에 방지함으로써 설비의 성능을 표준 이상으로 유지하는 보전활동. 정기적인 점검 및 서비스 체계가 필요   **답** ④

57 다음 내용은 설비보전조직에 대한 설명이다. 어떤 조직의 형태인가?

> 보전작업자는 조직상 각 제조부문의 감독자 밑에 둔다.
> 단점 : 생산우선에 의한 보전작업 경시, 보전기술 향상의 곤란성
> 장점 : 운전과의 일체감 및 현장감독의 용이성

① 집중보전   ② 지역보전   ③ 부문보전   ④ 절충보전
답 ③

58 TQC(Total Quality Control)란?
① 시스템 사고 방법을 사용하지 않는 품질관리 기법이다.
② 애프터서비스를 통한 품질을 보증하는 방법이다.
③ 전사적인 품질정보의 교환으로 품질향상의 기도하는 기법이다.
④ QC부의 정보분석 결과를 생산부에 피드백하는 것이다.

> **풀이**
> 전사적 품질관리(TQC) : 소비자를 충분히 만족시킬 수 있는 품질의 제품을 가장 경제적인 수준으로 생산할 수 있도록 사내의 각 부문이 품질개발, 품질유지, 품질개선의 노력을 조정 통합하는 효과적인 시스템
>
> 답 ③

59 TPM 활동의 기본을 이루는 3정 5S 활동에서 3정에 해당되는 것은?
① 정시간
② 정돈
③ 정리
④ 정량

> **풀이**
> TPM(Total Productive Maintenance; 전사적 생산보전) : 전사적으로 설비보전 업무에 참가, 설비의 고장 및 불량과 재해율을 떨어뜨려 기업의 체질을 변화시키자는 기업혁신운동
> • 3정 : 정위치, 정품, 정량
> • 5S : 정리(Seiri), 정돈(Seiton), 청소(Seisho), 청결(Seiketsu), 습관화(Shitsuke)
>
> 답 ④

60 설비의 구식화에 의한 열화는?
① 상대적 열화
② 경제적 열화
③ 기술적 열화
④ 절대적 열화

답 ①

61 "무결점운동"이라고 불리는 것으로 품질개선을 위한 동기부여 프로그램은 어느 것인가?
① TQC
② ZD
③ MIL-STD
④ ISO

> **풀이**
> • ZD(Zero Defects)운동 : 무결점운동이라 하며, 종업원 한 사람 한 사람의 주의와 노력으로 작업상의 실수를 없애고 처음부터 올바른 작업을 함으로써 품질과 원가와 납기에 대하여 하자(결점) 없이 효과적으로 일을 추진하는 운동을 말한다.
>
> 답 ②

62 어떤 회사의 매출액이 80000원, 고정비가 15000원, 변동비가 40000원일 때 손익 분기점 매출액은 얼마인가?
① 25000원
② 30000원
③ 40000원
④ 55000원

> **풀이**
> $$\text{손익분기점 매출액} = \frac{\text{고정비}}{\text{한계이익률}} = \frac{\text{고정비}}{1 - \frac{\text{변동비}}{\text{매출액}}} = \frac{15,000}{1 - \frac{40,000}{80,000}} = 30,000원$$
>
> 답 ②

제3장 작업관리

3.1 작업관리의 개요

|1| 개념
작업방법을 조사, 연구하여 합리적 작업방법을 설계하고 결정된 작업표준에 의해 작업활동을 계획하고 조직하여 통제하는 관리활동이다. 기본적으로는 방법연구, 작업측정의 각 수법이 이용된다.

|2| 관리절차
문제발견, 현상분석, 중요도발견, 개선안검토, 개선안시행, 표준작업설정

|3| 7가지 작업 시스템의 요소
(1) 과업(Work Task)　　　　　(2) 작업공정(Work Process)
(3) 투입(In Put)　　　　　　 (4) 산출(Out Put)
(5) 인간(Man)　　　　　　　 (6) 설비(Equipment)
(7) 환경(Environment)

|4| 방법연구에 이용되는 수법
(1) 연합작업분석　　(2) 동작분석　　(3) 공정분석

3.2 공정분석 방법

|1| 공정분석

(1) 생산공정이나 작업 방법의 내용을 가공, 운반, 검사, 정체 또는 저장의 4가지의 공정 분석기호로 분류하여 그 발생하는 순서에 따라 표시하고 분석하는 것

(2) 공정분석의 종류

종 류	특 징
제품공정분석	원자재가 제품화되는 과정을 분석·기록하기 위한 것으로 설비계획·일정계획·운반계획·재고계획 등의 기초자료로 활용되는 분석기법이다.
사무공정분석	사무실이나 공장에서 서류를 중심으로 하는 사무제도나 수속을 분석·개선하는데 사용되며 업무현황이나 정보를 기록·분석하거나 발송·보관하는 일을 공정도시기호를 사용하여 분석한다.
작업자 공정분석	작업자가 한 장소에서 다른 장소로 이동하면서 수행하는 일련의 행위를 분석하는 것으로 창고계·보전계·운반계·감독자 등의 행동을, 분석을 통해 업무범위와 경로 등을 개선하는데 사용된다.

(3) 공정분석 기호

공정분류	공정기호	내 용
가 공	○	물리적 또는 화학적 변화를 일으키는 상태이며 가공작업, 화학처리, 또는 다음공정을 위하여 준비하는 상태
운 반	⇨	작업물을 다른 장소로 옮기는 각종 운반, 반송, 이동작업 표시
정 체	D	가공이나 운반 중 일시대기 또는 다음 가공을 위한 정체
보 관 (저 장)	▽	원자재 저장, 창고의 완성품 재고, 중간 제공품 창고 저장
검 사	□	물품을 일정한 방법으로 측정하여 합격, 불합격을 판단
흐 름 선	│	요소공정의 순서를 나타낸다.
구 분	∨∨∨∨	공정계열에서 관리상의 구분을 나타낸다.
생 략	⊥/⊤	공정계열의 일부분 생략을 나타낸다.
질중심의 양검사	◇	품질검사를 주로하면서 수량검사도 한다.
양중심의 질검사	◇	수량검사를 주로 하면서 품질검사도 한다.
가공하면서 양검사	⌸	가공을 주로 하면서 수량검사도 한다.
가공하면서 운반	⊖	가공을 주로 하면서 운반도 한다.
작업중 일시대기	✡	

공정분류	공정기호	내 용
공 정 간 의 대 기	▽	
폐 기	✳	
공 정 도 생 략	∻	

1) Flow Process Chart

Flow Process Chart는 대상 프로세스에 포함되어 있는 (모든 작업) (운반 : →) (검사 : □) (지연 : D) 및 (저장 : ▽)의 계열을 기호로 표시하고 분석에 필요한 소요시간, 이동거리 등의 정보를 기술한 도표이다.

2) Process chart의 개선 원칙과 작업 개선에 적용되는 원칙

① 배제   ② 결합   ③ 교환   ④ 간소화

3) 동작 분석(연구)

인간의 신체 동작과 눈의 움직임을 분석함으로서 불필요한 동작의 배제 및 최적의 방법을 설정하는 수법으로서 작업자의 동작을 가능한 한 최소단위로 분해하고 분석하여 동작의 불합리한 요소를 제거하여 합리적인 동작을 구성하는 데 목적

① 동작 분석의 종류
- Therblig(서블리그) 분석 –미동작분석
- 미세동작 분석(film-tape 분석)–동시동작분석
- 양수 작업 분석

② 목시동작 분석(therblig 분석)

작업자의 행위나 동작을 몇 가지 기본 동작으로 나누고, 이 동작요소를 다시 18종류의 세부 동작으로 정하여(서블릭 기호) 이를 이용하여 작업동작을 분석하는 기법이다.

③ 미세동작 분석(film-tape 분석)

필름 분석은 대상 작업을 촬영하여 프레임별로 분석함으로써 동작내용, 순서, 시간을 명확히 하여 작업 개선에 도움을 주기 위한 기법이다.

④ 양수 작업 분석

작업자의 양수 동작의 프로세스를 양자의 관련성을 고려하면서 분석, 개선하는 수법

4) 연합 작업 분석의 목적

① 인간-기계의 연합 작업의 연합 효율을 높이기 위해
② 조작업의 편성 또는 개선을 하여 연합 효율을 높이기 위해
③ 기계의 담당 대수를 검토할 때

④ 효과적인 기계화 자동화를 의도할 때
⑤ 기계의 정지시간을 단축할 때
⑥ 준비 작업 및 뒷마무리 작업의 합리적인 조합을 검토할 때

[연합 작업 분석의 종류]
- 인간-기계 분석표(Man and machine chart)
- 조작업 분석표(Multi-Man chart)
- 조-기계 분석표 (Multi-Man and Machine chart)

5) 반즈의 동작 경제의 3원칙 (※ 작업동작을 최적화, 최소화시키기 위한 원칙)
   ① 신체 사용에 관한 원칙
   - 가능한 관성을 이용하여 작업
   - 손동작은 부드럽게 연속동작이 되도록 한다.
   - 양손의 동작은 동시에 시작하고 동시에 끝내야 한다.
   - 휴식시간 이외는 양손을 동시에 쉬지 않도록 한다.
   - 양팔 동작은 반대방향으로 대칭으로 동시에 행한다.
   ② 작업장 배치에 관한 원칙
   - 모든 공구와 재료는 자기위치에 있도록 한다.
   - 공구, 재료 및 제어장치는 사용위치에 가까이 두도록한다.
   - 가능하면 낙하식 운반 방법을 사용한다.
   - 작업자가 잘 보면서 작업할 수 있도록 적절한 조명을 한다.
   ③ 공구나 설비의 설계에 관한 원칙
   - 공구와 자재는 가능한 사용하기 쉽도록 미리위치를 잡아준다.
   - 공구의 기능을 결합해서 사용하도록 한다.

6) 프랜트 레이 아웃(Plant Layout)의 진행방법
   ① 입지　　　　　　　② 기본배치 계획
   ③ 세부배치 계획　　　④ 건설 및 설치

7) 배치 (Layout)의 원칙
   ① 총합의 원칙　　　　② 단거리의 원칙
   ③ 유동의 원칙　　　　④ 입체의 원칙

8) 워크 샘플링 : 워크 샘플링은 사람이나 기계의 가동상태 및 작업의 종류 등을 순간적으로 관측하고 이러한 관측을 반복하여 각 관측 항목의 시간 구성이나 그 추이 상황을 통계적으로 추측하는 수법

[워크 샘플링의 용도]
- 인간, 기계, 재료에 관한 문제점을 집어냄.
- 작업자의 가동률 혹은 작업 내용의 구성비율을 파악계산.
- 기계 설비의 가동률이나 원인별로 기계 정지율의 파악계산.
- 표준시간의 설정
- 표준시간에 포함될 수 있는 부대 작업이나 여유율 측정

9) **여유시간** : 작업을 진행하는데 인적, 물적으로 필요한 요소나 발생방법이 불규칙적 우발적인 것으로 편의상 그 발생을 평균시간 등을 조사 측정하여 이것을 정미시간에 부가하는 것으로 보상하는 시간치이다.

10) **피로여유의 평가**

합계 여유율 = (A+B) × C + D

A : 육체적 노력에 대한 여유율,   B : 정신적 노력에 대한 여유율
C : 유휴(Idle) 시간에 대한 회복계수,   D : 단조감에 대한 여유

3.3 작업측정

1. 작업측정의 목적

측정상대 작업을 구성단위(요소작업)로 분할하여, 시간의 척도로서 측정, 평가 및 설계 개선하는 것이다
① 작업 시스템의 개선
② 작업 시스템의 설계
③ 과업관리

(1) 관측대상의 결정 및 층별화

　　① 기계　　② 사람　　③ 제품

(2) 작업의 요소분할이 필요한 이유

① 작업방법의 세부를 명확히 하기 위해
② 작업방법의 작은 변화라도 찾아 개선하기 위해
③ 다른 작업에도 공통되는 요소가 있으면 비교 혹은 표준화 하기 위해
④ 레이팅을 보다 정확히 하기 위해

(3) 작업평정의 종류
　① 속도평정　　　　　　② 노력평정
　③ 페이스평정　　　　　④ 오브젝트평정　　　⑤ 평준화법

(4) 레이팅 : 정상페이스와 관측 대상 작업의 페이스를 비교 판단하여 관측 시간치를 정상시간 치로 수정하는 것

$$레이팅\ 계수 = 페이스\ 레이팅\ 계수\ (1+난이도\ 조정계수)$$

(5) 작업속도의 변동요인 (평준계수)
　① 숙련도(Skill)　　　　　② 노력도(Effort)
　③ 환경조건(Condition)　　④ 일치성(Consistency)

2 | 표준시간

소정의 표준작업조건하에서 평균 숙련과 기능을 가진 작업자가 정해진 작업방법으로 정상적인 페이스로 규정된 품질의 제품을 생산(제조, 정비, 수리)하는데 소요되는 단위당 시간

(1) 표준시간 = 정미시간 + 여유시간
　• 정미시간 : 작업수행에 직접 필요한 시간
　• 여유시간 : 작업의 지연, 기계고장, 재료부족 등으로 소요되는 시간

$$수정\ 정미시간 = 관측시간 \times \frac{평정치}{정상작업페이스}$$

(2) 내경법

$$표준시간 = 정미시간 \times \left(\frac{1}{1-여유율}\right)$$

(3) 외경법

$$표준시간 = 정미시간 \times (1 + 여유율)$$

(4) Stop Watch(스톱워치)법 : 스톱워치를 사용하여 표준시간 측정

숙련된 작업자가 정상적인 속도로 완료하는 임의의 작업결과의 표본으로 표준시간을 설정하는 기법으로 짧은 반복적인 주기를 가지고 있는 작업에 적합하다.
　① 관측방법의 종류 : 계속시간 관측법, 반복시간 관측법, 순환법
　② Stop watch의 시간 단위 : 1/100분 = 1 DM

(5) WS(Work Sampling)법

통계적 샘플링을 이용하여 작업자의 행동이나 기계의 가동상태 등을 관측 시간 동안의 관측 비율로 항목별 구성하여 파악하는 작업 측정의 방법이다.

관측 방법이 간단해서 소요 경비가 적으나 세밀한 과정이나 작업방법의 시간적 관측이 어렵다. 사이클이 긴 작업에 적합함.

3 PTS(Predetermined Time Standard)법 종류

모든 작업을 기본동작으로 분석하고 각 동작의 기초 시간치를 사용하여 기본동작의 소요시간을 구하고 이를 집계하여 정미시간을 구하는 간접 관찰법으로 세부적으로 아래와 같다.
- TA   • WF   • MTM   • BMT   • DMT   • MODAPTS

(1) MTM(Method Time Measurement)

　기본 동작의 성질과 조건에 따라 미리 정해진 시간을 적용하여 작업의 정미시간을 구한다.(MTM법의 단위 : 1MTU =0.00001시간)

(2) WF(Work Factor)

　① WF 동작시간 표준 = 기초동작 + WF 시간지수 (중량, 저항, 동작의 곤란성)
　② 중량, 저항 시간지수(W) : 무게나 저항에 따라 기초 동작을 방해하는 요인
　③ 동작의 곤란성 : 인위적 조절을 필요로 하는 동작으로 동작시간을 지연시키는 요인
　④ 동작의 곤란성 요소 : 방향조절(S), 주의(P), 방향변경(U), 일정정지(D)

4 표준자료법

동일 종류에 속하는 과업의 작업 내용을 정수 요소와 변수 요소로 나누어 미리 그 작업을 측정하여, 변동 요인과 시간치의 관계를 해석하고 시간공식 또는 시간자료를 만들어 개개작업시간을 설정할 때, 그때마다 측정을 하지 않고 그 자료를 사용하여 표준시간 측정

(1) 표준자료의 결정 단위

　① 요소 작업 단위　　② 단위 작업 단위
　③ 공정단위　　　　　④ 제품단위

(2) 표준자료의 표현 형식

　① 등식(Equations)
　② 커브(Cuves)
　③ 테이블(Table or charts)
　④ 계산도표(Nomographs or Alignment charts)
　⑤ 다변수표(Multi-Variable charts)
　⑥ 프리 레이트 시이트(pre-rate Sheet)

(3) 표준자료의 구분 결정의 고려사항
　① 시간치의 요구 정도
　② 대상작업수의 다소 및 유사정도
　③ 변동요소의 다소
　④ 시간 자료를 정리할 때의 용이성
　⑤ 자료 이용시의 조건(자료의 매수, 정리방법, 설정의 신속)

기출 & 예상문제

제3장 작업관리

01 다음 중 작업시스템에 속하지 않는 것은 어느 것인가?
① 작업공정　　　　　　　② 사람
③ 제품　　　　　　　　　④ 설계

답 ④

02 다음 중 방법연구에 속하지 않는 것은?
① 연합작업분석　　　　　② 동작분석
③ 표준자료법　　　　　　④ 공정분석

답 ③

03 다음 중 가장 큰 작업구분 단위는 무엇인가?
① 단위작업　　　　　　　② 공정
③ 요소작업　　　　　　　④ 서블리그

답 ②

04 시간연구법의 측정단위로서 가장 작은 단위는?
① 공정　　　　　　　　　② 단위작업
③ 요소작업　　　　　　　④ 동작요소

답 ④

05 공정목적을 형성하는 개개의 단위로 보통 1분 이상의 길이를 가진 작업을 무엇이라고 하는가?
① 요소작업　　　　　　　② 단위작업
③ 동작요소　　　　　　　④ 운동

답 ②

06 작업구분을 큰 작업에서 작은 작업으로 크기 순서로 나열하면?
① 공정-작업-요소작업-단위작업-동작-동작요소
② 작업-공정-단위작업-동작요소-요소작업-동작
③ 작업-공정-단위작업-요소작업-동작-동작요소
④ 작업-동작-공정-요소작업-단위작업-동작요소

답 ③

07 ECRS의 원칙이 아닌 것은?
① 배제　　　　　　　　　② 결합
③ 교환　　　　　　　　　④ 안전

> 풀이
> 프로세스 혁신의 4가지 원칙 : 배제, 결합, 교환, 간략화

답 ④

08 개선의 일반적인 4가지 목표가 아닌 것은?
① 공정의 단축　　　　　　② 피로의 경감
③ 품질의 향상　　　　　　④ 경비의 절감

답 ①

09 생산능률을 높이기 위한 3S와 직접 관계가 없는 것은?
① 단순화　　　　　　　　② 표준화
③ 전문화　　　　　　　　④ 계수화

답 ④

10 2사람 이상의 작업자가 협동하면서 하는 작업분석은 어느 것인가?
① 제품공정분석　　　　　② 조작업 분석
③ 작업자 공정분석　　　　④ 동작분석

답 ②

11 재료가 출고되어서부터 제품으로 출하되기까지의 공정계열을 체계적으로 도표를 작성하여 분석하는 방법은?
① 공정분석　　　　　　　② 작업분석
③ 동작분석　　　　　　　④ Therblig분석

답 ①

12 공정분석에서 사용되는 주된 분석기법이 아닌 것은?
① 사무공정분석　　　　　② 작업자공정분석
③ 제품공정분석　　　　　④ 동작공정분석

답 ④

13 다음 중 동작분석의 종류가 아닌 것은 어느 것인가?
① 양수작업분석　　　　　② 서블리그(therblig)분석
③ 동시동작분석　　　　　④ 제품공정분석

답 ④

14 흐름작업을 편성하는 공정계열 중 최종공정에서 완성품이 나오는 시간간격을 무엇이라고 하는가?
① 정미시간　　② 표준시간　　③ 통제시간　　④ 피치타임
답 ④

15 시간 측정방법에서 간접법에 속하지 않는 것은?
① VTR분석　　② PTS법　　③ 표준자료법　　④ 경험견적법
답 ①

16 그 작업에 적성이 있고 숙련된 작업자가 양호한 작업 환경 소정의 작업조건, 필요한 여유 및 소정의 작업에 미리 정해진 방법에 따라 수행한 시간을 무엇이라고 하는가?
① 작업시간　　② 표준시간　　③ 정미시간　　④ 여유시간
답 ②

17 최소의 피로로서 최대의 효과를 얻기 위한 법칙은?
① 만족감의 법칙　　② 총합의 법칙
③ 동작경제의 원칙　　④ 융통성의 원칙
답 ③

18 다음 중 정미시간의 구성이 잘못된 것은?
① 주요시간 + 부수시간　　② 가공시간 + 중간시간
③ 실동시간 + 수대기시간　　④ 주요시간 + 중간시간
답 ④

19 다음 중 작업측정의 목적이 아닌 것은?
① 작업시스템 개선　　② 작업시스템의 설계
③ 과업관리　　④ 재고관리
답 ④

20 작업측정의 관측대상의 결정 및 층별화가 아닌 것은 어느 것인가?
① 기계　　② 사람　　③ 제품　　④ 공정
답 ④

21 스톱위치 측정방법의 1DM은?
① 1/1000분　　② 1/100분　　③ 1/100초　　④ 1/1000시간

> **풀이**
> Stop Watch(스톱워치)법 : 스톱워치를 사용하여 표준시간 측정
> (1) 관측방법의 종류 : 계속시간 관측법, 반복시간 관측법, 순환법
> (2) Stop watch의 시간 단위 : 1/100분 = 1 DM
>
> **답** ②

22 정상속도와 관측대상속도를 비교 판단하여 시간 값을 정상속도의 값으로 수정한 것을 무엇이라고 하는가?
① 레이팅 ② 표준시간 ③ 준비시간 ④ 정미시간

> **풀이**
> • 레이팅 : 정상페이스와 관측 대상 작업의 페이스를 비교 판단하여 관측 시간치를 정상시간 치로 수정하는 것
>
> **답** ①

23 보통 정도의 기능 및 보통 정도의 노력으로 작업을 할 때, 시간치로 하는 것은 다음 어느 것인가?
① 낭비시간 ② 정미시간 ③ 공정시간 ④ 검사시간

> **풀이**
> 표준시간 = 정미시간 + 여유시간
> • 정미시간 : 작업수행에 직접 필요한 시간
> • 여유시간 : 작업의 지연, 기계고장, 재료부족 등으로 소요되는 시간
>
> 수정 정미시간 = 관측시간 × $\dfrac{평정치}{정상작업페이스}$
>
> **답** ②

24 다음 중 대상 작업의 기본적 내용으로서 규칙적, 주기적으로 반복되는 작업 부분의 시간은?
① 준비시간 ② 단위당시간 ③ 정미시간 ④ 여유시간

답 ③

25 통계적 추론을 이용하기 위하여 사람과 기계의 움직임을 순간적으로 관측하여 작업량을 측정하는 방법은 무엇인가?
① 표준시간 ② 워크 샘플링
③ 필름분석 ④ PTS법

> **풀이**
> • WS(Work Sampling)법 : 통계적 수법을 이용하여 작업자 또는 기계의 작업 상태를 파악하는 방법
>
> **답** ②

26 작업측정의 기법으로 볼 수 없는 것은?
① 의견법 ② 시간연구법
③ PTS법 ④ 워크샘플링법

답 ①

27 작업시간 측정기법이 아닌 것은?
① 시간연구법   ② PTS법   ③ 동작연구법   ④ 워크샘플링법

답 ③

28 다음 중 작업자에게 부여된 본 목적의 작업을 무엇이라고 하는가?
① 작업여유   ② 부대작업   ③ 주체작업   ④ 준비작업

답 ③

29 다음 중 일반여유에 속하지 않는 것은?
① 용무여유   ② 피로여유   ③ 장려여유   ④ 작업여유

답 ③

30 다음 피로의 발생 원인이 아닌 것은?
① 작업강도에 의한 피로   ② 환경에 의한 피로
③ 육체적 근육노동에 의한 피로   ④ 장기간 휴식에 의한 피로

답 ④

31 피로의 원인은 일이 요구하는 육체적 정신적 조건 및 작업환경에 있다고 생각되는데 다음 중에서 육체적 조건에 속하지 않는 것은?
① 작업의 단조도   ② 육체적 노력
③ 작업자세   ④ 특수한 작업복이나 장구

답 ①

32 한 사람의 작업자가 여러 기계를 담당할 때 어떠한 기계가 문제가 발생하여 작업자가 조치해 주기를 기다리는 시간을 무엇이라고 하는가?
① 관리여유   ② 기계간섭여유
③ 장려여유   ④ 기계간섭시간

답 ②

33 표준시간의 올바른 계산식은?
① 정미시간 × 여유율   ② 정미시간 × (1+여유율)
③ 평균시간 × 평정계수   ④ 평균시간 × 평정계수/100

● 풀이
• 내경법 : 표준시간 = 정미시간 × $\left(\dfrac{1}{1-여유율}\right)$
• 외경법 : 표준시간 = 정미시간 × (1 + 여유율)

답 ②

34 한 사람의 작업자가 동시에 여러 기계를 담당하는 시간을 무엇이라고 하는가?
① 기계간섭시간　　② 기계간섭여유　　③ 장려여유　　④ 관리여유

답 ①

35 인간이 행하는 모든 작업을 그것을 구성하는 기본동작으로 분해하여 각 기본동작에 대해 그 동작의 성질과 조건에 따라 미리 정해진 시간치를 적용하는 수법을 무엇이라고 하는가?
① 표준자료법　　② PTS법　　③ VTR법　　④ 경험 견적법

▶**풀이**
PTS(Predetermined Time Standard)법
인간이 행하는 모든 작업을 구성하는 기본동작으로 분해하여 각 기본동작에 대해 그 동작의 성직과 조건에 따라 미리 정해진 시간치를 적용하는 수법으로 MTM법과 WF법 등이 있다.

답 ②

36 다음 작업측정기법 중 분석자에 따른 영향이 없는 것은?
① 시간 연구법　　　　　　　② PTS법
③ 워크 샘플링법　　　　　　④ 실적기록법

답 ②

37 과거 측정했던 시간치를 이용하는 방법 중 아닌 것은?
① PTS법　　② 가동분석법　　③ 표준자료법　　④ 경험견적법

답 ②

38 Work Factor법의 시간단위는?
① 0.001분　　② 0.0001시간　　③ 0.001초　　④ 3600초

▶**풀이**
WF(Work Factor)법
표준시간 설정을 위해 정밀계측시계를 이용하여 극소동작에 대한 상세 데이터를 분석한 결과를 기초적인 동작시간 공식을 작성하여 분석하는 방법이다.

답 ①

39 Work Factor법의 주요변수가 아닌 것은 어느 것인가?
① 이동거리　　　　　　　② 사용신체부위
③ 인위적 조건　　　　　　④ 취급용량 및 저항

답 ④

40 Work Factor법의 사용신체부위가 아닌 것은?
① 손가락　　② 몸통　　③ 허리　　④ 앞팔선회

답 ③

41 Ready Work Factor 법의 시간단위는 어느 것인가?
① 0.001분   ② 0.0001시간   ③ 0.0001분   ④ 0.00036초

답 ①

42 MTM법의 시간단위는 다음 중 어느 것인가?
① 0.0001시간   ② 0.00001시간
③ 0.001시간   ④ 0.1시간

▶풀이
MTM(Method time Measurement)법
작업을 몇 개의 기본동작으로 분석하여 기본동작 간의 관계나 그것에 필요로 하는 시간치를 밝히는 것
(MTM법의 단위 : 1 MTU =0.00001시간)

답 ②

43 동일종류에 속하는 과업의 작업내용을 정수, 변수요소로 분류하여 작업측정요인과 시간치와의 관계를 해석하여 표준시간을 구하는 방법은?
① VTR분석   ② PTS법   ③ 표준자료법   ④ 경험견적법

답 ③

44 원재료 및 부품이 공정에 투입되는 점 및 모든 작업과 검사의 계열을 표현한 도표를 무엇이라고 하는가?
① 작업공정도   ② 흐름공정도   ③ 서블리그   ④ 공정도

답 ①

45 대상 공정에 포함되어 있는 모든 작업, 운반, 검사, 지연 및 저장의 계열을 기호로 표시하고 분석에 필요한 소요시간, 이동거리 등을 나타낸 것을 무엇이라고 하는가?
① 서블리그   ② 작업공정도   ③ 흐름공정도   ④ 공정도

답 ③

46 흐름공정도로 검토하는데 부적합한 것은 어느 것인가?
① 공장배치   ② 정체 및 수대기 상황
③ 재료취급   ④ 원가문제

답 ④

47 공정도 개선원칙의 적용이 아닌 것은?
① 재료취급의 원치   ② 레이아웃의 원칙
③ 동작경제의 원칙   ④ 동작분석의 원칙

답 ④

48 다음 중 공정분석기호 표시의 연결이 잘못된 것은 어느 것인가?
① 작업 : ○   ② 운반 : ⇨   ③ 검사 : □   ④ 보관 : D

> 풀이

공정분류	공정기호	내　　　용
가　공	○	물리적 또는 화학적 변화를 일으키는 상태이며 가공작업, 화학처리, 또는 다음공정을 위하여 준비하는 상태
운　반	⇨	작업물을 다른 장소로 옮기는 각종 운반, 반송, 이동작업 표시
정　체	D	가공이나 운반 중 일시대기 또는 다음 가공을 위한 정체
저　장	▽	원자재 저장, 창고의 완성품 재고, 중간 제공품 창고 저장
검　사	□	물품을 일정한 방법으로 측정하여 합격, 불합격을 판단

답 ④

49 연합작업분석의 종류에 속하지 않는 것은?
① 인간 - 기계분석표   ② 조작업 분석표
③ 조 - 기계분석표   ④ 조 - 인간분석표

답 ④

50 작업방법연구에 이용하는 도표가 아닌 것은?
① 활동분석도표(activity chart)
② 인간-기계분석도표(man-machine chart)
③ 작업분석도표(operation chart)
④ 흐름공정도표(flow process chart)

답 ④

51 작업과 관련된 인간의 신체동작과 눈의 움직임을 분석하여 불필요한 동작을 제거하고 가장 합리적인 작업방법을 연구하는 기법은 무엇인가?
① 공정분석   ② 동작연구   ③ 표준자료법   ④ 연합작업분석

답 ②

52 동작연구 수법에 속하지 않는 것은?
① 양수작업분석   ② 미동작 분석   ③ 동시동작분석   ④ 공정분석

> 풀이

(1) 동작 분석(연구) : 인간의 신체 동작과 눈의 움직임을 분석함으로서 불필요한 동작의 배제 및 최량의 방법을 설정하는 수법
　• 양수 작업 분석
　• Therblig(서블리그) 분석 (미동작 분석)
　• 동시동작 분석

답 ④

53 Ralph M. Barnes 교수가 제시한 동작경제의 원칙 중 작업장 배치에 관한 원칙(Arrangement of the workplace)에 해당되지 않는 것은?
① 가급적이면 낙하식 운반방법을 이용한다.
② 모든 공구나 재료는 지정된 위치에 있도록 한다.
③ 적절한 조명을 하여 작업자가 잘 보면서 작업할 수 있도록 한다.
④ 가급적 용이하고 자연스런 리듬을 타고 일할 수 있도록 작업을 구성하여야 한다.

> **풀이**
> 동작경제의 원칙 중 작업장에 관한 원칙
> ① 공구와 재료를 정위치에 둔다.
> ② 공구와 재료는 작업자의 전면(前面)에 가깝게 배치한다.
> ③ 공구와 재료는 작업순서대로 나열한다.
> ④ 작업 면을 적당한 높이로 한다.
> ⑤ 작업 면에 적정한 조명을 준다.
> ⑥ 재료의 공급, 운반을 위하여 중력(낙하)을 이용한다.
> **답** ④

54 배치(layout)의 원칙에 속하지 않은 것은?
① 총합의 원칙
② 유동의 원칙
③ 융통성의 원칙
④ 물류와 재고의 원칙

답 ④

55 작업개선의 원칙 중 맞는 것은?
① 배제 – 결합 – 재배치 – 간소화
② 제거 – 결합 – 분해 – 간소화
③ 배제 – 운반 – 검사 – 조치
④ 제거 – 경합 – 검사 – 운반

답 ①

56 작업연구의 기능이라고 볼 수 없는 것은?
① 자재의 적정 재고량 결정
② 표준시간의 결정
③ 생산성의 측정
④ 작업표준의 설정

답 ①

57 건물, 기계설비, 작업역에 대한 layout을 개괄적으로 표현하고 물체 또는 인간의 이동경로를 실로 표시한 도표는?
① 작업공정도
② 흐름공정도
③ Flow diagram
④ string diagram

답 ④

58 다음 중 「부하<능력」일 때의 상황은?
① 기계나 작업원을 늘려야 한다.
② 기계나 작업원을 쉬게 한다.
③ 외주를 해야 한다.
④ 공정대기가 발생한다.
답 ②

59 생산 라인의 평형분석(line balancing)에서 애로 공정(bottle neck)이란 무엇인가?
① 가장 작은 부하량을 가진 공정
② 가장 큰 여력이 있는 공정
③ 가장 작은 애로가 존재하는 공정
④ 가장 큰 작업량을 가진 공정
답 ④

60 스톱 워치를 사용하는데 있어서 가장 일반적인 방법이 아닌 것은?
① 계속법
② 반복법
③ 순환법
④ 절충법
답 ④

61 작업분석에 있어서 요소작업에 대해 효과적인 개선활동을 위한 원리 중 ECRS의 내용에 맞지 않는 것은?
① E : Eliminate(제거)
② C : Combine(결합)
③ R : Repair(보수)
④ S : Simplify(단순화)
답 ③

62 피로의 원인에 속하지 않는 것은?
① 육체적 조건
② 개인적 차이에 의한 조건
③ 정신적 조건
④ 작업환경
답 ②

63 다음 중 작업속도에 가장 영향을 미치는 요소는?
① 작업의 착실성
② 작업조건
③ 노력도
④ 숙련도
답 ④

64 PTS법이란?
① 기본동작에 소요되는 시간에 미리 작성된 시간치를 적용하여 개개의 작업시간을 합산하는 방법이다
② 작업측정에 통계적 기법을 사용한다
③ 컴퓨터를 이용하여 작업측정을 하는 방법이다
④ Planning-training & system의 약자이다.

> **풀이**
> PTS(Predetermined Time Standard)법
> 인간이 행하는 모든 작업을 구성하는 기본동작으로 분해하여 각 기본동작에 대해 그 동작의 성직과 조건에 따라 미리 정해진 시간치를 적용하는 수법으로 MTM법과 WF법 등이 있다.
>
> 답 ①

65 워크샘플링의 장점이 아닌 것은?
① 비반복적 작업에 유용하다. ② 작업분석에 유용하다.
③ 적용하기에 용이하다.   ④ 적은 표본수로도 가능하다.

답 ②

66 원재료가 제품화되어가는 과정 즉, 가공, 검사, 운반, 지연, 저장에 관한 정보를 수집하여 분석하고 검토를 행하는 것은?
① 사무공정분석표   ② 작업자 공정분석표
③ 제품공정분석표   ④ 연합작업분석표

> **풀이**
>
> | 종 류 | 특 징 |
> |---|---|
> | 제품공정분석 | 원자재가 제품화되는 과정을 분석·기록하기 위한 것으로 설비계획·일정계획·운반계획·재고계획 등의 기초자료로 활용되는 분석기법이다. |
> | 사무공정분석 | 사무실이나 공장에서 서류를 중심으로 하는 사무제도나 수속을 분석·개선하는 데 사용되며 업무현황이나 정보를 기록·분석하거나 발송·보관하는 일을 공정도시기호를 사용하여 분석한다. |
> | 작업자 공정분석 | 작업자가 한 장소에서 다른 장소로 이동하면서 수행하는 일련의 행위를 분석하는 것으로 창고계·보전계·운반계·감독자 등의 행동을, 분석을 통해 업무범위와 경로 등을 개선하는데 사용된다. |
>
> 답 ③

67 제품공정분석표(Product Process Chart) 작성 시 가공시간 기입법으로 가장 올바른 것은?

① $\dfrac{1개당 \ 가공시간 \times 1로트의 \ 수량}{1로트의 \ 총 \ 가공시간}$

② $\dfrac{1개당 \ 가공시간}{1로트의 \ 총 \ 가공시간 \times 1로트의 \ 수량}$

③ $\dfrac{1개당 \ 가공시간 \times 1로트의 \ 총 \ 가공시간}{1로트의 \ 수량}$

④ $\dfrac{1개당 \ 총 \ 가공시간}{1개당 \ 가공시간 \times 1로트의 \ 수량}$

답 ①

68 공정분석 기호 중 □는 무엇을 의미하는가?
① 검사   ② 가공   ③ 정체   ④ 저장

▶풀이

공정분류		공정기호	내　　용
①	검　사	□	물품을 일정한 방법으로 측정하여 합격, 불합격을 판단
②	가　공	○	물리적 또는 화학적 변화를 일으키는 상태이며 가공작업, 화학처리, 또는 다음공정을 위하여 준비하는 상태
③	정　체	D	가공이나 운반 중 일시대기 또는 다음 가공을 위한 정체
④	저　장	▽	원자재 저장, 창고의 완성품 재고, 중간 제품품 창고 저장

답 ①

69 제품 공정분석표용 공정도시기호 중 정체 공정(Delay) 기호는 어느 것인가?
① ○　　　　② →　　　　③ D　　　　④ □

답 ③

70 공정도시기호 중 공정계열의 일부를 생략할 경우에 사용되는 보조 도시기호는?
① 　② 　③ 　④

답 ②

71 작업자가 장소를 이동하면서 작업을 수행하는 경우에 그 과정을 가공, 검사, 운반, 저장 등의 기호를 사용하여 분석하는 것을 무엇이라 하는가?
① 작업자 연합작업분석　　　　② 작업자 동작분석
③ 작업자 미세분석　　　　　　④ 작업자 공정분석

▶풀이

종　류	특　　징
제품공정분석	원자재가 제품화되는 과정을 분석·기록하기 위한 것으로 설비계획·일정계획·운반계획·재고계획 등의 기초자료로 활용되는 분석기법이다.
사무공정분석	사무실이나 공장에서 서류를 중심으로 하는 사무제도나 수속을 분석·개선하는 데 사용되며 업무현황이나 정보를 기록·분석하거나 발송·보관하는 일을 공정도시기호를 사용하여 분석한다.
작업자 공정분석	작업자가 한 장소에서 다른 장소로 이동하면서 수행하는 일련의 행위를 분석하는 것으로 창고계·보전계·운반계·감독자 등의 행동을, 분석을 통해 업무범위와 경로 등을 개선하는데 사용된다.

답 ④

72 제품공정분석표에 사용되는 기호 중 공정 간의 정체를 나타내는 기호는?
① ▢(○)　　② ▽　　③ ✶　　④ △

답 ②

73 다음 중 관리의 사이클을 가장 올바르게 표시한 것은?
(단, A : 조처, C : 검토, D : 실행, P : 계획)
① P → C → A → D
② P → A → C → D
③ A → D → C → P
④ P → D → C → A

답 ④

74 서블리그(Therblig) 기호는 어떤 분석에 주로 이용되는가?
① 연합작업분석 ② 공정분석 ③ 동작분석 ④ 작업분석

▶ 풀이
동작 분석의 종류
(1) 양수 작업 분석
(2) Therblig(서블리그) 분석 (미동작 분석)
(3) 동시동작 분석

답 ③

75 내경법에 의한 표준시간을 나타내는것은?
① 표준시간 = 정미시간 + 여유시간
② 표준시간 = 정미시간 × (1 + 여유율)
③ 표준시간 = 정미시간 × $\left(\dfrac{1}{1-여유율}\right)$
④ 표준시간 = 정미시간 × $\left(\dfrac{1}{1+여유율}\right)$

▶ 풀이
소정의 표준작업조건하에서 평균 숙련과 기능을 가진 작업자가 정해진 작업방법으로 정상적인 페이스로 규정된 품질의 제품을 생산(제조, 정비, 수리)하는데 소요되는 단위당 시간
- 내경법 : 표준시간 = 정미시간 × $\left(\dfrac{1}{1-여유율}\right)$
- 외경법 : 표준시간 = 정미시간 × (1+여유율)

답 ③

76 로트 수가 10이고 준비작업시간이 20분이며 로트별 정미작업시간이 60분이라면 1로트당 작업시간은?
① 90분 ② 62분 ③ 26분 ④ 13분

▶ 풀이
외경법
표준시간 = 정미시간 × (1+여유율) = $60 \times \left(1 + \dfrac{20}{60 \times 10}\right) = 62$[분]

답 ②

77 준비작업시간이 5분, 정미작업시간이 20분, Lot수 5, 주 작업에 대한 여유율이 0.2라면 가공시간은?
① 150분 ② 145분 ③ 125분 ④ 105분

> **풀이**
> 표준시간 = 정미시간 × $\left(\dfrac{1}{1-\text{여유율}}\right) = 20 \times \left(\dfrac{1}{1-0.2}\right) = 25\,[\text{분}]$
> 가공시간 = 표준시간 × lot 수 = $25 \times 5 = 125\,[\text{분}]$

답 ③

78 다음 중에서 작업자에 대한 심리적 영향을 가장 많이 주는 작업측정의 기법은?
① PTS법 ② 워크샘플링법
③ WF법 ④ 스톱워치법

답 ④

79 모든 작업을 기본동작으로 분해하고 각 기본동작에 대하여 성질과 조건에 따라 정해놓은 시간치를 적용하여 정미시간을 산정하는 방법은?
① PTS법 ② WS법 ③ 스톱워치법 ④ 실적기록법

> **풀이**
> (1) Stop Watch(스톱워치)법 : 스톱워치를 사용하여 표준시간 측정
>   ① 관측방법의 종류 : 계속시간 관측법, 반복시간 관측법, 순환법
>   ② Stop watch의 시간 단위 : 1/100분 = 1 DM
> (2) WS(Work Sampling)법
>   통계적 수법을 이용하여 작업자 또는 기계의 작업 상태를 파악하는 방법
> (3) PTS(Predetermined Time Standard)법
>   인간이 행하는 모든 작업을 구성하는 기본동작으로 분해하여 각 기본동작에 대해 그 동작의 성직과 조건에 따라 미리 정해진 시간치를 적용하는 수법으로 MTM법과 WF법 등이 있다.

답 ①

80 방법시간측정법(MTM ; Method Time Measurement)에서 사용되는 1TMU(Time Measurement Unit)는 몇 시간인가?
① $\dfrac{1}{100,000}$시간 ② $\dfrac{1}{10,000}$시간
③ $\dfrac{6}{10,000}$시간 ④ $\dfrac{36}{1,000}$시간

> **풀이**
> MTM(Method Time Measurement) : 기본 동작의 성질과 조건에 따라 미리 정해진 시간을 적용하여 작업의 정미시간을 구한다.(MTM법의 단위 : 1MTU = 0.00001시간)

답 ①

8 과목

기출분석 실전모의고사

- 제01회 기출분석 실전모의고사
- 제03회 기출분석 실전모의고사
- 제05회 기출분석 실전모의고사
- 제07회 기출분석 실전모의고사
- 제09회 기출분석 실전모의고사
- 제11회 기출분석 실전모의고사
- 제13회 기출분석 실전모의고사
- 제15회 기출분석 실전모의고사
- 제17회 기출분석 실전모의고사
- 제19회 기출분석 실전모의고사
- 제21회 기출분석 실전모의고사
- 제23회 기출분석 실전모의고사
- 제25회 기출분석 실전모의고사
- 제27회 기출분석 실전모의고사
- 제29회 기출분석 실전모의고사
- 제02회 기출분석 실전모의고사
- 제04회 기출분석 실전모의고사
- 제06회 기출분석 실전모의고사
- 제08회 기출분석 실전모의고사
- 제10회 기출분석 실전모의고사
- 제12회 기출분석 실전모의고사
- 제14회 기출분석 실전모의고사
- 제16회 기출분석 실전모의고사
- 제18회 기출분석 실전모의고사
- 제20회 기출분석 실전모의고사
- 제22회 기출분석 실전모의고사
- 제24회 기출분석 실전모의고사
- 제26회 기출분석 실전모의고사
- 제28회 기출분석 실전모의고사
- 제30회 기출분석 실전모의고사

제01회 전기기능장 실전모의고사

01 동일한 보빈위에 동일한 인덕턴스 L [H]인 두 코일을 반대 방향으로 직렬로 연결할 때 합성 인덕턴스는 몇 [H]인가?

① 0 ② L ③ $2L$ ④ $4L$

• 풀이
차동접속이므로 $L = L_1 + L_2 - 2M$
$L = L_1 + L_2 - 2\sqrt{L_1 L_2} = 0$ ($\because L_1 = L_2 = L$)

답 ①

02 100[V] 전원에 30[W]의 선풍기를 접속하였더니 0.5[A]의 전류가 흘렀다. 이 선풍기의 역률은 얼마인가?

① 0.6 ② 0.7 ③ 0.8 ④ 0.9

• 풀이
$\cos\theta = \dfrac{P}{VI} = \dfrac{30}{100 \times 0.5} = 0.6$

답 ①

03 어떤 $R-L-C$ 병렬회로가 병렬공진 되었을 때 합성전류에 대한 설명으로 옳은 것은?

① 전류는 무한대가 된다. ② 전류는 최대가 된다.
③ 전류는 흐르지 않는다. ④ 전류는 최소가 된다.

• 풀이
병렬공진 시 : 어드미턴스가 최소(허수부=0), 전류 최소($I = YV$)

답 ④

04 히스테리시스 곡선의 횡축과 종축을 나타내는 것은?

① 자속밀도-투자율 ② 자장의 세기-자속밀도
③ 자계의 세기-자화 ④ 자화-자속밀도

• 풀이
히스테리시스곡선은 $B-H$ 곡선을 나타낸다. (B : 자속밀도, H : 자장의 세기)

답 ②

05 비투자율 1500인 차로의 평균길이 50[cm], 단면적 30[cm²]인 철심에 감긴, 권수 425회의 코일에 0.5[A]의 전류가 흐를 때 저축된 전자에너지는 약 몇 [J]인가?

① 0.25 ② 2.73 ③ 4.96 ④ 15.3

▶풀이

$$L = \frac{\mu N^2 A}{l} = \frac{4\pi \times 10^{-7} \times 1500 \times 425^2 \times 30 \times 10^{-4}}{0.5} ≒ 2[H]$$

$$W = \frac{1}{2}LI^2 = \frac{1}{2} \times 2 \times 0.5^2 = 0.25[J]$$

답 ①

06 비투자율 $\mu_S = 800$, 단면적 $S = 10[cm^2]$, 평균 자로 길이 $l = 30[cm]$의 환상 철심에 $N = 600$회의 권선을 감은 무단 솔레노이드가 있다. 이것에 $I = 1[A]$의 전류를 흘릴 때 솔레노이드 내부의 자속은 약 몇 [Wb]인가?

① 1.10×10^{-3}　② 1.10×10^{-4}　③ 2.01×10^{-3}　④ 2.01×10^{-4}

▶풀이

$\phi = BA = \mu HA = \mu_0 \mu_S HA$, $H = \frac{NI}{l}$ 이므로

$= 4\pi \times 10^{-7} \times 800 \times \frac{600 \times 1}{0.3} \times 10 \times 10^{-4} = 2.01 \times 10^{-3}$

답 ③

07 5[Ω]의 저항 10개를 직렬 접속하면 병렬 접속시의 몇 배가 되는가?

① 20　② 50　③ 100　④ 250

▶풀이

$\frac{직렬}{병렬} = \frac{5 \times 10}{5/10} = 100$배

답 ③

08 직류전동기에서 전기자에 가해 주는 전원전압을 낮추어서 전동기의 유도 기전력을 전원전압보다 높게 하여 제동하는 방법은?

① 맴돌이전류제동　② 발전제동
③ 역전제동　④ 회생제동

▶풀이

전기 제동
① 발전 제동 : 운전중의 전동기를 전원에서 분리하여 단자에 적당한 저항을 접속하고, 이것을 발전기로 동작시켜 부하 전류를 열로 소비시켜 제동하는 방법.
② 회생 제동 : 전동기를 발전기로 동작시켜 그 유도 기전력을 전원 전압보다 크게 함으로써, 전력을 전원에 되돌려 보내면서 제동시키는 경제적인 방법.
③ 플러깅(plugging) : 전동기를 전원에 접속한 채로 전기자의 접속을 반대로 바꾸어 회전 방향과 반대의 토크를 발생시켜, 갑자기 정지 또는 역전시키는 방법

답 ④

09 철심을 자화할 때 발생하는 자기 점성의 원인은?

① 자화에 따른 발열　② 자구의 변화에 대한 관성
③ 맴돌이 전류에 의한 자화 방해　④ 전자의 전자운동의 감속

▶풀이

자기적 늦음 현상이라고 볼 수 있다.

답 ②

10 단상변압기 2대를 병렬운전하기 위한 조건으로 잘못된 것은?
① 2차 유도기전력의 크기가 같아야 한다.
② 각 변압기의 저항과 리액턴스비가 같아야 한다.
③ 2차 권선에 폐회로에 순환전류가 흐르지 않아야 한다.
④ 각 변압기에 흐르는 부하전류가 임피던스에 비례해야 한다.

- 풀이
  병렬 운전 조건
  ① 1차, 2차의 정격 전압 및 극성이 같을 것.
  ② 각기의 임피던스가 용량에 반비례할 것.(임피던스 전압이 같을 것.)
  ③ 각기의 저항과 누설 리액턴스의 비가 같을 것. 단, 3상 변압기군 또는 3상 변압기의 병렬 운전은 위 조건 외에 각 변위가 같을 것. 답 ④

11 8극 동기전동기의 기동방법에서 유도전동기로 기동하는 기동법을 사용하려면 유도전동기의 필요한 극수는 몇 극인가?
① 6   ② 8   ③ 10   ④ 12

- 풀이
  유도전동기는 슬립으로 인한 회전속도가 감소하므로 동기전동기의 극수보다 2극 적은 전동기를 사용한다. 답 ①

12 동기조상기를 과여자로 해서 운전하였을 때 나타나는 현상이 아닌 것은?
① 리액터로 작용한다.   ② 전압강하를 감소시킨다.
③ 진상전류를 취한다.   ④ 콘덴서로 작용한다.

- 풀이
  진상전류가 흐르게 되며 콘덴서와 같은 작용을 한다. 역률이 개선되며, 전류가 감소하여 전압강하가 감소한다. 답 ①

13 변압기에 대한 설명으로 잘못된 것은?
① 변압기 호흡작용은 기름의 열화의 원인이 된다.
② 변압기 임피던스 전압이 크면 전압 변동은 작다.
③ 변압기 온도상승에 영향이 가장 큰 것은 동손이다.
④ 무부하 시험에서는 고압쪽을 개방하고 저압쪽에 계기를 단다.

- 풀이
  임피던스 전압이 크면, 내부 임피던스가 크기 때문에 전압변동률이 크다. 답 ②

14 수소냉각 발전기에서 발전기내 수소 순환용 휀(Fan)의 전후 압력차로 식별하고자 하는 것은?
① 발전기내 수소압력   ② 수소가스의 순도
③ 휀의 회전속도   ④ 가스의 수분함량

풀이
수소가스의 순도와 압력을 항상 일정하게 유지하기 위해 자동압력 제어장치가 쓰인다.　　**답 ②**

15 200[kVA] 단상변압기가 있다. 철손은 1.6[kW], 전부하 동손은 2.4[kW]이다. 역률이 0.8일 때 전부하에서의 효율은 약 [%]인가?
① 91.9　　② 94.7　　③ 97.6　　④ 99.1

풀이
$$\eta = \frac{P\cos\phi}{P\cos\phi + P_i + P_c} = \frac{200 \times 0.8}{200 \times 0.8 + 1.6 + 2.4} \fallingdotseq 97.6[\%]$$
　　답 ③

16 동기발전기에서 전기자 권선을 단절권으로 하는 목적은?
① 절연을 좋게 한다.　　② 기전력을 높게 한다.
③ 역률을 좋게 한다.　　④ 고조파를 없앤다.

풀이
단절권 : 코일의 간격이 자극의 간격보다 작게 하는 것으로 고조파 제거로 파형이 좋아지고 코일 단부가 단축되어 동량이 적게 드는 장점이 있다.　　**답 ④**

17 변압기의 온도상승시험을 하는데 가장 좋은 방법은?
① 실부하시험법　　② 단락시험법
③ 충격전압시험법　　④ 전전압시험법

풀이
변압기의 온도시험
① 실부하시험 : 변압기에 전부하를 걸어서 온도가 올라가는 상태를 시험하는 것으로 전력이 많이 소비되므로, 소형기에서만 적용할 수 있다.
② 반환부하법 : 전력을 소비하지 않고, 온도가 올라가는 원인이 되는 철손과 구리손만 공급하여 시험하는 방법
③ 등가부하법 : 변압기의 권선 하나를 단락하고 전손실에 해당하는 부하 손실을 공급해서 온도상승을 측정한다. (단락시험법)　　**답 ②**

18 권선형 유도전동기 기동법인 것은?
① 직입 기동법　　② 2차 저항기동법
③ 콘도르퍼 방식　　④ Y-△ 기동법

풀이
(1) 농형 유도 전동기의 기동법
① 전전압 기동 : 5[HP] 이하의 소용량, 기동 전류는 정격 전류의 600[%] 정도이다.
② Y-△ 기동법 : 10~15[kW] 이하의 전동기, 기동 전류는 정격 전류의 300[%] 이하이다.
③ 기동 보상기법 : 15[kW] 이상의 것이나 고압전동기, 기동 전압은 보통 전전압의 0.3~0.5 정도이다.
(2) 권선형 유도 전동기의 기동법(2차 저항법)
2차 회로에 가변 저항기를 접속하고 비례추이의 원리에 의하여 큰 기동 토크를 얻고 기동 전류도 억제한다.　　**답 ②**

19 전기자 도체의 층수 500, 10극, 단중 파권으로 매극의 자속수가 0.2[Wb]인 직류발전기가 600[rpm]으로 회전할 때의 유도 기전력은 몇 [V]인가?

① 2500　　② 5000　　③ 10000　　④ 15000

풀이
파권 $a=2$
$$E = \frac{P}{a}Z\phi\frac{N}{60} = \frac{10}{2} \times 500 \times 0.2 \times \frac{600}{60} = 5000[V]$$

답 ②

20 동기기의 전기자 권선법이 아닌 것은?

① 분포권　　② 2층권　　③ 중권　　④ 전절권

풀이
주로 동기기는 분포권-단절권-중권-2층권을 사용한다.

답 ④

21 크로우링 현상은 다음의 어느 것에서 일어나는가?

① 농형 유도전동기　　② 직류직권전동기
③ 회전변류기　　④ 3상 변압기

풀이
• 크로우링 현상(차동기 운전) : 소용량의 농형 유도전동기에서 주로 생기는 현상으로 고조파의 영향 때문에 가속이 안 되는 현상이다.

답 ①

22 동기발전기를 병렬 운전할 때 동기검정기(synchro scope)를 사용하여 측정이 가능한 것은?

① 기전력의 크기　　② 기전력의 파형
③ 기전력의 진폭　　④ 기전력의 위상

풀이
교류전원의 주파수와 위상이 일치하는가를 검출하기 위해서 사용하는데, 반복해서 일어나는 2개의 현상이 같은 순간에 일어나고 있는가를 검출하는 장치를 말한다.

답 ④

23 다이오드의 애벌런치(avalanche)현상이 발생되는 것을 옳게 설명한 것은?

① 역방향 전압이 클 때 발생한다.
② 순방향 전압이 클 때 발생한다.
③ 역방향 전압이 적을 때 발생한다.
④ 순방향 전압이 적을 때 발생한다.

풀이
PN접합 다이오드의 전압-전류 특성곡선을 살펴보면 순방향 도통, 역방향 도통되지 않는다. 역방향 전압을 수백 [V] 이상 인가시 갑자기 전류도통이 이루어지는데 이 전압을 제너전압, 항복전압이라 하며, 이러한 현상을 에벌런치 현상, 제너현상이라고 한다.

답 ①

24 반도체 전력변환 기기에서 인버터의 역할은?
① 직류 → 직류변환
② 직류 → 교류변환
③ 교류 → 교류변환
④ 교류 → 직류변환

> **풀이**
> 전력변환장치로는 교류에서 직류로 변환하는 컨버터(정류기), 직류에서 교류로 변환하는 인버터, 직류에서 직류로 변환하는 초퍼, 교류에서 교류로 변환하는 사이클로컨버터가 있다. **답** ②

25 SCR에 대한 설명 중 옳지 않은 것은?
① 게이트 전류로 턴-온 할 수 있다.
② 애노드 게이트 캐소드 구간의 3단자이다.
③ 역전압이 걸리면 턴-오프 할 수 있다.
④ 턴-온시 게이트 전류를 차단하여 소호된다.

> **풀이**
> SCR은 단방향성 3단자 소자로 $V_{AK} > 0$일 때 게이트 양의 펄스에 의해 턴온 되며, 턴 오프는 V_{AK}에 역방향 전압을 인가하거나, 애노드 전류를 유지전류 이하로 떨어뜨리면 되며, 게이트 전류와는 무관하다. **답** ④

26 PUT가 UJT에 비하여 좋은 점을 설명한 것이다. 잘못 설명된 것은?
① 외부 저항에 의해 효율값을 조정할 수 있다.
② 베이스간 저항을 조절할 수 있다.
③ 누설전류가 적다.
④ 발진주파수의 변화폭이 크다.

답 ④

27 인버터 제어라고도 하며 유도전동기에 인가되는 전압과 주파수를 변환시켜 제어하는 방식은?
① VVVF 제어방식
② 궤환 제어방식
③ 워드레오나드 제어방식
④ 1단속도 제어방식

> **풀이**
> 가변전압 가변주파수 방식은 VVVF 제어방식이다. **답** ①

28 다음 중 UPS의 기능으로서 옳은 것은 어느 것인가?
① 3상 전파정류 방식
② 가변주파수 공급 가능
③ 무정전 전원공급 가능
④ 고조파방지 및 정류평활

> **풀이**
> UPS(Uninterrupted Power Supply) : 무정전 전원공급장치 **답** ③

29 SSS의 트리거에 대한 설명 중 옳은 것은?
① 게이트에 (+)펄스를 가한다.
② 게이트에 (-)펄스를 가한다.
③ 게이트에 빛을 비춘다.
④ 브레이크 오버전압을 넘는 전압의 펄스를 양단자간에 가한다.

풀이
SSS는 쌍방향성 소자로 브레이크 오버전압을 넘는 전압의 펄스를 양단자 간에 가할 때 도통된다. 옥외의 네온사인 조광요요에 이용된다.
답 ④

30 상전압 300[V]의 3상 반파 정류회로의 직류 전압은 몇 [V]인가?
① 117 ② 200 ③ 283 ④ 351

풀이
$E_d = 1.17E = 1.17 \times 300 = 351[V]$
답 ④

31 IGBT는 파워 트랜지스터에 비하여 고속 스위칭이 가능하고 게이트 회로가 간단하여 많이 사용되는데 그림에서 IGBT게이트 회로에서 IGBT가 on되는 조건은?
① Tr_1이 on
② Tr_1이 off
③ Tr_2이 on
④ Tr_2이 off

풀이
Tr_1이 on시 G에 전압이 인가되어 IGBT가 도통된다.
답 ①

32 저압 이웃 연결 인입선은 입입선에서 분기 하는 점으로부터 100[m]를 넘지 않는 지역에 시설하고 폭 몇 [m]를 초과하는 도로를 횡단하지 않아야 하는가?
① 4 ② 5 ③ 6 ④ 6.5

풀이
시설 제한 규정
① 인입선에서의 분기하는 점에서 100[m]를 넘는 지역에 이르지 않아야 한다.
② 폭 5[m]를 넘는 도로를 횡단하지 않아야 한다.
③ 이웃 연결 인입선은 옥내를 관통하면 안 된다.
④ 고압 이웃 연결 인입선은 시설할 수 없다.
답 ②

33 양수량 30[m³/min]이고 총양정이 15[m]인 양수 펌프용 전동기의 용량은 약 몇 [kW]인가? (단, 펌프 효율은 85[%], 설계 여유계수는 1.2로 계산한다.)
① 103.8 ② 124.4 ③ 382.5 ④ 459.1

풀이

$$P = \frac{9.8KQH}{\eta} = \frac{9.8 \times 1.2 \times \frac{30}{60} \times 15}{0.85} = 103.8[\text{kW}]$$

단, η : 펌프효율(0.85), K : 계수(1.2)

답 ①

34 가공 전선로의 지지물에 시설하는 지선의 안전율은 얼마이상 이어야 하는가?
① 2
② 2.5
③ 3
④ 3.5

풀이

가공 전선로의 지지물에 시설하는 지선의 안전율은 2.5 이상이어야 한다.

답 ②

35 지중배선에 사용되는 기기는 별도의 설치공간에 적합한 구조로 제작되어 설치되는데, 이에 사용되는 일반기기를 설치형태별로 구분한 종류에 해당하지 않는 것은?
① 지상 설치형
② 지중 설치형
③ 지하공 설치형
④ 반 가대 설치형

풀이

반가대 설치는 가공전선로에서 사용하는 방법이다.

답 ④

36 일반적으로 큐비클형이라 하며, 점유면적이 좁고 운전 보수에 안전하므로 공장, 빌딩 등의 전기실에 많이 사용되며 조립형, 장갑형이 있는 배전반은?
① 데드 프런트식 배전반
② 철제 수직형 배전반
③ 라이브 프런트식 배전반
④ 폐쇄식 배전반

풀이

폐쇄식 배전반 : 큐비클형

답 ④

37 전선의 접속 원칙이 아닌 것은?
① 전선의 허용전류에 의하여 접속 부분의 온도 상승값이 접속부 이외의 온도 상승값을 넘지 않도록 한다.
② 접속 부분은 접속관, 기타의 기구를 사용한다.
③ 전선의 강도를 30[%] 이상 감소시키지 않는다.
④ 구리와 알루미늄 등 다른 종류의 금속 상호간을 접속할 때에는 접속부에 전기적 부식이 생기지 않도록 한다.

풀이

전선접속의 조건
① 전기적 저항을 증가시키지 않는다.
② 접속부위의 기계적 강도를 20[%] 이상 감소시키지 않는다.

③ 접속점의 절연이 약화되지 않도록 테이핑 또는 와이어 커넥터로 절연한다.
④ 전선의 접속은 박스 안에서 하고, 접속점에 장력이 가해지지 않도록 한다.
답 ③

38 합성수지몰드공사에 사용하는 몰드 홀의 폭과 깊이는 몇 [cm] 이하가 되어야 하는가?
① 1.5　　　　　② 2.5　　　　　③ 3.5　　　　　④ 4.5

▶풀이
홈의 폭과 깊이가 3.5[cm] 이하, 두께는 2[mm] 이상의 것이어야 한다. 단, 사람이 쉽게 접촉될 우려가 없도록 시설한 경우에는 폭 5[cm] 이하, 두께 1[mm] 이상인 것을 사용할 수 있다.
답 ③

39 지중에 매설되어 있는 케이블의 전식(전기적 부식)을 방지하기 위한 대책이 아닌 것은?
① 희생 양극법　　　　　　　② 외부 전원법
③ 선택 배류법　　　　　　　④ 배양법

▶풀이
지중케이블의 전식 방지법
① 금속표면 코팅
② 회생양극법(유전양극법)
③ 외부전원법
④ 배류법(직접배류법, 강제배류법, 선택배류법) : 누설전류가 흐르도록 길을 만들어 금속표면의 부식을 방지
답 ④

40 축전지의 충전방식 중 비교적 단시간에 보통 충전전류의 2∼3배로 충전하는 방식은 무엇인가?
① 세류 충전　　　② 균등 충전　　　③ 트리클 충전　　　④ 급속 충전

▶풀이
급속충전 : 비교적 단시간에 보통 전류의 2∼3배의 전류로 충전하는 방식이다.
답 ④

41 조명용 전등에 일반적으로 타임스위치를 시설하는 곳은?
① 병원　　　　　② 은행　　　　　③ 아파트 현관　　　　　④ 공장

▶풀이
조명용 백열 전등을 호텔, 여관 객실 입구에 타임 스위치를 설치 1분 이내에 소등하며, 일반주택, 아파트 각 호실의 현관은 3분 이내 소등되도록 한다.
답 ③

42 다음 심벌의 명칭은 어느 것인가?
① 전류제한기　　　　　　　② 지진감지기
③ 전압제한기　　　　　　　④ 역률제한기

Ⓛ

▶풀이
전기의 정액수용가가 계약용량을 초과하여 사용하면 자동적으로 회로가 차단되어 경보를 발생하는 과전류차단기의 일종이다.
답 ①

43 단상 3선식 선로에 그림과 같이 부하가 접속되어 있을 경우에 설비 불평형률은 약 몇 [%]인가?

① 13.33
② 14.33
③ 15.33
④ 16.33

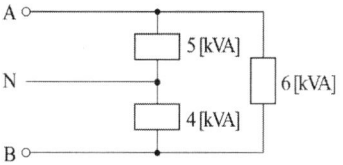

▶ 풀이

불평형 부하의 제한 : 저압 수전의 단상 3선식에서 중성선과 각 전압측 사이의 부하는 평형이 되게 하는 것이 원칙이지만, 부득이한 경우에는 설비 불평형률을 40[%]까지 할 수 있다.

$$설비불평형률 = \frac{중성선과\ 각\ 전압측\ 전선간에\ 접속되는\ 부하\ 설비\ 용량의\ 차}{총\ 부하설비\ 용량의\ 1/2}$$

$$= \frac{5-4}{15 \times \frac{1}{2}} \times 100 = 13.33[\%]$$

답 ①

44 플랜트 프로세스의 자동제어장치, 공업제어장치, 공업계측 및 컴퓨터 설비의 시공 및 보수는 어느 직종의 기능공인가?

① 내선전공 ② 배전전공 ③ 플랜트전공 ④ 계장공

답 ④

45 마이크로프로세서 부분 삭제

46 마이크로프로세서 부분 삭제

47 마이크로프로세서 부분 삭제

48 진리표와 같은 입력조합으로 출력이 결정되는 회로는?

① 인코더
② 디코더
③ 멀티플렉서
④ 디멀티플렉서

입력		출력			
A	B	X_0	X_1	X_2	X_3
0	0	1	0	0	0
0	1	0	1	0	0
1	0	0	0	1	0
1	1	0	0	0	1

▶ 풀이

디코더는 해독기라고도 하며, 입력 : n, 출력 : 2^n개 이하이다.

답 ②

49 다음 논리회로와 등가인 논리함수는?

① $(\overline{A}+\overline{B})(A+B)$
② $(A+\overline{B})(\overline{A}+B)$
③ $(\overline{A}+\overline{B})(\overline{A}+\overline{B})$
④ $(\overline{A}+\overline{B})(\overline{A}+B)$

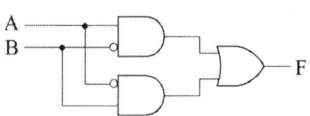

- **풀이**
  위의 회로를 논리함수로 표현하면
  $A\overline{B}+\overline{A}B = (A+\overline{A})(A+B)(\overline{A}+\overline{B})(B+\overline{B}) = (A+B)(\overline{A}+\overline{B})$ 로 나타낼 수 있다.
  답 ①

50 2진수 $(110010.111)_2$를 8진수로 변환한 값은?
  ① $(62.7)_8$ ② $(32.7)_8$
  ③ $(62.6)_8$ ④ $(32.6)_8$
- **풀이** 최하위비트부터 세비트씩 나누어서 10진수로 읽어준다.
  답 ①

51 논리식 중 맞는 표현은?
  ① $\overline{A+B} = \overline{A}\,\overline{B}$ ② $\overline{A}+\overline{B} = A+B$
  ③ $\overline{AB} = \overline{A}\,\overline{B}$ ④ $\overline{A+B} = \overline{AB}$
- **풀이** 드모르간의 정리에 의해 $\overline{A+B} = \overline{A}\,\overline{B}$, $\overline{AB} = \overline{A}+\overline{B}$이 성립한다.
  답 ①

52 **마이크로프로세서 부분 삭제**

53 다음과 같은 S-R 플립플롭 회로는 어떤 회로 동작을 하는가?
  ① 4진 카운터
  ② 시프트 레지스터
  ③ 분주회로
  ④ M/S 플립플롭

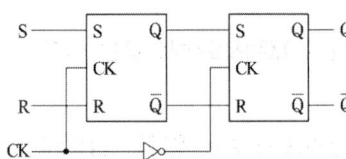

- **풀이** 두 개의 RS플립플롭을 종족접속하며, 클럭펄스를 서로 역으로 공급하는 회로는 마스터·슬라이브 플립플롭에 해당한다.
  답 ④

54 그림과 같은 회로의 기능은?
  ① 반일치회로
  ② 감산기
  ③ 반가산기
  ④ 부호기

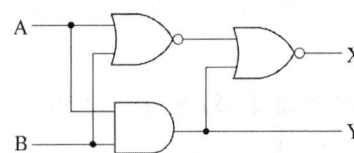

- **풀이**
  $X = \overline{\overline{A+B}+A \cdot B} = \overline{\overline{A+B}} \cdot \overline{A \cdot B} = (A+B) \cdot (\overline{A}+\overline{B}) = \overline{A}B + A\overline{B}$
  $Y = A \cdot B$이므로 반가산기에 해당한다.
  답 ③

55 이항분포(Binomial distribution)의 특징으로 가장 옳은 것은?
① $p = 0$일 때는 평균치에 대하여 좌우 대칭이다.
② $p \leq 0.1$이고, $np = 0.1 - 10$일 때는 포아송 분포에 근사한다.
③ 부적합률의 출현 개수에 대한 표준편차는 $D(x) - np$ 이다.
④ $p \leq 0.5$이고, $np \geq 5$일 때는 포아송 분포에 근사한다.

▶ 풀이
$p = 0.5$일 때는 평균치에 대하여 좌우 대칭이다.
정규분포는 부적합률의 출현 개수에 대한 표준편차는 $D(x) - np$ 이다. 답 ②

56 연간 소요량 4000개인 어떤 부품의 발주비용은 매회 200원이며, 부품단가는 100원, 연간 재고유지비율이 10[%]일 때 F.W.Harris식에 의한 경제적 주문량은 얼마인가?
① 40개/회 ② 400개/회 ③ 1000개/회 ④ 1300개/회

▶ 풀이
경제적 주문량 $Q = \sqrt{\dfrac{2RP}{CI}}$
여기서, R : 소비예측(연간소비량), P : 준비비(1회 발주 비용)
C : 단위비(구입단가), I : 단위당 연간 재고유지(이자, 보관, 손실 등)
$Q = \sqrt{\dfrac{2 \times 4000 \times 200}{100 \times 0.1}} = 400[개/회]$ 답 ②

57 제품공정 분석표(Product Process Chart) 작성시 가공 시간 기입법으로 가장 올바른 것은?
① (1개당 가공시간 × 1로트의 수량)/(1로트의 총 가공시간)
② (1로트의 가공시간)/(1로트의 총가공시간 × 1로트의 수량)
③ (1개당 가공시간 × 1로트의 총가공시간)/(1로트의 수량)
④ (1로트의 총가공시간)/(1개당 가공시간 × 1로트의 수량)
답 ①

58 다음 중 검사를 판정의 대상에 의한 분류가 아닌 것은?
① 관리 샘플링검사 ② 로트별 샘플링검사
③ 전수검사 ④ 출하검사

▶ 풀이
• 판정대상 : 전수검사, 로트별 샘플링, 관리샘플링, 무검사, 자주검사
• 공정분류 : 수입검사, 구입검사, 공정, 최종, 출하, 기타검사 답 ④

59 "무결점 운동"이라고 불리우는 것으로 품질개선을 위한 동기부여 프로그램은 어느 것인가?
① TQC ② ZD ③ MIL-SID ④ ISO

▶풀이
- TQC(Toter Quality Control) 전사적 품질관리
- ZD(Zero Defect) 무결점 운동
- MIL-SID(계량 조정형 샘플링 검사)
- ISO(국제표준화기구)

답 ②

60 M타입의 자동차 또는 LCD TV조립, 완성한 후 부적합수(결점수)를 점검한 데이터에는 어떤 관리도를 사용하는가?

① P 관리도
② nP 관리도
③ C 관리도
④ $\overline{X}$-R 관리도

▶풀이
- C 관리도 : 관리항목이 에나멜동선의 일정한 길이중의 핀홀수 라디오 한대 중의 납땜불량수 등과 같이 미리 정해진 일정단위 중에 포함된 결점수
- P 관리도 : 공정을 불량률 p에 의거 관리할 경우에 사용
- U 관리도 : 직물의 얼룩, 에나멜 동선의 핀 홀 등과 같은 결점수를 취급

답 ③

제02회 전기기능장 실전모의고사

01 10[μF]의 콘덴서를 1[kV]로 충전하면 축적되는 에너지는 몇 [J]인가?
① 5   ② 10   ③ 15   ④ 20

풀이
$$W = \frac{1}{2}CV^2 = \frac{1}{2} \times 10 \times 10^{-6} \times (10^3)^2 = 5[J]$$

답 ①

02 두 종류의 금속을 접속하여 두 접점을 다른 온도로 유지하면 전류가 흐르는 현상은?
① 제벡효과   ② 2차 권선의 저항
③ 누설 리액턴스   ④ 누설 커패시턴스

풀이
- 제어벡효과는 두 종류의 다른 금속을 접속하여 열을 가하면 전류가 흐르는 현상
- 펠티에효과는 두 종류의 다른 금속을 접속하여 전류를 흘리면 열의 흡수(발열)가 일어나는 현상으로서 전자냉동에 이용된다.
- 톰슨효과는 동일종류의 금속을 접속하여 전류를 흘리면 열의 흡수(발열)가 일어나는 현상

답 ①

03 100[Ω]의 저항을 병렬로 무한히 연결하였을 때 합성 저항은 몇 [Ω]인가?
① 1   ② 0   ③ ∞   ④ 100

풀이
$$R = \frac{100}{\infty} = 0$$

답 ②

04 0.1[H]인 코일의 리액턴스가 377[Ω]일 때 주파수는 약 몇 [Hz]인가?
① 60   ② 120   ③ 360   ④ 600

풀이
$$X_L = 2\pi f L \quad f = \frac{X_L}{2\pi L} = \frac{377}{2\pi \times 0.1} = 600[Hz]$$

답 ④

05 커패시턴스에서의 전압과 전류의 변화에 대한 설명으로 옳은 것은?
① 전압은 급격히 변화하지 않는다.
② 전류는 급격히 변화하지 않는다.
③ 전압과 전류 모두가 급격히 변화한다.
④ 전압과 전류 모두가 급격히 변화하지 않는다.

> **풀이**
> 인덕턴스에서는 전류, 캐패시턴스에서는 전압이 급격히 변화 될 수 없다.
>
> **답** ①

06 $R = 10[\Omega]$, $L = 10[mH]$, $C = 1[\mu F]$인 직렬회로에 100[V] 전압을 가했을 때 공진의 첨예도 Q는 얼마인가?

① 1 ② 10 ③ 100 ④ 1000

> **풀이**
> 직렬공진회로의 선택도(첨예도, 양호도)
> $$Q = \frac{1}{R}\sqrt{\frac{L}{C}} = \frac{1}{10}\sqrt{\frac{10\times 10^{-3}}{1\times 10^{-6}}} = 10$$
>
> **답** ②

07 전류 순시값 $i = 30\sin\omega t + 40\sin(3\omega t + 60°)[A]$의 실효값은 약 몇 [A]인가?

① $25\sqrt{2}$ ② $30\sqrt{2}$ ③ $40\sqrt{2}$ ④ $50\sqrt{2}$

> **풀이**
> $$I = \sqrt{\left(\frac{I_{m1}}{\sqrt{2}}\right)^2 + \left(\frac{I_{m2}}{\sqrt{2}}\right)^2} = \sqrt{\left(\frac{30}{\sqrt{2}}\right)^2 + \left(\frac{40}{\sqrt{2}}\right)^2} = 25\sqrt{2}\,[A]$$
>
> **답** ①

08 3상 유도전동기의 전압이 200[V]이고, 전류가 8[A], 역률이 80[%]라 하면, 이 전동기를 10시간 사용했을 때의 전력량은 약 몇 [kWh]인가?

① 12.8 ② 16.3 ③ 22.2 ④ 27.8

> **풀이**
> $$P_h = \sqrt{3}\,VI\cos\phi \times 10h = \sqrt{3}\times 200\times 8\times 0.8\times 10 \fallingdotseq 22.2[kWh]$$
>
> **답** ③

09 2개의 전력계를 사용하여 평형부하의 3상 회로의 역률을 측정하고자 한다. 전력계의 지시가 각각 1[kW] 및 2[kW]라 할 때 이 회로의 역률은 약 몇 [%]인가?

① 58.8 ② 63.3 ③ 74.4 ④ 86.6

> **풀이**
> $$\cos\theta = \frac{P_1 + P_2}{2\sqrt{P_1^2 + P_2^2 - P_1 P_2}} = \frac{1+2}{2\sqrt{1^2 + 2^2 - 1\times 2}} = 0.866$$
>
> **답** ④

10 어떤 교류 전압의 실효값이 314[V]일 때 평균값은 약 몇 [V]인가?

① 122 ② 141 ③ 253 ④ 283

> **풀이**
> $V_m = \sqrt{2}\,V$
> $$\therefore V_a = \frac{2V_m}{\pi} = \frac{2\times\sqrt{2}\times 314}{\pi} = 283[V]$$
>
> **답** ④

11 220[V]인 3상 유도전동기의 전부하 슬립이 3[%]이다. 공급전압이 200[V]가 되면 전부하 슬립은 약 몇 [%]가 되는가?
① 3.6 ② 4.2 ③ 4.8 ④ 5.4

▶풀이

유도기에서 $S \propto \dfrac{1}{V^2}$

공급전압이 220[V]에서 200[V]로 강하되었으므로 슬립 s'는

$$s' = s \times \left(\dfrac{V}{V'}\right)^2 = 3 \times \left(\dfrac{220}{200}\right)^2 = 3.63$$

답 ①

12 일정전압으로 사용하는 용접용 변압기에서 2차 전류가 증가하게 될 때 이 2차 전류를 주로 억제하는 것은?
① 1차 권선의 저항 ② 2차 권선의 저항
③ 누설 리액턴스 ④ 누설 커패시턴스

▶풀이

용접용 변압기 : 정전류를 만들기 위해 누설자속을 크게 한 변압기이다.

답 ③

13 변압기 여자 전류의 파형은?
① 파형이 나타나지 않는다. ② 사인파이다.
③ 구형파이다. ④ 왜형파이다.

▶풀이

여자전류는 자화전류와 철손전류로 구분되며,

자화 전류는 $I_o = \dfrac{V_1}{\omega L_o}$[A], 단, $L_o = \dfrac{\mu A w_1^2}{l}$[H]

답 ④

14 3상 발전기의 전기자 권선에 Y결선을 채택하는 이유로 볼 수 없는 것은?
① 중성점을 이용할 수 있다.
② 같은 상전압이면 △결선보다 높은 선간 전압을 얻을 수 있다.
③ 같은 상전압이면 △결선보다 상절연이 쉽다.
④ 발전기 단자에서 높은 출력을 얻을 수 있다.

▶풀이

[장점]
　① 1차, 2차 모두 중성점을 접지할 수 있으므로, 고압의 경우에 대지에 대한 이상 전압을 감소시킬 수 있다.
　② 상 전압은 선간 전압의 $1/\sqrt{3}$ 이므로 절연이 용이하다.
[단점]
　① 기전력의 파형은 제3고조파를 포함하여 왜형파가 된다.
　② 중성점이 접지되어 있으면 선로의 대지 정전 용량을 통해서 제3고조파 전류가 흘러 통신선에 대해서 유도 장애를 일으킨다.

③ 부하의 불평형에 의하여 중성점 전위가 변동하여 3상 전압의 불평형을 일으키므로 이 결선은 별로 사용하지 않는다.

답 ④

15 전동기가 매분 1,200 회전하여 9.42[kW]의 출력이 나올 때 토크는 약 몇 [kg·m]인가?

① 6.65 ② 6.90 ③ 7.65 ④ 7.90

●풀이

$$\tau = 0.975 \frac{P}{N} = 0.975 \times \frac{9.42 \times 10^3}{1200} \fallingdotseq 7.65 [\text{kg·m}]$$

답 ③

16 병렬 운전중의 A, B 두 동기 발전기에서 A 발전기의 여자를 B보다 강하게 하면 A발전기는 어떻게 변화 되는가?

① 90° 진상 전류가 흐른다.   ② 90° 지상 전류가 흐른다.
③ 동기화 전류가 흐른다.   ④ 부하 전류가 증가한다.

●풀이

A 발전기의 여자를 강하게 하면 기전력이 커지고, B 발전기와의 기전력 크기 차에 의한 무효 순환 전류가 흐른다. 여자가 강한 발전기에는 π/2 뒤진전류가, 약한 발전기에는 π/2 앞선 전류가 흐른다.

답 ②

17 어느 분권 발전기의 전압변동률이 6[%]이다. 이 발전기의 무부하 전압이 120[V]이면 정격 전부하 전압은 약 몇 [V]인가?

① 96 ② 100 ③ 113 ④ 125

●풀이

$$\epsilon = \frac{V_0 - V_n}{V_n} \quad (1+\epsilon)V_n = V_o$$

$$V_n = \frac{V_0}{1+\epsilon} = \frac{120}{1+0.06} = 113[\text{V}]$$

답 ③

18 1,200[rpm]의 회전수를 만족하는 동기기의 극수 P와 주파수 f[Hz]에 해당되는 것은?

① $P=6$, $f=50$ ② $P=8$, $f=50$
③ $P=6$, $f=60$ ④ $P=8$, $f=60$

●풀이

동기속도 $N = \frac{120f}{P}$ 에서 1,200[rpm]을 만족하는 극수와 주파수는 $P=6$, $f=60$ 이다.

답 ③

19 유도전동기의 2차 입력, 2차 동손 및 슬립을 각각 P_2, P_{c2}, S라 하면 이들의 관계식은?

① $s = P_2 \cdot P_{c2}$ ② $s = P_2 + P_{c2}$
③ $s = \dfrac{P_2}{P_{c2}}$ ④ $s = \dfrac{P_{c2}}{P_2}$

▶ **풀이**

$$P_{2c} = sP_2, \quad s = \frac{P_{2c}}{P_2}$$
$$P_o = P_2 - P_{c2} = P_2 - sP_2$$

답 ④

20 20[kVA] 변압기 3대를 △결선하여 3상 전력을 보내던 중 한대가 고장나서 V결선으로 하였다. 이 경우 3상 최대 출력은 약 몇 [kVA]인가?

① 25   ② 35   ③ 40   ④ 60

▶ **풀이**

$$P_V = \sqrt{3}P_1 = \sqrt{3} \times 20 = 34.6 \text{[kVA]}$$

답 ②

21 고체 유전체의 파괴시험을 기름(oil) 중에서 행하는 이유로 가장 적당한 것은?
① 선행 불꽃방전을 방지하기 위하여
② 공기 중에서의 실행에 따른 위험을 방지하기 위하여
③ 연면섬락을 방지하기 위하여
④ 매질효과를 없애기 위하여

답 ③

22 %동기 임피던스가 130[%]인 3상 동기발전기의 단락비는 약 얼마인가?

① 0.7   ② 0.77   ③ 0.8   ④ 0.88

▶ **풀이**

$$k_s = \frac{100}{\%Z} = \frac{100}{130} \fallingdotseq 0.77$$

답 ②

23 3상에서 2상으로 변환할 수 없는 변압기 결선방식은?
① 포크결선   ② 스코트결선
③ 메이어결선   ④ 우드브리지결선

▶ **풀이**

3상 교류를 2상 교류로 변환
① 스코트(Scott) 결선(T결선)
② 우드브리지(Wood Bridge) 결선
③ 메이어(Meyer) 결선
※ 2중대각, 2중삼각, 포크(Fork) 결선 : 3상 교류를 6상 교류로 변환 결선

답 ①

24 60[Hz], 12극의 동기전동기 회전자계의 주변속도는 몇 [m/s]인가?
(단, 회전자계의 극 간격은 1[m]이다.)

① 60   ② 90   ③ 120   ④ 180

▶풀이

회전자의 주변 속도(v), $v = \pi D \dfrac{N_s}{60}$ [m/sec] 단, πD : 회전자 둘레[m]

$N_s = \dfrac{120f}{P} = \dfrac{120 \times 60}{12} = 600$ [rpm]

극 간격이 1[m]이므로 회전자 둘레는 12[m]가 된다.

$v = 12 \dfrac{600}{60} = 120$ [m/sec]

답 ③

25 3상 유도전동기에서 2차측 저항을 2배로 하면 그 최대 토크는 몇 배로 되는가?

① 2배로 된다.　　　　　　　　　② $\dfrac{1}{2}$로 줄어든다.

③ $\sqrt{2}$ 배가 된다.　　　　　　　　④ 변하지 않는다.

▶풀이

3상권선형 유도기는 슬립과 토크의 특성곡선에서 알 수 있듯이 2차 저항을 변화시켜도 최대 토크는 변화하지 않는다.

답 ④

26 일반적으로 공진형 컨버터에 사용되지 않는 소자는?

① MOSFET　　② SCR　　③ 트랜지스터　　④ IGBT

▶풀이

공진형 컨버터는 공진현상을 이용하여 소자가 스위칭될 때 존재하는 스위칭 손실을 영전압 또는 영전류에서 스위칭되도록 하여 반도체 손실을 줄 일 수 있도록 설계된 것으로 MOSFET, 트랜지스터, IGBT 등을 사용한다.

답 ②

27 특정전압 이상이 되면 ON되는 반도체인 바리스터의 주된 용도는?

① 온도 보상　　　　　　　　　　② 전압의 증폭

③ 출력전류의 조절　　　　　　　④ 서지전압에 대한 회로보호

▶풀이

바리스터는 서지전압을 흡수하여 과전압시 회로 보호를 하는 2단자 소자이다.

답 ④

28 유도전동기의 속도제어법 중에서 인버터를 사용하면 가장 효과적인 것은?

① 극수 변환법　　　　　　　　　② 슬립 변환법

③ 주파수 변환법　　　　　　　　④ 인가전압 변환법

▶풀이

주파수제어는 인버터이다.

답 ③

29 전력용 반도체 소자 중 양방향으로 전류를 흘릴 수 있는 것은?

① GTO　　② TRIAC　　③ DIODE　　④ SCR

> **풀이**
> GTO, SCR은 단방향성 3단자 소자, 다이오드는 단방향성 2단자 소자, TRIAC은 쌍방향성 3단자 소자이다.
>
> **답** ②

30 다음 중 저항 부하시 맥동률이 가장 작은 정류방식은?
① 단상반파식
② 단상전파식
③ 3상 반파식
④ 3상 전파식

> **풀이**
> 맥동률은 $r = \dfrac{\text{출력전압에 포함된 교류성분}}{\text{출력전압의 직류성분}}$ 이므로 출력 직류성분이 가장 큰 3상 전파식이 맥동률이 가장 적다.
>
> | 정류 종류 | 단상 반파 | 단상 전파 | 3상 반파 | 3상 전파 |
> |---|---|---|---|---|
> | 평균(직류)값 | $0.45E$ | $0.9E$ | $1.17E$ | $1.35E$ |
> | 맥동률 | 121[%] | 48[%] | 17[%] | 4[%] |
> | 맥동주파수 | f | $2f$ | $3f$ | $6f$ |
> | 정류효율 | 40.6[%] | 81.2[%] | 96.7[%] | 99.8[%] |
>
> **답** ④

31 직류를 교류로 변환하는 장치를 무엇이라 하는가?
① 버퍼
② 정류기
③ 인버터
④ 정전압장치

> **풀이**
> 전력변환장치로는 교류에서 직류로 변환하는 컨버터(정류기), 직류에서 교류로 변환하는 인버터, 직류에서 직류로 변환하는 초퍼, 교류에서 교류로 변환하는 사이클로컨버터가 있다.
>
> **답** ③

32 저압전로의 보호도체 및 중성전의 접속방식에 따른 접지계통의 분류가 아닌 것은?
① IT 계통
② TN 계통
③ TT 계통
④ TC 계통

> **풀이**
> 저압전로의 보호도체 및 중성전의 접속방식에 따른 접지계통의 분류
> IT 계통, TT 계통, TN 계통
>
> **답** ④

33 다음은 전선 접속에 관한 설명이다. 옳지 않은 것은?
① 접속 슬리브나 전선 접속기구를 사용하여 접속하거나 또는 납땜을 한다.
② 접속 부분의 전기 저항을 증가시켜서는 안된다.
③ 전선의 세기를 60[%] 이상 유지해야 한다.
④ 절연을 원래의 절연효력이 있는 테이프로 충분히 한다.

> **풀이**
> 전선접속의 조건
> ① 전기적 저항을 증가시키지 않는다.
> ② 접속부위의 기계적 강도를 20[%] 이상 감소시키지 않는다.
> ③ 접속점의 절연이 약화되지 않도록 테이핑 또는 와이어 커넥터로 절연한다.
> ④ 전선의 접속은 박스 안에서 하고, 접속점에 장력이 가해지지 않도록 한다.
> **답 ③**

34 전원측 전로에 시설한 배선용 차단기의 정격 전류가 몇 [A] 이하의 것이면 이 전로에 접속하는 단상전동기에는 과부하 보호장치를 생략할 수 있는가?
① 15 ② 20 ③ 30 ④ 50

> **풀이**
> 옥내에 시설하는 전동기에는 과전류 경보장치나 차단기를 설치하여야 한다. 다만, 다음 경우에는 예외로 한다.
> ① 전동기를 운전 중 상시 취급자가 감시할 수 있는 위치에 시설하는 경우
> ② 전동기의 구조나 부하의 성질로 보아 전동기가 소손할 수 있는 과전류가 생길 우려가 없는 경우
> ③ 단상 전동기로서 전원 측 전로에 시설하는 과전류 차단기의 정격전류가 15A(배선용 차단기는 20 [A]) 이하인 경우
> **답 ②**

35 220[V] 저압옥내전로의 인입구 가까운 곳에 반드시 시설하여야 하는 인입구장치는 어느 것인가?
① 계량기 및 배선용 차단기 ② 계량기 및 누전차단기
③ 분전반 및 배선용차단기 ④ 개폐기 및 과전류차단기

> **풀이**
> 옥내 간선과의 분기점에서 전선의 길이가 3[m] 이하의 장소에 개폐기 및 과전류 차단기를 시설하는 것이 원칙이다.
> **답 ④**

36 버스 덕트 공사 중 도중에서 부하를 접속 할 수 있도록 꽂음 구멍이 있는 덕트는?
① feeder bus way ② plug-in bus way
③ trolley bus way ④ floor bus way

> **풀이**
> ① feeder bus way : 도중에 부하를 접속하지 않는 것.
> ② trolly bus way : 이동부하를 접속할 수 있도록 한 구조로 조명, 전동공구 용도로 사용
> **답 ②**

37 600[V] 2종 비닐 절연전선의 약호는?
① DV ② HIV ③ 2CT ④ 1E

> **풀이**
> 2CT : 2종 천연고무 절연 천연고무 캡타이어 케이블
> HIV : 600[V] 내열용 비닐절연전선
> **답 ②**

38 공장, 공회당, 사원, 교회, 극장, 영화관, 연회장 등의 건축물 종류에서 표준부하[VA/m²] 값은 얼마로 규정하고 있는가?

① 10 ② 20 ③ 30 ④ 40

▶ 풀이

건축물의 종류	표준부하[VA/m²]
공장, 공회당, 사원, 교회, 극장, 영화관, 연회장 등	10
기숙사, 여관, 호텔, 병원, 학교, 음식점, 다방, 대중 목욕탕	20
사무실, 은행, 상점, 이발소, 미장원	30
주택, 아파트	40

답 ①

39 고압 또는 특별고압 가공전선로에서 공급을 받는 수용장소의 인입구 또는 이와 근접한 곳에는 무엇을 시설하여야 하는가?

① 동기조상기 ② 직렬리액터 ③ 정류기 ④ 피뢰기

▶ 풀이
LA 설치장소
① 발·변전소의 인입구 및 인출구 부근
② 가공전선과 지중전선 접속점
③ 고압, 특고압 수용가 인입구 부근
④ 특고압을 저압으로 변성하는 배전변전탑 인입구 및 인출구 부근

답 ④

40 바닥 통풍형과 바닥 밀폐형의 복합채널 부품으로 구성된 조립 금속구조로 폭이 150[mm] 이하이며, 주 케이블 트레이로부터 말단까지 연결되어 단일 케이블을 설치하는데 사용하는 tray?

① 통풍채널형 테이블 트레이 ② 사다리형 케이블 트레이
③ 바닥 밀폐형 케이블 트레이 ④ 트로프형 케이블 트레이

▶ 풀이
① 사다리형 케이블 트레이(ladder cable tray) : 같은 방향의 양측면 레일을 여러 개의 가로대로 연결한 조립금속구조로 설치가 용이하고 통풍이 원활하여, 어떠한 수직면에서도 설치가 가능하므로 최대의 능률로 이용할 수 있다.
② 바닥 밀폐형 케이블 트레이(solid bottom cable tray) : 일체식 또는 분리식 직선방향 측면레일에서 바닥에 개구부가 없는 조립 금속 구조로서, 케이블 보호에 탁월하며 필요 개소에는 뚜껑을 설치한다.
③ 트로프형 케이블 트레이(trought cable tray) : 일체식 또는 분리식 직선방향 측면 레일에서 바닥에 통풍구가 있는 폭 100[mm]를 초과하는 조립 금속구조이다.

답 ①

41 변압기, 발전기, 선로 등의 단락 보호용으로 사용되는 것으로서 보호할 회로의 전류가 정정치보다 커질 때 동작하는 계전기는?

① OVR ② OCR ③ UCR ④ SGR

> **풀이**
> OCR역할 → 단락, 과부하시 동작하여 트립코일 여자시켜 차단기 개로 시킨다.
> ① OCR의 형식 명칭
>   • 상시폐로식 : 변류기 2차 전류트립방식(고압)
>   • 상시개로식 : 전압트립 방식(특고)
>
> **답** ②

42 ACSR 약호의 명칭은?
① 경동연선
② 중공연선
③ 알루미늄선
④ 강심알루미늄연선

> **풀이**
> ACSR : Alumminium Cable Steel Reinforced
>
> **답** ④

43 마이크로프로세서 부분 삭제

44 마이크로프로세서 부분 삭제

45 마이크로프로세서 부분 삭제

46 마이크로프로세서 부분 삭제

47 마이크로프로세서 부분 삭제

48 10진수 249를 16진수 값으로 변환한 것은?
① 189
② 9F
③ FC
④ F9

> **풀이**
> 249를 16으로 나누어 몫과 나머지를 취한다.
> 15는 16진수 F에 해당하므로 F9가 된다.
>
> 16 | 249
> ─────
>   15 … 9
>
> **답** ④

49 어떤 시스템 프로그램에 있어서 특정한 부호와 신호에 대해서만 응답하는 일종의 장치 해독기로서 다른 신호에 대해서는 응답하지 않는 것을 무엇이라 하는가?
① 디코더(decoder)
② 산술연산기(ALU)
③ 인코더(encoder)
④ 멀티플렉서(multlplexer)

> **풀이**
> 디코더는 해독기라고도 하며 일반적으로 입력 n개, 출력 2개 이상(보통 2^n)개로 구성된다.
>
> **답** ①

50 D형 플립플롭의 현재 상태가 0일 때 다음 상태를 1로 하기 위한 D의 입력 조건은?

① 1
② 0
③ 1과 0 모두 가능
④ 1에서 0으로 바뀌는 펄스

풀이
D형 플립플롭은 RS 플립플롭의 입력을 한 개로 묶되 R입력은 Inverter로 입력한 형태로 동작상태는 입력값을 출력값으로 나타낸다.

답 ①

51 8[bit]의 레지스터로 2진수를 저장하고자 할 때 부호화된 2의 보수 표시방법으로 가능한 수의 범위는?

① $+127 \sim -126$
② $+127 \sim -127$
③ $+127 \sim -128$
④ $+128 \sim -128$

풀이
$-2^{8-1} \sim 2^{8-1}-1 = -128 \sim +127$

표현 방법	부호 절대치	부호화된 1의 보수	부호화된 2의 보수
범위	$-(2^{n-1}-1) \sim 2^{n-1}-1$	$-(2^{n-1}-1) \sim 2^{n-1}-1$	$-2^{n-1} \sim 2^{n-1}-1$

답 ③

52 그림의 논리회로와 그 기능이 같은 것은?

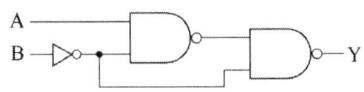

① A, B → OR
② A, B → AND
③ A, B (inverters) → OR형
④ A, B → AND + OR 조합

풀이
위의 논리회로를 정리하면 아래와 같다.
$Y = \overline{\overline{\overline{AB} \cdot \overline{B}}} = \overline{\overline{AB}} + \overline{\overline{B}} = A\overline{B} + B = (A+B)(\overline{B}+B) = A+B$

답 ①

53 JK플립플롭에서 J입력과 K입력에 모두 1을 가하면 출력은 어떻게 되는가?

① 반전된다.
② 불확정상태가 된다.
③ 이전 상태가 유지된다.
④ 이전 상태에 상관없이 1이 된다.

풀이
JK 플립플롭은 RS 플립플롭의 부정상태(입력이 1, 1인 경우)를 보완하여 불확실 상태가 없도록 보완한 것으로 입력이 1, 1인 경우 출력은 반전된다.

답 ①

54 전가산기의 입력변수가 x, y, z이고, 출력함수가 S, C일 때 출력의 논리식으로 옳은 것은?
① $S = x \oplus y \oplus z$, $C = xyz$
② $S = x \oplus y \oplus z$, $C = xy + xz + yz$
③ $S = x \oplus y \oplus z$, $C = (x \oplus y)z$
④ $S = x \oplus y \oplus z$, $C = xy + (x \oplus y)z$

> **풀이**
> 전가산기는 2[bit] 입력 + 전단의 자리올림(Carry Input)로 구성되며 합(Sum)과 자리올림(Carry Output)이 발생한다. 아래의 진리표를 참조하여 합(S)과 자리올림(C)에 대한 논리식을 구할 수 있다.
>
> | 입력 | | | 출력 | | 출력의 최소항 | |
> |---|---|---|---|---|---|---|
> | A | B | C_I | S | C_O | S | C_O |
> | 0 | 0 | 0 | 0 | 0 | | |
> | 0 | 0 | 1 | 1 | 0 | $\overline{A}\,\overline{B}\,C_I$ | |
> | 0 | 1 | 0 | 1 | 0 | $\overline{A}\,B\,\overline{C_I}$ | |
> | 0 | 1 | 1 | 0 | 1 | | $\overline{A}\,B\,C_I$ |
> | 1 | 0 | 0 | 1 | 0 | $A\,\overline{B}\,\overline{C_I}$ | |
> | 1 | 0 | 1 | 0 | 1 | | $A\,\overline{B}\,C_I$ |
> | 1 | 1 | 0 | 0 | 1 | | $A\,B\,\overline{C_I}$ |
> | 1 | 1 | 1 | 1 | 1 | $A\,B\,C_I$ | $A\,B\,C_I$ |
>
> **답** ④

55 일정 통제를 할 때 1일당 그 작업을 단축하는데 소요되는 비용의 증가를 의미하는 것은?
① 비용구배(Cost slope)
② 정상소요시간(Normal duration time)
③ 비용견적(Cost estimation)
④ 총비용(Total cost)

> **풀이**
> 비용구배 : 1일당 그 작업을 단축하는데 소요되는 비용의 증가를 의미한다.
> **답** ①

56 로트로부터 시료를 샘플링해서 조사하고, 그 결과를 로트의 판정기준과 대조하여 그 로트의 합격, 불합격을 판정하는 검사를 무엇이라 하는가?
① 샘플링검사
② 전수검사
③ 공정검사
④ 품질검사

> **풀이**
> 샘플링검사는 물품을 어떤 방법으로 측정한 결과를 판정기준과 비교하여 개개 물품에 양호 불량 또는 로트의 합격, 불합격의 판정을 내리는 것.
> **답** ①

57 모든 작업을 기본동작으로 분해하고, 각 기본 동작에 대하여 성질과 조건에 따라 미리 정해 놓은 시간차를 적용하여 정미시간을 산정하는 방법은?
① PTS법
② WS법
③ 스톱워치법
④ 실적자료법

> **풀이**
> PTS법은 인간이 하는 모든 작업의 구성을 기본동작으로 분해하여 그 동작의 성질과 조건에 따라 미리 정해진 시간치를 적용하는 방법
> **답** ①

58 일반적으로 품질코스트 가운데 가장 큰 비율을 차지하는 코스트는?
① 평가코스트
② 실패코스트
③ 예방코스트
④ 검사코스트

• 풀이
- 평가코스트 : 소정의 품질수준을 유지하는데 드는 비용
- 실패코스트 : 품질수준을 유지하는데 실패하였기 때문에 생긴 불량제품, 불량 원료에 의한 손실비용

답 ②

59 다음 중 데이터를 그 내용이나 원인 등 분류 할목별로 나누어 크기의 순서대로 나열하여 나타낸 그림을 무엇이라 하는가?
① 히스토그램
② 파레토도
③ 특성요인도
④ 체크시트

• 풀이
제조현장에서 품질에 대한 이상이 발생하였을 경우 원인을 파악하고 대책을 세울때 어느 부분부터 문제 해결을 위해 착수를 하여야 하는지 문제의 초점을 알려주는 것이 파레토도이다. 불량, 결점, 고장 등의 발생 건수를 분류 항목별로 나누어 크기의 순서대로 나열해 놓은 그림이다.

답 ②

60 C관리도에서 $k = 20$인 군의 총부적합(결정)수 합계는 58이었다. 이 관리도의 UCL, LCL을 구하면 약 얼마인가?
① UCL=6.92, LCL=0
② UCL=4.90, LCL=고려하지 않음.
③ UCL=6.92, LCL=고려하지 않음.
④ UCL=8.01, LCL=고려하지 않음.

• 풀이
중심선 CL(Center |) = $\overline{C} = \dfrac{\Sigma C}{K} = \dfrac{58}{20} = 2.9$
관리한계선(Control lim) : UCL, LCL = $\overline{C} \pm 3\sqrt{\overline{C}}$
UCL = $\overline{C} + 3\sqrt{\overline{C}} = 2.9 + 3\sqrt{2.9} = 8.01$
LCL = $\overline{C} - 3\sqrt{\overline{C}} = 2.9 - 3\sqrt{2.9} = -2.21$

답 ④

제 03 회 전기기능장 실전모의고사

01 $R = 5[\Omega]$, $L = 20[\text{mH}]$ 및 가변 콘덴서 C로 구성된 $R-L-C$ 직렬회로에 주파수 1000 [Hz]인 교류를 가한 다음 C를 가변시켜 직렬 공진시킬 때 C의 값은 약 몇 [μF]인가?
① 1.27　　　② 2.54　　　③ 3.52　　　④ 4.99

풀이
공진주파수 $f = \dfrac{1}{2\pi\sqrt{LC}}$

$1000 = \dfrac{1}{2\pi\sqrt{20 \times 10^{-3} \times C}}$　　∴ $C = 1.27[\mu\text{F}]$

답 ①

02 권회수 2회의 코일에 5[Wb]의 자속이 쇄교하고 있을 때, 0.1초 사이에 자속이 0[Wb]로 변환하였다면, 이 때 코일에 유도되는 기전력은 몇 [V]인가?
① 10　　　② 50　　　③ 100　　　④ 500

풀이
페러데이법칙　$e = -N\dfrac{d\phi}{dt} = -2 \times \dfrac{(0-5)}{0.1} = 100[\text{V}]$

답 ③

03 그림과 같은 회로에 입력 전압 200[V]를 가할 때 20[Ω]의 저항에 흐르는 전류는 몇 [A]인가?
① 7　　　　　　　　　② 3
③ 5　　　　　　　　　④ 8

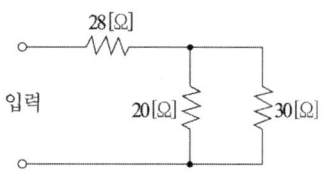

풀이
$R_t = 28 + \dfrac{20 \times 30}{20 + 30} = 40[\Omega]$　　$I = \dfrac{200}{40} = 5[\text{A}]$

$I_1 = \dfrac{30}{20 + 30} \times 5 = 3[\text{A}]$

답 ②

04 공기 중에서 어느 일정한 거리를 두고 있는 두 점전하 사이에 작용하는 힘이 0.5[N]이었고 두 전하 사이에 종이를 채웠더니 작용하는 힘이 0.2[N]으로 감소하였다. 이 종이의 비유전율은 얼마인가?
① 0.1　　　② 0.4　　　③ 2.5　　　④ 5.0

> **풀이**
>
> 공기 중 일때 작용력 $F_1 = \dfrac{1}{4\pi\epsilon_0} \times \dfrac{Q_1 \cdot Q_2}{r^2}$ [N]
>
> 유전체를 채웠을 때 작용력 $F_2 = \dfrac{1}{4\pi\epsilon_0\epsilon_s} \times \dfrac{Q_1 \cdot Q_2}{r^2}$ [N] $= \dfrac{1}{\epsilon_s} \times F_1$
>
> $\epsilon_s = \dfrac{F_1}{F_2} = \dfrac{0.5}{0.2} = 2.5$
>
> **답** ③

05 자기 인덕턴스가 L_1, L_2, 상호인덕턴스가 M인 두 회로의 결합계수가 1인 경우 L_1, L_2, M의 관계는?

① L_1, $L_2 = M$
② $L_1 L_2 < M^2$
③ $L_1 L_2 > M^2$
④ $L_1 L_2 = M^2$

> **풀이**
>
> $M = k\sqrt{L_1 L_2}$ 에서 $k = 1$이면 $M = \sqrt{L_1 L_2}$ $L_1 L_2 = M^2$
>
> **답** ④

06 어떤 정현파 전압의 평균값이 200[V]이면 최대값은 약 [V]인가?

① 282
② 314
③ 346
④ 487

> **풀이**
>
> $V_{av} = \dfrac{2}{\pi} V_m$
>
> $\therefore V_m = \dfrac{\pi}{2} V_{av} = \dfrac{\pi}{2} \times 200 \fallingdotseq 314$ [V]
>
> **답** ②

07 동기발전기의 돌발 단락전류를 주로 제한하는 것은?

① 동기리액턴스
② 계자저항
③ 누설리액턴스
④ 역상리액턴스

> **풀이**
>
> 동기 리액턴스는 전기자 주설 리액턴스와 전기자 반작용 리액턴스로 나누어진다.
> 단락 시 전류를 제한하는 것은 거의 전기자 누설 리액턴스만 있다. 왜냐하면, 단락전류는 90° 늦은 전류로 감자작용이 생기지만, 계자권선에는 자기유도작용을 하는 자속이 생겨 자속의 감소를 막기 때문에 전기자 반작용 리액턴스는 작용을 하지 않는다.
>
> **답** ③

08 다음 중 변압기의 전압변동률을 작게 하는 방법은?

① 권선의 저항이나 리액턴스를 작게 한다.
② 권선의 임피던스를 크게 한다.
③ 권수비를 작게 한다.
④ 권수비를 크게 한다.

> **풀이**
>
> $\epsilon = p\cos\theta + q\sin\theta$ [%]와 같이 %저항강하, %리액턴스강하를 작게 하여야 한다.
>
> **답** ①

09 유도전동기의 토크가 전압의 제곱에 비례하여 변화하는 성질을 이용하여 유도전동기의 속도를 제어하는 것은?

① 극수변환 방식　　　　　　　　② 전원전압 제어법
③ 크래어 방식　　　　　　　　　④ 전원주파수 변환법

▶ 풀이
전압제어 : 전력전자소자를 이용하여 입력전원의 크기를 제어하는 방법　　　　답 ②

10 3상 배전선로의 말단에 늦은 역류 80[%], 80[kW]의 평형3상 부하가 있다. 부하점에 부하와 병렬로 전력용 콘덴서를 접속하여 선로 손실을 최소화 하려고 할 때에 필요한 콘덴서 용량은 몇 [kVA]인가?

① 20　　　　② 60　　　　③ 80　　　　④ 100

▶ 풀이
$Q = P(\tan\theta_1 - \tan\theta_2)$ 에서 선로손실을 최소화 하려면 역률을 100[%]로 개선한 것으로 보고
$Q = 80(\tan\cos^{-1}0.8 - \tan\cos^{-1}1) = 60[kVA]$　　　　답 ②

11 변압기의 철손은 부하 전류가 증가하면 어떠한가?

① 변동이 없다.　　　　　　　　② 감소한다.
③ 증가한다.　　　　　　　　　　④ 변압기에 따라 다르다.

▶ 풀이
철손은 무부하시험에서 측정하므로 부하와는 관련이 없다.　　　　답 ①

12 다음 중 동기발전기의 병렬운전 조건으로 옳지 않은 것은?

① 유기기전력의 역률이 같을 것
② 유기기전력의 위상이 같을 것
③ 유기기전력의 파형이 같을 것
④ 유기기전력의 주파수가 같을 것

▶ 풀이
병렬 운전의 필요 조건
① 기전력의 크기가 같을 것　　　　② 기전력이 동위상일 것
③ 기전력의 주파수가 같을 것　　　④ 기전력의 파형이 같을 것
⑤ 기전력의 상회전 일치할 것　　　　　　　　　　　　　　答 ①

13 직류분권전동기의 부하로 가장 적당한 것은?

① 크레인　　　② 권상기　　　③ 전동차　　　④ 공작기계

▶ 풀이
정속도특성을 가지고 있는 분권전동기는 계자저항기로 일정범위 내에서 회전속도를 조정할 수 있으므로 공작기계, 압연기에 적합하다.　　　　答 ④

14 3상 유도전동기의 2차 입력이 P_2, 슬립이 s 라면 2차 저항손은 어떻게 표현되는가?

① sP_2 ② $\dfrac{P_2}{s}$ ③ $\dfrac{1-s}{P_2}$ ④ $\dfrac{P_2}{1-s}$

• 풀이

$P_{c2} = sP_2$
$P_o = P_2 - P_{c2} = P_2 - sP_2$

답 ①

15 동기기에서 제동권선의 가장 중요한 역할은?

① 정류작용   ② 난조방지
③ 전압불평형방지   ④ 섬락방지

• 풀이

동기 전동기의 부하 증감에 비례하여 부하각 δ가 변화한다. 부하각 δ가 변하면 전동기의 토크는 변화된 부하 토크와 평형이 되는 부하각 δ_2로 운전을 계속한다. 그러나, 부하가 급격하게 변화하면 이에 적응하지 못하여 전동기의 회전자가 진동하게 되는 현상을 난조(hunting)라 한다. 난조가 심하면 전원과의 동기를 벗어나 정지할 수도 있는데 이것을 방지하기 위하여 제동 권선을 설치한다.

답 ②

16 직류발전기의 기전력을 E, 자속을 ϕ, 회전속도를 N이라 할 때 이들 사이의 관계로 옳은 것은?

① $E \propto \phi N$ ② $E \propto \dfrac{\phi}{N}$
③ $E \propto \phi N2$ ④ $E \propto \phi 2N$

• 풀이

직류발전기의 유도기전력은 $E = \dfrac{PZ\phi N}{60a}$ [V] 이다.

답 ①

17 워드-레너드(Ward Leonard)방식은 직류기의 무엇을 목적으로 하는가?

① 정류 개선   ② 속도 제어
③ 계자자속 조정   ④ 병렬 운전

• 풀이

직류기 속도제어 방식 중 전압제어 방식의 일정으로 워드레오너드(중·소형부하), 일그너(대용량-플라이휠 효과이용) 방식이 있다.

답 ②

18 다음 중 변압기의 병렬운전조건에 해당 되지 않는 것은?

① 극성이 같아야 한다.
② 권수비, 1차 및 2차의 정격전압이 같아야 한다.
③ 각 변압기의 저항과 누설리액턴스의 비가 같아야 한다.
④ 각 변압기의 임피던스가 정격용량에 비례해야 한다.

> **풀이**
> 각 변압기의 %임피던스 강하가 같을 것, 즉 각 변압기의 임피던스가 정격용량에 반비례할 것 : 같지 않으면 부하부담이 부적당하게 된다. **답** ④

19 변압기에 있어서 부하와는 관계없이 자속만을 발생시키는 전류는?
① 철손전류
② 자화전류
③ 여자전류
④ 1차 전류

> **풀이**
> 자속을 만드는 전류는 자화전류($I_0 \sin\theta$) **답** ②

20 변압기의 철손과 동손을 측정 할 수 있는 시험은?
① 철손 : 무부하시험, 동손 : 단락시험
② 철손 : 무부하시험, 동손 : 절연내력시험
③ 철손 : 부하시험, 동손 : 유도시험
④ 철손 : 단락시험, 동손 : 극성시험

> **풀이**
> ① 무부하시험 : 철손, 무부하 여자전류 측정
> ② 단락시험 : 동손(임피던스 와트), 누설 임피던스, 누설 리액턴스, 저항, %저항 강하, %리액턴스 강하, %임피던스 강하 측정 **답** ①

21 정격속도로 회전하고 있는 분권 발전기가 있다. 단자전압 100[V], 권선의 저항은 50[Ω] 계자전류 2[A], 부하전류 50[A], 전기자저항 0.1[Ω]이다. 이때 발전기의 유기 기전력은 약 몇 [V]인가? (단, 전기자 반작용은 무시한다.)
① 100
② 105
③ 128
④ 141

> **풀이**
> $I_a = 2 + 50 = 52$[A]
> $E = V + I_a R_a = 100 + 52 \times 0.1 = 105.2$[V] **답** ②

22 직류발전기의 종류 중 부하의 변동에 따라 단자전압이 심하게 변화하는 어려움이 있지만 선로의 전압강하를 보상 하는 목적으로 장거리 근접선에 직렬로 연결해서 승압기로 사용 되는 것은?
① 직권발전기
② 타여자 발전기
③ 분권 발전기
④ 복권 발전기

> **풀이**
> 직권발전기는 부하와 계자, 전기자가 직렬로 연결되어 있으므로 부하변화에 기전력의 변화가 심하지만, 직렬로 연결되어 있으므로 선로 중간에 넣어서 승압기로 사용할 수 있다. **답** ①

23 변압기 여자 전류의 파형은?
① 파형이 나타나지 않는다. ② 왜형파
③ 사인파 ④ 구형파

•풀이
변압기 철심에는 자기포화 현상과 히스테리시스 현상으로 인해 자속을 만드는 여자전류는 정현파가 될 수 없으며 제3고조파를 포함하는 비정현파가 된다. 답 ②

24 다음 중 동기전동기의 특징을 설명하고 있는 것으로 옳은 것은?
① 저속도에서 유도전동기에 비해 효율이 나쁘다.
② 기동 토크가 크다.
③ 필요에 따라 진상전류를 흘릴 수 있다.
④ 직류전원이 필요 없다.

•풀이
계자전류의 크기를 조절하여 진상전류 또는 지상전류를 흘릴 수 있다. 답 ③

25 반파 정류 회로에서 직류 전압 200[V]를 얻는데 필요한 변압기 2차 상전압은 약 몇 [V]인가? (단, 부하는 순저항, 변압기 내 전압강하를 무시하면 정류기 내의 전압강하는 50[V]로 한다.)
① 68 ② 113 ③ 333 ④ 555

•풀이
반파정류회로의 정류출력전압 $E_d = 0.45E - e$ 이므로
$E = \dfrac{200 + 50}{0.45} = 555.55[\text{V}]$가 된다. 답 ④

26 다음 중 SCR에 대한 설명으로 가장 옳은 것은?
① 게이트 전류로 애노드 전류를 연속적으로 제어할 수 있다.
② 쌍방향성 사이리스터이다.
③ 게이트 전류를 차단하면 애노드 전류가 차단된다.
④ 단락상태에서 애노드 전압을 0 또는 부(-)로 하면 차단 상태로 된다.

•풀이
SCR은 단방향성 3단자 소자로 $V_{AK} > 0$일 때 게이트 양의 펄스에 의해 턴온 되며, 턴 오프는 V_{AK}에 역방향 전압을 인가하거나, 애노드 전류를 유지전류 이하로 떨어뜨리면 된다. 답 ④

27 빛의 에너지를 전기 에너지로 변환시키는 것은?
① 광전 다이오드 ② 광전로 소자
③ 광전 트랜지스터 ④ 태양전지

답 ④

28 다음 전력변환방식 중 직류를 크기가 다른 직류로 변환하는 것은?
① 인버터　　② 컨버터　　③ 반파정류　　④ 직류초퍼

> **풀이**
> 전력변환장치로는 교류에서 직류로 변환하는 컨버터, 직류에서 교류로 변환하는 인버터, 직류에서 직류로 변환하는 초퍼, 교류에서 교류로 변환하는 사이클로컨버터가 있다.　　**답 ④**

29 서지보호장치(SPD)의 기능에 따라 분류할 경우 해당되지 않는 것은?
① 전류 스위치형 SPD　　② 전압 스위치형 SPD
③ 전압 제한형 SPD　　④ 복합형 SPD

> **풀이**
> 서지보호장치(SPD)는 전압 스위치형 SPD, 전압 제한형 SPD, 복합형 SPD 가 있다.　　**답 ①**

30 MOSFET의 드레인 전류는 무엇으로 제어하는가?
① 게이트 전압　　② 게이트 전류　　③ 소스 전류　　④ 소스 전압

> **풀이**
> MOSFET, IGBT는 전압 구동방식을 취하며 게이트전압으로 제어한다.　　**답 ①**

31 다음의 그림기호와 같은 반도체 소자의 명칭은?
① SCR　　② UJT
③ TRIAC　　④ FET

> **풀이**
> TRIAC은 쌍방향성 3단자 소자이다.　　**답 ③**

32 전파제어 정류회로에 사용하는 쌍방향성 반도체 소자는?
① SCR　　② SSS　　③ UJT　　④ PUT

> **풀이**
> SCR, UJT, PUT는 단방향성 소자이다.　　**답 ②**

33 CdS(황화 카드뮴)는 어떠한 소자인가?
① 빛에 의한 전도성을 이용하는 소자이다.
② 빛에 의한 기전력을 발생하는 소자이다.
③ 태양전지에서 0.55[V]의 기전력을 발산하는 소자이다.
④ 광전 트랜지스터를 만드는 소자이다.

> **풀이**
> CdS : 빛을 비추면 자유전자가 증가하여 저항이 감소하고, 빛을 비추지 않으면 저항이 커져 전류의 흐름을 방해한다.　　**답 ①**

34 학교, 사무실, 은행 등의 옥내배선의 설계에 있어서 간선의 굵기를 선정할 때 전등 및 소형 전기기계기구의 용량의 합계가 10[kVA]를 넘는 것에 대한 수용률은 몇 [%]를 적용하도록 정하고 있는가?

① 20 ② 30
③ 50 ④ 70

• 풀이

전등부하의 수용률[%]

건물의 종류	수용률	
	10[kVA] 이하	10[kVA] 초과
주택, 아파트, 기숙사, 여관, 호텔, 병원	100	50
사무실, 은행, 학교, 상점	100	70
기타	100	

답 ④

35 작업 면에서 천장까지의 높이가 3[m] 일 때 조명인 경우의 광원의 높이는 몇 [m]인가?

① 1 ② 2
③ 3 ④ 4

• 풀이

작업 면에서 천장까지의 높이가 3[m]일 때 조명인 경우의 광원의 높이는 3[m] 이다.

답 ③

36 저압배선중의 전압강하는 간선 및 분기회로에서 각각 표준전압의 몇 [%] 이하로 하는 것을 원칙으로 하는가?

① 2 ② 3 ③ 4 ④ 6

• 풀이

저압배선 중의 전압강하는 표준전압의 2[%] 이하로 하는 것이 원칙이며, 사용장소 내에 시설한 변압기에 의하여 공급되는 경우에는 3[%] 이하로 할 수 있다.

답 ①

37 금속 전선관을 조영재에 따라 시설하는 경우에는 새들 또는 행거(hanger) 등으로 견고하게 지지하고, 그 간격을 최대 몇 [m] 이하로 하는 것이 바람직한가?

① 0.1 ② 1.5
③ 2.0 ④ 2.5

• 풀이

지지점의 간격
• 가요전선관, 케이블공사 : 1[m]
• 합성수지관 : 1.5[m]
• 금속관 : 2[m]
• 금속덕트 : 3[m]

답 ③

38 N-EV는 네온관용 전선기호이다. 여기서 V는 무엇을 의미하는가?
① 네온전선   ② 클로로프렌
③ 비닐시스   ④ 폴리에틸렌

▶풀이
N(네온), E(폴리에틸렌), V(비닐)

답 ③

39 그림은 산업현장에서 많이 응용되고 있는 회로이다. 이 회로에서 점선 부분에 가장 타당한 회로로 맞는 것은?
① 정역회로
② Y-△기동회로
③ 방전장치회로
④ 역률개선회로

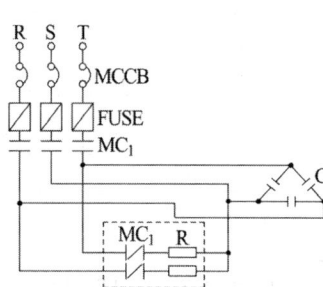

▶풀이
콘덴서의 잔류전하 방전장치

답 ③

40 가공전선로의 지지물에 시설하는 지선으로 연선을 사용할 경우, 소선은 몇 가닥 이상 이어야 하는가?
① 2   ② 3
③ 4   ④ 5

▶풀이
지선에 연선을 사용할 경우에는 소선3가닥 이상의 연선일 것

답 ②

41 다음 중 피뢰기를 반드시 시설하여야 할 곳은?
① 전기 수용 장소 내의 차단기 2차측
② 수전용 변압기의 2차측
③ 가공 전선로와 지중 전선로가 접속되는 곳
④ 경간이 긴 가공 전선로

▶풀이
피뢰기의 시설장소
① 발전소, 변전소 또는 이에 준하는 장소의 가공전선 인입구 및 인출구
② 가공전선로에 접속하는 특고압 배전용 변압기의 고압 측 및 특별고압 측
③ 고압 또는 특별고압 가공전선로로부터 공급을 받는 수용장소의 인입구
④ 가공전선로와 지중전선로가 접속되는 곳

답 ③

42 반사율이 50[%], 면적이 50[cm]×40[cm]인 완전 확산면에서 100[lm]의 광속을 투사하면 그 면의 휘도는 약 몇 [nt]인가?

① 60   ② 80   ③ 100   ④ 120

풀이

$R = \pi B = \rho E$ 에서 $B = \dfrac{\rho E}{\pi} = \dfrac{0.5 \times 500}{\pi} = 79.6 [\text{cd/m}^2] = 79.6 [\text{nt}]$

$E = \dfrac{F}{A} = \dfrac{100}{0.5 \times 0.4} = 500 [\text{lx}]$

답 ②

43 전주 사이의 경간이 50[m]인 가공 전선로에서 전선 1[m]의 하중이 0.37[kg], 전선의 답이 0.8[m]라면 전선의 수평 장력은 약 몇 [kg]인가?

① 80   ② 120   ③ 145   ④ 165

풀이

$D = \dfrac{WS^2}{8T} [\text{m}]$ 에서 $T = \dfrac{WS^2}{8D} = \dfrac{0.37 \times 50^2}{8 \times 0.8} = 145 [\text{kg}]$

답 ③

44 케이블 포설공사가 끝난 후 하여야 할 시험의 항목에 해당되지 않는 것은?

① 절연저항 시험   ② 절연내력 시험
③ 접지저항 시험   ④ 유전체손 시험

풀이

① 절연저항 시험 : 각 심선 상호 간 및 심선과 대지 간의 절연저항 시험
② 절연내력 시험 : 전로와 대지 간, 각 심선과 대지 간의 절연내력 시험
③ 접지저항 시험 : 케이블 차폐막의 접지저항 시험
④ 상시험 : 케이블 양단의 상순이 맞는지 여부 시험

답 ④

45 계전기별 기구번호의 제어 약호 중 87B의 명칭은?

① 전류차동계전기
② 모선보호 차동계전기
③ 발전기용 차동계전기
④ 주변압기 차동계전기

답 ②

46 저압 옥내배선에 사용하는 연동선의 최소 굵기는 몇 [mm²] 인가?

① 1.5   ② 2.5
③ 4.0   ④ 6.0

풀이

저압 옥내배선에 사용하는 연동선의 최소 굵기는 2.5[mm²] 이상의 연동선을 사용하여야 한다.

답 ②

| 47 | 마이크로프로세서 부분 삭제 |

| 48 | 마이크로프로세서 부분 삭제 |

| 49 | 마이크로프로세서 부분 삭제 |

| 50 | 마이크로프로세서 부분 삭제 |

| 51 | JK FF에서 현재상태의 출력 Q_n을 1로 하고, J입력에 0, K입력에 0을 클럭펄스 CP에 rising edge의 신호를 가하게 되면 다음 상태의 출력 Q_{n+1}은 무엇이 되는가?

① 1　　　　　　　　　　② 0
③ X　　　　　　　　　　④ $\overline{Q_n}$

▶풀이
JK 플립플롭은 RS 플립플롭의 부정상태(입력이 1, 1인 경우)를 보완한 것으로, 입력이 모두 0일 경우는 출력은 불변 상태이다.

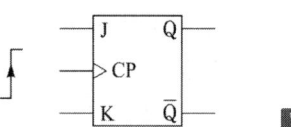

답 ①

| 52 | 논리식 $F = \overline{A}\,\overline{B}C + \overline{A}B\overline{C} + A\overline{B}C + AB\overline{C}$를 간소화 한 것은?

① $F = \overline{A}C + A\overline{C}$　　　　② $F = \overline{B}C + B\overline{C}$
③ $F = \overline{A}B + A\overline{B}$　　　　④ $F = \overline{A}B + B\overline{C}$

▶풀이
$F = \overline{A}\,\overline{B}C + \overline{A}B\overline{C} + A\overline{B}C + AB\overline{C}$
$= \overline{A}(\overline{B}C + B\overline{C}) + A(\overline{B}C + B\overline{C})$
$= (\overline{A} + A)(\overline{B}C + B\overline{C})$
$= (\overline{B}C + B\overline{C})$

답 ②

| 53 | 그림과 같은 다이오드 논리회로의 출력식은?

① $Z = A + BC$
② $Z = AB + C$
③ $Z = ABC$
④ $Z = A + B + C$

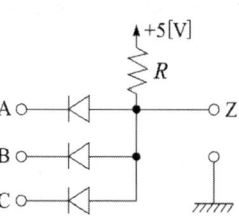

▶ 풀이
세 개의 입력 A, B, C가 모두 +5[V]일 때 다이오드는 도통되지 않으므로 +5[V]를 출력하며, 세 개의 입력 A, B, C 중 하나라도 0[V] 입력시에는 다이오드가 도통되어 출력은 0[V]가 되므로 AND 논리식에 해당한다.   답 ③

54 그림과 같은 회로는 어떤 논리동작을 하는가?
① NAND
② NOR
③ AND
④ OR

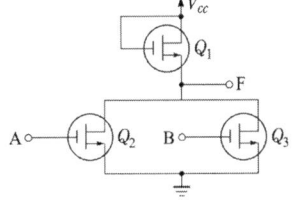

▶ 풀이
JFET는 P채널(화살표가 왼쪽방향), N채널(화살표가 오른쪽방향)으로 나뉘고, P채널은 게이트가 N형, N채널은 게이트가 P형으로 되어 있다.
위 회로는 모두 N채널로 구성되었으며, 게이트와 소스간에 +V 인가시 드레인에서 소스로 도통된다. Q_1은 항시 도통 상태이며, A, B 두 입력 모두 5[V], 혹은 둘 중 하나가 5[V] 인가시 도통되어 출력은 0[V]이 되며 두 입력이 모두 0[V]인 경우 도통이 되지 않으므로 출력은 V_{cc}(5[V])가 된다.   답 ②

55 계수 규준형 1회 샘플링 검사(KS A 3102)에 관한 설명 중 가장 거리가 먼 내용은?
① 검사에 제출된 로드의 긍정에 관한 사전 정보가 없어도 샘플링 검사를 적용할 수 있다.
② 생산자측과 구매자측이 요구하는 품질보호를 동시에 만족시키도록 샘플링 검사방식을 선정한다.
③ 파괴검사의 경우와 같이 전수검사가 불가능한 때에는 사용할 수 없다.
④ 1회만의 거래시에도 사용할 수 있다.

▶ 풀이
규준형 샘플링검사는 샘플링 검사 방안에 따라 검사하려고 한 로트에 대해서만 합격과 불합격을 판단하는 검사방법이다.   답 ③

56 공정에서 만성적으로 존재한 것은 아니고 산발적으로 발생하며, 품질의 변동에 크게 영향을 끼치는 요주의 원인으로 우발적 원인인 것을 무엇이라고 하는가?
① 우연원인
② 이상원인
③ 불가피 원인
④ 억제할 수 없는 원인

▶ 풀이
이상원인이란 전체 품질변동의 80[%]를 차지하는 것으로 우선제거 대상이 되는데 그 이유는 품질의 변동에 크게 영향을 미치는 주요한 원인이기 때문이다.   답 ②

57 어떤 공장에서 작업을 하는데 있어서 소요되는 기간과 비용이 다음 표와 같을 때 비용 구매는 얼마인가?

정상 작업		특급 작업	
기간	비용	기간	비용
15일	150만원	10일	200만원

① 50000원
② 100000원
③ 200000원
④ 300000원

▶풀이

$$\text{비용구배} = \frac{\text{특급비용} - \text{정상비용}}{\text{정상기간} - \text{특급기간}} = \frac{2,000,000 - 1,500,000}{15 - 10} = 100,000원$$

답 ②

58 다음 중 품질관리시스템에 있어서 4M에 해당하지 않는 것은?
① Man
② Machine
③ Material
④ Money

▶풀이

Man(사람), Machine(설비), Material(원자재), Method(방법)

답 ④

59 방법시간측정법(MTM. Method timo measulqmont)에서 사용되는 1TMU(Time moasuroment Unit)는 몇 시간인가?

① $\frac{1}{100000}$ 시간
② $\frac{1}{10000}$ 시간
③ $\frac{6}{10000}$ 시간
④ $\frac{36}{1000}$ 시간

▶풀이

1 TMU = 0.00001 시간, 1 TMU = 0.0006분, 1 TMU = 0.036초

답 ①

60 품질특성을 나타내는 데이터 중 계수치 데이터에 속하는 것은?
① 무게
② 길이
③ 인장강도
④ 부적합품의 수

▶풀이

① 계수치데이터 : 불량개수, 흠의 수, 결점수, 사고건수 등과 같이 1, 2, 3, … 하고 헤아릴 수 있는 이산적인 데이터이다.
② 계량치데이터 : 길이, 무게, 두께, 눈금, 시간, 온도, 수분, 강도, 수율, 순도, 함유량 등과 같이 연속량으로서 측정하여 얻어지는 품질특정치이다.

답 ④

제 04 회 전기기능장 실전모의고사

01 어떤 정현파 전압의 평균값이 191[V]이면 최대값은 약 몇 [V]인가?

① 240　　② 270　　③ 300　　④ 330

▶풀이

$$V_{av} = \frac{2}{\pi} V_m \quad \therefore V_m = \frac{\pi}{2} V_{av} = \frac{\pi}{2} \times 191 ≒ 300[\text{V}]$$

답 ③

02 C[F]의 콘덴서에 V[V]의 전압을 가한 결과 Q[C]의 전기량이 충전 되었다. 이 콘덴서에 저장된 에너지[J]는 어떻게 표현되는가?

① $2CV$　　② $2CV^2$　　③ $\frac{1}{2}CV$　　④ $\frac{1}{2}CV^2$

▶풀이

$$W = \frac{1}{2}QV = \frac{Q^2}{2C} = \frac{1}{2}CV^2[\text{J}]$$

답 ④

03 각 상의 임피던스가 $Z = 6 + j8[\Omega]$인 평형 Y결선 부하에 선간전압 220[V]의 대칭 3상 전압을 인가하였을 때 흐르는 선전류는 약 몇 [A]인가?

① 8.7　　② 10.5　　③ 12.7　　④ 17.5

▶풀이

$$I_l = I_P = \frac{V_p}{Z_p} = \frac{V_l/\sqrt{3}}{Z_p} = \frac{220/\sqrt{3}}{\sqrt{6^2+8^2}} = 12.7[\text{A}]$$

답 ③

04 회로에서 단자 AB간의 합성저항은 몇 [Ω]인가?

① 10
② 12
③ 15
④ 30

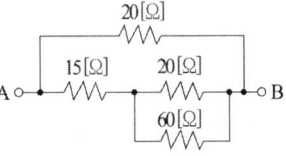

▶풀이

저항 20[Ω], 60[Ω]의 병렬 $R_{T1} = \frac{20 \times 60}{20+60} = 15[\Omega]$

전체합성 $R_T = \frac{20 \times 30}{20+30} = 12[\Omega]$

답 ②

05 다음 중 전계의 세기를 구하는 법칙은?

① 비오-사바르의 법칙　　② 가우스의 법칙
③ 플레밍의 왼손법칙　　④ 암페어의 법칙

• 풀이
- 가우스 정리[Gauss's law] : 임의의 폐곡면 내 전하량 Q[C]이 있을 때 이 폐곡면을 통해서 나오는 전기력선의 수
$$N = \frac{Q}{\epsilon} = \frac{Q}{\epsilon_s \cdot \epsilon_0} [개]$$

답 ②

06 그림과 같은 $R-L-C$ 병렬 공진회로에 관한 설명 중 옳지 않은 것은?

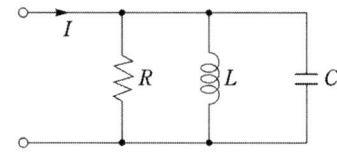

① R이 작을수록 Q가 높다.
② 공진시 L 또는 C를 흐르는 전류는 입력 전류 크기의 Q배가 된다.
③ 공진 주파수 이하에서의 입력 전류는 전압보다 위상이 뒤진다.
④ 공진시 입력 어드미턴스는 매우 작아진다.

• 풀이
병렬공진에서 선택도 $Q = \frac{R}{\omega L} = \omega CR = R\sqrt{\frac{C}{L}}$

답 ①

07 다음 중 전류에 의해 만들어지는 자기장의 자기력선 방향을 간단하게 알아내는 법칙은?

① 앙페르의 오른나사법칙　　② 렌츠의 법칙
③ 플레밍의 왼손법칙　　④ 가우스의 법칙

• 풀이
앙페르의 오른나사법칙은 전류에 의한 자기장의 방향을 결정하는 법칙
- 렌쯔의 법칙- 유도기전력의 방향 결정
- 플레밍의 오른손법칙- 발전기
- 플레밍의 왼손- 전동기
- 가우스법칙- 전기력선 수(전계의세기)

답 ①

08 길이 50[cm]인 직선상의 도체봉을 자속밀도 0.1[Wb/m²]의 평등 자계 중에 자계와 수직으로 놓고 이것을 50[m/s]의 속도로 자계와 60°의 각으로 움직였을 때 유도기전력은 약 몇 [V]가 되는가?

① 1.08　　② 1.25　　③ 2.17　　④ 2.51

• 풀이
$V = Blv\sin\theta = 0.1 \times 0.5 \times 50 \times \sin 60° = 2.17[V]$

답 ③

09 인덕턴스 $L = 20[\text{mH}]$인 코일에 실효값 $V = 50[\text{V}]$, 주파수 $f = 60[\text{Hz}]$인 정현파 전압을 인가했을 때 코일에 축적되는 평균 자기 에너지 $W_L[\text{J}]$는 약 얼마인가?

① 6.3　　② 4.4　　③ 0.63　　④ 0.44

풀이
$$X_L = 2\pi f L = 2 \times \pi \times 60 \times 0.02 = 7.5[\Omega]$$
$$I = \frac{V}{X_L} = \frac{50}{7.5} = 6.7[\text{A}]$$
$$W = \frac{1}{2}LI^2 = \frac{1}{2} \times 0.02 \times 6.7^2 = 0.44[\text{J}]$$

답 ④

10 동기 발전기의 단락비를 계산하는데 필요한 시험의 종류는?
① 무부하 포화 시험과 3상 단락시험
② 정상, 영상 리액턴스의 측정 시험
③ 돌발 단락시험과 부하 시험
④ 단상 단락 시험과 3상 단락시험

풀이
무부하 포화곡선과 3상 단락곡선에서 단락비를 구할 수 있다.

답 ①

11 3상 동기 발전기의 각 상의 유기 기전력 중에서 제5고조파를 제거하려면 코일 간격/극 간격을 어떻게 하면 되는가?

① 0.5　　② 0.6　　③ 0.7　　④ 0.8

풀이
① 전기자 권선법에서 단절권으로 하면 코일단이 짧게 되므로 동의 양이 적게 들고, 고조파를 제거해서 파형이 좋게 된다.
② n 고조파에 대한 단절 계수 : $k_{pn} = \sin\frac{n\beta\pi}{2} = \sin\frac{5\beta\pi}{2} = 0$
$\sin 0 = 0$ 혹은 $\sin 360 = 0$ 이므로
$360 = \frac{5\beta\pi}{2}$　　$\beta = 0.8$

답 ④

12 전기자 권선에 의해 생기는 전기자 기자력을 없애기 위하여 주 자극의 중간에 작은 자극으로 전기자 반작용을 상쇄하고 또한 정류에 의한 리액턴스 전압을 상쇄하여 불꽃을 없애는 역할을 하는 것은?
① 보상권선　　② 공극　　③ 전기자권선　　④ 보극

풀이
전기자 반작용 없애는 방법
• 브러시 위치를 전기적 중성점인 회전방향으로 이동
• 보극 : 전기자 반작용을 경감시키고, 정류작용을 좋게 하는 방법
• 보상권선 : 전기자 반작용을 없애는 가장 확실한 방법

답 ④

13 권선형 유도전동기에서 2차측 저항을 2배로 하면 그 최대토크는 몇 배로 되는가?

① $\dfrac{1}{2}$ ② $\sqrt{2}$ ③ 2   ④ 불변

풀이

슬립과 토크 특성곡선에서 권선형유도기는 2차 저항을 변화시켜도 최대 토크는 변하지 않는다. **답 ④**

14 단상 직권 정류자 전동기의 회전 속도를 높이는 이유는?

① 전기자에 유도되는 역기전력을 적게 한다.
② 역률을 개선한다.
③ 토크를 증가시킨다.
④ 리액턴스 강하를 크게 한다.

풀이

직류 직권 전동기를 그대로 교류용으로 사용한 것이 단상 직권 정류자 전동기이다. 이때 구조를 변경하지 않으면 철심이 가열되고 역률과 효율이 낮아지며, 정류가 좋지 않게 된다. 그렇기 때문에 계자권선의 권선 수를 적게 감아서 주 자속을 감소시켜 리액턴스 때문에 역률이 낮아지는 것을 방지한다.

직류전동기의 속도 $N = K_1 \dfrac{V - I_a R_a}{\phi}$ [rpm] 이므로 주 자속을 감소시키면 회전속도가 상승하게 된다.

답 ②

15 변압기에서 부하전류 및 전압은 일정하고, 주파수만 낮아지면 변압기는 어떻게 되는가?

① 철손이 증가한다.   ② 철손이 감소한다.
③ 동손이 증가한다.   ④ 동손이 감소한다.

풀이

철손 $P_i = P_h + P_e$ 에서

히스테리시스손 $P_h \propto f B_m^2 = f \left(\dfrac{E}{f}\right)^2 = \dfrac{E^2}{f}$ 이고, 와류손 $P_e \propto (tfB_m)^2 = t^2 E^2$ 이므로

$\therefore P_h \propto \dfrac{E^2}{f}$ $P_e \propto E^2$

(철손은 주파수에 반비례하지만, 와류손은 주파수와 무관하다.) **답 ①**

16 다음 중 변압기의 효율(η)을 나타낸 것으로 가장 알맞은 것은?

① $\eta = \dfrac{출력}{입력 + 손실} \times 100 [\%]$

② $\eta = \dfrac{입력}{출력 + 손실} \times 100 [\%]$

③ $\eta = \dfrac{입력}{입력 + 손실} \times 100 [\%]$

④ $\eta = \dfrac{출력}{출력 + 손실} \times 100 [\%]$

답 ④

17 동기기의 전기자 도체에 유기되는 기전력의 크기는 그 주파수를 2배로 했을 경우 어떻게 되는가?

① 2배로 증가　　　　　　　　② 2배로 감소
③ 4배로 증가　　　　　　　　④ 4배로 감소

▶풀이
$E = 4.44 K_w f W \phi$ 의 식에서 주파수가 2배가되면 기전력 E도 2배가 된다

답 ①

18 부흐홀츠 계전기로 보호되는 기기는?

① 변압기　　② 발전기　　③ 동기 전동기　　④ 회전 변류기

▶풀이
변압기 내부 고장으로 인한 절연유의 온도 상승 시 발생하는 유증기를 검출하여 경보 및 차단을 하기 위한 계전기로 변압기 탱크와 컨서베이터 사이에 설치한다.

답 ①

19 3상 동기 발전기를 병렬 운전시키는 경우 고려하지 않아도 되는 조건은?

① 기전력의 위상이 같을 것　　　② 회전수가 같을 것
③ 기전력의 크기가 같을 것　　　④ 상회전 방향이 같을 것

▶풀이
병렬운전 조건
① 기전력의 크기가 같을 것　　② 기전력의 위상이 같을 것
③ 기전력의 주파수가 같을 것　　④ 기전력의 파형이 같을 것
⑤ 상회전이 일치할 것

답 ②

20 3상 유도전동기의 회전자 입력 P_2, 슬립 s이면 2차 동손은 어떻게 표현되는가?

① sP_2　　　　　　　　　　② $(2s-1)P_2$
③ $(s+1)P_2$　　　　　　　　④ $(1-s)P_2$

▶풀이
$P_2 : P_{2c} : P_0 = 1 : S : (1-S)$이므로
$P_2 : {}_{2c} = 1 : S$에서 P_{2c}로 정리하면 $P_{2c} = SP_2$

답 ①

21 변압기의 등가회로 작성에 필요 없는 시험은?

① 단락시험　　　　　　　　② 반환부하법
③ 무부하시험　　　　　　　④ 저항측정시험

▶풀이
변압기 등가회로도 작성에 필요한 시험
① 저항측정시험　② 단락시험　③ 무부하시험
반환부하시험은 변압기의 온도시험법으로 브론델법, 홉킨스법, 카푸법이 있다.

답 ②

22 동기전동기의 여자전류가 증가하면 어떤 현상이 생기는가?
① 토크가 증가 한다.
② 전기자 전류의 위상이 앞선다.
③ 난조가 생긴다.
④ 앞선 무효 전류가 흐르고 유기 기전력은 높아진다.

● 풀이
① 여자가 약할 때(부족여자) : I가 V보다 지상(뒤짐) : 리액터 역할
② 여자가 강할 때(과여자) : I가 V보다 진상(앞섬) : 콘덴서 역할

답 ②

23 일정 전압으로 운전하는 직류전동기의 손실이 $x+yI_2$으로 된다고 한다. 어떤 전류에서 효율이 최대로 되는가?(단, x, y는 정수이다.)

① $\dfrac{y}{x}$ ② $\dfrac{x}{y}$ ③ $\sqrt{\dfrac{y}{x}}$ ④ $\sqrt{\dfrac{x}{y}}$

● 풀이
손실=철손+동손=$x+yI^2$이 0일 때 최대 효율이 된다.
따라서 전류는 $I=\sqrt{\dfrac{x}{y}}$ 이다.

답 ④

24 다음 중 바리스터(Varister)의 주된 용도는?
① 전압 증폭용   ② 서지전압에 대한 회로 보호용
③ 출력전류 조정용   ④ 과전류방지 보호용

● 풀이
바리스터는 서지전압을 흡수하여 과전압시 회로 보호를 하는 2단자 소자이다.

답 ②

25 사이리스터를 이용한 정류회로에서 직류전압의 맥동률이 가장 작은 정류 회로는?
① 단상 반파 정류회로   ② 단상 전파 정류회로
③ 3상 전파 정류회로   ④ 3상 반파 정류회로

● 풀이
맥동률 $r = \dfrac{출력전압에 포함된 교류성분}{출력전압의 직류성분}$
출력 직류성분이 가장 큰 3상 전파식이 맥동률이 가장적다.

정류 종류	단상 반파	단상 전파	3상 반파	3상 전파
평균(직류)값	$0.45E$	$0.9E$	$1.17E$	$1.35E$
맥동률	121[%]	48[%]	17[%]	4[%]
맥동주파수	f	$2f$	$3f$	$6f$
정류효율	40.6[%]	81.2[%]	96.7[%]	99.8[%]

답 ③

26 DC를 AC로 변환시키는 변환장치는?

① 초퍼　　② 인버터　　③ 정류기　　④ 사이클로 컨버터

풀이
전력변환장치로는 교류에서 직류로 변환하는 컨버터(정류기), 직류에서 교류로 변환하는 인버터, 직류에서 직류로 변환하는 초퍼, 교류에서 교류로 변환하는 사이클로컨버터가 있다.　**답** ②

27 TRIAC을 사용하여 소용량 저항부하의 AC 전력제어를 하려고 한다. 게이트용 소자로 가장 간단히 사용할 수 있는 것은?

① UJT　　② PUT　　③ DIAC　　④ SUS

풀이
TRIAC은 AC전력제어에만 사용하며, SCR은 AC, DC전력제어에 사용한다. 이 소자들의 게이트 트리거 소자로 가장 많이 사용되고, 가장 간단히 사용할 수 있는 것은 DIAC이다.　**답** ③

28 사이리스터의 유지전류(holding current)에 관한 설명으로 옳은 것은?

① 사이리스터가 턴온(turn on)하기 시작하는 순전류
② 게이트를 개방한 상태에서 사이리스터가 도통상태를 유지하기 위한 최소의 순전류
③ 사이리스터의 게이트를 개방한 상태에서 전압을 상승하면 급히 증가하게 되는 순전류
④ 게이트 전압을 인가한 후에 급히 제거한 상태에서 도통상태가 유지되는 최소의 순전류

풀이
• 유지전류 : SCR 이 on 상태를 유지하기 위한 최소전류
• 래칭전류 : 사이리스터가 턴온(turn on)하기 시작하는 순전류　**답** ②

29 다음 중 2방향성 3단자 사이리스터는 어느 것인가?

① SCS　　② TRIAC　　③ SSS　　④ SCR

풀이
SCS는 단방향성 4단자 소자이며, SSS는 쌍방향성 2단자 소자, SCR은 단방향성 3단자 소자이다.　**답** ②

30 발광소자와 수광소자를 하나의 용기에 넣어 외부의 빛을 차단한 구조로 출력측의 전기적인 조건이 입력측에 전혀 영향을 끼치지 않는 소자는?

① 포토 다이오드　　② 포토 트랜지스터
③ 서미스터　　　　 ④ 포토 커플러

풀이
포토 커플러(Photo Coupler)
발광 소자와 수광 소자를 조합하여, 광을 매체로 신호를 전송하는 소자. 구조는 발광 다이오드와 광 트랜지스터를 하나의 패키지에 넣은 것이다. 입출력 사이가 전기적으로 절연되어 있기 때문에 전기적인 잡음 제거에 널리 사용된다.　**답** ④

31 단상 3선식 선로에 그림과 같이 부하가 접속되어 있을 경우에 설비 불평형률은 약 몇 [%]인가?

① 13.33   ② 14.33
③ 15.33   ④ 16.33

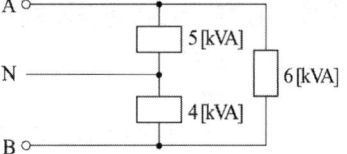

풀이
단상 3선식에서 중성선과 각 전압측 사이의 부하는 평형이 되게 하는 것이 원칙이지만, 부득이한 경우에는 설비 불평형률을 40[%]까지 할 수 있다.

설비불평형률 $= \dfrac{\text{중성선과 각 전압측 전선간에 접속되는 부하 설비 용량의 차}}{\text{총 부하설비 용량의 1/2}}$

$= \dfrac{5-4}{15 \times \dfrac{1}{2}} \times 100 = 13.33[\%]$

답 ①

32 다음 중 보호선과 전압선의 기능을 겸한 전선은?

① PEM선   ② PEL선
③ PEN선   ④ DV선

풀이
① PEM선 : 보호선과 중간선의 기능을 겸한 전선
② PEL선 : 보호선과 전압선의 기능을 겸한 전선
③ PEN선 : 보호선과 중성선의 기능을 겸한 전선

답 ②

33 최대사용전압 3300[V]의 고압 전동기가 있다. 이 전동기의 절연내력 시험전압은 몇 [V]인가?

① 3925   ② 4250
③ 4950   ④ 10500

풀이
7000[V] 이하 비접지식 - 최대 사용전압 × 1.5배
$3300 \times 1.5 = 4950[V]$

답 ③

34 지상역률 80[%]인 1000[kVA]의 부하를 100[%]의 역률로 개선하는데 필요한 전력용 콘덴서의 용량은 몇 [kVA]인가?

① 200   ② 400
③ 600   ④ 800

풀이
$Q = P(\tan\theta_1 - \tan\theta_2)$에서
$Q = 1000 \times 0.8(\tan\cos^{-1}0.8 - \tan\cos^{-1}1) = 600[kVA]$

답 ③

35 다음 중 저압 이웃 연결 인입선의 시설기준으로 옳지 않은 것은?

① 인입선에서 분기되는 점에서 100[m]를 초과하지 말 것
② 폭 5[m]를 초과하는 도로를 횡단하지 말 것
③ 옥내를 통과하지 말 것
④ 지름은 최소 4.0[mm] 이상의 경동선을 사용할 것

▶ 풀이
지름은 최소 2.6[mm] 이상의 경동선을 사용할 것   답 ④

36 접지 저감재의 구비조건과 거리가 먼 것은?

① 전기적으로 양도체일 것
② 지속성이 있을 것
③ 전극을 부식시키지 않을 것
④ 토양에 비해 도전도가 낮을 것

▶ 풀이
접지 저감재의 구비조건
① 토양을 오염시키지 않으며 사람이나 식물에 유해하지 않을 것
② 전기적으로 양도체일 것(주위 토양보다 도전도가 좋을 것)
③ 전극을 부식시키지 않을 것
④ 저감효과가 크고 지속성이 있을 것   답 ④

37 누전경보기의 시설 방법에서 경보기의 조작 전원은 전용회로를 두고 또한 이에 설치하는 개폐기로 배선용 차단기를 사용할 때 몇 [A] 이하의 것을 사용하는가?

① 20[A]　　② 30[A]
③ 40[A]　　④ 50[A]

▶ 풀이
누전경보기라 함은 전로에 지락이 생겼을 경우에 부하기기, 금속제 외함 등에 발생하는 고장전압 또는 지락전류를 검출하는 부분과 경보를 내는 부분을 조합하여 자동적으로 소리 및 기타의 방법으로 경보를 내는 누전경보장치 일체를 용기 속에 넣은 것을 말한다.   답 ①

38 다음 심벌의 명칭은 어느 것인가?

① 전류제한기　　② 전등제한기
③ 전압제한기　　④ 역률제한기

▶ 풀이
전기의 정액수용가가 계약용량을 초과하여 사용하면 자동적으로 회로가 차단되어 경보를 발생하는 과전류차단기의 일종이다.   답 ①

39 다음 중 전선의 접속 원칙이 아닌 것은?
① 전선의 허용전류에 의하여 접속 부분의 온도 상승값이 접속부 이외의 온도 상승값을 넘지 않도록 한다.
② 접속 부분은 접속관, 기타의 기구를 사용한다.
③ 전선의 강도를 30[%] 이상 감소시키지 않는다.
④ 구리와 알루미늄 등 다른 종류의 금속 상호간을 접속할 때에는 접속부에 전기적 부식이 생기지 않도록 한다.

▶풀이
전선의 강도를 20[%] 이상 감소시키지 않아야한다.   답 ③

40 빌딩의 부하 설비 용량이 2,000[kW], 부하역률 90[%], 수용률이 75[%] 일 때 수전 설비의 용량은 약 몇 [kVA]인가?
① 1554   ② 1666   ③ 1800   ④ 2400

▶풀이
수전설비용량 $VI = \dfrac{P \times 수용율}{\cos\theta} = \dfrac{2000 \times 0.75}{0.9} = 1666[kVA]$ 답 ②

41 다음 중 지중 송전선로의 구성 방식이 아닌 것은?
① 방사상 환상 방식   ② 루프방식
③ 가지식 방식   ④ 단일 유닛 방식

▶풀이
가지식 방식은 가공배전선로에서 사용하는 방법이다.   답 ③

42 합성수지관 상호 및 관과 박스는 접속시에 삽입하는 깊이를 관 바깥지름의 몇 배 이상으로 하여야 하는가?(단, 접착제를 사용하지 않는다.)
① 0.8   ② 1.0   ③ 1.2   ④ 1.4

▶풀이
접착제 사용시 0.8배   답 ③

43 셀룰로이드, 성냥, 석유류 등 기타 가연성 위험물질을 제조 또는 저장하는 장소의 배선에서 사용할 수 없는 공사 방법은?
① 케이블 공사   ② 금속관 공사
③ 애자 사용 공사   ④ 합성수지관 공사

▶풀이
위험물이 있는 곳의 공사(셀룰로이드, 성냥, 석유 등 타기 쉬운 위험한 물질을 제조하거나 저장하는 곳)
 ① 합성수지관 공사(두께 2[mm] 이상) ② 금속전선관 공사 ③ 케이블 공사   답 ③

| 44 | 마이크로프로세서 부분 삭제 |

| 45 | 마이크로프로세서 부분 삭제 |

| 46 | 마이크로프로세서 부분 삭제 |

| 47 | 마이크로프로세서 부분 삭제 |

| 48 | 마이크로프로세서 부분 삭제 |

| 49 | 마이크로프로세서 부분 삭제 |

| 50 | 마이크로프로세서 부분 삭제 |

| 51 | 다음 중 플립플롭 회로에 대한 설명으로 잘못된 것은?
① 두 가지 안정상태를 갖는다.
② 쌍안정 멀티 바이브레이터이다.
③ 반도체 메모리 소자로 이용된다.
④ 트리거 펄스 1개마다 1개의 출력펄스를 얻는다.

▶풀이
트리거 펄스 1개마다 2개의 출력펄스를 얻는다.

답 ④

| 52 | 다음 그림과 같은 논리회로의 논리식은?
① $Z = \overline{A+B}$
② $Z = A \oplus B$
③ $Z = A \cdot B + \overline{A} \cdot \overline{B}$
④ $Z = \overline{A} \oplus \overline{B}$

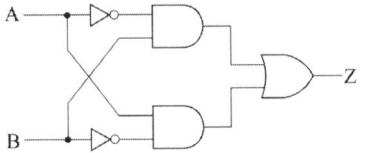

▶풀이
$Z = \overline{A}B + A\overline{B} = A \oplus B$ 이다.

답 ②

| 53 | 논리식 "A+AB"를 간단히 계산한 결과는?
① A　　② $\overline{A}+B$　　③ $A+\overline{B}$　　④ $A+B$

> **풀이**
> A + AB = A(1+B) = A 이다.

답 ①

54 다음 그림과 같은 회로의 명칭은?
① 일치회로
② 반일치회로
③ 감산기회로
④ 반가산기회로

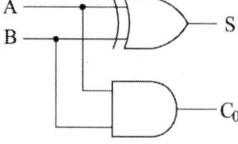

> **풀이**
> S = A⊕B
> C_0 = AB이므로 반가산기회로에 해당한다.

답 ④

55 부적합품률이 1[%]인 모집단에서 5개의 시료를 랜덤하게 샘플링할 때, 부적합품수가 1개일 확률은 약 얼마인가?(단, 이항분포를 이용하여 계산한다.)
① 0.048   ② 0.058   ③ 0.48   ④ 0.58

> **풀이**
> $P(x) = nC_X P^X (1-P)^{n-x} = 5 \times C_1 \times 0.01^1 (1-0.01)^{(5-1)} = 0.048C1$
> $p = 0.01$, $np = 5 \times 0.01 = 0.05$

답 ①

56 품질관리 기능의 사이클을 표현한 것으로 옳은 것은?
① 품질개선-품질설계-품질보증-공정관리
② 품질설계-공정관리-품질보증-품질개선
③ 품질개선-품질보증-품질설계-공정관리
④ 품질설계-품질개선-공정관리-품질보증

> **풀이**
> 품질설계 → 공정관리 → 품질보증 → 품질조사

답 ②

57 다음 검사의 종류 중 검사공정에 의한 분류에 해당되지 않는 것은?
① 수입검사   ② 출하검사
③ 출장검사   ④ 공정검사

> **풀이**
> ① 검사가 행해지는 공정에 의한 분류 : 수입검사, 구입검사, 공정검사, 중간검사, 최종검사, 출하검사
> ② 검사가 행해지는 장소에 의한 분류 : 정위치검사, 순회검사, 출장검사
> ③ 검사의 성질에 의한 분류 : 파괴검사, 비파괴검사, 관능검사
> ④ 판정대상에 의한 분류 : 전수검사, 로트별 샘플링검사, 관리샘플링검사, 자주검사
> ⑤ 검사항목에 의한 분류 : 수량검사, 외관검사, 중량검사, 치수검사, 성능검사

답 ③

58 다음 중 계수치 관리도가 아닌 것은?

① C 관리도 　　　　　　　　② P 관리도
③ U 관리도 　　　　　　　　④ X 관리도

▶ 풀이

- 계량치 관리도 : $\bar{X}-R$ 관리도, X 관리도, X-R 관리도, R 관리도
  (길이, 무게, 강도, 전압, 전류 등 연속변량 측정)
- 계수치 관리도 : nP(불량계수)관리도, p(불량률)관리도, c(결점수)관리도, u(단위당 결점수) 관리도
  (직물의 얼룩, 흠 등과 같이 한 개, 두 개로 계수되는 수치와 그에 따른 불량률을 측정)

관 리 도	데 이 터	분 포
$\bar{X}-R$ 관리도 X 관리도 X-R 관리도	계량치	정규분포
nP 관리도 P 관리도 C 관리도 U 관리도	계수치	이항분포
		포아송분포

답 ④

59 다음 표는 A 자동차 영업소의 월별 판매실적을 나타낸 것이다. 5개월 단순이동평균법으로 6월의 수요를 예측하면 몇 대인가?

(단위 : 대)

월	1	2	3	4	5
판매량	100	110	120	130	140

① 120　　　　② 130　　　　③ 140　　　　④ 150

▶ 풀이

$$F_t = \frac{100+110+120+130+140}{5} = 120$$

답 ①

60 다음 중 반즈(Ralph M. Barnes)가 제시한 동작경제의 원칙에 해당되지 않는 것은?

① 표준작업의 원칙
② 신체의 사용에 관한 원칙
③ 작업장의 배치에 관한 원칙
④ 공구 및 설비의 디자인에 관한 법칙

▶ 풀이

동작경제의 원칙
① 신체사용에 관한 원칙
② 작업 역에 관한 원칙
③ 공구나 설비의 설계에 관한 원칙

답 ①

제 05 회 전기기능장 실전모의고사

01 5[Ω]의 저항 10개를 직렬 접속하면 병렬 접속 시의 몇 배가 되는가?
① 20　　　　② 50　　　　③ 100　　　　④ 250

▶풀이
직렬접속 저항 $R_s = nR = 10 \times 5 = 50[\Omega]$
병렬접속 저항 $R_p = \dfrac{R}{n} = \dfrac{5}{10} = 0.5[\Omega]$
$\dfrac{직렬접속}{병렬접속} = \dfrac{50}{0.5} = 100$

답 ③

02 전기회로에 100[V]라는 표시가 있다. 여기서 100[V]는 무엇을 나타내는가?
① 최대값　　　② 실효값　　　③ 평균값　　　④ 파고율

▶풀이
실효값 : 교류의 크기나타내며 교류와 동일한 일을 하는 직류의 크기로 바꿔 나타냈을 때의 값

답 ②

03 1전자 볼트(eV)는 약 몇 [J]인가?
① 1.60×10^{-19}　　　　② 1.67×10^{-21}
③ 1.72×10^{-24}　　　　④ 1.76×10^{9}

▶풀이
$1[eV] = 1.602 \times 10^{-19}[C] \times 1[V] = 1.602 \times 10^{-19}[J]$　($\because W = QV[J]$)

답 ①

04 다음 설명 중 옳은 것은?
① 인덕턴스를 직렬연결하면 리액턴스가 커진다.
② 저항을 병렬연결하면 합성저항은 커진다.
③ 콘덴서를 직렬연결하면 용량이 커진다.
④ 유도 리액턴스는 주파수에 반비례한다.

▶풀이
② 저항을 병렬 접속시 합성저항은 작아진다.
② 콘덴서를 직렬 접속시 용량은 변화 없다.
③ $X_L = 2\pi fL$, 유도 리액턴스는 주파수에 비례한다.

답 ①

05 다음 중 전류의 열작용과 관계있는 법칙은?
① 옴의 법칙
② 키르히호프의 법칙
③ 줄의 법칙
④ 플레밍의 법칙

> **풀이**
> 줄의 법칙 : 도체에 흐르는 전류에 의하여 단위시간 내에 발생하는 열량은 도체의 저항과 전류의 제곱에 비례한다. ($H = 0.24I^2Rt$ [cal])
> **답** ③

06 비투자율 1500인 자로의 평균 길이 50[cm], 단면적 30[cm²]인 철심에 감긴 권수 425회의 코일에 0.5[A]의 전류가 흐를 때 저축된 전자(電磁)에너지는 약 몇 [J]인가?
① 0.25
② 2.73
③ 4.96
④ 15.3

> **풀이**
> $$L = \frac{\mu A}{l} N^2 = \frac{4\pi \times 10^{-7} \times 1500 \times (30 \times 10^{-4})}{50 \times 10^{-2}} \times 425^2 ≒ 2[H]$$
> $$W = \frac{1}{2}LI^2 = \frac{1}{2} \times 2 \times 0.5^2 = 0.25[J]$$
> **답** ①

07 단면적 S[m²], 길이 l[m], 투자율 μ[H/m]의 자기 회로에 N회의 코일을 감고 I[A]의 전류를 흘릴 때 발생하는 자속[Wb]를 구하는 식은?
① $\mu l NIS$
② $\frac{\mu lS}{NI}$
③ $\frac{\mu SNI}{l}$
④ $\frac{\mu lSN}{I}$

> **풀이**
> $B = \mu H$ 이고 $H = \frac{NI}{l}$ 이므로
> $$\therefore \phi = BS = \mu H \times S = \mu \frac{NI}{l} \times S = \frac{\mu SNI}{l}[Wb]$$
> **답** ③

08 콘덴서에 비유전률 ϵ_r인 유전체가 채워져 있을 때의 정전용량 C와 공기로 채워져 있을 때의 정전용량 C_0와의 비(C/C_0)는?
① ϵ_r
② $\frac{1}{\epsilon_r}$
③ $\sqrt{\epsilon_r}$
④ $\frac{1}{\sqrt{\epsilon_r}}$

> **풀이**
> $C = \epsilon_0 \epsilon_r \cdot \frac{S}{d}$ $C_0 = \epsilon_0 \cdot \frac{S}{d}$ $\frac{C}{C_0} = \frac{\epsilon_0 \cdot \epsilon_r \cdot \frac{S}{d}}{\epsilon_0 \cdot \frac{S}{d}} = \epsilon_r$
> **답** ①

09 다음 중 크로우링 현상은 어느 것에서 일어나는가?
① 농형 유도전동기
② 직류 직권전동기
③ 회전 변류기
④ 3상 변압기

> **풀이**
> • 크로우링 현상(=차동기 운전) : 소용량의 농형유도전동기에서 주로 생기는 현상으로 고조파의 영향으로 가속이 안 되는 현상이다.   **답** ①

10 직류 분권 전동기의 공급전압의 극성을 반대로 하였을 때 다음 중 옳은 것은?
① 회전방향은 변하지 않는다.   ② 회전방향이 반대로 된다.
③ 회전하지 않는다.   ④ 발전기로 된다.

> **풀이**
> 직류전동기는 전원의 극성을 바꾸게 되면, 계자권선과 전기자권선의 전류방향이 동시에 바뀌게 되므로 회전방향이 바뀌지 않는다.   **답** ①

11 다음 중 3상 권선형 유도전동기를 사용하는 주된 이유는?
① 효율 향상   ② 역률 개선
③ 기동특성의 향상   ④ 소용량 기기에 적용

> **풀이**
> 2차 회로의 저항을 변화시킬 수 있는 권선형 유도 전동기는 비례추이의 성질을 이용하여 기동토크를 크게 할 수 있고, 속도제어에도 이용할 수 있다.   **답** ③

12 △결선 변압기의 1대가 고장으로 제거되어 V결선으로 할 때 공급 가능한 전력은 고장 전의 약 몇 [%]인가?
① 57.7   ② 66.6   ③ 75   ④ 86.6

> **풀이**
> △결선과 V결선의 출력비
> $$\frac{P_V}{P_\Delta} = \frac{\sqrt{3}P}{3P} = 0.577 = 57.7[\%]$$
>   **답** ①

13 동기기의 전기자 권선법이 아닌 것은?
① 분포권   ② 2층권   ③ 중권   ④ 전절권

> **풀이**
> 동기기는 분포권 – 단절권 – 중권 – 2층권을 사용한다.   **답** ④

14 농형 유도전동기의 속도제어를 위한 1차 주파수 제어방식이 아닌 것은?
① 전압, 주파수제어   ② 벡터제어
③ 슬립, 주파수제어   ④ 일정전압제어

> **풀이**
> 주파수 제어법으로 주파수를 가변하면 $\phi \propto \frac{V}{f}$ 와 같이 자속이 변화기 때문에 자속을 일정하게 유지하기 위해 전압과 주파수를 비례하게 가변시키는 제어법 벡터제어는 고정자 전류를 자속 성분전류와 토크 성

분전류로 분리하여 독립제어함으로써 직류전동기와 같은 제어특성을 부여하기 위한 제어방식이다.

답 ④

15 동기조상기를 과여자로 해서 운전하였을 때 나타나는 현상이 아닌 것은?
① 리액터로 작용한다.　　　　　　② 전압강하를 감소시킨다.
③ 진상전류를 취한다.　　　　　　④ 콘덴서로 작용한다.

● 풀이
여자가 강할 때(과여자) 콘덴서 역할을 하여 역률개선 효과가 있으며, 역률이 개선되면 전류가 감소하여 전압강하가 감소하며 여자가 약할 때(부족여자) 리액터 역할을 한다.

답 ①

16 변압기의 전압변동률을 작게 하려면 어떻게 해야 하는가?
① 권선의 리액턴스를 작게 한다.　　② 권선의 임피던스를 크게 한다.
③ 권수비를 작게 한다.　　　　　　④ 역률이 작아야 한다.

● 풀이
전압변동률이 $\epsilon = p\cos\theta + q\sin\theta[\%]$이므로, %저항강하, %리액턴스강하를 작게 하여야 한다.

답 ①

17 동기 임피던스가 작은 동기발전기는?
① 단락비가 작다.　　　　　　　　② 전기자 반작용이 작다.
③ 전압변동률이 크다.　　　　　　④ 과부하 내량이 작다.

● 풀이
%동기 임피던스는 단락비의 역수이므로, 동기임피던스가 작은 동기발전기는 단락비가 큰 기계의 특성을 따른다.

단락비가 큰 동기기(철기계)	단락비가 작은 동기기(동기계)
전기자 반작용이 작고, 전압 변동률이 작다	전기자 반작용이 크고, 전압 변동률이 크다.
공극이 크고 과부하 내량이 크다.	공극이 좁고 안정도가 낮다.
기계의 중량이 무겁고 가격이 비싸다.	기계의 중량이 가볍고 가격이 싸다.

답 ②

18 주상변압기 철심용 규소강판의 두께는 보통 몇 [mm] 정도를 사용하는가?
① 0.01　　　　② 0.05　　　　③ 0.35　　　　④ 0.85

● 풀이
철손을 적게 하기 위해 규소강판(규소 함량 3~4[%], 0.35[mm])을 성층하여 사용

답 ③

19 동기각속도 ω_s, 회전각속도 ω인 유도전동기의 2차 효율은?

① $\dfrac{\omega_s - \omega}{\omega}$　　　　② $\dfrac{\omega_s - \omega}{\omega_s}$　　　　③ $\dfrac{\omega_s}{\omega}$　　　　④ $\dfrac{\omega}{\omega_s}$

▶ 풀이

2차 효율 $\eta_2 = \dfrac{P_0}{P_2}$ 이므로 $P_2 : P_0 = 1 : 1-S$ 에서

$\eta_2 = \dfrac{P_0}{P_2} = 1 - S = 1 - \left(1 - \dfrac{N}{N_s}\right) = \dfrac{N}{N_s}$

또한 $\omega_s = 2\pi \dfrac{N_s}{60}$, $\omega_s = 2\pi \dfrac{N}{60}$ 정리하여 대입하면

$\therefore \eta_2 = \dfrac{\omega}{\omega_s}$

답 ④

20 전동기가 매분 1200 회전하여 9.42[kW]의 출력이 나올 때 토크는 약 몇 [kg·m]인가?
① 6.65   ② 6.90   ③ 7.65   ④ 7.90

▶ 풀이

$\tau = 0.975 \times \dfrac{P}{N} = 0.975 \times \dfrac{9420}{1200} = 7.65 [\text{kg·m}]$

답 ③

21 권수비 1 : 2의 단상 센터탭형 전파정류회로에서 전원전압이 100[V]라면 직류전압은 약 몇 [V]인가?
① 90   ② 100   ③ 110   ④ 140

▶ 풀이

권수비가 1:2이므로 2차측 전압은 200[V]이나 센터탭형 전파정류회로이므로 센터탭과의 전압은 100[V]
$E_d = 0.9E = 0.9 \times 100 = 90[\text{V}]$

답 ①

22 과전압이 걸리기 쉬운 옥외용 네온사인의 조광회로에 사용되는 소자는?
① SCR   ② TRIAC   ③ SSS   ④ TR

▶ 풀이

SSS는 브레이크 오버 전압 이상의 펄스를 줌으로써 온(on) 시킬수 있어 SCR과 같이 과전압이 걸려도 파괴되는 일 없이 온(on)이 된다는 강점을 가지고 있다. 따라서 과전압이 걸리기 쉬운 옥외용 네온사인의 조광 등에 알맞다

답 ③

23 SCR에 대한 설명 중 옳지 않은 것은?
① 게이트 전류로 턴-온 할 수 있다.
② 역전압이 걸리면 턴-오프 할 수 있다.
③ 턴-온 시 게이트 전류를 차단하면 소호된다.
④ 애노드, 게이트, 캐소드 구간의 3단자이다.

▶ 풀이

SCR은 점호능력은 있으나 소호능력이 없다. 소호시키려면 SCR의 주전류를 유지전류(20[mA]) 이하로 한다. 또는, SCR의 애노드, 캐소드 간에 역전압을 인가한다.

답 ③

24 다음 중 UPS의 기능으로서 옳은 것은?
① 3상전파정류방식 ② 가변주파수 공급 가능
③ 무정전 전원공급 가능 ④ 고조파방지 및 정류평활

풀이
UPS(Uninterrupted Power Supply) : 무정전 전원 공급 장치 **답** ③

25 낮은 전압에서 큰 저항을 나타내며, 높은 전압에서는 작은 저항을 갖는 소자는?
① 서미스터 ② 바랙터 ③ 배리스터 ④ 사이리스터

풀이
- 배리스터(Varistor) : 저항값이 전압에 의해 비직선적으로 변화되는 성질을 가진 두 전극의 반도체 디바이스를 말한다. 저항은 전압이 높아지면 감소하고, 또 온도에 의해서도 변화한다. **답** ③

26 인버터 제어라고도 하며 유도전동기에 인가되는 전압과 주파수를 변환시켜 제어하는 방식은?
① VVVF 제어방식 ② 궤환 제어방식
③ 워드레오나드 제어방식 ④ 1단속도 제어방식

풀이
주파수 제어법으로 주파수를 가변하면 $\phi \propto \dfrac{V}{f}$와 같이 자속이 변하기 때문에 자속을 일정하게 유지하기 위해 전압과 주파수를 비례하게 가변시키는 제어법으로 VVVF 법이라고 한다. **답** ①

27 다음 중 온도에 따라 저항값이 부(−)의 방향으로 변화하는 특수 반도체는?
① 서미스터 ② 배리스터 ③ SCR ④ PUT

풀이
- 서미스터(Thermistor) : Thermally Sensitive Resistor의 합성어로, 온도 변화에 대해 저항값이 민감하게 변하는 저항이다. 온도가 올라가면 저항값이 떨어지는 부성 온도 특성(NTC) 서미스터는 온도 감지기에 사용되는 일반적인 부품이고, 이와 반대로 온도가 올라가면 저항값도 올라가는 정온도 특성(PTC) 서미스터는 자기 가열(Self-heating) 때문에 발열체 또는 스위칭 용도로 사용된다. **답** ①

28 시공이 불편하고 포설 공사비의 고가, 공기의 지연 등 난점을 해결한 지중 전선관으로 사용하는 것은?
① 흄관 ② 동관 ③ PVC관 ④ ELP관

풀이
① ELP관(파상형 경질 폴리에틸렌 지중전선관)
굴곡이 용이하여 장애물을 피해 우회시공이 쉽게 되므로 작업이 능률적이며 작업시간이 단축된다. 또한, 마찰계수가 적고 철선이 들어 있어 케이블 인입이 용이하며 공사비가 절감된다.
② 흄관
원심력을 이용해서 콘크리트를 균일하게 살포하여 만든 철근콘크리트제의 관 **답** ④

29 랙(Rack)을 이용한 배선방법은 어떤 전선로에 사용되는가?
① 저압 가공 선로
② 고압 가공 선로
③ 저압 지중 선로
④ 고압 지중 선로

▶ 풀이
래크(Rack)배선 : 저압선의 경우에 완금을 설치하지 않고 전주에 수직방향으로 애자를 설치하는 배선

답 ①

30 특별고압은 몇 [V]를 초과하는 전압을 말하는가?
① 3,300
② 6,600
③ 7,000
④ 9,000

▶ 풀이
① 저압 : 교류는 600[V] 이하, 직류는 750[V] 이하인 것
② 고압 : 교류는 600[V]를 넘고 7000[V] 이하, 직류는 750[V]를 넘고 7000[V] 이하인 것
③ 특별 고압 : 7000[V]를 넘는 것

답 ③

31 가공전선로의 지지물로부터 다른 지지물을 거치지 아니하고 수용장소의 붙임점에 이르는 가공전선을 무엇이라 하는가?
① 이웃 연결 인입선
② 가공인입선
③ 전선로
④ 옥측배선

▶ 풀이
• 가공인입선 : 가공 전선로의 지지물에서 분기하여 다른 지지물을 거치지 아니하고 수용 장소의 인입구에 이르는 전선
• 이웃 연결 인입선 : 한 수용 장소의 인입선에서 분기하여 다른 지지물을 거치지 아니하고 다른 수용가의 인입구에 이르는 전선

답 ②

32 고체 유전체의 파괴시험을 기름(Oil) 중에서 행하는 이유로 가장 적당한 것은?
① 매질효과를 없애기 위하여
② 연면섬락을 방지하기 위하여
③ 선행 불꽃방전을 방지하기 위하여
④ 공기 중에서의 실행에 따른 위험을 방지하기 위하여

답 ②

33 합성수지관을 새들 등으로 지지하는 경우에는 그 지지점 간의 거리를 몇 [m]이하로 하여야 하는가?
① 1.5[m] 이하
② 2.0[m] 이하
③ 2.5[m] 이하
④ 3.0[m] 이하

▶ 풀이
합성수지관을 새들 등으로 지지하는 경우에는 그 지지점 간의 거리를 1.5[m]이하로 해야 한다.

답 ①

34 전선에 대한 약호 중에서 HIV는 무엇을 말하는가?
① 인입용 비닐절연전선
② 내열용 비닐절연전선
③ 옥외용 비닐절연전선
④ 형광방전등용 비닐전선

▶풀이

명 칭	약 호	용 도
600[V] 내열비닐절연전선	HIV	600[V] 이하의 옥내배선
옥외용 비닐 절연전선	OW	저압 가공배선
인입용 비닐 절연전선	DV	저압 가공 인입선
형광등 전선	FL	형광등용 내부회로 배선

답 ②

35 다음 중 전선 접속에 관한 설명으로 옳지 않은 것은?
① 전선의 세기를 60[%] 이상 유지해야 한다.
② 접속 부분의 전기저항을 증가시켜서는 안 된다.
③ 절연을 원래의 절연효력이 있는 테이프로 충분히 한다.
④ 접속 슬리브나 전선 접속기구를 사용하여 접속하거나 또는 납땜을 한다.

▶풀이
전선접속의 조건
① 전기적 저항을 증가시키지 않는다.
② 접속부위의 기계적 강도를 20[%] 이상 감소시키지 않는다.
③ 접속점의 절연이 약화되지 않도록 테이핑 또는 와이어 커넥터로 절연한다.
④ 전선의 접속은 박스 안에서 하고, 접속점에 장력이 가해지지 않도록 한다.

답 ①

36 생산 공장 작업의 자동화에 널리 사용되며, 바이메탈과 조합하여 실내 난방장치의 자동온도조절에 사용되는 스위치는?
① 압력 스위치
② 부동 스위치
③ 수은 스위치
④ 타임 스위치

▶풀이
수은 스위치 : 수은이 유리구의 기울어짐에 따라 접점이 자동적으로 바뀌는 스위치로, 생산 공장 작업의 자동화, 바이메탈과 조합하여 실내 난방장치의 자동온도조절에도 사용된다.

답 ③

37 다음 중 배전 변전소에서 전력용 콘덴서를 설치하는 주된 목적은?
① 변압기 보호
② 선로보호
③ 역률 개선
④ 코로나손 방지

▶풀이
전력용 콘덴서(SC) : 무효전력을 공급하여 부하의 역률을 개선한다.

답 ③

38 전로에 대한 설명중 옳은 것은?
① 통상의 사용 상태에서 전기를 절연한 곳
② 통상의 사용 상태에서 전기를 접지한 곳
③ 통상의 사용 상태에서 전기가 통하고 있는 곳
④ 통상의 사용 상태에서 전기가 통하고 있지 않은 곳

●풀이
전로는 통상의 사용 상태에서 전기가 통하고 있는 곳   답 ③

39 옥내 배선 회로에 누전이 발생 했을 때 이를 감지하고, 회로를 자동 차단하여, 감전사고 및 화재를 방지할 수 있는 것은?
① 커버 나이프 스위치   ② 세프티 스위치
③ 배선용 차단기   ④ 누전차단기

답 ④

40 역률 80[%], 300[kW]의 전동기를 95[%]의 역률로 개선하는 데 필요한 콘덴서의 용량은 약 몇 [kVA]가 필요한가?
① 32   ② 63   ③ 87   ④ 126

●풀이
$Q = P(\tan\theta_1 - \tan\theta_2)[\text{kVA}]$ 이므로,
$Q = 300(\tan\cdot cos^{-1}0.8 - \tan\cdot cos^{-1}0.95) = 126[\text{kVA}]$ 답 ④

41 공사원가는 공사시공 과정에서 발생한 항목의 합계액을 말하는데 여기에 포함되지 않는 것은?
① 경비   ② 재료비   ③ 노무비   ④ 일반관리비

●풀이
공사원가는 재료비, 노무비, 경비를 합한 것이다.   답 ④

42 어느 면의 면적으로부터 발산하는 광속을 무엇이라 하는가?
① 광도   ② 조도   ③ 광속 발산도   ④ 휘도

●풀이

용 어	정 의
광 속	광원으로 나오는 복사속을 눈으로 보아 빛으로 느끼는 크기를 나타낸 것
광 도	광원이 가지고 있는 빛의 세기
조 도	어떤 물체에 광속이 입사하여 그 면은 밝게 빛나는 정도
휘 도	광원이 빛나는 정도
광속 발산도	물체의 어느 면에서 반사되어 발산하는 광속

답 ③

| 43 | 마이크로프로세서 부분 삭제 |

| 44 | 마이크로프로세서 부분 삭제 |

| 45 | 마이크로프로세서 부분 삭제 |

| 46 | 마이크로프로세서 부분 삭제 |

| 47 | 마이크로프로세서 부분 삭제 |

| 48 | 논리식 "A · (A + B)"를 간단히 하면

① A　　② B　　③ A · B　　④ A + B

● 풀이

$A(A+B) = AA + AB = A + AB = A(1+B) = A$

답 ①

| 49 | 다음은 무엇을 나타내는 진리표인가?

① 디코더
② 인코더
③ 카운터
④ 멀티플렉서

입력		출력			
B	A	D_0	D_1	D_2	D_3
0	0	1	0	0	0
0	1	0	1	0	0
1	0	0	0	1	0
1	1	0	0	0	1

● 풀이

- 디코더(Decoder) : 코드 형식의 2진 정보를 다른 코드 형식으로 바꾸는 회로가 디코더(Decoder)이다. 다시 말하면, 2진 코드나 BCD Code를 해독(Decoding)하여 이에 대응하는 1개(10진수)의 선택 신호로 출력하는 것을 말한다.

답 ①

| 50 | 다음 그림의 회로 명칭은?

① D 플립플롭
② T 플립플롭
③ J-K 플립플롭
④ R-S 플립플롭

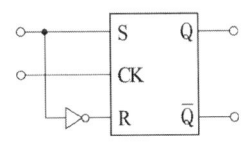

● 풀이

D 플립플롭 : RS 플립플롭의 변형으로서 S와 R을 인버터(Inverter)를 통하여 연결하고, S입력에 D라는 기호를 붙인 것이다. 만약 D가 0일 경우에는 클리어이고, 1일 경우에는 세트가 된다.

답 ①

51 다음 논리회로를 무엇이라 하는가?
① 반가산기 ② 반감산기
③ 전가산기 ④ 전감산기

풀이
반감산기(Half-subtracter : HS)
① 차 : $X = \overline{A}B + A\overline{B} = A \oplus B$
② 빌림 수 : $Y = \overline{A}B$

답 ②

52 다음의 진리표를 만족하는 논리회로는?
(단, A, B는 입력이고, 출력 S : Sum, C_0 : Carry 임)
① EX-OR 회로
② 비교 회로
③ 반가산기 회로
④ Latch 회로

A	B	S	C_0
0	0	0	0
0	1	1	0
1	0	1	0
1	1	0	1

풀이
반가산기(Half-adder : HA)
① 합 : $S = \overline{A}B + A\overline{B} = A \oplus B$
② 자리올림 수 : $C = AB$

답 ③

53 2진수 $(1001)_2$ 를 그레이 코드(Gray Code)로 변환한 값은?
① $(1110)_G$ ② $(1101)_G$ ③ $(1111)_G$ ④ $(1100)_G$

풀이
• 그레이(Gray) 코드 : 서로 이웃하는 숫자와 1개의 비트만 변하는 코드로 입력코드로 사용할 때 오류가 적다.

답 ②

54 2진수 10011 의 2의 보수 표현으로 옳은 것은?
① 01101 ② 10010 ③ 01100 ④ 01010

풀이
2의 보수 방식(2's Complement Form)은 디지털 시스템에서 가장 흔히 음수를 표현하기 위해서 사용되는 방식으로 1의보수 + 1의 형태로 표시된다.
01100 (1의보수) + 1 = 01101

답 ①

55 ASME(American Society of Mechanical Engineers)에서 정의하고 있는 제품공정 분석표에 사용되는 기호중 "저장(Storage)"을 표현한 것은?
① ○ ② D ③ □ ④ ▽

▶풀이

공정종류	공정기호	내용
가공	○	물리적 또는 화학적 변화를 일으키는 상태이며 가공 작업, 화학처리 또는 다음 공정을 위하여 준비하는 상태
정체	D	가공이나 운반 중 일시 대기 또는 다음 가공을 위한 정체
저장	▽	원자재 저장, 창고의 완성품 재고, 중간 재공품 창고 저장
검사	□	물품을 일정한 방법으로 측정하여 합격, 불합격을 판단
운반	→	작업물을 다른 장소로 옮기는 각종 운반, 반송, 이동작업 표시

답 ④

56 다음 중 사내표준을 작성할 때 갖추어야 할 요건으로 옳지 않은 것은?
① 내용이 구체적이고 주관적일 것
② 장기적 방침 및 체계하에서 추진할 것
③ 작업표준에는 수단 및 행동을 직접 제시할 것
④ 당사자에게 의견을 말하는 기회를 부여하는 절차로 정할 것

▶풀이
- 공업, 경영에서의 표준화 : 제품의 원재료 부품 설비의 모양, 치수, 성질, 성능등을 조사, 설계, 구매, 외주, 가공, 검사, 저장판매, 애프터 써비스 재무에 관해 사용되는 용어 및 기호를 정의하고 수속등에 대하여 단순화, 통일화의 목표에서 규격을 정해 지켜나가는 체제

답 ①

57 다음 중 신제품에 대한 수요예측방법으로 가장 적절한 것은?
① 시장조사법   ② 이동평균법   ③ 지수평활법   ④ 최소자승법

▶풀이
① 정성적 판단법 : 소비자를 가장 잘 파악하는 판매 경영자나 전문가 등의 판단법이나 시장 조사법을 이용하여 수요예측을 하는 기법
② 시계열 분석법 : 시간의 흐름에 따라 변하는 과거의 수요에 기초해서 미래의 수요를 예측하는 기법으로 이동평균법, 지수평활법, 최소자승법 등이 있다.
③ 원인적 예측법 : 수요 변동의 원인 요소(인구수, 수득수준, 기온, 투입자본 등)를 찾아내어 분석하는 기법

답 ①

58 200개 들이 상자가 15개 있다. 각 상자로부터 제품을 랜덤하게 10개씩 샘플링할 경우, 이러한 샘플링 방법을 무엇이라 하는가?
① 계통 샘플링   ② 취락 샘플링
③ 층별 샘플링   ④ 2단계 샘플링

▶풀이
- 층별샘플링 : 로트를 몇 개의 층으로 나눌 수 있는 경우 로트 전체를 모아서 단순히 랜덤 추출하는 것보다 층별로 샘플링하는 편이 바람직할 때, 각층에 포함된 품목의 수에 따라 시료의 크기를 비례 배분하여 추출하는 방법

답 ③

59 x 관리도에서 관리상한이 22.15, 관리하한이 6.85, R=7.5일 때 시료군의 크기(n)는 얼마인가? (단, n=2일 때 A_2=1.88, n=3일 때 A_2=1.02, n=4일 때 A_2=0.73, n=5일 때 A_2=0.58)

① 2   ② 3   ③ 4   ④ 5

풀이

관리상한 $\bar{x}+A_2\bar{R}=22.15$
관리하한 $\bar{x}-A_2\bar{R}=6.85$
을 서로 합하면 $2\bar{x}=29$
표본평균 $\bar{x}=14.5$ 이므로
관리상한 식에서 $14.5+A_2\times 7.5=22.15$ $A_2=1.02$
그러므로 보기에서 $n=3$

답 ②

60 어떤 측정법으로 동일 시료를 무한횟수 측정하였을 때 데이터 분포의 평균치와 모집단 참값과의 차를 무엇이라 하는가?

① 편차   ② 신뢰성   ③ 정확성   ④ 정밀도

풀이

정확성 혹은 치우침이란 어떤 측정방법으로 동일시료를 무한횟수 측정하였을 때 데이터 분포의 평균치와 참값과의 차를 의미

답 ③

제06회 전기기능장 실전모의고사

01 314[H]의 자기 인덕턴스에 220[V], 60[Hz]의 교류전압을 가하였을 때 흐르는 전류는 몇 [A]인가?

① 약 1.9×10^{-3}[A]
② 약 1.9[A]
③ 약 11.7×10^{-3}[A]
④ 약 11.7[A]

▶풀이

$X_L = 2\pi fL = 2\pi \times 60 \times 314 ≒ 118315[\Omega]$

$I = \dfrac{V}{X_L} = \dfrac{220}{118315} ≒ 1.9 \times 10^{-3}[A]$

답 ①

02 유효 전력 15[kW], 무효 전력 12.5[kVar]를 소비하는 3상평형 부하에 3.5[kVA]의 전력용 콘덴서를 접속하면 접속후의 피상전력은?

① 약 9.7[kVA]
② 약 12.6[kVA]
③ 약 17.5[kVA]
④ 약 27.1[kVA]

▶풀이

전력용 콘덴서에 의해서 무효 전력이 감소하여 $P_r = 12.5 - 3.5 = 9$[kVar] 이고

피상전력 P_a를 구하면 $P_a = \sqrt{P^2 + P_r^2} = \sqrt{15^2 + 9^2} ≒ 17.5[kVA]$

답 ③

03 분류기를 사용하여 전류를 측정하는 경우 전류계의 내부 저항이 0.12[Ω], 분류기의 저항이 0.03[Ω]이면 그 배율은?

① 4 ② 5 ③ 15 ④ 36

▶풀이

분류기에서 $I_0 = \left(1 + \dfrac{R}{R_s}\right)I$ 에서 배율 $m = 1 + \dfrac{R}{R_s} = 1 + \dfrac{0.12}{0.03} = 5$

답 ②

04 1[H]인 코일의 리액턴스가 377[Ω]일 때 주파수는 몇[Hz]인가?

① 약 60 ② 약 120 ③ 약 360 ④ 약 600

▶풀이

$X_L = 2\pi fL$

$f = \dfrac{X_L}{2\pi L} = \dfrac{377}{2\pi \times 1} = 60[Hz]$

답 ①

05 같은 규격의 축전지 2개를 병렬로 연결하면?

① 전압과 용량이 모두 2배가 된다.
② 전압과 용량이 모두 1/2배가 된다.
③ 전압은 그대로, 용량은 2배가 된다.
④ 전압은 2배, 용량은 그대로이다.

▶ 풀이
① 축전지의 직렬 연결 시 : 전압은 n배가 되고, 용량은 변하지 않는다.
② 축전지의 병렬 연결 시 : 전압은 변함이 없고, 용량은 n배가 된다.

답 ③

06 자기회로에 대한 키르히호프의 법칙을 설명한 것으로 옳은 것은?

① 수개의 자기회로가 1점에서 만날 때는 각 회로의 기자력의 대수합은 "0"이다.
② 자기회로의 결합점에서 각 자로의 자속의 대수합은 "0"이다.
③ 수개의 자기회로가 1점에서 만날 때는 각 회로의 자속과 자기저항을 곱한 것의 대수합은 "0"이다.
④ 하나의 폐자기회로에 대하여 각 회로의 자속과 자기저항을 곱한 것의 대수합은 폐자기회로에 작용하는 기자력의 대수합과 같다.

▶ 풀이
전기회로에 대한 키르히호프의 법칙(Kirchhoff's law)
제 1 법칙(전류의 법칙) : 회로 내의 임의의 접속점에서 들어가는 전류와 나오는 전류의 대수합은 0이다.

답 ②

07 저항 20[Ω]인 전열기로 21.6[kcal]의 열량을 발생시키려면 5[A]의 전류를 약 몇 분간 흘려주면 되는가?

① 3   ② 5.7   ③ 7.2   ④ 18

▶ 풀이
열량 $H = 0.24I^2Rt$
$t = \dfrac{H}{0.24I^2R} = \dfrac{21.6 \times 10^3}{0.24 \times 5^2 \times 20} = 180[\sec] = 3[분]$

답 ①

08 직류 전류계의 측정 범위를 확대하는 데 사용되는 것은?

① 계기용 변류기   ② 영상 변류기
③ 분류기   ④ 배율기

▶ 풀이
• 분류기(shunt) : 전류계의 측정 범위의 확대를 위해 전류계의 병렬로 접속하는 저항기
• 배율기(multiplier) : 전압계의 측정 범위의 확대를 위해 전압계와 직렬로 접속하는 저항기

답 ③

09 두 종류의 금속을 접속하여 두 접합 부분을 다른 온도로 유지하면 열기전력을 일으켜 열전류가 흐른다. 이 현상을 지칭하는 것은?

① 제어벡 효과　　　　　　　② 제3금속의 법칙
③ 펠티어 효과　　　　　　　④ 패러데이의 법칙

풀이
- 제어벡효과 : 서로 다른 금속 A, B를 접속하고 접속점을 서로 다른 온도로 유지하면 기전력이 생겨 일정한 방향으로 전류가 흐른다. 이러한 현상을 열전효과 또는 지벡효과라 한다.　　**답** ①

10 500[kVA]의 단상변압기 4대를 사용하여 과부하가 되지 않게 사용할 수 있는 3상 전력의 최대값은?

① 약 866[kVA]　　　　　　② 약 1,500[kVA]
③ 약 1,732[kVA]　　　　　　④ 약 3,000[kVA]

풀이
① Y, △ 결선의 3상 출력은 $P_{Y\triangle} = 3P = 3 \times 500 = 1,500$[kVA](단상 변압기 3대 이용)
② V결선의 3상 출력은 $P_V = \sqrt{3}P$ (단상 변압기 2대 이용)이므로 병렬운전하면,
$$P_V = 2 \times \sqrt{3} \times 500 \simeq 1,732[\text{kVA}]$$ 이다.
따라서, 2대의 변압기로 V결선하여 병렬운전하면, 최대 약 1,732[kVA]까지 공급이 가능하다.　　**답** ③

11 전류 순시값 $i = 30\sin\omega t + 40\sin(3\omega t + 60°)$[A]의 실효값은?

① 약 35.4[A]　　② 약 42.4[A]　　③ 약 56.6[A]　　④ 약 70.7[A]

풀이
$I_1 = \dfrac{30}{\sqrt{2}}$[A], $I_2 = \dfrac{40}{\sqrt{2}}$[A]
∴ $I = \sqrt{I_1^2 + I_2^2} = \sqrt{\left(\dfrac{30}{\sqrt{2}}\right)^2 + \left(\dfrac{40}{\sqrt{2}}\right)^2} = 35.4$[A]　　**답** ①

12 평행한 콘덴서에 100[V]의 전압이 걸려 있다. 이 전원을 가한 상태로 평행판 간격을 처음의 2배로 증가시키면?

① 용량은 반으로 줄고, 저장되는 에너지는 2배가 된다.
② 용량은 2배가 되고, 저장되는 에너지는 반으로 줄어든다.
③ 용량과 저장되는 에너지는 각각 반으로 줄어든다.
④ 용량과 저장되는 에너지는 각각 2배가 된다.

풀이
$C = \dfrac{\varepsilon S}{d}$[F], $W = \dfrac{1}{2}CV^2$[J]에서
- 용량과 간격은 반비례 관계이므로, 간격이 2배 증가하면 용량은 반으로 줄어든다.
- 저장 에너지와 용량은 비례 관계이므로, 용량이 반으로 줄면 같이 반으로 줄어든다.　　**답** ③

13 역률을 항상 1로 운전할 수 있는 전동기는?

① 단상 유도전동기　　　　② 3상 유도전동기
③ 동기전동기　　　　　　　④ 3상 권선형 유도전동기

● 풀이
무부하 동기전동기는 동기조상기로 사용하기 때문에 계자전류를 조정하여 역률을 항상 100[%]로 운전할 수 있다.

답 ③

14 주파수 60[Hz]로 제작된 3상 유도전동기를 동일한 전압의 50[Hz] 전원으로 사용할 때 나타나는 현상은?

① 자속 감소　　　　　　② 속도 증가
③ 철손 감소　　　　　　④ 무부하전류 증가

● 풀이
① 유도기전력 $E = 4.44 f N \phi_m$ 에서 주파수와 자속은 반비례하므로, 주파수가 감소하면, 자속은 증가한다.
② 동기속도 $N_s = \dfrac{120f}{P}$ [rpm]이므로, 주파수가 감소하면, 속도도 감소한다.
③ 주파수와 철손과의 관계에서 철손 $P_i = P_h + P_e$ 에서 P_h 가 증가하기 때문에 철손(무하부전류) 증가

히스테리시스손(P_h) : $P_h \propto f B_m^2 = \dfrac{E}{f}$

와류손(P_e) : $P_e \propto (t f B_m)^2 = t^2 E^2$

답 ④

15 3상 유도전동기의 전전압 기동 토크는 전부하시의 4.8배이다. 전전압의 2/3으로 기동할 때 기동 토크는 전부하시의 약 몇 배인가?

① 1.6　　　② 2.1　　　③ 3.2　　　④ 7.2

● 풀이
토크와 전압은 제곱에 비례함 $T \propto V^2$

$4.8T : T' = V^2 : \left(\dfrac{2}{3}V\right)^2$

$\therefore 4.8 \times \dfrac{4}{9} \simeq 2.1$ 배이다.

답 ②

16 동기발전기를 병렬운전하고자 하는 경우 같지 않아도 되는 것은?

① 기전력의 임피던스　　　② 기전력의 위상
③ 기전력의 파형　　　　　④ 기전력의 주파수

● 풀이
병렬운전 조건
• 기전력의 크기가 같을 것
• 기전력의 위상이 같을 것
• 기전력의 주파수가 같을 것
• 기전력의 파형이 같을 것

답 ①

17 1차 전압 2,200[V], 무부하 전류 0.088[A], 철손 110[W]인 단상변압기의 자화전류는?

① 50[mA] ② 72[mA]
③ 88[mA] ④ 94[mA]

풀이

변압기의 여자전류 I_0(무부하 1차 전류)는 철손전류(I_w)와 자화전류(I_u)의 벡터 합성으로 구해진다.

여자전류 $I_0 = \sqrt{I_w^2 + I_u^2}$ [A]

철손전류 $I_w = \dfrac{P_i}{V_1} = \dfrac{110}{2200} = 0.05$[A]

따라서, 자화전류 $I_u = \sqrt{I_0^2 - I_w^2} = \sqrt{0.088^2 - 0.05^2} = 0.072$[A] $= 72$[mA]

답 ②

18 무부하에서 자기여자로 전압을 확립하지 못하는 직류발전기는?

① 직권발전기 ② 분권발전기
③ 복권발전기 ④ 타여자발전기

풀이

직권발전기는 계자권선과 전기자 권선이 직렬로 접속되며, 부하에 의하여 회로가 구성되기 때문에 무부하인 경우에는 자기 여자에 의한 전압의 확립을 할 수 없다.

답 ①

19 양수량이 매분 10[m³]이고, 총양정이 10[m]인 펌프용 전동기의 용량은 몇 [kW]인가?
(단, 펌프효율은 70[%]이고, 여유계수는 1.2라고 한다.)

① 5 ② 20 ③ 28 ④ 280

풀이

양수펌프 전동기용량

$$P = \dfrac{9.8kQH}{\eta} = \dfrac{9.8 \times 1.2 \times \dfrac{10}{60} \times 10}{0.7} = 28[\text{kW}]$$

여기서, k : 여유계수, Q : 양수량[m³], H : 총양정, η : 펌프효율

답 ③

20 에스컬레이터의 적재하중이 1,500[kg], 속도 30[m/min], 경사각 30°, 에스컬레이터의 총효율 0.6, 승객승입률 0.85일 때, 에스컬레이터의 전동기의 용량은 약 몇 [kW]인가?

① 2.2 ② 5.2 ③ 32 ④ 64

풀이

에스컬레이터용 전동기용량 $P = \dfrac{9.8WVK}{\eta}\beta \sin\theta$[kW]

여기서, P : 전동기 용량[kW], W : 적재 하중[ton]
V : 승강속도 [m/sec], K : 계수(평형률), η : 효율

$$P = \dfrac{9.8 \times 1.5 \times 0.85 \times \dfrac{30}{60} \times \sin 30°}{0.6} \simeq 5.2[\text{kW}]$$

답 ②

21 다음 중 "무효전력을 조정하는 전기기계기구"로 용어 정의되는 것은?
① 배류코일　　② 변성기　　③ 조상설비　　④ 리액터

▶ **풀이**
조상설비 : 계통의 무효 전력 및 전압 제어를 위하여 사용되는 동기 조상기, 전력용 콘덴서, 분로 리액터 등이 있다.
① 동기조상기 : 무부하로 운전되는 동기전동기이며, 과여자로 하면 선로에 앞선전류를 공급하여 콘덴서로 작용하고, 부족여자로 하면 뒤진 전류를 공급하여 리액터로 작용한다.
② 전력용 콘덴서 : 전력 계통에 사용되는 병렬 콘덴서로 역률개선, 전압강하 경감, 설비 용량 증가시키는 작용을 한다.
③ 분로 리액터 : 부하와 병렬로 접속하는 리액터로서, 송전계통에서 경부하시 선로의 정전용량으로 수전단 전압이 높아지는 현상을 적정값으로 유지하는 작용을 한다.

답 ③

22 정전압 계통에 접속된 동기 발전기는 그 여자를 약하게 하면?
① 출력이 감소한다.　　　　　② 전압강하가 생긴다.
③ 진상 무효전류가 증가한다　　④ 지상 무효전류가 증가한다.

▶ **풀이**
$E = 4.44fN\phi[V]$ 이므로 여자를 약하게 하면, 자속이 감소하여 기전력 크기가 감소한다.
계통전압과 다르게 되어 발전기 내부에 순환전류가 흐르게 되는데, 이 순환전류는 기전력을 높이기 위한 역률이 거의 0인 진상 무효전류이다.

답 ③

23 회전 전기자형 동기 발전기에서 3상 교류 기전력은 어느 부분을 통하여 출력해내는가?
① 모선　　② 전기자권선　　③ 회전자권선　　④ 슬립링

▶ **풀이**
회전 전기자형은 기전력을 발생하는 전기자가 회전하므로 슬립링을 통해 외부회로와 연결한다.

답 ④

24 3상 변압기의 병렬운전이 불가능한 결선은?
① △-Y 와 Y-Y　　　　　② Y-△ 와 Y-△
③ △-Y와 Y-△　　　　　④ △-△ 와 Y-Y

▶ **풀이**
병렬운전조건
① 각 변압기의 극성이 같을 것
② 각 변압기의 권수비가 같고, 1차 및 2차의 정격전압이 같을 것
③ 각 변압기의 %임피던스 강하가 같을 것, 각 변압기의 임피던스가 정격용량에 반비례할 것
④ 3상일 경우 상회전 방향 및 위상 변위가 같을 것.

병렬운전 가능		병렬운전 불가능
△-△ 와 △-△	△-Y 와 △-Y	△-△ 와 △-Y Y-Y 와 △-Y
Y-Y 와 Y-Y	△-△ 와 Y-Y	
Y-△ 와 Y-△	△-Y 와 Y-△	

답 ①

25 반도체 전력변환 기기에서 인버터의 역할은?

① 직류를 직류로 변환 ② 직류를 교류로 변환
③ 교류를 교류로 변환 ④ 교류를 직류로 변환

풀이
직류를 교류로 변환하는 장치를 인버터(inverter) 또는 역변환장치라고 한다.   답 ②

26 220[V]의 교류전압을 배전압 정류할 때 최대 정류전압은?

① 약 440[V] ② 약 566[V] ③ 약 622[V] ④ 약 880[V]

풀이
최대 정류전압 $= 2V_m = 2 \times \sqrt{2} \times V = 2 \times \sqrt{2} \times 220 = 622[V]$ 답 ③

27 SCR의 단자 명칭과 거리가 먼 것은?

① gate ② base ③ anode ④ cathode

풀이
base는 트랜지스터의 단자 명칭   답 ②

28 배리스터(Varistor)의 주된 용도는?

① 서지전압에 대한 회로보호 ② 온도 보상
③ 출력 전류조정 ④ 전압 증폭

풀이
- 배리스터(varistor) : 저항값이 전압에 의해 비직선적으로 변화되는 성질을 가진 두 전극의 반도체 디바이스를 말한다. 저항은 전압이 높아지면 감소하고, 또 온도에 의해서도 변화한다. 특성으로 대칭, 비대칭 배리스터로 나뉘며, 좁은 뜻으로는 전자를 배리스터라 하고, SiC배리스터가 있다. 피뢰기, 변압기나 코일 등의 과전압 보호, 스위치나 계전기의 접점 불꽃 소거법용 등에 사용된다.   답 ①

29 일반적으로 공진형 컨버터에 사용되지 않는 소자는?

① Metal-Oxide Semiconductor Field Effect Transistor
② Insulated Gate Bipolar Transistor
③ Silicon Controlled Rectifier
④ Transistor

풀이
컨버터의 스위치로 사용되는 트랜지스터이나 MOS-FET 등 반도체 소자들은 ON, OFF 시 전력손실이 발생한다. 그런데 스위치의 전압이나 전류가 0일 때 스위칭을 하면 스위칭 손실을 현저하게 줄일 수 있다. 즉, RLC중에 L과 C를 공진하게 하여 소모 전력도 줄이고 스위칭 반도체의 열도 감소시킬 수 있는 초퍼를 공진형 컨버터라고 한다.
초퍼를 구성하기 위해서는 스위칭 소자가 ON, OFF가 가능해야 한다. 따라서 SCR, MOS-FET, 파워 트랜지스터, IGBT 등이 이용되나, SCR은 정류 회로가 부착되어야 하고 신뢰성 등의 문제가 있어 별로 이용되지 않고 있다.   답 ③

30 사이리스터가 아닌 것은?

① SCR   ② Diode   ③ TRIAC   ④ SUS

풀이
- 사이리스터 : PNPN 구조를 가지는 스위칭 소자의 총칭으로 사이리스터는 PN 접합을 3개 이상 내장하고 주 전압, 전류 특성이 적어도 한 개의 상한에서 ON, OFF 두 개의 안정 상태를 가지고, 오프상태에서 온 상태로 전환되며, 또 그 역으로 전환될 수 있는 반도체소자이다.
- 사이리스터에는 SCR, GTO, SCS, LASCR, SSS, TRIAC, DIAC, SBS, SUS 등 다양하다. **답 ②**

31 철근콘크리트주로서 그 전체의 길이가 16[m] 초과 20[m] 이하이고, 설계하중이 6.8[kN] 이하인 것을 지반이 튼튼한 곳에 시설하려고 한다. 지지물의 기초의 안전율을 고려하지 않기 위해서 묻히는 깊이는 몇 [m] 이상으로 하여야 하는가?

① 2.5[m] 이상   ② 2.8[m] 이상
③ 3.0[m] 이상   ④ 3.2[m] 이상

풀이
전주가 땅에 묻히는 깊이
① 전주의 길이 15[m] 이하 : 1/6 이상
② 전주의 길이 15[m] 이상 : 2.5[m] 이상
③ 철근콘크리트 전주로서 길이가 14[m] 이상 20[m] 이하이고, 설계하중이 6.8[kN] 초과 9.8[kN] 이하인 것은 30[cm]을 가산한다. **답 ②**

32 건축물의 종류에서 표준부하를 20[VA/m²]으로 하여야 하는 건축물은 다음 중 어느 것인가?

① 교회, 극장   ② 학교, 음식점
③ 은행, 상점   ④ 아파트, 미용원

풀이
학교, 음식점 : 표준부하를 20[VA/m²] **답 ②**

33 저압 옥내 분기회로의 분기개폐기 및 자동차단기를 시설하는 개소는 분기점에서 원칙적으로 몇 [m] 이내인가?

① 1   ② 2   ③ 3   ④ 4

풀이
개폐기 및 과전류 차단기 시설

원 칙	간선과의 분기점에서 전선의 길이가 3[m] 이하의 장소에 개폐기 및 과전류 차단기를 시설하여야 한다.
분기선의 길이가 3[m]를 초과할 경우	분기선의 길이가 8m 이하로 할려면, [분기선의 허용전류]가 [간선의 과전류 차단기 정격전류]에 35[%] 이상인 경우
	분기선의 길이가 임의의 거리로 하려면, [분기선의 허용전류]가 [간선의 과전류 차단기 정격전류]에 55[%] 이상인 경우

답 ③

34 교통신호등의 시설기준으로 틀린 것은?

① 교통신호등 회로의 사용전압은 300[V] 이하이어야 한다.
② 전선을 매다는 금속선에는 지지점 또는 이에 근접하는 곳에 애자를 삽입한다.
③ 교통신호등 제어장치의 전원 측에는 전용개폐기 및 과전류 차단기를 각 극에 시설한다.
④ 신호등회로 인하선의 전선은 지표상 3.5[m] 이상이 되도록 한다.

풀이
교통신호등의 시설
① 교통신호등 회로(제어장치)의 사용전압은 300[V] 이하일 것
② 교통신호등 회로의 배선이 절연전선인 경우에는 인장강도 3.70[kN]의 금속선 또는 지름 4[mm] 이상의 철선 2가닥 이상을 꼰 금속선에 매달고 금속선에는 지지점 또는 이에 근접하는 곳에 애자 삽입할 것
③ 교통신호등 회로의 인하선은 지표상의 높이가 2.5[m] 이상일 것
④ 교통신호등 제어장치의 전원 측에는 전용 개폐기 및 과전류 차단기를 각 극에 시설하여야 하며 또한 사용전압이 150[V]를 초과하는 경우에는 전로에 지락이 생겼을 때에 자동적으로 전로를 차단하는 장치를 시설할 것
⑤ 교통신호등 제어장치의 금속제 외함에는 제3종 접지공사를 하여야 한다.

답 ④

35 금속관 공사에 의한 저압 옥내배선에서 사용하는 금속관을 콘크리트에 매설하는 경우 관의 두께는 몇 [mm] 이상이어야 하는가?

① 0.5
② 0.75
③ 1.0
④ 1.2

풀이
금속관의 두께와 공사
• 콘크리트에 매설하는 경우 : 1.2[mm] 이상
• 기타의 경우 : 1[mm] 이상

답 ④

36 저압의 지중전선이 지중약전류 전선 등과 접근하거나 교차하는 경우 상호 간의 이격거리가 몇 [cm] 이하인 때에는 지중전선과 지중약전류 전선 등 사이에 견고한 내화성의 격벽을 설치하는가?

① 15
② 30
③ 60
④ 100

풀이
지중전선과 지중약전류전선과이 접근 또는 교차
① 견고한 내화성의 격벽을 설치하는 경우
• 저압 또는 고압의 지중전선은 30[cm] 이하
• 특고압 지중전선은 60[cm] 이하
② 직접 접촉하지 아니하도록 하는 경우
• 지중전선을 견고한 불연성 또는 난연성의 관에 넣어 시설하는 경우

답 ②

37 66[kV]의 가공송전선에 있어 전선의 인장하중이 220[kgf]으로 되어 있다. 지지물과 지지물 사이에 이 전선을 접속할 경우 이 전선 접속부분의 전선의 세기는 최소 몇 [kgf] 이상이어야 하는가?

① 85   ② 176   ③ 185   ④ 192

▶ 풀이
① 전선접속의 조건
- 전기적 저항을 증가시키지 않는다.
- 접속부위의 기계적 강도를 20[%] 이상 감소시키지 않는다.

② 인장하중에 80[%] 이상 유지해야 하므로 220[kgf]×0.8=176[kgf] 이상 유지하여야 한다.　답 ②

38 바닥 통풍형과 바닥 밀폐형의 복합채널 부품으로 구성된 조립 금속구조로 폭이 150[mm] 이하이며, 주 케이블 트레이로부터 말단까지 연결되어 단일 케이블을 설치하는 데 사용하는 트레이는?

① 통풍채널형 케이블 트레이
② 사다리형 케이블 트레이
③ 바닥 밀폐형 케이블 트레이
④ 트로프형 케이블 트레이

▶ 풀이
케이블 트레이 종류
① 사다리형 케이블 트레이 : 가장 일반적인 형태로 옥외설치가 용이하고 가격이 저렴하여 경제적이다. 발전소나 공장등에 사용되며 강도가 강하여 열악한 환경에 사용되고 있다.
② 채널형 케이블 트레이
- 바닥 통풍형과 바닥 밀폐형의 복합채널 부품으로 구성된 조립 금속구조로 폭이 150[mm] 이하인 케이블 트레이를 말한다.
- 바닥 펀칭 형상에 강한 엠보 처리로 높은 강도가 유지되며, 터널, 플랜트 시설, 오피스텔, 아파트, 할인점, 백화점, 운동장, 공장 등 모든 분야에 사용되고 있다.
③ 바닥 밀폐형 케이블 트레이 : 직선방향 측면 레일에서 바닥에 구멍이 없는 조립 금속구조로서, 케이블 보호에 탁월하여 필요 개소에는 뚜껑을 설치한다.　답 ①

39 지중 케이블의 고장점을 찾아내는 방법은 머레이루프, 발레이루프 시험법이 있는데 이들 시험방법은 어떤 브리지 원리를 이용하는가?

① 휘스토운 브리지(Wheatston bridge)
② 쉐링 브리지(Schering's bridge)
③ 윈 브리지(Owen's bridge)
④ 임피던스 브리지(Impedance bridge)

▶ 풀이
머리루프법은 휘스토운 브리지의 원리를 이용하여 고장난 케이블의 도체와 건전한 다른 케이블의 도체를 브리지의 두 변으로 해서 고장난 곳까지의 도체 저항 및 정전 용량으로 위치를 찾아내는 방법이다.　답 ①

40 과전류차단기로 시설하는 퓨즈 중 고압전로에 사용하는 포장퓨즈는 정격전류의 몇 배의 전류에 견디어야 하는가?

① 1.3 　　② 1.5 　　③ 2.0 　　④ 2.5

풀이
고압퓨즈 특성
① 포장 퓨즈는 정격 전류 1.3배에 견디고, 2배의 전류로는 120분 안에 용단되어야 한다.
② 비포장 퓨즈는 정격 전류에 1.25배에 견디고, 2배의 전류로는 2분 안에 용단되어야 한다.　　**답** ①

41 전원측 전로에 시설한 배선용 차단기의 정격전류가 몇[A] 이하의 것이면 이 전로에 접속하는 단상 전동기에는 과부하 보호장치를 생략할 수 있는가?

① 15 　　② 20 　　③ 30 　　④ 50

풀이
전동기의 과부하 보호장치의 시설 생략 가능한 경우
① 전동기를 운전 중 상시 취급자가 감시할 수 있는 위치에 시설하는 경우
② 전동기의 구조나 부하의 성질로 보아 전동기가 소손할 수 있는 과전류가 생길 우려가 없는 경우
③ 단상전동기로써 전원측 전로에 시설하는 과전류 차단기의 정격전류가 15[A](배선용 차단기는 20[A]) 이하인 경우　　**답** ②

42 접지극은 지하 몇 [cm] 이상의 깊이에 매설하는가?

① 55 　　② 65
③ 75 　　④ 85

풀이
접지선의 시설기준
① 접지극은 지하 75[cm] 이상의 깊이로 매설할 것
② 접지선을 철주 기타의 금속체를 따라서 시설하는 경우에는 접지극을 철주의 밑면으로부터 30[cm] 이상의 깊이에 매설하는 경우 이외에는 접지극을 지중에서 그 금속체로부터 1[m] 이상 떼어 매설할 것
③ 접지선은 접지극에서 지표상 60[cm]까지의 부분에는 절연전선, 캡타이어 케이블 또는 케이블을 사용할 것
④ 접지선의 지하 75[cm]로부터 지표상 2[m]까지의 부분을 두께 2[mm] 이상의 합성수지관 또는 이와 동등 이상의 절연효력 및 강도를 가지는 것으로 덮을 것　　**답** ③

43 품셈에서 규정된 소운반이라 함은 몇 [m] 이내의 수평거리를 말하는가?

① 10 　　② 20
③ 30 　　④ 40

풀이
① 품에서 규정된 소운반 이라 함은 20[m] 이내의 수평거리를 말한다.
② 거리가 20[m]를 초과할 경우에는 초과분에 대하여 별도 계상한다.
③ 경사면의 운반거리는 직고 1[m]를 수평거리 6[m]의 비율로 본다.　　**답** ②

44 고압수전의 3상 3선식에서 불평형부하의 한도는 단상접속 부하로 계산하여 설비불평형률을 30[%] 이하로 하는 것을 원칙으로 한다. 다음 중 이 제한에 따라야 하는 경우는?
① 저압 수전에서 전용변압기 등으로 수전하는 경우
② 고압 및 특고압 수전에서 100[kVA] 이하의 단상부하의 경우
③ 고압 및 특고압 수전에서 단상부하용량의 최대와 최소의 차가 100[kVA] 이하인 경우
④ 특고압 수전에서 100[kVA] 이하의 단상변압기 3대로 △결선하는 경우

> **풀이**
> 3상 3선식 또는 3상 4선식에서 설비 불평형률 30[%] 이하의 제한을 따르지 않아도 되는 경우
> ① 저압 수전에서 전용변압기 등으로 수전하는 경우
> ② 고압 및 특고압 수전에서 100[kVA] 이하의 단상부하의 경우
> ③ 단상 부하 용량의 최대와 최소의 차가 100[kVA] 이하인 경우
> ④ 특고압 수전에서 100[kVA] 이하의 단상 변압기 2대로 역V접속을 하는 경우
> **답 ④**

45 전선이나 케이블의 절연물에 손상 없이 안전하게 흘릴 수 있는 최대 전류는?
① 허용전류   ② 상용전류   ③ 부하전류   ④ 안전전류
답 ①

46 마이크로프로세서 부분 삭제

47 마이크로프로세서 부분 삭제

48 마이크로프로세서 부분 삭제

49 마이크로프로세서 부분 삭제

50 마이크로프로세서 부분 삭제

51 그림은 어떤 플립플롭의 타임차트이다. (A), (B)에 해당되는 것은?
① (A) : S, (B) : R
② (A) : R, (B) : S
③ (A) : J, (B) : K
④ (A) : K, (B) : J

> **풀이**
> JK플립플롭에 대한 타임차트

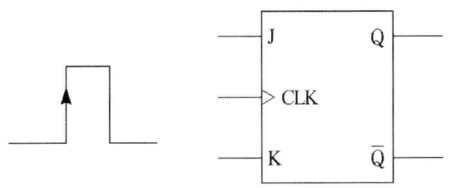

J	K	CLK	Q(t+1)
0	0	↑	Q_0
1	0	↑	1
0	1	↑	0
1	1	↑	$\overline{Q_0}$

답 ③

52 진리표와 같은 입력조합으로 출력이 결정되는 회로는?

① 디코더
② 인코더
③ 멀티플렉서
④ 카운터

입력		출력			
A	B	X_0	X_1	X_2	X_3
0	0	1	0	0	0
0	1	0	1	0	0
1	0	0	0	1	0
1	1	0	0	0	1

• 풀이
• 디코더(decoder) : 코드형식의 2진 정보를 다른 코드형식으로 바꾸는 회로가 디코더(decoder)이다. 다시 말하면, 2진 코드나 BCD Code를 해독(decoding)하여 이에 대응하는 1개(10진수)의 선택 신호로 출력하는 것을 말한다.

답 ①

53 다음 논리식 중 옳은 표현은?

① $\overline{A+B} = \overline{A} \cdot \overline{B}$
② $\overline{A+B} = \overline{A} + \overline{B}$
③ $\overline{A \cdot B} = \overline{A} \cdot \overline{B}$
④ $\overline{A+B} = \overline{A} \cdot B$

• 풀이
드모르강 법칙에 대한 사항
① $\overline{A+B} = \overline{A} \cdot \overline{B}$ ② $\overline{A \cdot B} = \overline{A} + \overline{B}$ ③ $\overline{A+B} = \overline{A} \cdot \overline{B}$

답 ①

54 다음 그림은 어떤 논리회로인가?

① NAND
② NOR
③ exclusive OR(XOR)
④ exclusive NOR(XNOR)

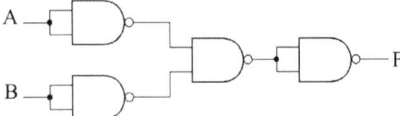

• 풀이
$\overline{\overline{A} \cdot \overline{B}} = \overline{A} \cdot \overline{B} = \overline{A+B}$

답 ②

55 어떤 회사의 매출액이 80,000원, 고정비가 15,000원, 변동비가 40,000원일 때 손익분기점 매출액은 얼마인가?

① 25,000원   ② 30,000원   ③ 40,000원   ④ 55,000원

풀이

손익분기점 산출공식

손익분기점 매출액 = $\dfrac{\text{고정비}}{\text{한계이익률}} = \dfrac{\text{고정비}}{1-\dfrac{\text{변동비}}{\text{매상고}}} = \dfrac{15{,}000}{1-\dfrac{40{,}000}{80{,}000}} = 30{,}000$원

답 ②

56 다음 중 통계량의 기호에 속하지 않는 것은?

① σ　　　② R　　　③ S　　　④ $\bar{x}$

풀이

① 통계량이란 표본의 특성을 기술하는 척도로서, 표본평균($\bar{x}$), 표본표준편차(s), 범위(R) 등이 있다.
② 모수란 모집단의 특성을 기술하는 척도로서, 모평균(μ), 모분산(σ^2), 모표준편차(σ) 등이 있다.

답 ①

57 계수 규준형 샘플링 검사의 OC곡선에서 좋은 로트를 합격시키는 확률을 뜻하는 것은?
(단, α는 제1종과오, β는 제2종과오이다.)

① α　　　② β　　　③ $1-\alpha$　　　④ $1-\beta$

풀이

① 생산자 위험 확률(α) : 시료가 불량하기 때문 로트가 불합격되는 확률
② 소비자 위험 확률(β) : 당연히 불합격되어야 할 로트가 합격되는 확률
따라서, 좋은 로트가 합격되는 확률은 전체에서 불합격되어야 할 로트가 불합격된 확률(α)을 뺀 나머지 부분

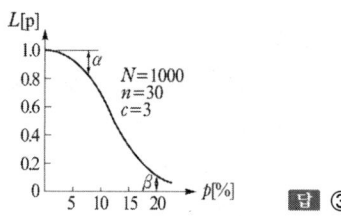

답 ③

58 U관리도의 관리한계선을 구하는 식으로 옳은 것은?

① $\bar{u} \pm \sqrt{\bar{u}}$　　② $\bar{u} \pm 3\sqrt{\bar{u}}$　　③ $\bar{u} \pm 3\sqrt{n\bar{u}}$　　④ $\bar{u} \pm 3\sqrt{\dfrac{\bar{u}}{n}}$

풀이

u 관리도

① 중심선(Center Line) : $\bar{u} = \dfrac{\Sigma c}{\Sigma n}$

② 관리한계선(Control Limit) : $\bar{u} \pm 3\sqrt{\dfrac{\bar{u}}{n}}$

답 ④

59 예방보전(Preventive Maintenance)의 효과로 보기에 가장 거리가 먼 것은?

① 기계의 수리비용이 감소한다.
② 생산시스템의 신뢰도가 향상된다.
③ 고장으로 인한 중단시간이 감소한다.
④ 예비기계를 보유해야 할 필요성이 증가한다.

> **풀이**
> 예방보전(PM) : 설비 사용 전 정기점검 및 검사와 조기수리 등을 하여, 설비성능의 저하와 고장 및 사고를 미연에 방지함으로써 설비의 성능을 표준 이상으로 유지하는 보전활동
>
> **답** ④

60 다음 중 인위적 조절이 필요한 상황에 사용될 수 있는 워크팩터(Work Factor)의 기호가 아닌 것은?

① D ② K ③ P ④ S

> **풀이**
> ① 워크팩터(Work Factor)법 : 작업의 표준시간 설정을 위해 정밀계측시계를 이용하여 극소동작에 대한 상세 데이터를 분석한 결과를 기초적인 동작시간 공식을 작성하여 분석하는 방법이다.
> ② 동작의 곤란성 표시
>   • 방향조절(S) : 좁은 간격을 통과하거나 작은 모적물을 향해 동작을 유도하는 상황
>   • 주의(P) : 물건의 파손 내지 신체의 상해방지 또는 동작목표상 신체조절이 요구되는 상황
>   • 방향변경(U) : 장애물을 제거하기 위한 동작변경이 요구될 때의 상황
>   • 일정정지(D) : 작업자의 의식적인 동작정지의 상황(물리적 장애로 인한 정지는 해당되지 않는다.)
>
> **답** ②

제 07 회 전기기능장 실전모의고사

01 그림과 같은 회로에서 10Ω에 흐르는 전류는?

① 0.2[A]
② 0.5[A]
③ 1[A]
④ 1.5[A]

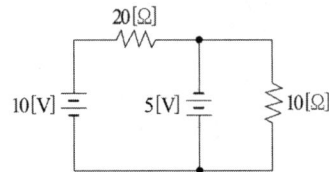

풀이

중첩의 원리를 이용하여 풀면
① 10[V] 전원을 단락 후 10[Ω]의 저항에 흐르는 전류 $I_1 = \dfrac{5[V]}{10[\Omega]} = 0.5[A]$
② 5[V] 전원을 단락 후 10[Ω]의 저항에 흐르는 전류 $I_2 = 0[A]$
③ 10[Ω]의 저항에 흐르는 전류 $I = I_1 - I_2 = 0.5 - 0 = 0.5[A]$

답 ②

02 정격전압에서 소비전력이 600[W]인 저항에 정격전압의 90[%]의 전압을 가할 때 소비되는 전력은?

① 480[W] ② 486[W] ③ 540[W] ④ 545[W]

풀이

정격전압에서 소비전력 $P = \dfrac{V^2}{R}$ $P \propto V^2$
$600 : P' = V^2 : (0.9V)^2$
$P' = 600 \times 0.9^2 = 486[W]$
정격전압 90[%]에서 소비전력(P')는 정격전압에서 소비전력(P)의 81[%]가 된다.

답 ②

03 그림과 같은 회로에서 소비되는 전력은?

① 5,808[W]
② 7,744[W]
③ 9,680[W]
④ 12,100[W]

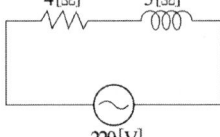

풀이

$|Z| = \sqrt{R^2 + X^2} = \sqrt{4^2 + 3^2} = 5[\Omega]$
$I = \dfrac{V}{|Z|} = \dfrac{V}{\sqrt{R^2 + X^2}} = \dfrac{220}{5} = 44[A]$
$P = I^2 R = 44^2 \times 4 = 7,744[W]$

답 ②

04 %오차가 2[%]인 전압계로 측정한 전압이 153[V]라면 그 참값은?

① 122.4[V]　　② 133.7[V]　　③ 150[V]　　④ 156[V]

▶ 풀이

오차 = $\dfrac{M-T}{T} = \dfrac{M}{T} - 1$　　$T = \dfrac{153}{1+0.02} = 150[V]$

혹은　참값 = 153[V] - 153[V] × 0.02 = 150[V]

답 ③

05 분상 기동형 단상 유도 전동기의 회전방향을 바꾸려면?

① 주권선 및 기동권선 단자의 접속을 모두 바꾼다.
② 기동권선이나 주권선 중 어느 한 권선의 접속을 바꾼다.
③ 전원의 두 선을 바꾸어 접속한다.
④ 정지 후 손으로 회전방향을 바꾼 다음에 기동시킨다.

▶ 풀이

운전권선(주권선)이나 기동권선 중 한 권선의 단자접속을 바꾸면, 상 순서가 바뀌게 되어 회전방향이 바뀐다.

답 ②

06 3상 동기발전기의 단락비를 산출하는 데 필요한 시험은?

① 외부특성시험과 3상 단락시험　　② 돌발 단락시험과 부하시험
③ 무부하 포화시험과 3상 단락시험　　④ 대칭분의 리액턴스 측정시험

▶ 풀이

무부하 포화곡선과 3상 단락곡선에서 단락비를 구할 수 있다.

답 ③

07 60[Hz]의 전원에 접속된 4극, 3상 유도 전동기의 슬립이 0.05일 때의 회전속도는?

① 90[rpm]　　② 1,710[rpm]　　③ 1,890[rpm]　　④ 36,000[rpm]

▶ 풀이

슬립 $S = \dfrac{N_S - N}{N_S}$, 동기속도 $N_S = \dfrac{120f}{P}$ [rpm] 이므로

$N = \dfrac{120f}{P}(1-S) = \dfrac{120 \times 60}{4}(1-0.05) = 1710$　∴ $N = 1,710$[rpm]

답 ②

08 권상하중 25[t]인 기중기의 권상용 전동기의 출력이 25[kW]인 경우 권상 속도는?
(단, 권상장치의 효율은 0.7이다)

① 약 0.7[m/min]　　② 약 1[m/min]
③ 약 4.28[m/min]　　④ 약 6.12[m/min]

▶ 풀이

권상기용 전동기 용량 $P = \dfrac{9.8WV}{\eta}$ [kW]이므로,

여기서, P : 전동기 용량[kW], W : 권상하중[ton], V : 권상속도[m/s], η : 권상기 효율

$25 = \dfrac{9.8 \times 25 V}{0.7}$ 에서 속도 V를 구하면

$\therefore V ≒ 0.0714[\text{m/s}] ≒ 4.28[\text{m/min}]$

답 ③

---

09 직류전동기의 제동법이 아닌 것은?

① 발전제동   ② 저항제동   ③ 회생제동   ④ 역전제동

풀이

- 발전제동 : 제동 시에 전원을 개방하여 발전기로 이용하여 발전된 전력을 제동용 저항에 열로 소비시키는 방법.
- 회생제동 : 제동 시에 전원을 개방하지 않고 발전기로 이용하여 발전된 전력을 다시 제동용 전원으로 사용하는 방식으로 전동기의 유도기전력을 전동기가 갖는 운동에너지를 전기에너지로 변화시켜 전원으로 반환
- 플러깅제동 : 급제동시 사용하는 방법으로 역전제동이라 하며, 전기자의 접속을 반대로 바꾸어 회전방향과 반대의 토크를 발생시켜 제동

답 ②

---

10 60[Hz]로 설계된 유도기를 동일전압에서 50[Hz]로 사용할 때 낮아지거나 감소되는 것을 나열한 것으로 옳은 것은?

① 역률, 냉각속도, 누설리액턴스   ② 온도, 최대토크, 자속

③ 역률, 철손, 기동전류   ④ 자속, 냉각속도, 기동전류

풀이

최대토크, 기동전류는 주파수와는 무관하게 거의 일정한 크기이다.

답 ①

---

11 변압기의 철손 P_i[kW], 전부하 동손이 P_c[kW]일 때 정격출력의 1/2인 부하를 걸었다면 전손실은?

① $\dfrac{1}{4}(P_i + P_c)$ ② $\dfrac{1}{4}P_i + P_c$ ③ $P_i + \dfrac{1}{4}P_c$ ④ $4(P_i + P_c)$

풀이

$$\eta_{\frac{1}{m}} = \dfrac{\dfrac{1}{m}V_{2n}I_{2n}\cos\theta}{\dfrac{1}{m}V_{2n}I_{2n}\cos\theta + P_i + \left(\dfrac{1}{m}\right)^2 P_c} \times 100[\%]$$

정격출력 $\dfrac{1}{2}$일 때 손실은 $P_i + \left(\dfrac{1}{m}\right)^2 P_c = P_i + \left(\dfrac{1}{4}\right)P_c$

답 ③

---

12 직류기에서 보극을 설치하는 목적이 아닌 것은?

① 정류자의 불꽃방지   ② 브러시의 이동방지

③ 정류 기전력의 발생   ④ 난조의 방지

풀이

보극은 전기자반작용(브러시에 불꽃 발생, 중성축 이동, 유도기전력 감소)을 경감시키고, 정류작용을 좋게 하기 위해 사용된다.

답 ④

13 변류기 개방 시 2차측을 단락하는 이유로 가장 옳은 것은?

① 2차측 절연보호　　　　② 2차측 과전류보호
③ 측정오차방지　　　　　④ 1차측 과전류방지

▶풀이

계기용 변류기는 2차 전류를 낮게 하기 위하여 권수비가 매우 작으므로 2차측을 개방되면, 2차측에 매우 높은 기전력이 유기되어 위험하다.

답 ①

14 동기전동기를 무부하로 하였을 때, 계자전류를 조정하면 동기기는 마치 L, C 소자로 작동하고, 계자전류를 어떤 일정 값 이하의 범위에서 가감하면 가변 리액턴스가 되고 어떤 일정 값 이상에서 가감하면 가변 커패시턴스로 작동한다. 이와 같은 목적으로 사용되는 것은?

① 변압기　　② 동기조상기　　③ 균압환　　④ 제동권선

▶풀이

동기조상기 : 전력계통의 전압조정과 역률 개선을 하기 위해 계통에 접속한 무부하의 동기전동기를 말한다.

답 ②

15 20[kVA], 3,300/210[V] 변압기의 1차 환산 등가 임피던스가 $6.2+j7[\Omega]$일 때 백분율 리액턴스 강하는?

① 약 1.29[%]　　　　② 약 1.75[%]
③ 약 8.29[%]　　　　④ 약 9.35[%]

▶풀이

%리액턴스 강하(q) : 정격 전류가 흐를 때 리액턴스에 의한 전압강하의 비율을 퍼센트로 나타낸 것

① 1차 정격전류 $I_1 = \dfrac{P}{V_1} = \dfrac{20 \times 10^3}{3,300} = 6.06[A]$

② 백분율 리액턴스 강하 $q = \dfrac{I_1 X_{12}}{E_1} \times 100 = \dfrac{6.06 \times 7}{3,300} \times 100 = 1.29[\%]$

답 ①

16 동기기의 안정도를 증진시키기 위한 방법으로 잘못된 것은?

① 속응여자방식을 채용한다.
② 단락비를 크게 한다.
③ 회전부의 관성을 크게 한다.
④ 역상 및 영상임피던스를 작게 한다.

▶풀이

① 안정도 : 부하가 증가에 따라 탈조하지 않고, 안정하게 운전할 수 있는 정도
② 안전도 증진법
  • 리액턴스를 작게 하고, 단락비를 크게 한다.
  • 영상임피던스와 역상임피던스를 크게 한다.
  • 회전자의 관성을 크게 한다.
  • 속응여자방식을 채용한다.

답 ④

17 인버터(inverter)의 전력변환 관계에 대한 설명으로 옳은 것은?
① 직류를 교류로 변환시키기 위한 전력변환기이다.
② 교류를 직류로 변환시키기 위한 전력변환기이다.
③ 하나의 다른 크기를 갖는 직류를 또 다른 크기의 직류값으로 변환하기 위한 전력변환기이다.
④ 다른 크기(Amplitude)나 주파수(Frequency)를 갖는 교류를 또 하나의 다른 크기나 주파수를 갖는 교류값으로 변환하기 위한 전력변환기이다.

▶풀이
전력변환방식
① AC-DC Converter(순변환) : 제어정류기(Controlled Rectifier), 컨버터(converter)
② AC-AC Converter(교류변환) : 교류전압제어기, 사이클로 컨버터
③ DC-DC Converter(직류변환) : 초퍼(Chopper), 스위칭 레귤레이터
④ DC-AC Converter(역변환) : 인버터(Inverter)

답 ①

18 그림 기호와 같은 반도체 소자의 명칭은?
① SCR
② UJT
③ TRIAC
④ FET

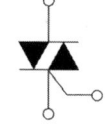

답 ③

19 입력 전원 전압이 $v_s = V_m \sin\theta$인 경우, 아래 그림의 전파 다이오드 정류기의 출력전압 $v_0(t)$에 대한 평균치와 실효치를 각각 옳게 나타낸 것은?

① 평균치 : $\dfrac{V_m}{\pi}$, 실효치 : $\dfrac{V_m}{2}$

② 평균치 : $\dfrac{V_m}{2}$, 실효치 : $\dfrac{V_m}{\pi}$

③ 평균치 : $\dfrac{V_m}{2\pi}$, 실효치 : $\dfrac{V_m}{\sqrt{2}}$

④ 평균치 : $\dfrac{2V_m}{\pi}$, 실효치 : $\dfrac{V_m}{\sqrt{2}}$

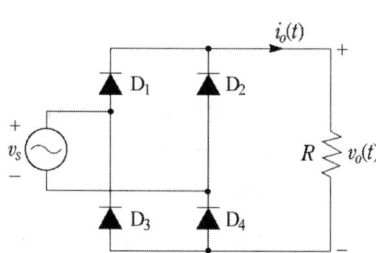

▶풀이
평균치 : $V_d = 2 \times \dfrac{1}{2\pi} \int_0^\pi V_m \sin\theta\, d\theta = \dfrac{2V_m}{\pi}$

실효치 : $V_{rms} = \sqrt{\dfrac{1}{\pi} \int_0^\pi (V_m \sin\theta)^2 d\theta} = \dfrac{V_m}{\sqrt{2}}$

답 ④

20 SCR의 전압공급방법(Turn-On)으로 가장 옳은 것은?
① 애노드에 (−)전압, 캐소드에 (+)전압, 게이트에 (−)전압을 공급한다.
② 애노드에 (−)전압, 캐소드에 (+)전압, 게이트에 (+)전압을 공급한다.
③ 애노드에 (+)전압, 캐소드에 (−)전압, 게이트에 (−)전압을 공급한다.
④ 애노드에 (+)전압, 캐소드에 (−)전압, 게이트에 (+)전압을 공급한다.

▶풀이
SCR의 Turn-On 조건 : A(+), K(−), G(+)

답 ④

21 역률 개선용 콘덴서에서 고조파 영향을 억제하기 위하여 사용하는 것은?
① 직렬저항　　　　　　　　　　② 병렬저항
③ 직렬리액터　　　　　　　　　④ 병렬리액터

▶풀이
① 직렬리액터(SR) : 콘덴서의 용량이 크게 되면 투입 시의 돌입전류가 커지고, 고조파를 포함하는 경우가 많으므로 이를 억제하기 위해서 설치
② 방전코일(DC) : 콘덴서는 회로에서 개방시켜도 잔류전하가 남아 있어서 장시간 단자전압이 저하되지 않아 감전 우려 등 취급하기가 위험하기 때문에 방전장치를 설치

답 ③

22 전류계 및 전압계를 확도에 따라 분류할 때 일반 배전반용으로 사용되는 지시계기의 계급은?
① 0.5급　　　　　　　　　　　② 1.0급
③ 1.5급　　　　　　　　　　　④ 2.5급

▶풀이
지시계기의 분류

계급	허용오차(%)	용도
0.2급	±0.2	부 표준기용
0.5급	±0.5	정밀측정용(휴대용)
1.0급	±1.0	보통측정용(휴대용)
1.5급	±1.5	공업용의 보통측정용(배전반용)
2.5급	±2.5	정확도에 관계 없는 측정용

답 ③

23 과전류차단기로 저압전로에 사용하는 100[A]초과, 200[A] 이하의 퓨즈는 수평으로 붙여서 2배의 전류를 통하는 경우에 몇 분 안에 용단되어야 하는가?
① 2　　　　② 8　　　　③ 60　　　　④ 120

▶풀이
과전류차단기로 저압전로에 사용하는 퓨즈를 수평으로 붙인 경우
① 정격전류의 1.1배의 전류에 견딜 것
② 정격전류의 1.6배 및 2배의 전류를 통한 경우 아래 표에서 정한 시간 내에 용단될 것

정격전류의 구분	시 간	
	정격전류의 1.6배의 전류를 통한 경우	정격전류의 2배의 전류를 통한 경우
30[A] 이하	60분	2분
30[A] 초과 60[A] 이하	60분	4분
60[A] 초과 100[A] 이하	120분	6분
100[A] 초과 200[A] 이하	120분	8분
200[A] 초과 400[A] 이하	180분	10분
400[A] 초과 600[A] 이하	240분	12분
600[A] 초과	240분	20분

답 ②

24 금속관 배선에서 금속관의 굵기를 선정하는 경우 굵기가 다른 절연전선을 동일관 내에 넣는 경우 피복 절연물을 포함한 단면적의 총합계가 관내 단면적의 [%] 이하가 되도록 하여야 하는가?

① 20   ② 32   ③ 48   ④ 50

▶풀이
① 동일 굵기의 절연전선을 동일관 내에 넣을 경우 : 관내 단면적의 48[%] 이하가 되도록 선정
② 굵기가 다른 절연전선을 동일관 내에 넣는 경우 : 관내 단면적의 32[%] 이하가 되도록 선정   답 ②

25 특고압 가공전선로의 지지물로 사용하는 철탑의 종류에 대한 설명으로 잘못된 것은?
① 직선형은 전선로의 직선부분에 그 보강을 위하여 사용하는 것
② 각도형은 전선로 중 3도를 초과하는 수평각도를 이루는 곳에 사용하는 것
③ 인류형은 전기접선을 인류하는 곳에 사용하는 것
④ 내장형은 전선로의 지지물 양쪽 경간의 차가 큰 곳에 사용하는 것

▶풀이
① 직선형 : 선로의 직선 구간 또는 선로방향의 수평각도가 3° 이하인 곳에 사용
② 각도형 : 전선로의 방향이 수평각도 3°를 넘고 20° 이하인 곳에 사용
③ 인류형 : 송전단 및 수전단처럼 한쪽방향으로 선로가 연결된 곳에 사용
④ 내장형 : 전선로를 보강하기 위한 형태로 전선로의 지지물 양쪽 경간의 차가 큰 곳에 사용   답 ①

26 피뢰기를 시설하지 않아도 되는 것은?
① 발전소·변전소의 가공전선 인입구 및 인출구
② 지중 전선로의 말단 부분
③ 가공 전선로에 접속한 1차측 전압이 35[kV] 이하, 2차 전압이 저압 또는 고압인 배전용 변압기의 고압측 및 특고압측
④ 가공전선로와 지중전선로가 접속되는 곳

▶풀이
피뢰기의 시설장소
① 발전소, 변전소 또는 이에 준하는 장소의 가공전선 인입구 및 인출구
② 가공전선로에 접속하는 특고압 배전용 변압기의 고압 측 및 특별고압 측
③ 고압 또는 특별고압 가공전선로로부터 공급을 받는 수용장소의 인입구
④ 가공전선로와 지중전선로가 접속되는 곳   답 ②

27 건축물의 종류가 주택, 기숙사, 여관, 호텔, 병원, 창고인 경우의 옥내배선 설계에 있어서 간선의 굵기를 선정할 때 전등 및 소형 전기기계기구의 용량합계가 10[kVA]를 초과하는 것은 그 초과량에 대하여 수용률을 몇 [%]로 적용할 수 있는가?

① 30   ② 50   ③ 70   ④ 80

• 풀이

전등부하의 수용률[%] $\left(= \dfrac{\text{최대수용전력}}{\text{설비용량}}\right)$

건물의 종류	수용률	
	10[kVA] 이하	10[kVA] 초과
주택, 아파트, 기숙사, 여관, 호텔, 병원	100	50
사무실, 은행, 학교, 상점	100	70
기타	100	

답 ②

28 22900/220[V]의 15[kVA] 변압기로 공급되는 저압 가공 전선로의 절연부분의 전선에서 대지로 누설하는 전류의 최고 한도는?

① 약 34[mA]   ② 약 45[mA]
③ 약 68[mA]   ④ 약 75[mA]

• 풀이

옥외 절연부분의 전선과 대지 사이의 절연저항은 사용전압에 대한 누설전류가 최대공급전류의 1/2000(1가닥)을 초과하지 않도록 해야 한다.

누설전류(I_g) ≤ $\dfrac{\text{최대공급전류}}{2000}$ 이므로   최대공급전류 = $\dfrac{15 \times 10^3}{220} \fallingdotseq 68.2$[A]

누설전류(I_g) ≤ $\dfrac{68.2}{2000} \fallingdotseq 0.034$[A] $\fallingdotseq 34$[mA]

답 ①

29 소맥분·전분·유황 등 가연성 분진에 전기설비가 발화원이 되어 폭발할 우려가 있는 곳에 시설하는 저압 옥내배선의 공사방법으로 옳지 않은 것은?

① 가요전선관 공사   ② 금속관 공사
③ 합성수지관 공사   ④ 케이블 공사

• 풀이

• 가연성 분진이 존재하는 곳 : 소맥분, 전분, 유황 기타 가연성의 먼지로서 공중에 떠다니는 상태에서 착화하였을 때, 폭발의 우려가 있는 곳의 저압 옥내 배선은 합성 수지관 배선, 금속 전선관 배선, 케이블 배선에 의하여 시설한다.

답 ①

30 송전단전압 66[kV], 수전단전압 61[kV]인 송전선로에서 수전단의 부하를 끊은 경우의 수전단 전압이 63[kV]이면 전압변동률은?

① 약 2.8[%]   ② 약 3.3[%]   ③ 약 4.8[%]   ④ 약 8.2[%]

> **풀이**
>
> $$전압변동률 = \frac{무부하시\ 수전단전압 - 전부하시\ 수전단전압}{전부하시\ 수전단전압} = \frac{63-61}{61} \times 100 = 3.3[\%]$$
>
> **답** ②

31 저압 인입선의 시설에서 인입용 비닐절연전선을 사용하는 경우 지름은 몇 [mm] 이상이어야 하는가?

① 1.6 ② 2.6 ③ 3.2 ④ 3.6

> **풀이**
>
> 저압 인입선 : 지름 2.6[mm](경간 15[m] 이하는 2[mm])의 경동선 또는 이와 동등 이상의 세기 및 굵기의 것일 것
>
> **답** ②

32 지중에 매설되어 있고 대지와의 전기저항 값이 최대 몇 [Ω] 이하의 값을 유지하고 있는 금속제 수도관로는 이를 각종 접지공사의 접지극으로 사용할 수 있는가?

① 0.3 ② 3 ③ 30 ④ 300

> **풀이**
>
> 접지전극 : 지중에 매설되어 있고 대지와의 전기 저항치가 3[Ω] 이하의 값을 유지하고 있는 금속제 수도관은 접지공사의 접지극으로 사용할 수 있다.
>
> **답** ②

33 후강 전선관이란 관의 두께가 두꺼운 전선관을 말한다. 후강 전선관의 규격 중 관의 호칭으로 잘못된 것은?

① 28 ② 34 ③ 42 ④ 54

> **풀이**
>
> | 구 분 | 후강 전선관 |
> |---|---|
> | 관의 호칭 | 안지름의 크기에 가까운 짝수 |
> | 관의 종류[mm] | 16, 22, 28, 36, 42, 54, 70, 82, 92, 104(10 종류) |
>
> **답** ②

34 진상용 고압 콘덴서에 방전 코일이 필요한 이유는?

① 전압 강하의 감소 ② 낙뢰로부터 기기 보호
③ 역률 개선 ④ 잔류 전하의 방전

> **풀이**
>
> 방전장치(방전코일) : 콘덴서는 회로에서 개방시켜도 잔류전하가 남아 있어서 장시간 단자전압이 저하되지 않아 감전 우려 등 취급하기가 위험하기 때문에 방전장치를 설치한다.
>
> **답** ④

35 전로의 절연저항 및 절연내력 측정에 있어 사용전압이 저압인 전로에서 정전이 어려운 경우 등 절연저항 측정이 곤란한 경우에는 누설전류를 몇 [mA] 이하로 유지하여야 하는가?

① 1 ② 2 ③ 3 ④ 4

> **풀이**
> 사용전압이 저압인 전로에서 정전이 어려운 경우 등 절연저항 측정이 곤란한 경우에는 누설전류를 1[mA] 이하로 유지하여야 한다.
> **답** ①

36 피뢰기의 제한전압이 750[kV]이고, 변압기의 절연강도가 1,050[kV]라고 하면 여유도는?
① 20[%]   ② 30[%]   ③ 40[%]   ④ 60[%]

> **풀이**
> 피뢰기의 제한전압은 피뢰기 방전 시 단자 간에 남게 되는 충격전압의 파고치로서 방전 중에 피뢰기 단자 간에 걸리는 전압을 말하므로, 보호 여유도는 다음과 같이 계산된다.
> 보호여유도 $= \dfrac{\text{절연강도} - \text{제한전압}}{\text{제한전압}} \times 100[\%] = \dfrac{1050-750}{750} \times 100[\%] = 40[\%]$ 이다.
> **답** ③

37 조명방식 중 원하는 곳에서 원하는 방향으로 조도를 줄 수 있으며, 불필요한 장소는 소등할 수 있어 필요한 만큼의 조도를 가장 경제적으로 얻을 수 있는 특징을 갖는 조명방식은?
① 국부조명 방식   ② 전반조명 방식
③ 간접조명 방식   ④ 직접전반조명 방식

> **풀이**
> ① 국부조명 : 작업면의 필요한 장소만 고조도로 하기 위한 방식으로 그 장소에 조명기구를 밀집하여 설치하든가 또는 스탠드 등을 사용한다.
> ② 전반조명 : 작업면 전반에 균등한 조도를 가지게 하는 방식, 광원을 일정한 높이와 간격으로 배치하며, 일반적으로 사무실, 학교, 공장 등에 채용된다.
> ③ 간접조명 : 전체적으로 부드러우며, 눈부심과 그늘이 적은 조명을 얻을 수 있다. 그러나 효율이 매우 나쁘고, 설비비가 많이 든다.
> **답** ①

38 전기설비가 고장이 나지 않은 상태에서 대지 또는 회로의 노출 도전성 부분에 흐르는 전류는?
① 접촉전류   ② 누설전류
③ 스트레스전류   ④ 계통외 도전성 전류

> **풀이**
> ① 접촉전류 : 정상상태 또는 고장상태에서 전기설비의 접근 가능한 부분에 사람이 접촉되어 흐르는 전류
> ② 누설전류(leakage current) : 전로 이외를 흐르는 전류로 전로의 절연체의 내부 및 표면과 공간을 통하여 선간 또는 대지 사이를 흐르는 전류
> **답** ②

39 전원공급 점에서 각각 30[m]의 지점에 60[A], 40[m]의 지점에 50[A], 50[m]의 지점에 30[A]의 부하가 걸려 있는 경우 부하중심까지의 거리는?
① 20.4[m]   ② 37.9[m]   ③ 44.2[m]   ④ 122.3[m]

> **풀이**
> 부하중심점 $= \dfrac{\text{각각의거리} \times \text{전류 합}}{\text{전류의 합}} = \dfrac{30 \times 60 + 40 \times 50 + 50 \times 30}{60 + 50 + 30} \fallingdotseq 37.9[m]$
> **답** ②

40 가로 9[m], 세로 6[m], 방바닥에서 천장까지의 높이가 3.85[m]인 방에서 조명기구를 천장에 직접 부착하고자 한다. 이 방의 실지수는?(단, 작업면은 방바닥에서 0.85[m]이다.)
① 1.2　　　② 2.49　　　③ 9.8　　　④ 16.5

▶풀이

실지수 $= \dfrac{X \cdot Y}{H(X+Y)} = \dfrac{9 \times 6}{(3.85-0.85) \times (9+6)} = 1.2$

단, X : 방의 가로 길이, Y : 방의 세로 길이, H : 작업 면으로부터 광원의 높이

답 ①

41 배선공사 중 전선이 반드시 절연전선이 아니라도 상관없는 공사방법은?
① 금속관공사　　　　　　　　② 합성수지관공사
③ 버스덕트공사　　　　　　　④ 플로어덕트공사

▶풀이

배선공사 중 절연전선이 아니라도 상관없는 공사
· 애자공사에 의하여 전개된 곳에 다음의 전선을 시설하는 전선
　- 전기로용 전선, 전선의 피복 절연물이 부식하는 장소에 시설하는 경우
· 버스덕트공사에 의하여 시설하는 경우
· 라이팅덕트공사에 의하여 시설하는 경우
· 접촉 전선을 시설하는 경우

답 ③

42 전선 약호 중 NRI(70)의 품명은?
① 450/750[V] 일반용 단심 비닐절연전선(70[℃])
② 450/750[V] 일반용 유연성 단심 비닐절연전선(70[℃])
③ 300/500[V] 기기 배선용 단심 비닐절연전선(70[℃])
④ 300/500[V] 기기 배선용 유연성 단심 비닐절연전선(70[℃])

▶풀이

종　류	약　호
450/750V 일반용 단심 비닐절연전선	NR
450/750V 일반용 유연성 비닐절연전선	NF
300/500V 기기 배선용 단심 비닐절연전선(70℃)	NRI(70)
300/500V 기기 배선용 유연성 단심 비닐절연전선(70℃)	NFI(70)
300/500V 기기 배선용 단심 비닐절연전선(90℃)	NRI(90)
300/500V 기기 배선용 유연성 단심 비닐절연전선(90℃)	NFI(90)

답 ③

43 2종 가요전선관을 구부리는 경우 노출장소 또는 점검 가능한 은폐장소에서 관을 시설하고 제거하는 것이 부자유하거나 또는 점검이 불가능할 경우는 곡률 반지름을 2종 가요전선관 안지름의 몇 배 이상으로 하여야 하는가?
① 3배　　　② 6배　　　③ 8배　　　④ 12배

> **풀이**
> 2종 가요전선관을 구부리는 경우(노출장소 또는 점검 가능한 은폐장소)
> ① 관을 시설하고 제거하는 것이 자유로운 경우 : 곡률반지름은 전선관 안지름의 3배 이상
> ② 관을 시설하고 제거하는 것이 부자유하거나 점검 불가능할 경우 : 곡률반지름은 전선관 안지름의 6배 이상
>
> **답** ②

44 서지보호장치(SPD) 중 서지가 인가되지 않은 경우는 높은 임피던스 상태에 있으며, 전압서지에 응답한 경우는 임피던스가 연속적으로 낮아지는 기능을 갖는 것은?
① 전압 스위치형 SPD
② 전압 제한형 SPD
③ 임피던스 스위칭형 SPD
④ 임피던스 제한형 SPD

답 ②

45 지중전선로 및 지중함의 시설 방식으로 잘못된 것은?
① 지중전선로는 전선에 케이블을 사용할 것
② 지중전선로는 관로식, 암거식 또는 직접 매설식에 의하여 시설할 것
③ 지중함 뚜껑은 시설자 이외의 자가 쉽게 열 수 없도록 시설할 것
④ 연소성 가스가 침입할 우려가 있는 곳에 시설하는 최소 $0.5[m^3]$ 이상의 지중함에는 통풍장치를 할 것

> **풀이**
> 지중전선로에 사용하는 지중함은 다음 각호에 의하여 시설하여야 한다.
> • 지중함은 견고하고 차량 기타 중량물의 압력에 견디는 구조일 것
> • 지중함은 그 안의 고인 물을 제거할 수 있는 구조로 되어 있을 것
> • 폭발성 또는 연소성의 가스가 침입할 우려가 있는 것에 시설하는 지중함으로서 그 크기가 $1[m^3]$ 이상인 것에는 통풍장치 기타 가스를 방산시키기 위한 적당한 장치를 시설할 것
> • 지중함의 뚜껑은 시설자 이외의 자가 쉽게 열 수 없도록 시설할 것
>
> **답** ④

46 마이크로프로세서 부분 삭제

47 마이크로프로세서 부분 삭제

48 마이크로프로세서 부분 삭제

49 마이크로프로세서 부분 삭제

50 다음은 7세그먼트에 의한 표시 회로를 나타내고 있다. (A), (B)의 표시는?

① (A) 6 (B) 3
② (A) L (B) 0
③ (A) 0 (B) 7
④ (A) 0 (B) L

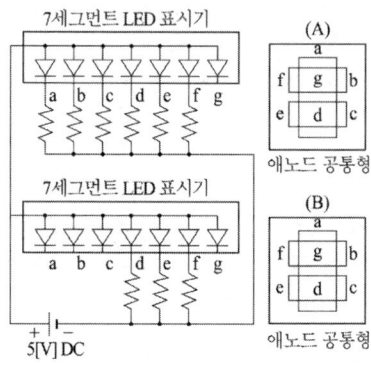

답 ④

51 그림과 같은 논리회로의 간략화된 논리함수는?

① 0
② 1
③ A
④ B

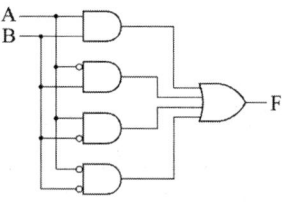

▶ 풀이

$F = AB + \overline{A}B + A\overline{B} + \overline{A}\overline{B} = (A + \overline{A})B + (A + \overline{A})\overline{B} = B + \overline{B} = 1$

답 ②

52 101101에 대한 2의 보수는?

① 101110   ② 010010   ③ 010001   ④ 010011

▶ 풀이

2의 보수 방식(2's Complement Form)은 디지털 시스템에서 가장 흔히 음수를 표현하기 위해서 사용되는 방식으로 1의보수+1의 형태로 표시된다.
010010 (1의보수) + 1 = 010011

답 ④

53 반가산기의 동작을 옳게 나타낸 것은?

① 2의 자리의 2진수 가산을 하는 동작을 한다.
② 1의 자리의 2진수 가산을 하는 동작을 한다.
③ 3의 자리의 2진수 가산을 하는 동작을 한다.
④ 1의 자리 Carry를 덧셈과 같이 가산하는 동작을 한다.

▶ 풀이

반가산기(Half-Adder : HA)
① 합 : $S = \overline{A}b + A\overline{B} = A \oplus B$
② 자리올림 수 : $C = AB$

답 ②

54 그림과 같은 접점회로를 논리 게이트로 표현하면?

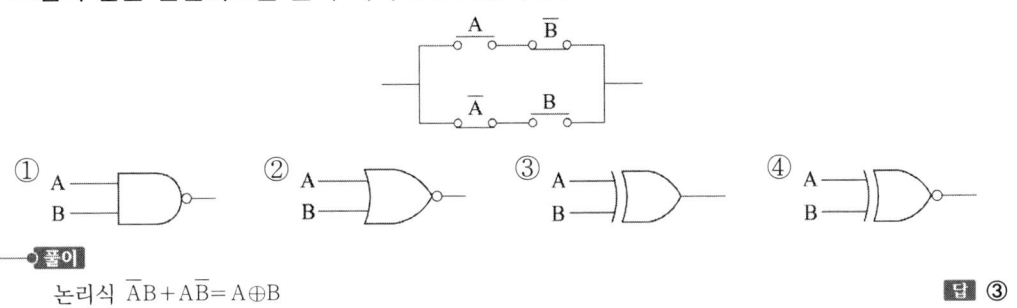

- 풀이
  논리식 $\overline{A}B + A\overline{B} = A \oplus B$

  답 ③

55 다음 중 브레인스토밍(Brainstorming)과 가장 관계가 깊은 것은?
① 파레토도   ② 히스토그램   ③ 회귀분석   ④ 특성요인도

- 풀이
  ※ 브레인스토밍(Brainstorming) : 일정한 테마에 관하여 회의형식을 채택하고, 구성원의 자유발언을 통한 아이디어의 제시를 요구하여 발상을 찾아내려는 방법
  ※ 특성요인도 : 특성에 대하여 어떤 요인이 어떤 관계로 영향을 미치고 있는지 명확히 하여 원인 규명을 쉽게 할 수 있도록 하는 기법
  특성요인도를 통해 근본적 원인을 찾기 위한 절차
  ① 분석대상이 되는 문제에 관련된 경험과 지식 수집
  ② 브레인스토밍을 통해 지식과 문제의 원인 의견 수집
  ③ 주요 원인의 결정
  ④ 특성요인도를 분석하고 근복적 문제해결을 의한 실행방법 논의

  답 ④

56 작업개선을 위한 공정분석에 포함되지 않는 것은?
① 제품공정분석   ② 사무공정분석
③ 직장공정분석   ④ 작업자공정분석

- 풀이
  공정분석의 종류
  ① 제품공정분석 : 소재가 제품화되는 과정을 분석·기록하기 위한 분석기법
  ② 사무공정분석 : 서류를 중심으로 하는 사무제도나 수속을 분석·개선하는 데 사용하는 분석기법
  ③ 작업자 공정분석 : 작업자가 한 장소에서 다른 장소로 이동하면서 수행하는 행위를 분석하는 기법

  답 ③

57 관리도에서 점이 관리한계 내에 있으나 중심선 한쪽에 연속해서 나타나는 점의 배열현상을 무엇이라 하는가?
① 런   ② 경향   ③ 산포   ④ 주기

- 풀이
  점의 배열에서 이상상태(Subject method)
  ① 런(run)
    • 5의 런 : 공정의 진행에 주의한다.
    • 6의 런 : action을 준비한다.

- 7의 런 : action 을 취한다.(비관리상태로 판정)
② 경향(trend) : 길이 7의 상승경향과 하강경향(비관리상태)
③ 주기(cycle) : 일정 간격을 갖고 점들이 오르내리는 현상

답 ①

58 로트의 크기가 시료의 크기에 비해 10배 이상 클 때, 시료의 크기와 합격판정개수를 일정하게 하고 로트의 크기를 증가시키면 검사특성곡선의 모양 변화에 대한 설명으로 가장 적합한 것은?
① 무한대로 커진다.
② 거의 변화하지 않는다.
③ 검사특성곡선의 기울기가 완만해진다.
④ 검사특성곡선의 기울기 경사가 급해진다.

▶ 풀이

로트의 크기가 증가하게 되면 검사특성곡선의 기울기가 급해지게 되나, 로트의 크기가 시료의 크기에 비해 10배 이상 크면 거의 변화하지 않는다.

답 ②

59 로트의 크기 30, 부적합품률이 10[%]인 로트에서 시료의 크기를 5로 하여 랜덤 샘플링 할 때, 시료 중 부적합 품수가 1개 이상일 확률은 약 얼마인가?(단, 초기하분포를 이용하여 계산한다.)
① 0.3695
② 0.4336
③ 0.5665
④ 0.6305

▶ 풀이

검사특성곡선의 불량률 계산(초기하분포를 이용하는 경우)
불량품의 개수가 $x=1$개 이상 나올 확률
(로트의 크기 $N=30$, 불량품의 개수 $D=30\times 10[\%]=3$, 로트에서 크기 $n=5$인 표본을 추출)

$P(x) = \dfrac{\binom{d}{x}\binom{N-D}{n-x}}{\binom{N}{n}}$ 이므로,

$P(x \geq 1) = P(1) + P(2) + P(3) + P(4) + P(5)$

$= \dfrac{\binom{3}{1}\binom{27}{4}}{\binom{30}{5}} + \dfrac{\binom{3}{2}\binom{27}{3}}{\binom{30}{5}} + \dfrac{\binom{3}{3}\binom{27}{2}}{\binom{30}{5}}$

$= \dfrac{{}_3C_1 \times {}_{27}C_4}{{}_{30}C_5} + \dfrac{{}_3C_2 \times {}_{27}C_3}{{}_{30}C_5} + \dfrac{{}_3C_3 \times {}_{27}C_2}{{}_{30}C_5} \fallingdotseq 0.4335$

답 ②

60 과거의 자료를 수리적으로 분석하여 일정한 경향을 도출한 후 가까운 장래의 매출액, 생산량 등을 예측하는 방법을 무엇이라 하는가?
① 델파이법
② 전문가패널법
③ 시장조사법
④ 시계열분석법

▶ 풀이

시계열분석법 : 시간의 흐름에 따라 변하는 과거의 수요에 기초해서 미래의 수요를 예측하는 기법

답 ④

제 08 회 전기기능장 실전모의고사

01 어떤 회로 소자에 $e = 250\sin 377t$[V]의 전압을 인가하였더니 전류 $i = 50\sin 377t$[A]가 흘렀다. 이 회로의 소자는?
① 용량 리액턴스
② 유도 리액턴스
③ 순저항
④ 다이오드

풀이 순시전압과 순시전류의 위상차가 0이므로, 부하는 순저항 소자이다.   답 ③

02 같은 철심 위에 동일한 권수로 자체 인덕턴스 L[H]의 코일 두 개를 접근해서 감고 이것을 같은 방향으로 직렬 연결할 때 합성 인덕턴스[H]는? (단, 두 코일의 결합계수는 0.5이다.)
① L
② $2L$
③ $3L$
④ $4L$

풀이 가동결합 합성 인덕턴스 $L_0 = L_1 + L_2 + 2M$이고 같은 철심, 동일 권수이므로 $L = L_1 = L_2$
여기서, 상호인덕턴스 $M = k\sqrt{L_1 L_2}$이므로 $L_0 = L + L + 2 \times 0.5 L = 3L$ 답 ③

03 1[C]의 전기량은 약 몇 개의 전자의 이동으로 발생하는가?
(단, 전자 1개의 전기량은 1.602×10^{-19}[C] 이다.)
① 8.855×10^{-12}
② 6.33×10^4
③ 9×10^9
④ 6.24×10^{18}

풀이 1[C]은 $\dfrac{1}{1.602 \times 10^{-19}} ≒ 6.24 \times 10^{18}$ 개의 전자의 과부족으로 생기는 전하의 전기량이다.   답 ④

04 전계 중에 단위 점전하를 놓았을 때, 그 단위 점전하에 작용하는 힘을 그 점에 대한 무엇이라고 하는가?
① 전위
② 전위차
③ 전계의 세기
④ 변위전류

풀이 $F = \dfrac{1}{4\pi\epsilon} \times \dfrac{Q_1 \cdot Q_2}{r^2}$[N] $E = \dfrac{1}{4\pi\epsilon} \times \dfrac{Q}{r^2}$[V/m] $(F = QE$[N]$)$ 답 ③

05 도전율이 큰 것부터 작은 것의 순으로 나열된 것은?

① 금 > 은 > 구리 > 수은
② 은 > 구리 > 금 > 수은
③ 금 > 구리 > 은 > 수은
④ 은 > 구리 > 수은 > 금

• 풀이
%전도율(은 기준) : 은 100[%], 구리 94[%], 금 67[%], 수은 1.69[%]

답 ②

06 파형률과 파고율이 같고 그 값이 1인 파형은?

① 사인파   ② 구형파   ③ 삼각파   ④ 고조파

• 풀이
파형률 = $\dfrac{실효값}{평균값}$, 파고율 = $\dfrac{최대값}{실효값}$

명 칭	파형률	파고율
사인파	1.11	1.414
구형파	1.0	1.0
삼각파	1.155	1.732

답 ②

07 53[mH]의 코일에 $10\sqrt{2}\sin 377t$[A]의 전류를 흘리려면 인가해야 할 전압은?

① 약 60[V]   ② 약 200[V]   ③ 약 530[V]   ④ 약 $530\sqrt{2}$[V]

• 풀이
$I = \dfrac{V}{X_L}$[A] 이고, 각속도 $\omega = 2\pi f = 377$[rad/s]
전류 순시값에서 실효값 $I = 10$[A]
$V = I \cdot X_L = 10 \times 377 \times 53 \times 10^{-3} ≒ 200$[V]

답 ②

08 정전압 전원장치로 가장 이상적인 조건은?

① 내부 저항이 무한대이다.
② 내부 저항이 0이다.
③ 외부 저항이 무한대이다.
④ 외부 저항이 0이다.

• 풀이
이상적인 전압원은 내부저항은 0이고 전류원일 경우 내부저항은 무한대(∞)이다

답 ②

09 DC 12[V]의 전압을 측정하려고 10[V]용 전압계 Ⓐ와 Ⓑ 두 개를 직렬로 연결하였다. 이때 전압계 Ⓐ의 지시값은? (단, 전압계 Ⓐ의 내부저항은 8[kΩ]이고, Ⓑ의 내부저항은 4[kΩ]이다.)

① 4[V]   ② 6[V]   ③ 8[V]   ④ 10[V]

• 풀이
그림과 같이 전압계를 직렬 연결한 회로이므로, 저항 직렬회로의 전압강하 계산법을 이용하면,
$V_A = \dfrac{8}{8+4} \times 12 = 8$[V] 이다.

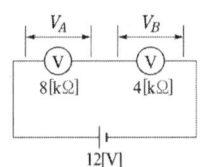

답 ③

10 전기분해에 관한 패러데이의 법칙에서 전기분해시 전기량이 일정하면 전극에서 석출되는 물질의 양은?

① 원자가에 비례한다.　　　　　② 전류에 반비례한다.
③ 시간에 반비례한다.　　　　　④ 화학당량에 비례한다.

▶풀이
전기 분해에 의해서 전극에 석출되는 물질의 양은 $W=kQ=kIt$[g] 이다.
여기서, k : 화학당량(원자량/원자가), Q : 통과한 전기량, I : 전류, t : 시간　　　　　**답** ④

11 변압기의 병렬운전의 조건에 대한 설명으로 잘못된 것은?

① 극성이 같아야 한다.
② 권수비, 1차 및 2차의 정격 전압이 같아야 한다.
③ 각 변압기의 임피던스가 정격 용량에 비례하여야 한다.
④ 각 변압기의 저항과 누설 리액턴스비가 같아야 한다.

▶풀이
병렬운전 조건
• 극성이 같을 것　　　　　　　• 권수비가 같고, 1차 및 2차 정격 전압이 같을 것
• %임피던스 강하가 같을 것　　• $\frac{r}{x}$ 비가 같을 것　　　　　**답** ③

12 3상 유도전동기를 불평형 전압으로 운전하는 경우 ㉠ 토크와 ㉡ 입력은?

① ㉠ 증가, ㉡ 감소　　　　　② ㉠ 감소, ㉡ 증가
③ ㉠ 증가, ㉡ 증가　　　　　④ ㉠ 감소, ㉡ 감소

▶풀이
3상 유도 전동기를 불평형 전압으로 운전하면 토크가 감소할 뿐만 아니라 전류가 $\sqrt{3}$ 배 이상 증가(입력 증가)하고 온도가 현저하게 감소한다.　　　　　**답** ②

13 동기주파수 변환기를 사용하여 4극의 동기전동기에 60[Hz]를 공급하면, 8극의 동기발전기에는 몇 [Hz]의 주파수를 얻을 수 있는가?

① 15[Hz]　　② 120[Hz]　　③ 180[Hz]　　④ 240[Hz]

▶풀이
4극의 동기전동기의 동기속도 $N_s = \frac{120f}{p} = \frac{120 \times 60}{4} = 1,800$[rpm]
4극의 동기전동기와 8극의 동기발전기는 동기속도가 같아야 한다. 그러므로,
8극의 동기발전기의 주파수 $f = \frac{N_s}{120} = \frac{1,800 \times 8}{120} = 120$[Hz]　　　　　**답** ②

14 역률 80[%](늦음)인 1000[kVA]의 부하에 전력용 콘덴서를 부하와 병렬로 연결하여 100[%]의 역률로 개선하는데 필요한 콘덴서의 용량은?

① 200[kVA]　　② 400[kVA]　　③ 600[kVA]　　④ 800[kVA]

풀이

$Q = P(\tan\theta_1 - \tan\theta_2)$ [kVA] 이므로

$Q = 1,000 \times 0.8\{\tan(\cos^{-1}0.8) - \tan(\cos^{-1}1.0)\} = 600$ [kVA]

답 ③

15 병렬운전하고 있는 동기 발전기에서 부하가 급변하면 발전기는 동기 화력에 의하여 새로운 부하에 대응하는 속도에 이르지 않고 새로운 속도를 중심으로 전후로 진동을 반복하데 이러한 현상은?

① 난조　　② 플러깅　　③ 비례추이　　④ 탈조

풀이

- 난조 : 부하가 갑자기 변하면 속도 재조정을 위한 진동이 발생하게 된다. 일반적으로는 그 진폭이 점점 적어지나, 진동주기가 동기기의 고유진동에 가까워지면 공진작용으로 진동이 계속 증대하는 현상. 이런 현상의 정도가 심해지면 동기 운전을 이탈하게 되는데, 이것을 동기이탈이라 한다.

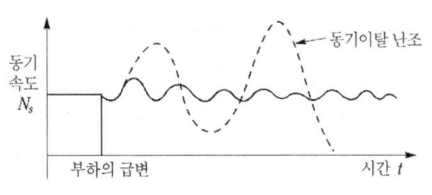

답 ①

16 3상 유도전동기가 입력 60[kW], 고정자 철손 1[kW]일 때 슬립 5[%]로 회전하고 있다면 기계적 출력은?

① 약 56[kW]　　② 약 59[kW]　　③ 약 64[kW]　　④ 약 69[kW]

풀이

2차 입력(회전자 입력) P_2 = 입력-고정자 철손 = 60 - 1 = 59[kW]

$P_2 : P_{2C} : P_0 = 1 : S : (1-s)$ 에서 $P_2 : P_0 = 1 : (1-s)$

$P_0 = (1-s)P_2 = (1-0.05) \times 59 = 56$[kW]

답 ①

17 4극 1500[rpm]의 동기 발전기와 병렬 운전하는 24극 동기 발전기의 회전수[rpm]는?

① 50　　② 250　　③ 1500　　④ 3600

풀이

주파수가 같아야 하므로,

$N_s = \dfrac{120f}{P}$ [rpm]에서 $1,500 = \dfrac{120f}{4}$

주파수(f)는 50[Hz] ∴ $N_s = \dfrac{120 \times 50}{24} = 250$[rpm]

답 ②

18 동기 발전기에서 여자기(exciter)란?

① 계자 권선에 여자전류를 공급하는 직류전원 공급 장치
② 정류 개선을 위하여 사용되는 브러시 이동 장치
③ 속도 조정을 위하여 사용되는 속도 조정 장치
④ 부하 조정을 위하여 사용되는 부하 분담 장치

> **풀이**
> 여자기-계자권선에 직류전원을 공급하는 장치

답 ①

19 변압기에 콘서베이터(conservator)를 설치하는 목적은?
① 절연유의 열화 방지
② 누설리액턴스 감소
③ 코로나현상 방지
④ 냉각효과 증진을 위한 강제 통풍

> **풀이**
> 콘서베이터 : 공기가 변압기 외함 속으로 들어갈 수 없게 하여 기름의 열화를 방지한다. 특히 콘서베이터 유면 위에 공기와의 접촉을 막기 위해 질소로 봉입한다.

답 ①

20 3상 발전기의 전기자 권선에 Y결선을 채택하는 이유로 볼 수 없는 것은?
① 중성점 접지에 의한 이상 전압 방지의 대책이 쉽다.
② 발전기 출력을 더욱 증대할 수 있다.
③ 상전압이 낮기 때문에 코로나, 열화 등이 적다.
④ 권선의 불균형 및 제3고조파 등에 의한 순환전류가 흐르지 않는다.

> **풀이**
> Y결선법이 쓰이는 이유
> • 선간 전압에서 제3고조파가 나타나지 않아서, 순환전류가 흐르지 않는다.
> • △결선에 비해 상전압이 $1/\sqrt{3}$ 배이므로 권선의 절연이 쉬워진다.
> • 중성점을 접지하여 지락 사고 시 보호계전 방식이 간단해 진다.
> • 코로나 발생률이 적다.

답 ②

21 동기전동기의 특성에 대한 설명으로 잘못된 것은?
① 기동토크가 작다.
② 여자기가 필요하다.
③ 난조가 일어나기 쉽다.
④ 역률을 조정할 수 없다.

> **풀이**
> 무부하로 운전되는 동기전동기를 동기조상기라 하며, 과여자로 하면 선로에 앞선 전류를 공급하여 콘덴서로 작용하고, 부족여자로 하면 뒤진 전류를 공급하여 리액터로 작용한다.

답 ④

22 권수비 30인 단상변압기가 전부하에서 2차 전압이 115[V], 전압변동률이 2[%]라 한다. 1차 단자전압은?
① 3381[V]
② 3450[V]
③ 3519[V]
④ 3588[V]

> **풀이**
> $\epsilon = \dfrac{V_{2o} - V_{2n}}{V_{2n}} \times 100[\%]$ 이므로 $2\% = \dfrac{V_{2o} - 115}{115} \times 100[\%]$ 에서
> V_{2o} 를 구하면 $V_{2o} = 117.3[V]$ 이고,
> $a = \dfrac{N_1}{N_2} = \dfrac{V_1}{V_2} = \dfrac{I_2}{I_1}$ 이므로 $30 = \dfrac{V_1}{117.3}$ 에서
> V_1을 구하면 $\therefore V_1 = 3,519[V]$ 이다.
> 혹은 $V_1 = a V_{2o} = a(1+\epsilon) V_2 = 30(1+0.02) \times 115 = 3519[V]$

답 ③

23 직류직권 전동기의 토크를 τ라 할 때 회전수를 1/2로 줄이면 토크는?

① $\frac{1}{2}\tau$ ② $\frac{1}{4}\tau$ ③ 2τ ④ 4τ

▶풀이

직권전동기 $T \propto \frac{1}{I_a^2}$ 이고, $T \propto \frac{1}{N^2}$

$T : T' = \frac{1}{N^2} : \frac{1}{\left(\frac{1}{2}N\right)^2}$ 즉, $T' = \frac{1}{\left(\frac{1}{2}\right)^2}T = 4T$

답 ④

24 실리콘정류기의 동작시 최고 허용온도를 제한하는 가장 주된 이유는?
① 브레이크 오버(break over)전압의 상승 방지
② 브레이크 오버(break over)전압의 저하 방지
③ 역방향 누설전류의 감소 방지
④ 정격 순 전류의 저하 방지

답 ②

25 SCR의 턴온시 10[A]의 전류가 흐를 때 게이트 전류를 1/2로 줄이면 SCR의 전류는?
① 5[A]   ② 10[A]
③ 20[A]   ④ 40[A]

▶풀이

SCR은 점호능력은 있으나 소호능력이 없다. 소호시키려면 SCR의 주전류를 유지전류(20[mA]) 이하로 한다. 또는, SCR의 애노드, 캐소드 간에 역전압을 인가한다. 게이트 전류를 1/2로 줄여도 소호되지 않으므로 10[A]의 전류가 그대로 흐른다.

답 ②

26 그림과 같은 회로에서 위상각 $\theta = 60°$의 유도부하에 대하여 점호각 α를 0°에서 180°까지 가감하는 경우 전류가 연속되는 α의 각도는 몇 [°]까지 인가?

① 30°   ② 45°
③ 60°   ④ 90°

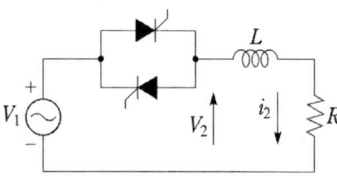

▶풀이

단상전파정류회로 유도성부하

$E_d = 0.9E\cos\alpha$, $I_d = \frac{E_d}{R} = \frac{0.9E\cos\alpha}{R}$

이며 전류가 연속되는 각도가 출력이 존재하는 각도이므로 $\theta = \alpha$에서 출력이 시작되어 $\pi(180)$까지 출력이 된다. 즉, 위상각 60도에서 연속된다.

답 ③

27 사이클로 컨버터에 대한 설명으로 옳은 것은?

① 교류 전력의 주파수를 변환하는 장치이다.
② 직류 전력을 교류 전력으로 변환하는 장치이다.
③ 교류 전력을 직류 전력으로 변환하는 장치이다.
④ 직류 전력 및 교류 전력을 변성하는 장치이다.

> **풀이**
> 어떤 주파수의 교류 전력을 다른 주파수의 교류 전력으로 변환하는 것을 주파수 변환이라고 하며, 직접식과 간접식이 있다. 간접식은 정류기와 인버터를 결합시켜서 변환하는 방식이고, 직접식은 교류에서 직접 교류로 변환시키는 방식으로 사이클로 컨버터라고 한다.   **답** ①

28 다이액(DIAC : Diode Ac Switch)에 대한 설명으로 잘못된 것은?

① 트리거 펄스 전압은 약 6~10[V] 정도가 된다.
② 트라이액 등의 트리거 용도로 사용된다.
③ 역저지 4극 사이리스터이다.
④ 양방향으로 대칭적인 부성 저항을 나타낸다.

> **풀이**
> 다이액(DIAC)은 보통 다이오드와는 달리 쌍방향성으로, 교류 전원을 한 순간만 도통시켜 트리거 펄스를 만든다.   **답** ③

29 단로기의 사용상 목적으로 가장 적합한 것은?

① 무부하 회로의 개폐
② 부하 전류의 개폐
③ 고장 전류의 차단
④ 3상 동시 개폐

> **풀이**
> 단로기(DS) : 공칭전압 3.3[kV] 이상 전로에 사용되며 기기의 보수 점검시 또는 회로 접속변경을 하기 위해 사용하지만 부하전류 및 고장전류 개폐는 할 수 없는 기기이다.   **답** ①

30 저압 이웃 연결 인입선의 시설에 대한 설명으로 잘못된 것은?

① 인입선에서 분기되는 점에서 100[m]를 넘지 않아야 한다.
② 폭 5[m]를 넘는 도로를 횡단하지 않아야 한다.
③ 옥내를 통과하지 않아야 한다.
④ 도로를 횡단하는 경우 높이는 노면상 5[m]를 넘지 않아야 한다.

> **풀이**
> • 이웃 연결 인입선 : 한 수용 장소의 인입선에서 분기하여 다른 지지물을 거치지 아니하고 다른 수용가의 인입구에 이르는 부분의 전선
> ① 인입선에서의 분기하는 점에서 100[m]를 넘는 지역에 이르지 않아야 한다.
> ② 폭 5[m]를 넘는 도로를 횡단하지 않아야 한다.
> ③ 이웃 연결 인입선은 옥내를 관통하면 안된다.
> ④ 고압 이웃 연결 인입선은 시설할 수 없다.   **답** ④

31 전선의 접속법에 대한 설명으로 잘못된 것은?
① 접속 부분은 접속슬리브, 전선접속기를 사용하여 접속한다.
② 접속부는 전선의 강도(인장하중)를 20[%] 이상 유지한다.
③ 접속부분은 절연전선의 절연물과 동등 이상의 절연효력이 있는 것으로 충분히 피복한다.
④ 전기 화학적 성질이 다른 도체를 접속하는 경우에는 접속부분에 전기적 부식이 생기지 않도록 하여야 한다.

풀이
전선접속의 조건
① 전기적 저항을 증가시키지 않는다.
② 접속부위의 기계적 강도를 20[%] 이상 감소시키지 않는다.
③ 접속점의 절연이 약화되지 않도록 테이핑 또는 와이어 커넥터로 절연한다.
④ 전선의 접속은 박스 안에서 하고, 접속점에 장력이 가해지지 않도록 한다.

답 ②

32 애자사용 공사를 건조한 장소에 시설하고자 한다. 사용 전압이 400[V] 미만인 경우 전선과 조영재 사이의 이격 거리는 최소 몇 [cm] 이상이어야 하는가?
① 2.5[cm] 이상
② 4.5[cm] 이상
③ 6[cm] 이상
④ 12[cm] 이상

풀이
애자사용 공사를 건조한 장소에 시설하고자 한다. 사용 전압이 400[V] 미만인 경우 전선과 조영재 사이의 이격 거리는 최소 2.5[cm] 이상이어야한다.

답 ①

33 금속관 배선에서 관의 굴곡에 관한 사항이다. 금속관의 굴곡개소가 많은 경우에는 어떻게 하는 것이 바람직한가?
① 링 리듀서를 사용한다.
② 풀박스를 설치한다.
③ 덕트를 설치한다.
④ 행거를 3[m] 간격으로 견고하게 지지한다.

풀이
직각 또는 직각에 가까운 굴곡 개소가 4개소를 초과하거나, 관의 길이가 30[m]를 초과할 때에는 풀박스를 설치하는 것이 바람직하다.

답 ②

34 금속 덕트 공사시 덕트를 조영재에 붙이는 경우 덕트의 지지점 간의 거리[m]는 얼마 이하로 하여야 하는가?
① 2
② 3
③ 4
④ 5

풀이
금속 덕트의 지지점 간격은 수평의 경우 3[m] 이하, 수직의 경우 6[m] 이하로 한다.

답 ②

35 실지수가 높을수록 조명률이 높아진다. 방의 크기가 가로 9[m], 세로 6[m]이고, 광원의 높이는 작업면에서 3[m]인 경우 이 방의 실지수(방지수)는?

① 0.2   ② 1.2   ③ 18   ④ 27

● 풀이

실지수 $= \dfrac{X \cdot Y}{H(X+Y)} = \dfrac{9 \times 6}{3 \times (9+6)} = 1.2$

단, X : 방의 가로 길이, Y : 방의 세로 길이, H : 작업 면으로부터 광원의 높이

답 ②

36 욕실 등 인체가 물에 젖어 있는 상태에서 물을 사용하는 장소에 콘센트를 시설하는 경우에는 인체감전보호용 누전차단기가 부착된 콘센트나 절연변압기로 보호된 전로에 접속하여야 한다. 여기서 절연변압기의 정격 용량은 얼마 이하인 것에 한하는가?

① 2[kVA]   ② 3[kVA]
③ 4[kVA]   ④ 5[kVA]

● 풀이

인체감전보호용 누전차단기(정격감도전류 15[mA] 이하, 동작시간 0.03초 이하) 또는 절연변압기(정격 용량 3[kVA] 이하)로 보호된 전로에 콘센트를 시설하여야 한다.

답 ②

37 학교, 사무실, 은행의 옥내배선 설계에 있어서 간선의 굵기를 선정할 때 전등 및 소형 전기기계기구의 용량합계가 10[kVA]를 초과하는 것은 그 초과량에 대하여 수용률을 몇 [%]로 적용 할 수 있도록 규정하고 있는가?

① 20   ② 30   ③ 50   ④ 70

● 풀이

전등부하의 수용률[%] $\left(= \dfrac{\text{최대수용전력}}{\text{설비용량}} \right)$

건물의 종류	수용률	
	110[kVA] 이하	10[kVA] 초과
주택, 아파트, 기숙사, 여관, 호텔, 병원	100	50
사무실, 은행, 학교, 상점	100	70
기타	100	

답 ④

38 저압 가공전선이 가공약전류 전선과 접근하여 시설될 때 저압 가공전선과 가공약전류 전선 사이의 이격거리는 몇 [cm] 이상이어야 하는가?

① 40   ② 50
③ 60   ④ 80

● 풀이

저압 가공전선이 가공약전류 전선과 접근하여 시설될 때 저압 가공전선과 가공약전류 전선 사이의 이격거리는 60[cm] 이상이어야 한다.

답 ③

39 버스덕트 배선에 사용되는 버스덕트의 종류가 아닌 것은?
① 피더 버스덕트 ② 플러그인 버스덕트
③ 탭붙이 버스덕트 ④ 플로워 버스덕트

▶풀이
버스덕트의 종류
① 피더 버스덕트 ② 익스펜션 버스덕트
③ 탭붙이 버스덕트 ④ 트랜스포지션 버스덕트
⑤ 플러그인 버스덕트 ⑥ 트롤리 버스덕트

답 ④

40 저압전기설비에서 적용되고 있는 용어 중 "사람이나 동물이 도전성 부위를 접촉하지 않은 경우 동시에 접근 가능한 전선 간 전압"을 무엇이라 하는가?
① 예상접촉전압 ② 공칭전압
③ 스트레스전압 ④ 예상감전전압

답 ①

41 하나의 저압 옥내 간선에 접속하는 부하 중 전동기의 정격전류의 합계가 40[A], 다른 전기 사용 기계기구의 정격 전류의 합계가 28[A]이라 하면 간선은 몇 [A] 이상의 허용전류가 있는 전선을 사용하여야 하는가?
① 40[A] ② 68[A] ③ 72[A] ④ 78[A]

▶풀이
아래와 같이 전동기 부하에 대한 허용전류를 계산하므로,
전선의 허용전류 = (전동기 이외의 부하전류) + (전동기 부하전류) × (1.1 또는 1.25)
$= 28 + 40 \times 1.25 = 78[A]$

전동기 정격전류	허용전류 계산
50[A] 이하	정격전류 합계의 1.25배
50[A] 초과	정격전류 합계의 1.1배

답 ④

42 폭 20[m] 도로의 양쪽에 간격 10[m]를 두고 대칭배열(맞보기 배열)로 가로등이 점등되어 있다. 한 등당의 전광속이 4000[lm], 조명률 45[%]일 때 도로의 평균 조도는?
① 9[lx] ② 17[lx] ③ 18[lx] ④ 19[lx]

▶풀이
광속 $FUN = EAD$ $E = \dfrac{FUN}{A \times D}$[lm] 이므로
조명배치에 따른 면적을 계산하면
  가로등 1등당 면적 $A = 10 \times 10 = 100[m^2]$
조명률 0.45, 감광보상률 1로 계산하면
  $E = \dfrac{4000 \times 0.45 \times 1}{100 \times 1}$ ∴ $E = 18[lx]$

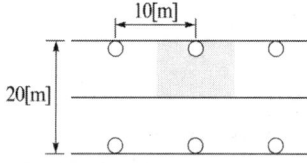

답 ③

43 변전실의 위치 선정 시 고려해야 할 사항이 아닌 것은?
① 부하의 중심에 가깝고 배전에 편리한 장소 일 것
② 전원의 인입과 기기의 반출이 편리 할 것
③ 설치할 기기를 고려하여 천장의 높이가 4[m] 이상으로 충분할 것
④ 빌딩의 경우 지하 최저층의 동력부하가 많은 곳에 선정

▶ 풀이
변전실 위치 선정시 고려할 사항
① 전기적인 사항 : 부하의 중심에 위치, 수전 및 배전에 유리, 장래 용량 증설이나 크기 확장성 고려
② 재해에 관한 사항 : 위험물 저장소 부근, 부식성 가스나 염해 침입 부근, 침수의 우려가 없는 곳
③ 환경에 관한 사항 : 환기가 잘되는 곳, 기기의 반입이나 반출이 용이한 곳
④ 경제성 : 전압강하, 전력손실, 건설비 및 보수성을 고려
참조 : 일반적으로 빌딩의 수변전실은 지하층의 동력부하가 많은 곳에 설치한다. 그러나 지하층에 변전실 설치가 어려울 때에는 지상층 또는 옥상층에 설치하고, 고층 빌딩에서는 중간층, 옥상 부근 층에 제2, 제3변전실을 설치하는 것이 배전상 유리한 경우도 있다. **답 ④**

44 태양전지모듈에 사용하는 연동선 최소 단면적[mm^2]은?
① 1.5[mm^2]
② 2.5[mm^2]
③ 4.0[mm^2]
④ 6.0[mm^2]

▶ 풀이
· 전선은 공칭단면적 2.5[mm^2] 이상의 연동선 또는 이와 동등 이상의 세기 및 굵기의 것일 것.
· 배전설비 공사는 옥내에 시설할 경우에는 합성수지관공사, 금속관공사, 금속제가요전선관공사, 케이블공사의 규정에 준하여 시설할 것 **답 ②**

45 마이크로프로세서 부분 삭제

46 마이크로프로세서 부분 삭제

47 마이크로프로세서 부분 삭제

48 마이크로프로세서 부분 삭제

49 마이크로프로세서 부분 삭제

50 마이크로프로세서 부분 삭제

| 51 | 마이크로프로세서 부분 삭제 |

| 52 | 그림과 같은 타임차트의 기능을 갖는 논리게이트는?

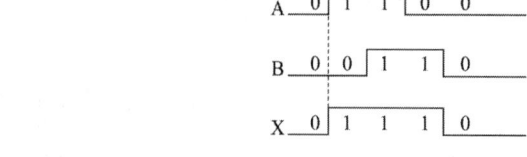

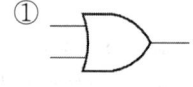 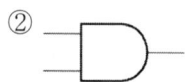 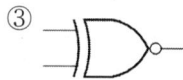 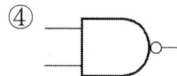

▶풀이

게이트	기 호	수 식	진리표
OR	A B ─▷─ Y	Y = A + B	A B Y 0 0 0 0 1 1 1 0 1 1 1 1

답 ①

| 53 | 표와 같은 반감산기의 진리표에 대한 출력함수는?

① $D = \overline{A} \cdot \overline{B} + A \cdot B$, $B_0 = \overline{A} \cdot B$
② $D = \overline{A} \cdot B + A \cdot \overline{B}$, $B_0 = \overline{A} \cdot B$
③ $D = \overline{A} \cdot B + A \cdot \overline{B}$, $B_0 = A \cdot \overline{B}$
④ $D = \overline{A \cdot B} + A \cdot B$, $B_0 = A \cdot \overline{B}$

입력		출력	
A	B	D	B_0
0	0	0	0
0	1	1	1
1	0	1	0
1	1	0	0

▶풀이
반감산기(Half-subtracter : HS)
① 차 : $D = \overline{A}B + A\overline{B} = A \oplus B$
② 빌림 수 : $B = \overline{A}B$

답 ②

| 54 | 멀티플렉서(multiplexer : MUX)란?

① n비트의 2진수를 입력하여 최대 2^n비트로 구성된 정보를 출력하는 조합 논리회로이다.
② 2^n비트로 구성된 정보를 입력하여 n비트의 2진수를 출력하는 조합 논리회로이다.
③ 여러 개의 입력선 중에서 하나를 선택하여 단일 출력선으로 연결하는 조합회로이다.
④ 하나의 입력선으로부터 정보를 받아 여러 개의 출력 단자의 출력선으로 정보를 출력하는 회로이다.

풀이
① 멀티플렉스(Multiplexer : MUX) : 여러 개의 입력선 중에서 하나를 선택하여 단일 출력선으로 연결하는 조합회로이다.
② 디멀티플렉스(Demultiplexer : DeMUX) : MUX와 반대로 하나의 입력선으로부터 정보를 받아 여러 개의 출력단자 중 하나의 출력선으로 정보를 출력하는 회로이다.

답 ③

55 그림과 같은 계획공정도(Network)에서 주공정은?
(단, 화살표 아래의 숫자는 활동시간을 나타낸 것이다.)
① ① - ③ - ⑥
② ① - ② - ⑤ - ⑥
③ ① - ② - ④ - ⑤ - ⑥
④ ① - ③ - ④ - ⑤ - ⑥

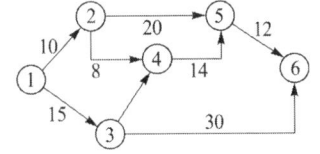

풀이
주공정 : 가장 긴 작업시간이 예상되는 공정
① : 45시간, ② : 42시간, ③ : 44시간, ④ : 41시간

답 ①

56 Ralph M. Barnes 교수가 제시한 동작경제의 원칙 중 작업장 배치에 관한 원칙(Arrangement of the Workplace)에 해당되지 않는 것은?
① 가급적이면 낙하식 운반방법을 이용한다.
② 모든 공구나 재료는 지정된 위치에 있도록 한다.
③ 충분한 조명을 하여 작업자가 잘 볼 수 있도록 한다.
④ 가급적 용이하고 자연스런 리듬을 타고 일할 수 있도록 작업을 구성하여야 한다.

풀이
동작경제의 원칙 중 작업장에 관한 원칙
① 공구와 재료를 정위치에 둔다.
② 공구와 재료는 작업자의 전면(前面)에 가깝게 배치한다.
③ 공구와 재료는 작업순서대로 나열한다.
④ 작업 면을 적당한 높이로 한다.
⑤ 작업 면에 적정한 조명을 준다.
⑥ 재료의 공급, 운반을 위하여 중력(낙하)을 이용한다.

답 ④

57 품질코스트(Quality Cost)를 예방코스트, 실패코스트, 평가코스트로 분류할 때, 다음 중 실패코스트(Failure Cost)에 속하는 것이 아닌 것은?
① 시험 코스트
② 불량대책 코스트
③ 재가공 코스트
④ 설계변경 코스트

풀이
① 예방코스트(Prevention Cost) : 불량품을 예방하기 위하여 수행된 모든 활동비를 말한다.
② 평가코스트(Appraisal Cost) : 고객의 요구를 측정하기 위하여 사용된 검사, 시험, 평가비용을 말한다.

③ 실패코스트(Failure Cost) : 소비자의 요구사항에 맞지 않아 부수적으로 소요되는 비용을 말한다.

답 ①

58 로트 크기 1000, 부적합품률이 15[%]인 로트에서 5개의 랜덤 시료 중에서 발견된 부적합품 수가 1개일 확률을 이항분포로 계산하면 약 얼마인가?
① 0.1648
② 0.3915
③ 0.6085
④ 0.8352

▶ 풀이

이항분포에서 불량률이 P인 베르누이 시행이 n회 반복되는 경우 불량품 개수(X)의
분포도 $P(X) = nCxP^x(1-P)^{n-x}$ 이므로,
$$P(1) = 5C_1 \times 0.15^1 \times (1-0.15)^{5-1} = 0.3915[\%]$$

답 ②

59 다음 중 계량값 관리도에 해당되는 것은?
① c 관리도
② nP관리도
③ R 관리도
④ u 관리도

▶ 풀이

① 계수형 관리도 : nP 관리도, P 관리도, c 관리도, u 관리도
② 계량형 관리도 : $\bar{x}$–R 관리도, x 관리도, x–R 관리도, R 관리도

답 ③

60 다음 검사의 종류 중 검사공정에 의한 분류에 해당되지 않는 것은?
① 수입검사
② 출하검사
③ 출장검사
④ 공정검사

▶ 풀이

① 검사공정에 의한 분류 : 수입검사, 공정검사, 최종검사, 출하검사
② 검사장소에 의한 분류 : 정위치검사, 순회검사, 출장검사
③ 검사성질에 의한 분류 : 파괴검사, 비파괴검사, 관능검사
④ 검사방법에 의한 분류 : 전수검사, Lot별 샘플링 검사, 관리 샘플링 검사, 무검사

답 ③

제 09회 전기기능장 실전모의고사

01 100[V]의 단상전동기를 입력 200[W], 역률 95[%]로 운전하고 있을 때의 전류는 몇 [A]인가?

① 1   ② 2.1   ③ 3.5   ④ 4

● 풀이

$P = VI\cos\theta$[W] 이므로

$I = \dfrac{P}{V\cos\theta} = \dfrac{200}{100 \times 0.95} \fallingdotseq 2.1$[A]

답 ②

02 $R = 40[\Omega]$, $L = 80$[mH]의 코일이 있다. 이 코일에 100[V], 60[Hz]의 전압을 가할 때에 소비되는 전력은 몇 [W]인가?

① 100   ② 120   ③ 160   ④ 200

● 풀이

아래 그림과 같이 $R-L$ 직렬회로이므로,

$P = VI\cos\theta$[W] 이므로

$X_L = 2\pi fL = 2\pi \times 60 \times 80 \times 10^{-3} \fallingdotseq 30[\Omega]$

$|Z| = \sqrt{R^2 + X^2} = \sqrt{40^2 + 30^2} = 50[\Omega]$

$I = \dfrac{V}{|Z|} = \dfrac{100}{50} = 2$[A] $\cos\theta = \dfrac{R}{|Z|} = \dfrac{40}{50} = 0.8$

$P = VI\cos\theta = 100 \times 2 \times 0.8 = 160$[W]

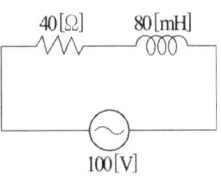

● 별해

인덕턴스는 무효전력을 소비하고 저항은 유효전력을 소비하므로,

$P = I^2R$[W]을 이용하여 $P = 2^2 \times 40 = 160$[W]

답 ③

03 그림과 같은 회로에 입력 전압 200[V]를 가할 때 20[Ω]의 저항에 흐르는 전류는 몇 [A]인가?

① 2   ② 3
③ 5   ④ 8

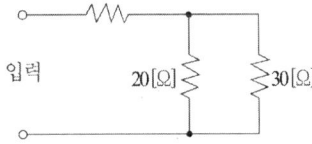

● 풀이

합성저항을 구하면 $R_0 = 28 + \dfrac{20 \times 30}{20 + 30} = 40[\Omega]$

전체 전류 $I_0 = \dfrac{V}{R_0} = \dfrac{200}{40} = 5$[A]

20[Ω]에 흐르는 전류는 $\dfrac{30}{20 + 30} \times 5 = 3$[A]

답 ②

04 정현파 교류의 실효값을 계산하는 식은? (단, T는 주기이다)

① $I = \dfrac{1}{T}\int_0^T i\,dt$ ② $I = \sqrt{\dfrac{2}{T}\int_0^T i\,dt}$

③ $I = \sqrt{\dfrac{1}{T}\int_0^T i^2\,dt}$ ④ $I = \sqrt{\dfrac{2}{T}\int_0^T i^2\,dt}$

• 풀이
교류의 실효값은 순시값을 제곱한 평균값을 제곱근한 값으로 표현한다.
즉, $I = \sqrt{i^2 \text{의 평균값}}$

답 ③

05 그림과 같은 회로에서 ab간에 전압을 가하니 전류계는 2.5[A]를 지시했다. 다음에 스위치 S를 닫으니 전류계 및 전압계는 각각 2.55[A] 및 100[V]를 지시했다. 저항 R의 값은 약 몇 [Ω]인가? (단, 전류계 내부저항 $r_a = 0.2[\Omega]$이고, ab 사이에 가한 전압은 S에 관계없이 일정하다고 한다.)

① 30
② 40
③ 50
④ 60

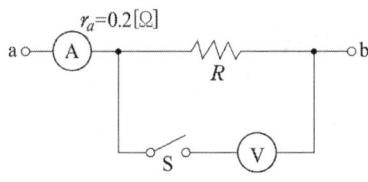

• 풀이
① 스위치 S가 개로한 상태에서 ab 사이에 가한 전압 $V_{ab} = I \cdot (r_a + R) = 2.5(0.2 + R)$
② 스위치 S를 폐로한 상태에서 $V_{ab} = (2.55 \times 0.2) + 100 = 100.51[V]$이므로,
③ $2.5(0.2 + R) = 100.51$에서 R을 구하면 $R = 40.004[\Omega]$이다.

답 ②

06 동일 규격 콘덴서의 극판 간에 유전체를 넣으면 어떻게 되는가?
① 용량이 증가하고, 극판 간 전계는 감소한다.
② 용량이 증가하고, 극판 간 전계도 증가한다.
③ 용량이 감소하고, 극판 간 전계는 불변이다.
④ 용량이 불변이고, 극판 간 전계는 감소한다.

• 풀이
콘덴서의 정전용량 $C = \epsilon \dfrac{S}{d}$이고, 전계의 세기 $E = \dfrac{D}{\epsilon}$이므로,
유전체를 넣으면 $\epsilon = \epsilon_0 \cdot \epsilon_s$에서 ϵ_s이 증가한다.
따라서, 정전용량은 증가하고, 전계의 세기는 감소한다.

답 ①

07 자기인덕턴스가 L_1, L_2 상호인덕턴스가 M인 두 회로의 결합계수가 1인 경우 L_1, L_2, M의 관계는?

① $L_1 L_2 = M$ ② $L_1 L_2 < M^2$ ③ $L_1 L_2 > M^2$ ④ $L_1 L_2 = M^2$

● 풀이

$k = \dfrac{M}{\sqrt{L_1 L_2}} = 1$ 이므로 $L_1 L_2 = M^2$

답 ④

08 직류발전기의 기전력을 E, 자속을 Φ, 회전속도를 N이라 할 때 이들 사이의 관계로 옳은 것은?

① $E \propto \Phi N$ ② $E \propto \dfrac{\Phi}{N}$ ③ $E \propto \Phi N^2$ ④ $E \propto \Phi^2 N$

● 풀이

직류 발전기의 유도기전력은 $E = \dfrac{P}{a} Z \phi \dfrac{N}{60} [\text{V}] = K\phi N$

답 ①

09 운전 중 역률이 가장 좋은 전동기는?

① 농형유도전동기 ② 동기전동기
③ 반발전동기 ④ 권선형 유도전동기

● 풀이

동기전동기는 동기조상기로 사용하기 때문에 계자전류를 조정하여 역률을 항상 100[%]로 운전할 수 있다.

답 ②

10 10[kW]의 농형 유도전동기의 기동방법으로 가장 적당한 것은?

① 전전압 기동법 ② Y-Δ 기동법
③ 기동 보상기법 ④ 2차 저항 기동법

● 풀이

① 전전압 기동법 : 5[kW] 이하 소용량 전동기에 사용
② Y-△ 기동법 : 5~15[kW] 이하의 중용량 전동기에 사용
③ 기동 보상기법 : 15[kW] 이상의 전동기나 고압 전동기에 사용
④ 2차 저항 기동법 : 권선형 유도전동기의 기동법

답 ②

11 교류 서보전동기(Servo Motor)로 많이 사용되는 것은?

① 콘덴서형 전동기 ② 권선형 유도전동기
③ 타여자 전동기 ④ 영구자석형 동기전동기

● 풀이

서보모터
① 기동토크가 크다.
② 회전자관성모멘트가 작다.
③ 제어권선전압이 0에서는 기동해서는 안되며 정지해야 한다.
④ 직류서보모터의 기동토크는 교류서보모터보다 크다.
⑤ 속응성이 좋다. 시정수가 짧다. 기계적 응답이 좋다.
⑥ 회전자 팬에 의한 냉각효과를 기대할 수 없다(열의 발생).

답 ④

12 변압기의 철손은 부하전류가 증가하면 어떻게 되는가?
① 감소한다. ② 증가한다.
③ 변압기에 따라 다르다. ④ 변동없다.

> 풀이
> 철손은 무부하시험에서 측정하므로 부하와는 관련이 없다.
> 답 ④

13 4극 직류발전기가 전기자 도체수 600, 매극당 유효자속 0.035[Wb], 회전수가 1200[rpm]일 때 유기되는 기전력은 몇 [V]인가? (단, 권선은 단중 중권이다.)
① 120 ② 220 ③ 320 ④ 420

> 풀이
> $E = \dfrac{P}{a} Z \Phi \dfrac{N}{60}$ [V]에서 중권일 때는 $a = P$ 이므로
> $E = \dfrac{4}{4} \times 0.035 \times \dfrac{1200}{60} = 420$ [V]
> 답 ④

14 3상 동기 발전기를 병렬 운전시키는 경우 고려하지 않아도 되는 조건은?
① 기전력의 위상이 같을 것 ② 회전수가 같을 것
③ 기전력의 크기가 같을 것 ④ 상회전 방향이 같을 것

> 풀이
> 병렬운전 조건
> • 기전력의 크기가 같을 것   • 기전력의 위상이 같을 것
> • 기전력의 주파수가 같을 것   • 기전력의 파형이 같을 것
> • 상회전 방향이 같을 것
> 답 ②

15 동기발전기에서 전기자 전류가 무부하 유도기전력보다 $\dfrac{\pi}{2}$ 만큼 뒤진 경우의 전기자 반작용은?
① 교차자화작용 ② 자화작용
③ 감자작용 ④ 편자작용

> 풀이
> • 교차자화작용 : 기전력과 전류가 동위상
> • 감자작용 : 전류가 기전력보다 90° 늦은 위상
> • 증자작용 : 전류가 기전력보다 90° 앞선 위상
> 답 ③

16 다음 중 자기누설 변압기의 가장 큰 특징은 어느 것인가?
① 전압변동률이 크다. ② 단락전류가 크다.
③ 역률이 좋다. ④ 무부하손이 적다.

> 답 ①

17 변압기를 병렬운전 하고자 할 때 갖추어져야 할 조건이 아닌 것은?
① 극성이 같을 것
② 변압비가 같을 것
③ % 임피던스 강하가 같을 것
④ 출력이 같을 것

> **풀이**
> 병렬운전 조건
> • 극성이 같을 것
> • 권수비가 같고, 1차 및 2차의 정격전압이 같을 것
> • %임피던스 강하가 같을 것
> • $\frac{r}{x}$ 비가 같을 것
>
> **답** ④

18 동기조상기를 과여자로 해서 운전하였을 때 나타나는 현상이 아닌 것은?
① 리액터로 작용한다.
② 전압강하를 감소시킨다.
③ 진상전류를 취한다.
④ 콘덴서로 작용한다.

> **풀이**
> 여자가 강할 때(과여자)
> ① I가 V보다 진상(앞섬)으로 콘덴서 역할을 한다.
> ② 역률이 개선되면, 전류가 감소하여 전압강하가 감소한다.
>
> **답** ①

19 직류전동기의 출력을 나타내는 것은? (단, V는 단자전압, E는 역기전력, I는 전기자전류이다.)
① VI
② EI
③ $V^2 I$
④ $E^2 I$

> **풀이**
> 직류전동기의 입력 $P_1 = VI$ [W]
> 직류전동기의 출력 $P_0 = EI$ [W]
>
> **답** ②

20 유도전동기의 제동방법 중 슬립의 범위를 1~2사이로 하여 3선 중 2선의 접속을 바꾸어 제동하는 방법은?
① 직류제동
② 회생제동
③ 발전제동
④ 역상제동

> **풀이**
> ① 발전제동 : 제동시 전원으로 분리한 후 직류전원을 연결하면 계자에 고정자속이 생기고 회전자에 교류기전력이 발생하여 제동력이 생긴다. 직류제동이라고도 한다.
> ② 역상제동(플러깅) : 운전 중인 유도전동기에 회전방향과 반대방향의 토크를 발생시켜서 급속하게 정지시키는 방법이다.
> ③ 회생제동 : 제동시 전원에 연결시킨 상태로 외력에 의해서 동기속도 이상으로 회전시키면 유도발전기가 되어 발생된 전력을 전원으로 반환하면서 제동하는 방법이다.
> ④ 단상제동 : 권선형 유도 전동기에서 2차 저항이 클 때 전원에 단상전원을 연결하면 제동 토크가 발생한다.
>
> **답** ④

21 발광소자와 수광소자를 하나의 용기에 넣어 외부의 빛을 차단한 구조로 출력 측의 전기적인 조건이 입력 측에 전혀 영향이 미치지 않는 소자는?

① 포토 다이오드 ② 포토 트랜지스터
③ 서미스터 ④ 포토 커플러

• 풀이
- 포토 커플러(Photo Coupler)
  발광 소자와 수광 소자를 조합하여, 광을 매체로 신호를 전송하는 소자. 구조는 발광 다이오드와 광 트랜지스터를 하나의 패키지에 넣은 것이다. 입출력 사이가 전기적으로 절연되어 있기 때문에 전기적인 잡음 제거에 널리 사용 된다. **답 ④**

22 직류를 교류로 변환하는 장치이며, 다시 정의하면 상용 전원으로부터 공급된 전력을 입력받아 자체 내에서 전압과 주파수를 가변시켜 전동기에 공급함으로써 전동기 속도를 고효율로 용이하게 제어하는 일련의 장치를 무엇이라 하는가?

① 전자접촉기 ② EOCR ③ 인버터 ④ SCR

• 풀이
직류를 교류로 변환하는 장치를 인버터(Inverter) 또는 역변환 장치라고 한다. **답 ③**

23 220[V]의 교류전압을 배전압 정류할 때 최대 정류전압은?

① 약 440[V] ② 약 566[V] ③ 약 622[V] ④ 약 880[V]

• 풀이
최대 정류전압 = $2V_m = 2 \times \sqrt{2} \times 220 = 622$[V]

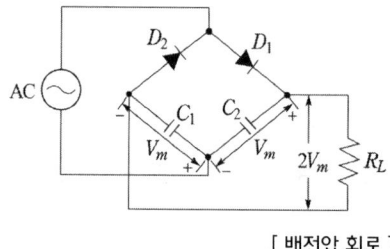

[배전압 회로]

답 ③

24 사이리스터의 순전압 강하의 측정방법이 아닌 것은?

① 오실로스코프에 의해 순시값을 측정
② 정현반파 전류를 흘렸을 때의 평균순전압 강하를 측정
③ 직류를 흘려서 측정
④ 온도가 정상상태로 되기 전에 측정

• 풀이
① 사이리스터 순전압 강하(온전압)의 측정
  ㉠ 오실로스코프법 ㉡ 직류법 ㉢ 평균 순전압 강하 측정법

② 사이리스터 순 및 역누설 전류 측정
㉠ 오실로스코프법 ㉡ 직류법 ㉢ 평균 누설 전류 측정법

답 ④

25 단상 브리지제어 정류회로에서 저항 부하인 경우 출력전압은? (단, α는 트리거 위상각이다.)

① $E_d = 0.255E(1+\cos\alpha)$
② $E_d = \dfrac{2\sqrt{2}}{\pi}E\left(\dfrac{1+\cos\alpha}{2}\right)$
③ $E_d = \dfrac{2\sqrt{2}}{\pi}E\cos\alpha$
④ $E_d = 1.17E\cos\alpha$

풀이

① 저항만의 부하 $E_d = \dfrac{1}{\pi}\int_0^\pi \sqrt{2}E\sin wt\, d(wt) = \dfrac{\sqrt{2}E}{\pi}[-\cos wt]_\alpha^\pi$
$= \dfrac{\sqrt{2}}{\pi}E(1+\cos\alpha) = 0.45E(1+\cos\alpha)$

② 유도성 부하 $E_d = \dfrac{2\sqrt{2}}{\pi}E\cos\alpha = 0.9E\cos\alpha$

답 ②

26 쌍방향 3단자 사이리스터는?
① SCR   ② GTO   ③ TRIAC   ④ DIAC

풀이
쌍방향성 소자 : SSS(2단자), TRIAC(3단자), DIAC(2단자)

답 ③

27 버스덕트공사에서 지지점의 최대간격은 몇 [m] 이하인가? (단, 취급자 이외의 자가 출입할 수 없도록 설비한 장소로 수직으로 설치하는 경우이다.)
① 4   ② 5   ③ 6   ④ 7

풀이
일반적으로 덕트는 3[m] 이하의 간격으로 견고하게 지지하나, 취급자 이외의 자가 출입할 수 없도록 설비한 곳에서 수직으로 붙이는 경우에는 6[m] 이하로 할 수 있다.

답 ③

28 전선의 재료로서 구비할 조건이 아닌 것은?
① 비중이 적을 것
② 경제성이 있을 것
③ 인장 강도가 작을 것
④ 가요성이 풍부할 것

풀이
전선의 구비조건
① 도전율이 크고, 기계적 강도가 클 것
② 신장률이 크고, 내구성이 있을 것
③ 비중(밀도)이 작고, 가선이 용이할 것
④ 가격이 저렴하고, 구입이 쉬울 것

답 ③

29 전등회로 절연전선을 동일한 셀룰라덕트에 넣을 경우 그 크기는 전선의 피복을 포함한 단면적의 합계가 셀룰라덕트 단면적의 몇 [%] 이하가 되도록 선정하여야 하는가?
① 20   ② 32   ③ 40   ④ 50

▶풀이
셀룰라덕트에 수용하는 전선은 절연물을 포함하는 단면적의 총합이 금속 덕트 내 단면적의 20[%] 이하가 되도록 한다. 단, 전광사인 장치, 출퇴표시등, 기타 이와 유사한 장치 또는 제어회로 등의 배선에 사용하는 전선만을 넣는 경우에는 50[%] 이하로 할 수 있다.
답 ①

30 경질비닐 전선관 접속에서 관의 삽입 깊이는 관의 바깥지름의 최소 몇 배인가? (단, 접착제는 사용하지 않음)
① 1배   ② 1.1배   ③ 1.2배   ④ 1.25배

▶풀이
커플링에 들어가는 관의 길이는 관 바깥지름의 1.2배 이상으로 한다. 단, 접착제를 사용할 때는 0.8배 이상으로 한다.
답 ③

31 다음 중 전선접속에 관한 설명으로 옳지 않은 것은?
① 전선의 강도는 60[%] 이상 유지해야 한다.
② 접속부분의 전기저항을 증가시켜서는 안 된다.
③ 접속부분의 절연은 전선의 절연물과 동등이상의 절연효력이 있는 테이프로 충분히 피복한다.
④ 접속슬리브, 전선 접속기를 사용하여 접속한다.

▶풀이
전선접속의 조건
① 전기적 저항을 증가시키지 않는다.
② 접속부위의 기계적 강도를 20[%] 이상 감소시키지 않는다.
③ 접속점의 절연이 약화되지 않도록 테이핑 또는 와이어 커넥터로 절연한다.
④ 전선의 접속은 박스 안에서 하고, 접속점에 장력이 가해지지 않도록 한다.
답 ①

32 저압 옥내간선의 전원측 전로에 그 저압옥내 간선을 보호할 목적으로 설치하는 것은?
① 조가용선   ② 과전류차단기   ③ 콘덴서   ④ 단로기

▶풀이
① 간선을 과전류로부터 보호하기 위해 과전류 차단기를 시설한다.
② 과전류차단기의 정격전류는 간선으로 사용하는 전선의 허용전류보다는 작은 것을 사용해야 한다.
답 ②

33 다음 중 전동기 제어반에 부착하여 과전류에 의한 전동기의 소손을 방지하기 위해 널리 사용되는 보호기구는?
① 차동 계전기   ② 부흐홀쯔 계전기   ③ 리미트 스위치   ④ EOCR

풀이
전동기의 과부하에 의한 과전류를 감지하는 장치로 THR(열동형 과전류계전기)와 EOCR(전자식 과전류계전기)가 있다.
답 ④

34 접지저항의 저감법 중 물리적인 저감법중 틀린 것은 어느것인가?
① 접지극의 길이를 길게 한다.
② 접지극의 직렬 접속을 한다.
③ 접지봉의 매설깊이를 깊게 한다.
④ 접지극과 대지와의 접촉저항을 향상시키기 위하여 심타공법으로 시공한다.

풀이
물리적인 저감법
① 접지극의 길이를 길게 한다.
② 접지극의 병렬 접속
③ 접지봉의 매설깊이를 깊게 한다.
④ 접지극과 대지와의 접촉저항을 향상시키기 위하여 심타공법으로 시공한다.
답 ②

35 다음 그림 기호의 명칭은?
① 전류제한기   ② 전등제한기
③ 전압제한기   ④ 역률제한기

답 ①

36 단상3선식 전원에 한(A)상과 중성선(N)간에 각각 1[kVA], 0.8[kVA], 0.5[kVA]의 부하가 병렬접속 되고 다른 한(B)상과 중성선(N)에 0.5[kVA] 및 0.8[kVA]의 부하가 병렬 접속된 회로의 양단[(A)상 및 (B)상]에 5[kVA]의 부하가 접속되었을 경우 설비 불평형률[%]은 약 얼마인가?
① 11   ② 23
③ 42   ④ 56

풀이

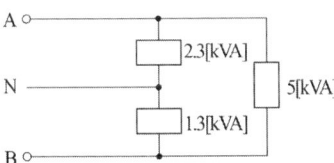

$$설비불평형률 = \frac{중성선과\ 각\ 전압측\ 전선\ 간에\ 접속되는\ 부하설비\ 용량의\ 차}{총\ 부하설비\ 용량의\ 평균값}$$

$$설비불평형률 = \frac{2.3-1.3}{(2.3+1.3+5)/2} \times 100[\%] ≒ 23.3[\%]$$

답 ②

37 바닥통풍형, 바닥밀폐형 또는 두 가지 복합채널형 구간으로 구성된 조립금속 구조로 폭이 150[mm]이하이며, 주케이블 트레이로부터 말단까지 연결되어 단일 케이블을 설치하는데 사용하는 케이블 트레이는?

① 통풍채널형 케이블트레이
② 사다리형 케이블트레이
③ 바닥밀폐형 케이블트레이
④ 트로프형 케이블트레이

▶ 풀이
케이블트레이 종류
① 사다리형 케이블트레이 : 가장 일반적인 형태로 옥외설치가 용이하고 가격이 저렴하여 경제적이다. 발전소나 공장 등에 사용되며 강도가 강하여 열악한 환경에 사용되고 있다.
② 채널형 케이블트레이 : 바닥통풍형과 바닥밀폐형의 복합채널 부품으로 구성된 조립 금속구조로 폭이 150[mm] 이하인 케이블트레이를 말하며, 바닥 펀칭 형상에 강한 엠보 처리로 높은 강도가 유지되며, 터널, 플랜트 시설, 오피스텔, 아파트, 할인점, 백화점, 운동장, 공장 등 모든 분야에 사용되고 있다.
③ 바닥밀폐형 케이블트레이 : 직선방향 측면 레일에서 바닥에 구멍이 없는 조립 금속구로서, 케이블 보호에 탁월하여 필요 개소에는 뚜껑을 설치한다.

답 ①

38 고압선로의 1선 지락전류가 20[A]인 경우에 이에 결합된 변압기 저압측의 제2종 접지저항값은 몇 [Ω]인가? (단, 이 선로는 고·저압 혼촉시에 저압 선로의 대지전압이 150[V]를 넘는 경우로서 1초를 넘고 2초 이내에 고압전로를 자동차단하는 장치가 되어있다.)

① 7.5 ② 10 ③ 15 ④ 30

▶ 풀이
제2종 접지공사의 접지저항값은 $\frac{150}{I_g}$[Ω] 이하 (I_g : 변압기의 고압측 전로의 1선 지락전류)
단, 변압기의 혼촉 발생시 1초를 넘고 2초 이내에 자동으로 전로를 차단하는 장치를 설치할 때는 $\frac{300}{I_g}$
1초 이내에 자동으로 차단하는 장치를 설치할 때는 $\frac{600}{I_g}$
따라서, 접지저항값은 $\frac{300}{I_g} = \frac{300}{20} = 15[Ω]$

답 ③

39 돌침, 수평도체, 메시도체의 요소 중에 한 가지 또는 이를 조합한 형식으로 시설하는 것은?

① 접지극시스템
② 수뢰부시스템
③ 내부피뢰시스템
④ 인하도선시스템

▶ 풀이
수뢰부시스템의 선정은 돌침, 수평도체, 메시도체의 요소 중에 한 가지 또는 이를 조합한 형식으로 시설하여야 한다.

답 ②

40 접지공사에 있어서 자갈층 또는 산간부의 암반지대 등 토양의 고유저항이 높은 지역에서는 규정의 저항치를 얻기가 곤란하다. 이와 같은 장소에 있어서의 접지저항 저감 방법이 아닌 것은?

① 접지 저감제 사용
② 매설지선을 포설
③ mesh공법에 의한 접지
④ 직렬접지

> **풀이**
> 접지저항 저감대책
> ① 접지저감제 사용   ② 매설지선 접지공법
> ③ 망상(메시) 접지공법   ④ 접지극의 병렬 접지공법
> 그 외 접지극을 깊게 매설하는 공법, 평판접지공법 등
>
> **답** ④

41 역률을 개선하면 전력요금의 절감과 배전선의 손실경감, 전압강하의 감소, 설비여력의 증가 등을 기할 수 있으나, 너무 과보상하면 역효과가 나타난다. 즉, 경부하시에 콘덴서가 과대 삽입되는 경우의 결점에 해당되는 사항이 아닌 것은?
① 모선전압의 과상승
② 송전손실의 증가
③ 고조파 왜곡의 증대
④ 전압변동폭의 감소

> **풀이**
> 경부하시나 무부하시 선로는 콘덴서 작용을 하며, 이때 선로의 충전 전류의 영향으로 진상 전류가 흐르고, 송전단 전압보다 수전단 전압이 높아지는 현상이 발생하는데, 이를 페란티 현상이라 한다. 이 경우 전압변동폭이 증가한다.
>
> **답** ④

42 전기온돌 등에 발연선을 시설 할 경우 대지전압은 몇 [V] 이하로 하여야 되는가?
① 200   ② 300   ③ 400   ④ 500

> **풀이**
> ① 전로의 대지 전압은 300[V] 이하가 되어야 한다.
> ② 발열선을 그 온도가 80[℃]를 초과하지 않아야 한다.
>
> **답** ②

43 다음 중 피뢰기를 반드시 시설하여야 하는 곳은?
① 고압전선로에 접속되는 단권변압기의 고압측
② 발·변전소의 가공전선 인입구 및 인출구
③ 수전용 변압기의 2차측
④ 가공 전선로

> **풀이**
> 피뢰기의 시설장소
> ① 가공전선로에 접속하는 특고압 배전용 변압기의 고압측 및 특고압측
> ② 발전소, 변전소 또는 이에 준하는 장소의 가공전선 인입구 및 인출구
> ③ 고압 또는 특고압 가공전선로로부터 공급을 받는 수용장소의 인입구
> ④ 가공전선로와 지중전선로가 접속되는 곳
>
> **답** ②

44 마이크로프로세서 부분 삭제

45 마이크로프로세서 부분 삭제

| 46 | 마이크로프로세서 부분 삭제 |

| 47 | 마이크로프로세서 부분 삭제 |

| 48 | 그림과 같은 논리 회로를 1개의 게이트로 표현하면?
① AND　　　　　　　　② NOR
③ NOT　　　　　　　　④ OR

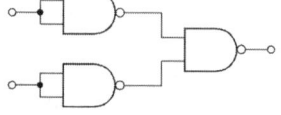

●풀이
$\overline{\overline{A} \cdot \overline{B}} = \overline{\overline{A}} + \overline{\overline{B}} = A + B$

답 ④

| 49 | 논리식 "A+AB"를 간단히 계산한 결과는?
① A　　② $\overline{A}+B$　　③ $A+\overline{B}$　　④ $A+B$

●풀이
$A + AB = A(1+B) = A$

답 ①

| 50 | 주어진 진리표가 나타내는 것은?
① 디코더
② 인코더
③ 멀티플렉서
④ 디멀티플렉서

	입력				출력	
D_0	D_1	D_2	D_3	B	A
1	0	0	0	0	0
0	1	0	0	0	1
0	0	1	0	1	0
0	0	0	1	1	1

●풀이
4×2 인코더 : 4개의 입력과 부호화된 신호를 출력하는 2개의 출력을 가진 장치

답 ②

| 51 | 다음 그림과 같은 회로의 명칭은?
① 플립플롭(flip-flop)회로
② 반가산기(half adder)회로
③ 전가산기(full adder)회로
④ 배타적 논리합(exclusive OR)회로

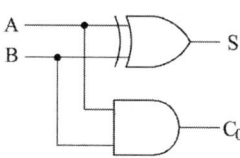

●풀이
반가산기(Half Adder ; HA)
① 합 : $S = \overline{A}B + A\overline{B} = A \oplus B$
② 자리올림 수 : $C = AB$

답 ②

52 순서회로 설계의 기본인 JK FF 여기표에서 현재상태의 출력 Q_n이 0 이고, 다음 상태의 출력 Q_{n+1}이 1일 때 필요입력 J 및 K의 값은?
(단, x는 0 또는 1임)

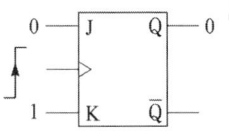

① J=1, K=0
② J=0, K=1
③ J=x, K=1
④ J=1, K=x

• 풀이
① J=0, K=0, 클록 발생 : 저장된 값을 그대로 유지하고 있다.
② J=1, K=0, 클록 발생 : Q의 값을 1로 세팅한다.
③ J=0, K=1, 클록 발생 : Q의 값을 0으로 리셋한다.
④ J=1, K=1, 클록 발생 : Q의 값을 토글한다.

답 ④

53 10진수 $(14.625)_{10}$를 2진수로 변환한 값은?

① $(1101.110)_2$
② $(1101.101)_2$
③ $(1110.101)_2$
④ $(1110.110)_2$

• 풀이
① $(14)_{10}$을 2진수로 변환
2)14
2)7 → 0 $(14)_{10} = (1110)_2$
2)3 → 1
2)1 → 1
2)0 → 1

② $(0.625)_{10}$을 2진수로 변환 $(0.625)_{10} = (101)_2$
$0.625 \times 2 = 1.250$ 소수첫째자리(1)
$0.25 \times 2 = 0.5$ 소수둘째자리(0)
$0.5 \times 2 = 1.0$ (소수이하 없으면 종료) 소수셋째자리(1)

답 ③

54 그림과 같은 스위치 회로의 논리식은?

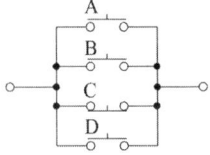

① $A \cdot B \cdot \overline{C} \cdot D$
② $A + B + \overline{C} + D$
③ $\overline{A} \cdot \overline{B} \cdot C \cdot \overline{D}$
④ $\overline{A} + \overline{B} + C + \overline{D}$

• 풀이
병렬회로이므로 모두 OR회로로 논리식은 +로 표시된다.
A, B, D는 a접점이고, C는 b접점이므로 논리식은 $A+B+\overline{C}+D$으로 표현

답 ②

55 도수분포표를 작성하는 목적으로 볼 수 없는 것은?
① 로트의 분포를 알고 싶을 때
② 로트의 평균치와 표준편차를 알고 싶을 때
③ 규격과 비교하여 부적합품률을 알고 싶을 때
④ 주요 품질항목 중 개선의 우선순위를 알고 싶을 때

> **풀이**
> 도수분포표 : 여러 개의 제품을 측정하여 측정치를 순서대로 기록하여 놓은 표로서 데이터가 어떻게 분포되는가 하는 집단 품질 확인이 가능하다.
>
> **답** ④

56 컨베이어 작업과 같이 단조로운 작업은 작업자에게 무력감과 구속감을 주고 생산량에 대한 책임감을 저하시키는 등 폐단이 있다. 다음 중 이러한 단조로운 작업의 결함을 제거하기 위해 채택되는 직무설계방법으로서 가장 거리가 먼 것은?
① 자율경영팀 활동을 권장한다.
② 하나의 연속작업시간을 길게 한다.
③ 작업자 스스로가 직무를 설계하도록 한다.
④ 직무확대, 직무충실화 등의 방법을 활용한다.

답 ②

57 어떤 측정법으로 동일 시료를 무한회 측정하였을 때 데이터 분포의 평균치와 참값과의 차를 무엇이라 하는가?
① 재현성   ② 안정성   ③ 반복성   ④ 정확성

> **풀이**
> 정확성 혹은 치우침이란 어떤 측정방법으로 동일시료를 무한횟수 측정하였을 때 데이터 분포의 평균치와 참값과의 차를 의미한다.
>
> **답** ④

58 "무결점 운동"으로 불리는 것으로 미국의 항공사인 마틴사에서 시작된 품질개선을 위한 동기부여 프로그램은 무엇인가?
① ZD   ② 6시그마   ③ TPM   ④ ISO 9001

> **풀이**
> ZD(Zero Defects)운동 : 개별 종업원에게 계획기능을 부여하는 자주관리운동의 하나로 전개된 것으로 종업원들의 주의와 연구를 통해 작업상 발생하는 모든 결함을 없애는 운동
>
> **답** ①

59 관리도에서 측정한 값을 차례로 타점했을 때 점이 순차적으로 상승하거나 하강하는 것을 무엇이라 하는가?
① 런(run)   ② 주기(cycle)
③ 경향(trend)   ④ 산포(dispersion)

> **풀이**
> 점의 배열에서 이상상태(Subject Method)
> ① 런(Run) : 관리한계 내에 있으나 중심선 한쪽에 연속해서 나타나는 점의 배열현상
> ② 경향(Trend) : 길이 7의 상승경향과 하강경향(비관리 상태)
> ③ 주기(Cycle) : 일정 간격을 갖고 점들이 오르내리는 현상
> ④ 산포(Dispersion) : 고르지 못한 정도
>
> **답** ③

60 정상소요기간이 5일이고, 이때의 비용이 20,000원이며 특급소요기간이 3일이고, 이때의 비용이 30,000원이라면 비용구배는 얼마인가?

① 4,000원/일
② 5,000원/일
③ 7,000원/일
④ 10,000원/일

● 풀이

$$\text{비용구배} = \frac{\text{특급비용} - \text{정상비용}}{\text{정상시간} - \text{특급시간}} = \frac{30{,}000원 - 20{,}000원}{5일 - 3일} = 5{,}000 [원/일]$$

답 ②

제 10회 전기기능장 실전모의고사

01 인덕터의 특징을 요약한 것 중 잘못된 것은?
① 인덕터는 에너지를 축적하지만 소모하지는 않는다.
② 인덕터의 전류가 불연속적으로 급격히 변화하면 전압이 무한대가 되어야 하므로 인덕터 전류가 불연속적으로 변할 수 없다.
③ 일정한 전류가 흐를 때 전압은 무한대이지만 일정량의 에너지가 축적된다.
④ 인덕터는 직류에 대해서 단락 회로로 작용한다.

풀이

$e = -L\dfrac{di}{dt}$ 에서 전류의 변화가 없으면(전류가 일정하면) 유도전압은 0 이다

답 ③

02 그림에서 1차 코일의 자기인덕턴스 L_1, 2차 코일의 자기 인덕턴스 L_2, 상호인덕턴스를 M 이라고 할 때 L_A의 값으로 옳은 것은?
① $L_1 + L_2 + 2M$
② $L_1 - L_2 + 2M$
③ $L_1 + L_2 - 2M$
④ $L_1 - L_2 - 2M$

풀이

차동접속이므로 $L_A = L_1 + L_2 - 2M$

답 ③

03 $R = 10[\Omega]$, $X_L = 8[\Omega]$, $X_C = 20[\Omega]$이 병렬로 접속된 회로에 80[V]의 교류전압을 가하면 전원에 흐르는 전류는 몇 [A]인가?
① 5[A]
② 10[A]
③ 15[A]
④ 20[A]

풀이

RLC 병렬회로에서 전압이 일정하므로
$I_R = \dfrac{80}{10} = 8[A]$, $I_L = \dfrac{80}{8} = 10[A]$, $I_C = \dfrac{80}{20} = 4[A]$
$I = \sqrt{8^2 + (10-4)^2} = 10[A]$

답 ②

04 그림과 같은 회로에서 단자 a, b에서 본 합성저항[Ω]은?

① $\dfrac{1}{2}R$ ② $\dfrac{1}{3}R$

③ $\dfrac{3}{2}R$ ④ $2R$

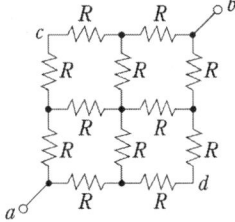

▶ 풀이

c점과 d점을 △ → Y로 바꾸어 풀면

$R_a = \dfrac{R^2}{4R} = \dfrac{R}{4}$, $R_b = \dfrac{2R^2}{4R} = \dfrac{R}{2}$, $R_c = \dfrac{2R^2}{4R} = \dfrac{R}{2}$ 가 되므로

$R_T = \dfrac{\left(R + \dfrac{R}{2} + \dfrac{R}{2} + R\right)}{2} = \dfrac{3R}{2}$

답 ③

05 100[V]용 30[W]의 전구와 60[W]의 전구가 있다. 이것을 직렬로 접속하여 100[V]의 전압을 인가하였을 때 두 전구의 상태는 어떠한가?

① 30[W]의 전구가 더 밝다. ② 60[W]의 전구가 더 밝다.
③ 두 전구의 밝기가 모두 같다. ④ 두 전구 모두 켜지지 않는다.

▶ 풀이

$P = \dfrac{V^2}{R}$ 에서 각각의 전압계의 내부저항을 구해보면

$R_1 = \dfrac{V^2}{P} = \dfrac{100^2}{30} = 333.33[\Omega]$ $R_2 = \dfrac{V^2}{P} = \dfrac{100^2}{60} = 166.67[\Omega]$

$V_1 = \dfrac{333.33}{333.33 + 166.67} \times 100 = 66.67[V]$ $V_2 = \dfrac{166.67}{333.33 + 166.67} \times 100 = 33.4[V]$

즉, 전력 $P \propto \dfrac{1}{R}$ 이므로 30[W]가 저항이 크기때문에 직렬연결시 더 많은전압이 걸리므로 30[W]의 전구가 더 밝다.

답 ①

06 어떤 RLC 병렬회로가 병렬공진이 되었을 때 합성전류에 대한 설명으로 옳은 것은?

① 전류는 무한대가 된다. ② 전류는 최대가 된다.
③ 전류는 흐르지 않는다. ④ 전류는 최소가 된다.

▶ 풀이

병렬공진 시 : 어드미턴스가 최소(허수부=0), 전류 최소($I = YV$)

답 ④

07 정현파에서 파고율이란?

① $\dfrac{최대값}{실효값}$ ② $\dfrac{평균값}{실효값}$ ③ $\dfrac{실효값}{평균값}$ ④ $\dfrac{최대값}{평균값}$

▶ 풀이

• 파형율 = $\dfrac{실효값}{평균값}$ • 파고율 = $\dfrac{최대값}{실효값}$

답 ①

08 공기 중에서 어느 일정한 거리를 두고 있는 두 점전하 사이에 작용하는 힘이 16[N]이었는데, 두 전하 사이에 유리를 채웠더니 작용하는 힘이 4[N]으로 감소하였다. 이 유리의 비유전율은?

① 2 ② 4 ③ 8 ④ 12

▶풀이

$$F_0 = \frac{1}{4\pi\epsilon_0} \times \frac{Q_1 \cdot Q_2}{r^2}[N] = 16, \quad F_s = \frac{1}{4\pi\epsilon_0\epsilon_s} \times \frac{Q_1 \cdot Q_2}{r^2}[N] = 4$$

$$\frac{F_0}{F_s} = \epsilon_s = \frac{16}{4} = 4$$

답 ②

09 여자기(Exciter)에 대한 설명으로 옳은 것은?
① 발전기의 속도를 일정하게 하는 것이다.　② 부하 변동을 방지하는 것이다.
③ 직류 전류를 공급하는 것이다.　④ 주파수를 조정하는 것이다.

▶풀이
여자기(Exciter)란 교류 발전기, 직류 발전기, 동기 발전기 등의 계자 코일에 여자 전류를 공급하는 장치이다

답 ③

10 변압기의 전일효율을 최대로 하기 위한 조건은?
① 전부하시간이 길수록 철손을 작게 한다.
② 전부하시간이 짧을수록 무부하손을 작게 한다.
③ 전부하시간이 짧을수록 철손을 크게 한다.
④ 부하시간에 관계없이 전부하 동손과 철손을 같게 한다.

▶풀이

전일효율 $\eta_d = \dfrac{V_2 I_2 \cos\theta \times T}{V_2 I_2 \cos\theta \times T + 24P_i + T \times P_c} \times 100[\%]$　$24P_i$를 작게

답 ②

11 변압기의 시험 중에서 철손을 구하는 시험은?
① 극성시험　② 단락시험　③ 무부하시험　④ 부하시험

▶풀이
① 무부하시험 : 철손, 무부하 여자전류 측정
② 단락시험 : 동손(임피던스 와트), 누설 임피던스, 누설 리액턴스, 저항, %저항 강하, %리액턴스 강하, %임피던스 강하 측정

답 ③

12 유도 전동기의 1차 접속을 △에서 Y 결선으로 바꾸면 기동시의 1차 전류는?

① $\dfrac{1}{3}$로 감소한다.　② $\dfrac{1}{\sqrt{3}}$로 감소한다.

③ 3배로 증가한다.　④ $\sqrt{3}$배로 증가한다.

• **풀이**

기동토크와 기동전류가 $\frac{1}{3}$이 된다

답 ①

13 극수 16, 회전수 450[rpm], 1상의 코일수 83, 1극의 유효자속 0.3[Wb]의 3상 동기발전기가 있다. 권선계수가 0.96이고, 전기자 권선을 성형결선으로 하면 무부하 단자전압은 약 몇 [V]인가?
① 8000[V]
② 9000[V]
③ 10000[V]
④ 11000[V]

• **풀이**

$E = 4.44 K_w f W \phi$ [V]에서
단자전압 $V = \sqrt{3} E = \sqrt{3} \times 4.44 K_w f W \phi$ [V]
$= \sqrt{3} \times 4.44 \times 0.96 \times 60 \times 83 \times 0.3 = 11029$ [V]
($N_s = \frac{120f}{P}$ [rpm]에서 $f = 60$ [Hz])

답 ④

14 유도전동기의 2차 입력, 2차 동손 및 슬립을 각각 P_2, P_{C2}, s라 하면 이들의 관계식은?
① $s = P_2 \times P_{C2}$
② $s = P_2 + P_{C2}$
③ $s = \frac{P_2}{P_{C2}}$
④ $s = \frac{P_{C2}}{P_2}$

• **풀이**

$P_2 : P_{C2} : P_0 = 1 : S : (1-s)$에서 $P_2 : P_{C2} = 1 : S$
$P_{C2} = SP_2$ $S = \frac{P_{C2}}{P_2}$

답 ④

15 직류 직권전동기에서 토크 T와 회전수 N과의 관계는 어떻게 되는가?
① $T \propto N$
② $T \propto N^2$
③ $T \propto \frac{1}{N}$
④ $T \propto \frac{1}{N^2}$

• **풀이**

토크는 전기자 전류 I_a와 자속 Φ와 곱에 비례하나 I_a가 작을 때에는 Φ는 I_a에 비례하므로 토크는 I_a의 2승에 비례하여 토크는 속도 제곱에 반비례한다.

답 ④

16 직류기에서 파권 권선의 이점은?
① 효율이 좋다.
② 출력이 크다.
③ 전압이 높게 된다.
④ 역률이 안정된다.

풀이

[중권과 파권의 비교]

	중권(병렬권)	파권(직렬권)
병렬회로수	P(극수)	2
브러시수	P(극수)	2
용도	대전류, 저전압	소전류, 고전압
균압결선	4극 이상 필요	

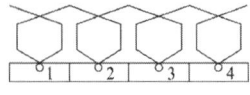

(a) 중권   (b) 파권

[전기자 권선법]

답 ③

17 3상변압기 결선 조합 중 병렬운전이 불가능한 것은?
① △-△와 △-△
② △-Y와 Y-△
③ Y-Y와 △-Y
④ △-△와 Y-Y

풀이

병렬 운전 가능		병렬 운전 불가능
△-Y 와 △-Y	△-Y 와 Y-△	△-△ 와 △-Y
Y-△ 와 Y-△	△-△ 와 Y-Y	Y-Y 와 △-Y
Y-Y 와 Y-Y	△-△ 와 △-△	

답 ③

18 회전수 1800[rpm]을 만족하는 동기기의 극수(㉠)와 주파수(㉡)는?
① ㉠ 4극, ㉡ 50[Hz]
② ㉠ 6극, ㉡ 50[Hz]
③ ㉠ 4극, ㉡ 60[Hz]
④ ㉠ 6극, ㉡ 60[Hz]

풀이

동기속도 $N = \dfrac{120f}{P}$ 에서 1,800[rpm]을 만족하는 극수와 주파수는 $P=4$, $f=60$

답 ③

19 다음 중 변압기의 누설리액턴스를 줄이는 데 가장 효과적인 방법은?
① 권선을 분할하여 조립한다.
② 코일의 단면적을 크게 한다.
③ 권선을 동심 배치시킨다.
④ 철심의 단면적을 크게 한다.

답 ①

20 부하를 일정하게 유지하고 역률 1로 운전 중인 동기전동기의 계자전류를 증가시키면?
① 아무 변동이 없다.
② 리액터로 작용한다.
③ 뒤진 역률의 전기자 전류가 증가한다.
④ 앞선 역률의 전기가 전류가 증가한다.

> **풀이**
> 전력 계통에 있어서 역률(力率)을 개선하기 위하여 쓰는 동기 전동기로서 계자 전류를 조정하여 역률의 진상(進相) 또는 지상(遲相) 으로 운전
> - 부족여자 : 늦은 역률, 리액터 역할
> - 과여자 : 빠른역률, 콘덴서 역활
>
> **답 ④**

21 SCR에 대한 설명으로 옳지 않은 것은?

① 대전류 제어 정류용으로 이용된다.
② 게이트전류로 통전전압을 가변시킨다.
③ 주전류를 차단하려면 게이트전압을 영 또는 부(−)로 해야 한다.
④ 게이트전류의 위상각으로 통전전류의 평균값을 제어시킬 수 있다.

> **풀이**
> SCR은 단방향성 3단자 소자로 V_{AK} >0일 때 게이트 양의 펄스에 의해 턴온 되며, 턴 오프는 V_{AK}에 역방향 전압을 인가하거나, 애노드 전류를 유지전류 이하로 떨어뜨리면 된다.
>
> **답 ③**

22 트라이액에 대한 설명 중 틀린 것은?

① 3단자 소자이다.
② 항상 정(+)의 게이트 펄스를 이용한다.
③ 두 개의 SCR을 역병렬로 연결한 것이다.
④ 게이트를 갖는 대칭형 스위치이다.

> **풀이**
> TRIAC는 양방향 도통이 가능하며, 일반적으로 AC 위상제어에 사용된다. 두 개의 SCR을 게이트 공통으로 하여 역병렬 연결한 것이다. 게이트 트리거 단자가 하나로 되어 있기 때문에 트리거 회로가 간단해진다.
> - 2개의 병렬 연결된 SCR로서 작용
> - 트라이액은 양방향 사이리스터 소자이며 래치소자이다.
> - MT_1, MT_2 : 주단자, G : 제어단자
> - 게이트 펄스는 게이트(G)와 주단자(MT_1) 사이로 입력한다.
> - 양의 전류 방향에는 양의 펄스가 음의 전류 방향에는 음의 펄스가 사용된다.
>
> **답 ②**

23 사이리스터의 유지전류(holding current)에 관한 설명으로 옳은 것은?

① 사이리스터가 턴온(turn on) 하기 시작하는 순전류
② 게이트를 개방한 상태에서 사이리스터가 도통 상태를 유지하기 위한 최소의 순전류
③ 사이리스터의 게이트를 개방한 상태에서 전압을 상승하면 급히 증가하게 되는 순전류
④ 게이트 전압을 인가한 후에 급히 제거한 상태에서 도통 상태가 유지되는 최소의 순전류

> **풀이**
> - 유지전류 : 게이트를 개방한 상태에서 사이리스터가 도통 상태를 유지하기 위한 최소의 순전류
> - 래칭전류 : 사이리스터가 턴온(turn on) 하기 시작하는 순전류
>
> **답 ②**

24 다음 중 저항 부하시 맥동률이 가장 적은 정류방식은?
① 단상 반파식 ② 단상 전파식
③ 3상 반파식 ④ 3상 전파식

● 풀이

정류 종류	단상 반파	단상 전파	3상 반파	3상 전파
평균(직류)값	$0.45E$	$0.9E$	$1.17E$	$1.35E$
맥동률	121[%]	48[%]	17[%]	4[%]
맥동주파수	f	$2f$	$3f$	$6f$
정류효율	40.6[%]	81.2[%]	96.7[%]	99.8[%]

답 ④

25 MOS-FET의 드레인 전류는 무엇으로 제어하는가?
① 게이트 전압 ② 게이트 전류 ③ 소스 전류 ④ 소스 전압

● 풀이
소스와 드레인 사이의 게이트 전압에 의해 제어된다

답 ①

26 상전압 300[V]의 3상 반파 정류회로의 직류 전압은 몇 [V] 인가?
① 117[V] ② 200[V] ③ 283[V] ④ 351[V]

● 풀이
$E_d = 1.17E = 1.17 \times 300 = 351[V]$

정류 종류	단상 반파	단상 전파	3상 반파	3상 전파
평균(직류)값	$0.45E$	$0.9E$	$1.17E$	$1.35E$
맥동률	121[%]	48[%]	17[%]	4[%]
맥동주파수	f	$2f$	$3f$	$6f$
정류효율	40.6[%]	81.2[%]	96.7[%]	99.8[%]

답 ④

27 전주 사이의 경간이 50[m]인 가공 전선로에서 전선 1[m]의 하중이 0.37[kg], 전선의 이도가 0.8[m]라면 전선의 수평장력은 약 몇 [kg]인가?
① 80 ② 120 ③ 145 ④ 165

● 풀이
$D = \dfrac{WS^2}{8T}$ [m]에서 $T = \dfrac{WS^2}{8D} = \dfrac{0.73 \times 50^2}{8 \times 0.8} = 145[kg]$

답 ③

28 특고압용 변압기의 냉각방식이 타냉식인 경우 냉각장치의 고장으로 인하여 변압기의 온도가 상승하는 것을 대비하기 위하여 시설하는 장치는?
① 방진장치 ② 회로차단장치 ③ 경보장치 ④ 공기 정화장치

• 풀이
부흐홀쯔계전기(기계적고장) : 변압기 내부 고장으로 인한 절연유의 온도 상승 시 발생하는 유증기를 검출하여 경보 및 차단하기 위한 계전기로 변압기 탱크와 컨서베이터 사이에 설치 **답 ③**

29 고압 또는 특고압 가공전선로에서 공급을 받는 수용장소의 인입구 또는 이와 근접한 곳에는 무엇을 시설하여야 하는가?
① 동기조상기 ② 직렬리액터
③ 정류기 ④ 피뢰기

• 풀이
① 피뢰기에 대한 용어해설
   ㉠ 정격전압 – 속류를 차단하는 최고의 교류전압
   ㉡ 제한전압 – 충격파(동작시) 전류가 흐르고 있을 때의 피뢰기 단자전압(파고치)
② LA (피뢰기) 구비조건
   ㉠ 제한전압이 낮을 것.
   ㉡ 충격방전개시전압이 낮을 것.
   ㉢ 속류(기류) 차단 능력이 클 것.
   ㉣ 상용주파 방전개시 전압이 높을 것.
③ LA 설치 장소
   ㉠ 발·변전소의 인입구 및 인출구 부근
   ㉡ 가공전선과 지중전선 접속점
   ㉢ 고압, 특고압 수용가 인입구 부근
   ㉣ 특고압을 저압으로 변성하는 배전변전탑 인입구 및 인출구 부근 **답 ④**

30 빌딩의 부하 설비용량이 2000[kW], 부하역률 90[%], 수용률이 75[%] 일 때 수전설비의 용량은 약 몇 [kVA]인가?
① 1554[kW] ② 1667[kW]
③ 1800[kW] ④ 2222[kW]

• 풀이
수전설비용량 $VI = \dfrac{P \times 수용율}{\cos\theta} = \dfrac{2000 \times 0.75}{0.9} = 1666.7 [kVA]$ **답 ②**

31 경간이 100미터인 저압 보안공사에 있어서 지지물의 종류가 아닌 것은?
① 철탑 ② A종 철근 콘크리트주
③ A종 철주 ④ 목주 **답 ①**

32 배전반 또는 분전반의 배관을 변경하거나 이미 설치된 캐비닛에 구멍을 뚫을 때 사용하며 수동식과 유압식이 있다. 이 공구는 무엇인가?
① 클리퍼 ② 클릭볼 ③ 커터 ④ 녹아웃 펀치

▶ 풀이

| 녹아웃 펀치
(knockout punch) |  | 배전반, 분전반등의 배관을 변경하거나 이미 설치된 캐비넷에 구멍을 뚫을 때 필요한 공구 |

답 ④

33 금속관공사 시 관의 두께는 콘크리트에 매설하는 경우 몇 [mm] 이상 되어야 하는가?
① 0.6　　② 0.8　　③ 1.2　　④ 1.4

▶ 풀이
- 콘크리트에 매설하는 경우 : 1.2[mm] 이상
- 기타의 경우 : 1[mm] 이상

답 ③

34 3상 배전선로의 말단에 늦은 역률 60[%], 120[kW]의 평형 3상 부하가 있다. 부하점에 부하와 병렬로 전력용 콘덴서를 접속하여 선로손실을 최소화 하려고 한다. 이 경우 필요한 콘덴서의 용량은? (단, 부하단 전압은 변하지 않는 것으로 한다.)
① 60[kVA]　　② 80[kVA]
③ 135[kVA]　　④ 160[kVA]

▶ 풀이
$Q = P(\tan\theta_1 - \tan\theta_2) = 120(\tan\cos^{-1}0.6 - \tan\cos^{-1}1) = 160[kVA]$

답 ④

35 최대사용전압 3300[V]인 고압 전동기가 있다. 이 전동기의 절연내력 시험전압은 몇 [V]인가?
① 3630[V]　　② 4125[V]
③ 4950[V]　　④ 10500[V]

▶ 풀이
7000[V] 이하일 경우 절연내력시험전압 = 최대사용전압×1.5 = 3300×1.5 = 4950[V]

답 ③

36 방향 계전기의 기능이 적합하게 설명이 된 것은 어느 것인가?
① 예정된 시간지연을 가지고 응동(應動)하는 것을 목적으로 한 계전기
② 계전기가 설치된 위치에서 보는 전기적 거리등을 판별해서 동작
③ 보호구간으로 유입하는 전류와 보호구간에서 유출되는 전류와의 벡터차와 출입하는 전류와의 관계비로 동작하는 계전기
④ 2개 이상의 벡터량 관계위치에서 동작하며 전류가 어느 방향으로 흐르는가를 판정하는 것을 목적으로 하는 계전기

답 ④

37 반사 갓을 사용하여 90~100[%] 정도의 빛이 아래로 향하고, 10[%] 정도가 위로 향하는 방식으로 빛의 손실이 적고, 효율은 높지만, 천장이 어두워지고 강한 그늘이 생기며 눈부심이 생기기 쉬운 조명방식은?
① 직접 조명
② 반직접 조명
③ 전반 확산 조명
④ 반간접 조명

▶ 풀이

조명방식	특징
직 접 조 명	빛의 손실이 적고, 효율은 높지만, 천장이 어두워지고 강한 그늘이 생기며 눈부심이 생기기 쉽다.
반 직 접 조 명	밝음의 분포가 크게 개선된 방식으로 일반사무실, 학교, 상점 등에 적용된다.
전반확산조명	고급사무실, 상점, 주택, 공장 등에 적용한다.
반 간 접 조 명	부드러운 빛을 얻을 수 있으나 효율은 나빠진다. 세밀한 작업을 오랫동안 하는 장소, 분위기 조명 등에 적용된다.
간 접 조 명	전체적으로 부드러우며, 눈부심과 그늘이 적은 조명을 얻을 수 있다. 그러나 효율이 매우 나쁘고, 설비비가 많이 든다. 대합실, 회의실, 입원실 등에 적용한다.

답 ①

38 화약류 등의 제조소 내에 전기설비를 시공할 때 준수할 사항이 아닌 것은?
① 전열기구 이외의 전기기계기구는 전폐형으로 할 것
② 배선은 두께 1.6[mm] 합성수지관에 넣어 손상 우려가 없도록 시설할 것
③ 전열기구는 시스선 등의 충전부가 노출되지 않는 발열체를 사용할 것
④ 온도가 현저히 상승 또는 위험발생 우려가 있는 경우 전로를 자동 차단하는 장치를 갖출 것

▶ 풀이
- 화약류 저장소 안에는 전기설비를 시설하지 아니하는 것이 원칙으로 되어 있다. 다만, 백열전등, 형광등 또는 이들에 전기를 공급하기 위한 전기설비만을 금속관 공사 또는 케이블 공사에 의하여 다음과 같이 시설할 수 있다.
- 전로의 대지 전압은 300[V] 이하, 전기기계기구는 전폐형, 화약류 저장소 이외의 곳에 전용 개폐기 및 과전류 차단기를 시설하여 취급자 이외의 사람이 조작할 수 없도록 시설하고, 또한 지락 차단 장치 또는 지락 경보 장치를 시설한다. 전용 개폐기 또는 과전류 차단기에서 화약류 저장소의 인입구까지는 케이블을 사용하여 지중 전로를 사용한다.

답 ②

39 차량 기타 중량물의 압력을 받을 우려가 없는 장소에 지중 전선로를 직접 매설식에 의하여 시설하는 경우 매설 깊이는 최소 몇 [cm] 이상으로 하면 되는가?
① 30[cm]
② 60[cm]
③ 80[cm]
④ 100[cm]

▶ 풀이
직접매설식에서
- 차량 기타 중량물의 압력을 받을 우려있는 경우 : 100[cm] 이상
- 차량 기타 중량물의 압력을 받을 우려가 없는 경우 : 60[cm] 이상

답 ②

40 저압 이웃 연결 인입선은 인입선에서 분기하는 점으로부터 100[m]를 넘지 않는 지역에 시설하고 폭 몇 [m]를 초과하는 도로를 횡단하지 않아야 하는가?
① 4 ② 5 ③ 6 ④ 6.5

▶풀이
시설 제한 규정
① 인입선에서의 분기하는 점에서 100[m]를 넘는 지역에 이르지 않아야 한다.
② 폭 5[m]를 넘는 도로를 횡단하지 않아야 한다.
③ 이웃 연결 인입선은 옥내를 관통하면 안 된다.
④ 고압 이웃 연결 인입선은 시설할 수 없다.
답 ②

41 전압이 22.9[kV]인 중성점 접지식 전로로서 중성선이 있고 그 중성선을 다중접지하는 경우 절연내력 시험전압은 최대 사용전압의 몇 배로 하는가?
① 1.1배 ② 1.25배
③ 0.72배 ④ 0.92배

▶풀이
전압이 22.9[kV]인 중성점 접지식 전로로서 중성선이 있고 그 중성선을 다중접지하는 경우 절연내력 시험전압은 최대 사용전압의 0.92배로 한다.
답 ④

42 버스덕트 배선에 의하여 시설하는 도체의 단면적은 알루미늄 띠 모양인 경우 얼마 이상의 것을 사용하여야 하는가?
① 20[mm^2] ② 25[mm^2]
③ 30[mm^2] ④ 40[mm^2]

▶풀이
버스 덕트 배선 시공
• 옥내에서 건조한 노출장소와 점검 가능한 은폐장소에 시설할 수 있다.
• 덕트는 3[m] 이하의 간격으로 견고하게 지지하고, 내부에 먼지가 들어가지 못하도록 한다.
• 도체는 덕트 내에서 0.5[m] 이하의 간격으로 비 흡수성의 절연물로 견고하게 지지해야 한다.
• 버스 덕트의 사용전압이 400[V] 미만인 경우에는 제3종 접지공사를 하여야 하고, 사용전압이 400[V] 이상인 경우에는 특별 제 3종 접지공사를 하여야 한다. 다만, 사람이 접촉될 우려가 없도록 시설하는 경우에는 제3종 접지공사로 할 수 있다.
답 ③

43 마이크로프로세서 부분 삭제

44 마이크로프로세서 부분 삭제

45 마이크로프로세서 부분 삭제

46 마이크로프로세서 부분 삭제

47 마이크로프로세서 부분 삭제

48 다음 중 플립플롭 회로에 대한 설명으로 잘못된 것은?
① 두 가지 안정상태를 갖는다.
② 쌍안정 멀티바이브레이터이다.
③ 반도체 메모리 소자로 이용된다.
④ 트리거 펄스 1개마다 1개의 출력펄스를 얻는다.

> **풀이**
> 트리거 펄스 1개마다 2개의 출력펄스를 얻는다.

답 ④

49 A=01100, B=00111인 두 2진수의 연산결과가 주어진 식과 같다면 연산의 종류는?
① 덧셈
② 뺄셈
③ 곱셈
④ 나눗셈

$$\begin{array}{r} 01100 \\ +11001 \\ \hline 00101 \end{array}$$

> **풀이**
> 2의 보수 방식(2's Complement Form)은 디지털 시스템에서 가장 흔히 음수를 표현하기 위해서 사용되는 방식이다. 여덟자리 기억 소자에 대해서 설명하면 2의 보수 방식은 100000000−B의 형태로 B의 음수(−B)를 기억 소자상에 저장하는 방식이다.
> ① 음수는 모두 2의 보수로 바꾸어 더하면 된다.
> ② B=00111의 2의 보수는 100000−00111=11001이다.(−B=11001)
> ③ A+(−B)=A−B로 뺄셈연산이다.

답 ②

50 그림과 같은 회로의 기능은?
① 반가산기
② 감산기
③ 반일치회로
④ 부호기

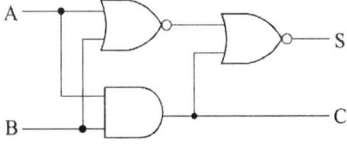

> **풀이**
> $S = \overline{\overline{A+B}+A \cdot B}$
> $ = \overline{\overline{A+B}} \cdot \overline{A \cdot B}$
> $ = (A+B) \cdot (\overline{A}+\overline{B})$
> $ = \overline{A}B+A\overline{B} = A \oplus B$
> $C = A \cdot B$이므로 반가산기에 해당한다.

답 ①

51 다음 논리함수를 간략화 하면 어떻게 되는가?

$$Y = \overline{A}\,\overline{B}C\overline{D} + \overline{A}BC\overline{D} + A\overline{B}C\overline{D} + AB C\overline{D}$$

① $\overline{B}\,\overline{D}$　② $B\overline{D}$　③ $\overline{B}D$　④ BD

● 풀이

	$\overline{A}\,\overline{B}$	$\overline{A}B$	AB	$A\overline{B}$
$\overline{C}\,\overline{D}$	1			1
$\overline{C}D$				
CD				
$C\overline{D}$	1			1

답 ①

52 64가지의 명령어를 나타내려고 하면 최소한 몇 개의 비트(bit)가 필요한가?

① 4　② 6　③ 8　④ 12

● 풀이
$2^6 = 64$

답 ②

53 그림과 같은 유접점 회로가 의미하는 논리식은?

① $A + \overline{B}D + C(E+F)$
② $A + \overline{B}C + D(E+F)$
③ $A + B\overline{C} + D(E+F)$
④ $A + \overline{B}\,\overline{C} + D(E+F)$

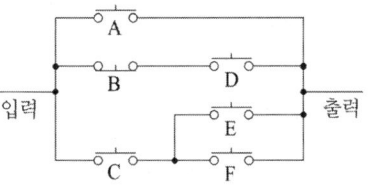

● 풀이
직렬(·), 병렬(+) 로 논리식을 작성

답 ①

54 16진수 D28A 를 2진수로 옳게 나타낸 것은?

① 1101001010001010　② 0101000101001011
③ 1101011010011010　④ 1111011000000110

● 풀이

16진수	D	2	8	A
2진수	1101	0010	1000	1010

답 ①

55 다음 중 모집단의 중심적 경향을 나타낸 측도에 해당하는 것은?

① 범위(Range)　② 최빈값(Mode)
③ 분산(Variance)　④ 변동계수(Coefficient of variation)

● 풀이
모드(Mode)는 도수분포표의 도수가 최대인 곳의 대표치를 말하기도 한다

답 ②

56 다음과 같은 [데이터]에서 5개월 이동평균법에 의하여 8월의 수요를 예측한 값은 얼마인가?

월	1	2	3	4	5	6	7
판매실적	100	90	110	100	115	110	100

① 103　　② 105　　③ 107　　④ 109

풀이
5개월 이동평균법이므로 3월부터 수식적용
$$F_t = \frac{110+100+115+110+100}{5} = 107$$

답 ③

57 로트에서 랜덤하게 시료를 추출하여 검사한 후 그 결과에 따라 로트의 합격, 불합격을 판정하는 검사방법을 무엇이라 하는가?
① 자주검사　　② 간접검사
③ 전수검사　　④ 샘플링검사

풀이
- 랜덤 샘플링 : 로트에서 랜덤하게 시료를 추출하여 검사한 후 그 결과에 따라 로트의 합격, 불합격을 판정하는 검사
- 단순랜덤 샘플링, 계통 샘플링, 지그재그 샘플링 등이 있다.

답 ④

58 관리 사이클의 순서를 가장 적절하게 표시한 것은?
(단, A는 조치(Act), C는 체크(Check), D는 실시(Do), P는 계획(Plan)이다.)
① P → D → C → A
② A → D → C → P
③ P → A → C → D
④ P → C → A → D

답 ①

59 여유시간이 5분, 정미시간이 40분일 경우 내경법으로 여유율을 구하면 약 몇 %인가?
① 6.33[%]　　② 9.05[%]
③ 11.11[%]　　④ 12.50[%]

풀이
표준시간 = 정미시간 + 여유시간 = 45분
표준시간 = 정미시간 × (1 + 여유율) … 외경법
표준시간 = 정미시간 × $\frac{1}{1-여유율}$ … 내경법
$45 = 40 \times \frac{1}{1-여유율}$
$45(1-여유율) = 40$　　$45 - 45 \times 여유율 = 40$
여유율 = $\frac{5}{45} \times 100 = 11.1[\%]$

답 ③

60 다음 중 계량값 관리도만으로 짝지어진 것은?

① c 관리도, u 관리도
② $x-R_s$ 관리도, P 관리도
③ $\bar{x}-R$ 관리도, nP 관리도
④ Me-R관리도, $\bar{x}-R$ 관리도

▶풀이
1) 계량치의 관한 관리도
　① 종류 : $\bar{x}-R$ 관리도, x 관리도, $_x-R$ 관리도, R 관리도
　② 길이, 무게, 강도, 전압, 전류 등 연속변량 측정
2) 계수치에 관한 관리도
　① 종류 : nP(불량계수)관리도, p(불량률)관리도, c(결점수)관리도, u(단위당 결점수) 관리도
　② 직물의 얼룩, 흠 등과 같이 한 개, 두 개로 계수되는 수치와 그에 따른 불량률을 측정

답 ④

제 11 회 전기기능장 실전모의고사

01 2극과 8극의 2대의 3상 유도전동기를 차동 접속법으로 속도제어를 할 때 전원 주파수가 60[Hz]인 경우 무부하속도 N_0는 몇 [rpm]인가?

① 1800[rpm] ② 1200[rpm] ③ 900[rpm] ④ 720[rpm]

[풀이]

유도전동기 속도제어법으로 종속법(농형, 권선형)에는 직렬접속, 병렬접속, 차동접속이 있다.

- 직렬접속 $N_s = \dfrac{120f}{P_1 + P_2}$
- 병렬접속 $N_s = \dfrac{2 \times 120f}{P_1 + P_2}$
- 차동접속 $N_s = \dfrac{120f}{P_1 - P_2}$

$N_s = \dfrac{120f}{P_1 - P_2} = \dfrac{120 \times 60}{8-2} = 1200[\text{rpm}]$

답 ②

02 3상 유도전동기의 회전력은 단자전압과 어떤 관계인가?

① 단자전압에 무관하다. ② 단자전압에 비례한다.
③ 단자전압의 2승에 비례한다. ④ 단자전압의 1/2승에 비례한다.

[풀이]

유도전동기의 토크 $\tau \propto V^2$

답 ③

03 분류기를 사용하여 전류를 측정하는 경우 전류계의 내부 저항 0.12[Ω], 분류기의 저항이 0.04[Ω]이면 그 배율은?

① 2배 ② 3배 ③ 4배 ④ 5배

[풀이]

$I = I_0 \left(1 + \dfrac{r_a}{R_s}\right) [\text{A}]$

여기서, R_s : 분류기 저항, r_a : 전류계 내부저항
I_0 : 전류계의 눈금, I : 측정하고자 하는 전류

배율 : $m = \left(1 + \dfrac{r_a}{R_s}\right)$

$\therefore m = \dfrac{r}{R_s} + 1 = \dfrac{0.12}{0.04} + 1 = 4$

답 ③

04 다음은 인버터에 관한 설명이다. 옳지 않은 것은?

① 전압원 인버터에는 직류리액터가 필요하다.
② 전압원 인버터의 전압 파형은 구형파이다.
③ 전류원 인버터는 부하의 변동에 따라 전압이 변동된다.
④ 전류원 인버터는 비교적 큰 부하에 사용된다.

▶ 풀이

VSI(전압형 인버터)와 CSI(전류형 인버터)의 특징

구분	VSI(전압형 인버터)	CSI(전류형 인버터)
출력 전압	전압파형이 구형파	전압파형이 톱니파
출력 전류	전류파형이 톱니파	전류파형이 구형파
회로구성의 특징	1) 주 소자와 역병렬로 귀환다이오드를 갖는다. 2) 직류전원은 저임피던스의 전압원(평활 콘덴서)을 갖는다.	1) 주 소자는 한 방향으로만 전류를 흘린다.(귀환다이오드가 없다.) 2) 직류전원은 고임피던스의 전류원(전류리액터)을 갖는다.

답 ①

05 그림과 같은 환류 다이오드 회로의 부하전류 평균값은 몇 [A]인가? (단, 교류전압 $V = 220[V]$, 60[Hz], 부하저항 $R = 10[\Omega]$이며, 인덕턴스 L은 매우 크다.)

① 6.7[A]
② 8.5[A]
③ 9.9[A]
④ 11.7[A]

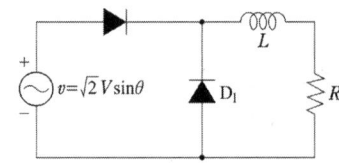

▶ 풀이

환류 정류회로의 출력전압 v_0은 L값에 무관하게 저항부하를 갖는 단상반파 정류회로에서의 출력전압과 동일하다. 부하전류 i_0의 평균값은

$$I_{dc} = \frac{V_{dc}}{R} = \frac{0.45V}{R} = \frac{0.45 \times 220}{10} = 9.9[A]$$

답 ③

06 소맥분, 전분, 기타의 가연성 분진이 존재하는 곳의 저압 옥내배선으로 적합하지 않은 공사 방법은?

① 가요전선관 공사
② 금속관 공사
③ 합성수지관 공사
④ 케이블 공사

▶ 풀이

가연성 분진이 존재하는 곳의 공사방법
① 소맥분, 전분, 유황 기타의 가연성 먼지로서 공중에 떠다니는 상태에서 착화하였을 때, 폭발의 우려가 있는 곳의 저압 옥내 배선은 합성 수지관 배선, 금속관 배선, 케이블 배선에 의하여 시설한다.
② 이동 전선은 제 1종 이외의 접속점이 없는 캡타이어 케이블을 사용하고, 분진 방폭 보통방진구조의 것을 사용하고, 손상 받을 우려가 없도록 시설한다.

답 ①

07 마이크로프로세서 부분 삭제

08 단상 유도전동기의 기동방법 중 기동 토크가 가장 큰 것은?
① 분상 기동형 ② 콘덴서 기동형
③ 반발 기동형 ④ 세이딩 코일형

풀이
단상유도전동기 기동 토크가 큰 순서
반발기동형 → 반발유도형 → 콘덴서기동형 → 분상기동형 → 세이딩코일형

답 ③

09 어떤 회로에 $V = 100 \angle \frac{\pi}{3}$[V]의 전압을 가하니 $I = 10\sqrt{3} + j10$[A]의 전류가 흘렀다. 이 회로의 무효전력 [Var]은?
① 0 ② 1000 ③ 1732 ④ 2000

풀이
무효전력 $P_r = VI\sin\theta$[Var], 전류실효값 $I = \sqrt{(10\sqrt{3})^2 + 10^2} = 20$
위상 $\theta = \tan^{-1}\frac{10}{10\sqrt{3}} = 30$
$P_r = VI\sin\theta$[Var] $= 100 \times 20 \sin 30 = 1000$[Var]

답 ②

10 마이크로프로세서 부분 삭제

11 일반 변전소 또는 이에 준하는 곳의 주요 변압기에 시설하여야 하는 계측장치로 옳은 것은?
① 전류, 전력 및 주파수 ② 전압, 주파수 및 역률
③ 전력, 주파수 또는 역률 ④ 전압, 전류 또는 전력

풀이
주 변압기의 전압, 전류 또는 전력, 특고용 변압기 유온 계측장치 설치

답 ④

12 220[V] 가정용 전기설비의 절연 저항의 최소값은 몇 [MΩ] 이상 인가?
① 0.1 ② 0.2 ③ 0.3 ④ 0.4

풀이
옥내 저압 전선로의 절연 저항값은 개폐기 또는 과전류 차단기로 구분할 수 있는 전로마다 아래와 같이 그 한계 값을 정하고 있으며, 신규로 공사한 초기값은 1[MΩ] 이상으로 하는 것이 바람직하다.

사용전압	전로 사용전압의 구분	절연저항값	비 고
400[V] 미만	대지전압 150[V]이하	0.1[MΩ]	※ 신규로 공사한 초기값은 1[MΩ] 이상
	대지전압 150초과 300[V]이하	0.2[MΩ]	
	대지전압 300초과 400[V]미만	0.3[MΩ]	
400[V] 이상	—	0.4[MΩ]	

답 ②

13 직류발전기의 유기기전력을 E, 극당 자속을 Φ, 회전속도를 N이라 할 때 이들의 관계로 옳은 것은?

① $E \propto \dfrac{N}{\Phi}$
② $E \propto \dfrac{\Phi}{N}$
③ $E \propto \Phi N^2$
④ $E \propto \Phi N$

• 풀이

유도기전력 $E = \dfrac{P}{a} Z\phi \dfrac{N}{60}$ [N] 에서 $E \propto \phi N$

답 ④

14 동기전동기의 여자전류를 증가하면 어떤 현상이 생기는가?
① 앞선 무효전류가 흐르고 유도 기전력은 높아진다.
② 토크가 증가한다.
③ 난조가 생긴다.
④ 전기자 전류의 위상이 앞선다.

• 풀이
- 과여자 상태(콘덴서 작용) : 진상역률(진상전류), 전기자 전류 증가
- 부족여자 상태(리액터 작용) : 지상역률(지상전류), 전기자 전류 증가

답 ④

15 전지의 기전력이나 열전대의 기전력을 정밀하게 측정하기 위하여 사용하는 것은?
① 켈빈 더블 브리지
② 켐벨 브리지
③ 직류 전위차계
④ 메거

• 풀이
- 켈빈 더블 브리지 : 저저항 정밀측정용
- 휘스토운 브리지 : 중저항 측정용, 검류계내부저항 측정
- 콜라우시 브리지 : 접지저항 및 전해액의 저항 측정
- 메거(절연저항계) : 절연저항 측정용

답 ③

16 피뢰기의 보호 제1대상은 전력용 변압기이며, 피뢰기에 흐르는 정격방전전류는 변전소의 차폐유무와 그 지방의 연간 뇌우 발생일수 등을 고려하여야 한다. 다음 표의 ( )에 적당한 설치장소별 피뢰기의 공칭 방전전류[A]는?

① ① 15000 ② 10000 ③ 5000
② ① 10000 ② 5000 ③ 2500
③ ① 10000 ② 2500 ③ 2500
④ ① 5000 ② 5000 ③ 2500

공칭 방전전류[A]	설치장소
(①)	154[Kv] 이상 계통의 변전소
(②)	66[kV] 이하의 계통에서 뱅크 용량이 3000[kVA] 이하인 변전소
(③)	배전 선로

풀이

설치장소별 피뢰기의 공칭방전전류

공칭 방전전류[A]	설치장소	적용조건
10,000	변전소	• 154[kV] 이상 계통의 변전소 • 66[kV] 및 그 이하 계통에서 뱅크용량이 3000[kVA]를 초과하거나 특히 중요한 곳 • 장거리송전선케이블 및 콘덴서 뱅크를 개폐하는 곳
5,000	변전소	66[kV] 이하의 계통에서 뱅크 용량이 3000[kVA] 이하인 변전소
2,500	선 로	배전 선로
	변전소	배전선피더 인출측

답 ②

17 동기발전기의 전기자 권선법으로 사용되지 않는 것은?
① 2층권　　② 중권　　③ 분포권　　④ 전절권

풀이
동기기는 중권(2층권), 단절권, 분포권이 동시에 채용된다.

답 ④

18 트랜지스터에 있어서 아래 그림과 같이 달링톤(Darlington) 구조를 사용하는 경우 맞는 설명은?
① 같은 크기의 컬렉터 전류에 대해 트랜지스터가 2가 사용되므로 구동회로 손실이 증가한다.
② 달링톤 구조를 사용하면 트랜지스터의 전체적인 전류 이득은 감소한다.
③ 같은 크기의 컬렉터 전류에 대해 트랜지스터 컬렉터–이미터 전압(V_{CE})을 2배로 하는데 사용한다.
④ 같은 크기의 컬렉터 전류에 대해 트랜지스터 구동에 필요한 구동회로 전류를 감소시키는 효과를 얻을 수 있다.

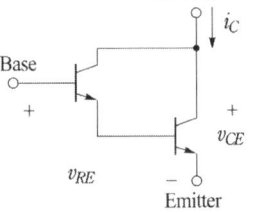

풀이
달링턴 회로(접속) : 2개 이상의 트랜지스터를 적당히 직결하여 사용하는 복합 회로의 일종으로, pnp 또는 npn형 트랜지스터 2개를 조합시켜서 1개의 등가한 트랜지스터로 하는 접속 방법이다. 이것을 1개의 등가한 트랜지스터로 대치하면 전류 증폭률은 2개 트랜지스터의 그것의 곱으로 되어서 매우 커지며 고감도의 직류 증폭기나 고입력 저항 증폭기, 전력 증폭기 등에 사용된다.

답 ④

19 과도한 전류변화 $\left(\dfrac{di}{dt}\right)$나 전압변화 $\left(\dfrac{dv}{dt}\right)$에 의한 전력용 반도체 스위치의 소손을 막기 위해 사용화는 회로는?
① 스너버 회로　　② 게이트 회로　　③ 필터회로　　④ 스위치 제어회로

풀이
스너버 회로는 인덕턴스에 의해 발생한 과도 전압으로부터 사이리스터를 보호하고, 사이리스터가 오프될 때의 전압 상승률(dv/dt)을 억제하며, 첨두 회복 전압의 크기와 소자의 스위칭 손실을 감소시키는 역할을 한다.

답 ①

20 그림과 같은 회로에서 대칭 3상 전압(선간전압) 173[V]를 $Z=12+j16[\Omega]$인 성형결선 부하에 인가하였다. 이 경우의 선전류는 몇 [A]인가?

① 5.0[A]
② 8.3[A]
③ 10.0[A]
④ 15.0[A]

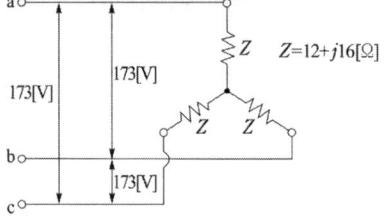

• 풀이

Y결선 $V_l = \sqrt{3} V_p$, $I_l = I_p$ 이므로

$$I_l = I_p = \frac{V_p}{Z_p} = \frac{\frac{173}{\sqrt{3}}}{12+j16} = \frac{100}{\sqrt{12^2+16^2}} = 5[A]$$

답 ①

21 그림과 같은 회로의 합성 임피던스는 몇 [Ω] 인가?

① $25+j20$
② $25-j20$
③ $25+j\dfrac{100}{3}$
④ $25-j\dfrac{100}{3}$

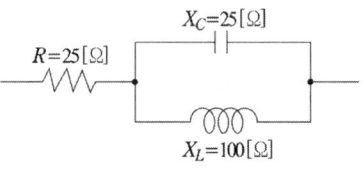

• 풀이

$$Z = 25 + \frac{j100 \times (-j25)}{j100 - j25} = 25 + \frac{2500}{j75} = 25 - j\frac{100}{3}[\Omega]$$

답 ④

22 그림과 같은 초퍼회로에서 $V=600[V]$, $V_c=350[V]$, $R=0.1[\Omega]$, 스위칭 주기 $T=1800[\mu s]$, L은 매우 크기 때문에 출력전류는 맥동이 없고 $I_0=100[A]$로 일정하다. 이때 요구되는 t_{on} 시간은 몇 [μs]인가?

① 950[μs]   ② 1050[μs]
③ 1080[μs]   ④ 1110[μs]

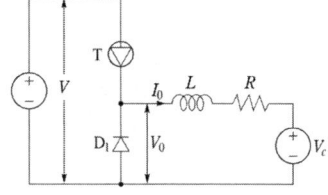

• 풀이

$$(V_c + 전압강하) = \frac{T_{on}}{T_{on}+T_{off}}V = \frac{T_{on}}{T}V$$

$$(350+0.1\times 100) = \frac{T_{on}}{1800}\times 600$$

$$\therefore T_{on} = 1080[\mu s]$$

답 ③

23 진수의 음수 표시법으로 −9의 8비트 부호화된 절대값의 표시값은?

① 10001001   ② 11110110   ③ 11110111   ④ 10011001

풀이

1000	1001
(−)부호표시	9를 표시

답 ①

24 서지 흡수기는 보호하고자 하는 기기의 전단 및 개폐 서지를 발생하는 차단기 2차에 각 상의 전로와 대지간에 설치하는데 다음 중 설치가 불필요한 경우의 조합은 어느 것 인가?
① 진공차단기 − 유입식 변압기
② 진공차단기 − 건식 변압기
③ 진공차단기 − 몰드식 변압기
④ 진공차단기 − 유도 전동기

답 ①

25 행거밴드라 함은?
① 전주에 COS 또는 LA를 고정시키기 위한 밴드
② 전주 자체에 변압기를 고정시키기 위한 밴드
③ 완금을 전주에 설치하는데 필요한 밴드
④ 완금에 암타이를 고정시키기 위한 밴드

풀이
① 주상 변압기 설치
  • 행거 밴드를 사용하여 고정
  • 행거 밴드를 사용하기 곤란한 경우에는 변대를 만들어 변압기를 설치
② 암타이 : 완금이 상하로 움직이는 것을 방지
③ 암타이 밴드 : 암타이를 고정

답 ②

26 지상역률 60[%]인 1000[kVA]의 부하를 100[%]의 역률로 개선하는데 필요한 전력용 콘덴서의 용량은?
① 200[kVA]   ② 400[kVA]   ③ 600[kVA]   ④ 800[kVA]

풀이
$Q = P(\tan\theta_1 - \tan\theta_2)$[kVA] 이므로
$Q = 1000 \times 0.6(\tan \cdot \cos^{-1} 0.6 - \tan \cdot \cos^{-1} 1.0) = 800$[kVA]

답 ④

27 **마이크로프로세서 부분 삭제**

28 변압기의 효율이 최고일 조건은?
① 철손 = $\frac{1}{2}$동손
② 동손 = $\frac{1}{2}$철손
③ 철손 = 동손
④ 철손 = (동손)^2

▶풀이

효율(부하율이 있을 경우) $\eta_{\frac{1}{m}} = \dfrac{\frac{1}{m}P\cos\theta}{\frac{1}{m}P\cos\theta + P_i + \left(\frac{1}{m}\right)^2 P_c} \times 100$ 에서

최대효율은 $P_i = \left(\dfrac{1}{m}\right)^2 P_c$ 일 때 발생한다.

전부하시 최대효율은 철손(P_i)과 동손(P_c)이 같을 때 일어난다

답 ③

29 마이크로프로세서 부분 삭제

30 도통 상태에 있는 SCR을 차단 상태로 만들기 위해서는 어떻게 하여야 하는가?
① 게이트 전압을 (-)로 가한다.　② 게이트 전류를 증가한다.
③ 게이트 펄스전압을 가한다.　④ 전원 전압이 (-)가 되도록 한다.

▶풀이
SCR은 점호(도통)능력은 있으나 소호(차단)능력이 없다. 소호시키려면 SCR의 주전류를 유지전류 이하로 하거나는 SCR의 애노드, 캐소드 간에 역전압을 인가한다.

답 ④

31 반가산기의 진리표에 대한 출력함수는?
① $S = \overline{A}\,\overline{B} + AB$, $C_0 = \overline{A}\,\overline{B}$
② $S = \overline{A}B + A\overline{B}$, $C_0 = AB$
③ $S = \overline{A}\,\overline{B} + AB$, $C_0 = AB$
④ $S = \overline{A}B + A\overline{B}$, $C_0 = \overline{A}\,\overline{B}$

입력		출력	
A	B	S	C_0
0	0	0	0
0	1	1	0
1	0	1	0
1	1	0	1

▶풀이
반가산기(Half-Adder ; HA) : 2개의 2진수 A와 B를 더한 합 (sum) S와 자리올림 (carry) C를 얻는 회로
① 합 : $S = \overline{A}B + A\overline{B} = A \oplus B$
② 자리올림 수 : $C = AB$

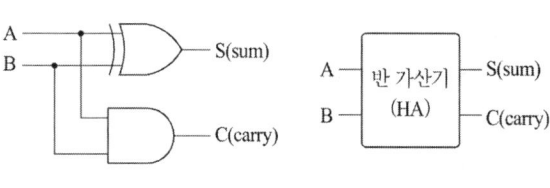

A	B	S	C
0	0	0	0
0	1	1	0
1	0	1	0
1	1	0	1

(a) 논리회로도　　(b) 논리기호　　(c) 진리표

답 ②

32 22.9[kV-Y] 수전설비의 부하전류가 20[A]이며, 30/5[A]의 변류기를 통하여 과전류계전기를 시설하였다. 120[%]의 과부하에서 차단기를 트립 시키려고 하면 과전류 계전기의 Tap은 몇 [A]에 설정하여야 하는가?
① 2[A]　　② 3[A]　　③ 4[A]　　④ 5[A]

풀이

계전기 Tap $= I_2 \times \dfrac{1}{\text{CT비}} \times 설정비 = 20 \times \dfrac{5}{30} \times 1.2 = 4[\text{A}]$

답 ③

33 동기조상기에 대한 설명으로 옳은 것은?

① 유도부하와 병렬로 접속한다.
② 부하전류의 가감으로 위상을 변화시켜 준다.
③ 동기전동기에 부하를 걸고 운전하는 것이다.
④ 부족여자로 운전하여 진상전류를 흐르게 한다.

풀이

동기조상기 : 전력계통의 전압조정과 역률 개선을 위해 계통에 병렬접속한 무부하의 동기전동기를 말한다.
① 부족여자로 운전 : 지상 무효 전류가 증가하여 리액터의 역할로 자기여자에 의한 전압 상승을 방지
② 과여자로 운전 : 진상 무효 전류가 증가하여 콘덴서 역할로 역률을 개선하고 전압강하를 감소

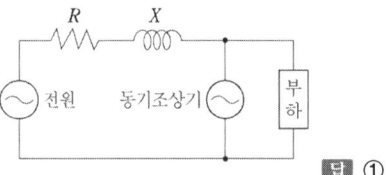

답 ①

34 반지름 25[cm]의 원주형 도선에 π[A]의 전류가 흐를 때, 도선의 중심축에서 50[cm]되는 점의 자계의 세기는?

① 1[AT/m]   ② π[AT/m]   ③ $\dfrac{1}{2}\pi$[AT/m]   ④ $\dfrac{1}{4}\pi$[AT/m]

풀이

$H = \dfrac{I}{2\pi r} = \dfrac{\pi}{2\pi \times 0.5} = 1[\text{AT/m}]$

답 ①

35 직류전동기의 속도제어 중 계자권선에 직렬 또는 병렬로 저항을 접속하여 속도를 제어하는 방법은?

① 저항제어   ② 전류제어   ③ 계자제어   ④ 전압제어

풀이

직류전동기 속도제어

$N = K_1 \dfrac{V - I_a R_a}{\phi}$[rpm]의 식에서 속도 N을 제어하기 위해 ϕ, R_a, V 중 하나를 변화시키는 다음의 세 가지 방법이 있다.

① 계자제어(ϕ)
  ㉠ 계자권선에 직렬로 저항을 삽입하여 계자전류를 변화시켜 조정한다.
  ㉡ 광범위하게 속도를 조정할 수 있고, 정출력 가변속에 적합하다.
② 저항제어(R_a)
  ㉠ 전기자권선에 직렬로 저항을 삽입하여 속도를 조정한다.
  ㉡ 전력손실이 생기고 속도 조정의 폭이 좁아서 별로 사용하지 않는다.
③ 전압제어(V)
  ㉠ 직류전압 V를 조정하여 속도를 조정한다.
  ㉡ 워드 레오나드 방식(M-G-M법), 일그너 방식이 있으나, 설치비용이 많이 든다.

답 ③

36 절대조건 점프 명령 중에서 조건이 서로 상반되는 것끼리 나타낸 것은? (단, Z-80인 경우)
① JP M, JP C
② JP NC, JP C
③ JP NC, JP PE
④ JP Z, JP E

답 ②

37 반파 위상제어에 의한 트리거 회로에서 발진용 저항이 필요한 경우의 트리거 소자가 아닌 것은?
① SUS
② PUT
③ UJT
④ TRIAC

▶풀이
트리거소자 : UJT, PUT, SUS, SBS, DIAC, 펄스 변압기 등

답 ④

38 1차 전압 200[V], 2차 전압 220[V], 50[kVA]인 단상 단권변압기의 부하용량[kVA]는?
① 25[kVA]
② 50[kVA]
③ 250[kVA]
④ 550[kVA]

▶풀이
$$\frac{\text{자기용량}(P_s)}{\text{부하용량}(P_n)} = \frac{V_2 - V_1}{V_2}$$

$$\frac{50}{P_n} = \frac{220-200}{220}$$

$$\therefore P_n = 50 \times 11 = 550$$

답 ④

39 유도전동기의 속도제어방법에서 특별한 보조 장치가 필요없고 효율이 좋으며, 속도제어가 간단한 장점이 있으나, 결점으로는 속도의 변화가 단계적인 제어방식은?
① 극수 변환법
② 주파수 변화제어법
③ 전원전압 제어법
④ 2차 저항 제어법

▶풀이
유도전동기 속도제어
① 주파수 제어법 : 농형 유도 전동기에 적용되는 방법으로 높은 속도를 원하는 곳에 적합하다. 포트 모터, 선박의 추진기등에 이용된다.
  ㉠ 인버터 시스템을 이용하여 $N_s = \frac{120f}{p}$ 에서 주파수 f를 변환시켜 속도를 제어하는 방법.
  ㉡ VVVF 제어 : 주파수를 가변하면 $\Phi \propto \frac{V}{f}$ 와 같이 자속이 변화기 때문에 자속을 일정하게 유지하기 위해 전압과 주파수를 비례히게 가변시키는 제어법을 말한다.
② 전원 전압 제어법 : 전압의 2승에 비례하여 토크는 변화하므로 이것을 이용해서 속도를 바꾸는 제어법으로 전력 전자소자를 이용하는 방법이 최근에 널리 이용되고 있다.
③ 극수 변환법 : 고정자권선의 접속을 바꾸어 극수를 바꾸면 단계적이지만 속도를 바꿀 수 있다.
④ 2차 저항법 : 권선형 유도전동기의 2차에 저항을 삽입하여 비례추이를 이용한 속도제어를 말한다.
⑤ 2차 여자법 : 권선형 유도 전동기 2차 회전자에 2차 유기기전력과 같은 주파수를 갖는 슬립주파수 전압을 가하여 속도를 제어한다.
⑥ 종속법(농형,권선형) : 직렬접속, 병렬접속, 차동접속

답 ①

40 가요전선관 공사에 의한 저압 옥내배선을 다음과 같이 시행 하였다. 옳은 것은?

① 2종 금속제 가요전선관을 사용하였다.

② 옥외용 비닐절연전선을 사용하였다.

③ 단면적 25[mm²]의 단선을 사용하였다.

④ 가요전선관에 제1종 접지공사를 하였다.

> **풀이**
>
> 금속제 가요전선관
> - 가요 전선관은 두께 0.8[mm] 이상의 연강대에 아연도금을 하고, 이것을 약 반 폭씩 겹쳐서 나선모양으로 만들어 가요성이 풍부하고, 길게 만들어져서 관에 상호 접속하는 일이 적고 자유롭게 배선할 수 있는 전선관으로 작은 증설 배선, 안전함과 전동기 사이의 배선, 기차나 전차 안의 배선 등의 시설에 적당하다.
> - 전선은 절연전선으로 10[mm²](알루미늄선은 16[mm²])를 초과하는 것은 연선을 사용해야 되고, 관내에서는 전선의 접속점을 만들어서는 안된다.
>
> 답 ①

41 아래 그림 3상 교류 위상제어 회로에서 사이리스터 T_1, T_4는 a상에, T_3, T_6는 b상에, T_5, T_2는 c상에 연결되어 있다. 이때 그림의 3상 교류 위상제어 회로에 대한 설명으로 옳지 않은 것은?

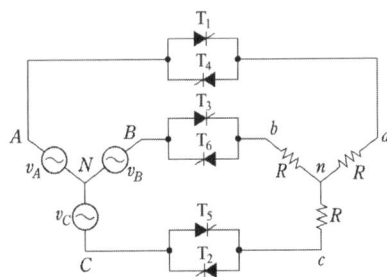

① 사이리스터 T_1, T_6, T_2만 Turn On 되어 있는 경우 각 상 부하저항에 걸리는 전압은 전원전압의 각 상전압과 동일하다.

② 사이리스터 T_1, T_6만 Turn On 되어 있고 나머지 사이리스터들이 모두 Turn Off 되어 있는 경우에는 a상 부하 저항에 걸리는 전압은 ab 선간전압의 반이 걸리게 된다.

③ 6개의 사이리스터가 모두 Turn Off 되어 있는 경우에는 부하 저항에 나타나는 모든 출력전압은 0 이다.

④ 사이리스터 T_2, T_3만 Turn On 되어 있고 나머지 사이리스터 들이 모두 Turn Off되어 있는 경우에는 a상 부하저항에 걸리는 전압은 전원의 A상 전압이 그대로 걸리게 된다.

답 ④

42 그림과 같은 회로는?

① 비교 회로

② 반일치 회로

③ 가산 회로

④ 감산 회로

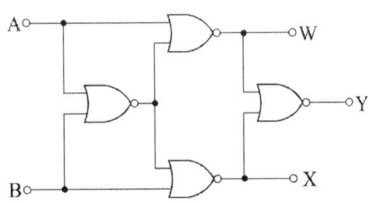

> **풀이**
>
> 비교회로 : 2개의 수(2진수)를 비교하는 회로이며 각 자리마다 대소(大小) 혹은 같은가를 직접 비교한다
>
> $W = \overline{A + \overline{A+B}} = \overline{\overline{A}} \cdot \overline{(A+B)} = \overline{A} \cdot B$
>
> $X = \overline{B + \overline{A+B}} = \overline{\overline{B}} \cdot \overline{(A+B)} = \overline{B} \cdot A$

$$Y = \overline{\overline{A} \cdot B + A \cdot \overline{B}} = \overline{\overline{A} \cdot B} \cdot \overline{A \cdot \overline{B}} = (A + \overline{B}) \cdot (\overline{A} + B)$$

답 ①

43
T형 플립플롭을 3단으로 직렬접속하고 초단에 1[kHz]의 구형파를 가하면 출력 주파수는 몇 [Hz]인가?

① 1
② 125
③ 250
④ 500

풀이

분주회로로서 플립플롭이 3개이므로 $2^3 = 8$이므로 $\dfrac{1000}{8} = 125[\text{Hz}]$

답 ②

44
어떤 시스템 프로그램에 있어서 특정한 부호와 신호에 대해서만 응답하는 일종의 해독기로서 다른 신호에 대해서는 응답하지 않는 것을 무엇이라 하는가?

① 산술연산기(ALU)
② 디코더(decoder)
③ 인코더(encoder)
④ 멀티플렉서(multiplexer)

풀이

- 디코더(Decoder : 해독기) : 코드 형식의 2진 정보를 다른 코드 형식으로 바꾸는 회로. 2진 코드나 BCD Code를 해독(Decoding)하여 이에 대응하는 1개(10진수)의 선택 신호로 출력하는 것을 말한다.
- 인코더(Encoder : 부호기) : 디코더의 역연산을 수행하는 것으로 10진수나 8진수를 입력으로 받아들여 2진수나 BCD Code로 변환하는 디지털 함수이다.
- 멀티 플렉스(Multiplexer ; MUX) : 다중화 장치로 다수의 정보를 적은수의 채널이나 회선을 통해 전송하는 기기

답 ②

45
양수량 35[m³/min]이고 총양정이 20[m]인 양수 펌프용 전동기의 용량은 약 몇 [kW]인가? (단, 펌프효율은 90[%], 설계여유계수는 1.2로 계산한다)

① 103.8[kW]
② 124.6[kW]
③ 152.4[kW]
④ 184.2[kW]

풀이

$$P = \dfrac{9.8 KQH}{\eta} = \dfrac{9.8 \times 1.2 \times \dfrac{35}{60} \times 20}{0.9} = 152.4[\text{kW}]$$

단, η : 펌프효율(90[%]), k : 여유계수(1.2)

답 ③

46
다음 중 지중 송전선로의 구성 방식이 아닌 것은?

① 방사상 환상 방식
② 가지식 방식
③ 루프 방식
④ 단일 유닛 방식

풀이

가지식, 환상식, 네트워크식은 가공배전선로의 구성방식이다.

답 ②

47 간선의 배선방식 중 고조파 발생의 저감대책이 아닌 것은?
① 전원의 단락 용량 감소
② 교류리액터의 설치
③ 콘덴서의 설치
④ 교류 필터의 설치

> **풀이**
> 콘덴서이 용량이 크게 되면 투입 시의 돌입전류가 커지고, 고조파를 포함하는 경우가 많으므로 이를 억제하기 위해서 직렬리액터를 설치한다. 보통 직렬리액터는 콘덴서 임피던스의 6[%]를 설치한다.
>
> **답** ①

48 금속전선관의 굵기 [mm]를 부르는 것으로 옳은 것은?
① 후강 전선관은 바깥지름에 가까운 홀수로 정한다.
② 후강 전선관은 안지름에 가까운 짝수로 정한다.
③ 박강 전선관은 바깥지름에 가까운 짝수로 정한다.
④ 박강 전선관은 안지름에 가까운 홀수로 정한다.

> **풀이**
> • 후강전선관 : 안지름에 가까운 짝수(16, 22, 28, 36, 42, 54, 70, 82, 92, 104 (10종류)
> • 박강전선관 : 바깥지름에 가까운 홀수(15, 19, 25, 31, 39, 51, 63, 75 (8종류)
>
> **답** ②

49 그림과 같이 대전 된 에보나이트 막대를 박검전기의 금속관에 닿지 않도록 가깝게 가져갔을 때 금박이 열렸다면 다음 중 옳은 것은? (단, A는 원판, B는 박, C는 에보나이트 막대이다.)
① A : 양전기, B : 양전기, C : 음전기
② A : 음전기, B : 음전기, C : 음전기
③ A : 양전기, B : 음전기, C : 음전기
④ A : 양전기, B : 양전기, C : 양전기

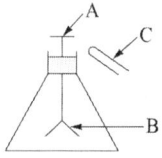

> **풀이**
> 정전기유도 [靜電氣誘導, electrostatic induction] : 대전체와 가까운 쪽에는 대전체와 다른 종류의 전하가, 반대쪽에는 같은 종류의 전하가 나타나는 현상
>
> **답** ③

50 변압기 여자전류의 파형은?
① 파형이 나타나지 않는다.   ② 사인파
③ 왜형파   ④ 구형파

> **풀이**
> 변압기의 철심에는 자기 포화 현상과 히스테리시스 현상으로 인해 자속 ϕ를 만드는 여자 전류 i_0는 정현파가 될 수 없으며 제 3고조파를 포함하는 비정현파(첨두파,왜형파)가 된다.
>
> **답** ③

51 단상 직권 정류자 전동기의 속도를 고속으로 하는 이유는?
① 전기자에 유도되는 역기전력을 적게 한다.
② 전기자 리액턴스 강하를 크게 한다.
③ 토크를 증가시킨다.
④ 역률을 개선시킨다.

▶ 풀이
정류자전동기에서 역률을 개선하기위하여 보상권선 이용, 회전속도를 증가하고 약계자 강전기자형을 사용한다.　　　　　　　　　　　　　　　　　　　　　　　　　　　**답 ④**

52 변압기에서 임피던스의 전압을 걸 때 입력은?
① 정격용량　　　　　　　　　　　② 철손
③ 전부하시의 전손실　　　　　　④ 임피던스 와트

▶ 풀이
- 임피던스 전압(V_s) : 2차측을 단락했을 때 1차측에 정격전류(I_{1n})가 흐르게 하기 위한 1차측 인가전압 (변압기 내의 임피던스 전압강하)
- 임피던스 와트(P_s) : 2차측을 단락했을 때 1차측에 정격전류(I_{1n})가 흐르게 하기 위한 1차측 유효전력 (부하손 = 동손, 정격시 동손)　　　　　　　　　　　　　　　　　　　　　**답 ④**

53 저압가공 인입선의 시설 기준으로 옳지 않은 것은?
① 전선이 옥외용 비닐절연전선일 경우에는 사람이 접촉할 우려가 없도록 시설할 것.
② 전선의 인장강도는 2.30[kN] 이상일 것.
③ 전선은 나전선, 절연전선, 케이블일 것.
④ 철도 또는 궤도를 횡단하는 경우에는 레일면상 6.5[m] 이상일 것

▶ 풀이
저압 가공인입선
① 지름 2.6[mm](경간 15[m] 이하는 2[mm])의 경동선 또는 이와 동등 이상의 세기 및 굵기의 것일 것
② 전선은 옥외용 비닐전선(OW), 인입용 절연전선(DV) 또는 케이블일 것
③ 인입선의 길이는 50[m] 이하로 할 것
④ 전선의 높이는 다음에 의할 것
　• 도로를 횡단하는 경우에는 노면상 5[m] 이상
　　(기술상 부득이한 경우에 교통에 지장이 없을 때에는 3[m])
　• 철도 궤도를 횡단하는 경우에는 레일면상 6.5[m] 이상
　• 기타의 경우 : 4[m] 이상 (기타 이외 교통지장이 없을 경우 : 2.5[m])　　**답 ③**

54 가공전선이 건조물 · 도로 · 횡단보도 · 철도 · 가공약전류전선 · 안테나, 다른 가공전선, 기타의 공작물과 접근 · 교차하여 시설하는 경우에 일반 공사보다 강화하는 것을 보안공사라 한다. 고압 보안공사에서 전선을 경동선으로 사용하는 경우 몇 [mm]이상의 것을 사용하여야 하는가?
① 3[mm]　　　　② 4[mm]　　　　③ 5[mm]　　　　④ 6[mm]

▶풀이
고압 보안공사의 전선 굵기 : 인장강도 8.01[kN], 지름 5[mm]이상 경동선   답 ③

55 축의 완성지름, 철사의 인장강도, 아스피린 순도와 같은 데이터를 관리하는 가장 대표적인 관리도는?
① c관리도   ② nP 관리도   ③ u관리도   ④ $\bar{x} - R$ 관리도

▶풀이
- C 관리도 : 관리항목이 에나멜동선의 일정한 길이중의 핀홀수 라디오 한대 중의 납땜불량수 등과 같이 미리 정해진 일정단위 중에 포함된 결점수
- P 관리도 : 공정을 불량률 p에 의거 관리할 경우에 사용
- U 관리도 : 직물의 얼룩, 에나멜 동선의 핀 홀 등과 같은 결점수를 취급   답 ④

56 로트의 크기가 시료의 크기에 비해 10배 이상 클 때, 시료의 크기와 합격판정개수를 일정하게 하고 로트의 크기를 증가시킬 경우 검사특성곡선의 모양 변화에 대한 설명으로 가장 적절한 것은?
① 무한대로 커진다.
② 별로 영향을 미치지 않는다.
③ 샘플링 검사의 판별 능력이 매우 좋아진다.
④ 검사특성곡선의 기울기 경사가 급해진다.

▶풀이
로트의 크기가 증가하게 되면 검사특성곡선의 기울기가 급해지게 되나, 로트의 크기가 시료의 크기에 비해 10배 이상 크면 거의 변화하지 않는다.   답 ②

57 작업시간 측정방법 중 직접측정법은?
① PTS법   ② 경험견적법   ③ 표준자료법   ④ 스톱워치법

▶풀이
(1) 직접측정법
  ① Stop Watch(스톱워치)법 : 스톱워치를 사용하여 표준시간 측정
    • 관측방법의 종류 : 계속시간 관측법, 반복시간 관측법, 순환법
    • Stop watch의 시간 단위 : 1/100분 = 1 DM
  ② WS(Work Sampling)법 : 통계적 수법을 이용하여 작업자 또는 기계의 작업 상태를 파악하는 방법
(2) 간접측정법
  ① PTS(Predetermined Time Standard)법 : 인간이 행하는 모든 작업을 구성하는 기본동작으로 분해하여 각 기본동작에 대해 그 동작의 성질과 조건에 따라 미리 정해진 시간치를 적용하는 수법으로 MTM법과 WF법 등이 있다
  ② 표준자료법 : 동일 종류에 속하는 과업의 작업 내용을 정수 요소와 변수 요소로 나누어 미리 그 작업을 측정하여, 변동 요인과 시간치의 관계를 해석하고 시간공식 또는 시간자료를 만들어 개개작업 시간을 설정할 때, 그때마다 측정을 하지 않고 그 자료를 사용하여 표준시간 측정   답 ④

58 준비작업시간 100분, 개당 정미작업시간 15분, 로트 크기 20일 때 1개당 소요작업시간은 얼마인가? (단, 여유시간은 없다고 가정한다.)
① 15분　　　　② 20분　　　　③ 35분　　　　④ 45분

▶풀이

외경법 : 표준시간 = 정미시간 × (1+여유율) = $15 \times \left(1 + \frac{100}{15 \times 20}\right) = 20$분

여유율 = $\frac{준비작업시간}{개당작업시간 \times 로트수}$

답 ②

59 소비자가 요구하는 품질로서 설계와 판매정책에 반영되는 품질을 의미하는 것은?
① 시장품질　　② 설계품질　　③ 제조품질　　④ 규격품질

답 ①

60 다음 중 샘플링 검사보다 전수검사를 실시하는 것이 유리한 경우는?
① 검사항목이 많은 경우
② 파괴검사를 해야 하는 경우
③ 품질특성치가 치명적인 결점을 포함하는 경우
④ 다수 다량의 것으로 어느 정도 부적합품이 섞여도 괜찮을 경우

▶풀이

샘플링 검사와 전수검사 비교
(1) 전수(전체)검사가 필요한 경우
　　① 불량품이 1개라도 혼입되면 안될 때
　　② 전수검사를 쉽게 행할 수 있을 때
(2) 샘플링 검사가 유리한 경우
　　① 다수, 다량의 것으로 어느 정도 불량품이 섞여도 허용되는 경우
　　② 검사항목이 많을 경우
　　③ 불완전한 전수검사에 비해 높은 신뢰성이 얻어질 때
　　④ 검사비용을 적게 하는 편이 이익이 되는 경우
　　⑤ 생산자에게 품질향상의 자극을 주고 싶을 때

답 ③

제 12 회 전기기능장 실전모의고사

01 사용전압이 220[V]인 경우에 애자사용공사에서 전선과 조영재와의 이격거리는 최소 몇 [cm]이상이어야 하는가?
① 2.5　　　　② 4.5　　　　③ 6.0　　　　④ 8.0

▶ 풀이

애자 사용 배선은 시공 전선을 조영재의 아래 면이나 옆면에 시설해야 한다.
① 전선 상호 간의 거리 : 6[cm] 이상
② 전선과 조영재와의 거리
　• 400[V] 미만 : 2.5[cm] 이상
　• 400[V] 이상 : 4.5[cm] 이상(건조한 곳은 2.5[cm] 이상)
③ 애자의 지지점 간의 거리는 2[m] 이하이다.

답 ①

02 그림은 사이클로 컨버터의 출력전압과 전류의 파형이다. $\theta_2 \sim \theta_3$ 구간에서 동작되는 컨버터와 동작모드는?
① P 컨버터, 순변환
② P 컨버터, 역변환
③ N 컨버터, 순변환
④ N 컨버터, 역변환

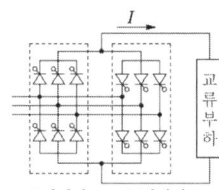
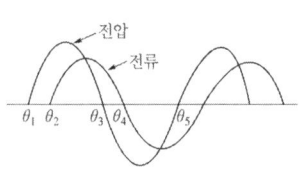

답 ①

03 직류 복권전동기 중에서 무부하 속도와 전부하 속도가 같도록 만들어진 것은?
① 과복권　　　② 부족복권　　　③ 평복권　　　④ 차동복권

▶ 풀이

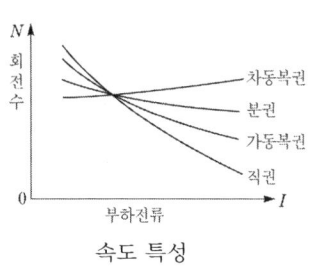
속도 특성

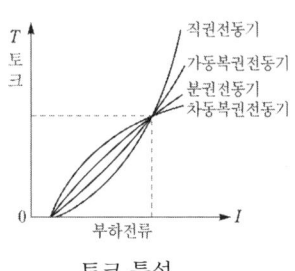
토크 특성

답 ③

04 직류기에 주로 사용하는 권선법으로 다음 중 옳은 것은?

① 개로권, 환상권, 이층권   ② 개로권, 고상권, 이층권
③ 폐로권, 고상권, 이층권   ④ 폐로권, 환상권, 이층권

▸ 풀이
- 직류기는 폐로권, 고상권, 2층권(중권, 파권)
- 동기기는 분포권-단절권-중권-2층권을 사용

답 ③

05 공용접지의 특징으로 적합한 것은?

① 다른 기기 계통에 영향이 적다.
② 보호대상물을 제한할 수 있다.
③ 접지전극수가 적어 시공면에서 경제적이다.
④ 접지공사비가 상승한다.

▸ 풀이
공용접지가 독립접지보다 유리한 점에 대해서 열거하면
① 접지선이 짧아지고 접지계통이 단순하게 되어 보수점검이 쉬워진다.
② 접지전극이 병렬이 되어 접지저항값이 낮아지는 이점이 있다.
③ 접지극의 신뢰도가 향상된다.
④ 접지전극수가 작아지므로 시공면에서 경제적이다.

답 ③

06 어떤 교류 3상 3선식 배전선로에서 전압을 200[V]에서 400[V]로 승압하였을 때 전력 손실은? (단, 부하용량은 같다.)

① 2배로 증가한다.   ② 4배로 증가한다.
③ $\dfrac{1}{2}$로 감소한다.   ④ $\dfrac{1}{4}$로 감소한다.

▸ 풀이
전력손실
$$P_L = 3I^2R = 3 \times \left(\dfrac{P}{\sqrt{3}\,V\cos\theta}\right)^2 \times R = \dfrac{P^2 R}{V^2 \cos^2\theta} = \dfrac{P^2 \rho l}{V^2 \cos^2\theta A}$$
$\therefore\ R = \rho \dfrac{l}{A}$
$\therefore\ P_l \propto \dfrac{1}{V^2} = \dfrac{1}{2^2} = \dfrac{1}{4}$

답 ④

07 은전량계에 1시간 동안 전류를 통과시켜 8.054[g]의 은이 석출되었다면, 이때 흐른 전류의 세기는 약 얼마인가? (단, 은의 전기적 화학당량은 0.001118[g/C]이다.)

① 2[A]   ② 9[A]   ③ 32[A]   ④ 120[A]

▸ 풀이
$W = kIt\,[\text{g}]$에서 $I = \dfrac{W}{kt} = \dfrac{8.054}{0.001118 \times 3600} = 2[\text{A}]$

답 ①

08 평균 구면광도 100[cd]의 전구 5개를 지름 10[m]인 원형의 방에 점등할 때, 방의 평균조도 [lx]는? (단, 조명률은 0.5, 감광보상률은 1.5이다.)

① 약 26.7[lx]   ② 약 35.5[lx]   ③ 약 48.8[lx]   ④ 약 59.4[lx]

풀이

구면 $F = 4\pi I = 4\pi \times 100$

$FUN = EAD$ 에서 $E = \dfrac{FUN}{AD} = \dfrac{4\pi \times 100 \times 0.5 \times 5}{\dfrac{\pi D^2}{4} \times 1.5} = 26.7$

답 ①

09 저압 이웃 연결 인입선의 시설기준으로 옳은 것은?

① 인입선에서 분기되는 점에서 100[m]를 초과하지 말 것
② 폭 2.5[m]를 초과하는 도로를 횡단하지 말 것
③ 옥내를 통과하여 시설할 것
④ 지름은 최소 2.5[mm^2] 이상의 경동선을 사용할 것

풀이

이웃 연결 인입선이란 한 수용 장소의 인입선에서 분기하여 다른 지지물을 거치지 아니하고 다른 수용가의 인입구에 이르는 부분의 전선을 말한다.
① 인입선에서의 분기하는 점에서 100[m]를 넘는 지역에 이르지 않아야 한다.
② 폭 5[m]를 넘는 도로를 횡단하지 않아야 한다.
③ 이웃 연결 인입선은 옥내를 관통하면 안된다.
④ 고압 이웃 연결 인입선은 시설할 수 없다.

답 ①

10 자극의 흡인력 F[N]과 자속밀도 B[Wb/m^2]의 관계로 옳은 것은?
(단, $K = \dfrac{S}{2\mu_0}$이다.)

① $F = K\dfrac{1}{B^2}$ ② $F = K\dfrac{1}{B}$ ③ $F = KB^2$ ④ $F = KB$

풀이

단위 부피에 축척되는 에너지 = 단위면적당 흡인력

$W = \dfrac{1}{2}\mu H^2 = \dfrac{1}{2}BH = \dfrac{1}{2} \cdot \dfrac{B^2}{\mu}$ [J/m^3][N/m^2] 이므로

공기 중임을 감안하면 $f_m \times S = \dfrac{1}{2}\mu_0 H^2 \times S = \dfrac{1}{2}BH \times S = \dfrac{1}{2} \cdot \dfrac{B^2}{\mu_0} \times S$

∴ $F = KB^2$

답 ③

11 그림과 같은 회로에서 소비되는 전력은?

① 5808[W]
② 7744[W]
③ 9680[W]
④ 12100[W]

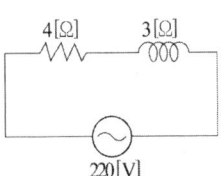

▶풀이

$R-L$ 직렬회로 전체전류 $I = \dfrac{V}{Z} = \dfrac{220}{4+j3} = \dfrac{220}{\sqrt{4^2+3^2}} = 44[A]$

∴ $P = I^2 R = 44^2 \times 4 = 7744[W]$

답 ②

12 저압 옥내 간선에서 분기하여 전기 사용 기계기구에 이르는 저압 옥내 전로의 분기 개소에 시설하는 개폐기 및 과전류 차단기는 분기점에서 전선의 길이가 몇 [m] 이내인 곳에 시설하여야 하는가?

① 1.5[m]   ② 3.0[m]   ③ 5.5[m]   ④ 8.0[m]

▶풀이

분기선을 보호하는 개폐기 및 과전류 차단기
※ 분기 회로수 계산 방법

분기회로 수[N] = $\dfrac{\text{부하산정용량[VA]}}{\text{전압[V]} \times \text{분기회로정격[A]}}$

① 분기점에서 3[m] 이내 장소에 설치하는 것을 원칙으로 한다. (분기선의 허용전류가 간선 보호용 과전류 차단기 정격전류에 35[%] 이하일 때이다.)
② 분기선의 허용전류가 간선보호용 과전류 차단기 정격전류의 35[%] 이상 55[%] 이하일 때는 최대 8[m]까지 설치할 수 있다.
③ 분기선의 허용전류가 간선보호용 과전류 차단기 정격전류의 55[%] 이상일 때는 8[m] 이상까지 설치할 수도 있다.

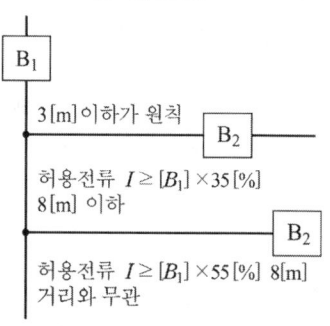

분기 개폐기-자동차단기 설치위치

답 ②

13 자동화재탐지설비의 감지기회로에 사용되는 비닐절연전선의 최소 규격은?

① 1.0[mm²]   ② 1.5[mm²]   ③ 2.5[mm²]   ④ 4.0[mm²]

▶풀이

일반 내선공사시 사용되는 비닐절연전선의 최소 규격 2.5[mm²]

답 ②

14 마이크로프로세서 부분 삭제

15 PN 접합 다이오드의 순방향 특성에서 실리콘 다이오드의 브레이크 포인터는 약 몇 [V]인가?

① 0.2[V]   ② 0.5[V]   ③ 0.7[V]   ④ 0.9[V]

▶풀이

• 게르마늄 다이오드 0.4[V]
• 실리콘 다이오드 0.7[V]

답 ③

16 가공 전선로에 사용하는 원형, 철근 콘크리트주의 수직 투영 면적 1[m²]에 대한 갑종 풍압 하중은?

① 333[Pa]   ② 588[Pa]   ③ 745[Pa]   ④ 882[Pa]

[풀이]

갑종풍압하중의 기초

풍압을 받는 구분			구성재의 수직 투영면적 1[m²]에 대한 풍압
지지물	목 주		588[Pa]
	철 주	원형의 것	588[Pa]
		삼각형 또는 마름모형의 것	1,412[Pa]
		강관에 의하여 구성되는 4각형의 것	1,117[Pa]
		기타의 것	복재(腹材)가 전후면에 겹치는 경우 1,627[Pa], 기타는 1,784[Pa]
	철근 콘크리트주	원형의 것	588[Pa]
		기타의 것	882[Pa]
	철 탑	단주 (완철류는 제외함) 원형의 것	588[Pa]
		단주 (완철류는 제외함) 기타의 것	1,117[Pa]
		강관으로 구성되는 것(단주는 제외함)	1,255[Pa]
		기타의 것	2,157[Pa]

답 ②

17 소형 유도전동기의 슬롯을 사구(skew slot)로 하는 이유는?
① 기동 토크를 증가시키기 위하여
② 게르게스 형상을 방지하기 위하여
③ 제동 토크를 증가시키기 위하여
④ 크로우링을 방지하기 위하여

[풀이]
유도전동기 이상기동현상
① 게르게스(Grges) 현상
1차는 3상, 2차는 단상일 때 동기속도의 1/2(0.5) 되는 점에서 차동기 토크가 발생하여 정격속도의 $\frac{1}{h}$ 의 속도로 회전하는 현상
② 크로우링(Crawling) 현상(차동기 운전)
낮은 속도에서 운전할 때 자속분포가 고조파에 의한 (−)가 겹쳐 회전자가 가속되지 않아 과대 전류가 흘러 전기자 코일이 소손되는 현상 → 소형 농형 유도기
- 방지책 : 전동기 슬롯을 사구(skew slot ~ 경사슬롯) 설치

답 ④

18 용량 10[kVA]의 단권변압기에서 전압 3000[V]를 3300[V]로 승압시켜 부하에 공급할 때 부하용량 [kVA]는?
① 1.1[kVA] ② 11[kVA] ③ 110[kVA] ④ 990[kVA]

[풀이]
$$\frac{P_s}{P_n} = \frac{V_h - V_l}{V_h}$$
$$\frac{10}{P_n} = \frac{3300 - 3000}{3300}$$
$$P_n = \frac{3300}{300} \times 10 = 110[kVA]$$

답 ③

19 진리표와 같은 출력의 논리식을 간략화한 것은?

입력			출력
A	B	C	X
0	0	0	0
0	0	1	1
0	1	0	0
0	1	1	1
1	0	0	0
1	0	1	0
1	1	0	1
1	1	1	1

① $\overline{A}B + \overline{B}C$ ② $\overline{A}\overline{B} + B\overline{C}$ ③ $AC + \overline{B}\overline{C}$ ④ $AB + \overline{A}C$

▶풀이

출력이 1에 대한 것을 논리식으로 표현하여 간략히 하면
$X = \overline{A}\overline{B}C + \overline{A}BC + AB\overline{C} + ABC$
$= AB(\overline{C}+C) + \overline{A}C(\overline{B}+B)$
$= AB + \overline{A}C$

답 ④

20 정격 30[kVA], 1차측 전압 6600[V], 권수비 30인 단상변압기의 2차측 정격전류는 약 몇 [A]인가?

① 93.2[A] ② 136.4[A] ③ 220.7[A] ④ 455.5[A]

▶풀이

$P = V_1 I_1 = V_2 I_2$

권수비 $a = \dfrac{V_1}{V_2} = \dfrac{I_2}{I_1}$

$I_2 = a \times I_1 = a \times \dfrac{P}{V_1} = 30 \times \dfrac{30000}{6600} = 136.36[A]$

답 ②

21 분류기의 배율을 나타낸 식으로 옳은 것은?
(단, R_s는 분류기 저항, r은 전류계의 내부저항이다.)

① $\dfrac{R_s + 1}{r}$ ② $\dfrac{R_s}{r} + 1$ ③ $\dfrac{r}{R_s} + 1$ ④ $\dfrac{r}{r + R_s} + 1$

▶풀이

$I = I_0 \left(1 + \dfrac{r_a}{R_s}\right)[A]$ 배율 : $m = \left(1 + \dfrac{r_a}{R_S}\right)$

답 ③

22 정부나 공공기관에서 발주하는 전기공사의 물량 산출시 전기재료의 할증률 중 옥내 케이블은 일반적으로 몇 [%] 값 이내로 하여야 하는가?

① 1[%] ② 3[%] ③ 5[%] ④ 10[%]

• 풀이

할증율 : 전선(옥내 10[%], 옥외 5[%]), 케이블(옥내 5[%], 옥외 3[%])

답 ③

23 공기 중 10[Wb]의 자극에서 나오는 자기력선의 총 수는?

① 약 6.885×10^6 [개]
② 약 7.958×10^6 [개]
③ 약 8.855×10^6 [개]
④ 약 9.092×10^6 [개]

• 풀이

자기력선 수 $N = \dfrac{m}{\mu_0} = \dfrac{10}{4\pi \times 10^{-7}} = 7.958 \times 10^6$ [개]

답 ②

24 영구자석을 회전자로 하고, 회전자의 자극 근처에 반대 극성의 자극을 가까이 놓고 회전시키면, 회전자는 이동하는 자석에 흡인되어 회전하는 전동기는?

① 유도 전동기
② 직권 전동기
③ 동기 전동기
④ 분권 전동기

• 풀이

동기기는 회전계자형을 사용한다.

답 ③

25 220[V] 전선로에 사용하는 과전류 차단기용 퓨즈가 견디어야 할 전류는 정격전류의 몇 배인가?

① 1.5
② 1.25
③ 1.2
④ 1.1

• 풀이

저압 전선로에 사용하는 과전류 차단기용 퓨즈는 정격전류의 1.1 배에 견디어야 한다.

답 ④

26 용량 10[kVA], 임피던스 전압 5[%]인 변압기 A와 용량 30[kVA], 임피던스 전압 3[%]인 변압기 B를 병렬 운전시켜 36[kVA] 부하를 연결할 때 변압기 A의 부하 분담은 몇 [kVA]인가?

① 4.5[kVA]
② 6[kVA]
③ 13.5[kVA]
④ 18[kVA]

• 풀이

%Z 작은 것을 기준으로 한 식 : $\dfrac{P_a}{P_b} = \dfrac{P_A}{P_B} \times \dfrac{\%Z_b}{\%Z_a}$

%Z 작은 것을 기준 $P_b = 30$[kVA]이며

$P_a = \dfrac{10}{30} \times \dfrac{3}{5} \times 30 = 6$[kVA]

∴ $P = P_a + P_b = 6 + 30 = 36$[kVA]

답 ②

27 다이오드의 애벌런치(avalanche)현상이 발생되는 것을 옳게 설명한 것은?
① 역방향 전압이 클 때 발생한다.
② 순방향 전압이 클 때 발생한다.
③ 역방향 전압이 적을 때 발생한다.
④ 순방향 전압이 적을 때 발생한다.

풀이
- 애벌란시 현상 : 다이오드에서 충분히 높은 역방향 바이어스는 소수 캐리어를 충분히 가속시켜 돌발사태를 일으킨다. 가속된 캐리어의 운동 에너지가 공유 결합을 깨뜨릴 만큼(즉, 금지대보다) 크다면 하나의 캐리어에 의하여 한 쌍의 전자-정공이 2차적으로 생성된다. 이런식으로 충돌에 의한 생성과 가속이 반복되는 현상을 전자 사태(Electron Avalanche)라 부르고, 그 임계 전압을 항복 전압이라 부른다.

답 ①

28 2진수 01100110_2을 2의 보수는?
① 01100110　　② 01100111　　③ 10011001　　④ 10011010

풀이
2의 보수 = 1의 보수 + 1
　　　　　　01100110
1의 보수　　10011001
　　　+　　　　　　1
　　　　　10011010

답 ④

29 주파수 60[Hz]로 제작된 3상 유도전동기를 동일한 전압의 50[Hz]의 전원으로 사용할 때 나타나는 현상은?
① 철손 감소
② 무부하전류 증가
③ 자속 감소
④ 속도 증가

풀이
① 철손 중 히스테리시스손 $P_h \propto \dfrac{E^2}{f}$ 의 관계로 주파수 감소시 철손의 증가로 인한 온도가 상승하게 된다.
② 동기속도 $N_s = \dfrac{120f}{p}$ 의 관계식에서 주파수는 비례관계이므로 감소하게 된다.
③ 철손의 증가로 인하여 철손전류와 자화전류의 합인 무부하 전류는 증가하게 된다.

답 ②

30 3상 배전선로의 말단에 늦은 역률 80[%], 150[kW]의 평형 3상 부하가 있다. 부하점에 부하와 병렬로 전력용 콘덴서를 접속하여 선로손실을 최소화 하려고 한다. 이 경우 필요한 콘덴서의 용량은? (단, 부하단 전압은 변하지 않는 것으로 한다.)
① 105.5[kVA]
② 112.5[kVA]
③ 135.5[kVA]
④ 150.5[kVA]

풀이
선로 손실을 최소화하려면, 역률을 개선하여 선로 전류를 감소시켜야 한다.
$Q = P(\tan\theta_1 - \tan\theta_2)[\text{kVA}]$ 이므로
$Q = 150(\tan \cdot cos^{-1}0.8 - \tan \cdot cos^{-1}1.0) = 112.5[\text{kVA}]$

답 ②

31 그림과 같은 회로에서 단자 a, b에서 본 합성저항 $[\Omega]$은?
(단, $R = 3[\Omega]$ 이다.)

① $1.0[\Omega]$
② $1.5[\Omega]$
③ $3.0[\Omega]$
④ $4.5[\Omega]$

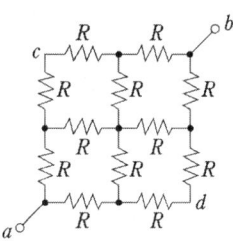

▶ 풀이

c점과 d점을 $\Delta \to Y$로 바꾸어 풀면

$R_a = \dfrac{R^2}{4R} = \dfrac{R}{4}$, $R_b = \dfrac{2R^2}{4R} = \dfrac{R}{2}$

$R_c = \dfrac{2R^2}{4R} = \dfrac{R}{2}$가 되므로 $R_T = \dfrac{\left(R + \dfrac{R}{2} + \dfrac{R}{2} + R\right)}{2} = \dfrac{3R}{2} = 4.5[\Omega]$

답 ④

32 D형 플립플롭의 현재 상태[Q]가 0 일 때 다음 상태 $[Q(t+1)]$를 1로 하기 위한 D의 입력 조건은?

① 1
② 0
③ 1과 0 모두 가능
④ Q

▶ 풀이

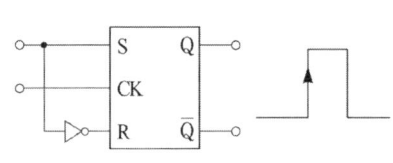

(a) 논리기호

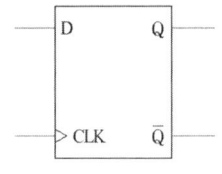

(b) 진리표

답 ①

33 2진수 $(1011)_2$를 그레이코드(Gray Code)로 변환한 값은?

① $(1111)_G$
② $(1101)_G$
③ $(1110)_G$
④ $(1100)_G$

▶ 풀이

- 그레이코드 : 2진수의 최대 자리수(MSB : Most Significant Bit)는 그대로 내려쓰고 다음은 MSB와 다음 수를 합해서 올림수를 제거한 합(배타적 OR)만을 그레이 코드의 다음 수로 정해 나간다.

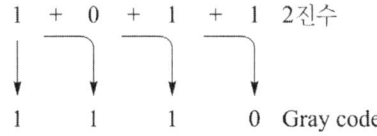

답 ③

34 전력용 콘덴서의 내부소자 사고 검출방식이 아닌 것은?

① 콘덴서 외함 팽창변위 검출방식
② 중성점간 전압 검출방식
③ 중성점간 전류 검출방식
④ 회선 전류 위상비교 검출방식

> **풀이**
> 전력용 콘덴서의 내부소자 사고 검출방식
> ① 콘덴서 외함 팽창변위 검출방식 : 콘덴서 절연파괴시 내부압력상승으로 외함변형일으켜 검출
> ② 중성점간 전류 검출방식 : Y로 결선된 콘덴서를 2조로하여 고장시 중성점간에 흐르는 전류검출
> ③ 중성점간 전압 검출방식 : 전류검출방식과 유사
>
> **답 ④**

35 애자사용 공사에 의한 고압 옥내배선의 시설에 있어서 적당하지 않은 것은?
① 전선이 조영재를 관통할 때에는 난연성 및 내수성이 있는 절연관에 넣을 것
② 애자사용 공사에 사용하는 애자는 난연성일 것
③ 전선과 조영재와의 이격거리는 4.5[cm]로 할 것
④ 고압 옥내배선은 저압 옥내배선과 쉽게 식별되도록 시설할 것

> **풀이**
> 애자사용공사에 의한 고압 옥내배선
> • 전선 굵기 : 공칭단면적 6[mm^2] 연동선
> • 전선 지지점간 거리 : 6[m] 이하(조영재 면따라 붙이는 경우 2[m])
> • 전선 상호간격 : 8[cm] 이상
> • 전선과 조영재 사이 이격 거리 : 5[cm] 이상
>
> **답 ③**

36 다음 설명 중 옳은 것은?
① 인덕턴스를 직렬 연결하면 리액턴스가 커진다.
② 저항을 병렬 연결하면 합성저항은 커진다.
③ 콘덴서를 직렬 연결하면 용량이 커진다.
④ 유도 리액턴스는 주파수에 반비례한다.

> **풀이**
> ② 저항을 병렬 연결하면 합성저항은 작아진다.
> ③ 콘덴서를 직렬 연결하면 용량이 작아진다.
> ④ 유도 리액턴스는 주파수에 비례한다.($X_L = 2\pi fL$)
>
> **답 ①**

37 유니온 커플링의 사용 목적으로 옳은 것은?
① 금속관 상호의 나사를 연결하는 접속
② 금속관의 박스와 접속
③ 안지름이 다른 금속관 상호의 접속
④ 돌려 끼울 수 없는 금속관 상호의 접속

답 ④

38 마이크로프로세서 부분 삭제

39 공급점 30[m]인 지점에 70[A], 45[m]인 지점에 50[A], 60[m]인 지점에 30[A]의 부하가 걸려있을 때, 부하 중심까지의 거리를 산출하여 전압강하를 고려한 전선의 굵기를 결정하고자 한다. 부하중심까지의 거리는 몇 [m]인가?

① 62[m] ② 50[m] ③ 41[m] ④ 36[m]

▶풀이

$$L = \frac{\Sigma LI}{\Sigma I} = \frac{(30 \times 70 + 45 \times 50 + 60 \times 30)}{70 + 50 + 30} = 41[m]$$

답 ③

40 120°씩 위상차를 갖는 3상 평형전원이 아래 3상 전파 정류회로에 인가되어 있는 경우 다음 설명 중 적절하지 않은 것은?

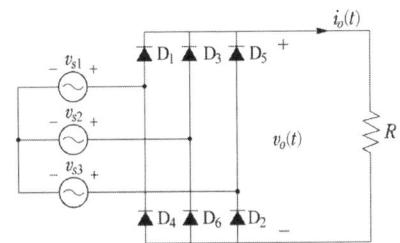

① 3상 전파 정류회로의 출력전압($v_o(t)$)은 3상 반파 정류 회로의 경우 보다 리플(ripple) 성분의 크기가 작다.
② 상단부 다이오드(D_1, D_3, D_5)는 임의의 시간에 3상 전원 중 전압의 크기가 양의 방향으로 가장 큰 상에 연결되어 있는 다이오드가 온(On)된다.
③ 3상 전파 정류회로의 출력전압($v_o(t)$)은 120°의 간격을 가지고 전원의 한 주기당 각 상전압의 크기에 따라가는 3개의 펄스로 나타난다.
④ 출력전압($v_o(t)$)의 평균치는 전원 선간전압 실효치의 약 1.35배이다.

▶풀이

전원전압의 한 주기 내에 펄스폭이 120°인 6개의 펄스 형태의 선간전압으로 직류 출력전압이 얻어지므로 3상 전파 정류기를 6-펄스 정류기라고도 한다.

답 ③

41 고압 및 특고압의 전로에서 절연내력 시험을 할 때 규정에 정한 시험전압을 전로와 대지사이에 몇 분간 가하여 견디어야 하는가?

① 1분 ② 5분 ③ 10분 ④ 20분

▶풀이

고압 및 특별고압의 전로, 변압기, 차단기, 기타의 기구(시험시간 : 10분)

구 분		배 율	최저 시험전압
비접지식	7[kV] 이하	1.5	500[V]
	7[kV] 초과	1.25	10500[V]
중성점 접지식	7[kV] 초과 25[kV] 이하(다중접지식)	0.92	
	60[kV] 초과	1.1	75[kV]
중성점 직접 접지식	60[kV] 초과 170[kV] 이하	0.72	
	170[kV] 초과	0.64	

※ 케이블 시험인 경우 직류로 시험할 수 있으며, 시험전압은 교류시험전압의 2배가 된다.
※ 사용전압이 저압인 전로에서 정전이 어려운 경우 등 절연저항 측정이 곤란한 경우에는 누설전류를 1[mA] 이하로 유지하여야 한다.

답 ③

42 3상 동기발전기의 단락비를 산출하는데 필요한 시험은?

① 돌발 단락시험과 부하시험 ② 동기화 시험과 부하 포화시험
③ 외부 특성시험과 3상 단락시험 ④ 무부하 포화시험과 3상 단락시험

답 ④

43 2개의 전력계를 사용하여 평형부하의 3상회로의 역률을 측정하고자 한다. 전력계의 지시가 각각 1[kW] 및 3[kW]라 할 때 이 회로의 역률은 약 몇 [%]인가?

① 58.8 ② 63.3 ③ 75.6 ④ 86.8

● 풀이

2전력계법

- 역률 : $\cos\theta = \dfrac{P}{P_a} = \dfrac{P_1 + P_2}{2\sqrt{P_1^2 + P_2^2 - P_1 \cdot P_2}}$

※ 2전력계법에서 각 전력계의 지시값에 따른 역률값
- 두 전력계의 지시값이 같은 경우($P_1 = P_2$) : $\cos\theta = 1$
- 둘 중 하나가 0인 경우($P_1 = 0$ 또는 $P_2 = 0$) : $\cos\theta = 0.5$
- 어느 하나의 2배인 경우($P_1 = 2P_2$ 또는 $P_2 = 2P_1$) : $\cos\theta = \dfrac{\sqrt{3}}{2} = 0.866$
- 어느 하나의 3배인 경우($P_1 = 3P_2$ 또는 $P_2 = 3P_1$) : $\cos\theta = 0.75$

답 ③

44 저압의 지중전선이 지중약전류 전선 등과 접근하거나 교차하는 경우 상호 간의 이격거리가 몇 [cm] 이하인 때에는 지중전선과 지중약전류 전선 등 사이에 견고한 내화성의 격벽을 설치하는가?

① 20[cm] ② 30[cm] ③ 50[cm] ④ 60[cm]

● 풀이

지중전선과 지중 약전류전선과의 접근 또는 교차시 이격거리
- 저압 또는 고압 : 30[cm]
- 특고압 : 60[cm]
- 위 규정 이하인 경우 : 견고한 내화성의 격벽을 설치

답 ②

45 마이크로프로세서 부분 삭제

46 저항 10[Ω], 유도리액턴스 10[Ω]인 직렬회로에 교류 전압을 인가할 때 전압과 이 회로에 흐르는 전류와의 위상차는 몇 도 인가?

① 60° ② 45° ③ 30° ④ 0°

● 풀이

위상차 $\theta = \tan^{-1}\dfrac{X}{R} = \tan^{-1}\dfrac{10}{10} = 45°$

답 ②

47 마이크로프로세서 부분 삭제

48 다음은 콘덴서형 전동기 회로로서 보조 권선에 콘덴서를 접속하여 보조 권선에 흐르는 전류와 주권선에 흐르는 전류의 위상차를 더욱 크게 한 것으로 회로에 사용한 콘덴서의 목적으로 옳지 않는 것은?
① 정·역 운전에 도움을 준다.
② 운전시에 효율을 개선한다.
③ 운전시에 역률을 개선한다.
④ 기동 회전력을 크게 한다.

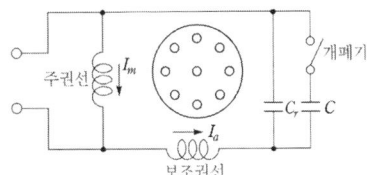

답 ①

49 동기발전기에서 전기자 권선을 단절권으로 하는 목적은?
① 절연을 좋게 한다.
② 기전력을 높게 한다.
③ 역률을 좋게 한다.
④ 고조파를 제거한다.

- **풀이**
  단절권의 특징
  • 파형개선(고조파 제거)
  • 동량(코일의 양)이 감소 → 기계적인 길이 감소
  • 가격이 싸다.

답 ④

50 무한히 긴 직선도체에 전류 I[A]를 흘릴 때 이 전류로부터 r[m] 떨어진 점의 자속밀도는 몇 [Wb/m^2]인가?

① $\dfrac{\mu_0 I}{4\pi r}$ ② $\dfrac{I}{2\pi \mu_0 r}$ ③ $\dfrac{I}{2\pi r}$ ④ $\dfrac{\mu_0 I}{2\pi r}$

- **풀이**
  무한장 직선전류일 경우 $H = \dfrac{I}{2\pi r}$ $B = \mu H = \dfrac{\mu I}{2\pi r}$

답 ④

51 나전선 상호 또는 나전선과 절연전선, 캡타이어케이블 또는 케이블과 접속하는 경우의 설명으로 옳은 것은?
① 접속슬리브(스프리트슬리브 제외), 전선 접속기를 사용하여 접속하여야 한다.
② 접속부분의 절연은 전선 절연물의 80[%] 이상의 절연효력이 있는 것으로 피복하여야 한다.
③ 접속부분의 전기저항을 증가시켜야 한다.
④ 전선의 강도는 30[%] 이상 감소하지 않아야 한다.

- **풀이**
  전선 접속 시 조건
  (1) 전선의 세기(기계적 강도)를 20[%] 이상 감소시키지 말 것.(80[%] 이상 유지할 것)

(2) 접속 부분은 접속관 기타의 기구(접속슬리브 등)를 사용하거나 납땜을 할 것.
(3) 접속부의 절연은 전선 자체의 절연레벨과 동일하게 한다.
(4) 접속점 부위의 전기저항을 증가시키지 말 것.

답 ①

52 3상 유도 전동기의 2차 동손, 2차 입력, 슬립을 각각 P_c, P_2, s라 하면 관계식은?

① $P_c = sP_2$
② $P_c = \dfrac{P_2}{s}$
③ $P_c = \dfrac{s}{P_2}$
④ $P_c = \dfrac{1}{sP_2}$

▶풀이
$P_2 : P_{2c} = 1 : s$를 정리하면 $P_{2c} = SP_2$가 된다.

답 ①

53 동기 전동기에서 제동권선의 사용 목적으로 가장 옳은 것은?

① 난조 방지
② 정지시간의 단축
③ 운전토크의 증가
④ 과부하 내량의 증가

▶풀이
난조 발생의 원인과 대책
• 관성모멘트가 작은 경우 : 제동권선 설치(가장 효과적), 플라이휠(fly wheel) 부착(관성모멘트 크게)
• 부하 급변으로 인한 조속기(속도 검출기)가 너무 예민할 경우 : 조속기의 성능을 너무 예민하지 않도록 할 것
• 고조파가 포함된 경우 : 고조파 제거(분포권, 단절권, Y 결선)
• 동기화력이 줄어든 경우
• 난조로 인한 진동은 일반적으로 그 진폭이 점점 작아져서 정상 상태로 되돌아갈 수 있다.

답 ①

54 카르노도의 상태가 그림과 같을 때 간략화된 논리식은?

① $\overline{A}\overline{B}\overline{C} + \overline{A}\overline{B}C + \overline{A}B\overline{C} + \overline{A}BC$
② $A\overline{B} + \overline{A}B$
③ A
④ $\overline{A}$

C \ BA	00	01	11	10
0	1	0	0	1
1	1	0	0	1

답 ④

55 c 관리도에서 $K=20$인 군의 총 부적합수 합계는 58 이었다. 이 관리도의 UCL, LCL 을 계산하면 약 얼마인가?

① UCL = 2.90, LCL = 고려하지 않음
② UCL = 5.90, LCL = 고려하지 않음
③ UCL = 6.92, LCL = 고려하지 않음
④ UCL = 8.01, LCL = 고려하지 않음

● 풀이

중심선 CL(Center line)= $\overline{C} = \dfrac{\sum C}{K} = \dfrac{58}{20} = 2.9$

관리한계선(Control limit) : UCL, LCL= $\overline{C} \pm 3\sqrt{\overline{C}}$

UCL= $\overline{C} + 3\sqrt{\overline{C}} = 2.9 + 3\sqrt{2.9} = 8.01$

LCL= $\overline{C} - 3\sqrt{\overline{C}} = 2.9 - 3\sqrt{2.9} = -2.21$

답 ④

56 공정 중에 발생하는 모든 작업, 검사, 운반, 저장, 정체 등이 도식화된 것이며 또한 분석에 필요하다고 생각되는 소요시간, 운반거리 등의 정보가 기재된 것은?

① 작업분석(Operation Analysis)
② 다중활동분석표(Multiple Activity Chart)
③ 사무공정분석(Form Process Chart)
④ 유통공정도(Flow Process Chart)

● 풀이

(1) 유통(흐름)공정도 : 대상 공정에 포함되어 있는 모든 작업, 운반, 검사, 지연 및 저장의 계열을 기호로 표시하고 분석에 필요한 소요시간, 이동거리 등을 나타낸 것
(2) 공정분석
   ① 생산공정이나 작업 방법의 내용을 가공, 운반, 검사, 정체 또는 저장의 4가지의 공정 분석기호로 분류하여 그 발생하는 순서에 따라 표시하고 분석하는 것.
   ② 공정분석의 종류

종류	특징
제품공정분석	소재가 제품화되는 과정을 분석·기록하기 위한 것으로 설비계획·일정계획·운반계획·재고계획 등의 기초자료로 활용되는 분석기법이다.
사무공정분석	사무실이나 공장에서 서류를 중심으로 하는 사무제도나 수속을 분석·개선하는 데 사용되며 업무현황이나 정보를 기록·분석하거나 발송·보관하는 일을 공정도시기호를 사용하여 분석한다.
작업자 공정분석	작업자가 한 장소에서 다른 장소로 이동하면서 수행하는 일련의 행위를 분석하는 것으로 창고계·보전계·운반계·감독자 등의 행동을, 분석을 통해 업무범위와 경로 등을 개선하는데 사용된다.

답 ④

57 검사의 분류 방법 중 검사가 행해지는 공정에 의한 분류에 속하는 것은?

① 관리 샘플링검사　　　　　　　　② 로트별 샘플링검사
③ 전수검사　　　　　　　　　　　④ 출하검사

● 풀이

(1) 검사공정에 의한 분류
   ① 수입검사(구입검사)　　② 공정검사(중간검사)
   ③ 최종검사(완성검사)　　④ 출하검사(출고검사)
(2) 검사장소에 의한 검사
   ① 정위치검사　　② 순회검사　　③ 출장검사(입회검사)
(3) 검사성질에 의한 분류
   ① 파괴검사　　② 비파괴검사　　③ 관능검사

(4) 검사방법(판정대상)에 의한 분류
① 전수검사　　　　　　② Lot별 샘플링 검사
③ 관리 샘플링 검사　　④ 무검사

답 ④

58 단계여유(slack)의 표시로 옳은 것은? (단, TE는 가장 이른 예정일, TL은 가장 늦은 예정일, TF는 총 여유시간, FF는 자유여유시간 이다.)
① TE - TL　　② TL - TE　　③ FF - TF　　④ TE - TF

답 ②

59 테일러(F.W.Taylor)에 의해 처음 도입된 방법으로 작업 시간을 직접 관측하여 표준시간을 설정하는 표준시간 설정기법은?
① PTS법　　② 실적자료법　　③ 표준자료법　　④ 스톱워치법

• 풀이
① Stop Watch(스톱워치)법 : 스톱워치를 사용하여 표준시간 측정
  • 관측방법의 종류 : 계속시간 관측법, 반복시간 관측법, 순환법
  • Stop watch의 시간 단위 : 1/100분 = 1 DM
② WS(Work Sampling)법 : 통계적 수법을 이용하여 작업자 또는 기계의 작업 상태를 파악하는 방법
③ PTS(Predetermined Time Standard)법 : 인간이 행하는 모든 작업을 구성하는 기본동작으로 분해하여 각 기본동작에 대해 그 동작의 성질과 조건에 따라 미리 정해진 시간치를 적용하는 수법으로 MTM법과 WF법 등이 있다
④ 표준자료법 : 동일 종류에 속하는 과업의 작업 내용을 정수 요소와 변수 요소로 나누어 미리 그 작업을 측정하여, 변동 요인과 시간치의 관계를 해석하고 시간공식 또는 시간자료를 만들어 개개작업 시간을 설정할 때, 그때마다 측적을 하지 않고 그 자료를 사용하여 표준시간 측정

답 ④

60 다음 중 브레인스토밍(Brainstorming)과 가장 관계가 깊은 것은?
① 파레토도　　　　　② 히스토그램
③ 회귀분석　　　　　④ 특성요인도

• 풀이
※ 브레인스토밍(Brainstorming) : 일정한 테마에 관하여 회의형식을 채택하고, 구성원의 자유발언을 통한 아이디어의 제시를 요구하여 발상을 찾아내려는 방법
※ 특성요인도 : 특성에 대하여 어떤 요인이 어떤 관계로 영향을 미치고 있는지 명확히 하여 원인 규명을 쉽게 할 수 있도록 하는 기법
특성요인도를 통해 근본적 원인을 찾기 위한 절차
① 분석대상이 되는 문제에 관련된 경험과 지식 수집
② 브레인스토밍을 통해 지식과 문제의 원인 의견 수집
③ 주요 원인의 결정
④ 특성요인도를 분석하고 근복적 문제해결을 의한 실행방법 논의

답 ④

제 13 회 전기기능장 실전모의고사

01 314[H]의 자기 인덕턴스에 220[V], 60[Hz]의 교류 전압을 가하였을 때 흐르는 전류는?

① 약 1.86[A]
② 약 1.86×10^{-3}[A]
③ 약 1.17×10^{-1}[A]
④ 약 1.17×10^{-3}[A]

▶풀이
$$I = \frac{V}{X_L} = \frac{V}{2\pi fL} = \frac{220}{2\pi \times 60 \times 314} = 1.86 \times 10^{-3}[\text{A}]$$
답 ②

02 마이크로컴퓨터에서 ioslated I/O 방식과 비교하여 memory-mapped I/O 방식의 특징으로 옳은 것은?

① 하드웨어가 복잡하다.
② 기억장치 명령과 입출력 명령을 구별하여 사용한다.
③ 기억장치의 주소 공간이 줄어든다.
④ 입출력 장치들의 주소 공간이 기억장치 주소 공간과 별도로 할당된다.

▶풀이
메모리 맵에 의한 I/O(Memory Mapped I/O) : 주기억장치의 일부 주소를 인터페이스 레지스터까지 확장하여 지정하는 것으로 한 세트의 read-write 신호만이 필요하고 메모리와 입출력 사이의 구별이 없는 것이다.
답 ③

03 권선형 유도전동기 기동법으로 알맞은 것은?

① 직입 기동법   ② 2차 저항 기동법   ③ 콘도르퍼 방식   ④ Y-△ 기동법

▶풀이
① 전전압 기동법 : 5[kW] 이하 소용량 농형전동기에 사용
② Y-△ 기동법 : 5~15[kW] 이하의 중용량 농형전동기에 사용
③ 기동 보상기법 : 15[kW] 이상의 전동기나 고압 농형전동기에 사용
④ 2차 저항 기동법 : 권선형 유도전동기의 기동법
답 ②

04 그림과 같은 다이오드 메트릭스 회로에서 A_1, A_0에 가해진 data가 1, 0이면, B_3, B_2, B_1, B_0에 출력되는 data는?

① 1111
② 1010
③ 1011
④ 0100

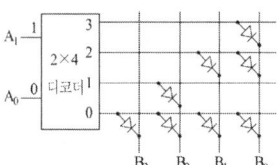

> **풀이**
>
> 디코더
>
> | 입력 | | 출력 | | | |
> |---|---|---|---|---|---|
> | A_1 | A_0 | B_0 | B_1 | B_2 | B_3 |
> | 0 | 0 | 1 | 0 | 0 | 0 |
> | 0 | 1 | 0 | 1 | 0 | 0 |
> | 1 | 0 | 0 | 0 | 1 | 0 |
> | 1 | 1 | 0 | 0 | 0 | 1 |

답 ④

05 다음 중 앤트런스 캡의 주된 사용 장소는?
① 부스 덕트의 끝부분의 마감재
② 저압 인입선 공사시 전선관 공사로 넘어갈 때 전선관의 끝부분
③ 케이블 트레이의 끝부분 마감재
④ 케이블 헤드를 시공할 때 케이블 헤드의 끝부분

> **풀이**
>
> 엔트런스 캡(우에사 캡)
> 인입구에서 전선관공사로 넘어갈 때 관단에 설치하여 옥외의 빗물을 막는 데 사용한다.

답 ②

06 옥내 전반 조명에서 바닥면의 조도를 균일하게 하기 위하여 등 간격은 등 높이의 얼마가 적당한가? (단, 등 간격은 S, 등 높이는 H 이다.)
① $S \leq 0.5H$
② $S \leq H$
③ $S \leq 1.5H$
④ $S \leq 2H$

> **풀이**
>
> 광원의 간격 : 실내 전체의 명도차가 없는 조명이 되도록 기구 배치한다.
> ① 광원 상호 간 간격 : $S \leq 1.5H$
> ② 벽과 광원 사이의 간격 : $S_0 \leq \dfrac{H}{2}$ (벽측 사용 안할 때)
> ③ 벽과 광원 사이의 간격 : $S_0 \leq \dfrac{H}{3}$ (벽측 사용할 때)

답 ③

07 일반적으로 큐비클형이라 하며, 점유면적이 좁고 운전 보수에 안전하므로 공장, 빌딩 등의 전기실에 많이 사용되며 조립형, 장갑형이 있는 배전반은?
① 데드 프런트식 배전반
② 폐쇄식 배전반
③ 라이브 프런트식 배전반
④ 철제 수직형 배전반

> **풀이**
>
> • 라이브 프런트식(Live Front /수직형) : 저압 간선용
> • 데드 프런트식 : 고압 수전반, 고압 전동기 운전반 등에 사용
> • 폐쇄식 배전반(큐비클형) : 점유면적이 좁고, 보수 및 운전에 안전하여 널리 사용

답 ②

08 전선의 접속법에 대한 설명 중 옳지 않은 것은?
① 접속부분은 절연전선의 절연물과 동등 이상의 절연 효력이 있도록 충분히 피복한다.
② 전선의 전기저항이 증가되도록 접속하여야 한다.
③ 전선의 세기를 20[%] 이상 감소시키지 않는다.
④ 접속 부분은 접속관, 기타의 기구를 사용한다.

▶ 풀이
- 전선의 세기(기계적 강도)를 20[%] 이상 감소시키지 말 것.(80[%] 이상 유지할 것)
- 접속 부분은 접속관 기타의 기구를 사용하거나 납땜을 할 것.
- 접속부의 절연은 전선 자체의 절연레벨과 동일하게 하며 접속점 부위의 전기저항을 증가시키지 말 것
- 코드 상호, 캡타이어 케이블 상호, 케이블 상호, 또는 이들 상호를 접속하는 경우에는 코드 접속기, 접속함 기타의 기구를 사용할 것
- 도체에 알루미늄을 사용하는 전선과 동을 사용하는 전선과 동을 사용하는 전선을 접속하는 경우에는 접속 부분에 전기적 부식이 생기지 않도록 할 것

답 ②

09 0.6/1[kV] 비닐절연 비닐 캡타이어케이블의 약호로서 옳은 것은?
① VCT   ② CVT   ③ VV   ④ VTF

▶ 풀이
케이블의 종류와 약호

명 칭	약 호
0.6/1[kV] 비닐절연 비닐시스 케이블	VV
0.6/1[kV] 비닐절연 비닐 캡타이어 케이블	VCT
0.6/1[kV] 가교 폴리에틸렌 절연 비닐시스 케이블	CV1
0.6/1[kV] 가교 폴리에틸렌 절연 저독성 난연 폴리올레핀시스 전력케이블	HFCO
6/10[kV] 가교 폴리에틸렌 절연 비닐시스 케이블	CV10
동심중성선 차수형 전력케이블	CN-CV
폴리에틸렌절연 비닐 시스케이블	EV
콘크리트 직매용 폴리에틸렌절연 비닐시스케이블(환형)	CB-EV
미네랄 인슈레이션 케이블	MI
고무 시스 용접용 케이블	AWR

답 ①

10 RL 병렬회로의 양단에 $e = E_m \sin(\omega t + \theta)$[V]의 전압이 가해졌을 때 소비되는 유효전력은?

① $\dfrac{E_m^2}{2R}$ ② $\dfrac{E^2}{2R}$ ③ $\dfrac{E_m^2}{\sqrt{2}\,R}$ ④ $\dfrac{E^2}{\sqrt{2}\,R}$

▶ 풀이
$$P = \dfrac{V^2}{R} = \dfrac{\left(\dfrac{E_m}{\sqrt{2}}\right)^2}{R} = \dfrac{E_m^2}{2R}$$

답 ①

11 유전체에서 전자분극은 어떤 이유에서 일어나는가?
① 단결정매질에서 전자운과 핵간의 상대적인 변위에 의함
② 화합물에서 (+)이온과 (−)이온간의 상대적인 변위에 의함
③ 화합물에서 전자운과 (+)이온간의 상대적인 변위에 의함
④ 영구 전기쌍극자의 전계방향 배열에 의함

▶풀이
- 전자분극 : 단결정매질에서 전자운과 핵간의 상대적인 변위(ex 헬륨)
- 이온분극 : 화합물에서 (+)이온과 (−) 이온간의 상대적인 변위
- 쌍극자분극 : 영구 전기쌍극자의 전계방향 배열

답 ①

12 **마이크로프로세서 부분 삭제**

13 **마이크로프로세서 부분 삭제**

14 변압기의 누설 리액턴스를 줄이는 가장 효과적인 방법은?
① 코일의 단면적을 크게 한다.
② 권선을 동심 배치한다.
③ 권선을 분할하여 조립한다.
④ 철심의 단면적을 크게 한다.

▶풀이
권선을 분할조립(서로 어긋나게 배치)하면 누설리액턴스를 절반 이상 감소시킬 수 있다.

답 ③

15 교차 결합 NAND 게이트 회로는 RS 플립플롭을 구성하며, 비동기 FF 또는 RS NAND 래치라고도 하는데 허용되지 않는 입력조건은?
① S=0, R=0
② S=1, R=0
③ S=0, R=1
④ S=1, R=1

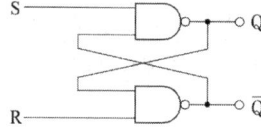

▶풀이

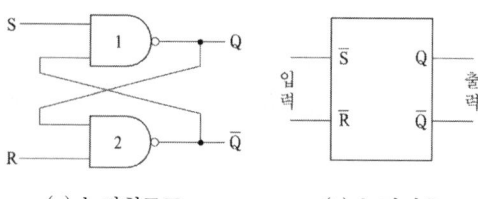

R	S	Q
0	0	금지
0	1	0
1	0	1
1	1	불변

(a) 논리회로도   (b) 논리기호   (c) 진리표

[NAND 게이트를 이용한 RS 래치회로]

답 ①

16 다음 회로는 3상 전파 정류기(컨버터)의 회로도를 나타내고 있다. 점선 부분의 역할로 가장 적당한 것은?
① 전압파형 개선회로
② 전류 증폭회로
③ 돌입전류 억제회로
④ 전류 차단회로

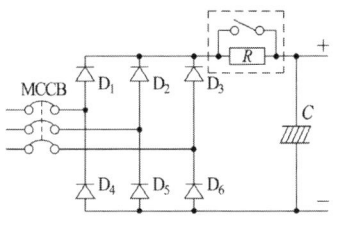

답 ③

17 소맥분, 전분, 기타의 가연성 분진이 존재하는 곳의 저압 옥내배선 공사방법으로 적합하지 않은 것은?
① 합성수지관 공사
② 금속관 공사
③ 가요전선관 공사
④ 케이블 공사

풀이 [특수장소에서 시설 가능한 공사방법]

구 분		금속관	케이블	합성수지관	금속제 가요전선관	덕트	애자	비고
먼지	폭발성	○	○	×	×	×	×	
	가연성	○	○	○	×	×	×	
	불연성	○	○	○	○	○	○	
가연성 가스		○	○	×	×	×	×	
위험물		○	○	○	×	×	×	
화약류		○	○	×	×	×	×	300[V] 미만 조명배선만 가능
부식성 가스		○	○	○	○ (2종만 가능)	×	○	
습기있는 장소		○	○	○	○ (2종만 가능)	×	×	
흥행장		○	○	○	×	×	×	400[V] 미만
광산, 터널		○	○	○	○	○	○	

답 ③

18 22.9[kV] 수전설비에 50[A]의 부하전류가 흐른다. 이 수전계통에 변류기(CT) 60/5[A], 과전류계전기(OCR)를 시설하여 120[%]의 과부하에서 차단기가 동작되게 하려면, 과전류계전기 전류 탭의 설정값은?
① 4[A]
② 5[A]
③ 6[A]
④ 7[A]

풀이 설정치 $= 50 \times \dfrac{5}{60} \times 1.2 = 5[A]$

답 ②

19 차량 기타 중량물의 압력을 받을 우려가 있는 장소에 지중 전선로를 직접 매설식에 의하여 시설하는 경우 매설 깊이는 최소 몇[cm]이상으로 하면 되는가?
① 30[cm] ② 60[cm] ③ 80[cm] ④ 100[cm]

풀이
직접매설식에서
- 차량 기타 중량물의 압력을 받을 우려있는 경우 : 100[cm] 이상
- 차량 기타 중량물의 압력을 받을 우려가 없는 경우 : 60[cm] 이상

답 ④

20 MOSFET의 드레인(drain)전류 제어는?
① 소스(source) 단자의 전류로 제어
② 드레인(drain)과 소스(source)간 전압으로 제어
③ 게이트(gate)와 소스(source)간 전류로 제어
④ 게이트(gate)와 소스(source)간 전압으로 제어

풀이
소스와 드레인 사이의 게이트 전압에 의해 조절한다. P형 기판인 실리콘에는 전류의 자유전자 수가 매우 적으므로 소스와 드레인 사이의 높은 전압을 가해도 기판의 저항이 너무 크기 때문에 전류가 흐를 수 없다. 그러나 게이트 전압을 가하면 중간의 절연체인 Oxide 때문에 전류가 흐르지 못하다가 기판과 Oxide 경계면에 전자가 모이게 되어 전도채널(Conduction Channel)이 형성되어 전류가 도통하게 된다.

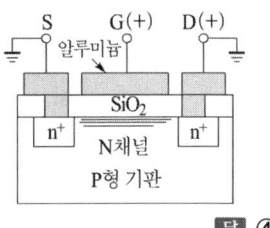

답 ④

21 다음 중 배전 변전소에서 전력용 콘덴서를 설치하는 주된 목적은?
① 변압기 보호 ② 선로 보호
③ 역률 개선   ④ 코로나손 방지

답 ③

22 수전용 유입차단기의 정격전류가 500[A]일 때 접지선의 공칭 단면적[mm²]은 다음 중 어느 것을 선정하면 적당한가?
① 25 ② 35 ③ 50 ④ 70

풀이
제3종 또는 특별 제3종 접지공사의 접지선 굵기

자동 과전류차단장치의 정격전류 또는 다음의 설정값을 초과하지 않는 경우[A]	접지선의 최소 굵기 [mm²]	
	동선	알루미늄선
15	2.5	4
20	2.5	4
30	2.5	4
40	2.5	4
50	2.5	4

자동 과전류차단장치의 정격전류 또는 다음의 설정값을 초과하지 않는 경우[A]	접지선의 최소 굵기 [mm²]	
	동선	알루미늄선
100	6	10
200	10	16
300	16	25
400	25	35
500	25	50
600	35	50
800	50	70
1,000	50	70
1,200	70	95
1,600	95	120

답 ①

23 정격 150[kVA], 철손 1[kW], 전부하 동손이 4[kW]인 단상 변압기의 최대효율[%]은?

① 약 96.8[%]   ② 약 97.4[%]
③ 약 98.0[%]   ④ 약 98.6[%]

▶풀이

최대 효율이 나타나는 부하 $\dfrac{1}{m} = \sqrt{\dfrac{P_i}{P_c}}$ 에서 부하율 $\sqrt{\dfrac{1}{4}} = \dfrac{1}{2}$

효율 $\eta_{\frac{1}{m}} = \dfrac{\frac{1}{m}P\cos\theta}{\frac{1}{m}P\cos\theta + P_i + \left(\frac{1}{m}\right)^2 P_c} \times 100 = \dfrac{\frac{1}{2} \times 150}{\frac{1}{2} \times 150 + 1 + \left(\frac{1}{2}\right)^2 \times 4} \times 100 = 97.4[\%]$

답 ②

24 그림과 같은 RLC 병렬 공진회로에 관한 설명 중 옳지 않은 것은?

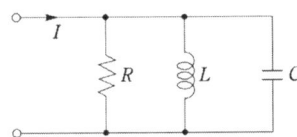

① 공진시 입력 어드미턴스는 매우 작아진다.
② 공진시 L 또는 C를 흐르는 전류는 입력 전류 크기의 Q배가 된다.
③ 공진 주파수 이하에서의 입력 전류는 전압보다 위상이 뒤진다.
④ L이 작을수록 전류확대비가 작아진다.

▶풀이

전류확대비(선택도) $Q = \dfrac{I_L}{I_R} = R\sqrt{\dfrac{C}{L}}$

답 ④

25 사이리스터의 턴오프(Turn-off) 조건은?

① 게이트에 역방향 전류를 흘린다.   ② 게이트에 역방향 전압을 가한다.
③ 게이트에 순방향 전류를 0으로 한다.   ④ 애노드 전류를 유지전류 이하로 한다.

> **풀이**
> SCR은 점호(도통)능력은 있으나 소호(차단)능력이 없다. 소호시키려면 SCR의 주전류를 유지전류 이하로 한다. 또는 SCR의 애노드, 캐소드 간에 역전압을 인가한다.
> **답** ④

26 2진수 $(110010.111)_2$ 를 8진수로 변환한 값은?

① $(62.7)_8$ ② $(32.7)_8$ ③ $(62.6)_8$ ④ $(32.6)_8$

> **풀이**
> 110 010 . 111
> ↓ ↓ . ↓
> 6 2 . 7
> **답** ①

27 다음 진리표에 해당하는 논리회로는?
① AND 회로
② EX-NOR 회로
③ NAND 회로
④ EX-OR 회로

입 력		출 력
A	B	X
0	0	0
0	1	1
1	0	1
1	1	0

> **풀이**
> $F = (A+B)(\overline{AB})$
> $= (A+B)(\overline{A}+\overline{B})$
> $= A(\overline{A}+\overline{B}) + B(\overline{A}+\overline{B})$
> $= A\overline{A} + A\overline{B} + \overline{A}B + B\overline{B}$
> $= A\overline{B} + \overline{A}B = A \oplus B$
> **답** ④

28 2^n의 입력선과 n개의 출력선을 가지고 있으며, 출력은 입력값에 대한 2진코드 혹은 BCD 코드를 발생하는 장치는?
① 디코더
② 인코더
③ 멀티플렉서
④ 매트릭스

> **풀이**
> 코드 형식의 2진 정보를 다른 코드 형식으로 바꾸는 회로가 디코더(Decoder)이다. 다시 말하면, 2진 코드나 BCD Code를 해독(Decoding)하여 이에 대응하는 1개(10진수)의 선택 신호로 출력하는 것을 말한다.
> **답** ②

29 전가산기(Full adder) 회로의 기본적인 구성은?
① 입력 2개, 출력 2개로 구성
② 입력 2개, 출력 3개로 구성
③ 입력 3개, 출력 2개로 구성
④ 입력 3개, 출력 3개로 구성

> **풀이**
> 전가산기 논리회로는 반가산기 2개와 OR gate 1개로 구성되어 있다.

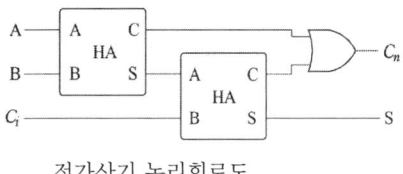

전가산기 논리회로도

답 ③

30. 마이크로프로세서 부분 삭제

31. 반도체 트리거소자로서 자기회복 능력이 있는 것은?
① GTO
② SSS
③ SCS
④ SCR

▶풀이
- GTO(Gate Turn Off thyristors) : 양(+)의 게이트 전류에 의하여 턴온시킬 수 있고 음(−)의 게이트 전류에 의하여 턴오프시킬 수 있다.(즉 자기소호능력이 있다)

답 ①

32. 일반 주택의 저압 옥내배선을 점검하였더니 다음과 같이 시설되어 있었을 경우 시설기준에 적합하지 않은 것은?
① 합성수지관의 지지점 간의 거리를 2[m]로 하였다.
② 합성수지관 안에서 전선의 접속점이 없도록 하였다.
③ 금속관공사에 옥외용 비닐절연전선을 제외한 절연전선을 사용하였다.
④ 인입구에 가까운 곳으로서 쉽게 개폐할 수 있는 곳에 개폐기를 각 극에 시설하였다.

▶풀이
관의 지지점 간의 거리는 1.5[m] 이하로 하고, 또한 그 지지점은 관의 끝·관과 박스의 접속점 및 관 상호 간의 접속점 등에 가까운 곳에 시설할 것.

답 ①

33. 단권 변압기에 대한 설명으로 옳지 않은 것은?
① 1차 권선과 2차 권선의 일부가 공통으로 되어 있다.
② 3상에는 사용할 수 없는 단점이 있다.
③ 동일 출력에 대하여 사용 재료 및 손실이 적고 효율이 높다.
④ 단권 변압기는 권선비가 1에 가까울수록 보통 변압기에 비하여 유리하다.

▶풀이
권선 하나의 도중에 탭(Tab)를 만들어 사용한 것으로, 경제적이고 특성도 좋다. (단상,3상 모두 사용가능)
보통변압기와 단권변압기의 비교
① 권선이 가늘어도 되며, 자로가 단축되어 재료를 절약
② 동손이 감소되어 효율이 좋다.
③ 공통선로를 사용하므로 누설자속이 없어 전압변동률이 작다.
④ 고압 측 전압이 높아지면 저압 측에서도 고전압을 받게 되므로 위험

답 ②

34 $R[\Omega]$인 3개의 저항을 같은 전원에 Δ결선으로 접속시킬 때와 Y결선으로 접속시킬 때 선전류의 크기비($\frac{I_\Delta}{I_Y}$)는?

① $\frac{1}{3}$ ② $\sqrt{6}$ ③ $\sqrt{3}$ ④ 3

● 풀이

$$\frac{I_\Delta}{I_Y} = \frac{\sqrt{3}\frac{V_l}{R}}{\frac{V_l}{\sqrt{3}R}} = 3$$

답 ④

35 6극 60[Hz]인 3상 유도 전동기의 슬립이 4[%]일 때 이 전동기의 회전수는 몇 [rpm] 인가?

① 952 ② 1152
③ 1352 ④ 1552

● 풀이

동기속도 $N_s = \frac{120f}{p} = \frac{120 \times 60}{6} = 1200[\text{rpm}]$

∴ 회전속도 $N = (1-s)N_s = (1-0.04) \times 1200 = 1152[\text{rpm}]$

답 ②

36 다음 논리식 중 옳은 표현은?

① $\overline{A+B} = \overline{A} \cdot \overline{B}$ ② $\overline{A+B} = \overline{A+B}$
③ $\overline{A \cdot B} = \overline{A} \cdot \overline{B}$ ④ $\overline{A+B} = \overline{A} \cdot \overline{B}$

● 풀이

드모르간 법칙 $\overline{A+B} = \overline{A} \cdot \overline{B}$ $\overline{A \cdot B} = \overline{A}+\overline{B}$

답 ①

37 보조기억장치의 역할이 아닌 것은?

① 대량 데이터의 기억 ② 프로그램 보관
③ 데이터의 고속처리 ④ 데이터의 영구보존

● 풀이

보조기억장치
① 주기억장치의 단점을 보완하기 위해 데이터를 보관하였다가 필요할 때 주기억장치로 이동시키는 기능을 수행한다.
② 모든 데이터와 프로그램을 보관해야 하는 보조기억장치는 접근속도는 느리더라도 대규모의 기억용량을 갖는 장비로 구현된다.
③ 보조기억장비는 컴퓨터를 사용하지 않는 동안에도 데이터를 저장하고 있다가 다음번 사용 때 제공해야 하므로 비휘발성 장비어야 한다.

답 ③

38 최대눈금 150[V], 내부저항 20[kΩ]인 직류전압계가 있다. 이 전압계의 측정범위를 600[V]로 확대하기 위하여 외부에 접속하는 직렬저항은 얼마로 하면 되는가?

① 20[kΩ] ② 40[kΩ]
③ 50[kΩ] ④ 60[kΩ]

● 풀이

$V = V_0\left(1 + \dfrac{R_m}{r_v}\right)$ 에서

$\dfrac{V}{V_0} = 1 + \dfrac{R_m}{r_v}$ $\dfrac{600}{150} = 1 + \dfrac{R_m}{20}$ $R_m = 60[\mathrm{k\Omega}]$

답 ④

39 자기 인덕턴스 50[mH]인 코일에 흐르는 전류가 0.01초 사이에 5[A]에서 3[A]로 감소하였다. 이 코일에 유기되는 기전력[V]은?

① 10[V] ② 15[V]
③ 20[V] ④ 25[V]

● 풀이

$e = -L\dfrac{di}{dt} = -50 \times 10^{-3} \times \dfrac{3-5}{0.01} = 10[\mathrm{V}]$

답 ①

40 어떤 교류회로에 전압을 가하니 90°만큼 위상이 앞선 전류가 흘렀다. 이 회로는?

① 유도성 ② 무유도성
③ 용량성 ④ 저항 성분

● 풀이
- 저항(R) : 동위상
- 유도성(L) : 90° 지상전류
- 용량성(C) : 90° 진상전류

답 ③

41 220/380[V] 겸용 3상 유도전동기의 리드선은 몇 가닥을 인출하는가?

① 3 ② 4 ③ 6 ④ 8

● 풀이

Y결선일 경우 380[V], △결선일 경우 220[V]의 전압이 인가되어야 하기 때문에 전압변환을 위한 Y-△ 변환이 가능해야 하므로 6가닥이 필요

답 ③

42 권선형 3상 유도전동기에서 2차측 저항을 2배로 하면 그 최대 토크는 어떻게 되는가?

① $\dfrac{1}{2}$로 줄어든다. ② $\sqrt{2}$배로 된다.
③ 2배로 된다. ④ 불변이다.

답 ④

43 단상 220[V], 60[Hz]의 정현파 교류전압을 점호각 60°로 반파 위상제어 정류하여 직류로 변환하고자 한다. 순저항 부하시 평균 출력전압은 약 몇 [V]인가?

① 74[V]　　② 84[V]　　③ 92[V]　　④ 110[V]

● 풀이

- 단상 반파 정류 회로

$$E_d = \frac{\sqrt{2}}{\pi}E\left(\frac{1+\cos\alpha}{2}\right) = 0.45E\left(\frac{1+\cos\alpha}{2}\right) = 0.45 \times 220\left(\frac{1+\cos 60}{2}\right) = 74.25[V]$$

- 단상전파 정류회로

① 저항만의 부하　$E_d = \frac{\sqrt{2}}{\pi}E(1+\cos\alpha) = 0.45E(1+\cos\alpha)[V]$

② 유도성 부하　$E_d = \frac{2\sqrt{2}}{\pi}E\cos\alpha = 0.9E\cos\alpha$

답 ①

44 광원은 점등시간이 진행됨에 따라서 특성이 약간 변화한다. 방전램프의 경우 초기 100시간의 떨어짐이 특히 심한데 이와 같은 특성은 무엇인가?

① 수명특성　　② 동정특성　　③ 온도특성　　④ 연색성

● 풀이

동정곡선 : 점등시간에 따라 전압, 전류, 전력 및 효율 등의 관계를 광속으로 나타내는 곡선

답 ②

45 동기발전기에서 전기자 전류가 무부하 유도 기전력보다 π/2[rad]만큼 뒤진 경우의 전기자 반작용은?

① 교차자화작용　　② 자화작용
③ 감자작용　　　　④ 편자작용

● 풀이

전기자 반작용
- 저항 부하에 의한 교차자화작용 : 기전력과 전류는 동위상으로써 횡축반작용이라고도 한다.
- 유도성 부하에 의한 감자작용 : 전류가 기전력보다 π/2만큼 뒤지는 경우이며 직축 반작용이라고도 한다.
- 용량성 부하에 의한 증자작용 : 전류가 기전력보다 π/2만큼 앞서는 경우이며 자화 작용이이라고도 한다.

답 ③

46 평균반지름이 1[cm]이고, 권수가 500회인 환상솔레노이드 내부의 자계가 200[AT/m]가 되도록 하기 위해서는 코일에 흐르는 전류를 약 몇 [A]로 하여야 하는가?

① 0.015　　② 0.025　　③ 0.035　　④ 0.045

● 풀이

$H = \frac{NI}{2\pi r}[\text{AT/m}]$에서 $I = \frac{2\pi \times 0.01 \times 200}{500} = 0.025[\text{A}]$

답 ②

47 다링톤(Darlington)형 바이폴러 트랜지스터의 전류 증폭률은?

① 1~3　　② 10~30　　③ 30~100　　④ 100~1000

> **풀이**
> 달링턴 회로(접속) : 2개 이상의 트랜지스터를 적당히 직결하여 사용하는 복합 회로의 일종으로, pnp 또는 npn형 트랜지스터 2개를 조합시켜서 1개의 등가한 트랜지스터로 하는 접속 방법이다. 이것을 1개의 등가한 트랜지스터로 대치하면 전류 증폭률은 2개 트랜지스터의 그것의 곱으로 되어서 매우 커지며 고감도의 직류 증폭기나 고입력 저항 증폭기, 전력 증폭기 등에 사용된다. **답 ④**

48 고압 가공 전선로로부터 수전하는 수용가의 인입구에 시설하는 피뢰기의 접지공사에 있어서 접지선이 피뢰기 접지공사의 전용의 것이면 접지저항은 얼마까지 허용되는가?
① 5[Ω] ② 10[Ω] ③ 30[Ω] ④ 75[Ω]

> **풀이**
> 고압가공전선로에 시설하는 피뢰기의 제1종접지공사의 접지선이 전용의 경우에는 접지저항값은 30[Ω] 이하로 할 수 있다. **답 ③**

49 직류전동기에서 전기자에 가해 주는 전원전압을 낮추어서 전동기의 유도 기전력을 전원전압보다 높게 하여 제동하는 방법은?
① 맴돌이전류제동 ② 발전제동
③ 역전제동 ④ 회생제동

> **풀이**
> • 발전제동 : 제동 시에 전원을 개방하여 발전기로 이용하여 발전된 전력을 제동용 저항에 열로 소비시키는 방법이다.
> • 회생제동 : 제동 시에 전원을 개방하지 않고 발전기로 이용하여 발전된 전력을 다시 제동용 전원으로 사용하는 방식으로 전동기의 유도기전력을 전동기가 갖는 운동에너지를 전기에너지로 변화 전원으로 반환
> • 플러깅제동 : 급제동시 사용하는 방법으로 역전제동이라 하며, 전기자의 접속을 반대로 바꾸어 회전방향과 반대의 토크를 발생시켜 제동 **답 ④**

50 동기전동기의 특징에 관한 설명으로 옳은 것은?
① 저속도에서 유도전동기에 비해 효율이 나쁘다.
② 기동 토크가 크다.
③ 필요에 따라 진상전류를 흘릴 수 있다.
④ 직류전원이 필요 없다.

> **풀이**
> 동기 전동기의 특징
> ① 효율이 좋다.
> ② 정속도 전동기이다.
> ③ 역률을 1, 또는 앞선 역률, 뒤진 역률로 운전할 수 있다.
> ④ 공극이 넓으므로 기계적으로 튼튼하고 보수가 용이하다.
> ⑤ 기동 토크를 얻기가 곤란하다.
> ⑥ 직류 여자 장치가 필요하다.
> ⑦ 난조가 일어나기 쉽다. **답 ③**

51 양수량 10[m³/min], 총양정 20[m]의 펌프용 전동기의 용량[kW]은?
(단, 여유계수 1.1, 펌프효율은 75[%]이다.)

① 36　　　② 48　　　③ 72　　　④ 144

풀이
$$P = \frac{KQH}{6.12\eta}[\text{kW}] = \frac{1.1 \times 10 \times 20}{6.12 \times 0.75} = 47.9[\text{kW}]$$

답 ②

52 화학류 저장장소에 있어서의 전기설비 시설에 대한 기준으로 적합한 것은?
① 전선로의 대지전압 400[V] 이하일 것
② 전기기계기구는 개방형일 것
③ 인입구의 전선은 비닐절연전선으로 노출배선으로 한다.
④ 지락차단장치 또는 경보장치를 시설한다.

풀이
화학류 저장소의 위험
(1) 화약류 저장소 안에는 전기설비를 시설하지 아니하는 것이 원칙으로 되어 있다. 다만, 백열전등, 형광등 또는 이들에 전기를 공급하기 위한 전기설비만을 금속관 공사 또는 케이블 공사에 의하여 다음과 같이 시설할 수 있다.
(2) 전로의 대지 전압은 300[V] 이하로 한다.
(3) 전기기계기구는 전폐형으로 한다.
(4) 화약류 저장소 이외의 곳에 전용 개폐기 및 과전류 차단기를 시설하여 취급자 이외의 사람이 조작할 수 없도록 시설하고, 또한 지락 차단 장치 또는 지락 경보 장치를 시설한다.
(5) 전용 개폐기 또는 과전류 차단기에서 화약류 저장소의 인입구까지는 케이블을 사용하여 지중 전로를 사용한다.

답 ④

53 합성수지관 공사에 의한 저압 옥내배선의 시설 기준으로 옳지 않은 것은?
① 전선은 옥외용 비닐 절연전선을 사용할 것
② 습기가 많은 장소에 시설하는 경우 방습장치를 할 것
③ 전선은 합성수지관 안에서 접속점이 없도록 할 것
④ 관의 지지점간의 거리는 1.5[m] 이하로 할 것

풀이
합성수지관의 시공
(1) 합성수지관은 전개된 장소나 은폐된 장소 등 어느 곳에서나 시공할 수 있지만, 중량물의 압력 또는 심한 기계적 충격을 받는 장소에서 시설해서는 안 된다.(콘크리트 매입은 제외)
(2) 관의 지지점 간의 거리는 1.5[m] 이하로 하고, 관과 박스의 접속점 및 관 상호 간의 접속점 등에 서는 가까운 곳(0.3[m] 이내)에 지지점을 시설하여야 한다.

답 ①

54 하나 이상의 부하를 한 전원에서 다른 전원으로 자동절환 할 수 있는 장치는?
① ASS　　　② ACB　　　③ LBS　　　④ ATS

• 풀이
• ASS(자동고장구분개폐기)   • ACB(기중차단기)
• LBS(부하개폐기)   • ATS(자동절환개폐기)
답 ④

55 모집단으로부터 공간적, 시간적으로 간격을 일정하게 하여 샘플링하는 방식은?
① 단순랜덤샘플링(simple random sampling)
② 2단계샘플링(two-stage sampling)
③ 취락샘플링(cluster sampling)
④ 계통샘플링(systematic sampling)

• 풀이
샘플링 방법
(1) 랜덤 샘플링
   ① 단순랜덤 샘플링 : 무작위 시료를 추출하는 방법으로 사전에 모집단에 대한 지식이 없는 경우 사용한다.
   ② 계통 샘플링 : 모집단으로부터 시간적 또는 공간적으로 일정간격에서 시료를 뽑는 방법(공정이나 품질에 주기적 연동이 있을 때 사용금지)
   ③ 지그재그 샘플링 : 계통 샘플링에서 주기성에 의한 치우침의 발생 위험을 방지토록 고안한 것으로 공정이나 품질이 변화하는 주기와는 다른 간격으로 시료를 취하는 방법
(2) 2단계 샘플링 : 모집단을 몇 개의 부분으로 나누어 그 중 몇 개를 추출(1단계)하고, 다음 단계로 그 부분 중에서 몇 개의 단위체 또는 단위량을 추출(2단계)하는 방법
(3) 층별 샘플링(작업반별, 기계장치 원자재 작업방법, 작업시간별)
   로트를 몇 개의 층으로 나눌 수 있는 경우 로트 전체를 모아서 단순히 랜덤 추출하는 것 보다 층별로 샘플링 하는 편이 바람직할 때, 각층에 포함된 품목의 수에 따라 시료의 크기를 비례 배분하여 추출하는 방법
(4) 취락(집락)샘플링 : 모집단을 여러 개 집단으로 나누고 이들 중에서 몇 개를 무작위로 추출한 뒤 선택된 집단의 로트를 모두 검사하는 방법
답 ④

56 예방보전(Preventive Maintenance)의 효과가 아닌 것은?
① 기계의 수리비용이 감소한다.
② 생산시스템의 신뢰도가 향상된다.
③ 고장으로 인한 중단시간이 감소한다.
④ 잦은 정비로 인해 제조원단위가 증가한다.

• 풀이
예방보전(PM) : 설비 사용 전 정기점검 및 검사와 조기수리 등을 하여, 설비성능의 저하와 고장 및 사고를 미연에 방지함으로써 설비의 성능을 표준 이상으로 유지하는 보전활동
답 ④

57 제품공정도를 작성할 때 사용되는 요소(명칭)가 아닌 것은?
① 가공   ② 검사
③ 정체   ④ 여유

▶풀이

공정분류	공정기호	내 용
가 공	○	물리적 또는 화학적 변화를 일으키는 상태이며 가공작업, 화학처리, 또는 다음공정을 위하여 준비하는 상태
운 반	⇨	작업물을 다른 장소로 옮기는 각종 운반, 반송, 이동작업 표시
정 체	D	가공이나 운반 중 일시대기 또는 다음 가공을 위한 정체
저 장	▽	원자재 저장, 창고의 완성품 재고, 중간 제공품 창고 저장
검 사	□	물품을 일정한 방법으로 측정하여 합격, 불합격을 판단

답 ④

58 부적합수 관리도를 작성하기 위해 $\Sigma c = 559$, $\Sigma n = 222$를 구하였다. 시료의 크기가 부분군마다 일정하지 않기 때문에 u 관리도를 사용하기로 하였다. $n=10$일 경우 u 관리도의 UCL 값은 약 얼마인가?

① 4.023 ② 2.518 ③ 0.502 ④ 0.252

▶풀이

u 관리도
① 중심선(Center Line) : $\bar{u} = \dfrac{\Sigma c}{\Sigma n} = \dfrac{559}{222} = 2.518$

② 관리한계선(Control Limit) : $\bar{u} \pm 3\sqrt{\dfrac{\bar{u}}{n}} = 2.518 \pm 3\sqrt{\dfrac{2.518}{10}} = 4.02 \sim 1.01$

답 ①

59 작업방법 개선의 기본 4원칙을 표현한 것은?
① 층별 – 랜덤 – 재배열 – 표준화
② 배제 – 결합 – 랜덤 – 표준화
③ 층별 – 랜덤 – 표준화 – 단순화
④ 배제 – 결합 – 재배열 – 단순화

답 ④

60 이항분포(Binomial distribution)의 특징에 대한 설명으로 옳은 것은?
① $P = 0.01$일 때는 평균치에 대하여 좌·우 대칭이다.
② $P \leq 0.1$이고, $nP = 0.1 \sim 10$일 때는 포아송 분포에 근사한다.
③ 부적합품의 출현 개수에 대한 표준편차는 $D(x) = nP$ 이다.
④ $P \leq 0.5$이고, $nP \leq 5$일 때는 정규 분포에 근사한다.

▶풀이

$p = 0.5$일 때는 평균치에 대하여 좌·우 대칭이다.
정규분포는 부적합률의 출현 개수에 대한 표준편차는 $D(x) - np$ 이다.

답 ②

제 14회 전기기능장 실전모의고사

01 폭연성 분진 또는 화약류의 분말이 전기설비의 발화원이 되어 폭발할 우려가 있는 곳의 저압 옥내 배선의 공사 방법으로 적당한 것은?

① 애자 사용 공사 또는 가요 전선관 공사
② 금속몰드 공사
③ 금속관 공사
④ 합성수지관 공사

▶ 풀이

[특수장소에서 시설 가능한 공사방법]

구 분		금속관	케이블	합성수지관	금속제 가요전선관	덕트	애자	비고
먼지	폭발성	○	○	×	×	×	×	
	가연성	○	○	○	×	○	×	
	불연성	○	○	○	○	○	○	
가연성 가스		○	○	×	×	×	×	
위험물		○	○	○	×	×	×	
화약류		○	○	×	×	×	×	300[V] 미만 조명배선만 가능
부식성 가스		○	○	○	○ (2종만 가능)	×	○	
습기있는 장소		○	○	○	○ (2종만 가능)	×	×	
흥행장		○	○	○	×	×	×	400[V] 미만
광산, 터널		○	○	○	○	○	○	

답 ③

02 그림과 같은 논리회로에서 X가 1이 되기 위한 입력조건으로 옳은 것은?

① A = 1, B = 1
② A = 1, B = 0
③ A = 0, B = 0
④ 위 3가지 경우가 모두 해당

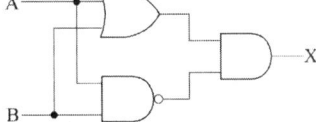

▶ 풀이

$X = (A+B)(\overline{AB})$
$= (A+B)(\overline{A}+\overline{B})$
$= A(\overline{A}+\overline{B}) + B(\overline{A}+\overline{B})$
$= A\overline{A} + A\overline{B} + \overline{A}B + B\overline{B}$
$= A\overline{B} + \overline{A}B = A \oplus B$

A	B	X
0	0	0
0	1	1
1	0	1
1	1	0

답 ②

03 지중 전선로에 사용하는 지중함의 시설기준으로 틀린 것은?
① 지중함은 조명 및 세척이 가능한 구조로 할 것
② 지중함은 견고하고 차량 기타 중량물의 압력에 견디는 구조일 것
③ 지중함의 뚜껑은 시설자 이외의 자가 쉽게 열 수 없도록 시설할 것
④ 지중함은 그 안에 고인물을 제거할 수 있는 구조로 할 것

▶ 풀이
지중전선로에 사용하는 지중함은 다음 각 호에 의하여 시설하여야 한다.
① 지중함은 견고하고 차량 기타 중량물의 압력에 견디는 구조일 것
② 지중함은 그 안의 고인 물을 제거할 수 있는 구조로 되어 있을 것
③ 폭발성 또는 연소성의 가스가 침입할 우려가 있는 것에 시설하는 지중함으로써 그 크기가 1[m³] 이상인 것에는 통풍장치 기타 가스를 방산시키기 위한 적당한 장치를 시설할 것
④ 지중함의 뚜껑은 시설자 이외의 자가 쉽게 열 수 없도록 시설할 것   **답** ①

04 어떤 정현파 전압의 평균값이 220[V]이면 최대값은 약 몇 [V]인가?
① 282　　　　② 314　　　　③ 346　　　　④ 487

▶ 풀이
$V_{av} = \dfrac{2}{\pi} V_m$ ∴ $V_m = \dfrac{\pi}{2} V_{av} = \dfrac{\pi}{2} \times 220 ≒ 346[V]$ **답** ③

05 마이크로프로세서 부분 삭제

06 500[kVA]의 단상 변압기 4대를 사용하여 과부하가 되지 않게 사용할 수 있는 3상 전력의 최대값은 약 몇 [kVA]인가?
① $500\sqrt{3}$　　　　　　　　　② 1500
③ $1000\sqrt{3}$　　　　　　　　④ 2000

▶ 풀이
V결선(변압기 2대로 2Bank) 출력 $P_V = \sqrt{3} P \times 2 = \sqrt{3} \times 500 \times 2 = 1000\sqrt{3}\,[kVA]$ **답** ③

07 일정 전압으로 운전하는 직류발전기의 손실이 $y+xI^2$ 으로 표시될 때 효율이 최대가 되는 전류는? (단, x, y는 정수이다.)
① $\dfrac{y}{x}$　　　② $\dfrac{x}{y}$　　　③ $\sqrt{\dfrac{y}{x}}$　　　④ $\sqrt{\dfrac{x}{y}}$

▶ 풀이
주어진 손실에서 y : 철손, x : 동손
$y = xI^2$ ($I^2 = \dfrac{y}{x} \rightarrow I = \sqrt{\dfrac{y}{x}}$)일 때 최대효율을 낸다.   **답** ③

08 15[kVA], 3000/100[V]인 변압기의 1차 환산 등가 임피던스가 5+j8[Ω]일 때 %리액턴스 강하는 약 몇 [%]인가?

① 0.83 ② 1.33 ③ 2.31 ④ 75

▶풀이

%리액턴스 강하(q) : 정격 전류가 흐를 때 리액턴스에 의한 전압강하의 비율을 퍼센트로 나타낸 것

① 1차 정격전류 $I_1 = \dfrac{P}{V_1} = \dfrac{15 \times 10^3}{3,000} = 5[A]$

② 백분율 리액턴스 강하 $q = \dfrac{I_1 X_{12}}{E_1} \times 100 = \dfrac{5 \times 8}{3,000} \times 100 = 1.33[\%]$

답 ②

09 같은 크기의 철심 2개가 있다. A철심에 200회, B철심에 250회의 코일을 감고, A철심의 코일에 15A의 전류를 흘렸을 때와 같은 크기의 기자력을 얻기 위해서는 B철심의 코일에는 몇 A의 전류를 흘리면 되는가?

① 3 ② 12 ③ 15 ④ 75

▶풀이

$F = NI$에서 $N_a I_a = N_b I_b$

$I_b = \dfrac{200 \times 15}{250} = 12[A]$

답 ②

10 **마이크로프로세서 부분 삭제**

11 케이블 포설공사가 끝난 후 하여야 할 시험의 항목에 해당되지 않는 것은?

① 절연저항 시험 ② 절연내력 시험
③ 접지저항 시험 ④ 유전체손 시험

▶풀이

① 절연저항 시험 : 각 심선 상호 간 및 심선과 대지 간의 절연저항 시험
② 절연내력 시험 : 전로와 대지 간, 각 심선과 대지 간의 절연내력 시험
③ 접지저항 시험 : 케이블 차폐막의 접지저항 시험
④ 상시험 : 케이블 양단의 상순이 맞는지 여부 시험

답 ④

12 평균 구면광도 100[cd]의 전구 5개를 지름 10[m] 원형의 방에 점등할 때 조명률 0.5, 감광보상률 1.5라 하면, 방의 평균 조도는 약 몇 [lx]인가?

① 27 ② 33 ③ 36 ④ 42

▶풀이

구면광도 경우 광속 $F = 4\pi I = 4\pi \times 100 = 1256.6[lm]$

$E = \dfrac{FUN}{AD} = \dfrac{FUN}{(\pi r^2)D} = \dfrac{1256.6 \times 0.5 \times 5}{\pi \times 5^2 \times 1.5} = 26.67[lx]$

or $E = \dfrac{FUN}{AD} = \dfrac{4\pi \times 100 \times 0.5 \times 5}{\dfrac{\pi D^2}{4} \times 1.5} = 26.7[\text{lx}]$

답 ①

13 저압의 지중전선이 지중 약전류 전선 등과 접근하거나 교차하는 경우에 상호 간의 이격거리가 몇 [cm] 이하인 때에는 지중전선과 지중 약전류 전선 등 사이에 견고한 내화성의 격벽을 설치하는가?

① 60   ② 50   ③ 30   ④ 20

•풀이

지중전선과 지중 약전류전선 등 또는 관과의 접근 또는 교차시 이격거리
• 저압 또는 고압 : 30[cm]
• 특고압 : 60[cm]
• 주어진 이격거리 이하인 경우 : 견고한 내화성의 격벽을 설치

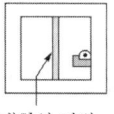

답 ③

14 그림의 회로에서 입력 전원( )의 양(+)의 반주기 동안에 도통하는 다이오드는?

① D_1, D_2 ② D_2, D_3
③ D_4, D_1 ④ D_1, D_3

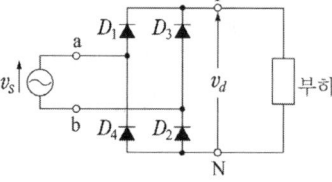

•풀이

문제에서는 [참고]의 다이오드 번호와 다름에 주의!!
[참고] 단상 브리지 전파 정류 회로
입력 전압의 (+) 반주기 동안에는 D_1, D_4 통전하고, (−) 반주기 동안에는 D_2, D_3 통전하여 전파 출력한다.

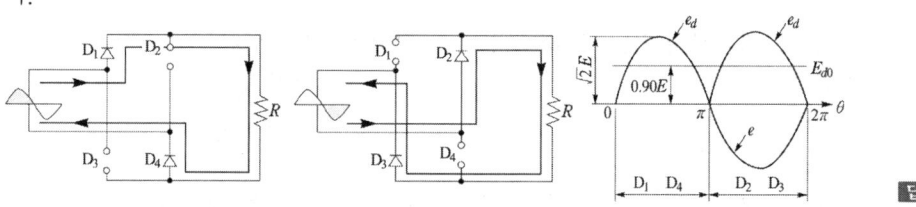

답 ①

15 변압기의 철손은 부하 전류가 증가하면 어떻게 되는가?

① 감소한다.   ② 비례한다.
③ 제곱에 비례한다.   ④ 변동이 없다.

•풀이

철손(P_i) … 고정손 : 부하에 관계없이 발생하는 손실
히스테리시스(Hysteresis)손과 와류(Eddy)손 ($P_i = P_h + P_e$)

답 ④

16 2진수 10101010 의 2의 보수 표현으로 옳은 것은?

① 01010101   ② 00110011   ③ 11001100   ④ 01010110

풀이

2의 보수 = 1의 보수 + 1

```
         10101010
1의 보수  01010101
       +        1
         01010110
```

답 ④

17 플로어덕트 배선에 수용하는 전선은 피복절연물을 포함하는 단면적의 총합이 플러어덕트 내 단면적의 몇 [%] 이하가 되도록 하는가?

① 20   ② 32   ③ 40   ④ 60

풀이

플로어 덕트 배선의 시공
① 옥내의 건조한 콘크리트 바닥에 매입할 경우에 한하여 시설한다.
② 플로어 덕트 배선에 사용되는 전선은 절연전선으로 10[mm²](알루미늄선은 16[mm²]) 이하를 사용하고 초과하는 경우에는 연선을 사용해야 되고, 관내에서는 전선의 접속점을 만들어서는 안 된다.
③ 플로어 덕트에 수용하는 전선은 절연물을 포함하는 단면적의 총합이 덕트 내 단면적의 32[%] 이하가 되도록 한다.
④ 플로어 덕트 및 박스 등 기타 부속품은 두께 2[mm] 이상의 강판으로 제작하고 아연도금 또는 에나멜로 피복한다.
⑤ 플로어 덕트는 사용전압 400[V] 미만에서 주로 사용하고, 제 3종 접지공사를 하여야 한다.

답 ②

18 그림은 어떤 소자의 구조와 기호이다. 이 소자의 명칭과 ⓐ~ⓒ의 단자기호를 모두 옳게 나타낸 것은?

① UJT, ⓐ K(cathode), ⓑ A(anode), ⓒ G(gate)
② UJT, ⓐ A(anode), ⓑ G(gate), ⓒ K(cathode)
③ SCR, ⓐ K(cathode), ⓑ A(anode), ⓒ G(gate)
④ SCR, ⓐ A(anode), ⓑ K(cathode), ⓒ G(gate)

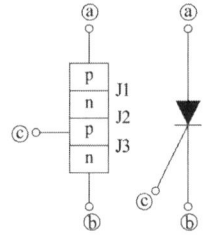

풀이

SCR의 Turn-on 조건 : A(+), K(−), G(+)

답 ④

19 저압 이웃 연결 인입선의 시설에 대한 기준으로 틀린 것은?

① 옥내를 통과하지 말 것
② 인입선에서 분기되는 점에서 100[m]를 초과 하지 말 것
③ 폭 5[m]를 넘는 도로를 횡단하지 말 것
④ 철도 또는 궤도를 횡단하는 경우에는 노면상 5[m]를 초과하지 말 것

풀이

시설 제한 규정
① 인입선에서의 분기하는 점에서 100[m]를 넘는 지역에 이르지 않아야 한다.
② 폭 5[m]를 넘는 도로를 횡단하지 않아야 한다.
③ 이웃 연결 인입선은 옥내를 관통하면 안 된다.
④ 고압 이웃 연결 인입선은 시설할 수 없다.

답 ④

20 그림은 3상 동기발전기의 무부하 포화곡선이다. 이 발전기의 포화율은 얼마인가?

① 0.5
② 0.67
③ 0.8
④ 1.5

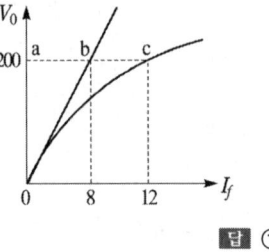

▶풀이
포화율 $\dfrac{\overline{bc}}{\overline{ab}} = \dfrac{4}{8} = 0.5$

답 ①

21 그림의 논리회로와 그 기능이 같은 회로는?

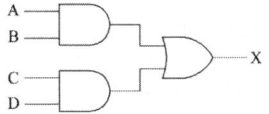

① A B C D ─X
② A B C D ─X
③ A B C D ─X
④ A B C D ─X

▶풀이
X = AB + CD
① $\overline{(\overline{A+B})\cdot(\overline{C+D})} = \overline{(\overline{A+B})} + \overline{(\overline{C+D})} = (A+B)+(C+D)$
② $\overline{(\overline{AB})\cdot(\overline{CD})} = \overline{(\overline{AB})} + \overline{(\overline{CD})} = AB+CD$
③ $(A+B)\cdot(C+D)$
④ $\overline{(\overline{A+B})+(\overline{C+D})} = \overline{(\overline{A+B})} \cdot \overline{(\overline{C+D})} = (A+B)\cdot(C+D)$

답 ②

22 66[kV]의 가공공전선에 있어 전선의 인장하중이 240[kgf]으로 되어 있다. 지지물과 지지물 사이에 이 전선을 접속할 경우 이 전선에 접속부분의 전선의 세기는 최소 몇 [kgf] 이상이어야 하는가?

① 85
② 176
③ 185
④ 192

▶풀이
240 × 0.8 = 192[kgf]
전선접속의 조건
① 전기적 저항을 증가시키지 않는다.
② 접속부위의 기계적 강도를 20[%] 이상 감소시키지 않는다.
③ 접속점의 절연이 약화되지 않도록 테이핑 또는 와이어 커넥터로 절연한다.
④ 전선의 접속은 박스 안에서 하고, 접속점에 장력이 가해지지 않도록 한다.

답 ④

23 단상 반파 위상제어 정류회로에서 지연각을 α로 하면 출력전압의 평균값(E_d)는 몇 [V]인가? (단, $e = \sqrt{2}E\sin wt$ 이고 $\alpha > 90[℃]$ 이다.)

① $\dfrac{\sqrt{2}}{2\pi}E(1+\cos\alpha)$ ② $\dfrac{\sqrt{2}}{\pi}E(1+\sin\alpha)$

③ $\dfrac{\sqrt{2}}{\pi}E(1-\cos)$ ④ $\dfrac{\sqrt{2}}{\pi}E(1-\sin\alpha)$

▶풀이

단상반파회로 $E_d = \dfrac{\sqrt{2}}{\pi}E\left(\dfrac{1+\cos\alpha}{2}\right) = 0.45E\left(\dfrac{1+\cos\alpha}{2}\right)$

단상전파회로 $E_d = \dfrac{\sqrt{2}}{\pi}E(1+\cos\alpha) = 0.45E(1+\cos\alpha)$ 저항부하

$E_d = \dfrac{2\sqrt{2}}{\pi}E\cos\alpha = 0.9E\cos\alpha$ 유도성 부하

답 ①

24 서보(serbo) 전동기에 대한 설명으로 틀린 것은?

① 회전자의 직경이 크다.
② 교류용과 직류용이 있다.
③ 속응성이 높다.
④ 기동·정지 및 정회전·역회전을 자주 반복 할 수 있다.

▶풀이

서보(serbo) 모터의 특징
① 기동토크가 크다.
② 회전자관성모멘트가 작다(회전자의 직경이 작다).
③ 제어권선전압이 0에서는 기동해서는 안되며 정지해야한다.
④ 직류서보모터의 기동토크는 교류서보모터보다 크다.
⑤ 속응성이 좋다. 시정수가 짧다. 기계적 응답이 좋다.
⑥ 회전자 팬에 의한 냉각효과를 기대할 수 없다(열의 발생)

답 ①

25 정격전압 6000[V], 용량 5000[kVA]의 Y결선 3상 동기 발전기가 있다. 여자전류 200[A]에서 무부하 단자전압 6000[V], 단락전류 600[A]일 때, 이 발전기의 단락비는?

① 1.15 ② 1.25 ③ 1.55 ④ 1.75

▶풀이

정격전류 $I_n = \dfrac{P}{\sqrt{3}V} = \dfrac{5000 \times 10^3}{\sqrt{3} \times 6000} = 481.13[A]$

정격전류(481.13[A])와 같은 단락전류를 통하는데 요하는 여자전류를 I_f'' 라 하면

$I_f'' = I_f' \times \dfrac{I_n}{I_s} = 200 \times \dfrac{481.13}{600} = 160.38[A]$

$K_s = \dfrac{I_f'}{I_f''} = \dfrac{200}{160.38} = 1.25$

or $I_n = \dfrac{P}{\sqrt{3}V} = \dfrac{5000}{\sqrt{3}\times6} = 481[A]$, $K_s = \dfrac{I_s}{I_n} = \dfrac{600}{481} = 1.247[A]$

답 ②

26 사이리스터에 관한 설명이다. 옳지 않은 것은?
① 사이리스터를 턴 온 시키기 위해 필요한 최소한의 순방향 전류를 래칭전류라 한다.
② 도통 중인 사이리스터에 유지전류 이하가 흐르면 사이리스트는 턴 오프 된다.
③ 유지전류의 값은 항상 일정하다.
④ 래칭전류는 유지전류보다 크다.

> **풀이**
> 브레이크 오버(Break Over) 전압에서 소자는 도통(on)상태가 된다.
> 유지(Holding) 전류 이상이 되면 순방향도통 상태를 계속 유지하고 있다.
> 래칭(Latching) 전류는 유지(Holding) 전류보다 크다.
> **답 ③**

27 합성수지관(PVC 관)공사에 의한 저압 옥내배선에 대한 내용으로 틀린 것은?
① 전선은 절연전선으로 14[mm^2]의 연선을 사용하였다.
② 관의 지지점 간의 거리를 2[m]로 하였다.
③ 관 상호 간 및 박스와는 관을 삽입하는 깊이를 관의 바깥지름의 1.2배로 하였다.
④ 습기가 많은 장소의 관과 박스의 접속 개소에 방습장치를 하였다.

> **풀이**
> 합성수지관의 특징
> ① 염화비닐수지로 만든 것으로, 금속관에 비하여 가격이 싸다.
> ② 절연성과 내부식성이 우수하고, 재료가 가볍기 때문에 시공이 편리하다.
> ③ 관 자체가 비자체성이므로 접지할 필요가 없다.
> ④ 열에 약할 뿐 아니라, 충격 강도가 떨어지는 결점이 있다.
> ⑤ 관의 굵기를 안지름의 크기에 가까운 짝수로써 표시(근사내경)
> ⑥ 한 본의 길이는 4[m]로 제작하며 관의지지점간 거리는 1.5[m]
> ⑦ 절연전선은 지름 10[mm^2](알루미늄선 16[mm^2]) 이하의 단선을 사용하며, 그 이상일 경우는 연선을 사용하고, 전선에 접속점이 없도록 해야 한다.
> **답 ②**

28 변압기 병렬운전 조건으로 옳지 않은 것은?
① 극성이 같아야 한다.
② 권수비, 1차 및 2차의 정격전압이 같아야 한다.
③ 각 변압기의 저항과 누설리액턴스의 비가 같아야 한다.
④ 각 변압기의 임피던스가 정격용량에 비례하여야 한다.

> **풀이**
> 단상 변압기의 병렬운전 조건
> ① 극성이 일치할 것 → 불일치 : 순환전류 → 2차 권선의 손실, 파손
> (극성 : 유도기전력의 방향 : 위상관계)
> ② 권수비 및 1, 2차 정격전압이 같은 것 불일치 → 순환전류 → 2차 권선의 손실, 파손
> $$I_c = \frac{E_{a2} - E_{b2}}{Z_a + Z_b} = \frac{|Z_a I_a - Z_b I_b|}{Z_a + Z_b} = \frac{I_a(Z_b - Z_a)}{Z_a + Z_b} ** \ I_c : \text{cycling current}$$
> ③ 각 변압기의 %임피던스 강하가 같으며 저항과 리액턴스비가 같을 것.
> ∴ 부하분담은 내부 임피던스(%Z)에 반비례하여 분담된다.

※ 합성(환산)용량 구하는 식(%Z = 임피던스전압(%) 작은 것 기준)
㉠ $\dfrac{P_a}{P_b} = \dfrac{P_A}{P_B} \times \dfrac{\%Z_b}{\%Z_a} = m \times \dfrac{\%Z_b}{\%Z_a}$ ($\dfrac{P_A}{P_B} = m$)

㉡ $P_a = \dfrac{\%Z_b}{\%Z_a + \%Z_b} \times P\,[\text{kVA}]$, $P_b = \dfrac{\%Z_a}{\%Z_a + \%Z_b} \times P\,[\text{kVA}]$

④ 상회전 방향 및 각 변위 일치 (3상)
각변위(위상변위) : 1차 유기전압을 기준으로 이에 대한 2차유기전압의 뒤진 각
※ 병렬운전 불가능 조합 △-△와 △-Y 조합 - Y-Y와 Y-△ 조합

답 ④

29 마이크로프로세서 부분 삭제

30 3상 유도전동기의 2차 입력이 P_2, 슬립이 s라면 2차 저항손은 어떻게 표현되는가?

① sP_2 ② $\dfrac{P_2}{s}$ ③ $\dfrac{1-s}{P_2}$ ④ $\dfrac{P_2}{1-S}$

▶풀이
유도 전동기 비례식 $P_2 : P_{2c} : P_k = 1 : S : (1-S)$
2차 저항손 $P_{2c} = SP_2$

답 ①

31 회로에서 I_1 및 I_2의 크기는 각각 몇 [A]인가?

① $I_1 = I_2 = 0$
② $I_1 = I_2 = 2$
③ $I_1 = I_2 = 5$
④ $I_1 = I_2 = 10$

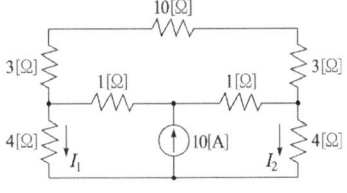

▶풀이
전류원 10[A]를 기준으로 회로의 저항이 좌우대칭이므로 전류도 $I_1 = I_2 = 5$[A] 이다.

답 ③

32 전파제어 정류회로에 사용하는 쌍방향성 반도체 소자는?

① SCR ② SSS ③ UJT ④ PUT

▶풀이
• 단방향성 : SCR, GTO, SCS, LASCR
• 쌍방향성 : SSS, TRIAC, DIAC, SBS
SSS는 브레이크 오버 전압 이상의 펄스를 줌으로써 온 시킬 수 있어 SCR과 같이 과전압이 걸려도 파괴되는 일 없이 온(on)이 된다(쌍방향 2단자 사이리스터).

답 ②

33 3상 동기 발전기의 각 상의 유기 기전력 중에서 제5고조파를 제거하려면 단절계수(코일간격/극 피치)는 얼마가 가장 적당한가?

① 0.4 ② 0.8 ③ 1.2 ④ 1.6

▶풀이

$k_{p5} = \sin\frac{\beta\pi n}{2} = 0$ 에서 $k_{ps} = \sin\frac{\beta\pi \times 5}{2} = 0$ 이면 5고조파 제거. (n : 고조파)
$\beta = 0, 0.8, \cdots$ 가 되지만 1보다 작고 1에 가장 가까운 0.8이 적당.　　　**답** ②

34 직류 발전기의 전기자 반작용을 줄이고 정류를 잘되게 하기 위해서는?
① 브러시 접촉 저항을 적게 할 것
② 보극과 보상관선을 설치할 것
③ 브러시를 이동시키고 주기를 크게 할 것
④ 보상권선을 설치하여 리액턴스 전압을 크게 할 것

▶풀이
전기자 반작용 방지책
 • 브러시 위치를 전기적 중성점, 즉 회전방향으로 이동시킨다.
 • 보극설치로 전기적인 중성점의 이동을 방지
 • 보상권선을 주자극 표면에 설치해준다.(주대책)　　　**답** ②

35 인터럽트 수행시 스택포인터의 기능을 가장 잘 설명한 것은?
① 저장할 데이터의 주소를 보관한다.
② 사용할 명령어의 주소를 보관한다.
③ 사용할 데이터를 보관한다.
④ 사용할 명령어를 보관한다.

▶풀이
주 프로그램에서 서브루틴으로 분기할 때는 나중에 주 프로그램으로 되돌아 올 복귀주소(return address)를 저장해 놓아야 하는데, 이때 사용되는 것이 스택(stack)이다. LIFO방식의 스텍은 데이터 저장·인출 명령어로 PUSH, POP을 사용한다.　　　**답** ①

36 합성수지 몰드 공사에 의한 저압 옥내배선의 시설방법으로 옳은 것은?
① 전선으로는 단선만을 사용하고 연선을 사용하여서는 안된다.
② 전선은 옥외용 비닐절연전선을 사용한다.
③ 합성수지 몰드 안에 전선의 접속점을 두기 위하여 합성 수지제의 조인트 박스를 사용한다.
④ 합성수지 몰드 안에는 전선의 접속점을 최소 2개소 두어야 한다.

▶풀이
합성수지 몰드 배선 : 매립 배선이 곤란한 경우의 노출 배선이며, 접착테이프와 나사못 등으로 고정시키고 절연전선 등을 넣어 배선하는 방법이다.
① 옥내의 건조한 노출장소와 점검할 수 있는 은폐장소에 한하여 시공할 수 있다.
② 합성수지 몰드 배선의 사용전압은 400[V] 미만이고, 전선은 절연전선을 사용하며 몰드 내에서는 접속점을 만들지 않는다.
③ 홈의 폭과 깊이가 3.5[cm] 이하, 두께는 2[mm] 이상의 것이어야 한다. 단, 사람이 쉽게 접촉될 우려가 없도록 시설한 경우에는 폭 5[cm] 이하, 두께 1[mm] 이상인 것을 사용할 수 있다.
④ 합성수지 몰드의 베이스를 조영재에 부착할 경우 40~50[cm] 간격마다 나사못 또는 접착제를 이용하여 견고하게 부착해야 한다.　　　**답** ③

37 디멀티플렉서(DeMUX)의 설명으로 옳은 것은?

① n비트의 2진수를 입력하여 최대 2^n 비트로 구성된 정보를 출력하는 조합 논리회로
② 2^n 비트로 구성된 정보를 입력하여 n비트의 2진수를 출력하는 조합 논리회로
③ 여러 개의 입력선 중에서 하나를 선택하여 단일 출력선으로 연결하는 조합회로
④ 하나의 입력선으로부터 데이터를 받아 여러개의 출력선중의 한 곳으로 데이터를 출력하는 조합회로

▶풀이
(1) 멀티플렉스(Multiplexer ; MUX)
  ※ 다중화 장치로 다수의 정보를 적은수의 채널이나 회선을 통해 전송하는 기기
  ① 2개 이상의 입력 중에서 필요로 하는 신호를 외부로부터의 선택 기호에 의해 1개만 선택하여, 출력 신호로 꺼낼 수 있는 기능을 가진 조합 논리 회로이다.
  ② 게이트를 사용하여 구성하는 멀티플렉서는 2^n 개의 입력선과 입력 선택을 위한 n개의 선택선 및 하나의 출력 선을 가지며, 이 선택 선에 가하는 비트 조합에 따라 입력 중의 하나가 선택된다.
(2) 디멀티플렉스(Demultiplexer ; DeMUX)
  ① 한 신호원으로부터의 데이터를 제어 입력에 의해 여러 개의 출력 단 중에서 선택된 출력 단에 출력하는 회로이다.
  ② 1×2^n 디멀티플렉서는 하나의 입력과 2^n 개의 출력선 중에서 하나를 선택하기 위한 n개의 선택선을 가진다.

답 ④

38 역률 80[%], 150[kW]의 전동기를 95[%]의 역률로 개선하는데 필요한 콘덴서의 용량은 약 몇 [kVA]가 필요한가?

① 32 ② 42 ③ 63 ④ 84

▶풀이
$Q = P(\tan\theta_1 - \tan\theta_2)[kVA]$ 이므로
$Q = 150(\tan \cdot cos^{-1}0.8 - \tan \cdot cos^{-1}0.95) = 63.2[kVA]$

답 ③

39 고압수전의 3상 3선식에서 불평형부하의 한도는 단상 접속부로 계산하여 설비불평형률을 30[%] 이하로 하는 것을 원칙으로 한다. 다음 중 이 제한에 따르지 않을 수 있는 경우가 아닌 것은?

① 저압 수전에서 전용변압기 등으로 수전하는 경우
② 고압 및 특고압 수전에서 100[kVA] 이하의 단상부하인 경우
③ 특고압 수전에서 100[kVA] 이하의 단상변압기 3대로 △결선하는 경우
④ 고압 및 특고압 수전에서 단상부하용량의 최대와 최소의 차가 100[kVA] 이하인 경우

▶풀이
3상 3선식 또는 3상 4선식에서 설비 불평형률 30% 이하의 제한을 따르지 않아도 되는 경우
① 저압 수전에서 전용변압기 등으로 수전하는 경우
② 고압 및 특고압 수전에서 100[kVA] 이하의 단상부하의 경우
③ 단상 부하 용량의 최대와 최소의 차가 100[kVA] 이하인 경우
④ 특고압 수전에서 100[kVA] 이하의 단상 변압기 2대로 역V접속을 하는 경우

구 분	설비불평형률
단상 3선식 40%이하	중성선과 각 전압측 전선간에 접속되는 부하설비 용량의 차 총 부하 설비용량의 1/2
3상 3선식 또는 3상 4선식 30%이하	각 전선간에 접속되는 단상부하 총 설비 용량의 최대와 최소의 차 총 부하 설비용량의 1/3

비율이 커지게 되면, 변압기의 온도상승과 절연물의 열화가 발생하고 전력손실이 증가하여 설비이용률이 저하하는 등 문제 발생한다.

답 ③

40 다음은 SCR의 특징을 설명하고 있다. 옳지 않은 것은?
① SCR 소자 자신은 게이트 전류를 흘리면 on 능력이 있다.
② 유지전류는 보통 20[mA] 정도이다.
③ Turn off 시키려면 원하는 시점에서 양극와 음극 사이에 역전압을 가해 준다.
④ 유지전류 이하의 소호회로를 외부에서 부가시키면 Turn on이 된다.

●풀이
※ SCR의 특징
① turn on 시간 : 게이트 전류를 가하여 도통 완료까지의 시간
② 래칭 전류 : SCR을 turn on시키기 위하여 게이트에 흘려야 할 최소 전류(80[mA])
③ 유지 전류 : SCR이 on 상태를 유지하기 위한 최소전류(20[mA] 정도)
④ 제어전극에 가하는 신호가 전압인 소자의 특징
  • 구동 전력이 작다. • 구동회로가 간단하다. • 소형화 할 수 있다.

답 ④

41 배전선로에 사용하는 원형 철근콘트리트주의 수직투명 면적 1[m²]에 대한 풍압을 기초로여 계산한 갑종 풍압 하중은 얼마인가?
① 372[Pa] ② 588[Pa] ③ 882[Pa] ④ 1255[Pa]

●풀이
갑종풍압하중의 기초

풍압을 받는 구분			구성재의 수직 투영면적 1[m²]에 대한 풍압
지지물	목 주		588[Pa]
	철 주	원형의 것	588[Pa]
		삼각형 또는 마름모형의 것	1,412[Pa]
		강관에 의하여 구성되는 4각형의 것	1,117[Pa]
		기타의 것	복재(腹材)가 전후면에 겹치는 경우 1,627[Pa], 기타는 1,784[Pa]
	철 근 콘크리트주	원형의 것	588[Pa]
		기타의 것	882[Pa]
	철 탑	단주 (완철류는 제외함) 원형의 것	588[Pa]
		단주 기타의 것	1,117[Pa]
		강관으로 구성되는 것(단주는 제외함)	1,255[Pa]
		기타의 것	2,157[Pa]

답 ②

42 마이크로프로세서 부분 삭제

43 220[V] 저압 전동기의 절연내력을 시험하고자 한다. ( ) 안의 알맞은 내용은?

권선과 대지 사이에 시험전압 (㉠)[V]를 연속하여 (㉡)분간 가한다.

① ㉠ 330 ㉡ 10 ② ㉠ 330 ㉡ 11
③ ㉠ 500 ㉡ 10 ④ ㉠ 500 ㉡ 10

풀이
220 × 1.5 = 330[V] 이나 최저시험전압 적용하여 500[V]
회전기 및 정류기

종류			시험전압	시험장소(시험방법)
회전기	발전기 전동기 조상기 등	7[kV]이하	최대사용전압× 1.5(최저 500[V])	권선과 대지사이 연속하여 10분간
		7[kV]초과	최대사용전압× 1.25(최저 10,500[V])	
	회전변류기		직류측 최대사용전압× 1(최저 500[V])	
정류기	60,000[V] 이하		직류측의 최대사용전압의 1배의 교류 전압(최저 500[V])	충전부분과 외함간 연속하여 10분간
	60,000[V] 초과		교류측의 최대사용전압의 1.1배의 교류전압 또는 직류측의 최대사용전압의 1.1배의 직류전압	교류측 및 직류고전압측 단자와 대지간에 연속하여 10분간

답 ③

44 그림과 같은 회로에서 $i = I_m \sin wt$[A]일 때 개방된 2차 단자에 나타나는 유기 기전력은 얼마인가?

① $wMI_m^2 \cos(wt+90°)$
② $wMI_m \sin wt$
③ $-wMI_m \cos wt$
④ $wMI_m^2 \sin(wt-90°)$

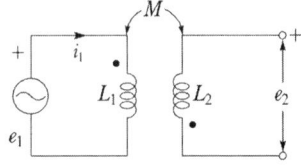

풀이
e_1은 i_1보다 90° 앞서고 e_2는 e_1과 역위상(180°)이므로
$e_1 = \omega MI_m \sin(\omega t + 90°)$
$e_2 = -M\dfrac{di_1}{dt} = -M\dfrac{d(I_m \sin \omega t)}{dt} = -\omega MI_m \cos \omega t = \omega MI_m \sin(\omega t - 90°)$

답 ③

45 전기자 도체의 총수 500, 10극, 단중 파권으로 매극의 자속수가 0.2[Wb]인 직류발전기가 600[rpm]으로 회전할 때의 유도 기전력은 몇 [V]인가?

① 2500 ② 5000 ③ 10000 ④ 15000

> **풀이**
> 파권일 때는 $a=2$이므로
> $E = \dfrac{P}{a} Z\phi \dfrac{N}{60} = \dfrac{10}{2} \times 500 \times 0.2 \times \dfrac{600}{60} = 5000[\text{V}]$

답 ②

46 그림의 전압(V), 전류(I) 벡터도를 통해 알 수 있는 교류 회로는 어떤 회로인가?
(단, R은 저항, L은 인덕턴스, C는 캐패시턴스이다.)
① R만의 회로
② L만의 회로
③ C만의 회로
④ RLC 직렬회로

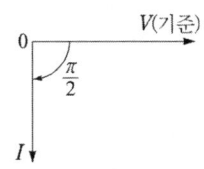

> **풀이**

회 로	저항 또는 리액턴스	전 류[A]		전압과 전류의 벡터(전압기준)
		순시값	실효값	
R만의 회로	R	$i = \sqrt{2}\dfrac{V}{R}\sin\omega t$	$I = \dfrac{V}{R}$	V와 I는 동상
L만의 회로	$X_L = \omega L$	$i = \sqrt{2}\dfrac{V}{\omega L}\sin\left(\omega t - \dfrac{\pi}{2}\right)$	$I = \dfrac{V}{\omega L}$	I가 $\dfrac{\pi}{2}$[rad] 만큼 뒤짐
C만의 회로	$X_C = \dfrac{1}{\omega C}$	$i = \sqrt{2}\, V\omega C\sin\left(\omega t + \dfrac{\pi}{2}\right)$	$I = \dfrac{V}{\dfrac{1}{\omega C}}$	I가 $\dfrac{\pi}{2}$[rad] 만큼 앞섬

답 ②

47 전류에 의해 만들어지는 자기장의 자기력선 방향을 간단하게 알아내는 법칙은?
① 앙페르의 오른나사법칙
② 렌츠의 법칙
③ 플레밍의 왼손 법칙
④ 가우스의 법칙

> **풀이**
> - 앙페르의 오른나사 법칙 : 전류가 흐르는 도체의 주위에는 원형의 자력선이 생기고, 자기력선의 방향을 알 수 있는 법칙
> - 패러데이의 전자유도법칙 : 유도기전력의 크기를 결정
> - 플레밍의 오른손법칙 : 발전기에서 유도기전력의 방향
> - 플레밍의 왼손법칙 : 전동기에서 힘의 방향
> - 가우스 법칙 : 전기력선수 결정

답 ①

48 디지털 계전기의 특징으로 부적합한 것은?

① 고도의 보호기능, 보호특정을 실현한다.
② 고도의 자동감시기능을 실현한다.
③ 스위치 조작이 간편하며 동작 특성의 선택이 쉽다
④ 계전기의 정정작업이 복잡하다.

답 ④

49 그림과 같은 회로에서 위상각 $\theta = 60°$의 유도부하에 대하여 정호각 α를 0°에서 180°까지 가감하는 경우 전류가 연속되는 α의 각도는 몇 ° 까지인가?

① 90
② 60
③ 45
④ 30

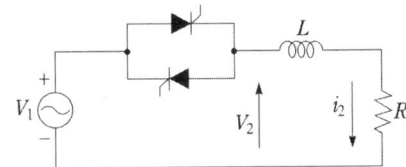

풀이
단상전파정류회로 유도성부하
$$E_d = 0.9E\cos\alpha, \quad I_d = \frac{E_d}{R} = \frac{0.9E\cos\alpha}{R}$$
이며 전류가 연속되는 각도가 출력이 존재하는 각도이므로 $\theta = \alpha$에서 출력이 시작되어 $\pi(180)$까지 출력이 된다.

답 ②

50 10진수 753_{10}을 8진수로 변환하면?

① 753 ② 357 ③ 1250 ④ 1361

풀이

```
8 | 753
8 |  94 … 1
8 |  11 … 6
       1 … 3
```

답 ④

51 직류 분권전동기에서 운전 중 계자권선의 저항을 증가하면 회전속도의 값은?

① 감소한다.
② 증가한다.
③ 일정하다.
④ 감소와 증가를 반복한다.

풀이
$$N = K_1 \frac{V - I_a R_a}{\phi} \text{에서}$$
계자저항(증가) ⇨ 계자전류(감소) ⇨ 자속(감소) ⇨ 회전속도(증가)

답 ②

52 다단의 크로스 암이 설치되고 또한 장력이 클 때와 H주일 때 보통 지선을 2단으로 부설하는 지선은?

① 보통지선　　　　　　　　② 공동지선
③ 궁지선　　　　　　　　　④ Y지선

▶풀이
Y지선은 다단의 크로스 암이 설치되고 또한 장력이 클 때와 H주일 때 보통 지선을 2단으로 부설한다.

답 ④

53 전압이 일정한 도선에 접속되어 역률 1로 운전하고 있는 동기전동기의 여자전류를 증가시키면 이 전동기의 역률과 전기자 전류는?

① 역률은 앞서고 전기자 전류는 증가한다.
② 역률은 앞서고 전기자 전류는 감소한다.
③ 역률은 뒤지고 전기자 전류는 증가한다.
④ 역률은 뒤지고 전기자 전류는 감소한다.

▶풀이
• 과여자 상태(콘덴서 작용)
　: 진상역률, 전기자 전류 증가
• 부족여자 상태(리액터 작용)
　: 지상역률, 전기자 전류 증가

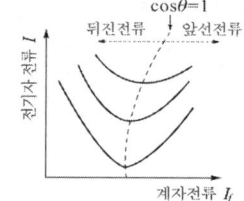

답 ①

54 1차 전압이 380[V], 2차 전압이 220[V]인 단상변압기에서 2차 권회수가 44회일 때 1차 권회수는 몇 회인가?

① 26　　　　② 76　　　　③ 86　　　　④ 146

▶풀이
권수비 $a = \dfrac{V_1}{V_2} = \dfrac{380}{220} = 1.73$　　따라서 $a = \dfrac{N_1}{N_2}$

$\therefore N_1 = aN_2 = \sqrt{3} \times 44 = 76[회]$

답 ②

55 다음 중 두 관리도가 모두 포아송 분포를 따르는 것은?

① $\bar{x}$ 관리도, R 관리도　　　　② c 관리도, u 관리도
③ np 관리도, p 관리도　　　　　④ c 관리도, p 관리도

▶풀이
• 계량치 관리도 : $\bar{X}-R$ 관리도, X 관리도, X-R 관리도, R 관리도
　　　　　　　　　(길이, 무게, 강도, 전압, 전류 등 연속변량 측정)
• 계수치 관리도 : nP(불량계수)관리도, p(불량률)관리도, c(결점수)관리도, u(단위당 결점수) 관리도
　　　　　　　　　(직물의 얼룩, 홈 등과 같이 한 개, 두 개로 계수되는 수치와 그에 따른 불량률을 측정)

관리도	데이터	분포
$\overline{X}-R$ 관리도 X 관리도 X-R 관리도	계량치	정규분포
nP 관리도 P 관리도	계수치	이항분포
C 관리도 U 관리도		포아송분포

답 ②

56 다음 중 반즈(Ralph M. Barnes)가 제시한 동작 경제원칙에 해당되지 않는 것은?
① 표준작업의 원칙
② 신체의 사용에 관한 원칙
③ 작업장의 배치에 관한 원칙
④ 공구 및 설비의 디자인에 관한 원칙

•풀이
동작경제의 원칙
① 신체사용에 관한 원칙
② 작업장의 배치에 관한 원칙
③ 공구나 설비의 설계(디자인)에 관한 원칙

답 ①

57 다음 [표]를 참조하여 5개월 단순이동평균법으로 7월의 수요를 예측하면 몇 개인가?

[단위 : 개]

월	1	2	3	4	5	6
실적	48	50	53	60	64	68

① 55개　　② 57개　　③ 58개　　④ 59개

•풀이
2월~6월까지 5개월만 적용
$$F_t = \frac{50+53+60+64+68}{5} = 59$$

답 ④

58 근래 인간공학이 여러 분야에서 크게 기여하고 있다. 다음 중 어느 단계에서 인간공학적 지식이 고려됨으로서 기업에 가장 큰 이익을 줄 수 있는가?
① 제품의 개발단계
② 제품의 구매단계
③ 제품의 사용단계
④ 작업자의 채용단계

답 ①

59 전수검사와 샘플링검사에 관한 설명으로 가장 올바른 것은?
① 파괴검사의 경우에는 전수검사를 적용한다.
② 전수검사가 일반적으로 샘플링검사보다 품질향상에 자극을 더 준다.
③ 검사항목이 많을 경우 전수검사보다 샘플링검사가 유리하다.
④ 샘플링검사는 부적합품이 섞여 들어가서는 안되는 경우에 적용한다.

> **풀이**
> 샘플링 검사와 전수검사 비교
> (1) 전수(전체)검사가 필요한 경우
>   ① 불량품이 1개라도 혼입되면 안될 때
>   ② 전수검사를 쉽게 행할 수 있을 때
> (2) 샘플링 검사가 유리한 경우
>   ① 다수, 다량의 것으로 어느 정도 불량품이 섞여도 허용되는 경우
>   ② 검사항목이 많을 경우
>   ③ 불완전한 전수검사에 비해 높은 신뢰성이 얻어질 때
>   ④ 검사비용을 적게 하는 편이 이익이 되는 경우
>   ⑤ 생산자에게 품질향상의 자극을 주고 싶을 때   **답 ③**

60 도수분포표에서 도수가 최대인 계급의 대표값을 정확히 표현한 통계량은?
① 중위수   ② 시료평균
③ 최빈수   ④ 미드-레인지(Mid-range)

> **풀이**
> 도수분포표와 히스토그램에서 사용하는 용어
> ① 비대칭도 : 비대칭의 방향 및 정도
> ② 모우드(Mode 혹은 최빈값) : 도수분포표에서 도수가 최대인 곳의 대표치를 말하는 것으로 1개 있는 경우에는 단봉성분포, 2개 이상 있는 경우에는 복봉성 분포라 한다.
> ③ 첨도 : 분포곡선에서 정점의 뾰족한 정도를 나타내는 척도를 말한다.
> ④ 중위수 : 자료를 크기 순서로 나열 했을 때 한가운데 위치하는 지표의 값으로 중앙값이라고 한다.
> ⑤ 계급 : 히스토그램의 기둥 하나하나를 말한다.
> ⑥ 계급의 폭 : 기둥의 굵기
> ⑦ 경계치 : 기둥과 기둥이 접해 있는 곳의 수치
> ⑧ 도수 : 계급에 해당하는 자료(data)의 수   **답 ③**

제15회 전기기능장 실전모의고사

01 동기조상기를 부족여자로 해서 운전하였을 때 나타나는 현상이 아닌 것은?
① 역률을 개선시킨다.
② 리액터로 작용한다.
③ 뒤진 전류가 흐른다.
④ 자기여자에 의한 전압상승을 방지한다.

▶풀이
동기조상기 : 전력계통의 전압조정과 역률 개선을 위해 계통에 병렬접속한 무부하의 동기전동기를 말한다.
① 부족여자로 운전 : 지상 무효 전류가 증가하여 리액터의 역할로 자기여자에 의한 전압 상승을 방지
② 과여자로 운전 : 진상 무효 전류가 증가하여 콘덴서 역할로 역률을 개선하고 전압강하를 감소

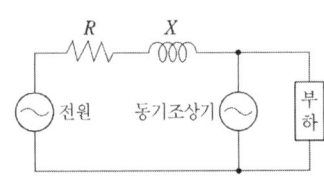

답 ①

02 이상적인 전압 전류원에 관하여 옳은 것은?
① 전압원, 전류원의 내부저항은 흐르는 전류에 따라 변한다.
② 전압원의 내부저항은 0 이고 전류원의 내부저항은 ∞ 이다.
③ 전압원의 내부저항은 ∞ 이고 전류원의 내부저항은 0 이다.
④ 전압원의 내부저항은 일정하고 전류원의 내부저항은 일정하지 않다.

▶풀이
이상적인 전압원의 내부저항은 0으로 회로해석시 단락하고 이상적인 전류원의 내부저항은 ∞로 회로해석시 개방이다.

답 ②

03 그림과 같은 DTL 게이트의 출력 논리식은?
① $Z = \overline{ABC}$
② $Z = ABC$
③ $Z = A + B + C$
④ $Z = \overline{A + B + C}$

▶풀이
AND와 NOT 회로의 직렬연결회로이므로 NAND 회로이다.

게이트	기호 및 수식	전자회로	계전기회로	진리표
AND	$Y = A \cdot B = AB = A \times B$			A B Y 0 0 0 0 1 0 1 0 0 1 1 1
NOT	$Y = \overline{A} = A'$			A Y 0 1 1 0

답 ①

04 "지중 관로"에 포함되지 않는 것은?
① 지중 전선로
② 지중 레일 선로
③ 지중 약전류 전선로
④ 지중 광섬유 케이블 선로

▶풀이
지중관로란 지중 전선로, 지중 약전류 전선로, 지중 광섬유 케이블 선로, 지중에 시설하는 것을 말한다.

답 ②

05 저압 인입선의 인입용으로 수직 배관시 비의 침입을 막는 금속관공사의 재료는 다음 중 어느 것인가?
① 유니버설 캡
② 와이어 캡
③ 엔트런스 캡
④ 유니온 캡

▶풀이
엔트런스 캡(우에사 캡) : 인입구, 인출구의 관단에 설치하여 금속관에 접속, 옥외의 빗물을 막는 데 사용한다.

답 ③

06 네온관용 전선 표기가 15[kV] N-EV일 때 E는 무엇을 의미하는가?
① 네온전선 ② 클로로프렌 ③ 비닐 ④ 폴리에틸렌

▶풀이
15[kV](최대허용전압), N(네온), E(폴리에틸렌), V(비닐)

답 ④

07 논리식 $F = \overline{A}\,\overline{B}C + \overline{A}B\overline{C} + A\overline{B}C + AB\overline{C}$를 간소화 한 것은?
① $F = \overline{A}B + A\overline{B}$
② $F = \overline{A}B + B\overline{C}$
③ $F = \overline{A}C + A\overline{C}$
④ $F = \overline{B}C + B\overline{C}$

- 풀이

$$F = \overline{A}\,\overline{B}C + \overline{A}B\overline{C} + A\overline{B}C + AB\overline{C}$$
$$= \overline{A}(\overline{B}C + B\overline{C}) + A(\overline{B}C + B\overline{C})$$
$$= (\overline{A} + A)(\overline{B}C + B\overline{C}) = (\overline{B}C + B\overline{C})$$

답 ④

08 누설 변압기의 가장 큰 특징은 어느 것인가?

① 역률이 좋다.   ② 무부하손이 적다.
③ 단락전류가 크다.   ④ 수하특성을 가진다.

- 풀이
  - 누설 변압기 : 네온관 점등용 변압기나 아크 용접용 변압기는 일정 전류를 유지시키기 위해 부하 전류 증가에 따른 전압 강하를 크게 하려고 리액턴스를 되도록 증가시킨다. 이러한 수하특성을 갖도록 설계한 변압기

답 ④

09 게르게스현상은 다음 중 어느 기기에서 일어나는가?

① 직류 직권전동기   ② 단상 유도전동기
③ 3상 농형 유도전동기   ④ 3상 권선형 유도전동기

- 풀이

  유도전동기 이상기동현상
  ① 게르게스(Grges) 현상(3상권선형 유도기)
     1차는 3상, 2차는 단상일 때 동기속도의 1/2(0.5) 되는 점에서 차동기 토크가 발생하여 정격속도의 $\dfrac{1}{h}$의 속도로 회전하는 현상
  ② 크로우링(Crawling) 현상(차동기 운전)
     낮은 속도에서 운전할 때 자속분포가 고조파에 의한 (−)가 겹쳐 회전자가 가속되지 않아 과대 전류가 흘러 전기자 코일이 소손되는 현상 → 소형 농형 유도기
  - 방지책 : 전동기 슬롯을 사구(skew slot∼경사슬롯) 설치

답 ④

10 그림은 어떤 전력용 반도체의 특성 곡선인가?

① SSS   ② UJT
③ FET   ④ GTO

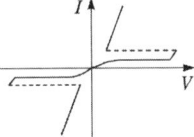

- 풀이

쌍방향 2단자 사이리스터(SSS : Silicon Symmetrical Swith)

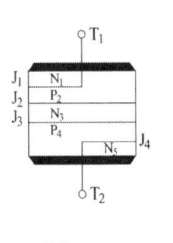
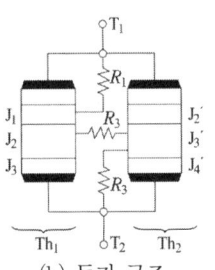
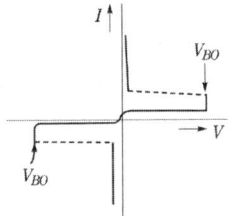
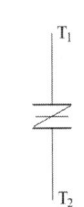

(a) 구조   (b) 등가 구조   (c) 전압 − 전류 특성   (d) 기호

(1) 실리콘 대칭형 스위치의 약어로 일명 사이댁(Sidac)이라고도 한다.
(2) 2개의 역저지 3단자 사이리스터를 역병렬 접속시킨 소자이며 게이트 단자가 없는 사이리스터이다.
(3) SSS를 온상태로 하기 위해서는 T_1과 T_2 사이에 펄스상의 브레이크 오버 전압 이상의 전압을 가하는 V_{BO}와 상승이 빠른 전압을 가하는 d/dt 점호가 필요하다.
(4) SSS는 브레이크 오버 전압 이상의 펄스를 줌으로써 온 시킬 수 있어 SCR과 같이 과전압이 걸려도 파괴되는 일없이 온이 된다는 강점을 가지고 있다. 따라서 과전압이 걸리기 쉬운 옥외용 네온사인의 조광 등에 알맞다.

답 ①

11 어떤 정현파 전압의 평균값이 153 V이면 실효값은 약 몇 [V]인가?

① 240 ② 191 ③ 170 ④ 153

풀이

$$\therefore V_a = \frac{2V_m}{\pi} = \frac{2\sqrt{2}\,V}{\pi}$$

$$V = \frac{\pi}{2\sqrt{2}}V_a = \frac{\pi}{2\sqrt{2}} \times 153 = 170[V]$$

답 ③

12 다음 중 바리스터(Varister)의 주된 용도는?

① 서지전압에 대한 회로 보호용 ② 전압증폭용
③ 출력전류 조정용 ④ 과전류방지 보호용

풀이

(1) 서미스터 : 열 민감성 이용 – 온도 검출 및 조절보상, RC 발진기, 화재탐지
(2) 바리스터 : 전압의 민감성 이용 – 통신선로의 피뢰침, 전자기기 충격전압흡수, 소자의 과전압보호

답 ①

13 $v = 100\sqrt{2}\sin\left(\omega t + \dfrac{\pi}{6}\right)$[V]를 복소수로 표시하면?

① $50\sqrt{3} + j50$ ② $50 + j50\sqrt{3}$
③ $50\sqrt{3} + j50\sqrt{3}$ ④ $50 + j50$

풀이

극좌표형식으로 먼저 구하면
∴ 실효값 ∠ 위상각 = 100∠30이고, 삼각함수형식을 이용하여 복소수로 변환한다.
∴ $100\angle 30 = 100(\cos 30 + j\sin 30) = 50\sqrt{3} + j50$

답 ①

14 다음은 3상 전압형 인버터를 이용한 전동기 운전회로의 일부이다. 회로에서 트랜지스터의 기본적인 역할로 가장 적당한 것은?

① 전압증폭 ② ON · OFF
③ 전류증폭 ④ 정류작용

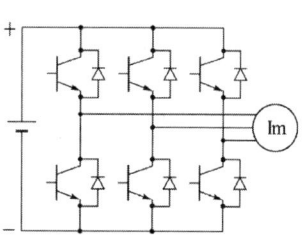

풀이
3상 인버터 : 회로에서 트랜지스터를 T_1, T_2, T_3, T_4, T_5, T_6 순서로 점호(ON·OFF)를 해주면 출력으로 3상 교류를 얻을 수 있다.

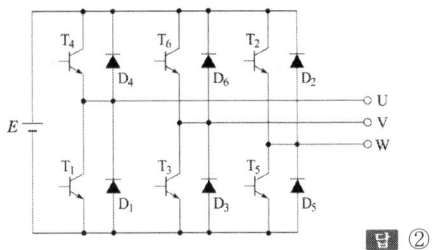

답 ②

15 마이크로프로세서 부분 삭제

16 다음 중 고압에 속하는 것은?
① 교류 440[V]
② 직류 600[V]
③ 교류 1700[V]
④ 직류 700[V]

풀이
고압-교류 1000[V] 초과 전압

답 ③

17 Boost 컨버터에서 입·출력 전압비 $\dfrac{V_o}{V_i}$는?

① D ② $1-D$ ③ $\dfrac{1}{1-D}$ ④ $\dfrac{1}{D}$

풀이
Boost 컨버터 입출력전압비 $\dfrac{V_o}{V_i} = \dfrac{1}{1-D}$ (D : duty cycle 시비율)

Buck 컨버터 입출력전압비 $\dfrac{V_o}{V_i} = D$

답 ③

18 단상 유도전압조정기의 동작 원리 중 가장 적당한 것은?
① 교번자계의 전자유도 작용을 이용한다.
② 두 전류 사이에 작용하는 힘을 이용한다.
③ 충전된 두 물체 사이에 작용하는 힘을 이용한다.
④ 회전자계에 의한 유도작용을 이용하여 2차 전압의 위상 전압 조정에 따라 변화한다.

풀이
단상유도전압조정기(단권변압기 원리-교번자계)
(1) 분로권선의 위치를 연속적으로 조정하여 θ를 변화시키면 출력측 전압을 연속적으로 조정할 수 있다.
 $E = E_1 + E_2\cos\theta$ 이므로 θ에 따른 조정 범위는 $V_2 = V_1 + E_2 \sim V_1 - E_2$ 가 된다.
(2) 단락권선 : 직렬권선의 누설리액턴스를 감소시켜 전압강하를 감소시킨다.
(3) 출력 $P_a = E_2 I_2 \times 10^{-3}$[kVA]
(4) 입력과 출력 전압 사이에는 위상차가 발생하지 않는다.

답 ①

19 그림과 같은 회로에 입력 전압 220[V]를 가할 때 30[Ω]의 저항에 흐르는 전류는 몇 [A]인가?

① 2 ② 3
③ 4 ④ 5

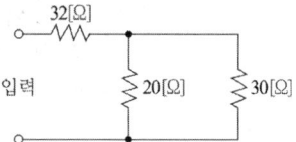

• 풀이

합성저항 $R_0 = 32 + \dfrac{20 \times 30}{20 + 30} = 44[\Omega]$

전체전류 $I_0 = \dfrac{V}{R_0} = \dfrac{220}{44} = 5[A]$

$I_{30} = \dfrac{20}{20+30} \times 5 = 2[A]$

답 ①

20 **마이크로프로세서 부분 삭제**

21 논리회로의 출력함수가 뜻하는 논리게이트의 명칭은?

① EX-OR
② EX-NOR
③ NOR
④ NAND

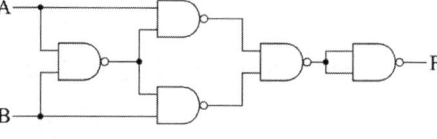

• 풀이

EX-OR	A	B	Y
$Y = (A \oplus B)$	0	0	0
$Y = \overline{A}B + A\overline{B}$	0	1	1
	1	0	1
	1	1	0

EX-NOR	A	B	Y
$Y = (A \odot B)$	0	0	1
$Y = \overline{A}\overline{B} + AB$	0	1	0
	1	0	0
	1	1	1

답 ②

22 저압 옥상전선로를 전개된 장소에 시설하고자 할 때 다음 중 옳지 않은 것은?

① 전선은 조영재에 견고하고 붙인 지지대에 절연성·난연성 및 내수성이 있는 애자를 사용하여 지지하고 또한 그 지지점 간의 거리는 15[m] 이하로 한다.
② 전선은 인장강도 2.3[kN] 이상의 것 또는 지름 2.6[mm]의 경동선을 사용한다.
③ 전선과 그 저압 옥상 전선로를 시설하는 조영재와의 이격거리는 1.5[m] 이상으로 한다.
④ 전선은 상시 부는 바람 등에 의하여 식물에 접촉하지 아니하도록 시설하여야 한다.

• 풀이

저압 옥상전선로
(1) 시설기준
① 전선굵기 : 인장강도 2.30[kN]이상, 지름 2.6[mm] 이상의 경동선
② 전선은 절연전선일 것
③ 전선은 조영재에 견고하게 붙인 지지주 또는 지지대에 절연성·난연성 및 내수성이 있는 애자를

사용하여 지지하고 또한 그 지지점간의 거리는 15[m] 이하일 것

(2) 이격거리
① 저압 옥상전선로와 옥측전선, 약전류전선, 안테나, 수관, 가스관과의 이격거리는 1[m](저압 옥상전선로의 전선 또는 저압 옥측전선이나 다른 저압 옥상전선로의 전선이 저압 방호구에 넣은 절연전선 등·고압 절연전선·특고압 절연전선 또는 케이블인 경우에는 30[cm]) 이상이어야 한다.
② 전선과 그 저압 옥상 전선로를 시설하는 조영재와의 이격거리는 2[m](전선이 고압 절연전선, 특고압 절연전선 또는 케이블인 경우에는 1[m]) 이상일 것
③ 저압 옥상전선로의 전선은 상시 부는 바람 등에 의하여 식물에 접촉하지 아니하도록 시설하여야 한다.

답 ③

23 3300[V], 60[Hz]용 변압기의 와류손이 620[W]이다. 이 변압기를 2650[V], 50[Hz]의 주파수에 사용할 때 와류손은 약 몇 [W]인가?

① 500　　② 400　　③ 312　　④ 210

풀이
와류손은 전압의 제곱에 비례하고 주파수와는 무관하다.
$P_e \propto E^2$　　$620 : P_e = 3300^2 : 2650^2$
$P_e = \left(\dfrac{2650}{3300}\right)^2 \times 620 = 400[W]$

답 ②

24 과전류 차단기로 저압전로에 사용하는 퓨즈를 수평으로 붙인 경우, 정격전류의 1.1배의 전류에 견디어야 한다. 퓨즈의 정격전류가 30[A]를 넘고 60[A]이하일 때 2배의 전류를 통한 경우 몇 분 이내로 용단되어야 하는가?

① 2분　　② 4분　　③ 6분　　④ 8분

풀이
퓨즈
① 저압전로
 • 정격전류의 1.1배에 견딜 것
 • 정격전류의 1.6배 및 2배의 전류를 통한 경우는 아래 표와 같다.

정격전류의 구분	용단시간	
	1.6배	2배
30[A]이하	60분	2분
30[A]초과 60[A]이하	60분	4분
60[A]초과 100[A]이하	120분	6분
100[A]초과 200[A]이하	120분	8분
200[A]초과 400[A]이하	180분	10분
400[A]초과 600[A]이하	240분	12분
600[A]초과	240분	20분

② 고압전로
 • 비포장 퓨즈는 정격전류 1.25배에 견디고, 2배의 전류로는 2분 안에 용단되어야 한다.
 • 포장퓨즈는 정격전류 1.3배에 견디고, 2배의 전류로는 120분안에 용단되어야 한다.

답 ②

25 다음 ( )안의 알맞은 내용으로 옳은 것은?

> 가공전선로의 지지물에 시설하는 지선의 안전율은 (㉠) 이상 이어야 하고 허용 인장하중의 최저는 (㉡)[kN]으로 한다.

① ㉠ 2.0, ㉡ 3.81 ② ㉠ 2.0, ㉡ 4.05
③ ㉠ 2.5, ㉡ 4.31 ④ ㉠ 2.5, ㉡ 4.51

▶풀이
지선의 시설 기준
① 지선의 안전율은 2.5이상일 것
② 허용 인장하중의 최저는 4.31[kN] 이상
③ 연선을 사용하는 경우 다음에 의할 것
  • 소선 3가닥 이상의 연선일 것
  • 지름 2.6[mm]이상의 금속선 또는 지름 2[mm]이상인 아연도강연선(亞鉛鍍鋼撚線)으로서 인장강도 0.68[kN/mm^2]이상일 것
④ 지선의 높이
  • 도로 횡단 : 5[m]이상(교통에 지장이 없는 경우 4.5[m])
  • 보도 : 2.5[m]이상

답 ③

26 저항정류의 역할을 하는 것은?
① 보상권선 ② 보극
③ 리액턴스 코일 ④ 탄소브러시

▶풀이
정류 개선 대책
• 저항정류 : 접촉저항이 큰 브러시를 사용(탄소브러시)
• 전압정류 : 보극 설치
• 정류주기를 길게 조정하여 리액턴스 전압을 줄인다. ($e_L = L\dfrac{2 \cdot I_c}{T_c}$)

답 ④

27 특고압용 타냉식 변압기의 냉각장치에 고장이 생긴 경우를 대비하여 어떤 보호장치를 하여야 하는가?
① 경보장치 ② 속도조정장치
③ 온도시험장치 ④ 냉매흐름장치

▶풀이
특고압용 타냉식 변압기의 냉각장치에 고장이 생긴 경우를 대비하여 경보장치를 설치하여야 한다.

답 ①

28 변압기의 온도상승시험을 하는데 가장 좋은 방법은?
① 내전압법 ② 실부하법
③ 충격전압시험법 ④ 반환부하법

> **풀이**
> 변압기의 온도시험
> ① 실부하시험 : 변압기에 전부하를 걸어서 온도가 올라가는 상태를 시험하는 것으로 전력이 많이 소비되므로, 소형기에서만 적용할 수 있다.
> ② 반환부하법 : 전력을 소비하지 않고, 온도가 올라가는 원인이 되는 철손과 구리손만 공급하여 시험하는 방법
> ③ 등가부하법 : 변압기의 권선 하나를 단락하고 전손실에 해당하는 부하 손실을 공급해서 온도상승을 측정한다. (단락시험법)
> **답** ④

29 직류용 직권전동기를 교류에 사용할 때 여러 가지 어려움이 발생되는데 다음 중 교류용 단상 직권전동기에서 강구 할 대책으로 옳은 것은?
① 원통형 고정자를 사용한다.
② 계자권선의 권수를 크게 한다.
③ 전기자 반작용을 적게 하기 위해 전기자 권수를 증가 시킨다.
④ 브러시는 접촉저항이 적은 것을 사용한다.

> **풀이**
> 직류 직권 전동기는 교류 전원을 사용할 수 있으나 자극은 철 덩어리로 되어 있기 때문에 철손이 크고, 계자 권선 및 전기자 권선의 인덕턴스 때문에 역률이 나쁘다. 또한 브러시에 의한 단락된 전기자 코일 내에 큰 기전력이 유기되어 정류가 불량하다는 단점이 있다.
> **답** ①

30 10진수 45를 2진수로 나타낸 것은?
① 101101　　② 110010　　③ 110101　　④ 100110

> **풀이**
> 2) 45
> 2) 22 … 1
> 2) 11 … 0
> 2) 5 … 1
> 2) 2 … 1
> 　　1 … 0
> ∴ $(45)_{10} = (101101)_2$
> **답** ①

31 지중전선로 및 지중함의 시설방식 등의 기준에 대한 설명으로 옳지 않은 것은?
① 지중전선로는 전선에 케이블을 사용할 것
② 지중전선로는 관로식, 암거식 또는 직접 매설식에 의하여 시설할 것
③ 지중함 뚜껑은 시설자 이외의 자가 쉽게 열 수 없도록 시설할 것
④ 폭발성 또는 연소성의 가스가 침입할 우려가 있는 곳에 시설하는 지중함으로서 그 크기가 $0.5[m^2]$ 이상인 것은 통풍장치를 설치할 것

● 풀이
지중함의 시설
① 견고하고 차량 기타 중량물의 압력에 견디는 구조일 것
② 그 안의 고인 물을 제거할 수 있는 구조일 것
③ 폭발성 또는 연소성 가스의 침입 우려가 있는 것에 시설하는 지중함으로서 크기가 $1[m^3]$ 이상인 것에는 통풍장치 기타 가스를 방산하기 위한 장치를 시설할 것
④ 지중함의 뚜껑은 시설자 이외의 자가 쉽게 열 수 없도록 시설할 것

답 ④

32 유기기전력 110[V], 단자전압 100[V]인 5[kW] 분권 발전기의 계자저항이 50[Ω]이라면 전기자저항은 약 몇 [Ω]인가?

① 0.12　　　② 0.19　　　③ 0.96　　　④ 1.92

● 풀이
$E = V + I_a R_a$　　$(I_a = I + I_f)$
$V = I_f R_f$　　$P = VI$
$I = \dfrac{P}{V} = \dfrac{5 \times 10^3}{100} = 50[A]$　　$I_f = \dfrac{V}{R_f} = \dfrac{100}{50} = 2[A]$
$R_a = \dfrac{E - V}{I_a} = \dfrac{110 - 100}{50 + 2} = 0.19[Ω]$

답 ②

33 3상 유도전동기의 동기속도 N_s와 극수 P와의 관계는?

① $N_s \propto \dfrac{1}{P}$　　② $N_s \propto \sqrt{P}$　　③ $N_s \propto P$　　④ $N_s \propto P^2$

● 풀이
동기속도 $N_s = \dfrac{120f}{p}$ [rpm]

답 ①

34 금속관 배선에서 관의 굴곡에 관한 사항이다. 금속관의 굴곡개소가 많은 경우에는 어떻게 하는 것이 가장 바람직한가?

① 행거를 30[m] 간격으로 견고하게 지지한다.
② 덕트를 설치한다.
③ 풀박스를 설치한다.
④ 링리듀서를 사용한다.

답 ③

35 평행한 콘덴서에서 전극의 반지름이 30[cm]인 원판이고, 전극간격 0.1[cm]이며 유전체의 비유전율은 4이다. 이 콘덴서의 정전용량은 몇 [μF]인가?

① 0.01　　　② 0.1　　　③ 1　　　④ 10

● 풀이
$C = \dfrac{\epsilon s}{d} = \dfrac{9.854 \times 10^{-12} \times 4 \times \pi \times (30 \times 10^{-2})^2}{0.1 \times 10^{-2}} = 0.01[\mu F]$

답 ①

36 2중 농형 유도전동기가 보통 농형 전동기에 비하여 다른 점은?
① 기동 전류가 크고, 기동 토크도 크다.
② 기동 전류는 크고, 기동 토크는 적다.
③ 기동 전류가 적고, 기동 토크도 적다.
④ 기동 전류는 적고, 기동 토크는 크다.

> **풀이**
> 이중 농형전동기(Double Squirrel-Cage Motor : 농형권선을 안팎 2중으로 설치)
> • 회전자의 농형권선을 내외 2중으로 설치하여 기동시에는 저항이 높은 외측도체를 이용하여 큰 기동토크를 얻고 완료 후 저항이 적은 내측도체로 흘러 우수한 운전특성을 얻는 전동기
> ※ 외측도체 : 저항이 높은 황동 또는 동니켈 합금
> ※ 내측도체 : 저항이 낮은 전기동 사용
> 보통 농형은 기동용량이 크고 기동토크는 작은데 이를 보완하기 위해 2중 농형을 사용(기동전류 감소, 기동 토오크 증가)함. ~ 기동정지가 빈번한 곳 사용
> (외측권선의 저항은 내측보다 크고 리액턴스는 작다) **답 ④**

37 마이크로프로세서 부분 삭제

38 전주외등의 시설 시 사용하는 공사방법으로 틀린 것은?
① 애자공사　② 케이블공사　③ 금속관공사　④ 합성수지관공사

> **풀이**
> 전주외등의 시설 시 사용하는 공사방법 : 금속관공사, 케이블공사, 합성수지관공사 **답 ①**

39 PN 접합 다이오드에 공핍층이 생기는 경우는?
① 전압을 가하지 않을 때 생긴다.
② 다수 반송파가 많이 모여 있는 순간에 생긴다.
③ 음(−)전압을 가할 때 생긴다.
④ 전자와 정공의 확산에 의하여 생긴다.

> **풀이**
> N 영역에 있는 자유전자들은 불규칙적으로 모든 방향으로 움직인다. PN 접합이 형성되는 순간 N영역의 접합근처에 있던 일부전자는 접합을 넘어 P영역으로 확산(diffusion)되며 이들 전자는 접합근처의 정공과 결합하게 된다. 이러한 일련의 현상이 공핍영역을 형성하게 된다. **답 ④**

40 동기전동기는 유도전동기에 비하여 어떤 장점이 있는가?
① 기동특성이 양호하다.　② 속도를 자유롭게 제어할 수 있다.
③ 구조가 간단하다.　④ 역률을 1로 운전할 수 있다.

> **풀이**
> 무부하 동기전동기는 동기조상기로 사용하기 때문에 계자전류를 조정하여 역률을 항상 100[%]로 운전할 수 있다. **답 ④**

41 래칭전류(Latching Current)를 올바르게 설명한 것은?
① 사이리스터를 온 상태로 스위칭 시킨 후의 애노드 순저지 전류
② 사이리스터를 턴-온 시키는데 필요한 최소의 양극 전류
③ 사이리스터를 온 상태로 유지시키는데 필요한 게이트 전류
④ 유지전류보다 조금 낮은 전류값

> **풀이**
> - 유지전류 : 게이트를 개방한 상태에서 사이리스터가 도통 상태를 유지하기 위한 최소의 순전류
> - 래칭전류 : 사이리스터가 턴온(turn on) 하기 시작하는 순전류
>
> **답** ②

42 마이크로프로세서 부분 삭제

43 벅 컨버터(Buck Converter)에 대한 설명으로 옳지 않은 것은?
① 직류 입력전압 대비 직류 출력전압의 크기를 낮출 때 사용하는 직류-직류 컨버터이다.
② 입력전압(V_s)에 대한 출력전압(V_o)의 비($\frac{V_o}{V_s}$)는 스위칭 주기(T)에 대한 스위치 온(ON) 시간(t_{on})의 비인 듀티비(시비율)로 나타난다.
③ 벅 컨버터의 출력단에는 보통 직류성분은 통과시키고 교류성분을 차단하기 위한 LC저역통과 필터를 사용한다.
④ 벅 컨버터는 일반적으로 고주파 트랜스포머(변압기)를 사용하는 절연형 컨버터이다.

> **풀이**
> DC-DC컨버터의 종류에는 비절연형으로 buck컨버터, boost컨버터, buck-boost컨버터, cuk컨버터 등이 있고 절연형으로는 flyback컨버터, forward컨버터, half-bridge컨버터, full-bridge컨버터 등이 있다.
>
> **답** ④

44 조상기의 내부고장이 생긴 경우 자동적으로 전로를 차단하는 장치를 설치하여야 하는 용량의 기준은?
① 15000[kVA] 이상
② 20000[kVA] 이상
③ 30000[kVA] 이상
④ 50000[kVA] 이상

> **풀이**
> 조상설비의 보호장치
>
> | 설비종별 | 뱅크용량의 구분 | 동작조건 | 장치의 종류 |
> |---|---|---|---|
> | 전력용 커패시터 및 분로리액터 | 500[kVA]초과 15,000[kVA]미만 | 내부고장, 과전류 | 자동차단장치 |
> | | 15,000[kVA]이상 | 내부고장, 과전류, 과전압 | 자동차단장치 |
> | 조상기 | 15,000[kVA]이상 | 내부고장 | 자동차단장치 |
>
> **답** ①

45 2.5[mm²] 전선 5본과, 4.0[mm²] 전선 3본을 동일한 금속전선관(후강)에 넣어 시공할 경우 관의 굵기의 호칭은? (단, 피복절연물을 포함한 전선의 단면적은 표와 같으며, 절연전선을 금속관 내에 넣을 경우의 보정계수는 2.0 으로 한다.)

도체의 단면적[mm²]	절연체의 두께[mm]	전선의 총 단면적[mm²]
1.5	0.7	9
2.5	0.8	13
4.0	0.8	17

① 16　　② 22　　③ 28　　④ 36

● 풀이

전선의 굵기가 다른 경우 관 단면적의 32[%] 적용(동일전선일 경우 48[%] 적용)
전선단면적 $A = (13 \times 5 + 17 \times 3) \times$ 보정계수$(2) = 232[\text{mm}^2]$

$\dfrac{\pi D^2}{4} \times 0.32 \geq A$ 의 식에서

$\pi D^2 \geq \dfrac{232}{0.32} \times 4 = 2900 \quad \rightarrow \quad D \geq 30.38[\text{mm}]$

즉, 36[mm] 후강전선관 선정

답 ④

46 1200[lm]의 광속을 갖는 전등 10개를 120[m²]의 사무실에 설치할 때 조명률이 0.5이고 감광보상률이 1.5이면 이 사무실의 평균조도는 약 몇 [lx]인가?

① 7.5　　② 15.2　　③ 33.3　　④ 66.6

● 풀이

$FUN = EAD$

$E = \dfrac{FUN}{AD} = \dfrac{1200 \times 0.5 \times 10}{120 \times 1.5} = 33.33[\text{lx}]$

답 ③

47 단면적 $S[\text{m}^2]$, 길이 $l[\text{m}]$, 투자율 $\mu[\text{H/m}]$의 자기회로에 N회의 코일을 감고 $I[\text{A}]$의 전류를 통할 때, 자기회로의 옴의 법칙을 옳게 표현한 것은?

① $B = \dfrac{\mu S N^2 I}{l}[\text{Wb/m}^2]$　　② $B = \dfrac{\mu S}{N^2 I l}[\text{Wb/m}^2]$

③ $\phi = \dfrac{\mu S N I}{l}[\text{Wb}]$　　④ $\phi = \dfrac{\mu S I}{l N}[\text{Wb}]$

● 풀이

$\phi = \dfrac{F}{R_m} = \dfrac{N \cdot I}{\dfrac{l}{\mu \cdot S}} = \dfrac{\mu \cdot S \cdot N \cdot I}{l}[\text{Wb}] \quad (R_m = \dfrac{l}{\mu \cdot S}$ 대입$)$

답 ③

48 다음 사이리스터 중 순방향 전압에서 양(+)의 전류에 의하여 턴-온 시킬 수 있고, 음(-)의 전류로 턴-오프 시킬 수 있는 것은?

① GTO　　② BJT　　③ UJT　　④ FET

풀이
- TRAIC(Triode Switch For Ac)
  - 3극 교류제어소자 3단자 쌍방성 사이리스터
- DIAC(Diode Ac Switch)
  - 쌍방향 부성저항, 2단자
  - 트리거 펄스 발생소자
- GTO(Gate Turn Off Thyristor) : 자기소호 소자
  - 게이트에 흐르는 전류를 점호할 때의 전류와 반대로 흐르게 함으로서 GTO 소호
- SUS(Silicon Unilateral Switch)
  - SCR, 다이오드 조합 3단자 IC 소자, 빠른 턴-온 시간
  - SUS 2개 역병렬 조합, 쌍방향성
- UJT(Unijunction Tr) − 스위칭 회로, 펄스회로, 발진기

답 ①

49 동기 발전기에서 부하가 갑자기 변화할 때 발전기의 회전 속도가 동기속도 부근에서 진동하는 현상을 무엇이라 하는가?
① 탈조 ② 공조 ③ 난조 ④ 복조

풀이
난조 발생의 원인과 대책
- 관성모멘트가 작은 경우 : 제동권선 설치(가장 효과적), 플라이휠(fly wheel) 부착(관성모멘트 크게)
- 부하 급변으로 인한 조속기(속도 검출기)가 너무 예민할 경우 : 조속기의 성능을 너무 예민하지 않도록 할 것
- 고조파가 포함된 경우 : 고조파 제거(분권권, 단절권, Y 결선)
- 동기화력이 줄어든 경우
- 난조로 인한 진동은 일반적으로 그 진폭이 점점 작아져서 정상 상태로 되돌아갈 수 있다.

답 ③

50 지중전선로 공사에서 케이블 포설시 케이블 끝단에 설치하여 당길 수 있도록 하는데 사용하는 것은?
① 풀링그립(Pulling Grip) ② 피시테이프(Fish Tape)
③ 강철 인도선(Steel Wire) ④ 와이어 로프(Wire Rope)

풀이
고압의 전력 케이블은 굵고 무거우며, 가요성도 떨어지기 때문에 일반적인 방법으로는 포설하기 힘들다. 이런 이유로 케이블포시에는 전동원치(Winch), 롤러(Roller), 풀링아이(Pulling Eye), 풀링그립(Pulling Grip) 등의 도구를 사용하여 포설한다.

답 ①

51 모든 전기 장치에 접지시키는 근본적인 이유는?
① 지구는 전류를 잘 통하기 때문이다.
② 영상전하를 이용하기 때문이다.
③ 편의상 지면을 영전위로 보기 때문이다.
④ 지구의 정전용량이 커서 전위가 거의 일정하기 때문이다.

답 ④

52 전선의 접속법에서 두 개 이상의 전선을 병렬로 시설하여 사용하는 경우에 대한 사항으로 옳지 않은 것은?

① 병렬로 사용하는 각 전선의 굵기는 동선 [mm²] 이상으로 하고, 전선은 같은 도체, 재료, 길이, 굵기의 것을 사용할 것
② 같은 극의 각 전선은 동일한 터미널러그에 완전히 접속 할 것
③ 병렬로 사용하는 전선에는 각각에 퓨즈를 설치할 것
④ 교류회로에서 병렬로 사용하는 전선은 금속관 안에 전자적 불평형이 생기지 않도록 시설할 것

> **풀이**
> 두 개 이상의 전선을 병렬로 사용하는 경우에는 다음 각 목에 의하여 시설하여야한다.
> ① 병렬로 사용하는 각 전선의 굵기는 동선 50[mm²] 이상 또는 알루미늄 70[mm²] 이상으로 하고, 전선은 같은 도체, 같은 재료, 같은 길이 및 같은 굵기의 것을 사용할 것.
> ② 같은 극의 각 전선은 동일한 터미널러그에 완전히 접속할 것.
> ③ 같은 극인 각 전선의 터미널러그는 동일한 도체에 2개 이상의 리벳 또는 2개 이상의 나사로 접속할 것.
> ④ 병렬로 사용하는 전선에는 각각에 퓨즈를 설치하지 말 것.
> ⑤ 교류회로에서 병렬로 사용하는 전선은 금속관 안에 전자적 불평형이 생기지 않도록 시설할 것.
>
> **답 ③**

53 콘덴서 기동형 단상 유도전동기의 설명으로 옳은 것은?

① 콘덴서를 주 권선에 직렬 연결한다.
② 콘덴서를 기동권선에 직렬 연결한다.
③ 콘덴서를 기동권선에 병렬 연결한다.
④ 콘덴서는 운전권선과 기동권선을 구별하지 않고 연결한다.

> **풀이**
> 콘덴서 기동형 : 기동권선에 직렬로 콘덴서를 넣고, 권선에 흐르는 기동전류를 앞선 전류로 하고 운전권선에 흐르는 전류와 위상차를 갖도록 한 것이다. 기동 시 위상차가 2상식에 가까우므로 기동특성을 좋게 할 수 있고, 시동전류가 적고, 시동토크가 큰 특징을 갖고 있다.
>
>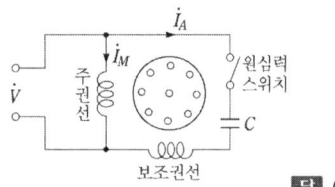
>
> **답 ②**

54 마이크로프로세서 부분 삭제

55 일정 통제를 할 때 1일당 그 작업을 단축하는데 소요되는 비용의 증가를 의미하는 것은?

① 정상소요시간(Normal duration time)　② 비용견적(Cost estimation)
③ 비용구배(Cost slope)　　　　　　　　④ 총비용(Total cost)

> **풀이**
> 비용구배 : 1일당 그 작업을 단축하는데 소요되는 비용의 증가를 의미한다.
> 비용구배 = $\dfrac{\text{특급비용} - \text{정상비용}}{\text{정상시간} - \text{특급시간}}$
>
> **답 ③**

56 그림의 OC곡선을 보고 가장 올바른 내용을 나타낸 것은?

① α : 소비자 위험
② $L(P)$: 로트가 합격할 확률
③ β : 생산자 위험
④ 부적합품률 : 0.03

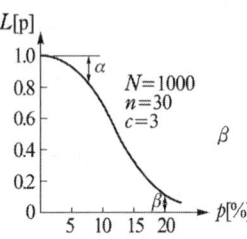

▶ 풀이
① 생산자 위험 확률(α) : 시료가 불량하기 때문 로트가 불합격되는 확률
② 소비자 위험 확률(β) : 당연히 불합격되어야 할 로트가 합격되는 확률
따라서, 좋은 로트가 합격되는 확률은 전체에서 불합격되어야 할 로트가 불합격된 확률(α)을 뺀 나머지 부분

답 ②

57 np관리도에서 시료군 마다 시료수(n)는 100이고, 시료군의 수(k)는 20, $\sum np = 77$이다. 이때 np관리도의 관리상한선(UCL)을 구하면 약 얼마인가?

① 8.94   ② 3.85   ③ 5.77   ④ 9.62

▶ 풀이

nP(Pn) 관리도 (이항분포)	· 측정이 불가능하여 개수값으로 밖에 나타낼 수밖에 없을 때 사용 · 합격여부에 판정만이 목적인 경우에 사용(이항분포를 이용하여 구함) · 부적합품 수($Pn = n\overline{P}$)에 대한 관리도이다. · 부적합 수(결함 수)에 대해 시료 크기 n이 일정할 때 적용 · 같은 시료로 구성되어 있을 때 ① 불량개수 $n\overline{P} = \dfrac{\sum nP}{k}$ $\overline{P} = \dfrac{\sum nP}{\sum n}$ ($\sum nP$: 시료마다 불량개수의 합, k : 시료군의 수, n : 시료크기) ② 관리 상한선(UCL)$= n\overline{P} + 3\sqrt{n\overline{P}(1-\overline{P})}$ ③ 관리 하한선(LCL)$= n\overline{P} - 3\sqrt{n\overline{P}(1-\overline{P})}$

$(n\overline{P}) = \dfrac{\sum nP}{k} = \dfrac{77}{20} = 3.85$

$\overline{P} = \dfrac{\sum Pn}{nk} = \dfrac{77}{(100 \times 20)} = 0.0385$

관리 상한선(UCL) $= n\overline{P} + 3\sqrt{n\overline{P}(1-\overline{P})} = 3.85 + 3\sqrt{3.85(1-0.0385)} = 9.62$

답 ④

58 다음 중 단속생산 시스템과 비교한 연속생산 시스템의 특징으로 옳은 것은?

① 단위당 생산원가가 낮다.   ② 다품종 소량생산에 적합하다.
③ 생산방식은 주문생산방식이다.   ④ 생산설비는 범용설비를 사용한다.

▶ 풀이
생산방식의 분류
(1) 제품의 종류, 분량에 의한 생산
 • 다종 소량 생산 : 주문생산
 • 소종 다량 생산 : 예정생산(mass prodution)

(2) 제조방법에 의한 분류
- 개별생산 : 한개 또는 수개씩 개별적으로 만드는 것
- 로트생산 : 어떤 수량을 단위로 만들고 되풀이하며 만드는 일
- 연속생산 : 같은 제품을 연속적으로 만드는 것

답 ①

59 미국의 마틴 마리에타사(Martin Marietta Corp.)에서 시작된 품질개선을 위한 동기부여 프로그램으로, 모든 작업자가 무결점을 목표로 설정하고, 처음부터 작업을 올바르게 수행함으로써 품질비용을 줄이기 위한 프로그램은 무엇인가?

① TPM 활동
② 6 시그마 운동
③ ZD 운동
④ ISO 9001 인증

● 풀이
ZD(Zero Defects)운동 : 개별 종업원에게 계획기능을 부여하는 자주관리운동의 하나로 전개된 것으로 종업원들의 주의와 연구를 통해 작업상 발생하는 모든 결함을 없애는 운동

답 ③

60 MTM(Method Time Measurement)법에서 사용되는 1 TMU(Time Measurement Unit)는 몇 시간인가?

① $\dfrac{1}{100000}$ 시간
② $\dfrac{1}{10000}$ 시간
③ $\dfrac{6}{10000}$ 시간
④ $\dfrac{36}{1000}$ 시간

● 풀이
- 1 TMU = 0.00001 시간
- 1 TMU = 0.0006분
- 1 TMU = 0.036초

답 ①

제 16회 전기기능장 실전모의고사

01 $\phi = \phi_m \sin\omega t$[Wb]인 정현파로 변화하는 자속이 권수 N인 코일과 쇄교할 때의 유기 기전력의 위상은 자속에 비해 어떠한가?

① $\frac{\pi}{2}$ 만큼 빠르다.   ② $\frac{\pi}{2}$ 만큼 느리다.
③ π만큼 빠르다.   ④ 동위상이다.

▶풀이

$$e = -N\frac{d\Phi}{dt} = -N\frac{\psi_m \sin\omega t}{dt} = -N\omega\psi_m \cos\omega t = \omega N\psi_m \sin(\omega t - 90)$$

∴ 90도($\frac{\pi}{2}$) 만큼 늦다.

답 ②

02 단상 반파 위상제어 정류회로에서 220[V], 60[Hz]의 정현파 단상 교류전압을 점호각 60°로 반파 정류 하고자 한다. 순저항 부하 시 평균전압은 약 몇 [V]인가?

① 74   ② 84   ③ 92   ④ 110

▶풀이

• 단상 반파 정류 회로
$$E_d = \frac{\sqrt{2}}{\pi}E\left(\frac{1+\cos\alpha}{2}\right) = 0.45E\left(\frac{1+\cos\alpha}{2}\right) = 0.45 \times 220\left(\frac{1+\cos 60}{2}\right) = 74.25[V]$$

• 단상전파 정류회로
① 저항만의 부하 $E_d = \frac{\sqrt{2}}{\pi}E(1+\cos\alpha) = 0.45E(1+\cos\alpha)$[V]
② 유도성 부하 $E_d = \frac{2\sqrt{2}}{\pi}E\cos\alpha = 0.9E\cos\alpha$

답 ①

03 마이크로프로세서 부분 삭제

04 동기발전기의 권선을 분포권으로 하면?
① 난조를 방지한다.
② 파형이 좋아진다.
③ 권선의 리액턴스가 커진다.
④ 집중권에 비하여 합성유도 기전력이 높아진다.

▶풀이

분포권의 권선 특징

- 기전력의 파형이 좋아진다.
- 권선의 누설 리액턴스가 감소한다.
- 분포계수 만큼 합성 유도 기전력이 감소한다.

답 ②

05 60[Hz], 4극, 3상 유도전동기의 슬립이 4[%]라면 회전수는 몇 [rpm]인가?
① 1690   ② 1728   ③ 1764   ④ 1800

풀이
$$N = (1-S)\frac{120f}{P} = (1-0.04)\frac{120 \times 60}{4} = 1728[\text{rpm}]$$

답 ②

06 인버터의 스위칭 소자와 역병렬 접속된 다이오드에 관한 설명으로 옳은 것은?
① 스위칭 소자에 걸리는 전압을 정류하기 위한 것이다.
② 부하에서 전원으로 에너지가 회생될 때 경로가 된다.
③ 스위칭 소자에 걸리는 전압 스트레스를 줄이기 위한 것이다.
④ 스위칭 소자의 역방향 누설전류를 흐르게 하기 위한 경로이다.

풀이

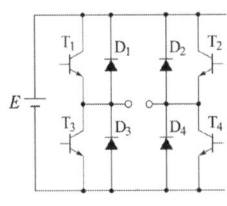
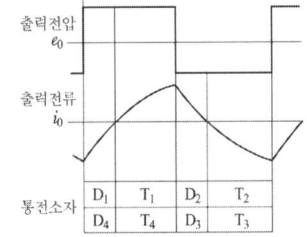

(a) 단상 인버터 회로   (b) 출력전압, 전류 및 통전 소자

답 ②

07 변전소의 주요 변압기에 계측장치를 시설하여 측정하여야 하는 것이 아닌 것은?
① 역률   ② 전압
③ 전력   ④ 전류

풀이
변전소의 주요 변압기에 계측장치를 시설하여 전압및 전류 또는 전력 을 측정하여야 한다.

답 ①

08 RLC 직렬회로에서 L 및 C의 값을 고정시켜 놓고 저항 R의 값만 큰 값으로 변화시킬 때 올바르게 설명한 것은?
① 공진 주파수는 커진다.
② 공진 주파수는 작아진다.
③ 공진 주파수는 변화하지 않는다.
④ 이 회로의 양호도 Q는 커진다.

▶풀이

RLC 직렬공진

∴ $f_0 = \dfrac{1}{2\pi\sqrt{LC}}$: 공진주파수 변화가 없다

∴ $Q = \dfrac{1}{R}\sqrt{\dfrac{L}{C}}$: 전압확대율(양호도) 작아진다

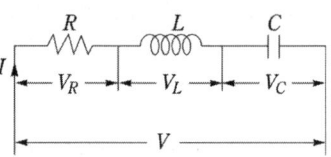

답 ③

09 3상 권선형 유도전동기의 2차 회로에 저항을 삽입하는 목적이 아닌 것은?
① 속도 제어를 하기 위하여
② 기동 토크를 크게 하기 위하여
③ 기동 전류를 줄이기 위하여
④ 속도는 줄어지지만 최대 토크를 크게 하기위하여

▶풀이
권선형 유도 전동기의 기동법(2차 저항법) : 2차 회로에 가변 저항기를 접속하고 비례추이의 원리에 의하여 큰 기동 토크를 얻고 기동전류도 억제한다.

답 ④

10 마이크로프로세서 부분 삭제

11 2개의 단상 변압기(200/6000V)를 그림과 같이 연결하여 최대 사용전압 6600[V]의 고압전동기의 권선과 대지사이의 절연내력시험을 하는 경우 입력전압(V)와 시험전압(E)은 각각 얼마로 하면 되는가?
① $V = 137.5[V]$, $E = 8250[V]$
② $V = 165[V]$, $E = 9900[V]$
③ $V = 200[V]$, $E = 12000[V]$
④ $V = 220[V]$, $E = 13200[V]$

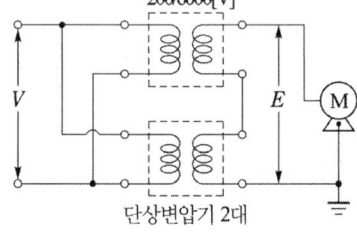

▶풀이
• 7[kV] 이하 시험전압 1.5배
• 시험전압 $E = 6600 \times 1.5 = 9900[V]$
  입력 전압 $V = V_1 = aV_2$
  $= \dfrac{200}{6000}$(권수비) $\times 9900$(시험전압) $\times \dfrac{1}{2}$(변압기 2대중 1대) $= 165[V]$

답 ②

12 진상용 고압 콘덴서에 방전 코일이 필요한 이유는?
① 역률 개선
② 전압 강하의 감소
③ 잔류 전하의 방전
④ 낙뢰로부터 기기 보호

▶풀이
• 방전코일(DC) : 콘덴서의 잔류전하 방전장치
• 직렬리액터(SR) : 제5고조파 제거

답 ③

13 마이크로프로세서 부분 삭제

14 100[V], 25[W]와 100[V], 50[W]의 전구 2개가 있다. 이것을 직렬로 접속하여 100[V]의 전압을 인가하였을 때 두 전구의 합성저항은 몇 [Ω]인가?
① 150 ② 200 ③ 400 ④ 600

▶ 풀이
- 100[V], 25[W]의 전구 : $R_1 = \dfrac{V^2}{P_1} = \dfrac{100^2}{25} = 400[\Omega]$
- 100[V], 50[W]의 전구 : $R_2 = \dfrac{V^2}{P_2} = \dfrac{100^2}{50} = 200[\Omega]$

직렬연결이므로 두 저항값을 더한다.

답 ④

15 0.6/1 kV 비닐절연 비닐시스 제어케이블의 약호로 옳은 것은?
① VCT ② CVV ③ NFI ④ NRI

▶ 풀이
- CVV : 0.6/1[kV] 비닐 절연 비닐 시스 제어 케이블
- VCT : 0.6/1[kV] 비닐절연 비닐 캡타이어 케이블
- NFI : 300/500[V] 기기 배선용 유연성 단심 비닐절연전선(70[℃])
- NRI : 300/500[V] 기기 배선용 단심 비닐절연선(70[℃])

답 ②

16 정현파 교류의 실효값을 계산하는 식은? (단, T는 주기이다.)

① $I = \dfrac{1}{T}\displaystyle\int_0^T i\, dt$
② $I = \sqrt{\dfrac{2}{T}\displaystyle\int_0^T i\, dt}$
③ $I = \sqrt{\dfrac{1}{T}\displaystyle\int_0^T i^2\, dt}$
④ $I = \sqrt{\dfrac{2}{T}\displaystyle\int_0^T i^2\, dt}$

▶ 풀이
실효값의 정의식 : 순시값의 제곱의 평균의 제곱근
$$\therefore I = \sqrt{\dfrac{1}{T}\int_0^T i^2\, dt} = \sqrt{\dfrac{1}{2\pi}\int_0^{2\pi}(I_m \cdot \sin t)^2\, dt} = \dfrac{I_m}{\sqrt{2}} = 0.707 \cdot I_m$$

답 ③

17 2개의 전하 Q_1[C]과 Q_2[C]를 r[m] 거리에 놓았을 때 작용하는 힘의 크기를 옳게 설명한 것은?
① Q_1, Q_2의 곱에 비례하고, r에 반비례한다.
② Q_1, Q_2의 곱에 반비례하고 r에 비례한다.
③ Q_1, Q_2의 곱에 반비례하고 r의 제곱에 비례한다.
④ Q_1, Q_2의 곱에 비례하고 r의 제곱에 반비례한다.

● **풀이**

쿨롱의 법칙
임의의 공간 내에서 두 점전하 Q_1, Q_2 사이에 작용하는 정전기력의 크기는 두 전하량의 곱에 비례하고, 전하사이의 거리의 제곱에 반비례한다.

$$F \propto Q_1 \cdot Q_2, \quad F \propto \frac{1}{r^2}$$

$$F = \frac{1}{4\pi\epsilon} \times \frac{Q_1 \cdot Q_2}{r^2}[\text{N}] = \frac{1}{4\pi\epsilon_0\epsilon_s} \times \frac{Q_1 \cdot Q_2}{r^2} = 9 \times 10^9 \times \frac{Q_1 \cdot Q_2}{\epsilon_s r^2}[\text{N}]$$

여기서, ϵ : 유전율, $\epsilon = \epsilon_0 \cdot \epsilon_s$
ϵ_s : 비유전율(진공=1, 공기≒1)
ϵ_0 : 진공시 유전율 $= 8.855 \times 10^{-12}[\text{F/m}]$

답 ④

18 2진수 $(1111101011111010)_2$를 16진수로 변환한 값은?
① $(\text{FAFA})_{16}$
② $(\text{EAEA})_{16}$
③ $(\text{FBFB})_{16}$
④ $(\text{AFAF})_{16}$

● **풀이**

4비트씩 16진수 변환
1111 1010 1111 1010
|F| |A| |F| |A|

답 ①

19 4극 직류 분권전동기의 전기자에 단중 파권 권선으로 된 420개의 도체가 있다. 1극당 0.025 Wb의 자속을 가지고 1400[rpm]으로 회전시킬 때 발생되는 역기전력과 단자전압은? (단, 전기자 저항 0.2[Ω], 전기자 전류는 50[A] 이다.)

① 역기전력 : 490[V], 단자전압 : 500[V]
② 역기전력 : 490[V], 단자전압 : 480[V]
③ 역기전력 : 245[V], 단자전압 : 500[V]
④ 역기전력 : 245[V], 단자전압 : 480[V]

● **풀이**

역기전력 $E_c = V - I_a R_a = p\phi \cdot \frac{N}{60} \cdot \frac{Z}{a} = \frac{4 \times 0.025 \times 1400 \times 420}{60 \times 2} = 490[\text{V}]$

단자전압 $V = E_c + I_a R_a = 490 + (50 \times 0.2) = 500[\text{V}]$

답 ①

20 20극, 360[rpm]의 3상 동기발전기가 있다. 전 슬롯수 180, 2층권 각 코일의 권수 4, 전기자 권선은 성형이며, 단자전압이 6600[V]인 경우 1극의 자속[Wb]은 얼마인가? (단, 권선계수는 0.90이다.)

① 0.0375
② 0.0662
③ 0.3751
④ 0.6621

● 풀이

$E = 4.44 K_w f W \phi [V]$, K_w : 권선계수($= K_p \cdot K_d$), W : 1상당 권수, f : 주파수, ϕ : 자속

$$\psi = \frac{E}{4.44 K_w f W} = \frac{\frac{6600}{\sqrt{3}}}{4.44 \times 0.9 \times 60 \times 240} = 0.0662 [\text{Wb}]$$

$$W = \frac{180 \times 4 \times 2층}{3상 \times 2} = 240$$

답 ②

21 동기형 RS 플립플롭을 이용한 동기형 J-K 플립플롭에서 동작이 어떻게 개선되었는가?

① J=1, K=1, Cp=0일 때 Q_n
② J=0, K=0, Cp=1일 때 Q_n
③ J=1, K=1, Cp=1일 때 $\overline{Q_n}$
④ J=0, K=0, Cp=0일 때 Q_n

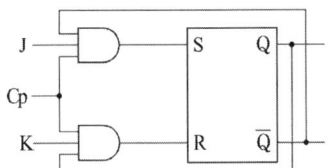

● 풀이

RS 플립플롭은 R과 S 입력이 모두 1인 경우에 출력이 불안정한 상태가 되는데 JK플립플롭은 이러한 점을 보완한 것으로 J, K의 입력이 모두 1인 경우에 클럭신호가 가해지면 출력이 반전된다.

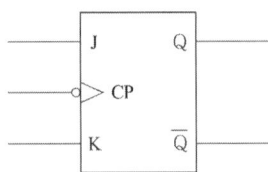

J	K	CP	Q
0	0	↑	Q_0
1	0	↑	1
0	1	↑	0
1	1	↑	$\overline{Q_0}$

답 ③

22 코일에 단상 100[V]의 전압을 가하면 30[A]의 전류가 흐르고 1.8[kW]의 전력을 소비한다고 한다. 이 코일과 병렬로 콘덴서를 접속하여 회로의 합성역률을 100[%]로 하기 위한 용량 리액턴스는 약 몇 [Ω]이면 되는가?

① 2.32　② 3.24　③ 4.17　④ 5.28

● 풀이

합성역률 100[%]일 경우 $X_L = X_C$ 일 경우이므로

$P_a = P + jP_r$

$P_r = VI \sin\theta = I^2 X = \dfrac{V^2}{X}$

$P_r = \sqrt{(100 \times 30)^2 - 1800^2} = 2400 [\text{Var}]$

$X = \dfrac{100^2}{2400} = 4.16 [\Omega]$

답 ③

23 다음 전력계통의 기기 중 절연 레벨이 가장 낮은 것은?

① 피뢰기　　　　　　　　② 애자
③ 변압기 부싱　　　　　　④ 변압기 권선

▶풀이

계통 내의 각 기기, 기구 및 애자 등의 상호간에 적정한 절연 강도를 지니게끔 함으로써 계통의 설계를 합리적, 경제적으로 할 수 있게 한 것을 절연협조(insulation coordination)라 한다.

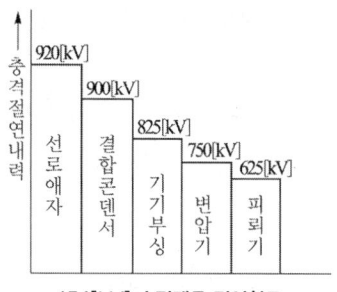

154[kV] 송전계통 절연협조

답 ①

24 주상변압기를 설치할 때 작업이 간단하고 장주하는데 재료가 덜 들어서 좋으나 전주 윗부분에는 무게가 가하여지므로 보통 20~30[kVA] 정도의 변압기에 널리 쓰이는 방법은?
① 변압기 거치법
② 행거 밴드법
③ 변압기 탑법
④ 앵글 지지법

▶풀이

주상 변압기 설치
① 행거 밴드를 사용하여 고정
② 행거 밴드를 사용하기 곤란한 경우에는 변대를 만들어 변압기를 설치한다.
③ 변압기 1차 측 인하선은 고압 절연 전선 또는 클로로프렌 외장 케이블을 사용하고, 2차측은 옥외 비닐 절연선(OW) 또는 비닐 외장 케이블을 사용한다.

답 ②

25 변압기의 정격을 정의한 것으로 가장 옳은 것은?
① 2차 단자 간에서 얻을 수 있는 유효전력을 kW로 표시한 것이 정격 출력이다.
② 정격 2차 전압은 명판에 기재되어 있는 2차 권선의 단자 전압이다.
③ 정격 2차 전압을 2차 권선의 저항으로 나눈 것이 2차 전류이다.
④ 전부하의 경우는 1차 단자 전압을 정격 1차 전압이라 한다.

▶풀이

변압기의 출력으로는 피상전력인 [VA]([kVA],[MVA])로 표기하게 된다.

답 ②

26 동일 정격의 다이오드를 병렬로 연결하여 사용하면?
① 역전압을 크게 할 수 있다.
② 순방향 전류를 증가시킬 수 있다.
③ 절연효과를 향상시킬 수 있다.
④ 필터 회로가 불필요하게 된다.

▶풀이

• 직렬연결- 전압을 높일 수 있다.(과전압보호)
• 병렬연결- 전류를 증가시킬 수 있다.(과전류보호)

답 ②

27 바닥통풍형, 바닥밀폐형 또는 두 가지 복합채널형 구간으로 구성된 조립금속 구조로 폭이 150[mm] 이하이며, 주 케이블 트레이로부터 말단까지 열결되어 단일 케이블을 설치하는데 사용하는 케이블트레이는?

① 사다리형　　② 트로프형　　③ 일체형　　④ 통풍채널형

● 풀이

금속제 케이블트레이의 종류
① 채널형 케이블트레이(Channel Cable-Tray) : 바닥 통풍형, 바닥 밀폐형 복합 채널 단면으로 구성된 조립금속 구조로서 폭이 150[mm] 이하인 케이블트레이를 말한다.
② 사다리형 케이블트레이(Ladder Cable-Tray) : 길이 방향의 양 측면 레이을 각각의 가로방향 부재(不在)로 연결한 조립금속구조
③ 바닥 밀폐형 케이블트레이(Solid Bottom Canle-Tray) : 일체식 또는 분리식 직선방향 옆면레일에서 바닥에 개구부(開口部)가 없는 조립금속구조
④ 트러후형 케이블트레이(Trough Canle-Tray) : 일체식 또는 분리식 직선방향 옆면레일에서 바닥에 통풍구가 있는 것으로서 폭이 100[mm]를 초과하는 조립금속구조

답 ④

28 진리표와 같은 입력조합으로 출력이 결정되는 회로는?

① 멀티플렉서
② 인코더
③ 디코더
④ 카운터

입력		출력			
A	B	X_0	X_1	X_2	X_3
0	0	1	0	0	0
0	1	0	1	0	0
1	0	0	0	1	0
1	1	0	0	0	1

● 풀이

디코더(Decoder : 해독기)
(1) 코드 형식의 2진 정보를 다른 코드 형식으로 바꾸는 회로가 디코더(Decoder)이다. 다시 말하면, 2진 코드나 BCD Code를 해독(Decoding)하여 이에 대응하는 1개(10진수)의 선택 신호로 출력하는 것을 말한다.
(2) 디코더는 컴퓨터의 중앙처리장치 내에서 번지의 해독, 명령의 해독, 제어 등에 사용되며 타이프라이터 등에서는 중앙처리장치로부터 들어온 2진 코드를 문자로 변환하여 인쇄할 때 사용되고 있다.
(3) 2×4 디코더 : 2개의 입력은 4개의 출력으로 해독된다.

입력		출력			
A	B	D0	D1	D2	D3
0	0	1	0	0	0
0	1	0	1	0	0
1	0	0	0	1	0
1	1	0	0	0	1

(a) 진리표　　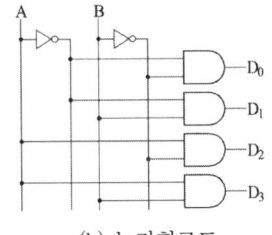(b) 논리회로도　　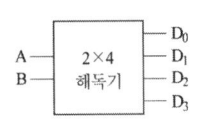(c) 블록도

답 ③

29 다음 회로의 명칭은?

① D 플립플롭　　② T 플립플롭
③ J-K 플립플롭　　④ R-S 플립플롭

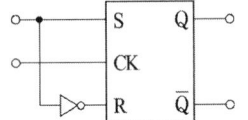

> 풀이

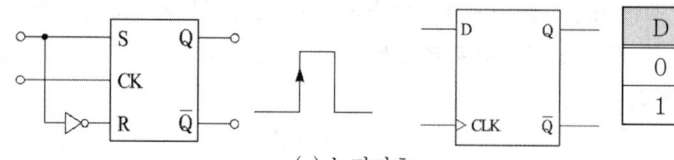

(a) 논리기호　　　　　　　　　　(b) 진리표

답 ①

30 논리회로가 뜻하는 논리게이트의 명칭은?
① EX-NOR
② EX-OR
③ INHIBIT
④ OR

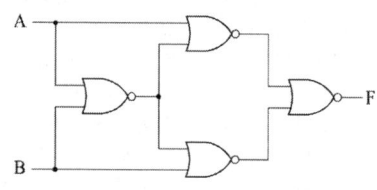

> 풀이

$F = \overline{\overline{\overline{A+\overline{A+B}} + \overline{\overline{B+A+B}}}} = \overline{\overline{A+\overline{A+B}}} \cdot \overline{\overline{B+\overline{A+B}}} = (A+\overline{A}\cdot\overline{B})\cdot(B+\overline{A}\cdot\overline{B})$
$= (A+\overline{A})\cdot(A+\overline{B})\cdot(B+\overline{A})\cdot(B+\overline{B})$
$= A\cdot B + A\cdot\overline{A} + B\cdot\overline{B} + \overline{A}\cdot\overline{B} = A\cdot B + \overline{A}\cdot\overline{B}$

EX-OR	A	B	Y
	0	0	0
$Y = (A \oplus B)$	0	1	1
$Y = \overline{A}B + A\overline{B}$	1	0	1
	1	1	0

EX-NOR	A	B	Y
	0	0	1
$Y = (A \odot B)$	0	1	0
$Y = \overline{A}\overline{B} + AB$	1	0	0
	1	1	1

답 ①

31 주택, 기숙사, 여관, 호텔, 병원, 창고 등의 옥내배선 설계에 있어서 간선의 굵기를 선정할 때 전등 및 소형 전기기계기구의 용량합계가 10[kVA]를 초과하는 것은 그 초과량에 대하여 수용률을 몇 [%]로 적용할 수 있도록 규정하고 있는가?
① 30　　　　　② 50　　　　　③ 70　　　　　④ 100

> 풀이

전선 및 소형 전기기계기구의 용량 합계가 10[kVA]를 넘는 것은 그 넘는 용량에 대하여 다음 수용률을 적용한다.

[간선의 수용률]

건축물의 종류	수용률[%]
주택, 기숙사, 여관, 호텔, 병원, 창고	50
학교, 사무실, 은행, 상점	70

답 ②

32 사이리스터의 턴오프에 관한 설명이다. 가장 적합한 것은?
① 사이리스터가 순방향 도전상태에서 역방향 저지상태로 되는 것
② 사이리스터가 순방향 도전상태에서 순방향 저지상태로 되는 것
③ 사이리스터가 순방향 저지상태에서 역방향 도전상태로 되는 것
④ 사이리스터가 순방향 저지상태에서 순방향 도전상태로 되는 것

> **풀이**
> 턴온(turn on): 사이리스터가 역방향 저지상태에서 순방향 도전상태로 되는 것

답 ①

33 특정 전압 이상이 되면 ON 되는 반도체인 바리스터의 주된 용도는?
① 온도보상 ② 전압의 증폭
③ 출력전류의 조절 ④ 서지전압에 대한 회로보호

> **풀이**
> • 서미스터 : 열 민감성 이용 – 온도검출, 조절보상, RC 발진기, 화재탐지
> • 바리스터 : 전압의 민감성 이용 – 통신선로의 피뢰침, 전자기기 충격전압흡수, 소자의 과전압보호

답 ④

34 다음 (   ) 안의 알맞은 내용으로 옳은 것은?

> 변압기의 등가회로에서 2차 회로를 1차 회로로 환산하는 경우 전류는 (㉠)배, 저항과 리액턴스는 (㉡)배가 된다.

① ㉠ $\frac{1}{a}$, ㉡ a^2 ② ㉠ $\frac{1}{a}$, ㉡ a
③ ㉠ a^2, ㉡ $\frac{1}{a}$ ④ ㉠ a^2, ㉡ a

> **풀이**
> 변압기 1, 2차 전압, 전류, 임피던스 환산
>
> | 구 분 | 2차를 1차로 환산 | 1차를 2차로 환산 |
> |---|---|---|
> | 전 압 | $V_1 = aV_2$ | $V_2 = \dfrac{V_1}{a}$ |
> | 전 류 | $I_1 = \dfrac{I_2}{a}$ | $I_2 = aI_1$ |
> | 저 항 | $r'_2 = a^2 r_2$ | $r'_1 = \dfrac{r_1}{a^2}$ |
> | 리액턴스 | $x'_2 = a^2 x_2$ | $x'_1 = \dfrac{x_1}{a^2}$ |
> | 임피던스 | $Z'_2 = a^2 Z_2$ | $Z'_1 = \dfrac{Z_1}{a^2}$ |

답 ①

35 금속(후강)전선관 22[mm]를 90°로 굽히는데 소요되는 최소 길이[mm]는 약 얼마이면 되는가? (단, 곡률반지름 $r \geq 6d$로 한다.)

관의 호칭	안지름(d)	바깥지름(D)
22	21.9[mm]	26.5[mm]

① 145 ② 228 ③ 245 ④ 268

> **풀이**
> 곡률반경은 관 안지름의 6배 이상이므로
> $2\pi r \times \dfrac{1}{4} + \dfrac{D}{2} = 2\pi \times (6 \times 21.9) \times \dfrac{1}{4} + \dfrac{26.5}{2}$
> $= 219.65 [mm]$

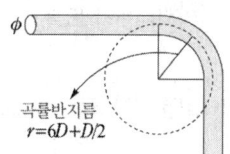

답 ②

36 34극, 60[MVA], 역률 0.8, 60[Hz], 22.9[kV] 수차 발전기의 전부하 손실이 1600[kW]이면 전부하 효율은 약 몇 [%]인가?
① 92.4[%] ② 94.6[%]
③ 96.8[%] ④ 98.2[%]

> **풀이**
> • 발전기 규약효율 $= \dfrac{출력}{출력 + 손실} \times 100[\%] = \dfrac{60 \times 10^3 \times 0.8}{(60 \times 10^3 \times 0.8) + 1600} = 0.967$
> • 전동기 규약효율 $= \dfrac{입력 - 손실}{입력} \times 100[\%]$

답 ③

37 변압기의 여자전류와 철손을 구할 수 있는 시험은?
① 부하시험 ② 무부하시험
③ 유도시험 ④ 단락시험

> **풀이**
> 변압기의 손실
> (1) 무부하손 : $P_i = P_h + P_e$ [W]
> 거의 철손으로 되어 있으며 변압기 철손에는 히스테리시스손과 와류손이 있다. 무부하시험으로 측정
> ① 히스테리시스손(철손의 약 80[%]) : $P_h = k_h f B_m^{1.6}$ [W/kg]
> ② 맴돌이전류손(와류손) : $P_e = k_e (tfB_m)^2$ [W/kg]
>   여기서, B_m : 최대자속밀도, t : 강판두께, f : 주파수, k_h, k_e : 상수
> (2) 부하손 : 거의 대부분이 동손(P_c)으로 되어 있다. - 단락시험으로 측정
> $P_c = (r_1 + a^2 r_2) \cdot I_1^2$ [W] $= I^2 R$
>
> ※ 절연내력 시험법의 종류
> • 변압기유의 절연파괴 전압시험 : 변압기유의 절연내력을 시험
> • 가압시험 : 온도시험 직후 변압기의 절연저항과 절연내력을 시험
> • 유도 시험 : 변압기나 그 외의 기기는 층간절연을 시험
> • 충격 전압 시험 : 변압기에 번개와 같은 충격전압이 가해 견딜 수 있는 정도를 확인하는 시험
>
> ※ 온도 시험법의 종류
> ① 실부하법 : 변압기의 전부하를 연속적으로 가해서, 권선이나 오일 등의 온도상승을 시험하는 방법
> ② 반환 부하법 : 전력을 낭비하지 않고 철손과 동손만을 공급해서 온도상승을 시험하는 방법
> ③ 등가 부하법(단락시험법) : 변압기의 권선 하나를 단락하고 부하 손실에 해당하는 동손을 공급, 온도상승을 시험하는 방법

답 ②

38 3상 유도전동기의 설명으로 틀린 것은?
① 전부하 전류에 대한 무부하 전류의 비는 용량이 작을수록 극수가 많을수록 크다.
② 회전자 속도가 증가할수록 회전자측에 유기되는 기전력은 감소한다.
③ 회전자 속도가 증가할수록 회전자 권선의 임피던스는 증가한다.
④ 전동기의 부하가 증가하면 슬립은 증가한다.

▶풀이
회전자 속도가 증가할수록 슬립 s가 작아지므로 회전자 권선의 임피던스는 작아진다.
$Z_{2s} = r_a + jsx_2$

답 ③

39 $R=40[\Omega]$, $L=80[mH]$의 코일이 있다. 이 코일에 220[V], 60[Hz]의 전압을 가할 때 소비되는 전력은 약 몇 [W]인가?
① 79   ② 581   ③ 771   ④ 1352

▶풀이
$Z = \sqrt{40^2 + (2\pi \times 60 \times 80 \times 10^{-4})^2} = 50$
$I = \dfrac{V}{Z} = \dfrac{220}{50} = 4.4[A]$
$P = I^2 R = 4.4^2 \times 40 = 774.4[W]$

답 ③

40 **마이크로프로세서 부분 삭제**

41 가공 전선로에서 전선의 단위 길이당 중량과 경간이 일정할 때 이도는 어떻게 되는가?
① 전선의 장력에 비례한다.   ② 전선의 장력에 반비례한다.
③ 전선 장력의 제곱에 비례한다. ④ 전선 장력의 제곱에 반비례한다.

▶풀이
• 이도 : 전선을 지지물 사이에 가설하면 자체의 무게 때문에 밑으로 처져 곡선을 이루게 되는데, 이 곡선의 가장 밑으로 처진 점의 수직거리
• 이도 $D = \dfrac{WS^2}{8T}[m]$ (W : 전선무게[kg/m], S : 경간, T : 장력)

답 ②

42 전로의 중성점을 접지하는 목적에 해당되지 않는 것은?
① 보호 장치의 확실한 동작 확보
② 대지 전압의 저하
③ 이상 전압의 억제
④ 부하 전류의 일부를 대지로 흐르게 함으로서 전선의 절약

▶풀이
중성점 접지 목적
(1) 1선 지락시에 대지 전위의 상승을 억제, 선로와 기기의 절연을 가볍게 한다.

(2) 벼락 등에 의한 아아크 접지로 발생하는 이상 전압을 억제한다.
(3) 지락사고 발생시 접지 계전기의 동작을 확실하게 하며, 신속하게 선택 차단한다.

답 ④

43 직류를 교류로 변환하는 장치이며, 상용 전원으로부터 공급된 전력을 입력받아 자체 내에서 전압과 주파수를 가변시켜 전동기에 공급함으로서 전동기 속도를 고효율로 용이하게 제어하는 장치를 무엇이라 하는가?
① 컨버터   ② 인버터   ③ 초퍼   ④ 변압기

▶풀이
전력변환방식
① AC-DC Converter(순변환) : 제어정류기(Controlled Rectifier)
② AC-AC Converter(교류변환) : 교류전압제어기, 사이클로컨버터
③ DC-DC Converter(직류변환) : Chopper, 스위칭 레귤레이터
④ DC-AC Converter(역변환) : Inverter

답 ②

44 저압 옥내간선과의 분기점에서 전선의 길이가 몇 m 이하인 곳에 원칙적으로 개폐기 및 과전류 차단기를 시설하여야 하는가?
① 3   ② 4   ③ 5   ④ 8

▶풀이
분기선을 보호하는 개폐기 및 과전류 차단기
① 분기점에서 3[m] 이내 장소에 설치하는 것을 원칙으로 한다.(분기선의 허용전류가 간전 보호용 과전류 차단기 정격전류에 35[%] 이하일 때이다.)
② 분기선의 허용전류가 간선보호용 과전류 차단기 정격전류의 35[%] 이상 55[%] 이하일 때는 최대 8[m]까지 설치할 수 있다.
③ 분기선의 허용전류가 간선보호용 과전류 차단기 정격전류의 55[%] 이상일 때는 8[m] 이상까지 설치할 수도 있다.

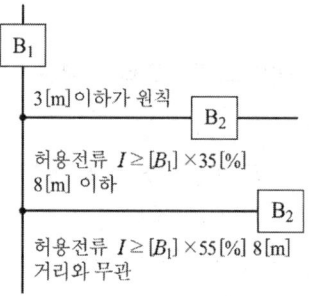

분기 개폐기-자동차단기 설치위치

답 ①

45 특고압 가공전선로에서 발생하는 극저주파 전계는 지표상 1[m]에서 몇[kV/m] 이하이여야 하는가?
① 2.0   ② 2.5
③ 3.0   ④ 3.5

▶풀이
유도장해 방해를 위해 특고압 가공전선로에서 발생하는 극저주파 전계는 지표상 1[m]에서 전계가 3.5[kV/m]이하 자계가 83.3[μT]이하가 되도록 시설하여야 한다.

답 ④

46 마이크로프로세서 부분 삭제

47 동기 전동기의 위상특성 곡선에 대하여 옳게 표현한 것은?
(단, P : 출력, I_f : 계자전류, E : 유도 전력, I_a : 전기자 전류, $\cos\theta$: 역률 이다.)

① $P-I_f$ 곡선, I_a 일정
② $P-I_a$ 곡선, I_f 일정
③ I_f-E 곡선, $\cos\theta$ 일정
④ I_f-I_a 곡선, P 일정

●풀이
위상특선곡선(V곡선)은 종축이 전기자 전류, 횡축은 계자전류를 나타낸다.

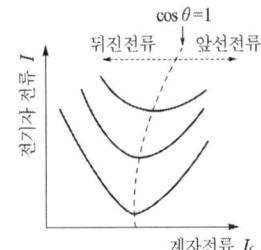

답 ④

48 전가산기의 입력변수가 x, y, z 이고, 출력함수가 S, C일 때 출력의 논리식으로 옳은 것은?

① S = (x⊕y)⊕z, C = xyz
② S = (x⊕y)⊕z, C = $\overline{x}$y + $\overline{x}$z + yz
③ S = (x⊕y)⊕z, C = (x⊕y)z
④ S = (x⊕y)⊕z, C = xy + (x⊕y)z

●풀이
전가산기(Full-Adder ; FA)
2진수 가산을 완전히 하기 위해 자리올림 입력도 함께 더할 수 있는 기능을 가진다.
입력 중 어느 하나가 1인 경우에는 출력은 1이 되고, 모든 입력이 1일 때에도 출력은 1이 되며, 자리올림 C_n은 입력 중 2개 이상이 1인 경우에는 1이 된다.
(1) 합 : S = $\overline{A}\overline{B}C + \overline{A}B\overline{C} + A\overline{B}\overline{C} + ABC$ = A⊕B⊕C
(2) 자리올림 수 : $\overline{A}BC + A\overline{B}C + AB\overline{C} + ABC$ = AB + (A⊕B)·C

입력			출력	
A_n	B_n	C_{n-1}	S_n	C_n
0	0	0	0	0
0	0	1	1	0
0	1	0	1	0
0	1	1	0	1
1	0	0	1	0
1	0	1	0	1
1	1	0	0	1
1	1	1	1	1

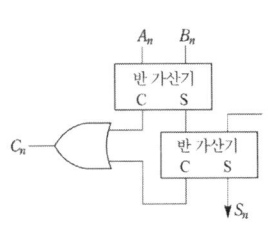

(a) 논리회로도

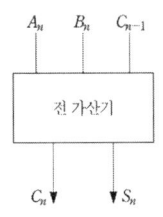

(b) 논리기호

(c) 진리표

답 ④

49 그림과 같이 내부저항 0.1[Ω], 최대지시 1[A]의 전류계 Ⓐ에 분류기 R를 접속하여 측정범위를 15[A]로 확대하려면 R의 저항값은 몇 [Ω]으로 하면 되는가?

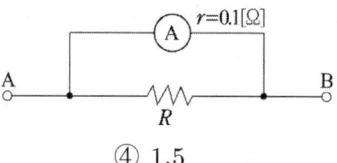

① $\dfrac{1}{150}$　　② $\dfrac{1}{140}$　　③ 1.4　　④ 1.5

●풀이

분류기(Shunt) $R_s[\Omega]$: 전류의 측정 범위를 넓히기 위하여 전류계에 병렬로 접속하는 저항

$$I = I_0\left(1 + \dfrac{r_a}{R_s}\right)[A]$$

분류기 저항 : $R_s = \dfrac{r_a}{n-1}[\Omega] = \dfrac{0.1}{15-1} = \dfrac{1}{140}$

답 ②

50 3상 발전기의 전기자 권선에 Y결선을 채택하는 이유로 볼 수 없는 것은?
① 상전압이 낮기 때문에 코로나, 열화 등이 적다.
② 권선의 불균형 및 제3고조파 등에 의한 순환전류가 흐르지 않는다.
③ 중성점 접지에 의한 이상 전압 방지의 대책이 쉽다.
④ 발전기 출력을 더욱 증대할 수 있다.

●풀이

동기발전기는 대부분 3상인데, 상간의 결선 방식은 주로 Y결선법이 쓰인다.
(1) 권선의 불평형 및 제3고조파에 의한 순환전류가 흐르지 않는다.
(2) △결선에 비해 상전압이 $1/\sqrt{3}$ 배이므로 권선의 절연이 쉬워진다.
(3) 중성점을 접지하여 지락사고 시 보호계전방식이 간단해진다.
(4) 코로나 발생률이 적다.

답 ④

51 송배전 계통에 사용되는 보호계전기의 반한시 특성이란?
① 동작 전류가 커질수록 동작시간이 길어진다.
② 동작 전류가 작을수록 동작시간이 짧다.
③ 동작 전류에 관계없이 동작시간은 일정하다.
④ 동작 전류가 커질수록 동작시간은 짧아진다.

●풀이

보호계전기의 시한 특성
① 순한시 계전기 : 동작시간이 0.3초이내의 계전기를 말하며, 0.05초 이하의 계전기를 고속도 계전기라 한다.
② 정한시 계전기 : 최소 동작값 이상의 구동 전기량이 주어지면 일정 시한으로 동작 하는 것이다.
③ 반한시 계전기 : 동작 시한이 구동 전기량으로 동작전류의 값이 커질수록 짧아지고, 동작 전류가 작을수록 시한이 길어지는 계전기이다.
④ 반한시·정한시 계전기 : 어느 한도까지의 구동 전기량에서는 반한시성이고, 그 이상의 전기량에서는 정한시성의 특성을 가진 계전기이다.
⑤ 비례한시 계전기 : 동작 시한이 동작량에 비례하는 것이다.

답 ④

52 자속밀도 1[Wb/m²]인 평등 자계의 방향과 수직으로 놓은 50[cm]의 도선을 자계와 30° 방향으로 40[m/s]의 속도로 움직일 때 도선에 유기되는 기전력은 몇 [V]인가?

① 5   ② 10   ③ 20   ④ 40

풀이
$e = Blv\sin\theta = 1 \times 0.5 \times 40 \times \sin 30° = 10[\text{V}]$

답 ②

53 극판의 면적이 10[cm²], 극판간의 간격 1[mm], 극판간에 채워진 유전체의 비유전율 $\epsilon_s = 2.5$인 평행판 콘덴서에 100[V]의 전압을 가할 때 극판의 전하량은 몇 [nC]인가?

① 0.6   ② 1.2   ③ 2.2   ④ 4.4

풀이
$C = \dfrac{\varepsilon S}{d} = \dfrac{8.855 \times 10^{-12} \times 2.5 \times 10 \times 10^{-4}}{10^{-3}} = 2.2135 \times 10^{-11}[\text{F}]$

$Q = CV = 2.2135 \times 10^{-11} \times 100 = 2.2[\text{nC}]$

답 ③

54 그림의 파형이 나타날 수 있는 소자는? (단, v_S는 입력전압, i_G는 게이트 전류, v_o는 출력전압이다.)

① GTO
② SCR
③ DIODE
④ TRIAC

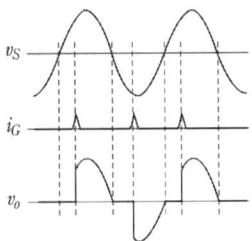

풀이
i_G가 인가될 때 V_0 출력이 (+)주기와 (−)주기 모두 출력되므로 교류를 제어할 수 있는 소자이다.

답 ④

55 생산보전(PM; productive maintenance)의 내용에 속하지 않는 것은?

① 보전예방   ② 안전보전
③ 예방보전   ④ 개량보전

풀이
① 보전예방(MP) : 설비의 설계 및 설치 시 고장이 적은 설비를 선택하여 설비 신뢰성과 보전성 향상
② 예방보전(PM) : 설비 사용 전 정기 점검 및 검사와 조기수리 등을 하여, 설비성능의 저하와 고장 및 사고를 미연에 방지함으로써 설비의 성능을 표준 이상으로 유지하는 보전활동
정기적인 점검 및 서비스 체계가 필요
③ 개량보전(CM) : 설비가 고장난 후에 설계변경, 부품의 개선 등으로 수명을 연장하거나 수리검사가 용이하도록 설비 자체의 체질개선을 꾀하는 보전방식
④ 사후보전(BM) : 기계설비의 고장이나 결함이 발생한 후에 이를 수리 또는 보수하여 회복시키는 보전활동으로 고장이 난 후 보전하는 쪽이 비용이 적게 드는 설비에 적용
설비의 열화 정도가 수리한계를 넘어간 경우에 사용하는 보전법

답 ②

56 모든 작업을 기본동작으로 분해하고, 각 기본 동작에 대하여 성질과 조건에 따라 미리 정해 놓은 시간치를 적용하여 정미시간을 산정하는 방법은?
① PTS법　　　　　　　　　② Work Sampling법
③ 스톱워치법　　　　　　　④ 실적자료법

> **풀이**
> PTS(Predetermined Time Standard)법 종류
> 모든 작업을 기본동작으로 분석하고 각 동작의 기초 시간치를 사용하여 기본동작의 소요시간을 구하고 이를 집계하여 정미시간을 구하는 간접 관찰법으로 세부적으로 아래와 같다.
> • TA　• WF　• MTM　• BMT　• DMT　• MODAPTS
> (1) MTM(Method Time Measurement)
> 　　기본 동작의 성질과 조건에 따라 미리 정해진 시간을 적용하여 작업의 정미시간을 구한다.(MTM법의 단위 : 1MTU =0.00001시간)
> (2) WF(Work Factor)
> 　　① WF 동작시간 표준 = 기초동작 + WF 시간지수 (중량, 저항, 동작의 곤란성)
> 　　② 중량, 저항 시간지수(W) : 무게나 저항에 따라 기초 동작을 방해하는 요인
> 　　③ 동작의 곤란성 : 인위적 조절을 필요로 하는 동작으로 동작시간을 지연시키는 요인
> 　　④ 동작의 곤란성 요소 : 방향조절(S), 주의(P), 방향변경(U), 일정정지(D)
>
> **답 ①**

57 관리도에서 측정한 값을 차례로 타점했을 때 점이 순차적으로 상승하거나 하강하는 것을 무엇이라 하는가?
① 연(run)　　　　　　　　② 주기(cycle)
③ 경향(trend)　　　　　　④ 산포(dispersion)

> **풀이**
> ① 경향 : 점이 점점 올라가거나 내려가는 현상
> ② 주기 : 점이 주기적으로 상, 하로 변동하여 파형을 나타내는 현상
> ③ 런 : 중심선의 한쪽에 연속해서 나타나는 점
> 　　　 (길이가 연속 5~6런이면 주의, 길이 7런이면 공정이상으로 판단)
> ④ 산포 : 수집된 자료값이 그 중앙값으로부터 떨어져 있는 정도를 나타내는 값
>
> **답 ③**

58 품질특성을 나타내는 데이터 중 계수치 데이터에 속하는 것은?
① 무게　　　② 길이　　　③ 인장강도　　　④ 부적합품률

> **풀이**
> 관리도의 종류
> (1) 계량치 관리도
> 　　① $\bar{x}-R$(평균치와 범위) 관리도, x(개개 측정치) 관리도, $\tilde{x}-R$(메디안과 범위) 관리도, R 관리도
> 　　② 품질을 대표하는 특성치를 측정표시하는 것으로서 길이, 무게, 강도, 전압, 전류 등 연속변량 측정
> (2) 계수치 관리도
> 　　① P(불량계수)관리도, p(불량률)관리도, c(결점수)관리도, u(단위당 결점수) 관리도
> 　　② 제품의 합격여부를 판별하는 데 사용되는 것으로서 직물의 얼룩, 홈 등과 같이 한 개, 두 개로 계수되는 수치와 그에 따른 불량률을 측정
>
> **답 ④**

59 어떤 공장에서 작업을 하는데 있어서 소요되는 기간과 비용이 다음 표와 같을 때 비용구배는? (단, 활동시간의 단위는 일(日)로 계산한다.)

정상작업		특급작업	
기간	비용	기간	비용
15일	150만원	10일	200만원

① 50,000원
② 100,000원
③ 200,000원
④ 500,000원

- 풀이

비용 구배(Cost Slope)
① 공기단축을 위한 최소 비용의 증가분
② 정상 상태에서 한 단위 줄이는 데 발생하는 증가 비용
③ 비용구배 = $\dfrac{특급비용 - 정상비용}{정상시간 - 특급시간} = \dfrac{2,000,000 - 1,500,000}{15 - 10} = 100,000$ [원/일]

답 ②

60 200개 들이 상자가 15개 있을 때 각 상자로부터 제품을 랜덤하게 10개씩 샘플링 할 경우, 이러한 샘플링 방법을 무엇이라 하는가?

① 층별 샘플링
② 계통 샘플링
③ 취락 샘플링
④ 2단계 샘플링

- 풀이

샘플링 방법
(1) 랜덤 샘플링
 ① 단순랜덤 샘플링 : 무작위 시료를 추출하는 방법으로 사전에 모집단에 대한 지식이 없는 경우 사용한다.
 ② 계통 샘플링 : 모집단으로부터 시간적 또는 공간적으로 일정간격에서 시료를 뽑는 방법(공정이나 품질에 주기적 연동이 있을 때 사용금지)
 ③ 지그재그 샘플링 : 계통 샘플링에서 주기성에 의한 치우침의 발생 위험을 방지토록 고안한 것으로 공정이나 품질이 변화하는 주기와는 다른 간격으로 시료를 취하는 방법
(2) 2단계 샘플링
 모집단을 몇 개의 부분으로 나누어 그 중 몇 개를 추출(1단계)하고, 다음 단계로 그 부분 중에서 몇 개의 단위체 또는 단위량을 추출(2단계)하는 방법
(3) 층별 샘플링(작업반별, 기계장치 원자재 작업방법, 작업시간별)
 로트를 몇 개의 층으로 나눌 수 있는 경우 로트 전체를 모아서 단순히 랜덤 추출하는 것 보다 층별로 샘플링 하는 편이 바람직할 때, 각층에 포함된 품목의 수에 따라 시료의 크기를 비례 배분하여 추출하는 방법
(4) 취락(집락)샘플링
 모집단을 여러 개 집단으로 나누고 이들 중에서 몇 개를 무작위로 추출한 뒤 선택된 집단의 로트를 모두 검사하는 방법

답 ①

제 17회 전기기능장 실전모의고사

01 내부저항이 15[kΩ]이고 최대 눈금이 150[V]인 전압계와 내부저항이 10[kΩ]이고 최대 눈금이 150[V]인 전압계가 있다. 두 전압계를 직렬접속하여 측정하면 최대 몇 [V]까지 측정할 수 있는가?
① 300
② 250
③ 200
④ 150

▶풀이

$$V_1 = \frac{R_1}{R_1 + R_2} V_0$$

$$V_0 = \frac{R_1 + R_2}{R_1} V_1 = \frac{15 + 10}{15} \times 150 = 250[V]$$

답 ②

02 논리식 $Z = \overline{(A+C) \cdot (B+\overline{D})}$를 간소화 하면?
① $A\overline{C}$
② $\overline{B}D$
③ $A\overline{C} + \overline{B}D$
④ $\overline{A}\,\overline{C} + \overline{B}\,\overline{D}$

▶풀이

$$Z = \overline{(A+C) \cdot (B+\overline{D})} = \overline{(A+C)} + \overline{(B+\overline{D})}$$
$$= (\overline{A} \cdot \overline{C}) + (\overline{B} \cdot \overline{\overline{D}}) = \overline{A} \cdot \overline{C} + \overline{B} \cdot D$$

답 ③

03 공기 중에서 일정한 거리를 두고 있는 두 점전하 사이에 작용하는 힘이 20[N]이었는데, 두 전하 사이에 비유전율이 4인 유리를 채웠다. 이때 작용하는 힘은 어떻게 되는가?
① 작용하는 힘은 변하지 않는다.
② 0[N]으로 작용하는 힘이 사라진다.
③ 5[N]으로 힘이 감소되었다.
④ 40[N]으로 힘이 두 배 증가되었다.

▶풀이

$$F = \frac{1}{4\pi\epsilon} \times \frac{Q_1 \cdot Q_2}{r^2}[N] = \frac{1}{4\pi\epsilon_0 \epsilon_s} \times \frac{Q_1 \cdot Q_2}{r^2} = 9 \times 10^9 \times \frac{Q_1 \cdot Q_2}{\epsilon_s r^2}[N]$$

즉, 비유전율에 반비례

$$F' = \frac{1}{\epsilon} F = \frac{1}{4} \times 20 = 5[N]$$

답 ③

04 그림과 같은 기본회로의 논리동작은?

① NAND 게이트
② NOR 게이트
③ AND 게이트
④ OR 게이트

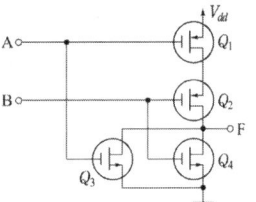

답 ②

05 그림과 같은 혼합브리지 회로의 부하로 $R=8.4[\Omega]$의 저항이 접속되었다. 평활 리액턴스 L을 ∞로 가정할 때 직류 출력전압의 평균값 V_d는 약 몇 [V]인가? (단, 전원전압의 실효값 $V=100[V]$, 점호각 $\alpha=30°$로 한다.)

① 22.5
② 66.0
③ 67.5
④ 84.0

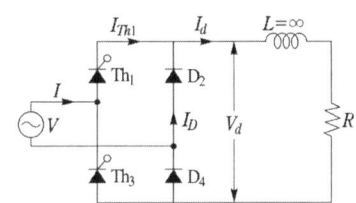

▶풀이

L을 ∞이면 완전직류(평활)되어 R에 직류전원이 공급되므로 R부하일 경우

$$E_d = \frac{2\sqrt{2}E}{\pi}\left(\frac{1+\cos\alpha}{2}\right) = \frac{2\sqrt{2}\times 100}{\pi}\left(\frac{1+\cos 30}{2}\right) = 83.9[V]$$

$$= \frac{\sqrt{2}}{\pi}E(1+\cos\alpha) = 0.45E(1+\cos\alpha) \quad : \text{다른식 사용 가능}$$

답 ④

06 22.9[kV] 배전선로에서 Al전선을 접속할 때 장력이 가해지는 직선개소에서의 접속방법으로 옳은 것은?

① 조임 클램프 사용접속
② 활선 클램프 사용접속
③ 보수 슬리브 사용접속
④ 압축 슬리브 사용접속

답 ④

07 10[kVA], 2000/100[V] 변압기에서 1차로 환산한 등가 임피던스가 $6.2+j7[\Omega]$이다. 이 변압기의 %리액턴스 강하는?

① 0.18 ② 0.35 ③ 1.75 ④ 3.5

▶풀이

$$q = \%X = \frac{I_{1n}X_{21}}{V_{1n}}\times 100 = \frac{5\times 7}{2000}\times 100 = 1.75$$

$$I_1 = \frac{P}{V} = \frac{10\times 10^3}{2000} = 5[A]$$

답 ③

08 전부하에서 2차 전압이 120[V]이고 전압 변동률이 2[%]인 단상 변압기가 있다. 1차 전압은 몇 [V]인가? (단, 1차 권선과 2차 권선의 권수비는 20 : 1 이다.)

① 1224 ② 2448
③ 2888 ④ 3142

●풀이
$V_1 = aV_{20} = a(1+\epsilon)V_2 = 20 \times (1+0.02) \times 120 = 2448[V]$

답 ②

09 동기 발전기의 무부하 포화곡선에서 횡축은 무엇을 나타내는가?

① 계자 전류 ② 전기자 전류
③ 전기자 전압 ④ 자계의 세기

●풀이
동기발전기 특성 곡선
단락곡선이 직선인 이유는 전기자 반작용 때문인데, 단락시 단자전압은 [0]이므로 단락전류는 거의 90도 뒤진 전류이고 전기자 반작용에 의한 감자작용(L부하에 따른 직축반작용으로 I_a가 E보다 90° 늦다)으로서 자기기자력의 대부분은 상쇄되고 실제 남아 있는 자속은 극히 적어 자기회로는 비포화 상태이고 자계전류와 단락전류 관계는 거의 직선 상태가 되다.

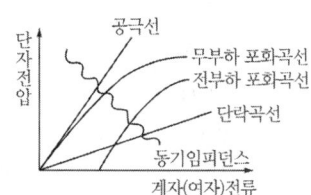

답 ①

10 $R=8[\Omega]$, $X_L=10[\Omega]$, $X_C=20[\Omega]$이 병렬로 접속된 회로에 240[V]의 교류전압을 가하면 전원에 흐르는 전류는 약 몇 [A]인가?

① 18 ② 24 ③ 32 ④ 46

●풀이
병렬접속시 전압은 같이 인가되므로
$I_R = \dfrac{240}{8} = 30[A]$
$I_L = \dfrac{240}{10} = 24[A]$
$I_C = \dfrac{240}{20} = 12[A]$
$I = I_R + j(I_L - I_C) = 30 + j(24-12) = \sqrt{(30^2 + 12^2)} = 32.3[A]$

답 ③

11 다음 중 계통에 연결되어 운전 중인 변류기를 점검할 때 2차측을 단락하는 이유는?

① 측정오차 방지 ② 2차측의 절연보호
③ 1차측의 과전류 방지 ④ 2차측의 과전류 방지

●풀이
포화 자속으로 인한 첨두 유기전압이 발생하여 절연 파괴의 우려가 있으며 철손의 급격한 증가로 소손의 우려가 있다.

답 ②

12 J-K FF에서 현재상태의 출력 Q_n을 0으로 하고, J입력에 0, K입력에 1, 클럭펄스 C.P에 ⌐⌐(rising edge)의 신호를 가하게 되면 다음 상태의 출력 Q_{n+1}은?

① X
② 0
③ 1
④ $\overline{Q_n}$

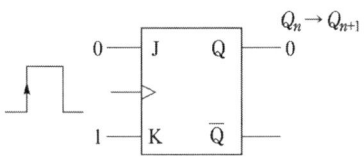

- 풀이

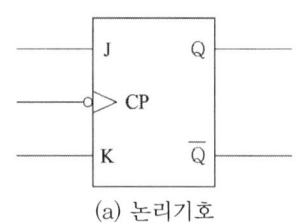

(a) 논리기호

J	K	CP	Q
0	0	↑	Q_0
1	0	↑	1
0	1	↑	0
1	1	↑	$\overline{Q_0}$

(b) 진리표

답 ②

13 마이크로프로세서 부분 삭제

14 단상 배전선로에서 그 인출구 전압은 6600[V]로 일정하고 한 선의 저항은 15[Ω], 한 선의 리액턴스는 12[Ω]이며, 주상변압기 1차측 환산 저항은 20[Ω], 리액턴스는 35[Ω]이다. 만약 주상변압기 2차측에서 단락이 생기면 이 때의 전류는 약 몇 [A]인가? (단, 주상변압기의 전압비는 6600/220[V]이다.)

① 2575　　② 2560　　③ 2555　　④ 2540

- 풀이

$a = \dfrac{N_1}{N_2} = \dfrac{V_1}{V_2} = \dfrac{I_2}{I_1} = \sqrt{\dfrac{R_1}{R_2}} = \sqrt{\dfrac{L_1}{L_2}} = \sqrt{\dfrac{Z_1}{Z_2}}$, $a = 30$

$Z_1 = 2Z_l + Z_T = 2(15 + j12) + 20 + j35 = 50 + j59$

$I_{1s} = \dfrac{V_1}{Z_1} = \dfrac{6600}{50 + j59} = \dfrac{6600}{\sqrt{(50^2 + 59^2)}} = 85.34$

$I_{2s} = a\, I_{1s} = 2560[A]$

답 ②

15 직접 콘크리트에 매입하여 시설하거나 전용의 불연성 또는 난연성 덕트에 넣어야만 시공할 수 있는 전선관은?

① CD관　　　　　　　　② PF관
③ PF-P관　　　　　　　④ 두께 2[mm] 합성수지관

- 풀이

합성수지제 가요전선관(CD전선관)
1) 특징
① 무게가 가벼워 어려운 현장 여건에서도 운반 및 취급이 용이

② 금속관에 비해 결로현상이 적어 영하의 온도에서도 사용 가능
③ PE 및 난연성 PVC로 되어 있기 때문에 내약품성이 우수하고 내후, 내식성도 우수
④ 가요성이 뛰어나므로 굴곡된 배관작업에 공구가 불필요하며 배관작업이 용이
⑤ 관의 내면이 파부형이므로 마찰계수가 적어 굴곡이 많은 배관 시에도 전선의 인입이 용이
2) 호칭
① 관의 굵기를 안지름의 크기에 가까운 짝수로써 표시(14C, 16C, 22C, 28C, 36C, 42C)
② 한 가닥 길이가 100∼50[m]로써 롤(Roll) 형태 제작

답 ①

16 저항 20[Ω]인 전열기로 21.6[kcal]의 열량을 발생시키려면 5[A]의 전류를 약 몇 분간 흘려주면 되는가?

① 3분　　② 5.7분　　③ 7.2분　　④ 18분

풀이
$H = 0.24 I^2 R t [\text{cal}]$
$21.6 \times 10^3 = 0.24 \times 5^2 \times 20 \times t \quad\quad t = 180[\text{sec}]$

답 ①

17 어떤 전지의 외부회로에 5[Ω]의 저항을 접속하였더니 8[A]의 전류가 흘렀다. 외부회로에 5[Ω] 대신 15[Ω]의 저항을 접속하면 전류는 4[A]로 떨어진다. 전지의 기전력은 몇 [V]인가?

① 40　　② 60　　③ 80　　④ 120

풀이
$E = I(r+R)$ 이므로 내부저항 r을 먼저 구하면
$8(r+5) = 4(r+15) \quad\quad 8r+40 = 4r+60$
$4r = 20 \quad\quad\quad\quad r = 5[\Omega]$
$E = 8(5+5) = 80[V]$

답 ③

18 다음 논리회로의 논리식으로 옳은 것은?

① $F = \overline{(X \oplus Y)} + \overline{(XY)}\overline{Z}$
② $F = \overline{(X+Y)} + (X \oplus Y)\overline{Z}$
③ $F = \overline{(X \oplus Y)} + \overline{(X+Y)}\overline{Z}$
④ $F = \overline{(X+Y)} + (X+Y)\overline{Z}$

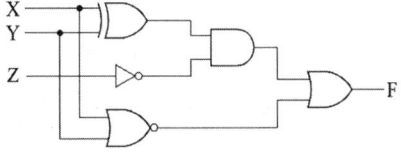

답 ②

19 저압 옥내배선의 라이팅덕트 시설방법으로 틀린 것은?
① 조영재를 관통하는 경우에는 충분한 보호조치를 시공한다.
② 라이팅덕트 상호 및 도체 상호는 견고하고 전기적 및 기계적으로 완전하게 접속한다.
③ 조영재에 부착할 경우 지지점은 매 덕트마다 2개소이상 및 지지점간의 거리는 2[m] 이하로 견고히 부착한다.
④ 라이팅덕트에 접속하는 부분의 배선은 전선관이나 몰드 또는 케이블배선에 의하여 전선이 손상을 받지 않게 시설한다.

> **풀이**
>
> 라이팅덕트 시설방법
> ① 라이팅덕트는 건축구조물에 견고하게 붙이고, 건축구조물을 관통하지 않도록 한다.
> ② 라이팅덕트에 접속하는 부분의 배선은 금속관배선, 합성수지관배선, 금속제가요 전선관 배선, 금속몰드배선, 합성수지몰드배선 또는 케이블배선에 의하여 전선에 손상을 받을 우려가 없도록 시설한다.
> ③ 라이팅덕트 상호 및 도체상호는 견고하고 전기적 및 기계적으로 완전하게 접속한다.
> ④ 라이팅덕트를 건축구조물에 부착할 경우는 라이팅덕트의 지지점은 매 덕트마다 2개소 이상 및 지지 점간의 거리는 2[m] 이하로 하고 또한 견고하게 부착한다.
> ⑤ 라이팅덕트의 개구부는 아래로 향하여 시설한다. 단, 사람이 쉽게 접촉할 우려가 없는 장소에는 덕트의 내부에 먼지가 들어가지 않도록 시설하는 경우에는 옆으로 향하게 할 수 있다.
> ⑥ 라이팅덕트의 끝부분은 막는다.
> ⑦ 라이팅덕트를 사람이 쉽게 접촉할 우려가 있는 장소에 시설할 경우에는 전원측에 누전차단기(인체감전보호용)를 시설한다.
>
> **답 ①**

20 전류원 인버터(CSI : Current Source Inverter)와 비교할 때 전압원 인버터(VSI : Voltage Source Inverter)의 장점이 아닌 것은?
① 대용량에도 적합한 방식이다.
② 용량성 부하에도 사용할 수 있다.
③ 제어회로 및 이론이 비교적 간단하다.
④ 유도전동기 구동시 속도제어 범위가 더 넓다.

> **풀이**
>
> VSI(전압형 인버터)와 CSI(전류형 인버터)의 특징
>
> | 구 분 | VSI(전압형 인버터) | CSI(전류형 인버터) |
> |---|---|---|
> | 출력 전압 | 구형파 | 톱니파 |
> | 출력 전류 | 톱니파 | 구형파 |
> | 회로구성의 특 징 | 1. 주 소자와 역병렬로 귀환다이오드를 갖는다.
2. 직류전원은 저임피던스의 전압원(평활 콘덴서)을 갖는다. | 1. 주 소자는 한 방향으로만 전류를 흘린다.(귀환다이오드가 없다.)
2. 직류전원은 고임피던스의 전류원(전류 리액터)을 갖는다. |
>
> **답 ②**

21 계자 철심에 잔류자기가 없어도 발전할 수 있는 직류기는?
① 직권기   ② 복권기
③ 분권기   ④ 타여자기

> **풀이**
>
> • 타여자발전기 : 외부의 독립된 직류 전원에 의해 계자권선에 여자전류를 공급하는 발전기로 잔류자기가 없어도 발전이 가능하며, 원동기의 회전방향을 반대로 하면 +, -극성이 반대가 된다.
> • 자여자발전기 : 계자권선의 여자전류를 발전기자체에서 발생한 기전력에 의해 공급하는 발전기로 전기자 권선과 계자권선의 연결방식에 따라 분권, 직권, 복권발전기가 있다.
>
> **답 ④**

22 다음과 같은 회로의 기능은?
① 2진 승산기
② 2진 제산기
③ 2진 감산기
④ 전가산기

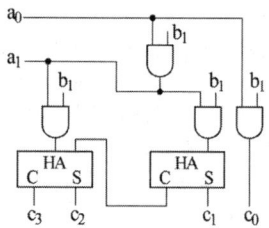

답 ①

23 실리콘정류기의 동작시 최고 허용온도를 제한하는 가장 주된 이유는?
① 정격 순 전류의 저하 방지
② 역방향 누설전류의 감소 방지
③ 브레이크 오버(break over)전압의 저하 방지
④ 브레이크 오버(break over)전압의 상승 방지

▶풀이
브레이크 오버전압 : 사이리스터가 도통(ON)되기 시작하는 최소 전압으로서 사이리스터접합온도가 상승하면 브레이크오버전압은 저하한다.

답 ③

24 **마이크로프로세서 부분 삭제**

25 UPS의 기능으로서 가장 옳은 것은?
① 가변주파수 공급
② 고조파방지 및 정류평활
③ 3상 전파정류 방식
④ 무정전 전원공급 가능

▶풀이
무정전 전원장치(uninterruptible power supply (UPS))

답 ④

26 공사원가는 공사시공 과정에서 발생한 항목의 합계액을 말하는데 여기에 포함되지 않는 것은?
① 경비
② 재료비
③ 노무비
④ 일반관리비

▶풀이
공사원가=재료비 + 노무비 + 경비
총원가=공사원가 + 일반관리비 + 이윤

답 ④

27 그림과 같이 3상 유도전동기를 접속하고 3상 대칭전압을 공급할 때 각 계기의 지시가 $W_1=2.6[\text{kW}]$, $W_2=6.4[\text{kW}]$, $V=200[\text{V}]$, $A=32.19[\text{A}]$이었다면 부하의 역률은?

① 0.577
② 0.807
③ 0.867
④ 0.926

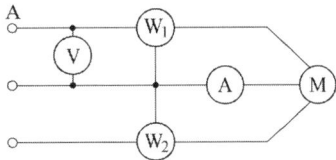

● 풀이
$$\cos\theta = \frac{P}{\sqrt{3}\,VI} = \frac{(2.6+6.4)\times 10^3}{\sqrt{3}\times 200 \times 32.19} = 0.807$$

답 ②

28 4극 직류발전기가 전기자 도체수 600, 매극당 유효자속 0.035[Wb], 회전수 1800[rpm]일 때 유기되는 기전력은 몇 [V]인가? (단, 권선은 단중 중권이다)

① 220　　② 320　　③ 430　　④ 630

● 풀이
중권일 때는 $a=p=4$이므로
$$E = \frac{P}{a}Z\phi\frac{N}{60} = \frac{4}{4}\times 600 \times 0.035 \times \frac{1800}{60} = 630[\text{V}]$$

답 ④

29 10진수 77을 2진수로 표시한 것은?

① 1011001
② 1110111
③ 1011010
④ 1001101

● 풀이
```
2 ) 77
2 ) 38  …… 1
2 ) 19  …… 0
2 )  9  …… 1
2 )  4  …… 1
2 )  2  …… 0
     1  …… 0
```

답 ④

30 다음 논리함수를 간략화 하면 어떻게 되는가?

$$Y = \overline{A}\,\overline{B}\,\overline{C}\,\overline{D} + \overline{A}\,B\,C\,\overline{D} + A\,\overline{B}\,\overline{C}\,\overline{D} + A\,B\,C\,\overline{D}$$

① $\overline{B}\overline{D}$
② $B\overline{D}$
③ $\overline{B}D$
④ BD

	$\overline{A}\overline{B}$	$\overline{A}B$	AB	$A\overline{B}$
$\overline{C}\overline{D}$	1			1
$\overline{C}D$				
CD				
$C\overline{D}$		1	1	

답 ①

31 어떤 변압기를 운전하던 중에 단락이 되었을 때 그 단락전류가 정격전류의 25배가 되었다면 이 변압기의 임피던스 강하는 몇 [%]인가?

① 2   ② 3   ③ 4   ④ 5

▶ 풀이

단락비 $K_s = \dfrac{I_s}{I_n} = \dfrac{100}{\%Z}$ 에서

$I_s = \dfrac{100}{\%Z} I_n = 25 I_n$ $\therefore \%Z = \dfrac{100}{25} = 4[\%]$

답 ③

32 **마이크로프로세서 부분 삭제**

33 유니온 커플링의 사용 목적은?

① 금속관과 박스의 접속
② 안지름이 다른 금속관 상호의 접속
③ 금속관 상호를 나사로 연결하는 접속
④ 돌려 끼울 수 없는 금속관 상호의 접속

답 ④

34 SSS의 트리거에 대한 설명 중 옳은 것은?

① 게이트에 빛을 비춘다
② 게이트에 (+)펄스를 가한다.
③ 게이트에 (−)펄스를 가한다.
④ 브레이크 오버전압을 넘는 전압의 펄스를 양단자간에 가한다.

▶ 풀이

쌍방향 2단자 사이리스터(SSS : Silicon Symmetrical Swith)

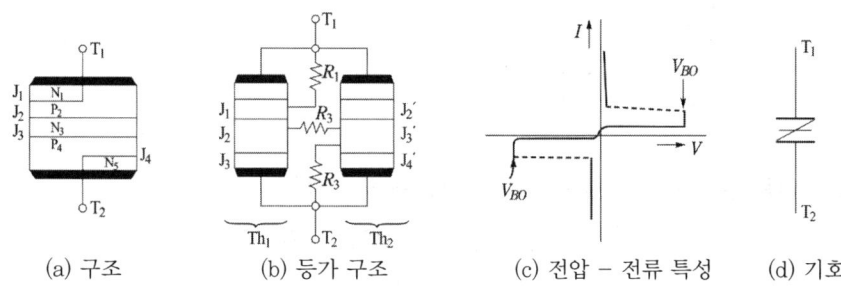

(a) 구조   (b) 등가 구조   (c) 전압 − 전류 특성   (d) 기호

(1) 실리콘 대칭형 스위치의 약어로 일명 사이댁(Sidac)이라고도 한다.
(2) 2개의 역저지 3단자 사이리스터를 역병렬 접속시킨 소자이며 게이트 단자가 없는 사이리스터이다.
(3) SSS를 온상태로 하기 위해서는 T_1과 T_2 사이에 펄스상의 브레이크 오버 전압 이상의 전압을 가하는 V_{BO}와 상승이 빠른 전압을 가하는 d/dt 점호가 필요하다.
(4) SSS는 브레이크 오버 전압 이상의 펄스를 줌으로써 온 시킬 수 있어 SCR과 같이 과전압이 걸려도 파괴되는 일없이 온이 된다는 강점을 가지고 있다. 따라서 과전압이 걸리기 쉬운 옥외용 네온사인의 조광 등에 알맞다.

답 ④

35 그림과 같은 회로의 합성 정전용량은?

① C ② 2C
③ 3C ④ 4C

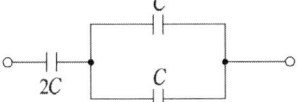

풀이
병렬부분 $C' = C + C = 2C$

합성정전용량 $C_0 = \dfrac{2C \times 2C}{2C + 2C} = C$

답 ①

36 기전력 1[V], 내부저항 0.08[Ω]인 전지로, 2[Ω]의 저항에 10[A]의 전류를 흘리려고 한다. 전지 몇 개를 직렬접속 시켜야 하는가?

① 88 ② 94 ③ 100 ④ 108

풀이
$I = \dfrac{nV}{nr + R}$ $10 = \dfrac{n \times 1}{0.08n + 2}$

$n = 10(0.08n + 2) = 0.8n + 20$

$0.2n = 20$ $n = 100$

답 ③

37 변압기의 전부하 동손이 240[W], 철손이 160[W]일 때, 이 변압기를 최고 효율로 운전하는 출력은 정격출력의 몇 [%]가 되는가?

① 60.00 ② 66.67 ③ 81.65 ④ 92.25

풀이
최대효율 조건
① 전부하 시(고정손=부하손) : 철손(P_i)=동손(P_c)

② $\dfrac{1}{m}$ 부하 시 : $\dfrac{1}{m} = \sqrt{\dfrac{P_i}{P_c}} = \sqrt{\dfrac{160}{240}} = 0.816$

답 ③

38 그림과 같은 연산 증폭기에서 입력에 구형파 전압을 가했을 때 출력 파형은?

① 구형파 ② 삼각파
③ 정현파 ④ 톱니파

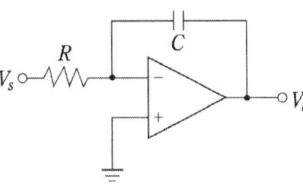

풀이
$R - C$ 적분회로 입력(구형파) - 출력(삼각파)
$C - R$ 미분회로 입력(구형파) - 출력(펄스파)

답 ②

39 전산기에서 음수를 처리하는 방법은?

① 보수 표현 ② 지수적 표현
③ 부동 소수점 표현 ④ 고정 소수점 표현

답 ①

40 금속 전선관을 쇠톱이나 커터로 절단한 다음, 관의 단면을 다듬을 때 사용하는 공구는?
① 리머　　　　　　　　　　　② 홀소
③ 클리퍼　　　　　　　　　　④ 클릭볼

▶ 풀이

공구명	그 림	용 도
오스터 (oster)		금속관에 나사를 낼 때 사용
녹아웃 펀치 (knockout punch)		배전반, 분전반등의 배관을 변경하거나 이미 설치된 캐비넷에 구멍을 뚫을 때 필요한 공구
리머 (reamer)		금속관을 쇠톱이나 커터로 절단 후 관구의 가공
클리퍼 (cliper)		굵은 전선을 절단할 때 사용
홀 소 (hole saw)		캐비닛 등과 같은 강철판에 구멍을 원형으로 뚫을 때 사용된다.
피시테이프 (fish tape)		전선관에 전선을 넣을 때 사용하는 평각 강철선
철망 그립 (pulling grip)		여러 가닥의 전선을 전선관에 넣을 때 사용하는 공구

답 ①

41 평행 도선에 같은 크기의 왕복전류가 흐를 때 두 도선 사이에 작용하는 힘과 관계되는 것으로 옳은 것은?
① 전류의 제곱에 비례한다.
② 간격의 제곱에 반비례한다.
③ 주위 매질의 투자율에 반비례한다.
④ 간격의 제곱에 비례하고 투자율에 반비례한다.

▶ 풀이

평행도선간 작용력 $F = \dfrac{2I_1 I_2}{r} \times 10^{-7} = \dfrac{2I^2}{r} \times 10^{-7}$ [N]

답 ①

42 2중 농형 전동기가 보통농형 전동기에 비해서 다른 점은?

① 기동전류가 크고, 기동회전력도 크다.
② 기동전류가 적고, 기동회전력도 적다.
③ 기동전류가 적고, 기동회전력은 크다.
④ 기동전류가 크고, 기동회전력도 적다.

▶ 풀이

이중 농형전동기(Double Squirrel-Cage Motor : 농형권선을 안팎 2중으로 설치)
• 회전자의 농형권선을 내외 2중으로 설치하여 기동시에는 저항이 높은 외측도체를 이용하여 큰 기동토크를 얻고 완료 후 저항이 적은 내측도체로 흘러 우수한 운전특성을 얻는 전동기
 ※ 외측도체 - 저항이 높은 황동 또는 동니켈 합금
 ※ 내측도체 - 저항이 낮은 전기동 사용
보통 농형은 기동용량이 크고 기동토크는 작은데 이를 보완하기 위해 2중 농형을 사용(기동전류감소, 기동 토오크 증가)함. - 기동정지가 빈번한 곳 사용(외측권선의 저항은 내측보다 크고 리액턴스는 작다)

답 ③

43 동기 조상기에 대한 설명으로 옳은 것은?

① 유도부하와 병렬로 접속한다.
② 부하전류의 가감으로 위상을 변화시켜 준다.
③ 동기전동기에 부하를 걸고 운전하는 것이다.
④ 부족여자로 운전하여 진상전류를 흐르게 한다.

▶ 풀이

동기조상기 : 전력계통의 전압조정과 역률 개선을 위해 계통에 병렬 접속한 무부하의 동기전동기를 말한다.
(1) 부족여자로 운전 : 지상 무효 전류가 증가하여 리액터의 역할로 자기여자에 의한 전압 상승을 방지
(2) 과여자로 운전 : 진상 무효 전류가 증가하여 콘덴서 역할로 역률을 개선하고 전압강하를 감소

답 ①

44 동기 발전기에 회전 계자형을 사용하는 경우가 많다. 그 이유로 적합하지 않는 것은?

① 기전력의 파형을 개선한다.
② 전기자 권선은 고전압으로 결선이 복잡하다.
③ 계자회로는 직류 저전압으로 소요전력이 적다.
④ 전기자보다 계자극을 회전자로 하는 것이 기계적으로 튼튼하다.

▶ 풀이

회전자 도체에 슬립링과 브러시를 통하여 직류 전류(직류 저압 계자회로로 소요동력이 작다.)를 흐르게 하고 회전자 도체를 일정 속도로 회전시키면 고정자 권선에는 교류기전력이 유도되는 발전기가 회전계자형이다. 회전계자형은 고전압 대전류용으로 구조가 간단하다.
• 기계적으로 유리
• 고전압에 유리하다.(Y결선)
• 절연이 용이

답 ①

45 동기전동기의 기동을 다른 전동기로 할 경우에 대한 설명으로 옳은 것은?
① 유도전동기를 사용할 경우 동기전동기의 극수보다 2극 정도 적은 것을 택한다.
② 유도전동기의 극수를 동기전동기의 극수와 같게 한다.
③ 다른 동기전동기로 기동시킬 경우 2극 정도 많은 전동기를 택한다.
④ 유도전동기로 기동시킬 경우 동기전동기보다 2극 정도 많은 것을 택한다.

●풀이
유도전동기 기동법
① 자기 시동법 : 회전자 자극표면에 권선을 감아 만든 기동용 권선(제동권선)을 이용하여 기동하는 것
② 타 시동법 : 유도 전동기나 직류전동기로 동기 속도까지 회전시켜 주전원에 투입하는 방식으로 유도 전동기를 사용할 경우 극수가 2극 적은 것을 사용한다.
동기기 극수 − 2극 = 유도기 극수
③ 저주파 시동법 : 낮은 주파수에서 시동하여 서서히 높여가면서 동기 속도가 되면 주전원에 동기 투입하는 방식
답 ①

46 변압기의 누설리액턴스를 줄이는 가장 효과적인 방법은?
① 권선을 동심 배치한다.
② 권선을 분할하여 조립한다.
③ 코일의 단면적을 크게 한다.
④ 철심의 단면적을 크게 한다.

●풀이
교호배치(서로어긋나게 맞춤) 혹은 분할배치하면 누설리액턴스가 절반이상 감소된다.
답 ②

47 단상 유도전동기에서 주권선과 보조권선을 전기각 2π[rad]로 배치하고 보조권선의 권수를 주권선의 1/2로 하여 인덕턴스를 적게 하여 기동하는 방법은?
① 분상기동형 ② 콘덴서기동형 ③ 셰이딩코일형 ④ 권선기동형

●풀이
(1) 분상기동형
단상전동기에 보조권선(기동권선)을 설치하여 단상전원에 주권선과 기동권선에 위상이 다른 전류를 흘려서 불평형 2상 전동기로서 기동하는 방법

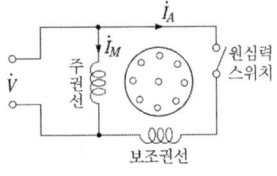

(2) 콘덴서 기동형
기동권선에 직렬로 콘덴서를 넣고, 권선에 흐르는 기동전류를 앞선 전류로 하고 운전권선에 흐르는 전류와 위상차를 갖도록 한 것이다. 기동 시 위상차가 2상식에 가까우므로 기동특성을 좋게 할 수 있고, 시동전류가 적고, 시동토크가 큰 특징을 갖고 있다.

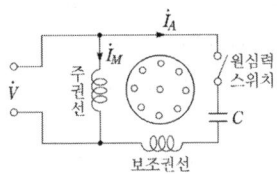

(3) 셰이딩 코일형
돌극형 자극의 고정자와 농형 회전자로 구성된 전동기로 자극에 슬롯을 만들어서 단락된 셰이딩 코일을 끼워 넣은 것이다. 구조가 간단하나 기동 토크가 매우 작고 효율과 역률이 떨어지며, 회전 방향을 바꿀 수 없는 큰 결점이 있다.

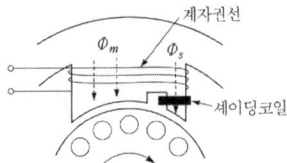

답 ①

48 다음 중 상자성체는 어느 것인가?

① 알루미늄   ② 니켈   ③ 코발트   ④ 철

• 풀이
강자성체($\mu_s \gg 1$) : 철, 니켈, 코발트
상자성체($\mu_s > 1$) : 알루미늄, 백금
반자성체($\mu_s < 1$) : 은, 구리, 비스무트

답 ①

49 가공전선로의 지지물에 하중이 가해지는 경우에 그 하중을 받는 지지물의 기초 안전율은 2 이상이어야 한다. 다음과 같은 경우 예외로 하고 있다. ( )안의 내용으로 알맞은 것은?

> 철근 콘크리트주로서 그 전체의 길이가 16[m] 초과 20[m]이하이고, 설계하중이 6.8[kN]이하의 것을 논이나 그 밖의 지반이 연약한 곳 이외에 그 묻히는 깊이를 ( )[m]이상으로 시설하는 경우.

① 2.2   ② 2.5   ③ 2.8   ④ 3.0

• 풀이

전장 \ 설계하중	6.8[kN] 이하	6.8[kN] 초과~9.8[kN] 이하	9.8[kN] 초과~14.72[kN] 이하
15[m] 이하	전장×1/6[m] 이상	전장×1/6+0.3[m] 이상	–
15[m] 초과	2.5[m] 이상	2.8[m] 이상	–
16[m] 초과~20[m] 이하	2.8[m] 이상	–	–
15[m] 초과~18[m] 이하	–	–	3[m] 이상
18[m] 초과	–	–	3.2[m] 이상

답 ③

50 무대, 무대밑, 오케스트라 박스, 영사실 기타 사람이나 무대 도구가 접촉될 우려가 있는 장소에 시설하는 저압 옥내 배선, 전구선 또는 이동전선은 사용전압이 몇 [V]미만 이어야 하는가?

① 400   ② 500
③ 600   ④ 700

• 풀이
무대, 무대밑, 오케스트라 박스, 영사실 기타 사람이나 무대 도구가 접촉될 우려가 있는 장소에 시설하는 저압 옥내 배선, 전구선 또는 이동전선은 사용전압이 400[V]미만 이어야 한다.

답 ①

51 동심구의 양도체 사이에 절연내력이 30[kV/mm]이고, 비유전율 5인 절연액체를 넣으면 공기인 경우의 몇 배의 전기량이 축적되는가?

① 5   ② 10   ③ 20   ④ 40

풀이

동심구 $C = \dfrac{4\pi\epsilon ab}{b-a}$

$Q = CV$에서 $Q \propto \epsilon \, (= \epsilon_0 \epsilon_s)$

ϵ_s의 크기에 비례(5배 증가)

답 ①

52 22.9[kV] 가공 전선로에서 3상4선식 선로의 직선주에 사용되는 크로스 완금의 표준길이는?
① 900[mm] ② 1400[mm] ③ 1800[mm] ④ 2400[mm]

풀이

완금의 길이

전선의 조수	특고압	고압	저압
2	1,800	1,400	900
3	2,400	1,800	1,400

답 ④

53 전원과 부하가 다같이 △결선된 3상 평형회로가 있다. 전원 전압이 200[V], 부하 임피던스가 6+j8[Ω]인 경우 선전류는 몇 [A]인가?
① 10 ② 20 ③ $10\sqrt{3}$ ④ $20\sqrt{3}$

풀이

△결선 $V_l = V_p$, $I_l = \sqrt{3} I_p$

$I_l = \sqrt{3} \times \dfrac{V_p}{Z_p} = \sqrt{3} \times \dfrac{200}{\sqrt{(6^2+8^2)}} = 20\sqrt{3}$

답 ④

54 권선형 유도전동기의 기동시 회전자 회로에 고정저항과 가포화 리액터를 병렬접속 삽입하여 기동초기 슬립이 클 때 저전류 고토크로 기동하고 점차 속도상승으로 슬립이 작아져 양호한 기동이 되는 기동법은?
① 2차 저항 기동법 ② 2차 임피던스 기동법
③ 1차 직렬 임피던스 기동법 ④ 콘도르퍼(Kondorfer) 기동방식

풀이

유도전동기 기동법
(1) 농형 유도전동기의 기동법
① 전전압 기동 : 별도의 기동장치를 사용하지 않고 직접 정격전압을 인가하여 기동하는 방법으로 5[kW] 이하의 소용량에 쓰이며, 기동전류는 정격전류의 600[%] 정도이다.
② Y-△ 기동법 : 10~15[kW] 이하의 중용량 전동기에 쓰이며, 기동시 고정자권선을 Y로 하여 기동함으로써 기동전류를 감소시키고 운전속도에 가까워지면 △로 하여 운전하는 방식이다. 기동전류는 정격전류의 1/3로 줄어들지만, 기동토크도 1/3로 감소한다.
③ 리액터 기동 : 전동기의 전원 측에 직렬 리액터(일종의 교류 저항)를 연결하여 기동하는 방법이다. 중·대용량의 전동기에 채용할 수 있으며, 다른 기동법이 곤란한 경우나 기동 시 충격을 방지할 필요가 있을 때 적합하다.
④ 기동보상기법 : 15[kW] 이상의 전동기나 고압 전동기에 사용되며, 단권변압기를 써서 공급전압을 낮추어 기동시키는 방법으로 기동전류를 1배 이하로 낮출 수가 있다.

(2) 권선형 유도 전동기의 기동법
① 2차 저항법(2차 임피던스법) : 2차 회로에 가변 저항기(고정저항과 가포화 리액터를 병렬접속)를 접속하고 비례추이의 원리에 의하여 큰 기동 토크를 얻고 기동전류도 억제한다. **답 ②**

55 도수분포표에서 알 수 있는 정보로 가장 거리가 먼 것은?

① 로트 분포의 모양
② 100 단위당 부적합 수
③ 로트의 평균 및 표준편차
④ 규격과의 비교를 통한 부적합품률의 추정

▶풀이

도수분포표 : 품질변동을 분포형상 또는 수량적으로 파악하는 통계적 기법으로 데이터의 흩어진 모양을 파악하고 평균치와 표준편차를 구할 때 사용(원 데이터 규격과 대조)
① 같은 수치 끼리 혹은 각 범주나 구간별로 분류한 표로 측정치를 순서대로 기록하여 놓은 것이다.
② 데이터가 어떻게 분포되는가 하는 집단 품질 확인이 가능하다.
③ 흩어진 데이터의 모양을 알 수 있다.
④ 많은 데이터로부터 평균치와 표준편차를 구한다.
⑤ 원 데이터를 규격과 대조하기가 쉽다.
⑥ 공정관리에 효과적이다. **답 ②**

56 자전거를 셀 방식으로 생산하는 공장에서, 자전거 1대당 소요공수가 14.5[H]이며, 1일 8[H], 월 25일 작업을 한다면 작업자 1명당 월 생산가능 대수는 몇 대인가? (단, 작업자의 생산종합효율은 80%이다.)

① 10대
② 11대
③ 13대
④ 14대

▶풀이

$25 \times 8\text{시간} \times 0.8 = 14.5 \times \text{대수}$

대수 $= \dfrac{25 \times 8 \times 0.8}{14.5} = 11$대 **답 ②**

57 미리 정해진 일정단위 중에 포함된 부적합수에 의거 하여 공정을 관리할 때 사용되는 관리도는?

① c 관리도
② P 관리도
③ X 관리도
④ nP 관리도

▶풀이

종류		특징
계수형	c 관리도 (포아송분포)	• 일정 단위에 나타나는 결점수($\bar{C}$)에 의거 공정을 관리할 경우 • 부적합수(결점수)에 대한 시료크기 n이 일정할 때, 같은 시료로 구성 (납땜 불량의 수, 직물의 일정면적 중에 흠의 수) ① 중심선(control line) $= cL = \bar{c} = \dfrac{\sum c}{k}$ (k : 시료군의 수) ② 관리 상한선(UCL) $= \bar{c} + 3\sqrt{\bar{c}}$ ③ 관리 하한선(LCL) $= \bar{c} - 3\sqrt{\bar{c}}$

답 ①

58 TPM 활동 체제 구축을 위한 5가지 기둥과 가장 거리가 먼 것은?
① 설비초기관리체제 구축 활동
② 설비효율화의 개별개선 활동
③ 운전과 보전의 스킬 업 훈련 활동
④ 설비경제성 검토를 위한 설비투자분석 활동

▶풀이
TPM(Total Productive Maintenance; 전사적 생산보전) : 전사적으로 설비보전 업무에 참가, 설비의 고장 및 불량과 재해율을 떨어뜨려 기업의 체질을 변화시키자는 기업혁신운동
• 3정 : 정위치, 정품, 정량
• 5S : 정리(Seiri), 정돈(Seiton), 청소(Seisho), 청결(Seiketsu), 습관화(Shitsuke)   답 ④

59 ASME(American Society of Mechanical Engineers)에서 정의하고 있는 제품공정 분석표에 사용되는 기호중 "저장(Storage)"을 표현한 것은?
① ○   ② □   ③ ▽   ④ ⇨

▶풀이

공정분류	공정기호	내 용
가 공	○	물리적 또는 화학적 변화를 일으키는 상태이며 가공작업, 화학처리, 또는 다음공정을 위하여 준비하는 상태
운 반	⇨	작업물을 다른 장소로 옮기는 각종 운반, 반송, 이동작업 표시
정 체	D	가공이나 운반 중 일시대기 또는 다음 가공을 위한 정체
저 장	▽	원자재 저장, 창고의 완성품 재고, 중간 제공품 창고 저장
검 사	□	물품을 일정한 방법으로 측정하여 합격, 불합격을 판단

답 ③

60 로트에서 랜덤하게 시료를 추출하여 검사한 후 그 결과에 따라 로트의 합격, 불합격을 판정하는 검사방법을 무엇이라 하는가?
① 자주검사   ② 간접검사
③ 전수검사   ④ 샘플링검사

▶풀이
• 랜덤 샘플링 : 로트에서 랜덤하게 시료를 추출하여 검사한 후 그 결과에 따라 로트의 합격, 불합격을 판정하는 검사
• 단순랜덤 샘플링, 계통 샘플링, 지그재그 샘플링 등이 있다.   답 ④

제18회 전기기능장 실전모의고사

01 고압 보안공사에서 전선을 경동선으로 사용하는 경우 지름 몇 [mm] 이상의 것을 사용하여야 하는지 그 기준으로 옳은 것은?

① 8 ② 6 ③ 5 ④ 3

풀이

고압 보안공사(판단기준 제 78조)
① 굵기 : 인장강도 8.01[kN], 지름 5[mm]이상 경동선
② 목주의 풍압하중에 대한 안전율 : 1.5이상
③ 경간의 한도
  • 목주, A종 지지물 : 100[m]
  • B종 지지물 : 150[m]
  • 철탑 : 400[m]
  • 인장강도 14.51[kN], 단면적 38[mm²]이상의 경동연선 사용 시 표준경간 가능

답 ③

02 중선점(N)과 보호접지(PE)가 변압기나 발전기 근처에만 서로 연결되어 있고 전 구간에서 분리되어 있는 방식을 무엇이라고 하는가?

① TT ② TN-C
③ TN-S ④ IT

풀이

TN-S방식 : 중선점(N)과 보호접지(PE)가 변압기나 발전기 근처에만 서로 연결되어 있고 전 구간에서 분리되어 있는 방식이다.

답 ③

03 그림과 같은 회로에서 전류 I[A]는?

① -0.5
② -1.0
③ -1.5
④ -2.0

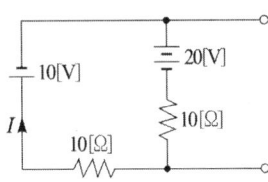

풀이

중첩의 원리이용

V_1기준(V_2단락) $I_1 = \dfrac{-10}{10+10} = -0.5$[A]

V_2기준(V_1단락) $I_2 = \dfrac{-20}{10+10} = -1$[A]

$I = I_1 + I_2 = -1.5$[A]

답 ③

04 일반 변전소 또는 이에 준하는 곳의 주요 변압기에 시설하여야 하는 계측장치로 옳은 것은?
① 전류, 전력, 주파수
② 전압, 주파수 또는 역률
③ 전력, 주파수 또는 역률
④ 전압, 전류 또는 전력

▶풀이
변전소 계측장치
① 주요 변압기의 전압 및 전류 또는 전력
② 특별 고압용 변압기의 온도

답 ④

05 교류와 직류 양쪽 모두에 사용 가능한 전동기는?
① 단상 분권 정류자 전동기
② 단상 반발 전동기
③ 세이딩 코일형 전동기
④ 단상 직권 정류자 전동기

▶풀이
단상 직권 정류자 전동기
전기자 및 계자권선의 리액턴스강하 때문에 역률에 따라서 출력이 저하된다. 그러므로 계자권선수를 작게하여 인덕턴스를 작게 한다.(약계자 강전기자형)
① 교류·직류 양용으로서 만능 전동기라고 불린다.
② 용도 : 전동공구용

답 ④

06 송전단 전압 66[kV], 수전단 전압 61[kV]인 송전선로에서 수전단의 부하를 끊은 경우의 수전단 전압이 63[kV]이면 전압변동률은 약 몇 [%]인가?
① 2.8
② 3.3
③ 4.8
④ 8.2

▶풀이

전압강하율 $\epsilon = \dfrac{e}{V_R} \times 100 = \dfrac{V_S - V_R}{V_R} \times 100 = \dfrac{6600 - 6100}{6100} \times 100 = 8.196[\%]$

전압변동률 $\delta = \dfrac{V_{R0} - V_R}{V_R} \times 100 = \dfrac{6300 - 6100}{6100} \times 100 = 3.278[\%]$

답 ②

07 동기 전동기를 무부하로 하였을 때, 계자전류를 조정하면 동기기는 L과 C소자와 같이 작동하고, 계자전류를 어떤 일정 값 이하의 범위에서 가감하면 가변 리액턴스가 되고, 어떤 일정값 이상에서 가감하면 가변 커패시턴스로 작동한다. 이와 같은 목적으로 사용되는 것은?
① 변압기
② 균압환
③ 제동권선
④ 동기조상기

●풀이

동기조상기 : 전력계통의 전압조정과 역률 개선을 위해 계통에 병렬 접속한 무부하의 동기전동기를 말한다.
(1) 부족여자로 운전 : 지상 무효 전류가 증가하여 리액터의 역할로 자기여자에 의한 전압 상승을 방지
(2) 과여자로 운전 : 진상 무효 전류가 증가하여 콘덴서 역할로 역률을 개선하고 전압강하를 감소

답 ④

08 단권 변압기에 대한 설명이다. 틀린 것은?
① 3상에는 사용할 수 없다는 단점이 있다.
② 1차 권선과 2차 권선의 일부가 공통으로 되어 있다.
③ 동일 출력에 대하여 사용 재료 및 손실이 적고 효율이 높다.
④ 단권 변압기는 권선비가 1에 가까울수록 보통 변압기에 비해 유리하다.

●풀이

권선 하나의 도중에 탭(Tab)를 만들어 사용한 것으로, 경제적이고 특성도 좋다. (단상, 3상 모두 사용가능)
보통변압기와 단권변압기의 비교
① 권선이 가늘어도 되며, 자로가 단축되어 재료를 절약
② 동손이 감소되어 효율이 좋다.
③ 공통선로를 사용하므로 누설자속이 없어 전압변동률이 작다.
④ 고압 측 전압이 높아지면 저압 측에서도 고전압을 받게 되므로 위험

답 ①

09 JK FF에서 현재상태의 출력 Q_n을 1로 하고, J입력에 0, K입력에 0을 클럭펄스 CP에 rising edge의 신호를 가하게 되면 다음 상태의 출력 Q_{n+1}은 무엇이 되는가?

① 1
② 0
③ X
④ $\overline{Q_n}$

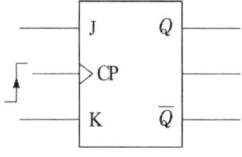

●풀이

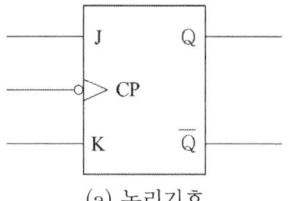

(a) 논리기호

J	K	CP	Q
0	0	↑	Q_0
1	0	↑	1
0	1	↑	0
1	1	↑	$\overline{Q_0}$

(b) 진리표

① J=0, K=0, 클록 발생 : 저장된 값을 그대로 유지하고 있다.
② J=1, K=0, 클록 발생 : Q의 값을 1로 세팅한다.
③ J=0, K=1, 클록 발생 : Q의 값을 0으로 리셋한다.
④ J=1, K=1, 클록 발생 : Q의 값을 토글한다.

답 ①

10 합성수지몰드공사에서 사용하는 몰드 홈의 폭과 깊이는 몇 [cm] 이하가 되어야 하는가?
(단, 두께는 1.2[mm] 이상이다.)

① 1.5　　　　② 2.5　　　　③ 3.5　　　　④ 4.5

▶ 풀이
합성수지몰드배선공사에서 홈의폭과 깊이는 3.5[cm]이하, 두께는 2[mm]이상의 것이어야 하며 사람이 접촉할 우려가 없을 경우 폭 5[cm]이하, 두께는 1[mm]이상
　　　　　　　　　　　　　　　　　　　　　　　　　　　　　답 ③

11 3상 유도전동기의 2차 입력, 2차 동손 및 슬립을 각각 P_2, P_{2c}, s라 하면 이들의 관계식은?

① $s = P_{2c} + P_2$　　　　② $s = P_{2c} - P_2$

③ $s = P_{2c} \times P_2$　　　　④ $s = \dfrac{P_{2c}}{P_2}$

▶ 풀이
$P_2 : P_{2c} : P_0 = 1 : S : (1-s)$에서　$P_2 : P_{2c} = 1 : S$

$P_{2c} = SP_2$　　　$S = \dfrac{P_{2c}}{P_2}$　　　　　　　　　　　답 ④

12 $f(t) = \sin t \cos t$를 라플라스 변환하면?

① $\dfrac{1}{s^2 + 2}$　　② $\dfrac{1}{s^2 + 4}$　　③ $\dfrac{1}{(s^2+2)^2}$　　④ $\dfrac{1}{(s^2+4)^2}$

▶ 풀이
삼각함수의 가법정리 $\sin 2t = \sin(t+t) = 2\sin t \cos t$에 의하여 $\sin t \cos t = \dfrac{1}{2}\sin 2t$

$F(S) = \mathcal{L}\left[\dfrac{1}{2}\sin 2t\right] = \dfrac{1}{2}\dfrac{2}{S^2 + 2^2} = \dfrac{1}{S^2 + 4}$　　　　답 ②

13 선간거리 D[m]이고, 반지름이 r[m]인 선로의 인덕턴스 L[mH/km]은?

① $L = 0.4605 \log_{10} \dfrac{D}{r} + 0.5$　　　② $L = 0.4605 \log_{10} \dfrac{D}{r} + 0.05$

③ $L = 0.4605 \log_{10} \dfrac{r}{D} + 0.5$　　　④ $L = 0.4605 \log_{10} \dfrac{r}{D} + 0.05$

　　　　　　　　　　　　　　　　　　　　　　　　　　　답 ②

14 변압기에서 여자전류를 감소시키려면?

① 접지를 한다.　　　　　　　　② 우수한 절연물을 사용한다.
③ 코일의 권회수를 증가시킨다.　④ 코일의 권회수를 감소시킨다.

▶ 풀이
권수비 $a = \dfrac{N_1}{N_2} = \dfrac{I_2}{I_1}$에 의해서 코일의 횟수와 전류는 반비례 관계이므로 코일의 수를 늘리게 되면 변압기의 여자전류는 감소하게 된다.　　　　　　　　　　　　답 ③

15 역률을 개선하면 전력요금의 절감과 배전선의 손실경감, 전압강하의 감소, 설비여력의 증가 등을 기할 수 있으나, 너무 과보상하면 역효과가 나타난다. 즉, 경부하시에 콘덴서가 과대 삽입되는 경우의 결점에 해당되는 사항이 아닌 것은?

① 송전손실의 증가 ② 전압변동폭의 감소
③ 모선 전압의 과상승 ④ 고조파 왜곡의 증대

▶풀이
경부하시 콘덴서가 과대 삽입되는 경우
① 앞선 역률에 의한 전력손실이 생긴다.
② 모선전압의 과상승
③ 설비용량이 감소하여 과부하가 될 수 있다.
④ 고조파 왜곡의 증대

답 ②

16 전기설비기술기준의 판단기준에 의하여 전력용 커패시터의 뱅크용량의 15000[kVA] 이상인 경우에는 자동적으로 전로로부터 자동 차단하는 장치를 시설하여야 한다. 장치를 시설하여야 하는 기준으로 틀린 것은?

① 과전류가 생긴 경우에 동작하는 장치
② 과전압이 생긴 경우에 동작하는 장치
③ 내부에 고장이 생긴 경우에 동작하는 장치
④ 절연유의 농도변화가 있는 경우에 동작하는 장치

▶풀이
조상설비의 보호장치(판단기준 제 49조)

설비종별	뱅크용량의 구분	동작조건	장치의 종류
전력용 커패시터 및 분로리액터	500[kVA] 초과 15,000[kVA] 미만	내부고장, 과전류	자동차단장치
	15,000[kVA] 이상	내부고장, 과전류, 과전압	자동차단장치
조상기	15,000[kVA] 이상	내부고장	자동차단장치

답 ④

17 그림은 동기발전기의 특성을 나타낸 곡선이다. 단락곡선은 어느 것인가? (단, V_n은 정격전압, I_n은 정격전류, I_f는 계자전류, I_s는 단락전류이다.)

① A ② B
③ C ④ D

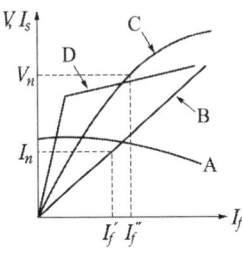

▶풀이
3상 단락곡선
(1) 계자전류(I_f)와 단락 전류(I_s)와의 관계곡선
(2) 전기자 반작용이 감자 작용이 되므로 3상 단락곡선은 직선이 된다.

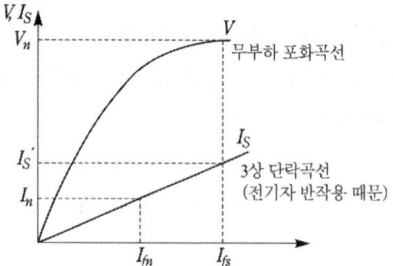

답 ②

18 변압기의 철손과 동손을 측정할 수 있는 시험으로 옳은 것은?
① 철손 : 무부하시험, 동손 : 단락시험
② 철손 : 부하시험, 동손 : 유도시험
③ 철손 : 단락시험, 동손 : 극성시험
④ 철손 : 무부하시험, 동손 : 절연내력시험

답 ①

19 합성수지관 공사에 의한 저압 옥내배선의 시설 기준으로 틀린 것은?
① 전선은 옥외용 비닐 절연전선을 사용할 것
② 습기가 많은 장소에 시설하는 경우 방습장치를 할 것
③ 전선은 합성수지관 안에서 접속점이 없도록 할 것
④ 관의 지지점간의 거리는 1.5[m] 이하로 할 것

▶풀이

합성수지관의 특징
① 염화비닐수지로 만든 것으로, 금속관에 비하여 가격이 싸다.
② 절연성과 내부식성이 우수하고, 재료가 가볍기 때문에 시공이 편리하다.
③ 관 자체가 비자체성이므로 접지할 필요가 없다.
④ 열에 약할 뿐 아니라, 충격 강도가 떨어지는 결점이 있다.
⑤ 관의 굵기를 안지름의 크기에 가까운 짝수로써 표시(근사내경)
⑥ 한 본의 길이는 4[m]로 제작
⑦ 절연전선은 지름 10[mm²](알루미늄선 16[mm²]) 이하의 단선을 사용하며, 그 이상일 경우는 연선을 사용하고, 전선에 접속점이 없도록 해야 한다.

답 ①

20 전등 및 소형기계기구의 용량합계가 25[kVA], 대형 기계기구 8[kVA]의 학교에 있어서 간선의 전선 굵기 산정에 필요한 최대 부하는 몇 [kVA]인가? (단, 학교의 수용률은 70[%]이다.)
① 18.5 ② 28.5 ③ 38.5 ④ 48.5

▶풀이
$P_m = 10 + 15 \times 0.7 + 8 = 28.5 [\text{kVA}]$

답 ②

21 다음과 같은 회로에서 저항 R이 0[Ω]인 것을 사용하면 무슨 문제가 발생하는가?

① 저항 양단의 전압이 커진다.
② 저항 양단의 전압이 낮아진다.
③ 낮은 전압이 인가되어 문제가 없다.
④ 스위치를 ON했을 때 회로가 단락된다.

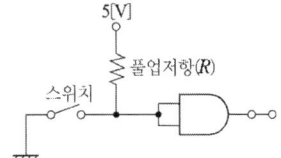

• 풀이

저항 R을 0[Ω] 사용하면 스위치를 ON했을 때 5[V] 전압이 접지에 연결되어 회로 단락이 이루어진다.

답 ④

22 그림과 같은 직렬형 인버터에 대해서 $L = 1$[mH], $C = 8$[μF]일 때 출력 주파수를 1[kHz]로 할 경우 거의 정현파의 출력전압 파형이 얻어진다. 이때 부하 저항 R은 몇 [Ω]인가?

① 13.5
② 18.5
③ 23.0
④ 27.5

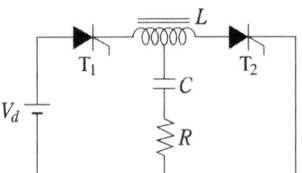

• 풀이

출력전압의 파형이 정현파이므로 출력주파수=공진주파수

$$f_r = \frac{1}{2\pi}\sqrt{\frac{1}{LC} - \frac{R^2}{4L^2}} \qquad (2\pi f)^2 = \frac{1}{LC} - \frac{R^2}{4L^2}$$

$$R = 2L\sqrt{\frac{1}{LC} - (2\pi f)^2} = 2\times 10^{-3}\sqrt{\frac{1}{10^{-3}\times 8\times 10^{-6}} - 4\pi^2\times 10^6} = 18.5[\Omega]$$

답 ②

23 AND 게이트 1개와 배타적 OR 게이트 1개로 구성되는 회로는?

① 전가산기 회로
② 반가산기 회로
③ 전비교기 회로
④ 반비교기 회로

• 풀이

반가산기(Half-Adder ; HA) : 두 개의 2진수 A와 B를 더할 때 그 합 S(sum)와 자리올림수 C(carry)가 발생하며 이 두 출력을 동시에 나타내는 회로를 반가산기라 한다.
(1) 합 : S = $\overline{A}B + A\overline{B}$ = A⊕B
(2) 자리올림 수 : C = AB

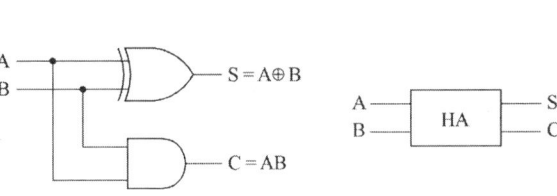

입력		출력	
A	B	S	C
0	0	0	0
0	1	1	0
1	0	1	0
1	1	0	1

(a) 논리회로도　　(b) 논리기호　　(c) 진리표

답 ②

24 3상 전류원 인버터(CSI)에 관한 설명이다. 틀린 것은?
① 입력이 3상 교류이다.
② 일종의 병렬 인버터이다.
③ 출력 전류의 파형이 구형파이다.
④ 입력 임피던스의 값이 클수록 좋다.

> **풀이**
> VSI(전압형 인버터)와 CSI(전류형 인버터)의 특징
>
> | 구 분 | VSI(전압형 인버터) | CSI(전류형 인버터) |
> |---|---|---|
> | 출력 전압 | 구형파 | 톱니파 |
> | 출력 전류 | 톱니파 | 구형파 |
> | 회로구성의 특 징 | 1. 주 소자와 역병렬로 귀환다이오드를 갖는다.
2. 직류전원은 저임피던스의 전압원(평활 콘덴서)을 갖는다. | 1. 주 소자는 한 방향으로만 전류를 흘린다.(귀환다이오드가 없다.)
2. 직류전원은 고임피던스의 전류원(전류 리액터)을 갖는다. |
>
> **답 ①**

25 영상 변류기(ZCT)를 사용하는 계전기는?
① OCR   ② SGR   ③ UVR   ④ DFR

> **풀이**
> • DFR – 차동계전기   • SGR – 선택지락계전기
> • UVR – 부족전압계전기   • OCR – 과전류계전기
>
> **답 ②**

26 10진수 742_{10}을 3초과 코드로 표시하면?
① 101001110101
② 011101000010
③ 010000010000
④ 111111111111

> **풀이**
> • 3초과 코드
> BCD코드보다 3이 크기 때문에 3-초과라 하며 각 BCD코드에 10진수 $3(0011_2)$을 더하여 구하는 코드
>
> | 10진수 | BCD | 3초과 코드 |
> |---|---|---|
> | 742 | 0111 0100 0010
 \|7\| \|4\| \|2\| | 1010 0111 0101 |
>
> **답 ①**

27 평균 구면 광도 100[cd]의 전구 5개를 지름 10[m]인 원형의 방에 점등할 때 이방의 평균 조도는 약 몇 [lx]인가? (단, 조명율은 0.5, 감광보상율은 1.5 이다.)
① 24.5   ② 26.7   ③ 32.6   ④ 48.2

> **풀이**
> 전구의 발산광속 $F = 4\pi I = 4\pi \times 100$ [lm]
> $FUN = EAD$

$$E = \frac{FUN}{AD} = \frac{4\pi \times 100 \times 0.5 \times 5}{\frac{\pi \times 10^2}{4} \times 1.5} = 26.7[\text{lx}]$$

답 ②

28 직류기에서 전기자 반작용을 방지하기 위한 보상권선의 전류방향은?

① 계자 전류 방향과 같다.
② 계자 전류 방향과 반대이다.
③ 전기자 전류 방향과 같다.
④ 전기자 전류 방향과 반대이다.

풀이

• 보상권선 : 전기자반작용 방지를 위한 가장 유효한 방법으로 계자극에 홈을 파고 권선을 감아 전기자와 직렬로 연결하여 반대방향의 전류를 흘려줌으로서 대부분의 전기자반작용 상쇄

답 ④

29 전등회로 절연전선을 동일한 셀로라 덕트에 넣을 경우 그 크기는 전선의 피복을 포함한 단면적의 합계가 셀룰라 덕트 단면적의 몇 [%]이하가 되도록 선정하여야 하는지 기준으로 옳은 것은?

① 20
② 32
③ 40
④ 48

풀이

셀룰러 덕트에 수용하는 전선은 절연물을 포함하는 단면적의 총합이 금속 덕트 내 단면적의 20[%] 이하가 되도록 한다. 단, 전광사인 장치, 출퇴 표시등, 기타 이와 유사한 장치 또는 제어회로 등의 배선에 사용하는 전선만을 넣는 경우에는 50[%] 이하로 할 수 있다.

답 ①

30 병렬 운전 중의 A, B 두 동기 발전기에서 A 발전기의 여자를 B보다 강하게 하면 A 발전기는 어떻게 변화되는가?

① $\frac{\pi}{2}$ 앞선 전류가 흐른다.
② $\frac{\pi}{2}$ 뒤진 전류가 흐른다.
③ 동기화 전류가 흐른다.
④ 부하 전류가 증가한다.

풀이

여자를 강하게 한 쪽에는 지상분 무효순환전류(90도 늦은전류)가 흐르게 된다.

답 ②

31 코로나 방지 대책으로 적당하지 않는 것은?

① 가선 금구를 개량한다.
② 복도체 방식을 채용한다.
③ 선간 거리를 증가시킨다.
④ 전선의 외경을 증가시킨다.

풀이

코로나 방지대책
① 굵은 전선 사용(복도체, ACSR, 중공연선(中空撚線) 등)
② 코로나 임계전압(臨界電壓)을 높게 한다.
③ 가선금구(架線金具)를 개량한다.

답 ③

32 30[V/m]인 전계 내의 50[V]점에서 1[C]의 전하를 전계 방향으로 70[cm] 이동한 경우 그 점의 전위는 몇 [V]인가?

① 71 ② 29 ③ 21 ④ 19

▶ 풀이

$$V_{BA} = V_B - V_A = -\int_A^B E\,dl = -\int_0^{-0.7} 30\,dl = -[30l]_0^{-0.7} = -21[\text{V}]$$

$$V_B = V_A + V_{BA} = 50 - 21 = 29[\text{V}]$$

답 ②

33 60[Hz], 20극, 11400[W]의 3상 유도전동기가 슬립 5[%]로 운전될 때 2차 동손이 600[W]이다. 이 전동기의 전부하시의 토크는 약 몇 [kg·m]인가?

① 32.5 ② 28.5 ③ 24.5 ④ 20.5

▶ 풀이

동기속도 $N_s = \dfrac{120f}{p} = \dfrac{120 \times 60}{20} = 360[\text{rpm}]$

2차 입력 $P_2 = \dfrac{P_{2c}}{S} = \dfrac{600}{0.05} = 12[\text{kW}]$

$T = 975 \dfrac{P_2}{N_s} = 975 \dfrac{12}{360} = 32.5[\text{kg·m}]$

답 ①

34 용량이 같은 두 개의 콘덴서를 병렬로 접속하면 직렬로 접속할 때보다 용량은 어떻게 되는가?

① 2배 증가한다. ② 4배 증가한다.

③ $\dfrac{1}{2}$로 감소한다. ④ $\dfrac{1}{4}$로 감소한다.

▶ 풀이

- 직렬 $C_1 = \dfrac{C \cdot C}{C + C} = \dfrac{C}{2}$
- 병렬 $C_2 = C + C = 2C$

답 ②

35 100[mH]의 자기 인덕턴스에 220[V], 60[Hz]의 교류 전압을 가하였을 때 흐르는 전류는 약 몇 [A]인가?

① 1.86 ② 3.66 ③ 5.84 ④ 7.24

▶ 풀이

$$I = \dfrac{V}{X_L} = \dfrac{220}{2\pi \times 60 \times 100 \times 10^{-3}} = 5.835[\text{A}]$$

답 ③

36 그림과 같은 회로는?

① 비교 회로
② 가산 회로
③ 반일치 회로
④ 감산 회로

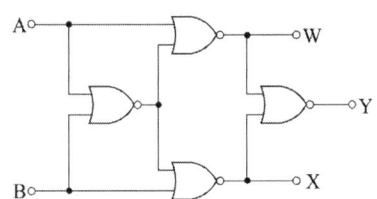

풀이
비교회로 : 2개의 수(2진수)를 비교하는 회로이며 각 자리마다 대소(大小) 혹은 같은가를 직접 비교한다.
$W = \overline{A + \overline{A+B}} = \overline{A} \cdot (A+B) = \overline{A} \cdot B$
$X = \overline{B + \overline{A+B}} = \overline{B} \cdot (A+B) = \overline{B} \cdot A$
$Y = \overline{\overline{A} \cdot B + A \cdot \overline{B}} = \overline{\overline{A} \cdot B} \cdot \overline{A \cdot \overline{B}} = (A+\overline{B}) \cdot (\overline{A}+B)$

답 ①

37 1500[kW], 6000[V], 60[Hz]의 3상 부하의 역률이 75[%](뒤짐)이다. 이때 이 부하의 무효분은 약 몇 [kVar]인가?

① 1092　② 1278　③ 1323　④ 1754

풀이
$P = \sqrt{3}\, VI \cos\theta$
$I = \dfrac{1500}{\sqrt{3} \times 6 \times 0.75} = 192.45[A]$
$P_r = \sqrt{3}\, VI \sin\theta = \sqrt{3} \times 6 \times 192.45 \times \sqrt{(1-0.75^2)} = 1322.87[kVar]$

답 ③

38 그림과 같은 회로에서 스위치 S를 닫을 때 t초 후의 R에 걸리는 전압은?

① $Ee^{-\frac{C}{R}t}$
② $E\left(1 - e^{-\frac{C}{R}t}\right)$
③ $Ee^{-\frac{1}{CR}t}$
④ $E\left(1 - e^{-\frac{1}{RC}t}\right)$

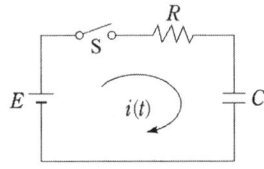

풀이
t초 후 R에 걸리는 전압
$V_R = Ri = Ee^{-\frac{1}{RC}t}[V]$

답 ③

39 그림과 같은 회로는 어떤 논리동작을 하는가?
(단, A, B는 이력이며, F는 출력이다)

① NAND
② NOR
③ AND
④ OR

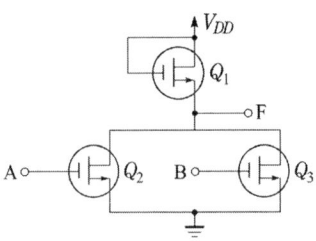

> **풀이**
> JFET는 P채널(화살표가 왼쪽방향), N채널(화살표가 오른쪽방향)으로 나뉘고, P채널은 게이트가 N형, N채널은 게이트가 P형으로 되어 있다.
> 위 회로는 모두 N채널로 구성되었으며, 게이트와 소스간에 +V 인가시 드레인에서 소스로 도통된다. Q_1은 항시 도통 상태이며, A, B 두 입력 모두 5[V], 혹은 둘 중 하나가 5[V] 인가시 도통되어 출력은 0[V]이 되며 두 입력이 모두 0[V]인 경우 도통이 되지 않으므로 출력은 V_{cc}(5[V])가 된다. **답 ②**

40 직류 발전기의 극수가 10극이고, 전기자 도체수가 500, 단중 파권일 때 매극의 자속수가 0.01 [Wb]이면 600[rpm]의 속도로 회전할 때의 기전력은 몇 [V]인가?

① 200   ② 250   ③ 300   ④ 350

> **풀이**
> $$E = \frac{PZ\Phi N}{60a} = \frac{10 \times 500 \times 0.01 \times 600}{60 \times 2} = 250[V]$$
> **답 ②**

41 그림과 같은 논리회로의 논리함수는?

① 0
② 1
③ A
④ $\overline{A}$

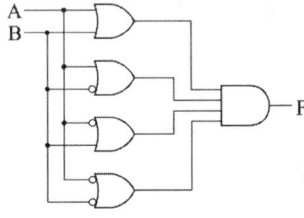

> **풀이**
> $F = (A+B) \cdot (A+\overline{B}) \cdot (\overline{A}+B) \cdot (\overline{A}+\overline{B})$
> $= A \cdot A + A \cdot \overline{B} + A \cdot B + B \cdot \overline{B} + \overline{A} \cdot \overline{A} + \overline{A} \cdot \overline{B} + \overline{A} \cdot B + B \cdot \overline{B}$
> $= (A + A \cdot \overline{B} + A \cdot B) \cdot (\overline{A} + \overline{A} \cdot \overline{B} + \overline{A} \cdot B)$
> $= A(1 + \overline{B} + B) \cdot \overline{A}(1 + \overline{B} + B) = A \cdot \overline{A} = 0$
> **답 ①**

42 전격살충기를 시설할 경우 전격격자와 시설물 또는 식물 사이의 이격거리는 몇 [cm] 이상이어야 하는가?

① 10   ② 20   ③ 30   ④ 40

> **풀이**
> 전격(電擊) 살충기의 시설(판단기준 제 233조)
> 전격 살충기는 조명 부분과 전격 격자의 구조로 되어 있으며, 전격 격자(電擊格子)는 지표상 또는 마루 위 3.5[m](2차측 개방 전압이 7[kV] 이하인 경우 1.8[m]) 이상의 높이에 설치하고, 전격 격자와 다른 공작물 또는 식물과의 이격 거리를 30[cm] 이상이어야 한다. **답 ③**

43 저압 이웃 연결 인입선의 시설기준으로 옳은 것은?

① 옥내를 통과하여 시설할 것
② 폭 4[m]를 초과하는 도로를 횡단하지 말 것
③ 지름은 최소 1.5[mm²] 이상의 경동선을 사용할 것
④ 인입선에서 분기하는 점으로부터 100[m]를 초과하지 말 것

> **풀이**
> 이웃 연결 인입선 : 한 수용장소의 인입선에서 분기하여 다른 지지물을 거치지 아니하고 다른 수용장소의 인입구에 이르는 부분의 전선(5[m] 도로 횡단 말 것, 옥내관통 말 것, 분기선에서 100[m]넘지 말 것)
>
> **답** ④

44 소맥분, 전분, 기타의 가연성 분진이 존재하는 곳의 저압 옥내배선 공사방법으로 적합하지 않는 것은?

① 합성수지관 공사
② 금속관 공사
③ 가요전선관 공사
④ 케이블 공사

> **풀이**
> 먼지가 많은 장소에서의 저압의 시설(판단기준 제 199조)
> ① 폭연성 분진 (마그네슘, 알루미늄, 티탄, 지르코늄 등의 먼지로 쌓여진 상태에서 착화된 때에는 폭발할 우려가 있는 것)
> • 금속관 공사, 케이블(캡타이어 케이블 제외)공사
> • 금속관 상호 및 관과 박스 등과는 5턱 이상 나사 조임으로 접속
> ② 가연성 분진 (소맥분, 전분, 유황, 기타 먼지가 공중에 떠다니는 상태에서 착화하여 폭발할 우려가 있는 것)
> • 합성수지관 공사, 금속관 공사, 케이블 공사
> • 금속관 상호 및 관과 박스 등과는 5턱 이상 나사 조임으로 접속
>
> **답** ③

45 3상 3선식 선로에서 수전단 전압 6.6[kV], 역률 80[%](지상), 600[kVA]의 3상 평형부하가 연결되어 있다. 선로의 임피던스 $R=3[\Omega]$, $X=4[\Omega]$인 경우 송전단 전압은 약 몇 [V]인가?

① 6852
② 6957
③ 7037
④ 7543

> **풀이**
> $$V_S = V_R + e = V_R + \sqrt{3}I(R\cos\theta + X\sin\theta) = 6600 + \sqrt{3}\times52.5(3\times0.8+4\times0.6) = 7036[V]$$
> $$I = \frac{600}{\sqrt{3}\times6.6} = 52.5[A]$$
>
> **답** ③

46 다음 중 SCR에 대한 설명으로 가장 옳은 것은?

① 게이트 전류로 애노드 전류를 연속적으로 제어할 수 있다.
② 쌍방향성 사이리스터이다.
③ 게이트 전류를 차단하면 애노드 전류가 차단된다.
④ 단락상태에서 애노드 전압을 0 또는 부(-)로 하면 차단 상태로 된다.

> **풀이**
> SCR의 특성
> (1) SCR turn on 조건
>   ① 양극과 음극 간에 브레이크 오버전압 이상의 전압 인가($I_g = 0$)
>   ② 게이트에 래칭 전류 이상의 전류인가(펄스 전류)
> (2) SCR turn off 조건
>   ① 애노드의 극성을 부(-)로 한다.
>   ② SCR에 흐르는 전류를 유지 전류 이하로 한다.
>
> **답** ④

47 최대 사용전압이 7[kV] 이하인 발전기의 절연내력을 시험하고자 한다. 최대사용전압의 몇 배의 전압으로 권선과 대지 사이에 연속하여 몇 분간 가하여야 하는지 그 기준을 옳게 나타낸 것은?

① 1.5배, 10분 ② 2배, 10분
③ 1.5배, 1분   ④ 2배, 1분

◆풀이

회전기 및 정류기 의 절연내력(판단기준 제 14조)

종 류			시험전압	시험장소(시험방법)
회전기	발전기 전동기 조상기 등	7[kV]이하	최대사용전압 × 1.5(최저 500[V])	권선과 대지사이 연속하여 10분간
		7[kV]초과	최대사용전압 × 1.25(최저 10,500[V])	
	회전변류기 (동기M+직류G)		직류측 최대사용전압 × 1(최저 500[V])	
정류기	60,000[V] 이하		직류측의 최대사용전압의 1배의 교류 전압 (최저 500[V])	충전부분과 외함간 연속하여 10분간
	60,000[V] 초과		교류측의 최대사용전압의 1.1배의 교류전압 또는 직류측의 최대사용전압의 1.1배의 직류전압	교류측 및 직류고전압측 단자와 대지간에 연속하여 10분간

답 ①

48 전력 원선도에서 구할 수 없는 것은?

① 조상용량   ② 과도안정 극한전력
③ 송전손실   ④ 정태안정 극한전력

◆풀이

전력원선도(電力圓線圖) : 전력계통의 안정을 위한 근거로 사용(발전소서 조상설비로 운용)
① 가로축 : 유효전력, 세로축 : 무효전력
② 반지름

전력원선도 반지름 = $\dfrac{E_S E_R}{B} = \dfrac{E_S E_R}{Z}$

③ 전력원선도에서 알 수 있는 사항
 ㄱ) 송전전력
 ㄴ) 전력손실
 ㄷ) 정태안정 극한전력
 ㄹ) 수전단 역률
 ㄷ) 조상기 용량
 ㅁ) 송수전단 전압간 상차각(相差角)

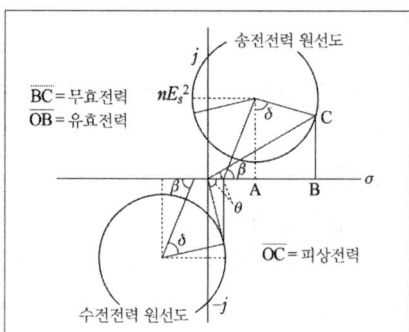

답 ②

49 3상 유도 전동기의 제동방법 중 슬립의 범위를 1~2 사이로 하여 제동하는 방법은?

① 역상제동   ② 직류제동
③ 단상제동   ④ 회생제동

> **풀이**
> 제동법
> ① 발전제동 : 자속(ϕ)유지 → 전기자 운동에너지 : 발전전력 → 열로 소비
> (운전중인 전동기의 전원을 끊어서 발전기로서 작동시키고 회전체의 운전에너지를 전기적 에너지로 변환시켜서 이를 저항을 통과하도록 함으로써 열에너지로 소비시켜서 제동)
> ② 회생제동 : 자속(ϕ)유지, 증가하여 $E_c > V_t$ → 전기자 운동에너지 : 발전전력 → 전원측에 반환 (전동기가 가지는 운동에너지를 전기에너지로 바꾸어 이를 전원으로 되돌림으로서 제동)
> ③ 역상제동(플러깅) : 전기자의 전류방향을 반대로 공급 → 강한 역 토크 발생(슬립의 범위 : 1~2)(전동기의 단자접속을 변경하여 회전방향과 반대방향으로 Torque를 주어 제동)
> **답 ①**

50 방향 계전기의 기능에 대한 설명으로 옳은 것은?
① 예정된 시간지연을 가지고 응동(應動)하는 것을 목적으로 한 계전기이다.
② 계전기가 설치된 위치에서 보는 전기적 거리 등을 판별해서 동작한다.
③ 보호구간으로 유입하는 전류와 보호구간에서 유출되는 전류와의 벡터차와 출입하는 전류와의 관계비로 동작하는 계전기이다.
④ 2개 이상의 벡터량 관계위치에서 동작하며 전류가 어느 방향으로 흐르는가를 판정하는 것을 목적으로 하는 계전기이다.

답 ④

51 나전선 상호 또는 나전선과 절연전선, 캡타이어 케이블 또는 케이블과 접속하는 경우의 설명으로 옳은 것은?
① 접속슬리브(스프리트슬리브 제외), 전선 접속기를 사용하여 접속하여야 한다.
② 접속부분의 절연은 전선 절연물의 80[%] 이상의 절연효력이 있는 것으로 피복하여야 한다.
③ 접속부분의 전기저항을 증가시켜야 한다.
④ 전선의 강도는 30[%] 이상 감소하지 않아야 한다.

> **풀이**
> 전선접속의 조건
> ① 전기적 저항을 증가시키지 않는다.
> ② 접속부위의 기계적 강도를 20[%] 이상 감소시키지 않는다.
> ③ 접속점의 절연이 약화되지 않도록 테이핑 또는 와이어 커넥터로 절연한다.
> ④ 전선의 접속은 박스 안에서 하고, 접속점에 장력이 가해지지 않도록 한다.
> **답 ①**

52 출력 10[kVA], 정격 전압에서의 철손이 85[W], 뒤진 역률 0.8, $\frac{3}{4}$ 부하에서 효율이 가장 큰 단상 변압기가 있다. 역률 1일 때 최대 효율은 약 몇 [%]인가?
① 96.2   ② 97.8   ③ 98.8   ④ 99.1

> **풀이**
> 효율 $\eta_{\frac{1}{m}} = \dfrac{\frac{1}{m}P\cos\theta}{\frac{1}{m}P\cos\theta + P_i + \left(\frac{1}{m}\right)^2 P_c} \times 100$에서 최대효율시 $P_i = \left(\frac{1}{m}\right)^2 P_c$ 가 된다

동손을 구하면 $P_C = \dfrac{85}{\left(\dfrac{3}{4}\right)^2} = 151.1 [W]$

역률이 변하여도 손실은 동일하므로
$\eta = \dfrac{10}{10+0.085+0.1511} = 0.977 \quad 97.7[\%]$

답 ②

53 총 설비용량 80[kW], 수용률 60[%], 부하율 75[%]인 부하의 평균전력은 몇 [kW]인가?
① 36　　② 64　　③ 100　　④ 178

풀이
평균전력=총설비용량 × 수용률 × 부하율=80×0.6×0.75=36[kW]

답 ①

54 3상 전파 정류회로에서 부하는 100[Ω]의 순저항 부하이고, 전원 전압은 3상 220[V](선간전압), 60[Hz]이다. 평균 출력전압[V] 및 출력전류[A]는 각각 얼마인가?
① 149[V], 1.49[A]　　② 297[V], 2.97[A]
③ 381[V], 3.81[A]　　④ 419[V], 4.19[A]

풀이
3상전파 $E_d = 1.35E = 1.35 \times 220 = 297[V]$
$I_d = \dfrac{E_d}{R} = \dfrac{297}{100} = 2.97[A]$

답 ②

55 어떤 작업을 수행하는 데 작업소요 시간이 빠른 경우 5시간, 보통이면 8시간, 늦으면 12시간 걸린다고 예측되었다면 3점 견적법에 의한 기대 시간치와 분산을 계산하면 약 얼마인가?
① $te = 8.0$, $\sigma^2 = 1.17$　　② $te = 8.2$, $\sigma^2 = 1.36$
③ $te = 8.3$, $\sigma^2 = 1.17$　　④ $te = 8.3$, $\sigma^2 = 1.36$

풀이
기대시간치 $t_e = \dfrac{a+4m+b}{6} = \dfrac{5+4\times 8+12}{6} = 8.16$
분산 $\sigma^2 = \left(\dfrac{12-5}{6}\right)^2 = 1.36$

답 ②

56 계량값 관리도에 해당되는 것은?
① c 관리도　　② u 관리도
③ R 관리도　　④ np 관리도

풀이
- 계량치 관리도 : $\overline{X}$-R 관리도, X 관리도, X-R 관리도, R 관리도
  (길이, 무게, 강도, 전압, 전류 등 연속변량 측정)
- 계수치 관리도 : nP(불량계수)관리도, p(불량률)관리도, c(결점수)관리도, u(단위당 결점수) 관리도
  (직물의 얼룩, 흠 등과 같이 한 개, 두 개로 계수되는 수치와 그에 따른 불량률을 측정)

관리도	데이터	분포
$\overline{X}-R$ 관리도 X 관리도 X-R 관리도	계량치	정규분포
nP 관리도 P 관리도 C 관리도 U 관리도	계수치	이항분포
		포아송분포

답 ③

57 작업측정의 목적 중 틀린 것은?
① 작업개선
② 표준시간 설정
③ 과업관리
④ 요소작업 분할

▶풀이
작업측정의 목적
① 작업 시스템의 개선
② 작업 시스템의 설계(표준시간 설정)
③ 과업관리
측정상대 작업을 구성단위(요소작업)로 분할하여, 시간의 척도로서 측정, 평가 및 설계 개선하는 것이다. 즉, 요소작업 분할은 작업측정을 하기위한 방법이다.

답 ④

58 일반적으로 품질코스트 가운데 가장 큰 비율을 차지하는 것은?
① 평가코스트
② 실패코스트
③ 예방코스트
④ 검사코스트

▶풀이
• 평가코스트 : 소정의 품질수준을 유지하는데 드는 비용
• 실패코스트 : 품질수준을 유지하는데 실패하였기 때문에 생긴 불량제품, 불량 원료에 의한 손실비용

답 ②

59 계수 규준형 샘플링 검사의 OC 곡선에서 좋은 로트를 합격시키는 확률을 뜻하는 것은?
(단, α는 제1종 과오, β는 제2종 과오이다.)
① α
② β
③ $1-\alpha$
④ $1-\beta$

▶풀이
P_0 : 합격시키고 싶은 lot의 부적합률($1-\alpha$)
P_1 : 불합격시키고 싶은 lot의 합격될 확률($1-\beta$)
α : 생산자의 위험
β : 소비자의 위험,
N : lot의 크기
n : 시료의 크기
c : 합격판정개수

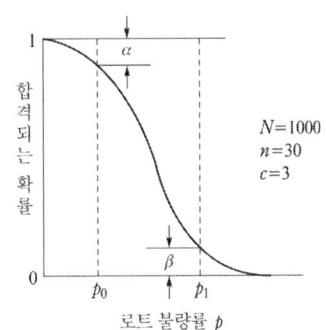

답 ③

60 정규분포에 관한 설명 중 틀린 것은?

① 일반적으로 평균치가 중앙값보다 크다.
② 평균을 중심으로 좌우대칭의 분포이다.
③ 대체로 표준편차가 클수록 산포가 나쁘다고 본다.
④ 평균치가 0이고 표준편차가 1인 정규분포를 표준정규분포라 한다.

▶ 풀이
- 정규분포 : 평균을 중심으로 좌우대칭의 종 모양을 가지며 가운데부분이 많고 양 끝부분이 작은 형태를 말하며 대체로 표준편차가 클수록 산포가 나쁘다. 또한, 평균치가 0이고 표준편차가 1인 정규분포를 표준정규분포라 한다.

답 ①

제 19 회 전기기능장 실전모의고사

01 35[kV] 이하의 가공전선이 철도 또는 궤도를 횡단하는 경우 지표상(레일면상)의 높이는 몇 [m] 이상이어야 하는가?

① 4 ② 5 ③ 6 ④ 6.5

▶ 풀이

특고 가공전선(판단기준 제 110조)
특고압 가공전선의 지표상(철도 또는 궤도를 횡단하는 경우에는 레일면상, 횡단보도교를 횡단하는 경우에는 그 노면상)의 높이

전압의 범위	일반장소	도로횡단	철도 또는 궤도횡단	횡단보도교
35[kV] 이하	5[m]	6[m]	6.5[m]	4[m] (특고압절연전선 또는 케이블 사용)
35[kV] 초과 160[kV] 이하	6[m]	6[m]	6.5[m]	5[m](케이블 사용)
	산지 등에서 사람이 쉽게 들어갈 수 없는 장소 ; 5[m] 이상			
160[kV] 초과	일반장소		가공전선의 높이=6+단수×0.12[m]	
	철도 또는 궤도횡단		가공전선의 높이=6.5+단수×0.12[m]	
	산지		가공전선의 높이=5+단수×0.12[m]	

※ 단수 $= \dfrac{(\text{전압}[kV] - 160)}{10}$ … 단수 계산에서 소수점 이하는 절상

답 ④

02 사이리스터의 병렬 연결시 발생하는 전류불평형에 관한 설명으로 틀린 것은?
① 자기(磁氣)적으로 결합된 인덕터를 사용하여 전류 분담을 일정하게 한다.
② 사이리스터에 저항을 병렬로 연결하여 전류 분담을 일정하게 한다.
③ 전류가 많이 흐르는 사이리스터는 내부저항이 감소한다.
④ 병렬 연결된 사이리스터가 동시에 턴온되기 위해서는 점호 펄스의 상승 시간이 빨라야 한다.

▶ 풀이

특성이 다른 사이리스터를 병렬연결하면 약간의 온상태 전압차에 의해 사이리스터간에 전류편차가 커지는 문제가 발생한다. 병렬접속시 전류분담의 균등화를 위해 리액터를 사용하거나 저항을 직렬 연결하여 전압강하를 이용하여 해결한다. 또한, 동시점호가 가능토록 점호펄스가 동기화되어야 하며 상승시간이 짧고 펄스의 지속시간도 길어야한다.

답 ②

03 PWM 인버터의 특징이 아닌 것은?
① 전압 제어시 응답성이 좋다.
② 스위칭 손실을 줄일 수 있다.
③ 여러 대의 인버터가 직류전원을 공용할 수 있다.
④ 출력에 포함되어 있는 저차 고조파 성분을 줄일 수 있다.

• 풀이

항 목	PAM 인버터	PWM 인버터
전력회로	복잡하다	간단하다
제어회로	간단하다	다소 복잡하다
역률, 효율	나쁘다	좋다
속응성	나쁘다	좋다
스위칭주파수	낮다	높다

답 ②

04 동기발전기의 자기여자 현상의 방지법이 아닌 것은?
① 발전기의 단락비를 적게 한다.
② 수전단에 변압기를 병렬로 접속한다.
③ 수전단에 리액턴스를 병렬로 접속한다.
④ 발전기 여러 대를 모선에 병렬로 접속한다.

• 풀이
자기여자 방지법
① 동기 조상기 설치　　② 발전기 병렬운전
③ 분로 리액터 설치　　④ 변압기 병렬운전
⑤ 단락비 증대

답 ①

05 2진수 $(10101110)_2$을 16진수로 변환하면?
① 174　　② 1014　　③ AE　　④ 9F

• 풀이

1010	1110	2진수
⇩		
10	14	10진수
⇩		
A	E	16진수

답 ③

06 송전선로에서 복도체를 사용하는 주된 목적은?
① 인덕턴스의 증가　　　　② 정전용량의 감소
③ 코로나 발생의 감소　　　④ 전선 표면의 전위경도의 증가

● 풀이
복도체 특성
① 1선 단면적은 그대로, 전선직경 증가
② 선로의 인덕턴스 감소, 정전용량 증가(20[%]정도)
③ 선로의 리액턴스 감소로 인한 송전용량 증가
④ 전선 표면의 전위경도(電位傾度) 저감
⑤ 코로나 임계전압(臨界電壓)의 증가로 인한 코로나(Corona)현상 방지

답 ③

07 3상 배전선로의 말단에 늦은 역률 80[%], 200[kW]의 평형 3상 부하가 있다. 부하점에 부하와 병렬로 전력용 콘덴서를 접속하여 선로손실을 최소화 하려고 한다. 이 경우 필요한 콘덴서의 용량[kVar]은? 단, 부하단 전압은 변하지 않는 것으로 한다.
① 105　　　② 112　　　③ 135　　　④ 150

● 풀이
$Q = P(\tan\theta_1 - \tan\theta_2)$[kVA] 이며 선로손실 최소화의 의미는 역률100%를 의미하므로
$Q = 200(\tan \cdot \cos^{-1}0.8 - \tan \cdot \cos^{-1}1) = 150$[kVA]

답 ④

08 선간거리 $2D$[m], 지름 d[m]인 3상 3선식 가공전선로의 단위길이당 대지정전용량[μF/km]은?

① $\dfrac{0.02413}{\log_{10}\dfrac{D}{d}}$　　② $\dfrac{0.02413}{\log_{10}\dfrac{2D}{d}}$　　③ $\dfrac{0.02413}{\log_{10}\dfrac{4D}{d}}$　　④ $\dfrac{0.02413}{\log_{10}\dfrac{4D}{3d}}$

● 풀이
1선당 정전용량 $C_w = \dfrac{0.02413}{\log\dfrac{D_e}{r}}$ (D를 선간거리, r을 전선의 반지름)

$C_w = \dfrac{0.02413}{\log\dfrac{D_e}{r}} = \dfrac{0.02413}{\log\dfrac{2D}{\frac{d}{2}}} = \dfrac{0.02413}{\log\dfrac{4D}{d}}$ [μF/km]

답 ③

09 극수 4, 회전수 1800[rpm], 1상의 코일수 83, 1극의 유효자속 0.3[Wb]의 3상 동기발전기가 있다. 권선계수가 0.96이고, 전기자 권선을 Y결선으로 하면 무부하 단자전압은 약 몇 [kV]인가?
① 8　　　② 9　　　③ 11　　　④ 12

● 풀이
$E = 4.44 K_w f W \phi$[V]에서
단자전압 $V = \sqrt{3} E = \sqrt{3} \times 4.44 K_w f W \phi$[V]
　　　　　$= \sqrt{3} \times 4.44 \times 0.96 \times 60 \times 83 \times 0.3 = 11{,}029$[V]
($N_s = \dfrac{120f}{P}$[rpm]에서 $f = 60$[Hz])

답 ③

10 2중 농형전동기가 보통 농형전동기에 비해서 다른 점은?

① 기동전류 및 기동토크가 모두 크다.
② 기동전류 및 기동토크가 모두 적다.
③ 기동전류는 적고, 기동토크는 크다.
④ 기동전류는 크고, 기동토크는 적다.

▶풀이
- 이중 농형전동기 : 회전자의 농형권선을 내외 2중으로 설치하여 기동시에는 저항이 높은 외측도체를 이용하여 큰 기동토크를 얻고 완료 후 저항이 작은 내측도체로 흘러 우수한 운전특성을 얻는 전동기
  ※ 외측도체 : 저항이 높은 황동 또는 동니켈 합금
  ※ 내측도체 : 저항이 낮은 전기동 사용
  보통 농형은 기동용량이 크고 기동토크는 작은데 이를 보완하기 위해 2중 농형을 사용(기동전류감소, 기동 토크 증가)함. 기동정지가 빈번한 곳 사용
  (외측권선의 저항은 내측보다 크고 리액턴스는 작다.)

답 ③

11 다음 그림에서 계기 X가 지시하는 것은?

① 영상전압
② 역상전압
③ 정상전압
④ 정상전류

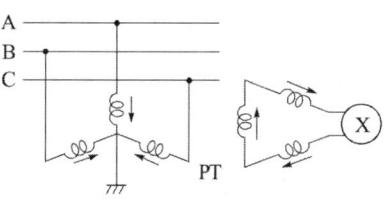

답 ①

12 SCR을 완전히 턴온하여 온상태로 된 후, 양극 전류를 감소시키면 양극 전류의 어떤 값에서 SCR은 온상태에서 오프 상태로 된다. 이때의 양극전류는?

① 래칭전류   ② 유지전류   ③ 최대전류   ④ 역저지 전류

▶풀이
SCR의 특징
(1) SCR ON 조건 : 래칭전류 이상의 전류가 흐르고 게이트에 입력이 주어질 때 ON 된다. 일단 도통된 후 게이트 전류를 차단하여도 계속 도통상태를 유지하며 소자에 역전압이 걸려 흐르던 전류가 멈추면 소호된다.
  ① 래칭전류 : SCR이 ON이 되기 위하여 흘려야 할 애노드전류(순전류)(80[mA] 이상)
  ② 유지전류 : SCR이 ON 상태를 유지하기 위한 애노드의 최소전류
(2) SCR OFF 조건 : 애노드의 극성을 부(-)로 하거나 유지전류 이하가 되면 OFF가 된다.
(3) SCR은 직류, 교류 다 제어할 수 있으나, 단일방향으로만 위상 제어된다.
(4) 게이트에 전류가 증가하면 브레이크 오버 전압은 감소한다.
(5) 아크가 생기지 않으므로 열의 발생이 적다.
(6) 과전압에 약하고 열용량이 적어 고온도 약하다.
(7) 게이트신호를 인가할 때부터 도통할 때까지의 시간이 짧다.
(8) 전류가 흐르고 있을때 양극전압강하가 작다.
(9) 정류기능을 갖는 단일방향성 3단자 소자이다.
(10) SCR은 항상 역률각보다 큰 범위에서만 제어가 가능하다.

답 ②

13 그림과 같은 회로에서 전압비의 전달함수는?

① $\dfrac{1}{LC+Cs}$ ② $\dfrac{sC}{s^2(s+LC)}$

③ $\dfrac{1}{\dfrac{1}{Ls}+Cs}$ ④ $\dfrac{\dfrac{1}{LC}}{s^2+\dfrac{1}{LC}}$

풀이

전달함수 $G(S)=\dfrac{\dfrac{1}{CS}}{LS+\dfrac{1}{CS}}=\dfrac{\dfrac{1}{CS}}{\dfrac{LCS^2+1}{CS}}=\dfrac{1}{LCS^2+1}\times\dfrac{\dfrac{1}{LC}}{\dfrac{1}{LC}}=\dfrac{\dfrac{1}{LC}}{S^2+\dfrac{1}{LC}}$

답 ④

14 자기인덕턴스가 L_1, L_2 상호인덕턴스가 M인 두 회로의 결합계수가 1인 경우 L_1, L_2, M의 관계는?

① $L_1 \cdot L_2 = M$ ② $L_1 \cdot L_2 < M^2$

③ $L_1 \cdot L_2 > M^2$ ④ $L_1 \cdot L_2 = M^2$

풀이

$M=k\sqrt{L_1L_2}$ 결합계수 $k=1$
$M^2=L_1L_2$

답 ④

15 권수비 50인 단상변압기가 전부하에서 2차 전압이 115[V], 전압변동률이 2[%]라 한다. 1차 단자전압[V]은?

① 3381 ② 3519 ③ 4692 ④ 5865

풀이

전압변동률 $\epsilon=\dfrac{V_{20}-V_{2n}}{V_{2n}}\times 100=\left(\dfrac{V_{20}}{V_{2n}}-1\right)\times 100$

$\therefore V_{20}=\left(\dfrac{\epsilon}{100}+1\right)\times V_{2n}=1.02\times 115=117.3[V]$

따라서 권수비 $a=\dfrac{V_1}{V_2}$ $\therefore V_1=aV_2=50\times 117.3=5865[V]$

답 ④

16 주택배선에 금속관 또는 합성수지관공사를 할 때 전선을 2.5[mm²]의 단선으로 배선하려고 한다. 전선관의 접속함(정션 박스) 내에서 비닐테이프를 사용하지 않고 직접 전선 상호간을 접속하는데 가장 편리한 재료는?

① 터미널 단자 ② 서비스 캡
③ 와이어 커넥터 ④ 절연튜브

▶풀이

와이어 커넥터 : 박스내에서 절연 전선을 쥐꼬리 접속 후 접속과 절연을 완전하게 하고 작업 시간을 빠르게 한다.

답 ③

17 비투자율 3000인 자로의 평균 길이 50[cm], 단면적 30[cm²]인 철심에 감긴, 권수 425회의 코일에 0.5[A]의 전류를 흐를 때 저축되는 전자(電磁)에너지는 약 몇 [J]인가?
① 0.25 ② 0.51 ③ 1.03 ④ 2.07

▶풀이

$$L = \frac{\mu_0 \mu_s A N^2}{l} = \frac{4\pi \times 10^{-7} \times 3000 \times 30 \times 10^{-4} \times 425^2}{0.5} = 4.08[\text{H}]$$

$$W_L = \frac{1}{2}LI^2 = \frac{1}{2} \times 4.08 \times 0.15^2 = 0.51[\text{J}]$$

답 ②

18 단상 교류 위상제어 회로의 입력 전원전압이 $v_s = V_m \sin\theta$이고, 전원 v_s 양의 반주기 동안 사이리스터 T_1을 점호각 α에서 턴온시키고, 전원의 음의 반주기 동안에는 사이리스터 T_2를 턴온 시킴으로써 출력전압(v_o)의 파형을 얻었다면 단상 교류 위상제어 회로의 출력전압에 대한 실효값은?

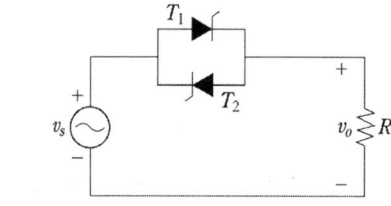
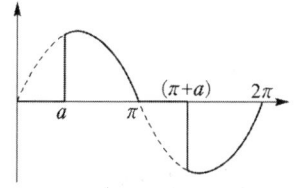

① $\dfrac{V_m}{\sqrt{2}} \sqrt{1 - \dfrac{\alpha}{\pi} + \dfrac{\sin 2\alpha}{2\pi}}$
② $V_m \sqrt{1 - \dfrac{\alpha}{\pi} + \dfrac{\sin 2\alpha}{2\pi}}$
③ $V_m \sqrt{1 - \dfrac{2\alpha}{\pi} + \dfrac{\sin 2\alpha}{2\pi}}$
④ $\dfrac{V_m}{\sqrt{2}} \sqrt{1 - \dfrac{2\alpha}{\pi} + \dfrac{\sin 2\alpha}{2\pi}}$

답 ①

19 전동기의 외함과 권선 사이의 절연상태를 점검하고자 한다. 다음 중 필요한 것은 어느 것인가?
① 접지저항계 ② 전압계 ③ 전류계 ④ 메거

▶풀이

(1) 어스테스터(접지저항계), 콜라우시 브리지 : 접지저항 측정
(2) 메거(Megger) : 절연저항 측정

답 ④

20 MOS-FET의 드레인 전류는 무엇으로 제어하는가?
① 게이트 전압 ② 게이트 전류 ③ 소스 전류 ④ 소스 전압

> **풀이**
> MOSFET 특성
> - 고입력임피던스를 가지며 열에 안정적이고 잡음이 작다.
> - 게이트전압으로 드레인전류를 제어한다.
> - 고주파용 또는 고속스위칭용 제어소자이다.
> - 턴온시간은 게이트의 캐패시터의 충전시간에 따른다.
>
> 답 ①

21 2대의 직류 분권발전기 G_1, G_2를 병렬 운전시킬 때, G_1의 부하 분담을 증가시키려면 어떻게 하여야 하는가?

① G_1의 계자를 강하게 한다.
② G_2의 계자를 강하게 한다.
③ G_1, G_2의 계자를 똑같이 강하게 한다.
④ 균압선을 설치한다.

> **풀이**
> 계자를 강하게 한 발전기(G_1)가 전압의 상승을 이루어 부하 분담을 증가하게 된다.
>
> 답 ①

22 반파 정류 회로에서 직류 전압 220[V]를 얻는데 필요한 변압기 2차 상전압은 약 몇 [V]인가? 단, 부하는 순저항이고, 변압기 내의 전압강하는 무시하며, 정류기 내의 전압강하는 50[V]로 한다.

① 300   ② 450   ③ 600   ④ 700

> **풀이**
> $$E_d = \frac{\sqrt{2}}{\pi}E - e = 0.45E - e$$
> $$E = \frac{E_d + e}{0.45} = \frac{220 + 50}{0.45} = 600[\text{V}]$$
>
> 답 ③

23 단상 전파 정류회로를 구성한 것으로 옳은 것은?

① 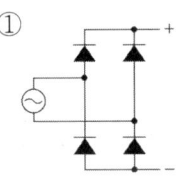   ② 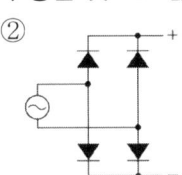   ③ 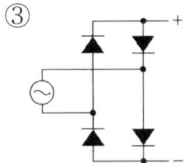   ④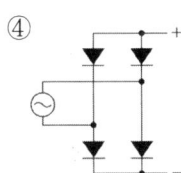

> **풀이**
> 다이오드 캐소드(K)방향이 + 쪽으로 가도록 한다.
>
> 답 ①

24 전기자 권선에 의해 생기는 전기자 기전력을 없애기 위하여 주 자극의 중간에 작은 자극으로 전기자 반작용을 상쇄하고 또한 정류에 의한 리액턴스 전압을 상쇄하여 불꽃을 없애는 역할을 하는 것은?

① 보상권선   ② 공극   ③ 전기자권선   ④ 보극

> **풀이**
> 보극설치 : 별도의 자극을 설치하여 전기자반작용 경감 및 리액턴스 전압감소
>
> **답** ④

25 화약류 저장소 안에는 전기설비를 시설하여서는 아니되나 백열전등이나 형광등 또는 이들에 전기를 공급하기 위한 전기설비를 금속관 공사에 의한 규정 등을 준수하여 시설하는 경우에는 설치할 수 있다. 설치할 수 있는 시설기준으로 틀린 것은?
① 전기기계기구는 전폐형의 것일 것
② 전로의 대지전압은 300[V] 이하일 것
③ 케이블을 전기기계기구에 인입할 때에는 인입구에서 케이블이 손상될 우려가 없도록 시설할 것
④ 전기설비에 전기를 공급하는 전로에는 과전류 차단기를 모든 작업자가 쉽게 조작할 수 있도록 설치할 것

> **풀이**
> 화약류 저장소의 시설
> (1) 화약류 저장소 안에는 전기설비를 시설하지 아니하는 것이 원칙으로 되어 있다. 다만, 백열전등, 형광등 또는 이들에 전기를 공급하기 위한 전기설비만을 금속관 공사 또는 케이블 공사에 의하여 다음과 같이 시설할 수 있다.
>   ① 전로의 대지 전압은 300[V] 이하로 한다.
>   ② 전기기계기구는 전폐형으로 한다.
>   ③ 화약류 저장소 이외의 곳에 전용 개폐기 및 과전류 차단기를 시설하여 취급자 이외의 사람이 조작할 수 없도록 시설하고, 또한 지락 차단 장치 또는 지락 경보 장치를 시설한다.
>   ④ 전용 개폐기 또는 과전류 차단기에서 화약류 저장소의 인입구까지는 케이블을 사용하여 지중 전로를 사용한다.
>
> **답** ④

26 가로 25[m], 세로 8[m]되는 면적을 갖는 상가에 사용전압 220[V], 15[A] 분기회로로 할 때, 표준부하에 의하여 분기회로수를 구하면 몇 회로로 하면 되는가?
① 1회로
② 2회로
③ 3회로
④ 4회로

> **풀이**
>
> | 부하구분 | 건물종류 및 부분 | 표준부하밀도[VA/m²] |
> |---|---|---|
> | 표준부하 | 공장, 공회장, 사원 교회, 극장, 영화관 | 10 |
> | | 기숙사, 여관, 호텔, 병원, 음식점, 다방 | 20 |
> | | 주택, 아파트, 사무실, 은행, 백화점, 상점 | 30 |
>
> 부하상정용량 = $25 \times 8 \times 30 = 6000$ [VA]
>
> 분기 회로수[N] = $\dfrac{\text{부하상정용량[VA]}}{\text{전압[V]} \times \text{분기회로정격[A]}}$
>
> $N = \dfrac{6000}{220 \times 15} = 1.81$ 소수점 이하 무조건 절상
> 2회로
>
> **답** ②

27 그림의 트랜지스터 회로에 5[V] 펄스 1개를 R_B 저항을 통하여 인가하면 출력 파형 V_o는?

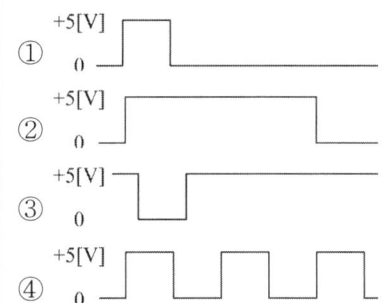
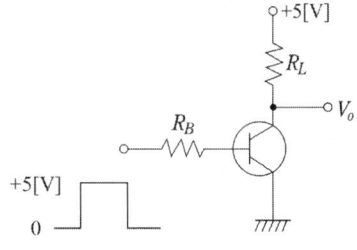

● 풀이

게이트	기호 및 수식	전자회로	계전기회로	진리표
NOT	A —▷○— Y $Y = \overline{A} = A'$	(회로도)	(회로도)	A Y 0 1 1 0

답 ③

28 전력원선도의 가로축과 세로축은 각각 무엇을 나타내는가?
① 단자 전압과 단락 전류
② 단락 전류와 피상 전력
③ 단자 전압과 유효 전력
④ 유효 전력과 무효 전력

● 풀이

전력원선도 : 전력계통의 안정을 위한 근거로 사용(발전소서 조상설비로 운용)
(1) 가로축 : 유효전력
　　세로축 : 무효전력
(2) 반지름 $R = \dfrac{E_S E_R}{B} = \dfrac{E_S E_R}{Z}$
(3) 전력원선도에서 알 수 있는 사항
　① 송전전력
　② 전력손실
　③ 정태안정 극한전력
　④ 수전단 역률
　⑤ 조상기 용량
　⑥ 송수전단 전압간 상차각(相差角)
(4) 전력원선도에서 알수 없는 사항
　(과도안정 극한전력, 코로나 손실)

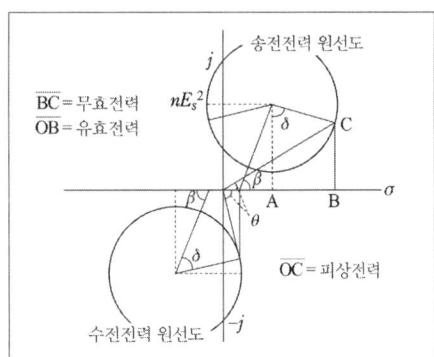

답 ④

29 그림과 같은 회로에서 저항 R_2에 흐르는 전류는 약 몇 [A]인가?

① 0.066
② 0.096
③ 0.483
④ 0.655

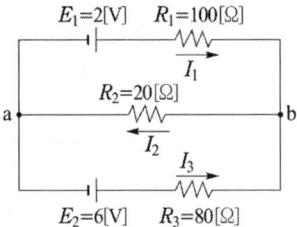

▶ 풀이

밀만의 정리
R_2에 걸리는 전압

$$V_{ab} = \frac{\frac{2}{100} + \frac{6}{80}}{\frac{1}{100} + \frac{1}{80} + \frac{1}{20}} = \frac{\frac{16+60}{800}}{\frac{8+10+40}{800}} = \frac{76}{58} = 1.31 [V]$$

R_2에 흐르는 전류

$$I_2 = \frac{V_{ab}}{R_2} = \frac{1.31}{20} = 0.0655 [A]$$

답 ①

30 부하를 일정하게 유지하고 역률 1로 운전 중인 동기전동기의 계자전류를 감소시키면?
① 아무 변동이 없다.
② 콘덴서로 작용한다.
③ 뒤진 역률의 전기자 전류가 증가한다.
④ 앞선 역률의 전기자 전류가 증가한다.

▶ 풀이

• 과여자 상태(콘덴서 작용)
  : 진상역률, 전기자 전류 증가
• 부족여자 상태(리액터 작용)
  : 지상역률, 전기자 전류 증가

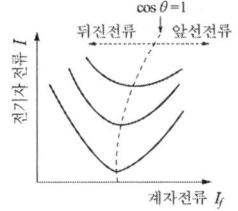

답 ③

31 엔트런스 캡의 주된 사용 장소는 다음 중 어느 것인가?
① 저압 인입선 공사시 전선관 공사로 넘어갈 때 전선관의 끝부분
② 케이블 헤드를 시공할 때 케이블 헤드의 끝부분
③ 케이블 트레이 끝부분의 마감재
④ 부스 덕트 끝부분의 마감재

▶ 풀이

엔트런스 캡(우에사 캡)
인입구에서 전선관공사로 넘어갈 때 관단에 설치하여 옥외의 빗물을 막는 데 사용한다.

답 ①

32 정격출력 20[kVA], 정격전압에서의 철손 150[W], 정격전류에서 동손 200[W]의 단상변압기에 뒤진 역률 0.8인 어느 부하를 걸었을 경우 효율이 최대라 한다. 이때 부하율은 약 [%]인가?

① 75
② 87
③ 90
④ 87

> **풀이**
> 최대 효율이 나타나는 부하 $\frac{1}{m} = \sqrt{\frac{P_i}{P_c}}$ 에서 부하율 $\frac{1}{m} = \sqrt{\frac{150}{200}} = 0.866$

답 ②

33 정류회로에서 교류 입력 상(phase) 수를 크게 했을 경우의 설명으로 옳은 것은?
① 맥동 주파수와 맥동률이 모두 증가한다.
② 맥동 주파수와 맥동률이 모두 감소한다.
③ 맥동 주파수는 증가하고 맥동률은 감소한다.
④ 맥동 주파수는 감소하고 맥동률은 증가한다.

> **풀이**
>
> | 정류 종류 | 단상 반파 | 단상 전파 | 3상 반파 | 3상 전파 |
> |---|---|---|---|---|
> | 평균(직류)값 | $0.45E$ | $0.9E$ | $1.17E$ | $1.35E$ |
> | 맥동률 | 121[%] | 48[%] | 17[%] | 4[%] |
> | 맥동주파수 | f | $2f$ | $3f$ | $6f$ |
> | 정류효율 | 40.6[%] | 81.2[%] | 96.7[%] | 99.8[%] |

답 ③

34 수전단 전압 66[kV], 전류 100[A], 선로저항 10[Ω], 선로 리액턴스 15[Ω], 수전단 역률 0.8인 단거리 송전선로의 전압강하율은 약 몇 [%]인가?
① 1.34   ② 1.82   ③ 2.26   ④ 2.58

> **풀이**
> 3상이라는 언급이 없으므로 단상으로 풀이합니다~
> $V_S = V_R + e = V_R + I(R\cos\theta + X\sin\theta) = 66000 + 100(10\times0.8 + 15\times0.6) = 67700$
> $\epsilon = \frac{e}{V_R} \times 100 = \frac{V_S - V_R}{V_R} \times 100 = \frac{67700 - 66000}{66000} \times 100 = 2.58[\%]$

답 ④

35 3300/110[V] 계기용 변압기(PT)의 2차측 전압을 측정하였더니 105[V]였다. 1차측 전압은 몇 [V]인가?
① 3450   ② 3300   ③ 3150   ④ 3000

> **풀이**
> 1차 전압 = 2차 전압 × PT비 = $105 \times \frac{3300}{110} = 3150[V]$

답 ③

36 전기자 전류 20[A]일 때 100[N·m]의 토크를 내는 직류 직권 전동기가 있다. 전기자 전류가 40[A]로 될 때 토크는 약 몇 [kg·m]인가?
① 20.4   ② 40.8   ③ 61.2   ④ 81.6

> **풀이**
> 직권전동기 $T \propto I^2$
> $100 : T' = 20^2 : 40^2$

$$T' = \frac{40^2}{20^2} \times 100 \times \frac{1}{9.8} = 40.8[\text{kg·m}]$$

답 ②

37 그림과 같은 회로에서 스위치 S를 $t=0$에서 닫았을 때 $(V_L)_{t=0} = 60[\text{V}]$, $\left(\frac{di}{dt}\right) = 30[\text{A/s}]$ 이다. L의 값은 몇 [H]인가?

① 0.5
② 1.0
③ 1.25
④ 2.0

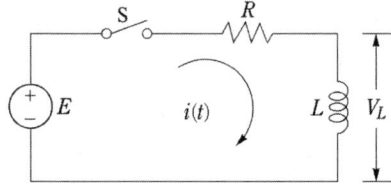

▸ 풀이

$V_L = L\frac{di}{dt}$

$60 = L \times 30 \qquad L = 2[\text{H}]$

답 ④

38 다음 논리식을 간략화 하면?

$$F = AB\overline{C} + A\overline{B}\overline{C} + \overline{A}\overline{B}\overline{C} + A\overline{B}C + ABC$$

① $AB + \overline{C}$
② $AB + \overline{B}\overline{C}$
③ $A + \overline{B}\overline{C}$
④ $B + A\overline{C}$

▸ 풀이

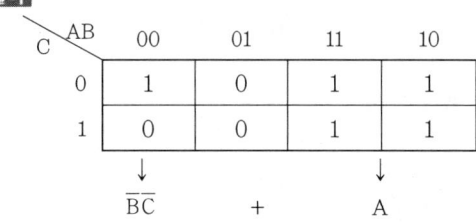

다른 풀이 방법

$F = AB(C + \overline{C}) + A\overline{B}(C + \overline{C}) + \overline{A}\overline{B}\overline{C}$
$= A(B + \overline{B}) + \overline{A}\overline{B}\overline{C}$
$= (A + \overline{A})(A + \overline{B})(A + \overline{C})$
$= A + A\overline{C} + A\overline{B} + \overline{B}\overline{C}$
$= A(1 + \overline{C} + \overline{B}) + \overline{B}\overline{C} = A + \overline{B}\overline{C}$

답 ③

39 단상 3선식 220/440[V] 전원에 다음과 같이 부하가 접속되었을 경우 설비불평형률은 약 몇 [%]인가?

① 23.3
② 26.2
③ 32.6
④ 42.5

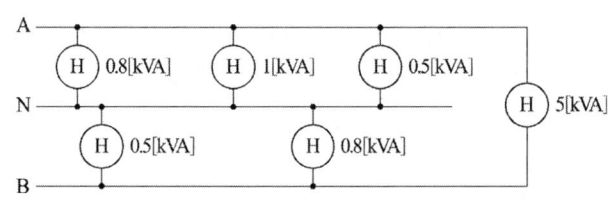

▶풀이

설비불평형률 = (중성선과 각 전압측 전선간에 접속되는 부하설비 용량의 차) / (1/2 × 총 부하설비 용량) 이므로

$$설비불평형률 = \frac{2.3-1.3}{\frac{(0.8+1+0.5+0.5+0.8+5)}{2}} \times 100[\%] = 23.3[\%]$$

답 ①

40 평행판 콘덴서에서 전압이 일정할 경우 극판 간격을 2배로 하면 내부의 전계의 세기는 어떻게 되는가?

① 4배로 된다. ② 2배로 된다.
③ $\frac{1}{4}$로 된다. ④ $\frac{1}{2}$로 된다.

▶풀이

전계의 세기 $E = \frac{V}{d}$, $E' = \frac{V}{2d} = \frac{1}{2}E$

답 ④

41 옥내에 시설하는 전동기에는 전동기가 소손될 우려가 있는 과전류가 생겼을 때에 자동적으로 이를 저지하거나 경보하는 장치를 하여야 한다. 이 장치를 시설하지 않아도 되는 경우는?

① 전류 차단기가 없는 경우
② 정격 출력이 0.2[kW] 이하인 경우
③ 정격 출력이 2[kW] 이상인 경우
④ 전동기 출력이 0.5[kW]이며, 취급자가 감시할 수 없는 경우

▶풀이

전동기의 과부하 보호 장치의 시설(판단기준 제 174조)에서 과부하 보호장치의 시설 생략이 가능한 경우
- 전동기 운전 중 상시 취급자가 감시할 수 있는 위치에 시설하는 경우
- 전동기 구조상, 성질상 과전류 발생우려가 없는 경우
- 단상전동기로서 전원측 전로에 시설하는 과전류 차단기의 정격전류가 15[A]
  (배선용차단기의 경우 20[A])이하인 경우
- 정격출력 0.2[kW] 이하의 전동기

답 ②

42 500[lm]의 광속을 발산하는 전등 20개를 1000[m²] 방에 점등하였을 경우 평균조도는 약 몇 [lx]인가? 단, 조명률은 0.5, 감광보상률은 1.5 이다.

① 3.33 ② 4.24 ③ 5.48 ④ 6.67

▶풀이

$FUN = EAD$ 에서
$$E = \frac{FUN}{AD} = \frac{500 \times 0.5 \times 20}{1000 \times 1.5} = 3.3[lx]$$

답 ①

43 변압기 단락시험에서 2차측을 단락하고 1차측에 정격전압을 가하면 큰 단락전류가 흘러 변압기가 소손된다. 이에 따라 정격주파수의 전압을 서서히 증가시켜 1차 정격전류가 될 때의 변압기 1차측 전압을 무엇이라 하는가?

① 부하전압
② 절연내력 전압
③ 정격주파 전압
④ 임피던스 전압

풀이
- 임피던스 전압(V_s) : 2차측을 단락했을 때 1차측에 정격전류(I_{1n})가 흐르게 하기 위한 1차측 인가전압 (변압기 내의 임피던스 전압강하)
- 임피던스 와트(P_s) : 2차측을 단락했을 때 1차측에 정격전류(I_{1n})가 흐르게 하기 위한 1차측 유효전력 (부하손 = 동손, 정격시 동손)

답 ④

44 다음 논리식을 간소화하면?

$$F = \overline{(\overline{A}+B) \cdot \overline{B}}$$

① $F = \overline{A} + B$
② $F = A + \overline{B}$
③ $F = A + B$
④ $F = \overline{A} + \overline{B}$

풀이
$F = \overline{\overline{A}} \cdot \overline{B} + \overline{\overline{B}} = A \cdot \overline{B} + B = (A+B)(B+\overline{B}) = A+B$

답 ③

45 접지재료의 구비 조건이 아닌 것은?

① 전류용량
② 내부식성
③ 시공성
④ 내전압성

풀이
접지재료는 기준 및 규격에 적합한 것으로서 전류용량, 시공성, 내부식성을 고려한 신뢰도 높은 재료를 사용해야 한다.

답 ④

46 인버터 제어라고도 하며 유도전동기에 인가되는 전압과 주파수를 변환시켜 제어하는 방식은?

① VVVF 제어방식
② 궤환 제어방식
③ 1단속도 제어방식
④ 워드레오나드 제어방식

풀이
VVVF 제어 : 주파수를 가변하면 $\Phi \propto \dfrac{V}{f}$ 와 같이 자속이 변화기 때문에 자속을 일정하게 유지하기 위해 전압과 주파수를 비례하게 가변시키는 제어법

답 ①

47 그림의 부스트 컨버터 회로에서 입력전압(V_s)의 크기가 20[V]이고 스위칭 주기(T)에 대한 스위치(SW)의 온(On) 시간(t_{on})의 비인 듀티비(D)가 0.6 이었다면, 부하저항(R)의 크기가 10[Ω]인 경우 부하저항에서 소비되는 전력(W)은?

① 100
② 150
③ 200
④ 250

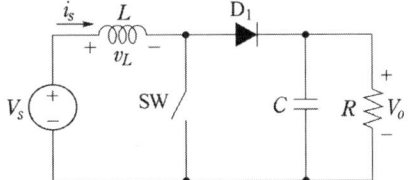

• 풀이

부스트 컨버터 회로

$\dfrac{V_0}{V_i} = \dfrac{1}{1-D}$

$V_0 = \dfrac{1}{1-0.4} \times 20 = 50[V]$, $P = \dfrac{V^2}{R} = \dfrac{50^2}{10} = 250[W]$

답 ④

48 인버터의 스위칭 소자와 역병렬 접속된 다이오드에 관한 설명으로 가장 적합한 것은?
① 스위칭 소자에 내장된 다이오드이다.
② 부하에서 전원으로 에너지가 회생될 때 경로가 된다.
③ 스위칭 소자에 걸리는 전압 스트레스를 줄이기 위한 것이다.
④ 스위칭 소자의 역방향 누설 전류를 흐르게 하기 위한 경로이다.

• 풀이

귀환다이오드 : 스위칭소자에 역병렬로 접속되는 다이오드로서 유도성부하일때 부하로부터 전원으로 에너지가 회생되는 환류 다이오드로 동작한다.

답 ②

49 저압 옥내 배선을 금속관 공사에 의하여 시설하는 경우에 대한 설명으로 옳은 것은?
① 전선은 옥외용 비닐절연전선을 사용하여야 한다.
② 전선은 굵기에 관계없이 연선을 사용하여야 한다.
③ 콘크리트에 매설하는 금속관의 두께는 1.2[mm] 이상이어야 한다.
④ 옥내 배선의 사용전압이 교류 600[V] 이하인 경우 관에는 제3종 접지공사를 하여야 한다.

• 풀이

본문의 금속관공사방법 참조

답 ③

50 크기가 다른 3개의 저항을 병렬로 연결했을 경우의 설명으로 옳은 것은?
① 각 저항에 흐르는 전류는 모두 같다.
② 각 저항에 걸리는 전압은 모두 같다.
③ 합성저항값은 각 저항의 합과 같다.
④ 병렬연결은 도체저항의 길이를 늘이는 것과 같다.

답 ②

51 그림과 같은 회로의 기능은?
① 크기 비교기
② 디멀티플렉서
③ 홀수 패리티 비트 발생기
④ 2진 코드의 그레이코드 변환기

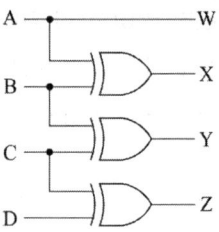

• **풀이**
- 그레이코드 : 2진수의 최대 자리수(MSB : Most Significant Bit)는 그대로 내려쓰고 다음은 MSB와 다음 수를 합해서 올림수를 제거한 합(배타적 OR)만을 그레이 코드의 다음 수로 정해 나간다.

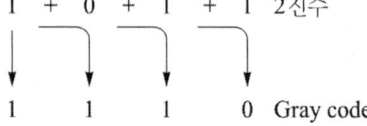

답 ④

52 지중에 매설되어 있는 케이블의 전식(전기적인 부식)을 방지하기 위한 대책이 아닌 것은?
① 희생 양극법   ② 외부 전원법   ③ 선택 배류법   ④ 자립 배양법

• **풀이**
전식방지대책- 직접배류법, 선택배류법, 강제배류법, 희생양극법, 외부전원법

답 ④

53 지선과 지선용 근가를 연결하는 금구는?
① U볼트   ② 지선 롯트   ③ 볼쇄클   ④ 지선 밴드

답 ②

54 유도 전동기의 슬립이 커지면 커지는 것은?
① 회전수   ② 2차 주파수   ③ 2차 효율   ④ 기계적 출력

• **풀이**
- 회전수 $N=(1-S)\dfrac{120f}{P}$ 이므로 감소
- 2차 주파수 $f_2 = Sf_1$ 이므로 증가
- 2차 효율 $\eta_2 = 1-S$ 이므로 감소
- 기계적 출력 $P_k = (1-S)P_2$ 이므로 감소

답 ②

55 이항분포(binomial distribution)에서 매회 A가 일어나는 확률이 일정한 값 P일 때, n회의 독립시행 중 사상 A가 x회 일어날 확률 $P(x)$를 구하는 식은? (단, N은 로트의 크기, n은 시료의 크기, P는 로트의 모부적합품률 이다.

① $P(x) = \dfrac{n!}{x!\,(n-x)!}$

② $P(x) = e^{-x} \cdot \dfrac{(nP)^x}{x!}$

③ $P(x) = \dfrac{\binom{NP}{x}\binom{N-NP}{n-x}}{\binom{N}{n}}$

④ $P(x) = \binom{n}{x}P^x(1-P)^{n-x}$

풀이

이항분포에서 불량률이 P인 베르누이 시행이 n회 반복되는 경우 불량품 개수(X)의 분포도 $P(x) = nCxP^x(1-P)^{n-x}$

검사특성곡선의 불량률 계산(초기하분포를 이용하는 경우)

$$P(x) = \frac{\binom{NP}{x}\binom{N-NP}{n-x}}{\binom{N}{n}}$$

답 ④

56 다음 표는 어느 자동차 영업소의 월별 판매실적을 나타낸 것이다. 5개월 단순이동 평균법으로 6월의 수요를 예측하면 몇 대인가?

월	1월	2월	3월	4월	5월
판매량	100대	110대	120대	130대	140대

① 120대
② 130대
③ 140대
④ 150대

풀이

$$F_t = \frac{100 + 110 + 120 + 130 + 140}{5} = 120$$

답 ①

57 샘플링에 관한 설명으로 틀린 것은?
① 취락 샘플링에서는 취락 간의 차는 작게, 취락 내의 차는 크게 한다.
② 제조공정의 품질특성에 주기적인 변동이 있는 경우 계통 샘플링을 적용하는 것이 좋다.
③ 시간적 또는 공간적으로 일정 간격을 두고 샘플링하는 방법을 계통 샘플링이라고 한다.
④ 모집단을 몇 개의 층으로 나누어 각 층마다 랜덤하게 시료를 추출하는 것을 층별 샘플링이라고 한다.

풀이

샘플링 방법
(1) 랜덤 샘플링
　① 단순랜덤 샘플링 : 무작위 시료를 추출하는 방법으로 사전에 모집단에 대한 지식이 없는 경우 사용
　② 계통 샘플링 : 모집단으로부터 시간적 또는 공간적으로 일정간격에서 시료를 뽑는 방법(공정이나 품질에 주기적 연동이 있을 때 사용금지)
　③ 지그재그 샘플링 : 계통 샘플링에서 주기성에 의한 치우침의 발생 위험을 방지토록 고안한 것으로 공정이나 품질이 변화하는 주기와는 다른 간격으로 시료를 취하는 방법
(2) 2단계 샘플링 : 모집단을 몇 개의 부분집단으로 나누고 1단계로 그 중에서 몇 개의 부분을 추출하고, 다음 2단계로 그 부분 중에서 몇 개의 단위체 또는 단위량을 추출하는 방법
(3) 층별 샘플링(작업반별, 기계장치 원자재 작업방법, 작업시간별) : 모집단을 몇 개의 층(부분집단)으로 나누어 각층에 포함된 품목의 수에 따라 시료의 크기를 비례 배분하여 추출하는 방법
(4) 취락(집락)샘플링 : 모집단을 여러 개 집단으로 나누고 나눈 부분집단 중 몇 개를 무작위로 추출한 뒤 선택된 집단의 로트를 모두 검사하는 방법

답 ②

58 다음 내용은 설비보전조직에 대한 설명이다. 어떤 조직의 형태에 대한 설명인가?

> 보전작업자는 조직상 각 제조부분의 감독자 밑에 둔다.
> • 단점 : 생산우선에 의한 보전작업 경시, 보전기술 향상의 곤란성
> • 장점 : 운전자와 일체감 및 현장감독의 용이성

① 집중보전 ② 지역보전
③ 부문보전 ④ 절충보전

▶ 풀이

설비보전조직	특 징
지역보전	특정 지역에 보전요원배치(조직상 집중) -배치 지역의 예방보전 검사, 급유, 수리 등을 담당(배치상 분산)
부문(부분)보전	보전요원을 제조부분의 감독자 밑에 배치(조직상 분산
절충보전	지역보전 또는 부분보전과 집중보전을 조합시켜 각각의 장점을 살리고 단점을 보완하는 방식
집중보전	공장의 모든 보전요원을 한사람의 관리자 밑에 조직(조직상 집중) -모든 보전을 집중 관리하는 보전방식

답 ③

59 표준시간 설정 시 미리 정해진 표를 활용하여 작업자의 동작에 대한 시간을 산정하는 시간연구법에 해당되는 것은?

① PTS법 ② 스톱워치법
③ 워크샘플링법 ④ 실적자료법

▶ 풀이

PTS(Predetermined Time Standard)법 종류
모든 작업을 기본동작으로 분석하고 각 동작의 기초 시간치를 사용하여 기본동작의 소요시간을 구하고 이를 집계하여 정미시간을 구하는 간접 관찰법으로 세부적으로 아래와 같다.
• TA • WF • MTM • BMT • DMT • MODAPTS
(1) MTM(Method Time Measurement)
    기본 동작의 성질과 조건에 따라 미리 정해진 시간을 적용하여 작업의 정미시간을 구한다.(MTM법의 단위 : 1MTU =0.00001시간)
(2) WF(Work Factor)
    ① WF 동작시간 표준 = 기초동작 + WF 시간지수 (중량, 저항, 동작의 곤란성)
    ② 중량, 저항 시간지수(W) : 무게나 저항에 따라 기초 동작을 방해하는 요인
    ③ 동작의 곤란성 : 인위적 조절을 필요로 하는 동작으로 동작시간을 지연시키는 요인
    ④ 동작의 곤란성 요소 : 방향조절(S), 주의(P), 방향변경(U), 일정정지(D)

답 ①

60 다음은 관리도의 사용 절차를 나타낸 것이다. 관리도의 사용 절차를 순서대로 나열한 것은?

> ㉠ 관리하여야 할 항목의 선정
> ㉡ 관리도의 선정
> ㉢ 관리하려는 제품이나 종류선정
> ㉣ 시료를 채취하고 측정하여 관리도를 작성

① ㉠ → ㉡ → ㉢ → ㉣
② ㉠ → ㉢ → ㉣ → ㉡
③ ㉢ → ㉠ → ㉡ → ㉣
④ ㉢ → ㉣ → ㉠ → ㉡

답 ③

제20회 전기기능장 실전모의고사

01 E_s, E_r을 각각 송전단전압, 수전단전압, A, B, C, D를 4단자 정수라 할 때 전력원선도의 반지름은?

① $\dfrac{(E_s \times E_r)}{D}$ ② $\dfrac{(E_s \times E_r)}{C}$ ③ $\dfrac{(E_s \times E_r)}{B}$ ④ $\dfrac{(E_s \times E_r)}{A}$

▶ 풀이

전력원선도(電力圓線圖) : 전력계통의 안정을 위한 근거로 사용(발전소서 조상설비로 운용)
① 가로축 : 유효전력, 세로축 : 무효전력
② 반지름

$$\text{전력원선도 반지름} = \dfrac{E_S E_R}{B} = \dfrac{E_S E_R}{Z}$$

③ 전력원선도에서 알 수 있는 사항
ㄱ) 송전전력
ㄴ) 전력손실
ㄷ) 정태안정 극한전력
ㄹ) 수전단 역률
ㄷ) 조상기 용량
ㅁ) 송수전단 전압간 상차각(相差角)

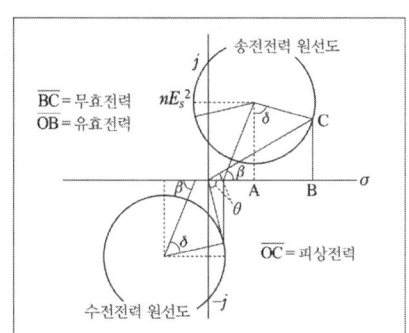

답 ③

02 동기전동기에 관한 설명 중 옳지 않은 것은?
① 기동 토크가 작다.   ② 역률을 조정할 수 없다.
③ 난조가 일어나기 쉽다.   ④ 여자기가 필요하다.

▶ 풀이

동기 전동기의 특징
① 효율이 좋다.   ② 정속도 전동기이다.
③ 역률을 1, 또는 앞선 역률, 뒤진 역률로 운전할 수 있다.
④ 공극이 넓으므로 기계적으로 튼튼하고 보수가 용이하다.
⑤ 기동 토크를 얻기가 곤란하다.   ⑥ 직류 여자 장치가 필요하다.
⑦ 난조가 일어나기 쉽다.

답 ②

03 직류 분권전동기가 있다. 단자 전압이 215[V], 전기자 전류가 60[A], 전기자 저항이 0.1[Ω], 회전속도 1500[rpm]일 때 발생하는 토크는 약 몇 [kg·m]인가?
① 6.58   ② 7.92   ③ 8.15   ④ 8.64

풀이

출력 $P = \omega\tau$ 이며

회전력 $\tau = \dfrac{P}{\omega} = \dfrac{P}{2\pi n} = \dfrac{60P}{2\pi N}[\text{N·m}] = \dfrac{60P}{2\pi N} \cdot \dfrac{1}{9.8}[\text{kg·m}] = 0.975 \dfrac{P}{N}$

출력 $P = E \cdot I_a$ 이며,

여기서 $E = V - I_a \cdot R_a = 215 - 60 \times 0.1 = 209[\text{V}]$가 된다.

∴ $\tau = 0.975 \times \dfrac{209 \times 60}{1500} = 8.15[\text{kg·m}]$

답 ③

---

04 그림과 같은 브리지가 평형되기 위한 임피던스 Z_x의 값은 약 몇 [Ω]인가?
(단, $Z_1 = 3 + j2[\Omega]$, $R_2 = 4[\Omega]$, $R_3 = 5[\Omega]$ 이다.)

① $4.62 - j3.08$
② $3.08 + j4.62$
③ $4.24 - j3.66$
④ $3.66 + j4.24$

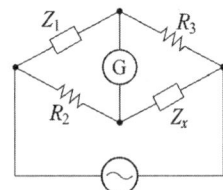

풀이

$Z_1 \cdot Z_x = R_1 \cdot R_2$
$(3+j2) \cdot Z_x = 4 \times 5$
$Z_x = \dfrac{20}{3+j2} = \dfrac{20(3-j2)}{(3+j2)(3-j2)} = \dfrac{60-j40}{3^2+2^2} = 4.61 - j3.07$

답 ①

---

05 길이 5[m]의 도체를 0.5[Wb/m²]의 자장 중에서 자장과 평행한 방향으로 5[m/s]의 속도로 운동시킬 때, 유기되는 기전력[V]은?

① 0
② 2.5
③ 6.25
④ 12.5

풀이

$e = vBl\sin\theta$ 에서 자장 중에서 자장과 수직 방향일 경우 최대전압이 유기되며 자장과 수평방향일 경우에는 기전력은 발생하지 않는다.

답 ①

---

06 다음과 같은 블록선도의 등가 합성 전달함수는?

① $\dfrac{1}{1 \pm GH}$
② $\dfrac{G}{1 \pm GH}$
③ $\dfrac{G}{1 \pm H}$
④ $\dfrac{1}{1 \pm H}$

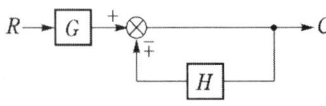

풀이

전달함수 $G(s) = \dfrac{C(s)}{R(s)} = \dfrac{\sum \text{전향경로 이득}}{1 - \sum \text{폐루프 이득(피드백 경로)}} = \dfrac{G}{1 \pm H}$

답 ③

07 스너버(snubber) 회로에 관한 설명이 아닌 것은?
① R, C 등으로 구성된다.
② 스위칭으로 인한 전압스파이크를 완화시킨다.
③ 전력용 반도체 소자의 보호 회로로 사용된다.
④ 반도체 소자의 전류 상승률(di/dt)만을 저감하기 위한 것이다.

> **풀이**
> 스너버 회로는 인덕턴스에 의해 발생한 과도 전압으로부터 사이리스터를 보호하고, 사이리스터가 오프 될 때의 전압 상승률(dv/dt)을 억제하며, 첨두 회복 전압의 크기와 소자의 스위칭 손실을 감소시키는 역할을 한다.
> **답** ④

08 권수비 1 : 2의 단상 센터탭형 전파정류회로에서 전원 전압이 220[V]라면 출력 직류전압은 약 몇 [V]인가?
① 95　　　② 124　　　③ 180　　　④ 198

> **풀이**
> 변압기 중성점을 이용한 전파 정류 회로
> $E_d = 0.9 \times E \times 2 = 0.9 \times 110 \times 2 = 198[V]$ 　(E : 센터탭과의 전압)

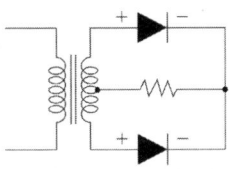
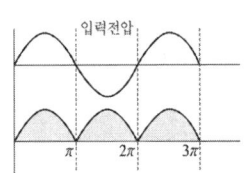

> **답** ④

09 수전용 변전설비의 1차측에 설치하는 차단기의 용량은 주로 어느 것에 의하여 정해지는가?
① 수전계약 용량　　　② 부하설비의 용량
③ 정격차단전류의 크기　　　④ 수전전력의 역률과 부하율

> **풀이**
> 차단용량 $P_s = \sqrt{3} \times$ 정격전압 $\times$ 정격차단전류
> **답** ③

10 해독기(decoder)에 대한 설명이다. 틀린 것은?
① 멀티플렉서로 쓸 수 있다.
② 기억회로로 구성되어 있다.
③ 입력을 조합하여 한 조합에 대하여 한 출력선만 동작하게 할 수 있다.
④ 2진수로 표시된 입력의 조합에 따라 1개의 출력만 동작하도록 한다.

> **풀이**
> 디코더(Decoder : 해독기)
> (1) 코드 형식의 2진 정보를 다른 코드 형식으로 바꾸는 회로가 디코더(Decoder)이다. 다시 말하면, 2진 코드나 BCD Code를 해독(Decoding)하여 이에 대응하는 1개(10진수)의 선택 신호로 출력하는 것을 말한다.

(2) 디코더는 컴퓨터의 중앙처리장치 내에서 번지의 해독, 명령의 해독, 제어 등에 사용되며 타이프라이터 등에서는 중앙처리장치로부터 들어온 2진 코드를 문자로 변환하여 인쇄할 때 사용되고 있다.

답 ②

11 8극 동기전동기의 기동방법에서 유도전동기로 기동하는 기동법을 사용하려면 유도전동기의 필요한 극수는 몇 극으로 하면 되는가?

① 6 ② 8 ③ 10 ④ 12

풀이
유도전동기로 기동하는 경우에는 동기전동기의 극수보다 2극 적게 하여야 한다.

답 ①

12 $R=5[\Omega]$, $L=20[mH]$ 및 가변 콘덴서 $C[\mu F]$로 구성된 RLC 직렬회로에 주파수 1000[Hz]인 교류를 가한 다음 콘덴서를 가변시켜 직렬 공진시킬 때 C의 값은 약 몇 $[\mu F]$인가?

① 1.27 ② 2.54 ③ 3.52 ④ 4.99

풀이
$$f = \frac{1}{2\pi\sqrt{LC}}, \quad 1000 = \frac{1}{2\pi\sqrt{20\times 10^{-3}\times C}}, \quad C = 1.27[\mu F]$$

답 ①

13 저항 $10\sqrt{3}[\Omega]$, 유도리액턴스 $10[\Omega]$인 직렬회로에 교류 전압을 인가할 때 전압과 이 회로에 흐르는 전류와의 위상차는 몇 도인가?

① 60° ② 45° ③ 30° ④ 0°

풀이
$$\theta = \tan^{-1}\frac{X}{R} = \tan^{-1}\frac{10}{10\sqrt{3}} = 30°$$

답 ③

14 송배전선로의 작용 정전용량은 무엇을 계산하는데 사용되는가?
① 선간단락 고장 시 고장전류 계산
② 정상운전 시 전로의 충전전류 계산
③ 인접 통신선의 정전 유도 전압 계산
④ 비접지 계통의 1선 지락고장 시 지락 고장전류 계산

풀이
작용 정전용량 ~ 정상운전시 선로의 충전전류 계산

단도체 $C_w = \dfrac{0.02413}{\log\dfrac{D_e}{r}}$ 따라서 C_w는 $\log_{10}\dfrac{D}{r}$에 반비례

$C_w = \dfrac{0.02413}{\log_{10}\dfrac{D}{\sqrt[n]{rS^{n-1}}}}[\mu F/m]$(복도체)

등가반지름 : $r_e = \sqrt[n]{rS^{n-1}}$

여기서, r : 전선의 반지름[m], D : 등가선간거리[m]
n : 소도체수, S : 소도체 간격

답 ②

15 코일의 성질을 설명한 것 중 틀린 것은?
① 전자석의 성질이 있다.
② 상호 유도 작용이 있다.
③ 전원 노이즈 차단 기능이 있다.
④ 전압의 변화를 안정시키려는 성질이 있다.

▶ 풀이
코일은 철심에 전류를 흘리면 전자석으로 사용되며 상호유도작용, 노이즈차단, 전류의 변화를 안정시키려는 성질을 가지고 있다.

답 ④

16 전기자의 반지름이 0.15[m]인 직류발전기가 1.5[kW]의 출력에서 회전수가 1500[rpm]이고, 효율은 80[%] 이다. 이 때 전기자 주변속도는 몇 [m/s]인가? (단, 손실은 무시한다.)
① 11.78　　② 18.56　　③ 23.56　　④ 30.04

▶ 풀이
$v = \pi D n = \pi \times 0.15 \times 2 \times \dfrac{1500}{60} = 23.56 [\text{m/sec}]$

답 ③

17 그림과 같은 회로에서 20[Ω]에 흐르는 전류는 몇 [A]인가?
① 0.4　　② 0.6
③ 1.0　　④ 1.2

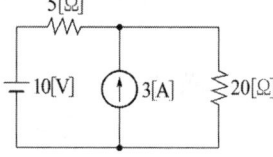

▶ 풀이
V(전압원) 기준, I(전류원) 개방　$I_1 = \dfrac{10}{5+20} = 0.4[\text{A}]$
I(전류원) 기준, V(전압원) 단락　$I_2 = \dfrac{5}{5+20} \times 3 = 0.6[\text{A}]$
$I = I_1 + I_2 = 0.4 + 0.6 = 1[\text{A}]$

답 ③

18 금속관 공사 시 관을 접지하는데 사용하는 것은?
① 엘보　　　　　　　　　② 터미널 캡
③ 어스 클램프　　　　　　④ 노출 배관용 박스

▶ 풀이
• 유니버설 엘보우(C형 엘보우) : 노출 배관 공사에서 관을 직각으로 굽히는 곳에 사용하고 3방향으로 분기할 수 있는 T형과, 4방향으로 분기할 수 있는 크로스(cross)형이 있다.
• 터미널 캡, 엔트런스 캡 : 저압 가공 인입선에서 금속관 공사로 옮겨지는 곳 또는 금속관으로부터 전선을 인출하여 전동기 단자 부분에 접속할 때 전선을 보호하기 위해서 관 끝에 취부한다.
• 접지 클램프 : 금속관과 접지선 사이의 접속에 사용한다.
• 노출박스 : 스위치 또는 콘센트를 취부하는 배관자재로 스위치나 콘센트를 2개 취부할 경우 노출공사용으로 사용된다.

답 ③

19 고압 또는 특고압 가공전선로로부터 공급을 받는 수용장소의 인입구 또는 이와 근접한 곳에 시설하여야 하는 것은?

① 정류기　　　② 피뢰기　　　③ 동기조상기　　　④ 직렬리액터

풀이
피뢰기의 시설장소
① 발전소, 변전소 또는 이에 준하는 장소의 가공전선 인입구 및 인출구
② 가공전선로에 접속하는 특고압 배전용 변압기의 고압 측 및 특별고압 측
③ 고압 또는 특별고압 가공전선로로부터 공급을 받는 수용장소의 인입구
④ 가공전선로와 지중전선로가 접속되는 곳

답 ②

20 표준 상태에서 공기의 절연이 파괴되는 전위 경도는 교류(실효값)로 약 몇 [kV/cm]인가?

① 10　　　② 21　　　③ 30　　　④ 42

풀이
공기의 절연파괴 전위경도
① 직류 : 30[kV/cm]　② 교류 : 21.1[kV/cm]

답 ②

21 변압기의 효율이 회전기의 효율보다 좋은 이유는?

① 동손이 적기 때문이다.　　　② 철손이 적기 때문이다.
③ 기계손이 없기 때문이다.　　　④ 동손과 철손이 모두 적기 때문이다

풀이
효율(손실의 대부분이 철손과 동손으로 구성되며 기계손이 없다.)

$\eta = \dfrac{출력[kW]}{출력[kW] + 손실[kW]} \times 100[\%]$ 즉 $\eta = \dfrac{V_{2n}I_{2n}\cos\theta}{V_{2n}I_{2n}\cos\theta + P_i + P_c} \times 100[\%]$

답 ③

22 다음 (　) 안에 알맞은 내용으로 옳은 것은?

> 버스 덕트 배선에 의하여 시설하는 도체는 (㉮)[mm²] 이상의 띠 모양, 5[mm]의 관 모양이나 둥근 막대 모양의 동 또는 단면적 (㉯)[mm²] 이상인 띠 모양의 알루미늄을 사용하여야 한다.

① ㉮ 10 ㉯ 20　　　　　② ㉮ 15 ㉯ 25
③ ㉮ 20 ㉯ 30　　　　　④ ㉮ 25 ㉯ 35

답 ③

23 %동기 임피던스가 130[%]인 3상 동기 발전기의 단락비는 약 얼마인가?

① 0.66　　　　　② 0.77
③ 0.88　　　　　④ 0.99

▶풀이

단락비 $K_s = \dfrac{100}{\%Z_s}$ ∴ $K_s = \dfrac{100}{\%Z_s} = \dfrac{100}{130} = 0.77$

답 ②

24 송전선에 코로나가 발생하면 무엇에 의해 전선이 부식되는가?
① 수소   ② 아르곤   ③ 비소   ④ 산화질소

▶풀이

코로나 발생
① 전력 손실 발생 – 코로나 손실
② 전선 주위 산소(O_2)의 오존(O_3)로 인한 전선 부식 발생(산화질소 NO_2)
③ 고주파로 인한 통신선 유도장해 발생
④ 소호리액터의 소호능력 저하
⑤ 진행파의 파고값이 감소

답 ④

25 현수애자 4개를 1련으로 한 66[kV] 송전선로가 있다. 현수애자 1개의 절연저항이 2000[MΩ]이라면 표준경간을 200[m]로 할 때 1[km]당의 누설 컨덕턴스는 약 몇 [℧]인가?
① 0.58×10^{-9} ② 0.63×10^{-9} ③ 0.73×10^{-9} ④ 0.83×10^{-9}

▶풀이

$G = \dfrac{1}{R} = \dfrac{1}{2000 \times 10^6 \times 4} \times 5 = 0.625 \times 10^{-9}$

애자 4개 저항 8000[MΩ]
전체 철탑수 6개 양끝 철탑저항은 1/2씩 계산

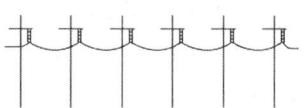

답 ②

26 3상 유도전동기가 입력 50[kW], 고정자 철손 2[kW]일 때 슬립 5[%]로 회전하고 있다면 기계적 출력은 몇 [kW]인가?
① 45.6   ② 47.8   ③ 49.2   ④ 51.4

▶풀이

관계식 $P_2 : P_{2c} : P_k = 1 : s : 1-s$에서 $P_2 : P_k = 1 : 1-s$를 출력 P_k으로 정리하면
출력 $P_k = (1-s)P_2$가 되며,
여기서, 2차 입력 = 1차 입력 – 1차 손실 = 50 – 2 = 48[kW]이므로
따라서 출력 $P_k = (1-0.05) \times 48 ≒ 45.6$[kW]가 된다.

답 ①

27 그림은 변압기의 단락시험 회로이다. 임피던스 전압과 정격전류를 측정하기 위해 계측기를 연결해야 할 단자와 단락결선을 하여야 하는 단자를 옳게 나타낸 것은?
① 임피던스 전압(a-b), 정격전류(c-d), 단락(e-g)
② 임피던스 전압(a-b), 정격전류(d-e), 단락(f-g)
③ 임피던스 전압(d-e), 정격전류(f-g), 단락(d-f)
④ 임피던스 전압(d-e), 정격전류(c-d), 단락(f-g)

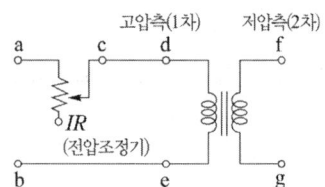

풀이

(1) 단락 시험 회로

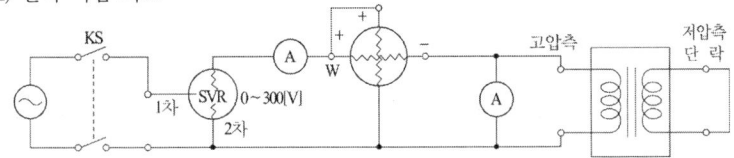

(2) 측정 항목
① 임피던스 전압 : 변압기 2차측(저압측)을 단락시키고 1차측(고압측)에 전압을 가하여 1차(고압측) 단락 전류가 1차(고압측) 정격 전류와 같게 되었을 때, 이때 고압측에 인가하는 전압으로 교류 전압계의 지시값 $V[\text{V}]$로 표시된다.

② %임피던스$(\%Z) = \dfrac{1\text{차 정격 전류} \times \text{임피던스}}{1\text{차 정격 전압}} \times 100[\%] = \dfrac{I_n Z}{V_{1n}} \times 100 = \dfrac{V_s}{V_{1n}} \times 100[\%]$

③ 동손 : 교류 전력계 지시값 $W[\text{W}]$로 표시된다.

답 ④

28 보호선과 전압선의 기능을 겸한 전선은?
① DV선　② PEM선　③ PEL선　④ PEN선

풀이

중성선(N), 보호선(PE), 보호선과 중성선 결합(PEN)
보호선과 전압선 결합(PEL), 보호선과 중간선의 기능(PEM)

답 ③

29 10[kW]의 농형 유도전동기의 기동방법으로 가장 적당한 것은?
① 전전압 기동법
② Y-△ 기동법
③ 기동 보상기법
④ 2차 저항 기동법

풀이

농형 유도 전동기 기동법
• 전전압 기동법 : 5[kW] 이하에서 많이 사용
• Y-△ 기동법 : 10~15[kW]에서 많이 사용
• 기동보상기법 : 15[kW] 이상에서 많이 사용

답 ②

30 1 전자볼트(eV)는 약 몇 J 인가?
① 1.60×10^{-19}　② 1.67×10^{-21}　③ 1.72×10^{-24}　④ 1.76×10^{9}

풀이

1개의 전자가 1볼트의 전위차(電位差)에 의해 받는 에너지이다.
$1[\text{eV}] = 1.602 \times 10^{-19}[\text{C}] \times 1[\text{V}] = 1.602 \times 10^{-19}[\text{J}]$

답 ①

31 다음 그림은 어떤 논리 회로인가?
① NOR
② NAND
③ exclusive OR(XOR)
④ exclusive NOR(XNOR)

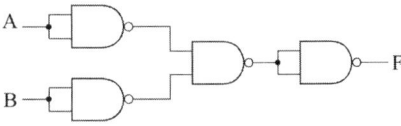

● 풀이
논리식 간략화 $\overline{\overline{A} \cdot \overline{B}} = \overline{A} \cdot \overline{B} = \overline{A+B}$

답 ①

32 평형 3상 △ 부하에 선간전압 300[V]가 공급될 때 선전류가 30[A] 흘렀다. 부하 1상의 임피던스는 몇 [Ω]인가?

① 10　　② $10\sqrt{3}$　　③ 20　　④ $30\sqrt{3}$

● 풀이
△결선　$V_l = V_p$　$I_l = \sqrt{3} I_p$

$Z_p = \dfrac{V_p}{I_p} = \dfrac{300}{\dfrac{30}{\sqrt{3}}} = 10\sqrt{3}\,[\Omega]$

답 ②

33 그림의 회로에서 입력 전원(v_s)의 양(+)의 반주기 동안에 도통하는 다이오드는?

① D_1, D_2　　② D_2, D_3
③ D_4, D_1　　④ D_1, D_3

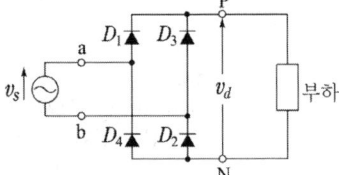

● 풀이
단상 브리지 전파 정류 회로
입력 전압의 (+) 반주기 동안에는 D_1, D_4 통전하고, (−) 반주기 동안에는 D_2, D_3 통전하여 전파 출력한다.

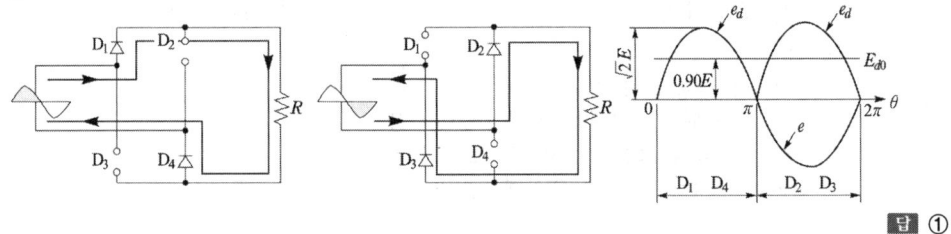

답 ①

34 저압 가공 인입선의 시설기준이 아닌 것은?
① 전선은 나전선, 절연전선, 케이블을 사용할 것
② 전선이 케이블인 경우 이외에는 인장강도 2.30[kN] 이상일 것
③ 전선의 높이는 철도 또는 궤도를 횡단하는 경우에는 레일면상 6.5[m] 이상일 것
④ 전선이 옥외용 비닐절연전선일 경우에는 사람이 접촉할 우려가 없도록 시설할 것

● 풀이
저압 가공인입선
① 지름 2.6[mm](경간 15[m] 이하는 2[mm])의 경동선 또는 이와 동등 이상의 세기 및 굵기의 것일 것
② 전선은 옥외용 비닐전선(OW), 인입용 절연전선(DV) 또는 케이블일 것
③ 인입선의 길이는 50[m] 이하로 할 것
④ 전선의 높이는 다음에 의할 것

- 도로를 횡단하는 경우에는 노면상 5[m] 이상
  (기술상 부득이한 경우에 교통에 지장이 없을 때에는 2.5[m])
- 철도 궤도를 횡단하는 경우에는 레일면상 6.5[m] 이상
- 기타의 경우 : 4[m] 이상

답 ①

35 전기회로에서 전류는 자기회로에서 무엇과 대응 되는가?
① 자속
② 기자력
③ 자속밀도
④ 자계의 세기

▶풀이

전기회로와 자기회로의 대응

전기회로	자기회로
• 전류 I[A]	• 자속 ϕ[Wb]
• 전압, 기전력 $V = IR$[V]	• 기자력 $F = NI$[AT] $= R_m \phi = Hl$
• 저항 $R = \rho \dfrac{l}{S} = \dfrac{l}{\sigma S}$[Ω]	• 자기저항 $R_m = \dfrac{l}{\mu S}$[AT/Wb]
• 도전율 σ[℧/m]	• 투자율 μ[H/m]

답 ①

36 전압계의 측정범위를 확대하기 위해 콘스탄탄 또는 망가닌선의 저항을 전압계에 직렬로 접속하는데 이 때의 저항을 무엇이라고 하는가?
① 분류기
② 배율기
③ 분압기
④ 정류기

▶풀이
- 배율기(Multiplier) R_m[Ω] : 전압의 측정 범위를 넓히기 위하여 전압계에 직렬로 접속하는 저항
- 분류기(Shunt) R_s[Ω] : 전류의 측정 범위를 넓히기 위하여 전류계에 병렬로 접속하는 저항

답 ②

37 220[V]인 3상 유도전동기의 전부하 슬립이 3[%]이다. 공급전압이 200[V]가 되면 전부하 슬립은 약 몇 [%]가 되는가?
① 3.6
② 4.2
③ 4.8
④ 5.4

▶풀이

$S \propto \dfrac{1}{V^2}$ $3 : S = \dfrac{1}{220^2} : \dfrac{1}{200^2}$ $S = \left(\dfrac{220^2}{200^2}\right) \times 3 = 3.6$

답 ①

38 GTO의 특성으로 옳은 것은?
① 게이트(gate)에 역방향 전류를 흘려서 주전류를 제어한다.
② 소스(source)에 순방향 전류를 흘려서 주전류를 제어한다.
③ 드레인(drain)에 역방향 전류를 흘려서 주전류를 제어한다.
④ 드레인(drain)에 순방향 전류를 흘려서 주전류를 제어한다.

풀이
GTO(Gate Turn Off thyristor)
4층 구조로서 GTO는 양(+) 게이트 전류에 의하여 턴 온 하는 것 이외에도 음(-)의 게이트 전류에 의하여 턴 오프시킬 수 있다. **답** ①

39 전력설비에 대한 설치 목적의 연결이 옳지 않은 것은?
① 소호 리액터 - 지락전류 제한
② 한류 리액터 - 단락전류 제한
③ 직렬 리액터 - 충전전류 방전
④ 분로 리액터 - 페란티 현상 방지

풀이
리액터 (늦은 전류를 취하여 이상전압의 상승을 억제)
① 직렬리액터 : 콘덴서의 5고조파를 억제하여 파형 개선
　　직렬리액터의 용량은 전력용 콘덴서 용량의 4[%](이론상), 실제 → 5~6[%]
② 병렬리액터(분로리액터) : 페란티(Ferantti) 현상 방지
③ 소호리액터 : 지락전류 억제(중성점 접지방식)
④ 한류리액터 : 단락전류 제한 **답** ③

40 다음은 어떤 게이트의 설명인가?

> 게이트의 입력에 서로 다른 입력이 들어올 때 출력이 1이 되고(입력이 "0"과 "1" 또는 "1"과 "0"이면 출력이 "1"), 게이트의 입력에 같은 입력이 들어올 때 출력이 0이 되는 회로(입력이 "0"과 "0" 또는 "1"과 "1"이면 출력이 "0")이다.

① OR 게이트　　　　　　　　② AND 게이트
③ NAND 게이트　　　　　　　④ EX-OR 게이트

풀이
EX-OR 회로

입력		출력
A	B	X
0	0	0
0	1	1
1	0	1
1	1	0

답 ④

41 파형률과 파고율이 같고 그 값이 1인 파형은?
① 고조파　　② 삼각파　　③ 구형파　　④ 사인파

풀이
구형파는 실효값과 평균값이 모두 최대값과 같으므로 파형률과 파고율 모두 1이다. **답** ③

42 지중에 매설되어 있는 케이블의 전식을 방지하기 위하여 누설전류가 흐르도록 길을 만들어 금속표면의 부식을 방지하는 방법은?

① 회생 양극법
② 외부 전원법
③ 강제 배류법
④ 배양법

풀이
지중케이블의 전식방지법
① 금속표면 코팅
② 회생양극법(유전양극법)
③ 외부전원법
④ 배류법(직접배류법, 강제배류법, 선택배류법) : 누설전류가 흐르도록 길을 만들어 금속표면의 부식을 방지

답 ③

43 하나의 철심에 동일한 권수로 자기 인덕턴스 L[H]의 코일 두 개를 접근해서 감고, 이것을 자속 방향이 동일하도록 직렬 연결할 때 합성 인덕턴스[H]는? (단, 두 코일의 결합계수는 0.5 이다.)

① L
② $2L$
③ $3L$
④ $4L$

풀이
가동결합 $L_0 = L_1 + L_2 + 2M = L_1 + L_2 + 2K\sqrt{L_1 \times L_2}$
$L_0 = L + L + 2 \times 0.5 \sqrt{L \times L} = 3L$

답 ③

44 고・저압 진상용 콘덴서(SC)의 설치위치로 가장 효과적인 것은?

① 부하와 중앙에 분산 배치하여 설치하는 방법
② 수전 모선단에 중앙 집중으로 설치하는 방법
③ 수전 모선단에 대용량 1개를 설치하는 방법
④ 부하 말단에 분산하여 설치하는 방법

풀이
진상용 콘덴서(SC)의 설치위치는 부하에 가까울수록 가장 효과적이다.

답 ④

45 정격전압이 200[V], 정격출력 50[kW]인 직류 분권 발전기의 계자 저항이 20[Ω]일 때 전기자 전류는 몇 [A]인가?

① 10
② 20
③ 130
④ 260

풀이
$E = V + I_a R_a$ 에서 $I_a = I + I_f$
$I = \dfrac{P}{V} = \dfrac{50 \times 10^3}{200} = 250$[A]
$I_f = \dfrac{V}{R_f} = \dfrac{200}{20} = 10$[A]
$I_a = 250 + 10 = 260$[A]

답 ④

46 전압원 인버터에서 암 단락(arm short)을 방지하기 위한 방법은?
① 데드타임 설정
② 스위칭 소자 양단에 커패시터 접속
③ 스위칭 소자 양단에 서지 흡수기 접속
④ 스위칭 소자 양단에 역병렬로 다이오드 접속

▶풀이
전압원 인버터의 암단락(arm short)방지를 위하여 반드시 데드타임을 설정하여야 한다.
※ 스위치가 위에나 아래에 하나로 구성된 Arm이 2개가 모여 단상 인버터가 된다 이때 Arm으로 구성된 2개의 스위치가 모두 ON 상태가 된 것을 암단락(arm short)이라 한다.   **답 ①**

47 16진수 B85₁₆를 10진수로 표시하면?
① 738　　② 1475　　③ 2213　　④ 2949

▶풀이
$11 \times 16^2 + 8 \times 16^1 + 5 \times 16^0 = 2949$　　**답 ④**

48 진공 중에 2[m] 떨어진 2개의 무한 평행 도선에 단위 길이당 10^{-7}[N]의 반발력이 작용할 때, 도선에 흐르는 전류는?
① 각 도선에 1[A]가 반대 방향으로 흐른다.
② 각 도선에 1[A]가 같은 방향으로 흐른다.
③ 각 도선에 2[A]가 반대 방향으로 흐른다.
④ 각 도선에 2[A]가 같은 방향으로 흐른다.

▶풀이
$F = \dfrac{2I_1I_2}{d} \times 10^{-7} = \dfrac{2I^2}{d}$

$10^{-7} = \dfrac{2 \times I^2}{2} \times 10^{-7}$　$I = 1$[A] 반대방향(반발력일 경우)　　**답 ①**

49 철근콘크리트주로서 그 전체의 길이가 16[m] 초과 20[m] 이하이고, 설계하중이 6.8[kN] 이하인 것을 지반이 연약한 곳 이외에 시설하려고 한다. 지지물의 기초 안전율을 고려하지 않고 철근 콘크리트주를 시설하려면 묻히는 깊이를 몇 [m] 이상으로 시설하여야 하는가?
① 2.5　　② 2.8　　③ 3.0　　④ 3.2

▶풀이
지지물 기초 안전율의 예외
① 철주 또는 철근콘크리트주로서 길이 16[m]이하, 설계하중 6.8[kN]이하인 것 또는 목주를 다음에 의해 시설할 때
　- 길이 15[m] 이하 : 전체 길이의 6분의1 이상 땅속에 묻는 경우
　- 길이 15[m] 초과 : 2.5[m]이상 땅속에 묻는 경우

② 철근콘크리트주로서 길이 16[m]초과 20[m]이하, 설계하중 6.8[kN]이하의 것을 논이나 지반이 연약한 곳 이외에 그 묻히는 깊이를 2.8[m]이상으로 시설한 경우
③ 철근콘크리트주로서 길이 14[m]이상 20[m]이하, 설계하중 6.8[kN]초과 9.8[kN]이하의 것을 위의 규정보다 30[cm]가산하여 시설한 경우

답 ②

50 여자기(Exciter)에 대한 설명으로 옳은 것은?
① 주파수를 조정하는 것이다.
② 부하 변동을 방지하는 것이다.
③ 직류 전류를 공급하는 것이다.
④ 발전기의 속도를 일정하게 하는 것이다.

● 풀이
동기발전기의 계자 권선에 여자 전류를 공급하는 직류 전원 공급장치를 여자기(Exciter)라 한다.

답 ③

51 변압기의 병렬운전 조건에 대한 설명으로 틀린 것은?
① 극성이 같아야 한다.
② 권수비, 1차 및 2차의 정격 전압이 같아야 한다.
③ 각 변압기의 저항과 누설 리액턴스비가 같아야 한다.
④ 각 변압기의 임피던스가 정격 용량에 비례하여야 한다.

● 풀이
단상 변압기의 병렬운전 조건
① 극성이 일치할 것 → 불일치 : 순환전류 → 2차 권선의 손실, 파손
   (극성 : 유도기전력의 방향 : 위상관계)
② 권수비 및 1, 2차 정격전압이 같은 것 : 불일치 → 순환전류 → 2차 권선의 손실, 파손
$$I_c = \frac{E_{a2} - E_{b2}}{Z_a + Z_b} = \frac{|Z_a I_a - Z_b I_b|}{Z_a + Z_b} = \frac{I_a(Z_b - Z_a)}{Z_a + Z_b}$$ ** I_c : cycling current
③ 각 변압기의 %임피던스 강하가 같으며 저항과 리액턴스비가 같을 것.
   ∴ 부하분담은 내부 임피던스(%Z)에 반비례하여 분담된다.
   ※ 합성(환산)용량 구하는 식(%Z = 임피던스전압(%) 작은 것 기준)
   ㉠ $\frac{P_a}{P_b} = \frac{P_A}{P_B} \times \frac{\%Z_b}{\%Z_a} = m \times \frac{\%Z_b}{\%Z_a}$ ($\frac{P_A}{P_B} = m$)
   ㉡ $P_a = \frac{\%Z_b}{\%Z_a + \%Z_b} \times P$ [kVA], $P_b = \frac{\%Z_a}{\%Z_a + \%Z_b} \times P$ [kVA]
④ 상회전 방향 및 각 변위 일치 (3상)
   각변위(위상변위) : 1차 유기전압을 기준으로 이에 대한 2차 유기전압의 뒤진 각
   ※ 병렬운전 불가능 조합 △-△와 △-Y 조합 – Y-Y와 Y-△ 조합

답 ④

52 전력 원선도에서 구할 수 없는 것은?
① 선로손실
② 송전효율
③ 수전단 역률
④ 과도안정 극한전력

● 풀이
전력원선도(電力圓線圖) : 전력계통의 안정을 위한 근거로 사용(발전소서 조상설비로 운용)

① 가로축 : 유효전력, 세로축 : 무효전력
② 반지름

전력원선도 반지름 = $\dfrac{E_S E_R}{B} = \dfrac{E_S E_R}{Z}$

③ 전력원선도에서 알 수 있는 사항
  ㄱ) 송전전력
  ㄴ) 전력손실
  ㄷ) 정태안정 극한전력
  ㄹ) 수전단 역률
  ㄷ) 조상기 용량
  ㅁ) 송수전단 전압간 상차각(相差角)

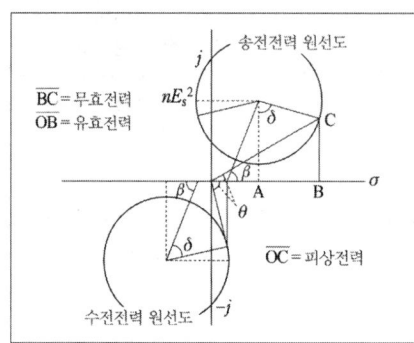

답 ④

53 $f(t) = \dfrac{e^{at} + e^{-at}}{2}$의 라플라스 변환은?

① $\dfrac{s}{s^2 - a^2}$ ② $\dfrac{s}{s^2 + a^2}$ ③ $\dfrac{a}{s^2 - a^2}$ ④ $\dfrac{a}{s^2 + a^2}$

풀이

$\mathcal{L}\left(\dfrac{1}{2}(e^{at} + e^{-at})\right) = \dfrac{1}{2}\mathcal{L}(e^{at} + e^{-at}) = \dfrac{1}{2}\left(\dfrac{1}{s-a} + \dfrac{1}{s+a}\right) = \dfrac{s}{s^2 - a^2}$

답 ①

54 공사원가를 구성하고 있는 순공사 원가에 포함되지 않는 것은?

① 경비 ② 재료비
③ 노무비 ④ 일반관리비

풀이

공사원가 : 재료비, 노무비, 경비

답 ④

55 3σ법의 $\overline{X}$관리도에서 공정이 관리 상태에 있는데도 불구하고 관리상태가 아니라고 판정하는 제1종 과오는 약 몇 [%]인가?

① 0.27 ② 0.54 ③ 1.0 ④ 1.2

풀이

3σ법의 $\overline{X}$관리도에서 공정이 관리 상태에 있는데도 불구하고 관리상태가 아니라고 판정하는 제1종 과오는 0.27[%]이다.

답 ①

56 검사의 종류 중 검사공정에 의한 분류에 해당되지 않는 것은?

① 수입검사 ② 출하검사
③ 출장검사 ④ 공정검사

풀이

검사 공정에 따른 종류
(1) 수입 검사 (2) 최종 검사 (3) 공정 검사 (4) 출하 검사

답 ③

57 워크 샘플링에 관한 설명 중 틀린 것은?
① 워크 샘플링은 일명 스냅리딩(Snap Reading)이라 불린다.
② 워크 샘플링은 스톱워치를 사용하여 관측대상을 순간적으로 관측하는 것이다.
③ 워크 샘플링은 영국의 통계학자 L.H.C. Tippet가 가동률 조사를 위해 창안한 것이다.
④ 워크 샘플링은 사람의 상태나 기계의 가동상태 및 작업의 종류 등을 순간적으로 관측하는 것이다.

▸풀이
- 워크 샘플링 : 관측대상을 무작위로 선정하여 일정 시간 관측하고, 그 상태를 기록, 집계한 다음 그 데이터를 기초로 하여 작업자나 기계 설비의 가동 상태 등을 통계적 수법을 사용하여 분석하는 작업 연구의 한 수법이다.

답 ②

58 부적합품률이 20[%]인 공정에서 생산되는 제품을 매시간 10개씩 샘플링 검사하여 공정을 관리하려고 한다. 이 때 측정되는 시료의 부적합품 수에 대한 기댓값과 분산은 약 얼마인가?
① 기댓값 : 1.6, 분산 : 1.3
② 기댓값 : 1.6, 분산 : 1.6
③ 기댓값 : 2.0, 분산 : 1.3
④ 기댓값 : 2.0, 분산 : 1.6

▸풀이
기대값 $nP = 10 \times 0.2 = 2$
분산 $V_{(n)} = nP(1-P) = 10 \times 2(1-0.2) = 1.6$

답 ④

59 설비배치 및 개선의 목적을 설명한 내용으로 가장 관계가 먼 것은?
① 재공품의 증가
② 설비투자 최소화
③ 이동거리의 감소
④ 작업자 부하 평준화

▸풀이
배치 (Layout)의 원칙
 ① 총합의 원칙   ② 단거리의 원칙
 ③ 유동의 원칙   ④ 입체의 원칙

답 ①

60 설비보전조직 중 지역보전(area maintenance)의 장·단점에 해당하지 않는 것은?
① 현장 왕복 시간이 증가한다.
② 조업요원과 지역보전요원과의 관계가 밀접해진다.
③ 보전요원이 현장에 있으므로 생산 본위가 되며 생산의욕을 가진다.
④ 같은 사람이 같은 설비를 담당하므로 설비를 잘 알며 충분한 서비스를 할 수 있다.

> 풀이

설비보전조직 특징	장점	단점
지역보전 특정 지역에 보전요원배치(조직상 집중) • 배치 지역의 예방보전 검사, 급유, 수리 등을 담당(배치상 분산)	• 보전요원이 용이하게 제조부의 작업자에게 접근할 수 있다. • 작업지시에서 완성까지 시간적인 지체를 최소로 할 수 있다. • 보전감독자와 보전요원이 해당 설비에 정통하고 예비부품의 요구에 신속히 대처할 수 있다. • 생산라인의 공정변경이 신속히 이루어진다. • 근무시간의 교대가 유기적이다. • 보전감독자나 보전요원은 생산계획, 생산의 문제점, 특별작업 등에 고민하여 잘 알게 된다.	• 대수리작업의 처리가 어렵다. • 지역별로 스태프를 여분으로 배치하는 경향이 있다. • 배치전환, 고용, 초과근로에 대하여 인간적 문제나 제약이 많다. • 전문가 채용이 어렵다

답 ①

제 21 회 전기기능장 실전모의고사

01 히스테리시스 곡선에서 종축은 무엇을 나타내는가?
① 자계의 세기
② 자속밀도
③ 기자력
④ 자속

▶ 풀이
- BH 곡선 - 가로축 : H(자기장의 세기)
  - 세로축 : B(자속밀도)
- 자성체를 $+H_m$으로 자화 시킨 후 자계의 세기 H를 0으로 하여도 자성체에 자속밀도가 0이 되지 않고 B_r 값만큼 자기가 남는다 ⇒ 잔류자기
- 잔류자기 B_r 값을 0으로 만드는데 소요되는 자계의 크기 H_c ⇒ 보자력

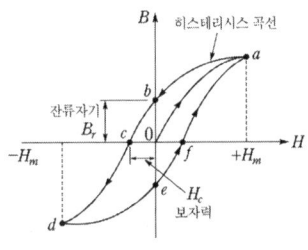

[히스테리시스 곡선]

답 ②

02 그림과 같은 논리회로에서의 출력식은?
① ABC
② A+B+C
③ AB+C
④ (A+B)C

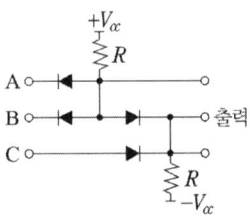

▶ 풀이

게이트	기호 및 수식	전자회로	계전기회로	진리표
AND	$Y = A \cdot B = AB = A \times B$			A B Y 0 0 0 0 1 0 1 0 0 1 1 1
OR	$Y = A+B$			A B Y 0 0 0 0 1 1 1 0 1 1 1 1

답 ③

03 전력변환 장치의 반도체 소자 SCR이 턴온(Turn On)되어 20[A]의 전류가 흐를 때 게이트 전류를 1/2로 줄이면 SCR의 애노드와 캐소드에 흐르는 전류는?

① 40[A]　　② 20[A]　　③ 10[A]　　④ 5[A]

▶풀이
SCR은 단방향성 3단자 소자로 $V_{AK} > 0$일 때 게이트 양의 펄스에 의해 턴온 되며, 턴 오프는 V_{AK}에 역방향 전압을 인가하거나, 애노드 전류를 유지전류 이하로 떨어뜨리면 된다. 그러므로 게이트전류를 줄이거나 늘리더라도 애노드와 캐소드전류에는 변함이 없다.　　**답 ②**

04 정격전류가 55[A]인 전동기 1대와 정격전류 10[A]인 전동기 5대에 전력을 공급하는 간선의 허용전류의 최솟값은 몇 [A]인가?

① 94.5　　② 105.5　　③ 115.5　　④ 131.3

▶풀이
① 전동기의 정격전류의 합이 50[A] 이하인 경우 : $I_a \geq 1.25 \times \sum I_M$
② 전동기의 정격전류의 합이 50[A] 초과하는 경우 : $I_a \geq 1.1 \times \sum I_M$　　**답 ③**

05 변압기의 내부저항과 누설 리액턴스의 %강하율은 2[%], 3[%]이다. 부하의 역률이 80[%]일 때 이 변압기의 전압변동률은 몇 [%]인가?

① 1.6　　② 1.8　　③ 3.4　　④ 4.0

▶풀이
전압변동률 $\epsilon = p\cos\theta + q\sin\theta = 2 \times 0.8 + 3 \times 0.6 = 3.4[\%]$　　**답 ③**

06 동기전동기의 위상특성곡선에서 횡축은 무엇을 나타내는가?

① 역률　　② 효율　　③ 계자전류　　④ 전기자전류

▶풀이
위상특선곡선(V곡선)은 종축이 전기자 전류, 횡축은 계자전류를 나타낸다.　　**답 ③**

07 저압 이웃 연결 인입선은 인입선에서 분기하는 점으로부터 100[m]를 넘지 않는 지역에 시설하고 폭 몇 m를 초과하는 도로를 횡단하지 않아야 하는가?

① 4　　② 5　　③ 6　　④ 7

▶풀이

이웃 연결 인입선 시설 제한 규정
① 인입선에서의 분기하는 점에서 100[m]를 넘는 지역에 이르지 않아야 한다.
② 폭 5[m]를 넘는 도로를 횡단하지 않아야 한다.
③ 이웃 연결 인입선은 옥내를 관통하면 안 된다.
④ 고압 이웃 연결 인입선은 시설할 수 없다.

답 ②

08 정전압 송전방식에서 전력 원선도 작성 시 필요한 것으로 모두 옳은 것은?
① 조상기용량, 수전단 전압
② 송전단 전압, 수전단 전류
③ 송·수전단 전압, 선로의 일반회로정수
④ 송·수전단 전류, 선로의 일반회로정수

▶풀이

전력원선도(電力圓線圖) : 전력계통의 안정을 위한 근거로 사용(발전소서 조상설비로 운용)
① 가로축 : 유효전력, 세로축 : 무효전력
② 반지름 : 전력원선도 반지름 $= \dfrac{E_S E_R}{B} = \dfrac{E_S E_R}{Z}$
 (E_s : 송전단전압, E_r : 수전단전압, B : 4단자정수(임피던스))

답 ③

09 저압 옥내배선 공사에서 금속관 공사로 시공할 경우 특징이 아닌 것은?
① 전선은 연선일 것
② 전선은 절연전선 일 것
③ 전선은 금속관 안에서 접속점이 없을 것
④ 콘크리트에 매설하는 것은 관의 두께가 1.2[mm] 이하일 것

▶풀이

콘크리트에 매설하는 것은 관의 두께가 1.2[mm] 이상이 필요

답 ④

10 3상 유도전동기의 회전력은 단자전압과 어떤 관계가 있는가?
① 단자전압에 무관하다.
② 단자전압에 비례한다.
③ 단자전압의 2제곱에 비례한다.
④ 단자전압의 1/2제곱에 비례한다.

▶풀이

유도전동기의 토크 $\tau \propto V^2$

답 ③

11 동기발전기의 권선을 분포권으로 할 때 나타나는 현상으로 옳은 것은?
① 집중권에 비하여 합성 유기기전력이 커진다.
② 전기자 반작용이 증가한다.
③ 권선의 리액턴스가 좋아진다.
④ 기전력의 파형이 좋아진다.

> **풀이**
> 분포권의 권선 특징
> - 기전력의 파형이 좋아진다.
> - 권선의 누설 리액턴스가 감소한다.
> - 분포계수 만큼 합성 유도 기전력이 감소한다.
>
> **답 ④**

12 3상 회로에서 2개의 전력계를 사용하여 평형부하의 역률을 측정하고자 한다. 전력계의 지시가 각각 2[kW] 및 8[kW]라 할 때 이 회로의 역률은 약 몇 [%]인가?

① 49 ② 59 ③ 69 ④ 79

> **풀이**
> - 역률 $\cos\theta = \dfrac{P}{P_a} = \dfrac{P_1+P_2}{2\sqrt{P_1^2+P_2^2-P_1\cdot P_2}} = \dfrac{2+8}{2\sqrt{2^2+8^2-2\times 8}} = 0.69$
>
> **답 ③**

13 그림에서 1차 코일의 자기인덕턴스 L_1, 2차 코일의 자기인덕턴스 L_2, 상호인덕턴스를 M이라 할 때 L_A의 값으로 옳은 것은?

① $L_1 + L_2 + 2M$ ② $L_1 - L_2 + 2M$
③ $L_1 + L_2 - 2M$ ④ $L_1 - L_2 - 2M$

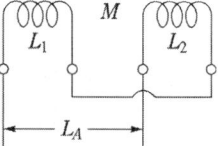

> **풀이**
> 차동접속 $L_A = L_1 + L_2 - 2M$
>
> **답 ③**

14 3상 송전선로 1회선의 전압이 22[kV], 주파수가 60[Hz]로 송전시 무부하 충전전류는 약 몇 [A]인가? (단, 송전선의 길이는 20[km]이고, 1선 1[km]당 정전용량은 0.5[μF]이다.)

① 48 ② 36 ③ 24 ④ 12

> **풀이**
> $I_c = \omega C E\, l = 2\pi f C E\, l = 2\pi \times 60 \times 0.5 \times 10^{-6} \times \dfrac{22000}{\sqrt{3}} \times 20 = 47.8[A]$
>
> **답 ①**

15 저압 가공 인입선의 금속관 공사에서 앤트런스캡의 주된 사용 장소는?

① 전선관의 끝 부분 ② 부스 덕트의 마감재
③ 케이블 헤드의 끝부분 ④ 케이블 트레이의 마감재

> **풀이**
> 앤트런스캡 : 저압 가공 인입선에서 금속관 공사로 옮겨지는 곳 또는 금속관으로부터 전선을 인출하여 전동기 단자 부분에 접속할 때 전선을 보호하기 위해서 관 끝에 취부한다.
>
> **답 ①**

16 3상 송전선로에서 지름 5[mm]의 경동선을 간격 1[m]로 정삼각형 배치를 한 가공전선의 1선 1[km]당의 작용 인덕턴스는 약 몇 [mH/km]인가?

① 1.0 ② 1.25 ③ 1.5 ④ 2.0

풀이

$L = 0.05 + 0.4605 \log \dfrac{D_e}{r}$ 에서 $D_e = \sqrt[3]{D_1 D_1 D_1} = D_1 = 1 \,[\text{m}]$

$\therefore L = 0.05 + 0.4605 \log \dfrac{1}{2.5 \times 10^{-3}} = 1.248 \,[\text{mH/km}]$

답 ②

17 출퇴근 표시등 회로에 전기를 공급하기 위한 1차측 전로의 대지 전압과 2차측 전로의 사용 전압이 몇 [V] 이하인 절연 변압기를 사용하여야 하는가?

① 200[V], 40[V] ② 220[V], 60[V] ③ 300[V], 40[V] ④ 300[V], 60[V]

답 ④

18 가공전선로에 사용하는 애자가 갖춰야 하는 구비 조건이 아닌 것은?

① 가해지는 외력에 기계적으로 견딜 수 있을 것
② 전기적, 기계적 성능이 저하되지 않을 것
③ 표면 저항을 가지고 누설전류가 클 것
④ 코로나 방전을 일으키지 않을 것

답 ③

19 500[kVA] 단상변압기 4대를 사용하여 과부하가 되지 않게 사용할 수 있는 3상 최대전력은 몇 [kVA]인가?

① $500\sqrt{3}$ ② 1500 ③ $1000\sqrt{3}$ ④ 2000

풀이

V결선 2Bank
$P_v = \sqrt{3} \times P \times 2\text{Bank} = \sqrt{3} \times 500 \times 2 = 1000\sqrt{3} \,[\text{kVA}]$

답 ③

20 그림과 같은 전기회로에서 전류 I_1은 몇 [A]인가?

① 1 ② 2
③ 3 ④ 6

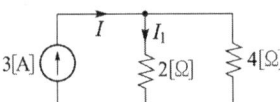

풀이

$I_1 = \dfrac{4}{2+4} \times 3 = 2 \,[\text{A}]$

답 ②

21 그림과 같은 블록선도에서 C/R을 구하면?

① $\dfrac{G_1 G_2}{1 + G_1 G_2 + G_3 G_4}$ ② $\dfrac{G_3 G_4}{1 + G_1 G_2 + G_3 G_4}$

③ $\dfrac{G_1 G_2}{1 + G_1 G_2 G_3 G_4}$ ④ $\dfrac{G_3 G_4}{1 + G_1 G_2 G_3 G_4}$

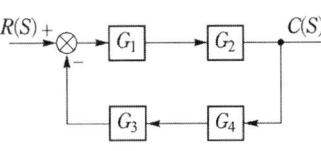

풀이

loop 이득 $= -G_1G_2G_3G_4$, 전향이득 $= G_1G_2$

$$\therefore G(S) = \frac{G_1G_2}{1-(-G_1G_2G_3G_4)} = \frac{G_1G_2}{1+G_1G_2G_3G_4}$$

답 ③

22 단상 회로에 교류 전압 220[V]를 가한 결과 위상이 45° 뒤진 전류가 15[A] 흘렀다. 이 회로의 소비전력은 약 몇 [W]인가?

① 1335　　② 2333　　③ 3335　　④ 4333

풀이

$P = VI\cos\theta = 220 \times 15 \times \cos45 = 2333[\text{W}]$

답 ②

23 스위칭 주기(T)에 대한 스위치의 온(On) 기간(t_{on})의 비인 듀티비를 D라 하면 정상상태에서 벅-부스트 컨버터(Buck-Boost Converter)의 입력전압(V_s)대 출력 전압(V_0)의 비($\frac{V_0}{V_s}$)를 나타낸 것으로 올바른 것은?

① $D-1$　　② $1-D$

③ $\frac{D}{1-D}$　　④ $\frac{D}{1+D}$

풀이

벅-부스트 컨버터 $= D \times \frac{1}{1-D} = \frac{D}{1-D}$

Boost 컨버터 입출력전압비 $\frac{V_o}{V_i} = \frac{1}{1-D}$　(D : duty cycle 시비율)

Buck 컨버터 입출력전압비 $\frac{V_o}{V_i} = D$

답 ③

24 3상 권선형 유도전동기에서 2차측 저항을 2배로 할 경우 최대 토크의 변화는?

① 2배로 된다.　　② $\frac{1}{2}$로 줄어든다.

③ $\sqrt{2}$ 배가 된다.　　④ 변하지 않는다.

풀이

2차 저항을 변화시켜도 최대토크는 변화하지 않는다.

답 ④

25 그림과 같은 논리회로를 1개의 게이트로 표현하면?

① NOT　　② OR
③ AND　　④ NOR

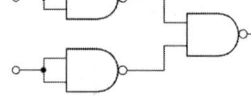

풀이

출력식 $= \overline{\overline{A \cdot B}} = \overline{\overline{A} + \overline{B}} = A + B$

답 ②

26 서지보호장치(SPD)를 기능에 따라 분류할 때 포함되지 않는 것은?
① 복합형 SPD ② 전압 제한형 SPD
③ 전압 스위칭형 SPD ④ 전류 스위칭형 SPD

▶풀이

소자특성	전압스위치형	일정전압초과시 단번에 낮은전압으로 스위칭 동작 (에어갭, 가스방전관, 사이리스터형 SPD)
	전압제한형	전압을 특정레벨까지만 제한(바리스터, 억제형 다이오드)
	복합형	위의 2종류소자를 조합(가스방전관과 바리스터)

답 ④

27 그림과 같이 단상 반파 정류 회로에서 저항 R에 흐르는 전류는 약 몇 [A]인가? (단, $v = 200\sqrt{2}\sin\omega t$ [V], $R = 10\sqrt{2}$ [Ω] 이다.)
① 3.18 ② 6.37
③ 9.26 ④ 12.74

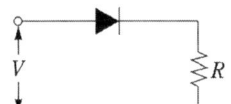

▶풀이
$$I_d = \frac{E_d}{R} = \frac{0.45E}{R} = \frac{0.45 \times 200}{10\sqrt{2}} = 6.37[\text{A}]$$

답 ②

28 직렬회로에서 저항 6[Ω], 유도리액턴스 8[Ω]의 부하에 비정현파 전압 $v = 200\sqrt{2}\sin\omega t + 100\sqrt{2}\sin 3\omega t$ [V]를 가했을 때, 이 회로에서 소비되는 전력은 약 몇 [W]인가?
① 2456 ② 2498 ③ 2534 ④ 2563

▶풀이
$$I_1 = \frac{V_1}{Z_1} = \frac{200}{\sqrt{6^2 + 8^2}} = 20[\text{A}]$$
$$I_3 = \frac{V_3}{Z_3} = \frac{100}{\sqrt{6^2 + (3 \times 8)^2}} = 4.04[\text{A}]$$
$$P = (I_1^2 + I_2^2) \times R = (20^2 + 4.04^2) \times 6 = 2498[\text{W}]$$

답 ②

29 동기발전기를 병렬운전 하고자 하는 경우의 조건에 해당되지 않는 것은?
① 기전력의 위상이 같을 것 ② 기전력의 파형이 같을 것
③ 발전기의 주파수가 같을 것 ④ 기전력의 임피던스가 같을 것

▶풀이
동기발전기 병렬 운전 조건
- 기전력의 크기가 같을 것
- 기전력의 위상이 같을 것
- 기전력의 주파수가 같을 것
- 기전력의 파형이 같을 것
- 상회전 방향이 같을 것(3상)

답 ④

30 반도체 소자 다이오드를 병렬로 접속하는 주된 목적은?
① 고전압화　　② 고주파화　　③ 대용량화　　④ 저손실화

> 풀이
> • 병렬연결 : 대전류화(대용량화)　• 직렬연결 : 고전압화
>
> 답 ③

31 전력변환 방식 중 직류전압을 높은 전압에서 낮은 전압으로 변환하는 장치는?
① 인버터　　② 반파정류　　③ 벅 컨버터　　④ 부스트 컨버터

> 풀이
> DC-DC 컨버터 : 벅 컨버터(강압용), 부스트컨버터(승압용)
>
> 답 ③

32 220/380[V] 겸용 3상 유도 전동기의 리드선은 몇 가닥을 인출하는가?
① 3　　② 4　　③ 6　　④ 8

> 답 ③

33 송전선로에서 코로나 임계전압[kV]의 식은? (단, d 및 r은 전선의 지름 및 반지름, D는 전선의 평균 선간거리, 단위는 cm이며 다른 조건은 무시한다.)

① $24.3 d \log_{10} \dfrac{r}{D}$　② $24.3 d \log_{10} \dfrac{D}{r}$　③ $\dfrac{24.3}{d \log_{10} \dfrac{r}{D}}$　④ $\dfrac{24.3}{d \log 10 \dfrac{D}{r}}$

> 풀이
> 코로나 임계전압 $E_0 = 24.3\, m_0\, m_1\, \delta\, d \log \dfrac{D}{r}$ [kV]
> 여기서, m_0 : 전선표면계수, m_1 : 기후계수
> δ : 상대공기밀도 ($\delta = \dfrac{0.386 b}{273 + t}$ → b : 기압[mmHg], t : 온도[℃])
> d : 전선직경,　D : 등가선간거리,　r : 전선반경
>
> 답 ②

34 다음 논리회로의 논리식 Z의 출력을 간략화하면?

$$Z = \overline{A}\,\overline{B}\,\overline{C} + \overline{A}\,\overline{B}\,C + A\,\overline{B}\,\overline{C} + \overline{A}BC + A\,\overline{B}\,C + ABC$$

① $\overline{A} + BC$　　② $\overline{B} + C$　　③ $\overline{A}\,\overline{B} + A\,\overline{C}$　　④ $\overline{A}(B+C)$

> 풀이
>
>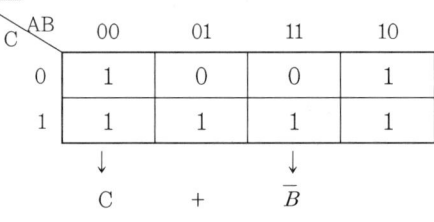
>
> 답 ②

35 직류 분권 전동기에서 전압의 극성을 반대로 공급하였을 때 다음 중 옳은 것은?
① 회전 방향은 변하지 않는다. ② 회전 방향이 반대로 된다.
③ 회전하지 않는다. ④ 발전기로 된다.

> **풀이**
> 전원의 극성을 바꾸게 되면, 계자권선과 전기자권선의 전류 방향이 동시에 바뀌게 되어 회전 방향은 바뀌지 않는다.   **답** ①

36 전기공급설비 및 전기사용 설비에서 전선의 접속법에 대한 설명으로 틀린 것은?
① 접속부분은 접속관, 기타의 기구를 사용한다.
② 전선의 세기를 20% 이상 감소시키지 않는다.
③ 전선의 전기저항이 증가되도록 접속하여야 한다.
④ 접속부분은 절연전선의 절연물과 동등이상의 절연 효력이 있도록 충분히 피복한다.

> **풀이**
> 전선은 전기저항이 증가되지 않도록 접속해야 한다.   **답** ③

37 22.9[kV] 배전선로 가선공사에서 주상의 경완금(경완철)에 전선을 가선작업 할 때 필요 없는 금구류 또는 자재는 다음 중 어느 것인가?
① 앵커쇄클 ② 현수애자 ③ 소켓아이 ④ 데드엔드크램프

> **풀이**
> 현수애자
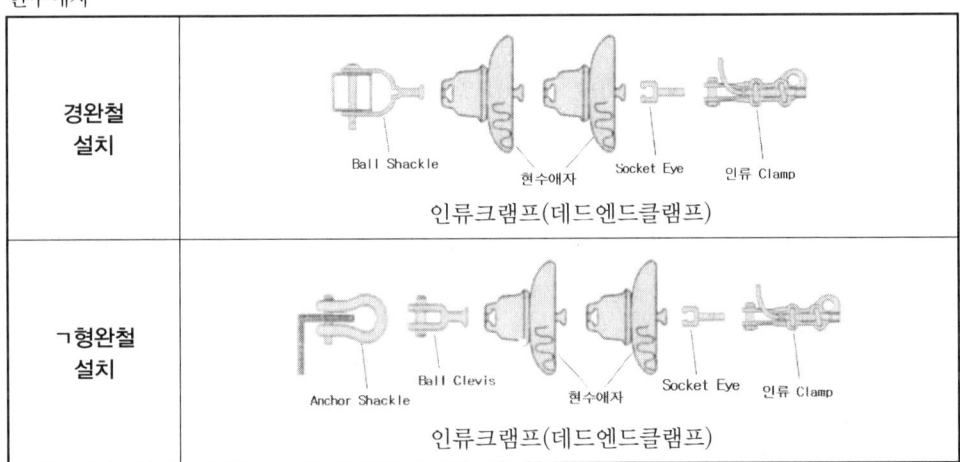
  답 ①

38 동기 전동기의 전기자 권선을 단절권으로 하는 이유는?
① 역률을 좋게 한다. ② 절연을 좋게 한다.
③ 고조파를 제거한다. ④ 기전력의 크기가 높아진다.

▶풀이

단절권의 특징
- 파형개선(고조파 제거)
- 동량(코일의 양)이 감소 → 기계적인 길이 감소
- 가격이 싸다.

답 ③

39 동기전동기 12극, 60[Hz] 회전자계의 속도는 몇 [m/s]인가? (단, 회전자계의 극 간격은 1[m] 이다.)

① 60 ② 90 ③ 120 ④ 180

▶풀이

$$n_s = \frac{2f}{p} = \frac{2 \times 60}{12} = 10[\text{rps}]$$

$$v = \pi D n_s = 12극 \times 1[\text{m}] \times 10 = 120[\text{m/sec}]$$

답 ③

40 공통 접지는 협소한 면적의 대형 건축물 내에 설치된 여러 설비의 접지를 공통으로 묶어서 사용하는 접지방법이다. 공통 접지의 장점이 아닌것은?

① 접지극의 연접으로 합성저항의 저감효과크다.
② 접지극의 연접으로 접지극의 신뢰도가 향상된다.
③ 접지극의 수량이 증가한다.
④ 철근, 구조물 등을 연접하면 거대한 접지전극의 효과를 얻을 수 있다.

▶풀이

① 접지극의 연접으로 합성저항의 저감효과
② 접지극의 연접으로 접지극의 신뢰도 향상
③ 접지극의 수량 감소
④ 계통접지의 단순화
⑤ 철근, 구조물 등을 연접하면 거대한 접지전극의 효과를 얻을 수 있다.

답 ③

41 자기용량 10[kVA]의 단권변압기를 이용해서 배전전압 3000[V]를 3300[V]로 승압하고 있다. 부하역률이 80[%]일 때 공급할 수 있는 부하 용량은 약 몇 [kW]인가? (단, 단권변압기의 손실은 무시한다.)

① 58 ② 68 ③ 78 ④ 88

▶풀이

$$\frac{P_s}{P_n} = \frac{V_h - V_l}{V_h}$$

$$\frac{10}{P_n} = \frac{3300 - 3000}{3300}$$

$$P_n = \frac{3300}{300} \times 10 = 110[\text{kVA}]$$

$$P_n = 110 \times 0.8 = 88[\text{kW}]$$

답 ④

42 송전선로에 코로나가 발생하였을 때 장점은?

① 송전선로의 전력 손실을 감소시킨다.
② 전력선 반송 통신설비에 잡음을 감소시킨다.
③ 송전선로에서의 이상전압 진행파를 감소시킨다.
④ 중성점 직접접지 방식의 송전선로 부근의 통신선에 유도장해를 감소시킨다.

> **풀이**
> 코로나 발생
> ① 전력 손실 발생 - 코로나 손실
> ② 전선 주위 산소(O_2)의 오존(O_3)로 인한 전선 부식 발생(산화질소 NO_2)
> ③ 고주파로 인한 통신선 유도장해 발생
> ④ 소호리액터의 소호능력 저하
> ⑤ 진행파의 파고값이 감소
>
> **답** ③

43 변압기의 누설 리액턴스를 감소시키는데 가장 효과적인 방법은?

① 권선을 동심 배치시킨다.   ② 코일을 분할하여 조립한다.
③ 코일의 단면적을 크게 한다.   ④ 철심의 단면적을 크게 한다.

> **풀이**
> 권선을 분할조립(서로 어긋나게 배치)하면 누설리액턴스를 절반 이상 감소시킬 수 있다.
>
> **답** ②

44 그림과 같은 전기회로에서 단자 a-b에서 본 합성저항은 몇 [Ω]인가? (단, 저항 R은 3[Ω] 이다.)

① 1.0   ② 1.5
③ 3.0   ④ 4.5

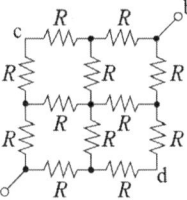

> **풀이**
> c점과 d점을 △ → Y로 바꾸어 풀면
> $R_a = \dfrac{R^2}{4R} = \dfrac{R}{4}$, $R_b = \dfrac{2R^2}{4R} = \dfrac{R}{2}$, $R_c = \dfrac{2R^2}{4R} = \dfrac{R}{2}$ 가 되므로
> $R_T = \dfrac{\left(R + \dfrac{R}{2} + \dfrac{R}{2} + R\right)}{2} = \dfrac{3R}{2} = \dfrac{3 \times 3}{2} = 4.5[\Omega]$
>
> **답** ④

45 콘덴서 인가 전압이 20[V]일 때 콘덴서에 800[μC]이 축적되었다면 이 때 축적되는 에너지는 몇 [J]인가?

① 0.008   ② 0.016   ③ 0.08   ④ 0.16

> **풀이**
> $W = \dfrac{1}{2}QV = \dfrac{1}{2} \times 800 \times 10^{-6} \times 20 = 0.008[J]$
>
> **답** ①

46 동기발전기에서 발생하는 자기여자 현상을 방지하는 방법이 아닌 것은?
① 단락비를 감소시킨다.
② 발전기를 2대 이상을 병렬로 모선에 접속 시킨다.
③ 송전선로의 수전단에 변압기를 접속시킨다.
④ 수전단에 부족 여자를 갖는 동기 조상기를 접속시킨다.

> **풀이**
> 자기여자 방지법
> ① 동기 조상기 설치   ② 발전기 병렬운전   ③ 분로 리액터 설치
> ④ 변압기 병렬운전   ⑤ 단락비 증대

답 ①

47 아래 논리회로에서 출력 F로 나올 수 없는 것은?
① AB
② $\overline{A}$
③ $AB + \overline{A}\overline{B}$
④ $\overline{A}B + A\overline{B}$

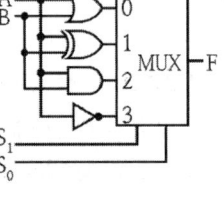

> **풀이**
> $0 \to A+B$, $1 \to \overline{A}B + A\overline{B}$, $2 \to AB$, $3 \to \overline{A}$

답 ③

48 전기회로에서 전류에 의해 만들어지는 자기장의 자력선의 방향을 나타내는 법칙은?
① 암페어의 오른나사 법칙   ② 플레밍의 왼손 법칙
③ 가우스의 법칙   ④ 렌츠의 법칙

> **풀이**
> • 앙페르의 오른나사 법칙 : 전류가 흐르는 도체의 주위에는 원형의 자력선이 생기고, 자기력선의 방향을 알 수 있는 법칙

답 ①

49 RC 직렬회로에서 $t=0$일 때 직류전압 10[V]를 인가하면 $t=0.1[sec]$일 때 전류는 약 몇 [mA]인가? (단, $R=1000[\Omega]$, $C=50[\mu F]$이고, 초기 정전용량은 0이다.)
① 2.25   ② 1.85   ③ 1.55   ④ 1.35

> **풀이**
> $i_{(t)} = \dfrac{V}{R} e^{-\frac{1}{RC}t} = \dfrac{10}{1000} e^{-\frac{1}{1000 \times 50 \times 10^{-6}} \times 0.1} = 0.00135 = 1.35[mA]$

답 ④

50 어떤 정현파 전압의 평균값이 220[V]이면 최댓값은 약 몇 [V]인가?
① 282   ② 315   ③ 345   ④ 445

풀이

$$V_{av} = \frac{2V_m}{\pi} \rightarrow V_m = \frac{\pi}{2} \times 220 = 345[\text{V}]$$

답 ③

51 345[kV]의 가공송전선을 사람이 쉽게 들어갈 수 없는 산지에 시설하는 경우 가공 송전선의 지표상 높이는 최소 몇 [m]인가?

① 5.28 ② 6.28 ③ 7.28 ④ 8.28

풀이

산지는 160[kV]까지 5[m], 160[kV]초과때 10[kV]마다 0.12[m] 가산 $5 + \frac{345-160}{10} \times 0.12 = 7.28$

$\frac{345-160}{10}$의 값은 소수점 이하 절상한 값(=19)을 사용

답 ③

52 전기공사시 정부나 공공기관에서 발주하는 물량 산출시 전기재료의 할증률 중 옥외 케이블은 일반적으로 몇 [%] 이내로 하여야 하는가?

① 1 ② 3 ③ 5 ④ 10

풀이

종 류		할증[%]
전 선	옥내	10
	옥외	5
케이블	옥내	5
	옥외	3

답 ②

53 전력변환 장치에서 턴온(Turn On) 및 턴오프(Turn Off) 제어가 모두 가능한 반도체 스위칭 소자가 아닌 것은?

① GTO ② SCR
③ IGBT ④ MOSFET

풀이

GTO(Gate Turn Off thyristor)
4층 구조로서 GTO는 양(+) 게이트 전류에 의하여 턴 온 하는 것 이외에도 음(-)의 게이트 전류에 의하여 턴 오프 시킬 수 있다.

답 ②

54 3상 유도 전동기의 1차 접속을 Δ결선에서 Y결선으로 바꾸면 기동 시의 1차 전류는?

① $\frac{1}{3}$로 감소한다. ② $\frac{1}{\sqrt{3}}$로 감소한다.

③ 3배로 증가한다. ④ $\sqrt{3}$배로 증가한다.

● 풀이

Y-△ 기동법
- 기동 전류가 전부하 전류의 1/3으로 줄어든다.
- 기동 토크가 전부하 토크의 1/3으로 줄어든다.

답 ①

55 표준시간을 내경법으로 구하는 수식으로 맞는 것은?

① 표준시간 = 정미시간 − 여유시간

② 표준시간 = 정미시간 × (1 − 여유율)

③ 표준시간 = 정미시간 × $\left(\dfrac{1}{1-여유율}\right)$

④ 표준시간 = 정미시간 × $\left(\dfrac{1}{1+여유율}\right)$

● 풀이

소정의 표준작업조건하에서 평균 숙련과 기능을 가진 작업자가 정해진 작업방법으로 정상적인 페이스로 규정된 품질의 제품을 생산(제조, 정비, 수리)하는데 소요되는 단위당 시간

- 내경법 : 표준시간 = 정미시간 × $\left(\dfrac{1}{1-여유율}\right)$
- 외경법 : 표준시간 = 정미시간 × (1 − 여유율)

답 ③

56 검사특성곡선(OC Curve)에 관한 설명으로 틀린 것은?
(단, N : 로트의 크기, n : 시료의 크기, c : 합격판정개수이다.)

① N, n이 일정할 때 c가 커지면 나쁜 로트의 합격률은 높아진다.

② N, c가 일정할 때 n이 커지면 좋은 로트의 합격률은 낮아진다.

③ $N/n/c$의 비율이 일정하게 증가하거나 감소하는 퍼센트 샘플링 검사 시 좋은 로트의 합격률은 영향이 없다.

④ 일반적으로 로트의 크기 N이 시료 n에 비해 10배 이상 크다면, 로트의 크기를 증가시켜도 나쁜 로트의 합격률은 크게 변화하지 않는다.

● 풀이

OC(검사특성)곡선(Operating Characteristic curve)

① 부적합품률(불량률) $P(\%)$를 가로축, 로트가 합격할 확률 $L(P)$를 세로축으로 나타낸 곡선이다.
② 이 값은 초기하 분포, 이항 분포, 푸아송 분포에 의해서 구한다.
③ 크기 N 모집단(lot)으로부터 크기 n의 시료를 랜덤하게 샘플링해서 조사하고, 시료중에 포함된 불량품의 수(x)가 합격판정 개수(c) 이하이면 합격시키고 c를 초과하면 불합격시키는 샘플링 검사(N, n, c)의 특성 곡선이다.
④ 로트의 합격비율에 대한 로트의 부적합품률을 알 수 있다.
   ㉠ 생산자 위험(제1종 과오) : 시료가 불량하기 때문에 lot가 불합격되는 확률 (실제로는 진실인데 거짓으로 판단되는 과오로서 α로 표시한다)
   ㉡ 소비자 위험(제2종 과오) : 당연히 불합격되어야 할 lot가 합격되는 확률 (실제로는 거짓인데 진실로 판단되는 과오

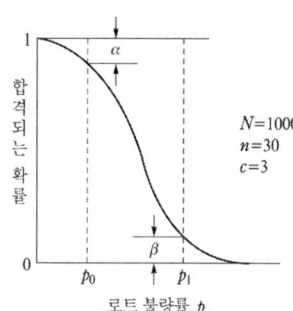

로서 β로 표시한다)

α, β의 값은 P_0, P_1의 결정법이나 발취 개수에 따라 달라지므로 이것이 발취 조건의 결정에 이용된다.

P_0 : 합격시키고 싶은 lot의 부적합률$(1-\alpha)$
P_1 : 불합격시키고 싶은 lot의 합격될 확률$(1-\beta)$
α : 생산자의 위험, β : 소비자의 위험, N : lot의 크기
n : 시료의 크기, c : 합격판정개수

답 ③

57 품질특성에서 X관리도로 관리하기에 가장 거리가 먼 것은?
① 볼펜의 길이
② 알코올 농도
③ 1일 전력소비량
④ 나사길이의 부적합품 수

▶풀이
- 계량치 관리도 : $\bar{x}-R$ 관리도, x 관리도, $x-R$ 관리도, R 관리도
  길이, 무게, 강도, 전압, 전류 등 연속변량 측정
- 계수치 관리도 : nP(불량계수)관리도, p(불량률)관리도, c(결점수)관리도, u(단위당 결점수) 관리도, 직물의 얼룩, 흠 등과 같이 한 개, 두 개로 계수되는 수치와 그에 따른 불량률을 측정

관리도	데이터	분포	관리도	데이터	분포
$\bar{X}-R$ 관리도 X 관리도 X-R 관리도	계량치	정규분포	nP 관리도 P 관리도 C 관리도 U 관리도	계수치	이항분포 포아송분포

답 ④

58 다음 데이터로부터 통계량을 계산한 것 중 틀린 것은?

[다음]
21.5, 23.7, 24.3, 27.2, 29.1

① 범위$(R)=7.6$
② 제곱합$(S)=7.59$
③ 중앙값$(Me)=24.3$
④ 시료분산$(s^2)=8.988$

▶풀이
범위$(R)=X_{\max}-X_{\min}=29.1-21.5=7.6$
편차제곱값=제곱합$(S)=\sum(x_i-\bar{x})^2$
평균값 $\bar{x}=\dfrac{21.5+23.7+24.3+27.2+29.1}{5}=25.6$
$\sum(x_i-\bar{x})^2=\sum((21.5-25.6)^2+(23.7-25.6)^2+(24.3-25.6)^2+(27.2-25.6)^2+(29.1-25.6)^2)=36.77$
중앙값$(Me)=\dfrac{n+1}{2}=3$번째값 → 24.3
시료분산$(s^2)=\dfrac{제곱합}{n-1}=\dfrac{\sum(x_i-\bar{x})^2}{n-1}$
$=\dfrac{\sum((21.5-25.6)^2+(23.7-25.6)^2+(24.3-25.6)^2+(27.2-25.6)^2+(29.1-25.6)^2)}{5-1}=9.19$

답 ②

59 다음 그림의 AOA(Activity-on-Arc) 네트워크에서 E 작업을 시작하려면 어떤 작업들이 완료되어야 하는가?

① B
② A, B
③ B, C
④ A, B, C

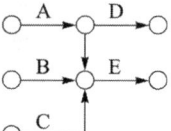

▶풀이
화살표방향의 전체공정을 완료해야 한다.

답 ④

60 브레인스토밍(Brainstorming)과 가장 관계가 깊은 것은?

① 특성요인도
② 파레토도
③ 히스토그램
④ 회귀분석

▶풀이
※ 브레인스토밍(Brainstorming) : 일정한 테마에 관하여 회의형식을 채택하고, 구성원의 자유발언을 통한 아이디어의 제시를 요구하여 발상을 찾아내려는 방법
※ 특성요인도 : 특성에 대하여 어떤 요인이 어떤 관계로 영향을 미치고 있는지 명확히 하여 원인 규명을 쉽게 할 수 있도록 하는 기법
특성요인도를 통해 근본적 원인을 찾기 위한 절차
① 분석대상이 되는 문제에 관련된 경험과 지식 수집
② 브레인스토밍을 통해 지식과 문제의 원인 의견 수집
③ 주요 원인의 결정
④ 특성요인도를 분석하고 근복적 문제해결을 의한 실행방법 논의

답 ①

제 22 회 전기기능장 실전모의고사

01 유도성 부하에 단상 100[V]의 전압을 가하면 30[A]의 전류가 흐르고 1.8[kW]의 전력을 소비한다고 한다. 이 유도성 부하와 병렬로 콘덴서를 접속하여 회로의 합성역률을 100[%]로 하기 위한 용량성 리액턴스는 약 몇 [Ω]이면 되는가?

① 2.32　　　② 3.24　　　③ 4.17　　　④ 5.28

▶ 풀이

$$Q = P(\tan\theta_1 - \tan\theta_2) = 1.8(\tan\cos^{-1}0.6 - \tan\cos^{-1}1) = 2.4[\text{kVA}]$$

여기서 $\cos\theta_1 = \dfrac{1800}{100 \times 30} = 0.6$, $Q = \dfrac{V^2}{X_c} \rightarrow X_c = \dfrac{V^2}{Q} = \dfrac{100^2}{2400} = 4.17[\Omega]$

답 ③

02 그림과 같은 병렬회로에서 저항 $r = 3[\Omega]$, 유도리액턴스 $X = 4[\Omega]$ 이다. 이 회로 a-b간의 역률은?

① 0.8　　　　　　　② 0.6
③ 0.5　　　　　　　④ 0.4

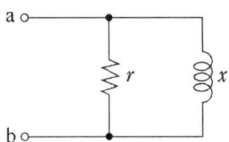

▶ 풀이

$R-L$ 병렬회로에서

$$\cos\theta = \dfrac{X_L}{\sqrt{R^2 + X_L^2}} = \dfrac{4}{\sqrt{3^2 + 4^2}} = 0.8$$

답 ①

03 그림과 같은 RLC 병렬 공진회로에 관한 설명 중 옳지 않은 것은? (단, Q는 전류확대율이다.)

① R이 작을수록 Q가 커진다.
② 공진 시 입력 어드미턴스는 매우 작아진다.
③ 공진 주파수 이하에서의 입력 전류는 전압보다 위상이 뒤진다.
④ 공진 시 L 또는 C를 흐르는 전류는 입력 전류 크기의 Q배가 된다.

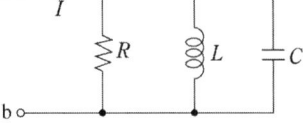

▶ 풀이

병렬공진에서 선택도

$$Q = \dfrac{R}{\omega L} = \omega CR = R\sqrt{\dfrac{C}{L}}$$

답 ①

04 환상 솔레노이드의 원환 중심선의 반지름 $a=50$[mm], 권수 $N=1000$회이고, 여기에 20[mA]의 전류가 흐를 때, 중심선의 자계의 세기는 약 몇 [AT/m]인가?

① 52.2　② 63.7　③ 72.5　④ 85.6

▶풀이

환상솔레노이드 $H = \dfrac{NI}{2\pi r}$ [AT/m]

$H = \dfrac{1000 \times 20 \times 10^{-3}}{2\pi \times 50 \times 10^{-3}} = 63.7$ [AT/m]

답 ②

05 그림의 회로에서 5[Ω]의 저항에 흐르는 전류[A]는?
(단, 각각의 전원은 이상적인 것으로 본다.)

① 10　② 15
③ 20　④ 25

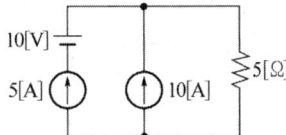

▶풀이

중첩의 원리를 이용하여 풀면
① 10[V] 전압원 기준 전류원 개방 시 5[Ω]의 저항에 흐르는 전류　$I_1 = 0$[A]
② 5[A] 전류원 기준 전압원 단락, 전류원 개방 시 5[Ω]의 저항에 흐르는 전류　$I_2 = 5$[A]
③ 10[A] 전류원 기준 전압원 단락, 전류원 개방 시 5[Ω]의 저항에 흐르는 전류　$I_3 = 10$[A]
④ 10[Ω]의 저항에 흐르는 전류　∴ $I = I_1 + I_2 + I_3 = 0 + 5 + 10 = 15$[A]

답 ②

06 순서회로 설계의 기본인 JK-FF 진리표에서 현재 상태의 출력 Q_n이 "0"이고, 다음 상태의 출력 Q_{n+1}이 "1"일 때 필요입력 J 및 K의 값은? (단, x는 "0" 또는 "1"이다.)

① J=0, K=0　② J=0, K=1
③ J=0, K=x　④ J=1, K=x

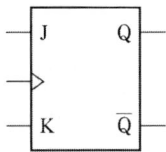

▶풀이

J	K	CP	Q
0	0	↑	Q_0
1	0	↑	1
0	1	↑	0
1	1	↑	$\overline{Q_0}$

답 ④

07 그림과 같은 $v = 100\sin\omega t$[V] 정현파 교류전압의 반파 정류파에서 사선부분의 평균값은 약 몇 [V]인가?

① 51.69
② 37.25
③ 27.17
④ 16.23

$$V_{ac} = \frac{1}{2\pi}\int_{\frac{\pi}{4}}^{\pi} V\, d\omega t = \frac{1}{2\pi}\int_{\frac{\pi}{4}}^{\pi} 100\sin\omega t\, d\omega t = \frac{100}{2\pi}[-\cos\omega t]_{\frac{\pi}{4}}^{\pi} = \frac{100}{2\pi}\left(1+\frac{1}{\sqrt{2}}\right) = 27.17[\text{V}]$$

답 ③

08 콘덴서 용량이 C_1, C_2인 2개를 병렬로 연결했을 때 합성용량은?

① $C_1 + C_2$ ② $C_1 C_2$ ③ $\dfrac{C_1 C_2}{C_1 + C_2}$ ④ $\dfrac{C_1 + C_2}{C_1 C_2}$

● 풀이
병렬 접속 시 합성정전용량은 $C_0 = C_1 + C_2 [\text{F}]$

답 ①

09 이상 변압기를 포함하는 그림과 같은 회로의 4단자 정수 $\begin{bmatrix} A & B \\ C & D \end{bmatrix}$는?

① $\begin{bmatrix} n & 0 \\ Z & \dfrac{1}{n} \end{bmatrix}$ ② $\begin{bmatrix} 0 & \dfrac{1}{n} \\ nZ & 1 \end{bmatrix}$

③ $\begin{bmatrix} \dfrac{1}{n} & nZ \\ 0 & n \end{bmatrix}$ ④ $\begin{bmatrix} n & 0 \\ \dfrac{Z}{n} & Z \end{bmatrix}$

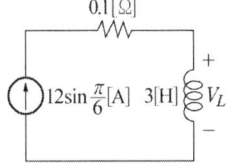

● 풀이
$$\begin{bmatrix} A & B \\ C & D \end{bmatrix} = \begin{bmatrix} 1 & Z \\ 0 & 1 \end{bmatrix}\begin{bmatrix} \dfrac{1}{n} & 0 \\ 0 & n \end{bmatrix} = \begin{bmatrix} \dfrac{1}{n} & nZ \\ 0 & n \end{bmatrix}$$

답 ③

10 다음 그림에서 코일에 인가되는 전압의 크기 V_L은 몇 [V]인가?

① $2\pi \sin\dfrac{\pi}{6}t$ ② $4\pi \cos\dfrac{\pi}{6}t$

③ $6\pi \cos\dfrac{\pi}{6}t$ ④ $12\pi \sin\dfrac{\pi}{6}t$

● 풀이
$$v_L = L\frac{di}{dt} = 3 \times \frac{d}{dt} 12\sin\frac{\pi}{6}t = 3 \times 12 \times \frac{\pi}{6}\cos\frac{\pi}{6}t = 6\pi\cos\frac{\pi}{6}t$$

답 ③

11 회로에 접속된 콘덴서(C)와 코일(L)에서 실제적으로 급격하게 변할 수 없는 것은?

① 코일(L) : 전압, 콘덴서(C) : 전류   ② 코일(L) : 전류, 콘덴서(C) : 전압
③ 코일(L), 콘덴서(C) : 전류   ④ 코일(L), 콘덴서(C) : 전압

● 풀이
$v_L = L\dfrac{di}{dt}$에서 i(전류)가 급격히 변화하면 v_L이 ∞가 되고, $i_c = C\dfrac{dv}{dt}$에서 v(전압)가 급격히 변화하면 i_c가 ∞가 된다.

답 ②

12 많은 입력선 중에 필요한 데이터를 선택하여 단일 출력선으로 연결시켜 주는 회로는?
① 인코드 ② 디코드 ③ 멀티플렉서 ④ 디멀티플렉서

• 풀이
멀티플렉스(Multiplexer ; MUX)
① 2개 이상의 입력 중에서 필요로 하는 신호를 외부로부터의 선택 기호에 의해 1개만 선택하여, 출력 신호로 꺼낼 수 있는 기능을 가진 조합 논리 회로이다.
② 게이트를 사용하여 구성하는 멀티플렉서는 2^n개의 입력선과 입력 선택을 위한 n개의 선택선 및 하나의 출력 선을 가지며, 이 선택 선에 가하는 비트 조합에 따라 입력 중의 하나가 선택된다.　답 ③

13 전계 내의 임의의 한 점에 단위 전하 +1[C]을 놓았을 때 이에 작용하는 힘을 무엇이라 하는가?
① 전위 ② 전위차 ③ 전속밀도 ④ 전계의 세기

• 풀이
전기장의 세기는 전기장 내의 한 점에 단위양전하(+1[C])를 놓았을 때 그 전하가 받는 전기력의 크기로 정한다.　답 ④

14 유도 기전력에 관한 렌츠의 법칙을 맞게 설명한 것은?
① 유도 기전력의 크기는 자기장의 방향과 전류의 방향에 의하여 결정된다.
② 유도 기전력은 자속의 변화를 방해하려는 방향으로 발생한다.
③ 유도 기전력의 크기는 코일을 지나는 자속의 매초 변화량과 코일의 권수에 비례한다.
④ 유도 기전력은 자속의 변화를 방해하려는 역방향으로 발생한다.

• 풀이
렌츠의 법칙(유도기전력의 방향) : 전자유도에 의해 발생되는 유도 기전력(유도 기전력에 의해서 발생한 유도전류)의 방향은 유도 전류가 만들 자속이 항상 원래 자속의 증가 또는 감소를 방해하는 방향　답 ②

15 $C_1=1[\mu F]$, $C_2=2[\mu F]$, $C_3=3[\mu F]$인 3개의 콘덴서를 직렬로 접속하여 500[V]의 전압을 가할 때 C_1의 양단에 걸리는 전압은 약 몇 [V]인가?
① 91 ② 136 ③ 272 ④ 327

• 풀이
$V=\dfrac{Q}{C}$ 이므로 V는 C에 반비례한다.
$V_1:V_2:V_3 = \dfrac{1}{C_1}:\dfrac{1}{C_2}:\dfrac{1}{C_3} = \dfrac{1}{1}:\dfrac{1}{2}:\dfrac{1}{3}$
$V_1:V_2:V_3 = 6:3:2$
∴ $V_1=\dfrac{6}{11}\times 500 = 272[V]$, $V_2=\dfrac{3}{11}\times 500 = 136[V]$, $V_3=\dfrac{2}{11}\times 500 = 91[V]$ 이다.　답 ③

16 카르노도에서 간략화 된 논리함수를 구하면?

① $\overline{A} + \overline{C} + \overline{B}\overline{D}$
② $A + C + \overline{B}\overline{D}$
③ $\overline{B} + \overline{D} + AC$
④ $\overline{B} + D + \overline{A}\,\overline{C}$

	$\overline{A}\overline{B}$	$\overline{A}B$	AB	$A\overline{B}$
$\overline{C}\overline{D}$	1	1	1	1
$\overline{C}D$	1	1	1	1
CD	1	1		
$C\overline{D}$	1	1		1

▶풀이

CD\AB	00	01	11	10
00	1	1	1	1
01	1	1	1	1
11	1	1	0	0
10	1	1	0	1

$Q = \overline{A} + \overline{C} + \overline{B}D$

답 ①

17 자기인덕턴스가 50[mH]인 코일에 흐르는 전류가 0.01초 사이에 5[A]에서 3[A]로 감소하였다. 이 코일에 유기되는 기전력은 몇 [V]인가?

① 10　　② 15　　③ 20　　④ 25

▶풀이

$e_L = L \dfrac{di}{dt} = -50 \times 10^{-3} \times \dfrac{3-5}{0.01} = 10[V]$

답 ①

18 101101에 대한 2의 보수는?

① 010001　　② 010011　　③ 101110　　④ 010010

▶풀이

2의 보수 = 1의 보수 + 1

```
        101101
1의 보수  010010
      +      1
        010011
```

답 ②

19 동일 정격의 다이오드를 병렬로 연결하여 사용하면?

① 역전압을 크게 할 수 있다.
② 순방향 전류를 증가시킬 수 있다.
③ 절연효과를 향상시킬 수 있다.
④ 필터 회로가 불필요하게 된다.

▶풀이

다이오드를 직렬연결하여 사용하면 전압을 증가 시킬수 있고 병렬연결하여 사용하면 전류를 증가시킬수 있다.

답 ②

20 아래 그림의 3상 인버터 회로에서 온(On)되어 있는 스위치들이 S_1, S_6, S_2 오프(Off)되어 있는 스위치들이 S_3, S_5, S_4 라면 전원의 중성점 g와 부하의 중성점 N이 연결되어 있는 경우 부하의 각 상에 공급되는 전압은?

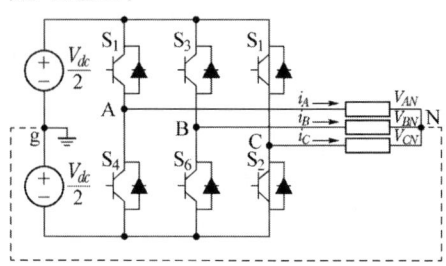

① $v_{AN} = -\dfrac{V_{dc}}{2}$, $v_{BN} = \dfrac{V_{dc}}{2}$, $v_{CN} = \dfrac{V_{dc}}{2}$

② $v_{AN} = -\dfrac{3V_{dc}}{2}$, $v_{BN} = \dfrac{3V}{2}$, $v_{CN} = -3\dfrac{V_{dc}}{2}$

③ $v_{AN} = \dfrac{V_{dc}}{2}$, $v_{BN} = -\dfrac{V_{dc}}{2}$, $v_{CN} = -\dfrac{V_{dc}}{2}$

④ $v_{AN} = \dfrac{2V_{dc}}{3}$, $v_{BN} = -\dfrac{2V_{dc}}{3}$, $v_{CN} = -\dfrac{2V_{dc}}{3}$

답 ③

21 변압기의 등가회로 작성에 필요 없는 것은?
① 단락시험 ② 반환부하법 ③ 무부하시험 ④ 저항측정시험

풀이
변압기 등가회로도 작성에 필요한 시험
① 저항측정시험 ② 단락시험 ③ 무부하시험
반환부하시험은 변압기의 온도시험법으로 브론델법, 홉킨스법, 카푸법이 있다.

답 ②

22 출력 3[kW], 회전수 1500[rpm]인 전동기의 토크는 약 몇 [kg·m]인가?
① 2 ② 3 ③ 5 ④ 15

풀이
$\tau = 975 \times \dfrac{P}{N} = 975 \times \dfrac{3}{1500} = 1.95 [\text{kg} \cdot \text{m}]$

답 ①

23 150[kVA]의 전부하 동손이 2[kW], 철손이 1[kW]일 때 이 변압기의 최대효율은 전부하의 몇 [%]일 때 인가?
① 50 ② 63 ③ 70.7 ④ 141.4

풀이
최대 효율이 나타나는 부하 $\dfrac{1}{m} = \sqrt{\dfrac{P_i}{P_c}}$ 에서 부하율 $= \sqrt{\dfrac{1}{2}} = 0.707$

답 ③

24 전압 스너버(snubber) 회로에 관한 설명으로 틀린 것은?
① 저항(R)과 캐패시터(C)로 구성된다.
② 전력용 반도체 소자와 병렬로 접속된다.
③ 전력용 반도체 소자의 보호회로로 사용된다.
④ 전력용 반도체 소자의 전류상승률을 저감하기 위한 것이다.

▶풀이
스너버 회로는 인덕턴스에 의해 발생한 과도 전압으로부터 사이리스터를 보호하고, 사이리스터가 오프될 때의 전압 상승률(dv/dt)을 억제하며, 첨두 회복 전압의 크기와 소자의 스위칭 손실을 감소시키는 역할을 한다.

답 ④

25 직류 복권전동기 중에서 무부하 속도와 전부하 속도가 같도록 만들어진 것은?
① 과복권
② 부족복권
③ 평복권
④ 차동복권

▶풀이
① 평복권 : 직권계자권선을 적당히 하여 무부하시와 전부하시 단자전압을 같게 한 것($V_o = V_n$)
② 과복권 : 직권계자권선을 더 크게 하여 전부하시 단자전압을 무부하시 보다 더 크게 한 것($V_o < V_n$)
③ 부족복권 : 부하시 단자전압을 무부하전압보다 낮게 한 것($V_o > V_n$)

답 ③

26 동기발전기를 병렬 운전할 때 동기검정기(synchro scope)를 사용하여 측정이 가능한 것은?
① 기전력의 크기
② 기전력의 파형
③ 기전력의 진폭
④ 기전력의 위상

▶풀이
교류전원의 주파수와 위상이 일치하는가를 검출하기 위해서 사용하는데, 반복해서 일어나는 2개의 현상이 같은 순간에 일어나고 있는가를 검출하는 장치를 말한다.

답 ④

27 정격출력 P[kW], 역률 0.8, 효율 0.82로 운전하는 3상 유도전동기에 V결선 변압기로 전원을 공급할 때 변압기 1대의 최소 용량은 몇 kVA인가?

① $\dfrac{2P}{0.8 \times 0.82 \times \sqrt{3}}$
② $\dfrac{P}{0.8 \times 0.82 \times 3}$
③ $\dfrac{\sqrt{3}\,P}{0.8 \times 0.82 \times 2}$
④ $\dfrac{P}{0.8 \times 0.82 \times \sqrt{3}}$

▶풀이
전체용량 $P_0 = \dfrac{P}{\cos\theta\,\eta} = P_v$

$P_v = \sqrt{3}\,P$ (1대 용량)

$P(\text{1대 용량})[\text{kVA}] = \dfrac{P(\text{정격출력})}{\sqrt{3} \times \cos\theta \times \eta} = \dfrac{P}{\sqrt{3} \times 0.8 \times 0.82}$

답 ④

28 기동 토크가 큰 특성을 가지는 전동기는?

① 직류 분권전동기 ② 직류 직권전동기
③ 3상 농형 유도전동기 ④ 3상 동기전동기

▶ 풀이

직류전동기 속도-토크 특성곡선

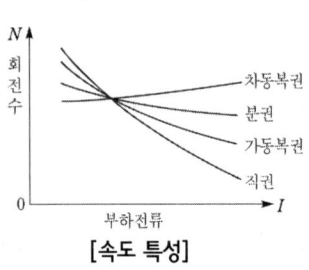
[속도 특성]

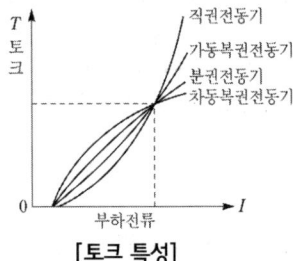
[토크 특성]

답 ②

29 변류기의 오차를 경감시키는 방법은?

① 암페어 턴을 감소시킨다. ② 철심의 단면적을 크게 한다.
③ 도자율이 작은 철심을 사용한다. ④ 평균 자로의 길이를 길게 한다.

▶ 풀이

변류기의 특성을 좋게 하려면 암페어턴(기자력 $F=NI$)을 증가시키든가 철심의 단면적을 크게 하고, 투자율이 크고, 철손이 적은 것을 사용하고 누설자속을 감소시켜 권선의 임피던스값을 줄여야 한다.

답 ②

30 서보(servo) 전동기에 대한 설명으로 틀린 것은?

① 회전자의 직경이 크다.
② 교류용과 직류용이 있다.
③ 속응성이 높다.
④ 기동·정지 및 정회전·역회전을 자주 반복할 수 있다.

▶ 풀이

서보모터
① 기동토크가 크다.
② 회전자관성모멘트가 작다.
③ 제어권선전압이 0에서는 기동해서는 안되며 정지해야 한다.
④ 직류서보모터의 기동토크는 교류서보모터보다 크다.
⑤ 속응성이 좋다. 시정수가 짧다. 기계적 응답이 좋다.
⑥ 회전자 팬에 의한 냉각효과를 기대할 수 없다(열의 발생).

답 ①

31 n차 고조파에 대하여 동기 발전기의 단절 계수는? (단, 단절권의 권선피치와 자극 간격과의 비를 β라 한다.)

① $\sin\dfrac{n\beta\pi}{2}$ ② $\cos\dfrac{n\beta\pi}{2}$ ③ $\sin\dfrac{n\beta\pi}{3}$ ④ $\cos\dfrac{n\beta\pi}{3}$

> **풀이**
>
> n차 고조파 단절계수 $k_{pn} = \sin\dfrac{\beta\pi n}{2}$
>
> **답** ①

32 아래 그림과 같은 반파 다이오드 정류기의 상용 입력전압이 $v_s = V_m \sin\theta$라면 다이오드에 걸리는 최대 역전압(Peak Inverse Voltage)은 얼마인가?

① $\dfrac{V_m}{\pi}$ ② V_m

③ $\dfrac{V_m}{2}$ ④ $\dfrac{V_m}{\sqrt{2}}$

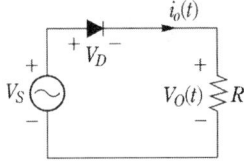

> **풀이**
>
> 다이오드에 걸리는 역전압 : 최대값 V_m
>
> **답** ②

33 벅-부스트 컨버터(Buck-Boost Converter)에 대한 설명으로 옳지 않은 것은?
① 벅-부스트 컨버터의 출력전압은 입력전압 보다 높을 수도 있고 낮을 수도 있다.
② 스위칭 주기(T)에 대한 스위치의 온(On) 시간(t_{on})의 비인 듀티비 D가 0.5보다 클 때 벅 컨버터와 같이 출력전압이 입력전압에 비해 낮아진다.
③ 출력전압의 극성은 입력전압을 기준으로 했을 때 반대 극성으로 나타난다.
④ 벅-부스트 컨버터의 입출력 전압비의 관계에따르면 스위칭 주기(T)에 대한 스위치의 온(On)시간(t_{on})의 비인 듀티비 D가 0.5인 경우는 입력전압과 출력전압의 크기가 같게 된다.

> **풀이**
>
> 벅-부스트 컨버터 입출력전압비 $\dfrac{V_o}{V_i} = D \times \dfrac{1}{1-D} = \dfrac{D}{1-D}$
>
> **답** ②

34 60[Hz]의 전원에 접속된 4극, 3상 유도전동기의 슬립이 0.05일 때의 회전속도[rpm]는?
① 90 ② 1710 ③ 1890 ④ 36000

> **풀이**
>
> 슬립 $S = \dfrac{N_S - N}{N_S}$, 동기속도 $N_S = \dfrac{120f}{P}$[rpm] 이므로
>
> $N = \dfrac{120f}{P}(1-S) = \dfrac{120 \times 60}{4}(1-0.05) = 1710$ ∴ $N = 1,710$[rpm]
>
> **답** ②

35 포화하고 있지 않은 직류 발전기의 회전수가 $\dfrac{1}{2}$로 감소되었을 때 기전력을 전과 같은 값으로 하자면 여자를 속도 변화 전에 비하여 몇 배로 하여야 하는가?
① 1.5배 ② 2배 ③ 3배 ④ 4배

> **풀이**
>
> $E = \dfrac{P}{a}Z\phi\dfrac{N}{60}$[V]에서 $E \propto \phi N$ 이므로 2배
>
> **답** ②

36 3상 발전기의 전기자 권선에 Y결선을 채택하는 이유로 볼 수 없는 것은?
① 상전압이 낮기 때문에 코로나, 열화 등이 적다.
② 권선의 불균형 및 제3고조파 등에 의한 순환전류가 흐르지 않는다.
③ 중성점 접지에 의한 이상 전압 방지의 대책이 쉽다.
④ 발전기 출력을 더욱 증대할 수 있다.

• 풀이
Y결선을 쓰는 이유
• 중성점 접지를 함으로써 이상전압으로부터 기기 보호 및 보호계전기 동작이 확실
• 상전압이 낮아 코로나에 의한 열화를 방지
• 권선의 불평형 및 제 3고조파 제거
답 ④

37 전기설비가 고장이 나지 않은 상태에서 대지 또는 회로의 노출 도전성 부분에 흐르는 전류는?
① 접촉전류　　　　　　　　② 누설전류
③ 스트레스전류　　　　　　④ 계통의 도전성 전류

• 풀이
① 접촉전류 : 정상상태 또는 고장상태에서 전기설비의 접근 가능한 부분에 사람이 접촉되어 흐르는 전류
② 누설전류(leakage current) : 전로 이외를 흐르는 전류로 전로의 절연체의 내부 및 표면과 공간을 통하여 선간 또는 대지 사이를 흐르는 전류
답 ②

38 동기조상기에 유입되는 여자전류를 정격보다 적게 공급시켜 운전했을 때의 현상으로 옳은 것은?
① 콘덴서로 작용한다.　　　　② 저항부하로 작용한다.
③ 부하의 앞선 전류를 보상한다.　　④ 부하의 뒤진 전류를 보상한다.

• 풀이
동기조상기 : 전력계통의 전압조정과 역률 개선을 위해 계통에 병렬 접속한 무부하의 동기전동기를 말한다.
(1) 부족여자로 운전 : 지상 무효 전류가 증가하여 리액터의 역할로 자기여자에 의한 전압 상승을 방지(부하의 진상전류 보상)
(2) 과여자로 운전 : 진상 무효 전류가 증가하여 콘덴서 역할로 역률을 개선하고 전압강하를 감소 (부하의 지상전류 보상)
답 ③

39 다음은 풍압하중과 관련된 내용이다. ㉮, ㉯의 알맞은 내용으로 옳은 것은?

> 빙설이 많은 지방이외의 지방에서는 고온 계절에는 (㉮) 풍압하중, 저온계절에서는 (㉯) 풍압하중을 적용한다.

① ㉮ 갑종, ㉯ 갑종　　　　② ㉮ 갑종, ㉯ 을종
③ ㉮ 갑종, ㉯ 병종　　　　④ ㉮ 을종, ㉯ 병종

풀이

지역		고온계절	저온계절
빙설 많은 지방이외의 지방		갑종	병종
빙설 많은 지역	일반지역	갑종	을종
	해안, 기타 저온계절에 최대풍압 생기는 지역	갑종	갑종, 을종 중 큰 값 선택
인가밀집지역		병종	병종

답 ③

40 저압 이웃 연결 인입선의 시설에 대한 기준으로 틀린 것은?

① 옥내를 통과하지 아니할 것
② 폭 5[m]를 초과하는 도로를 횡단하지 아니할 것
③ 인입선에서 분기하는 점으로부터 100[m]를 초과하는 지역에 미치지 아니할 것
④ 철도 또는 궤도를 횡단하는 경우에는 노면상 5[m]를 초과하지 아니할 것

풀이

이웃 연결 인입선 : 한 수용장소의 인입선에서 분기하여 다른 지지물을 거치지 아니하고 다른 수용장소의 인입구에 이르는 부분의 전선
※ 시설 제한 규정
① 인입선에서의 분기하는 점에서 100[m]를 넘는 지역에 이르지 않아야 한다.
② 폭 5[m]를 넘는 도로를 횡단하지 않아야 한다.
③ 이웃 연결 인입선은 옥내를 관통하면 안 된다.
④ 고압 이웃 연결 인입선은 시설할 수 없다.

답 ④

41 평균 구면광도 200cd의 전구 10개를 지름 10m인 원형의 방에 점등할 때 방의 평균조도는 약 몇 [lx]인가? (단, 조명률은 0.5, 감광보상률은 1.5 이다.)

① 26.7　　② 53.3　　③ 80.1　　④ 106.7

풀이

$FUN = EAD$ 에서

면적 $A = \dfrac{\pi D^2}{4} = \dfrac{\pi \times 10^2}{4} = 78.54[m^2]$

구의 광속 $F = 4\pi I = 4\pi \times 200 = 2513.3[lm]$

$E = \dfrac{FUN}{AD} = \dfrac{2513.3 \times 0.5 \times 10}{78.54 \times 1.5} = 106.7[lx]$

답 ④

42 애자사용 공사에 의한 고압 옥내배선의 시설에 있어서 적당하지 않은 것은?

① 전선 상호간의 간격은 8[m] 이상일 것
② 전선의 지지점 간의 거리는 6[m] 이하일 것
③ 전선과 조영재와의 이격거리는 4[cm] 이상일 것
④ 전선이 조영재를 관통할 때에는 난연성 및 내수성이 있는 절연관에 넣을 것

> **풀이**
> 애자 사용 배선은 시공 전선을 조영재의 아래 면이나 옆면에 시설해야 한다.
> ① 전선 상호 간의 거리 : 6[cm] 이상(고압 : 8[cm]이상)
> ② 전선과 조영재와의 거리
>   • 400[V] 미만 : 2.5[cm] 이상
>   • 400[V] 이상 : 4.5[cm] 이상(건조한 곳은 2.5[cm] 이상)
>   • 고압 : 5[cm]이상
> ③ 애자의 지지점 간의 거리는 2[m] 이하이다. (고압 : 6[m]이하)
>
> **답 ③**

43 2종 가요전선관을 구부리는 경우 노출장소 또는 점검 가능한 은폐장소에서 관을 시설하고 제거하는 것이 부자유 하거나 또는 점검이 불가능한 경우는 곡률 반지름을 2종 가요전선관 안지름의 몇 배 이상으로 하여야 하는가?

① 3배 ② 6배 ③ 8배 ④ 12배

> **풀이**
> 2종 가요전선관을 구부리는 경우(노출장소 또는 점검 가능한 은폐장소)
> ① 관을 시설하고 제거하는 것이 자유로운 경우 : 곡률반지름은 전선관 안지름의 3배 이상
> ② 관을 시설하고 제거하는 것이 부자유하거나 점검 불가능할 경우 : 곡률반지름은 전선관 안지름의 6배 이상
>
> **답 ②**

44 저압, 고압 및 특고압 수전의 3상 3선식 또는 3상 4선식에서 불평형부하의 한도는 단상 접속부하로 계산하여 설비불평형률을 30% 이하로 하는 것을 원칙으로 한다. 다음 중 이 제한에 따르지 않아도 되는 경우가 아닌 것은?

① 저압 수전에서 전용변압기 등으로 수전하는 경우
② 고압 및 특고압 수전에서 100[kVA] 이하의 단상부하인 경우
③ 특고압 수전에서 100[kVA] 이하의 단상 변압기 3대로 △결선하는 경우
④ 고압 및 특고압 수전에서 단상 부하용량의 최대와 최소의 차가 100[kVA] 이하인 경우

> **풀이**
> 불평형률은 30 [%] 이하이어야 한다. 다만, 다음 각 호의 경우에는 이 제한을 따르지 않을 수 있다.
> ① 저압 수전에서 전용 변압기 등으로 수전하는 경우
> ② 고압 및 특고압 수전에서는 100[kVA] 이하의 단상 부하의 경우
> ③ 특고압 및 고압 수전에서는 단상 부하 용량의 최대와 최소의 차가 100[kVA] 이하인 경우
> ④ 특고압 수전에서는 100[kVA] 이하의 단상 변압기 2대로 역 V결선하는 경우
>
> **답 ③**

45 소도체 2개로 된 복도체 방식 3상 3선식 송전선로가 있다 소도체의 지름 2[cm], 간격 36[cm], 등가 선간거리가 120[cm]인 경우에 복도체 1[km]의 인덕턴스는 약 몇 [mH/km]인가?

① 1.536 ② 1.215 ③ 0.957 ④ 0.624

> **풀이**
> $$L = \frac{0.05}{n} + 0.4605 \log \frac{D}{\sqrt[n]{rs^{n-1}}} = \frac{0.05}{2} + 0.4605 \log \frac{D}{\sqrt[2]{rs^{2-1}}} = 0.025 + 0.4605 \log \frac{120}{\sqrt{1 \times 36}} = 0.624 [mH/km]$$
> s : 소도체간 간격(등가반지름 $r_e = \sqrt{rs} = \sqrt{1 \times 36}$)
>
> **답 ④**

46 과전류차단기로 시설하는 퓨즈 중 고압전로에 사용하는 포장 퓨즈는 정격전류의 몇 배의 전류에 견디어야 하는가? (단, 전기설비기술기준의 판단기준에 의한다.)

① 1.1배　　② 1.3배　　③ 1.5배　　④ 2.0배

풀이

퓨즈
① 저압전로
- 정격전류의 1.1배에 견딜 것
- 정격전류의 1.6배 및 2배의 전류를 통한 경우는 아래 표와 같다.

정격전류의 구분	용단시간	
	1.6배	2배
30[A]이하	60분	2분
30[A]초과 60[A]이하	60분	4분
60[A]초과 100[A]이하	120분	6분
100[A]초과 200[A]이하	120분	8분
200[A]초과 400[A]이하	180분	10분
400[A]초과 600[A]이하	240분	12분
600[A]초과	240분	20분

② 고압전로
- 비포장 퓨즈는 정격전류 1.25배에 견디고, 2배의 전류로는 2분 안에 용단되어야 한다.
- 포장퓨즈는 정격전류 1.3배에 견디고, 2배의 전류로는 120분안에 용단되어야 한다.

답 ②

47 가공 송전선로에서 단도체보다 복도체를 많이 사용하는 이유는?

① 인덕턴스의 증가　　② 정전용량의 감소
③ 코로나 손실 감소　　④ 선로, 계통의 안정도 감소

풀이

복도체 특성
① 1선 단면적은 그대로, 전선직경 증가
② 선로의 인덕턴스 감소, 정전용량 증가(20[%]정도)
③ 선로의 리액턴스 감소로 인한 송전용량 증가
④ 전선 표면의 전위경도(電位傾度) 저감
⑤ 코로나 임계전압(臨界電壓)의 증가로 인한 코로나(Corona)현상 방지

답 ③

48 가공전선로의 지지물에 시설하는 지선의 시설기준이 아닌 것은?

① 소선 3가닥 이상의 연선일 것
② 지선의 안전율은 2.5이상 일 것
③ 소선의 지름이 2.6[mm] 이상의 금속선을 사용할 것
④ 도로를 횡단하여 시설하는 지선의 높이는 지표상 5.5[m] 이상으로 할 것

풀이

지선의 시설 기준
① 지선의 안전율은 2.5이상일 것
② 허용 인장하중의 최저는 4.31[kN] 이상

③ 연선을 사용하는 경우 다음에 의할 것
- 소선 3가닥 이상의 연선일 것
- 지름 2.6[mm]이상의 금속선 또는 지름 2[mm]이상인 아연도강연선(亞鉛鍍鋼撚線)으로서 인장강도 0.68[kN/mm²] 이상일 것

④ 지선의 높이
- 도로 횡단 : 5[m] 이상(교통에 지장이 없는 경우 4.5[m])
- 보도 : 2.5[m] 이상

답 ④

49 송전 선로에서 소호환(arcing ring)을 설치하는 이유는?
① 전력 손실 감소 ② 송전 전력 증대
③ 누설 전류에 의한 편열 방지 ④ 애자에 걸리는 전압 분담을 균일

◆풀이◆
아킹혼(=초호환, 소호환, arcing ring)은 섬락 시 애자를 보호하고 애자련의 전압 분담을 균일하게 한다.

답 ④

50 저압의 전선로 중 절연부분의 전선과 대지사이 및 전선의 심선 상호간의 절연저항은 사용전압에 대한 누설전류가 최대 공급전류의 얼마를 넘지 않도록 하여야 하는가?(단, 전기설비 기술기준에 따른다.)

① $\dfrac{1}{500}$ ② $\dfrac{1}{1000}$ ③ $\dfrac{1}{2000}$ ④ $\dfrac{1}{4000}$

◆풀이◆
옥외 절연부분의 전선과 대지 사이의 절연저항은 사용전압에 대한 누설전류가 최대공급전류의 1/2000(1가닥)을 초과하지 않도록 해야 한다.

답 ③

51 전력원선도에서 알 수 없는 것은?
① 조상 용량 ② 선로 손실
③ 과도안정 극한전력 ④ 송수전단 전압간의 상차각

◆풀이◆
전력원선도(電力圓線圖) : 전력계통의 안정을 위한 근거로 사용(발전소서 조상설비로 운용)
① 가로축 : 유효전력, 세로축 : 무효전력
② 반지름
  전력원선도 반지름 = $\dfrac{E_S E_R}{B} = \dfrac{E_S E_R}{Z}$
③ 전력원선도에서 알 수 있는 사항
  ㄱ) 송전전력
  ㄴ) 전력손실
  ㄷ) 정태안정 극한전력
  ㄹ) 수전단 역률
  ㄷ) 조상기 용량
  ㅁ) 송수전단 전압간 상차각(相差角)

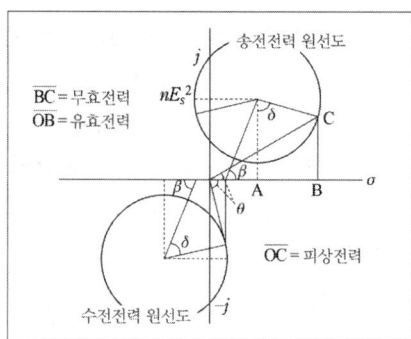

답 ③

52 소도체 두 개로 된 복도체 방식 3상 3선식 송전선로가 있다. 소도체의 지름이 2[cm], 소도체간격 16[cm], 등가 선간거리 200[cm]인 경우 1상당작용 정전용량은 약 몇 [μF/km]인가?

① 0.004　　② 0.014　　③ 0.065　　④ 0.092

풀이

$$C_w = \frac{0.02413}{\log_{10}\frac{D}{\sqrt[n]{rS^{n-1}}}} = \frac{0.02413}{\log\frac{200}{\sqrt{1\times16}}} = 0.0142\,[\mu F/m]$$

등가반지름 : $r_e = \sqrt[n]{rS^{n-1}}$

답 ②

53 송전선로의 코로나 임계전압이 높아지는 것은?

① 기압이 낮아지는 경우　　② 온도가 높아지는 경우
③ 전선의 지름이 큰 경우　　④ 상대 공기밀도가 작은 경우

풀이

코로나 임계전압은 $E_0 = 24.3 m_0 m_1 \delta d \log\frac{D}{r}\,[kV]$

여기서, m_0 : 전선표면계수, m_1 : 기후계수, δ : 상대공기밀도
d : 전선직경, D : 등가선간거리, r : 전선반경

따라서 전선직경이 크면 임계전압이 높아진다. 기압이 낮아지거나 온도가 높아지면 임계전압은 저하한다.

답 ③

54 가요전선관과 금속관을 접속하는데 사용하는 것은?

① 플렉시블 커플링　　② 앵글 박스 커넥터
③ 컴비네이션 커플링　　④ 스트렛 박스 커넥터

풀이

① 콤비네이션 커플링 : 금속관과 가요전선관
② 스트레이트박스 커넥터, 앵글박스 커넥터 : 박스와 가요전선관
③ 스플릿 커플링 : 가요전선관과 가요전선관

답 ③

55 Ralph M. Barnes 교수가 제시한 동작경제의 원칙 중 작업장 배치에 관한 원칙(Arrangement of the workplace)에 해당되지 않는 것은?

① 가급적이면 낙하식 운반방법을 이용한다.
② 모든 공구나 재료는 지정된 위치에 있도록 한다.
③ 적절한 조명을 하여 작업자가 잘 보면서 작업할 수 있도록 한다.
④ 가급적 용이하고 자연스런 리듬을 타고 일할 수 있도록 작업을 구성하여야 한다.

풀이

동작경제의 원칙 중 작업장에 관한 원칙
① 공구와 재료를 정위치에 둔다.
② 공구와 재료는 작업자의 전면(前面)에 가깝게 배치한다.

③ 공구와 재료는 작업순서대로 나열한다.
④ 작업 면을 적당한 높이로 한다.
⑤ 작업 면에 적정한 조명을 준다.
⑥ 재료의 공급, 운반을 위하여 중력(낙하)을 이용한다.

답 ④

56 다음 데이터의 제곱합(sum of squares)은 약 얼마인가?

데이터				
18.8	19.1	18.8	18.2	18.4
18.3	19.0	18.6	19.2	

① 0.129　　② 0.338　　③ 0.359　　④ 1.029

풀이

편차제곱값=제곱합$(S) = \sum (x_i - \overline{x})^2$

평균값 $\overline{x} = \dfrac{18.8+19.1+18.8+18.2+18.4+18.3+19.0+18.6+19.2}{9} = 18.71$

$\sum (x_i - \overline{x})^2 = \sum ((18.8-18.71)^2 + (19.1-18.71)^2 + (18.8-18.71)^2 + (18.2-18.71)^2 +$
$\quad (18.4-18.71)^2 + (18.3-18.71)^2 + (18-18.71)^2 + (18.6-18.71)^2 + (19.2-18.71)^2)$
$= 0.09^2 + 0.39^2 + 0.09^2 + 0.51^2 + 0.31^2 + 0.41^2 + 0.29^2 + 0.11^2 + 0.49^2 = 1.029$

답 ④

57 전수검사와 샘플링검사에 관한 설명으로 맞는 것은?
① 파괴검사의 경우에는 전수검사를 적용한다.
② 검사항목이 많을 경우 전수검사보다 샘플링 검사가 유리하다.
③ 샘플링검사는 부적합품이 섞여 들어가서는 안되는 경우에 적용한다.
④ 생산자에게 품질향상의 자극을 주고 싶을 경우 전수검사가 샘플링검사보다 더 효과적이다.

풀이

샘플링 검사와 전수검사 비교
(1) 전수(전체)검사가 필요한 경우
　① 불량품이 1개라도 혼입되면 안될 때
　② 전수검사를 쉽게 행할 수 있을 때
(2) 샘플링 검사가 유리한 경우
　① 다수, 다량의 것으로 어느 정도 불량품이 섞여도 허용되는 경우
　② 검사항목이 많을 경우
　③ 불완전한 전수검사에 비해 높은 신뢰성이 얻어질 때
　④ 검사비용을 적게 하는 편이 이익이 되는 경우
　⑤ 생산자에게 품질향상의 자극을 주고 싶을 때

답 ②

58 어떤 회사의 매출액이 80000원, 고정비가 15000원, 변동비가 40000원일 때 손익 분기점 매출액은 얼마인가?
① 25000원　　② 30000원　　③ 40000원　　④ 55000원

• 풀이

$$\text{손익분기점 매출액} = \frac{\text{고정비}}{\text{한계이익률}} = \frac{\text{고정비}}{1-\frac{\text{변동비}}{\text{매출액}}} = \frac{15{,}000}{1-\frac{40{,}000}{80{,}000}} = 30{,}000원$$

답 ②

59 국제 표준화의 의의를 지적한 설명 중 직접적인 효과로 보기 어려운 것은?
① 국제간 규격통일로 상호 이익도모
② KS 표시품 수출 시 상대국에서 품질인증
③ 개발도상국에 대한 기술개발의 촉진을 유도
④ 국가 간의 규격상이로 인한 무역장벽의 제거

답 ②

60 직물, 금속, 유리 등의 일정 단위 중 나타나는 홈의 수, 핀홀 수 등 부적합수에 관한 관리도를 작성하려면 가장 적합한 관리도는?
① c 관리도
② np 관리도
③ p 관리도
④ $\overline{X} - R$ 관리도

• 풀이
- C 관리도 : 직물의 얼룩, 에나멜동선의 일정한 길이중의 핀홀수, 라디오 한대 중의 남땜불량수 등과 같이 미리 정해진 일정단위 중에 포함된 결점수
  (표본크기가 일정할 때 표본내의 결점 수 표시)
- U 관리도 : 직물의 얼룩, 에나멜 동선의 핀 홀 등과 같은 결점수를 취급
  (표본크기가 일정하지 않을 경우 결점수 표시)

답 ①

제 23 회 전기기능장 실전모의고사

01 대칭 3상 Y결선에서 선간전압이 $200\sqrt{3}$ 이고 각 상의 임피던스가 $30+j40[\Omega]$의 평형부하일 때 선전류[A]는?

① 2 ② $2\sqrt{3}$ ③ 4 ④ $4\sqrt{3}$

▶풀이
Y 결선에서는 선전류와 상전류는 같다

선전류 $I_l =$ 상전류 $I_p = \dfrac{200}{\sqrt{20^2+40^2}} = 4[A]$

답 ③

02 $R=5[\Omega]$, $L=20[mH]$ 및 가변 콘덴서 C로 구성된 $R-L-C$ 직렬 회로에 주파수 1000[Hz]인 교류를 가한 다음, C를 가변하여 직렬 공진시킬 때 C의 값은 어느것이 가장 가까운가?

① $1.27[\mu F]$ ② $2.54[\mu F]$ ③ $3.52[\mu F]$ ④ $4.99[\mu F]$

▶풀이
$C = \dfrac{1}{w^2 L} = \dfrac{1}{(2\pi \times 1000)^2 \times 20 \times 10^{-3}} = 1.27 \times 10^{-6}[F]$

답 ①

03 옴의 법칙은 저항에 흐르는 전류와 전압의 관계를 나타낸 것이다. 회로의 저항이 일정할 때 전류는?

① 전압에 비례한다. ② 전압에 반비례한다.
③ 전압에 제곱에 비례한다. ④ 전압에 제곱에 반비례한다.

▶풀이
옴의법칙 $V=IR[V]$
저항이 일정할 때 전압과 전류는 비례한다.

답 ①

04 이상적인 전압 전류원에 관하여 옳은 것은?

① 전압원의 내부 저항은 ∞ 이고 전류원의 내부저항은 0 이다.
② 전압원의 내부 저항은 0 이고 전류원의 내부 저항은 ∞ 이다.
③ 전압원, 전류원의 내부 저항은 흐르는 전류에 따라 변한다.
④ 전압원의 내부 저항은 일정하고 전류원의 내부 저항은 일정하지 않다.

> **풀이**
> 이상적인 전압원 : 내부저항=0, 이상적인 전류원=∞

답 ②

05 [Var] 은 무엇의 단위인가?
① 전력　　　　② 피상 전력　　　　③ 무효 전력　　　　④ 유효 전력

> **풀이**
> 피상전력[VA], 유효전력[W], 무효전력[Var]

답 ③

06 자속의 연속성을 나타내는 식은?
① $B = \mu H$
② $\nabla \cdot B = 0$
③ $\nabla \cdot B = \rho$
④ $\nabla \cdot B = -\mu H$

> **풀이**
> $\nabla \cdot B = \text{div } B = 0$

답 ②

07 일반적으로 자구(magnetic domain)를 가지는 자성체는?
① 강자성체
② 유전체
③ 역자성체
④ 비자성체

> **풀이**
> 자기 모멘트가 서로 접근하여 원자 전체의 모멘트가 동일 방향으로 정렬하고 있는 작은 영역을 자구(magnetic domain)라고 하며, 강자성체에는 처음부터 자구가 존재한다.

답 ①

08 진공 중에서 10^{-6}[C]과 10^{-7}[C]의 두 개의 점전하가 50[cm]의 거리에 있을 때 작용하는 힘은 몇 [N] 인가?
① 3.6×10^{-3}
② 1.8×10^{-3}
③ 4×10^{-13}
④ 0.25×10^{-13}

> **풀이**
> 쿨롱의 법칙 $F = 9 \times 10^9 \times \dfrac{Q_1 Q_2}{r^2}$ [N]에서
> $F = 9 \times 10^9 \times \dfrac{Q_1 Q_2}{r^2} = 9 \times 10^9 \times \dfrac{10^{-6} \times 10^{-7}}{0.5^2} = 3.6 \times 10^{-3}$ [N]

답 ①

09 진공 중에서 어떤 대전체의 전속이 Q이었다. 이 대전체를 비유전율 2.2인 유전체 속에 넣었을 경우의 전속은?
① Q
② $\dfrac{2.2Q}{\varepsilon}$
③ $\dfrac{Q}{2.2\varepsilon}$
④ $2.2Q$

> **풀이**
> 전기력선수는 $\dfrac{Q}{\varepsilon}$로 유전율에 반비례하나 전속수는 유전체의 Gauss 법칙에서 $\oint D \cdot ndS = Q$로 유전율에 관계없이 항상 Q개이다.
>
> **답 ①**

10 다음 중 사람의 눈에 색을 다르게 느끼는 것은 빛의 어떤 특성이 다르기 때문인가?
① 굴절률 ② 속도 ③ 편광방향 ④ 파장

> **풀이**
> 가시광선의 파장은 사람의 눈이 빛으로 느낄 수 있는 파장을 가시광선이라고 하며, 가시광선의 파장 범위는 380~760[nm]이다.
>
> **답 ④**

11 다음 용어 설명 중 옳지 않은 것은?
① 목표값을 제어할 수 있는 신호로 변환하는 장치를 기준 입력 장치
② 목표값을 제어할 수 있는 신호로 변환하는 장치를 조작부
③ 제어량을 설정값과 비교하여 오차를 계산하는 장치를 오차 검출기
④ 제어량을 측정하는 장치를 검출단

> **풀이**
> 기준입력요소 : 목표값에 비례하는 신호인 기준입력 신호를 발생시키는 장치로서 제어계의 설정부를 의미한다.
>
> **답 ②**

12 $f(t) = t^2$의 라플라스 변환은?
① $\dfrac{2}{s}$ ② $\dfrac{2}{s^2}$ ③ $\dfrac{2}{s^3}$ ④ $\dfrac{2}{s^4}$

> **풀이**
> $t^2 = \dfrac{2!}{s^{2+1}} = \dfrac{2}{s^3}$
>
> **답 ③**

13 직류 분권발전기가 운전 중 단락이 발생하면 나타나는 현상으로 옳은 것은?
① 과전압이 발생한다.
② 계자저항선이 확립된다.
③ 큰 단락전류로 소손된다.
④ 작은 단락전류가 흐른다.

> **풀이**
> 운전중 서서히 단락운전시 처음에는 큰전류가 흐르나 종래에는 소전류가 흐른다.
>
> **답 ④**

14 직류 복권 발전기를 병렬 운전할 때 반드시 필요한 것은?
① 과부하 계전기
② 균압선
③ 용량이 같을 것
④ 외부 특성 곡선이 일치할 것

> **풀이**
> · 병렬운전을 안정히 하기 위해서는 직권계자가 있는곳에 균압선을 접속한다.
> · 직권발전기, 복권발전기는 균압선을 접속한다.
>
> **답** ②

15 동기 주파수변환기의 주파수 f_1 및 f_2 계통에 접속되는 양극을 P_1, P_2라 하면 다음 어떤 관계가 성립되는가?

① $\dfrac{f_1}{f_2} = P_2$ ② $\dfrac{f_1}{f_2} = \dfrac{P_2}{P_1}$ ③ $\dfrac{f_1}{f_2} = \dfrac{P_1}{P_2}$ ④ $\dfrac{f_2}{f_1} = P_1 \cdot P_2$

> **풀이**
> 동기속도 $N_s = \dfrac{120f_1}{P_1} = \dfrac{120f_2}{P_2}$ 이므로, $\dfrac{f_1}{f_2} = \dfrac{P_1}{P_2}$ 이다.
>
> **답** ③

16 단락비가 큰 동기발전기에 대한 설명 중 틀린 것은?
① 효율이 나쁘다.
② 계자전류가 크다.
③ 전압변동률이 크다.
④ 안정도와 선로 충전용량이 크다.

> **풀이**
> 단락비가 큰기계의 특징
> · 동기임피던스가 작아져 전압변동률이 작으며 송전용량 충전용량이 증가한다.
> · 기계의 형태 중량이 커지며 철손, 기계손이 증가하고 가격도 비싸다.
> · 과부하 내량이 크고 안정도도 좋다.
> · 철기계라 불린다.
> · 공극이 크다.
>
> **답** ③

17 어느 분권 전동기의 회전수가 1500[rpm] 이다. 속도 변동률이 5[%] 이면 공급 전압과 계자 저항의 값을 변화시키지 않고 이것을 무부하로 하였을 때 회전수는 얼마로 하여야 하는가?
① 1500 ② 1575 ③ 1350 ④ 2000

> **풀이**
> 전압 변동률 $\epsilon = \dfrac{V_0 - V}{V} \times 100$ 이므로,
> 무부하시 전압은 $V_0 = V(1+\epsilon) = 1500(1+0.05) = 1575[V]$
>
> **답** ②

18 100[kVA] 변압기의 역률 0.8, 전부하에서 효율이 98[%] 이면 역률 0.5, 전부하에서의 효율 [%]은?
① 97[%] ② 96[%] ③ 94[%] ④ 90[%]

> **풀이**
>
> · 역률 0.8일 때 효율
>
> $$\eta = \frac{P_a \cos\theta}{P_a \cos\theta + P_l} \times 100 \rightarrow \frac{100 \times 0.8}{100 \times 0.8 + P_l} = 0.98$$
>
> 이때 손실 $P_l = \frac{80-(80 \times 0.98)}{0.98} = 1.633$
>
> · 역률 0.5일 때 효율
>
> $$\eta = \frac{P_a \cos\theta}{P_a \cos\theta + P_l} \times 100 = \frac{100 \times 0.5}{100 \times 0.5 + 1.633} \times 100 = 97[\%]$$

답 ①

19 용량 P[kVA]인 동일 정격의 단상 변압기 4대로 낼 수 있는 3상 최대 출력 용량은?

① $2\sqrt{3}\,P$ ② $\sqrt{3}\,P$ ③ $4P$ ④ $3P$

> **풀이**
>
> 단상 변압기 4대로 낼 수 있는 3상 최대 출력 용량 : $P_v \times 2$뱅크 $= 2\sqrt{3}\,P$

답 ①

20 T-결선에 의하여 3300[V]의 3상으로부터 200[V], 40[kVA]의 전력을 얻는 경우 T좌 변압기의 권수비는?

① 약 16.5 ② 약 14.3
③ 약 11.7 ④ 약 10.2

> **풀이**
>
> T좌변압기 권수비
>
> $$a_T = a_M \times 0.866 = \frac{V_1}{V_2} \times 0.866 = \frac{3300}{200} \times 0.866 = 14.29$$

답 ②

21 극수 P의 3상 유도 전동기가 주파수 f[Hz], 슬립 s, 토오크 T[N·m]로 회전하고 있을 때 기계적 출력은?

① $T\dfrac{4\pi f}{P} \times (1-s)$ ② $T\dfrac{4Pf}{\pi} \times (1-s)$

③ $T\dfrac{4\pi f}{P} \times s$ ④ $T\dfrac{\pi f}{2P} \times (1-s)$

> **풀이**
>
> $P = wT = 2\pi \times \dfrac{N}{60} \times T = 2\pi \dfrac{1}{60} \times \dfrac{120}{P} \times f \times (1-s) \times T = \dfrac{4\pi f}{P} \times T \times (1-s)$

답 ①

22 유도전동기의 원선도를 작성하는데 필요한 시험은?

① 부하시험 ② 충격전압시험
③ 사용주파 가압시험 ④ 무부하시험

> **풀이**
> 원선도를 그리는데 필요한 시험(기초시험)
> · 구속시험(단락시험)
> · 무부하 시험
> · 권선 저항 측정시험
>
> **답** ④

23 3상 유도 전동기의 기동법 중 전전압 기동에 대한 설명으로 옳지 않은 것은?
① 소용량 농형 전동기의 기동법이다.
② 소용량의 농형 전동기에서는 일반적으로 기동 시간이 길다.
③ 기동시에는 역률이 좋지 않다.
④ 전동기 단자에 직접 정격 전압을 가한다.

> **풀이**
> · 전전압 기동법은 전동기에 별도의 기동장치를 두지 않고 정격전압을 가하여 기동하는 방식으로 기동 시간이 짧고 용량이 적은 유도전동기에 적합하다.
> · 기동 전류는 정격 전류의 4~6배 정도 흐르게 된다.
>
> **답** ②

24 교류 발전기의 동기 임피던스는 철심이 포화하면?
① 감소한다.　　　　　　　② 관계없다.
③ 증가한다.　　　　　　　④ 증가, 감소가 불명

> **풀이**
> 철심이 포화하면 동기임피던스 감소한다.
>
> **답** ①

25 지중 전선로가 가공 전선로에 비해 장점에 해당되는 것이 아닌 것은?
① 경과지 확보가 가공 전선로에 비해 쉽다.
② 다회선 설치가 가공 전선로에 비해 쉽다.
③ 송전용량이 가공 전선에 비해 크다.
④ 외부 기상 여건 등의 영향을 받지 않는다.

> **풀이**
> 가공전선로와 같은 굵기의 도체로 사용시 송전용량이 더 작고 건설비가 비싸다.
>
> **답** ③

26 옥내배선의 전선 굵기를 결정할 때 고려해야 할 사항으로 틀린 것은?
① 허용전류　　　　　　　② 전압강하
③ 배선방식　　　　　　　④ 기계적강도

> **풀이**
> 전선의 굵기 결정 3요소 : 허용전류, 전압강하, 기계적 강도
>
> **답** ③

27 송전선 코로나 임계전압이 높아지는 경우는?
① 기압이 낮아지는 경우   ② 전선의 지름이 큰 경우
③ 온도가 높아지는 경우   ④ 상대공기밀도가 작은 경우

▶풀이

코로나 임계전압 ⇨ $E_0 = 24.3 m_0 m_1 \delta d \log_{10} \dfrac{D}{r}$ [kV]

m_0는 전선의 표면 상태에 의해서 정해짐
m_1 : 일기에 관한 계수 맑은날 1.0, 우천시 0.8
δ : 상대공기밀도로서 $t\,℃$에서의 기압 b[mmHg]로 하면 아래와 같이 된다.
표준상태에서는 $\delta=1$ $\delta = \dfrac{b}{760} \times \dfrac{273+20}{273+t} = \dfrac{0.386 b}{273+t}$

답 ②

28 3300[V], 60[Hz], 뒤진역률 60[%], 300[kW]의 단상 부하가 있다. 그 역률을 100[%]로 하기 위한 전력용 콘덴서의 용량은 몇 [kVA]인가?
① 150[kVA]   ② 250[kVA]   ③ 400[kVA]   ④ 500[kVA]

▶풀이

$Q_c = P(\tan\theta_1 - \tan\theta_2)$[kVA]

$Q_c = 300\left(\dfrac{0.8}{0.6} - \dfrac{0}{1}\right) = 400$[kVA]

답 ③

29 파동 임피던스 $Z_1 = 600[\Omega]$의 전로 종단에 파동 임피던스 $Z_2 = 1300[\Omega]$의 변압기가 접속 되어 있다. 지금 선로에서 파고 $e_1 = 900$[kV]의 전압이 입사 되었다면, 접촉점에서 전압의 반사파는 약 얼마인가?
① 530[kV]   ② 430[kV]   ③ 330[kV]   ④ 230[kV]

▶풀이

반사파 $e_2 = \dfrac{Z_2 - Z_1}{Z_2 + Z_1} \times e_1 = \dfrac{1300 - 600}{1300 + 600} \times 900 = 330$[kV]

답 ③

30 SF_6 가스 차단기에 대한 설명으로 옳지 않은 것은?
① 공기에 비해 소호능력이 약 100배 정도이다.
② 절연거리를 적게 할 수 있어 차단기 전체를 소형, 경량화 할 수 있다.
③ SF_6 가스를 이용한 것으로서 독성이 있으므로 취급에 유의하여야 한다.
④ SF_6 가스 자체는 불활성 기체이다.

▶풀이

· SF_6 가스 : 무색, 무취, 무해, 불활성 기체
· SF_6 가스는 절연 내력이 공기의 2~3배이고, 소호 능력이 공기의 100배 이상이다.

답 ③

31 다음 중 고압 배전계통의 구성 순서로 알맞은 것은?
① 배전변전소 → 간선 → 분기선 → 급전선
② 배전변전소 → 급전선 → 간선 → 분기선
③ 배전변전소 → 간선 → 급전선 → 분기선
④ 배전변전소 → 급전선 → 분기선 → 간선

> **풀이**
> · 급전선 : 배전 변전소 또는 발전소로부터 배전 간선에 이르기 까지의 도중에 부하가 접속되어 있지 않은 선로
> · 간선 : 급전선에 접속된 수용 지역에서의 배전선로 가운데에서 부하의 분포 상태에 따라서 배전하거나 또는 분기선을 내어서 배전하는 부분
> · 분기선 : 간선으로부터 분기한 배전 선로의 가지 모양으로 된 부분
> **답** ②

32 3상 4선식 옥내 배선으로 전등, 동력 공용 방식에 의하여 전원을 공급하고 한다. 이 경우 상별 부하전류가 평형으로 유지되도록 용이하게 결선하기 위하여 전압측 전선을 상별로 구분할 수 있도록 색별 전선을 사용하거나 색테이프를 감아 표시하고자 한다. 이때 중성선의 색별 표시색은 무엇인가?
① 갈색　　　　② 흑색　　　　③ 회색　　　　④ 청색

> **풀이**
> L_1 상 : 갈색
> L_2 상 : 흑색
> L_3 상 : 회색
> N상 : 청색
> 보안선 : 녹색, 노랑색
> **답** ④

33 우리나라 배선전로의 주된 배전 방식은?
① 단상 2선식　　　　② 단상 3선식
③ 3상 3선식　　　　④ 3상 4선식

> **풀이**
> 우리나라 주된 배전전압 : 22.9[kV]
> 우리나라 주된 배전방식 : 3상4선식
> **답** ④

34 문제가 되는 결과와 이에 대응하는 원인과의 관계를 알기 쉽게 도표로 나타낸 것은?
① 산포도　　② 파레토도　　③ 히스토그램　　④ 특성요인도

> **풀이**
> 산포도 : 데이터의 흩어진 모양을 파악하고 평균치와 표준편차를 구할 때 사용
> 파레토도 : 불량이나 손실 등에 따른 금액이나 건수를 현상(원인)별로 분석하여 크기순으로 배열
> 히스토그램(주상도) : 도수분포로 정리된 변수의 특징을 한눈에 보이도록 기둥모양으로 나타낸 것
> **답** ④

35 어떤 측정법으로 동일 시료를 무한회수로 측정하였을 때 데이터 분포의 평균치와 참값과의 차를 무엇이라 하는가?
① 신뢰성   ② 정확성   ③ 정밀도   ④ 오차

풀이
정확성 혹은 치우침이란 어떤 측정방법으로 동일시료를 무한횟수로 측정하였을 때 데이터 분포의 평균치와 참값과의 차를 의미한다.
답 ②

36 작업자가 장소를 이동하면서 작업을 수행하는 경우에 그 과정을 가공, 검사, 운반, 저장 등의 기호를 사용하여 분석하는 것을 무엇이라 하는가?
① 작업자 연합작업분석   ② 작업자 동작분석
③ 작업자 미세분석   ④ 작업자 공정분석

풀이
작업자 공정분석은 장소를 이동하면서 작업수행하는 경우 가공, 검사, 운반, 저장 등의 기호를 사용하여 분석
답 ④

37 "무결점운동"이라고 불리우는 것으로 품질개선을 위한 동기부여 프로그램은 어느 것인가?
① TQC   ② ZD   ③ MIL-SID   ④ ISO

풀이
TQC(Toter Quality Control) 전사적 품질관리
ZD(Zero Defect) 무결점 운동
MIL-SID 계량 조정형 샘플링 검사
ISO 국제표준화기구
답 ②

38 로트로부터 시료를 샘플링해서 조사하고, 그 결과를 로트의 판정기준과 대조하여 그 로트의 합격, 불합격을 판정하는 검사를 무엇이라 하는가?
① 샘플링검사   ② 전수검사   ③ 공정검사   ④ 품질검사

풀이
샘플링검사는 물품을 어떤 방법으로 측정한 결과를 판정기준과 비교하여 개개 물품에 양호 불량 또는 로트의 합격, 불합격의 판정을 내리는 것.
답 ①

39 어떤 공장에서 작업을 하는데 있어서 소요되는 기간과 비용이 다음 표와 같을 때 비용 구매는 얼마인가?

정상 작업		특급 작업	
기간	비용	기간	비용
15일	150만원	10일	200만원

① 50000원   ② 100000원   ③ 200000원   ④ 300000원

> **[풀이]**
> 비용구매 = $\dfrac{\text{특급비용} - \text{정상비용}}{\text{정상기간} - \text{특급기간}} = \dfrac{2,000,000 - 1,500,000}{15 - 10} = 100,000$원
>
> **답 ②**

40 최대사용전압 3300[V]의 고압 전동기가 있다. 이 전동기의 절연내력 시험전압은 몇[V]인가?
① 3925[V]   ② 4250[V]
③ 4950[V]   ④ 10500[V]

> **[풀이]**
> 7000[V]이하 비접지식 : 최대사용전압×1.5배
> 3300×1.5=4950[V]
>
> **답 ③**

41 접지 저감재의 구비조건과 거리가 먼 것은?
① 전기적으로 양도체일 것
② 지속성이 있을것
③ 전극을 부식시키지 않을 것
④ 토양에 비해 도전도가 낮을 것

> **[풀이]**
> 접지 저감재의 구비조건
> - 토양을 오염시키지 않으며 사람이나 식물에 유해하지 않을 것
> - 전기적으로 양도체일 것 (주위 토양보다도 전도가 좋을 것)
> - 전극을 부식시키지 않을 것
> - 저감효과가 크고 지속성이 있을 것
>
> **답 ④**

42 생산 공장 작업의 자동화에 널리 사용되며, 바이메탈과 조합하여 실내 난방장치의 자동온도 조절에 사용되는 스위치는?
① 압력 스위치   ② 부동 스위치
③ 수은 스위치   ④ 타임 스위치

> **[풀이]**
> 수은 스위치 : 수은이 유리구의 기울어짐에 따라 접점이 자동적으로 바뀌는 스위치로, 생산 공장 작업의 자동화, 바이메탈과 조합하여 실내 난방장치의 자동온도조절에도 사용된다.
>
> **답 ③**

43 옥내 배선 회로에 누전이 발생했을 때 이를 감지하고, 회로를 자동 차단하여, 감전사고 및 화재를 방지할 수 있는 것은?
① 커버 나이프 스위치   ② 세프티 스위치
③ 배선용 차단기   ④ 누전 차단기

> **풀이**
> 누전 차단기 : 옥내 배선 회로에 누전이 발생했을 때 이를 감지하고, 회로를 자동 차단하여, 감전사고 및 화재를 방지한다.
>
> **답** ④

44 금속관 공사에 의한 저압 옥내배선에서 사용하는 금속관을 콘크리트에 매설하는 경우 관의 두께는 몇 [mm] 이상이어야 하는가?

① 0.5[mm] ② 0.75[mm] ③ 1[mm] ④ 1.2[mm]

> **풀이**
> 금속관의 두께와 공사
> · 콘크리트에 매설하는 경우 : 1.2[mm] 이상
> · 기타의 경우 : 1[mm] 이상
>
> **답** ④

45 바닥 통풍형과 바닥 밀폐형의 복합채널 부품으로 구성된 조립 금속구조로 폭이 150[mm] 이하이며, 주 케이블 트레이로부터 말단까지 연결되어 단일 케이블을 설치하는데 사용하는 트레이는?

① 통풍채널형 케이블 트레이 ② 사다리형 케이블 트레이
③ 바닥 밀폐형 케이블 트레이 ④ 트로프형 케이블 트레이

> **풀이**
> 채널형 케이블 트레이
> – 바닥 통풍형과 바닥 밀폐형의 복합채널 부품으로 구성되 조립 금속구조로 폭이 150[mm] 이하인 케이블 트레이를 말한다.
>
> **답** ①

46 조명방식중 전체적으로 부드러우며, 눈부심과 그늘이 적은 조명을 얻을수 있으며, 효율이 매우나쁘고 설비비가 많이 드는 특징을 갖는 조명방식은?

① 국부조명 방식 ② 전반조명 방식
③ 간접조명 방식 ④ 직접전반조명 방식

> **풀이**
> ① 국부조명 방식 : 작업면의 필요한 장소만 고조도로 하기 위한 방식으로 그 장소에 조명기구를 밀집하여 설치하든지 스탠드 등을 사용한다.
> ② 전반조명 방식 : 작업면 전반에 균등한 조도를 가지게 하는 방식으로 광원을 일정한 높이와 간격으로 배치하는 방식
> ③ 간접조명 방식 : 전체적으로 부드러우며, 눈부심과 그늘이 적은 조명 방식
>
> **답** ③

47 2종 가요전선관을 구부리는 경우 노출장소 또는 점검 가능한 은폐장소에서 관을 시설하고 제거하는 것이 부자유하거나 또는 점검이 불가능할 경우는 곡률 반지름을 2종 가요전선관 안지름의 몇 배 이상으로 하여야 하는가?

① 3배 ② 6배 ③ 8배 ④ 12배

• 풀이

2종가요전선관을 구부리는 경우에
- 관을 시설하고 제거하는 것이 자유로운 경우 : 전선관 안지름의 3배이상
- 관을 시설하고 제거하는 것이 부자유하거나 점검이 불가능한 경우 : 곡률반지름은 전선관 안지름의 6배 이상

답 ②

48 버스덕트 배선에 사용되는 버스덕트의 종류가 아닌 것은?
① 피더 버스덕트　　　　　　　　② 플러그인 버스덕트
③ 탭붙이 버스덕트　　　　　　　④ 플로워 버스덕트

• 풀이

버스덕트의 종류
- 피더 버스덕트　　　　・익스펜션 버스덕트
- 탭붙이 버스덕트　　　・트랜스포지션 버스덕트
- 플러그인 버스덕트　　・트롤리 버스덕트

답 ④

49 변전실의 위치 선정시 고려해야 할 사항이 아닌 것은?
① 부하의 중심에 가깝고 배전에 편리한 장소일 것
② 전원의 인입과 기기의 반출이 편리할 것
③ 설치할 기기를 고려하여 천장의 높이가 4[m] 이상으로 충분할 것
④ 빌딩의 경우 지하 최저층의 동력부하가 많은 곳에 선정

• 풀이

변전실 위치 선정시 고려할 사항
- 전기적인 사항 : 부하의 중심에 위치, 수전 및 배전에 유리하고, 장래 용량 증설이나 크기 확장성 고려
- 재해에 관한 사항 : 위험물 저장소 부근, 부식성 가스나 염해 침입 부근, 침수의 우려가 없는 것
- 환경에 관한 사항 : 환기가 잘되는 곳, 기기의 반입이나 반출이 용이한 곳
- 경제성 : 전압강하, 전력손실, 건설비 및 보수성을 고려

답 ④

50 인버터제어라고도 불리우며, 유도전동기에 인가되는 전압과 주파수를 변환시켜 제어하는 방식은?
① VVVF 제어방식　　　　　　　② 궤환 제어방식
③ 워드레오나드 제어방식　　　　④ 1단속도 제어방식

• 풀이

유도전압조정기에 주로 사용하는 제어방식은 가변전압가변주파수(VVVF) 제어방식이다.

답 ①

51 유도전동기의 주파수 제어를 위한 정지형 전력변환장치는?
① 정류기　　② 여자기　　③ 인버터　　④ 초퍼

• 풀이

유도전동기의 주파수 제어는 인버터를 이용한다.

답 ③

52 GTO를 바르게 설명한 것은?
① 게이트에 역방향 전류를 흘려서 주 전류를 차단한다.
② 게이트에 순방향 전류를 흘려서 주 전류를 차단한다.
③ 게이트에 역방향 전류를 흘려서 주 전류를 흐르게 한다.
④ 게이트에 의한 제어전력이 적게 든다.

•풀이
GTO는 $V_{AK}>0$일 때 게이트에 양의 전류펄스 인가시 턴온되며, 게이트에 음의 전류 펄스 인가시 턴오프 된다. 　　답 ①

53 SCR에 대한 설명 중 옳지 않은 것은?
① 게이트 전류로 턴-온 할 수 있다.
② 애노드 게이트 캐소드 구간의 3단자이다.
③ 역전압이 걸리면 턴-오프 할 수 있다.
④ 턴-온시 게이트 전류를 차단하여 소호된다.

•풀이
SCR은 단방향성 3단자 소자로 $V_{AK}>0$일 때 게이트 양의 펄스에 의해 턴온 되며, 턴 오프는 V_{AK}에 역방향 전압을 인가하거나, 애노드 전류를 유지전류 이하로 떨어뜨리면 되며, 게이트 전류와는 무관하다. 　　답 ④

54 직류를 교류로 변환하는 장치를 무엇이라 하는가?
① 컨버터　　② 버퍼　　③ 인버터　　④ 정전압장치

•풀이
컨버터 : 교류를 직류로 변환하는 장치
인버터 : 직류를 교류로 변환하는 장치 　　답 ③

55 다음 중 플립플롭 회로에 대한 설명으로 잘못된 것은?
① 두 가지 안정상태를 갖는다.
② 쌍안정 멀티 바이브레이터 이다.
③ 반도체 메모리 소자로 이용된다.
④ 트리거 펄스 1개마다 1개의 출력펄스를 얻는다.

•풀이
트리거 펄스 1개마다 2개의 출력펄스를 얻는다. 　　답 ④

56 2진수 $(1001)_2$ 를 그레이 코드(Gray Code)로 변환한 값은?
① $(1110)_G$　　② $(1101)_G$　　③ $(1111)_G$　　④ $(1100)_G$

> **풀이**
> 그레이 코드(Gray Code) : 서로 이웃하는 숫자와 1개의 비트만 변하는 코드로 입력코드로 사용할 때 오류가 적다.
>
> **답** ②

57 다음 논리식 중 옳은 표현은?

① $\overline{A+B} = \overline{A} \cdot \overline{B}$
② $\overline{A}+\overline{B} = \overline{A+B}$
③ $\overline{A \cdot B} = \overline{A} \cdot \overline{B}$
④ $\overline{A+B} = \overline{A} \cdot \overline{B}$

> **풀이**
> 드모르강 법칙에 대한 사항
> ① $\overline{A+B} = \overline{A} \cdot \overline{B}$
> ② $\overline{A \cdot B} = \overline{A}+\overline{B}$
> ③ $\overline{A}+\overline{B} = \overline{A \cdot B}$
>
> **답** ①

58 101101에 대한 2의 보수는?

① 101110 ② 010010 ③ 010001 ④ 010011

> **풀이**
> 2의 보수 방식은 디지털 시스템에서 가장 흔히 음수를 표현하기 위해서 사용되는 방식으로 1의 보수+1의 형태로 표시된다.
> 010010 (1의보수)+1 = 010011
>
> **답** ④

59 멀티플렉스(multiplexer : MUX)란?

① n비트의 2진수를 입력하여 최대 2비트로 구성된 정보를 출력하는 조합 논리회로이다.
② 2^n비트로 구성된 정보를 입력하여 n비트의 2진수를 출력하는 조합 논리회로이다.
③ 여러 개의 입력선 중에서 하나를 선택하여 단일 출력선으로 연결하는 조합회로이다.
④ 하나의 입력선으로부터 정보를 받아 여러 개의 출력 단자의 출력선으로 정보를 출력하는 회로이다.

> **풀이**
> ① 멀티플렉스(Multiplexer : MUX) : 여러 개의 입력선 중에서 하나를 선택하여 단일 출력선으로 연결하는 조합회로이다.
> ② 디멀티플렉스(Demultiplexer : DeMUX) : MUX와 반대로 하나의 입력선으로부터 정보를 받아 여러 개의 출력단자 중 하나의 출력선으로 정보를 출력하는 회로이다.
>
> **답** ③

60 논리식 "A+AB"를 간단히 계산한 결과는?

① A ② $\overline{A}+B$ ③ $A+\overline{B}$ ④ $A + B$

> **풀이**
> $A+AB = A(1+B) = A$
>
> **답** ①

제 24 회 전기기능장 실전모의고사

01 3상 회로에 Δ결선된 평형 순저항 부하를 사용하는 경우 선간전압 220[V], 상전류가 7.33[A]라면 1상의 부하저항은 약 몇 [Ω]인가?

① 80 ② 60 ③ 45 ④ 30

▶ 풀이

$$Z_P = \frac{V_P}{I_P} = \frac{220}{7.33} = 30.01[\Omega]$$

답 ④

02 상호인덕턴스 100[mH]인 회로의 1차 코일에 3[A]의 전류가 0.3초 동안에 18[A]로 변화할 때 2차 유도 기전력[V]은?

① 5[V] ② 6[V] ③ 7[V] ④ 8[V]

▶ 풀이

$$e = M\frac{di}{dt} = 100 \times 10^{-3} \times \frac{18-3}{0.3} = 5[V]$$

답 ①

03 어떤 전압계의 측정 범위를 20배로하려면 배율기의 저항 R_s를 전압계의 저항 R_m의 몇배로 하여야 하는가?

① 30 ② 10 ③ 19 ④ 29

▶ 풀이

$$\frac{R_s}{R_m} = m - 1 = 20 - 1 = 19 \quad \therefore R_s = 19R_m$$

답 ③

04 키르히호프의 전압 법칙의 적용에 대한 서술 중 옳지 않은 것은?

① 이 법칙은 집중 정수 회로에 적용된다.
② 이 법칙은 회로소자의 선형, 비선형에는 관계를 받지 않고 적용된다.
③ 이 법칙은 회로소자의 시변, 시불변성에 구애를 받지 않는다.
④ 이 법칙은 선형 소자로만 이루어진 회로에 적용된다.

▶ 풀이

키르히호프 법칙은 선형비선형에 다 적용된다.

답 ④

05 정격전압에서 1[kW]의 전력을 소비하는 저항에 정격의 80%의 전압을 가할때의 전력은?

① 320[W] ② 540[W]
③ 640[W] ④ 860[W]

풀이

$P \propto V^2$ 이므로

$P \propto \dfrac{(0.8V)^2}{R} = 0.64 \dfrac{V^2}{R} = 0.64 \times 1000 = 640[W]$

답 ③

06 환상 철심에 감은 코일에 5[A]의 전류를 흘리면 2000[AT]의 기자력이 생긴다면 코일의 권수는 얼마로 하여야 하는가?

① 10000 ② 5000
③ 400   ④ 250

풀이

기자력 $F = NI$ 에서

$N = \dfrac{F}{I} = \dfrac{2000}{5} = 400$회

답 ③

07 다음 중 전자유도 현상의 응용이 아닌 것은?

① 발전기 ② 전동기
③ 전자석 ④ 변압기

풀이

전자유도 현상 : 회로에 쇄교하는 자속의 시간적 변화에 의하여 기전력이 유기되는 현상을 말하며, 이 현상을 이용한 것으로는 발전기, 전동기, 변압기 등이 있다.
전자석은 전류가 흐르면 자성을 띠고, 전류가 끊기면 원래의 상태로 돌아가는 일시적인 자석이다.

답 ③

08 그림과 같이 AB = BC = 1[m]일 때 A와 B에 동일한 +1[μC]이 있는 경우 C점의 전위는 몇 [V]인가?

① 6.25×10^3 ② 8.75×10^3
③ 12.5×10^3 ④ 13.5×10^3

A———B———C

풀이

$전위 = \dfrac{1}{4\pi\epsilon_0}\left(\dfrac{Q_1}{r_1} + \dfrac{Q_2}{r_2}\right) = \dfrac{1}{4\pi\epsilon_0}\left(\dfrac{1\times 10^{-6}}{1} + \dfrac{1\times 10^{-6}}{2}\right)$

$= 9 \times 10^9 \times \dfrac{3}{2} \times 10^{-6} = 13.5 \times 10^3 [V]$

답 ④

09 강유전체에 대한 설명 중 옳지 않은 것은?

① 티탄산 바륨과 인산 칼륨은 강 유전체에 속한다.
② 강유전체의 결정에 힘을 가하면 분극을 생기게 하여 전압이 나타난다.
③ 강유전체에 생기는 전압의 변화와 고유진동수의 관계를 이용하여 발전기, 마이크로폰 등에 이용되고 있다.
④ 강유전체에 전압을 가하면 변형이 생기고, 내부에만 정·부의 전하가 생긴다.

• 풀이
강유전체란 외부에서 전기장을 가하지 않아도 자연 상태에서 전기 분극을 나타내는 물질로서 음향기기 등의 회로 소자에 쓰인다. **답** ④

10 그림과 같이 내외 도체의 반지름이 a, b인 동축선(케이블)의 도체 사이에 유전율이 ε인 유전체가 채워져 있는 경우 동축선의 단위 길이당 정전용량은?

① $\varepsilon \log_e \frac{b}{a}$에 비례한다.

② $\frac{1}{\varepsilon} \log_{10} \frac{b}{a}$에 비례한다.

③ $\frac{\varepsilon}{\log_e \frac{b}{a}}$에 비례한다.

④ $\frac{\varepsilon b}{a}$에 비례한다.

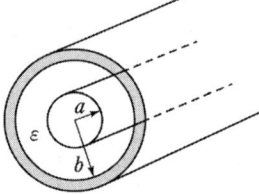

• 풀이
동축 원통 사이의 단위 길이당 정전용량은
$$C = \frac{2\pi\varepsilon_0\varepsilon_s}{\ln\frac{b}{a}} = \frac{2\pi\varepsilon_0\varepsilon_s}{\log_e\frac{b}{a}} [\text{F/m}]$$

따라서 $C \propto \frac{\varepsilon}{\log_e \frac{b}{a}}$에 비례한다. **답** ③

11 무조정사의 엘리베이터의 자동 제어는?

① 장치 제어 ② 추종 제어
③ 프로그래밍 제어 ④ 비율 제어

• 풀이
프로그램 제어 : 미리 정해진 시간적 변화에 따라 정해진 순서대로 제어한다.
[예 : 무인 엘리베이터, 무인 열차, 무인 자판기] **답** ③

12 비례 동작의 비례대가 50[%]일 때 제어 계수는 얼마인가?

① 0.25 ② 0.33 ③ 0.50 ④ 0.66

> **풀이**
> 비례감도(이득)(K_p), 비례대(PB), 제어계수(η)의 관계
> $K_P = \dfrac{100}{PB} \Rightarrow PB = \dfrac{100}{K_P}$ $\eta = \dfrac{PB}{100+PB} = \dfrac{1}{1+K_p}$
> $\eta = \dfrac{PB}{100+PB} = \dfrac{50}{100+50} \fallingdotseq 0.333$

답 ②

13 보통 전기기계에서는 규소강판을 성층하는 경우가 많다. 성층하는 이유는 다음 중 어느 것을 줄이기 위한 것인가?

① 히스테리시스손 ② 와류손
③ 동손 ④ 기계손

> **풀이**
>
> | | 직류기 | 변압기 | |
> |---|---|---|---|
> | 규소 | 1~1.4% | 4~4.5% | 히스테리시스손 작게(P_h) |
> | 성층 | 0.35~0.5[mm] | 0.35[mm] | 와류손 작게(P_e) |

답 ②

14 직류 분권 발전기의 브러시를 중성축에서 회전방향쪽으로 이동하면 전압은?

① 상승한다.
② 급격히 상승한다.
③ 변화하지 않는다.
④ 감소한다.

> **풀이**
> 브러시를 중성축에서 회전방향쪽으로 이동하면 불꽃이 발생하고 기전력이 감소한다.

답 ④

15 권선형 유도전동기의 저항제어법의 장점은?

① 부하에 대한 속도변동이 크다.
② 역률이 좋고, 운전효율이 양호하다.
③ 전부하로 장시간 운전하여도 온도 상승이 적다.
④ 구조가 간단하며, 제어조작이 용이하다.

> **풀이**
> · 2차저항제어는 구조가 간단하고 조작이 용이하다.
> · 속도제어의 한도는 동기속도의 40[%] 정도이다.

답 ④

16 6극 유도전동기의 고정자 슬롯(slot)홈 수가 36이라면 인접한 슬롯 사이의 전기각은?

① 30°   ② 60°   ③ 120°   ④ 180°

풀이

$$전기각 = \frac{180}{슬롯수/극수} = \frac{180}{36/6} = 30$$

답 ①

17 60[Hz]의 전원에 접속된 4극 3상 유도 전동기에서 슬립이 0.05일 때의 회전 속도는?

① 1800   ② 1710   ③ 1700   ④ 1760

풀이

$$속도\ N = N_s(1-s) = \frac{120}{P}f(1-s) = \frac{120}{4} \times 60 \times (1-0.05) = 1710[rpm]$$

답 ②

18 내철형 3상 변압기를 단상 변압기로 쓸 수 없는 이유는?

① 1차 2차간의 각 변위가 있기 때문에
② 각 권선마다의 독립된 자기회로가 없기 때문에
③ 각 권선마다의 자기회로가 독립되어 있기 때문에
④ 각 권선이 만드는 자속이 $3\pi/2$의 위상차가 있기 때문에

풀이

내철형 3상 변압기는 각 권선마다의 독립된 자기회로가 없기 때문에 단상 변압기로 쓸 수 없다.

답 ②

19 단상 변압기 병렬 운전하는 경우 부하 분담을 용량에 비례시키는 조건중에서 틀린 것은?

① 정격 전압과 변압비 같을 것
② 각 변위가 다를 것
③ %임피던스 강하가 같을 것
④ 극성이 같을 것

풀이

병렬운전의 조건
- 정격 전압과 변압비가 같을 것
- 각 변압기의 권수비가 같고, 1차와 2차의 정격 전압이 같을 것
- 각 변압기의 %임피던스 강하가 같을 것
- 3상식에서는 위의 조건 외에 각 변압기의 상회전 방향 및 위상 변위가 같을 것

답 ②

20 전부하에서 동손 100[W], 철손 40[W]인 변압기가 최대 효율로 되는 부하[%]는?

① 약 50[%]   ② 약 74[%]
③ 약 80[%]   ④ 약 63[%]

풀이

최대 효율시 부하 = $\sqrt{\dfrac{P_i}{P_C}} \times 100 = \sqrt{\dfrac{40}{100}} \times 100 = 63.3[\%]$

답 ④

21 다음 중에서 직류 전동기의 속도 제어법이 아닌 것은?
① 계자 제어법
② 전압 제어법
③ 저항 제어법
④ 2차 여자법

풀이
· 직류전동기 속도제어 : 전압제어, 계자제어, 저항제어가 있다.
· 2차여자법 : 권선형 유도전동기의 속도 제어법이다.

답 ④

22 4극 60[Hz]의 3상 동기 발전기가 있다. 회전자 주변속도를 240[m/sec] 이하로 하려면 회전자의 지름을 얼마로 선정하면 되는가?
① 2.5[m]
② 3[m]
③ 3.5[m]
④ 4[m]

풀이

회전수 $N = \dfrac{120}{P} f = \dfrac{120}{4} \times 60 = 1800[\text{rpm}]$

회전자 주변속도 $v = \pi D \dfrac{N}{60} [\text{m/sec}]$

여기서 회전자 지름 $D = \dfrac{60 \times v}{\pi N} = \dfrac{60 \times 240}{\pi \times 1800} = 2.5[\text{m}]$

답 ①

23 동기 발전기의 퍼센트 동기 임피던스가 83[%]일 때 단락비는 얼마인가?
① 1.0
② 1.1
③ 1.2
④ 1.3

풀이

단락비 $K_s = \dfrac{1}{\%Z} \times 100 = \dfrac{1}{83} \times 100 = 1.2$

답 ③

24 일정한 부하에서 역률 1로 동기전동기를 운전하는 중 여자를 약하게 하면 전기자 전류는?
① 진상전류가 되고 증가한다.
② 진상전류가 되고 감소한다.
③ 지상전류가 되고 증가한다.
④ 지상전류가 되고 감소한다.

풀이
여자전류를 약하게 하면 지상전류가 되고 전기자 전류는 증가한다.

답 ③

25 변전소에서 접지를 하는 목적으로 적절하지 않은 것은?
① 기기의 보호　　　　　　　　② 근무자의 안전
③ 차단 시 아크의 소호　　　　 ④ 송전시스템의 중성점 접지

● 풀이
접지의 목적
· 지락 및 단락 전류등 고장전류로부터 기기 보호
· 배전 변전소의 운전원 감전사고 방지 및 설비의 화재사고 방지
· 보호계전기의 확실한 동작 확보 및 전위상승 억제　　　　　　답 ③

26 모선 보호에 사용되는 계전방식이 아닌 것은?
① 선택접지 계전방식　　　　　② 방향거리 계전방식
③ 위상 비교방식　　　　　　　④ 전류차동 보호방식

● 풀이
모선보호 계전방식 종류
· 전류차동 보호방식, 전압차동 보호방식, 위상비교 방식, 환상모선 보호방식, 방향거리 계전방식
　　　　　　　　　　　　　　　　　　　　　　　　　　　　　　답 ①

27 투입과 차단을 다같이 압축공기의 힘으로 하는 것은?
① 유입 차단기　　　　　　　　② 팽창 차단기
③ 제호 차단기　　　　　　　　④ 임펄스 차단기

● 풀이
투입과 차단을 다같이 압축공기의 힘으로 하는 차단기는 공기차단기와 임펄스 차단기가 있다.　답 ④

28 송전 계통의 중성점 접지 방식에서 유효 접지라 하는 것은?
① 저항 접지 및 직접 접지를 말한다.
② 1선 지락 사고시 건전상의 전위가 사용 전압의 1.3배 이하가 되도록 중성점 임피던스를 억제한 중성점 접지 방식을 말한다.
③ 리액터 접지 방식 이외의 접지 방식을 말한다.
④ 저항 접지를 말한다.

● 풀이
유효접지 : 1선 지락 사고시 건전상의 전위가 사용 전압의 1.3배 이하가 되도록 중성점 임피던스를 억제한 중성점 접지 방식　　　　　　　　　　　　　　　　　　　　　　답 ②

29 가공 전선의 정전용량이 0.008[μF/km]이고, 인덕턴스가 1.1 [mH/km]일 때, 파동 임피던스는 약 몇 [Ω]이 되겠는가? 단, 주어지지 않은 기타 정수는 무시한다.
① 350[Ω]　　② 370[Ω]　　③ 390[Ω]　　④ 410[Ω]

▶ 풀이

파동임피던스 $Z_0 = \sqrt{\dfrac{L}{C}} = \sqrt{\dfrac{1.1 \times 10^{-3}}{0.008 \times 10^{-6}}} = 370$

답 ②

30 직류 송전방식에 대한 설명으로 틀린 것은?
① 직류방식은 선로 전압이 교류 전압의 최고값보다 낮아 절연계급이 낮아진다.
② 직류방식은 교류방식의 표피효과가 없어 송전효율은 떨어진다.
③ 직류방식은 리액턴스나 위상각을 고려할 필요가 없어서 안정도가 좋다.
④ 장거리 송전의 경우에는 교류방식보다 직류방식이 유리하다.

▶ 풀이

직류 송전방식은 표피 효과나 근접 효과에 의한 실효 저항의 증대가 없기 때문에 송전효율이 높으며, 절연 내력이 강하고 안정도가 높다.

답 ②

31 송수전 선로간 저항이 10[Ω], 리액턴스가 22[Ω]일 때 송전단 상전압은 $E_s = 6800$[V], 수전단 상전압은 $E_r = 6600$[V]이다. 이때 전압강하율은 얼마인가?
① 3.03[%]   ② 4.0[%]
③ 2.85[%]   ④ 3.33[%]

▶ 풀이

전압강하율 $= \dfrac{E_s - E_r}{E_r} \times 100 = \dfrac{6800 - 6600}{6600} \times 100 = 3.03[\%]$

답 ④

32 접지방식은 각각다른 목적이나 종류의 접지를 상호 연접시키는 공용접지와 개별적으로 접지하되 상호 일정한 거리 이상 이격하는 독립접지(단독접지)로 구분할 수 있다. 독립접지와 비교하여 공용접지의 장점이 아닌 것은?
① 접지극 연접으로 합성저항의 저감효과가 크다.
② 접지극의 연접으로 접지극의 신뢰도가 향상된다.
③ 접지극의 수량이 감소한다.
④ 계통의 이상전압 발생시 유기접압이 상승한다.

▶ 풀이

① 공용접지의 장점
 · 접지극 연접으로 합성저항의 저감효과가 크다.
 · 접지극의 연접으로 접지극의 신뢰도가 향상된다.
 · 접지극의 수량이 감소한다.
 · 계통 접지의 단순화
② 공용접지의 단점
 · 계통의 이상전압 발생시 유기접압이 상승한다.
 · 다른 기기 계통으로부터 사고 파급

답 ④

33 통합접지공사를 한 경우는 과전압으로부터 전기설비들을 보호하기 위하여 SPD(서지보호장치)를 설치하여야 한다. 과전압에 대한 효과적인 보호를 위해서는 SPD의 연결전선의 길이가 가능한 짧고 어떠한 접속도 없어야 하는데 이때 SPD의 연결전선으로 몇 [m]를 초과하지 않아야 하는가?

① 0.1[m]   ② 0.3[m]   ③ 0.5[m]   ④ 0.7[m]

풀이
과전압에 대한 효과적인 보호를 위해서는 SPD의 연결전선의 길이가 가능한 짧고 어떠한 접속도 없어야 하는데 이때 SPD의 연결전선으로 0.5 [m]를 초과하지 않아야 한다.
답 ③

34 품질관리 기능의 사이클을 표현한 것으로 옳은 것은?
① 품질개선 → 품질설계 → 품질보증 → 공정관리
② 품질설계 → 공정관리 → 품질보증 → 품질개선
③ 품질개선 → 품질보증 → 품질설계 → 공정관리
④ 품질설계 → 품질개선 → 공정관리 → 품질보증

풀이
품질설계 → 공정관리 → 품질보증 → 품질개선
답 ②

35 다음 중 신제품에 대한 수요예측방법으로 가장 적절한 것은?
① 시장조사법   ② 이동평균법
③ 지수평활법   ④ 최소자승법

풀이
시장조사법 : 신제품에 대한 수요예측방법
답 ①

36 다음 중 통계량의 기호에 속하지 않는 것은?
① σ ② R   ③ S   ④ $\bar{x}$

풀이
- 통계량이란 표본의 특성을 기술하는 척도로서는
  $\bar{x}$: 표본평균, R : 범위, S : 표본표준편차
- 모수란 모집단의 특성을 기술하는 척도로서는
  σ : 모표준편차, σ^2 : 모분산, μ : 모평균
답 ①

37 작업개선을 위한 공정분석에 포함되지 않는 것은?
① 제품공정분석   ② 사무공정분석
③ 직장공정분석   ④ 작업자공정분석

> **풀이**
> ① 제품공정분석 : 소재가 제품화되는 과정을 분석·기록하기 위한 분석기법
> ② 사무공정분석 : 서류를 중심으로 하는 사무제도나 수속을 분석·개선하는 데 사용하는 분석기법
> ④ 작업자공정분석 : 작업자가 한 장소에서 다른 장소로 이동하면서 수행하는 행위를 분석하는 기법
>
> 답 ③

38 품질코스트(Quality Cost)를 예방코스트, 실패코스트, 평가코스트로 분류할 때, 다음 중 실패코스트(Failure Cost)에 속하는 것이 아닌 것은?
① 시험 코스트
② 불량대책 코스트
③ 재가공 코스트
④ 설계변경 코스트

> **풀이**
> 예방코스트(Prevention Cost) : 불량품을 예방하기 위하여 수행된 모든 활동비를 말한다.
> 평가코스트(Appraisal Cost) : 고객의 요구를 측정하기 위하여 사용된 검사, 시험, 평가비용을 말한다.
> 실패코스트(Failure Cost) : 소비자의 요구사항에 맞지 않아 부수적으로 소요되는 비용을 말한다.
>
> 답 ①

39 컨베이어 작업과 같이 단조로운 작업은 작업자에게 무력감과 구속감을 주고 생산량에 대한 책임감을 저하시키는 등 폐단이 있다. 다음 중 이러한 단조로운 작업의 결함을 제거하기 위해 채택되는 직무설계방법으로서 가장 거리가 먼 것은?
① 자율경영팀 활동을 권장한다.
② 하나의 연속작업시간을 길게 한다.
③ 작업자 스스로가 직무를 설계하도록 한다.
④ 직무확대, 직무충실화 등의 방법을 활용한다.

답 ②

40 학교, 사무실, 은행 등의 옥내배선 설계에서 간선의 굵기를 선정할 때, 등 및 소형 전기기계기구의 용량 합계가 10[kVA]를 넘는 것에 대한 수용률은 내선규정에서 몇 [%]를 적용하도록 규정하고 있는가?
① 40[%]
② 50[%]
③ 60[%]
④ 70[%]

> **풀이**
> 간선의 수용률
> • 주택, 기숙사, 여관, 호텔, 병원, 창고의 수용률은 50[%]
> • 학교, 사무실, 은행, 상점의 수용률은 70[%]
>
> 답 ④

41 ACSR은 다음 중 어느 것에 해당하는가
① 경동연선
② 중공연선
③ 알루미늄선
④ 강심 알루미늄연선

> **풀이**
> ACSR-강심 알루미늄연선
>
> **답** ④

42 지지물에 완금, 완목, 애자 등을 장치하는 것을 무슨 공사라 하는가?
① 근가공사 ② 지선공사 ③ 장주공사 ④ 가선공사

답 ③

43 피뢰기가 동작할 때 방전 중의 단자전압의 파고값을 무엇이라고 하는가?
① 특성요소의 방전전류 ② 방전개시전압
③ 속류 ④ 제한전압

> **풀이**
> 제한전압 : 충격파전류가 흐르고 있을 때의 피뢰기 단자전압의 파고치 전압
>
> **답** ④

44 합성수지몰드공사에 사용하는 몰드 홈의 폭과 깊이는 몇[cm] 이하가 되어야 하는가?
① 1.5 ② 2.5 ③ 3.5 ④ 4.5

> **풀이**
> 홈의 폭과 깊이가 3.5[cm] 이하, 두께는 2[mm] 이상의 것이어야 한다. 단, 사람이 쉽게 접촉될 우려가 없도록 시설한 경우에는 폭 5[cm] 이하, 두께 1[mm] 이상인 것을 사용할 수 있다.
>
> **답** ③

45 조명용 전등에 일반적으로 타임스위치를 시설하는 곳은?
① 병원 ② 은행
③ 아파트 현관 ④ 공장

> **풀이**
> 조명용 백열 전등을 호텔, 여관 객실 입구에 타임 스위치를 설치 1분 이내에 소등하며, 일반주택, 아파트 각 호실의 현관은 3분 이내 소등되도록 한다.
>
> **답** ③

46 220[V] 저압옥내전로의 인입구 가까운 곳에 반드시 시설하여야 하는 인입구장치는 어느 것인가?
① 계량기 및 배선용 차단기
② 계량기 및 누전 차단기
③ 분전반 및 배선용 차단기
④ 개폐기 및 과전류 차단기

> **풀이**
> 옥내 간선과의 분기점에서 전선의 길이가 3[m] 이하의 장소에 개폐기 및 과전류 차단기를 시설하는 것이 원칙이다.
>
> **답** ④

47 고압 또는 특별고압 가공전선로에서 공급을 받는 수용장소의 인입구 또는 이와 근접한 곳에는 무엇을 시설하여야 하는가?
① 동기조상기
② 직렬리액터
③ 정류기
④ 피뢰기

▶풀이
LA 시설장소
- 발·변전소의 인입구 및 인출구 부근
- 가공전선과 지중전선 접속점
- 고압, 특고압 수용가 인입구 부근
- 특고압을 저압으로 변성하는 배전변전탑 인입구 및 인출구 부근

답 ④

48 금속 전선관을 조영재에 따라 시설하는 경우에는 새들 또는 행거(hanger) 등으로 견고하게 지지하고, 그 간격을 최대 몇 [m] 이하로 하는 것이 바람직한가?
① 0.1[m] ② 1.5[m] ③ 2.0[m] ④ 2.5[m]

▶풀이
금속관 지지점의 간격 : 2[m]

답 ③

49 N-EV는 네온관용 전선기호이다. 여기서 V는 무엇을 의미하는가?
① 네온전선
② 클로로프렌
③ 비닐시스
④ 폴리에틸렌

▶풀이
N : 네온, E : 폴리에틸렌, V : 비닐

답 ③

50 CdS(황화 카드뮴)는 어떠한 소자인가?
① 빛에 의한 전도성을 이용하는 소자이다.
② 빛에 의한 기전력을 발생하는소자이다.
③ 태양전지에서 0.55[V]의 기전력을 발산하는 소자이다.
④ 광전 트랜지스터를 만드는 소자이다.

▶풀이
CdS : 빛을 비추면 자유전자가 증가하여 저항이 감소하고, 빛을 비추지 않으면 저항이 커져 전류의 흐름을 방해한다.

답 ①

51 다음 중 2방향성 3단자 사이리스터는 어느 것인가?
① SCS ② TRIAC ③ SSS ④ SCR

▶풀이
2방향성 3단자 사이리스터 : TRIAC, SBS

답 ②

52 낮은 전압에서 큰 저항을 나타내며, 높은 전압에서는 작은 저항을 갖는 소자는?
① 서미스터　　　　　　　　　② 바랙터
③ 배리스터　　　　　　　　　④ 사이리스터

▶ 풀이
　배리스터(Varistor) : 저항값이 전압에 의해 비직선적으로 변화되는 성질을 가진 두 전극의 반도체 디바이스를 말한다. 저항은 전압이 높아지면 감소하고, 또 온도에 의해서도 변화한다.　　답 ③

53 SCR의 단자 명칭과 거리가 먼 것은?
① gate　　② base　　③ anode　　④ cathode

▶ 풀이
　base : 트랜지스터의 단자 명칭　　답 ②

54 SCR의 전압공급방법(Turn-On)으로 가장 옳은 것은?
① 애노드에 (-)전압, 캐소드에 (+)전압, 게이트에 (-)전압을 공급한다.
② 애노드에 (-)전압, 캐소드에 (+)전압, 게이트에 (+)전압을 공급한다.
③ 애노드에 (+)전압, 캐소드에 (-)전압, 게이트에 (-)전압을 공급한다.
④ 애노드에 (+)전압, 캐소드에 (-)전압, 게이트에 (+)전압을 공급한다.

▶ 풀이
　SCR의 Turn-On 조건 : 애노드에 (+)전압, 캐소드에 (-)전압, 게이트에 (+)전압　　답 ④

55 그림과 같은 회로의 기능은?
① 홀수 패리티 비트 발생기
② 크기 비교기
③ 2진 코드의 그레이코드 변환기
④ 디코더

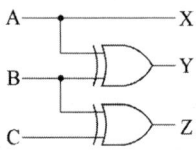

▶ 풀이
　최상위 비트는 그대로, 다음 비트는 이웃한 두 비트를 XOR 변환하는 것은 2진수를 그레이코드로 변환하는 방법이다. 그레이코드는 데이터 전송, 입·출력 장치에 활용된다.　　답 ③

56 다음 중 이항(Binary)연산 명령이 아닌 것은?
① AND　　　　　　　　　　② OR
③ Exclusive OR　　　　　　　④ MOVE

▶ 풀이
　이항(Binary)연산 명령은 논리 연산 명령이다.　　답 ④

57 반가산기 회로에서 입력을 A, B라 하고 합을 S로 표시할 때 S는 어떻게 표현되는가?

① A · B
② A + B
③ $\overline{A}B + A\overline{B}$
④ $\overline{A + B}$

> **풀이**
> 반가산기는 A와 B 2개의 입력값을 가산하여 출력값 합(S)과 자리올림(C)로 표현한다.
> 진리표는 아래와 같다.

입력		출력		출력의 최소항	
A	B	S	CO	S	CO
0	0	0	0		
0	1	1	0	$\overline{A}B$	
1	0	1	0	$A\overline{B}$	
1	1	0	1		AB

답 ③

58 다음과 같은 S-R 플립플롭 회로는 어떤 회로 동작을 하는가?

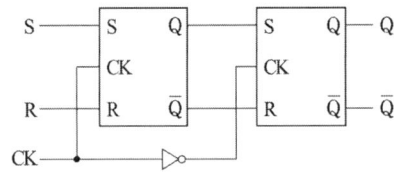

① 4진 카운터
② 시프트 레지스터
③ 분주회로
④ M/S 플립플롭

> **풀이**
> 두 개의 RS플립플롭을 종족접속하며, 클럭펄스를 서로 역으로 공급하는 회로는 마스터 · 슬라이브 플립플롭에 해당한다.

답 ④

59 10진수 249를 16진수 값으로 변환한 것은?

① 189
② 9F
③ FC
④ F9

> **풀이**
> 249를 16으로 나누어 몫과 나머지를 취한다.
> 15는 16진수 F에 해당하므로 F9가 된다.

답 ④

60 논리식 $F = \overline{A}\,\overline{B}C + \overline{A}B\overline{C} + A\overline{B}C + AB\overline{C}$ 를 간소화 한 것은?

① $F = \overline{A}C + A\overline{C}$
② $F = \overline{B}C + B\overline{C}$
③ $F = \overline{A}B + A\overline{B}$
④ $F = \overline{A}B + B\overline{C}$

풀이

$F = \overline{A}\overline{B}C + \overline{A}B\overline{C} + A\overline{B}C + AB\overline{C}$
$= \overline{A}(\overline{B}C + B\overline{C}) + A(\overline{B}C + B\overline{C})$
$= (\overline{A} + A)(\overline{B}C + B\overline{C})$
$= (\overline{B}C + B\overline{C})$

답 ②

제25회 전기기능장 실전모의고사

01 $i = 3000(2t + 3t^2)$[A]의 전류가 어떤 도선을 2[sec] 동안 흘렀다. 통과한 전 전기량은 몇 [Ah] 인가.?

① 1.33　　　　② 10
③ 13.3　　　　④ 36

▶풀이
$$Q = \int_0^t i\,dt = \int_0^2 3000(2t + 3t^2)dt = 36000[As] = 10[Ah]$$

답 ②

02 어떤 교류 전압의 실효값이 314[V]일 때 평균값[V]은?

① 약 142　　　　② 약 283
③ 약 365　　　　④ 약 365

▶풀이
최대값 $V_m = \sqrt{2} \times V = 314 \times \sqrt{2}$
평균값 $V_a = \dfrac{2 \times V_m}{\pi} = \dfrac{2 \times 314 \times \sqrt{2}}{\pi} = 283[V]$

답 ②

03 다음 회로해석의 설명 중에서 옳지 않은 것은?

① 전기회로는 특정 목적을 달성하기 위하여 상호 연결된 회로소자들의 집합이다.
② 옴의 법칙과 같은 소자법칙은 회로가 어떻게 구성되는지에 따라 각 개별 소자에서 단자전압과 전류를 관계지어준다.
③ 키르히호프의 법칙은 회로의 연결 법칙으로서 전하 불변 및 에너지 불변으로부터 유래되었다.
④ 일반적으로 전압-전류특성에 의하여 회로의 형태를 알수 있는 것이며, 특히 다이오드와 트랜지스터는 선형적으로 해석할 수 있다.

▶풀이
트랜지스터의 전압-전류특성은 비선형이다.

답 ④

04 키프히호프의 전압 법칙의 적용에 대한 서술 중 옳지 않은 것은?
① 이 법칙은 집중 정수 회로에 적용된다.
② 이 법칙은 회로소자의 선형, 비선형에는 관계를 받지 않고 적용된다.
③ 이 법칙은 회로소자의 시변, 시불변성에 구애를 받지 않는다.
④ 이 법칙은 선형 소자로만 이루어진 회로에 적용된다.

풀이
키르히호프 법칙은 선형비선형에 다 적용된다. **답 ④**

05 회로에서 단자 a −b 사이의 합성저항 R_{ab}는 몇 [Ω]인가? (단, 저항의 크기는 r[Ω]이다.)
① $\frac{1}{3}r$
② $\frac{1}{2}r$
③ r
④ $2r$

풀이
브리지 평형조건을 만족하므로 $R_{ab} = \frac{4r \times 4r}{4r + 4r} = 2r$ **답 ④**

06 공간적으로 서로 $\frac{2\pi}{n}$[rad]의 각도를 두고 배치한 n개의 코일에 대칭 n상 교류를 흘리면 그 중심에 생기는 회전자계의 모양은 ?
① 원형 회전자계
② 타원형 회전자계
③ 원통형 회전자계
④ 원추형 회전자계

풀이
대칭 : 원형회전자계
비대칭 : 타원회전자계 **답 ①**

07 평균 자로의 길이가 80[cm]인 환상철심에 500회의 코일을 감고 여기에 4[A]의 전류를 흘렸을 때 기자력은 몇 [AT]이며, 자계의 세기는 몇 [AT/m]인가?
① 기자력 : 2000, 자계의 세기 : 2500
② 기자력 : 3000, 자계의 세기 : 2500
③ 기자력 : 2000, 자계의 세기 : 3500
④ 기자력 : 3000, 자계의 세기 : 3500

풀이
기자력 $F = NI = 500 \times 4 = 2000$[AT]

자계의 세기 $H = \dfrac{NI}{l} = \dfrac{500 \times 4}{80 \times 10^{-2}} = 2500[\text{AT/m}]$

답 ①

08 전류로 만들어지는 자장의 자력선의 방향을 간단하게 알아내는 법칙은?
① 오른나사 법칙
② 왼손 법칙
③ 적분의 법칙
④ 줄의 법칙

풀이
전류로 만들어지는 자장의 자력선의 방향을 간단하게 알아내는 법칙은 앙페르의 오른나사 법칙이다.

답 ①

09 1회 감은 코일에 지나가는 자속이 $\dfrac{1}{100}$[sec] 동안에 0.3[Wb]에서 0.5[Wb]로 증가하였다면 유도 기전력[V]는?
① 5 ② 10 ③ 20 ④ 40

풀이
$e = -N\dfrac{d\phi}{dt} = -1 \times \dfrac{(0.5-0.3)}{0.01} = -20[\text{V}]$

답 ③

10 유전율 ϵ의 유전체 내에 있는 전하 Q[C]에서 나오는 전기력선 수는 얼마인가?
① Q ② $\dfrac{Q}{\epsilon_0}$ ③ $\dfrac{Q}{\epsilon_S}$ ④ $\dfrac{Q}{\epsilon}$

풀이
가우스의 정리에 의한 전기력선수 $N = \dfrac{Q}{\epsilon} = \dfrac{Q}{\epsilon_0 \epsilon_S}$[개]

답 ④

11 30[μF]과 40[μF]의 콘덴서를 병렬로 접속한 다음 100[V] 전압을 가했을 때 전 전하량은 몇 [C]인가?
① 17×10^{-4}[C]
② 34×10^{-4}[C]
③ 56×10^{-4}[C]
④ 70×10^{-4}[C]

풀이
$Q = CV = (C_1 + C_2)V(40+30) \times 10^{-6} \times 100 = 70 \times 10^{-4}[\text{C}]$

답 ④

12 $f(t) = 3t^2$ 의 라플라스 변환은?
① $\dfrac{3}{s^2}$ ② $\dfrac{3}{s^3}$ ③ $\dfrac{6}{s^2}$ ④ $\dfrac{6}{s^3}$

제25회 전기기능장 실전모의고사

▶ 풀이

$$F(s) = \mathcal{L}[f(t)] = \mathcal{L}[3t^2] = 3 \cdot \frac{2}{s^3} = \frac{6}{s^3}$$

답 ④

13 지중 케이블에서 고장점을 찾는 방법이 아닌 것은?
① 머리푸프시험기에 의한 방법
② 메거에 의한 측정방법
③ 임피던스 브리지법
④ 펄스에 의한 측정법

▶ 풀이
절연저항측정 : 메거

답 ②

14 표피효과에 대한 설명으로 옳은 것은?
① 표피효과는 주파수에 비례한다.
② 표피효과는 전선의 단면적에 반비례한다.
③ 표피효과는 전선의 비투자율에 반비례한다
④ 표피효과는 전선의 도전률에 반비례한다.

▶ 풀이
표피효과는 전선이 굵을수록, 전압이 높을수록, 주파수가 높을수록, 투자율이 클수록 커진다.

답 ①

15 전력계통의 전압조정을 위한 방법으로 적당한 것은?
① 계통에 콘덴서 또는 병렬리액터 투입
② 발전기의 유효전력의 조정
③ 부하의 유효전력 감소
④ 계통의 주파수 조정

▶ 풀이
계통에 콘덴서 또는 병렬리액터 투입하여 전압조정을 할 수 있다.

답 ①

16 그림과 같은 3상 3선식 전선로의 단락점에 있어서의 3상 단락전류[A]는? 단, 22[kV]에 대한 %리액턴스는 4[%], 저항분은 무시한다.

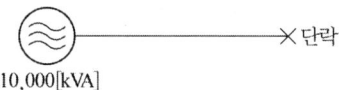

① 5560
② 6560
③ 7560
④ 8560

▶ 풀이

$$I_s = \frac{100}{\%Z_S} \times \frac{P}{\sqrt{3}\,V} = \frac{100}{4} \times \frac{10000}{\sqrt{3} \times 22} = 6560$$

답 ②

17 압축된 공기를 아크에 불어 넣어서 차단하는 차단기는?

① ABB ② MBB ③ VCB ④ ACB

> **풀이**
> 공기차단기(ABB) : 압축된 공기를 아크에 불어넣어서 차단

답 ①

18 주상변압기의 고장이 배전선로에 파급되는 것을 방지하고 변압기의 과부하 소손을 예방하기 위하여 사용되는 개폐기는?

① 리클로저 ② 부하개폐기 ③ 섹셔널라이저 ④ 컷아웃스위치

> **풀이**
> 주상변압기 1차측 : 컷아웃스위치(COS)
> 주상변압기 2차측 : 캐치홀더

답 ④

19 전기 기계의 철심을 성층 하는데 가장 적절한 이유는?

① 기계손을 적게 하기 위하여
② 와류손을 적게 하기 위하여
③ 히스테리시스손을 적게 하기 위하여
④ 표유 부하손을 적게 하기 위하여

> **풀이**
>
> | | 직류기 | 변압기 | |
> | --- | --- | --- | --- |
> | 규소 | 1~1.4% | 4~4.5% | 히스테리시스손 작게(P_h) |
> | 성층 | 0.35~0.5[mm] | 0.35[mm] | 와류손 작게(P_e) |

답 ②

20 직류기의 전기자에 사용되지 않는 권선법은?

① 2층권 ② 고상권 ③ 폐로권 ④ 단층권

> **풀이**
> 직류기에서 주로 사용되는 권선법 : 고상권, 폐로권, 2층권

답 ④

21 무부하로 운전 중 분권전동기의 계자 회로를 운전 중 갑자기 끊어졌을 때 전동기의 속도는?

① 전동기가 갑자기 정지한다.
② 속도가 약간 낮아진다.
③ 속도가 약간 빨라진다.
④ 전동기가 갑자기 가속하여 고속이 된다.

> **풀이**
> 분권전동기
> • 정속도 특성의 전동기
> • 운전중 계자회로 가 단선이 되면 ⇨ 회전속도가 갑자기 고속이 된다.
> • 위험상태 ⇨ 정격전압 무여자상태
> • +, - 극성을 반대로 하면 ⇨ 회전 방향이 불변이다.

답 ④

22 대형 수차 발전기를 회전 계자형으로 하는 이유?
① 기전력의 증대 ② 냉각효과가 크다.
③ 절연이 용이하다. ④ 효율이 좋다.

▶ 풀이
회전계자형으로 하는 이유
- 계자는 기계적으로 튼튼하다.
- 계자는 소요전력이 작다. 절연이 용이하다.
- 전기자는 Y결선으로 복잡하다.
- 전기자는 고압을 유기한다.

답 ③

23 동기 전동기에 관한 말 중 옳지 않은 것은?
① 역률을 조정할 수 없다. ② 난조가 일어나기 쉽다.
③ 기동토오크가 적다. ④ 직류 여자기가 필요하다.

▶ 풀이
동기전동기의 특성
- 항상 동기속도로 회전하는 전동기
- 동기속도 이외의 속도에서는 토오크를 낼수없다.
- 기동토오크가 없다. ⇨ 기동장치 또는 기동법 필요 ⇨ 고가
- 역률 1로 운전할 수 있으며 앞선역률도 가능한다. ⇨ 동기조상기원리
- 저속도 대용량의 전동기 ⇨ 대형송풍기, 압축기, 압연기, 분쇄기

답 ①

24 동기 발전기 병렬운전에서 일치하지 않아도 되는 것은?
① 전압 ② 부하전류 ③ 주파수 ④ 위상

▶ 풀이
동기 발전기 병렬운전시, 기전력의 크기, 기전력의 위상, 기전력의 주파수, 기전력의 파형이 같을 것

답 ②

25 변압기 기름이 공기와 접촉되면 열화하여 불용성 침점물이 생기는 것을 방지하는 장치는?
① 방출안전장치 ② 콘서어베이터 ③ 방열기 ④ 원심 분리기

▶ 풀이
변압기 기름이 공기와 접촉되면 열화하여 불용성 침점물이 생기는 것을 방지하는 장치 : 콘서베이터(질소봉입)

답 ②

26 3상3선식 변압기 결선 방식이 아닌 것은?
① △결선 ② V결선 ③ T결선 ④ Y결선

▶ 풀이
스코트(T) 결선은 3상 전원에서 2상 변환 결선법이다.

답 ③

27 변압기 내부고장 보호에 사용되는 계전기는?
① 차동 계전기
② OCR
③ 역상 계전기
④ 접지 계전기

풀이
변압기 보호에 사용되는 계전기: 차동계전기, 비율차동계전기, 브흐홀쯔계전기, 전류차동계전기, 가스검출계전기, 압력계전기

답 ①

28 유도 전동기가 널리 이용되고 있는 이유에 해당되지 않는 것은?
① 전원을 쉽게 얻을 수 있다.
② 거의 정속도로 운전되는 전동기이다.
③ 구조가 간단하고 고장이 작다.
④ 속도 변화가 심한 전동기이다.

풀이
유도 전동기가 널리 이용되고 있는 이유
• 전원을 쉽게 얻을 수 있다.
• 거의 정속도로 운전되는 전동기이다.
• 구조가 간단하고 고장이 작다.
• 속도 변화가 적은 전동기이다.

답 ④

29 유도전동기의 주파수가 60[Hz]이고 전부하에서 회전수가 매분 1164회이면 극수는? (단, 슬립은 3[%]이다.)
① 4
② 6
③ 8
④ 10

풀이
$$N = N_s(1-s) = \frac{120}{P}f(1-s)[\text{rpm}]$$

여기서, 극수 $P = \frac{120}{N}f \times (1-s) = \frac{120}{1164} \times 60 \times (1-0.03) = 6$극

답 ②

30 3상 권선형 유도 전동기의 2차 회로에 저항을 삽입하는 목적이 아닌 것은?
① 속도는 줄어지지만 최대 토크를 크게 하기 위하여
② 속도 제어를 하기 위하여
③ 기동 토크를 크게 하기 위하여
④ 기동 전류를 줄이기 위하여

풀이
비례추이의 특징
• 최대토오크는 불변, 최대토오크의 발생 슬립은 변화한다.
• 전부효율과 속도가 떨어진다.
• 슬립이 증가한다.
• 기동전류는 감소하고, 기동토오크는 증가한다.

답 ①

31 회전 변류기의 직류측의 전압을 변경하려면 슬립링에 가해지는 교류측 전압을 변화시킨다. 그 방법이 아닌 것은?

① 직렬 리액턴스에 의한 방법
② 유도전압 조정기에 의한 방법
③ 분류 저항 삽입에 의한 방법
④ 부하시 전압 조정 변압기에 의한 방법

풀이
회전변류기의 직류전압 조정법
- 직렬리액턴스에 의한 방법
- 유도전압조정기에 의한 방법
- 부하시 탭전환 변압기에 의한 방법
- 동기 승압기에 의한 방법

답 ③

32 인입용 비닐 절연 전선의 기호는?

① FF ② NV ③ DV ④ OW

풀이
- FF : 플렉시블 코드
- NV : 비닐 절연 네온 전선
- DV : 인입용 비닐 절연 전선
- OW : 옥외용 비닐 절연 전선

답 ③

33 전선의 색 구별에 있어서 중성선은 어떤 색을 쓰고 있는가?

① 청색 ② 흑색 ③ 회색 ④ 갈색

풀이
중성선(N) : 청색, L1 : 갈색, L2 : 흑색, L3 : 회색

답 ①

34 홀더용 제1종 용접용 케이블의 기호는?

① WCT ② WNCT ③ WRCT ④ WRNCT

풀이
WCT : 리드용 제1종 케이블
WNCT : 리드용 제2종 케이블
WRCT : 홀더용 제1종 케이블
WRNCT : 홀더용 제2종 케이블

답 ③

35 다음 중 과전류 차단기를 시설하여야 할 곳은 어디인가?

① 발전기, 변압기, 전동기 등의 기계 기구를 보호하는 곳
② 접지공사의 접지선
③ 다선식 전로의 중성선
④ 저압 가공 전선로 접지측 전선

풀이
과전류 차단기의 시설 금지 장소
- 접지공사의 접지선
- 저압 가공 전선로 접지측 전선
- 다선식 전로의 중성선

답 ①

36 도로를 횡단하여 지선을 설치할 때 쓰이는 지선은?
① 공동지선　　② Y지선　　③ 수평지선　　④ 보통지선

풀이
수평지선 : 도로를 횡단하여 지선을 설치할 때 사용

답 ③

37 전원의 한 점을 직접접지하고 설비의 노출 도전성부분을 전원계통의 접지극과는 전기적으로 독립한 접지극에 접지하는 접지계통을 무엇이라 하는가?
① TN-C 계통　　② TN-S 계통
③ IT 계통　　④ TT 계통

풀이
TT계통 - 전원의 한 점을 직접접지하고 설비의 노출 도전성부분을 전원계통의 접지극과는 전기적으로 독립한 접지극에 접지하는 접지계통

답 ④

38 과전류 차단기를 시설하면 안 되는 경우는?
① 발전기 보호　　② 분기선 보호　　③ 접지측 보호　　④ 송배전 보호

풀이
과전류 차단기 시설 금지 장소
- 접지공사의 접지선
- 다선식 선로의 중성선
- 저압 가공전선로의 접지측 전선

답 ③

39 고압용 SCR의 절연 내력 시험전압은 직류측 최대 사용전압의 몇 배의 교류전압인가?
① 1배　　② 1.25배　　③ 1.5배　　④ 2배

풀이
고압용 SCR 절연내력시험 전압은 교류전압의 1배이다.

답 ①

40 피시 테이프(fish tape)의 용도는?
① 배관에 전선을 넣기 위하여　　② 전선을 테이핑하기 위하여
③ 합성수지관을 구부리기 위하여　　④ 전선의 끝마무리를 이하여

풀이
피시테이프는 전선관에 전선을 넣을 때 사용하는 평각 강철선이다.

답 ①

41 합성수지관 상호 및 관과 박스와의 접속 시에 삽입하는 깊이는 관 바깥지름의 몇 배 이상으로 하여야 하는가?(접착제 사용하지 않음)
① 0.8　　② 1.2　　③ 2.0　　④ 2.5

> **풀이**
> 커플링에 들어가는 관의 길이는 관 바깥지름의 1.2배 이상
> 접착제 사용시는 0.8배이다.
>
> 답 ②

42 다음 중 옥내에 시설하는 저압 전로와 대지 사이의 절연저항 측정에 사용되는 계기는?
① 훅온미터   ② 어스테스터   ③ 메거   ④ 멀티테스터

> **풀이**
> 절연저항 측정 : 메거(Megger)
>
> 답 ③

43 차단기에서 ELB 의 용어는?
① 유입 차단기   ② 진공 차단기
③ 배선용 차단기   ④ 누전 차단기

> **풀이**
> OCB : 유입 차단기   VCB : 진공 차단기
> MCCB : 배선용 차단기   ELB : 누전 차단기
>
> 답 ④

44 19/2.0[mm]인 경동선이 있다. 이 전선의 바깥지름[mm]은 얼마인가?
① 11[mm]   ② 10[mm]   ③ 9[mm]   ④ 8[mm]

> **풀이**
> 연선의 바깥지름 $D = (2n+1)d = (2 \times 2 + 1) \times 2.0 = 10[mm]$
>
> 답 ②

45 노출하면 외부로부터 손상을 받을 우려가 있으므로 관에 넣어 시공하는 케이블은?
① 연피 케이블   ② 비닐시스 케이블
③ 고무시스 케이블   ④ 주트권 연피 케이블

> **풀이**
> 연피 케이블은 연피가 외부로부터 손상을 받을 우려가 없는 곳, 부식의 우려가 없는 관로식 지중전선로 등에 사용한다.
>
> 답 ①

46 그림과 같은 접점 회로를 논리게이트로 표현하면?

①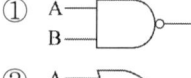
② A─┐
    B─┘
③ A─┐
    B─┘
④ A─┐
    B─┘

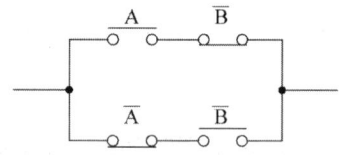

- **풀이**

  $A\overline{B} + \overline{A}B = A \oplus B$

  답 ③

47 그림과 같은 다이오드 논리회로의 출력식은?

① $Z = A + BC$
② $Z = AB + C$
③ $Z = ABC$
④ $Z = A + B + C$

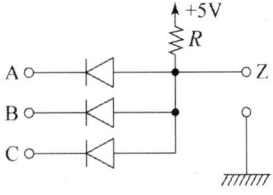

- **풀이**

  AND 회로구성

  답 ③

48 2진수 $(1001)_2$를 그레이코드(Gray Code)로 변환한 값은?

① $(1110)_G$ ② $(1101)_G$ ③ $(1111)_G$ ④ $(1100)_G$

- **풀이**

  1001 변화시 1101(그레이코드)

  답 ②

49 다음 논리함수를 간략화 하면 어떻게 되는가?

$$Y = \overline{A}\,\overline{B}C\overline{D} + \overline{A}\,BC\overline{D} + A\overline{B}C\overline{D} + AB C\overline{D}$$

	$\overline{A}\overline{B}$	$\overline{A}B$	AB	$A\overline{B}$
$\overline{C}\overline{D}$	1			1
$\overline{C}D$				
CD				
$C\overline{D}$	1			1

① $\overline{B}\overline{D}$ ② $B\overline{D}$ ③ $\overline{B}D$ ④ BD

- **풀이**

  카로노맵 정리 : $\overline{B}\overline{D}$

  답 ①

50 다음 논리회로는 무엇이라 하는가?

① 반가산기
② 반감산기
③ 전가산기
④ 전감산기

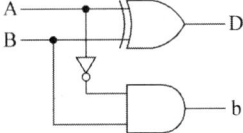

- **풀이**

  반감산기 회로이다.

  답 ②

51 정격전압이 220[V], 60[Hz]인 4극 농형 유도 전동기를 인버터로 구동하고자 한다. 이 전동기의 회전수를 900[rpm]으로 한다면 인버터의 출력 주파수는 몇 [Hz]인가?
① 15   ② 30   ③ 50   ④ 60

● 풀이

$$N = \frac{120}{P} \times f [\text{rpm}], \quad f = \frac{N \times P}{120} = \frac{900 \times 4}{120} = 30[\text{Hz}]$$

답 ②

52 그림과 같은 신호파와 반송파를 비교기에 인가한 경우 출력파형은?

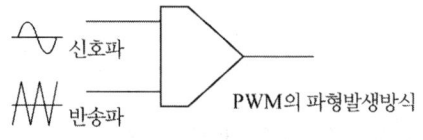

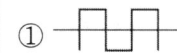 

● 풀이
신호파와 반송파 비교시 신호파가 반송파보다 작은 범위 내서서 온 된다.

답 ①

53 PWM 전압형 인버터의 특징이 아닌 것은?
① 소형화 저가격화에 유리
② 고차고조파 제거 가능
③ 고속전류제어 가능
④ 전압제어를 위한 주회로 디바이스 불필요

● 풀이
PWM전압형 인버터 특성
① 주회로 다바이스 불필요, 소형화 유리
② 저차 고조파 제거가능
③ 고속전류제어 가능

답 ②

54 유도 전동기 부하를 갖는 인버터에서 전력의 이동은?
① 직류측에서 교류측으로만 이동한다.
② 교류측에서 직류측으로만 이동한다.
③ 양방향으로 이동하지만, 직류측에서 교류측으로 이동하는 전력이 더 많다.
④ 양방향으로 이동하지만, 교류측에서 직류측으로 이동하는 전력이 더 많다.

● 풀이
인버터는 직류에서 교류이동이지만, 유도전동기의 제동시는 교류측에서 직류측으로 이동한다. 이동방향 역전될 수 있다.

답 ③

55 위상 제어 스위치를 통해 부하에 10[Ω]의 저항이 연결되어 있다. 220[V] 전원에서 출력 전력을 2[kW]에서 제어 하려고 한다. 제어각 α에서 부하전류의 실효값은 몇 [A]인가?

① 14.14 ② 22.36 ③ 33.94 ④ 8.76

▶풀이

$$I = \sqrt{\frac{P}{R}} = \sqrt{\frac{2 \times 10^3}{10}} = 14.14[A]$$

답 ①

56 샘플링 방법에 속하지 않는 것은?

① 랜덤 샘플링 ② 지그재그 샘플링
③ 층별 샘플링 ④ 집락 샘플링

▶풀이

샘플링 방법에 속하는 것
① 랜덤샘플링 ② 층별샘플링 ③ 집락샘플링

답 ②

57 공정에서 만성적으로 존재하는 것은 아니고 산발적으로 발생하며 품질의 변동에 크게 영향을 끼치는 요주의 원인으로 우발적 원인인 것은 무엇이라 하는가?

① 우연원인 ② 이상원인
③ 불가피원인 ④ 억제할 수 없는 원인

▶풀이

우발적인 원인은 이상원인이다.

답 ②

58 다음 중 샘플링 검사의 순서로 맞는 것은?

보기
㉠ 검사특성에 웨이트(weight)를 정해둔다.
㉡ 검사단위의 품질기준과 측정방법을 정한다.
㉢ 샘플을 뽑는다.
㉣ 샘플링 검사방식을 정한다.

① ㉣ - ㉡ - ㉠ - ㉢
② ㉣ - ㉠ - ㉡ - ㉢
③ ㉡ - ㉠ - ㉣ - ㉢
④ ㉡ - ㉣ - ㉠ - ㉢

▶풀이

① 검사 단위의 품질기준과 측정방법을 정한다.
② 검사 특성에 웨이트를 정해 둔다
③ 샘플링 검사 방식을 정한다.
④ 샘플을 뽑는다.

답 ③

59 표는 어느 회사의 월별 판매실적을 나타낸 것이다. 5개월 이동 평균법으로 6월의 수요를 예측하면?

월 계	1	2	3	4	5
판매량	100	110	120	130	140

① 150　　　② 140　　　③ 130　　　④ 120

●풀이

$$\frac{100+110+120+130+100}{5}=120$$

답 ④

60 시간 측정방법에서 간접법에 속하지 않는 것은?
① VTR 분석　　　② PTS법
③ 표준자료법　　　④ 경험견적법

●풀이
시간측정방법에서 간접법은
① PTS법
② 표준자료법
③ 경험견적법

답 ①

제26회 전기기능장 실전모의고사

01 제조 공정의 품질 특성이 시간이나 수량에 따라서 어느정도 주기적으로 변할 대 샘플링 하는 방법은?
① 지그재그 관리도
② 2단계 샘플링
③ 층별 샘플링
④ 집락 샘플링

• 풀이
시간이나 수량에 따라서 주기적으로 변할 때 샘플링은 지그재그 관리도 이다.   답 ①

02 다음 중 계량치 관리도는 어느 것인가?
① R 관리도
② nP 관리도
③ c 관리도
④ u 관리도

• 풀이
계량치관리도는 R관리도 이다.   답 ①

03 모집단을 몇 개의 층으로 나누고 각 층으로부터 각각 랜덤하게 시료를 뽑는 샘플링 방법은?
① 층별 샘플링
② 2단계 샘플링
③ 계몽 샘플링
④ 단순 샘플링

• 풀이
층별 샘플링 : 각각 랜덤하게 시료를 뽑는 샘플링   답 ①

04 제조 LOt 수는?
① 1회 제조 수량을 말한다.
② 시간당의 제조 수량을 말한다.
③ 일정한 제조량을 말한다.
④ 제조회수를 표시하는 개념이다.

• 풀이
제조 Lot 수 : 1회 제조 수량을 말한다.   답 ①

05 제품 공정분석표용 공정도시기호 중 정체 공정(Delay)기호는 어느 것인가?
① ○
② →
③ D
④ □

> **풀이**
> 제품 공정분석표용 공정도시기호 중 정체 공정(Delay)기호 : D
>
> **답** ③

06 그림과 같은 회로에서 위상각 θ=60°의 유도부하에 대해 점호각 α를 0°에서 180°까지 가감하는 경우에 전류가 연속되는 α의 각도는 몇 도인가?
① 30
② 60
③ 90
④ 120

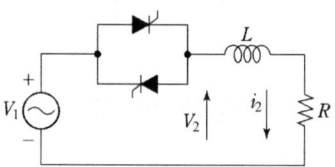

> **풀이**
> 단상전파 위상각 60°이다.
>
> **답** ②

07 강압형 직류 제어기의 정의를 알맞게 설명한 것은?
① 출력 전압이 입력 전압보다 높게 나타난다.
② 출력 전압이 입력 전압보다 낮게 나타난다.
③ 출력 전압과 입력 전압이 같게 나타난다.
④ 출력 전압이 입력 전압에 관계없이 높게 나타난다.

> **풀이**
> 강압형 직류 제어기 : 출력전압이 입력전압보다 낮게 나타난다.
>
> **답** ②

08 그림의 회로에서 전원 전압이 110[V]이면 사이리스터(SCR)에 인가되는 역전압은 몇 [V]인가?
① 0
② 110
③ 220
④ 311

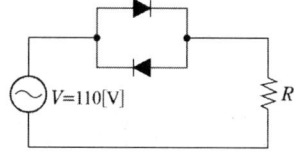

> **풀이**
> 역방향으로 인해 0[V]이다.
>
> **답** ①

09 인버터의 스위칭 주기가 10[msec]이면 주파수는 몇 [Hz]인가?
① 1　　② 20　　③ 60　　④ 100

> **풀이**
> $$f = \frac{1}{T} = \frac{1}{10 \times 10^{-3}} = 100[\text{Hz}]$$
>
> **답** ④

10 사이리스터의 턴온 전류 상승률($\frac{di}{dt}$) 시험에서 접합부의 규정 온도는?

① 최고 허용 온도에서 시험한다.
② 최저 허용 온도에서 시험한다.
③ 상온 및 최고 허용 온도에서 시험한다.
④ 상온 및 최저 허용 온도에서 시험한다.

• 풀이
접합부의 온도는 상온및 최저 허용온도에서 시험한다.   답 ③

11 그림의 논리회로와 그 기능이 같은 회로는?

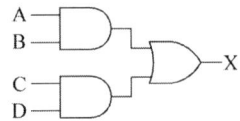

① 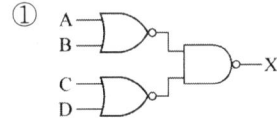 ②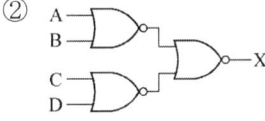

③ 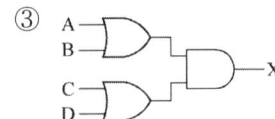 ④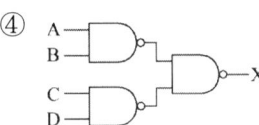

• 풀이
$\overline{\overline{A+B}+\overline{CD}} = A+B+CD$ 답 ④

12 그림의 트랜지스터 회로에 5[V] 펄스 1개를 가하면 출력파형 V_0은?

①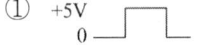
②
③
④

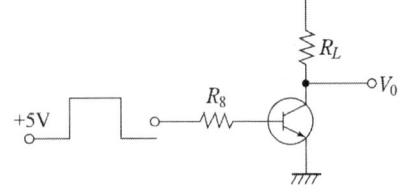

• 풀이
NOT 회로구성   답 ③

13 JK 플립플롭에서 J입력과 K입력에 모두 1을 가하면 출력은 어떻게 되는가?
① 반전된다.   ② 불확정 상태가 된다.
③ 이전 상태가 유지된다.   ④ 이전 상태에 상관없이 1이 된다.

●풀이
JK 플립플롭 반전된다.   **답** ①

14 순서논리회로가 아닌 것은?
① 플립플롭(Flip-Flop)   ② 가산기(Adder)
③ 레지스터(Register)   ④ 계수기(Counter)

●풀이
순서논리 종류
① 플립플롭(Flip-Flop) ② 계수기(Counter) ③ 레지스터(Register)   **답** ②

15 다음 그림의 회로 명칭은?
① D플립플롭
② T플립플롭
③ J-K플립플롭
④ R-S플립플롭

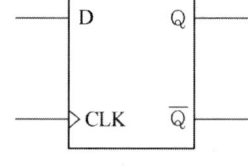

●풀이
D플립플롭-지연(delay)형 플립플롭을 의미   **답** ①

16 다음 중 보호계전 방식이 그 역할을 다하기 위하여 요구 되어지는 구비조건과 거리가 먼 것은?
① 고장 회선 내지 고장 구간의 선택 차단을 신속 정확하게 할 수 있을 것
② 과도 안정도를 유지하는데 필요한 한도 내의 작동시한을 가질 것
③ 적절한 후비 보호 능력이 있을 것
④ 고장 파급 범위를 최대로 하기 위한 재료로를 실시할 것

●풀이
고장 구간을 신속히 차단하여 고장 파급범위를 최소로 하기 위해 재패로를 실시한다.   **답** ④

17 배전반에 접속되어 운전 중인 계기용 변압기(PT) 및 변류기(CT)의 2차측 회로를 점검할 때 조치사항으로 옳은 것은?
① CT만 단락시킨다.   ② PT만 단락시킨다.
③ CT와 PT 모두를 단락시킨다.   ④ CT와 PT 모두를 개방시킨다.

> **풀이**
> 점검시 PT 개방, CT단락한다. (2차측 절연보호를 위해)
> **답** ①

18 경간 200[m], 전선의 자체 무게 2[kg/m], 인장하중 5000[kg], 안전율 2인 경우, 전선의 이도 (dip)는 몇 [m]인가.?
① 2　　　　　② 4　　　　　③ 6　　　　　④ 8

> **풀이**
> 이도 $D = \dfrac{WS^2}{8T} = \dfrac{2 \times 200^2}{8 \times \dfrac{5000}{2}} = 4[m]$
> **답** ②

19 다음 중 고압 배전계통의 구성 순서로 알맞은 것은?
① 배전변전소 → 간선 → 분기선 → 급전선
② 배전변전소 → 급전선 → 간선 → 분기선
③ 배전변전소 → 간선 → 급전선 → 분기선
④ 배전변전소 → 급전선 → 분기선 → 간선

> **풀이**
> • 급전선 : 배전 변전소 또는 발전소로부터 배전 간선에 이르기 까지의 도중에 부하가 접속되어 있지 않은 선로
> • 간선 : 급전선에 접속된 수용 지역에서의 배전선로 가운데에서 부하의 분포 상태에 따라서 배전하거나 또는 분기선을 내어서 배전하는 부분
> • 분기선 : 간선으로부터 분기한 배전 선로의 가지 모양으로 된 부분
> **답** ②

20 송전 계통의 안정도를 증진시키는 방법은?
① 중간 조상설비를 설치한다.
② 조속기의 동작을 느리게 한다.
③ 계통의 연계는 하지 않도록 한다.
④ 발전기나 변압기의 직렬 리액턴스를 가능한 크게 한다.

> **풀이**
> 안정도 향상대책 : 중간조상방식-송전선로중간에 동기조상기 시설
> **답** ①

21 직류송전방식에 대한 설명으로 틀린 것은?
① 직류방식은 선로 전압이 교류 전압의 최고값보다 낮아 절연계급이 낮아진다.
② 직류방식은 교류방식의 표피효과가 없어 송전효율은 떨어진다.
③ 직류방식은 리액턴스나 위상각을 고려할 필요가 없어서 안정도가 좋다.
④ 장거리 송전의 경우에는 교류방식보다 직류송전방식이 유리하다.

> **풀이**
> 직류송전방식 : 표피효과가 없어서 송전효율이 좋다.
>
> **답** ②

22 극수가 24일 때, 전기각 180°에 해당되는 기계각은?
① 7.5° ② 15° ③ 22.5° ④ 30°

> **풀이**
> 전기각$(\alpha_e) = \dfrac{극수}{2} \times$기하각$(\alpha)$, $\alpha = \dfrac{2\alpha_e}{P} = \dfrac{2 \times 180}{24} = 15°$
>
> **답** ②

23 직류기의 권선을 단중 파권으로 감으면?
① 내부 병렬 회로수가 극수 만큼 생긴다.
② 내부 병렬 회로수는 극수에 관계없이 언제나 2이다.
③ 저전압 대전류용 권선이다.
④ 균압환을 연결해야 한다.

> **풀이**
>
> | | 파권(직렬권) |
> | --- | --- |
> | (병렬회로수) a | 2 |
> | (브러시수) b | 2 |
> | 용도 | 소전류, 고전압 |
> | 균압선 접속 | |
>
> **답** ②

24 직류 직권 전동기가 있다. 전기자 저항 및 계자권선의 저항은 다같이 0.8[Ω]이고, 그 자화곡선은 200[rpm]에서 30[A]의 전류에 대해 300[V]의 전압을 나타낸다. 이 전동기를 500[V]에서 사용하여, 전기자 전류를 앞에서와 같이 30[A]를 취할 때의 속도 [rpm]는?
단, 전기자 반작용, 마찰손, 풍손 및 철손은 무시한다.
① 120 ② 132.7 ③ 180.8 ④ 301.3

> **풀이**
> $E \propto N = E' \propto N'$
> $E' = V - I_a(R_a + R_f) = 500 - 30(0.8 + 0.8) = 452[V]$
> $\therefore N' = \dfrac{E'}{E} \times N = \dfrac{452}{300} \times 200 = 301.3[\text{rpm}]$
>
> **답** ④

25 동기 발전기의 퍼센트 동기 임피던스가 83[%]일 때 단락비는 얼마인가?
① 1.0 ② 1.1 ③ 1.2 ④ 1.3

> **풀이**
> $K_s = \dfrac{1}{\%Z} \times 100 = \dfrac{1}{83} \times 100 = 1.2$
>
> **답** ③

26 3상 동기기의 제동 권선의 효용은?
① 출력증가　　② 효율증가　　③ 역률개선　　④ 난조방지

풀이
제동권선 : 불평형(난조) 방지

답 ④

27 단상 변압기 병렬 운전하는 경우 부하 분담을 용량에 비례시키는 조건중에서 틀린 것은?
① 정격 전압과 변압비 같을 것
② 각 변위가 다를 것
③ %임피던스 강하가 같을 것
④ 극성이 같을 것

풀이
병렬운전의 조건
- 정격 전압과 변압비가 같을 것
- 각 변압기의 권수비가 같고, 1차와 2차의 정격 전압이 같을 것
- 각 변압기의 %임피던스 강하가 같을 것
- 3상식에서는 위의 조건 외에 각 변압기의 상회전 방향 및 위상 변위가 같을 것

답 ②

28 변압기의 무부하손으로 대부분을 차지하는 것은?
① 유전체손　　② 동손　　③ 철손　　④ 표류부하손

풀이
변압기의 무부하손으로 대부분을 차지하는 것 : 철손(히스테리시스손, 와류손)

답 ③

29 임피던스 강하 5[%]인 변압기가 운전중 단락되었다. 단락전류는 정격전류의 몇 배인가?
① 10　　② 15　　③ 20　　④ 25

풀이
단락전류 $I_s = \dfrac{100}{\%Z}I_n = \dfrac{100}{5} = I_n = 20I_n$

답 ③

30 유도 전동기의 기동 보상기의 탭 전압으로 보통 사용되지 않는 것은?
① 35[%]　　② 50[%]　　③ 65[%]　　④ 80[%]

풀이
기동 보상기의 탭 전압 : (50, 65, 80)[%]

답 ①

31 유도 전동기 슬립(slip) s의 범위는?
① $1 > s > 0$　　② $0 > s > -1$　　③ $2 > s > 1$　　④ $-1 > s > 1$

풀이
유도기 : $1 > s > 0$

답 ①

32 실리콘 다이오드의 특성에서 잘못된 것은?
① 전압강하가 크다. ② 정류비가 크다.
③ 허용온도가 높다. ④ 역내전압이 크다.

▶풀이
실기콘 정류기의 특성
① 역내전압이 크다.   ② 전류밀도가 크다.
③ 온도에 의한 영향이 작다. ④ 효율이 가장좋다.
⑤ 대용량 정류기에 적합하다.

답 ①

33 회전 변류기의 난조 원인이 아닌 것은?
① 직류측 부하의 급격한 변화
② 역률이 매우 나쁠때
③ 교류측 전원의 주파수의 주기적인 변화
④ 브러시 위치가 전기적 중성축보다 앞설 때

▶풀이
회전변류기의 난조원인
• 브러시의 위치가 중성점 보다 늦은 위치
• 부하의 급변
• 주파수가 주기적으로 변동할 때
• 역률이 몹시 나쁠 때
• 저항이 리액턴스에 비해 클 때

답 ④

34 6극 유도전동기 의 고정자 슬롯(slot)홈 수가 36이라면 인접한 슬롯 사이의 전기각은?
① 30°　　② 60°　　③ 120°　　④ 180°

▶풀이
전기각 = $\dfrac{180}{\text{슬롯수}/\text{극수}} = \dfrac{180}{36/6} = 30$

답 ①

35 20[Ω]과 30[Ω]의 병렬회로에서 20[Ω]에 흐르는 전류가 6[A]이라면 전체전류 I[A]는?
① 3
② 4
③ 9
④ 10

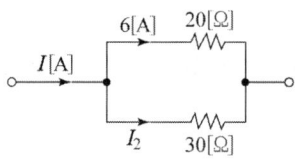

▶풀이
전체전압 $E = 6 \times 20 = 120$[V] (병렬시 전압불변)
30[Ω]의 저항에 흐르는 전류는 $I_2 = \dfrac{120}{30} = 4$[A]
키르히호르의 제1법칙 $I = I_1 + I_2 = 6 + 4 = 10$

답 ④

36 어떤 정현파 전압이 평균값이 191[V] 이면 최대값[V]은?
① 약 150 ② 약 250
③ 약 300 ④ 약 400

풀이

$V_a = \dfrac{2}{\pi} V_m = 191$

여기서, 최대값 $V_m = \dfrac{\pi}{2} \times 191 = 300[V]$

답 ③

37 파형이 반파 정류파일 때 파고율은?
① 2 ② 1 ③ $\sqrt{3}$ ④ $\sqrt{2}$

풀이

(반파정류파) 파고율 $= \dfrac{최대값}{실효값} = 2$

답 ①

38 3[S]과 4[S]의 콘덕턴스를 병렬로 접속할 때의 합성값은?
① 2[S] ② 5[S] ③ 7[S] ④ 9[S]

풀이

병렬시 합성 컨덕턴스 $G = G_1 + G_2 = 3 + 4 = 7[S]$

답 ③

39 1[cal]는 약 몇 [J]인가?
① 0.24[J] ② 0.4186[J]
③ 2.4[J] ④ 4.186[J]

풀이

$1[ca] = \dfrac{1}{0.24} = 4.17[J]$

답 ④

40 전하의 성질을 잘못 설명한 것은?
① 대전체의 영향으로 비대전체에 전기가 유도된다.
② 전하는 가장 안전한 상태를 유지하려는 성질이 있다.
③ 같은 종류의 전하는 흡인하고 다른 종류의 전하끼리는 반발한다.
④ 대전체에 들어 있는 전하를 없애려면 접지시킨다.

풀이

같은 종류의 전하 => 반발한다.
다른 종류의 전하 => 흡인한다.

답 ③

41 다음은 정전 흡인력에 대한 설명인데 옳은 것은?
① 정전 흡인력은 전압의 제곱에 비례한다.
② 정전 흡인력은 극판 간격에 비례한다.
③ 정전 흡인력은 극판 면적의 제곱에 비례한다.
④ 정전 흡인력은 옴의 법칙으로 직접 계산한다.

풀이
단위 면적당 정전 흡인력은 전압에 제곱에 비례한다.
$$f = \frac{1}{2}\epsilon\left(\frac{V}{l}\right)^2 [\text{N/m}^2]$$

답 ①

42 전달함수 $C(s) = G(s)R(s)$에서 입력 함수를 단위 임펄스, 즉 $\delta(t)$로 가할 때 계의 응답은?
① $G(s)\delta(s)$ ② $\dfrac{G(s)}{\delta(s)}$ ③ $\dfrac{G(s)}{s}$ ④ $G(s)$

풀이
임펄스 응답 : $G(s) = G(s)$

답 ④

43 단면적이 50[cm²]인 환상철심에 500[AT/m]의 자장을 가할 때 전자속은 몇 [Wb]인가? (단, 진공중의 투자율은 $4\pi \times 10^{-7}$[H/m]이고, 철심의 비투자율은 800이다.)
① $16\pi \times 10^{-2}$ ② $8\pi \times 10^{-4}$ ③ $4\pi \times 10^{-4}$ ④ $2\pi \times 10^{-2}$

풀이
$\phi = \mu_0 \mu_s H \times S = 4\pi \times 10^{-7} \times 800 \times 500 \times 50 \times 10^{-4} = 8\pi \times 10^{-4}$[Wb]

답 ②

44 전류에 의해 발생되는 자장의 크기는 전류의 크기와 전류가 흐르고 있는 도체와 고찰하려는 점까지의 거리에 의해 결정된다. 이러한 관계를 무슨 법칙이라 하는가?
① 비오-사바르의 법칙   ② 플레밍의 왼손 법칙
③ 쿨롱의 법칙   ④ 페러데이의 법칙

풀이
비오-사바르의 법칙 은 전류에 의한 자장의 세기이다.

답 ①

45 코일의 자체 인덕턴스는 다음 어느 것에 따라 변하는가?
① 투자율   ② 유전율   ③ 도전율   ④ 저항률

풀이
$$L = \frac{N\phi}{I} = \frac{\mu A N^2}{l} \propto \mu$$
인덕턴스는 $\propto$ 투자율에 비례해서 변화한다.

답 ①

46 원자핵의 구속력을 벗어나서 물질 내에서 자유로이 이동할 수 있는 것은?
① 중성자　　　② 분자　　　③ 자유전자　　　④ 양자

▶풀이
자유전자는 원자핵과의 결합력이 약해 외부의 자극에 의하여 쉽게 원자핵의 구속력을 이탈할 수 있는 전자이다.　　　답 ③

47 금속 전선관을 조영재에 따라서 시설하는 경우에는 새들 또는 행거(hanger)등으로 견고하게 지지하고, 그 간격을 최대 몇 [m] 이하로 하는 것이 바람직한가?
① 1.0　　　② 1.5　　　③ 2.0　　　④ 2.5

▶풀이
금속관공사 지지점 간의 거리는 2[m] 이하마다 고정한다.　　　답 ③

48 저압옥내 배선에서 애자사용공사를 할 경우 전선의 지지점 간의 거리는 몇[m] 이하인가?
① 6　　　② 4　　　③ 3　　　④ 2

▶풀이
애자의 지지점 간의 거리는 2[m] 이하이다.　　　답 ④

49 보통 금속관 구부리기에 있어서 안쪽 반지름은 금속관 안지름의 몇 배 이상으로 구부려야 하는가?
① 4배　　　② 6배　　　③ 8배　　　④ 10배

▶풀이
금속관 구부리기에 있어서 안쪽 반지름은 금속관 안지름의 6배 이상으로 구부려야 한다.　　　답 ②

50 성냥을 제조하는 공장의 내선공사 방법으로서 적당하지 않은 공사는?
① 케이블 공사　　　② 방습형플렉시블 공사
③ 합성수지관 공사　　　④ 금속관 공사

▶풀이
위험물이 있는 공사에 내선공사 방법
• 금속관 공사　• 케이블 공사　• 합성수지관 공사　　　답 ②

51 교통 신호등의 제어 장치로부터 신호등까지의 전로는 몇 [V] 이하이어야 하는가?
① 150　　　② 300　　　③ 400　　　④ 600

▶풀이
교통신호등의 시설시 사용전압은 300[V] 이하이어야 한다.　　　답 ②

52 저압 배전선로에서 신뢰도가 가장 좋아 부하밀도가 높고, 무정전 배전이 필요한 경우 채용되는 방식은?
① 가지식 ② 환상식
③ 뱅킹식 ④ 네트워크식

풀이 네트워크방식은 무정전 공급신뢰도가 가장 좋은 방식

답 ④

53 구내에 시설하는 22.9[kV]가공 전선로의 지지물에 기기를 장치하는 경우의 콘크리트주의 최소길이는 몇 [m]인가?
① 10 ② 12
③ 14 ④ 16

풀이 지지물의 길이 : 10[m]이상
지지물에 기기를 장치하는 경우 : 12[m] 이상

답 ②

54 최대사용전압이 380[V]인 3상 유도전동기의 절연내력은 몇 [V]의 시험전압에 견디어야 하는가?
① 475 ② 500
③ 570 ④ 760

풀이 회전기 및 정류기의 절연내력

종류			시험 전압	시험 방법
회전기	발전기·전동기·조상기·기타회전기	7[kV] 이하	1.5배(최저 500[V])	권선과 대지 사이에 연속하여 10분간
		7[kV] 초과	1.25배(최저 10.5[kV])	
	회전 변류기		직류측의 최대사용전압의 1배의 교류전압(최저 500[V])	

시험전압은 최대 사용전압에 표의 배수를 곱하고 그 값을 권선과 대지간에 10분간 시험한다.
따라서 시험전압 $= 380 \times 1.5 = 570[V]$

답 ③

55 저압 옥내 배선은 일반적인 경우, 단면적 몇 [mm^2] 이상의 연동선 이거나 이와 동등 이상의 세기 및 굵기의 것을 사용하여야 하는가?
① 2.5 ② 4.0
③ 6.0 ④ 10

풀이 저압 옥내배전선의 전선 단면적 2.5[mm^2] 이상의 연동선

답 ①

56 피뢰기를 설치하지 않아도 되는곳은?
① 발전소 · 변전소의 가공전선 인입구 및 인출구
② 가공전선로의 말구 부분
③ 가공전선로에 접속한 1차측 전압이 35[kV] 이하인 배전용변압기의 고압측 및 특고압측
④ 고압 및 특고압 가공전선로로부터 공급을 받는 수용장소의 인입구

> **풀이**
> 피뢰기 시설장소
> • 발전소 · 변전소 또는 이에 준하는 장소의 가공전선 인입구 및 인출구
> • 특고압 가공전선로에 접속하는 배전용 변압기의 고압측 및 특고압측
> • 고압 및 특고압 가공전선로로부터 공급을 받는 수용장소의 인입구
> • 가공전선로와 지중전선로가 접속되는 곳
> **답** ②

57 지선을 사용하여 그 강도를 분담시켜서는 아니되는 가공전선로 지지물은?
① 목주　　② 철주　　③ 철탑　　④ 철근콘크리트주

> **풀이**
> 가공전선로의 지지물로 사용하는 철탑은 지선을 사용하여 그 강도를 분담시켜서는 안 된다.　**답** ③

58 저압 옥내배선 버스덕트공사에서 지지점간의 거리[m]는?
① 3　　② 5　　③ 6　　④ 8

> **풀이**
> 버스덕트 지지점간의 거리는3[m](취급자 이외의 자가 출입할 수 없도록 설비한 곳에서 수직으로 붙이는 경우에는 6[m]) 이하일 것　**답** ③

59 고압 가공전선으로 ACSR선을 사용할 때의 안전율은 얼마이상이 되는 이도를 시설하여야 하는가?
① 2.2　　② 2.5　　③ 3　　④ 3.5

> **풀이**
> 저고압 가공전선의 안전율
> • 경동선 또는 내열 동합금선 2.2 이상
> • 그 밖의 전선 : 2.5 이상
> **답** ②

60 발전소에 시설하여야 하는 계측장치가 계측할 대상이 아닌 것은?
① 발전기 · 연료전지의 전압 및 전류
② 발전기의 베어링 및 고정자 온도
③ 고압용 변압기의 온도
④ 주요 변압기의 전압 및 전류

풀이

발전소 또는 이에 준하는 장소에는 다음 각 호에 해당하는 계측 장치를 시설하여야 한다. (판단기준 제50조)
- 발전기의 전압 및 전류 또는 전력
- 발전기의 베어링 및 고정자의 온도
- 주요 변압기의 전압 및 전류 또는 전력
- 특고압용 변압기의 온도

답 ③

제 27 회 전기기능장 실전모의고사

01 구리선의 길이를 2배, 반지름을 1/2로 할 때 저항은 몇 배가 되는가?
① 2   ② 4   ③ 6   ④ 8

▶ 풀이

전기저항 $R = \rho\dfrac{l}{A} = \rho\dfrac{l}{\dfrac{\pi(D^2)}{4}} = \rho\dfrac{l}{\dfrac{\pi(2r)^2}{4}}$ [Ω]에서

$R = \rho\dfrac{l}{\dfrac{\pi(2r)^2}{4}} \propto \dfrac{l}{(r)^2}$ 에서 $R \propto \dfrac{2l}{(\dfrac{1}{2}r)^2} \propto 8$배

답 ④

02 어느 회로에 200[V]의 교류 전압을 가할 때 π/6[rad] 위상이 높은 10[A]의 전류가 흐른다. 이 회로의 무효전력[Var]은?
① 3452   ② 2361
③ 1732   ④ 1215

▶ 풀이

$P_r = \sqrt{3}\,VI\sin\theta = \sqrt{3} \times 200 \times 10 \times \sin 30 = 1732$ [Var]

답 ③

03 $i(t) = 3\sqrt{2}\sin(377t - 30)$[A]의 평균값은 약 몇[A]인가?
① 4.35   ② 1.35
③ 5.4   ④ 2.7

▶ 풀이

$I_a = \dfrac{2I_m}{\pi} = \dfrac{2 \times 3\sqrt{2}}{\pi} = 2.7$ [A]

답 ④

04 500[Ω]의 저항에 1[A]의 전류가 1분 동안 흐를 때에 발생하는 열량은 몇 [cal]인가?
① 6,200   ② 7,200
③ 5,000   ④ 3,600

▶ 풀이

발열량 $H = 0.24I^2Rt = 0.24 \times 1^2 \times 500 \times 60 = 7200$ [cal]

답 ②

05 24[V]의 전원 전압에 의하여 6[A]의 전류가 흐르는 전기 회로의 컨덕턴스[℧]는?
① 0.25[℧] ② 0.4[℧]
③ 2.5[℧] ④ 4[℧]

▶풀이
저항 $R=\dfrac{V}{I}[\Omega]$, 컨덕턴스 $G=\dfrac{I}{V}[℧]$ 이다.

컨덕턴스 $G=\dfrac{I}{V}=\dfrac{6}{24}=0.25[℧]$

답 ①

06 자동제어의 분류에서 제어량의 종류에 의한 분류가 아닌 것은?
① 서보 기구 ② 추치 제어
③ 프로세스 제어 ④ 자동조정 제어

▶풀이
제어량에 의한 분류 : 프로세스 제어(공청제어), 서보제어(추종제어), 자동조정제어(정치제어)

답 ②

07 $f(t)=1-e^{-at}$의 라플라스 변환은? 단, a는 상수이다.
① $u(s)-e^{-as}$ ② $\dfrac{2s+a}{s(s+a)}$
③ $\dfrac{a}{s(s+a)}$ ④ $\dfrac{a}{s(s-a)}$

▶풀이
$f(t)=1-e^{-at}$의 라플라스 변환은 $\dfrac{a}{s(s+a)}$

답 ③

08 권수 N[T]인 코일에 I[A]의 전류가 흘러 자속 Φ[Wb]가 발생할 때의 인덕턴스는 몇 [H]인가?
① $\dfrac{N\Phi}{I}$ ② $\dfrac{I\Phi}{N}$ ③ $\dfrac{I}{N\Phi}$ ④ $\dfrac{\Phi}{NI}$

▶풀이
$LI=N\Phi$에서 인덕턴스 $L=\dfrac{N\Phi}{I}$[H] 이다.

답 ①

09 자기 저항의 단위는 어느 것인가?
① H/m ② AT/Wb ③ AT/m ④ Wb/m

▶풀이
자기저항 $R_m=\dfrac{NI}{\Phi}=\dfrac{l}{\mu A}$[AT/Wb]
l : 길이, μ : 투자율, A : 단면적

답 ②

10 전류의 열작용과 관계가 있는 법칙은?
① 키르히호프의 법칙　　② 전류의 옴의 법칙
③ 플레밍의 법칙　　　　④ 줄의 법칙

풀이
줄의 법칙-전류의 열작용　　　　　　　　　　　　　　　답 ④

11 간격에 비해서 충분히 넓은 평행판 콘덴서의 판 사이에 비유전률 ε_S인 유전체를 채우고 외부에서 판에 수직방향으로 전계 E_0를 가할 때 분극전하에 의한 전계의 세기는 몇 [V/m]인가?

① $\dfrac{\varepsilon_S+1}{\varepsilon_S} \times E_0$　　　　② $\dfrac{\varepsilon_S}{\varepsilon_S+1} \times E_0$

③ $\dfrac{\varepsilon_S-1}{\varepsilon_S} \times E_0$　　　　④ $\dfrac{\varepsilon_S}{\varepsilon_S-1} \times E_0$

풀이
$P = \sigma = D\left(1-\dfrac{1}{\varepsilon_S}\right) = \dfrac{\varepsilon_S-1}{\varepsilon_S} \times \varepsilon_0 E_0$ 에서 $E = \dfrac{\sigma}{\varepsilon_0} = \dfrac{\varepsilon_S-1}{\varepsilon_S} \times E_0$　　답 ③

12 전속밀도 D, 전계의 세기 E, 분극의 세기 P 사이의 관계식은?
① $P = D(1-\varepsilon_0)E$　　② $P = \varepsilon_0(D-E)$
③ $P = D - \varepsilon_0 E$　　　④ $P = D + \varepsilon_0 E$

풀이
분극의 세기 $P = D - \varepsilon_0 E = \varepsilon_0 \varepsilon_S E - \varepsilon_0 E = \varepsilon_0(\varepsilon_s - 1)E [C/m^2]$　　답 ③

13 브러시 홀더는 브러시를 정류자면의 적당한 위치에서 스프링에 의하여 항상 일정한 압력으로 정류자면에 접촉하여야 한다. 가장 적당한 압력은?
① $1 \sim 2 [kg/cm^2]$
② $0.15 \sim 0.25 [kg/cm^2]$
③ $0.01 \sim 0.15 [kg/cm^2]$
④ $0.5 \sim 1 [kg/cm^2]$

풀이
브러시 홀더는 브러시를 정류자면의 적당한 위치에서 스프링에 의하여 항상 $0.15 \sim 0.25 [kg/cm^2]$ 압력으로 정류자면에 접촉하여야 한다.　　답 ②

14 매극의 유효 자속이 0.035[Wb], 전기자 총도체수 152 인 4극 중권 발전기를 매분 1200회의 속도로 회전할 때의 기전력 [V]를 구하시오?

① 약 106 ② 약 86 ③ 약 66 ④ 약 53

▶풀이

기전력 $E = \dfrac{Z}{a}p\phi\dfrac{N}{60}$[V], 총 도체수 $Z = 2 \times$ 권수 $\times$ 코일수, 병렬회로수 a

기전력 $E = \dfrac{Z}{a}p\phi\dfrac{N}{60} = \dfrac{152}{4} \times 4 \times 0.035 \times \dfrac{1200}{60} = 106$[V]

답 ①

15 정격전압이 200[V], 정격출력이 10[kW]의 직류 분권 발전기의 전기자 및 분권계자 저항이 각각 0.1[Ω] 및 100[Ω] 이다. 전압변동률은 얼마인가?

① 2[%] ② 3.6[%]
③ 3[%] ④ 2.6[%]

▶풀이

전압변동률 $= \dfrac{V_0 - V}{V} \times 100 = \dfrac{205.2 - 200}{200} \times 100 = 2.6$[%]

$V_0 = E = V + I_a \cdot R_a = V + \left(\dfrac{P}{V} + \dfrac{V}{R_f}\right) \cdot R_a$

$= 200 + \left(\dfrac{10,000}{200} + \dfrac{200}{100}\right) \times 0.1 = 205.2$

답 ④

16 동기 발전기에 회전계자형을 사용하는 경우가 많다. 이유 적합하지 않은 것은?

① 전기자보다 계자극 을 회전자로 하는 것이 기계적으로 튼튼하다.
② 기전력의 파형을 개선한다.
③ 전기자 권선은 고전압으로 결선이 복잡하다.
④ 계자회로는 저전압으로 소요전력이 적다.

▶풀이

동기발전기를 회전계자형으로 하는 이유
• 계자는 기계적으로 튼튼하다.
• 계자는 소요전력이 작다. 절연이 용이하다.
• 전기자는 Y결선으로 복잡하다.
• 전기자는 고압을 유기한다.

답 ②

17 동기전동기의 V곡선(위상특성)에 대한 설명으로 틀린것은?

① 횡축에 여자전류를 나타낸다
② 종축에 전기자전류를 나타낸다.
③ 동일출력에 대해서 여자가 약한 경우가 뒤진 역률이다.
④ V곡선의 최저점에는 역률이 0[%]이다.

풀이
역률이 1일때 전기자전류가 최소로 된다.

답 ④

18 동기발전기의 전기자 권선은 기전력의 파형을 개선하는 방법으로 분포권과 단절권을쓴다 분포계수를 나타내는 식은? (단, q는 매극매상당의 슬롯수, m은 상수, α는 슬롯의 간격)

① $\dfrac{\sin q\alpha}{q\sin\dfrac{\alpha}{2}}$ ② $\dfrac{\sin\dfrac{\pi}{2m}}{q\sin\dfrac{\pi}{2mq}}$

③ $\dfrac{\cos\dfrac{\pi}{2mq}}{q\cos\dfrac{\pi}{2mq}}$ ④ $\dfrac{\cos q\alpha}{q\cos\dfrac{\alpha}{2}}$

풀이
분포권계수 $K_d = \dfrac{\sin\dfrac{\pi}{2m}}{q\sin\dfrac{\pi}{2mq}}$

단절권계수 $K_p = \sin\dfrac{\beta\pi}{2}$

답 ②

19 3000/100[V]인 2대의 단상 변압기 고압측을 그림과 같이 직렬로 하여 5000[V]의 전원에 접속하고, 저압측에 각각 5[Ω], 7[Ω]의 저항을 접속하였다고 하면, 고압측 각 단자의 전압 E_1, E_2는 대략 몇 [V]인가 ?

① 1900, 3100
② 2000, 3000
③ 2100, 2900
④ 3100, 1900

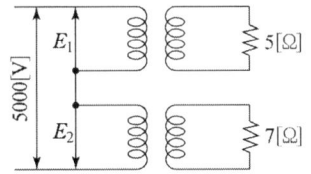

풀이
$E_1 = \dfrac{5}{5+7}\times 5000 ≒ 2100[V]$

$E_2 = \dfrac{7}{5+7}\times 5000 ≒ 2900[V]$

답 ③

20 전압비가 무부하에서 15 : 1, 정격부하에서 15.5 : 1인 변압기의 전압변동률은 ?
① 2.2 ② 2.6 ③ 3.3 ④ 3.5

풀이
전압변동률 $\epsilon = \dfrac{a-a_0}{a_0}\times 100 = \dfrac{15.5-15}{15}\times 100 = 3.3$

답 ③

21 6000/200[V], 5[kVA]의 단상 변압기를 승압기로 연결하고, 1차측에 6000[V]를 가하면 2차측에 걸 수 있는 최대 부하 용량은 몇 [kVA] 인가?

① 155　　　② 159　　　③ 160　　　④ 165

▶풀이

$$\frac{\text{자기용량}}{\text{부하용량}} = \frac{\omega}{W} = \frac{V_h - V_L}{V_h} = \frac{e_2}{V_2}$$

부하용량 $W = \frac{V_2}{e_2} \times w(\text{자기용량}) = \frac{6200}{200} \times 5 = 155$

답 ①

22 60[Hz]의 전원에 접속된 4극 3상 유도 전동기에서 슬립이 0.05일 때의 회전 속도는?

① 1800　　　② 1710　　　③ 1700　　　④ 1760

▶풀이

$N = N_s(1-s) = \frac{120}{P}f(1-s) = \frac{120}{4} \times 60 \times (1-0.05) = 1710[\text{rpm}]$

답 ②

23 최대 토오크의 크기 τ_m은 비례상수를 K_0라고 하면?

① $K_0 \frac{E_2^2}{x_2}$　　　② $K_0 \frac{r_2^2}{2x_2}$

③ $K_0 \frac{E_2^2}{2x_2}$　　　④ $K_0 \frac{E_2^2}{2r_2}$

▶풀이

최대 토오크 $T_m = K_0 \frac{E_2^2}{2x_2}$

답 ③

24 권선형 유도 전동기 2대를 차동 종속 운전하는 경우 그 동기속도는 어떤 전동기의 속도와 같은가?

① 두 전동기 중 적은 극 수를 갖는 전동기와 같은 전동기
② 두 전동기 중 많은 극 수를 갖는 전동기와 같은 전동기
③ 두 전동기의 극수의 합과 같은 극수를 갖는 전동기
④ 두 전동기의 극수의 차와 같은 극수를 갖는 전동기

▶풀이

유도전동기 차동종속 $N_s = \frac{120}{P_1 - P_2}f[\text{rpm}]$

두 전동기의 극수의 차와 같은 극수를 갖는 전동기

답 ④

25 반도체 소자 중 3단자 사이리스터가 아닌 것은?
① SCS
② SCR
③ GTO
④ TRIAC

> **풀이**
> SCS : 단방향 4단자

답 ①

26 송전선로의 역섬락을 방지하기 위한 가장 필요한 것은?
① 피뢰기를 설치한다
② 초호각을 설치한다.
③ 가공지선을 설치한다.
④ 탑각접지저항값을 적게 한다.

> **풀이**
> 역섬락방지 : 탑 각 접지저항값을 적게 한다.

답 ④

27 송전선 코로나 임계전압이 높아지는 경우는?
① 기압이 낮아지는 경우
② 전선의 지름이 큰 경우
③ 온도가 높아지는 경우
④ 상대공기밀도가 작은 경우

> **풀이**
> 코로나 임계전압 ⇨ $E_0 = 24.3 m_0 m_1 \delta d \log_{10} \dfrac{D}{r}$ [kV]
>
> m_0는 전선의 표면 상태에 의해서 정해짐
> m_1 : 일기에 관한 계수 맑은날 1.0, 우천시 0.8
> δ : 상대공기밀도로서 t[℃]에서의 기압 b[mmHg]로 하면 아래와 같이 된다.
> 표준상태에서는 $\delta = 1$
> $\delta = \dfrac{b}{760} \times \dfrac{273+20}{273+t} = \dfrac{0.386b}{273+t}$

답 ②

28 3상 송배전 선로의 공칭전압이란?
① 그 전선로를 대표하는 최고전압
② 그 전선로를 대표하는 평균전압
③ 그 전선로를 대표하는 선간전압
④ 그 전선로를 대표하는 상전압

> **풀이**
> 공칭전압 : 그 전선로를 대표하는 전부하 상태에서의 송전단 선간전압

답 ③

29 전력 손실이 없는 송전선로에서 서지파(진행파)가 진행하는 속도는?

① $\sqrt{\dfrac{L}{C}}$ ② $\sqrt{\dfrac{C}{L}}$ ③ $\dfrac{1}{\sqrt{LC}}$ ④ $\sqrt{LC}$

풀이

서지파 진행속도 $v = \dfrac{1}{\sqrt{LC}}$

답 ③

---

30 전력계통에서 무효전력을 조정하는 조상설비 중 전력용콘덴서를 동기조상기와 비교할 때 옳은 것은?

① 전력손실이 크다.
② 지상무효전력을 공급할수 있다.
③ 송전선로를 시송전할 때 선로를 충전할수 있다.
④ 전압조정을 계단적으로 밖에 못한다.

풀이

전력콘덴서
- 전력손실적다.
- 진상용이다.
- 시송전 불가능하다.
- 조정은 계단적(단계적)이다.

답 ④

---

31 단상 2선식 배전선로의 송전단 전압 및 역률이 각각400[V], 0.9이고 수전단 전압 및 역률이 각각 380[V] 0.8일 때, 전력손실은 몇 [W]인가?(단,부하전류는 10[A]이다.)

① 560   ② 640   ③ 820   ④ 2000

풀이

송전전력 $P_s = V_s I \cos\theta_s = 400 \times 10 \times 0.9 = 3600[\text{W}]$
수전전력 $P_r = V_r I \cos\theta_r = 380 \times 10 \times 0.8 = 3040[\text{W}]$
전력손실 $P_s - P_r = 3600 - 3040 = 560[\text{W}]$

답 ①

---

32 "절연체에 빛이나 열과 같은 에너지를 부가하면 에너지에 의해 전자가 궤도를 이탈하여 자유로이 움직이는 전자와 (㉮)의 쌍이 생기는데 이에 따라 (㉯)가 통하게 된다. 여기에서 전자나 (㉮)을 (㉰)라고 한다." 여기에서 ㉮, ㉯, ㉰에 들어갈 용어는?

① ㉮ 정공 ㉯ 전기 ㉰ 캐리어   ② ㉮ 전기 ㉯ 정공 ㉰ 캐리어
③ ㉮ 정공 ㉯ 캐리어 ㉰ 전기   ④ ㉮ 캐리어 ㉯ 전기 ㉰ 정공

풀이

절연체에 빛이나 열과 같은 에너지를 부가하면 에너지에 의해 전자가 궤도를 이탈하여 자유로이 움직이는 전자와 정공의 쌍이 생기는데 이에 따라전기가 통하게 된다. 여기에서 전자나 정공을 캐리어라고 한다.

답 ①

33 그림과 같은 기호의 소자는?

① PUT
② VRD
③ SCR
④ SCS

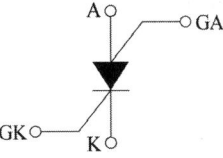

> **풀이**
>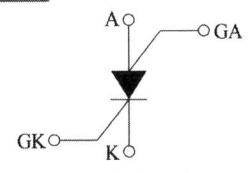
> 단방향 4단자 소자 : SCS
>
> 답 ④

34 사이리스터의 유지전류(Holding Current)에 관한 설명으로 옳은 것은?

① 사이리스터가 턴온(Turn On)하기 시작하는 순전류
② 게이트를 개방한 상태에서 다이리스터가 도통 상태를 유지하기 위한 최소의 순전류
③ 사이리스터의 게이트를 개방한 상태에서 전압을 상승하면 급히 증가되는 순전류
④ 게이트 전압을 인가한 후 급히 제거한 상태에서 도통 상태가 유지되는 최소의 순전류

> **풀이**
> 사이리스터의 유지전류는 SCR이 On 상태를 유지하기 위한 최소전류를 말한다.
>
> 답 ②

35 사이리스터를 턴·온하기 위한 게이트 전류의 펄스폭은?

① 지연시간 이상
② 상승시간 이상
③ 턴·온시간 이상
④ 턴·온시간에서 상승시간을 뺀 시간 이상

> **풀이**
> 사이리스터를 턴·온하기 위한 게이트 전류의 펄스폭은 턴·온시간 이상이어야 한다.
>
> 답 ③

36 전력용 반도체소자 중 양방향으로 전류를 흘릴 수 있는 것은?

① GTO
② TRIAC
③ DIODE
④ SCR

> **풀이**
> 쌍방향성 소자 : TRIAC
>
> 답 ②

37 영문자 코드에 해당하는 것은?
① Gray Code　　　　　　　　② BCD Code
③ 3초과 Code　　　　　　　　④ ASCII Code

> **풀이**
> 영문자 코드 – ASCII Code

답 ④

38 다음의 그림과 같은 논리기호와 같은 것은?

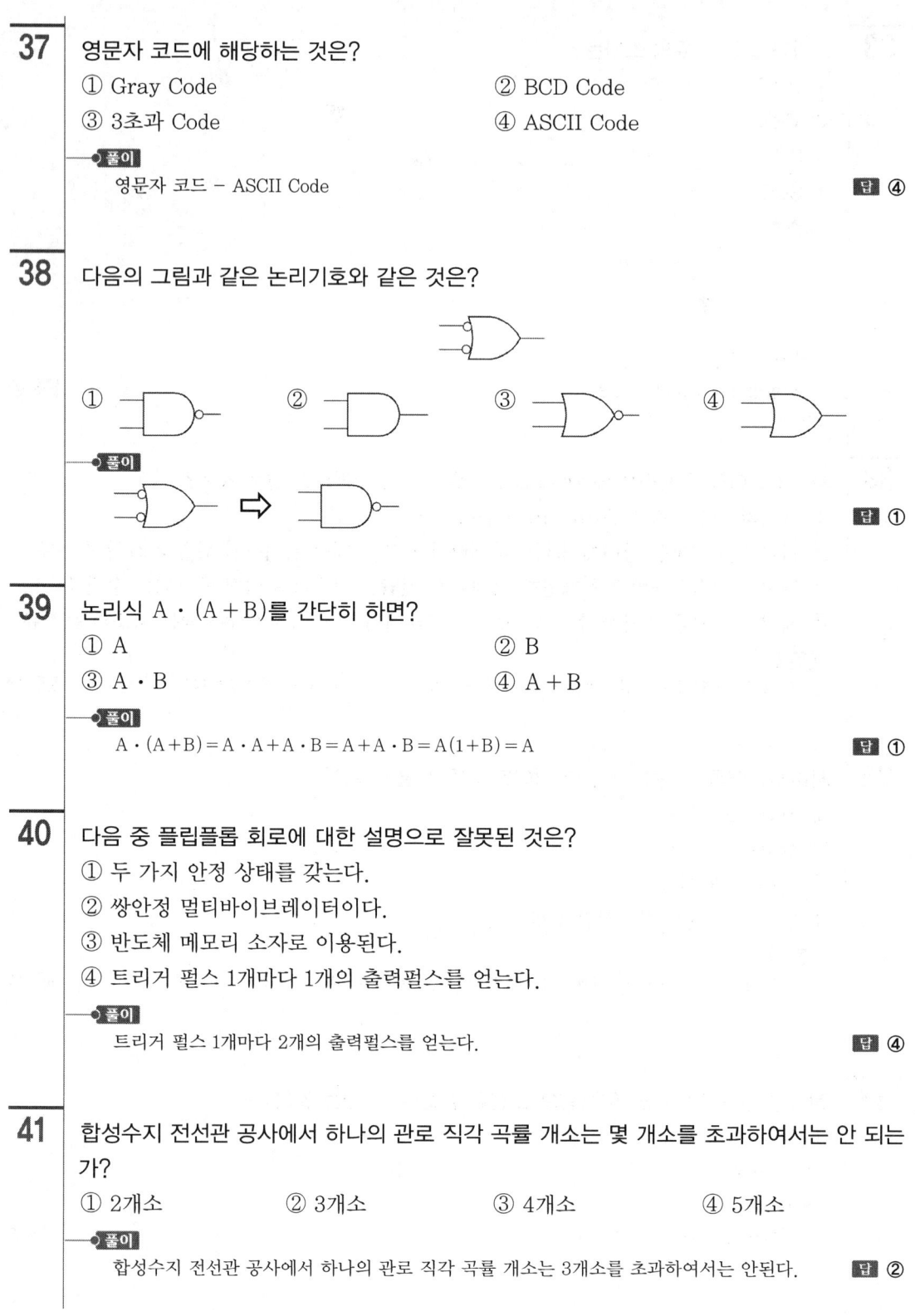

답 ①

39 논리식 A · (A + B)를 간단히 하면?
① A　　　　　　　　　　　② B
③ A · B　　　　　　　　　　④ A + B

> **풀이**
> A · (A+B) = A · A + A · B = A + A · B = A(1+B) = A

답 ①

40 다음 중 플립플롭 회로에 대한 설명으로 잘못된 것은?
① 두 가지 안정 상태를 갖는다.
② 쌍안정 멀티바이브레이터이다.
③ 반도체 메모리 소자로 이용된다.
④ 트리거 펄스 1개마다 1개의 출력펄스를 얻는다.

> **풀이**
> 트리거 펄스 1개마다 2개의 출력펄스를 얻는다.

답 ④

41 합성수지 전선관 공사에서 하나의 관로 직각 곡률 개소는 몇 개소를 초과하여서는 안 되는가?
① 2개소　　　② 3개소　　　③ 4개소　　　④ 5개소

> **풀이**
> 합성수지 전선관 공사에서 하나의 관로 직각 곡률 개소는 3개소를 초과하여서는 안된다.

답 ②

42 피쉬 테이프(Fish tape)의 용도로 옳은 것은?
① 전선을 테이핑하기 위하여 사용된다.
② 전선관의 끝마무리를 위해서 사용된다.
③ 배관에 전선을 넣을 때 사용된다.
④ 합성수지관을 구부릴 때 사용된다.

풀이
피쉬 테이프(Fish tape) - 배관에 전선을 넣을 때 사용된다. **답** ③

43 옥외용 비닐절연전선의 약호는?
① OW   ② DV   ③ IV   ④ VV

풀이
OW : 옥외용 비닐절연전선 **답** ①

44 고압전기 회로의 전기 사용량을 적산하기 위한 계기용 변압 변류기의 약자는?
① ZPCT   ② MOF   ③ DCS   ④ DSPF

풀이
MOF
- 전력수급용 계기용변압기
- 한 탱크 속에 PT, CT가 들어가 있다.
- 전력량 측정 **답** ②

45 전선의 굵기를 측정할 때 사용되는 것은?
① 파이어 포트   ② 와이어 게이지
③ 프레셔 툴   ④ 스패너

풀이
와이어 게이지 - 전선의 굵기를 측정할 때 사용 **답** ②

46 변전소의 역할로 볼 수 없는 것은?
① 전압의 변성   ② 전력 생산
③ 전력의 집중과 배분 ④ 전력 계통 보호

풀이
변전소의 역할
- 전압의 변성
- 전력의 집중과 배분
- 전력 계통 보호
전력생산은 발전소에서 역할이다. **답** ②

47 배선에 대한 다음 그림 기호의 명칭은?

──────────

① 바닥은폐선　　② 지중매설배선
③ 노출배선　　　④ 천장은폐선

▶풀이
────── : 천장은폐선

답 ④

48 금속관을 아우트렛 박스에 로크너트만으로 고정하기 어려울 때 보조적으로 사용되는 재료는?
① 링 리듀서　　② 유니온 커플링
③ 커넥터　　　　④ 부싱

▶풀이
링 리듀서는 금속관을 아우트렛 박스에 로크너트만으로 고정하기 어려울 때 보조적으로 사용되는 재료이다.

답 ①

49 가공 인입선 중 수용장소의 인입선에서 분기하여 다른 수용장소의 인입구에 이르는 전선을 무엇이라 하는가?
① 소주인입선　　② 이웃 연결 인입선
③ 본주인입선　　④ 인입간선

▶풀이
이웃 연결 인입선-가공 인입선 중 수용장소의 인입선에서 분기하여 다른 수용장소의 인입구에 이르는 전선

답 ②

50 급·배수 회로 공사에서 탱크의 유량을 자동 제어하는데 사용되는 스위치는?
① 타임 스위치　　② 리밋 스위치
③ 플로트레스 스위치　　④ 텀블러 스위치

▶풀이
플로트레스 스위치는 급·배수 회로 공사에서 탱크의 유량을 자동 제어에 사용하는 스위치이다.

답 ③

51 케이블을 지지하기 위하여 사용하는 금속제 케이블 트레이의 종류가 아닌 것은?
① 사다리형　　② 통풍 밀폐형
③ 통풍 채널형　　④ 바닥 밀폐형

> **풀이**
> 케이블 트레이 종류
> 사다리형, 펀칭형, 통풍 채널형, 바닥 밀폐형
>
> **답** ②

52 6.6[kV] 지중전선로의 케이블을 직류전원으로 절연 내력시험을 하자면 시험전압은 직류 몇 [V]인가?

① 9900　　　　　　　　　　　② 14420
③ 16500　　　　　　　　　　　④ 19800

> **풀이**
> 전로에 케이블을 사용하는 경우에는 직류로 시험할 수 있으며, 시험전압은 교류의 경우의 2개가 된다.
> 시험전압 = 6.6[kV]×1.5×2 = 19.8[kV]
>
> **답** ④

53 과전류차단기로 시설하는 퓨즈 중 고압전로에 사용하는 비포장 퓨즈는 정격전류의 몇배의 전류에 견디어야 하는가?

① 1.1배　　　　　　　　　　　② 1.25배
③ 1.5배　　　　　　　　　　　④ 2배

> **풀이**
> 고압 포장 퓨즈 : 1.3배에 전류에 견디고 2배의 전류에서 120분 안에 용단 되어야 한다.
> 고압 비포장 퓨즈 : 1.25배에 전류에 견디고 2배의 전류에서 2분 안에 용단 되어야 한다.
>
> **답** ②

54 저압전로의 보호도체 및 중성선의 접속 방식에 따른 접지계통을 쓰시오.

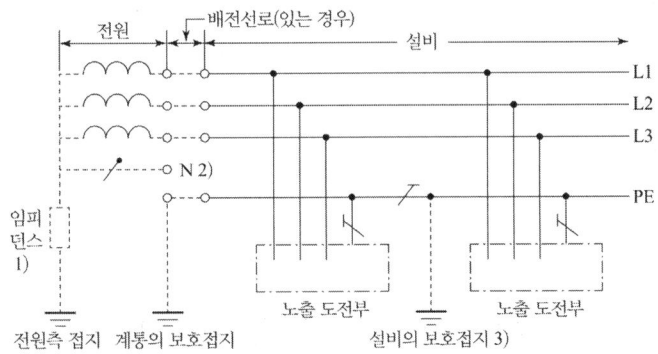

① IT 계통　　　　　　　　　　② TT 계통
③ TN-S 계통　　　　　　　　　④ TN-C 계통

> **풀이**
> 1문자-전원계통과 대지의 관계
> T : 한점을 대지에 직접 접속
> I : 모든 충전부를 대지와 절연시키거나 높은 임피던스를 통하여 한 점을 대지에 직접 접속

2문자 – 전기설비의 노출도전부와 대지의 관계
T : 노출도전부를 대지로 직접접속, 전원계통의 접지와는 무관
N : 노출도전부를 전원계통의 접지점(교류 계통에서는 통상적으로 중성점, 중성점이 없을 경우는 선도체)에 직접 접속
그다음 문자가 있을 경우 – 중성선과 보호도체의 배치
S : 중성선 또는 접지된 선도체 외에 별도의 도체에 의해 제공되는 보호 기능
C : 중성선과 보호 기능을 한 개의 도체로 겸용(PEN도체)

답 ①

55 고압 가공전선이 경동선 또는 내열동합금선인 경우 안전율의 최소값은?

① 4.0　　② 2.5
③ 2.2　　④ 2.0

풀이
경동선 또는 내열동합금선 안전율 : 2.2 이상
그 밖의 전선의 안전율 : 2.5 이상

답 ③

56 품질의 종류가 아닌 것은?

① 사용품질　　② 설계품질
③ 가치품질　　④ 제조품질

풀이
품질의 분류 : 설계품질, 제조품질, 사용(서비스)품질

답 ③

57 다음 검사 중 판정의 대상에 의한 분류가 아닌 것은?

① 관리 샘플링 검사　　② 로트별 샘플링 검사
③ 출하검사　　④ 전수검사

풀이
검사 중 판정의 대상에 의한 분류
- 관리 샘플링 검사
- 로트별 샘플링 검사
- 전수검사

답 ③

58 쉽고, 빨리, 싸게 잘 보전할 수 있는 설비의 선택은 어디에 해당하는가?

① 보전예방　　② 예방보전
③ 개량보전　　④ 사후보전

풀이
보전예방–쉽고, 빨리, 싸게 잘 보전할 수 있는 설비의 선택

답 ①

59 작업구분을 큰 작업에서 작은 작업으로 크기 순서로 나열하면?
① 공정 – 작업 – 요소 작업 – 단위 작업 – 동작 – 동작 요소
② 작업 – 동작 – 공정 – 요소 작업 – 단위 작업 – 동작 요소
③ 작업 – 공정 – 단위 작업 – 요소 작업 – 동작 – 동작 요소
④ 작업 – 공정 – 단위 작업 – 동작 요소 – 요소 작업 – 동작

풀이
작업구분을 큰 작업에서 작은 작업으로 크기 순서
작업 → 공정 → 단위 작업 → 요소 작업 → 동작 → 동작 요소

답 ③

60 서블리그(therblig)기호는 어떤 분석에 주로 이용되는가?
① 연합작업분석　　　　　　　② 동작분석
③ 공장분석　　　　　　　　　④ 작업분석

풀이
서블리그(therblig) 기호는 어떤 분석에 주로 이용되는 것은 동작분석이다.
동작분석의 종류는 양수작업분석, 서블리그 분석(미동작분석), 동시동작 분석이 있다.

답 ②

제 28 회 전기기능장 실전모의고사

01 그림에서 2[Ω]의 저항에 흐르는 전류는 몇 [A]인가?

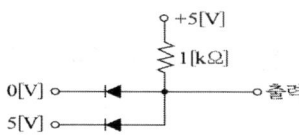

① 3 ② 4 ③ 5 ④ 6

▶풀이

전류분배법칙 $I_2 = \dfrac{2}{2+3} \times 10 = 6[A]$

답 ④

02 어떤 물질이 정상 상태보다 전자의 수가 많거나 적어져서 전기를 띠는 현상을 무엇이라 하는가?
① 방전 ② 전기량
③ 대전 ④ 하전

▶풀이
어떤 물질이 정상 상태보다 전자의 수가 많거나 적어져서 전기를 띠는 현상을 대전이라 한다. 답 ③

03 저항 4[Ω], 유도 리액턴스 3[Ω] 병렬로 된 회로에서의 역률은 얼마인가?
① 0.8 ② 0.7
③ 0.6 ④ 0.5

▶풀이
병렬회로의 $\cos\theta = \dfrac{X}{\sqrt{R^2+X^2}} = \dfrac{3}{\sqrt{4^2+3^2}} = 0.6$

답 ③

04 60[Hz]에서 3[Ω]의 리액턴스를 갖는 자기 인덕턴스 L값 및 정전 용량 C값은 약 얼마인가?
① 6[mH], 600[μF] ② 7[mH], 770[μF]
③ 8[mH], 884[μF] ④ 9[mH], 990[μF]

● 풀이

$$X_L = wL \Rightarrow L = \frac{X_L}{w} = \frac{3}{2\pi \times 60} = 8 \times 10^{-3}[\text{H}] = 8[\text{mH}]$$

$$X_C = \frac{1}{wC} \Rightarrow L = \frac{1}{wX_C} = \frac{1}{2\pi \times 60 \times 3} = 8.84 \times 10^{-4}[\text{F}] = 884[\mu\text{F}]$$

답 ③

05 다음 중 테브낭 정리와 쌍대의 관계가 있는 것은?
① 밀만의 정리
② 중첩의 원리
③ 노튼의 정리
④ 보상의 정리

● 풀이
테브낭 정리와 노튼 정리는 쌍대관계에 있다.

답 ③

06 전계와 자계의 위상 관계는?
① 위상이 서로 같다.
② 전계가 자계보다 90° 늦다.
③ 전계가 자계보다 90° 빠르다.
④ 전계가 자계보다 45° 빠르다.

● 풀이
전계와 자계는 직교하며, 같은 위상(동상)으로 진행하고 있다.

답 ①

07 자체 인덕턴스 20[mH]의 코일에 20[A]의 전류를 흘릴 때 저장 에너지는 몇 [J]인가?
① 2
② 4
③ 6
④ 8

● 풀이
$L[\text{H}]$에 축적되는 에너지
$$W = \frac{1}{2}LI^2 = \frac{1}{2} \times 20 \times 10^{-3} \times 20^2 = 4[\text{J}]$$

답 ②

08 자체 인덕턴스 0.2[H]의 코일에 전류가 0.01[초] 동안에 3[A]로 변화하였을 때 이 코일에 유도되는 기전력은 몇 [V]인가?
① 40
② 50
③ 60
④ 70

● 풀이
$$e = L\frac{dI}{dt} = 0.2 \times \frac{3}{0.01} = 60[\text{V}]$$

답 ③

09 200[μF]의 콘덴서를 충전 하는데 9[J]의 일이 필요하였다. 충전 전압은 몇 [V]인가?
① 200
② 300
③ 450
④ 900

▶ 풀이

$C[F]$에 축적되는 에너지 $W = \frac{1}{2}CV^2$ [J]에서

$W = \sqrt{\frac{2W}{C}} = \sqrt{\frac{2 \times 9}{200 \times 10^{-6}}} = 300[V]$

답 ②

10 강유전체에 대한 설명 중 옳지 않은 것은?
① 티탄산 바륨과 인산칼륨은 강유전체에 속한다.
② 강유전체의 결정에 힘을 가하면 분극을 생기게 하여 전압이 나타난다.
③ 강유전체에 생기는 전압의 변화와 고유진동주파수의 관계를 이용하여 발전기, 마이크로폰등에 이용되고 있다.
④ 강유전체에 전압을 가하면 변형이 생기고 내부에만 정·부의 전하가 생긴다.

▶ 풀이
강유전체는 외부에서 전기장을 가하지 않아도 자연 상태에서 전기분극을 나타내는 물질로서 음향기기 등의 회로 소자에 쓰인다.

답 ④

11 $R = 5[\Omega]$, $L = 2[H]$인 직렬 회로의 시정수는 몇 [sec]인가?
① 0.1 ② 0.2 ③ 0.3 ④ 0.4

▶ 풀이
시정수 $T = \frac{L}{R} = \frac{2}{5} = 0.4[\sec]$

답 ④

12 1차 지연 요소의 전달함수는?
① K ② $\frac{K}{s}$ ③ Ks ④ $\frac{K}{1+Ts}$

▶ 풀이
K : 비례 요소의 전달함수
$\frac{K}{s}$: 적분 요소의 전달함수
Ks : 미분 요소의 전달함수
$\frac{K}{1+Ts}$: 1차 지연 요소의 전달함수

답 ④

13 SCR의 특징이 아닌 것은?
① 아크가 생기지 않으므로 열의 발생이 적다.
② 과전압에 약하다.
③ 게이트에 신호를 인가할 때부터 도통할 때까지의 시간이 짧다.
④ 전류가 흐르고 있을 때의 양극 전압 강하가 크다.

풀이
SCR의 특징
- 아크가 생기지 않으므로 열의 발생이 적다.
- 과전압에 약하다.
- 게이트 신호를 인가할 때부터 도통할 때까지의 시간이 짧다.
- 전류가 흐르고 있을 때 양극의 전압강하가 작다.
- 정류기능을 갖는 단일방향성 3단자 소자이다.
- 브레이크오버 전압이 되면 애노우드 전류가 갑자기 커진다.
- 역률각 이하에서는 제어가 되지 않는다.
- 다이리스터에서는 게이트 전류가 흐르면 순방향 저지 상태에서 ON 상태로 된다. 게이트 전류를 가하여 도통완료 까지의 시간을 턴온 시간이라고 한다. 시간이 길면 스위칭시의 전력손실이 많고 다이리서터 소자가 파괴될수 있다.

답 ④

14 토크 모터란?
① 중성 위치에서 어느 각도만큼 회전하는 전동기
② 시동 토크가 특히 큰 전동기
③ 정동 토크가 특히 큰 전동기
④ 특별히 큰 전부하 토크를 발생하는 전동기

풀이
토크모터 : 설치된 위치에서 또는 한정된 동작 범위 내에서 주로 토크를 발생하는 것을 목적으로 하는 전동기를 말한다.

답 ①

15 12극과 8극인 2개의 유도전동기를 종속법에 의한 직렬접속법으로 속도제어할 때 전원주파수가 60[Hz]인 경우 무부하 속도 N_0는 몇 [rps]인가?
① 5 ② 6 ③ 200 ④ 360

풀이
직렬종속 $N = \dfrac{120}{P_1 + P_2} f = \dfrac{120}{12+8} \times 60 = 360 [\text{rpm}]$

문제에서는 [rps]로 물어봤기 때문에 $\dfrac{360[\text{rpm}]}{60} = 6[\text{rps}]$ 이다.

답 ②

16 3상 유도 전동기의 원선도 작성에 필요한 기본량을 구하기 위한 시험이 아닌 것은?
① 충격전압 시험
② 저항측정 시험
③ 무부하 시험
④ 구속시험

풀이
원선도를 그리는데 필요한 시험(기초시험)
- 구속시험(단락시험)
- 무부하 시험
- 권선 저항 측정시험

답 ①

17 전류계를 교체하기 위해 우선 변류기 2차측을 단락시켜야 하는 이유는?
① 측정오차 방지
② 2차측 절연 보호
③ 2차측 과전류 보호
④ 1차측 과전류 방지

●**풀이**
전류계를 교체하기 위해서는 우선 변류기 2차측을 단락시켜야 한다. 이유는 2차측의 절연을 보호하기 위해서 이다.

답 ②

18 다음 설명 중 변압기의 병렬운전에 필요한 조건은?

> 가. 극성을 고려하여 접속할 것
> 나. 권수비가 같고 1차, 2차의 정격 전압이 같을 것
> 다. 용량이 같을 것
> 라. 임피이던스가 정격 출력에 반비례 할 것
> 마. 권선의 저항과 누설리액턴스의 비가 서로 같을 것

① 가, 나, 다, 라
② 가, 다, 라, 마
③ 나, 다, 라, 마
④ 가, 나, 라, 마

●**풀이**
변압기 병렬운전시 : 용량, 손실비, 절연저항 같을 필요 없다.

답 ④

19 100[kVA] 변압기의 역률 0.8, 전부하에서 효율이 98[%] 이면 역률 0.5, 전부하에서의 효율 [%]은?
① 97[%]
② 96[%]
③ 94[%]
④ 90[%]

●**풀이**
역률 0.8 일 때 효율 $\eta = \dfrac{P_a \cos\theta}{P_a \cos\theta + P_l} \times 100 \Rightarrow \dfrac{100 \times 0.8}{100 \times 0.8 + P_l} = 0.98$

이때 손실 $P_l = \dfrac{80 - (80 \times 0.98)}{0.98} = 1.633$

역률 0.5일 때 효율 $\eta = \dfrac{P_a \cos\theta}{P_a \cos\theta + P_l} \times 100 = \dfrac{100 \times 0.5}{100 \times 0.5 + 1.633} \times 100 = 97[\%]$

답 ①

20 동기 주파수변환기의 주파수 f_1 및 f_2 계통에 접속되는 양극을 P_1, P_2라 하면 다음 어떤 관계가 성립되는가?
① $\dfrac{f_1}{f_2} = P_2$
② $\dfrac{f_1}{f_2} = \dfrac{P_2}{P_1}$
③ $\dfrac{f_1}{f_2} = \dfrac{P_1}{P_2}$
④ $\dfrac{f_2}{f_1} = P_1 \cdot P_2$

> **풀이**
> 동기속도 $N_s = \dfrac{120f_1}{P_1} = \dfrac{120f_2}{P_2}$ 이므로, $\dfrac{f_1}{f_2} = \dfrac{P_1}{P_2}$ 이다.
>
> **답** ③

21 1000[kVA], 3300[V], 동기임피던스가 5[Ω]인 2대의 3상 교류 발전기를 병렬운전중 한 발전기의 계자를 강화해서 두 유도 기전력 (상전압) 사이에 200[V]의 전압차가 생기게 했을 경우 두 발전기 사이에 흐르는 무효 횡류는 몇[A] 인가?

① 40
② 30
③ 20
④ 10

> **풀이**
> 무효횡류 $I_c = \dfrac{E_C}{2Z_s} = \dfrac{200}{2 \times 5} = 20[A]$
> 여기서 E_C : 전압차, Z_s : 동기 임피던스
>
> **답** ③

22 동기 발전기의 단락비는 기계의 특성을 잘 나타내는 수치로서, 동일정격에 대하여 단락비가 큰 기계는 다음과 같은 특성을 나타낸다. 옳지 않은 것은?

① 동기 임피던스가 작아져 전압 변동률이 작으며, 송전선 충전용량이 크다.
② 기계의 형태, 중량이 커지며, 기계의 철손이 증가하며, 가격도 비싸다.
③ 과부하 내량이 크며 안정도도 좋다.
④ 극수가 적은 고속기이다.

> **풀이**
> 단락비가 큰기계 특성
> • 동기임피던스가 작아져 전압변동률이 작으며 송전용량 충전용량이 증가한다.
> • 기계의 형태 중량이 커지며 철손, 기계손이 증가하고 가격도 비싸다.
> • 과부하 내량이 크고 안정도도 좋다.
> • 철기계라 불린다.
> • 공극이 크다
> • 단락비를 구하는 시험은 3상단락시험과 무부하 포화시험이다.
>
> **답** ④

23 정속도 운전의 직류 발전기로 작은 전력을 큰 전력으로 증폭하는 발전기가 아닌 것은?

① 암플라 다인
② 로토트롤
③ HT다이나모
④ 로젠베르그

> **풀이**
>
> | 정전압 발전기 | 증폭발전기 |
> |---|---|
> | • 로젠베르그 발전기
• 베르그만 발전기
• 제3브러시 발전기 | • 암플라다인 발전기
• 로토트롤 발전기
• HT다이나모 발전기 |
>
> **답** ④

24 어느 분권 전동기의 회전수가 1500[rpm] 이다. 속도 변동률이 5[%]이면 공급 전압과 계자 저항의 값을 변화시키지 않고 이것을 무부하로 하였을 때 회전수는 얼마로 하여야 하는가?
① 1500　　② 1575　　③ 1350　　④ 2000

▶풀이

속도변동률 $\epsilon = \dfrac{N_0 - N}{N} \times 100$ 이므로,

무부하 회전수 $N_0 = N(1+\varepsilon) = 1500(1+0.05) = 1575[V]$

답 ②

25 직류 발전기의 극수가 10이고, 전기자 도체수가 500이며, 단중 파권일 때 매극의 자속수가 0.01[Wb] 이면 600[rpm] 때의 기전력[V]은?
① 150　　② 200　　③ 250　　④ 300

▶풀이

기전력 $E = \dfrac{Z}{a} p\phi \dfrac{N}{60} = \dfrac{500}{2} \times 10 \times 0.01 \times \dfrac{600}{60} = 250[V]$

답 ③

26 전압이 다른 송전선로를 루프로 사용하여 조류제어를 할 때 필요한 기기는?
① 동기 조상기　　② 3권선 변압기
③ 분로 리액터　　④ 위상조정 변압기

▶풀이

전압이 다른 송전선로를 루프로 사용하여 조류제어를 할 때 위상조정 변압기가 필요하다.

답 ④

27 송전용량이 증가함에 따라 송전선의 단락 및 지락전류도 증가하여 계통에 여러 가지 장해 요인이 되고 있는데 이들의 경감대책으로 적합하지 않은 것은?
① 계통의 전압을 높인다.
② 고장 시 모선 분리 방식을 채용한다.
③ 송전선 또는 모선간에 한류리액터를 삽입한다.
④ 발전기와 변압기의 임피던스를 작게 한다.

▶풀이

고 임피던스기기(발전기, 변압기)를 채용한다.

답 ④

28 송전선로의 안정도 향상 대책이 아닌 것은?
① 병행 2회선이나 복도체 방식을 채용
② 속응여자방식을 채용
③ 계통의 직렬리액턴스를 증가
④ 고속도 차단기를 채용

> **풀이**
> 안정도 향상 : 계통의 직렬리액턴스를 작게

답 ③

29 전력선과 통신선과의 상호 인덕턴스에 의해 발생하는 유도장해는?
① 정전유도장해 ② 전력 유도장해
③ 전자유도장해 ④ 고조파 유도장해

> **풀이**
> 전자유도장해 : 영상전류 I_0, 상호인덕턴스 M,
> $E_m \propto l$ (병행길이)

답 ③

30 배전선로에서 3상3선식 비접지 방식을 채용할 경우 나타나는 현상은?
① 1선 지락 고장시 인접 통신선 유도장해가 크다.
② 1선 지락 고장시 고장전류가 크다.
③ 고저압 혼촉고장시 저압선의 전위상승이 크다.
④ 1선 지락 고장시 건전상의 대지 전위상승이 크다.

> **풀이**
> 비접지 특징
> • 지락전류 적다.
> • 보호계전기동작 불확실하다.
> • V-V결선 가능하다.
> • 저전압단거리에 적합하다.
> • 1선지락고장시 건전상의 대지전위는 $\sqrt{3}$ 로 전위상승이 크다.

답 ④

31 피뢰기에서 속류를 끊을 수 있는 최고의 교류 전압?
① 정격전압 ② 차단전압
③ 방전개시전압 ④ 제한전압

> **풀이**
> 정격전압 : 속류를 차단할수 있는 교류의 최고전압

답 ①

32 파워(Power) 트랜지스터에 관한 설명이다. 옳은 것은?
① 자기소호형 반도체 소자이다.
② 파워트랜지스터는 그 동작원리에 따라 3종류로 나눈다.
③ 유니폴라 트랜지스터는 증폭작용을 한다.
④ 유니폴라 트랜지스터는 내압특성이 우수하다.

> **풀이**
> 파워 트랜지스터는 자기소호형 반도체 소자이다.

답 ①

33 다음 중 무정전 전원장치를 나타내는 기호는?
① CATV ② PCS
③ UPS ④ PID

> 풀이
> 무정전 전원공급장치(UPS) - 질좋고 안정된 전력을 공급하는 장치   답 ③

34 SCR의 게이트에 전류를 흘리기 전에 애노드에 정(+)의 전압, 캐소드에 부(-)의 전압을 인가하는 상태는?
① 역저지 상태 ② 순저지 상태
③ Turn-on 상태 ④ Turn-off 상태

> 풀이
> 애노드 전압이 캐소드에 대하여 전위가 높을 때 순방향저지 상태에 있다고 말한다.   답 ②

35 사이리스터(Thyristor)의 가장 일반적인 펠릿(Pellet)의 제조법이 아닌 것은?
① 플레이너(Planer)확산법
② 전 확산법
③ 합금 확산법
④ 다이케스팅법

> 풀이
> 사이리스터(Thyristor)의 가장 일반적인 펠릿(Pellet)의 제조법은 플레이너(Planer)확산법, 전 확산법, 합금 확산법이 있다.   답 ④

36 트라이액(TRIAC)에 대한 설명 중 옳지 않은 것은?
① AC 전력의 제어에 사용된다.
② 트랜지스터 2개를 역병렬로 조합한 것이다.
③ 2방향성 3단자 사이리스터이다.
④ 턴오프는 주전극 간의 극성을 역전시키면 된다.

> 풀이
> SCR 2개를 게이트 공통으로 하여 역병렬 조합한 것이다.   답 ②

37 에러(Error) 검출이 가능하지 못한 코드(Code)는?
① Gray Code ② Parity code
③ 2-out-of-5 Code ④ Hamming Code

> 풀이
> Gray Code 는 디지털 코드 이다.   답 ①

38 다음 논리회로의 출력함수가 뜻하는 논리게이트의 명칭은?

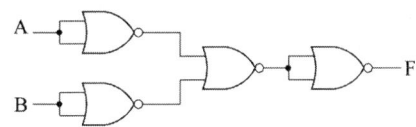

① AND ② OR
③ NAND ④ NOR

- 풀이

    NAND 게이트

    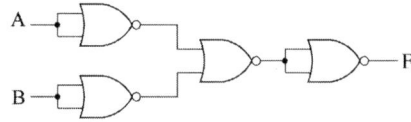

    답 ③

39 A + BC와 같은 논리식은?
① (A + B)(A + C) ② AB + AC
③ A(B + C) ④ A + (B + C)

- 풀이

    A + BC = (A + B)(A + C)   **답** ①

40 레이스(Race) 현상을 방지하기 위하여 사용되는 것은?
① 시미트 트리거
② 단안정 멀티 바이브레이터
③ 무안정 멀티 바이브레이터
④ 마스터/슬레이브 플립플롭

- 풀이

    마스터/슬레이브 플립플롭 은 레이스(Race) 현상을 피하기 위한 구성으로 2개의 FF사이에 전달 회로를 두고 이것을 다시 CP로 제어하여 레이싱을 방지하고 있다.   **답** ④

41 철근 콘크리트주에 완금을 고정시키려면 어떤 밴드를 사용하는가?
① 암밴드 ② 지선밴드
③ 래크밴드 ④ 암타이밴드

- 풀이

    암밴드는 철근 콘크리트주에 완금을 고정시킬 때 사용한다.   **답** ①

42 구리 전선과 전기 기계 기구 단자를 접속하는 경우에 진동 등으로 인하여 헐거워질 염려가 있는 곳에는 어떤 것을 사용하여 접속하여야 하는가?
① 평와셔 2개를 끼운다
② 스프링 와셔를 끼운다.
③ 코드 패스너를 끼운다.
④ 정 슬리브를 끼운다.

▶ 풀이
구리 전선과 전기 기계 기구 단자를 접속하는 경우에 진동 등으로 인하여 헐거워질 염려가 있는 곳에는 스프링 와셔를 끼운다. 답 ②

43 전선로의 종류가 아닌 것은?
① 지중 전선로 ② 옥측 전선로
③ 산간 전선로 ④ 가공 전선로

▶ 풀이
산간 전선로는 전선로의 종류가 아니다. 답 ③

44 가연성 가스가 존재하는 장소의 저압시설 공사 방법으로 옳은 것은?
① 가요 전선관 공사 ② 금속관 공사
③ 금속 몰드 공사 ④ 합성 수지관 공사

▶ 풀이
가연성 가스가 존재하는 장소의 저압시설 공사 방법은 금속관 공사이다. 답 ②

45 전압의 종별에서 특별고압이란?
① 7[kV] 넘는 것
② 5[kV] 넘는 것
③ 14[kV] 이상
④ 20[kV] 이상

▶ 풀이
전압의 종별에서 특별고압이은 7[kV] 넘는 것을 말한다. 답 ①

46 저압 가공 인입선의 인입구에 사용하며 금속관 공사에서 끝 부분의 빗물 침입을 방지하는 데 적당한 것은?
① 라미플 ② 엔드
③ 엔트런스캡 ④ 부싱

> **풀이**
> 엔트런스캡은 저압 가공 인입선의 인입구에 사용하며 금속관 공사에서 끝 부분의 빗물 침입을 방지하는 데 사용되는 것
>
> **답** ③

47 PVC 전선관의 표준 규격품의 길이는?
① 3[m] ② 3.6[m]
③ 4[m] ④ 4.5[m]

> **풀이**
> PVC 전선관의 표준 규격품의 길이는 4[m]이다.
>
> **답** ③

48 금속관을 조영재에 따라서 시설하는 경우는 새들 또는 행거 등으로 견고하게 지지하고 그 간격을 몇 [m] 이하로 하는 것이 가장 바람직한가?
① 2[m] ② 3[m]
③ 4[m] ④ 5[m]

> **풀이**
> 금속관을 조영재에 따라서 시설하는 경우는 새들 또는 행거 등으로 견고하게 지지하고 그 간격을 2[m] 이하로 하는 것이 가장 바람직하다.
>
> **답** ①

49 다음 중 금속덕트 공사 방법과 거리가 가장 먼 것은?
① 덕트의 말단은 열어 놓을 것
② 금속덕트는 3[m] 이하의 간격으로 견고하게 지지할 것
③ 금속덕트의 뚜껑은 쉽게 열리지 않도록 시설할 것
④ 금속덕트 상호는 견고하고 또한 전기적으로 완전하게 접속할 것

> **풀이**
> 금속덕트 공사 방법
> • 덕트의 말단은 차단시킨다.
> • 금속덕트는 3[m] 이하의 간격으로 견고하게 지지할 것
> • 금속덕트의 뚜껑은 쉽게 열리지 않도록 시설할 것
> • 금속덕트 상호는 견고하고 또한 전기적으로 완전하게 접속할 것
>
> **답** ①

50 화약고 등의 위험장소의 배선 공사에서 전로의 대지 전압은 몇 [V] 이하로 하도록 되어 있는가?
① 300 ② 400
③ 500 ④ 600

> **풀이**
> 화약고 등의 위험장소의 배선 공사에서 전로의 대지 전압은 300[V]이하로 하도록 해야 한다.
>
> **답** ①

51 저압전로의 보호도체 및 중성선의 접속 방식에 따른 접지계통을 쓰시오.

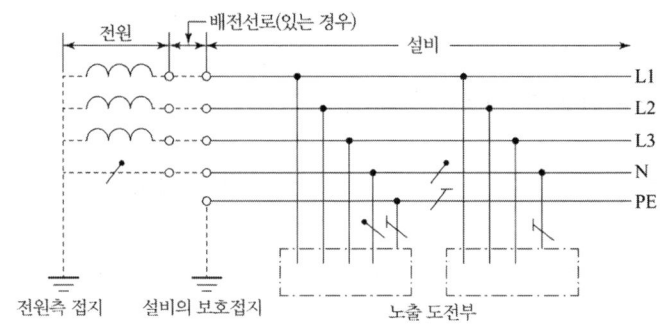

① IT 계통   ② TT 계통
③ TN-S 계통   ④ TN-C 계통

풀이
1문자-전원계통과 대지의 관계
T : 한점을 대지에 직접 접속
I : 모든 충전부를 대지와 절연시키거나 높은 임피던스를 통하여 한 점을 대지에 직접 접속
2문자-전기설비의 노출도전부와 대지의 관계
T : 노출도전부를 대지로 직접접속, 전원계통의 접지와는 무관
N : 노출도전부를 전원계통의 접지점(교류 계통에서는 통상적으로 중성점, 중성점이 없을 경우는 선도체)에 직접 접속
그다음 문자가 있을 경우 – 중성선과 보호도체의 배치
S : 중성선 또는 접지된 선도체 외에 별도의 도체에 의해 제공되는 보호 기능
C : 중성선과 보호 기능을 한 개의 도체로 겸용(PEN도체)

답 ②

52 철탑의 강도 계산에 사용하는 이상시 상정하중의 종류가 아닌 것은?
① 수직 하중   ② 수평 횡하중
③ 수평 종하중   ④ 좌굴 하중

풀이
이상시 상정하중 : 수직 하중, 수평 횡하중, 수평 종하중

답 ④

53 "지중 관로"에 포함되지 않는 것은?
① 지중 전선로
② 지중 약전류 전선로
③ 지중 레일 선로
④ 지중 광섬유 케이블 선로

풀이
지중관로란 지중 전선로, 지중 약전류 전선로, 지중 광섬유 케이블 선로, 지중에 시설하는 수관 및 가스관과 이와 유사한 것 및 이들에 부속하는 지중함 등을 말한다.

답 ③

54 전기철도에서 직류 귀선의 비절연 부분에 대한 전식 방지를 위한 귀선의 극성은 어떻게 해야 하는가?
① 부극성으로 한다.
② 가극성으로 한다.
③ 감극성으로 한다.
④ 정극성으로 한다.

▶풀이
전기철도에서 직류 귀선의 비절연 부분에 대한 전식 방지를 위한 귀선의 극성은 부극성으로 해야 한다.

답 ①

55 피뢰기를 반드시 시설하지 않아도 되는 곳은
① 발전소·변전소의 가공전선의 인출구
② 가공전선로와 지중전선로가 접속되는곳
③ 고압 가공전선로로부터 수전하는 차단기 2차측
④ 특고압 가공전선로로부터 공급을 받는 수용장소의 인입구

▶풀이
피뢰기 시설장소
 • 발·변전소 또는 이에 준하는 장소 가공 전선 인입구 및 인출구
 • 배전용 변압기의 고압측 및 특고압측
 • 고압 및 특고압 가공 전선로로부터 공급을 받는 수용 장소의 인입구
 • 가공 전선로와 지중 전선로가 접속되는 곳

답 ③

56 사내 표준화 효과가 아닌 것은?
① 생산능률의 증진과 생산비의 저하
② 표준원가 및 표준작업공수의 산정
③ 품질의 향상 및 균일화
④ 사용소비의 절약화

▶풀이
사내 표준화 효과
 • 생산능률의 증진과 생산비의 저하
 • 표준원가 및 표준작업공수의 산정
 • 품질의 향상 및 균일화

답 ④

57 문제가 되는 결과와 이에 대응하는 원인과의 관계를 알기 쉽게 도표로 나타낸 것은?
① 특성 요인도
② 산포도
③ 파레토도
④ 히스토그램

▶풀이
특성 요인도는 문제가 되는 결과와 이에 대응하는 원인과의 관계를 알기 쉽게 도표로 나타낸 것이다.

답 ①

58 다음 중 시스템의 공통적 성질과 관계가 먼 것은?
① 목적추구성　　　　　　　② 상관성
③ 환경적응성　　　　　　　④ 집합성

> **풀이**
> 시스템의 공통적 성질 : 집합성, 관련성, 목적추구성, 환경적응성　　　**답** ②

59 다음 중 작업측정이 목적이 아닌 것은?
① 과업시간　　　　　　　　② 작업시스템의 설계
③ 작업 시스템 개선　　　　④ 재고관리

> **풀이**
> 작업측정이 목적 : 과업시간, 작업시스템의 설계, 작업 시스템 개선　　　**답** ④

60 피로의 원인에 속하지 않는 것은?
① 정신적 조건
② 개인적 차이에 의한 조건
③ 육체적 조건
④ 작업환경

> **풀이**
> 피로의 원인 : 육체적 조건, 정신적 조건, 작업환경　　　**답** ②

제29회 전기기능장 실전모의고사

01 공기 중에 10[μC]과 20[μC]을 1[m] 간격으로 놓을 때 발생되는 정전력[N]은?

① 1.8[N]
② 1×10^{-10}[N]
③ 200[N]
④ 9.81×10^{-10}[N]

▶풀이
$$F = 9 \times 10^9 \times \frac{10 \times 10^{-6} \times 20 \times 10^{-6}}{1^2} = 1.8[\text{N}]$$

답 ①

02 전압계의 측정 범위를 넓히기 위한 목적으로 전압계에 직렬로 접속하는 저항기를 무엇이라 하는가?

① 전위차계(potentiometer)
② 분압기(voltage divider)
③ 분류기(shunt)
④ 배율기(multiplier)

▶풀이
배율기는 전압계의 측정 범위를 넓히기 위한 목적으로 전압계에 직렬로 접속하는 저항기이다.

답 ④

03 저항 9[Ω], 용량리액턴스 12[Ω]의 직렬 회로의 임피던스는 몇 [Ω]인가?

① 2
② 15
③ 21
④ 32

▶풀이
임피던스 $Z = \sqrt{9^2 + 12^2} = 15[\Omega]$

답 ②

04 2[Ω]의 저항과 3[Ω]의 저항을 직렬로 접속할 때 합성 컨덕턴스는 몇 [℧]인가?

① 5
② 2.5
③ 1.5
④ 0.2

▶풀이
합성 저항 $R_0 = 2 + 3 = 5[\Omega]$
합성 컨덕턴스 $G_0 = \dfrac{1}{R_0} = \dfrac{1}{5} = 0.2[\text{℧}]$

답 ④

05 권수 200회 코일에 5[A] 전류가 흘러서 0.025[Wb] 자속이 코일을 지난다고 하면, 이 코일에 자체 인덕턴스는 몇 [H]인가?

① 2   ② 1   ③ 0.5   ④ 0.1

▶ 풀이

인덕턴스 $L = \dfrac{N\Phi}{I} = \dfrac{200 \times 0.025}{5} = 1$

답 ②

06 $C_1 = 5[\mu F]$, $C_2 = 10[\mu F]$ 콘덴서를 직렬로 접속하고 직류 30[V]를 가했을 때, C_1 양단의 전압은 몇 [V]인가?

① 5   ② 10   ③ 20   ④ 30

▶ 풀이

$C_1 = \dfrac{C_2}{C_1 + C_2} \times V = \dfrac{10}{5 + 10} \times 30 = 20[V]$

답 ③

07 L_1, L_2 두 코일이 접속되어 있을 때, 누설 자속이 없는 이상적인 코일 간의 상호 인덕턴스는?

① $M = \sqrt{L_1 + L_2}$ ② $M = \sqrt{L_1 - L_2}$

③ $M = \sqrt{L_1 \times L_2}$ ④ $M = \sqrt{\dfrac{L_1}{L_2}}$

▶ 풀이

누설자속없는 경우 결합계수 $K = 1$ 이다.
따라서 상호인덕턴스 $M = k\sqrt{L_1 \times L_2} = \sqrt{L_1 \times L_2}$

답 ③

08 자체 인덕턴스 4[H]의 코일에 18[J]의 에너지가 저장되어 있다. 이 때 코일에 흐르는 전류는 몇 [A]인가?

① 1   ② 2   ③ 3   ④ 6

▶ 풀이

$W = \dfrac{1}{2}LI^2[J]$에서

전류 $I = \sqrt{\dfrac{2W}{L}} = \sqrt{\dfrac{2 \times 18}{4}} = 3[A]$ 이다.

답 ③

09 0.25[H]와 0.23[H]의 자체 인덕턴스를 직렬로 접속할 때 합성 인덕턴스의 최대값은 몇 [H]인가?

① 0.48[H]   ② 0.97[H]   ③ 4.8[H]   ④ 9.7[H]

> **풀이**
> $L = L_1 + L_2 + 2M = 0.25 + 0.23 + 2\sqrt{0.25 \times 0.23} = 0.97$

답 ②

10 $v = V_m \sin(\omega t + 30°)$ 와 $i = I_m \cos(\omega t - 100°)$ 와의 위상차는 몇 도인가?

① 40° ② 70° ③ 130° ④ 210°

> **풀이**
> 전압 $v = V_m \sin(\omega t + 30°)$, 전류 $i = I_m \cos(\omega t - 100°) = I_m \sin(\omega t - 10°)$ 이므로
> 위상차 = 앞선위상 − 뒤진위상 $= 30 - (-10) = 40$ 가 된다.

답 ①

11 [Var] 은 무엇의 단위인가?

① 전력 ② 피상 전력
③ 효율 ④ 무효 전력

> **풀이**
> 무효전력[Var]
> 유효전력[W]
> 피상전력[VA]

답 ④

12 $R-L-C$ 직렬 회로에 $e = 170\cos(120t + \dfrac{\pi}{6})$ 를 인가할 때 $i = 8.5\cos(120t + \dfrac{\pi}{6})$ 가 흐르는 경우 소비되는 전력[W]은?

① 약 381 ② 약 823 ③ 약 720 ④ 약 1445

> **풀이**
> $P = VI\cos\theta = \dfrac{170 \times 8.5}{2} \times \cos 0 = 722.5[\text{W}]$

답 ③

13 $R-L-C$ 직렬 회로에서 공진시의 전류는 공급 전압에 대하여 어떤 위상차를 갖는가?

① 0도 ② 90도 ③ 180도 ④ 270도

> **풀이**
> 직렬공진시 $X = 0$ 이므로 V와 I는 동상이 되고 전류는 최대가 된다.

답 ①

14 다음 중 자기력선(line of magnetic force)에 대한 설명으로 옳지 않은 것은?
① 자석의 N극에서 시작하여 S극에서 끝난다.
② 자기장의 방향은 그 점을 통과하는 자기력선의 방향으로 표시한다.
③ 자기력선은 상호간에 교차한다.
④ 자기장의 크기는 그 점에 있어서의 자기력선의 밀도를 나타낸다.

> **풀이**
> 자기력선은 서로 교차하지 않는다.   **답** ③

15 다음 중 2대의 동기발전기가 병렬운전하고 있을 때 무효횡류(무효순환전류)가 흐르는 경우는?
① 부하 분담에 차가 있을 때
② 기전력의 주파수에 차가 있을 때
③ 기전력의 위상에 차가 있을 때
④ 기전력의 크기에 차가 있을 때

> **풀이**
> 기전력 크기다른 경우 : 무효횡류
> 기전력 주파수가 다른 경우 : 유효횡류
> 기전력 위상이 다른 경우 : 유효횡류(동기화전류)
> 기전력 파형이 다른 경우 : 고조파 무효횡류   **답** ④

16 다음 중 유도전동기의 속도제어에 사용되는 인버터 장치의 약호는?
① CVCF   ② VVVF
③ CVVF   ④ VVCF

> **풀이**
> VVVF(가변전압 가변주파수 장치) : 유도전동기의 속도제   **답** ②

17 동기조상기를 부족여자로 운전하면 어떻게 되는가?
① 콘덴서로 작용한다.
② 리액터로 작용한다.
③ 여자 전압의 이상 상승이 발생한다.
④ 일부 부하에 대하여 뒤진 역률을 보상한다.

> **풀이**
> 동기조상기 부족여자 : 리액터로 작용
> 동기조상기 과여자 : 콘덴서로 작용   **답** ②

18 보호 계전기를 동작 원리에 따라 구분 할 때 해당 되지 않는 것은?
① 유도형   ② 정지형
③ 디지털형   ④ 저항형

> **풀이**
> 보호 계전기를 동작 원리에 따라 구분
> • 유도형 • 정지형 • 디지털형   **답** ④

19 직류복권 전동기를 분권 전동기로 사용하려면 어떻게 하여야 하는가?
① 분권 계자를 단락시킨다.
② 부하 단자를 단락시킨다.
③ 직권 계자를 단락시킨다.
④ 전기자를 단락시킨다.

풀이
직류복권전동기를 분권전동기로 하려면 직권 계자권선을 단락시킨다.   **답** ③

20 세이딩 코일형 유도전동기의 특징을 나타낸 것으로 틀린 것은?
① 역률과 효율이 좋고 구조가 간단하여 세탁기등 가정용 기기에 사용
② 회전자는 농형이고 고정자의 성층철심은 몇 개의 돌극으로 되어 있다.
③ 기동토크 작고 출력이 수10[W]이하의 소형 전동기에 주로 사용
④ 운전 중에도 세이딩 코일에 전류가 흐르고 속도 변동율이 크다.

풀이
세이딩 코일형 유도전동기 특징은 세탁기에 사용되는 것이 아니고 소형 전축에 사용됨   **답** ①

21 3상 유도 전동기의 출력이 10[kW], 슬립이 5[%]일 때 2차 동손은?
① 0.426[kW]
② 0.526[kW]
③ 0.626[kW]
④ 0.726[kW]

풀이
2차 동손 $P_{C2} = sP_2 = s\dfrac{P_0}{1-s} = 0.05 \times \dfrac{10}{1-0.05} = 0.526[kW]$ **답** ②

22 유도전동기에 게르게스(Gorges)형상이 생기는 슬립은 대략 얼마인가?
① 0.8   ② 0.7   ③ 0.5   ④ 0.25

풀이
게르게스 현상 : 3상 권선형 유도 전동기의 2차 회로가 단선이 된 경우에 부하가 약간 무거운 정도에서는 슬립이 50%인 곳에서 운전   **답** ③

23 단상 유도 전압 조정기에는 1차 권선과 직각 방향으로 단락권선을 설치한다. 다음은 이 단락 권선의 설치 목적 및 작용을 열거한 것이다. 옳지 않은 것은?
① 2차 권선의 기자력을 1차권선의 기자력으로 상쇄시키기 위하여
② $\alpha = 90°$에서 2차 기자력이 전부 남아 있다.
③ 부하 전류가 변동해도 2차 전압은 변화없다.
④ $\alpha = 90°$에서는 2차 권선의 누설 리액턴스가 크다.

풀이
$\alpha = 90°$에서 2차 기자력은 0 이다.   **답** ②

24 2[kVA] 단상 변압기 3대를 써서 △결선 하여 급전하고 있는 경우 1대가 소손되어 나머지 2대로 급전하게 되었다. 이 2대의 변압기가 과부하를 20[%]까지 견딜 수 있다고 하면 2대가 분담할 수 있는 최대 부하는?

① 약 3.46
② 약 4.15
③ 약 5.16
④ 약 6.92

풀이
$P_V \times 1.2 = \sqrt{3} P \times 1.2 = \sqrt{3} \times 2 \times 1.2 = 4.15$

답 ②

25 전부하에서 동손 100[W], 철손 40[W]인 변압기가 최대 효율로 되는 부하[%]는?

① 약 50[%]
② 약 74[%]
③ 약 80[%]
④ 약 63[%]

풀이
최대 효율시 부하 $\dfrac{1}{m} = \sqrt{\dfrac{P_i}{P_C}} = \sqrt{\dfrac{40}{100}} = 0.63$, 즉 63[%]

답 ④

26 동기기에서 동기 임피던스값과 실용상 같은 것은?

① 전기자 누설 리액턴스
② 동기 리액턴스
③ 유도 리액턴스
④ 등가 리액턴스

풀이
동기임피던스는 실용상 동기 리액턴스와 같다.

답 ②

27 직류 직권정동기에서 분류 저항기를 직권권선에 병렬로 접속해 여자전류를 가감시켜 속도를 제어하는 방법은?

① 전압 제어
② 계자 제어
③ 저항 제어
④ 직·병렬 제어

풀이
계자제어 : 계자권선에 병렬로 가변저항을 접속하여 계자전류를 변화시켜 속도를 조정하는방식이다.

답 ②

28 직류 발전기의 종류에대한 특성 설명 중 틀린 것은?

① 타여자발전기 : 전압강하가 적고 계자전압은 전기자 전압과 관계없이 설계된다.
② 분권발전기 : 타여자 발전기와 같이 전압변동률이 적고, 다른 여자전원이 필요없다.
③ 가동복권발전기 : 단자전압을 부하의 증감에 관계없이 거의 일정하게 유지할 수 있다.
④ 차동복권발전기 : 부하의 변화에 따라 전압이 변화하지 않는 특성이 있는 발전기이다.

▶ 풀이
차동복권발전기는 수하특성 때문에 부하에 따른 전압변동이 심하다.

답 ④

29 다음중 켈빈(kelvin) 법칙 이 적용되는 경우는 ?
① 화력 발전소군의 총 연료비가 최소가 되도록 각 발전기의 경제 부하 배분을 하고자 할 때
② 일정한 부하에 대한 계통 손실을 최소화하고자 할때
③ 경제적인 송전 전압을 결정하고자 할때
④ 경제적 송전선의 전선의 굵기를 결정하고자 할 때

▶ 풀이
켈빈의 법칙 : 가장 경제적인 전선의 굵기를 결정하는 법칙

답 ④

30 송전선로에 가공지선을 설치하는 목적은?
① 코로나 방지
② 뇌에 대한 차폐
③ 선로정수의 평형
④ 미관상 필요

▶ 풀이
가공지선의 설치목적 : 뇌해방지

답 ②

31 수전단에 관련된 사항중 틀린 것은?
① 중부하시 수전단에 설치된 전력용 콘덴서 투입한다.
② 중부하시 수전단에 설치된 동기조상기는 부족여자로 운전한다.
③ 경부하시 수전단에 설치된 동기조상기는 부족여자로 운전한다.
④ 장거리 송전선로의 시충전 시 수전단 전압이 송전단 전압보다 높게 될수 있다.

▶ 풀이
중부하시 수전단에 설치된 동기조상기는 과여자로운전(콘덴서로 작용)

답 ②

32 %임피던스가 표준값보다 휠씬 클 때 고려하여야 할 문제점은 ?
① 온도상승
② 여자 돌입 전류
③ 기계적 충격
④ 전압 변동률

▶ 풀이
$\%Z$가 크면 단락비가 작아지며 전압 변동률이 증가한다.

답 ④

33 3상 송전선로의 고장에서 1선 지락사고 등 3상 불평형 고장시 사용되는 계산법은?
① 옴[Ω]법에 의한 계산
② %법에 의한 계산
③ 단위[PU]법에 의한 계산
④ 대칭좌표법

> **풀이**
> 대칭좌표법은 3상 불평형 고장시 사용되는 계산법이다.　　　　　　　　　　　**답** ④

34 최소 동작전류 이상의 전류가 흐르면 한도를 넘은 양과는 상관없이 즉시 동작하는 계전기는?
① 반한시 계전기　　　　　　　　② 정한시 계전기
③ 순한시 계전기　　　　　　　　④ Notting 한시계전기

> **풀이**
> 순한시 계전기는 최소 동작전류 이상의 전류가 흐르면 한도를 넘은 양과는 상관없이 즉시 동작하는 계전기이다.　　　　　　　　　　　　　　　　　　　　　　　　　　　**답** ③

35 저압 이웃연결인입선의 시설과 관련된 설명으로 잘못된 것은?
① 옥내를 통과하지 아니할 것
② 전선 굵기는 1.5[mm^2] 이하일 것
③ 폭 5[m] 넘는 도로 횡단하지 아니할 것
④ 인입선에서 분기하는 점으로 100[m] 넘는 지역에 미치지 아니할 것

> **풀이**
> 이웃연결인입선은 전선굵기 1.5[mm^2] 이하　　　　　　　　　　　　　　**답** ②

36 비닐 절연 비닐시스 케이블의 약호?
① VV　　　　② EV　　　　③ FP　　　　④ CV

> **풀이**
> 비닐절연 비닐시스 케이블 약호는 : VV　　　　　　　　　　　　　　　　**답** ①

37 케이블을 조영재에 지지하는 경우 이용되는 것으로 맞지 않는 것은?
① 새들　　　　　　　　　　　　② 클리트
③ 스테플러　　　　　　　　　　④ 터미널캡

> **풀이**
> 케이블을 조영재에 지지하는 경우 이용되는 것 : 새들, 클리트, 스테플러　　**답** ④

38 전기공사에 사용하는 공구와 작업내용이 잘못된 것은?
① 토오치 램프 – 합성 수지관 가공하기
② 홀소 – 분전반 구멍 뚫기
③ 와이어 스트리퍼 – 전선 피복 벗기기
④ 피시 테이프 – 전선관 보호

> **풀이**
> 피시 테이프(fish tape)는 전선관 내부에 전선을 끼워 넣기 위한 용도로 사용한다.   답 ④

39 금속관 공사에서 절연 부싱을 사용하는가장 주된 목적은?
① 관의 끝이 터지는 것을 방지
② 관의 단구에서 조영재의 접촉을 방지
③ 관내 해충 및 이물질 출입 방지
④ 관의 단구에서 전선 피복의 손상방지

> **풀이**
> 관의 끝 부분에서 전선의 피복을 손상하지 아니하도록 적당한 구조의 부싱을 사용할 것   답 ④

40 건물의 모서리(직각)에서 가요 전선관을 박스에 연결할 때 필요한 접속기는?
① 스트렛 박스 커넥터
② 앵글 박스 커넥터
③ 플렉시블 커플링
④ 콤비네이션 커플링

> **풀이**
> 스트렛 커플링 : 가요전선관 상호 연결
> 콤비네이션 커플링 : 가요전선관 과 금속관 연결
> 앵글 박스 커넥터 : 건물의 모서리(직각)에서 가요 전선관을 박스에 연결   답 ②

41 가공전선로의 지지물에 시설하는 지선의 시설에서 맞지 않는 것은?
① 지선의 안전율은 2.5 이상일 것
② 지선의 안전율이 2.5 이상일 경우 허용 인장하중의 최저는 4.31[kN]으로 할 것
③ 소선의 지름이 1.6[mm] 이상의 동선을 사용한 것일 것
④ 지선에 연선을 사용할 경우에는 소선 3가닥 이상의 연선일 것

> **풀이**
> 소선의 지름이 2.6[mm] 이상의 아연도금 철선 사용할 것   답 ③

42 지선의 중간에 넣는 애자의 종류는?
① 저압 핀 애자
② 구형애자
③ 인류애자
④ 내장애자

> **풀이**
> 지선의 중간에 넣는 애자 : 구형애자   답 ②

43 인입 개폐기가 아닌 것은?
① ASS
② LBS
③ LS
④ UPS

> **풀이**
> UPS : 무정전 전원공급장치
>
> **답** ④

44 피뢰기를 시설하지 않는 곳은?
① 변전소의 가공전선 인입구
② 수용 장소에서 분기되는 분기점
③ 가공 전선로와 지중 전선로가 접속되는 곳
④ 고압 및 특고압 가공 전선로로부터 공급을 받는 수용장소의 인입구

> **풀이**
> 피뢰기 시설장소
> • 발·변전소의 가공전선 인입구 및 인출구
> • 특고압 가공전선로에 접속하는 배전용 변압기의 고압측 및 특고압측
> • 가공 전선로와 지중 전선로가 접속되는 곳
> • 고압 및 특고압 가공 전선로로부터 공급을 받는 수용장소의 인입구
>
> **답** ②

45 최대 사용 전압 6600[V]인 변압기 전로의 절연 내력 시험은 최대 사용 전압의 몇 배의 시험 전압에서 10분간 견디어야 하는가?
① 0.72 ② 0.92
③ 1.25 ④ 1.5

> **풀이**
> 최대사용전압 7[kV] 변압기 전로의 절연 내력 시험은 최대 사용 전압의 1.5배의 시험 전압에서 10분간 견디어야 한다.
>
> **답** ④

46 농사용 저압 가공 전선의 최대 경간은 몇 [m]인가?
① 30 ② 50 ③ 60 ④ 100

> **풀이**
> 농사용 저압 가공 전선의 지지점 간 거리는 30[cm] 이하일 것
>
> **답** ①

47 PN 접합 정류소자에 대한 설명 중 틀린 것은? ?
① 정류비가 클수록 정류특성은 좋다.
② 역방향 전압에서는 극히 적은 전류만이 흐른다.
③ 순방향전압은 P에 [+], N에 [−]전압을 가함을 말한다.
④ 온도가 높아지면 순방향, 역방향전류가 모두 감소한다.

> **풀이**
> 순방향 바이어스된 다이오드의 경우 온도가 증가하면 순방향 전류는 증가하고, 역방향 바이어스일 때는 감소한다. 실제로 역방향 전류는 아주 작아 무시하기도 한다.
>
> **답** ④

48 파워용 전력반도체 소자 중 IGBT는 스위칭 속도가 빨라서 응용범위가 확대되고 있는데 이 소자의 구동방식은?
① 전류구동　　　　　　　　　　② 클램프구동
③ 전압구동　　　　　　　　　　④ 자연전류구동

> 풀이
> IGBT의 특징은 전압제어 소자로서 게이트와 이미터 간 입력 임피던스가 매우 높아 BJT 보다 구동이 쉽다.　　　　답 ③

49 반도체 트리거소자로서 자기회복 능력이 있는 것은?
① GTO　　② SSS　　③ SCS　　④ SCR

> 풀이
> GTO 는 양(+)의 게이트 전류에 의하여 턴온시킬 수 있고 음(−)의 게이트 전류에 의하여 턴오프시킬 수 있는 소자이다.　　　　답 ①

50 과전압이 걸리기 쉬운 옥외용 네온사인의 조광회로에 사용되는 소자는?
① SCR　　② TRIAC　　③ SSS　　④ TR

> 풀이
> 쌍방향 2단자 사이리스터(SSS)는 브레이크 오버 전압 이상의 펄스를 줌으로써 온 시킬수 있어 SCR과 같이 과전압이 걸려도 파괴되는 일이 없이 온(on)이 되어 과전압이 걸리기 쉬운 옥외 네온사인 조광회로에 적합하다.　　　　답 ③

51 저항부하 정류회로의 특성 중 맥동율이 가장 큰 것은?
① 단상반파　　　　　　　　　　② 단상전파
③ 삼상반파　　　　　　　　　　④ 삼상전파

> 풀이
> 맥동율 = $\dfrac{교류분}{직류분} \times 100$
> 단상반파 : 121[%], 단상전파 : 48[%], 3상반파 : 17[%], 3상전파 4[%]　　　　답 ①

52 품질 관리의 기능을 수행하는 절차는?
① 품질설계 − 공정관리 − 품질보증 − 품질개선
② 품질설계 − 공정관리 − 품질조사 − 품질보증
③ 품질관리 − 공정설계 − 품질보증 − 품질개선
④ 품질설계 − 품질보증 − 공정관리 − 품질개선

> 풀이
> 품질관리 기능 수행 절차 : 품질설계 → 공정관리 → 품질보증 → 품질개선　　　　답 ①

53 계수치 데이터에 속하지 않는 것은?
① 불량계수 ② 결점수
③ 홈의 수 ④ 온도

> 풀이
> 계수치 관리도 : 직물의 얼룩, 홈의 수, 불량률
> 답 ④

54 모든 작업을 기본동작으로 분해하고 각 기본동작에 대하여 설질과 조건에 따라 미리 정해 놓은 시간치를 적용하여 정미시간을 산정하는 방법은?
① PTS법 ② WS법
③ 스톱워치법 ④ 실적자료법

> 풀이
> PTS : 모든 작업을 기본동작으로 분해하고 각 기본동작에 대하여 설질과 조건에 따라 미리 정해놓은 시간치를 적용하여 정미시간을 산정하는 방법으로 MTM법과 WF법 등이 있다.
> 답 ①

55 공정분석 기호 중 "□"는 무엇을 의미하는가?
① 검사 ② 가공 ③ 정체 ④ 저장

> 풀이
> □ : 검사, ○ : 가공, D : 정체, ▽ : 저장
> 답 ①

56 한 사람의 작업자가 여러 기계를 담당할 때 어떠한 기계가 문제가 발생하여 작업자가 조치해 주기를 기다리는 시간을 무엇이라고 하는가?
① 관리여유 ② 기계간섭여유
③ 장려여유 ④ 기계간섭시간

> 풀이
> 기계간섭여유란 한 사람의 작업자가 여러 기계를 담당할 때 어떠한 기계가 문제가 발생하여 작업자가 조치해 주기를 기다리는 시간을 말한다.
> 답 ②

57 그림과 같은 회로의 기능은?
① 홀수 패리티 비트 발생기
② 크기 비교기
③ 2진 코드의 그레이 코드 변환기
④ 디코더

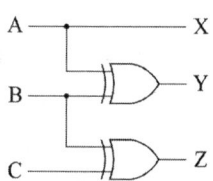

> 풀이
> 그레이코드 : 2진 코드의 그레이 코드 변환기-배타적 논리합 EX-OR
> 답 ③

58 그림과 같은 다이오드 게이트의 출력값은?

① 0[V]
② 5[V]
③ 10[V]
④ 15[V]

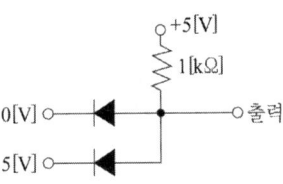

• 풀이
AND 게이트 전자소자 회로

답 ①

59 플립플롭회로에 대한 설명으로 잘못된 것은?
① 두 가지 안정 상태를 갖는다.
② 쌍안정 멀티바이브레이터이다.
③ 반도체 메모리 소자로 이용된다.
④ 트리거 펄스 2개마다 2개의 출력펄스를 얻는다.

• 풀이
프립플롭회로
 • 두 가지 안정 상태를 갖는다.
 • 쌍안정 멀티바이브레이터이다.
 • 반도체 메모리 소자로 이용된다.
 • 트리거 펄스 1개마다 2개의 출력펄스를 얻는다.

답 ④

60 어떤 시스템 프로그램에 있어서 특정한 부호와 신호에 대해서만 응답하는 일종의 장치 해독기로서 다른 신호에 대해서는 응답하지 않는 것을 무엇이라 하는가?
① 디코더(Decoder)   ② 산술 연산기(ALU)
③ 인코더(Encoder)   ④ 멀티플렉서(Multiplexer)

• 풀이
디코더는 어떤 시스템 프로그램에 있어서 특정한 부호와 신호에 대해서만 응답하는 일종의 장치 해독기로서 다른 신호에 대해서는 응답하지 않는다.

답 ①

제30회 전기기능장 실전모의고사

01 저항 8[Ω]과 유도리액턴스 6[Ω]이 직렬로 접속된 회로에 200[V]의 교류 전압을 인가하는 경우 흐르는 전류[A]와 역률[%]은 각각 얼마인가?

① 20[A], 80[%]　　　② 10[A], 80[%]
③ 20[A], 60[%]　　　④ 10[A], 80[%]

▶ 풀이

전류 $I = \dfrac{V}{Z} = \dfrac{200}{\sqrt{8^2+6^2}} = 20[A]$

역률 $\cos\theta = \dfrac{R}{Z} = \dfrac{8}{\sqrt{8^2+6^2}} \times 100 = 80[\%]$

답 ①

02 그림과 같은 회로에서 합성저항은 몇 [Ω]인가?

① 6.6[Ω]
② 7.4[Ω]
③ 8.7[Ω]
④ 9.4[Ω]

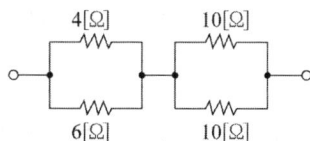

▶ 풀이

$R = \dfrac{4\times 6}{4+6} + \dfrac{10\times 10}{10+10} = 7.4[\Omega]$

답 ②

03 기전력 4[V], 내부 저항 0.2[Ω]의 전지 10개를 직렬로 접속하고 두 극 사이에 부하저항을 접속하였더니 4[A]의 전류가 흘렀다. 이 때 외부저항은 몇[Ω]이 되겠는가?

① 6　　　② 7　　　③ 8　　　④ 9

▶ 풀이

전류 $I = \dfrac{nV}{nr+R}$

$4 = \dfrac{10\times 4}{10\times 0.2 + R}$ 에서 $R = 8[\Omega]$

답 ③

04 최대값이 V_m[V]인 사인파 교류에서 평균값 V_a[V]의 값은?

① $0.577 V_m$　　② $0.637 V_m$　　③ $0.707 V_m$　　④ $0.866 V_m$

> **풀이**
> 평균값 $V_a = \dfrac{2}{\pi} V_m = 0.637 V_m$
> 여기서, V_m은 최대값이다.
>
> **답** ②

05 자체 인덕턴스 2[H]의 코일에 25[J] 에너지가 저장되어 있다면 코일에 흐르는 전류는?
① 2[A]
② 3[A]
③ 4[A]
④ 5[A]

> **풀이**
> 자계에너지 $W = \dfrac{1}{2}LI^2$에서 전류 $I = \sqrt{\dfrac{2W}{L}} = \sqrt{\dfrac{2 \times 25}{2}} = \sqrt{25} = 5[A]$
>
> **답** ④

06 단면적 4[cm²]자기 통로의 평균길이 50[cm], 코일 횟수 1000회 비투자율 2000인 환상 솔레노이드가 있다. 이 솔레노이드의 자기 인덕턴스는?
(단, 진공 중 투자율이 μ_0는 $4\pi \times 10^{-7}$임)
① 2[H]
② 20[H]
③ 200[H]
④ 2000[H]

> **풀이**
> 솔레노이드 인덕턴스
> $L = \dfrac{\mu \cdot A \cdot N^2}{l} = \dfrac{4\pi \times 10^{-7} \times 2000 \times 4 \times 10^{-4} \times 1000^2}{0.5} = 2[H]$
>
> **답** ①

07 RL 직렬 회로의 시정수 T[sec]는 얼마인가?
① $\dfrac{R}{L}$
② $\dfrac{L}{R}$
③ RL
④ $\dfrac{1}{RL}$

> **풀이**
> RL 직렬 회로시정수 $T = \dfrac{L}{R}$[sec]
>
> **답** ②

08 30[μF]과 40[μF]의 콘덴서를 병렬로 접속한 다음 100[V] 전압을 가했을 때 전 전하량은 몇 [C]인가?
① 17×10^{-4}[C]
② 34×10^{-4}[C]
③ 56×10^{-4}[C]
④ 70×10^{-4}[C]

> **풀이**
> $Q = CV = (30+40) \times 10^{-6} \times 100 = 70 \times 10^{-4}$[C]
>
> **답** ④

09 두 코일이 있다. 한 코일에 매초 전류가 150[A]의 비율로 변할 때 다른 코일에 60[V]의 기전력이 발생하였다면, 두 코일의 상호 인덕턴스는 몇 [H]인가?
① 0.4[H]　　　　　　　　　② 2.5[H]
③ 4.0[H]　　　　　　　　　④ 25[H]

•풀이
$e = L\dfrac{di}{dt}$[V] 에서 인덕턴스 $L = \dfrac{e \cdot dt}{di} = \dfrac{60}{150} = 0.4$[H]

답 ①

10 전류 $\sqrt{2}\,I\sin(wt+\theta)$[A]와 기전력 $\sqrt{2}\,V\cos(wt-\Phi)$[V] 사이의 위상차는?
① $\dfrac{\pi}{2} - (\Phi - \theta)$　　　　　　② $\dfrac{\pi}{2} - (\Phi + \theta)$
③ $\dfrac{\pi}{2} + (\Phi + \theta)$　　　　　　④ $\dfrac{\pi}{2} + (\Phi - \theta)$

•풀이
위상차 $= (\dfrac{\pi}{2} - \Phi) - \theta = \dfrac{\pi}{2} - (\Phi + \theta)$

답 ②

11 콘덴서와 코일에서 실제적으로 급격히 변화할 수 없는 것이 있다. 그것은 다음 중 어느 것인가?
① 코일에서 전압, 콘덴서에서 전류
② 코일에서 전류, 콘덴서에서 전압
③ 코일, 콘덴서 모두 전압
④ 코일, 콘덴서 모두 전류

•풀이
$v_L = L\dfrac{di}{dt}$ 에서 i가 급격히 ($t=0$인 순간) 변화하면 v_L이 ∞가 되는 모순이 생기고, $i_c = C\dfrac{dv}{dt}$ 에서 v가 급격히 변화하면 i_c가 ∞가 되는 모순이 생긴다.

답 ②

12 20[mH]와 60[mH]의 두 인덕턴스가 병렬로 연결되어 있다. 합성 인덕턴스의 값 [mH]은? 단, 상호 인덕턴스는 없는 것으로 한다.
① 15　　　　　　　　　　　② 20
③ 50　　　　　　　　　　　④ 75

•풀이
$L = \dfrac{L_1 \times L_2}{L_1 + L_2} = \dfrac{20 \times 60}{20 + 60} = 15$[mH]

답 ①

13 비대칭 다상 교류가 만드는 회전자계는 ?
① 교번자계　　　　　　　　　　② 타원 회전자계
③ 원형 회전자계　　　　　　　　④ 포물선 회전자계

- 풀이
  비대칭 다상교류 : 타원 회전자계
  대칭 다상교류 : 원형 회전자계　　　　　　　　　　　　　　　　　　　답 ②

14 전류를 계속 흐르게 하려면 전압을 연속적으로 만들어 주는 어떤 힘이 필요하게 되는데, 이 힘을 무엇이라 하는가?
① 자기력　　　　　　　　　　　② 전자력
③ 기전력　　　　　　　　　　　④ 전기장

- 풀이
  기전력은 전류를 계속 흐르게 하려면 전압을 연속적으로 만들어 주는 어떤 힘을 말한다.　　답 ③

15 변압기를 △-Y 결선(delta-star connection)한 경우에 대한 설명으로 옳지 않은 것은?
① 1차 선간전압 및 2차 선간전압의 위상차는 60°이다.
② 제 3조파에 의한 장해가 적다.
③ 1차 변전소의 승압용으로 사용된다.
④ Y결선의 중성점을 접지할 수 있다.

- 풀이
  △-Y 결선(delta-star connection) 1차 선간전압 및 2차 선간전압의 위상차는 30°이다.　답 ①

16 변압기 외함 내에 들어 있는 기름을 펌프를 이용하여 외부에 있는 냉각 장치로 보내서 냉각시킨 다음, 냉각된 기름을 다시 외함의 내부로 공급하는 방식으로, 냉각효과가 크기 때문에 30000[kVA] 이상의 대용량 변압기에서 사용하는 냉각 방식은?
① 건식풍냉식　　　　　　　　　② 유입자냉식
③ 유입풍냉식　　　　　　　　　④ 유입송유식

- 풀이
  유입송유식은 변압기 외함 내에 들어 있는 기름을 펌프를 이용하여 외부에 있는 냉각 장치로 보내서 냉각시킨 다음, 냉각된 기름을 다시 외함의 내부로 공급하는 방식　　　　　　　답 ④

17 직류전동기 운전 중에 있는 기동 저항기에서 정전이거나 전원 전압이 저하되었을 때 핸들을 정지 위치에 두는 역할을 하는 것은?
① 무전압 계전기　　　　　　　　② 계자제어
③ 기동저항　　　　　　　　　　④ 과부하개방기

> **풀이**
> 무전압 계전기는 직류전동기 운전 중에 있는 기동 저항기에서 정전이거나 전원 전압이 저하되었을 때 핸들을 정지 위치에 두는 역할을 한다.
> **답 ①**

18 변압기의 권선과 철심 사이의 습기를 제거하기 위하여 건조하는 방법이 아닌 것은?
① 열풍법   ② 단락법   ③ 진공법   ④ 가압법

> **풀이**
> 변압기의 권선과 철심 사이의 습기를 제거하기 위하여 건조하는 방법 : 열풍법, 단락법, 진공법
> **답 ④**

19 다음 중 병렬운전시 균압선을 설치해야 하는 직류발전기는?
① 분권 발전기   ② 차동복권 발전기
③ 평복권 발전기   ④ 부족복권 발전기

> **풀이**
> 병렬운전시 평복권 발전기와 과복권 발전기는 균압선을 설치해야 한다.
> **답 ③**

20 변압기의 2차측을 개방하였을 경우 1차측에 흐르는 전류는 무엇에 의해 결정되는가?
① 저항   ② 임피던스
③ 누설리액턴스   ④ 여자어드미턴스

> **풀이**
> 변압기 2차측 개방시 1차측에 흐르는 전류는 여자어드미턴스로 결정한다.
> **답 ④**

21 유도전동기의 회전자가 슬립 s로 회전할 때 회전자 실효 권수비를 a라 하면 고전자 기전력과 회전자 기전력의 비는?
① $\dfrac{a}{s}$ ② sa ③ $(1-s)a$ ④ $\dfrac{a}{1-s}$

> **풀이**
> 실효권수비 $a = \dfrac{K_{W1} N_1}{K_{W2} N_2}$, 슬립 s로 회전시 권수비 $a' = \dfrac{K_{W1} N_1}{s K_{W2} N_2} = \dfrac{a}{s}$
> **답 ①**

22 교류 전동기에서 기본파 회전 자계와 같은 방향으로 회전하는 공간 고조파 회전 자계의 고조파 차수 h를 구하면? 단, m은 상수, n은 정의 정수이다.
① $h = nm$ ② $h = 2nm$
③ $h = 2nm + 1$ ④ $h = 2nm - 1$

> **풀이**
> 회전 자계와 같은 방향 고조파 차수 $h = 2nm + 1$
> **답 ③**

23 다음 변압기 시험 방법 중 절연 내력을 시험하기 위한 방법은? 단, A : 온도시험, B : 유도시험, C : 가압시험, D : 단락시험, E : 충격전압시험, F : 권선저항측정시험 이다.
① B, C, E
② A, B, E
③ B, E, F
④ D, E, F

•**풀이**
절연내력 시험 방법: 유도시험, 가압시험, 1단접지 충격전압시험

답 ①

24 단상변압기 3대를 이용하여 △–△ 결선하는 경우에 대한 설명으로 틀린 것은?
① 중성점을 접지할 수 없다.
② Y–Y결선에 비해 상전압이 선간전압의 $1/\sqrt{3}$ 배이므로 절연이 용이하다.
③ 3대 중 1대에서 고장이 발생하여도 나머지 2대로 V결선하여 운전을 계속할 수 있다.
④ 결선 내에 순환전류가 흐르나 외부에는 나타나지 않으므로 통신장애에 대한 염려가 없다.

•**풀이**
△–△ 결선 : 상전압과 선간전압이 같다.

답 ②

25 변압기에서 역률 100[%]일 때의 전압 변동률 ε은 어떻게 표시되는가?
① %저항 강하
② %리액턴스 강하
③ %서셉턴스 강하
④ %임피던스 강하

•**풀이**
전압변동률 $\varepsilon = \%R\cos\theta + \%X\sin\theta = \%R \times 1 + \%X \times 0 = \%R$

답 ①

26 동기 전동기의 진상 전류는 어떤 작용을 하는가?
① 증자 작용
② 감자 작용
③ 교차 자화 작용
④ 아무 작용도 없음

•**풀이**
전동기 "진상" => 직축반작용중 감자작용 => 90° 빠른 전류
전동기 "지상" => 직축반작용중 증자작용 => 90° 뒤진 전류

답 ②

27 직류 전동기의 제동법 중 발전 제동을 옳게 설명한 것은?
① 전동기가 정지할 때까지 제동 토크가 감소하지 않는 특징을 지닌다.
② 전동기를 발전기로 동작시켜 발생하는 전력을 전원으로 반환함으로써 제동한다.
③ 전기자를 전원과 분리한 후 이를 외부 저항에 접속하여 전동기의 운동 에너지를 열에너지로 소비시켜 제동한다.
④ 운전 중인 전동기의 전기자 접속을 반대로 접속하여 제동한다.

풀이
발전제동 : 열에너지로 소비하는 제동   **답** ③

28 직류 발전기의 보극에 대한 설명 중 틀린 것은?
① 보극의 계자권선을 전기자권선과 직렬로 접속한다.
② 보극의 극성은 주자극의 극성을 회전방향으로 옮겨 놓은 것과 같은 극성이다.
③ 보극의 수는 주자극과 동일한 수이지만 어떤 경우에는 주자극의 수보다 적은 것도 있다.
④ 보극에 의한 자속은 전기자 전류에 비례하여 변화한다.

풀이
발전기에서 보극의 극성은 주자극의 극성을 회전방향으로 옮겨 놓은 것과 반대극성이다.   **답** ②

29 19/1.8[mm] 경동 연선의 바깥지름은 몇 [mm]인가?
① 34.2   ② 10.8   ③ 9   ④ 5

풀이
$D = (1+2n)d = (1+2\times 2)\times 1.8 = 9\,[\text{mm}]$
n : 층수, $d[\text{mm}]$ 소선1가닥직경   **답** ③

30 가공 송전선에 사용하는 애자련 중 전압 부담이 최대인 것은?
① 전선에 가장 가까운 애자   ② 중앙에 있는 것
③ 철탑에서 가까운 것   ④ 모두 같다.

풀이
가공송전선에 사용하는 애자련 중 전압부담이 최대 : 전선에 가장 가까운 애자
가공송전선에 사용하는 애자련 중 전압부담이 최소 : 철탑으로부터 1/3 지점 애자   **답** ①

31 변압기 결선에 있어서 1차에 제3고조파가 있을 때 2차 전압에 제 3고조파가 나타나는 결선은?
① $\Delta-\Delta$ ② $\Delta-Y$ ③ $Y-Y$ ④ $Y-\Delta$

풀이
$Y-Y$ 결선은 1차에 제3고조파가 있을 때 2차 전압에 제 3고조파가 나타난다.   **답** ③

32 다음 중 옳은 것은?
① 터빈 발전기의 %임피던스는 수차의 %임피던스보다 작다.
② 전기기계의 %임피던스가 크면 차단기용량이 작아진다.
③ %임피던스는 %리액턴스보다 작다.
④ 직렬 리액터는 %임피던스를 작게 하는 작용이 있다.

• 풀이
%Z가 크면 단락전류가 작아져 차단기용량이 작아진다.　　　　　　　　　　　답 ②

33 정상적으로 운전하고 있는 전력계통에서 서서히 부하를 조금씩 증가했을 경우 안정운전을 지속할수 있는가 하는 능력을 무엇이라 하는가?
① 동태 안정도　　　　　　　　　② 정태 안정도
③ 고유 과도안정도　　　　　　　④ 동적 과도안정도
• 풀이
안정도 종류 : 전태 안정도, 동태 안정도, 과도 안정도가 있다.　　　　　　답 ④

34 선로의 단락보호용으로 사용되는 계전기는?
① 접지 계전기　　　　　　　　　② 역상 계전기
③ 재폐로 계전기　　　　　　　　④ 거리 계전기
• 풀이
거리계전기 : 복잡한 계통의 단락보호용으로 과전류 계전기 대용으로도 쓰인다.　답 ④

35 전선 약호가 CNCV-W 케이블 명칭은?
① 동심 중성선 수밀형 전력케이블
② 동심 중성선 차수형 전력케이블
③ 동심 중성선 수밀형 저독성 난연 전력케이블
④ 동심 중성선 차수형 저독성 난연 전력케이블
• 풀이
CNCV-W : 동심 중성선 수밀형 전력케이블　　　　　　　　　　　　　　답 ①

36 애자공사에 의한 저압 옥내 배선에서 일반적으로 전선 상호 간격은 몇 [cm] 이상이어야 하는가?
① 2.5[cm]　　　　　　　　　　② 6[cm]
③ 25[cm]　　　　　　　　　　　④ 60[cm]
• 풀이
애자사용공사 전선 상호간격 6[cm]　　　　　　　　　　　　　　　　　답 ②

37 고압 가공전선로의 전선의 조수가 3조일 때 완금길이?
① 1200[mm]　　　　　　　　　② 1400[mm]
③ 1800[mm]　　　　　　　　　④ 2400[mm]

> **풀이**
> 고압 가공전선로 3조 완금길이 1800[mm] 이다. **답** ③

38 배전 선로 보호를 위하여 설치하는 보호 장치는?
① 기중 차단기　　　　　　　　　② 진공차단기
③ 자동 재폐로 차단기　　　　　　④ 누전 차단기

> **풀이**
> 배전선로 보호 : 자동재폐로 차단기(리클로우져) **답** ③

39 절연전선 상호간의 접속에서 옳지 않은 것은?
① 납땜 접속을 한다.
② 슬리브를 사용하여 접속한다.
③ 와이어 커넥터를 사용하여 접속한다.
④ 굵기가 6[mm^2] 이하인 것은 브리타니아 접속을 한다.

> **풀이**
> 굵기가 10[mm^2] 이하인 것은 브리타니아 접속을 한다. **답** ④

40 다음 중 단선의 브리타니아 직선 접속에 사용되는 것은?
① 조인트선　　　　　　　　　　② 파라핀선
③ 바인드선　　　　　　　　　　④ 에나멜선

> **풀이**
> 브리타니아 접속은 굵은 단선을 연결할 때 사용하는 방법으로, 별도의 조인트선과 첨선을 이용하여 연결한다. **답** ①

41 전주의 길이별 땅에 묻히는 표준 깊이에 관한 사항이다. 전주의 길이가 16[m]이고, 설계하중이 6.8 kN 이하의 철근 콘크리트주를 시설할 때 땅에 묻히는 표준깊이는 최소 얼마 이상이어야 하는가?
① 1.2[m]　　② 1.4[m]　　③ 2.0[m]　　④ 2.5[m]

> **풀이**
> 전주의 길이별 땅에 묻히는 표준 깊이에 관한 사항이다. 전주의 길이가 16[m]이고, 설계하중이 6.8 kN 이하의 철근 콘크리트주를 시설할 때 땅에 묻히는 표준깊이는 최소 2.5[m] 이상이어야 한다. **답** ④

42 다음 중 과전류 차단기를 설치하는 곳은?
① 간선의 전원측 전선
② 접지공사의 접지선

③ 다선식 전로의 중성선
④ 접지공사를 한 저압 가공 전선로의 접지측 전선

풀이
과전류 차단기를 설치는 전원측 또는 전원 인입구에 설치한다.   답 ①

43 가연성 분진(소맥분, 전분, 유황 기타 가연성 먼지 등)으로 인하여 폭발한 우려가 있는 저압 옥내 설비 공사로 적절하지 않은 것은?
① 케이블 공사
② 금속관 공사
③ 합성수지관 공사
④ 플로어 덕트 공사

풀이
가연성 분진(소맥분, 전분, 유황 기타 가연성 먼지 등)으로 인하여 폭발한 우려가 있는 저압 옥내 설비 공사
• 케이블 공사   • 금속관 공사   • 합성수지관 공사   답 ④

44 애자공사로 시설하는 고압 옥내 배선과 다른 애자공사에 의한 고압 옥내 배선이 접근하거나 교차하는 경우, 상호간의 이격 거리는 최소 몇 [cm]이상이어야 하는가?
① 10   ② 15   ③ 20   ④ 25

풀이
다른 고압 옥내배선·저압 옥내전선·관등회로의 배선·약전류전선 : 15[cm]   답 ②

45 전기 옥상용 발열선의 온도는 몇 [°C]를 넘지 아니하도록 시설하여야 하는가?
① 70   ② 80   ③ 90   ④ 100

풀이
발열선은 그 온도가 80[°C]를 넘지 않도록 시설할 것.   답 ②

46 고압 옥내 배선의 절연 전선과 수관이 접근하여 시설되는 경우에는 몇 [cm] 이상 이격시켜야 하는가?
① 15   ② 30   ③ 45   ④ 60

풀이
고압 옥내 배선의 절연 전선과 수관이 접근하여 시설되는 경우에는 몇 5 [cm] 이상 이격시켜야 한다.
답 ①

47 전력용 반도체 소자를 직렬 접속하여 사용하는 주된 목적은?
① 고내압화
② 고정밀화
③ 고신속성
④ 고용량화

> **풀이**
> 다이오드 직렬연결 : 다이오드의 내전압이 증가하여 과전압으로부터 다이오드 보호
> 다이오드 병렬연결 : 다이오드의 순방향 전류가 증가되어 과전류로부터 다이오드 보호   **답** ①

48 포토 다이오드(Photo Diode)소자와 용도가 유사한 것은?
① 빛에 대하여 민감하다.
② 온도 특성이 나쁘다.
③ PN 접합에 역방향으로 바이어스를 가한다.
④ PN 접합의 순방향 전류가 빛에 대하여 민감하다.

> **풀이**
> 포토다이오드 특성
> • 온도 민감성: 포토다이오드는 온도가 5~10℃ 상승할 때마다 광전류가 2배씩 증가하는 등 온도 변화에 민감하게 반응한다.
> • 열화 및 성능 저하: 고온, 습도, 반복적인 온도 변화(열 사이클링)에 노출되면 내부 소재의 화학적 변화, 결정 구조 손상, 패키징 손상 등으로 감도 감소, 다크 전류 증가, 응답 속도 저하 등 성능 저하가 발생할 수 있다.
> • 고온 · 고습 환경 주의: 장시간 고온 · 고습 환경에 노출되면 감도가 떨어지고 노이즈가 증가할 수 있으므로, 온도 특성이 우수한 제품은 열화 저항성이 높다.   **답** ②

49 트라이액 설명 중 틀린 것은?
① (+) 게이트 전류로 트리거 시킬 수 있다.
② (-) 게이트 전류로 트리거 시킬 수 있다.
③ 단방향성 소자이다.
④ 비교적 약한 전력으로 가동할 수 있다.

> **풀이**
> TRIAC은 쌍방향성 소자이다.   **답** ③

50 전자제어 정류회로에 사용하는 쌍방향성 반도체 소자는?
① SCR   ② SSS   ③ UJT   ④ PUT

> **풀이**
> 쌍방향 2단자 사이리스터 : SSS, TRIAC   **답** ②

51 단상반파 정류회로의 최대 정류효율[%]인가?
① 30.6[%]   ② 40.6[%]   ③ 50[%]   ④ 81.2[%]

> **풀이**
> 정류효율[%]
> 단상반파 40.6[%]   단상전파 81.2[%]
> 3상반파 96.7[%]   3상전파 99.8[%]   **답** ②

52 수입자재관리 항목에 속하지 않는 것은?
① 공정계획 ② 자재구입
③ 자재의 수입검사 ④ 제품발송

> **풀이**
> 수입자재관리 항목 : 공정계획, 자재구입, 자재의 수입검사

답 ④

53 도수분포의 수량적 표시방법에 속하지 않는 것은?
① 중심적 경향 ② 흩어짐 또는 산포
③ 편차의 정도 ④ 분포의 모양

> **풀이**
> 도수분포의 수량적 표시방법 : 흩어짐 또는 산포, 편차의 정도, 분포의 모양

답 ①

54 모집단의 참값과 측정 데이터의 차를 무엇이라 하는가?
① 오차 ② 신뢰성
③ 정밀도 ④ 정확도

> **풀이**
> 측정오차의 용어
> • 오차 : 모집단의 참값과 측정 데이터의 차
> • 신뢰성 : 데이터 분포의 폭의 크기
> • 정확성 : 데이터 분포의 평균치와 참값의 차이

답 ①

55 생산 라인의 평형 분석(line balancing)에서 애로 공정(bottle neck)이란 무엇인가?
① 가장 작은 부하량을 가진 공정
② 가장 큰 여력이 있는 물질
③ 가장 작은 애로가 존재하는 공정
④ 가장 큰 작업량을 가진 물질

> **풀이**
> 가장 큰 작업량을 가진 물질은 생산 라인의 평형 분석 에서 애로 공정을 말한다.

답 ④

56 샘플 단위의 크기조건에 속하지 않는 것은?
① 샘플링 목적 ② 비용
③ 시험방법 ④ 샘플기술

> **풀이**
> 샘플 단위의 크기조건 : 샘플링 목적, 비용, 시험방법

답 ④

57 병렬 가산기의 장점은?
① 기계가 복잡하다.
② 가격이 저렴하다
③ 연산처리 속도가 직렬가산기에 비해 빠르다.
④ 가산 자리 수 만큼 가산회로가 사용된다.

▶풀이
병렬가산기는 연산처리 속도가 직렬가신기보다 빠르다.　　　　　　　　　　답 ③

58 그림과 같은 스위칭 회로의 논리식은?
① $AB+\overline{C}D$
② $(A+\overline{C})(B+D)$
③ $(A+B)(\overline{C}+D)$
④ $(B+\overline{C})(A+D)$

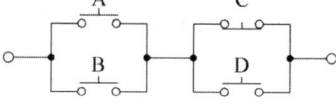

▶풀이
$(A+B)(\overline{C}+D)$　　　　　　　　　　답 ③

59 다음 중 이항(Binary) 연산 명령이 아닌 것은?
① AND　　　　　　　　　　② OR
③ Exclusive OR　　　　　　④ MOVE

▶풀이
단항연산자 : 로테이트, 시프트, MOVE, NOT　　　　　　　　　　답 ④

60 현재 상태의 값에 관계없이 다음상태가 "0"이 되려면 입력도 "0"이 되어야 하는 플립플롭은?
① T 플립플롭　　　　　　　② D 플립플롭
③ JK 플립플롭　　　　　　　④ RS 플립플롭

▶풀이
D플립플롭-현재 상태의 값에 관계없이 다음상태가 "0"이 되려면 입력도 "0"이 되어야 하는 플립플롭
답 ②

판 권
소 유

마스터 전기기능장 필기

발　　행 / 2025년 12월 10일

저　　자 / 현명걸, 김동진
펴 낸 이 / 이 지 연
펴 낸 곳 / 엔트미디어
주　　소 / 서울시 강서구 강서로 47-8 302호
　　　　　　 (화곡동 평인빌딩)
전　　화 / 02) 2608-8339
팩　　스 / 02) 2608-8314
등록번호 / 제839-91-00430

낙장 및 파본된 책은 구입서점이나 본사에서 교환해 드립니다.

ISBN : 979-11-92810-68-3　13560

값 / 38,000원

이 책은 저작권법에 의해 저작권이 보호됩니다.
엔트미디어 발행인의 승인자료 없이 무단 전재하거나 복제하는
행위는 저작권법 제136조에 의해 5년 이하의 징역 또는 5,000만
원 이하의 벌금에 처하거나 이를 병과(倂科)할 수 있습니다.